중국문화사

고대 중국 문화 설명서

이 번역서는 중화학술외역(中華學術外譯) 프로젝트(15WZS001)에 의해 중국의 국가사회과학기금(Chinese Fund for the Humanities and Social Sciences)으로부터 지원을 받았습니다.

여사면呂思勉 저 · 유효려劉曉麗 역

중국문화사
고대 중국 문화 설명서

中國文化史
一部中國古代文化的説明書

學古房

일러두기

　여사면呂思勉 선생의 『중국문화사-고대 중국 문화의 설명서中國文化史-一部中國古代文化的說明書』는 2015년 1월 상무인서관商務印書館에서 새롭게 출판되었다. 하지만 이 책이 처음 세상에 나온 것은 70년 전의 일이다. 그렇기 때문에 지금의 시각에서 볼 때 구체적인 표현이나 문장의 형식면에서 다른 점이 없지 않다. 예컨대 원저에는 본문에 필요한 설명을 괄호 안에 넣어서 제시하기만 하였을 뿐 별도의 주를 달지 않았고, 또한 참고문헌을 첨부하지도 않았다. 그럼에도 불구하고 탁월한 학술적 가치가 있다는 점은 변함이 없다. 이에 역자는 독자의 이해를 돕기 위해 번역 과정에 다음과 같이 보완 조치를 취했다.

1. 역자 주 넣기

독자의 이해를 돕기 위해서 다음과 같은 경우에 역자 주를 넣었다.

1) 관련 배경 지식 없이는 본문 내용을 이해하는 데 어려움이 있으리라 판단한 경우 역자 주를 통해 자세한 설명이나 이견을 제시하고자 노력했다.

2) 해당 문제를 설명하기 위해 저자는 방대한 고문서 자료를 섭렵하여 원용하였는데, 인용 구절의 자세한 출처 정보는 제시하지 않았다. 이에 번역할 때 본문에서 의역한 다음에 역자 주를 통해서 인용문이 나오는 원서를 찾아 대조하고 문헌의 제목과 발행연도 및 쪽수 등 자세한 정보를 제시하였다.

3) 원서에서 괄호 안에 넣어둔 내용은 본문으로 간주하고 번역 처리하되 본문 내용으로 삼기에 적절하지 않다고 판단한 경우에는 각주로 처리

하였다.

2. 참고문헌 첨부하기

원저原著에는 따로 참고문헌을 첨부하지 않았으나 번역서에는 가능한 한 원고에서 언급된 문헌 자료를 정리하여 참고문헌으로 부기하였다. 참고문헌은 크게 다음 두 부분으로 나뉜다.
1) 원문에서 인용한 구절이 나오는 원전.
2) 원문에서 언급된 문헌 자료.

3. 문장 부호 및 표기

1) 저서명 부호

계열서系列書나 총서叢書에 포함된 개별 작품이나 일반 서명은 『』로, 편명은 「」로 표기했다.

2) 한자 표기

한자는 처음 나오는 곳에서 병기하는 것을 원칙으로 하되 해당 단어의 언급에 간격이 큰 경우나 음이 비슷한 단어가 연속으로 나오는 등 명확한 구분이 필요한 경우, 독자의 이해를 돕기 위해 다시 병기하는 것도 허용했다.

3) 중국 지명, 인명의 표기

원저에 나오는 중국 지명, 인명, 그리고 관련 용어는 대부분 고문서에서 인용되었다는 점을 감안하여 외래어 표기가 아니라 한국 한자음을 따라 표기했다.

『여저중국통사吕著中國通史』는 1940년 상하이 개명서점開明書店에서 상책 초판이 나왔으며 하책은 1944년에 출간되었다. 당시 저자가 책을 저술한 목적은 대학 교재용 외에도 독자들이 역사에서 얻은 교훈으로 향후 행동의 지침을 삼도록 하기 위함이었다. 그는 이렇게 말했다. "본서를 읽은 이들이 중국 역사에서 중요한 문화 현상에 대해 조금이나마 이해하여 그런 현상이 나타난 까닭을 알아 앞날을 예견할 수 있고 우리가 행동하는 데 유용한 계시가 될 수 있기를 바란다."

본서 『중국문화사中國文化史-고대 중국 문화의 설명서一部中國古代文化的說明書』(2015년 1월 상무인서관商務印書館 출간)는 『여저중국통사』상책을 저본으로 새롭게 편집한 책이다. 본서는 고대 중국역사를 주제에 따라 18개 분야로 나누어 체계적인 논의를 전개하고 있다. 예컨대 중국의 여러 가지 사회제도에 대해 논의하는 경우 그 기원부터 시작하여 민국 시기까지 변화, 발전 과정을 논술하여 중국 사회제도의 역사와 내용을 종관할 수 있도록 했다.

본서는 대학생을 대상으로 저술했기 때문에 체계적 논술로 전문성이 두드러진다. 또한 저자의 역사관이 독특하고 인용 사료가 매우 풍부하다. 하지만 상세한 설명과 흥미로운 문제 제기 등은 대중들이 접하기에 전혀 무리가 없다. 이런 점에서 본서는 학술적 가치를 지니면서도 재미있는 대중서로서 중국문화를 이해하고 싶은 일반 독자들에게 중국문화를 이해하는 지침서가 될 수 있다. 특히 오랜 세월 중국과 지리, 역사적으로 긴밀한 관계를 맺어온 한국의 독자들이 중국의 문화와 역사를 이해하는 좋은 길잡이가 될 것이다.

여사면은 전목錢穆, 진인각陳寅恪, 진원陳垣과 함께 근대 '4대 역사학자'로 평가받고 있다. 하지만 다른 이들에 비해 여사면 선생의 저작에 대한 관심과 연구는 상대적으로 부족한 실정이다. 다시 말해 이는 그의 학술적 업적과 가치가 과소평가되었다는 뜻이다. 특히 한국의 경우 그의 저술 가운데 한 권인『삼국사화三國史話』(한국 제목: 삼국지를 읽다)가 소개되었을 뿐이어서 매우 아쉬웠다. 다행 본서가 출간되어 여사면 선생의 중요 연구 성과를 살필 수 있는 좋은 기회가 될 것이라고 생각한다. 이런 점에서 한국에서 본서의 번역서가 출간되는 것은 매우 보람 있고, 의미 있는 일이다.

이번 번역 작업은「중화학술외역中華學術外譯」프로젝트의 일환으로 중국 국가사회과학기금의 지원을 받았다.「중화학술외역」프로젝트는 중국 국가사회과학기금에서 추진하는 중요한 프로젝트 가운데 하나로 중국의 철학과 사회 과학 분야의 뛰어난 저술을 외국어로 번역하여 해외에서 출판할 수 있도록 지원하는 사업이다.

원서 번역은 여러 명의 번역진이 오랫동안 함께 고민하면서 심혈을 기울인 작업이었다. 번역은 2015년 9월에 시작하여 2020년 8월까지 이어졌다. 원서의 초역은 유효려劉曉麗가 맡아 진행했다. 원서에 나오는 고전 인용문은 강인도姜仁燾 교수가 책임지고 알기 쉬운 현대 중국어로 해독했다. 번역 초본은 이기갑李基甲 교수의 윤문 작업을 거쳐 심규호沈揆昊 교수에게 넘어갔다. 심규호 교수는 초역본을 원문과 대조하여 일일이 수정, 보완했으며, 한국 독자의 정서와 이해 수준에 맞추어 적절하게 역자 주를 넣었다.

원서는 다루는 분야가 방대하고, 내용도 매우 풍부하며 또한 인용된 고문도 적지 않다. 따라서 내용을 보다 정확하게 이해하려면 중국역사에 대한 나름의 지식과 이해, 경전을 비롯한 고문 해독 능력이 뒷받침되어야 한다. 물론 모든 번역이 그렇다시피 출발어에 대한 해독 능력 외에도 도착어, 즉 한국어에 대한 실력도 상당한 수준에 이르러야만 한다. 다행히 탁월한 실력을 갖춘 우군이 있어 여러 가지 어려움에도 불구하고 마침내 번역서가 세상에 나오게 되었다.

이기갑李基甲 교수님은 필자가 한국에서 유학하던 시절 석사 및 박사과정의 지도교수로 자상한 아버님과 같은 분이다. 전공 분야가 아님에도 번역에 착수하고 마무리할 때까지 끊임없는 지도 편달을 아끼지 않으셨다. 환갑이 넘은 연세에 못난 제자를 위해 연구실에서 초역 원고를 수정해주신 것을 생각하면 그저 죄송스럽고 감사할 뿐이다.

앞서 말했다시피 원서에 인용된 수많은 고문을 정확하게 파악하고 지금의 한국어로 번역하는 것이 가장 난제였다. 물론 그 중에는 현대 한어로 번역된 것도 있지만 때로 오역도 있어 무조건 그대로 따를 수는 없었다. 다행히 고대 한어 전문가인 강인도姜仁燾 교수님이 해석하기 어려운 구절이 나올 때마다 고대 문헌 자료를 찾아 면밀히 검토하여 합리적인 해석은 물론이고 오역을 바로 잡아주셨다. 그 중에는 저자가 오독한 부분도 있었다. 이러한 도움을 통해 보다 정확한 번역이 가능했다.

또한 중문 해독 능력과 중국문화에 대한 깊은 이해 및 고문 소양을 갖춘 심규호 교수님의 노력 덕분에 역서가 보다 높은 완성도를 확보할 수 있었음을 말하지 않을 수 없다. 윤문의 번거로움을 마다하지 않았고, 한국 독자들을 위해 친절하게 역자 주를 넣어주셨다. 그리고 인용된 고문 자료의 출처를 일일이 찾아 쪽수까지 기입하게 함으로써 학술서로서 체계를 갖추게 했으며, 정곡을 찌르는 수정 의견을 제시하여 학술저서로서의 가치를 한층 높였다.

돌이켜 보면 번역에 몰두했던 오랜 시간이 참으로 힘겹고 어려움의 연속이기는 했으나 또한 진정 유익한 시간이 아닐 수 없었다. 원문 한 구절을 제대로 이해하기 위해 여러 경전과 사서를 뒤적거리며, 중국 고대

사, 경학, 문화 전문가들에게 도움을 청하기도 했다. 또한 보다 정확한 한국어 표현을 위해 며칠씩 고민한 적도 있었다. 그렇게 오랜 시간을 보내면서 나름 역사 지식과 국학國學에 대한 소양이 제법 쌓였다는 생각이 들기도 한다. 원서와 씨름하면서 새롭게 강의를 듣는 기분이었다고 할까? 더군다나 이를 통해 여러 분들과 좋은 인연을 맺게 되었으니 여사면 선생의 『중국문화사』야말로 나에겐 마법의 책같다는 느낌이 들기도 한다.

이외에도 물심양면으로 도와주신 여러 분들에게 지면을 빌어 존경과 감사의 뜻을 전하고자 한다.

여사면 선생 연구자이신 화동사범대학교 역사학과 장경화張耕華 교수님은 아낌없는 지지와 격려를 아끼지 않으셨다. 번역이 잘 되지 않아 힘들어할 때마다 이번 작업이 매우 의미가 있다고 하시면서 발분토록 하셨다. 번역 과정에 나오는 질의에도 번거로움을 마다하지 않고 언제나 친절하게 답해주셨고, 여사면 선생과 관련된 소중한 자료들을 선뜻 제공해주셨다. 이에 지면을 빌어 존경과 감사의 마음을 전한다. 또한 번역을 하면서 낙심하거나 의기소침할 때마다 늘 격려해 주시고 조언해 주신 임효례任曉禮 교수님, 당곤唐坤 교수님에게도 고마움을 전한다. 상무인서관 국제유한공사國際有限公司 왕신민王新民 사장님은 일면도 없는 필자를 믿고 원서 해외 판권 처리 권한을 넘겨주셨다. 또한 한국 학고방 출판사 하운근 대표님, 조연순 팀장님은 역서 출판에 적극 협조해주셨다. 이상 모든 분들에게 다시 한 번 감사의 뜻을 전한다. 마지막으로 필자가 번역에 전념할 수 있도록 가사를 분담해 주고 항상 곁에서 응원하며 힘이 되어준 가족들에게 새삼 사랑한다는 말을 전하고 싶다.

2021년 6월 26일

11

1

혼인제도

가정家庭의 출현

『역경易經·서괘전序卦傳』에 다음과 같은 내용이 나온다.

> "천지天地가 있은 후에 만물이 있고, 만물이 있은 후에 남녀가 있다.
> 남녀가 있은 후에 부부가 있고, 부부가 있은 후에 부자父子가 있으며,
> 부자가 있은 후에 군신君臣이 있다."[1]

인용문은 사회의 기원에 대한 고대 철학자들의 관념을 보여준다. 그들은 상고 시대에도 후대처럼 일부일처一夫一妻를 중심으로 가정을 이루고,

---

[1] 『주역정의(周易正義)·서괘전』, "有天地, 然後有萬物; 有萬物, 然後有男女. 有男女, 然後有夫婦. 有夫婦, 然後有父子. 有父子, 然後有君臣." 북경, 북경대학교출판사, 십삼경주소표점본(十三經注疏標點本), 1999년, 336쪽.

각각의 가정들이 서로 연결되어 보다 큰 사회조직을 이루었을 것이라고 추론했다. 이는 후대의 제도나 상황에 근거하여 고대의 정황을 추정한 것으로, 수 천 년 동안 정설로 받아들여졌다. 그러나 과연 실제로 그랬는지 의문이 든다.

중국의 역사는 불과 몇 천 년밖에 되지 않지만, 그 동안 사회적으로 커다란 변화가 있었다. 그러므로 역사적 사실을 무시한 채 지금의 정황으로 주周, 진秦, 한漢, 위魏, 당唐, 송宋 때의 일을 억측하는 것은 역사를 연구하는 사람으로서 조롱거리가 될 뿐이다. 더구나 지금으로부터 몇 만 년 내지 수십만 년 전의 오랜 역사에 대해서는 더욱 그럴 수밖에 없을 것이다. 옛 역사의 참모습을 모른 채 제멋대로 억측하면 우리 사회가 예부터 지금과 같았을 것이라고 믿게 되고, 또한 특정한 원인 때문에 발생했거나 사라져 버린 일시적 현상을 당연하거나 변치 않는 진리라 생각하게 된다. 나아가 쓸데없는 분쟁, 필요 없는 고집을 야기하여 사회 발전의 길을 막을 수도 있다. 이런 의미에서 최근 수십 년간 이루어진 선사시대의 역사적 연구 성과는 학술계의 큰 성취라고 하지 않을 수 없다. 선사시대의 역사에 대한 새로운 발견들이 특히 고대 사회조직의 연구에 커다란 영향을 미쳤기 때문이다.

근대 사회학자의 연구에 따르면, 남녀의 결합은 최초에 아무런 금기나 제한이 없었다. 이후 점차 사회조직이 생겨나고 연령에 따라 서열이 정해졌으며, 같은 항렬의 남녀는 혼인할 수 있으나 항렬이 다른 경우는 혼인할 수 없었다. 나중에는 친족 간에도 제한을 두기 시작했다. 혼인할 수 없는 친족의 대상은 처음에 같은 어머니의 소생인 형제자매로 제한했다가 점차 같은 모계母系의 사촌으로까지 확대되었다. 그러면서 씨족氏族이 생겨나게 되었다. 그러나 당시 씨족 간의 남녀 결합은 여전히 무리의 형태로 진행되었다. 다시 말해 한 무리의 남자들은 각기 다른 무리의 여자들과 관계를 맺을 수 있었으며, 여자들 역시 다른 무리의 남자들과 각기 어울려 관계를 가질 수 있는 군혼제로 지금처럼 개별적인 남녀가 고정적으로 만나는 부부의 관념이 형성되지 않았다는 뜻이다. 그러다가 점차 통혼의 금기나 통혼 대상에 대한 제약이 많아지면서, 최종적으로 한 남자에 정처正妻 한 명, 한 여자에 정부正夫 한 명만 허용되기에 이르렀다. 하지만 배우자 외의 다른 사람과 관계를 가지는 것은 여전히 가능한 일이었고, 또 부부라 할지라도 반드시 공동생활을 해야 하는 법도 없었다. 부부관계가 느슨하였다는 뜻이다. 그러다가 나중에는 일부일처나 일부다처의 부부가 반드시 같이 살게 되면서 부부의 관계도 오래 유지될 수 있었으며, 점차 가정이 생겨나게 된 것이다. 그러므로 인간의 통혼은 아무런 금기나 제한이 없던 자유로운 상태에서 시작되어, 갖가지 금기나 통혼 대상에 대한 제한이 많아지면서 지금의 형태로 점진적인 발전을 이룬 것이라고 보아야 한다.

따라서 원시 사회의 남녀관계가 일부일처의 부부관계였다고 생각하는 것은 큰 잘못이다. 이는 유인원도 가정을 꾸리는데 하물며 유인원으로부터 진화된 인간에게 어찌 가정이 없을 수 있겠는가 라는 추론에 근거한 억측에 불과하다. 사실 유인원에게 가정이 있다는 설 자체도 정확한 것이 아닐뿐더러,[2] 이를 문제 삼기 전에 유인원은 인류 시조의 정통이 아닌 방계傍系일 뿐이라는 사실을 먼저 떠올려야 할 것이다.

동물학자에 따르면, 동물들의 군집생활은 대체로 두 가지 경우로 대별된다. 하나는 고양이나 호랑이처럼 암수 한 쌍이 새끼를 갖기 위해 발정기 동안에만 같이 생활하는 경우인데, 이들 동물의 새끼들은 다 자라면 부모를 떠나게 된다. 이들은 번식을 위해 가족끼리 모여 사는 가정 동물

---

2) 이에 관해서는 말리노프스키(Malinowski.B) 저, 이안택(李安宅) 역, 『양성사회학(兩性社會學, 원저 명: Sex and Repression in Savage Society)』에 부록으로 실린 「근대 인류학과 계급심리(近代人類學與階級心理)」(1937년 상무인서관 출판), 제4절을 참조하시오.

이다. 다른 하나는 개나 말처럼 대를 잇는 목적 외에 서로 지키고 보호하기 위해 모여 사는 경우이다. 같이 생활하는 시간이 길고 또 모여 사는 무리의 숫자도 많은 것이 특징이다. 이들은 번식과 방어 목적을 위해 집단생활을 하는 사회적 군체 동물이다.

자신을 지킬 수 있는 날카로운 발톱이나 이빨 또는 뿔이 없는 인간의 경우 애초부터 가족끼리만 모여 살았다면 지금까지 살아남기 힘들었을 것이다. 물론 언어도 발달하지 못했을 것이다. 이런 점에서 원시사회의 구체적인 양상은 알 수 없으나 원시인들이 가족이 아닌 무리를 지어 집단생활을 영위한 것이 틀림없다. 또한 생물학적 진화의 관점에서 인간보다 열등한 유인원이 점차 멸종되어 가는 것도 그들의 군거群居 본능이 인간보다 못했기 때문인지도 모른다. 그러니 최초의 인간이 유인원과 같았으리라는 생각은 독단적인 편견에 불과한 것이라 할 수 있다. 이외에도 질투심, 성적 수치심 등은 타고난 인간의 기질이 아니라는 사실,[3] 모성애가 자녀에게 국한되는 감정이 아니라는 사실 등등 인간이 가정적 동물이 아님을 입증해 주는 증거들은 얼마든지 찾을 수 있다.

오늘날의 가정은 인간의 본성 때문에 생긴 것이라기보다 생활 여건 때문에 빚어진 현상이라고 보는 것이 옳다.[4] 사회학자들이 말하는 바대로 선사시대에는 유목민들을 위주로 수렵활동이 매우 활발했다. 그들은 약탈에 익숙했으며, 때로 빼앗을 물건이 없을 경우 여자를 약탈 대상으로 삼기도 했다. 나중에는 보복이 두려워 약탈하면서 교환 가치가 있는 물건을 남기기도 했는데, 이렇게 하면서 점차 상호 물물교환이나 무역의 형태

---

3) 이는 아이들을 보면 알 수 있다. 암수 양성(兩性)의 동물은 보통 일부일처와 일부다처(一夫多妻)의 두 가지 경우만 있지만 인간은 이외에도 일처다부(一妻多夫)의 경우가 있다. 이를 볼 때 질투심이란 인간이 선천적으로 타고난 감정이 아니다.
4) 도덕 또는 부도덕의 관념은 습관에 뿌리를 두고 있으며, 습관은 생활에 근원한다.

를 띠기도 했다. 여자도 물물교환의 대상이었다. 이는 약탈의 변형 형태이자 원시 무역의 발단이 되었다.

약탈해 온 여자의 지위는 부족 내부의 여자와 달랐다. 그녀들은 자신을 납치한 남자의 노예로서 모든 노역을 도맡아야만 했다. 그렇기 때문에 남자들은 더욱 더 여자를 약탈하는 일에 공을 들였다. 한편 통혼의 금기와 제약이 많아지면서 같은 부락 내부에서 결혼할 여자를 찾기는 점점 어려워지게 되자 이에 따라 다른 부족의 여자를 납치하는 일이 더욱 잦아질 수밖에 없었다. 이런 면에서 볼 때 가정은 여자의 노역에서 비롯되었으며, 양성에 따른 분업의 필요성이라는 경제적인 원인에서 기인했다고 말할 수 있다. 가정의 출현은 이렇듯 성적 욕구와 무관한 일이었다. 이는 원시인들의 경우 자기 여자 외에도 성적 욕구를 충족시킬 기회가 얼마든지 있었기 때문이다.

수렵을 위주로 살던 이들은 점차 가축을 기르는 유목민으로 발전했는데, 그럼에도 불구하고 여전히 호전적이고 약탈을 좋아하여 수렵민들과 다를 바 없었다. 유목민들은 대부분의 경우 사냥을 겸했다. 그들은 먹을 것이 충족되고 영양공급이 충분하여 체력이 튼실하고, 그만큼 큰 무리를 유지하면서 막강한 힘을 발휘할 수 있었다. 가축은 일일이 사람들이 관리하느라 노동력이 가중되었기 때문에 약탈의 기풍이 날로 심각해졌다.

처음에 먹거리를 찾아 모으는 것은 모두 여자의 일이었다. 농업은 이러한 채집에서 비롯되었다. 그러므로 초기 단계의 농업은 모두 여자에 의해서 이루어진 셈이다. 후에 농업이 점차 발전하면서 삶의 필수적인 부분이 되었다. 이때는 논밭, 가옥, 농기구가 모두 여자의 소유물이었기 때문에 여자가 경제적인 주도권을 쥐었다고 할 수 있다. 그렇기 때문에 부족 사람들은 여자를 다른 곳으로 시집보내기를 원치 않았으며, 여자 또한 시집 갈 데가 마땅치 않았다. 그리하여 남자는 여자와 혼인한 후 그녀가 사는 부족으로 와서 생활하는 수밖에 없었으며, 그 지위 또한 일종의 부속품이나 다를 바 없었다. 여자는 소속된 사회조직이 있었지만 남자에게는 없었다. 설령 있다 해도 그 조직 내부에서 중요한 역할을 맡을 수 없었다. 대부분의 공적인 일의 결정권은 모두 여자가 차지했다. 이를테면 부족회의에 참여할 권리나 부족 추장을 선거할 권리 등이 모두 여자에게만 있었다는 뜻이다. 당시 여자들은 가사노동에 전혀 간여하지 않은 것은 아니었으나 그 일은 일종의 공적인 것으로 후세의 가사노동과 차원이 달랐다. 당시는 바야흐로 여성의 황금시대였음이 분명하다.

남자가 처가에 가서 일을 하며 봉사를 하는 복무혼服務婚(일종의 데릴사위제)이란 혼인 형태는 바로 이때 나타난 것이다. 가난한 남자는 자신이 가진 노동력을 제공함으로써 혼인의 예물을 대신할 수 있었다.

이후 농업이 더욱 중요시되면서 농업에 종사하는 남자들의 수가 많아졌다. 남자가 농사의 주된 역할을 맡게 되면서 여자는 그 보조 역할자로 전락했다. 이에 따라 경제적 주도권은 자연스럽게 다시 남자에게 넘어가게 되었던 것이다. 한편 생활 형편이 좋아지고 경제적인 여유가 생기면서 직업에 분화가 일어나기 시작했다. 공업이나 상업의 종사자는 대개 남자였다. 사유 재산이 축적되고 재부를 가진 자가 곧 권력을 누리는 계층이 되었다. 경제적인 주도권을 다시 잡게 된 남자들은 더 이상 여자가 속한 씨족에 머물며 고생스럽게 일하고 봉사하기를 원치 않게 되었다. 대신 혼인하려는 여자의 부족에게 일정한 재물로 보상하고 여자를 자신의 집으로 데려갔다. 따라서 기존의 데릴사위제는 매매혼買賣婚의 형태로 바뀌게 되었으며, 여자의 사회적 지위도 더욱 하락하게 되었던 것이다.

고대 중국 혼인제도의 변화

앞에서 기술한 것은 모두 사회학자들의 연구에 따른 내용이지만, 중국의 옛 문헌을 보아도 이와 크게 다를 바 없다. 예를 들어『백호통의白虎通義·삼황편三皇篇』에 보면, "그 어미는 알되 아비를 모른다."[5]라는 구절이 나오는데, 이는 일부일처의 부부로 이루어진 혼인 형태가 아니었음을 말해 준다. 남녀의 성적 관계가 아무런 제한 없이 이루어지던 시절에 대한 기록은 너무 오래되어 찾기 어렵지만 장유의 서열을 중시하는 배행혼輩行婚(같은 서열 또는 항렬간의 결혼) 제도에 대한 기록은 명확히 남아 있다. 집안의 적장자를 중심으로 종족을 형성하는 것에 대해『예기禮記·대전大傳』은 다음과 같이 말하고 있다.

> "동성同姓의 친족은 대종이나 소종을 중심으로 모여서 종족을 형성한다. 종족에 시집온 이성異姓의 여자들(어머니, 며느리 등)은 호칭(名)을 중심으로 친족 혹은 인족姻族의 관계를 정한다. 이처럼 호칭이 분명해지면 부부의 신분이나 지위 등의 구분이 밝혀진다. 예컨대 남편이 집안의 아버지 서열, 즉 부도父道에 속하면 아내는 어머니 세대인 모도母道에 속하게 된다. 남편이 아들 서열, 즉 자도子道에 있으면 아내는 며느리 서열, 즉 부도婦道에 속하게 된다. 만약에 동생의 처를 며느리婦子라고 부른다면 형의 처兄嫂를 어머니라고 불러야 한단 말인가? (이렇게 되면 서열에 혼란을 일으킬 것이다) 무릇 항렬에 따른 호칭이란 인륜을 다스림에 있어 지극히 중대한 일이니 소홀히 해서는 안 된다.[6]

인용문에서 우리는 혼인에 있어 항렬만 따졌던 시대의 흔적을 엿볼 수 있다. 여기서 '동성同姓'은 부계사회에서 성이 같은 씨족으로 할아버

---

5) 『백호통소증(白虎通疏證)·삼황편(三皇篇)』, "知其母而不知其父." 북경, 중화서국, 신편제자집성본(新編諸子集成本), 1994년, 50쪽.
6) 『예기정의(禮記正義)·대전』, "同姓從宗合族屬, 異姓主名治際會, 名著而男女有別. 其夫屬乎父道者, 妻皆母道也. 其夫屬乎子道者, 妻皆婦道也. 謂弟之妻爲婦者, 是嫂亦可謂之母乎? 名者, 人治之大者也, 可無愼乎?" 북경, 북경대학교출판사, 십삼경주소표점본, 1999년, 1002쪽.

지, 아버지, 아들 등을 말한다. '이성異姓'은 정현鄭玄의 주에 따르면, "시집온 여자들을 말하니" 할머니나 어머니, 며느리를 지칭한다. '종종從宗'은 혈연관계 따라 종족을 형성하는 것으로 대종이나 소종 등을 말하는데, 요즘 식으로 말하자면 첫째 댁, 둘째 댁, 셋째 댁을 뜻한다. 이와 관련하여 다음 장에서 보다 구체적으로 설명하고자 한다. '주명主名'은 정현의 주에 따르면 "며느리 부婦와 어머니 모母의 호칭을 위주로 한다."7)는 것이니 혈연관계의 구분을 따르지 않고 항렬만 구분한다는 뜻이다. 다시 말하자면 할머니, 어머니, 며느리처럼 항렬만 구분하고, 누구의 처인지, 누구의 어미인지는 상관하지 않는다는 뜻이다. "만약에 동생의 처를 며느리婦子라고 부른다면 형의 처兄嫂를 어머니라고 불러야 한단 말인가?"라는 문장은 지금의 말로 옮기자면, "동생의 처를 며느리 항렬에 놓고 며느리라고 부른다면, 형의 처를 어머니 항렬에 놓고 어머니라고 부를 수 있겠느냐?"라고 풀이할 수 있다. 예전에는 이렇게 항렬을 구분함으로써 남녀가 유별함을 나타냈던 것이다. 이를 보면 고대의 혼인 형태는 항렬을 엄격히 구분하였음을 알 수 있다. 주나라의 종법宗法은 지금도 흔적이 남아 완전히 사라지지 않았다.

미국 하와이에서는 아버지, 백부(큰아버지), 숙부(작은아버지), 외삼촌 등을 모두 동일한 호칭으로 부른다. 하지만 중국은 외삼촌만 '구舅'라 하여 달리 부를 뿐, 아버지와 큰아버지, 작은아버지는 모두 '아버지'로 칭하고, 어머니와 큰어머니, 작은어머니는 모두 '어머니'로 부른다. 백부는 큰아버지, 숙부나 계부季父는 각각 '셋째 아버지', '넷째 아버지'로 앞의 순서를 나타내는 부분만 달리할 뿐, 나머지 부분은 같다. 나아가 윗세대의 사람을 보고 모두 부형父兄 또는 부로父老라고 부른다. 『설문해자說文解字』

---

7) 『예기정의·대전』, 정현 주, "謂來嫁者." "主於婦與母之名耳", 북경, 북경대학교출판사, 1999년, 1002쪽.

(이하『설문』)에 따르면, '노老'와 '고考'는 전주자轉注字이다. 처음에는 두 글자가 같은 낱말이었는데, 나중에 '考'가 돌아가신 아버지를 가리키는 말이 되었다. 아랫세대는 모두 '자제子弟'라고 부른다.『춘추공양전春秋公羊傳』의 하휴何休 주注에 따르면,8) 송宋나라와 노魯나라는 인척관계에 있는 사돈끼리 서로 '형제兄弟'로 불렀다.9) 따라서 옛날에는 '부', '모', '형', '제'가 모두 특정한 대상을 부르는 전용 호칭이 아니었던 것이다.

이에 대해 사회학자들은 야만인野蠻人이라서 아버지, 큰아버지, 작은아버지, 외삼촌의 구별을 하지 않았던 것이 아니라 알면서도 일부러 동일한 호칭으로 불렀던 것이라고 설명한다. 훈고학을 배운 이들은 잘 알겠지만, 옛날에는 유類를 나타내는 상위 명사의 발달이 더디었던 반면, 구체적인 사물을 가리키는 개별 명사는 오늘날보다 훨씬 발달했다.10) 그런데도 왜 아버지, 큰아버지, 작은아버지, 외삼촌의 차이를 알면서도 같은 호칭으로 불렀을까? 혹자는 아버지는 모른다고 해도 어머니를 모를 리가 없는데, 왜 어머니(母)로 통칭했는지 의문을 제시할 수 있다. 하지만 여기에 사람들이 모르는 사실이 하나 있다. 아주 먼 옛날 대동大同 사회에는 "사람들이 자신의 부모만을 부모로 여기지 않고 내 자식만을 자식으로 여기며 친애하지 않았다."11) 생물학적으로 생모는 한 명이지만 사회학적으로는 여러 명의 어머니가 있을 수 있다. 부모로서 낳아준 덕보다 키워준 은혜

---

8) 역주: 하휴(何休 129~182년)는 중국 동한(東漢) 시기의 금문경학자(今文經學家)로 17년 동안『춘추공양해고(春秋公羊解詁)』를 저술했다.

9)『춘추공양전주소(春秋公羊傳註疏)』, 희공(僖公)25년, 하휴의 주, "宋魯之間, 名結婚姻為兄弟." 북경, 북경대학교출판사, 1999년, 249~250쪽.

10) 옛날에는 새의 수컷과 암컷을 자(雌)와 웅(雄)으로 표현하고, 짐승의 수컷과 암컷은 빈(牝)과 모(牡)로 구분하여 말했는데, 요즘은 새나 짐승을 막론하고 모두 자웅으로 구분한다.

11)『예기정의 · 예운(禮運)』, "人不獨親其親, 不獨子其子." 북경, 북경대학교출판사, 1999년, 658쪽.

가 더 클 수도 있다. 그러니 생물학적 어머니가 그다지 중요한 의미를 지닌 것이 아닐 수 있었다. 따라서 굳이 전문적인 호칭을 별도로 만들 필요가 없었던 것이다. 그런 즉 그 옛날에 이른바 부부나 가정이란 것이 있었겠는가? 또한 『이아爾雅 · 석친釋親』에서도 항렬을 중시하는 배행혼의 흔적을 확인할 수 있다. "손위 형의 아내가 손아래 동생의 처를 제부娣婦라 부르고 동생의 처가 형의 아내를 사부姒婦라 부른다."[12] 이는 오늘날의 동서지간의 호칭을 말하는 것이다. 또 같은 남자에게 시집온 여자들 가운데서도 나이가 많은 여자는 사姒가 되고, 나이 어린 여자는 제娣가 되었다.

사회조직은 자연환경에 대항하는 과정에서 나타났다. 이러한 사회조직은 애초에 성별보다 나이 차이를 더 중시했다. 물론 문화의 영향으로 이러한 관념도 점차 바뀌었지만, 군대 편성에서 젊은 남자와 젊은 여자를 각기 일군一軍으로 편성하고 노약자는 남녀를 불문하고 별도의 일군으로 편성했다는 『상군서商君書 · 병수편兵守篇』의 기록에서 보듯이 당시는 성별 차이보다 나이 차이를 더 중요시 여겼던 것이다. 그러니 초기 사회조직은 나이에 따라 서열을 정했고, 이에 따라 초기 혼인의 규범 역시 이러한 서열을 중시하는 관념을 따른 것으로 보인다. 이것이 바로 배행혼이라는 혼인제도였다.

혈연과 관련된 각종 규범이 혼인에 적용된 것은 나중의 일이었다. 아마도 처음에 그 규범은 가까운 혈연관계의 사람들에게만 적용되었을 것이다. 그 규범을 어긴 행위를 지금은 불륜이라 하지만, 옛말로는 새나 짐승과 다름없는 행위인 조수행鳥獸行 또는 금수행禽獸行이라 했다. 물론 규범을 어긴 자에게 가해진 징벌도 매우 심했을 것이다. 그렇기 때문에 부친

---

12) 『이아주소(爾雅註疏) · 석친』, "長婦謂稚婦爲娣婦, 稚婦謂長婦爲姒婦." 북경, 북경대학교출판사, 십삼경주소표점본, 1999년, 120쪽.

이나 모친 어느 쪽을 막론하고 혈연관계에 있는 사람과의 혼인은 결코 용납될 수 없기에 이르렀던 것이다. 그러다가 성姓이 같은 사람끼리는 혼인하지 않는다는 이른바 동성불혼同姓不婚의 혼인제도가 형성되었다.[13]

동성불혼의 이유에 대해서 옛사람들은 흔히 "동성의 남녀가 혼인하면 그 자손이 번영할 수 없다."[14] "아름다운 것이 다 했으므로, 서로 질병만 남게 된다."[15] "동성끼리는 덕행이 동일하나 이성의 경우 덕행 기준이 다르다."[16]라고 나름의 이유를 제시했다. 얼핏 보아 유전이나 건강상의 문제로 간주한 것처럼 보이는데, 과연 그런 이유 때문이었는지는 의문의 여지가 있다. 이러한 옛 사람들의 관점은 다음 세 가지 사실을 들어 반박할 수 있다. 첫째, 옛날사람들이 혈연관계에 있는 사람들 사이의 혼인이 유전적으로 좋지 않다는 설을 과학적으로 입증하기는 어려운 일이었다. 둘째, 씨족사회의 시대에는 혈연관계와 무관한 동성同姓의 혼인도 많았다. 셋째, 동성 혼인이 건강에 해롭다는 주장은 당시에 있지 않았으며, 후세 사람들이 갖다 붙인 이야기에 불과하다. 따라서 이러한 주장은 동성불혼의 참된 이유가 될 수 없다. 그럼에도 불구하고 실제로 동성불혼의 혼인 규범이 오랫동안 유지될 수 있었던 것은 『예기 · 교특생郊特牲』에 나오는 "그리하여 먼 이족異族을 가까이하고 다른 성의 사람을 중요하게 여겼다."[17]는 말과 관련이 있는 것으로 보인다. 문화가 발전하면서 사람

---

13) 고대중국의 성은 오늘날 사회학에서 말하는 씨족(氏族)의 개념과 유사하다. 구체적인 내용은 다음 장을 참조하시오.

14) 『춘추좌전정의(春秋左傳正義)』, 희공(僖工) 23년, 정숙첨(鄭叔詹)의 말. "男女同姓, 其生不蕃." 북경, 북경대학교출판사, 십삼경주소표점본, 1999년, 411쪽.

15) 『춘추좌전정의』, 소공(昭公) 7년, 정자산(鄭子産)의 말. "美先盡矣, 則相生疾." 북경, 북경대학교출판사, 1999년, 1163쪽.

16) 『국어(國語) · 진어(晉語)』, 사공계자(司空季子)의 말, "同姓同德, 異姓異德." 북경, 중화서국, 2013년, 392~393쪽.

17) 『예기정의(禮記正義) · 교특생(郊特牲)』, "所以附遠厚別." 북경, 북경대학교출판사, 십

의 질투심이 강해져 시새움으로 다투는 일이 많아졌다. 동성 내부에는 반드시 시샘이나 질투로 인해 분쟁이 있게 마련이었다. 그런 일을 막기 위해 동성 혼인에 대한 각종 규범을 만들다보니 결국 동성혼인 자체를 아예 금지하는 지경에 이르렀던 것이다. 또한 옛날의 화친和親이 대개 혈연관계에 있는 사람 사이에서만 진행되었다는 사실도 동성불혼의 원인에 대한 옛사람의 관점이 옳지 않았음을 말해준다.

이성異姓 혼인은 약탈에서 시작되었지만 거래 단계를 거쳐 정식으로 예를 갖춘 결혼으로 발전했다. 그 때문에 이성의 씨족들도 적대적인 관계가 아니라 오히려 서로 우호적으로 왕래할 수 있게 되었다. 춘추전국 시대에 외교상의 목적으로 혼인을 맺은 사례가 많았다는 사실로 미루어 볼 때, 『예기·교특생』의 "멀리 있는 이족을 가까이 했다(附遠)."는 이야기가 결코 빈말이 아니었음을 알 수 있다. 이는 곧 동성불혼의 혼인규범이 점점 보급되어 결국 하나의 제도로 정착하게 된 이유라고 할 수 있다. 이미 정착된 제도는 그 자체로서 강력한 권위를 지니기 때문에 이를 따르는 데 더 이상의 이유가 필요 없었다.

질투나 시기심이 사람이 타고난 기질이 아니라는 점은 이미 앞서 밝힌 바이다. 따라서 양성兩性 사이에 흐르는 질투의 감정 역시 사람의 본성에서 비롯된 것이 아니다. 그렇다면 질투심은 도대체 어디에서 나온 것일까? 궁핍한 삶을 영위했던 옛날 사람들은 물질적인 부족으로 인해 재물에 대한 집착이 강했다. 약탈한 여자 역시 약탈자 개인 재산의 일부였으니 당연히 잘 감시하고 지켜야 할 존재였다. 다른 남자가 끼어들어 약탈한 여자와 성적 관계를 갖게 되면 그녀를 데려갈 가능성이 높기 때문이다. 이처럼 물건에 대한 소유욕은 점차 사람에 대한 소유욕으로까지 확산되게 되었다. 이런 상황에서 주인이 있는 여자와 성관계를 가지려면 반드

삼경주소표점본, 1999년, 814쪽.

시 주인의 허락을 받거나 주인에게 일정한 보상을 하는 등 그 대가를 치러야 했다.[18] 이처럼 재산에 대한 집착은 점점 양성 간의 질투심으로 바뀌고, 또 남녀 간의 시새움 때문에 다투는 일도 많아졌다. 그 때문에 내혼内婚에 대한 규범을 더욱 엄격하고 복잡하게 만들 수밖에 없었던 것이다. 이런 점에서 외혼外婚의 출현과 내혼内婚 금지는 서로 결과와 원인의 관계라고 할 수 있다.

겁혼劫婚, 즉 약탈혼은 수렵시대부터 있었다. 중국의 고대 문헌에서 이에 대한 확실한 증거를 찾아볼 수 있다. 『예기·월령月令』의 「소疏」에 보면, 『세본世本』의 내용을 인용하면서 "태호太昊가 자웅雌雄 한 쌍의 사슴 가죽인 여피儷皮를 혼례의 납폐로 삼는 혼례 예식을 만들었다."고 했다. 태호라는 인물이 과연 존재했는지 확신할 수 없지만 여피가 사슴 한 쌍의 가죽으로 수렵민의 물건이라는 점은 『공양전』 장공 22년 하휴의 주에서 확인할 수 있다.[19] 고대의 혼례에서 기러기를 사용했던 이유도 여기에 있다. 그뿐만 아니라 날이 저물 무렵 결혼식을 행하던 옛 풍습도 약탈혼과 관련이 있는 것으로 보인다.

중국의 농업이 여자에 의해 생겨났던 것처럼 옛날에는 물고기를 잡는 일 또한 여자의 몫이었다.[20] 옛날 농업과 어업으로 삶을 영위하던 사람들은 먹을 것이 충분했으며 정착 생활을 했다. 당시 수렵활동은 정착생활을 하는 이들에게 절대적인 기여를 한 것이 아니기 때문에 경제적인 면에서

---

18) 예를 들어 빌리거나 교환하는 방식으로 이루어졌다. 『좌전』 양공(襄公) 28년 기사에 따르면, 경봉(慶封)이 노포별(盧蒲嫳)과 처첩을 바꾸어가며 술을 마셨고, 소공(昭公) 28년에는 기승(祁勝)과 오장(鄔臧)이 서로 아내를 교환했다는 이야기가 기록되어 있다. 오늘날에도 아내를 빌려가는 풍습이 남아 있는 지방이 있으니, 바로 이러한 행태의 흔적이다.

19) 『춘추공양전주소(春秋公羊傳註疏)』, 장공(庄公) 22년, 하휴의 주, "儷皮者, 鹿皮." 북경, 북경대학교출판사, 십삼경주소표점본, 1999년, 163쪽.

20) 구체적인 내용은 본서 제11장을 참조하시오.

남자들의 힘이 비교적 약했다. 복무혼은 바로 그런 시절의 혼인형태인데, 오늘날의 데릴사위제가 그 흔적이다. 『전국책戰國策 · 진책秦策』에 보면, 제나라 태공망太公望이 아내에게 쫓겨난 필부라는 기록이 나오는데, 이는 그가 데릴사위였음을 보여 주는 증거이다. 혼인형태는 예전 동아시아 지역에서도 매우 흔한 형태였던 것으로 보인다.

『한서漢書 · 지리지地理志』에 따르면, 제나라 양공襄公이 음란한 탓에 고모와 누이동생이 모두 시집을 가지 못했다. "그 때문에 (제 양공은) 전국에 집안의 장녀는 시집을 보내서는 안 된다는 명을 내렸다. 장녀는 집안 제사를 관장하는 자로 무아巫兒라 불리는데, 시집을 보내면 집안에 좋지 않은 영향을 미치기 때문이다. 그리하여 오늘날까지 사람들이 이를 풍속으로 여겨 지켜 왔다."21)

이러한 풍속이 단지 제후의 명령만으로 생겼을 가능성은 그리 크지 않다. 제 양공의 고모나 누이동생이 시집을 가지 못한 이유가 오히려 위와 같은 풍속 때문일지도 모를 일이다. 또한 『공양전』 환공桓公 2년에 보면 초왕楚王이 여동생을 아내로 맞이했다는 기록이 나온다. 이를 통해 동남쪽 민족에게 내혼제內婚制가 꽤 오랫동안 지속되었음을 알 수 있다.

『예기 · 대전』에는 다음과 같은 기록이 나온다.

"고조高祖 이하의 증조부曾祖父로부터, 조부祖父, 부父, 그리고 자신에 이르기까지는 모두 4대의 경우는 3개월간 시마복緦麻服을 입는데, 이는 오복五服의 끝이니 가장 가벼운 상복이다. 5대에 이르면 이미 오복의 관계를 벗어났으니 상례에 참가할 때 상복을 입지 않고 왼쪽 팔이 드러나도록 윗옷을 벗고左祖, 관을 벗고 머리털을 묶은 상태로 조의를 표할

---

21) 『한서』, 권28하, 「지리지」, "於是下令國中, 民家長女不得嫁, 名曰巫兒, 爲家主祠, 嫁者不利其家. 民至今以爲俗." 북경, 중화서국, 1962년, 1661쪽.

뿐이다. 그만큼 친족관계가 멀어졌다는 의미이다. 6대에 이르면 친족 관계가 완전히 없어진다. 이처럼 동성 친족은 먼 선조 세대가 분가하여 후대로 내려오면서 친족의 인연이 끊어진 것이다. 그렇다면 친족관계 가 끊어졌다고 서로 혼인할 수 있겠는가? 하지만 동일한 성姓으로 유지 되어 완전히 갈라진 것이 아니며 때로 정기적으로 함께 모여 음식을 먹으니 완전히 타인은 아니다. 설사 백세百世가 지난 뒤라도 서로 혼인 할 수 없다는 것이 주나라의 법도이다."22)

그러나 동족의 남녀가 영원히 통혼할 수 없다는 것은 단지 주나라의 법도였을 뿐 은殷이나 그 이전에는 6대 이후의 경우 서로 혼인할 수 있었 다. 은나라는 동방의 나라이다. 『한서 · 지리지』에 보면 동방에 속하는 연 燕나라의 풍속에 대한 다음과 같이 말하고 있다.

"처음에 (연나라) 태자 단丹은 용사勇士들을 빈객으로 두었는데 아름 다운 후궁을 아끼지 않고 그들에게 제공했다. 백성들이 이를 따르다 가 점점 풍속이 되어 지금도 그러하다. 빈객이 오면 아내로 하여금 잠자 리 시중을 들게 하고, 결혼하는 날에는 남녀를 구분하지 않고 한 자리에 모였는데, 오히려 이를 영예로 여겼다. 후에 이런 풍습이 조금이나마 사라지기는 했지만 끝내 고쳐지지 않았다."23)

인용문의 화자는 연나라 단丹의 행동이 바로 그런 풍습의 영향을 받았

---

22) 『예기정의 · 대전』, "四世而緦, 服之窮也. 五世袒免, 殺同姓也. 六世親屬竭矣, 其庶 姓別於上而戚單於下(單同殫), 婚姻可以通乎? 系之以姓而弗別, 綴之以族而弗殊, 雖 百世而婚姻不通者, 周道然也." 북경, 북경대학교출판사, 1999년, 1004~1005쪽. 역주: 원문에는 "綴之以族而弗殊."로 되어 있으나 다른 자료에는 "綴之以食而弗殊." 로 되어 있다. 저자의 오기인 듯하다. 역서는 '食'으로 고쳐 번역했다.

23) 『한서』, 권28하, 「지리지」, "初太子丹賓養勇士, 不愛後宮美女, 民化以為俗, 至今猶 然. 賓客相過, 以婦侍宿. 嫁娶之夕, 男女無別, 反以為榮. 後稍頗止, 然終未改." 앞의 책, 1657쪽.

다는 사실을 모르고 오히려 그런 풍습이 태자 단에서 비롯됐다고 오인하고 있다. 앞에서 언급한 제나라 양공의 이야기와 똑같은 논리상의 잘못을 범하고 있는 것이다. 그러나 한편으로 위의 인용문을 통해서 연나라에 성性적 공유제가 오랫동안 지속되었다는 사실을 알 수 있다. 연나라는 바닷가에 자리 잡은 나라였다. 알다시피 동남에서 동북에 이르는 지역은 땅이 비옥하고 수자원이 풍부하여 농업과 어업이 발달한 곳이다. 그렇기 때문에 내혼제와 모계씨족母系氏族 사회가 비교적 오래 유지되었다. 부계씨족父系氏族 사회가 수렵과 유목 활동에서 싹텄듯이 모든 사회제도는 그에 맞는 경제상황이 밑바탕을 이루고 있는 것이다.

인류는 부모의 친족, 즉 모계나 부계에 대해 어느 한 쪽에 집중할 수밖에 없었으니, 이는 어쩔 수 없는 일이다. 그래서 모계사회에서 부계 친족과 통혼하는 것을 제한하지 않았으며, 부계사회에서는 모계 친족과 혼인하는 것을 허용했다. 심지어 두 씨족끼리 대대로 혼인을 맺는 경우도 있었다. 이러한 현상은 고대 중국의 경우도 마찬가지이다. 그래서 남편의 아버지를 보고 어머니의 형제를 부르듯 '구舅(시아버지, 외삼촌)'라고 호칭하고, 남편의 어머니를 아버지의 자매를 부르듯이 '고姑(시어머니, 고모)'라고 불렀던 것이다. 다시 말해 모계의 형제에게 시집간 여자가 곧 부계의 자매인 셈이다. 물론 아버지의 친남매가 아니라 동일한 씨족에서 아버지의 항렬과 같은 여자를 말한다. 또한 아버지와 어머니의 결합처럼 나와 결혼하는 사람 역시 아버지가 속한 씨족의 남자이다. 옛날에는 하나의 씨족 아래 여러 지파가 나뉘는 경우가 허다했다. 실제는 훨씬 더 복잡하겠지만 여기서는 가장 간단한 예를 들어 설명하겠다. 이를테면 갑족甲族과 을족乙族이 각각 1조와 2조로 나뉜다. 갑일조甲一組의 여자는 반드시 을이조乙二組의 남자와 혼인해야 하며, 낳은 자식은 갑이조甲二組에 속한다. 갑이조甲二組의 여자는 반드시 을이조乙二組의 남자와 결합해야 하고, 낳은 자식은 갑일조甲一組에 속한다. 을족 두 조組의 여자도 마찬가지다.

이렇게 되면 조부와 손자는 동족同族이지만 아버지와 아들父子은 동족이 아니다. 고대 중국에서는 이런 식으로 종족간의 혼인이 이루어졌다. 그렇기 때문에 제사의 예禮에서 다음과 같은 기록이 나오는 것이다.

"손자는 조부의 시동이 될 수 있으나 아들은 아버지의 시동이 될 수 없다."[24]
"(서자의 자식들은) 요절한 이나 근친으로 후계가 없는 이는 제사를 지내지 않고 조부를 따라 제사를 받아먹으며, 서자가 아버지를 모신 사당에 제사를 지내지 않는 것은 조부의 제사를 지내기 위한 종자宗子임을 명시하기 위함이다"[25]

하지만 근친결혼에 대한 법률적 금지는 부계 친족 대상에게만 한정되지 않았다. 예를 들어 『청률淸律』에는 "고종사촌이나 이종사촌과 혼인하는 자는 장형杖刑 80대를 때리고 이혼시킨다."는 규정이 나온다.[26] 그러나 기존의 혼인풍습은 이미 오랜 세월 민간에 뿌리박고 지속되었기 때문에 위와 같은 법률 규정은 그저 실속 없는 일종의 형식에 지나지 않았다.
옛사람은 동성同姓이면 같은 시조에서 나왔다고 여겼다. 부계사회라면 그 시조는 남자이고, 모계사회라면 여자가 될 것이다. 설령 그것이 사실

---

24) 『예기정의 · 곡례(曲禮)』, "孫可以為王父尸, 子不可以為父尸." 북경, 북경대학교출판사, 1999년, 74쪽.
25) 『예기정의 · 상복소기(喪服小記)』, "殤與無後者, 必從祖祔食, 庶子不祭禰者, 明其宗也." 위의 책, 611쪽. 역주: 원문에는 『예기 · 증자문(禮記 · 曾子問)』에서 인용한 것으로 나오나 「상복소기喪服小記」에 나오는 문장이기 때문에 고친다. 또한 원서의 인용문에는 "庶子不祭禰者, 明其宗也" 대신 "而不從父祔食"이라고 썼으나 「상복소기」에는 이런 말이 없다. 다만 "庶子不祭禰者, 明其宗也."와 "而不從父祔食."은 의미가 상통한다. 「증자문」에는 "凡殤與無後者, 祭於宗子之家."라고 나오니, 저자가 착각한 듯하다.
26) 『대청률례(大淸律例) · 호율(戶律) · 혼인(婚姻)』, "娶己之姑舅兩姨姊妹者, 杖八十, 並離異." 북경, 법률출판사, 2000년, 209쪽.

이 아닐지라도 그렇게 믿고 따랐다. 동성 여부의 판정은 혈연관계의 친소親疏와 확실히 무관했다고 할 수 있다. 그럼에도 불구하고 옛사람은 동성이면 동덕同德이라 여겨 동성 혼인을 금지하였고, 이성異姓이면 이덕異德이라 생각하여 이성과의 혼인을 허용했다. 동성불혼의 이유에 확실한 근거를 찾기는 어렵지만 혈연관계의 유무에 상관없이 모두 동성불혼의 규범을 지켰다. 그러나 후세로 넘어오면서 동성에 대한 이해가 사뭇 달라졌다. 동성은 반드시 같은 시조가 아닐 수도 있고, 설사 같은 시조에서 내려왔다고 해도 반드시 동성인 것도 아니라고 여겼기 때문이다. 예를 들어 왕망王莽은 요姚, 규嬀, 진陳, 전田 등 여러 성씨는 모두 황제黃帝와 우순虞舜(순임금)의 후예로서 자신과 동성이라고 주장하면서 원성元城 왕씨(왕망은 위군魏郡 원성현元城縣 출신으로 원성 왕씨이다)는 앞서 말한 네 개의 성씨와 혼인할 수 없다고 명을 내렸다.[27] 또한 왕흔王訢과 손함孫咸은 동성이 아니기 때문에 그들의 딸은 왕망에게 재가할 수 있었다.[28] 이후에는 동성 유무를 아예 상관하지 않았다. 동성 또는 이성異姓은 단지 부계의 성씨와 같은 지 여부에 따라 판정될 뿐 다른 이론적인 근거가 없다. 참으로 황당하고 난감한 일이 아닐 수 없다. 이는 동성불혼同姓不婚의 제도가 파괴되어 형식만 남아 있는 사실과 관련된다. 하여튼 오늘날의 성씨는 어느 면에서나 사회조직상 쓸모없는 유품에 불과하다. 이 점에 대해서는 다음 장에서 보충해서 설명하고자 한다.

고대 혼례婚禮 의식 중에 납징納徵이라는 빙례聘禮 의식이 있는데 이는 매매혼賣買婚의 흔적이다. 『예기·내칙內則』에 따르면, "예禮를 갖추어 맞이하면 처妻가 되고 예를 갖추지 않고 그냥 데려가면 첩妾이 된다."[29]

---

27) 『한서·왕망전(王莽傳)』 참조.

28) 『한서·왕흔전(王訢傳)』 참조.

29) 『예기정의·내칙』, "聘則爲妻, 奔則爲妾." 앞의 책, 871쪽.

또한 「곡례曲禮」에 보면, "첩을 샀는데 그녀의 성을 모르기 때문에 점쳐서 알아낸다."[30]는 말이 나온다. 첩을 들일 때 몸값을 제대로 치러야 하지만, 처를 맞이하는 예물은 그저 일종의 구비 형식일 뿐, 더 이상 경제적인 이익을 챙기려는 취지는 아니었다.

후대에 전해 내려온 고대의 혼례로는 『의례儀禮』에 나오는 「사혼례士婚禮」가 있다. 사혼례는 육례六禮라고도 하여 모두 여섯 절차였다. 납채納采, 문명問名, 납길納吉, 납징納徵, 청기請期, 친영親迎이 그것이다.

납채納采는 신랑 측에서 사람을 보내 신부 측에 가서 청혼을 하는 것이다. 문명問名은 신부 측에서 허혼을 한 다음에 어느 여자인지 의사를 묻는 것이다. 왜냐하면 납채는 여자의 씨족에게 청혼하는 것일 뿐 어느 여자인지를 명확히 밝히지 않기 때문이다. 납길納吉은 허혼한 여자가 누구인지 밝혀진 다음 남자 측이 집안 사당에서 점을 쳐 길조吉兆를 받은 후 다시 여자 집에 알리는 것이다. 납징은 납폐納幣라고도 한다. 납폐하는 예물로는 검은 비단과 붉은 비단을 합쳐 묶은 옷감束帛과 사슴 가죽 한 쌍儷皮이 있다. 청기請期는 길일을 정하는 것이다. 남자 측에서 길일을 택한 다음 여자 측에 혼인 날짜를 정해 달라고 세 번 청하는데, 여자 측에서 정하지 않으면 남자 측에서 정한 다음에 여자 측에 알려 준다. 친영親迎은 신랑이 직접 신부 집에 가서 신부를 맞이하는 예식이다. 친영할 때 신랑은 기러기雁를 들고 인사를 올린 후 대청에 들어가 전안례奠雁禮를 올린다. 그러고 나서 신부 아버지가 신부를 데리고 나와 신랑에게 보낸다. 그리하여 신랑은 신부를 데리고 나와 수레에 탄다. 신랑은 형식적으로 직접 수레를 몰고 세 바퀴 돌다가 다시 수레에서 내린 뒤, 전문적인 수레꾼이 계속 수레를 몰고 간다. 신랑이 먼저 집에 도착하여 대문 앞에서 신부가 도착하는 것을 기다린다. 신부가 도착하면 신랑이 신부에게 읍하고 같이 들어

---

30) 『예기정의 · 곡례』, "買妾不知其姓則卜之." 위의 책, 53쪽.

간다. 만약 친영親迎하지 않으면 신랑이 석 달 후에 장모, 장인을 뵈러 간다. 친영례親迎禮에 대해 유가儒家는 찬성했지만 묵가墨家는 반대했다.[31]

친영親迎 날 저녁, 신랑과 신부는 공뢰共牢와 합근合졸의 예를 행한다.[32] 다음날 신부는 찬자贊者의 인도에 따라 시부모舅姑를 만나 뵙는 예를 행한다(贊婦見於舅姑). 그 다음날에는 며느리에게서 공궤供饋를 받은 시부모가 답례하는 의미에서 며느리에게 잔칫상을 내리는 예를 행한다(舅姑共饗婦). 예식이 끝나면 시부모는 서계西階(서쪽 계단)로 내려가고, 신부는 조계阼階(동쪽 계단)로 내려간다.[33] 이는 시부모가 가사일의 결정권을 며느리에게 물려주었기 때문에 자신은 집의 손님이 되었다는 뜻이다. 이는 적부適婦(적자嫡子의 처)에게만 적용되는 예식으로 저대著代 또는 수실授室이라고 했다.

시부모가 없는 경우, 석 달 후에 사당에 가서 조상을 알현한다. 『예기·증자문曾子問』에 따르면, "신부가 사당에서 조상을 알현하기 전에 죽으면 친정집 묘지에 묻힌다. 혼인이 아직 성립되지 않아 정식 며느리가 되지 못하였기 때문이다."[34] 제후諸侯의 경우 딸을 시집보낸 뒤 석 달 후에

---

31) 구체적인 내용은 『예기·애공문(哀公問)』, 『묵자(墨子)·비유(非儒)』를 참조하시오.

32) 고대에는 제례나 혼례 등이 끝나고 연회를 베풀 때 희생으로 사용한 돼지, 소, 양 등을 각기 한 사람씩 골고루 나누어주었다. 그러나 신혼부부 두 사람은 개별로 받지 않고 함께 먹도록 했다. 이처럼 부부가 함께 밥을 먹는 것을 공뢰(共牢)라고 한다. 또한 박을 반으로 잘라 만든 표주박 술잔으로 술을 마셨는데, 이를 합근(合졸)이라 한다. 이는 부부가 공동체이며 존비가 같다는 뜻이다. 역주: 『예기·혼의(昏義)』에 보면, "함께 희생을 맛보고 표주박의 술잔으로 입가심한다(共牢而食, 合졸而酳)."라고 했다.

33) "舅姑先降自西階, 婦降自阼階." 서계는 서쪽 계단이다. 손님이 사용하는 계단이란 뜻에서 '빈계(賓階)'라고도 한다. 조계(阼階)는 동쪽 계단으로 주인이 오르내릴 때 사용하는 계단이다. 옛날 사람들은 오른쪽을 더 높이 여겼기에 손님을 서계로 다니게 했다.

대부大夫에게 예물을 가지고 방문하여 딸의 상황을 살피도록 하는 치녀의 예致女之禮가 있었다.[35] 이에 대해서 하휴何休는 "꼭 석 달이어야 하는 이유는 그것이 여자의 정절을 판별하는 데 필요한 시간이기 때문이다."[36]라고 했다. 이러한 이유로 고대의 혼인은 꼭 석 달 후에야 정식으로 성립될 수 있었던 것이다. 『예기』에 따르면, 석 달 안에 헤어지면 아직 혼인이 성립되기 전이라 이혼이라고 할 수 없었다. 이러한 사실을 통해서 초기의 혼인제도가 꽤 느슨하였음을 알 수 있다.

예경禮經(『의례』와 『예기』)에서 다루어진 이러한 혼례 규범은 가족제도 전성기의 풍습으로 신혼부부가 아닌 가족 전체 구성원을 위해 마련된 것이다. 『예기·내칙內則』에 나오는 다음의 내용을 보면 이를 확인할 수 있다.

> "아들이 그의 처를 사랑할지라도 부모가 싫다고 하면 헤어져야 하고, 아들이 그의 처가 마음에 들지 않더라도 부모만 잘 섬기면, 부부의 예를 갖추고 죽을 때까지 함께 살아야 한다."[37]

위의 인용문을 보면 당시 가장家長의 권위가 얼마나 대단했는지를 짐작할 수 있다. 또한 「혼의昏義」의 다음과 같은 내용도 신부를 맞아들이는 일이 순전히 가족을 위한 목적 때문이라는 사실을 더욱 명백하게 보여준다.

> "부례婦禮(신부가 되는 예)가 이루어지고 신부가 효순하다는 것이 분명

---

34) 『예기정의·증자문』, "女未廟見而死, 歸葬於女氏之黨, 示未成婦." 앞의 책, 573쪽.

35) 구체적인 내용은 『공양전』 성공(成公) 9년을 참조하시오.

36) 『춘추공양전주소』, 성공(成公) 9년, 하휴(何休) 주, "必三月者, 取一時, 足以別貞信." 북경, 북경대학교출판사, 1999년, 389쪽.

37) 『예기정의·내칙』, "子甚宜其妻, 父母不悅, 出. 子不宜其妻, 父母曰, 是善事我, 子行夫婦之禮焉? 沒身不衰." 앞의 책, 839쪽.

해지면 다시 집안의 여주인이 바뀌어 대를 교체한다는 뜻인 저대著代로써 거듭 강조하니, 이는 신부의 순종함을 엄중히 요구하기 때문이다. 부순婦 順, 즉 신부의 순종함이란 시부모에게 순종하고, 집안의 다른 사람들과 화목하게 지내며 그런 다음에 남편에 대해서는 길쌈 등의 일(사마포백絲麻 布帛)을 이루며(관리하며), 집안에 쌓아놓은 물건과 덮어 감춘 것들을 자세히 살펴 집안 살림을 정성스레 영위하는 것을 말한다. 그런 까닭에 신부가 순종하는 덕을 갖춘 다음에야 안으로 집안이 화목하게 다스려지고, 화목하게 다스려져야만 그런 다음에 가문이 오래 번창하여 발전해 나갈 수 있다. 그러므로 성왕이 이를 중요하게 여기셨던 것이다."38)

「증자문曾子問」에 보면 이런 구절이 나온다.

　　"딸을 출가시킨 집안에서는 사흘 밤을 촛불을 끄지 않고 지내는데, 이는 서로 헤어짐을 생각하여 잠을 이루지 못하기 때문이고, 며느리를 들인 집안에서 삼일 간 음악을 연주하지 않고 지내는 것은 어버이를 이어서 세대가 바뀌는 것을 생각하여 감상에 젖기 때문이다."39)

　　현대인의 입장에서 본다면, 위의 인용문에서 딸을 시집보낸 신부 집의 행동은 충분히 이해되지만, 신부를 새로 들인 신랑 집의 행동은 이해하기 쉽지 않다. 현대인은 결혼을 개인의 일, 행복한 일로 여기지만, 옛사람들은 결혼을 오로지 가문의 일로 생각했다. 아들이 장가갈 정도로 컸다면 부모도 그만큼 늙었다는 뜻이니 오히려 슬픈 일이었다. 그래서 「곡례」에서 "결혼을 축하하지 않는 것은 결혼이 사람의 세대가 바뀌었음을 의미

---

38) 『예기정의 · 혼의(昏義)』, "成婦禮, 明婦順, 又申之以著代, 所以重責婦順焉也. 婦順 也者, 順於舅姑, 和於室人, 而後當於夫, 以成絲麻布帛之事, 以審守委積蓋藏. 是故婦 順備而後內和理, 內和理而後家可長久也, 故聖王重之." 위의 책, 1622쪽.

39) 『예기정의 · 증자문』, "嫁女之家, 三夜不息燭, 思相離也. 取婦之家, 三日不舉樂, 思 嗣親也." 위의 책, 573쪽.

하기 때문이다."[40]라고 했던 것이다. 이러한 사실들을 통해서 당시의 가족주의家族主義가 얼마나 큰 위세를 떨쳤는지, 이런 가족주의의 그림자 밑에서 개개인이 얼마나 미약한 존재였는지를 짐작할 수 있다.

이렇듯 당시 여자들은 가문의 노예나 다름없는 존재였으며 처지는 처량하기 짝이 없었다. 또 노예에게 충성이 강요되었듯이 여자의 정조貞操가 점점 강조되어 덕행의 중요한 기준이 되었다. '정부貞婦'란 말은『예기·상복사제喪服四制』에서 처음 보이는데, 같이 나오는 효자가 효성스러운 아들이란 뜻인데 반해 정절을 지키는 여자란 뜻이다. 여자의 정절에 관한 이야기는 수도 없이 많다. 그 중에서 송백희宋伯姬의 이야기는 전형적인 예이다. 춘추시대 노나라 군주魯君의 딸 가운데 송나라로 시집간 백희라는 딸이 있었다. 어느 날 밤 송나라에 큰불이 났는데 백희는 "부인婦人이 나가려면 반드시 옆에 나이든 시종인 부모傅姆가 있어야 한다."라고 말했다. 하필이면 그 때 옆에 부모傅姆가 없었던 까닭에 결국 불타 죽고 말았다.[41]『춘추春秋』에서 특별히 그녀에 대한 이야기를 기록한 것은 그녀를 찬양하기 위함이었다.[42] 이외에도 여성의 정절을 예찬하는 이야기는 수 없이 많다. 예를 들어 유향劉向은 노시魯詩를 연구한 학자로『열녀전烈女傳』을 지었는데, 그 중에는 유교의 시설詩說에 관한 이야기도 있지만 특히 정절을 지킨 여인들에 대한 이야기가 적지 않다.[43]

이외에도 진시황은 회계산會稽山 석각石刻에서 여자의 정절을 강조하는 내용을 새겨 넣었다.

---

40)『예기정의·곡례(曲禮)』, "昏禮不賀, 人之序也." 위의 책, 54쪽.
41)『춘추공양전주소』, "婦人夜出, 必待傅姆." 북경, 북경대학교출판사, 1999년, 386쪽. 부모(傅姆)는 나이 든 시종(侍從)을 말한다. '필대부모(必待傅姆)'는 혐의를 피하기 위해 밤에는 혼자 다니지 않는다는 뜻이다.
42)『공양전』 양공(襄公) 30년 참조.
43) 역주: 노시(魯詩)는 중국의 노나라 사람 신배(申培)가 전한『시경』을 말한다.

"과실을 꾸미고 도의를 내세워 자식이 있으면서도 재가再嫁하는 것은 죽은 아비를 배신하는 부정한 짓이니, 내외를 나누어 구별하고, 음탕한 짓을 금지시키자 남녀가 순결하고 진실해졌다. 지어미가 있는 남자가 수퇘지처럼 다른 여자와 간통하면 죽여도 죄를 묻지 않자 남자들이 마땅히 지켜야 할 도리를 준수하게 되었다. 또한 지아비를 버리고 달아나 재가한 여자는 자식들이 어미로 인정하지 않게 하니 여자들이 모두 청렴하고 결백해졌다."44)

이와 같은 맥락에서 관자管子는 『관자 · 팔관편八觀篇』에는 다음과 같이 말했다.

"마을 입구의 문을 닫지 않으면 안팎으로 제멋대로 왕래하여 남녀 간에 구별이 없게 된다.……동일한 계곡의 물을 마시고, 같은 골목에서 우물을 파며, 집집마다 마당이 서로 연결되어 있고, 수목이 울창한데 담장이 훼손되고 집의 문이 닫혀있지 않아 안팎으로 제멋대로 왕래하게 되면 남녀의 구별을 바로 잡을 수 없다."45)

또한 『한서 · 지리지地理志』에도 이와 유사한 문장이 나온다.

"정나라鄭國는 땅이 좁고 지세가 험준하다. 사람들은 산에서 살면서 계곡의 물을 함께 마시며 남녀가 자주 모인다. 그리하여 그들은 풍습이 음란하다."46)

---

44) 『사기 · 진시황본기』, "節省宣義, 有子而嫁, 倍死不貞. 防隔內外, 禁止淫佚, 男女潔誠. 夫爲寄猳, 殺之無罪, 男秉義程. 妻爲逃嫁, 子不得母, 咸化廉淸." 중화서국, 1959년, 262쪽.

45) 『관자교주(管子校注) · 팔관』, "閭閈無闔, 外內交通, 則男女無別矣.……食谷水, 巷鑿井, 場圃接, 樹木茂. 宮墻毁壞, 門戶不閉, 外內交通. 則男女之別, 無自正矣." 북경, 중화서국, 신편제자집성(新編諸子集成), 2004년, 256쪽.

46) 『한서 · 지리지』, "鄭國土陋而險, 山居谷汲, 男女亟聚會, 故其俗淫." 앞의 책, 1652쪽.

진시황이 "내외를 나누어 구별하는(防隔內外)" 조치를 취한 배경이 바로 여기에 있으니, 사대부 집안에서 "안채는 깊숙하게 두고 안팎 사이에 문을 두어 혼시閽寺(문지기와 내인)가 지키도록 하니 남자는 안으로 들어가지 않고 여자는 밖으로 나오지 않는다."[47]라는 규범을 민간까지 확대시킨 것이다. 재가再嫁의 경우 금령을 따로 마련한 것은 아니었지만, "죽은 아비를 배신하는 부정한 짓(倍死不貞)"이라고 단정함으로써 수치심을 심어 주었다. 이는 정조를 선양하는 것과 같은 취지이다. 인용문에 나오는 '기가寄豭'라는 말은 수퇘지가 암퇘지의 집에 얹혀산다는 뜻이니 간통하는 것을 뜻한다. 그런 자를 죽여도 죄가 되지 않고, 또한 지아비를 버리고 달아나 재가한 여자는 어미 취급을 받을 수 없다는 것은 당시 간통한 자들에 대한 제재가 엄격했음을 방증한다. 물론 이러한 정령政令은 당연히 지배층에 기여하고 지배층의 이익을 보장하는 데 목적이 있었다.

로마가 하루아침에 이루어진 것이 아니듯 고대의 느슨했던 혼인제도가 돌연 짧은 시간에 엄격해질 수는 없는 일이다. 사실 옛 문헌에서 볼 수 있는 혼인제도는 후대보다 훨씬 자유로워 보인다. 『좌전』소공昭公 원년 기사에 보면 다음과 같은 이야기가 기록되어 있다. 정鄭나라에 서오범徐吾犯이라는 사람이 있었다. 그에게 아주 아름다운 누이동생이 있었는데, 대부 공손 초公孫楚(자남子男)가 그녀를 아내로 맞이하기 위해 빙聘(폐백을 드림)했다. 그러자 공손 흑黑(자석子晳)이 또 사람을 보내 억지로 위금委金(약혼을 위해 예물인 기러기를 보냈다는 뜻)했다. 자석은 막강한 호족이라 국법으로도 어찌할 수 없었다. 결국 서오범은 누이동생으로 하여금 스스로 선택하도록 할 수 밖에 없었다.

비록 별 다른 뜻이 있는 것은 아니지만 이 이야기를 통해 고대의 혼인에서도 남녀 스스로의 선택의 여지가 있었음을 확인할 수 있다. 하지만

---

47) 『예기정의 · 내칙』, "深宮固門, 閽寺守之, 男不入, 女不出." 앞의 책, 858쪽.

"남자는 직접 청혼할 수 없으며 여자 또한 직접 혼인을 허락할 수 없었다."[48] 반드시 중매자를 통해야 했기 때문이다. 또한 혼인을 증명하고 인정받는 차원에서 반드시 "음식과 술로 동네 사람이나 친척, 동료, 친구들을 대접해야만 했다."[49] 또한 파혼 역시 그다지 어렵지 않았다.

앞서 논의된 바와 같이 석 달이 지나야 정식 부부가 될 수 있다고 했으나 설사 석 달이 지난 후에도 두 사람이 서로 맞지 않는다는 판단이 서면 또한 쉽게 헤어질 수 있었다. 오늘날 어느 나라에서도 이러한 자유는 누릴 수 없을 것이다. 아직 동거하지 않은 상태라면 파혼이 더욱 쉬었음은 말할 나위도 없다.

파혼과 관련하여 『예기 · 증자문』은 이렇게 말하고 있다.

> "(증자가 묻길) 이미 납채하여 길일을 택했는데 여자의 부모가 돌아가시면 어찌해야 합니까? 이에 공자께서 말씀하시길, 사위(婿, 앞으로 사위가 될 사람)의 집에서 사람을 보내 조문해야 한다. 마찬가지로 사위의 부모가 돌아가시면 여자 집에서도 사람을 보내어 조문해야 한다.……사위가 장례를 치르고 나면 백부伯父가 여자의 집에 알린다. '아무개의 아들이 부모상을 당하여 당분간 형제兄弟의 관계(사돈관계 또는 부부관계)를 맺기 어려우니 아무개를 보내 이를 알려드립니다.' 여자 집에서 이를 허락하면 사위가 거상居喪하는 동안 딸을 감히 다른 집에 시집보내지 않는 것이 예이다. 사위가 복상을 끝내면 여자의 부모가 사람을 보내 혼인하기를 청한다. 사위가 혼인을 거부하면 이후에 다른 집에 딸을 출가시키는 것이 예이다. 여자의 부모가 돌아가셨을 때는 사위 역시 이와 같이 한다."[50]

---

48) 『춘추공양전주소』, 희공(僖公) 14년, "男不親求, 女不親許." 앞의 책, 229쪽.

49) 『예기정의 · 곡례』, "爲酒食以召鄕黨僚友." 앞의 책, 52쪽.

50) 『예기정의 · 증자문』, "昏禮旣納幣, 有吉日, 女之父母死, 則如之何? 孔子曰, 婿使人吊. 如婿之父母死, 則女之家亦使人吊. 婿旣葬, 婿之伯父, 致命女氏曰: 某之子有父母之喪, 不得嗣爲兄弟, 使某致命. 女氏許諾, 而弗敢嫁, 禮也. 婿免喪, 女之父母使人請,

여자의 경우 3년씩이나 기다려야 하고, 남자 쪽은 거상이 끝난 후에도 마음대로 파혼할 수 있다니 참으로 불공평하다. 그래서 이를 왜곡하여 그릇된 해석을 내놓은 유자儒者들도 있는데, 사실 이는 『예기』의 기록이 간략하여 일어난 오해일 따름이다. 공자는 한쪽이 상을 당했는데 상대방이 혼약을 깰 생각이 없을 경우를 이야기한 것이다. 만약 상대방이 파혼하려고 했다면 막을 길이 없다. 당시에는 그런 일이 매우 흔했을 것이다. 다만 공자가 이를 문제 삼아 거론하지 않았을 뿐이다. 그런데 기자記者(관련 대목을 쓴 사람)가 경솔하게 "딸을 감히 다른 집에 시집보내지 않는 것이 예이다(而弗敢嫁, 禮也)."라고 여섯 글자를 부기한 것 같다. 그래서 무조건 기다리지 않으면 안 되는 것처럼 착각하게 만들었던 것이다.

옛사람의 혼인과 관련하여 이혼의 사유로 칠기七棄 또는 칠출七出(한국에서는 칠거七去라고 한다-역주)이라는 것이 있고, 또한 그럼에도 불구하고 내쫓을 수 없는 이유인 삼불거三不去와 아내로 받아들일 수 없는 다섯 가지 이유인 오불취五不娶가 있다.

칠거는 다음 일곱 가지 경우를 가리킨다. 첫째, 아들을 낳지 못하는 무자無子. 둘째, 음란한 행위를 저지름(淫佚). 셋째, 시부모를 잘 섬기지 못함(不事舅姑). 넷째, 이간질을 함(口舌). 다섯째, 도둑질(盜竊). 여섯째, 질투(嫉妬). 일곱째, 악질(惡疾). 삼불거(三不去)는 다음의 세 가지 상황을 가리킨다. 부모 3년 상을 함께 치른 경우 내쫓지 않는다(甞更三年喪不去). 가난한 집으로 시집왔다가 부자가 되었을 경우 내쫓지 않는다(賤取貴不去). 돌아갈 곳이 없는 경우 내쫓지 않는다(有所受無所歸不去). 오불취(五不娶)의 대상은 다음과 같다. 어머니를 여읜 장녀(喪婦長女), 대대로 몹쓸 병이 있는 집안의 딸(世有惡疾), 대대로 형벌을 받은 사람이 있는 집안의 딸(世有刑人), 음란한 집안의 딸(亂家女), 패역한 집안의 딸(逆家

婿弗取而後嫁之, 禮也. 女之父母死, 婿亦如之." 위의 책, 581~582쪽.

女).51)

이러한 것들은 모두 남자의 입장에서 만든 규범들이다. 물론 이러한 규범들은 유가儒家에서 당시 풍습을 정리하고 다듬은 내용 가운데 마땅히 그래야 할 것이라고 여긴 것들을 규범화한 것일 뿐 당시의 법이나 관습과 완전히 부합한다고 말할 수 없다.

여자 측에서 이혼하려 할 때에도 역시 여러 조건들이 있었겠지만 법이나 풍습으로 적용되었던 규범들이 전해 내려온 것이 없을 뿐이다. 한나라 시절 주매신朱買臣의 아내 경우처럼 이혼하려는 여자가 적지 않았으니 당시 사람들은 이혼을 그리 대수로운 일로 여기지 않았던 듯하다.52) 남편이 죽은 뒤에 재가하는 것은 더욱 흔한 일이었다. 그런데 이학理學이 크게 흥성한 송나라 이후 사대부 집안에서 명예와 정절을 중시하면서 상류사회의 여자들이 재가하는 일이 많이 사라졌다.

재가의 문제와 관련하여 『예기 · 교특생郊特牲』에 다음과 같은 말이 나온다.

> "이미 함께 살기로 혼인을 하였으니 종신토록 바꾸지 않는다. 그런 까닭에 남편이 죽은 뒤에도 재가하지 않는 것이다."53)

이는 구태의연하고 교조적이고 고지식한 유생들이 흔히 인용하는 구

---

51) 『대대예기(大戴禮記) · 본명(本命)』, 『공양전』 장공(庄公) 27년, 하휴(何休)의 주를 참조하시오.

52) 역주: 『한서 · 주매신전』에 따르면, 주매신은 집안이 가난하여 장작을 팔아 생활하면서도 책을 손에서 놓지 않았는데, 아내가 가난에 찌든 모습이 싫어 이혼하고 떠났다. 나중에 한 무제에게 등용되어 회계태수로 임명되었다. 임지로 가는 길에 이혼한 처와 그녀의 남편을 만나 그들에게 거처를 마련해주었다. 그러나 그의 옛 처는 수치심에 목을 매어 죽고 말았다.

53) 『예기정의 · 교특생』, "一與之齊, 終身不改, 故夫死不嫁." 앞의 책, 814쪽.

절이다. 그러나 "이미 함께 살기로 혼인을 하였으니 종신토록 바꾸지 않는다"는 말은 처로 맞아들였다면 다시 첩으로 바꾸어 취급해서는 안 된다는 뜻일 뿐 남편이 죽은 다음 재가할 수 없다는 이야기가 아니다.『백호통의白虎通義・가취嫁娶』에 보면『교특생郊特牲』에 나오는 위의 문장을 그대로 인용하고 있는데, "그런 까닭에 남편이 죽은 뒤에도 재가하지 않는다(故夫死不嫁)."는 대목이 없다. 뿐만 아니라 이에 대한 정현鄭玄의 주역시 이와 관련한 언급이 없다. 따라서 "故夫死不嫁"란 문구는 후세 사람이 갖다 붙인 내용으로 보인다. 또한 정현은 주에서 "'제齊'자가 '초醮'로 쓰인 경우도 있다."고 했으니 이 역시 후세 사람들이 고쳐 쓴 것일 가능성이 크다. 그러나 정현이 주를 달았던 원본은 '제齊'로 적힌 판본이며, '醮'자를 쓴 판본 역시 "故夫死不嫁"라는 다섯 글자가 부기되기 이전의 판본이라고 할 수 있다. 이렇듯 고대 문헌들은 후세로 내려오면서 조금씩 첨삭되는 과정을 거쳤음을 확인할 수 있다.

후세로 내려오면서 남자의 권리는 더욱 신장되고, 여자에 대한 억압은 한층 심해졌다. 이는 여자의 정절을 중시하고 절이 중요시되고 재초부再醮婦(다시 시집간 여자, 즉 재가한 여자)가 천대를 받는다는 사실을 통해서 확인할 수 있다. 사실 여자가 정조를 지키는 것은 남편에 대한 여러 의무 사항 중의 하나일 뿐이다. 혼사는 일종의 계약이니 혼인이 성립된 후부터 혼인이 지속되는 동안에만 유효하며, 또한 실제적으로도 그렇게 하는 것이 타당하다. 야만사회는 이러한 불문율에 의해 유지되었으나 이른바 문명사회로 진입하면서 오히려 한도를 넘어서 더욱 많은 것을 제한하고 요구하게 되었으니 이는 오로지 남권사회男權社會이기 때문이다.

후대에는 여자의 이혼이 고대에 비해 훨씬 어려운 일이 되었다. 고대 사회에서 재산은 가족 공유였기에 식구라면 누구나 그것을 누릴 자격이 있었다. 그래서 고대 여자들은 이혼할지라도 빈손으로 돌아갈 것이라는 걱정이 없었다. 그러나 후대에 와서는 상황이 달라졌다. 재산은 더 이상

가족 공유가 아니라 개인소유로 간주되면서 사람들은 한번 출가했던 여자를 받아들이려 하지 않았다. 더구나 세상 사람들은 재가하는 여자를 천대시하였기 때문에 버림받은 여자를 아내로 데려갈 사람도 드물었다. 이런 상황 속에서 이혼당한 여자들의 처지는 그지없이 처량할 수밖에 없었다. 이런 현실 속에서도 법적으로 여자를 보호하기 위해 조치를 취한 경우는 극히 드물다. 다만 『청률清律』에 다음과 같은 내용이 적혀 있을 따름이다.

> "내쫓지 말아야 하는데 의절義絶한다는 문서를 주면서 아내를 내보낸 자는 곤장 80대에 처한다. 삼불거에 해당되는 경우인데도 칠출의 죄를 저질렀다고 아내를 내쫓은 자에게는 (곤장 80대에서) 2등급을 내려 처벌한다. 또 내보낸 아내를 되찾아와야 한다."54)

여자를 보호하기 위해서 특별히 만든 조문이기는 하나, 되찾은 아내를 남편과 시댁 식구로부터 구박 당하지 않도록 보호해 주는 후속 조치가 전혀 없었다는 점은 안타까운 일이라 하겠다. 또한 『청률』에는 이혼에 대한 다음과 같은 규정이 보이기도 한다.

> "부부 금실이 좋지 않아 쌍방이 원해서 이혼하는 경우에는 아무런 처벌을 받지 않는다."55)

부부 금실이 좋지 않으면 이혼할 수 있다는 위의 규정은 상당한 자유를 주는 듯 보이지만, 아내를 구박하고 자신밖에 모르는 남편이 대부분이었

---

54) 『대청률례 · 호율(戶律) · 혼인』, "凡妻無應出及義絶之狀而出之者, 杖八十. 雖犯七出, 有三不去而出之者, 減二等, 追還完聚." 북경, 법률출판사, 2000년, 212~213쪽.
55) 『대청률례 · 호율 · 혼인』, "若夫妻不相和諧而兩願離者不坐." 북경, 법률출판사, 2000년, 213쪽.

던 상황에서 쉽게 이혼을 허락해 주는 자가 과연 몇이나 되었을까? 양측 당사자가 모두 원한다는 것을 이혼의 조건으로 설정하는 한 곤경에 처한 여자들이 구제받을 가능성은 매우 낮을 수밖에 없다. 그렇다면 남편 몰래 달아날 수밖에 없는데, 그럴 경우 "곤장 100대와 남편에 의해 아무에게나 시집가거나 팔려나가는"[56] 처벌을 감수해야만 했다. 그러니 곤경에 처한 여자들이 무슨 수로 자기 자신을 구제하고 지킬 수 있었겠는가?

언뜻 봐도 이러한 부부제도는 도저히 유지할 만한 가치가 없다. 그러나 발전이란 빠른 시일 내에 이루어지는 법이 없고, 또 현행 제도 역시 하루 아침에 고쳐질 수 있는 것이 아니다. 지금 법을 만드는 입장에서 이혼과 관련하여 적어도 다음과 같은 내용이 포함되어야 한다고 생각한다.[57] 첫째, 아내가 제출한 이혼 소송은 무조건 허락해 주어야 한다. 둘째, 자녀는 어머니가 키우되 그 비용은 아버지가 부담해야 한다. 셋째, 남편이 가진 재산 가운데 마땅히 아내가 가져야 할 부분은 이혼할 때 아내에게 주어야 한다. 넷째, 부부가 각자 가진 재산은 상관하지 않는다. 단 부부 공동 재산 가운데 아내가 시집올 때 가져온 혼수 등은 아내의 개인 재산으로 인정해 주고, 이혼할 때 그것을 아내에게 돌려주어야 한다. 이미 소모되었을 경 우 배상해 주어야 한다. 물론 이 같은 조치를 마련한다 하더라도 기본적 인 해결책은 되지 못한다. 하지만 현재로서는 법으로라도 그렇게 규정하 는 것 외의 다른 뾰족한 대책은 없다. 오늘날의 법은 마땅히 이렇게 제정 되어야 한다고 생각한다.

고서에 기록된 예禮는 대개 부계사회의 관습이나 규범이었다. 후대에

---

56) 『대청률례 · 호율 · 혼인』, "杖一百, 從夫嫁賣." 앞의 책, 213쪽.
57) 역주: 본서의 저본인 『여저중국통사(呂著中國通史)』는 1940년 상해 개명서점(開明 書店)에서 상책 초판이 나왔다. 따라서 당시의 상황에 맞게 저술된 것이기 때문에 이러한 발언이 적혀 있는 것으로 보인다.

내려와서도 사회 조직에 있어서 크게 변한 것이 없어 이를 당연한 원칙으로 여기고 지켜왔다. 세상의 일이란 원인과 결과가 맞물려 있는 법이다. 고대에 제정된 예에 대한 규범을 믿고 따랐기 때문에 부계사회가 오래도록 유지되었던 것이다. 하지만 고서의 기록 중에도 부계사회나 가족주의가 형성되기 이전의 사회 상황을 보여 주는 부분이 없지 않으니 이를 주위 깊게 연구할 필요가 있다.

혼인 적령기와 관련하여 『예기·예운禮運』은 "남녀의 결합은 반드시 나이에 합당하게 진행하고, 작위 수여는 반드시 덕을 갖춘 자에게 행해져야 한다."[58]고 말했다. 『관자·유관幼官』에서도 "남녀의 결합合男女"이라는 말이 나오는데, 이는 『주관周官』의 매씨媒氏[59]에서 다루는 주제이자 『관자·입국入國』에서 언급된 합독合獨(홀아비와 과부를 맺게 해줌)의 정책을 말한다. 이와 관련하여 『주관周官·매씨媒氏』에 다음과 같은 기록이 보인다.

> "(중매를 관장하는 관직은) 태어난 지 석 달이 지나 이름을 지은 아이는 남녀를 불문하고 생년월일과 이름을 모두 기록해 두어야 한다. 남자가 만 서른 살이 되면 장가가게 하고 여자가 만 스무 살이 되면 출가시켜야 한다. 음력 2월(仲春之月)은 남녀가 맺어지는 시간이다. 그 사이에 사통하여 함께 도망가더라도 단속하지 않는다. 또 결혼할 나이가 된 남녀를 파악하여 성사할 수 있도록 그들의 혼인을 도와준다."[60]

---

58) 『예기정의·예운』, "合男女, 頒爵位, 必當年德." 앞의 책, 713쪽.

59) 역주: 『주관(周官)』의 매씨(媒氏)란 『주례·매씨』를 말한다. 저자가 굳이 『주관(周官)』이라고 쓴 것은 원래 명칭을 고집한 것으로 보인다. 『주관』은 한대 유가들에 의해 『주례』로 개칭되었으나 여섯 가지 관제로 나누어 서술되고 있다는 점에서 『주관』이라고 하는 것이 합당하다. 하지만 오늘날 학계에서 『주례』로 칭하는 것이 습관이므로 본서 뒷부분에 나오는 『주관』을 모두 『주례』로 바꿔 번역하기로 한다.

60) 『주례주소(周禮註疏)·매씨(媒氏)』, "凡男女自成名以上, 皆書年月日名焉. 令男三十而娶, 女二十而嫁. 中春之月, 令會男女. 於是時也, 奔者不禁. 司男女之無夫家者而會

합독合獨 정책은 구혜九惠 정책 가운데 하나로서 『관자·입국』에서 그 구체적인 내용을 알 수 있다.

> "(중매를 관장하는 관직은) 홀아비와 과부에게 집과 땅을 지급하여 같이 살게 하고, 3년 후에 나라의 요역을 이행하도록 한다."[61]

위의 두 인용문은 남녀의 혼인이 가족이 아닌 부족部族에 의해서 이루어졌음을 보여 준다. 애초에는 대개 다 이런 식으로 진행되었을 것이다. 가족 문화가 어느 정도 발전되고 난 뒤부터 부족은 더 이상 보통 사람의 혼인에 간섭하지 않게 되었다. 단지 불법 혼인을 단속하고, 결혼하지 못한 사람을 돕는 정도에 그쳤을 뿐이다.

남녀의 혼인이 부족에 의해 이루어지던 시대에는 혼인 적령기와 결혼 시기가 모두 정해져 있었다. 유가의 주장에 따르면 혼인 적령기는 남자의 경우 서른이고 여자는 스무 살이다. 『예기』「곡례曲禮」,「내칙內則」등에 모두 그렇게 기록되어 있다. 『대대례기大戴禮記·본명편本命篇』에 따르면, 이는 중고中古 사회의 예이고, 상고太古 시대에는 남자는 쉰 살, 여자는 서른 살에 결혼했다고 했다. 또한『묵자墨子·절용節用』,『한비자韓非子·외저설우하外儲說右下』에 남자는 스무 살, 여자는 열다섯 살에 혼인한다는 기록이 보이기도 한다. 물론 모두 똑같은 나이에 혼인하는 것은 불가능한 일이다. 이에 대해서 왕숙王肅은『시(시경)·표유매소摽有梅』소疏에서 다음과 같이 설명한 바 있다.

> "남자는 열여섯 살에 정기精氣가 통하고, 여자는 열네 살에 아이를

之." 북경, 북경대학교출판사, 1999년, 십삼경주소표점본, 362쪽.
61)『관자교주·입국(入國)』, "取鰥寡而和合之, 與田宅而家室之, 三年然後事之." 앞의 책, 1034쪽.

가질 수 있으므로 그 나이를 지나서야 혼인할 수 있다. 서른 살, 스무 살이라는 것은 시기를 넘지 않도록 결혼 나이의 한도를 말하는 것이다. 반드시 서른 살인 남자와 스무 살인 여자가 결혼해야 한다는 뜻은 아니다. 단지 남녀가 짝을 맞출 때 서로에게 어울리는 대강의 나이를 말하는 것일 뿐이다."62)

이는 매우 합리적인 해석이다. 『대대례기大戴禮記』는 "남자가 서른 살, 여자가 스무 살에 결혼하는 것은 천자나 서인庶人이나 다를 것이 없다."63)고 했지만 『좌전』는 "천자는 열다섯 살에 자식을 낳는다. 남자가 서른 살에 장가가는 것은 서인庶人의 예이다."64)라고 했다. 귀족의 생활 형편이 서인보다 넉넉하여 혼인 나이도 서인보다 이른 것은 충분히 가능한 일이다. 또한 『묵자墨子』나 『한비자韓非子』는 인구를 늘리기 위해 자식을 많이 낳도록 권유하기도 했다. 고대에 이런 정령政令이 많았던 것은 딱히 기이한 일도 아니다. 고대 혼인과 관련하여 가장 미심쩍은 점은 상고시대의 혼인 적령기에 관한 것이다. 인간의 생리는 예나 지금이나 크게 다르지 않은데, 상고사회에서 혼인 욕구가 가장 절실한 청년시절을 넘어 서른 살, 쉰 살까지 굳이 혼인 적령기를 미루는 까닭이 무엇이었을까?

로버트 로이(Robert H . Lowie)가 쓴 『원시사회(Primitive Society)』가 이 문제의 이해에 도움이 될지 모르겠다. 그의 연구에 따르면 브라질의

---

62) 『모시정의(毛詩正義) · 표유매(摽有梅)』, 왕숙(王肅) 소(疏), "男十六而精通, 女十四而能化, 自此以往, 便可結婚; 所謂三十, 二十等, 乃系為之極限, 使不可過. 又所謂男三十, 女二十, 不過大致如此, 並非必以三十之男, 配二十之女." 북경, 북경대학교출판사, 1999년, 십삼경주소표점본, 90~91쪽. 역주: 왕숙(195년~256년)은 삼국시대 위나라의 유명한 경학자이다.

63) 『대대예기해고(大戴禮記解詁)』, "三十而室, 二十而嫁, 天子庶人同禮." 북경중화서국, 십삼경청인주소(十三經淸人注疏), 2008년, 251쪽.

64) 『춘추좌전정의』, 양공(襄公) 9년, "國君十五而生子." 앞의 책, 876쪽. 역주: 위 인용문은 『오경이의(五經異義)』, "天子十五而生子, 三十而室, 乃庶人之禮."에서 인용한 듯하다.

보로로(Bororo) 부족은 남녀 간의 성적 행위와 결혼을 별개의 문제로 생각한다. 그들은 젊은 나이에 일찍부터 성적 관계를 갖는다. 또한 성적 관계의 대상이 한 사람에게만 한정되지 않는다고 한다. 오히려 나이가 들어 성적 욕구가 그리 크지 않을 때, 서로가 안정된 생활을 원하면 결혼해서 같이 산다는 것이다.

인간의 본성은 다혼多婚적인 것이다. 그러니 남녀가 공동 생활하는 것은 서로 도우며 양성에 따른 분업을 함으로써 보다 잘 살기 위한 것일 뿐, 성적 욕구의 충족과는 크게 관련이 없다. 이런 점에서 보로로족의 혼인 제도는 합리적인 부분이 있다. 인간사회에는 초기의 제도가 나중의 제도보다 합리적인 경우가 적지 않다. 초기의 사회 문화는 많은 문제를 안고 있기 마련인데, 후대로 갈수록 문제가 해결되기는커녕 더욱 심해졌기 때문이다. 어쨌든 보로로족의 사례를 통해서 중국 상고사회에서 혼인 적령기가 늦었던 이유의 일단을 확인할 수 있다.

인간에게 성욕이 나타나기 시작하는 시기는 14살, 16살이며, 이후 점점 최고점에 이른다. 이는 고대 중국의 견해로 『소문素問·상고천진론上古天眞論』에서 자세히 다루고 있다. 그 외에 『대대예기大戴禮記』, 『한시외전韓詩外傳』, 『공자가어孔子家語』에도 같은 견해가 보인다.

생리적인 욕망은 억누르는 것보다 충족시키는 것이 좋다. 억누를수록 정신적으로 문제를 일으킬 수 있기 때문이다. 하지만 사회는 결혼한 부부에 대해 경제적인 독립을 요구한다. 이는 십대 남녀가 이행하기 어려운 요구이다. 뿐만 아니라 자식의 양육과 교육도 부모가 할 일인데, 이 역시 겨우 십여 세 밖에 되지 않은 젊은 남녀가 감당하기 힘든 일이다. 그렇기 때문에 결혼 적령기를 늦출 수밖에 없는 것이다. 더욱이 근대에 와서 생계의 유지가 어려워지면서 독신으로 사는 사람도 종종 목격된다. 하지만 지나치게 억눌린 성적 욕망은 개인이나 사회에 모두 좋지 않은 영향을 가져온다. 이것은 사회제도와 인간의 본성이 불일치한 부분이라 하겠다.

만약 경제적인 독립과 아이의 양육 문제를 양성 관계에서 분리시키면 이러한 문제들도 없을 것이다. 그러므로 현재로서는 산아제한, 아동 공교육의 실시, 만혼자와 독신주의자의 혼인 성사 등에서 그 해결책을 찾아야 한다고 생각한다.

동중서는 『춘추번로春秋繁露』에서 혼인 시기에 대해 이렇게 말하고 있다. "여자를 맞아들이는 시기는 9월 상강霜降 때부터 얼음이 녹는 2월까지 가능하다."65) 『순자荀子·대략大略』에서도 같은 말을 했다. 왕숙王肅은 음력 9월부터 정월까지라고 했다.66) 모두 틀린 말이 아니다. 기록에 따르면, 당시의 사람들은 겨울에는 도읍에 모여 살고, 봄에는 들에서 떨어져 각각 살았다고 하는데,67) 옛사람이 모여 사는 시기와 혼인하는 시기가 일치함을 알 수 있다. 중춘仲春, 즉 음력 2월이 지나도록 혼인하지 못했다면, 가난하여 혼인 예물을 준비하지 못하였기 때문으로 추측할 수 있다. 그러니 사통하여 함께 도망가더라도 단속하지 않았던 것이다.

혼인 외의 양성관계

다처多妻 현상은 남자의 음란함에서 비롯된다. 생물학적 입장에서는 양성의 수가 대체로 같은 법이다. 혼인에 별다른 제한이 없고 설령 있다 하더라도 그리 엄격하지 않은 상황 속에서 법적으로 배우자 외의 다른 이성異姓과 성적 관계를 가져서는 안 된다는 규정을 하면, 보다 많은 이성

---

65) 『춘추번로·순천지도(循天之道)』, "霜降逆女, 冰泮殺止." 북경, 중화서국, 1975년, 573쪽.

66) 『시경·주무(綢繆)』 소(疏)』 참조.

67) 본서 6장과 14장을 참조하시오.

을 차지하려는 자가 있게 마련이다. 여러 이성을 차지하는 자가 있으면, 당연히 배우자를 찾지 못하는 자도 있게 된다. 동서고금을 막론하고 부부제 사회는 예외 없이 일부일처를 원칙으로 하지만, 늘 예외가 있었다.

고대 사회에서 귀족들이 아내 외에 성적 관계를 가질 수 있는 여자는 다음 두 가지의 경우이다. 하나는 잉滕으로 처갓집에서 데려온 여자이다. 다른 하나는 자기 집에 있던 여자로서 첩妾이다.[68] 잉滕은 배웅한다는 뜻으로 처갓집에서 신부를 배웅하러 보낸 사람을 가리킨다. 잉은 반드시 여자만 맡은 것은 아니다. 예를 들어 이윤伊尹은 유신씨有莘氏의 잉신滕臣이었다. 그러니 잉은 신부를 맞이하기 위해서 신랑을 따라가는 '어御'와 비슷한 역할이었던 것이다. 최초의 잉과 어는 오늘날의 결혼식의 들러리와 같은 존재이니 성적인 관계를 맺을 특별한 이유가 있을 리 없다. 나중에 특권을 누리는 권력 있는 남자가 여러 집의 여자를 처로 맞아들일 때, 정처正妻 외의 다른 처를 따로 부를 마땅한 호칭이 없어서 잉滕으로 부르게 된 것이라고 보는 것이 타당하다. 이리하여 잉滕은 정처 외의 다른 배우자를 뜻하게 되었다. 고대 혼인은 특히 항렬을 매우 중시했지만, 항렬의 규범은 바로 이러한 특권자들로 인해 파괴되고 말았다. 여자 한 명을 처로 맞아들일 때, 아내의 여동생娣뿐만 아니라, 심지어 조카姪까지 함께 맞아들이는 경우가 있었다. 아홉 여자가 동시에 한 제후에 시집가는 일취구녀一娶九女 제도가 그 예이다. 제후가 한 나라의 여자를 처로 맞아들일 때 두 나라에서 잉첩을 보내면서 각각의 여동생이나 조카딸姪까지 따라가게 했던 제도이다.

『백호통의 · 가취嫁娶』에 따르면, '일취구녀'의 제도는 천자와 제후에게 구별 없이 모두 적용되었다. 하지만 이와 달리 『춘추번로 · 작국爵國』처럼

---

68) 나중에는 잉(滕)이라는 존재가 없어지면서 잉이라는 명칭도 사라졌다. 그래서 성적 관계를 가질 수 있는 배우자 외의 다른 여자를 모두 첩(妾)으로 명칭을 통일했다.

천자가 동시에 12명의 여자를 맞아들일 수 있다고 주장한 경우도 있는데, 이는 제후와 천자를 구별하지 않고 똑같은 규범을 적용하는 것이 합당치 않다고 여겨 일부러 고쳐 쓴 것으로 보인다. 실제로는 고대의 천자 역시 제후와 크게 다르지 않았을 것으로 보인다. 다만 『예기·혼의昏義』 끝부분에 다음과 같은 내용이 나온다. "천자는 황후 1명, 부인夫人 3명, 빈嬪 9명, 세부世婦 27명, 어처御妻 81명을 둔다."69) 「혼의昏義」는 『의례儀禮·사혼례士昏禮』의 내용에 대한 전傳(경전의 의미를 해석하는 문자)으로 모두 경전의 내용을 주해한 것이지만 오직 이 부분만은 경서 원문과 무관하다. 또한 표현도 전문傳文의 문체답지 않을 뿐만 아니라, 이를 뒷받침하는 다른 자료도 찾을 수 없다. 공교롭게도 이 부분은 왕망王莽이 왕후를 책립하면서 제정한 후궁 제도, 즉 화和 3명, 빈嬪 9명, 미인美人 27명, 어인御人 81명을 둔다는 내용과 일치한다.70) 이런 점에서 이 대목은 후세에 누군가 첨가한 것임에 틀림없다.

한편 대부의 혼인 제도와 관련하여 「사관례士冠禮」에 다음과 같은 내용이 보인다.

"대부는 관례冠禮는 없고 혼례만 있는가? 옛사람은 오십이 된 뒤에야 비로소 작위를 받았으니 어찌 대부에게 관례의 예가 있을 수 있겠는가?"71)

이렇게 보면, 오십이 된 뒤에 드는 장가란 틀림없이 재취再娶일 것이다.

---

69) 『예기정의·혼의』, "天子有一后, 三夫人, 九嬪, 二十七世婦, 八十一御妻." 앞의 책, 1624쪽.

70) 『한서·왕망전』, 앞의 책 참조.

71) 『의례주소(儀禮註疏)·사관례』, "無大夫冠禮而有其昏禮? 古者五十而後爵, 何大夫 冠禮之有?" 북경, 북경대학교출판사, 1999년, 십삼경주소표점본, 57쪽. 같은 내용이 『예기·교특생』에 나온다.

제후는 동시에 아홉 여자를 처로 맞아들이는 '일취구녀'의 혼인제도 때문에 더 이상 재취할 수 없었다.[72] 그렇다면 과연 「사관례」에서 보듯이 재취가 가능한 대부는 잉을 둘 수 있었을까? 이 문제와 관련하여 "관중에게 집이 세 군데나 있었다(管氏有三歸)."는 공자의 말을 상기할 필요가 있다. 여기서 "세 군데 집三歸"이란 『논어·팔일八佾』에 나오는 포함包咸 주에 따르면, "성씨가 다른 세 여자에게 장가든다는 뜻이다."[73] 공자는 이 말을 빌려 관중이 검소하지 않고 참월하여 왕의 예를 능가했음을 풍자한 것이다. 이를 통해 제후 외에 어떤 대부도 결코 잉을 둘 수 없었음을 알 수 있다.

첩妾은 집에 있던 여자로 집안 가장을 가까이 접할 수 있다는 의미에서 만들어진 명칭이다. 가족주의가 막강하던 시대에는 국법의 효력이 가족 내부에까지 미치지 못한 경우가 많았다. 집안의 가장은 집에서 가장 권위 있는 사람으로서 그를 견제하는 자가 없었다. 그래서 가장이 집에 있는 어느 하녀를 가지려 한다면 그것을 막을 사람은 없었을 것이다. 따라서 첩을 두는 문제에 대한 법적인 제한이 없었다. 하지만 신분에 따라 차별을 두는 것은 고대사회의 원칙이니 이에 대한 관련 규범이 마련되었을지도 모른다.

후대에 와서 계급 제도가 완화되면서 신분에 따라 차별을 두는 일들은 대부분 없어졌다. 따라서 첩을 두는 것은 남자의 보편적인 권리처럼 여겨졌다. 하지만 신분에 따라 법적으로 첩을 두는 자격, 첩의 수에 대한 규정은 여전히 존재했다. 『당서唐書·백관지百官誌』에 관련 규정이 나온다.

"친왕親王은 유인儒人 2명, 잉첩 10명, 이품二品 벼슬아치는 잉첩 8명,

---

72) 『공양전』 장공(庄公) 19년 참조.
73) 『논어주소(論語註疏)·팔일(八佾)』, 포함(包咸) 주, "三歸, 娶三姓女." 북경, 북경대학교출판사, 1999년, 십삼경주소표점본, 42쪽.

국공國公 및 삼품三品 벼슬아치는 잉첩 6명, 사품四品 벼슬아치는 잉첩 4명, 오품五品 벼슬아치는 잉첩 3명을 둘 수 있다."[74]

『명률明律』에도 관련 규정이 보인다.

"서민은 마흔 살이 넘어 자식이 없는 경우에 한하여 첩을 둘 수 있다. 이를 위반한 경우에는 태형笞刑 40대에 처한다."[75]

하지만 이런 법 규정은 아무런 효력이 없는 공문空文에 지나지 않았다. 부잣집 남자들은 여전히 다처多妻의 권리를 누렸기 때문이다. 고대 사회에는 적실嫡과 소실庶의 차별이 컸다. 계급 제도가 엄격하여, 지체가 높은 가문 출신의 정실과 비천한 가문 출신의 소실妾의 사회적 지위는 큰 차이가 있었기 때문이다. 그러다가 나중에 계급 제도가 무너지면서 출신에 따른 차이가 좁혀짐에 따라 정실과 소실의 차별도 크게 줄어들었다. 다만 가정의 질서를 유지하기 위해 법적으로나 습관적으로 약간의 차이를 두었을 뿐이다.

정실부인이 죽은 뒤 재취 풍습에 대해 『안씨가훈顏氏家訓』은 다음과 같이 묘사하고 있다.

"강좌江左(장강 하류 동북지방, 지금의 강소성江蘇省 일대)는 서얼庶孽(서자)을 기피하지 않는다. 정실부인이 죽으면 잉첩으로 하여금 집안을 관장하게 하는 경우가 많다. 하지만 하북河北(황하 북쪽 지역)은 측실側室(첩)을 비천하게 보는 경향이 심하다. 심지어 첩은 사람 측에도 낄

---

74) 『구당서(舊唐書)』, 권43, 「백관지(百官誌)」, "親王有孺人二, 媵十. 二品媵八, 國公及三品媵六, 四品媵四, 五品媵三." 북경, 중화서국, 1975년, 1821쪽.

75) 『대명률(大明律)·호율(戶律)·혼인(婚姻)』, "民年四十以上無子者, 方聽娶妾, 違者笞四十." 북경, 법률출판사, 1999년, 60쪽.

수 없었다. 그러니 정실부인이 죽으면 반드시 재취해야 한다. 그 때문에
서너 번까지 장가드는 경우도 종종 있다."[76]

위의 인용문을 통해 장강 하류의 동북지방은 잉첩이 있으면 재취하지
않는 옛 풍습을 따르지만, 하북 지역은 그런 풍습이 사라졌음을 알 수
있다. 물론 집에 잉첩을 두지 않는 경우에는 재취하는 수밖에 없다. 또한
재취한 여자라 하여 첩으로 삼을 수도 없는 일이다. 그래서 『당서・유학
전儒學傳』에서 언급된 것처럼 피치 못할 경우가 생기게 된다.

> "정여경이라는 자가 사당에 조비祖妣(조부와 조모) 두 분이 계셔서
> 부제祔祭(삼년상을 마친 뒤에 신주를 그 조상의 신주 곁에 모실 때 지내
> 는 제사)를 어떻게 지내야 할지 몰라 유사有司(관리)에게 물었다. 이에
> 박사 위공속韋公肅이 답하길, '옛날에는 제후에게 일취구녀의 혼인제도
> 가 있어 사당에 적실이 한 분밖에 안 계셨지만, 진나라 이후로는 재취를
> 할 수 있게 되는 바람에 앞서 장가든 전실이나 나중에 맞아들인 계실이
> 모두 적실이 되는 상황이 벌어지는 것입니다. 그러니 두 조비께 모두
> 부제해도 트집을 잡힐 것이 없습니다.'라고 했다."[77]

진나라 이후 재취하는 풍습이 새로 일게 된 것은 봉건제가 무너지면서
'일취구녀'나 '삼귀三歸'의 혼인제도가 파괴되었기 때문이다. 위공속의 답
변은 앞서 장가든 전실이나 훗날 맞아들인 후실이 모두 적실이 된다는
명확한 예문禮文 상의 증거인 셈이다. 하지만 이론적으로 동시에 두 명의
적실을 둘 수는 없는 일이다. 그러므로 세속사람이 흔히 거론하는 것처럼

---

76) 『안씨가훈(顏氏家訓)』, "江左不諱庶孽, 喪室之後, 多以妾媵終家事. 河北鄙於側室,
不預人流, 是以必須重娶, 至於三四." 북경, 중화서국, 2011년, 28쪽.

77) 『신당서』, 권200, 「유학전(儒學傳)・위공숙(韋公肅)」, "鄭余慶廟有二妣, 疑於祔祭,
請於有司. 博士韋公肅議曰: 古諸侯一娶九女, 故廟無二適. 自秦以來有再娶, 前娶後
繼皆適也, 兩祔無嫌." 북경, 중화서국, 1975년, 5721쪽.

두 집안의 적자가 되는 것(兼祧)과 두 적실을 두는 일(雙娶)은 법적으로 허락되지 않는 일이다. 그래서 최고의 사법기관인 대리원大理院에서 나중에 맞아들인 여자를 첩으로 규정했던 것이다.[78]

남녀 할 것 없이 인간은 다혼多婚의 본성을 지니고 있다. 비록 사회의 압박으로 이러한 본성을 억누르며 살지만 압박이 조금만 약해지면 다혼의 본성이 곧 드러나게 된다. 이런 다혼의 본성과 관련하여 현행 사회 제도 아래에서 가장 흔히 목격되는 현상은 간통과 매춘이다. 비밀리에 이루어져 어느 정도인지 추정하기 힘들지만 현대 사회와 역사 기록을 통해서 간통이 극히 보편적인 일임은 자명하다. 매춘 역시 마찬가지다. 어떤 사회학자는 "무릇 법적으로나 관습적으로 남녀 성교의 자유를 단속하는 곳에서는 반드시 매춘 현상이 발견될 것이다."라고 말하기도 했다. 매춘은 종교 행위에서 비롯됐다고 보는 역사학자가 많다. 왕서노王書奴 역시 자신의 『중국창기사中國娼伎史』에서 이런 주장에 동의하고 있다.[79] 그러나 원시 종교 활동에서 보이는 음란한 현상들을 매음이라고 하기는 어렵다. 왜냐하면 그 때에는 남녀의 교제가 극히 자유로웠기 때문이다. 나중에 권세가의 남자들이 일부 여자를 강제로 차지하는 일이 있기는 하였지만, 그것은 평상시에 국한된 일이었다. 대규모 집회가 있을 때에는 남녀의 교제가 자유로웠던 예전 상태로 회복되었다. 그러므로 많은 사람이 모이는 자리에서는 남녀가 분별없이 한데 어울렸다. 이를테면 정나라鄭國에서 이러한 풍속이 널리 행해졌는데, 정나라의 이러한 풍습에 대해서 진교종陳喬樅은 『삼가시유설고三家詩遺說考·한시설韓詩說』에서 다음과 같

---

78) 역주: 대리원은 기존 왕조의 대리사(大理寺)를 개명한 관서로 법을 해석하고 집행하며, 각 지방의 심판을 감독하는 청나라의 최고 심판기관이다.

79) 왕서노, 『중국창기사』, 1932년 초판. 1988년 재판. 역주: 이 책은 『중국창기사』란 제목으로 한국에 번역 출간되었다. 신현규 역, 서울, 어문학사, 2012년.

이 기술하고 있다.

　　"삼월 상사上巳날(3월3일 삼진날)에 진수溱水와 유수洧水에서 혼을 부
르고(招魂) 넋이 이어지게 하여(續魄) 상서롭지 못한 것을 떨쳐버리는
행사가 벌어지는데, 이를 구경하러 온 총각과 처녀들이 많다. 젊은 남녀
가 시시덕거리며 장난치느라 바쁘다."80)

　한편『사기・골계열전』에는 순우곤淳于髡의 다음과 같은 말이 기록되
어 있다.

　　"마을 모임에서 남녀가 함께 앉아 술을 돌리며 늦게까지 놉니다.
주사위 놀이와 화살을 던져 병 속에 넣는 투호 놀이를 하며 짝을 구합니
다. 남녀가 손을 잡아도 벌하지 않고, 아름다운 여자를 쳐다보며 추파를
던져도 금하지 않습니다. 앞에 귀고리가 떨어지고 뒤에 비녀가 널린
채 술을 즐기며 놀았습니다."81)
　　"날이 저물어 술이 바닥나도록 취흥이 오르면, 신발이 난잡하게 뒤섞
이며 술잔과 접시들이 어지럽게 흩어진 채 손님들은 같은 술잔으로 술
을 마시며 자리를 좁혀 남녀가 같은 자리에 앉습니다. 집 안에 등불이
꺼질 무렵, 안주인이 소신만 남도록 하고 손님들을 돌려보낸 뒤 제 곁에
서 얇은 속적삼의 옷깃을 헤칠 때 아늑한 향내가 감돕니다."82)

　또 앞에서 언급된, "혼례 날 저녁에 남녀가 분별없이 함께 앉는다(嫁娶

---

80)『삼가시유설(三家詩遺說)』, 권3,「정풍(鄭風)・진유(溱洧)・한시설(韓詩說)」, "三月
　　上巳之口, 于溱洧兩水之上, 招魂續魄, 拂除不祥, 士女往觀而相謔." 상해, 화동사범
　　대학교출판사, 2010년, 36쪽.
81)『사기』, 권126,「골계열전(滑稽列傳)」, "州閭之會, 男女雜坐. 行酒稽留, 六博投壺, 相
　　引爲曹. 握手無罰, 目眙不禁. 前有墮珥, 後有遺簪." 앞의 책, 3199쪽.
82)『사기』, 권126,「골계열전」, "口暮酒闌, 合尊促坐. 男女同席, 履舃交錯. 杯盤狼籍. 堂
　　上燭滅, 主人留髡而送客. 羅襦襟解. 微聞薌澤." 위의 책, 3199쪽.

之夕, 男女無別)"는 연燕나라의 풍습도 이에 해당된다. 성스러운 장소로서(聖地) 종교 사원 역시 많은 사람이 모이는 곳이다. 그러므로 사원에서 행해지던 관습은 쉽게 바뀌지 않는다. 『한서·예악지』에 따르면, 한 무제가 악부樂府를 설립하여 "각 지방의 민요를 채집해 밤에 불렀다."[83] 이에 대해서 안사고顏師古는 "그 가사(言辭)가 비밀스러워 알려지면 안 되는 것이기에 한밤중에 부르는 것이다."[84]라고 주를 달았다. 『후한서·고구려전高句驪傳』에는 "그 풍습이 음란하여 밤이 되면 남녀가 무리를 지어 모여들어 서로 따르며 노래하고 춤춘다."[85]고 했다. 고구려 사람들은 귀신 모시기를 좋아했다고 하니, 고구려의 악부 설치는 제사와 관련이 있는 것으로 보인다. 그러나 과연 "민요를 채집하여 밤에 부르는 것(采詩夜誦)"이 단지 "가사가 비밀스러웠기(言辭或秘)" 때문일까?

남녀가 분별없이 어울리는 일은 후세 이른바 사이비종교(邪敎)에서 늘 목격되는 현상이다. 하지만 정교正敎와 사교를 판별하는 기준은 무엇인가? 그저 고대의 풍속이 후대의 상황에 더 이상 적합하지 않아 요사妖邪스러운 일로 취급당한 것일 뿐이다. 그러므로 초기의 종교에서 보이는 음란한 현상은 결코 매음으로 단정할 수 없다.

남녀의 자유 교제를 단속하기 시작한 것은 사유재산제가 일어나면서부터의 일이다. 개인 재산의 개념이 생겼으니 사고파는 일도 자연스럽다. 그리하여 성性도 매매가 가능한 상품으로 취급되어 가격이 매겨지게 되었다. 원래 매매할 수 없다가 사유재산제 아래서 거래 가능한 대상으로 바뀐 것이 어디 음淫(성)뿐이겠는가?

---

83) 『한서·예악지』, "漢武帝立樂府, 采詩夜誦." 앞의 책, 1045쪽.
84) 『한서·예악지』, 안사고(顏師古) 주, "其言辭或秘, 不可宣露, 故於夜中歌誦." 위의 책, 1045쪽.
85) 『후한서(後漢書)』, 권85, 「고구려전(高句驪傳)」, "其俗淫. 暮夜輒男女群聚爲倡樂." 앞의 책, 2813쪽.

매춘은 제齊나라의 여려女閭에서 기원했다는 견해가 있다. 이는 『전국책
·동주책東周策』에서 언급된 것으로 한 변사辯士의 말이다.

"나라 안에서는 언제나 비방과 칭찬이 동시에 떠도는 법이다. 충신은
떠도는 비방을 감수하고 칭찬을 왕에게 돌린다. 제나라 환공桓公은 궁
안에서 시市(저자, 시장) 일곱 군데, 여려女閭 7백 개를 설치하여 여자들
이 살게 하였는데 백성들이 이를 비난했다.[86] 그래서 관중管仲은 일부
러 세 집三歸을 마련함으로써 환공을 향한 비난을 자신에게 돌리게 하
고, 백성 앞에서 스스로 망신당하는 것을 감수하였던 것이다."[87]

여기에 나오는 시市와 여려女閭는 음탕한 장소임이 틀림없다. 또한 『상
군서商君書·간령墾令』에도 이러한 시市와 관련된 내용이 보인다.

"군시軍市에 여자가 살지 못하도록 해야 한다.……경망스럽고 게으른
농민이 군시를 돌아다니지만 않는다면 음란한 일은 없을 것이다."[88]

이는 시市가 음란한 유흥 장소임을 말해 주는 또 다른 증거 자료이다.
여려女閭와 관련된 자료는 더 이상 찾을 수 없지만 『태평어람太平御覽』에
인용된 『오월춘추吳越春秋』에 다음과 같은 기록이 남아 있다. "우울하고
답답한 병사들이 놀러 다닐 수 있도록 구천勾踐은 죄 지은 과부를 산으로

---

86) 역주: 주례(周禮)에 따르면 다섯 집이 한 비(比)가 되고, 다섯 비(比)가 한 여(閭)가
   된다. 여려 7백 여려는 곧 17500 집이 산다는 것이다.
87) 『전국책(戰國策)·동주책(東周策)』, "國必有誹譽. 忠臣令誹在己, 譽在上. 齊桓公宮
   中七市, 女閭七百, 國人非之, 管仲故為三歸之家, 以掩桓公非, 自傷於民也." 북경, 중
   화서국, 중화경전명저전본전주전역총서(中華經典名著全本全注全譯叢書), 2012년,
   15쪽.
88) 『상군서·간령(墾令)』, "令軍市無有女子... 輕惰之民, 不遊軍市, 則農民不淫." 북경,
   중화서국, 중화경전명저전본전주전역총서, 2012년, 19쪽.

보냈다." 여기서 말한 것은 여려가 아니지만 여려와 비슷한 장소였음이 틀림없다. 여려女闾는 후대의 이른바 여호女戶가 모여 사는 곳이다. 여호는 호주가 여자인 집이니 집에 남자가 없다는 뜻이다. 이외에도 시市와 관련하여 『주례·내재內宰』와 『좌전』 소공昭公 20년 안영晏嬰의 말을 살펴보기로 하자. "나라가 세워지고 수도가 정해지면 황후를 보필하여 시市를 만든다."[89] "안에서 총애를 받는 첩들이 저자에서 제멋대로 물건을 빼앗는다."[90] 이로 보아 옛날의 시市, 즉 저자나 시장은 여자에 의해서 관리되었음을 알 수 있다. 그래서 후에도 시장市에서 모여 사는 여자가 여전히 많았던 것이다. 시장과 여려는 모두 여자가 모여 살기 때문에 점차 유흥 장소로 전락되었을 뿐 애초부터 매춘의 장소는 아니었던 것으로 보인다.

여락女樂은 매춘의 또 다른 기원이다. 가무歌舞에 능한 여락은 귀족 집안의 비첩婢妾으로 "가진 예능으로 주인을 섬기는 존재였다."[91] 하지만 재주가 많다고 하여 자신의 정절을 지킬 수 있는 것은 아니다. 또한 봉건제가 무너지면서 이 같은 귀족의 특권은 민간에까지 확대되어 서민 남자도 누릴 수 있게 되었다. 『사기·화식열전貨殖列傳』에 관련 기록이 보인다.

> "조趙나라의 여자들은 거문고와 비파를 치며 무도화를 신고 아름다운 자세로 (발톱으로 가볍게 땅을 밟은 채) 걷는다. 여기저기서 부자와 귀족의 환심을 사러 다닌다. 후궁이며 제후의 집이면 안 닿는 곳이 없다."[92]
>
> "정鄭나라, 위衛나라의 풍습도 이런 조나라와 비슷하다."[93]

---

89) 『주례주소·내재(內宰)』, "凡建國, 佐後立市." 앞의 책, 183쪽.

90) 『춘추좌전정의』, 소공(昭公) 20년, "內寵之妾, 肆奪於市." 앞의 책, 1399쪽.

91) 『예기정의·왕제』, "凡執技以事上." 앞의 책, 410쪽.

92) 『사기』, 권129, 「화식열전(貨殖列傳)」, (趙國的女子) "鼓鳴瑟, 跕屣, 遊媚貴富, 入後宮, 遍諸侯." 앞의 책, 3263쪽.

"오늘날의 조나라나 정나라의 여자들은 예쁘게 꾸며놓고 거문고와
비파를 치며 가벼운 무도화를 신고 긴 소매를 휘둘러 춤을 추는 등 미모
를 무기로 남자를 유혹한다. 눈짓으로 유혹하고 마음으로 매혹시킨다.
그들이 천리의 길도 마다하지 않고 노소를 가리지 않는 것은 오로지
돈 때문이다."94)

　　창기倡伎란 본래 특별한 재주를 가진 사람을 가리키던 낱말로서 여자
만의 역할은 아니었다. 그래서 특별한 재주를 가진 여자를 가리키는 '여
기女伎'라는 말이 따로 있었다. 하지만 '창기倡伎'라는 말은 예능 감상의
대상이라기보다 성적 유혹의 의미가 더 컸다. 그래서 여기女伎는 점차 매
춘부를 가리키는 말이 되었다. 글자도 사람인 변亻에서 계집녀女로 부수
가 바뀌어 '창기娼妓'가 되었다. 더불어 특별한 재주를 가진 남자는 더
이상 창기倡伎라고 지칭하지 않았다. 창기倡伎인 여자들은 원래 집안의
비첩으로서 애초부터 매매가 가능한 존재였다. 『전국책 · 한책韓策』에
"한나라에서 미인을 파는데 진나라에서 3천 금金을 주고 샀다."95)는 기록
이 한 예이다. 후대에도 창기娼妓들은 주로 경제 형편이 어려운 이들로
매매가 가능했다. 현대에 들어와 자본주의 사회가 되자 여자를 사서 성매
매를 시켜 경제적 이익을 꾀하는 일까지 생겨났다.
　　고대의 여기女伎를 집안의 비첩이 맡았던 것처럼 후세 정치 역시 이를
답습하여 악호樂戶를 만들고 죄인 집안의 부녀자로 충당했다. 당나라 때
악호의 호적은 태상太常에 예속되었는데, 그 가운데 정식 악원樂員은 교방
사敎坊司 소속이었다. 비록 나라의 여악女樂에 소속되었지만 천족賤族 출

---

93) 『사기 · 화식열전』, "鄭, 衛俗與趙相類." 위의 책, 3264쪽.

94) 『사기 · 화식열전』, "今夫趙女鄭姬, 設形容, 揳鳴琴, 揄長袂, 躡利屣, 目挑心招, 出不
　　遠千裏, 不擇老少者, 奔富厚也." 위의 책, 3271쪽.

95) 『전국책 · 한책(韓策)』, "韓賣美人, 秦買之三千金." 북경, 중화서국, 2012년, 893쪽.

신인 그들은 이전과 마찬가지로 정절을 보장받을 수 없었다. 관리들이 그들에게 예능뿐만 아니라 잠자리 시중까지 요구했기 때문이다. 일종의 관기官妓였던 것이다. 이외에도 영기營妓라 하여 군대를 따라다니는 종군 기생도 있었고, 민간에서 몸을 파는 사창私娼도 있었다. 그리고 본고장에서 활동하는 창기를 일러 토창土娼, 타향에서 떠돌아다니는 창기를 유창流娼이라고 불렀다.

청 세조世祖 순치順治 16년에 교방敎坊의 여악女樂을 폐지하고 내감內監으로 대체했다. 세종世宗 옹정擁正 7년에는 교방사敎坊司를 화성서和聲署로 변경했다. 아울러 각 지방에서 기존 악호樂戶의 호적을 없애고 모두 평민 신분으로 풀어 주었다. 법적으로 천족賤族 가운데 하나가 없어지고 관기도 사라진 셈이다. 하지만 사창私娼은 여전히 금지할 수 없었다. 비록 "거인擧人, 공사貢士, 생원生員이 기생집에 드나들면 제명될 것이라."라는 법 조문이 있기는 했으나 이는 거인이나 생원 등의 단정치 못한 행위를 단속하기 위한 조치일 뿐 사창을 금지하려던 것이 아니었다.

고대 겁혼劫婚(약탈혼)의 풍습은 후세에도 여전히 행해졌다. 조익趙翼의 『해여총고陔余叢考』에 보면 다음과 같은 이야기가 기록되어 있다.

> "혼례 예물에 대해서 의견을 주고받다가 합의가 잘 안 될 경우 사람을 모아 여자를 강제로 납치하여 혼인시키는 마을 풍습이 있는데, 이를 창친搶親(약혼자를 빼앗음)이라 했다. 『북사北史·고앙전高昻傳』에 따르면, 고앙의 형인 고건高乾은 박릉博陵 최성념崔聖念의 딸이 마음에 들어 최성념에게 청혼하였다가 거절당했다. 그러자 고앙은 형과 함께 최성념의 딸을 마을 밖으로 납치했다. 누군가 '이 참에 아예 식을 올리지 그래요?'라고 말하자 야합野合한 다음에 돌려보냈다. 이러한 겁혼劫婚은 예로부터 있던 일이다. 하지만 지금의 이른바 '겁혼'은 사전에 허혼된 경우로서 허락받지 못한 고앙의 행위와 다르다."[96]

『청률』에 보면 혼약이 없는 상태에서 강제로 납치하는 행위에 대한 명확한 규정이 나와 있다. "양갓집 아내나 딸을 납치하여 강간하거나 강제로 아내 또는 첩을 삼는 자는 교수형으로 처한다. (약탈한 여자를) 자손이나 형제, 조카 또는 가족에게 넘겨준 자도 그 죄가 동일하다."97) 이외에도 혼약을 했지만 규정에 따르지 않은 경우에도 법률에 따라 처벌을 받았다.

"혼약이 맺어지고 납채가 끝났음에도 정해진 혼인 날짜 이전에 남자 집에서 강제로 여자를 데려가는 경우에는 태형笞 50대에 처한다."98) "여자 집에서 일방적으로 파혼하였는데 관청에 소송을 제출하지 않고 강제로 여자를 데려가는 자에게는 강취률强娶律에 해당되는 형벌에서 2등급을 내려서 처벌한다."99) 이러한 규정은 앞서 조익趙翼이 거론한 '창친搶親' 경우로 법에 따라 형벌을 받아야 하지만 풍습에 따른 관행으로 인해 제대로 집행되지 않는 경우가 허다했다. 또한 결혼 비용이 부담스러워 양가 부모가 암암리에 합의하여 남자 집에서 신부를 강제로 데려가는 시늉을 하며 결혼시키는 경우도 있었다. 강제 결혼으로 보이지만 실제로는 경제적 이유 때문에 생겨난 혼인이었던 것이다.

과부를 약탈하는 일은 예부터 있었다. 『잠부론潛夫論・단송斷訟』에서 그 일단을 엿볼 수 있다.

---

96) 조익(趙翼), 『해여총고(陔余叢考)』, "村俗有以婚姻議財不諧, 而糾眾劫女成婚者, 謂之搶親.『北史・高昂傳』; 昂昂兄乾, 求博陵崔聖念女為婚, 崔不許. 昂與兄往劫之. 置女村外, 謂見曰：何不行禮? 於是野合而歸. 是劫婚之事, 古亦有之. 然今俗劫婚, 皆已經許字者, 昂所劫則未字, 固不同也." 상해, 상해고적출판사, 2011년, 589쪽.

97) 『대청률례・호율・혼인』, "凡豪勢之人, 強奪良家妻女, 奸占爲妻妾者絞. 配與子孫, 弟侄, 家人者, 罪亦如之." 북경, 법률출판사, 2000년, 211쪽.

98) 『대청률례・호율・혼인』, "應爲婚者, 雖已納聘財, 期未至, 而男家強娶者, 笞五十." 위의 책, 204쪽. 여기서 처벌 대상은 결혼당사자를 말한다.

99) 『대청률례・호율・혼인』, "女家悔盟, 男家不告官司強搶者, 照強娶律減二等." 위의 책, 205쪽.

"정결한 과부가 위선적인 아주버니世叔나 의리 없는 형제를 만나는 일이 종종 있다. 그 사람들은 과부가 가진 결혼 예물이나 재물, 심지어는 그녀의 아들이 탐이 나서 협박하여 강제로 내보내려는 경우가 많다. 그 과정에서 과부가 방에서 목을 매어 자살하거나 수레에서 독약을 먹고 죽어 자식만 홀로 이 세상에 남는 참사가 많다.⋯⋯후부後夫(나중에 남편이 되는 남자)가 다수의 사람을 동원하여 강제로 과부를 수레에 싣는 경우도 종종 목격되었다."100)

이렇듯 과부를 납치하여 함께 사는 일은 강제적인 무력을 동원한 것이긴 하나 또한 경제적인 이유도 있었음을 알 수 있다.

매매혼은 허용되지 않았음에도 현실적으로 늘 발생했다.『잠부론・단송편』에 이와 관련된 대목이 나온다.

"(이익을 챙길 목적으로) 여러 집과 혼약했다가 다시 파혼한 경우에는 그 집안의 부모나 딸에게 다음과 같은 처벌을 가해지면 그런 일이 없어질 것이다. 그 딸이 이미 (시집가서) 아이를 열 명이나 낳았고, 나라의 대사령을 백 번이나 겪는다 할지라도 절대로 친정에 다녀오지 못하도록 하는 것이다. 그러면 감히 이 같은 사악한 일을 저지를 자가 없을 것이다. 또 그렇지 않으면 그 집안의 부모를 곤형에 처하고 천리 밖의 지역으로 유배하고 고된 일만 시키는 것이다. 그러면 딸이 있는 집안에서는 더 이상 여러 집과 혼약해서 이익을 챙길 엄두도 내지 못할 것이다."101)

갈홍葛洪은『포박자抱樸子・미송弭訟』에서 고모 아들 유사유劉士由의

---

100) 『잠부론・단송』, "貞潔寡婦, 遭直不仁世叔, 無義兄弟, 或利其聘幣, 或貪其財賄, 或私其兒子, 則迫脅遣送, 有自縊房中, 飮藥車上, 絶命喪軀, 孤捐童孩者.⋯⋯後夫多設人客, 威力脅載者." 하남, 하남대학교출판사, 2008년, 187쪽.

101) 『잠부론・단송』, "諸女一許數家, 雖生十子, 更百赦, 勿令得蒙一, 還私家, 則此奸絶矣. 不則髡其夫妻, 徙千里外劇縣, 乃可以毒其心以絶其後." 위의 책, 187쪽.

말을 인용하여 다음과 같이 말하고 있다.

"(오늘날 같은) 말세에는 사람들이 모두 의리를 잘 지키지 않는다. 허혼했는데도 (딸을) 보내지 않는 일이 있다. 그러니 서로 욕질하며 소송하는 사람들로 관공서가 붐빈다. 혼례 문제로 분쟁이 있는 경우에는 동뢰의 예만 행해지지 않는다면 사돈관계를 끊는 것을 허락해 준다. 단 전에 받은 술 등 예물, 폐백을 배로 돌려주어야 한다. 이미 혼약을 한 번 깨뜨린 자는 받은 혼례 예물의 배로 배상해 줘야 하고, 이미 두 번이나 파혼한 자는 두 배로 혼례 예물을 배상해 준다. 이렇게 하면 파혼당한 쪽에서는 소송할 마음이 생기지 않고 욕심을 부리는 쪽에서는 파혼을 통해서 챙길 이익이 없어지게 된다."[102]

갈홍은 이에 대해 자신의 주장을 밝히고 있다.

"혼례 예물로 받은 것의 두 배로 배상하라고 하면 가난한 집안은 두려워서 함부로 혼약을 깨뜨리지 못하겠지만, 형편이 넉넉한 집안은 여전히 제멋대로 행동할 것이다. 뿐만 아니라 새로 허혼한 집이 넉넉한 집안이라면 기꺼이 예물의 배상을 도와줄 것이다. 하지만 앞서 혼약한 집은 입을 다물고 말을 하지 않을 뿐이지, 감정적으로는 어찌 원망스럽지 않겠는가?"[103]

갈홍은 이런 상황에 대처하여 나름의 대안을 제시하고 있다.

---

102) 『포박자 · 미송(弭訟)』, "末世擧不修義, 許而弗與. 訟閱穢縟, 煩塞官曹. 今可使諸爭婚者, 未及同牢, 皆聽義絶, 而倍還酒禮, 歸其幣帛. 其嘗已再離, 壹倍脾聘(脾는 聘와 통함). 其三絶者, 再倍脾聘. 如此, 離者不生訟心, 貪者無利重受." 북경, 중화서국, 중화경전명저전본전주전역총서, 2013년, 478쪽.

103) 『포박자 · 미송』, "責脾聘倍, 貧者所憚, 豐於財者, 則適其願矣. 後所許者, 或能富殖, 助其脾聘, 必所甘心. 然則先家拱默, 不得有言, 原情論之, 能無怨嘆乎?" 위의 책, 480쪽.

"여자 집에서 예물의 다소를 막론하고 받는 당일에 바로 문서를 작성한다. 또 (증거인이) 멀리 떠나거나 사망하는 경우를 감안하여 작성된 문서의 별판別版에는 열 명 이상의 사람으로부터 서명을 받는다. 한편 신부의 큰아버지나 작은아버지 등 신부 아버지의 형제 가운데 한 명으로 하여금 답장 편지를 친필로 써서 남자 집에 보낸다. 나중에 증거물이 있는데도 혼약을 깨뜨리면 여자의 부모나 부모 형제들에게 모두 죄를 묻고 처벌할 수 있다."104)

위와 같은 역사 자료를 통해서 한漢이나 진晉나라 시절 매매혼이 아주 심했음을 알 수 있다. 이후 혼약에 관한 효력이 강해져서 제멋대로 파혼하지 못하게 되었지만, 여자 집에서 혼례 예물을 따지고 남자 집에서 혼수를 요구하는 것은 기본적으로 매매혼이나 다름없다고 하겠다. 이는 경제 제도가 바뀌지 않는 한 달라질 수 없는 일이다.

후대에 와서는 혼사가 당사자의 참여 없이 부모에 의해서 결정되는 시대가 있었다. 심지어 부모가 태내 아이의 혼사를 정하는 지복혼指腹婚까지 있었다.105) 이는 당연히 바람직하지 못한 일이다. 그러나 그렇다고 금실이 좋지 않아 가정생활이 원만하지 못한 것을 모두 자유롭지 못한 혼사 결정권의 탓으로 돌릴 수는 없다. 인간의 본성이 다혼적이라는 점은 남녀를 불문하고 마찬가지인 데다 본시 사랑이란 오래 지속되기 어려운 법이기 때문이다.

순전히 사랑으로 맺어진 혼사일지라도 백년해로하기 어려운 법인데, 하물며 각종 사회적인 요소가 개입된 오늘날의 혼인이 오래도록 유지되

---

104) 『포박자 · 미송』, "女氏受聘, 禮無豐約, 皆以即口報版. 又使時人署姓名於別版, 必十人以上, 以備遠行及死亡. 又令女之父兄若伯叔, 答婿家書, 必手書壹紙. 若有變悔而證據明者, 女氏父母兄弟, 皆加刑罰罪." 위의 책, 485쪽.

105) 『남사(南史) · 위방전(韋放傳)』 참조. 『청률(淸律)』에 따르면 지복혼은 금지 대상이다.

기 어려운 것은 말할 나위가 없다. 혼인을 살리는 방법으로는 결혼할 때 이모저모 신중하게 따지기보다 이혼하려고 할 때, 너그러운 마음으로 이해하고 감싸는 것이 더 나을 것이다. 사랑은 워낙 변덕이 심한 일이니 결혼할 때 아무리 신중하게 숙고할지라도 앞으로의 변화를 막을 수 없는 법이다. 그러므로 풍속적으로 이혼을 기피하게 만들고, 법적으로 이혼을 막는 것은 오로지 가정을 유지시키기 위한 조치일 뿐이다. 하지만 가정은 과연 유지될 만한 가치가 있는가? 다음 장의 내용을 보면 알 것이다.

양성 관계의 역사를 종합해 보면, 씨족 시대 이후부터 그 정상적인 형태가 점점 파괴되었다고 말할 수 있다. 여자는 남성보다 아이를 낳고 키우는 데 있어 더 우월하고 큰 책임을 지지만 힘은 약하다. 따라서 여자는 신체적으로나 경제적으로 점점 보호의 대상이 되었고, 이에 따라 독립성을 잃고 남자에 의지하며 살게 되었다. 사회조직은 너그럽고 공정해야 마땅하다. 사회에 여러 등급을 설정하여 이 무리의 사람을 저 무리의 사람에게 예속시키면 불공정한 사회제도가 생기기 마련이다. 그리하여 시간이 지날수록 그 병폐가 쌓여가며 제반 사회문제를 일으키게 된다.

근대 여권女權의 대두

근대에 들어 여권이 대두하게 된 것은 산업혁명 이후 여성이 남자의 부속물로서 집에만 갇힌 존재에서 벗어나 사회에 진출하기 시작했기 때문이다. 여자가 아이를 낳고 키우는 일에 충실하면 남자도 다른 면에서 보다 많은 노력을 기울여야 공정한 일인데, 오히려 이런 기회를 노려 여자를 구박하고 더 큰 권력을 누리려 하는 것은 참으로 잘못된 일이다. 공정한 사회를 만들려면 등급 제도부터 없애야 한다. 그래서 집단으로 모여 사는 사회제도가 여자의 벗이라면, 가정 제도는 여자의 적이라고 말하는 이가 있는 것이다. 이런 점에서 "여자들은 다시 가정으로 복귀하라."는 구호는 역사를 거꾸로 돌리려는 이들의 헛된 외침에 불과하다. 사람들은 흔히 요즘 여학생이 구식 여자만 못하다고 하는데, 이는 요즘 여자들이 가사에 서툴기 때문일 것이다. 그러나 집안일에 파묻히지 않는 것이야말로 오늘날 여성의 권리가 많이 신장되었다는 징표가 아니겠는가? 집안일에 멀어진 만큼 사회의 일에 더욱 익숙해질 것이라는 뜻이다. 이른바 현모양처란 사실 현노양예賢奴良隸에 지나지 않으며 시대에 뒤떨어진 나라에서나 제창하는 교육 목표일 따름이다. 오늘날의 중국(20세기 40년대)에서는 남녀 모두에게 천하위공天下爲公의 꿈을 심어주고, 편견이 없는 세상을 만들려는 포부를 갖도록 하는 교육을 목표로 삼아야 할 것이다.

2

친족제도

친족관계의 기원

사람은 집단으로 모여 살지 않으면 생존할 수 없다. 그렇다면 어떻게 집단의 단결을 도모하였을까? 이미 지난 일을 전부 알 수는 없으며, 다가올 일 또한 우리가 예측할 수 있는 것이 아니다. 다만 우리는 지금까지 파악된 바에 근거하여 간략하게 기술할 따름이다.

유사 이래 인류가 단체로 생활할 수 있었던 가장 중요한 요인은 혈연이었다. 혹자는 혈연을 인간의 단결을 유지하는 유일한 요인으로 보기도한다. 심지어 과거에 혈연이 그런 역할을 했기 때문에 미래에도 당연히 그럴 것이라고 단정 짓는 이도 있다. 그러나 이는 과거의 견문에 얽매인고지식한 생각에 불과하다. 인간의 단결이 오로지 혈연만으로 실현된 것이 아니기 때문이다.

아주 먼 과거로 거슬러 올라갈 것도 없이 앞 장에서 언급한 바대로 연령으로 서열을 정하던 시대만 하더라도 혈연관계는 그다지 중요하지 않았다. 당시에는 대략 노老, 장壯, 유幼 등 세 가지 정도로 연령을 구분했을 뿐 그 외의 관계에 대해서는 별로 신경을 쓰지 않았다.[1] 이렇게 연령에 따른 구분만 있었을 뿐 부부나 부자, 형제 등의 관계는 아직 형성되지 않았다. 『예기·예운』에 나오는 대동大同 세상은 바로 이러한 시대에 대한 기록이다. "사람들은 자신의 어버이만 친애하지 않았고, 자신의 자식만 사랑하지 않았다."[2] 『좌전左傳』에 나오는 부진富辰의 간언諫言에서도 그러한 일면을 엿볼 수 있다.

> "대상大上(최고의 성인 또는 성인의 가르침)은 덕으로 백성을 위무하고, 다음으로 가족을 친애하여 점차 다른 이들에게까지 미치게 한다고 했습니다."[3]

인용문을 통해 친족관계가 나중에 나타났음을 알 수 있다.

인류는 발전을 거듭하면서 세분화되고 집단을 결성하는 방식 또한 다양해졌다. 그 결과 이른바 혈연에 의한 혈족집단이 나타나게 되는데, 최초의 혈족집단은 여자를 중심으로 이루어졌다. 아직 부부관계가 성립되

---

1) 혹자는 네 가지로 구분하기도 하나 세 가지 구분이 일반적이다. 『예기·예운』이나 『논어·옹야(雍也)』에 보면 연령에 따라 세 가지로 구분하고 있음을 확인할 수 있다. 『예기정의·예운』, "노인이 안락하게 만년을 보낼 수 있도록 하고, 젊은이들이 능력을 발휘할 수 있도록 하며, 아이들이 건강하게 클 수 있도록 한다(使老有所終, 壯有所用, 幼有所長)." 북경, 북경대학교출판사, 1999년, 658쪽. (『논어주소·옹야』, "노인들은 편안하게 모시고, 벗들은 믿음으로 대하며, 어린 이들은 품어주고 싶다 (老者安之, 朋友信之, 少者懷之)." 앞의 책, 68쪽.
2) 『예기정의·예운』, "人不獨親其親, 不獨子其子." 앞의 책, 659쪽.
3) 『춘추좌전정의』, 희공(僖公) 24년, "大上以德撫民, 其次親親, 以相及也." 북경, 북경대학교출판사, 1999년, 418쪽. 역주: 역자가 보기에 인용문은 저자가 의도한 내용과 합치되지 않는다. 대부 부진의 발언은 '친친', 즉 형제끼리 친애하지 않으면 안 된다는 뜻일 뿐이기 때문이다.

기 이전이므로 아버지를 알지 못하고, 설사 아버지를 안다고 하더라도 부자관계는 모자관계만큼 긴밀하지 않았다. 인간은 가족 중심의 동물이기 전에 사회적 동물이라는 점은 이미 앞 장에서 밝힌 바 있다. 그러므로 모계사회에서 사람들은 모자母子만 단독으로 살았던 것이 아니라 어머니를 중심으로 같은 소생의 형제자매 이외에도 어머니의 어머니, 그리고 어머니의 형제자매 등 여러 세대가 더불어 살았다. 이리하여 점차 모계사회가 형성되기에 이른다.

이렇게 형성된 모계사회에는 씨족마다 나름의 명칭이 있었는데, 이것이 곧 성姓이다. 성마다 모두 시조모始祖母가 있었다. 예를 들면, 은나라의 간적簡狄, 주나라의 강원姜嫄이 대표적이다. 간적의 아들 설契, 강원의 아들 직稷은 모두 아버지 없이 태어났다고 하는데, 전설에서 시조모인 간적과 강원이 모두 남편이 누구인지 알 수 없었기 때문일 것이다. 물론 간적과 강원이 제곡帝嚳의 비妃였다는 설도 있지만, 이는 후세 사람이 갖다 붙인 것에 불과하다.[4]

모계사회에서도 때로 남자가 권력을 쥐는 경우도 있었는데, 이는 외삼촌이 권력을 장악하는 구권제舅權制의 경우이다.[5] 이런 경우 권력의 상속은 부자간이 아니라 형제간에 진행되는 것이 보통이다. 형제는 같은 씨족에 속하지만 부자는 씨족의 소속이 다르기 때문이다. 은나라와 춘추시기의 노나라, 오나라에서 형제간의 상속이 이루어졌다는 기록이 있다. 『사

---

4) 『시경』「현조(玄鳥)」, 「생민(生民)」에 따르면, 설(契)과 직(稷)은 모두 아버지 없이 태어났다. 『사기』「은본기(殷本紀)」와 「주본기(周本紀)」는 『시경』에 나오는 이야기를 그대로 따르고 있다. 이에 대해 진교종(陳喬樅)은 『삼가시유설고(三家詩遺說考)』에서 태사공 사마천(司馬遷)이 노시(魯詩)의 견해를 취했다고 고증한 바 있다. 이와 달리 『사기』「오제본기(五帝本紀)」에서는 간적(簡狄)과 강원(姜嫄)이 제곡(帝嚳)의 왕비였다고 했다. 이는 『대대례기(大戴禮記)·제계(帝系)』의 설을 따른 것이다.

5) 다음 장을 참조하시오.

기·노세가魯世家』에 따르면, 노나라 장공莊公 이전까지 한 번은 아들에게 다른 한 번은 형제에게 돌아가며 왕위를 물려주었다. 이를 통해 중국 동남쪽 지역은 중원에 비해 모계제가 늦게까지 존속했음을 알 수 있다.

생산방식이 크게 변화 발전하면서 남자들이 재력과 권력을 모두 장악하게 되었다. 이에 따라 혼인 형태에도 변화가 생겼다. 앞장에서 말한 바대로 남자가 여자의 씨족에 들어가는 대신에 여자를 자기 씨족으로 데려오게 되었던 것이다. 집단 내부조직 역시 남성을 중심으로 이루어지면서 모계사회는 점차 부계사회로 바뀌게 되었다. 은나라와 주나라가 각기 설契과 직稷 등 남성을 시조로 섬기게 되었다는 사실은 이러한 변화를 말해 준다.

친족제도의 변천

친족 조직은 혈연에 의해서 결성된다. 혈연제가 확립되면서 인간은 자연스럽게 친족관계에 의해서 친소를 구분하게 되었다. 성이 같은 사람들이 많아지고 또 족외혼이 나타나면서 혈연적으로 같은 성씨의 사람끼리만 가까운 것이 아니라, 이성異姓이 오히려 혈연 때문에 더 친해질 수 있게 되었다. 이에 따라 혈연으로 가까운 친족族과 성이 같은 씨족姓의 두 집단으로 나뉘게 되었다.

친족제도와 관련하여 널리 알려진 것으로 주나라의 구족九族 제도이다. 부족父族 넷, 모족母族 셋, 처족妻族 둘을 포괄하는 친족제도이다. 부족 넷은 상례에 규정된 오복五服 관계 이내의 부계 친족, 아버지의 자매 및 그 아들들, 본인의 자매 및 그 아들들, 그리고 본인의 딸 및 그 아들들을 가리키며, 모족 셋은 어머니의 부성父姓인 본인의 외가, 어머니의 모성母姓인 어머니의 외가, 어머니의 자매와 그 아들들을 가리킨다. 그리고 여기에 처족 둘인 처의 부성과 처의 모성을 더해서 구족을 이루는 것이다.

구족의 범위에 대한 이러한 설명은 한나라 금문今文학자들의 설로 구체적인 내용은 『오경이의五經異義』에 실려 있다.6) 이외에 『백호통의 · 종족宗族』에도 같은 내용이 나온다. 하지만 고문가古文학자들에 따르면, 위로 고조부터 아래로 현손玄孫까지를 구족이다. 이는 진한秦漢시기의 친족제도로서 앞서 언급한 금문가의 설보다 후대의 이야기이다. 흥미로운 점은 『백호통의 · 종족』에 요堯 임금 때의 구족은 부족 셋, 모족 셋, 처족 셋을 포함했는데, 주나라로 들어오면서 처족 중의 한 족을 배제하고 부족에 한 족을 추가하는 변화를 겪었다는 내용이 실려 있다는 것이다.7) 이러한 주장을 따른다면, 금문가가 말하는 제도도 극히 이른 시기의 제도가 아님을 알 수 있다. 안타까운 것은 『백호통의』의 해당 대목에 누락된 내용이 있어 요임금 때의 구족제도의 자세한 사정을 알 수 없다. 다만 뒷부분에서 『시경 · 위풍衛風 · 석인碩人』에 나오는 "형후의 처제이자, 담공이 그녀의 형부이다."8)라는 내용을 인용한 것으로 보아 당시 구족에 처의 자매들도 포함되었음을 추정할 뿐이다.

위의 사실을 통해서 알 수 있듯이 친족제도는 시대에 따라 바뀌었다. 하지만 주나라 이전까지는 아무리 바뀌더라도 혈연적으로 가까운 사람끼리 친족을 이룬다는 사실은 변함이 없었다. 이는 후대의 생각과 아주 다른 점이다. 후대의 사람들은 흔히 동성同姓과 동족同族을 혼동하여 아버지

---

6) 『시경 · 왕풍(王風) · 갈류(葛藟)』에 대한 공영달(孔穎達)의 소(疏)에서 인용한 내용 참조.

7) 『백호통소증 · 종족(宗族)』, "一說合言九族者, 欲明堯時俱三也, 禮所以獨父族四何? 欲言周承二弊之後, 民人皆厚于末, 故興禮母族, 妻之黨廢, 禮母族父之族, 足以貶妻族, 以附父族也。或言九者, 據有交接之恩也." 북경, 중화서국, 1994년, 400쪽.

8) 『모시정의 · 위풍(衛風) · 석인』, "邢侯之姨, 覃公維私." 북경, 북경대학교출판사, 1999년, 222쪽.

의 동성이면 곧 동족이라고 여기게 되었다. 구족 범위 안에 있는 사람들은 모두 유복친有服親이다.9) 상례에서 상복을 입지 않는 무복無服의 관계에 있는 친척은 모두 당黨이라고 불렀다.10) 이른바 부당父黨, 모당母黨, 처당妻黨이 그것이다.

인구가 증가하면서 동성인 사람들도 혈연적으로 점차 소원해졌다. 그렇다면 동성 씨족의 단결도 점차 느슨해졌을까? 그렇지 않았다. 구족 가운데 부계친족을 제외한 나머지 친족들은 혈연적으로 가깝다 하더라도 떨어져 사는 것이 보통이었다. 이와 달리 동성인 족인族人들은 혈연적으로 관계가 멀다 하더라도 모여 살았다. 같은 공동체 안에서 함께 생활하다 보니 상호 이해관계도 일치했다. 뿐만 아니라 모여 살면서 엄밀한 조직제도가 형성되기도 했다. 그것이 바로 종법宗法이다. 인구가 증가하면서 서로 떨어져 살게 되더라도 종법에 의해 그 유대관계를 유지하였던 것이다. 다음에서는 고대의 사회조직과 깊은 관계에 있는 종법에 대해 간략하게 살펴보겠다.

첫째, 동종同宗의 사람들은 동일한 시조의 후예라고 자처하고 같은 시조를 섬긴다.

둘째, 시조의 적장자嫡長子를 대종大宗의 종자宗子로 받든다. 이후 대대로 대종의 종자인 적장자가 대종의 종자 자리를 승계한다. 같은 시조의 후손들은 모두 대종의 종자를 받든다. 대종 종자의 권위와 지시에 복종하고, 가문에서 빈궁한 자들은 그에게 구제받기도 한다. 친소를 막론하고 대종 종자가 동종의 족인들과 대대로 이러한 관계를 유지하게 되는데, 이를 일러 대종은 "백세가 지나도 변하지 않는다(百世不遷)."고 한다.

셋째, 대종 종자와 구별하기 위해 시조의 별자別子(다른 아들)들은 모

---

9) 역주: 유복친은 상례의 복제(服制)에 따라 상복을 입어야 하는 가까운 친척을 말한다.
10) 『예기・분상(奔喪)』, 정현(鄭玄) 주(注) 참조.

두 소종小宗의 종자宗子가 된다. 소종 종자의 적장자는 아비의 사당을 계승한 소종이란 뜻에서 '계녜소종繼禰小宗'이 되며, 계녜소종의 적장자는 조부의 사당을 계승한 소종이란 뜻에서 '계조소종繼祖小宗'이 된다. 계조소종의 적장자는 '계증조소종繼曾祖小宗'이고, 계증조소종의 적장자는 '계고조소종繼高祖小宗'이 된다. 계녜소종은 친형제들이 받들고 계녜소종의 권위에 복종하고 도움을 받는다. 계조소종은 종형제從兄弟들이 받들고, 계증조소종은 재종형제再從兄弟들이 받들며, 계고조소종은 삼종형제三從兄弟들이 받든다. 나아가 사종형제四從兄弟에 이르면 6대째가 되는데, 이때가 되면 소종종자와 종친관계가 끊어진다. 그러므로 상례에서 상복을 입지 않아도 되는 무복無服의 관계가 된다. 물론 사종형제도 더 이상 6대째 소종종자를 받들지 않는다. 이는 소종小宗이 5대가 지나면 바뀌기 때문이다(五世則遷). 이를 보다 구체적으로 '나'를 중심으로 말하자면, 내가 제사를 받들어야 하는 이들이 고조의 소종종자, 같은 증조의 소종종자, 같은 조부의 소종종자, 같은 아버지의 소종종자 넷과 대종종자 하나라는 것이다. "소종 네 분, 대종 한 분 모두 다섯 분을 받든다."[11]는 뜻이다.

넷째, 이렇게 하면 받들 소종종자가 없는 경우가 생긴다. 그런 경우에도 대종종자의 권위에 복종하고 그로부터 구제를 받는 것은 마찬가지다. 뿐만 아니라 같은 시조의 사람 가운데 요절하거나 자손이 없는 자가 있게 마련인데, 그런 경우에는 대종종자가 그들의 제사를 책임져야 한다. 다시 말하자면 대종종자만 있으면 산 사람의 관리와 구제, 죽은 자의 제사가 모두 해결된다는 뜻이다. 그러므로 소종은 대가 끊어질 수 있지만 대종은 절대로 대가 끊어지면 안 된다. 대종종자에게 자손이 없으면 족인들은 대가 끊어질지라도 대종의 대를 이어 나가도록 해야 한다.

---

11) 『예기정의 · 대전』, 정현 주, "小宗四與大宗凡五." 북경, 북경대학교출판사, 1999년, 1008쪽.

이상은 『예기·대전大傳』에 나오는 주나라 종법의 핵심 내용이다. 『예기·대전』에서 말하는 대종의 시조는 국군國君 여러 아들衆子들이다. 옛날에는 제후諸侯가 감히 천자를 선조로 모실 수 없었으며, 대부大夫 역시 감히 제후를 선조로 섬길 수 없었다. 그렇기 때문에 국군의 별자들은 별도로 종宗을 세울 수밖에 없었다. 이에 대해서 『예기·교특생郊特牲』은 이렇게 말했다. "감히 사당을 세워 왕이나 제후를 시조로 모시고 제사를 지내지 못한다."[12] 대종이 모시는 시조도 대종종자가 아닌 다른 사람은 감히 모시고 제사를 지낼 수 없었으니 당연한 일이다. 이런 점에 있어서 제후와 천자, 대부와 제후, 대종종자와 소종종자, 소종종사와 비종자, 즉 종자가 아닌 자는 모든 같은 관계인 셈이다. 정현은 『예기·대전』 주注에서 이를 더욱 확대하여 이전에 머물던 제후국에서 다른 제후국으로 이주한 대부大夫까지 적용시켰다. 이는 동일한 선조로부터 내려온 후손이 많아지면서 시조 자리를 물려받은 대종의 종자 한 명만으로 종족을 다스릴 수 없어 종자의 권위가 미치지 못하는 경우가 있었기 때문이다. 그래서 관리의 편의를 위해 아래 소종들도 각기 종족의 서열에 따라 별도의 종법 조직을 구성하도록 했다. 현실적으로 다른 지역으로 이주한 종족들에게 족장인 대종의 권위가 미칠 수 없기 때문에 이러한 종법제가 확실히 필요했던 것이다.

이로 볼 때, 종법제의 확립은 봉건제와 아주 깊은 관련이 있다. 봉건封建이란 동족에 속하는 일부 사람에게 영지를 나누어 주어 다른 지역에 내보내는 것이다. 종법조직이 있기 때문에 분봉하는 자와 분봉 받는 자 간에 유대관계가 유지된다. 이렇듯 종법제는 특히 친족관계가 멀어지거나 끊어진 동성 사람들을 이어 주는 연결 고리의 역할을 수행했다. 비록 종법제도를 통해서 연결되는 것이 구족 가운데 부계친족에 한정되었지

---

12) 『예기정의·교특생』, "不敢立其廟而祭之." 위의 책, 784쪽.

만, 실질적 연결 범위는 구족 전체보다 훨씬 넓었다. 아마도 전체 숫자는 구족의 전체 수보다도 많았을 것이다. 더구나 그들은 함께 모여 살았으며, 엄밀한 조직체를 형성하고 있었다.

모계사회에서도 이와 유사한 제도가 있었는지 알 수 없지만, 설령 있었다 하더라도 부계사회만큼 강력한 응집력을 발휘하지는 못했을 것이다. 모계사회에서 부계사회로 옮아가는 과정 자체가 투쟁을 수반한 것이기 때문에 그러하다. 부계사회는 보다 엄밀하고 폭넓은 조직을 갖추고 있었기 때문에 당연히 막강한 투쟁의 역량을 갖춘 셈이다.

주지하다시피 종법제도가 보다 치밀하고 완벽하게 정비된 것은 주나라 때의 일이다. 주나라를 세운 이들(희씨姬氏)이 씨족간의 투쟁에서 승리하여 천하를 호령하는 천자로 군림하게 된 것은 그들의 종법조직이 크게 한 몫을 했을 것이다.

친족제도로 혈연에 가까운 동족 사람들을 통합하고, 또한 종법으로 동일한 시조를 모시는 동성 사람들을 결합시켰다. 주나라는 혈연을 통해 동족은 물론이고 이족(사돈을 맺음으로써)간의 단결을 이루었다. 주나라에 이르러 혈연간의 단결은 절정에 다다랐다. 하지만 절정기에 이른다는 것은 곧 쇠퇴의 시작을 의미하기도 한다. 주나라의 친족제도와 종법제가 점차 쇠퇴해진 이유는 무엇인가?

경제는 사회 조직의 변화를 이끄는 가장 중요한 힘이라 해도 과언이 아니다. 발전이 더디었던 먼 옛날에 사람들은 서로 협력하면서 삶을 영위했다. 당시 사람들은 함께 모여 살았지만 분업이 거의 없었다. 물론 간단한 분업이 있었다고 할지라도 그리 세분된 것은 아니었다. 하는 일이 대동소이했기 때문에 살아가면서 굳이 다른 씨족들과 연합할 필요가 없었다. 하지만 분업이 세분화되면서 상황이 달라졌다. 세분화된 분업으로 인하여 서로 무관하던 사람도 자연스럽게 연관을 맺게 되었다. 서로 의존관계가 확대되면서 사람들은 서로 알지 못하더라도 직간접적으로 접촉하게 되고, 또한 잦아진 접촉으로 인해 상대방을 바라보는 시각도 차츰 달라졌다. 그리하여 서로 물물교환을 하고 점차 매매가 일상화하여 이른바 상업이 출현함으로서 씨족 간의 적대감이 완화되기에 이르렀다. 아울러 분업의 세분화됨에 따라 개개인의 사회적 역할도 한층 두드러지게 되었다. 특별한 재주를 가진 사람은 그 장기를 발휘하여 부를 축적할 수 있었기 때문이다. 이에 따라 씨족 내에서 사유재산을 가진 사람이 점점 많아졌다. 앞장에서 말한 바대로 매매혼은 바로 이때부터 생긴 일이다. 이리하여 부권父權 가정이 성립되었다.

『맹자』는 당시 일반적인 농촌 가정은 대개 다섯이나 여덟 명이 함께 살았다고 했다. 혹자에 따르면, 부부와 부모, 그리고 자식을 포함한 숫자라고 한다. 또한 『맹자』에 따르면, 아우가 있는 경우에는 여부餘夫라고 하여 따로 경작지를 지급해 주었다.[13] 이로 보건대 당시의 가정도 오늘날의 가족 구성과 별로 다를 바 없었음을 알 수 있다. 『의례・상복喪服』에서 "대공복大功服을 입는 가족끼리 재산을 공유한다."라고 한 것을 보면 당시 사대부士大夫의 가정은 일반적인 농촌 가정보다 조금 크기는 했으나 그리 차이가 나지 않았음을 알 수 있다.[14] 이는 형제간의 생활 상황에 대한 다음의 묘사를 통해서 짐작할 수 있다. "(형제들은) 각기 동옥東屋, 서옥, 남옥, 북옥에 따로 살지만 재산을 공유했다. 남는 것이 있으면 종가(대종)에게 주고 부족하면 종가에게 보태 달라고 청할 수 있다."[15] 인용문을 통해서 알 수 있듯이, 형제들은 각각 따로 살림을 차리고 각자의 재산을 소유했다. 다만 형제끼리 일종의 공금 형식으로 종가에 공동의

---

13) 『맹자』, 「양혜왕(梁惠王)」 및 「등문공상(滕文公上)」 참조.
14) 『예기정의・상복』, "大功同財." 앞의 책, 1173쪽.
15) 『예기정의』, "有東宮, 有西宮, 有南宮, 有北宮, 異居而同財. 有餘則歸之宗, 不足則資之宗." 위의 책, 1198쪽.

자금을 모아놓았을 따름이다.

당시 봉지封地가 큰 경우는 당연히 가정 또한 컸다. 이런 경우는 대략
다음 두 가지이다.

첫째, 씨족의 조상이 다른 씨족을 정복하여 정복당한 씨족으로부터 세
금을 받으며 살아왔기 때문에 수시로 벌어질 싸움에 대비하는 차원에서
씨족끼리 모여 살 필요가 있었다. 『예기·문왕세자文王世子』를 보면, 고대
이른바 공족公族이 어떤 조직인지 알 수 있다. 나중에 시대가 바뀌고 상황
이 달라지면서 이러한 조직을 더 이상 유지할 필요가 없었지만 완전히
사라지지 않고 한동안 지속되었다. 이는 익숙해진 습관이 짧은 시간에
바뀌기 어려운 것처럼 모든 제도가 지닌 타성惰性 때문이다.

둘째, 재부를 축적하게 되자 생활이 점차 사치스러워지고 집안의 대소
사를 맡을 하인이나 노복이 많아지면서 대가족으로 커진 경우이다. 『주
관·천관天官』을 보면 그 상황을 알 수 있다. 하지만 이러한 대가족은 봉
건제가 무너지면서 사라졌다. 물론 소봉素封16) 집안이나 다름없는 신흥계
급新興階級의 호족도 없지는 않았지만 소수에 불과했다. 그래서 씨족제가
무너지고 가정 중심의 가족제로 대체되기에 이른 것이다. 가정이란 조직
이 경제 단위가 되면서 씨족사회에서 서로 의존하며 상생상양相生相養하
는 도가 다하고 말았다. 상생상양은 노인은 봉양을 받고 어린아이는 양육
된다는 뜻이다. 씨족이 무너진 뒤로 이러한 일을 책임지고 관장하는 이가
사라졌다. 대신 일부일처가 위로 부모를 공양하고, 아래로 자식을 양육하
는 책임을 맡게 되었다. 그렇기 때문에 가정은 더 이상 모든 종족을 포괄
하는 것이 아니라 일부일처를 중심으로 이루어지게 된 것이다. 이후 수천
년 동안 지금까지 이러한 가정 조직이 큰 변화 없이 계속 유지되고 있다.

---

16) 역주: 소봉(素封)은 천자로부터 분봉 받은 봉지와 작위가 없지만 제후와 비견할 만한
   큰 부를 가진 자를 말한다.

위의 논의를 통해서 알 수 있듯이, 친족제도의 변화는 생활의 변화에서 비롯되고 생활의 변화는 경제가 주된 요인이었다. 경제야말로 가장 광범위하게 사회에 사는 모든 개개인과 직접적이고 또한 지속적으로 관계를 맺는 것이기 때문이다. 무릇 사람이라면 경제로부터 깊은 영향을 받지 않지 않는 자가 없고, 또한 사회의 각종 상부구조나 인간의 정신적 상태 역시 경제구조의 변화에 따라 달라질 수밖에 없다.

분업이 세분화되지 않았던 씨족사회에서는 씨족 자체가 경제적으로 자급자족할 수 있는 공동체였다. 씨족 내부의 구성원들이 서로 의지하여 생활했기에 서로에 대한 감정도 남달랐다. 또한 구성원들이 서로 의지하여 사는 공동체이자 지금까지 터득해온 지식과 기술이 모두 이전의 세대에게 물려받은 것이었기 때문에 동시대의 족인族人뿐만 아니라 이전 시대의 조상에게도 깊은 감정을 가지고 있었다. 심지어 동시대의 족인보다 오히려 그 이전 시대의 조상에 대한 감정이 더욱 깊었다. 그래서 점차 조상 숭배, 옛 것을 높이 소중히 여기는 숭고崇古의 사상이 싹트고 뿌리박히게 되었던 것이다. 이러한 관념은 당시 실생활에서 비롯된 현상일 뿐이다. 하지만 후대 사람들은 그 기원도 모른 채 오히려 그것을 윤리도덕의 철칙으로 믿고 그것에 근거하여 생활 규범을 마련하며 그것에 따라 살려고 노력했다. 이는 사회 발전의 추세와 어긋나는 것이다.

오늘날 사람들은 흔히 대가족大家族과 소가정小家庭의 용어를 혼동하여 사용한다. 서양 학술계에서는 남녀 부부, 그리고 미혼 자녀가 포함된 가정 형태를 소가정으로 보고, 이 범위를 넘어선 가정 형태를 대가족으로 정의한다. 중국 사회는 첫째, 소가정. 둘째, 가장을 중심으로 위로 부모, 아래로 처자식을 포함하는 가정.(양자가 가장 보편적이다) 셋째, 형제들이 같이 사는 가정.(그다지 드물지 않았다) 마지막 넷째는 사세동당四世同堂(네 세대가 한 집에 사는 대가족)으로 백여 명이 함께 사는 경우인데, 이는 매우 드물다. 일찍이 조익趙翼은 『해여총고』에서 대가족에 대해 언급한 바 있다. 주로 정사正史에 나오는 「효우전孝友傳」이나 「효의전孝義傳」17)
에 실린 내용을 검토한 것인데, 이에 따르면, 『남사南史』에 3인, 『북사北史』
에 12인, 『당서唐書』에 38인, 『오대사五代史』에 2인, 『송사宋史』에 50인,
『원사元史』에 5인, 『명사明史』에 26인 등이다. 물론 정사의 다른 편목에
기재된 것이나 정사 외의 다른 서적에 기록된 경우도 있을 것이고, 아예
기록에 남지 않은 경우도 있을 것이다. 당연히 이는 통계에 반영되지 않
았다. 방대한 영역과 기나긴 역사를 지닌 중국에서 대가족이 이처럼 극소
수에 불과하다는 것은 흥미로운 결과가 아닐 수 없다. 여하간 이처럼 대
가족이 출현한 이유는 여러 가지가 있을 수 있다. 우선 윤리도덕의 선양
과 관련이 깊다. 고염무顧炎武는 「화음왕씨종사기華陰王氏宗祠記」에서 이
렇게 말한 바 있다.

> "정주학程朱學 학자들의 탁월한 학설은 전해 내려오는 각종 경서에
> 기록되어 있다. 금나라와 원나라 시절 큰 포부를 품은 수많은 이들이
> 정주이학을 얻기 위해 남부지방에까지 찾아가기도 했으며, 그렇게 익
> 힌 학문을 제자들에게 전수했다. 명나라 초기에는 사회 풍이 순박하
> 여 어버이를 정성껏 모시며 어른을 존경하는 도가 천하에 널리 퍼져
> 사회 통념이 되었다. 종법으로 가족을 다스리고 여러 세대가 함께 사는
> 것을 의문義門이라고 칭했는데 때로 그런 집안을 볼 수 있었다."18)

---

17) 역주: 『사기(史記)』, 『한서(漢書)』 등 제왕의 전기를 중심으로 편찬한 기전체 사서이
   다. 보통 이십사사나 이십오사를 가리킨다. 이 사서들에는 「효우전(孝友傳)」이나
   「효의전(孝義傳)」이 들어 있다. 주로 부모에게 효도하거나 형제간에 우애하는 일들
   을 기재한다.
18) 『고정림시문집(顧亭林詩文集)·화음왕씨종사기(華陰王氏宗祠記)』, "程朱諸子, 卓
   然有見於遺經. 金元之代, 有志者多求其說於南方, 以授學者. 及乎有明之初, 風俗淳
   厚, 而愛親敬長之道, 達諸天下. 其能以宗法訓其家人, 或累世同居, 稱爲義門者, 往往
   而有." 북경, 중화서국, 2008년, 109쪽.

인용문을 통해서 대가족의 출현이 성리학자들의 학설 전파와 확실히 관련이 있음을 알 수 있다. 하지만 대가족이 나타난 원인은 이것만이 아니다. 『일지록日知錄』은 여러 역사 자료를 인용하여 다음과 같이 말한 바 있다.

> "두우杜佑의 『통전通典』에 따르면, 북제北齊 시절 영주瀛州, 기주冀州에 유劉씨 대가족 여러 집이 거주하였고, 청하淸河에는 장張씨와 송宋씨, 병주幷州에는 왕씨, 복양濮陽에는 후侯씨 대가족들이 살았다. 이들은 모두 10,000실室이나 되는 대가족이었다. 한편 『북사北史·설윤전薛胤傳』에 따르면, 설윤이 하북 태수로 있을 때 그 지역에 한韓씨와 마馬씨 대가족이 살았는데, 각기 2,000여 가구가 한데 모여 살았다. 하지만 지금은 중원 북부지방에서 으뜸가는 대가족이라 해도 식구가 1,000명을 넘지 않는다. 대가족의 수가 줄었을 뿐만 아니라 그 규모도 크게 작아져서 강남지역과 정반대의 상황을 보여 준다."[19]

진꿍모陳宏謀의 『여양박원서與楊樸園書』에도 대가족과 관련된 언급이 나온다.

> "오늘날에는 각 성에서 오로지 민중閩中, 강서江西, 호남湖南 지역에만 족인들이 모여 사는 대가족을 볼 수 있는데, 그들은 모두 사당을 가지고 있다."[20]

이상의 인용문을 통해 우리는 옛날에는 족인끼리 모여 사는 현상이

---

19) 『일지록집석(日知錄集釋)·북방문족(北方門族)』, "杜氏『通典』言: "北齊之代, 瀛、冀諸劉, 淸河張、宋, 幷州王氏, 濮陽侯族, 諸如此輩, 將近萬室. 『北史·薛胤傳』: 爲河北大守, 有韓、韓馬兩姓, 各二千餘家. 今日中原北方, 雖號甲族, 無有至千丁者. 戶口之寡, 族姓之衰, 與江南相去夐絶." 상해, 상해고적출판사, 2006년, 1303쪽.

20) 진꿍모(陳宏謀) 「여양박원서(與楊樸園書)」, "今直省惟閩中、江西、湖南皆聚族而居, 族各有祠."

남부지방보다 북부지방이 더 흔했으며, 근대에 와서 남부지방이 오히려 북부지방보다 더 많아졌음을 알 수 있다. 북부지방의 이러한 현상은 병란이 잦아 혼란에 빠진 북제 때의 사회 현실 때문으로 보인다. 한편 산이 많은 지형적 특징으로 인해 사회 발전이 더딘 남부지방의 토착민들은 씨족끼리 모여 살던 옛 시대와 흡사한 생활 패턴을 유지하며 살았고, 또한 타지에서 들어온 유랑민이나 이주민들도 스스로를 지키기 위해 족인끼리 모여 살아야만 했다. 그 결과 전란 등으로 인해 남방으로 대규모 이주가 있은 이후에 남부지방에서도 족인끼리 모여 사는 현상이 흔하게 되었던 것이다. 이는 고대 씨족사회의 흔적이자 후대 가족제의 변이 형태로 볼 수 있다.

그러나 씨족이 붕괴된 것은 바로 그 안에서 부지불식간에 발전해온 가족 제도 때문이다. 후대의 이른바 의문義門에서 옛날 씨족의 흔적을 찾을 수 있지만 씨족의 쇠퇴는 자연스러운 추세였다. 특수한 환경이나 여건으로 인해 독립된 별개의 가구를 억지로 모아 대가족을 이룬 경우도 없지 않지만 이는 그저 형식적인 것이어서 오래 가지 못했다. 예를 들면 『후한서 · 번굉전樊宏傳』에 나오는 번굉의 경우가 그러하다. 번굉의 집안은 삼대가 재산을 공유하는 대가족이었다. 논밭이 삼백여 경頃에 이르렀고, 관개灌漑를 위해 연못과 도랑을 팠다. 연못에는 물고기를 길렀으며, 가축도 적지 않아 삶을 영위하는데 필요한 물건들을 거의 자급자족할 수 있었다. 또한 "생산하는 물품 종류가 다양해서 모든 자원을 합리적으로 이용할 수 있었다. 적당한 분업을 통해 하인들이나 노복들이 각기 적성에 맞는 일을 하도록 했다."[21] 기물을 만들기 위해 가래나무나 옻나무를 심었다. 그야말로 자급자족하는 큰 조직체였다. 이렇듯 씨족을 중심으로 대가족

---

21) 『후한서』 권32, 「번굉전」, "其營理産業, 物無所棄, 課役童隷, 各得其宜." 북경, 중화서국, 1965년, 1119쪽.

을 꾸린 이들은 대부분 자급자족의 뜻을 지니고 있었다. 이는 나름의 환경이나 여건이 마련되었기 때문에 가능한 일이다. 이러한 환경이나 여건이 마련되지 않았는데 어찌 강제할 수 있겠는가? 그러므로 후대로 내려 갈수록 점차 대가족의 형태가 사라지게 된 것이다.

씨족과 유사한 대가족이 사라진 데에는 경제 기반의 변화가 한몫을 하였지만, 정치적인 원인도 적지 않다. 씨족은 상생상양相生相養의 책임을 다해야 한다는 책임이 있지만 다른 한편으로 족인을 지배하는 권력을 차지할 수 있다는 권리도 있다. 하지만 국가가 나타나자 족장의 권위가 나라의 권위國權와 충돌하는 경우가 생겼다. 따라서 대가족은 윤리적으로는 국가의 찬양의 대상이었지만 정치적으로는 붕괴시킬 대상이기도 했다. 이에 따라 대가족들은 갈수록 무너져 갈 수밖에 없었던 것이다.

소가정보다 약간 큰 가정(앞서 제시한 두 번째와 세 번째 가정)의 경우 겉보기에 윤리도덕 관념에 따라 유지되는 것처럼 보인다. 실제로 역대 법조문을 보면, 부모와 자식의 분가를 금지하는 조령이 적지 않다. 예를 들어 『일지록日知錄』 권13에 보면, "조부모나 부모가 살아 있는 경우 자손은 재산을 나누어 분가할 수 없다."[22]는 내용이 나온다. 하지만 사실은 경제적인 상황이나 여건의 제한 때문이다. 경제력은 합치면 강하고 나누면 약해지는 법이다. 옛날 상황에서 생산 활동이나 비용 지출 부담을 일부일처의 부부 힘만으로 감당하기가 그리 쉽지 않았다. 그래서 대가족을 이루어 살 수밖에 없었던 것이다. 그렇기 때문에 대가족이 많다고 하여 그 지역의 풍습이 유순하다거나 유교의 교화 덕분이라고 한다면 크게 잘못된 견해이다.

---

22) 역주: 『일지록집석(日知錄集釋)』, 권13, "祖父母父母在者, 子孫不得別財異居." 상해 고적출판사, 2006년, 809쪽. 이는 『송사』에 나오는 말이다. 『당률』에도 "父母在, 別 籍異財."라는 규정이 있다.

경제적인 이유로 대가족을 유지할 수도 있겠지만 일단 사유재산제도가 확립되었다면 이 역시 만만한 일이 아니다. 부자, 형제지간에 네 것과 내 것을 뚜렷이 구분하는 시대이기 때문이다. 그렇기 때문에 한편으로 경제적 여건이나 낡은 관념 때문에 모여 살기도 하지만, 다른 한편으로 사유재산제도로 인해 분가를 주장하는 소리가 갈수록 높아지게 되었다. 이런 와중에 가족 내부에 재산 다툼이 많아지면서 아예 가정이 분쟁의 소굴처럼 되고 말았다. 재물을 탐하지 말라거나 처자식만 편애하지 말고 부모, 형제도 잘 챙기라는 등의 옛 교훈들은 은연중에 대가족 제도가 위태로운 지경에 있음을 말해주는 것이다.

제도 자체가 합리적이라면 굳이 여기저기서 제도 유지를 요구할 필요도 없다. 그래서 근대에 들어와 극히 보수적인 사람을 제외한 모든 사람들이 대가족 체제를 부정하는 태도를 보였다. 예를 들어, 이불유李紱宥의 『별적이재의別籍異財議』는 이런 견해의 전형적인 예이다. 특히 서양문화가 유입된 뒤로 소가정을 제창하고 대가정을 반대하는 소리가 더욱 드높았다. 그렇다면 소가정은 과연 제창될 만한 가치가 있는 것인가?

무슨 조직이든 현실 상황에 맞아야 오래 유지되는 법이다. 소가정은 과연 현대의 생활에 맞는 것인가? "자식을 잘 키우면 노후를 대비할 수 있고, 곡식을 비축해 두면 굶주림을 막을 수 있다."[23]는 옛말에서 알 수 있듯이 사람들은 노인을 부양하고 아이를 낳고 키우는 것을 가정의 천직天職처럼 여겨왔다. 하지만 오늘날의 가정은 이러한 책임을 맡기에는 전문 지식이 부족하고,[24] 감당하기 어려운 여러 가지의 가정 부담에 허덕이고 있다. 만만치 않은 의료비와 교육비 앞에서, 주부 한 명이 여러 명의

---

23) 『명심보감 · 효행』, "養兒防老, 積穀防飢."
24) 예를 들면, 집안 환자의 간호, 자녀의 양육 및 교육은 모두 전문적인 지식이 필요한 일들이다.

아이를 돌보면서 집안일까지 떠맡아야 하는 현실 앞에서 경제적인 여유나 시간적인 여유를 모두 바랄 수는 없는 일이다.

자본보다 노동력이 우세했던 옛날에는 식구가 많을수록 부를 축적할 수 있었지만, 오늘날에는 그것이 오히려 가난의 원인이 된다. 왜냐하면 가족 중심의 생산 방식에서 사회 중심의 생산 방식으로 바뀌면서 많은 식구가 반드시 수입의 증가를 보장하지는 않기 때문이다.[25] 오히려 소비만 늘 뿐이다. 또한 아이의 교육 기간이 길어지면서 어느 정도 자라면 돈을 벌어서 집안 살림에 보태주었던 일은 옛날이야기가 되었다. 오히려 교육비 때문에 지출은 더 증가하게 되었다. 그리고 집안 살림 가운데는 서로 협력하면 수월하고 절약도 되지만, 따로 하면 낭비가 되고 소모만 늘어나는 일들이 많다.[26] 식구가 적은 소가정은 이러한 노동력과 물질적인 낭비를 피할 수 있는 장점이 있다.

그러므로 남자가 일 년 내내 고생스럽게 일을 해도 그 수입으로 가족을 먹여 살리기에 부족하고 여자가 집에서 노예처럼 부지런히 일해도 집안 살림이 풍족하지 못한 것이 현실이 되었다. 이런 상황에서 독신과 만혼 등의 현상이 잇따라 나타나게 된다. 중국의 옛 풍습과 어긋나는 이러한 현상들은 외래문화와 더불어 들어온 수입품이기도 하지만 사회 현실에서 빚어진 결과이기도 하다. 뿐만 아니라 독신이나 만혼은 이미 사회 중류층에 널리 퍼진 풍조이다. 무릇 실생활에 알맞은 것이라면 쉽게 퍼지고 유행하는 법이다. 이런 상황이라면 산간벽지의 젊은 남녀라도 가정의 울타리에 갇혀 노예처럼 살고 싶지 않을 것이다.

물론 개개인의 힘만으로 낡은 제도를 깨뜨리고 새로운 생활패턴을 구축하기를 기대할 수는 없다. 천성적인 성욕으로 인해 수많은 가여운 남녀

---

25) 방직업(紡織業) 생산 방식의 변화가 전형적인 예이다.
26) 요리하기, 빨래하기 등 가사 노동이 그것이다.

들이 여전히 혼인의 울타리 속으로 빨려 들어가는 것은 어쩔 수 없는 현실이다. 하지만 이렇게 가정이 꾸려진다고 해서 노인이 제대로 부양받고, 어린아이가 제대로 자라는 것은 아니다. 자식을 낳아도 거두지 않는 생자불거生子不擧의 상황이 여전하기 때문이다. 개인주의가 대두되면서 인격 존중이 강조되는 오늘날 부녀자가 가정에서 억압당하는 것을 어찌 좌시할 수 있겠는가?

서양 학자들은 흔히 동물에 암수의 구분이 있고, 또 함께 새끼를 기르고 동거하는 기간이 길어지면서 가정 조직이 형성되었다고 주장한다. 가정은 동물로서의 인간이 지닌 타고난 천성에서 비롯된 일이라는 뜻이다. 하지만 이는 정확하다고 단정할 수 없다. 인간은 여느 동물과 다른 존재이니 어찌 동물의 상황을 인간에게 그대로 적용시킬 수 있겠는가? 다른 것은 차치하더라도 새끼를 기르는 데 있어서도 많은 차이가 있다. 동물의 경우 암수 두 마리가 잡아온 먹이만으로 충분히 새끼를 키울 수 있지만, 사람의 부모는 힘들게 고생해도 자식을 먹여 살리는 일이 여전히 힘에 부친다. 동물은 오직 자기 자식밖에 모르지만, 인간은 훨씬 넓은 범위의 대상을 사랑할 수 있다. 이는 인간이 여느 동물과 구별되는 참된 이유이기도 하다. 마치 물이 규圭처럼 생긴 공간으로 들어가면 사각형이 되고 벽璧27)처럼 생긴 공간으로 들어가면 원형이 되듯이 인간의 사랑이란 감정이 가정이란 조직을 만나 그것을 통해 표현되었을 따름이다.28) 하지만 이를 모르는 기존의 학자들은 오히려 가족 사랑의 감정이 먼저 생긴 다음에 가정제도가 나타난 것으로 보고 있다. 그런 까닭에 『예기』에서 가정이

---

27) 역주: 규(圭)는 옥으로 만든 홀(笏)로 위 끝은 뾰족하고 아래는 네모났다. 벽(璧)은 고대의 둥글넓적하며 중간에 둥근 구멍이 난 옥이다.

28) 역주: 인간이 지닌 사랑이란 감정은 가정이나 가족에게 국한된 것이 아닌 보다 광범위하고 심오한 것이란 뜻이다.

무너지면 "병든 자들이 돌봄을 받지 못할 뿐더러 늙은이와 어린이, 고독한 자가 의지할 데가 없어진다."²⁹⁾라고 말했으나 이는 참으로 결과와 원인을 뒤집은 견해이다. 가정이라는 제도를 통해 사람들은 다섯이나 많으면 여덟 명의 식구로 구성된 소집단이 형성됨으로써 그 이전에 서로 의지하여 살아왔던 사람들이 오히려 가정이라는 서로 다른 집단 간에 경계선을 긋고 반적대半敵對적인 관계에 놓이게 된 것이다. 이것이야말로 "병든 자들이 돌봄을 받지 못하고 늙은이와 어린이, 고독한 자가 의지할 곳이 없어지게 된" 근본 원인이 아니겠는가?

중국 사람은 자손이 없는 것(無後)을 가장 큰 슬픔으로 여긴다. "불효에 세 가지가 있으니 그 중에서 자손이 없는 것이 가장 큰 불효이다."³⁰⁾ 학자들은 이러한 고정관념에서 비롯된 것이라고 말한다. 하지만 자손이 없음을 큰 불효로 여기는 것은 "귀신도 살아있는 사람처럼 음식을 찾는다."³¹⁾는 믿음에 근거하여 제사를 챙겨줄 자손이 없으면 절대로 안 된다고 생각했기 때문이다. 이는 옛사람들의 미신에 불과하니 오늘날 이런 미신을 맹신하는 이가 몇이나 되겠는가? 이런 점에서 자손이 없는 것을 두려워하거나 슬퍼함은 오로지 대가 끊기는 것을 좌시할 수 없기 때문이라고 말할 수 있다. 사람은 누구나 자신이 노력하여 성취하고자 하는 일이 수포로 돌아가는 것을 참을 수 없어 한다. 가족은 사람들이면 누구나 최선을 다해 지키고 번창하기를 원하는 대상이다. 그러니 대가 끊기는

---

29) 『예기정의·악기(樂記)』, "강한 자가 약한 자를 협박하고, 다수의 사람이 소수의 사람을 짓누르고, 아는 자가 어수룩한 이를 속여먹고, 용맹한 자가 나약한 자를 괴롭힌다. 병든 자들은 돌봄을 받지 못하고, 늙은이와 어린이, 고아와 자식이 없는 늙은이가 의지할 데를 잃는다. 이는 대란에 이르는 길이다(强者脅弱, 衆者暴寡; 知者詐愚, 勇者苦怯. 疾病不養, 老幼孤獨, 不得其所, 此大亂之道也)." 앞의 책, 1084쪽.

30) 『맹자주소(孟子註疏)·이루상(離婁上)』, "不孝有三, 無後爲大." 북경, 북경대학교출판사, 십삼경주소표점본, 1999년, 210쪽.

31) 『춘추좌전정의』, 선공(宣公) 4년, "鬼猶求食." 앞의 책, 348쪽.

일을 좌시할 수 없었던 것이다. 가정의 출현으로 사람들이 서로 경계하고 적대적인 관계에 놓이게 된 것은 사실이다. 하지만 그것은 사람의 문제가 아니라 제도에서 비롯된 병폐다. 가족을 사랑하는 마음은 다음 네 가지로 부연 설명할 수 있다. 첫째, 부부지간, 부자지간, 형제지간에 서로 부양하는 책임을 진다. 둘째, 나아가 이러한 책임이 가족과 관계에 있는 모든 사람에게까지 확대된다.[32] 셋째, 돌아가신 조상을 추념한다. 넷째, 아직 누구인지도 모르는 미래의 후손까지 생각하게 된다. 이는 분명 가족 사랑의 좋은 점이다. 이것의 연장선상에서 조상으로부터 물려받은 가업家業은 절대로 망하게 해서는 안 된다거나 반드시 안전하게 지키고 발전시켜 후손에게 물려주어야 한다는 생각은 극단적인 이타심利他心에서 비롯된 것이다. 하지만 이러한 이타심은 일정한 형식이 없으며 어떤 제도 하에서도 다양하게 표현될 수 있다. 그러므로 오로지 가정에 국한하여 이러한 이타심을 표현할 필요가 있겠는가?

상속법

앞서 친족제도에 대해 논했으니 연이어 상속과 관련된 논의를 하고자 한다. 어떤 단체든 지도자가 있어야 하는 법이다. 혈연으로 결성된 가족의 경우 아버지든 어머니든 누군가 집안의 지도자가 있는 것이 자연스럽다. 만약 부모가 돌아가시게 된다면 그 자리를 물려받을 사람이 있어야 한다.

역사 기록에 따르면, 모계사회의 상속방식은 다음 두 가지이다. 하나는 여자가 재산을 물려받고 가족의 제사를 책임지는 것이다. 앞 장에서 언급

---

32) 예를 들면, 같은 종족의 사람과 인척관계에 있는 사람 등이 있다.

된 제齊나라 무아巫兒의 경우가 한 예이다. 무아는 아마도 족장 역할을 맡았을 것이다. 다른 하나는 전시일 경우나 정치인 우두머리는 주로 남자가 담당하였으며, 형제들이 장유의 순서에 따라 상속했다. 은나라의 형제상속은 그 흔적이다.

부계사회는 부자간에 상속이 이루어졌다. 구체적인 방식은 다양하다. 첫째, 막내아들이 아버지의 자리를 상속하는 방식이다. 『좌전左傳』에 따르면, "초나라는 언제나 막내아들을 태자로 세웠다."[33] 이는 자식 중에서 막내아들이 늘 부모와 같이 살았기 때문으로 보인다. 이외에 몽골 사람들도 막내아들에게 유산을 물려주는 풍습이 있다. 몽골어로 막내아들을 '알적근斡赤斤'이라 하는데 이는 부뚜막을 지킨다는 뜻이다. 둘째, 맏아들이 아버지의 권력을 물려받는 것으로 현실적으로 가장 쉽고 또한 바람직하다. 셋째, 적자가 상속하는 경우이다. 고대에는 정처와 첩의 사회적 지위가 크게 차이 났다. 정처는 귀족 출신이 대부분이었고 첩은 천족賤族 출신이거나 아예 친정이 없는 경우도 있었다. 옛날에는 혼인을 매우 중시했다. 권력이 있는 외가나 처가가 개인에게 유력한 지지세력이 될 수 있기 때문이다. 예를 들어, 제나라의 청혼을 거절하였던, 정鄭나라 장공莊公의 태자 홀忽은 후에 외부에서 강력한 원군援軍을 구할 수 없어 결국 왕위를 잃고 말았다. 뿐만 아니라 권력이 막강한 외가나 처가는 부족의 강력한 동맹국이 될 수 있다. 그러므로 태자는 역시 적자嫡子를 세우는 것이 적절했다. 주나라의 상속법은 바로 이런 방식을 택하여 적자를 우선하고 그 다음으로 장남을 선택했다. 이후 주나라 문화가 전국으로 퍼지면서 주의 상속방식이 법률이자 관습으로 널리 받아들여졌다.

이러한 상속 방법은 단지 가부장의 권위를 상속하는 경우에만 해당한다. 재산 상속은 이와 달리 모든 아들들에게 균등하게 나눠 주었다. 『청율

---

33) 『춘추좌전정의』, "楚國之擧, 恒在少者." 앞의 책, 487쪽.

清律』에는 재산 상속과 관련된 다음과 같은 규정이 있다.

> "재산과 땅의 상속에 대해서, 정실, 첩실, 내지 하녀 소생의 아들은
> 모두 구별 없이 균등하게 물려받을 수 있다. 혼외자는 혼생자의 절반을
> 물려받는다. 상속자로 세울 아들이 없는 경우에는 혼외자들에게 재산
> 을 균등하게 나누어 준다."[34]

이렇듯 중국에서 재산 상속의 불균등으로 인한 분쟁은 거의 없었다.
아들 한 명이 전 재산을 물려받는 것이 아니라 모든 아들이 균등하게
재산을 나누어 갖는 상속법의 장점이다.

자손이 없는 경우에는 어쩔 수 없이 상속자를 따로 지정해야 한다. 종
법이 유지되던 시대에는 대종의 종자만 있으면 산 자를 돌보는 문제나
죽은 자를 제사지내는 문제 등이 모두 해결되었기 때문에 상속자를 지정
하는 것이 어렵지 않았다. 하지만 종법제도가 무너진 뒤로 상황이 달라졌
다. 집집마다 반드시 후사後嗣(뒤를 이을 후손)가 있어야만 했다. 만약 후
사後嗣가 없을 경우 후계자로 지정할 수 있는 대상은 다음 세 부류이다.
첫째, 딸. 둘째, 동성 여부와 무관한 사람. 셋째, 동성 구성원 가운데 한
사람. 첫 번째의 경우 정리情理적으로 가장 가까운 것이긴 하나 종조宗祧
승계는 단순히 재산 상속만이 아니라 제사상속도 포함된 일이기 때문에
딸을 후사로 삼는 것은 관습에 어긋나는 것으로 여겨졌다. 예를 들어 춘
추시대에 증鄫나라가 외손자를 후사로 삼은 적이 있는데, 외손자는 거莒
나라의 사람이었다. 『춘추春秋』는 "거인莒人이 증나라를 멸망시켰다."[35]

---

34) 『청률·호율(戶律)』, "分析家財田産, 不問妻妾婢生, 但以子數均分. 姦生之子, 依子
量與半分. 無子立繼者, 與私生子均分." 북경, 법률출판사, 2000년, 187쪽.

35) 『춘추공양전주소』, 양공(襄公) 5년, 6년, "莒人滅鄫." 앞의 책, 420쪽. 역주: 『좌전』
양공4년에는 "冬十月, 邾人莒人滅鄫."(『춘추좌전정의』, 846쪽)라고 기록되어 있다.
중국 역사에서 외손자가 왕위를 계승한 것은 이것이 유일하다.

고 기록했다.[36] 관습에 어긋나니 재산을 탐내는 이들이 이를 빌미로 딸을 후사로 삼는 것을 비판하고 공격할 것이다. 이런 상황이라면 국가도 아무런 보호를 할 수 없다. 가계를 잇기 위한 일로 오히려 분규를 일으킬 뿐이니 차라리 이를 포기하는 것이 낫다. 둘째, 이른바 수양아들을 후사로 세우는 경우인데, 이는 혈연을 중시하고 혈통의 정통성을 강조하는 가족주의 사상과 어긋난다. 결국 마지막 세 번째 방법 밖에 남지 않는다.

법률은 전통 관념을 유지하려는 경향이 강하기 때문에 이성異姓을 후사로 세워서는 안 된다거나 동성에서 후사를 정할 때도 소목昭穆의 차례[37]를 어지럽히지 않도록 금령이 많았다. 그렇기 때문에 후사를 찾는 일은 더욱 어려워질 수밖에 없었다. 결국 청나라 고종高宗 때 이러한 문제를 해결하기 위한 '겸조법兼祧法'이 만들어졌다. 한 남자가 여러 집의 상속자가 될 수 있도록 한 것이다. 한 집에 아들이 여럿인 경우, 서열에 따라 각각 다른 집의 상속자가 될 수 있다.

법 규정에 의하면, 대종 종자가 소종 종자를 겸조兼祧하거나 소종 종자가 대종 종자를 겸조하는 경우에는 모두 대종을 우선시한다. 대종 부모에게는 3년상을 치르고 소종 부모에게는 복기服期, 즉 1년만 채우면 된다. 소종 종자가 다른 집안의 소종 종자를 겸조하는 경우에는 본가를 우선시

---

36) 왕위 상속은 나랏일로 공법(公法)의 문제이지만 후세로 넘어오면서 『춘추』의 경의(經義)를 널리 확대하여 공법이든 사법이든 가리지 않고 적용했다.

37) 예를 들면, 동생은 자신과 같은 항렬이기 때문에 아들 항렬인 후사를 세울 수 없다는 것 등이 그러하다. 그러나 이성을 후사로 삼는 경우는 예전부터 금기시하지 않았다. 『공양전』 성공(成公)15년에 "남의 후사가 됨은 아들이 되는 것이다(爲人後者爲之子)."라는 기록을 보면 이를 알 수 있다. 역주: 소목(昭穆)은 원래 사당에서 신주를 모시는 차례로 왼쪽 줄의 소와 오른쪽 줄의 목을 지칭한다. 『주례』에 따르면, 천자의 경우 중앙에 제1세를 모시고, 소에 2,4,6세, 목에 3,5,7세를 봉안하여 삼소삼목(三昭三穆)의 칠묘(七廟)가 된다. 이러한 제도는 부자, 원근(遠近), 장유, 친소 등의 서열이 어지럽지 않도록 하기 위함이다. 원문은 이러한 서열, 항렬의 의미로 사용되었다.

한다. 본래 부모에게는 3년상을 치르고 겸조 부모에게는 복기만 마치면
된다. 여기서 말하는 대종은 큰집을 가리키며 소종은 큰집 이하의 여러
집안을 가리키기 때문에 고대의 이른바 대종, 소종과 다른 뜻이다. 또한
실제로 본래 부모와 겸조 부모에게 모두 똑같이 3년상을 치르는 경우도
있는데, 이는 법적 규정에 어긋나는 것이었다.

이리하여 종조宗祧의 상속법이 거의 갖추어졌다. 하지만 문제점이 없는
것이 아니다. 사유재산제도 하에서 법률은 개인의 재산 소유권을 보호하
고, 또한 재산 상속에 대해 여러 가지로 간섭한다. 이로 인해 전통 윤리관
념은 사유재산제도와 갈등을 빚게 된다. 전통적인 윤리 관념은 진부하여
현실에 부합하지 않는 것이 많다. 표면적으로 볼 때 나름 권위가 있고,
그럴 듯해 보이지만 현대인의 관념과 맞지 않는 것이 대부분이다. 사유재
산제도는 이미 현대사회 질서의 기반으로 깊이 뿌리박혀 있기 때문에 결
코 무시할 수 없다. 따라서 전통적인 윤리 관념과 사유재산재도가 충돌할
경우 뒤로 물러서는 것은 역시 전통적인 윤리 관념일 것이니, 법적으로
상속자를 인정하고 그의 소유권을 보호해줄 수밖에 없다. 이러한 예는
『청률』에서도 확인할 수 있다.

> "후사로 정해진 양자養子가 마음에 들지 않는 경우, 양부모는 관공서
> 에 알리고 상속자를 바꿀 수 있다. 현명하고 능력이 있는 사람이나 친애
> 하여 가까이 두고 싶은 자를 상속자로 세울 수 있다. 또 족인들이 항렬
> 문제로 해당 부서에 소송을 제기하면 안 되고, 또한 해당 부서에서 이런
> 소송을 수리해도 안 된다."[38]

법적으로 양자를 후사로 세울 수 없다고 규정하였지만, 현실적으로는

---

38) 『청률』, "繼子不得於所後之親, 聽其告官別立. 其或擇立賢能, 及所親愛者, 不許宗族
以次序告爭, 並官司受理." 북경, 법률출판사, 2000년, 197쪽.

자주 있는 일이기 때문에 양자를 후사로 세우거나 양자에게 재산을 물려주는 일에 대해 국가도 앞서 『대청률례』에서 보다시피 방관적 태도를 취할 수밖에 없었다. 국가는 모든 국민의 나라이기 때문에 이기적인 가족주의에 매몰되어 국민들의 실질적인 요구를 무시할 수 없었기 때문이다. 현재에도 어느 한 곳 몸 둘 곳이 없어 떠돌아다니는 이들이 적지 않다. 그럼에도 가족주의자들은 재산 상속 문제에 대해서는 앞 다투어 나서지만, 족인을 돌보는 문제는 나몰라 피하느라 바쁘다. 이럴 때 이성異姓이라도 나서서 돌보겠다고 하니 얼마나 다행한 일인가? 그러니 국가에서 결코 막을 일이 아니다. 인도주의나 치안 유지 차원에서 오히려 간절히 바라야 할 일이 아니겠는가? 기왕 양자의 존재를 인정한 이상 양부모의 재량으로 양자에게 재산을 물려주는 일에 대해서도 관여하지 않는 것이 타당하다. 이는 공정한 인도주의에 대한 편협하고 이기적인 가족주의의 양보이며, 윤리 관념의 발전이라고 할 수 있다.

　종조 승계가 말 그대로 단순히 가계를 잇기 위한 것이라면 친생녀가 아닌 동성同姓 구성원 가운데 남자를 후사로 지정하는 것은 그나마 받아들이기 용이하다. 왜냐하면 입사入嗣의 목적이 가문을 보존하고 가계를 이어 나가는 데 있으며, 또한 가문의 생존을 위해 어느 정도의 투쟁이 필요하다면 현행 제도 하에서 여자보다 남자가 투쟁에 적합하기 때문이다.[39] 사실 세간에서 상속의 문제를 둘러싸고 많은 이들이 입으로는 종조라는 명분을 내세우지만 마음은 항상 재산에 가 있는 경우가 허다하다. "말은 온후하고 부드럽지만 속마음은 알 수 없다(其言藹如, 其心不可問)."는 옛 말이 과연 허언이 아니다. 아들이 없는 집안의 딸을 쫓아내고

---

39) 이는 개인의 육체적 능력에 대한 말이 아니라 사회관계 측면에서 말한 것이다. 역주: 저자는 저술할 당시의 중국 상황에 민감하게 반영하는 발언을 서슴치 않고 있다. 독자 여러분들이 이를 감안하여 봐주실 것을 요청한다.

전 재산을 차지하는 것은 결코 있을 수 없는 일이다. 이런 점에서 국민정부가 성립한 후 종조승계 제도를 폐지하고 아들, 딸 구분 없이 모두 균등하게 유산을 물려받을 수 있도록 법을 제정한 것은 매우 현명한 입법이다. 다만 짧은 시간 안에 널리 보급되어 전국적으로 시행될 수 있을지 의문일 따름이다.

유산 상속과 관련하여, 옛 법률은 아들이 없는 경우, 딸에게 물려주고, 딸조차 없는 경우 관서에 납부한다고 규정했다. 이와 관련하여 근인의 필기筆記에 다음과 같은 문장이 나온다.

> "송나라 초 새로 제정한 『형통刑統』 「호절재산戶絕資産」 조항에서 인용한 「상장령喪葬令」에 다음과 같은 내용이 적혀 있다. '가장이 사망하여 후사가 없이 호절戶絕된 경우, 집안의 부곡部曲, 객녀客女, 노비, 점포, 주택, 재물 등의 자산은 가까운 친척에게 의뢰하여 팔거나 처분하도록 한다. 장례를 치르고 공덕을 기리는 비용을 제외한 나머지는 모두 집안의 딸에게 준다. 딸이 없는 경우에 친분에 따라 가까운 친척에게 유산을 나눠준다. 친척조차 없는 경우에는 관서에서 대신 청산한다. 생전에 재산 처분에 대해서 미리 유언을 남겨두었으며 유언이 확실한 경우 이 법령은 적용되지 않는다.' 여기서 인용된 「상장령」이란 『당령唐令』을 말한다. 이를 통해 당나라 때에도 '호절', 즉 호구가 끊어지는 것은 반드시 가까운 친척이 없기 때문만이 아니라는 것을 알 수 있다. 가까운 친척이 있다고 해도 굳이 장례를 치를 목적으로 친척 가운데 후사를 세울 필요가 없었다. 그러니 먼 친척이 후사 문제로 다투는 일이 있을 리 없다. 가까운 친척은 대신 재산을 처분해 줄 뿐 장례를 치루고 남은 유산은 모두 친생녀에게 주었다. 이렇게 하니 먼 친척이 재산 상속 문제로 분쟁을 일으키는 일이 없다. 이는 옛날부터 전해 내려온 법으로서 당나라 때부터 시작된 것이 아니다."[40]

---

40) 『송형통(宋刑統)·호혼률(戶婚律)』, 권20, "「戶絕資産」下引<喪葬令>, 諸身喪戶絕者, 所有部曲、客女、奴婢、店宅、資財, 並令近親轉易貨賣, 將營葬事, 及量營功德之外, 餘

하지만 재산을 관서에 넘겨주는 것은 사람들이 원치 않는 일이다. 또한 강제로 집행하면 각종 문제가 생기기 마련이다. 예를 들면, 재산을 은닉하거나 가까운 친척의 존재를 확인할 수 없어 미결사안으로 남게 될 수도 있다. 정리상 친생녀에게 재산을 물려주기를 원하겠지만, 입사立嗣는 제사 상속뿐만 아니라 노후의 봉양까지 관련된 일이다. 이기적인 가족주의가 우세하였던 남성본위 사회에서 인격 존중조차 제대로 받지 못하는 여성에게 시집 간 뒤에도 친부모 봉양까지 책임지라는 것은 무리였다. 그러므로 무릇 입사立嗣 문제를 다루는 기존 학자들은 자신의 노후 봉양, 사후의 장례와 제사를 책임질 수 있는 자 가운데 본인이 원하는 이를 후사로 세우고 그에게 재산을 물려주는 방법이 최선책이라고 주장했다. 이는 유산을 가지고 노후의 봉양, 사후의 장례와 제사를 해결하는 것이나 다름없다.

미신이 타파된 오늘날에는 제사가 더 이상 문제가 되지 않지만, 노후의 봉양과 사후의 장례는 여전히 해결해야 할 문제로 남아 있다. 사유재산제도 하에서 유산을 담보로 하지 않는다면 누가 노후의 봉양과 장례 등에 신경을 쓰겠는가? 그러므로 아들이 있는 집안의 경우 아들과 딸에게 유산을 균등하게 물려주는 것은 별문제가 없지만 아들이 없는 집에서 딸에게 전 재산을 물려주는 것은 문제라고 생각하는 것이다.

법을 바꾸는 일은 총체적으로 이루어져야 하고 혁명은 철저하게 진행되어야 한다. 머리가 아프면 머리를 치료하고 발이 아프면 발을 치료하는 대증요법처럼 국지적인 개혁으로 기대하던 효과를 보기 어려울 것이다. 상속법 개혁도 마찬가지이다.

財並與女. 無女均入以次近親. 無親戚者, 官爲檢校. 若亡人在口, 自有遺囑處分, 證驗分明者, 不用此令. "此<喪葬令>乃唐令, 知唐時所謂戶絶, 不必無近親. 雖有近親, 爲營喪葬, 不必立近親爲嗣子, 而遠親不能爭嗣, 更無論矣. 雖有近親, 爲之處分, 所餘財産, 仍傳之親女, 而遠親不能爭産, 更無論矣. 此蓋先世相傳之法, 不始於唐."(북경, 법률출판사, 1999, 222~223쪽). 인용문에 나오는 '부곡'과 '객녀'는 제4장을 참조하시오.

성씨와 세계世系

성씨의 변천에 대해 좀 더 살펴보고자 한다. 모계사회에서 부계사회로 발전되었다는 점은 이미 앞에서 언급했고, 성姓이 씨족 호칭에서 기원했다는 점도 앞에서 함께 다루었다. 성이 생겨난 이후 씨氏가 생겼다. 씨란 무엇인가? 씨는 하나의 성 아래에서 갈라진 하위 계통을 나타내는 명칭이다. 예를 들면, 후직後稷의 후손들은 성이 '희姬'였는데, 그 중에서 주공周公이 분봉 받은 곳은 주周이기 때문에 주周를 씨로 삼았다. 또한 주공의 아들 백금伯禽은 노魯를 분봉 받았기에 노魯를 씨로 삼았다. 이렇듯 국군은 자신이 봉지로 받은 나라를 씨로 삼았다. 노환공魯桓公의 세 아들이 각기 맹손孟孫, 숙손叔孫, 계손季孫을 씨로 삼은 것도 같은 예이다. 시조의 성은 정성正姓이고 씨는 서성庶姓이다. 정성은 바꿀 수 없지만 서성은 때로 바뀔 수 있다. 이렇게 성과 씨를 구분한 것은 같은 선조에서 갈라진 후손이 많다 보니 하위 지파를 지칭하는 전문적인 명칭이 필요했기 때문이다. 세월이 지나면 하위 지파의 전문 명칭을 공유하는 이들이 많아지기 때문에 다시 씨를 바꾸는 경우가 생기게 된다. 이는 가장 흔한 이유이고, 이외에도 전란을 피해 다른 지역으로 이주한 경우 종족의 정체를 감추기 위해 씨를 바꾸는 경우도 있다.

『후한서·서강전西羌傳』에 따르면, 강족은 부족에 뛰어난 인물이 나오면 그의 이름으로 부족의 성種姓을 지었다.

> "원검爰劍 이후 제5대 후손 중에 연研이라는 탁월한 인물(豪健)이 나오자 이후의 후손들이 연을 부족의 명칭으로 사용했다. 그러다가 제13대 후손 중에 소당燒當이라는 탁월한 인물이 나오자 그의 후손들이 다시 소당이라는 이름을 부족 명칭으로 썼다."[41]

이는 고대 중국에서 씨를 바꾸는 것과 같은 원리이다.

성과 씨의 역할에 대해 좀 더 구체적으로 설명하겠다. 가령 노나라에 가서 누군가를 만나 성姓을 물었을 때 상대가 희姬 성이라고 대답했다면 그가 노나라 국군의 일가라는 것을 쉽게 알 수 있다. 하지만 노나라 국군과 일가인 사람이 너무나도 많기 때문에 국군과 도대체 얼마나 가까운 사이인지 알 수 없다. 다시 말하자면 그 자가 권세가 있는 사람인지 여부를 판단하기 어렵다는 뜻이다. 그러나 그 사람의 씨가 계손季孫이라고 한다면, 그가 권세를 지닌 정경正卿의 일가라는 것을 알 수 있다. 정경의 동족은 당연히 국군의 동성보다 적기 때문이다. 이외에도 기예技藝에 종사하는 이는 자신의 관직명으로 씨를 삼기 때문에 씨를 통해 관직뿐만 아니라 그가 어떤 종류의 기예에 능한 지도 알 수 있다. 이렇듯 옛 사람들에게 '씨'는 매우 유용한 감별의 방식이었다. 정성(성)도 비록 서성(씨)만큼 많은 정보를 담고 있지는 않지만 혼사의 가능 여부는 정성을 통해 판단하였으니 이 역시 유용한 수단이었던 셈이다.

고염무顧炎武의 「원성原姓」에 따르면, 춘추시대 이전까지 "남자는 씨로 불렸고, 여자는 성을 불렀다.……예전에는 남녀가 서로 달리 자랐기 때문에 집안에 있을 때는 성만 부르고 서열을 나타내는 글자를 붙여 불렀다. 예를 들면 숙괴叔愧, 계괴季愧 등과 같다. 시집간 뒤로는 국군의 경우 성을 부르되 국명을 앞에 붙여서 불렀다. 강미江芈, 식규息嬀 등이 그러하다. 대부의 경우는 대부의 씨를 성 앞에 붙여 불렀으니, 조희趙姬, 노포강盧蒲姜 등이 그것이다. 다른 나라로 시집갔을 경우 그 씨족의 씨로 불리기도 하고 또한 자신이 태어난 나라의 씨를 덧붙여 부르기도 했다. 예를 들면 진晉나라의 여희驪姬와 양영梁嬴, 제나라의 안의희顏懿姬와 종성희鬷声姬 등이 그러하다. 이미 사망했을 경우 성에 시호를 덧붙여서 부르는데, 성

---

41) 『후한서』, 권87, 「서강전」, "爰劍之後, 五世至研, 豪健, 其子孫改稱研種. 十三世至燒當, 復豪健, 其子孫又改稱燒當種是." 앞의 책, 2877쪽.

풍成風, 경강敬姜 등이 그러하다."[42]

　이는 남자를 성으로 부르지 않았기 때문은 아니라, 씨를 밝히면 성을 곧 알 수 있었기 때문이었을 뿐이다. 반면에 여자의 경우는 사회활동을 하지 않았기 때문에 그냥 성만 부르고 씨를 부르지 않았던 것이다.

　고대에는 귀족의 세계世系(조상 대대로 내려오는 혈통)를 기록하는 사관이 있었다. 바로 『주관』에 나오는 소사小史이다. 천자의 세계는 제계帝系라 하고, 제후나 경대부卿大夫의 세계를 기록한 것은 세본世本이라 한다. 처음에는 동일하게 불렀으나 후에 와서 이름이 달라졌을 따름이다. 이외에도 고몽瞽矇이란 직책도 있다. 『주례』에 따르면, 그는 "시를 읊고 세계를 받든다."[43] 정현鄭玄은 『주注』에서 두자춘杜子春의 설을 인용하여 고몽의 직책으로 "시가를 낭송하고 세계를 낭송하는 것이다."[44]라고 했다. 이로 보건대, 세계는 단순히 가문의 승계 관계만을 기록한 것이 아니라 선조의 성품이나 관련 사적事迹까지 기록한 것 같다. 『대대례기大戴禮記』의 「제계성帝系姓」은 소사小史의 기록에서 비롯되었고, 「오제덕五帝德」은 완전한 것은 아니지만 고몽이 낭송한 내용에 근거하여 정리되었을 가능성이 높다.

　이러한 것은 모두 귀족의 세계에 관한 것이다. 이에 반해 일반 서민의 경우는 기록해 줄 사람도 없고 또한 스스로 기록할 능력도 없기 때문에 세계에 대해 아는 이가 드물었다. 그래서 『예기·곡예曲禮』에서 "첩을 샀

---

42) 『일지록집석·원성(原姓)』, "男子稱氏, 女子稱姓……女子則稱姓. 古者男女異長, 在室也稱姓, 冠之以序, 叔隗, 季隗之類是也. 已嫁也, 於國君則稱姓, 冠之以國, 江芊, 息媯之類是也. 於大夫則稱姓, 冠之以大夫之氏, 趙姬, 盧蒲姜之類是也. 在彼國之人稱之, 或冠以所自出之國, 若氏驪姬, 梁嬴之於晉, 顏懿姬, 鬷聲姬之於齊是也. 既卒也稱姓, 冠之以諡, 成風敬嬴之類是也." 상해, 상해고적출판사, 2006년, 1279쪽.

43) 『주례주소』, "諷誦詩, 世奠繫." 앞의 책, 616쪽. '世奠繫'는 '奠世繫'의 오기인 듯하다.

44) 『주례주소』, 정현의 주에 인용된 두자춘(杜子春)의 말, "主誦詩, 幷誦世繫." 위의 책, 616쪽.

는데, 그녀가 (자신의) 성조차 모르는"45) 경우가 생긴 것이다. 뿐만 아니라 후세에 와서는 사대부士大夫들도 자신의 성씨 유래를 모르는 경우가 많았다. 세계 기록은 사관에 의해서 보관되었지만, 봉건제도가 무너지고 나라가 망하면서 집안이 풍비박산됨에 따라 보첩譜牒 등도 모두 사라져버렸기 때문이다.

후대로 넘어오면서 혼인할 때 예전처럼 성을 따지는 일이 느슨해졌고, 씨를 새로 만드는 것도 거의 없어졌다. 설령 있다 하더라도 이후에는 오랫동안 바꾸지 않는 것이 대부분이다. 그렇기 때문에 시간이 지나면 새로 만든 씨도 친소관계를 나타내지 못하며, 씨를 공동으로 사용하는 사람이 많아지면서 고대의 정성(성)이나 다름없게 되었다. 이에 따라 성과 씨는 결국 무용지물이 되고 말았다. 다만 사람마다 누구나 하나씩 갖고 있고, 사용하는 것이 관습이 되었기 때문에 폐지할 수 없었을 따름이다.

성씨의 유래를 몰라도 지방 호족들은 자신의 권세를 떨치고 영향력을 행사하는 데 아무런 지장이 없었으며, 지역민들 또한 성씨와 관계없이 그들을 존중하고 받들었다. 진한秦漢 시절만해도 사람들은 이를 당연한 것으로 받아들였고, 호족의 성씨가 어디에서 유래하는지에 대해 별다른 관심을 보이지 않았다. 그러나 혼란이 극심한 한나라 말기로 넘어오면서 상황이 달라졌다. 전란으로 인해 여러 지역의 호족들이 다른 지역으로 이주하는 일이 빈번해졌는데, 새로운 지역으로 가자 자신이 어느 지역 출신이고 성씨가 어떻게 되는지 밝혀야만 했다. 더군다나 당시 선거제도 選擧制度(관리 선발제도)는 특히 문벌을 중시했다. 그래서 이때부터 가문을 중시하는 사회 풍조가 다시 일기 시작했다. 위진魏晉 시기에 와서 족보학族譜學이 크게 발전한 이유가 바로 여기에 있다. 이 점에 대해서는 제4장에서 다시 언급하고자 한다.

---

45) 『예기정의·곡예』, "買妾不知其姓." 앞의 책, 52쪽.

3

정치제도

부족시대部族時代의 정치제도

　사회가 어느 정도 발전되고 난 뒤에야 비로소 국가가 출현했다. 국가가
나타나기 전까지 사람들은 혈연으로 뭉쳐 살았다. 당시 중요한 사회 조직
은 씨족氏族이었다. 씨족을 통해 조직 내부를 다스리고 대외적인 방어를
수행했다. 이후 사회가 발전하면서 혈연관계가 없는 사람과 접촉이 잦아
지면서 사회 조직 또한 더 이상 혈연관계만으로 유지될 수 없었다. 같은
곳에 모여 사는 사람들도 더 이상 혈연관계를 지닌 무리들이 아니었다.
이후 씨족은 부락部落1)으로 발전했고, 우두머리는 씨족의 장인 족장族長

---

1) 역주: 부락의 사전적 정의는 원시사회에서 혈연관계의 씨족이나 서로 관련이 있는
　종족끼리 결합하여 형성된 집단을 말한다. 본문의 '부락'은 몇 개의 씨족이 서로
　결합한 형태의 집단을 말한다. 이에 반해 부족은 더 이상 혈연관계로 맺어진 것이
　아니라 지역을 매개로 하여 사유재산제도의 토대 하에서 형성된 것이다. 중국 학계

이 아니라 추장酋長이 되었다. 부락의 추장은 일정한 범위의 지역을 다스렸는데, 그것은 나중에 나타난 국가 영토의 효시嚆矢였다.

씨족에서 부락으로 발전하면서 다음과 같은 변화를 겪게 되었다. 직업의 분화로 씨족 내부에 가족家族이라는 집단이 생겼다. 가족의 세력이 점차 커짐에 따라 결국 씨족 사회가 붕괴되고 말았다. 절대적인 균등을 유지하던 씨족사회와 달리 가족이 생긴 뒤에는 빈부의 격차가 생겨났다. 재력이 곧 권력인 시대로 접어들면서 씨족사회의 평화가 점점 깨지고 빈자貧者와 부자 사이에 갈등이 생겼다. 그래서 권력으로 사회를 통치하고, 특히 씨족 간의 전쟁이 잦았다. 전쟁에서 이긴 씨족은 잡아온 포로들을 노예로 삼아 강제 노역을 시키거나 농노農奴로 만들어 세금을 거두었다. 이리하여 노예나 농노와 주인 사이에 심한 갈등이 생겼으며, 그런 까닭에 더욱 강력한 통제가 필요하여 정복자들의 씨족 내부에도 변화가 생기기 시작했다. 전쟁에서 승리를 거둔 씨족의 구성원 전체가 평민이 되었고 그 중에서 직권職權을 장악한 소수의 사람은 귀족이 되었다. 귀족 중의 최고 우두머리가 바로 군주君主의 전신前身인 셈이다. 사회적 지위 면에서 평민平民은 귀족에 가까웠고 농노나 노예와 크게 달랐다. 하지만 점차 혈통보다 정권政權의 권력이 우세를 점하면서 평민의 사회적 지위 또한 점차 농노나 노예 쪽에 가까워지게 되었다. 다만 농노나 노예와 달리 평민은 정권에 참여할 수 있었을 뿐이다. 이 점에 대해서는 다음 장에서 보다 구체적으로 다룰 것이다.

정치제도에 대한 아리스토텔레스(Aristotle)의 분류법에 의하면, 정권을

___

에서는 부족과 관련하여 다음 두 가지 관점이 존재한다. 하나는 민족공동체 발전과정에서 부족이라는 유형은 존재하지 않았으며, 씨족과 부락이 발전하여 민족국가를 형성했다고 보는 관점이고, 다른 하나는 부족이 민족공동체 발전 과정에서 객관적으로 존재했던 역사적 유형이라는 관점이다. 여사면 선생은 전자의 입장인 듯하다. 그렇기 때문에 원서에는 '부락'이란 말이 많이 나온다.

최종적으로 한 사람이 장악하는 것이 군주제君主制이고, 소수의 사람이 장악하는 것은 귀족제貴族制, 그리고 다수의 사람이 공유하는 것은 민주제民主制이다. 오늘날의 상황과 다소 불일치하는 면이 없지 않으나 고대 정치제도를 논의하는 데에는 여전히 유용한 이론이다.

실제적으로 씨족과 부락을 엄격하게 구별하는 것은 쉽지 않다. 부락사회로 발전된 뒤에도 내부적으로 씨족사회의 현상들이 여전히 남아 있었기 때문이다. 이론적으로 말해서, 혈통이 같기 때문에 함께 모여살고 친족관계에 의해 다스려지는 조직은 씨족이다. 설사 조직 내부에 반드시 혈연관계가 아닌 이들이 있다고 할지라도 조직 내부에서 수용되었다면 그들 역시 혈통이 동일하다고 보아야 한다. 부락사회는 당연히 이와 다르다. 그러나 씨족사회와 부락사회 두 가지가 섞여 있는 형태도 없지 않다. 『요사遼史』는 그런 형태의 사회조직을 부족部族이라고 불렀다.[2]

고대의 '국가國家'라는 개념은 오늘날의 쓰임과 전혀 달랐다. 고대에 '국國'은 제후의 사유재산으로 그 안에 제후가 사는 집과 조세를 거둘 수 있는 토지가 포함되어 있다. 사대부士大夫의 '가家' 역시 마찬가지로 사대부의 사유재산이다. 고서에 나오는 '국'은 대개 제후가 사는 도읍지를 가리켰다. 그런 도읍은 제후의 저택을 중심으로 사방으로 확장되어 발전한 공간이다. 제후는 분봉 받은 모든 봉지封地 전체를 자신의 개인 재산으로 차지한 것이 아니다. 봉지 가운데 일부는 다시 분봉하여 일정한 공물을 받았을 뿐 직접 조세를 거둘 수는 없었다. 제후가 직접 조세를 거둘 수 있는 토지는 오로지 제후의 채지采地, 즉 채읍采邑뿐이었다. 『상서·대전大傳』은 채지와 관련하여 다음과 같이 기록하고 있다.

---

2) 『요사·영위지(營衛志)』를 참조하시오.

"옛날 시봉始封한 제후에게는 반드시 채지가 있었다. 나중에 그의 후손이 죄를 지어 면직을 당하는 일이 있더라도 채지는 남겨 두었다. 그러면 다른 현명한 자손들이 시봉한 제후에게 제사를 지낼 수 있었다. 이는 없어진 나라를 일으키고 끊어진 대를 이어주기 위함이다."3)

위의 인용문에서 나오는 채지가 바로 그것이다. 채지는 제후의 개인 재산이니 당연히 '국'에 포함된다. 『예기·예운』에서 이를 확인할 수 있다. "천자에게는 자손한테 분봉할 전田이 있고, 제후에게는 자손한테 나누어 줄 국國이 있다."4)

앞뒤 말이 서로 호응하니 천자에게 '전'이 있으니 제후에게도 '전'이 있고, 제후에게 '국'이 있으니 천자에게도 '국'이 있음을 알 수 있다. 이러한 용법에 따르면 '田'에는 '國'의 의미가 있고 '國'에는 '田'의 의미가 있음을 미루어 짐작할 수 있다. 이는 옛 사람들이 즐겨 쓰던 어법이다.

오늘날의 국가國家란 개념과 고대에 없었다. 굳이 유사한 표현을 빌리자면 '사직社稷'과 '방邦'이 어울린다. 사社는 토지신, 직稷은 곡신穀神을 가리키는 것으로 동일한 거주민들이 공동으로 숭배하는 대상이다. 그래서 사직이 위태롭다는 말은 동일한 지역의 공동체가 위태롭다는 뜻과 다를 바 없다. 邦은 봉封과 같은 말이다. 봉은 흙을 쌓는다는 뜻이다. 옛날에 부락과 부락 사이에 흙더미를 높이 쌓아 경계를 표시했다. 이후 강토疆土의 경계를 표시하는 것은 모두 봉封이라고 했으며5) 경계가 닿는 땅은

---

3) 『상서대전보주(尙書大傳補注)』, "古者諸侯始受封, 必有采地. 其後子孫雖有罪黜, 其采地不黜, 使子孫賢者守之世世, 以祠其始受封之人, 此之謂興滅國, 繼絶世." 북경, 중화서국, 1991년, 27쪽.

4) 『예기정의·예운』, "天子有田以處其子孫, 諸侯有國以處其子孫." 앞의 책, 681쪽.

5) 예를 들어 땅을 파고 도랑을 만들어 경계를 표시한 것 역시 봉이다. 상해에 있는 지명 양경병(洋涇浜)의 '병(浜)'자도 봉封으로 봐야 한다. 또한 요령성에 구방자(溝幇子)라는 곳이 있는데, 지명에 나오는 '幇'자 역시 '邦'자로 봐야 한다. 역주: 물가일

방邦이라고 했다. 고대에는 邦과 國의 의미가 달랐다. 하지만 한나라가 세워진 후 고조高祖의 이름이 방邦(유방劉邦)이었기 때문에 사람들이 이를 피휘避諱하기 위해 邦자 대신 國자로 바꿔서 사용했다. 이로 인해 國과 邦의 의미가 섞이게 된 것이다. 옛 문헌을 보면 邦이 쓰여야 할 자리에 國이 쓰인 경우가 많다. 예를 들어 『시경』에 나오는 "날마다 백 리씩 강역을 넓혔다(日辟國百里)." "날마다 백 리씩 강역이 줄어들었다(日蹙國百里)." 등이 그러하다. 여기서 '국'은 원래 '방'으로 써야 한다. 봉역封域은 줄거나 넓혀질 수 있으나 국國, 즉 도읍지는 그럴 수 없기 때문이다. '국國'은 지경地境이나 구역을 의미하는 역域이나 혹或자와 성부聲部가 같은 형성자로 같은 계열의 글자이기 때문에 國에도 경계나 구역의 뜻이 포함되어 있었다. 다만 오래 전에 별개의 뜻으로 분화되어 지금은 별개의 뜻으로 사용되었기 때문에 옛 문헌에 나오는 國과 域은 대부분 서로 다른 의미를 지닌다.

중국의 경우 귀족제나 민주제와 유사한 제도가 전혀 없었던 것은 아니지만 역대로 군권지상君權至上의 군주제가 주된 정치체제로 계속 이어졌다. 군주君主는 신분상으로 다음 세 가지 특징을 지닌다. 첫째, 씨족시대의 족장族長과 유사한 신분이다. 옛 문헌에서 군주를 백성의 부모라고 표현한 것은 그 흔적이다. 둘째, 정치 및 군사 조직의 수장이었다. 셋째, 종교지도자를 겸했다. 그래서 『예기·왕제王制』에서 천자는 천지에 제사를 지내고 제후는 사직社稷에 제를 지낸다고 한 것이다.6) 제사를 지낼 때 그들은 제사祭司로서 권리를 행사했다. 아울러 군주는 최고의 교육자이자 지도자이기도 했다. 『서경』에서 "하늘이 하민下民(백성)을 내려주시고 군주를 세우며 스승을 세우셨다."7)고 한 것은 바로 이런 뜻이다.

때는 빈, 배를 매어두는 곳을 지칭할 때는 병으로 읽는다. 한어 독음은 방(bang)이다.
6) 『예기정의』, "天子祭天地, 諸侯祭社稷." 앞의 책, 155쪽.

군주의 전신은 씨족의 족장이었으니 상속의 방식도 씨족 족장과 같았다. 모계사회에서는 형이 죽으면 아우가 그 자리를 승계하고, 부계사회에서는 아버지가 죽으면 그 아들이 족장 자리를 물려받았다. 씨족시대에는 족장에게 무슨 큰 권력이 있는 것도 아니고, 또한 누가 차지하든 그리 중차대한 일이 아니었기 때문에 상속의 방식이 그리 치밀하지 않았다. 예컨대 『좌전』 소공昭公 26년의 기록에 보면, 왕자조王子朝가 제후에게 주 왕조의 왕의 계승 방법을 설명하는 대목이 나온다. 이에 따르면, 적자이든 서자이든 모두 나이에 따라 후계자를 정했다. "나이가 같으면 덕행으로 정하고, 덕행도 같으면 점을 쳐서 결정했다."8) 두 사람이 동갑일 가능성은 흔히 있지만, 태어난 달과 날, 그리고 시時까지 같은 경우는 매우 드물다. 그러니 대부분 아들의 장유長幼 순서에 따라 정했을 것이다. 사실 덕행이나 점복 등은 확실치 않으니 이를 통해 후계자를 정하는 일이 그리 쉬운 일이 아니었다. 이렇듯 적어도 주대의 상속법은 그다지 치밀하지 않았을 것이다. 그러나 『공양전』 은공隱公 원년의 기록에 대한 하휴何休의 주를 보면 확연하게 달라진 것을 알 수 있다.

"예에 따르면, 적실부인에게 아들이 없으면 우잉右媵의 아들을 (후계자로) 세운다. 우잉에게 아들이 없으면 좌잉左媵의 아들을 세운다. 좌잉에게도 아들이 없으면 적실을 따라온 질姪이나 제娣의 아들을 세운다. 그들에게도 아들이 없으면 우잉右媵을 따라온 질이나 제의 아들을 세운다. 그들에게도 아들이 없으면 좌잉을 따라온 질이나 제의 아들을 후계자로 세운다. 또 이런 경우에 친족을 우선시하는 친친親親의 규범을 따

---

7) 『맹자주소 · 양혜왕하(梁惠王下)』, "天降下民, 作之君, 作之師." 앞의 책, 37쪽. 원래 이 말은 『서경(書經) · 태서(泰誓)』에 나오는 말인데, 원문이 조금 다르다. 『상서정의(尚書正義) · 태서상(泰誓上)』, "天佑下民, 作之君作之師." 앞의 책, 272쪽. 역주: 『서경(書經)』은 곧 『상서(尚書)』이다.
8) 『춘추좌전정의』, "年鈞以德, 德鈞則卜." 앞의 책, 1477쪽.

르는 질가質家(『춘추』에 은殷을 지칭함)에서는 제娣의 아들을 먼저 상속자로 세우고, 존귀한 자를 존중하는 존존尊尊의 규범을 따르는 문가文家(주周를 지칭함)에서는 질姪의 아들을 먼저 세운다.9) 손자를 둔 적자嫡子가 사망할 경우 질가에서는 친친의 원리에 근거하여 아우를 후계자로 세우고, 문가에서는 존존尊尊의 원리를 적용시켜 손자부터 세운다. 쌍생雙生인 경우, 질가는 먼저 보게 된 점에 근거하여 처음에 나온 아이를 후계자로 세우고, 문가는 본의本意에 근거하여 나중에 태어난 아이를 세운다."10)

이상과 같은 상속 방법은 상당히 치밀하게 만들어져 있는데, 이는 실제로 시행된 규범이 아니라 국군의 자리를 계승하는 상속의 문제가 강조되기 시작한 후세에 들어와 보완한 것으로 일종의 학설에 불과하다.11) 다음으로 고대 중국에서 귀족제와 유사한 정치 형태에 대해 살펴보고자 한다. 주 여왕厲王이 쫓겨난 뒤, 주공周公과 소공召公이 공동으로 집정하여 14년 간 나라를 다스렸던 '주소공화周召共和'12)의 시기가 있었다. 주권主權이 한 사람에게만 장악되지 않았다는 점에서 유럽의 귀족제와 흡사하다. 이외에도 『좌전』에 따르면, 양공襄公 14년, 위헌공衛獻公이 달아나자 위나라 사람들이 공손표公孫剽(위목공의 손자인 위상공衛殤公)를 왕으로 세우자 손임보孫林父와 영식甯殖이 그를 보필하여 제후들의 맹회盟會에 참

---

9) 『춘추(春秋)』에는 질가(質家)가 은나라를 가리키고 문가(文家)는 주나라를 가리킨다.

10) 『춘추공양전주소』, 하휴(何休) 주, "禮, 嫡夫人無子, 立右媵. 右媵無子, 立左媵. 左媵無子, 立嫡姪娣. 嫡姪娣無子, 立右媵姪娣. 右媵姪娣無子, 立左媵姪娣. 質家親親先立娣, 文家尊尊先立姪. 嫡子有孫而死, 質家親親先立弟, 文家尊尊先立孫. 其雙生, 質家據見立先生, 文家據本意立後生." 앞의 책, 13쪽.

11) 역주: 『춘추공양전』의 주석서인 『춘추공양전해고(春秋公羊傳解詁)』를 쓴 하휴(129~182)는 후한 시대 사람이니, 늦어도 그 당시에는 이처럼 복잡한 상속 방식이 존재했음을 알 수 있다.

12) 역주: '주소공화'는 주정공(周定公)과 소목공(召穆公)이 천자를 대신하여 정무를 관리하던 시기를 말한다. 간칭하여 '공화(共和)'라고 부르기도 한다.

석하여 명을 들었다. 군주가 있으나 실권實權은 보필하는 두 사람에게 장악되었다는 점에서 주나라 때의 '주소공화'와 유사하다. 이상 두 가지 사례는 형식적이나마 군주가 존재하는 경우다. 한편 노소공魯昭公이 달아난 뒤, 국군 자리가 공석이 된 상황에서 계씨季氏가 나랏일을 관리하게 되었는데 결코 독단적으로 통치하지 않았다. 이런 점에서 이 역시 공화제에 가까운 정치 형태라고 할 수 있다. 이렇듯 고대 중국에도 다수가 통치하는 귀족제의 싹이 존재했으나 다만 하나의 제도로 정착한 것은 아니었다.

그렇다면 고대 중국에 민주제가 존재했을까? 약간의 흔적을 통해 고대 중국에도 민주제가 실행된 적이 있음을 확인할 수 있다. 예를 들어 『주례』에 보면 나라에서 중대한 일을 앞두고 백성들에게 의견을 물어보았다는 내용이 실려 있다. 각 지방의 향대부響大夫가 "본 고장의 백성들을 이끌어 조정을 찾아가고"[13] 소사구小司寇가 "읍하여 절한 뒤 왕의 질문을 차례대로 받을 수 있도록 그 백성들을 왕의 앞으로 데려갔다."[14] 이처럼 백성들에게 자문하는 것은 나라가 위급할 때 자문하는 '순국위詢國危'와 도읍지를 옮기는 일에 대해 자문하는 '순국천詢國遷', 그리고 국군을 옹립하는 일에 대해 자문하는 '순립군詢立君' 등의 예를 들 수 있다.

이를 구체적으로 살펴보면 다음과 같다.

순국위詢國危의 사례: 『좌전』 정공定公 8년, 위후衛侯가 진晉나라를 배반하려고 할 때 백성들을 불러 왕손가王孫賈로 하여금 의견을 물어봤다. 애공哀公 원년 오나라에서 진회공陳懷公을 불러들인다는 소식이 전해지자 진회공이 백성을 모아 의견을 물어봤다.

순국천詢國遷의 사례: 『서경·반경盤庚』에 따르면, 반경盤庚이 은殷으로 수도를 옮기려고 하자 백성들의 반대가 심하자 외정外廷에 백성을 모아

---

13) 『주례주소·지관사도(地官司徒)』, "各帥其鄉之衆寡而致於朝." 앞의 책, 300쪽.
14) 『주례주소·추관사구(秋官司寇)』, "揖以敍進而問焉." 위의 책, 913쪽.

놓고 거듭 설득했다. 주태왕周太王(주나라의 시조인 고공단보古公亶父)이 기岐로 수도를 옮기기 전에 남녀노소를 모아 놓고 그 일에 대해서 설명했다.[15]

순입군詢立君의 사례:『좌전』 소공昭公 24년, 주나라 왕자조王子朝와 경왕敬王이 왕위 쟁탈전을 벌일 때, 진후晉侯가 백성의 뜻을 알아보기 위해 사경백士景伯을 보냈다. 사경백은 성문城門 건제乾祭 위에 서서 백성에게 의견을 물었다. 애공哀公 26년, 월나라에서 사람을 시켜 내란으로 외국에 망명한 위출공衛出公을 자기 나라로 돌려보내려고 하자 위나라 대부인 문자文子(공손미모公孫彌牟)가 위출공을 국군으로 맞이할지 여부를 두고 위나라 백성을 모아 뜻을 물어보았다.

이상과 같은 역사적 사례들을 통해서 『주례周禮』에 기록되어 있는 백성의 의견 청취 및 이와 관련된 규범은 단순히 이상에 머문 공허한 말이 아니라 옛날의 정치 관습에 근거를 둔 것임을 알 수 있다.

한편 『서경·홍범洪範』에서도 민주정치와 관련된 내용을 찾아 볼 수 있다.

"큰 의문이나 어려운 문제에 봉착하면 먼저 자신의 마음에 물어봐야 한다. 그 다음에는 공경대부에게 물어본다. 그런 다음에 서민과 점치는 자와 의논하는 것이 순서이다. 자신의 마음과 같고, 거북점과 같고, 점괘와 같고, 공경대부와 같고, 서민과 같으면 이를 대동이라 한다. 그리하여 자신이 안락해지고 자손들이 번창해질 것이니 길한 것이다. 자신의 마음과 같고, 거북점과 같고, 점괘와 같지만, 공경대부가 반대하고 서민이 반대하면 역시 길한 것이다. 공경대부와 같고, 거북점과 같고, 점괘와 같지만 자신의 마음이 따르지 않고 서민이 반대하여도 길한 것이다. 자신의 마음과 같고 거북점과 같지만 점괘와 다르고 공경대부가 반대하고 서민이 반대하면 안에서 하는 일이 길하고 밖에서 하

---

15)『맹자주소·양혜왕하』, "屬其父老而告之." 앞의 책, 62쪽.

는 일이 흥할 것이다. 거북점, 점괘만 같고 사람의 뜻과 엇갈리면 가만
히 있는 것이 길하고 움직이면 흉하다."16)

이처럼 군주, 공경대부, 백성, 귀龜(거북점), 서筮(점괘)에 각각 일정한
비중을 두고 전체를 계산한 결과에 따라 일의 길흉을 판정했다. 이는 반
드시 나름의 회의 방식을 거쳤을 것이며, 아무렇게나 결정되었던 방식은
아니었을 것이다.

이외에도 『맹자孟子』를 보면 "백성이 모두 어질다고 하면, 그를 잘 살
펴 어진 행실을 본 다음에 등용하고,……백성이 모두 그르다고 하면, 그를
잘 살펴 그른 점을 본 다음에 그를 버릴 것이고,……백성이 모두 죽여도
좋다고 말하면 그를 잘 살펴 죽일 만 하다고 판단되면 죽인다."17)라는
문장이 나오고, 『관자·환공문桓公問』에는 일종의 정치 토론방이라 할 수
있는 책실嘖室을 두어 그곳에서 의논토록 했다는 기록이 나온다. 이러한
내용 역시 널리 사람들의 의견을 청취해야 함을 강조한 것이다. 하지만
반드시 여론을 따라야 한다는 일종의 의무는 아니었다. 그러나 그 이전에
는 앞서 인용한 것처럼 결코 형식적으로 물어본 것이 아니었을 것이다.

원시 부락사회는 조직 내부에 큰 갈등이 없어 사회 분위기가 평화로웠
다. 그래서 사회 구성원의 여론을 상당히 존중했다. 큰일이나 어려운 문
제를 두고 회의할 때는 다수결이 아닌 만장일치가 되어야 비로소 시행할

---

16) 『상서정의·소범』, "汝則有大疑, 謀及乃心, 謀及卿士, 謀及庶人, 謀及蔔筮. 汝則從,
龜從, 筮從, 卿士從, 庶民從, 是之謂大同. 身其康疆, 子孫其逢, 吉. 汝則從, 龜從, 筮
從, 卿士逆, 庶民逆, 吉. 卿士從, 龜從, 筮從, 汝則逆, 庶民逆, 吉. 庶民從, 龜從, 筮從,
汝則逆, 卿士逆, 吉. 汝則從, 龜從, 筮逆, 卿士逆, 庶民逆, 作內吉, 作外兇. 龜筮共違於
人, 用靜吉, 用作兇." 앞의 책, 314쪽.

17) 『맹자주소·양혜왕하』, "國人皆曰賢, 然後察之, 見賢焉, 然後用之; 國人皆曰不可,
然後察之, 見不可焉, 然後去之; 國人皆曰可殺, 然後察之, 見可殺焉, 然後殺之." 앞의
책, 51쪽.

수 있었다. 후대로 갈수록 여론의 힘이 점차 약해졌지만 춘추시대만 해도 여론을 중시하는 분위기가 상존했다. 예를 들어 『좌전』양공 30년 기사에 따르면, 정나라 사람들이 향교鄉校에 드나들며 집정의 득실을 평하자 연명然明이 자산子産에게 향교를 헐어버리는 것이 어떻겠느냐고 물었다. 그러자 자산이 이에 반대하니 그제야 연명의 속마음을 털어놓으며 자산을 전적으로 의지할 것이라고 말했다. 공자가 이를 듣고 "어떤 사람이 자산을 두고 불인不仁하다고 말할지라도 나는 믿지 않을 것이다."[18])라고 말했다. 이렇듯 당시에도 여론은 당국이 결코 무시할 수 없을 정도로 정치에 영향력을 행사했던 것이다.

원시사회의 정치는 이처럼 민주적이었다. 후에 와서 사회 각 계층의 갈등이 심해지고 정치 상황이 날로 복잡해지면서, 정권이 소수의 사람에게 장악됨에 따라 전제 정치가 행해졌다. 이는 의심할 바 없는 보편적 현상이다. 그러나 중국이 옛날부터 전제 정치를 해왔다는 이유로 중국인의 정치 능력이 서양 사람만 못하다고 비판하는 것은 역사적 사실을 무시하고 말살하는 편견에 불과하다. 또한 소수의 민주제 사례를 자랑거리로 내세우는 것도 결코 마땅한 일이 아니다. 이상으로 부족사회 내부의 정황을 살펴보았다. 당시 사회를 전국적으로 본다면 각 부족들이 병립하던 시대였다고 할 수 있다.

기존 사학자들은 진시황이 여섯 나라를 통일하기 이전 시대를 봉건시대封建時代라고 일컬었다. 하지만 이 용어에 대해 다시 규명할 필요가 있다. 학술 용어는 문자 본래의 의미에 지나치게 집착해서는 안 된다. 봉건이라는 두 글자의 훈고적 해석에 얽매여 분봉이 있어야만 한다고 고집해서는 안 된다는 뜻이다. 역사학 용어로 쓰이는 봉건은 기존의 의미에 열국列國 병립竝立의 뜻을 포함하여 이해해야 한다. 하지만 열국列國이 본래

---

18) 『좌전』 양공(襄公) 30년을 참조하시오.

부터 병립하고 있었는지 아니면 분봉해준 사람이 있었는지 여부의 문제는 별개의 것이니 양자를 구분하여 인식할 필요가 있다. 그래서 필자는 옛사람이 말하는 봉건시대를 다음 두 가지 시기로 나누어보고자 한다. 하나는 부족시대 또는 선봉건시대先封建時代라고 부를 수 있는 시기이고, 다른 하나는 본격적인 봉건시대이다. 따라서 봉건은 다음 세 가지 경우가 있을 수 있다. 첫째, 다른 부족을 협박하여 복종시키는 경우. 둘째, 다른 부족을 정복하여 자신 쪽 사람을 추장으로 내세우는 경우. 셋째, 자신의 부족 일부를 다른 쪽으로 이주시키는 경우.

중국은 일찍부터 통일된 나라를 형성했다고 알려져 있다. 진나라 시황제가 육국六國을 정복하여 나라를 통일한 것은 민국民國 기원 2,132년 전의 일이다.[19] 하지만 그때부터 유사有史 시대를 거슬러 올라가면 훨씬 오랜 역사를 확인할 수 있으며, 나아가 선사先史시기까지 더하면 진나라 때부터 오늘날까지의 시간이 하찮은 것처럼 여겨질 수밖에 없다. 그러므로 중국의 기나긴 역사에 비해 통일 중국의 출현은 상당히 늦은 시기의 일이 아닐 수 없다.

봉건시대封建時代의 정치제도

부족시대에서 봉건사회로의 발전은 서로 무관한 관계에서 유관한 관계로 나아가는 변화의 과정이다. 이는 통일의 첫 걸음이기도 하다. 여기서 더 나아가 황무지를 개척하고 강역을 넓히며 서로 병탄倂呑하기에 이르니, 이것이 통일의 두 번째 걸음이다. 그 기간에 이루어진 발전은 모두

---

19) 진시황이 여섯 나라를 통일시킨 것은 서기 기원전 221년 제나라를 멸망시킨 해이다. 당시 시황제의 나이는 40세였다.

문화와 깊은 관계가 있다. 우선 국력이 강해야 다른 나라를 정복할 수 있으며 다음으로 강역을 확대하고 인구가 점점 많아져야만 경제가 발전하고 국력도 충실해진다. 세 번째로 강역이 부단히 확장되면서 각 나라의 경계가 맞닿게 되고 이에 따라 치열한 싸움이 벌어졌다. 마지막 네 번째로 교통이 편리해지자 사람들이 오가면서 풍습이 서로 비슷해져 다스리기 편해졌다. 이로써 통일의 필요조건이 갖추어진 셈이다. 이런 점에서 볼 때 분열의 시대에 통일시대로 접어들 수 있었던 것은 그 기간에 이룬 문화적 발전과 뗄 수 없는 관계가 있다. 사서를 읽는 이들은 주로 정치에 치중하여 문화적 요인을 간과했으니 이는 하나만 알고 만 가지를 놓치는 어리석은 일이 아닐 수 없다.

봉건시대의 열국들이 점차 하나의 나라로 통일되어 가는 추세였다는 사실은 각국의 봉지 확장에서 나름의 조짐을 엿볼 수 있었다. 봉건시대 각국의 봉지 규모는 금문가今文家와 고문가古文家의 설이 서로 다르다. 우선 금문가는 천자의 땅은 사방 1,000리, 공公이나 후侯는 100리, 백伯은 70리, 자子나 남男은 50리이고, 50리도 되지 않는 경우는 부용附庸이라고 했다. 하지만 고문가는 공公의 땅은 사방 500리, 후侯는 400리, 백伯은 300리, 자子는 200리, 남男은 100리라고 했다. 전자의 경우는 『맹자·만장하萬章下』와 『예기·왕제』, 후자는 『주례·대사도大司徒』 등의 문헌에서 확인할 수 있는데, 금문이나 고문의 경서는 물론이고 제자서諸子書의 경우에도 어떤 주제나 문제를 풀기 위해 내놓은 일종의 초안이자 추론일 뿐 역사적 사실에 근거한 것은 아니다. 그러나 이 역시 당시의 정세에 근거한 것만은 사실이다. 『곡량전』 양공 29년에서 이를 확인할 수 있다. "옛날에 천자가 제후를 봉할 때 봉지로 그 백성이 충분히 먹고 살 수 있고, 백성들이 성읍에 거주하며 스스로 지킬 수 있도록 했다."[20] 고대의 봉토

---

20) 『춘추곡량전주소(春秋穀梁傳註疏)』, 양공(襄公) 29년, "古者天子封諸侯, 其地足以

가 나름의 제한이 있어 임의대로 확대될 수 없었던 이유가 바로 여기에
있다. 앞서 인용한 바대로 금문가나 고문가가 제시한 봉지 규모가 서로
달랐던 것은 금문가가 언급한 내용은 보다 이른 시기였고, 고문가는 훨씬
이후의 상황에 대해 말했기 때문이다.

『한서 · 백관공경표百官公卿表』에 따르면, 진한 시절의 현縣은 사방 백리
정도였다. 당시 사방 100리가 보편적인 행정단위였던 셈이다. 이것이 바
로 금문가가 말한 대국大國(제후국)의 봉지 규모였다. 그러나 봉지가 이를
훨씬 초과하는 경우도 있었다. 『예기 · 명당위明堂位』에 따르면, "성왕成王
이 주공周公을 곡부曲阜에 봉했는데 그 땅이 사방 700리였다."21) 『사기 ·
한흥이래제후년표漢興以來諸侯年表』에 보면, "주周(주나라 천자)는 백금伯
禽, 강숙康叔에게 노魯나라, 위衛나라를 봉했는데 그 땅은 각기 사방 400리
였으며, 태공太公에게 제齊나라에 봉하는 동시에 다섯 제후의 땅을 관리하
도록 했다."22) 그렇다면 왜 이렇게 다른 것일까? 여기에서 말한 봉지의
규모는 처음 분봉 받았을 때의 것이 아니라 이후 확장한 결과이기 때문이
다. 이를 기록하는 이가 확장된 봉지를 애초에 분봉分封 받은 것으로 착각
했을 뿐이다. 이것이 고문가가 말한 봉지의 크기가 금문가의 그것과 다른
이유이다.

실제로 금문가가 말한 대국은 동주시대東周時代의 경우 규모면에서 소
국小國에 지나지 않았다. 심지어 고문가가 말한 대국이라 할지라도 당시
의 대국 서열에 들지 못했다. 당시의 대국大國에 대해서 자산子産은 "그
땅이 사방 수 천리에 달했다."23)고 말한 바 있다. 『맹자 · 양혜왕상梁惠王

容其民, 其民足以滿城而自守也." 북경, 북경대학교출판사, 십삼경주소표점본, 1999
　년, 272쪽.
21) 『예기정의 · 명당위』, "成王封周公於曲阜, 地方七百里." 앞의 책, 935쪽.
22) 『사기』, 「한흥이래제후년표」, "周封伯禽, 康叔於魯, 衛, 地各四百裏; 太公於齊, 兼五
　侯地." 북경, 중화서국, 1959년, 801쪽.

上』에도 관련 기록이 나온다. "천하에는 사방이 천리인 영토를 가진 나라 아홉이 있는데, 제나라가 그 중의 하나였다."[24] 따라서 오직 진晉, 초楚, 제齊, 진秦 등이 대국이라고 말할 자격이 있었던 것이다. 하지만 커다란 봉토를 가진 대국들도 처음부터 그렇게 봉해졌을 리가 없다. 고문가들도 분봉한 국가로서 그렇게 클 수가 없다고 생각한 까닭에 이에 대한 언급이 없었던 것이다.

사실 이런 대국들은 당시의 봉건제도를 말할 때 썼던 이른바 왕王의 나라이다. 『예기』에서 "하늘에 두 개의 태양이 있을 수 없듯이, 천하에는 두 왕이 공존할 수 없다."[25]고 했지만 이는 옛 사람들의 희망사항일 뿐 실제는 그렇지 못했다. 사실 당시 중국은 여러 지역으로 나뉘어 있었고, 지역마다 군림하는 왕이 있었다. 춘추시대 오吳, 초楚가 왕을 자처했고, 전국시대 일곱 나라의 이른바 칠웅七雄 역시 왕으로 군림했다. 공公, 후侯, 백伯, 자子, 남男 등은 모두 일종의 미칭美稱이었을 뿐, 한 나라에서 가장 높은 권위를 가진 자는 모두 군君으로 일컬었다. 『예기 · 곡례』는 경우에 따른 군君의 호칭에 대해 이렇게 말하고 있다. "구주九州 각 주州의 백伯이 천자의 나라로 들어가면 목牧이라고 칭하고, 다른 나라 사람들은 그를 후侯라고 칭하며, 자국의 신하나 백성은 그를 군君이라 칭한다."[26] 이렇듯 한 지역을 차지하고 다스리게 되면 그 지역의 왕이 되는 셈이다. 그래서 『관자管子 · 패언霸言』에서 이렇게 말한 것이다.

23) 『좌전』, 양공(襄公) 35년 참조. 『春秋左傳正義』, "地方數圻." 앞의 책, 1439쪽.
24) 『맹자주소 · 양혜왕상편』, "海內之國, 方千里者九, 齊集有其一." 앞의 책, 27쪽.
25) 『예기정의 · 증자문』, "天無二日, 民無二王." 앞의 책, 586쪽.
26) 『예기정의 · 곡례』, "九州之伯, 入天子之國曰牧, 於外曰侯, 於其國曰君." 위의 책, 137쪽.

"강국強國이 많으면 강국이 연합하여 약한 나라를 공격함으로써 패주霸主가 되기를 꿈꾸고, 강국이 적으면 소국이 연합하여 강국을 공격함으로써 왕이 되기를 도모한다."[27]

이는 춘추시대에 오, 초가 왕으로 군림할 수 있었지만, 제나 진 등은 공동의 패주에 머물렀던 이유이기도 하다. 비교적 개화가 늦은 남부지방은 교화가 잘 되고 전장典章 등의 사회 제도가 제대로 정비된 나라가 드물었기에 오, 초와 같은 나라들이 왕으로 인정받기 쉬웠지만, 이미 문명화된 북부지방의 경우 노魯, 위衛, 송宋, 정鄭 등 약소국이 제나 진 등 대국을 왕으로 인정하지 않았던 것이다.

하지만 주周 왕실은 경우가 달랐다. 주는 비록 세력이 약했으나 예부터 왕으로 군림해 왔기 때문에 굳이 칭왕稱王을 반대할 까닭이 없었다. 게다가 당시에 규모가 비교적 큰 나라들도 모두 주 왕실에서 분봉한 나라들이었기 때문에 주나라와 동성同姓이거나 친족관계에 있는 경우가 많았기 때문에 주 왕실에 대해 좋은 감정을 가지는 것은 당연했다. 그래서 당시 주나라는 비록 약세이기는 하나 국제 질서에서 그를 건드리는 자가 한동안 없었던 것이다. 전국시대에 제환공齊桓公이나 진문공晉文公은 이 주나라의 천자를 끼고 제후들을 호령하는 일이 벌어진 것도 나름 이유가 있었던 셈이다.

伯(백)은 霸(패)의 가차자假借字로 원래 우두머리라는 뜻이다. 『예기·왕제』에 옛날의 행정 구획 및 장관 제도를 다루는 대목이 나온다.

"왕도에서 천리가 떨어진 여덟 개 주마다 방백方伯 한 명씩을 둔다. 다섯 개의 국國을 속屬으로 하고 속屬에 장長을 둔다. 열 개의 국을 연連

---

27) 『관자교주·패언(霸言)』, "強國眾, 則合强攻弱以圖霸; 强國少, 則合小攻大以圖王." 앞의 책, 473쪽.

으로 하고 연에 수帥를 둔다. 30개 국을 졸卒이라 하고 졸에 정正을 둔다. 210개 국을 주州라고 하고 주에 백伯을 둔다. 여덟 개 주에 방백 여덟 명, 졸정 56명, 연수 168명, 속장 336명이 있는 셈이다. 여덟 명의 방백은 각기 아래 소속된 제후를 이끌고 천자의 노신老臣(상공上公) 두 사람이 나누어 그들을 종속시키니 천하를 좌우로 나눈 것이다. 그들 두 사람을 일러 이백二伯이라고 한다."28)

이상은 실제로 시행되었던 제도는 아니지만 일정한 역사 사실에 근거하여 만든 것임에 틀림없다. 옛 문헌에서 말하고 있는 조공朝貢제도29)나 순수巡狩제도30)를 보면 대개 천리 이내에서 이루어졌기 때문이다. 『맹자·양혜왕하』에서 "봄에는 가서 밭갈이를 살펴 부족한 점이 있으면 보충가고, 가을에는 가을걷이를 살펴 넉넉하지 않은 것을 도와준다."31)고 한 것을 보면 천자가 순수하던 봉지의 너비가 그보다 더 작을 수도 있다. 이는 후대의 지현知縣이 농사를 잘 짓도록 농민들을 권면하는 수준이다.

그러나 후세 사람들이 천자의 순수 범위를 터무니없이 넓혔다. 예를 들어 『우공禹貢』의 경우 구주九州의 범위가 크게 확대되었다. 『우공』의 말대로 봄에는 태산泰山, 여름에는 형산衡山, 가을에는 화산華山, 겨울에는

---

28) 『예기정의·왕제(王制)』, "千里之外設方伯. 五國以爲屬, 屬有長. 十國以爲連, 連有帥. 三十國以爲卒, 卒有正. 二百壹十國以爲州, 州有伯. 八州, 八伯, 五十六正, 百六十八帥, 三百三十六長. 八伯各以其屬, 屬於天子之老二人. 分天下以爲左右, 曰二伯." 앞의 책, 348쪽.

29) 역주: 조공(朝貢)은 종주국(宗主國)의 속국(屬國)이 때맞추어 예물(禮物)를 바치는 일이지만 본문에서 말하는 조공은 그 초기 형태인 기복(畿服) 제도와 가까운 의미로 쓰였다. 기복 제도는 서주시기에 왕기 바깥의 지역을 왕실과의 친소관계 및 왕기와의 거리를 기준으로 하여, 왕기와 비슷한 몇 개의 큰 구역으로 나누어 왕실에 대해 상응한 책임과 공납을 부담하게 하는 제도였다.

30) 역주: 『맹자·양혜왕하』에 따르면, "천자가 제후의 영토에 가는 것을 일러 순수라고 한다(天子適諸侯曰巡狩)"

31) 『맹자주소·양혜왕하』, "春省耕而補不足, 秋省斂而助不給." 앞의 책, 40쪽.

항산恒山으로 갔다면, 도읍지로 되돌아갔다가 다시 출발하든 아니면 동쪽에서 남쪽, 다시 서쪽에서 북쪽으로 가든지 간에 당시 상황에서 전혀 불가능한 일이 아닐 수 없다.

물론 앞서 인용한 『예기·왕제』에 나오는 '이백二伯'의 설이 전혀 근거 없는 허튼소리는 아니다. 『공양전』 은공隱公 5년에 따르면, "섬陝의 동쪽 땅은 주공周公이 다스리고, 서쪽 땅은 소공召公이 관장했다."[32]라고 했으니, 이것이 바로 '이백'설의 유래인 듯하다. 「왕제」에서 말하는 것처럼 구주九州를 좌우로 구분하여 방백 두 사람이 나누어 다스렸다는 말은 믿을 수 없지만 주나라 초기에 주공周公과 소공召公이 각기 일정한 구역을 나누어 관장했다는 것은 전혀 근거 없는 말이 아니다. 팔주八州나 팔백八伯이란 것도 왕기王畿, 즉 천자의 관할지역을 아홉 개의 구역으로 나누어, 왕이 그 가운데 하나를 직접 다스리고 나머지 여덟 곳을 여덟 제후에게 하나씩 나누어 다스리게 한 것이고, 이러한 주의 규모를 더욱 크게 확대한 것이 바로 『예기·왕제』에 나오는 한 주의 규모인 셈이다. 『좌전』 희공僖公 4년, 관중管仲이 제환공을 대신하여 초나라의 사신에게 한 말에서 이를 확인할 수 있다.

"예전에 소강공召康公(주성왕 당시 태보였던 소공 석奭)이 제나라 시조인 태공太公(강태공姜太公, 이름은 상尙)에게 명을 내리길, 오후五侯(공후백자남 등 다섯 등급의 제후)와 구백九伯(구주의 통치자인 아홉 명의 방백)에게 죄가 있으면 그대가 그들을 정벌하여 주 왕실을 보필하도록 하라고 하셨소. 그러면서 선군先君에게 정벌할 범위를 알려주셨는데, 동쪽으로 바다, 서쪽으로 황하, 남쪽으로 목릉穆陵, 북쪽은 무체無棣까지였소."[33]

---

32) 『춘추공양전주소』, 은공(隱公) 5년, "自陝以東, 周公主之, 自陝以西, 召公主之." 앞의 책, 49쪽.
33) 『춘추좌전정의』 희공(僖公) 4년, "五侯九伯, 汝實征之, 以夾輔周室. 賜我先君履, 東

이처럼 넓은 정벌 범위, 즉 세력 범위를 가진 강태공은 바로 『예기 · 왕제』에서 말하는 한 주의 백伯과 같은 존재였다. 물론 이는 주나라 초기의 실제 상황이 아니라 관중이 소규모 주州의 백伯에 근거하여 지어낸 이야기일 것이다. 나아가 제환공, 진문공 등이 동맹을 맺어 여기저기 토벌하는 데 관여된 지역이 어찌 『예기 · 왕제』에 나오는 여러 주의 규모에 그쳤겠는가? 하지만 그렇게 넓은 범위의 땅을 지배했음에도 불구하고 그 우두머리를 왕이 아닌 패주霸主로 받들었다는 것은 그들을 여전히 한 주州의 백伯으로 취급하였음을 의미한다.34) 이처럼 춘추시대 때, 진晉, 초楚, 진秦 등의 봉지나, 동맹을 맺고 토벌함으로써 얻은 세력 범위는 은나라나 주나라 초기 때보다 훨씬 넓었지만 왕으로 군림하지 못했다. 이는 넓은 땅을 가진 강국이 많았기 때문에 서로 견제하고 상호 인정하지 않은 결과였다.35)

하지만 전국시대에 들어서는 상황이 달라졌다. 각 나라들이 더 이상 주저하거나 사양하지 않고 나름대로 왕호王號를 지어 왕으로 자처했다. 그러나 곧이어 새로운 문제가 생겼다. 왕들이 왕보다 더 높은 지위와 권력을 갖는 공주共主가 되기를 꿈꾸었기 때문이다. 하지만 그런 존재는 전에 없었기에 마땅히 지칭할 이름이 없었다. 그래서 천신天神의 이름을 빌어 제帝로 명명했다. 예를 들어 제민왕齊湣王과 진소왕秦昭王은 한때 동서제東西帝라 병칭된 일이 있고, 나중에 진秦나라가 한단邯鄲을 포위 공격하자 위왕魏王이 조趙나라에 사신 신원연辛垣衍을 보내 진을 제帝로 받들자고 설득한 일도 있었다.

至於海, 西至於河, 南至於穆陵, 北至於無棣." 앞의 책, 329쪽.

34) 역주: 앞서 언급했듯이 霸(패)와 伯(백)이 가차(假借)의 관계이다. 따라서 霸主(패주)는 곧 伯主(백주)이다.

35) 오(吳)와 초(楚) 등이 왕으로 자처했으나 이는 특정 범위 내 소국에서 인정받았을 따름이다.

당시 역사를 연구하는 사람들이 삼대三代(하夏, 상商, 주周) 이전의 추장 酋長 가운데 다섯 사람을 골라 오제五帝로 명명했다.36) 이후 문명의 발전 과정을 설명하기 위해서 오제 이전 시기의 추장 중에서 세 명을 골라 등장시켰는데, 이들을 가리키는 전문 호칭을 찾을 수 없자 천하에서 첫 번째 왕始王天下이란 의미로 '王'자 위에 '自'자를 얹혀 '皇(황)'자를 만들 어냈다. 이리하여 이른바 '삼황三皇'이란 말이 생겨났다.37) 나중에 진나라 의 왕 정政이 천하를 통일한 다음 이 두 글자를 합쳐 자신의 호칭으로 삼았다. 황제皇帝란 명칭은 이후 한나라를 거쳐 전체 왕조에서 계속 사용 되었다.

열국列國이 서로 병탄을 거듭하는 과정에서 대국을 중심으로 군현제郡 縣制가 등장했다. 『예기·왕제』에 관련 내용이 나온다.

"천자의 소속 지역 내의 이른바 내제후內諸侯는 녹봉으로 분봉 받은 땅에서 조세를 수취할 수 있지만, 토지의 소유권은 여전히 천자에게 있다. 천자 소속 지역 밖의 제후는 봉해진 땅에서 조세를 거둘 수 있을 뿐만 아니라, 그 땅을 대대로 후손에게 물려줄 수 있다..... 단 제후국 안의 대부는 작위도 녹봉도 모두 세습되지 않는다."38)

위의 인용문에서 알 수 있듯이 천자 관할 지역 안의 제후 곧 내제후內諸 侯와 대부는 법적으로 세습되지 않았다. 물론 실제로 그렇게 하지 않는 경우도 있었겠으나, 법대로 하는 경우도 분명 있었을 것이다. 특히 군권君

---

36) 오제는 대호(大昊), 염제(炎帝), 황제(黃帝), 소호(少昊), 전욱(顓頊)을 말한다. 그들 은 인간이자 또한 신의 명칭이기도 하다.

37) 『설문』에 따르면, 皇(황)과 王(왕)은 글자 형태가 다르나 음이 같다는 점에서 같은 말이다.

38) 『예기정의·왕제』, "天子之縣內諸侯, 祿也. 外諸侯, 嗣也. 諸侯之大夫, 不世爵祿." 앞의 책, 351쪽.

權이 한창 확장될 때는 더욱 강력하게 이러한 제도를 추진했다. 가령 왕이나 대국의 제후가 역내域內에서 이 제도를 시행하였다면 새로 병탄한 나라에 이 제도를 도입하여 실행했을 가능성도 크다. 이리하여 분봉제가 서서히 군현제로 바뀌게 된다. 실제로 이런 사례가 적지 않았다.

첫째, 춘추전국 시대 초楚나라에 멸망당한 진陳이나 채蔡나라 등이 현縣이 되었다. 진한 시절 현 이름 가운데 예전 나라 이름과 일치하는 경우가 많은데, 이는 당시 현이 선진시대에 나라였다는 추정이 가능하다. 비록 나라가 망하여 별도의 역사 기록이 남지는 않았으나 대국에 병탄되는 과정에서 하나의 현으로 바뀌게 되었다는 뜻이다. 둘째, 공경대부가 가졌던 땅이 현으로 발전된 경우도 있다. 『좌전』소공昭公 2년, 진나라가 기씨祁氏의 땅을 7개의 현, 양설씨羊舌氏의 땅을 3개의 현으로 구획하였다는 기록이 나온다. 셋째, 전략적인 의도로 특별히 만든 현도 있다. 예를 들어, 상군商君이 진나라를 보필할 때 소도小都(경경卿의 채지로 작은 도읍을 말한다), 향鄕, 읍邑을 합쳐 현을 편성한 일이 있었다.[39]

군郡은 현縣의 하위 행정 구획으로 크기가 현보다 작았다. 『주서周書·작락편作雒篇』에 따르면, "사방이 천리가 되는 땅에는 현 100개를 두고 각 현 안에 군 4개씩을 설치한다."[40] 이외에 현에 예속되지 않고 독립적으로 존재하는 군도 있었다. 그런 군은 대개 변방의 황량한 곳에 자리했다.[41] 하지만 변방의 군사요충지에 위치하다 보니 주둔하는 병력이 많아

---

39) 『사기·상군열전(商君列傳)』 참조.

40) 『일주서휘교집주(逸周書彙校集註)·작락(作雒)』, "千里百縣, 縣有四郡." 상해, 상해고적출판사, 2007년, 530쪽.

41) 『좌전』 애공(哀公) 2년의 기록에 의하면, 조간자(趙簡子)가 출전하기 전에 필승을 다짐하고 전투의지를 북돋우기 위해 병사들에게 "적을 이겨낸 상으로 상대부(上大夫)에게는 현을 주고, 하대부(下大夫)에게는 군을 하사해 주겠다(克敵者上大夫受縣, 下大夫受郡)."고 약조했다.

현보다 인구가 많은 경우도 있었다. 그래서 후대에도 군사요충지에 군을 설치하기도 했다. 『사기』에서 이를 확인할 수 있다. 감무甘茂가 진왕秦王에게 "의양宜陽은 큰 현으로 상당上黨, 남양南陽의 재력이 다 여기에 모였습니다. 명칭은 현이지만 실은 군郡이지요."42) 춘신군春申君이 초왕楚王을 만나 "회북淮北 일대는 제齊나라에서 가깝고, 상황이 급박할 수 있으니 군을 설치하여 다스리는 것이 좋을 것입니다."43) 사실상 군郡을 통해 현을 통제하고 보호하는 것이 편리하기 때문에 나중에는 현을 군의 하위 행정구역으로 예속시켰다.

전국시대에 여러 나라가 변방이나 새로 개척한 곳에 군을 설치했다. 예를 들어 초楚나라의 무군巫郡, 검중黔中, 조趙나라의 운중雲中, 안문雁門, 대군代郡, 그리고 연燕나라의 상곡上谷, 어양漁陽, 우북평右北平, 요서遼西, 요동遼東 등이 그러하다. 이후 여섯 나라를 평정하고 천하를 통일한 진시황제는 반란을 진압하기 위해 전국에 군대를 주둔시킬 필요가 있었기 때문에 아예 천하를 36개의 군으로 구획했다.

봉건제가 수천 년 동안 지속되면서 역기능이 없었던 것은 결코 아니다. 그래서 진秦나라가 천하를 통일하고 얼마 후 곧 반동이 일어났다.44) 진한 교체기와 한나라 초기의 봉건제는 후세의 그것과 다르다. 예를 들어 진조晉朝나 명조의 봉건제는 황제의 생각만 그럴 뿐 다른 이들은 그렇게 여기지 않았다. 다시 말해 분봉하는 자도 분봉하는 것에 대해 지나친 기대를 하지 않았으며, 그저 이성異姓 세력을 견제하여 왕위를 쉽게 찬탈하지 못

---

42) 『사기』, 권71, 「저리자감무열전(樗里子甘茂列傳本傳)」, "宜陽大縣也, 上黨, 南陽, 積之久矣, 名曰縣, 其實郡也." 앞의 책, 2311쪽.

43) 『사기』, 권78, 「춘신군열전(春申君列傳)」, "淮北地邊齊, 其事急, 請以為郡便." 위의 책, 2394쪽.

44) 진나라는 천하를 통일한 후 기존의 봉건제 대신 군현제를 실시했다. 이후 한나라는 군현제와 봉건제를 겸했으나 봉건제는 유명무실해지고 점차 군현제를 확대했다.

하도록 하는 방편으로 분봉보다 더 나은 방법을 찾지 못했을 뿐이었고, 다른 한편으로 수봉자受封者, 즉 분봉을 받는 자도 분봉이 이미 시대에 맞지 않는 일이라는 사실을 잘 알고 있었기 때문에 오히려 분봉을 불안하게 생각했다. 그래서 당태종唐太宗이 공신功臣들에게 분봉하려고 하자 공신들이 별로 달가워하지 않았던 것이다.[45]

그러나 진한 교체기 사람들의 관점은 사뭇 달랐다. 당시 사람들은 봉건제를 지극히 당연한 일로 여겼다. 오히려 천하 통일을 정국의 변화로 인식하여 6국을 멸망시켜 천하를 통일한 진나라의 행위를 무도한 일로 여겼다. 그들에게 통일제국 진은 사나운 표범이나 늑대처럼 포악한 나라였다. 하지만 당시 사람의 논리대로라면, 이전에 진에 의해 멸망된 여섯 나라는 어떻게 처리해야 하는가? 진이 멸망했으니 다시 여섯 나라를 돌려주어야 하는가? 또한 그 여섯 나라에 의해 멸망당한 나라들은? 계속 다시 세우고 끊어진 대를 이어줘야 하지 않겠는가? 이런 식으로 반박한다면 아마도 당시 사람들은 대꾸할 말을 잃고 말 것이다. 하지만 굳이 이를 논리적으로 따질 필요 없다. 바라는 바가 어찌 몇 마디 논쟁으로 좌우되거나 바뀌겠는가?

진나라가 멸망한 후 희하戱下(섬서성 임동현臨潼縣)에서 사람들이 모여 분봉 방법을 결정했다. 당시 분봉 대상은 두 부류였다. 하나는 6국의 후손들이고, 다른 하나는 진을 멸망시키는 데 공적을 세운 사람들이다. 당시한 고조 유방이 항우項羽가 관중의 땅을 빼앗고 약속을 어겼다고 하여 군사를 일으켰는데, 사학자들은 이를 근거로 당시 분봉이 항우 한 사람에 의해 좌우되었다고 보고 있다. 하지만 여러 사람들이 회의를 통해 내린 결정이었을 것이다. 그래서 사마천은 「태사공자서太史公自序」에서 당시 분봉에 대해 "제후들이 서로 왕으로 봉해졌다諸侯之相王"고 하여 당시 상

---

45)『구당서(舊唐書)·장손무기전(長孫無忌傳)』참조.

황을 전했던 것이다.

당시 분봉은 두 등급으로 나뉘었다. 등급이 높으면 왕, 낮으면 후侯였다. 이는 전국시대의 방식을 답습한 것이다. 전국시대는 각국에서 신하를 봉할 때, 양후穰侯, 문신후文信侯, 맹상군孟嘗君, 망제군望諸君처럼 주로 후侯 또는 군君이라고 불렀다. 후가 군보다 등급이 높으며 하사받는 땅도 컸다. 다만 진한교체기에 분봉한 나라들은 크기가 전국시대의 군君이 차지한 정도가 없었기 때문에 군이라고 부르지 않았다. 그래서 제후 가운데 큰 나라는 왕으로 칭하고, 항우는 패왕霸王으로 그들의 우두머리가 되었다. 그리고 그 위에 허수아비에 불과한 의제義帝를 올려놓았다. 천자는 허명만 있고, 실권은 패주霸主가 장악했던 동주東周 이후의 정치체제를 본받은 것이다. 그러니 당시에 그리 크게 트집 잡을 일도 아니었다.

아무리 인심이 따르더라도 시대에 부합하지 않으면 오래 가지 못하는 법이다. 결국 5년도 버티지 못하고 분봉되었던 천하는 다시 통일되고 말았다. 사람의 생각이란 시대에 뒤떨어지기 일쑤이니, 당시 사람들 역시 그 이치를 깨닫지 못한 것 같다. 한나라를 끝까지 추종하다 결국 여후呂后에게 죽임을 당한 한신韓信에 대해 참으로 어리석다고 생각하는 이도 있을 것이다. 사실 한신이 아무리 순진한 사람이었을지라도 한 고조 유방을 전적으로 신뢰했을 것이라는 생각은 들지 않는다. 당시 그는 천하가 단한 사람의 손에 장악될 리가 만무하다는 확신을 가졌을 것이다. 그렇기 때문에 탁월한 공적을 세운 자신의 작위가 박탈될 것이라고는 상상조차 하지 않았던 것이다. 그러나 그는 작위를 빼앗기고 결국에는 참수되고 말았다.46) 한신 뿐만 아니라 한나라 초기 다른 공신들 역시 분봉을 굳게 믿고 있었을 것이다. 만약 당시에 한왕漢王(유방)에게 황제라는 허명을

---

46) 역주: 한신은 회음후(淮陰侯)로 강등되었다가 진희와 모반을 꾀하다 결국 여후와 소하의 계략에 빠져 체포된 후 참수되었다.

바쳤을 뿐인데, 오히려 그것으로 인해 자신들이 죽임을 당할 줄 알았다면 그렇게 했겠는가?

한고조가 자신이 분봉한 이성異姓 제후를 성공적으로 제거할 수 있었던 까닭은 음모와 반, 실력 반이었지 황제란 허명虛名에 따른 것이 아니었다. 만약 법리적인 측면에서 본다면 예로부터 열국 간에 전해오는 관습이란 것이 있으니 당시 사람들이 생각하는 도리 측면에서 과연 황제가 제멋대로 제후를 주살하고 제거해도 되는 것이었을까? 이 역시 의문이 아닐 수 없다.

한고조가 모든 이성 제후47)를 제거한 것이나 무력을 동원하지 않고 희하戱下에서 분봉한 제후들을 모조리 멸망시킬 수 있었던 일은 참으로 기적이라고 하지 않을 수 없다. 뿐만 아니라 한고조가 봉한 동성同姓 제후들이 오초칠국吳楚七國의 난을 일으키자 한 왕실이 아주 짧은 시간에 그것을 평정하고, 이후 경제景帝가 제후들이 직접 백성을 다르리고 관직을 임면하지 못하도록 세력을 억제한 것, 그리고 주보언主父偃의 의견을 받아들여 무제武帝가 제후들에게 영지를 다시 자제들에게 분할하도록 했던 것48) 등은 한나라 초기 사람들이 전혀 예상치 못한 일이었다. 결국 이러한 일련의 과정을 통해서 한나라 초기 봉건제는 유명무실한 존재가 되고 말았다.

봉건은 원래 두 가지 요소가 있다. 하나는 작록爵祿, 즉 작위와 녹봉을

---

47) 이성 제후들 중에서 장사왕(長沙王) 오예(吳芮)만 살려 두고 초왕(楚王) 한신(韓信), 양왕(梁王) 팽월(彭越), 한왕(韓王) 신(信: 한신), 회남왕(淮南王) 영포(英布), 연왕(燕王) 장도(臧荼), 노관(盧綰) 등을 모두 주살했다.

48) 역주: 주보언은 제후의 자제가 수십 명이나 되는데 적자 이외에는 봉지를 받지 못해 효를 다하지 못하고 있다고 하면서 "제후의 봉지를 나누어서 자제를 열후에 봉할 수 있도록 하십시오(願陛下令諸侯得推恩分子弟以地侯之)."라고 간언했다. 이를 일러 '추은령(推恩令)'이라고 한다.

주는 것이니 분봉 받은 이는 관리나 다를 바 없었다. 다른 하나는 군국郡
國과 백성들을 받아 자손들이 세습하는 것이다. 봉지의 우두머리로 천자
의 간섭을 받지 않고 독립적으로 백성을 다스릴 수 있으니 예전 부락의
추장과 같다. 그러므로 국가 통일에 관한 한 전자는 아무런 상관이 없지
만 후자는 방해가 되었다. 한나라 때 관내후關內侯는 허명만 있었을 뿐
봉지가 없었다. 이후 열후列侯도 마찬가지였다.49) 『문헌통고文獻通考·봉
건고封建考』를 보면 당시 상황을 알 수 있다.

 "진, 한 이래 이른바 열후는 식읍食邑만 받는 것이 아니라 관리를
 임명하고 정령政令을 반포하는 권한까지 가지고 있었다. 이와 달리 관내
 후關內侯는 제후라는 말은 허명이고 식읍만 받을 뿐이었다. 서한 경제景
 帝와 무제武帝 때부터 제후왕이 직접 백성을 다스리지 못하게 했고, 별도
 로 내사內史를 두어 제후국을 다스리도록 했다. 이후로 제후왕들은 봉읍
 에서 조세만 징수할 수 있을 뿐 더 이상 직접 다스릴 수 없었으니 하물며
 열후에게 있어서랴. 그러나 이른바 후侯에게 땅을 나누어 봉했다. 동한
 때부터 국읍國邑(봉지)를 내려주기 전에 작위부터 하사해 주는 선례가
 생겼다. 영수왕靈壽王, 정강후征羌侯 등이 그 예다. 명제明帝 시절 네 명의
 소후小侯, 즉 번씨樊氏, 곽씨郭氏, 음씨陰氏, 마씨馬氏 등 외척의 자제들이
 어린 나이에 책봉되기도 했다.50) 또한 숙종肅宗 때 동평왕東平王 유창劉
 蒼에게 열후인列侯印 19개를 하사하여 5세 이상의 왕자 가운데 배례할
 수 있는 자제들에게 가지고 다니도록 했다. 이상 두 가지 사례는 땅을
 나누어 주기 전에 인수印綬부터 하사하고 녹봉과 녹미부터 내려준 경우
 였다. 그리하여 이후로 열후列侯도 관내후關內侯와 다름없게 되었다."51)

---

49) 역주: 한대 열후(列侯)는 20등작 작위 중에서 가장 높은 작위로 철후(徹侯), 통후(通
   侯)라고 부르기도 했다. 관내후(關內侯)는 열후(列侯)의 바로 아래 작위이다.
50) 역주: 사성(四姓)은 명제 시절의 외척인 번씨(樊氏), 곽씨(郭氏), 음씨(陰氏), 마씨(馬
   氏) 등을 말한다. 소후(小侯)는 그들 자제들 가운데 어린 나이에 책봉 받은 이가
   있었기 때문이다. 조정은 그들을 위해 학교를 세워 가르치기도 했다.
51) 『문헌통고·봉건고·동한열후(東漢列侯)』, "秦漢以來, 所謂列侯者, 非但食其邑入

인용문을 통해서 알 수 있듯이 영지를 봉하지 않더라도 녹봉이나 녹미만큼은 제대로 주어야 했다. 그러나 당, 송 때부터 식실봉食實封(식읍食邑 수여에서 실제로 지급한 호戶)의 경우에만 녹봉을 주면서 물질적인 수혜가 없는 껍데기 제도로 전락했고, 결국 봉건제는 정치에 전혀 방해가 되지 않는 허명의 제도가 되고 말았다.

후대에 와서 중국 경내에 봉건의 형태가 남아 있던 것은 서남西南의 토관土官(토사土司)이다. 토사는 두 가지 종류가 있다. 하나는 토지부土知府, 토지주土知州, 토지현土知縣 등 문직文職이고, 다른 하나는 선무사宣撫司, 초토사招討司, 장관사長官司처럼 관직명에 사司가 들어간 무관武官이다. 관직명으로 봤을 때, 토관 여느 유관流官과 다름없었다.[52] 다만 토관을 담당하는 자는 모두 현지 부족 추장이고 그 지위도 관습에 따라 세습되었다.

이처럼 중국에 귀순한 외이外夷에게 관직이나 작위를 봉하는 것은 서남 지역뿐만 아니라 다른 지역도 마찬가지였다. 하지만 마치 삼대三代 이전의 먼 나라들과 마찬가지로 외이들은 중국에서 멀리 떨어져 있는 관계로 중앙의 지배력이 쉽게 미치지 않았으며, 정치적 통제력이 약화되면 배반하기 쉬웠다. 이와 달리 서남 지역은 중국 경내封域에 위치한 탓에 그에 대한 통제가 갈수록 강화되고 관리 방법 역시 치밀해졌다.

서남 토관들은 평소 중앙에 조세를 바치고 부역에도 응해야 했다. 이는

而己, 可以臣吏民, 可以布政令. 若關內侯, 則惟以虛名受廩祿而已. 然西都景、武而後, 始令諸侯王不得治民, 漢置內史治之. 自是以後, 雖諸侯王亦無君國子民之實, 不過不過食其所封之邑入, 況列侯乎? 然所謂侯者, 尚裂土以封之也. 至東都, 始有未與國邑, 先賜美名之例, 如靈壽王、征羌侯之類是也. 至明帝時, 有四姓小侯, 乃樊氏、郭氏、明氏、馬氏諸外戚子弟, 以少年獲封者. 又蕭總賜東平王蒼列侯印十九枚, 令王子五歲以上能趨拜者, 皆令帶之. 此二者, 皆是未有土地, 先佩印, 受俸廩. 蓋至此, 則列侯有同于關內侯者矣." 북경, 중화서국, 1986년, 2133쪽.

52) 역주: 유관은 세습된 토관에 대립되는 개념으로 중앙 정부에서 선임(選任)한 관리를 가리킨다.

고대에 제후가 왕에게, 소국이 대국에 조공을 바치고 부역에 응하는 것과 같았다. 다음과 같은 경우 중앙에서 그들을 토벌하기도 했다. 첫째, 중앙을 거역하고 반항하는 경우. 둘째, 부족 내부에 분쟁이 일어났을 경우. 셋째, 부족 간에 분쟁이 생겼을 경우. 넷째 백성에게 폭정을 실시하는 경우 등이다. 또한 서남 지역에 대한 통치를 강화하기 위해서 기회만 되면 추장을 폐하고 중앙에서 관리를 파견하여 현지를 다스리도록 했다. 이것이 바로 '개토귀류改土歸流'53) 정책인데, 역사상 분봉제를 군현제로 바꾸는 일과 같은 것이다.

그러나 진나라 때부터 무려 2,200여 년이나 지난 오늘날까지도 이 같은 토관이 남아 있는 것을 보면, 봉건제의 문제는 사회 문화의 전반적인 발전에 따른 것이지 단순히 정치적으로 없앤다고 하여 사라지는 것이 아님을 알 수 있다.

봉건시대의 왕조 교체는 모두 제후가 천자를 쫓아냄으로써 이루어졌다. 하나의 강국이 다른 강국의 지위를 차지하거나 멸망시켰다는 뜻이다. 이에 반해 통일 국가체제 하에서 정권 교체는 다음 네 가지 경우로 대별할 수 있다. 첫째, 기존 정권의 내부 분열로 무너지는 경우이다. 이는 중앙의 권신權臣이 정권을 탈취하는 경우와 지방 정권의 반란으로 인한 경우 등 두 가지로 다시 구분할 수 있다. 전자는 전한이 왕망王莽에 의해 멸망한 경우이고, 후자는 당나라가 주온朱溫에 의해 멸망한 경우이다.54) 둘째, 새로운 정권이 굴기하여 정권을 장악한 경우로 한漢이 진을 교체한 것이

---

53) 역주: 개토귀류(改土歸流)는 토관(土官), 즉 토사(土司)를 유관(流官)으로 바꾼다는 뜻으로 변경에 대한 통치를 강화하기 위해 운남, 귀주, 사천, 광서 등 소수 민족 지역의 족장이 맡은 토관을 폐하고 중앙관리 유관을 임명하던 정책을 말한다.
54) 역주: 황소(黃巢)의 옛 장수였던 주온(朱溫: 주전충朱全忠)이 장안으로 들어가 소종(昭宗)을 살해하고 애종(哀宗)을 폐위시킨 다음 907년 스스로 황제 자리에 올랐다. 이로써 당나라는 전체 20대, 290여 년 만에 멸망했다.

그 예이다. 셋째 외부의 이족異族에게 정권이 빼앗긴 경우이니, 진晉은 전조前趙에게, 북송北宋은 금金, 남송南宋은 원元, 명明은 청淸에게 정권을 빼앗겼다. 넷째, 한족이 부흥하여 정권을 차지한 경우로 원을 멸망시킨 명이 그러하다. 그러나 전체적으로 볼 때, 여전히 통일된 상태를 그대로 유지하고 있었으며, 잠시 분열한 경우는 삼국, 남북조, 오대의 경우뿐이다. 또한 분열은 정권의 분열일 뿐이니, 이미 오랫동안 사회 문화적으로 통일 상태를 유지했기 때문에 정권의 분열은 그리 오래가지 않아 통일 국면으로 이어졌다.

역사가들은 정권 교체에 영향을 미치는 세력의 분포에 따라 각 왕조의 정치 상황을 '내중內重', '외중外重', '내외구경內外俱輕' 등 세 가지 유형으로 구분하고 있다. 정권 내부의 세력이 막강한 '내중'의 왕조는 권신權臣이 왕위를 찬탈하는 일이 흔했고, 반대로 지방 정권이 강력한 '외중'의 왕조는 지방 세력이 할거하여 반란을 일으키는 경우가 많았다. 그리고 정권 안팎으로 세력이 빈약한 '내외구경'의 경우에는 백성들 중에서 영웅이 등장하여 반란을 일으키거나 외부 민족이 쳐들어오는 일이 많다. 다만 진秦만은 지나치게 강하여 부러진 형태로 예외이다.

민주에 대한 검토

정권은 당연히 한 사람에게 장악되어야 한다. 대다수 사람들은 이를 당연한 것으로 여겨 굳이 물어보지도 않고 심지어 물어봐서도 안 되는 것으로 생각한다. 하지만 이는 오랫동안 쌓인 적폐에서 비롯된 것일 뿐 반드시 그래야 할 필연적인 이유가 없다. 세계적으로 어느 나라든 원시 사회의 정치형태는 틀림없이 민주적인 형태였을 것이다. 이후 사회 형세가 변화함에 따라 전제專制 정치가 점차 흥기했는데, 그럼에도 민주 정치

형태는 여전히 오래 지속되다 마침내 사라지고 말았다.

민주정치의 쇠락과 독재정치의 출현은 대략 다음과 같은 세 가지에서 기인한다. 첫째, 땅이 넓고 인구가 많아지면서 함께 모이거나 대표를 소집하여 논의하는 것이 불가능해졌다. 둘째, 대중들이 함께 모여 논의하는 것은 주로 특정한 일에 한정되고, 일상적인 사무는 소수의 책임자들에 의해 결정될 수밖에 없었다. 그러다보니 소수의 책임자가 독단적인 일처리에 익숙해지면서 대중들에게 의견을 물어야 할 일조차 독단적으로 결정하기에 이르렀다. 셋째, 대중들은 상황이 복잡해질 경우 어디서부터 바로잡아야 할지 제대로 알 수 없었기 때문에 결국 전제 정치가 형성되기에 이르렀다.

이는 민주정치에서 전제정치로 변해가는 형식적인 과정을 말한 것이다. 보다 본질적인 까닭을 이야기하자면, 나라가 커지고 정치상황이 복잡해지자 일반 사람들의 경우 이처럼 방대하고 복잡한 일에 관심을 두지 않았을뿐더러 관심을 가질 수도 없었기 때문이다. 이것이 바로 제도가 바뀐 근본 원인이다.

그러나 민주제도가 쇠락할 수는 있겠지만 민주의 원칙은 결코 사라져서는 안 될 도리이다. 그렇기 때문에 선진先秦 제자諸子들 역시 이를 끊임없이 논의했다. 후대에 유술儒術이 널리 행해지고 유가의 전적이 보편화되었기 때문에 민주에 관한 여러 가지 논의들 역시 유가의 저서에서 많이 볼 수 있다. 그 중에서 특히 『맹자』는 사람들에게 심원한 영향을 끼쳤다.

주지하다시피 『맹자』에서 다루어진 내용은 공자 문하의 학설이다. 요와 순의 선양禪讓 제도에 대해 복생伏生의 『상서대전尙書大傳』과 서로 관점을 달리하고 있다는 점을 통해서 이를 확인할 수 있다.55)

양한 시기에는 민주에 대한 생각이 아주 분명했다. 예를 들어, 한 문제

---

55) 사마천의 「오제본기(五帝本紀)」는 유가의 학설을 따르고 있다.

文帝 원년에 유사右司(관리)가 태자를 책봉하는 문제를 주청하자 문제가 다음과 같이 조서를 내렸다.

> "짐이 덕이 없어 하늘의 신명神明께서 내가 바친 재물을 받지 않으시고, 천하의 백성이 만족스럽게 여기지 못한 것이로구나. 이제부터라도 천하의 현명하고 성스러우며 덕이 있는 자를 널리 구해 그에게 천하를 선양禪讓해주지 못할 망정 오히려 태자를 미리 세우려고 하는가? 이는 나의 부덕함을 가중시키는 일이니 무슨 면목으로 천하를 대하라는 것이냐?"56)

물론 문제의 조서 내용은 마음에도 없는 빈말에 불과했으나, 천하가 한 집안이나 어느 개인의 소유물이 아님을 분명히 인지하고 있다는 것은 분명하다. 특히 전한 시대 유학자 휴맹眭孟이 소제昭帝에게 상서하여 전국에서 현명한 자를 찾아 제위帝位를 물려주고 스스로 백리百里 제후로 봉하여 왕의 자리에서 물러날 것을 권유한 일은 역대에 없는 일이었다.57)

뿐만 아니라 한나라 때만 해도 유학자들은 오로지 특정의 한 성씨 집안

---

56) 『사기』, 권10, 「효문제본기」, "朕既不德, 上帝神明未歆享; 天下人民, 未有慊誌; 今縱不能博求天下賢聖有德之人而禪天下焉, 而曰預建太子, 是重吾不德也, 謂天下何?" 앞의 책, 419쪽.

57) 역주: 휴맹(眭孟), 이름은 홍(弘) 맹은 자이다. 소제(昭帝) 원봉(元鳳) 3년에 태산에서 큰 돌덩이가 떨어지고, 창읍(昌邑)의 사묘(社廟)에서 말라죽은 나무가 다시 소생했으며, 황궁의 상림원(上林園)에 말라 쓰러진 버드나무 또한 다시 소생하여 잎사귀가 무성해졌는데, 그 가운데 한 잎사귀를 벌레가 갉아먹어 '공손병이입(公孫病已立: 황손인 병이를 세운다)'는 글자가 새겨졌다. 이에 휴맹(眭孟)이 소제에게 상소하여 폐출된 황손이 부흥한다는 의미이니, 마땅히 그를 구해 황제 자리를 선양하고 천명에 순응해야 한다고 했다. 『한서』 「휴맹전」에 따르면, 당시 휴맹은 공손, 즉 황손이 어디에 있는지 알 수 없었기 때문에 동중서의 『춘추대의(春秋大義)』에 따라 "현인을 찾아(求索賢人)" 천하를 양위해야 한다고 말한 것일 따름이다. 물론 이는 참위이고, 그는 요언을 퍼뜨렸다는 이유로 어린 소제를 끼고 천하를 호령하던 실권자 곽광(霍光)에 의해 참살되고 만다.

에만 충성을 바쳐야 한다고 생각하지 않았다. 예를 들어, 유흠劉歆은 한나라 종실 사람인데도 불구하고 식견이 박통하고 생각이 밝아 오히려 전한을 멸망시킨 왕망王莽을 도왔고, 양웅揚雄 역시 왕망을 반대하지 않았다. 아마도 이는 민주정신과 관련이 있을 것이다. 하지만 안타깝게도 이처럼 드높은 대의를 품은 자는 불과 몇 사람, 극소수에 불과했다. 그래서 결국 얼마 지나지 않아 민주의 정신은 사라지고, 대신 군신君臣의 의리가 점차 강조되기에 이르렀다.

고대에 왕王과 군君이 구분되었다는 것은 이미 앞서 언급한 바 있다. 신臣과 민民의 경우도 마찬가지였다. 신臣, 즉 신하는 군君이 기르는 사람들이었다. 그렇기 때문에 신하는 군주는 물론이고 그의 자손들에게도 충성해야만 했다. 군주의 가족은 물론이고 재산과 명예, 그리고 지위까지 모든 것을 수호하기 위해 최선을 다 해야만 하는 존재였던 것이다. 신臣은 대개 다음과 같은 두 부류 계층에서 나왔다. 첫째, 호전적인 부족 추장이 기르던 무사. 둘째, 부족 추장이 특별히 총애하던 노복. 따라서 신은 처음부터 오로지 한 사람 또는 한 집안에만 충성하는 이들이다. 그러다가 나중에 점차 인도주의가 생겨나고 또한 이해관계나 경험을 통해 한 집안의 안전과 번창을 유지하려면 다른 이들의 이익까지 고려하지 않을 수 없다는 것을 깨닫게 되었다. 이리하여 군주의 신하로도 점차 군주가 다스리는 나라의 공익에 신경 쓰게 되었다. 때로 그들은 군주와 백성 사이에 이익충돌이 생겼을 때, 군주의 이익을 버리고 백성을 우선시하기도 했다. 이는 대신大臣과 소신, 사직지신社稷之臣과 폐행嬖幸(군주의 총애만 바라는 간신)의 차이이기도 하다. 그러나 아무리 백성의 이익을 도모한다고 할지라도 그들은 모두 군주 한 사람, 한 집안에 충성을 다하는 직분에서 출발했다는 점에서 다를 바 없다. 그렇기 때문에 그들은 군주의 경우 백성들에게 충성할 의무가 없었던 것이다. 이렇듯 고대 신과 민은 분명하게 구별되었지만 후세로 넘어오면서 점차 차이가 없어졌다. 후세에 관직이 없는 평민들이 오히려 한 성姓(황제, 황제집안)에게 충성을 다하는 것이 마치 새로운 왕조에 출사하지 않겠다는 구왕조의 신하와 같았다.[58] 이렇게 되자 후대에 들어와 군주가 실정하더라도 그를 폐위시키고 새로운 군주를 세워야 한다는 말을 꺼내는 이가 있을 수 없게 되었다.

물극필반物極必反, 사물의 발전이 극極에 달하면 새로운 반전이 일어나기 마련이다. 명말 그동안 자취를 민주의 대의가 드디어 한 줄기의 빛을 발하기 시작했다. 군주제는 무엇보다 세습이 가장 큰 폐단이다. 유전학의 입장에서 볼 때, 동일한 성姓의 합법적인 상속자들이 대대로 현명하다고 보장할 수 없다. 또한 교육학의 관점에서 보더라도 아무런 시련도 겪어보지 않은 채 곱게 자라고, 게다가 바깥세상과 격리된 탓에 현명하기는커녕 오만방자하기 쉽다. 이렇게 간단한 이치를 옛사람들이 몰랐던 것은 아니다. 다만 어떻게 조치할지 몰라 내버려두었던 것뿐이다. 임금이 사리에 어둡고 음란하며 잔학하기로 명나라를 따를 시대가 없었다. 그래서 명나라 말기로 접어들면서 대내적으로 유적流賊들이 횡행하여 인심이 흉흉해지고, 대외적으로 이족들이 호시탐탐 침략의 기회를 엿보고 있었다. 모처럼 이민족이 다스리는 원나라로부터 되찾은 강산을 또 다시 이민족에게 빼앗길 상황이었다. 날로 위급해지는 상황에서 현인군자들이 재앙의 근원에 대해 진지하게 고민하기 시작했다. 마침내 정치체제가 재앙의 근원이라는 결론에 이르렀다. 황종희黃宗羲의『명이대방록明夷待訪錄』은 바로 이런 상황에서 나온 결과물이다. 그는 특히「원군原君」과「원신原臣」두 편장에서 "천하란 천하에 사는 모든 이의 천하이다."[59]라고 주장했다. 이

---

58) 이민족의 경우는 별개이다. 민족의 흥망이 달린 경우는 당연히 모든 구성원이 자기 민족에게 충성을 다할 의무가 있다. 이와 관련하여 고염무(顧炎武)는『일지록·정시(正始)』에서 망국(亡國)과 망천하(亡天下)를 구별한 바 있다. 이에 따르면, 망천하(亡天下)는 민족의 멸망을 가리킨다. 옛 사람들은 이미 이러한 차이를 알고 있었던 것이다.

는 마치 마른하늘의 날벼락과 같은 소리였다. 하지만 안타깝게도 당시 필요한 조건들이 갖추어지지 않아 실천에 옮기지 못하고 끝내 마른하늘의 날벼락만으로 그치고 말았다. 이제 막 싹을 틔우려던 민주사상은 또다시 잠복 상태로 돌아가 때를 기다릴 수밖에 없었다.

최근 100여 년간 사방에서 이민족들이 끊임없이 침범하여 나라와 민족 모두 극히 위태로운 상황에 빠지고 말았다. 물론 이는 단순히 정치의 문제가 아니다. 하지만 옛 사람들은 사회문화와 정치를 구별할 줄 몰랐고, 정치역량에 한계가 있다는 것도 알 수 없었다. 그래서 시세時勢가 위급한 상황에 빠지고 나라가 망할 위험에 직면하자 모두 정치 탓으로 돌리고 말았다. 정치적인 역량으로 나라를 구할 수 있을 것이라 여기고 그저 정치체제를 바꾸는 일에 주력했다. 그래서 나온 것이 바로 무술변법戊戌變法이고, 그것이 신해혁명辛亥革命까지 이르게 되었다. 하지만 중국의 민주정치는 비록 나름으로 오랜 뿌리가 있었다고 하나 보다 친밀해진 것은 역시 현대에 동서양의 열강으로 말미암는다. 그래서 자연스럽게 군주제를 대신하여 대의代議정치가 뒤를 이었다. 하지만 대의정치는 서구 나름의 역사적 조건 하에서 이루어진 것이라 중국에는 그럴만한 역사적 경험이 없었다. 결국 실패하고 중국은 현재처럼 정당政黨 정치로 흐르고 말았다.

중국에는 고대부터 매우 원대한 이상사회가 존재했다. 공자의 대동大同 세상, 노자의 질치郅治(성세盛世) 사회, 그리고 허행許行이 주장한 어진 군주와 백성이 함께 밭을 갈아 아침저녁으로 손수 밥을 지어먹는다는 이상적인 사회 등이 그러하다.[60] 하지만 이러한 이상사회는 모두 정치의 범위를 넘어선다. 왜냐하면 국가란 필연적으로 계급이 있어야 하는데, 공자나

---

59) 『명이대방록(明夷待訪錄)』, "天下者天下人之天下." 북경, 중화서국, 2011년.

60) 역주: 허행(許行)은 전국시대 농가(農家)의 학자로 대략 맹자와 같은 시대 인물이다. 그가 꿈꾸던 이상 사회는 『맹자 · 등문공상』에 일부 소개되어 있다.

노자, 허행 등이 추구한 사회는 모두 계급이 없는 사회이기 때문이다.
이 점에 관해서는 다음 장에서 살펴보고자 한다.

4

계층

고대사회의 계층

고대의 부족 사이에는 싸움이 잦았다. 싸움에 이긴 부족은 늘 패배한 부족 사람들을 포로로 잡아들였다. 포로 가운데 일부는 노예가 되었고 일부는 토지를 경작하여 조세를 바치는 농노農奴가 되었다. 고대에는 노예의 수가 그리 많지 않았기 때문에[1] 심각한 사회 갈등은 정복자와 농노 사이에서 주로 일어났다.

고서를 읽다가 가끔 국인國人과 야인野人이라는 표현을 보게 되는데, 사람들은 이 두 낱말의 차이를 잘 깨닫지 못하는 수가 많다. 사실 이 두 낱말은 각각 정복자와 피정복자를 가리키던 말이었다. 다만 그 시기가 너무 일러 고서에도 뚜렷한 흔적이 남아 있지 않으므로 우리로서 그 사실

---

1) 뒤에 나오는 내용을 참조하기 바란다.

을 쉽게 알아차릴 수 없을 뿐이다.

이른바 국인國人은 정복자 부족의 구성원으로서 산세가 험한 산악 지역에 터를 잡고 성읍을 지어 거주했다. 반면 야인野人은 정복당한 부족의 사람들로서 사방이 평평한 지역에서 농사를 지으며 살았던 것이다. 그러므로 고대의 도성은 대개 산세가 험한 지역에 자리 잡았다. 국내國內에서는 휴전畦田(뙈기 밭. 주변에 도랑을 파서 관개할 수 있는 전지)을 시행했고, 국외에는 정전井田을 시행했다. 그리고 국인은 정규 군대에 입대할 수 있지만 야인은 그렇지 못했다. 이에 대해서 뒤에 나오는 제8장, 제9장, 제13장, 제14장의 논의가 참고가 될 것이다.

앞 장에서 언급되었듯이 고대에는 중대한 일을 앞두고 여러 사람들에게 의견을 물어보는 법(大詢於衆庶之法)이 있었는데, 이는 향대부鄕大夫에 한정된 것이었다. 향鄕은 왕성王城 밖의 지방이었고, 향인鄕人은 곧 국인이었다. 『국어國語』에서 주나라 여왕厲王 시절 폭정에 대해 "국인國人은 국정에 대해 왈가왈부하지 못했고, 길에서 사람을 만나면 서로 눈짓으로 분노를 전했을 뿐이다."2)라고 했다. 하지만 실제로 국정國政에 참견하고, 폭정에 반항하는 사람들은 모두 국인이었다. 반면에 야인은 그렇지가 않았다. 인정仁政을 베푸는 군주가 있으면 포대기에 아이를 업고 찾아가 그에게 귀순했고, 반대로 폭정을 행하는 군주를 만나면 "그를 피해 저 멀리 있는 낙토로 떠났다."3) 그러므로 국인이야말로 한 나라를 이루는 주축이었던 것이다. 무엇보다 그들은 정복자와 같은 부족이었기 때문이다.

처음에는 국인과 야인 사이에 엄격한 차별이 있었다. 아마도 서로 적대감도 상당했던 것으로 보인다. 하지만 나중에 이러한 차별은 모호해지고 상호 간의 적대감 역시 점차 사라지게 되었다. 그 이유를 다음과 같이

---

2) 『국어(國語)·주어상(周語上)』, "國人莫敢言, 道路以目." 앞의 책, 10쪽.
3) 『모시정의·위풍(魏風)·석서(碩鼠)』, "誓將去汝, 適彼樂土." 앞의 책, 374쪽.

추정해 볼 수 있다.

첫째, 시간이 지나면서 전쟁에 대한 옛 기억은 점점 잊혀졌다. 둘째, 국인이 야인들의 거주 지역으로 옮기거나 야인이 국인이 사는 성읍으로 이주하면서 서로 어울려 살면서 통혼하게 되었다. 셋째, 처음 국인은 정복자로서 피정복민의 착취를 통해 부유해졌고 야인은 가난했다. 또한 국인이 사는 성읍은 경제적으로 공상업이 발달하여 왕래하는 이들이 많았고, 교통도 발달하여 오가는 데 편리했으나 야인은 비교적 폐쇄적인 상태였다. 이리하여 국인은 비교적 문文적인 기질이 발달한 반면 야인은 질質적인 성질이 강했다.4) 하지만 나중에는 성읍뿐만 아니라 각 지방이 발전함에 따라 야인과 국인의 기질도 서로 닮아가게 되었다. 넷째, 선거권이나 병역의 의무 등에서 동등한 대우를 받게 되면서 야인과 국인의 법적인 차별이 없어지고 사회적 지위도 같아졌다. 이에 대해서 제7장, 제9장에서 다시 논의하고자 한다.

정복자의 부족과 피정복자의 부족의 차별이 정치적인 요인에서 빚어진 현상이라면, 직업에 따른 차별은 경제적인 요소가 농후하다. 고대에는 직업에 따라 사士, 농農, 공工, 상商의 구분이 있었다. 사士는 전사戰士로 작위爵位는 없지만 정치적으로 일정한 업무를 맡았다. 이를 통해 고대에 사람을 쓸 때는 대부분 전사들 중에서 선발했음을 알 수 있다. 공, 상은 주로 나름의 생업에 종사하는 사람들을 말한다. 전사들의 경우 전혀 농사를 짓지 않았다고 말할 수 없지만 농사를 전업하는 이들은 병역의 의무가 없었다. 그래서 『관자管子』에 사향士鄉, 공상향工商鄉을 따로 구분한다는 말이 나오는 것이다.5) 또한 『좌전』 선공宣公 12년의 다음과 같은 기록을

---

4) 역주: 저자는 국인과 야인을 문과 질로 구분하고 있다. 문은 문명화, 문아함, 개화됨을 뜻하고 질은 야만, 질박함, 비문명 등의 뜻으로 풀이할 수 있다.

5) 『관자(管子)·소광(小匡)』참조.

봐도 이를 확인할 수 있다. "초나라는 형시荊尸(초 무왕이 창안한 진법陣法)로 작전을 펼치는데, 전쟁으로 인해 상商(행상), 농, 공, 고賈(좌상坐商)가 생업을 폐하는 일이 없고 보병과 갑사가 서로 화목합니다."6) 이런 점에서 혹자들이 고대에 전 국민이 병역을 맡는 일종의 개병제皆兵制를 실시했다고 주장하는 것은 잘못이다. 이 점에 대해서는 제9장에서 다시 논의할 것이다.

한편 똑같은 정복자 부족의 구성원으로서 사士와 경대부卿大夫는 처음에는 별다른 차이가 없었다. 또 고대에는 본래 정권政權과 군권軍權이 분리되지 않았던 터라 더욱 그럴 수밖에 없었다. 고대에는 직업 세습제를 시행했다. 무슨 직업이든 대대로 그것을 물려받았다는 뜻이다. 『관자 · 소광편小匡篇』에서 이를 확인할 수 있다. "사士의 후손은 영원히 사이고, 농農의 후손은 영원히 농이며, 공工의 후손은 영원히 공, 상商의 후손은 영원히 상이다."7)

정치적인 지위도 당연히 예외가 아니다. 관직 세습제인 세관제世官制가 실행되어 사士와 대부大夫도 자연스럽게 커다란 격차가 생겼으니, 농, 공, 상은 더 말할 나위가 없었다. 하지만 이러한 직업에 따른 계급사회는 끝내 무너지고 말았다. 경제적으로 이러한 계급사회를 유지하려면 엄밀한 직업 조직이 철저하게 유지되어야 하는데 그렇지 않았기 때문이다. 요컨대 농민의 자식이 계속 농사를 짓도록 하려면 정전제井田制부터 제대로 실행해야 하고, 장인의 자식이 계속 수공업에 종사하고, 상인의 자식이 아버지의 대를 이어 장사할 수 있게 하려면 공관工官제도나 상업에 대한

---

6) 『춘추좌전정의』, 선공(宣公) 12년, "荊尸而擧, 商, 農, 工, 賈, 不敗其業, 而卒乘輯睦." 앞의 책, 636쪽.
7) 『관자교주 · 소광』, "士之子恒爲士, 農之子恒爲農, 工之子恒爲工, 商之子恒爲商." 앞의 책, 401~402쪽.

관리규칙이 철저하게 시행해야만 가능한데, 이후 이러한 제도가 모두 훼손되거나 철폐되었기 때문이다. 농사를 지으려는 농민들에게 경작할 토지조차 지급하지 못해 결국 농민들이 농사를 접고 다른 일을 찾겠다고 하는데 어찌 이를 막을 수 있겠는가? 또한 공관工官제도가 파괴되어 나라에서 농기구를 제대로 만들지 못하는데 민간에서 스스로 농기구를 제작하는 것을 어찌 금지할 수 있겠는가? 더욱이 경제 발전으로 거래할 것은 날로 늘어나는데 중간에서 거간하는 이들을 어찌 막을 수 있겠는가? 이에 따라 사유재산이 생겨나고 사유제가 확립되었다. 이익을 얻을 수 있는 기회가 많아지니 물이 낮은 데로 흐르듯 사람들이 이익을 쫓는 것도 자연스러운 일이었다. 이런 상황에서 기존의 낡은 제도는 오히려 사회 발전에 걸림돌이 되었다. 그러니 고대 사회에서 형성되었던 직업조직이 어떻게 파괴되지 않을 수 있었겠는가.

고대 계급 사회가 무너진 정치적인 이유는 다음 세 가지로 요약할 수 있다.

첫째, 귀족들이 날이 갈수록 교만하고 사치스러워지면서 스스로 멸망을 재촉하니 유사遊士를 등용할 수밖에 없었다.(이는 제7장을 참조하시오)

둘째, 제후끼리 약탈하고 싸우는 일이 많아지면서 제후의 국國이나 대부 가문이 멸망하는 일이 끊이지 않았다. 하나의 국國이 멸망하면 제후와 관계된 모든 사람들이 평민이 되었고 또한 대부가 망하면 대부와 연관된 모든 사람들도 이전까지 누리던 모든 지위를 잃었다.

셋째, 통혼을 엄격하게 제한하는 카스트(caste)와 달리 고대 계급 사이에는 통혼에 대한 통제가 느슨했다. 예를 들어 『좌전』 정공定公 9년에 따르면, 제후齊侯가 진晉나라 이의夷儀를 공격하기 위해 병력을 소집했는데, 그 중에 폐무존敝無存이라는 병사가 있었다. 출정에 앞서 부친이 혼례를 치루라고 하자 혼처를 아우에게 양보하면서 말하길, "만약 이번 전쟁에서 죽지 않고 살아 돌아온다면 반드시 명문가인 고씨高氏나 국씨國氏 집안8)의 딸을 아내로 맞이하겠습니다."9)라고 했다. 이로 보건대, 당시에는 귀족과 평민의 통혼이 엄격하게 금지된 것이 아님을 알 수 있다. 통혼이 허락되었다면 사회적 지위 변동도 그리 어려운 일이 아니었을 것이다.

이상은 고대 계급이 점차 무너지게 된 경제적, 정치적 이유에 대한 분석이다.

노예는 잡아온 이족異族의 포로에서 발전된 것이다. 『주례·오예五隷』에 의하면, 노예는 죄예罪隷, 만예蠻隷, 민예閩隷, 이예夷隷, 맥예貉隷 등으로 구분된다. 이 가운데 뒤의 네 부류는 이족민이고 죄예는 죄를 지은 사람으로 비교적 나중에 나타난 것으로 보인다. 처음에는 이족의 포로만 노예로 삼다가 나중에야 동일 부족 가운데 죄를 지은 사람을 이족 포로와 마찬가지로 노예로 삼았다는 뜻이다.(이는 제10장을 참고하기 바란다).

포로나 죄인에 대한 취급에 관해 금문가와 고문가의 설이 차이가 있다. 우선 금문가今文家의 주장은 다음과 같다.

> "공가公家에서는 형인刑人을 기르지 않고, 대부大夫 집안에서도 형인을 거두지 않는다. 멀리 있는 변방으로 보내 부역도 시키지 않는다."10)

반면에 고문가古文家는 전혀 다른 설을 내놓았다.

> "묵형墨刑에 처한 자는 문門(성문)을 지키고, 의형劓刑에 처한 자는 관關(관문)을 지키며, 궁형宮刑에 처한 자는 내內(궁문), 월형刖刑에 처한 자는 유囿(원유苑囿)를 지키도록 한다."11)

---

8) 고씨와 국씨 집안은 세습권을 가진 제나라의 경대부(卿大夫) 집안이다.

9) 『춘추좌전정의』, 정공(定公) 9년, "此役也, 不死, 反必娶於高、國." 앞의 책, 1582쪽.

10) 『예기정의·왕제(王制)』, "公家不畜刑人, 大夫弗養. 屛諸四夷, 不及以政." 앞의 책, 359쪽.

이러한 차이는 금문가가 말했던 시대는 고문가보다 이른 시기로 전쟁의 적대감이 아직 풀리기 전이라 감히 이족 포로를 쓰지 못했기 때문이고,[12] 고문가의 경우는 후대로 들어와 죄수가 많아지면서 죄수들을 쓰지 않고 모두 내칠 수 없었기 때문이다.

이렇듯 후대로 들어오면서 고문가가 말한 것처럼 형인刑人에 대한 태도가 달라졌다. 사회학자의 연구에 따르면, 씨족사회에서는 동족 사람을 상대하여 싸우는 것을 꺼렸기에 동족 사람과 싸울 경우 이족을 시키는 경우가 많았다고 한다. 『주례周禮』에서 만예蠻隷, 민예閩隷, 이예夷隷, 맥예貉隷 등이 각기 자신이 포로로 잡혀 온 나라의 옷을 입고 무기를 지닌 채 왕궁이나 주변 통제구역을 수비토록 했다고 기록한 것은 바로 이런 연유로 말미암는다. 이는 노예가 이족의 포로에서 비롯되었음을 뒷받침하는 유력한 증거이기도 하다.

여자 노예는 비婢라 한다. 『문선文選 · 사마자장보임안서司馬子長報任安書』 이선李善의 주注에 인용된 위소韋昭의 말에 따르면, "여종인 비婢가 상민常民 남자와 혼인해서 낳은 자식을 획獲이라 하고, 남종이 상민 여자와 혼인해서 낳은 자식을 장臧이라 한다. 그러나 제나라 북비北鄙(북쪽 변두리)나 연나라 북교北郊(북쪽 교외)에서는 여종이 상민 남자와 혼인해서 얻은 자식을 장이라 하고, 남종이 상민 여자와 결혼해서 낳은 자식을 획이라고 한다."[13] 인용문을 통해서 노예는 자기들끼리 혼인하는 경우가

---

11) 『주례주소 · 추관(秋官) · 장륙(掌戮)』, "墨者使守門, 劓者使守關, 宮者使守內, 刖者使守囿.: 앞의 책, 18~19쪽.

12) 『춘추좌전정의』, 양공(襄公) 29년, "예에 따르면, 군자는 부끄러워할 줄 모르는 자에게 일을 시키지 않고 형벌을 받았던 사람을 가까이하지 않으며, 적을 가볍게 여기지 않고 원한을 품는 사람을 가까이 두지 않는다(禮, 君不使無恥, 不近刑人, 不狎敵, 不邇怨)." 앞의 책, 271쪽.

13) 『문선 · 사마자장보임안서』, 이선(李善) 주(注), "善人以婢爲妻子曰獲, 奴以善人爲妻子曰臧. 齊之北鄙, 燕之北郊, 凡人男而歸婢謂之臧, 女而歸奴謂之獲." 북경,

많았지만 상민과 혼인하는 사례도 없지 않았음을 알 수 있다. 양良과 천賤의 경계가 그리 분명하지 않았던 것이다. 또한 노적奴籍에서 벗어난 노예도 있고 노예로 전락되는 상민도 있었다. 그래서 노비는 근절되지 않았으니 이는 사회 전반에 걸친 문제이기도 하다.

노예 신분에서 벗어나는 방법은 두 가지가 있었다. 하나는 법령法令에 따라 풀려나는 것이다.『좌전』양공襄公 32년, 진晉나라의 대부 난영欒盈이 반란을 일으켰다. 그에게 독융督戎이라는 매우 용맹한 부하가 있었는데 사람들이 모두 그를 무서워했다. 비표裴豹라는 관노가 나서 당시의 집정자인 범선자范宣子에게 말했다. "단서丹書를 태워 없애주신다면 제가 독융을 죽이겠습니다." 이에 범선자가 기뻐하며 말했다. "네가 그를 죽였는데도 군주에게 단서를 불사르도록 청하지 않는다면 저해가 나에게 벌을 내릴 것이다." 비표는 아마도 죄를 범해 관노가 되었을 것인데, '단서'는 바로 그의 죄상을 적은 문서일 것이다.

다른 하나는 재물로 속죄하는 재속財贖이다.

『여씨춘추呂氏春秋 · 찰미察微』에 노나라의 법 조항에 대한 언급이 있다. 이에 따르면, "노나라 사람이 다른 제후국에서 신첩臣妾(여기서는 노예)으로 전락한 이를 만나 재물로 속신贖身해줄 경우 본국에서 보상을 받을 수 있다."[14] 아마도 포로가 되어 노예로 전락한 경우인 듯하다. 이후에도 노비 신분에서 해방될 수 있는 것은 이상에서 말한 두 가지 방법밖에 없었다.

이상은 봉건시대의 일이다. 봉건시대는 "세력으로 서로 군주가 되는 (以力相君)" 사회였기 때문에 정치적 지위가 높으면 당연히 사회적 지

중화서국, 2005년, 580쪽.

14)『여씨춘추 · 찰미(察微)』, "魯人有爲臣妾於諸侯者, 贖之者取金於府." 북경, 중화서국, 2011년, 555쪽.

위도 높았다. 하지만 자본이 중시되던 시대는 달랐다.15)『한서·화식열전貨殖列傳』의 다음 두 대목이 이러한 변화를 잘 보여준다.

"옛 선왕의 규범은 천자, 공公, 후侯, 경卿, 대부大夫, 사士로부터 조례皂隸(하인과 노예), 문지기, 야경꾼에 이르기까지 작위와 봉록, 궁실(주택), 수레와 복식, 관곽棺槨, 제사, 관혼상제死生之制를 포함한 모든 면에서 차등을 두었다. 아래 등급에 속한 이는 위 등급에 속한 이를 참월할 수 없고, 천한 자는 귀한 자를 뛰어넘을 수 없다."16)

그러나 이후에는 위로 제후나 대부에서 아래로 서민들에 이르기까지 "이러한 규범에서 벗어나 근본을 방기하지 않는 경우가 없었다. 경작하는 이들은 날로 줄어들고 장사하는 이들이 점점 많아졌다. 그런 까닭에 곡식은 부족하되 상품은 넘쳐났다."17)

이에 따라 빈부격차가 더욱 심해졌다. "부자는 비단으로 가옥과 담장을 꾸미고, 개와 말 등 집에서 기르는 짐승들에게 식량이며 고기를 먹여도 남을 정도였다. 반면 가난한 이는 무명옷도 제대로 입을 수 없었고, 좁쌀을 먹고 물을 마시며 살아야만 했다. 모두 똑같이 정부의 호적戶籍에 편입되고 국군의 신민인 편호제민編戶齊民임에도 불구하고 재력에 따라 서로 군주가 되니(以財力相君: 사회적 지위가 달라졌다는 뜻) 재물이 없

---

15) 역주: 원문에는 자본주의시대(資本主義時代)라고 썼다. 하지만 봉건시대 이후가 곧 자본주의 시대는 아니다. 원문에는 계속해서 '자본주의'라는 말을 쓰고 있는데, 이를 지금의 자본주의와 동렬에 둘 수 없다. 그런 까닭에 자본이 중시되던 시대로 의역했다. '봉건시대'의 경우도 여사면의 관점이 곧 지금 학계의 관점이라고 단정할 수 없다.

16)『한서』, 권91,「화식열전(貨殖列傳)」, "昔先王之制, 自天子公侯卿大夫士, 至於皂隸, 抱關擊柝者, 其爵祿奉養宮室車服棺槨祭祀死生之制, 各有差品, 小不得僭大, 賤不得逾貴." 앞의 책, 3679쪽.

17)『한서』, 권91,「화식열전」, "莫不離制而棄本. 稼穡之民少, 商旅之民多, 穀不足而貨有餘." 위의 책, 3681쪽.

어 노복이 될지라도 현실을 받아들이고 얼굴에 원망스러운 기색을 보이지 않았다."[18]

위의 인용문은 봉건시대에서 자본 위주의 시대로 바뀐 모습을 보여준다. 무력에 의한 약탈을 허용하는 것은 봉건시대의 특징이다. 사람들은 무력으로 빼앗고 빼앗기는 데 익숙해졌으며, 개개인의 생명과 재산은 무력에 의해 위험에 빠져들거나 지키기 어려웠다. 하지만 사회가 어느 정도 발전하면서 이러한 약탈을 엄금하기 시작했고, 재물을 얻으려면 재물을 가진 이의 허락을 받아야만 했다. 결국 재물이 많은 이가 권세를 지니게 되었으니 제아무리 용감한 무사일지라도 재물이 많은 부자에게 굴복하지 않을 수 없었다.

솔직히 말해서 자본 위주의 사회가 이후 잔혹해진 것은 자본으로 인해 여러 가지 적폐가 생긴 이후의 일이다. 자본을 위주로 하는 사회는 무력지상武力至上의 봉건사회보다 공평하고 평화로웠기 때문에 초기만 해도 많은 이들에게 환대를 받았다. 자본 위주의 사회가 무력 위주의 봉건사회를 대체할 수 있었던 원인이 바로 여기에 있다.

기존 봉건시대의 사회질서는 재력이 아닌 무력에 의해서 결정되었다. 무력이 위주인 봉건사회는 계급의 편차가 분명하여 재력이 위주인 사회보다 훨씬 심했다. 그러나 상위 계층 사람들은 계급적 편차에 따른 이익을 포기할 수 없었다. 물론 소수의 대공무사大公無私(공적인 것을 위해 사적인 이익을 버림)를 주장한 이들이 없지는 않았으나, 그들 역시 계급의 이익이 곧 사회 전체의 이익이며, 계급의 주장이 곧 사회 전체를 아우르는 공도公道라는 편견에서 완전히 벗어난 것은 아니었다. 이는 사실 어쩔 수 없는 한계이다. 봉건 세력은 재력에 바탕을 둔 새로운 사회질서를

---

18) 『한서』, 권91, 「화식열전」, "富者木土被文錦, 犬馬餘肉粟, 而貧者短褐不完, 唅粟飮水. 其爲編戶齊民同列, 而以財力相君, 雖爲仆隸, 猶無慍色." 위의 책, 3682쪽.

용납할 수 없었기 때문에 자본 위주의 세력을 제압하고 옛 봉건 질서를 되찾기 위해 안간힘을 다했다. 진의 재상이었던 상앙商鞅의 발언에서 이를 확인할 수 있다.

> "존비귀천에 따라 작위와 녹봉의 등급을 분명히 매기고 차등을 둔다. 전답과 저택, 노비의 수, 복식의 종류도 각기 작위의 등급에 따라 구분하며, 공로가 있는 자는 영화로운 생활을 누리고 공로가 없는 자는 부유하더라도 화려한 생활을 할 수 없다."[19]

이는 상앙이 제시한 변법의 내용이다. 그는 부富와 귀貴가 일치하지 않는 당시 사회를 못마땅하게 여기고 부와 귀가 일치하던 예전으로 돌아가자고 한 것이다. 하지만 이것이 어찌 가능하겠는가?

봉건시대 지배 계급의 정신은 다음 두 가지이다. 하나는 무용武勇이고 다른 하나는 이익에 연연하지 않는다는 것이다. 이익을 좇지 않아야만 부귀하면서도 음란하지 않고, 빈궁할지라도 지조가 꺾지 않을 수 있다. 또한 용맹해야만 무력 앞에서 굴복하지 않는다. 이는 지배 계급이 백성들 위에 군림하면서 자신의 지위를 유지할 수 있는 바탕이자 원인이다. 하지만 이러한 정신은 요행 하늘에서 떨어지거나 땅에서 솟구친 것이 아니다. 이는 당시 처한 사회 환경에 의해 길러진 것이다. 인간이란 늘 환경에 따라 변통할 줄 아는 존재다. 환경에 따라 달라질 줄 몰랐다면 주변 환경을 제어하고 만물의 영장이 될 수도 없었을 것이다. 봉건시대 전성기에 지배 계층은 무력으로 얻은 우월한 사회적 지위를 이용하여 피지배층보다 훨씬 부유한 생활을 영위했기 때문에 굳이 이익을 좇을 일이 없었다. 또한 그들은 체력으로 삶을 영위한 이들이기 때문에(수렵과 약탈 생활을

---

19) 『사기』, 권68, 「상군열전(商君列傳)」, "明尊卑爵秩等級. 各以差次名田宅臣妾. 衣服以家次. 有功者顯榮, 無功者雖富無所紛華." 위의 책, 2230쪽.

뜻함) 죽음이나 고통을 두려워하지 않는 용맹한 기질을 갖게 된 것도 당연하다.

하지만 나중에는 무력에 의한 약탈이 금지되면서 피지배층에서 오히려 지배층보다 더 잘 사는 이들이 나오기 시작했다. 이제 인간들이 생활을 유지할 수 있는 가장 좋은 방법은 이전처럼 체력으로 자연에 맞서 싸우거나 공동체 외부에서 약탈하는 것이 아니라 지력을 통해 공동체 내부 구성원을 착취하는 것으로 바뀌었다. 전반적인 사회 환경이나 여건이 바뀌자 통치집단의 정신 또한 바뀌지 않을 수 없었다. 이제 봉건사회에서 자본 위주의 사회로 접어든 것은 더 이상 돌이킬 수 없는 대세가 되고 말았다.

당시 중간 계층의 사람들(土 계층을 말하는 듯하다-역주)은 기질性에 따라 두 집단으로 나뉘었다. 기질이 문文에 가까운 자들은 유儒, 기질이 무武에 가까운 자들은 협俠이었다. 옛 문헌에서 두 집단을 아울러 유협儒俠 또는 유묵儒墨으로 병칭하는 것에서 알 수 있다시피 묵墨이 곧 협俠이다. 여기서 유儒 집단과 협俠 집단이 공자와 묵자墨子에 의해 새로 형성된 집단이 아님을 분명히 해 둘 필요가 있다. 오히려 공자와 묵자가 기존의 두 집단을 개량하고 교화한 것으로 보는 것이 타당하다. 사실 당시 공자와 묵자는 봉건적 정신을 대변하는 두 집단이 다시금 사회의 중견 계층으로 부흥시키고자 노력하지 않았던가? 하지만 봉건시대의 종말이라는 거대한 흐름을 더 이상 막을 수가 없었다. 결국 유자儒者는 "음식을 탐할 뿐 일에 힘쓰지 않는"[20] 이들이 되고, 협자俠者는 "민간에 사는 도척과 같은"[21] 무리로 전락하고 말았다. 본질적으로 유자는 오로지 생활 형편

---

[20] 『묵자(墨子)·비명하(非命下)』, "貪飲食而惰從事." 북경, 중화서국, 중화경전명저전본전주전역총서(中華經典名著全本全注全譯叢書), 2013년, 305쪽.

[21] 『사기』, 권124, 「유협열전(遊俠列傳)」, "盜跖之居民間者." 앞의 책, 3189쪽.

의 개선이나 부귀영화 등에만 관심을 갖는 오늘날의 지식인과 같은 존재며, 협자는 오늘날 상해에서 말하는 백상인白相人, 즉 건달에 지나지 않았다. 물론 그렇지 않는 사람도 있었음을 부인하지 않는다. 하지만 소수는 역시 소수일 따름이다. 생물학적으로 평범한 사람이 다수를 차지하며, 극히 좋거나 극히 나쁜 사람은 특수한 존재로서 드물기 마련이다. 그러므로 기존의 사회제도를 천경지의天經地義(불변의 진리)로 여기고 다수의 사람들이 그것에 적응토록 하는 것보다, 다수의 사람들이 모두 좋은 사람이 될 수 있도록 제도를 개량하는 것이 낫다. 진부한 이상은 아무리 높다고 할지라도 끝내 꿈에 불과하기 때문이다.

사실 한나라 때까지만 해도 이러한 봉건 정신을 잇기 위해 노력하는 자가 드물지 않았다. 예를 들어 가의賈誼는 「진정사소陳政事疏」「치안책(治安策을 말한다) 에서 성인은 신하를 이끌고 위로부터 교화를 일으켜 나라와 정권을 굳고 단단한 금성金城처럼 만드는 덕행을 갖추어야 한다고 주장한 것이나 동중서董仲舒가 그의 「대책對策」에서 녹봉을 받고 사는 자는 백성의 밥그릇을 빼앗는 일이 있어서는 안 된다고 한 것 등이 바로 그러하다.[22]

실제로 이를 실천에 옮긴 관리들도 있다. 예를 들어 한대 개관요蓋寬饒는 "강직하고 인격이 훌륭하여 봉공奉公에 뜻을 두었다." 그는 자신의 아들을 변방으로 보낼 정도로 개인의 이익이나 복락에 무심했고, 조정 관리들의 부패를 적발하는데 주력했다. 황제에게도 눈치 보지 않고 거리낌 없이 간언直諫했다. 개관요는 진정 문신文臣의 모범이라고 하지 않을 수 없다. 무신 중에는 이광李廣이 있다. 집안대대로 궁술을 읽혀 평생 활 쏘는 것밖에 모르는 이광은 사사로운 이익에 초연했다. 이익을 쫓는 일이 없었다. 다만 자신이 열후가 되지 못한 것에 대해 섭섭한 마음을 숨기지

---

22) 『한서』, 「가의전(賈誼傳)」, 「동중서전」을 참조하시오.

않았다. 여하간 그는 한 무제를 위해 전쟁터를 전전하였으나 끝내 위청衛靑의 질책과 심문 요구에 응하지 않고 스스로 목숨을 끊었다. 이광에게 당호當戶, 초椒, 감敢 등 세 아들이 있었는데, 이감李敢이 위청衛靑에 원한을 품고 위청에게 활을 쏘아 상처를 입혔다가 결국 위청과 그의 친척인 표기장군驃騎將軍 곽거병霍去病에게 죽임을 당했다. 하지만 외척外戚이라는 이유로 한 무제는 위청, 곽거병 등에게 죄를 묻지 않았다. 그럼에도 불구하고 이광의 손자이자 이당호의 유복자인 이릉李陵은 무제에게 여전히 충성을 다했다. 그는 보병 5,000명을 이끌고 흉노의 본진 깊숙이 쳐들어갈 만큼 용맹했다. 사마천은 그의 인품에 대해 언급하면서 이렇게 말했다. "스스로 절조를 지키는 비범한 인물로 부모에게 효순하고 다른 이들과 사귐에 신의가 있으며, 재물에 관해서는 청렴하고 주고받음이 공정하며, 장유존비의 분별이 있고 양보할 줄 알며 공손하고 검약하며 자신을 낮출 줄 알았습니다. 항상 분발하여 자신을 돌보지 않고 나라가 위급한 상황에서 자신의 생명을 바칠 각오를 하고 있다는 생각이 들었습니다."[23] 그야말로 모범적인 무인의 모습이 아닐 수 없다.

이외에도 위험을 무릅쓰고 멀고 험한 곳으로 떠나 공을 세운 부개자傅介子, 상혜常惠, 진탕陳湯, 반초班超 등도 있다. 하지만 이런 사람들은 한나라 때에도 이미 많지 않았고, 위진 이후로는 아예 사라지고 말았다. 그렇다면 진정 훌륭한 이가 없었단 말인가? 그렇지는 않을 것이다. 다만 봉건적 정신으로 무장한 충신이나 무사의 모습으로 더 이상 나타날 수 없었기 때문이다.

사그라진 재가 다시 타오르지 않듯이 지나간 시대는 돌이킬 수 없는

---

23) 『한서』, 권62, 「사마천·보임안서(報任安書)」, "事親孝, 與士信, 臨財廉, 取與義, 分別有讓, 恭儉下人. 常思奮不顧身, 以徇國家之急, 其素所蓄積也. 僕以爲有國士之風." 앞의 책, 2729쪽.

일이다. 후세 사람들은 이러한 봉건 정신을 언급하며 애석하게 생각하지만 사실 애석할 일도 아니다. 봉건 정신이 결코 좋은 정신이기만 한 것이 아니기 때문이다. 당시 봉건 정신을 지닌 문신文臣들은 여전히 편협한 생각에 사로잡혔고, 무신의 경우는 더했다. 예컨대 앞서 말한 이광李廣의 경우, 해직되어 재야에 있을 당시 패릉覇陵의 위尉가 그의 노여움을 산 일이 있었다.24) 이광은 앙심을 품고 있다가 재기한 후 패릉 위를 군대에 데리고 가서 죽여버렸다. 또한 그 스스로 반성하고 있다시피 농서태수隴西太守로 지낼 당시 강羌족이 모반하자 그들을 달래 항복하도록 했는데, 항복한 800명을 같은 날에 다 죽이고 말았다. 항복한 포로를 죽인다는 것은 무사의 치욕이라 하지 않을 수 없다. 이외에도 사신으로 외국에 파견을 나가면 공물을 횡령하기도 하고 사사롭게 화물을 거래할 수도 있었기 때문에 너나할 것 없이 사신으로 나가길 원했다. 게다가 외국에 사신을 나가서 그릇된 행태를 보이기도 했다. 심지어 각종 사단을 일으켜 전쟁을 유발하기도 했다.25) 다행 그런 이들이 많지 않았으니 망정이니 그렇지 않았다면 중국의 외한外患이 어찌 오호의 난(五胡之亂)26)에 그쳤겠는가?

---

24) 『사기 · 이장권열전』에 따르면, 이광이 재야에 있을 때 패릉정에 이르렀는데, 패릉(覇陵)의 위(尉)가 그를 알아보지 못하고 야밤에 돌아다니는 것이 불법이라하여 그를 역정(驛亭)에서 밤을 보내게 했다. 사실 그는 법을 집행하는 입장에서 자신의 직무에 충실했을 뿐이지 의도적으로 이광을 난처하게 만든 것이 아니다.

25) 『사기 · 대완열전(大宛列傳)』을 참조하시오.

26) 역주: 오호(五胡)는 동진(東晉) 시기 중원에 침입한 흉노(匈奴) · 갈(羯) · 선비(鮮卑) · 저(氐) · 강(羌)의 다섯 민족을 가리킨다.

자본 위주 시대의 사회 계층

봉건시대의 정신은 사라지고 말았다. 이후 사회 계층은 전적으로 빈부에 따라 나뉘어졌다. 부유한 자들은 대지주大地主와 공상업자工商業者 두 가지 부류였다. 당시 사회 계층에 대해서 조조晁錯는 「논귀속소論貴粟疏」에서 이렇게 말했다.

"오늘날의 법률은 상인을 경시하지만 실제로 상인은 이미 부귀한 존재이다. 법률은 농민을 존중하지만 농부는 오히려 이미 빈천하다. 이처럼 속인들이 중시하는 이들은 오히려 군주가 천하게 보는 자들이다. 일반 관리들이 경시하는 이들은 오히려 법률에서 존중하는 이들이다. 이렇듯 상하가 상반되고 호오好惡가 뒤집혀지니 이런 상황에서 나라를 부유하게 만들고 법을 제대로 세우는 것은 불가능하다."[27]

인용문을 통해 알 수 있다시피 당시의 사회 현실 앞에서 법률은 전혀 권한이 없는 존재였다. 자본이 극성을 부리면서 노예의 수가 대폭 증가했다. 물론 이전에도 노예가 있었지만 생산 활동의 주축을 이루지는 못했다. 당시에는 토지가 아직 개인 소유가 아니었고, 대부분 농민들이 직접 경작하고 있었기 때문이다. 봉지封地가 있는 군君이나 대부의 경우라도 조세를 받고 노역을 징발할 수 있을 뿐이었다. 농부의 땅을 빼앗아 개인 소유물로 삼고 노예에게 경작시키거나[28] 대규모로 황무지를 개척하여 노예에게 경작하는 일은 결코 생각할 수 없는 일이었다. 당시 노예는 그저

---

27) 『한서』, 권24상, 「식화지」, 조조, 「논귀속소(論貴粟疏)」, "今法律賤商人, 商人已富貴矣. 尊農夫, 農夫已貧賤矣. 俗之所貴, 主之所賤. 吏之所卑, 法之所尊. 上下相反, 好惡乖迕, 而欲國富法立, 不可得也." 앞의 책, 1133쪽.

28) 농부에게서 땅을 뺏어가는 일은 경제적으로 손해만 보는 일이었기 때문이다. 가끔 농토를 빼앗아 정원으로 만드는 폭군이 있었다 할지라도 일시적인 일에 불과했다. 폭정이 풀리면 곧 다시 그것을 농부에게 돌려주곤 했다.

집에 머물며 시중을 들거나 곡식을 찧거나 술을 빚는 등 일상적인 일을 하는 정도였다. 경제적인 제약으로 인해 집안 노예의 숫자도 제한적일 수밖에 없었다. 그러나 자본이 본위가 된 사회는 상황이 달랐다.

첫째, 토지가 사유재산이 되자 기존의 농노農奴 역시 토지 소유권의 변동에 따라 지주에 따른 노예가 되었다. 왕망王莽 때 왕전제王田制를 시행했는데, 노비를 '사속私屬'이라고 칭하면서 토지와 더불어 사속 또한 매매를 금지시켰다. 이전에도 노비를 자유롭게 매매할 수 없었다면 굳이 법령을 만들어 금지시킬 이유가 없었을 것이다. 그러니 진한 시대에 이미 포로나 죄수 등 정치적 이유로 노예가 된 경우보다 매매 등 경제적 이유로 생겨난 노예의 숫자가 더 많았음을 미루어 알 수 있다.

둘째, 농노가 노예로 신분이 바뀌면서, 황무지를 대규모로 개간한 자는 노예를 구매하여 경작에 투입할 수 있었다.

셋째, 노예에게 농업이 아닌 다른 업종의 일도 시킬 수 있었다.『사기·화식열전』에 따르면, "조간刁閒은 흉악하고 교활한 노예를 거두어들여 생선과 소금 장사를 시켜 큰 이익을 얻었다."[29] 그래서 '동수지천童手指千(어린 노복의 손가락이 천 개이니 노복이 100명이란 뜻)'이면 '천승지가千乘之家(네 마리의 말이 끄는 승(수레)가 천 대가 있는 집)에 비견할 수 있다는 말이 나올 정도였다. 이처럼 노예가 많을수록 재력이 막강해지니 노예의 숫자가 무제한으로 확대될 수밖에 없었던 것이다.

당시 노예는 대개 가난으로 인해 팔려간 경우이다. 가난해서 몸을 파는 일은 예부터 있었다. 예컨대『맹자·만장상萬章上』에 따르면, "백리해百里奚는 스스로 진나라에서 희생犧牲(가축)을 기르는 사람에게 몸을 팔았다."[30]

---

29)『사기』, 권129,「화식열전(貨殖列傳)」, "刁閒收取桀黠奴, 使之逐漁鹽商賈之利." 앞의 책, 3279쪽.

30)『맹자주소·만장상』, "百里奚自鬻於秦養牲者之家." 앞의 책, 265쪽. 역주: 이는 만장

하지만 고대에는 그리 흔한 일이 아니었을 것이다.

한나라 때는 달랐다. 가의賈誼가 "흉년이 들면 사람들이 작위爵位나 자식을 팔았다(歲惡不入, 請爵賣子)."[31]고 말한 것처럼 이미 흔한 일이 되고 말았다. 이렇듯 오로지 가난 때문에 노예로 팔려가는 것은 잡아온 포로나 죄를 범한 이들을 노예로 삼았던 옛날의 상황과 크게 다르다. 국가는 당연히 이런 일이 벌어지지 않도록 구제 조치를 취해야 할 것이다. 하지만 당시 국가는 그렇게 하기는 커녕 오히려 이를 통해 이익을 챙겼다.

『사기 · 평준서平準書』에 따르면, 한 무제 때 백성이 (나라에) 노비를 바치면 평생토록 노역을 면제받고, 낭관郎官이 노비를 바치면 관품을 올려준다는 법령을 반포했다. 뿐만 아니라 당시 상인의 영업자산에 대해 세금을 징수하는 산민제算緡制라는 특별 재산세를 실시했는데, 군郡과 제후국에 관리를 보내 신고누락자 및 부정신고자를 처벌했으며, 그 과정에서 대량의 노비들을 몰수하기도 했다. 조정은 이렇게 몰수한 노비들을 국유지의 원유苑囿나 각 부서에 보내 각종 생산 활동에 종사하도록 했다. 역사적으로 한 무제처럼 과격한 법령으로 노비를 몰수하고 국유화하는 경우는 드물었지만 국가에서 노비를 생산 활동에 투입한 것은 무제 시절만 그런 것이 아니었다. 이를 통해 공적으로나 사적으로 노비가 생산 활동에서 주된 역할을 수행했다는 것은 분명하다.

이 맹자에게 물은 말이다. 만장은 백리해가 자신을 팔아 다섯 마리 양의 가죽을 받고 소를 기르면서 진목공(秦穆公)에게 등용될 길을 찾았느냐고 물었다. 이에 맹자는 자신을 파는 일은 자존심이 있는 시골사람도 하지 않을 것이니 현자인 백리해가 그럴 리가 없다고 했다. 하지만 『사기』에 따르면, 그가 가난하여 노예로 팔려간 것은 사실이다. 그래서 그를 일러 '오고대부(五羖大夫)'란 말이 나온 것이다.

31) 역주: 이는 『한서 · 식화지상(食貨志上)』에 나오는 말이다. 왕선겸(王先謙)의 보주(補註)에 따르면, 『가자(賈子)』(『가자(賈子)』는 가의(賈誼) 『신서(新書)』를 말한다)에 "작위와 아들을 팔기를 청했다(請賣爵鬻子)."고 적혀 있다고 한다. 저자는 아마도 이를 말한 듯하다.

전란으로 혼란해진 한나라 말기로 접어들면서 노예의 수가 더욱 많아졌다. 후한 광무光武 때 법령으로 적지 않은 노비를 강제로 풀어 주었지만,[32] 임시적으로 문제를 완화했을 뿐 근본적인 문제를 해결할 수 없었다. 역대로 노예를 구제하는 방법은 관노官奴와 사노비私奴婢가 서로 달랐는데, 우선 관노는 국가의 법령에 따라 구제되었다. 다음으로 사노비는 다음 세 가지 방식에 따랐다. 첫째, 나라에서 법령을 반포하여 강제로 석방하는 경우. 둘째, 나라에서 돈을 지급하고 노예 신분에서 벗어나게 해 주는 경우. 셋째, 매입할 당시의 비용을 인건비로 계산하여 이에 해당하는 근무 기간을 채우면 풀어주도록 강제하는 경우. 하지만 이런 방법 역시 지나치게 심한 경우를 없앤 것일 뿐 노예 잔체를 근절한 것은 아니었다.

후에 와서는 외국인 노비를 부리는 일도 없지 않았다. 그들은 주로 외국에서 팔려온 사람들이었다. 『한서』의 「서남이열전西南夷列傳」, 「화식열전」에 '북동僰僮'과 관련된 기록이 나오는데, 그들은 당시의 상인을 통해서 팔려온 북족僰族의 노예들이었다.[33] 또한 『북사北史·사예전四裔傳』에 따르면, 당시 사람들은 흔히 요인獠人을 노비로 사들였는데,[34] 요인을 얻기 위해서 침략 전쟁까지 일으키기도 했다.

예를 들어, 양梁 무제武帝 시절 양주梁州, 익주益州는 해마다 요땅을 침범하여 막대한 이익을 챙겼고, 주周 무제武帝는 양주, 익주를 평정하고 요땅에 가까운 주진州鎭에 병력을 파견하여 요인을 포로로 잡아 노예로 삼았다. 남북조 시절에도 나라의 재정 상황이 어려울 때마다 간혹 그런

---

32) 『후한서·광무제기(光武帝紀)』 참조.

33) 역주: 북인(僰人)은 중국 서남 지방에 살던 소수민족 중 하나였다.

34) 역주: 요인(獠人)은 중국의 옛날 민족으로 오늘날의 광동(廣東), 광서(廣西), 호남(湖南), 운남(雲南), 사천(四川), 귀주(貴州) 등의 지역에 살았으며 오늘날의 장족의 선조로 알려져 있다.

일이 벌어졌는데, 이후에는 점차 수그러들었다. 하지만 외국인 노예 매매가 완전히 없어진 것은 아니었다. 당나라 무후武后 대족大足 원년, 북부 변경의 여러 군에 돌궐족突厥族 노예를 두지 말라는 칙령을 내린 바 있다. 당 목종穆宗 장경長慶 원년에는 등주登州, 내주萊州 및 연해 각 도道에 해적이 신라 사람을 강제로 납치하여 노예로 파는 일을 방임해서는 안 된다는 조서詔書를 내린 적도 있었다. 이런 사실을 통해 내륙 변방이나 연해 지역에서 외국인 노예를 매매하는 경우가 여전했음을 알 수 있다. 또한 중국 남방에 흑색 인종이 살았는데, 그들을 일러 곤륜崑崙이라고 했다.[35] 당대 소설에 곤륜의 노예에 관한 언급이 많이 나오는데 유럽의 흑인 노예 매매와 매우 유사했다.

한편 중국 사람이 노예로 외국에 팔려간 일도 있었다. 다음 조서에서 이를 확인할 수 있다. 송 태종太宗 순화淳化 2년 섬서陝西 변경의 각 군郡에 다음과 같은 조서를 내렸다.

"흉년으로 융인戎人에게 자식을 팔아넘긴 일이 많았는데, 조정에서 사신을 보내 도道 전운사轉運使와 함께 관의 재물로 대속代贖하여 노예 신분에서 풀려나와 각기 부모에게 돌려주도록 하라."[36]

송 진종真宗 천희天禧 3년에도 유사한 조서를 내렸다.

"지금부터 사람을 납치하여 거란契丹 경내로 들어가는 경우 주범은

---

35) 역주: 원문의 '남방'은 지금의 인도지나 반도와 남양군도의 여러 나라를 말한다. 『구당서 · 남만전(南蠻傳) · 임읍(林邑)』 권197에 따르면, "임읍 남쪽에 사는 이들은 곱슬머리에 몸이 검은데 통칭하여 곤륜이라고 한다(自林邑以南, 皆卷髮黑身, 通號爲昆侖)." 북경, 중화서국, 1975년, 5270쪽.

36) 『문헌통고 · 호구(戶口) · 노비(奴婢)』, "先因歲飢, 貧民以男女賣與戎人, 官遣使者, 與本道轉運使, 分以官財物贖, 還其父母." 북경, 중화서국, 1986년, 121쪽.

사형에 처하고 유괴한 자도 동일한 형에 처하되 거란 경내로 들어가지 않았을 경우는 장형杖刑에 처하고 얼굴에 죄명을 자자刺字하여 유배를 보낸다."37)

한편 천하가 대란에 빠진 후한後漢 말기에 부곡部曲이라는 새로운 계층이 등장하기 시작했다. 부곡은 원래 군대 조직의 명칭이었다.38) 난세인 당시에는 집을 잃어 갈 데 없는 병사들이 전투가 없을 때도 떠나지 않고 장수將帥에게 얹혀살거나 그를 위해 일했다. 이런 상황에서 장수와 병사 사이에 새로운 예속관계가 형성되었다. 병사들에게 일을 시켜 경제적인 수익을 얻게 되자 전쟁이 없어 병사가 없을 경우에도 장수들은 사람들을 모아 부곡으로 삼기 시작했다. 『삼국지·이전전李典傳』에 따르면, 이전을 따르는 부곡이 3천여 가家에 달했다고 하는데, 이는 전쟁을 치루면서 부곡으로 삼았던 이들이 평시에도 그대로 남아 장수에 예속되었음을 보여주는 예이다. 또한 「위기전衛覬傳」에도 위기가 관중關中을 지킬 당시 사방의 유민들이 관중으로 들어와 여러 장수들이 그들을 부곡으로 삼았다고 했다. 이를 보건대, 병사들을 모집하지 않더라도 유민이나 일반 백성들을 부곡으로 삼았음을 알 수 있다.

일반 백성들의 경우 처음에는 금전의 혜택이나 보호를 받기 위해 부곡이 되었을 것이다. 하지만 시간이 흐르면서 최초의 목적은 사라지고, 상호 의존관계도 달라지고 말았다. 점차 부곡은 천한 계층으로 취급받고 평민으로 회복될 수 없는 지경에 이르렀다. 결국 부곡은 또 다른 계급이

---

37) 위의 책, "自今掠賣人口入契丹界者, 首領幷處死, 誘至者同罪, 未過界者, 決杖黥配." 북경, 중화서국, 1986년, 121쪽.

38) 『속한서(續漢書)·백관지(百官志)』에 따르면 대장군(大將軍)이 다섯 부(部)를 관장하고, 부 아래에는 곡(曲)이 있고, 곡 아래에는 둔(屯)이 설치되던 군대 편성 방식이 있었다.

되고 만 것이다.

부곡의 여자는 객녀客女라고 불렀다. 역대 법률에 따르면, 노예가 양인良人을 상해를 입히면 양인이 양인에게 상해를 입히는 것보다 가중 처벌을 받는다. 또한 양인이 노예에게 상해를 입히면 양인에게 상해를 입히는 경우보다 가볍게 처벌했다. 그렇다면 부곡이나 객녀의 경우는 어떠한가? 부곡이나 객녀가 양인에게 상해를 입히면 양인끼리의 경우보다 심하고 노예보다는 가벼운 형벌을 받는다. 반대로 양인이 부곡이나 객녀에게 상해를 입힐 경우 노예에게 상해를 입히는 경우보다 심하고, 같은 양인끼리의 경우보다는 가벼운 처벌을 받았다. 이를 보건대 부곡은 양인과 천민(노예)의 중간에 위치했음을 알 수 있다. 이러한 부곡 계층은 위진남북조부터 당송에 이르기까지 계속 존재했다.

한편 양민이 어느 정도 범위 내에서 타인에게 예속되는 일도 이미 오래 전부터 있어왔다. 『상군서·경내境內』에 이와 관련된 기록이 나온다.

> "작위가 있는 사람은 작위가 없는 사람(無爵者)을 나라에 신청하여 서자庶子(가신家臣)로 삼을 수 있다. 등급에 따라 한 사람의 서자를 신청할 수 있다. 작위가 있는 사람이 요역徭役이 없어 집안에 있을 경우 서자는 매달 6일 동안 대부의 집(작위가 있는 사람)에 와서 복무한다. 역사役事가 있을 경우(요역이나 징병) 서자는 대부를 따라 그를 봉양한다."[39]

『순자·의병議兵』에 보면, 진나라에서 "적군의 수급 다섯 개를 가져오면 다섯 가구를 노역시킬 수 있도록 했다(五甲首而隷五家)."고 했는데, 이 역시 앞서 인용한 내용과 상통한다. 진秦의 작위는 모두 20등작等爵으

---

[39] 『상군서·경내(境內)』, "有爵者乞無爵者以爲庶子, 級乞一人. 其無役事也, 庶子役其大夫, 月六日. 其役事也, 隨而養之." 북경, 중화서국, 2012년, 140쪽. 역주: 인용문에 나오는 '서자'는 '적자(嫡子)'와 반대되는 개념이 아니라 가신의 뜻이다.

로 각 등급마다 노역에 사용할 수 있는 작위가 없는 자, 즉 무작자無爵者를 신청할 수 있었다. 이로 인해 일반 양민들도 작위를 지닌 누군가에게 예속되는 경우가 흔했던 것이다. 노중련魯仲連이 "진나라는 백성을 노예처럼 부렸다."40)고 한 것은 바로 이런 뜻이다.

진晉 무제가 손오孫吳 정권을 평정한 후 왕공 이하 귀족들도 모두 음인蔭人을 의식객衣食客이나 전객佃客으로 삼을 수 있도록 했다. 아울러 의식객이나 전객이 내야하는 조세나 노역도 모두 사가私家로 돌릴 수 있었다. 이는 한나라 식읍제食邑制에서 봉호封戶의 흔적이라고 할 수 있다.41) 당시 의식객이나 전객의 본래 신분은 양민良民이었다. 이와 유사한 예로 요遼나라 시절 이세호二稅戶라는 것이 있다. 사원에 일정한 숫자의 양민을 나누어 주고, 양민들에게 거두어들인 조세의 반은 나라에 바치고 반은 사원 자체에서 쓰도록 하는 제도이다.42) 비록 법적으로는 어느 정도까지의 재물과 노역을 징수할 수 있는 등 그 한도를 규정하고 있지만, 이렇게 개인이 직접 양민에게서 조세나 노역을 징수하게 되면 시간이 지남에 따라 광범위한 예속관계가 형성되게 되기 마련이다. 그러므로 나라에서 통일적으로 징수한 다음에 다시 분배하는 것이 차라리 나았을 것이다.

봉건시대에 형성된 사회 계층 가운데 자본시대에 이르기까지 사라지지 않고 존재해온 부류가 있었다. 사회 계층이란 없앤다고 바로 없어지는 것이 결코 아니기 때문이다. 위진魏晉 이후 이른바 문벌門閥사회가 나타났다. 문벌사회의 출현에 대해서 구품중정제九品中正制를 그 중요한 원인으로 보는 이가 있는데, 이는 잘못된 생각이다. 뿌리 깊은 문벌사회는 결코

---

40) 『사기』, 권83, 「노중련추양열전(魯仲連鄒陽列傳)」, "虜使其民." 앞의 책, 2461쪽.

41) 역주: 봉작(封爵)에 따라 채읍(采邑)을 주어 채읍에서 조세를 받는 제도.

42) 역주: '이세호'는 요와 금 시절 호적 명칭 가운데 하나이다. 나라와 사원 또는 두하군주(頭下軍州) 양쪽에 세금을 바치는 호구를 말한다.

어느 제도 하나 때문에 단기간에 형성되는 것이 아니다. 오호의 난이 일 어나던 당시에 이른바 의관지족衣冠之族, 즉 사족士族이 이족異族과 혈통 을 섞는 일을 용납하지 않았기 때문에 이런 사회 풍조가 생겨났다고 주장 하는 이도 있는데, 이 역시 제대로 보지 못한 것이다. 당시에는 주로 본족 本族 내부에서 사족士族과 일반인을 차별했을 뿐이다. 또한 오호의 난은 서진西晉 말년에 일어났는데, 진晉나라 초기 유의劉毅가 이미 "상품에는 한문이 없고, 하품에는 세족이 없다(上品無寒門, 下品無世族)."며 중정中 正에 대해 품평한 바 있다. 이로 보아 문벌사회가 위진魏晉 때부터 나타났 다고 볼 수는 없을 것이다. 그렇다면 문벌사회는 도대체 언제부터 나타나 기 시작한 것인가?

문벌사회에 대해 가장 설득력 있는 논의를 내놓은 이는 당나라 때 유방 柳芳43)이다. 유방에 의하면, 칠국七國 이전, 즉 전국시대 이전의 봉건 귀족 집안은 진한 때에 와서도 강한 세력을 유지하고 있었다. 하지만 평민 출 신인 한 고조가 인재를 등용하면서 가문을 가리지 않았기 때문에 봉건시 대로부터 존재했던 귀족 집안은 양한兩漢 시기 동안 정치적으로 막강한 세력을 형성할 수 없었다. 하지만 사회적으로 영향력은 그대로 유지했기 때문에 위진 시대에 이르러 정치세력과 합류하면서 점차 문벌사회가 형 성되었다. 이러한 그의 주장은 나름 일리가 있다.

당시 문벌사회를 정치적으로 뒷받침해 주는 제도는 구품중정제九品中 正制였는데, 한대 말기 혼란스러운 사회 환경 또한 문벌사회 형성에 한 몫을 했다. 당시에는 전란 때문에 중원中原 지역 세족世族들이 다른 지역 으로 이주하는 일이 잦았다. 본고장에 있으면 세족이라는 것을 밝히지

---

43) 역주: 유방(柳芳), 자는 중부(仲敷). 당 현종 시절에 출사하여 숙종 시절에 사관으로 『국사(國史)』 편찬에 참여하여 『당역(唐曆)』을 저술했다. 그의 책은 『구당서』나 『신 당서』를 편찬하는데 많은 자료를 제공했다. 다만 유방이 어느 곳에서 이런 말을 했는지는 원서에 나오지 않는다.

않아도 사람들이 잘 알지만 다른 곳으로 이주하면 사정이 달라진다. 예를 들어, 낭야瑯琊 왕씨, 박릉博陵 최씨는 세족이지만 다른 곳에 사는 왕씨나 최씨는 세족이 아닐 수 있다. 그렇기 때문에 새로운 곳에 이주했을 경우 반드시 낭야 왕씨, 박릉 최씨라고 밝혀야만 했다. 이는 문벌사회가 관향貫鄕을 중히 여기는 이유이기도 한데, 오늘날에도 결혼 청첩장 등에서 이런 풍습의 흔적을 확인할 수 있다.

당시에는 세족으로 인정받으려면 적어도 다음 세 가지 가운데 하나에 부합해야만 했다.

첫째, 원래부터 지체가 높은 집안이어야 한다. 이는 굳이 말하지 않아도 본고장 사람들에게 잘 알려진 바이니 보첩譜牒(가보, 족보) 같은 증거물이 없어도 지방에서 세족으로 인정받는 데 지장이 없었다. 사실 고대 보첩은 사관이 기록했기 때문에 봉건사회가 무너지면서 산실되고 말았다. 그러니 찾으려고 해도 찾을 수 없었을 것이다.

둘째, 진한 시기 이후 세족들은 다시 보첩을 갖기 시작했다.44) 시기상 그다지 오래 전 일이 아니니, 어느 집안에 어떤 인물, 무슨 사적事迹이 있었는지 사람들에게 쉽게 알려지고 기록될 수 있었다. 그 기간 동안 가문에 명성과 지위가 높은 인물이 많고, 반역叛逆 등의 대역죄만 없으면 일정한 시일이 지난 후 세족으로 인정받을 수 있었다. 하지만 시간이 너무 짧으면, 집안에 명성과 지위가 혁혁한 인물이 있을지라도 사람들에게 벼락부자의 인상을 주어 세족으로 인정받기 힘들었다. 하지만 세족 인정에 필요한 세월이 어느 정도인지는 명확한 기준이 없었다.

셋째, 세족임을 증명해 줄 수 있는 인적, 물적 증거가 있어야 한다. 이런 경우는 보첩의 존재가 필수적이며, 집안의 훌륭한 사적事迹에 대한 기

---

44) 『수서(隋書)』에서 저서 목록을 정리하면서 가보(家譜), 가전(家傳)이란 하위분류를 두고 있으며, 『세설신어(世說新語)』 주(注)에도 가보를 인용하는 대목이 많다.

억과 증거가 있지 않으면 안 된다. 만약에 집안의 보첩이 산실되거나 세족 자격을 증명해 줄 만한 사적이 전해지지 않을 경우, 또는 전해지는 사적이 있더라도 해당 집안의 일이라는 사실, 다시 말해 어느 세족이나 유명한 인물의 후손이라는 사실이 입증되지 않으면 가문의 세족 자격이 의심받게 된다.

결론적으로 세족으로 인정받으려면 의심하는 이가 없을 경우 특별한 증거가 필요하지 않지만 그렇지 않을 경우 인물이나 물적 증거 가운데 적어도 하나는 있어야 했다. 이것이 바로 당시 세족 여부를 판단하는 조건이었던 셈이다.

하지만 보첩 같은 것은 모두 개인이 보관하기 때문에 산실되거나 조작될 가능성이 크다. 정치는 사회를 따라가기 마련이다. 문벌 사회를 유지하기 위해서 정부는 보국譜局이라는 기관을 설치하여 개인이 보관하는 보첩의 진위眞僞를 판별하는 일을 맡았다. 그래서 "관리를 뽑을 때, 반드시 보첩에 살펴 그 진위를 밝혔다."[45]

문벌사회에서 한문寒門과 세족은 벼슬의 차별뿐만 아니라 통혼조차 불가능했다. 사회 교제의 예절 등 여러 면에서 각종 차별을 두었던 것이다.[46] 이러한 차별은 당대까지 존속되었다.『당서唐書』「고사렴전高士廉傳」과「이의부전李義府傳」에 따르면, 고사렴高士廉 등이 태종의 명을 받아『씨족지氏族志』를 편찬했다. 성씨를 모두 아홉 등급으로 나누었는데, 최씨가 일등을 차지했고 태종의 성씨, 즉 이씨는 겨우 3등에 머물렀다.

북위北魏 태화太和 연간에 명망 있는 집안望族으로 다섯 성씨의 일곱

---

45)『신당서』, 권199,「유충전(柳沖傳)」, 유방(柳芳)의 말, "有司選舉, 必稽譜籍而考其眞僞." 북경, 중화서국, 1975년, 5677쪽. 역주: 원서에는 유방의 말로 나온다. 정초(鄭樵)『통지(通志)』, 권25,「씨족약서(氏族略序)」에도 같은 말이 적혀 있다.

46)『해여총고(陔余叢考) · 육조종씨족(六朝重氏族)』참조.

문벌, 일명 칠종오성七宗五姓을 지정하고, 자기들끼리만 통혼했다. 이러한 현상을 억제하기 위해 당나라 초기에 『씨족지氏族志』를 편찬하여 기존 망족의 등급을 강등했다. 하지만 방현령房玄齡, 위정魏征, 이적李勣 등 나라의 권신들조차 여전히 이들 망족과 통혼했다. 당나라 때 여전히 기존의 망족들이 지체 높은 문벌로 사회적인 영향력이 대단했음을 알 수 있는 대목이다. 나중에 이의부李義府가 이들 망족 집안에 아들의 혼사를 청했다가 거절을 당하자 이를 철폐해야 한다는 상소를 올리기도 했다. 하지만 이후에도 망족들은 오히려 '금혼가禁婚家'47)라고 자칭하며 자신들의 문벌을 더욱 고귀하게 여겼으며, 망족끼리 통혼도 여전했다.

「두고전杜羔傳」에 따르면, 공주를 사족士族에 시집보내려던 문종文宗이 이런 말을 했다는 기록도 있다. "민간에서 혼인할 때 관품官等 대신 문벌을 따지는 것은 참으로 이해하기 어렵다. 설마 200년이 넘도록 천하를 군림해 온 우리 왕실 가문이 (민간의) 최씨崔氏나 노씨盧氏 집안만 못하겠는가?"48) 이를 통해서도 당나라 중엽 이후에도 문벌 중시 풍조가 사라지지 않았음을 알 수 있다. 하지만 이때 이미 문벌제도는 사실 아무런 실속이 없는 빈껍데기였을 뿐이었다. 그래서 오대五代에 들어오면 "관직을 뽑을 때 가문을 보지 않고, 혼인할 때 문벌을 묻지 않았다."49)

이렇듯 문벌이 허명에 불과한 빈껍데기로 전락한 이유는 무엇일까? 그 이유는 다음과 같다. 첫째, 육조六朝 이후 세족 출신 자제들의 실력이 너무 형편없었다. 이는 『이십이사차기卄二史劄記』의 「강좌의 황제들은 모

---

47) 역주: 당 무후(武后)는 망족 7姓 10家에 대하여, 상호간의 자혼(自婚), 일반인과의 혼인에서 빙재(聘財)를 받는 매혼(賣婚)을 금지하는 금혼령(禁婚令)을 반포한 일이 있다.

48) 『신당서』, 권172, 「두고전(杜羔傳)」, "民間婚姻, 不計官品, 而尚閥閱. 我家二百年天子, 反不若崔, 盧邪?" 앞의 책, 5206쪽.

49) 『통지(通志)·씨족략(氏族略)』참조.

두 서족에서 나왔다江左諸帝皆出庶族」,「강좌 세족에는 공신이 없다江左世族無功臣」,「남조는 주로 한인이 기밀을 장악했다南朝多以寒人掌機要」 등에서 확인할 수 있다.

둘째, 세족이 서족庶族 집안의 재물을 탐하여 서족과 통혼하기도 하고, 또한 동성同姓의 다른 집안과 보첩을 공유하거나 심지어 가보家譜까지 내다 팔기도 했다. 『이십이사차기·재혼財昏』, 『일지록·통보通譜』 등에서 이를 확인할 수 있다.

셋째, 수隋나라 때 구품중정제가 폐지되고, 당나라 이후 과거제가 실시되면서 세족이라고 우대를 받을 수 없었다. 당시 문벌은 오랜 가문의 역사에 기대어 겨우 지탱하고 있을 따름이었다.

넷째, 당나라 말기 사회가 혼란에 빠지고, 보첩이 산실되자 문벌사회는 곧 무너지고 말았다.

문벌제도는 위진 이후에 전성기를 누렸으나, 그 기원은 훨씬 이전인 주周, 진秦시기까지 거슬러 올라갈 수 있다. 그러므로 문벌제가 폐지됨에 따라 예부터 존속해온 봉건귀족의 등급도 모두 사라지고 말았다.

동족 내부의 등급이 사라지자 동족과 이족 사이에 등급 문제가 다시 불거지기 시작했다. 이는 기본적으로 진晉 나라 이후 갈수록 약해진 중국의 군사력에서 원인을 찾을 수 있다. 한 무제 이후로 일반인이 군역을 담당하는 민병제民兵制가 폐지되었다. 당시 병역兵役은 주로 죄인이나 노예가 담당했고, 이족異族 사람을 병사로 쓰는 경우도 흔히 있었다. 특히 동한東漢 이후에는 이족 사람을 섞어서 군대를 편성하는 일이 더욱 잦아졌다. 본서 제9장에서 이미 언급한 대로 오호五胡가 침입하여 중원을 장악했을 때, 이족 사람을 병졸로 모집하는 일이 일반화되었다. 하지만 그때만 해도 한인漢人과 이족사람 사이에는 차별이 없었다. 역사 기록에 따르면, 북제北齊 신무제神武帝는 한인과 선비인鮮卑人이 화목하게 지내도록 노력했다. 그는 한인에게 다음과 같이 말했다. "선비인은 너희들에게 객

客(고용인)이다. 너희들에게 곡식 한 곡斛, 견絹 한 필을 받는 대신 적들을 물리침으로써 너희들의 안전을 지켜주지 않는가? 어찌 그들을 능멸하는가?" 반대로 선비인에게는 이렇게 말했다. "한인은 너희들의 노예이다. 한인 남자가 밭일을 하고 한인 여자가 베를 짜서 너희들에게 먹을 것과 입을 것을 공급하여 따뜻하게 입고 배불리 먹을 수 있는 것이 아닌가? 어째서 그들을 질시하는가?"[50]

선비인과 한인을 각기 전사와 농노로 보고 있음을 알 수 있다.

하지만 당시 이족이라는 존재는 여진女眞 이후 이족과 크게 다른 점이 있다.

요遼나라 이전까지만 해도 외이外夷에게 한족은 고귀한 민족으로서 가까이 지내고 싶은 대상이었다.[51] 한족의 문화에 끌려 자기 민족의 정체성까지 포기할 정도로 한족문화에 동화同化되기를 원했던 것이다. 하지만 금金나라 이후로 상황이 반전되었다. 다음과 같은 일련의 사실을 통해 한족문화에 대한 태도의 변화를 확인할 수 있다.

우선 오호五胡 중에서 갈족羯族을 제외한 나머지 이족은 자신들이 중원의 선조인 황제나 염제의 후예라고 자칭한 일이 있었다.[52] 하지만 금나라 이후로 그런 일이 없어졌다. 또한 북위北魏 효문제孝文帝는 민족어인 선비어鮮卑語 대신 한어漢語 사용을 적극 권장하고, 선비인과 한인의 통혼을 장려하는 등의 정책을 시행하여 한족문화를 적극적으로 받아들였다. 이

---

50) 『자치통감(資治通鑑)』, 권157, 양기(梁紀)13, 양무제대동3년(梁武帝大同三年), "鮮卑人是汝作客, 得汝一斛粟, 一匹絹, 爲汝擊賊, 令汝安寧, 汝何爲陵之?" "漢人是汝奴. 夫爲汝耕, 婦爲汝織, 輸汝粟帛, 令汝溫飽, 汝何爲疾之?" 북경, 중화서국, 1976년, 4882쪽.

51) 거란(契丹)은 선비우문씨(鮮卑宇文氏)의 별부(別部)로 오호(五胡)의 지파였다.

52) 탁발씨(拓跋氏)는 황제(黃帝)의 후예, 우문씨(宇文氏)는 염제(炎帝)의 후예로 자칭했다.

는 지극히 극단적인 사례이기는 하지만 여하간 한족 문화를 마다한 이족은 없었다. 하지만 금 세종 때는 적극적으로 여진의 전통과 문자를 보호하는 정책을 취했다.

이러한 반전은 어떤 원인에게 기인하는가?

요나라 이전의 이민족들은 변경 지역에 오랫동안 살면서 한인과의 잦은 접촉으로 인해 한인 문화의 영향을 폭넓게 받았던 반면 금金, 원元, 청淸은 그렇지 않았기 때문이라는 생각이 든다. 발해渤海의 예에서 그 증거를 찾아볼 수 있다. 원래 발해는 금, 청을 세운 이들과 동족인데, 그들이 한인 문화를 동경하게 된 것은 그들의 선조들이 영주營州에서 거란족과 어울려 살았기 때문인 듯하다.

한인에 대한 억압 역시 금나라 이후부터 심각해졌다. 금나라 이전 오호가 중원을 통치할 때는 일부 정권만 그들이 장악했을 뿐이다. 그들 민족이 한인과 오랫동안 함께 살면서 무슨 특권을 누렸다는 이야기는 거의 들리지 않았다.[53] 물론 거란인은 한인과 섞여 살지 않았다. 거란의 국가 조직은 서로 독립된 체제를 이루는 부족部族과 주현州縣으로 구분되었다. 관직도 남북으로 나누어서 따로 설치했는데, 북쪽 관리는 부족을 다스리고, 남쪽 관리는 주현을 관장했다. 재정이나 부세를 담당하는 관리는 대부분 남쪽에 배치되었지만, 한인을 착취하려는 의도는 아니었다. 다만 남쪽의 한인 사회가 북쪽의 부족사회보다 경제가 더 발달했기 때문이다.

하지만 금나라 시절은 달랐다. 그들은 여진족을 맹안猛安과 모극謀克으로 편성하여 대규모로 중원에 이주시켰다.[54] 한인에 대한 통제를 용이하

---

53) 적어도 법적으로는 특별한 우대를 받았다는 기록이 없다.

54) 역주:『금사』권2,「태조본기」에 따르면, 300호(戶)를 모극(謀克), 10모극을 맹안(猛安)이라고 했다. 일종의 행정조직인 셈이다. 그러나 맹안과 모극은 비상시에 군사조직이 되어 모극(謀克)은 군사 100명을 이끄는 수장인 백부장(百夫長), 맹안(猛安)은 군사 1000명을 이끄는 수장인 천부장(千夫長)이 되었다. 이렇듯 맹안모극호(猛安謀

게 하기 위해 집단 형태로 한인과 같이 살도록 한 것이다. 중원으로 이주한 맹안모극호猛安謀克戶는 집단으로 거주하면서 경작하는 땅이 인접하여 한 군데로 모아 있어야 했기 때문에 여진인들은 관유지官有地라고 주장하거나[55] 헐값에 팔도록 강제하여 한인들의 토지를 강탈했다. 이로 인해 중원의 수많은 백성들이 살 터전을 잃었다. 금병金兵이 처음 남하하여 황하 북쪽을 점령했을 때도 이런 식으로 맹안모극호猛安謀克戶를 이주시켜 토지를 강탈했고, 황하 이남까지 진출했을 때도 마찬가지였다. 그래서 한인들은 금인金人에게 피맺힌 원한이 있어 금나라 멸망 후 대규모 학살극이 벌어졌던 것이다.[56]

원나라는 더 심했다. 태종太宗 때 별질別迭이라는 장군은 한인을 몽땅 죽이고 그들이 가진 땅을 목장으로 쓰자는 제안까지 한 일이 있었다. 야율초재耶律楚材가 극력 반대하는 바람에 그의 제안은 가까스로 채택되지 않았다.[57] 원나라 때는 인종人種을 몽골蒙古, 색목色目,[58] 한인漢人, 남인南人[59] 등 네 등급으로 구분하고 모든 면에서 차별을 두었다. 예를 들어, 각 관서官署의 장관長官은 반드시 몽골사람으로 임용했다. 학교와 과거科擧의 경우 한인과 남인은 합격하기가 상대적으로 어려웠고, 시험을 통과해도 얻을 수 있는 것이 별로 없었다. 원나라 초기 장수들이 일반 백성들

克戶)는 여진족의 행정단위이자 군사편성 단위였다.

55) 예를 들어, 지명이 양왕장(梁王莊), 태자무(太子務)라는 이유로 관유지라고 우겼다.

56) 『이십이사찰기 · 금말종인피해지참(金末種人被害之慘)』을 참조하시오.

57) 『원사(元史) · 야율초재전(耶律楚材傳)』을 참조하시오.

58) 색목은 제색인등(諸色人等)이라고 불리기도 하는데, 온갖 인종의 사람들이라는 뜻으로 몽골과 한족 이외의 온갖 인종의 사람을 가리킨다. 이에 대한 자세한 내용은 『철경록(輟耕錄)』을 참조하기 바란다. 역주: 색목인은 주로 위구르족, 탕구트족, 아랍인, 유럽인 등을 말하는데, 조세징수와 재정관리, 통상업무 등을 맡았다.

59) 한인(漢人)은 금나라를 멸망시키고 얻은 중국인으로 주로 북방에 살던 거란, 여진 및 한인을 말한다. 남인(南人)은 남송을 멸망시키고 얻은 중국인으로 남송인을 말한다.

을 노예로 삼아 노적奴籍에 올라간 한인도 많았다.[60] 명나라 때 노비가 급증한 것도 이와 크게 관련이 있는 것으로 보인다.[61]

청나라는 입관入關(산해관 안으로 들어옴) 초기 기인旗人에게 나눠 줄 땅을 마련하기 위해 권지운동圈地運動을 일으켰다.[62] 또한 만주족의 특권을 보장하기 위한 관리 임용제도로서 관결제官缺制를 실시하여 만결滿缺과 한결漢缺로 구분하고, 만주족은 종육품 이상의 관직만 얻도록 했다. 아울러 몽골蒙古, 한군漢軍, 만주인의 노복인 포의包衣 등을 위한 전결專缺(특정한 신분에 한하여 주는 관직) 제도를 운영했다. 형법에 있어서도 종실宗室, 각라覺羅[63], 기인旗人을 상대하는 심판기관이 각각 달랐다.[64] 또한 만주족은 환형換刑, 즉 형벌을 대속할 수도 있었다. 예를 들어 종실은 종실 구성원이 매달 받는 생활비인 양섬은養瞻銀을 벌금으로 내고 태형笞刑이나 장형杖刑을 대체할 수 있었고, 판형板責(곤장)이나 권금圈禁(구금)으로 도형徒刑, 유배, 충군充軍을 대체할 수 있었다. 옹정雍正 12년에는 이러한 환형換刑

---

60) 『이십이사찰기 · 원초제장다약인위사호(元初諸將多掠人爲私戶)』 조목을 참조하시오.

61) 『일지록 · 노복(奴僕)』을 참조하시오.

62) 역주: 권지운동은 영국에서 16세기 말에 일어난 인클로저 운동(Enclosure Movement)을 말한다. 당시 봉건영주들은 소유지에서 농민들을 몰아내고 울타리를 쳐서 목장을 만들었다. 농사보다 양을 길러 양모를 모직물 공업 원료로 파는 것이 큰 이익을 냈기 때문이다. 원서의 저자는 청나라 기인들이 한인들을 토지에서 몰아낸 것을 빗대어 이렇게 말한 것 같다.

63) 현조(顯祖)의 후손은 종실이라 하고, 그 외에는 각라(覺羅)라 불렸다. 각각 장식품으로 노란색 또는 빨간색의 띠를 매기 때문에 민간에서 종실을 황대자(黃帶子), 각라를 홍대자(紅帶子)라고 부르기도 했다. 한인으로서 종실이나 각라를 가해하면 가중처벌을 받게 될 것이다. 단 다방, 술집에서 벌어진 일이라면 예외였다. 그것은 종실, 각라로서 스스로 신분을 낮춘 행동을 취했기 때문이다.

64) 종실, 각라는 종인부(宗人府)에서 심문하고, 일반인에 관한 소송은 호부(戶部)와 형부(刑部)가 맡았다. 포의(包衣)는 내무부(內務府)의 신형사(愼刑司)에서 심문했다. 일반인이 관련된 소송은 지방관이 맡았고, 기인의 소송 사건은 장군(將軍), 도통(都統), 부도통(副都統)이 직접 처리했다.

제도를 각라까지 확대시켜 적용했다. 사형죄인 경우 종실과 각라는 대부분 자결의 방식으로 처리했다. 한편 기인의 경우는 편형鞭刑(채찍형)으로 태형, 장형을 대신하고 가호枷號(칼을 씌워 조리돌리는 형벌)로 도형, 유배, 충군을 대체할 수 있었다. 사형의 경우는 참형을 즉결 처분하는 경우(斬立決)에도 추심을 통해 집행을 유예하는 참감후斬監候로 바꿀 수 있었으며, 참감후는 시신을 온전히 남길 수 있는 교형絞刑으로 바꿀 수 있었다. 이는 모두 계층에 따라 차별을 두는 분명한 계급제도였다.

민족이 개화할수록 그 자각심自覺心은 더 현저해지고 투쟁 또한 더욱 치열해진다. 생존 경쟁이 치열한 지금 세상에서 한 번의 실수가 천고의 한이 될 수 있으니 지난 백년의 세월을 돌이켜 볼 때 실로 삼가 두려워하지 않을 수 없다. 최근에 만족, 몽골을 비롯한 각 민족들이 한족과 공동으로 하나의 국가를 이루었으니 서로 나쁜 감정이 유발되지 않도록 지난 투쟁의 역사를 더 이상 거론하지 말자고 주장하는 이들이 있다. 심지어 한족漢族이라는 두 글자를 쓰는 것조차 못마땅하게 여기는 이들도 있는데, 그들은 한족이라는 명칭은 외국 사람이 우리를 분열시키기 위한 수단이라면서 맹목적으로 따라 불러서는 안 된다고 주장한다. 하지만 역사는 역사이고 현재 국면은 현재 국면일 따름이다. 세계 역사에서 투쟁이 없는 나라, 분쟁을 겪지 않은 민족이 어디에 있겠는가? 또한 지금도 여전히 지난 역사에 집착하여 당장 청산하자는 이가 어디에 있겠는가? 악감정이 두려워 기왕의 역사적 사실들을 말하기 꺼려한다면 전체 역사를 지우고 불사를 수밖에 없을 것이다. 또한 한족이라는 표현이 못마땅하다면 청나라 때 써왔던 만한滿漢이라는 호칭이나 민국民國 초기에 외쳤던 오족공화五族共和65) 등의 표어에서 무엇을 바꿀 것인가? 한漢, 만滿, 몽蒙, 회回, 장

---

65) 역주: 오족공화(五族共和)는 신해혁명 때, 제정(帝政)을 폐지하고 한족(漢), 만주족(滿), 몽골족(蒙), 티베트 족(藏), 위구르 족(回) 등 다섯 민족의 공화 정체 수립를

藏 다섯 민족이 화목하게 지내자는 구호에서 사용하는 이 같은 표현들을 무엇으로 바꿔 불러야 하겠는가? 역사학도 학술 분야의 하나로서 진실성이 무엇보다 가치 있고 중요한 것이다. 있는 그대로의 사실에만 충실하다면 상황이 이렇게 된 연유, 우리가 가야 할 길이 절로 나올 것이다. 각 민족이 싸우기보다 하나로 뭉치고 서로 화목하게 지내야 한다는 깨달음도 다투고 싸웠던 옛 경험에서 얻어낸 교훈이 아니겠는가? 그러니까 역사에 대해서 함부로 갖다 붙이는 일을 삼가며, 필요 없는 걱정을 떨쳐버리고 현실을 직시해야 한다.

지금까지의 논의를 종합해 보면, 한마디로 사회 계층을 조성하는 기본적인 힘은 무력과 재력 두 가지뿐임을 알 수 있다.

종족種族간의 갈등은 오히려 정도가 덜한 편이었다. 하지만 근대 사람들은 같은 종족 내부의 투쟁은 일시적인 현상일 뿐, 일이 지나면 다시 친해질 수 있다고 생각하면서, 오히려 종족 사이에는 넘을 수 없는 경계가 있다고 착각하고 있다. 사실 인간이 화목하게 지내는 데 걸림돌이 되는 것은 종족種族 차이가 아니라 민족民族의 차이라 하겠다. 종족 차이는 체질에 있지만 민족의 차이는 문화에 있기 때문이다. 체질적인 차이는 형체적으로 나타나고 눈으로 확인할 수 있지만 문화적인 차이는 눈에 보이지 않는다. 사람들은 흔히 종족의 차이가 더 극복되기 어렵다고 생각하는데, 버려야 할 편견이다. 자고로 우리와 체질이 다른 사람, 예를 들어 깊숙이 들어간 눈에 높은 콧대의 서역西域 사람, 그리고 곱슬머리에 피부가 시커먼 남방 종족과 언제 심각한 계층의 대립이 생겼는가?

사회조직이 완벽해지지 않는 한, 집단과 집단 사이에는 이해의 충돌이 끊임없이 일어나기 마련이다. 체질적인 차이가 있더라도 이해관계의 충돌이 없다면 갈등이 생길 이유가 없을 것이다. 이는 동서고금의 역사를

목표로 할 당시의 표어이다.

통해서 입증된 명백한 사실이다. 종족을 심각한 문제로 보는 것은 일종의 속견俗見에 불과하다.

근대에는 천민賤民에 해당하는 특별한 사회계층이 있었다. 천민 계층의 기원은 다양하다. 민족의 차별 대우 때문에 생긴 경우가 있고, 국가 정책 때문에 나타난 것이 있으며 사회 인습에서 비롯된 것도 있었다. 하지만 청나라에 와서는 법적으로 모두 평민 신분으로 해방시켰다. 옹정雍正 원년元年에는 산서山西, 삼서陝西의 악호樂戶, 소흥紹興의 타민(惰民), 5년에는 휘주徽州의 반당伴檔, 영국寧國의 세복世僕, 8년에는 상숙常熟, 소문昭文의 개호丏戶 등을 평민 신분으로 풀어주라는 명을 내렸다. 그리고 건륭乾隆 36년에는 광동廣東의 단민蜑民, 절강浙江의 구성어호九姓漁戶66) 및 여러 성의 이와 유사한 천민들을 옹정雍正 원년의 판례대로 처리하라고 지시했다. 당연히 지당한 일이다. 하지만 사회적 편견은 정치의 힘으로 완전히 바꿀 수 있는 것이 아니다. 지금도 여전히 천민 계층이 존재하고 있다. 이를 치욕을 여기는 이들이 더욱 분발해야 하는 이유가 여기에 있다.

계급제도는 고대에 법률에 의해 유지되었다. 이후 사회가 발전하면서 인위적인 불평들이 합리적이지 않다는 인식을 통해 점차 관련 법률이 폐지되기 시작했다. 그러나 사회적 차별은 짧은 시간에 고쳐질 수 있는 것이 아니다. 사회 지위의 차이는 흔히 생활상의 차이로 드러난다. 눈에 보이는 유형有形의 것으로 주택, 옷차림 등이 있고, 눈에 보이지 않는 무형無形의 것으로 언어, 행동거지 등이 있다. 사회적으로도 그 차이를 인정해 준다. 남과 교제하는 과정에서 사회 상류층은 스스로 우월감을 느낄 뿐만 아니라 상대방도 그 우월함을 인정해 준다. 그리고 하위층은 사회적

---

66) 단민은 중국 광동, 광서, 복건 등지 부둣가와 내륙의 강에서 수상생활을 하는 이들을 말한다. 구성어호는 평생토록 부춘강(富春江), 신안강(新安江), 강산항(江山港), 상산항(常山港), 구강(衢江) 일대 배위에서 생활하는 군체를 말한다. 아홉 성이라고 했으나 이외에 다른 성도 있었다.

으로 지위가 낮고 또 그 사실을 인정하고 받아들인다. 계층 간의 이 같은 차이는 전부 관습의 힘으로 유지되어 간다.

하지만 사람에게 어느 계층 특유의 분위기를 풍기게 만드는 것은 교육이며, 또 그 계층에 속하도록 보장해 주는 것은 직업이다. 옛날 사회적 지위가 가장 높은 계층은 공부해서 벼슬에 오른 사람들, 즉 사士였다. 사실 그들은 물질적으로 농공상農工商보다 넉넉하지 않았으나 명성은 오히려 높았다. 그래서 농공상農工商은 사士가 되기를 꿈꾸었으며, 사士 역시 쉽게 그 신분을 포기하지 않았다. 옛날의 지식인 가문이 가난하더라도 쉽게 그 뜻을 바꾸려고 하지 않았던 이유가 바로 여기에 있는 것이다.

그 외에는 오직 재력만으로 사회적 지위가 결정되었다. 이른바 빈부貧富는 소속 계층의 생활을 유지하는 정도에 따라 판정된다. 유지하기에 넉넉하면 부유층에 들고, 겨우 유지하면 중간층이 되며, 모자라면 빈곤층이다. 물론 그것은 일시적인 생활 형편만으로 판정하는 것은 아니다. 사회 지위의 안정성도 중요한 고려 요소가 된다. 또 안정성의 판정은 다음과 같은 세 기준에 근거한다. 첫째, 가진 자산을 통한 수입은 노동력을 팔아 얻은 수입보다 안정적이다. 둘째, 보장되는 직장은 보장받지 못하는 직장보다 안정적이다. 셋째, 자영업을 하는 것이 남에게 고용되기를 기다리는 것보다 안정적이다.

소속 계층의 변동은 오로지 재력에 달려 있다. 재력이 갖추어지면 사회 상위층에 오를 수 있고 재력이 떨어지면 하위계층으로 전락한다. 주택, 옷차림은 물론 교육과 직업 등도 따라서 변동된다. 예컨대, 농공상農工商이 사士가 되려면 스승을 모시고 교육을 받을 수 있는 능력이 있어야 하고, 또 사대부와 교제할 수 있는 활동력도 필수적이다. 그렇게 해서 시간이 지나면 사대부의 기질이 길러진다. 다른 계층의 변동도 마찬가지다. 어떻든 특별한 행운이 찾아오지 않는 한, 상류층에 속하려면 반드시 그만한 재력이 뒷받침되어야 가능하다. 하지만 그런데도 하류층은 상류층에 끼이려 안간힘을 다하고 또 상류층은 현재 가진 지위를 잃지 않으려고 애를 쓴다. 옛날에 부지런히 노력해서 출세하라거나 가문에 망신을 주지 않도록 처신을 잘 하라거나 하는 등의 교육은 모두 이 같은 취지에서 나온 것이라 하겠다. 하지만 그때는 아직까지 계층을 없애거나, 같은 계층 사람의 힘을 연합해서 대립된 계층과 맞서 싸우려는 생각은 일어나지 않았다. 이는 당시의 계층 차이가 그다지 크지 않았으며, 또 계층간의 변동도 그리 어렵지 않았기 때문으로 보인다.

하지만 현대식 산업이 나타난 후로는 상황이 많이 달라졌다. 옛날의 소위 부유층富, 중간층中人, 빈곤층貧은 그나마 크게 차이나지 않았지만 이제는 빈부격차가 심각하게 벌어지게 되었다. 이른바 중산층은 구식 중산층과 신식 중산층으로 구분된다. 구식 중산층은 구식 소기업 등을 가리키는데, 결국 대기업에 합병될 수밖에 없는 계층이다. 또 기술자, 관리자를 비롯한 신식 중산층은 대자본가에 의탁하여 생존한다. 비록 그들은 상류층과 어울려 살지만 경제적인 안전성에 있어서는 여느 근로자나 다름이 없다. 상위층으로 올라갈 가능성이 없으니 결국 아래 계층으로 떨어지는 일을 면치 못할 것이다. 그러므로 이른바 중간층은 결코 하나의 계급을 이룰 수는 없다.

또 하류층에서 상류층에 올라가는 것도 오로지 개인의 능력만으로 이루어지는 일이 아니다. 옛날의 소부小富는 개인의 능력이나 좋은 기회를 통해서 충분히 이룰 수 있었지만 오늘날의 대부大富는 결코 그것만으로 실현될 수 있는 것이 아니다. 오늘날의 문명지국文明之國에서 이른바 실업계의 총수들은 갑부나 재력가 집안 출신인 경우가 대부분이고, 다른 계층에서 올라온 자는 거의 없다. 세습제라 불리지 않을 뿐이지 실제는 세습되는 것이나 다름없다. 상류층이 변동되지 않으니 하류층도 쉽사리 그 딱하고 어려운 처지에서 빠져 나오기 힘들다. 이런 상황에서 사람들은 계급투쟁에 눈을 돌릴 수밖에 없다. 이에 따라 계급투쟁의 사조가 한때 대두되어 크게 유행했다. 그러나 계급을 없애는 것이 좋은 일이기는 하지만 맹목적으로 행동하다가는 위험만 초래할 뿐, 기대했던 효과를 얻기 어려울 것이다. 그러므로 지극히 신중하게 생각한 뒤에 행동을 취해야 할 것이다.

5

재산제도

소유제의 변화와 경제제도의 변천

고대 중국의 경제 제도는 세 시기로 나눠서 살펴볼 수 있다. 역사가 있기 전까지의 선사 시기, 역사가 생기고 신실新室 왕망王莽 정권 말기까지의 시기, 왕망 정권이 무너진 뒤부터 지금까지의 시기가 그것이다. 그리고 이제부터는 네 번째 시기에 들어서고 있다고 하겠다.

공자는 『춘추春秋』에서 전체 242년의 역사를 난세亂世, 승평세昇平世, 태평세太平世로 구분한 바 있다. 그렇게 구분해 놓은 것은 세운世運을 되돌려 난세에서, 승평세로, 나아가 태평세로 거슬러 올라갈 수 있도록 의도했던 것이 분명하다. 하지만 승평세, 태평세는 단지 공자만의 이상이 아니었을까? 예를 들어 선진제자先秦諸子들은 아득한 상고上古시대를 황금시대黃金時代로 간주하고 후세로 내려올수록 세상이 어지러워지고 인심이 흉흉해졌다고 주장하고 있다. 이를 보건대, 공자의 주장은 이상일뿐더러 나름의 필연적인 역사 배경이 있을 것이다. 아마도『예기・예운禮運』에서 묘사하고 있는 대동大同과 소강小康 사회가 바로 그런 사상의 배경인 듯하다. 공자는 대동 사회를 최상의 시대로 간주하고 소강은 그 한 단계 아래, 그리고 난세를 그 보다 더 열악한 사회로 보았다. 이른바 승평昇平이란 난세를 거꾸로 되돌려 소강사회로 만들고, 한 걸음 더 나아가 대동 사회인 태평세太平世에 이르게 한다는 것이니, 이는 의심할 바 없다. 그렇다면 이른바 대동, 소강이란 어떤 사회를 말하는가?

인간은 노동하지 않고서는 살 수 없다. 하지만 서로 무리를 지어 협력하지 않으면 노동도 헛수고가 되고 만다. 심지어 서로 협력하지 않았다면 노동이란 것조차 몰랐을 것이다. 그래서 순자는「왕제王制」에서 사람이 무리 짓지 않으면, 다시 말해 사회를 구성하지 않으면 일을 감당할 수 없다고 한 것이다.[1] 원시시대 사람들은 오로지 한 마음으로 협력하여 대자연을 극복하는 데 집중했을 뿐, 재물 때문에 싸우는 일은 결코 없었다. 원시사회 사람들에게 개인의식이 발달되지 않았다는 점은 일찍이 많은 사회학자들이 입증한 바 있다. 나라는 개인에 대한 의식이 없는데, 내 물건이 어디 있었겠는가? 물론 옷이나 간단한 개인용품 등은 사유하는 것처럼 보일 수 있으나 사실 그것은 개인이 사용하지 않으면 무용한 것이어서 그에게 속해 있을 뿐이었다. 재산 상속도 마찬가지였다. 예를 들어,

---

1) 역주:『순자・왕제편(王制篇)』, "그런 까닭에 사람은 살면서 무리를 짓지 않을 수 없으니, 무리를 짓되 구분이 없으면 싸우게 되고, 싸우면 어지럽게 되며 어지러우면 약해지고, 약해지면 외물과 싸워 이길 수 없다(故人生不能無群, 群而無分則爭, 爭則亂, 亂則離, 離則弱, 弱則不能勝物)." 일반적으로 원문에 나오는 "능승물(能勝物)"은 외물과 싸워 이긴다는 뜻으로 해석한다. 하지만 저자는 달리 해석하고 있기 때문에 본문에서 다음과 같이 별도의 주를 달았다. "승(勝)은 음이 평성(平聲)이며 훈은 감(堪)이니 감당한다는 뜻이다. 물(物)은 사(事)와 통훈이다. 따라서 '能勝物'은 어떤 일을 감당할 수 있다는 뜻이지 외물과 상대하여 이긴다는 뜻이 아니다." 본문은 저자의 뜻에 따라 번역했다.

씨족사회에서 남자의 유물遺物은 남자에게, 여자의 유물은 여자에게 계승되었다. 이처럼 사람 사이에 이해관계로 인한 충돌이 없는데 어찌 사회가 화목하지 않을 수 있겠는가?

인간 사회는 원시 공산시대共産時代, 씨족 공산시대를 거쳐 가족 공산시대로 들어섰다. 씨족시대나 가족시대에는 서로 경계를 지어 구분하는 일이 종종 있기는 했지만, 공유하는 부분이 아직 컸던 것으로 보인다. 하지만 공자가 동경하던 대동 사회는 그 이전 시기의 사회형태임이 분명하다. 옛 문헌의 기록에 근거하여 당시의 사회 상황을 대략 그려보면 다음과 같다.

당시는 분명 농업사회였을 것이다. 처음에는 토지를 경작하는 데 아무런 구획이 없었으나 점차 가족의 숫자에 따라 가호家戶의 수대로 토지를 나눠주었다.2) 이것이 이른바 정전제井田制이다.3) 정전제는 사방 1리里의 토지를 9등분하여 가운데 하나를 공전公田으로 삼고 주위 8곳을 사전私田으로 삼았다. 구역마다 100묘畝였는데, 사방 1리에 사는 8가구가 각기 한 구역씩 맡아 경작했다. 가운데 공전에서 20묘를 따로 구획하여 8가구의 거주지로 사용하고4) 나머지 80묘는 8가구가 공동으로 경작했다. 공전의 수확물은 모두 나라에 바쳤으며, 사전私田의 수확물은 각 가구의 수입으로 삼았다. 이것이 이른바 조법助法, 노역과 조세의 제도이다. 이외에 공전과 사전을 구별하지 않고 묘당 약간의 수확물을 내는 경우도 있는데, 이

---

2) 『예기정의·예운』에서 공자는 "남자는 모두 직분(주로 농사)이 있고, 여자는 시집갈 곳이 있다(男有分, 女有歸)."고 했다. 앞의 책, 659쪽.

3) 역주: '정전'이란 말은 『곡량전·선공(宣公)15년』에서 처음 나온다. 『춘추곡량전주소』 선공(宣公)15년, "옛날에는 삼백보를 1리로 삼았는데, 이를 정전이라고 한다(古者三百步爲里, 名曰井田)." 앞의 책, 204쪽. 원문에 나오는 1리는 사방 300보의 토지를 말한다.

4) 주택지로 가호당 2.5묘를 수여 받는다.

를 철법徹法이라 한다.

하지만 지급받은 경작지는 개인소유의 토지가 아니었다. 그래서 경작지를 환수하거나 경작지를 바꾸는 '환수還受'와 '환토역거換土易居'의 제도가 있었다. 환수還受의 수受는 경작할 만한 나이가 되면 나라에서 토지를 받는 것이고, 환還은 나이 들어 더 이상 농사지을 수 없을 경우 토지를 나라에 돌려주는 것이다. '환토역거'는 환주역거換主易居라고도 하는데, 말 그대로 땅을 바꾸고 거주지를 바꾼다는 뜻이다. 토지가 개인 소유가 아니었기 때문에 나라에서 토지를 재배정할 수 있었으니, 일종의 재분배인 셈이다. 문헌 기록에 따르면, 3년에 한 번씩 토지와 거주지를 재배정했다고 한다.

경작지 주변의 거주 공간 외에 사람들이 모여 사는 곳이 있는데, 이를 읍邑이라고 한다. 전체 면적은 사방 9리이고, 모두 72가구가 살았다.5) 여덟 가호가 하나의 항巷을 이루는데 그 가운데에 교실校室이라는 공공 시설이 설치되기도 했다. 읍내 사람은 봄, 여름, 가을 세 계절에는 밖에 나가서 농사를 짓고 겨울에는 읍에서 지냈다. 한 읍에는 나이 많은 두 사람을 관리자로 지정했는데 각각 부로父老, 이정里正이라 불렸다. 또 그 당시의 건축 양식으로 거리의 양쪽 끝에 여閭라는 문을 세워 놓았다. 여문閭門의 양쪽 옆에는 숙塾이라는 방 두 칸을 지어 놓았다. 밭일을 하는 계절에는 날이 밝는 대로 부로와 이정이 여문閭門을 열어놓고 각각 좌숙左塾과 우숙右塾에 앉아서 일하러 나가는 읍내 사람들을 지켜봤다. 늦게 일하러 나가거나 들어올 때 땔감을 가져오지 않는 자는 그들로부터 꾸지람을 듣게

---

5) 『예기 · 잡기(雜記)』의 주에서 인용된 『왕도기(王度記)』의 내용 참조. 그리고 『공양전』에 대한 하휴(何休)의 주처럼 성수(成數)를 취하여 모두 80호가 산다고 말하기도 한다. 읍에는 가호마다 택지 2.5묘를 지급받을 수 있다. 그리고 경작지 근처에 지급받는 주택 면적까지 계산해서 가호당 오묘지택(五畝之宅)을 가졌다고 이야기할 수 있다.

된다. 무거운 짐을 같이 들어주거나 하면서 사람들이 나들이할 때 서로 협력하고 챙겨주었다. 나이든 사람이 편하게 다닐 수 있도록 옆에서 친절하게 안내하고 부축해 주는 것은 너무나도 당연하고 자연스러운 일이었다. 겨울이 되면 부로가 교실校室에서 읍내 아이들을 교육시키고 이정은 아낙네들이 길쌈하는 것을 재촉했다. 같은 항에 사는 아낙네들은 한 방에 모여 밤늦게까지 베를 짰다.

위의 내용은 『공양전』 선공宣公 15년에 대한 하휴何休의 주注, 그리고 『한서 · 식화지食貨志』에 근거하여 정리한 것이다. 이는 후대 사람에 의해 전해진 이야기로서 고대 사회의 정확한 실상은 아닐 것이나, 이를 통해서 고대 농촌 사회의 대략적인 면모는 엿볼 수 있다.

고대에는 경작지 외의 토지를 통틀어 산택山澤이라고 일컬었다. 경작지는 가호에 따라 지급되는 것이지만 산택은 전부 공유였다. 사람들은 일정한 원칙에 따라 산택 자원을 개발하고 이용했다. 『맹자』는 당시 산택 이용 원칙에 대해 이렇게 말했다. "촘촘한 그물을 웅덩이에 넣지 않고", "때가 되어야만 도끼를 들고 산림에 들어간다."6) 이외에 『예기 · 왕제』에도 사냥의 규칙에 대해 언급하고 있다.7) 『주례』에 따르면, 고대에는 산우山虞, 임형林衡, 천형川衡, 택오澤虞, 적인迹人, 광인卝人 등의 관직들이 설치되어 있었는데, 주로 산택을 관리하고 감독하는 직책을 맡은 관직들이다. 이처럼 고대에는 산림이나 수택水澤 자원을 적당히 관리하는 데 그쳤을 뿐, 후세처럼 봉금封禁하지 않았다.

---

6) 『맹자주소 · 양혜왕상』, "數罟不入洿池. 斧斤以時入山林." 앞의 책, 9쪽.

7) 역주: 원문에는 인용문이 나오지 않는다. 「왕제」에 보면, "산림과 하천은 때로 정해 들어가되 금하지 않았다(林麓川澤, 以時入而不禁, 『예기정의 · 왕제』, 앞의 책, 394쪽.)" "짐승이나 물고기 자라 등은 사냥하여 죽이기에 적당하지 않을 때 잡은 것은 시장에 내다팔지 않았다(禽獸魚鼈, 不中殺 不粥於市, 같은 책, 413쪽.)"라는 구절이 나오는데, 아마도 이를 말하는 듯하다.

당시에는 공업工業이라고 할 것이 없었다. 간단한 기구는 누구나 만들 수 있었고, 복잡한 기구는 공동체 내부에 전문적으로 만드는 사람이 따로 있었다. 당시 기구 제조를 담당했던 사람은 자신의 이익을 추구하며 일을 하지는 않았다. 공동체의 다른 구성원들이 의무적으로 그들에게 생필품을 지급해 주었고, 또 그들이 만든 기구는 공동체의 구성원에게 의무적으로 분배되었기 때문이다. 이는 곧 후에 생긴 공관工官제도의 원시 형태라 하겠다.

재산이 공유였기 때문에 같은 부족 내부의 거래가 전혀 없었다. 부족 사이에는 물물을 교환하는 경우는 있었으나 그것도 부족 구성원들이 쓰다 남은 물건을 주고받을 정도였다. 허행許行이 주장하는 교역이란 질에 상관없이 양만 고려할 정도로 간단했던 당시의 교역 형태를 말한다.8) 『예기·교특생郊特牲』에 "흉년이 든 지역은 사제蜡祭를 거행하지 못하도록 한다."9)고 했다. 사제는 한 해의 농사가 끝난 연말에 조상과 하늘에 올리는 제사인데, 정기적으로 물물을 교환하는 일종의 교역이 행해지기도 했다. 따라서 작황이 좋지 않아 거래할 것이 없으면 당연히 서로 주고받을 것도 없었을 것이다. 이렇듯 당시의 교역은 사회경제에 미치는 영향이 매우 미미했을 것으로 보인다.

특별한 경우 어느 부족에 필요한 물품이 모자랄 경우 다른 부족에게 직접 도움을 청하는 일도 있었다. 후세 이른바 걸조乞糴10)는 이런 관행에서 비롯된 것으로 보인다. 자연재해나 인위적인 재앙으로 피해가 커서 부족 내부의 힘만으로 해결하기 어려울 때, 다른 부족들이 자발적으로 힘을 모아 도와주기도 했다. 예를 들어, 『춘추』양공襄公 30년, 송국宋國에

---

8) 『맹자·등문공상』 참조하시오.

9) 『예기정의·교특생』, "四方年不順成, 八蜡不通." 앞의 책, 806쪽.

10) 역주: 걸조(乞糴)는 다른 나라를 향해 쌀을 팔아달라고 요청하는 것을 말한다.

화재가 났을 때, 각 국의 제후들이 단원澶淵에 모여 송국에 대한 원조를 의논했다. 이런 일이 가능했던 것은 이전부터 전해 내려온 관행이 있었기 때문일 것이다. 심지어 남을 대신하여 일해 주는 것도 흔한 일이었다. 『맹자』에 나오는 다음 이야기가 이를 보여준다.

> "탕왕湯王이 박亳에서 지낼 당시 갈葛이란 이웃 나라가 있었다. 갈백葛伯이 방자하여 제사를 지내지 않자, 탕왕께서 사람을 시켜 물었다. '어찌하여 제사 지내지 않는가?' 갈백이 제사에 바칠 희생물이 없기 때문이라고 답했다. 탕왕이 그에게 소와 양을 보내자, 갈백이 먹어버리고 또 제사를 지내지 않았다. 탕왕께서 다시 사람을 시켜 물었다. '어찌하여 제사를 지내지 않는가?' 갈백이 제물로 바칠 곡식이 없기 때문이라고 했다. 그리하여 탕왕이 갈백에게 사람을 보내 농사를 대신 지어주었다."[11]

지금의 입장에서 보면 그다지 믿겨지지 않고 남 때문에 쓸데없는 고생을 한다는 생각이 들 것이다. 하지만 고대에는 농사를 대신 지어주는 관행이 있어서 이런 일이 가능했다. 같은 사례로 제환공齊桓公이 제후를 모아 기杞나라를 위해 도읍지를 건설해주었다는 것 역시 후세 사람의 눈으로 보면 이해가 가지 않는 일이지만,[12] 이 역시 먼 옛날부터 부족 간에 행해져 왔던 관례가 있어서 가능했다. 이외에도 고대 국가 간에는 이처럼 도의에 따른 일들이 상당히 많았다. 이는 신의를 중히 여기고 화목함을 닦는다는 공자의 '강신수목講信修睦'을 그대로 구현한 것이라 할 수 있다.

고대에는 부족끼리 이런 도리를 지켰지만 굳이 다른 부족에게 도움을

---

11) 『맹자주소 · 등문공하』, "湯居亳, 與葛爲鄰. 葛伯放而不祀. 湯使人問之曰, 何爲不祀 曰, 無以供犧牲也. 湯使遺之牛羊. 葛伯食之, 又不以祀. 湯又使人問之曰, 何爲不祀? 曰無以供粢盛也. 湯使亳衆往爲之耕." 앞의 책, 168쪽.

12) 『춘추』 희공(僖公) 14년 참조.

청하는 일은 오히려 드물었다. 고대의 부족들은 나름의 생활 규범을 준수하여 불가항력적인 천재지변 등이 아니면 곤궁해지는 경우가 별로 없었기 때문이다. 그렇다면 그들이 준수하고자 했던 생활 규범은 어떤 것일까?『예기·왕제』에서 총재冢宰의 직책을 다루는 내용을 보면 이를 짐작할 수 있다.

> "총재가 국가 경비 예산을 정하되 반드시 전년의 세말에 오곡이 모두들어온 뒤에 예산을 정한다. 토지의 크고 작은 것을 토대로 하여 풍년과흉년을 참작하고 30년간의 수입을 통산하여 나라에서 사용할 예산을정하되 수입을 헤아려 지출을 정한다."[13]
> "3년 동안 경작하면 반드시 1년 동안 먹을 수 있는 곡식을 비축해야하고, 9년 동안 경작하면 반드시 3년 동안 먹을 수 있는 식량을 남길수 있어야 한다. 30년간 비축해 둔 식량이 있으면 비록 흉년이 들거나가뭄, 홍수 등으로 피해를 입을지라도 백성들이 굶주리는 일은 없을것이다."[14]

이상의 내용은 총재의 직무에 관한 것이지만 원시 농촌사회에서 이러한 나름의 전통이 있었기 때문에 이를 규범화한 것이라고 할 수 있다. 흉년이 들어 기근饑饉이 생길 때면 부족의 모든 구성원들이 함께 절약하고 생활의 규모를 줄여나갔다. 이는 흉년이 들거나 역병이 도는 등 비상시기의 변례變禮였다. 고대에 예禮는 모든 이들이 지켜야할 생활의 실제에 부합하는 규칙이었다. 결코 실속이 없는 허문虛文이 아니었다는 뜻이다. 이는『예기·예기禮器』에 나오는 다음 대목에서도 확인할 수 있다.

---

13)『예기정의·왕제』, "冢宰制國用, 必於歲之杪. 觀年之豊耗, 以三十年之通制國用, 量入以爲出." 앞의 책, 376쪽.
14)『예기정의·왕제』, "三年耕, 必有一年之食. 九年耕, 必有三年之食. 以 三十年之通, 雖有凶旱水溢, 民無菜色." 앞의 책, 377쪽.

"예의 대륜大倫(성대한 차례)은 토지의 넓고 좁음에 상응하도록 하는
것이고 예의 박하고 두터움薄厚(예의 규모)은 풍년과 흉년에 따라 행하
는 방식을 바꾸는 것이다. 그런 까닭에 그 해가 만약 크게 흉작일지라도
사람들이 그다지 놀라지 않는 것은 위(조정)에서 예를 정할 때 절제가
있음을 알기 때문이다."15)

　　어떤 집단이든 노약자나 장애인이 있기 마련이다. 부족의 경우도 마찬
가지인데 그들은 의무적으로 그들을 먹여 살렸다. 『예기 · 왕제』에 따르
면, 어린 나이에 아비를 여읜 고아孤, 아들이 없는 늙은이(독獨), 늙은 홀아
비(환鰥)와 늙은 과부(과寡) 등에게 "정기적으로 식량을 제공했다." 또한
"벙어리, 귀머거리, 절름발이, 앉은뱅이, 팔다리가 부러진 자, 난쟁이, 백공
(잡다한 기예를 지닌 사람) 등은 각기 기물을 주어 먹고 살 수 있도록
한다."16) 기존 학자들은 인용문을 장애인들에게 각기 재능에 따라 일을
시킨다는 뜻으로 해석하고 있다. 그러나 필자가 생각하기에 이는 올바른
해석이 아니다. 인용문의 앞뒤 문장은 서로 대구를 이루며 상호 보완 설명
하는 일종의 호언互言 수사법을 따르고 있다. 이는 고문에서 흔히 볼 수
있는 수사법이다. 따라서 '고독환과孤獨鰥寡'에게 식량을 제공한 것처럼
장애인들에게도 식량을 배급했고, 장애인들에게 기물을 준 것처럼 '고독
환과'에게도 기물을 주었다고 해석하는 것이 옳다. 『순자 · 왕제』에 "다섯
가지 질병을 앓는 이들은 위에서 거두어 돌봐주었다(五疾上收而養之)."고
한 것을 보면 이러한 해석이 옳음을 알 수 있을 것이다.

　　이러한 제도가 제대로 실행된다면 사회 모든 구성원들이 의지할 곳이
확보되는 셈이다. 사회적 갈등이 별로 없었던 고대 사회에는 이러한 제도

---

15) 『예기정의 · 예기(禮器)』, "禮之大倫, 以地廣狹. 禮之厚薄, 與年之上下. 是故年雖大
　　殺, 衆不惟懼, 則上之制禮也節矣." 위의 책, 717~718쪽.

16) 『예기정의 · 왕제』, "皆有常餼." "瘖, 聾, 跛, 躄, 斷者, 侏儒, 百工各以其器食之." 앞
　　의 책, 429쪽.

가 실시되었을 가능성이 충분하다. 그런 까닭에 후세 사람들은 당시를 황금시대로 본 것이 아니겠는가? 사실 역사상의 어느 시대를 황금시대로 간주하는 것은 중국에만 있는 현상은 아니다. 그리스(Greece)에도 그런 일이 있었다. 이런 면에서 물질적인 문명의 발전은 사회 조직 구조의 발전과는 전혀 별개의 문제이다. 후세로 내려오면서 인간사회가 물질적으로 커다란 발전을 이룩한 것은 사실이지만 사회 조직은 오히려 뒷걸음질 쳤다고 할 수 있다.

고대에 재산이 공유되었다는 사실은 적지 않은 역사 기록을 통해 확인할 수 있다. 일단 『서경·주고酒誥』에 나오는 음주飮酒 금령을 살펴보자.

> "무리지어 술을 마시는 자를 발견하면, 봐주지 말고 전부 잡아들여
> 주나라로 보내라. 내가 그 사람들을 모두 죽이리라."[17]

위는 주周나라 때 옛 은殷나라 땅에서 음주 금령을 실시하면서 내린 경고문이었다. 음주를 금지하는 것은 이상할 것이 없다. 그러나 음주 단속이 엄하면 집에서 혼자 마시면 될 일을, 굳이 처벌을 무릅쓰고 금령을 어겨가면서 무리지어 마신 까닭은 무엇일까? 사람들이 즐기고자 하는 바가 술을 마시는 것인지, 아니면 무리지어 어울리는 것이었는지 의문이 쉽게 풀리지 않는다. 또한 한나라 시절 국가에서 사포賜酺라는 특전特典을 베푼 일이 있는데, 만약 무리지어 술을 마시는 일이 아니라 단순히 술을 마시는 것뿐이었다면 사포를 일종의 은전恩典이라고 하지 않았을 것이다. 이러한 역사적 사례로 보건대, 옛사람들은 반드시 무리지어 술을 마시는 군음群飮의 관습이 있었으며, 또한 관습에 깊이 젖어 있었다고 추정해 볼 수 있다. 무엇이든 역사가 오래되어 뿌리가 깊으면, 짧은 시간에 쉽게

---

17) 『상서정의·주고(酒誥)』, "群飮, 汝勿佚, 盡執拘以歸於周, 予其殺." 앞의 책, 382쪽.

바뀌지 않는 법이다. 이렇듯 뿌리 깊은 '군음'의 풍습은 아마도 아주 먼 옛날 사람들이 함께 밥을 먹는 공식共食의 습관에서 비롯된 것으로 볼 수 있을 것이다.

공산共産의 흔적은 『맹자』에 나오는 춘추시대 제나라 재상 안자晏子의 말을 통해서도 엿볼 수 있다. "왕의 군사가 출정하면 현지에서 양식을 징발한다(師行而糧食)." '糧'은 '量'과 통하니 자신들이 먹을 양식을 남겨 두고, 나머지는 모두 나라에 바친다는 뜻이다. 물론 『맹자』 원문은 이러한 행태로 인해 굶주린 백성들이 제대로 먹지 못하고, 수고한 자들이 쉬지 못하게 되었음을 비난하는 내용이다. 다시 말해 폭정에 대한 비난인 셈이다. 그러나 그 근원을 따져보면 개인이 저장하고 있던 식량은 사유물이 아니었을 것이다. 그래서 국가에서 언제라도 거두어갈 수 있었다. 심지어 가옥마저도 개인 소유가 아니었는데 어찌 식량이 개인 소유가 되겠는가? 아마도 후대에 백성들의 식량을 징발한 것은 이러한 이전의 관습에 따른 것일 수도 있다.

이상은 옛 문헌에 근거하여 추정한 대동 사회의 정황이다. 비록 옛 문헌에서 볼 수 있는 것들이 체계적인 기록이 아니라 단편적인 흔적에 불과하지만 그러한 역사적 사실이 없었다는 뜻은 아니다. 그렇다면 이러한 것들이 후세로 들어와 훼손되고 사라지게 된 까닭은 무엇인가?

거시적으로 볼 때 인류의 역사는 폐쇄에서 개방(또는 소통)의 길을 따라 발전했다고 말할 수 있다. 인류는 끊임없이 대자연과 싸워 지금까지 살아남았다. 사람들이 서로 힘을 합칠수록 역량이 확대되어 자연과의 투쟁에서 우세를 점할 수 있었다. 이런 점에서 인류 사회의 문명 발전은 인류가 서로 연합하여 협력하는 규모가 점점 커져가는 과정이라고 말할 수 있다. 다만 자연에 대한 통제 역량을 키웠으나 자신들을 제어하는 역량은 이를 따라가지 못했다. 결국 천재天災가 줄어드는 데 비해 인화人禍는 끊임없이 늘어났다.

인류가 연합하는 방식은 두 가지이다. 하나는 너와 나의 구분 없이 협력하는 것이고, 다른 하나는 피아彼我의 경계를 나누어 상대의 노동력을 빼앗는 것이다. 전자를 교역이라고 한다면 후자는 약탈이다. 아무래도 고대에는 교역보다 약탈이 더 흔했다. 고대 각종 사회 형태 가운데 농업사회는 문화적인 면에서 가장 발전하고 물자도 풍부했다. 그러나 가장 쉽게 침탈할 수 있는 사회이기도 했다. 그 이유는 다음 몇 가지로 요약할 수 있다.

첫째, 농업사회는 전쟁보다 평화를 선호하는 사회유형이다. 둘째, 농업사회의 생산기반이 토지이기 때문에 옮길 수가 없다. 셋째, 수렵이나 가축을 기르는 유목민 사회는 초지를 찾아 떠돌아다니기 때문에 일정한 거주지가 없어 완전히 제압하여 후환을 없애기가 힘들다. 넷째, 유목민 사회는 오랜 세월 수렵을 통해 싸움에 능하다. 다섯째, 식량을 구하기 힘든 유목민족은 기회만 있으면 농업사회를 침탈하여 약탈을 일삼았다.

이런 이유로 인해 농업사회에 사는 부족은 화약和約을 조건으로 공물을 보내야만 했다. 시간이 지나면서 농업사회의 부족들은 농노로 전락하고, 나아가 정복자와 피정복자의 소통이 잦아지고 긴밀해지면서 정복자는 지배층, 피정복자는 피지배층이 되었다. 봉건시대 계급제도는 바로 여기에서 형성되기 시작했다.

이러한 대립 속에서 지배층의 피지배자들에 대한 착취가 날로 심각해졌을 것이다. 하지만 다른 한편으로 착취할 자원을 남기기 위해 일정 정도 여지餘地, 즉 나름의 보장을 해주었다. 그 이유는 다음 네 가지로 요약할 수 있다.

첫째, 피지배층에게도 일정한 여유가 주어져야만 장기적인 착취가 가능하기 때문이다. 둘째, 향락을 누리는 것이 지배층의 착취 목적이었기 때문에 원하는 목적을 달성하면 굳이 타인들(피지배층) 내부 사정까지 간섭할 필요가 없었다. 셋째, 착취자의 권력도 사실상 제한적이었고, 또한 그들 내부의 사정으로 인해 제멋대로 간섭하기 힘들었을 것이다. 넷째, 문명 수준이 다른 두 사회가 부딪치게 되면, 문명화된 사회가 비록 무력은 약할지라도 사회 조직 면에서 훨씬 합리적이고 단단하다. 그렇기 때문에 무력에 의해 굴종할지라도 문화적으로는 오히려 문화 수준이 낮은 사회가 문명사회에 동화되기 마련이다.

바로 이런 까닭에 피지배층의 사회조직이 그대로 보전될 수 있었으며, 더 나아가 상호 밀접한 교류와 동화를 통해 정복자 사회에 심대한 영향을 끼치게 된 것이다.

『순자』「부국富國」과 「왕제」편에 보면 군주는 잘 조직하고 다스린다는 뜻인 '군자선군君子善群'이라는 말이 나온다. 여기에 군群은 단순히 무리 짓는다는 뜻이 아니라 '조직하다', '다스리다'의 뜻이다. 순자는 군주가 잘 다스리는 까닭은 '명분明分', 즉 백성들의 직분을 명확하게 구분했기 때문이다. 다시 말해 군주는 사람들마다 나름의 직분에 따라 일을 하고 그 직분에 만족하는 질서, 즉 예의禮義를 분명하게 만들었다는 뜻이다. 정복자의 우두머리는 피정복자들의 문화를 수용하여 그 규칙에 따라 사회를 조직하는 책임을 맡게 되었다. 이런 사회에서 유일하게 군대부君大夫 계층만이 정복자의 후손들이었다. 그들은 광활한 토지를 소유하고 막대한 수입을 얻었기 때문에 일반인들과 크게 달랐다. 그들 외에 다른 계층들은 별 다른 변화가 없었다. 농민은 여전히 기존의 정전제에 따라 삶을 영위했고, 공工이나 상商 계층도 이전과 마찬가지로 생업에 종사하여 부를 축적했다. 다만 사士는 농사 대신 봉록에 의지하여 살았는데, 경제적인 면에서 농민들이나 별 다를 바가 없었다.

당시 지배층들은 피지배층이 이익을 쟁탈하는 일이 없도록 생업을 구분하고 각종 제한을 두었다. 예컨대 "벼슬하는 자는 농사를 짓지 않고, 농사짓는 자는 고기를 잡지 않는다."[18]라는 말은 그러한 금례 가운데 하나였다. 『대학大學』에도 이와 유사한 내용이 나온다. "맹헌자孟獻子가 말했다. '수레를 끄는 말을 기르는 집은 닭과 돼지 따위를 살피지 아니하고, 얼음을 캐서 사용하는 집은[19] 소와 양을 기르지 아니한다.'"[20] 이외에도 동중서는 자신의 대책對策에서 이런 이야기를 한 적이 있다. 공손의公孫儀가 노나라 재상으로 지낼 때 집에서 아내가 베를 짜고 있는 것을 보고는 화를 내며 아내를 내쫓았고, 집에서 아욱을 길러 먹는 것을 보고는 크게 화를 내며 아욱을 모두 뽑아버리고는 "나는 복록을 먹고 사는데 어찌 농부나 일반 아녀자들의 이익을 빼앗으려 하는가?"라고 말했다.[21] 동중서가 이런 말을 할 때는 도덕적 교조에 불과했을 뿐이나 아마도 처음에는 일종의 금령이었을 것이다. 당시 사회는 그런대로 화목하고 안락했다. 물론 통치계층에 일부 기생하는 집단이 없는 것은 아니었으나 그들이 일반 사람들의 생명을 위협하거나 건강을 해칠 정도는 아니었다. 이것이 바로 소강小康사회이다.

소강小康의 시대가 지나자 곧 난세亂世에 들어섰다. 난세로 들어선 까닭은 다음 두 가지로 요약할 수 있다.

첫째, 개국 군주로서 초기의 정복자들은 비록 무력에 의지했으나 열악한 환경 속에서 어렵게 살아왔기 때문에 항시 부지런하고 검소했다. 그러나 몇 세대가 지나면 깊은 궁궐 안에서 호의호식하며 자란 후손들은 사치스러운 생활이 일상이 되고 말았다. 아울러 지배층의 착취가 날로 심해지

---

18) 『예기정의·방기(坊記)』, "仕則不稼, 田則不漁." 앞의 책, 1416쪽.

19) 역주: 옛날에 공경대부 이상의 귀족 집안에는 상례를 치를 때 얼음을 쓸 수 있었다. 후에는 이로써 귀족 집안을 가리키게 되었다.

20) 『대학』, "畜馬乘, 不察於鷄豚. 伐冰之家, 不畜牛羊." 앞의 책, 269쪽.

21) 『한서』, 권56, 「동중서전」, "公儀子相魯, 之其家, 見織帛, 怒而出其妻. 食於舍而茹葵, 慍而拔其葵. 曰, 吾已食祿, 又奪園夫紅女利乎?" 앞의 책, 2521쪽. 역주: 이는 동중서가 무제의 질문에 답한 책문(策文)이다. 공의자는 춘추시대 노나라 목공의 재상으로 성은 공손(公孫), 이름은 의(儀)이다. 『사기·순리열전循吏列傳』에 청렴한 재상으로 소개되고 있다. 이외에 『한비자』 등에서도 그의 일화를 엿볼 수 있다.

면서 기존의 사회 조직과 규범 또한 무너지기 시작했다. 예컨대 정치가 어지러워지자 농민들이 공전公田(추수하여 나라에 세금으로 바치는 밭) 경작에 소홀하게 되고 이에 따라 이묘이세履畝而稅의 조세제도가 실행되었다.22) 이리하여 정전제가 무너지고 말았다. 둘째, 상업이 발달하면서 집안에서 각자 만들어 쓰던 기물을 시장에서 구할 수 있었고, 굳이 만들지 않아도 되는 것을 대량으로 생산하여 판매하기에 이르렀다. 기존의 제도는 경제적 수익을 얻는데 걸림돌이 되었기 때문에 결국 새로운 제도가 등장할 수밖에 없었다. 낡은 조직이 파괴되고 새로운 조직이 등장하면서 더 이상 이성의 지배가 사라지고 말았다. 사람들은 더 이상 환경을 제어할 수 없었으며, 오히려 환경의 지배를 받아야만 했다. 당시 경제적 변화 양태는 다음 몇 가지로 살펴볼 수 있다.

첫째, 인구의 증가로 토지가 점점 부족해졌다. 이에 따라 지대地代를 주고 남의 땅을 경작했으며 이전의 황무지를 개간하거나 저수지를 메워 농지로 만들었다. 이를 '개천맥開阡陌'이라고 한다.23) 이리하여 농지의 경계 표시가 사라지고 사람들은 그 틈을 이용하여 토지를 강점하기 시작했다. 군주 또한 조세를 늘리는 데만 관심이 있었기 때문에 전혀 금지시키지 않았으며, 오히려 적극 동조했다. 맹자의 다음과 같은 말이 이를 증명한다. "폭군과 부패한 관리는 필시 (농지의 경계를) 흐릿하게 만들어 놓는다."24) 한편으로 토지를 강제로 빼앗고 재력으로 사들이자 토지의 병

---

22) 역주: 이묘이세(履畝而稅)는 경작지를 측량하여 토지 면적에 따라 세금을 물리는 조세제도다.

23) '개천맥(開阡陌)'의 '開'는 '개간하다'는 뜻이며, 밭 사이의 길을 통틀어 '阡陌'이라 불렀다. 저지대에 물을 모아놓은 저수지나 배수지를 일러 구혁(溝洫)이라고 하는데, 천맥을 개간하면서 이러한 저수지 등을 모두 메워버렸다. 이에 대한 구체적인 내용은 주자(朱子)의 「개천맥변(開阡陌辨)」을 참조하기 바란다.

24) 『맹자주소 · 등문공상』, "暴君汙吏, 必慢其經界." 앞의 책, 136쪽.

탄 현상을 피할 수 없었다.

둘째, 산택山澤은 원래 공유재산이었다. 봉토를 부여받은 군주, 즉 봉군 封君은 이를 봉금封禁하여 타인들이 제멋대로 들어가지 못하도록 했다. 이리하여 서서히 사유재산이 되고 말았다. 『사기·평준서』에 따르면, "한 나라 초기에 산천, 원지園池 등은 천자로부터 봉군封君에 이르기까지 모두 개인 소유물이 되었고, 그들에게 생필품을 공급해 주는 원천이 되었다."[25]

여기에 나오는 산천, 원지는 이전 공유 자원이었던 산택을 가리킨다. 사유재산으로 인정한 것은 한나라 초기이지만 이 역시 어느 날 갑자기 새로운 정령政令에 따라 이루어진 것이 아니다. 산택이 봉금되는 일은 진 秦나라 훨씬 이전부터 이미 보편적인 현상이었다. 산과 바다를 모두 나라 소유로 만드는 관자管子의 '관산부해官山府海' 주장은 개인이 아닌 나라의 수입을 늘리기 위한 취지였으나, 이전까지 모든 이들이 공유하던 자연 자원을 봉금封禁했다는 점에서 한나라 초기와 다를 바 없다고 할 수 있다. 『사기·화식열전』은 당시 이익을 얻어 부자가 된 이들의 열전인데, 그 중에는 축산업, 임업, 광산업 등 거의 모든 직종이 포함되어 있다. 이러한 사업은 산택이 없을 경우 절대로 불가능한 업종이다. 추측건대 그 산택은 아마도 왕이나 국군에게 하사받은 것이나 임대 또는 매입한 것일 가능성 이 크다.

셋째, 공업이 발전하면서 각종 기물도 이전보다 훨씬 향상되었다. 하지 만 공관工官의 제조기술은 그만큼 발전하지 못하거나, 인구의 증가에도 불구하고 공관의 수가 그만큼 늘지 않아 양적인 면에서 항상 부족함을 면할 수 없었다. 또한 이전에는 집집마다 직접 만들던 기구를 시장에서 구입하는 경우가 많아졌다. 그리하여 공업에 종사하는 사람의 수가 늘고

---

25) 『사기』, 권30, 「평준서(平準書)」, "漢初山川, 園池, 自天子至于封君, 皆各爲私奉養." 앞의 책, 1418쪽.

그 수익도 이전과 비할 수 없을 정도로 많아졌다.

넷째, 당시는 누구보다 상인들의 활약이 컸다. 거래할 일이 많아지면서 중간상도 많아졌다. 이윤 추구가 상업의 기본 원칙이니 중간상인들이 최대한 낮은 가격으로 사들여 높은 가격으로 내다 파는 것이 당연했다. 이런 점에서 생산자나 소비자 모두 중간상인들에게 착취를 당하는 셈이었다.

다섯째, 애초에 세상만물은 만인 소유이지 내 것과 네 것의 구분이 따로 없었다. 하지만 난세에는 피차간에 소유의 구분이 명확해졌다. 노동력이 귀하다는 것을 알게 되어 자신이 힘들여 만든 것을 절대로 공짜로 주는 일이 없었다. 이리하여 물건과 물건, 물건과 노동력, 노동력과 노동력이 서로 교환 가능한 것이 되었다. 노동력에 대한 대가로 임금이 등장했고, 이자도 생겨났다. 봉건시대 초기에는 봉군들이 많은 재산을 차지했으되 자신이 다스리는 이들을 구제하는 일에 책임을 느끼고 있었다. 하지만 이후 봉군들은 오로지 이익만을 추구했다.

다음에 인용하는 두 가지 내용이 이러한 변화를 그대로 보여준다. 우선 맹자는 고대에 천자의 순수巡狩나 제후의 술직述職에 대해 언급하면서 "봄에는 농사짓는 것을 살펴 부족한 것을 돕고, 가을에는 추수하는 것을 살펴 넉넉지 못한 것을 돕는다."[26]고 했다. 하지만 『전국책戰國策』을 보면, 맹상군孟嘗君을 위해 빚을 독촉하러 다니던 풍난馮煖이 채무자들의 채권을 모두 불살라 버렸다는 일화가 나온다. 물론 이는 채무자들을 위한 것이 아니라 맹상군을 위하여 인심을 얻기 위함이었다.[27] 여기서 알 수 있다시피 봉건시대 초기에는 봉군封君의 경우만 일반 사람들의 부족한 것을 보완해줄 수 있었지만 전국시대로 들어와서는 봉군은 물론이고 재물이 많은 일반인들이 많아졌고, 반대로 가난한 이들은 더욱 가난해져

---

26) 『맹자주소 · 양혜왕하』, "春省耕而補不足, 秋省斂而助不給." 앞의 책, 40쪽.
27) 『전국책 · 제책(齊策)』, "馮煖爲孟嘗君收債, 盡焚其券以市義." 앞의 책, 309~310쪽.

사채를 놓아 이자를 받는 일이 허다했다.

여섯째, 상업과 사채놀이를 보다 편리하게 만드는 화폐가 생겨났다. 화폐가 발전할수록 더욱 보편적으로 사용하기에 이르렀으며, 이에 따라 상업이 더욱 활발해지고 저축도 편리해졌다. 사람들의 욕망과 탐욕을 끝을 몰랐다. 아직 화폐가 없었던 물물경제 때는 물건이 많아도 다른 것으로 교환하지 않으면 아무런 의미가 없기 때문에 다른 이들에게 베풀고 빈한한 이들을 구제하는 데 적극적이었다. 하지만 화폐가 등장하여 모든 물건을 화폐로 교환할 수 있게 되자 저축을 통해 화폐의 가치를 유지할 수 있었기 때문에 설사 물건이 남는다고 할지라도 굳이 타인에게 줄 이유가 없었다.

이런 배경에서 다음 세 부류의 사람이 새롭게 등장했다.

첫째, 대지주. 대지주는 전답이 많은 자와 산택을 이용하여 수익을 창출한 자로 나눌 수 있다.

둘째, 대공상가大工商家(부유한 상공인). 고대에는 공업에 종사하는 이들이 직접 판매도 했기 때문에 이들을 모두 상인 부류에 포함시켰다. 예를 들어 한나라 시절 '염철鹽鐵'은 소금과 철(또는 철기)을 생산하는 사람들이자 생산과 영업을 모두 의미했다. 물론 그 중에서도 생산에 치중을 두었을 뿐이다.

셋째, 대금업자貸金業者. 주로 민간에 돈을 대출해주고 이자로 이득을 보는 이들이다.

당시 경제 상황을 알아보려면 『사기 · 화식열전』을 읽어보는 것이 좋다. 물론 「화식열전」에 나오는 이들은 주로 대부호들이지만, 그런 이들 외에도 재력이 상당한 지주나 상공업자, 고리대금업자들이 수도 없이 많았다.

정신현상은 생활환경에 따라 변하기 마련이다. 사람은 혼자의 힘만으로 생존할 수 없으며, 서로 돕고 의지해야만 살아갈 수 있다. 가족제도가 정착되면서 사람들은 다섯에서 여덟 정도의 식구로 이루어진 소단위로 나누어졌다. 교역이 보편화하면서 서로 남은 것을 나누어주고 서로 돕고 협력하던 삶에서 서로 착취하고 서로 배척하는 쪽으로 변하고 말았다. 사람 간의 대립은 더욱 날카로워지고 생존을 위한 입지도 힘들지만 설사 자리를 얻었다고 할지라도 이를 유지하기 위해 안간힘을 써야만 하는 세상이 되고 말았다. 이처럼 냉혹한 사회 현실에서 사람들은 매일매일 전전긍긍하며 불안함을 떨쳐버릴 수 없다. 이미 일찍이 동중서는 그런 세상을 이렇게 묘사한 바 있다.

> "천하 사람들이 요란하게 활개 치며 이익을 쫓아 달려가고, 천하 사람들이 희희낙락하며 모두 이익을 쫓아 달려든다."[28]

또한 사마천은 「화식열전」에서 당시의 현사賢士, 은사隱士, 염리廉吏(청렴한 관리), 염고廉賈(공정한 상인), 장사壯士, 유협, 기생, 정객, 사냥꾼, 도박꾼, 방사, 죄지은 관리, 농민, 공장工匠, 상인 등의 심리에 대해 언급하면서 그들 모두 남녀노소를 불문하고 이익을 쫓지 않는 사람이 단 한 명도 없다고 하면서, "그들은 지혜와 능력을 다해 이익을 쫓을 뿐이니 끝내 여력이 있다하여 남에게 재물을 양보하는 일은 없을 것이다."[29]라고 말했다.

한편 한비자는 『한비자韓非子·현학顯學』에서 당시 사회가 불우한 이웃에 대해 어떻게 생각했는지 하나의 단서를 제공한다.

> "풍년도 아니고 별다른 수입도 없는데 자급자족할 수 있는 자는 틀림

---

28) 『사기』, 권129, 「화식열전」, 동중서의 말, "天下攘攘, 皆爲利往. 天下熙熙, 皆爲利來." 앞의 책, 3256쪽.

29) 『사기』, 권129, 「화식열전」, "此有智盡能索耳, 終不餘力而讓財矣." 위의 책, 3271쪽.

없이 부지런하거나 검소한 사람일 것이다. 굶주림과 추위, 질병, 재난과 범죄 등 재앙이 없음에도 유독 빈궁한 자는 틀림없이 사치스럽거나 게으른 사람일 것이다. 부자에게 재물을 거두어 빈한한 집에 베푸는 것은 부지런하고 절검하는 이의 재산을 빼앗아 사치스럽고 나태한 이에게 주는 것이나 다를 바 없다."[30]

일리가 있는 듯 보이지만 흉년에 다른 먹을거리가 없는 마당에 굶주림이나 질병, 범죄 등이 없다는 것이 오히려 이상하다. 게다가 사치스러움이나 게으름 또한 사회 환경에 의해 조성되는 경우가 많다. 과연 누구의 죄인가? 그저 불행한 이들만 탓한다면, 이는 "자신의 부모만 섬기지 아니하고 자신의 자식만 기르지 않으며" "재물을 함부로 땅에 버려 낭비하는 것을 싫어하면서도 자기 소유로 숨기지 않으며, 스스로 노동하지 않음을 미워하면서도 반드시 자신만을 위해서 일하는 것이 아닌"[31] 그런 세상, 그런 정신과 전혀 다르니 어찌 이를 인간세상이라 할 수 있겠는가? 이렇듯 인심이 크게 바뀐 세상을 일러 난세라고 한다.

사회개혁

공자가 말하는 소강 사회는 아마도 유사有史, 즉 역사가 생겨나기 시작한 때를 말하는 것 같다. 하지만 필자가 생각하기에 중국인의 확실한 역

---

30) 『한비자·현학(顯學)』, "無豐年旁入之利, 而獨以完給者, 非力則儉. 無饑寒疾病禍罪之殃, 而獨以貧窮者, 非侈則惰. 徵斂於富人, 以布施於貧家, 是奪力儉而與侈惰." 북경, 중화서국, 중화경전명저전본전주전역총서(中華經典名著全本全注全譯叢書), 2010년, 729쪽.

31) 『예기정의·예운』, "貨惡其棄于地也, 不必藏于己, 力惡其不出身也, 不必爲己." 앞의 책, 659쪽.

사는 이미 염황炎黃 시기부터 시작했다. 기록에 따르면, 그 때 이미 세상은 싸움으로 시끄러웠다. 난세의 징조가 이미 그 때부터 존재했던 것이다. 하지만 본격적으로 난세에 접어든 것은 동주東周 이후이다. 이후로 봉건사회가 본격적으로 무너지기 시작했기 때문이다.[32]

동주 이후, 기존의 사회조직은 무너졌지만 사람들은 새로 정립된 사회질서를 비정상적인 것으로 보고 불안해하며 바로잡으려고 노력을 기울였다. 그래서 양한 시기 때 각종 사회 개혁 운동이 끊임없이 일어났고, 결국 신실新室(왕망의 신나라) 대개혁이 일어나기도 했다. 하지만 모두 실패하고 말았다. 그때서야 세상 사람들은 못마땅한 눈앞의 사회 현실이 바뀔 수 없다는 사실을 깨닫고, 또한 받아들이기 시작했다. 그러므로 소강시대는 신실 말기에 이르러서야 완전히 막을 내렸다고 볼 수 있다.

한대 사람들의 의론을 자세히 살펴보면 후대와 다른 점이 돋보인다. 무엇보다 후대 사람들은 사회조직의 문제를 어쩔 수 없는 일로 간주하고 과한 부분만 교정하려고 했으나 한대 사람들은 그러지 않았다. 그들은 과감하고 철저한 개혁을 마다하지 않았다. 이는 가의賈誼와 동중서의 의론, 그리고 『한서』에 수록된 「왕공량공포전王貢兩龔鮑傳」과 「수양하후경익이전眭兩夏侯京翼李傳」 등을 읽어보면 알 수 있다. 하지만 그들의 의론은 공통된 문제점을 안고 있다. 그것은 지배층과 피지배층이 각각 대립적인 두 계급이라는 사실을 깨닫지 못했다는 점이다. 그들은 피지배층을 이끌고 혁명을 꿈꾸었던 것이 아니라 지배층에 의탁하여 사회개혁을 도모할 생각뿐이었다. 그들은 지배층이 사회 각 계급의 이익을 대변할 수 있는 정의로운 계급으로 착각했으며, 설사 그런 사람이 있다고 할지라도 거의

---

32) 봉건사회의 붕괴는 단순히 정치상의 원인만은 아니었다. 사회 문화가 어느 정도로 발전한 다음에 정치적 요소가 함께 작용한 결과였다는 점은 이미 앞의 제3장에서 밝힌 바이다. 이런 의미에서 새로운 문화의 출현이 곧 기존 사회조직의 붕괴를 의미한다.

극소수에 불과하다는 것을 몰랐다. 실제로 정치적 지배계급은 경제적 억압계급이기도 하다. 그들은 언제나 피지배계급(경제적 피억압계층)을 착취하는 모리배나 다를 바 없다. 통치계급 내에 극소수 권력자들이 계급 간의 균형을 잡기 위해 중간자의 입장을 취할지라도 그들 역시 지배계급의 이익을 대변한다는 점에서 전혀 다르지 않다. 따라서 그들을 통해 지배계급을 움직여 피지배계급의 행복을 도모하겠다는 생각은 사실 나무에서 물고기를 구하는 이른바 연목구어緣木求魚와 다름없으며, 이론적으로 절대 불가능한 일이다. 이론적으로 가능해도 현실적으로 불가능한 일이 수두룩한데, 이론적으로 불가능한 일이라면 현실적으로는 더더욱 실현 가능성이 없을 것이 아닌가. 물론 그들이 이러한 착각을 하게 된 것은 시대의 탓일 뿐 어느 누구의 탓도 아니다. 이루어질 수 없는 일은 결국 이루어질 수 없다는 것이 사회과학의 법칙이니, 자연과학의 법칙과 마찬가지로 고정된 것으로 결코 예외가 있을 수 없다.

동주東周 시기에 사회적으로 두 가지 개혁 사상이 널리 퍼졌다. 하나는 유가로 평균지권平均地權[33]을 주장했다. 그들은 이를 실현하기 위해 정전제를 다시 회복시키는 구체적인 방안을 내놓았다. 다른 하나는 법가로 국가의 자본을 통제할 것을 강력히 주장했다. 그들은 구체적으로 국가의 중요 사업을 국영화하고 상업이나 민간의 임대에 이르기까지 정부의 적극적인 간섭이 필요하다고 주장했다.[34]

한대에도 유가는 여전히 정전제 회복을 주장했다. 그러나 시대가 변하여 정전제가 더 이상 실현 불가능하다는 것을 깨닫자 한 걸음 물러나 '한민명전限民名田'[35]을 제안했다. '한민명전'을 처음 꺼내든 것은 동중서

---

33) 역주: 평균지권(平均地權)는 토지 소유의 균등화를 말한다.

34) 『관자 · 경중(輕重)』을 참조하시오.

35) 역주: 한민명전(限民名田)은 개인이 차지하는 토지의 양을 제한하는 것이다.

였다. 애제哀帝 때 보정輔政을 맡은 사단師丹이 구체적인 실시 방안을 만들었으나 아쉽게도 외척의 반대로 실행되지 못했다.

법가法家의 상업 통제는 상홍양桑弘羊이 실천에 옮겼다. 상업 통제와 관련된 중요한 정책은 염철鹽鐵의 국가 전매와 균수법均輸法 등이다. 균수법은 각 지방에서 상인들이 구매하던 지방 특산물을 조세로 징수하여 관(관상官商)에서 다른 곳에 운송하여 팔게 하는 일종의 국영상업 정책이다. 상홍양의 관련 사상은 『염철론鹽鐵論』에서 산견된다. 사실 『염철론』을 저술한 환관桓寬은 상홍양의 주장에 반대했기 때문에 상홍양에게 불리한 내용이 적지 않다. 하지만 상홍양의 의론은 오늘날 보아도 여전히 빛난다.36) 역대로 상홍양을 무제의 비위를 맞춰 백성들의 재물을 수탈하여 오로지 이익만을 추구한 사람으로 평가한 바 있으니 이는 합당치 않다. 다만 상홍양이 추진했던 균수법은 국가의 수익을 창출하는데 도움을 주었지만 당시 사회, 경제적 문제를 바로잡으려는 취지를 실현했다고 말할 수 없다.

한나라 때 경제를 안정시키기 위해 실시한 조세 감면, 중농억상重農抑商 등 여러 가지 정책들도 기대했던 효과를 보지 못했다.37) 결국 한나라 말기에 이르러 왕망王莽이 유가와 법가의 주장을 절충하여 대규모 개혁에 돌입했다.

중국 경학사經學史에서 사회적 쟁점이 된 고문과 금문의 논쟁이 있었

---

36) 역주: 소제(昭帝) 때 상홍양이 현량문학(賢良文學)의 학문을 하는 선비들과 격한 논쟁(激論)을 펼친 일이 있었다. 환관(桓寬)이 그것을 정리하여 기록한 것이 곧 『염철론(鹽鐵論)』이다. 상홍양은 법가 학파인물이었지만 현량문학을 학문하는 선비들은 모두 유학을 공부하는 학자들이었다. 그리고 『염철론(鹽鐵論)』의 저자인 환관은 역시 유학을 공부하는 학자였다.
37) 역주: 중농억상(重農抑商)의 정책은 농업을 장려하고 상업을 감독하여 통제하는 정책이다.

다. 이른바 금고문今古文 논쟁은 학술적인 성격이 없지 않으나 정치적인 요소가 짙게 내재되어 있었다. 고문경학古文經學을 숭상한 유흠劉歆이나 왕망은 모두 정치와 밀접한 관련이 있는 이들이다. 당시 왕망은 경제제도를 개혁할 것을 주장했다. 그의 개혁은 유가의 평균지권平均地權과 법가의 상업 통제 두 가지를 모두 겸하는 것이었다. 하지만 당시 유행하던 금문경今文經에는 평균지권 사상만 나오고 상업 통제와 관련된 학설이 없었다. 숭고崇古의 풍조가 한창 일고 있던 당시에는 무엇이든 옛 경전이나 전적에서 근거나 출처를 찾아야만 했다. 그래서 왕망은 평균지권과 상업 통제를 병행하기 위해 금문경이 아닌 고문경에서 근거를 구할 수밖에 없었다. 이는 정문正文이 아닌 방문旁文(비정통적인 글)에 근거한 것이라 볼 수 있다. 그렇다면 왕망의 정책은 어떤 것이 있는가? 왕망이 실시한 개혁 정책에 대해 살펴보겠다.

첫째, 모든 토지를 국유화하여 왕전王田으로 만든다. 노비는 개인 재산으로 인정하되 노비 매매는 금지시킨다. 가족 가운데 남자의 숫자가 8명 이하인 농호는 토지가 일정一井이 넘지 않도록 한다. 초과된 부분은 구족九族의 친족이나 향리鄕里의 이웃鄕黨에게 나눠 준다.[38]

둘째, 육관제六筦制를 실시한다. 이는 상공업을 통제하는 정책으로 첫째, 소금. 둘째, 술. 셋째, 철鐵. 넷째, 산림과 하천. 다섯째, 오균五均(물가를 균일하게 하여 빈부 격차를 줄이는 다섯 가지 정책)과 사대賖貸(재물이나 금품을 빌려주고 상환함), 그리고 마지막 여섯째는 철포동야鐵布銅冶(쇠나 동으로 화폐를 주조함) 등이었다. 이 가운데 '오균'과 '사대'는 상업 및 임대업을 통제하는 수단이고, 나머지 다섯 가지는 광의의 농업과 공업을 관영으로 귀속시키는 정책이었다.

셋째, 오균제五均制를 실시한다. 『한서·식화지』 안사고顔師古의 주注에

---

38) 역주: 정전제의 토지 단위로서 900묘가 일정(一井)이다.

보면 등전鄧展의 말을 인용하여 하간헌왕河間獻王이 전한 『악어樂語』, 일명 『악원어樂元語』에 처음으로 '오균'이란 말이 나온다고 한다. 신찬臣瓚이 『악원어樂元語』의 내용을 인용한 것을 보면 다음과 같다.39) "천자가 제후의 토지를 취해 오균관五均官을 설치하면 시장에서 같은 물건을 다른 가격으로 파는 일이 없어질 것이다. 사민四民(사농공상士農工商)이 모두 균등하게 발전하여 강자가 약자를, 부자가 빈자를 괴롭히거나 강탈하지 않으면 국가 경제가 발전하여 그 은택이 백성들에게 전해질 것이다."40) 이는 고대의 관영 상업의 형태이다. 과연 이런 것이 실제로 있었는지 아니면 법가의 학설일 뿐인지 정확히 알 수 없다. 다만 그것이 왕망의 개혁 정책의 근본이라는 점은 분명하다. 왕망의 구체적인 개혁안을 살펴보면, 우선 장안長安의 동시령東市令, 서시령西市令을 모두 사시사司市師로 바꾸고, 낙양洛陽, 한단邯鄲, 임치臨淄, 완宛, 성도成都 등 다섯 곳에도 모두 사시사司市師를 설치한다. 사시사司市師의 師는 군대의 지휘관을 말한다. 사시사는 각 계절 가운데 중월仲月(가운데 달, 음력으로 2월, 5월, 8월, 11월)에 해당 구역 물가의 평균가를 정한다. 생필품으로 판매가 부진하여 쌓아놓은 화물은 원가로 매입해 두었다가 물가가 등귀하여 시장 가격이 평균가보다 일전一錢 이상 비싸졌을 때 평균가로 판매한다.41) 사시사 밑에는 천부승泉府丞(승은 부관의 뜻)을 설치한다. 각종 사업을 하는 이들은 모두 세금을 내야 하는데, 이를 공공貢(실수입의 10분의 1)이라 한다. 천부승은

---

39) 역주: 신찬(臣瓚)은 서진(西晉) 시기의 학자로 『한서집해음의(漢書集解音義)』24권을 편찬했던 것이 후세 사람이 『한서』를 이해하고 연구하는 데 많은 도움이 되었다. 당나라 초기 안사고(顏師古)가 『한서』에 대한 주를 내는 데에 있어서도 신찬의 『한서집해음의』를 많이 참고했다.

40) 『한서』, 권24하, 「식화지」, 신찬(臣瓚) 주(注)에 인용한 『악원어(樂元語)』 내용, "天子取諸侯之土, 以立五均, 則市無二賈, 四民常均; 彊者不得困弱, 富者不得要貧; 則公家有餘, 恩及小民矣." 앞의 책, 2180쪽.

41) 한나라 시절에는 돈의 가치가 높아 1전을 초과해도 등귀(騰貴)한 것이었다.

공貢을 거두어들여서 어려운 사람에게 빌려주는 일을 관장한다. 상례나 제사 등으로 돈을 빌려간 경우 본전만 상환하면 된다. 하지만 이익을 도모하기 위해 빌려간 경우(상업 등) 10분의 1을 연이율로 이자를 받는다.

왕망의 개혁은 성공할 수 없었다. 그 이유에 대해서는 이미 앞서 밝힌 바 있다. 물론 왕망의 행정 수단이 졸렬했기 때문이라고 말할 수도 있겠으나 그것은 지엽적인 것일 뿐이다. 설사 행정 수완이 뛰어났다고 할지라도 결코 성공할 수 없었을 것이다. 애초에 가망 없는 일을 뛰어난 수완 따위로 완성시킬 수는 없다. 하지만 왕망의 실패는 왕망 한 사람만의 실패가 결코 아니었다. 선진先秦 시대 이래 사회개혁을 주장해온 모든 이들의 실패였다. 왕망의 개혁 정책은 개인적인 소견을 넘어서서 선진 이래 사회개혁 사상을 집대성한 결과물이기 때문이다. 이러한 실패를 겪고 나자 비로소 사람들은 철저한 개혁이란 결코 가능한 것이 아님을 깨닫게 되었다. 그리고 비로소 지금의 난세를 그 옛날 소강사회로 돌리겠다는 희망을 완전히 접었다. 이후 중국 사회의 개혁 운동은 한동안 잠잠해질 수밖에 없었다.

이렇듯 대규모 개혁 운동은 없었으나, 지엽적인 개혁이 아예 없었던 것은 아니었다. 이를 정리하면 다음과 같다.

가장 기념될 만한 개혁운동은 평균지권 운동이다. 물론 그것은 평화롭되 지권地權의 평균不均이 불철저한 토지 운동이었다. 당시 상황에서 정전제를 회복하자는 것은 과격한 일이자 또한 불가능한 일이었다. 심지어 이보다 부드러운 '한민명전限民名田'마저도 용인되지 못하는 것이 당시 사회 현실이었다. 그래서 평균지권에 대한 새로운 의론이 등장했다. 당시는 대란大亂이 막 끝나 땅은 넓고 인구가 줄어들어 주인이 없는 토지가 많은 상황이었다. 이런 배경 아래 진晉의 호조식戶調式, 북위北魏의 균전령均田令, 당唐의 조용조법租庸調法이 나왔다. 이를 종합하면 다음 몇 가지로 나누어볼 수 있다.

첫째, 나이와 성별에 따라 토지를 지급한다. 둘째, 북위의 균전령은 토지를 노전露田과 상전桑田으로 나누었고, 당대는 토지를 구분전口分田과 세업전世業田으로 나누었다. 상전과 세업전은 대대로 물려받을 수 있는 토지이지만 노전과 구분전은 나라에서 지급받은 것으로 다시 돌려주어야 한다. 셋째, 당대는 관향寬鄕과 협향狹鄕의 구분이 있었다. 지급할 토지가 넉넉한 곳은 관향이고, 부족한 곳은 협향이다. 협향에서 지급받을 수 있는 토지의 양은 관향의 절반이다. 넷째, 향鄕 한 곳에서 토지를 지급하고 남으면 이웃 향에 나누어준다. 주州와 현縣의 경우도 마찬가지이다. 다섯째, 다른 향으로 이주하거나 가난해서 장례를 치르지 못하는 경우에는 세업전을 팔 수 있다. 협향에서 관향으로 이주할 경우 구분전까지 파는 것을 허락한다. 구분전은 원래 개인소유가 아니기 때문에 팔 수 없었다. 그럼에도 이런 조치를 취한 것은 협향에서 관향으로 옮기는 것을 장려하기 위함이었다. 다시 말해 구분전을 팔아 받은 돈을 나라에서 주는 장려금으로 간주하는 것이다. 여섯 째, 세업전은 매매가 가능하지만 일정한 한도가 있다. 매입자는 한도를 넘어서는 안 된다. 또한 정해진 최소 한도 내에서 다시 그것을 매각하는 것도 불허한다.

이상 세 가지 토지법을 종합해 보면, 국가가 개인 소유의 토지에 대한 소유권을 인정하고 보장함과 동시에 사회적 저항을 줄이는 차원에서 토지가 없는 자에게 땅을 지급하여 점진적으로 평균지권의 목적을 달성하려는 것이었음을 알 수 있다. 취지는 좋은데 과연 어느 정도로 실시될 수 있었는지 의심을 품지 않을 수 없다.[42]

설사 이런 토지제도가 제대로 실행됐다고 해도 문제가 없는 것은 아니

---

42) 예를 들어 진(晉)나라의 경우, 이 법이 만들어지자 곧 대란이 터졌기 때문에 제대로 실행할 수 없었던 것이 자명하다. 북위와 당대의 경우 구체적으로 어떻게 실시되었는지 명확한 기록이 없어 정확히 알 수 없다.

다. 사람은 살아가면서 한두 번쯤 급히 돈이 필요한 긴급 상황과 부닥치기 마련이다. 그렇다면 어떻게 해서든지 변통해야할 것인데, 사유재산제 사회에서 누가 공짜로 돈을 빌려주겠는가?

또한 구제救濟사업은 아무래도 보편화될 수 없다.43) 또한 구제 사업에만 의지해서도 안 된다. 경제적으로 다급해진 이들은 저당물이나 팔아서 돈으로 바꿀 수 있는 물건이 있어야 하는데 가난한 백성들이 가진 것은 토지밖에 없다. 그러므로 잠시 지권地權이 균등하게 되었다고 할지라도 오래도록 유지하지 못할 것은 뻔한 일이다. 현실적으로 지권의 균등화는 그 잠시 동안마저도 실현될 수 없었을 것이다. 더구나 인구 증가에 따른 토지 부족의 문제를 해결하려면 이민移民을 시켜야 하는데, 당시의 문화적 배경 아래에서는 그것 역시 진행되기 어려운 일이었다. 이렇듯 '평균지권'을 지향하는 이러한 토지제도는 이론적으로도 성립하기 어렵기 때문에 그것의 실제적인 상황이 어땠는지는 굳이 살펴볼 필요조차 없을 정도이다.

---

43) 구제사업의 양(量)은 사회적으로 구제해야할 양과 같을 수 없다. 이는 이론적 근거가 있는 말이다. 남을 구제하는 이는 일단 자신이 가진 재물이 남는다는 생각이 들어야 남을 구제할 수 있다. 그렇기 때문에 구제하는 이는 당연히 구제를 받는 이보다 생활수준이 높을 수밖에 없다. 또한 구제하는 이가 내놓은 재물은 여러 사람들에게 균등하게 나누어지기 때문에 구제를 받는 이들은 생활수준 면에서 구제하는 이와 같을 수 없다. 사람이 부족함을 느끼는 것은 단순히 물질적인 결핍에 따른 것이 아니라 다른 사람과 비교할 때 생기는 일종의 심리적 상태라고 할 수 있다. 이런 논리에 따르면, 구제 받는 이는 심리적으로 영원히 만족할 수 없다. 또한 현재 사회조직 하에서 개인의 재부는 대개 남을 착취함으로써 이루어진다. 앞서 언급한 것처럼 사람은 자신이 지닌 재부가 남는다는 생각이 먼저 있어야만 남을 구제할 수 있다. 착취하는 단계에서 남을 구제해야 한다는 생각이 들 때까지 상당한 시간이 필요한 것은 당연한 일이다. 그 과정에서 그동안 착취를 당한 이들은 대부분 심한 상처(심리적이든 육체적이든)을 입게 되는데, 착취당한 것을 모두 돌려받아도 회복하기 어려운 마당에 전부도 아닌 일부만으로 구제한다면 당연히 착취당한 자를 만족시켜줄 수 없을 것이다.

기록에 따르면, 당 개원開元 시절에 이미 이러한 토지제도가 크게 훼손된 상태였다. 그래서 덕종德宗 건중建中 원년(780년) 재상 양염楊炎은 기존의 조용조법租庸調法을 양세법兩稅法으로 바꿔서 실시했다. 이후로 백성에게 토지가 있건 없건, 많건 적건 간에 그것에 신경을 쓰는 사람은 아무도 없었다. 그때부터 진晉 무제 태강太康 원년(280년) 오국吳國을 평정하고 호조법戶調法을 시행할 때까지 앞뒤 무려 500년의 시간이 흘러갔다. 호조법 이후로 국가 차원에서 더 이상 평균지권과 관련된 정책을 내놓은 일이 없었다. 가끔씩 토지를 측량하는 일이 있었지만 그것은 오로지 부세의 균등화를 위한 일일 뿐이었다. 하지만 그마저도 철저하게 진행된 적이 없었다.

반대로 토지를 겸병兼幷하는 현상은 여전했다. 토지 겸병이 가장 심한 지역은 남송 시기 절서浙西 일대였다. 당시 남송의 수도가 임안臨安으로 옮겨졌기 때문에 부자들이 모두 절서 일대에 몰려들었던 것이다. 절서 일대에 모여든 부자들의 수가 많아지자 서로 앞을 다투어 토지 겸병에 뛰어들었다. 뿐만 아니라 소작농에게 물리는 조세는 극도로 혹독했다.

송나라 말기 가사도賈似道는 나라의 수익을 늘린다는 이유를 들어 개인의 토지를 강제로 싼값에 사서 관전官田으로 만들었다. 이로 인해 지주는 지주대로 망하고, 소작농은 소작농대로 나라에 막대한 조세에 허덕여야만 했다. 명나라 초기 태조太祖는 강소江蘇, 송강松江, 가흥嘉興, 호주湖州 지역 백성들이 장사성張士誠을 편들고 성곽을 방어하는 데 도움을 주었다는 이유로 그들에게 악감정을 품었다. 그리하여 현지 부자들의 토지를 빼앗아 관전官田으로 만들고 백성에게 과중한 조세를 물렸다. 나중에 여러 차례에 감면해 주었으나 이후에도 강남 지역의 조세부담이 다른 지역보다 큰 것은 분명한 사실이었다. 이렇듯 토지 겸병의 악영향은 매우 심각한 상태였다.

재산 분배 제도

동한東漢 이후로 나라 차원에서 물가를 간섭하는 일은 더 이상 일어나지 않았다. 다만 곡식만큼은 민생이 관여되는 중요한 일이니 나라에서 완전히 손을 놓을 수는 없었다. 곡식 가격을 안정시켜야 한다는 주장은 이회李悝가 제일 먼저 제기했다. 이회는 곡식 가격이 지나치게 싸거나 비싸면 백성(곡식을 소비하는 이들)들에게 피해를 주기 때문에 국가에서 햇곡식을 수확하면 일부를 매입하여 비축해 두었다가 춘궁기 때 내다 팔아 곡식의 평균가를 유지시켜야 한다고 말했다. 한나라 선제宣帝 시절 곡식 가격이 크게 떨어지자 당시 대사농大司農이던 경수창耿壽昌이 몇몇 지역에서 이회의 주장을 실천에 옮겼다. 그렇게 해서 생긴 곡식 창고가 바로 상평창常平倉이다. 상평창은 국가에서 수익을 얻을 목적으로 설치한 것이 아니었지만 곡식을 내다 팔 때 가격이 매입 때보다 약간 높아졌기 때문에 국가에서 별도의 비용을 들이지 않고도 백성들이 혜택을 볼 수 있는 일석이조였다. 하지만 이는 곡물 시장이 그리 발달되지 않았을 때의 이야기였다. 곡물 매매 시장이 크게 발달하자 국가의 자금에 한계가 있었고 또한 이를 담당한 관리가 국가의 명령을 제대로 집행하지 않거나 아예 집행하지 않아 상평창의 곡물 가격 통제가 별다른 효과를 발휘하지 못했다. 그리하여 상평창은 역대로 법령法令에 포함되어 있었으나 실질적인 가격 통제 효과는 미미했다.

수나라 문제文帝 때 공부상서工部尚書 장손평長孫平이 의창법義倉法을 만들었다. 흉년을 대비하여 수확이 끝나는 대로 곡식을 얼마씩 거두어 사社마다 창고를 짓고 곡식을 비축해 두는 것이다.44) 후주後周 때는 혜민창惠民倉이 나왔다. 잡배전雜配錢의 일부를 돈 대신 곡물로 환산하여 징수하고,

---

44) 역주: 25 가호(家戶)가 하나의 사(社)를 이룬다.

그것으로 흉년 때 곡식 가격을 안정시켰다.[45] 송나라 때 광혜창廣惠倉이 나타났다. 나라에서 경작인을 모집하여 압류한 토지나 호절전戶絶田[46]을 경작하도록 하고, 조세로 걷은 곡물을 광혜창에 비축해 두었다가 곽내郭內(국내)의 가난한 자를 구제하는 데 사용했다. 이상에서 언급한 각종 창고는 모두 구제 사업을 목적으로 설치한 곡물 창고였다.

이후 왕안석王安石은 청묘법青苗法을 실시하여 창고에 비축한 식량을 대여할 수 있도록 했다. 사실 청묘법을 가장 먼저 실시한 사람은 이참李參이다. 이참은 섬서陝西에서 관직을 맡았을 때 백성들이 그 해 수확량을 미리 가늠하여 관청에서 돈을 빌리고 추수가 끝난 후 조세와 더불어 대여받은 돈을 갚는 형태였다. 왕안석은 이를 전국적으로 실시했다. 상평창常平倉, 광혜창廣惠倉에 저장된 곡식과 저축된 돈을 대여 자금으로 삼았다.[47] 취지는 좋았지만 당시 이를 반대하는 이들이 많았다. 혹자는 청묘법의 이푼二分 이자가 너무 높다고 주장했지만 이는 적절치 못한 지적이었다. 당시 민간에서 받는 이자가 이보다 훨씬 높았기 때문이다. 오히려 청묘법의 근본 문제는 국가가 일종의 대출업을 추진했다는 데에 있다. 청묘법의 문제점들을 구체적으로 분석하면 다음과 같다.

첫째, 청묘법은 국가 관리했는데, 일반 백성들은 관아와 교섭하는 일을 꺼려했다.

둘째, 관아에서 백성들과 상대할 때 주로 서리들의 힘을 빌렸다. 서리들은 부패하여 농간을 부리는 이들이 적지 않았기 때문에 백성들 또한 그들과 교섭하지 않으려고 했다. 그렇기 때문에 청묘법이 널리 시행되지

---

45) 잡배전(雜配錢)은 잡세(雜稅)의 일종이다.
46) 역주: 호절전(戶絶田)은 상속자가 없고 대가 끊어진 집안의 땅을 말한다.
47) 창고는 원래 곡식을 저장하기 위해 만든 것이나 곡식을 저장하는 것이 쉽지 않고 또한 항시 채워진 것도 아니었기에 점차 돈을 비축했다가 필요할 때 돈으로 곡식을 사거나 아예 식량 대신 직접 돈으로 지급하기도 했다.

못할 수밖에 없었다.

셋째, 강제로 시행할 경우 강제 할당하는 일이 다반사였다.

넷째, 대출한 돈을 제때에 갚지 못하는 일이 생길 경우 서리의 독촉으로 인해 고통을 받아야만 했다.

다섯째, 돈을 빌릴 때 이웃의 보증이 필요하다는 규정이 있었기 때문에 이로 인해 이웃까지 피해를 보는 경우가 많았다.

여섯째, 무뢰한 자식이 부모 몰래 돈을 빌리거나 다른 사람을 사칭하여 돈을 빌리는 경우가 있었다.

결론적으로 이러한 문제들은 국가가 대출업을 추진함으로써 생겨나는 폐해였다.

남송 효종孝宗 건도乾道 4년, 건주建州 일대에 큰 흉년이 들었다. 주자朱子가 관청에 신청하여 상평창 속粟 600석을 받아내어 대여 밑천으로 삼아서 사창社倉을 추진했다. 백성들이 여름에 대여한 것을 겨울에 변리 2푼二分을 더해서 갚게 했다. 그 뒤로도 해마다 그렇게 운영했다. 약간 흉년이 든 경우는 이자를 50% 감면해 주고, 큰 흉년이 든 경우는 이자를 모두 면제해 주었다. 이런 식으로 14년 동안 운영하다가 관청에 신청한 600석을 돌려주고 남은 곡식 3,100석으로 사창社倉을 운영했다. 이후로 차대借貸하되 이자를 받지 않았다.

주자가 만든 사창은 '사社'라는 일정한 지역을 범위로 했다는 점에서 장손평長孫平의 의창과 같으며, 곡식 가격을 안정시키고 비상 시기에 구제 식량으로 사용할 뿐만 아니라, 대여도 가능하다는 점에서 왕안석의 청묘법과 일맥상통하다. 사내社內 범위라면 관리와 감독이 쉽다는 장점이 있다. 또한 대여함으로써 묵혀 두었던 곡식을 유용한 자본으로 활용하여 유통시킬 수 있을 뿐만 아니라, 관청과 상대해야 했던 청묘법의 단점도 피할 수 있어 효과가 좋았다.

그렇기 때문에 역대 학자들은 주자가 실행한 사창을 최선의 방식으로 간주하고 상평창常平倉이나 의창義倉보다 사창을 많이 설치할 것을 주장했다. 사실 시기적으로 뒤늦게 나타난 사창이 이전에 생긴 의창보다 합리적이고 더 나은 것은 당연한 일이다. 또한 상평창은 사창과는 전혀 다른 제도였다. 상평창이 곡식 상인을 견제하기 위해서 나라가 내놓은 대책이라면 의창과 사창은 모두 농민들이 서로 돕고 스스로를 구제하기 위해서 일으킨 민간사업이다. 물론 농민들의 생활이 넉넉해지면 상인들에게 착취당할 일도 없고, 농민들이 착취를 당하지 않는다면 가난해질 일도 없을 것이다. 또한 당시 상평창은 시장 통제 기능을 제대로 수행하지 못했다. 기껏해야 기근 때 평균가로 쌀을 팔아줌으로써 도시 사람의 생활을 돕는 역할을 하는 정도에 불과했다. 물론 이는 상평창 자체에 문제가 있기 때문이 아니라 상평창의 실시 방법에 문제가 있고 거기에 추진력까지 부족했기 때문이다. 정의를 지키는 차원에서나 경제 정책을 세우는 입장에서, 국가는 농민과 소비자를 보호하고 중간상인을 억제하는 의무를 수행해야 한다. 그렇기 때문에 상평창과 사창을 병행하는 것이 합당하다.

청묘법은 국가 기관이 시행한 것이 문제이지만 그렇다고 개인이 맡은 사창이 무조건 좋다고 말할 수는 없다. 지방의 토호나 저열한 신사紳士들 역시 백성을 착취한다는 점에서 탐관오리와 다를 바 없었기 때문이다. 혹자는 사내社內 사람들이 지켜보는 가운데 사社 안에 세워진 사창을 관리하는 자가 감히 부정을 저지를 수 없을 것이라고 주장한다. 하지만 토호열신土豪劣紳들이 부정부패를 저지르고 남을 착취하면서 언제 사람들의 시선을 피한 적이 있었던가? 그들의 착취와 부정은 언제나 공공연하게 자행되었다.

결국 의창義倉은 민간에서 제대로 관리를 못해 사라지거나 현縣(관아)으로 넘어가고 말았다. 『문헌통고文獻通考』는 사창에 관해 다음과 같이 말하고 있다.

"일이 오래되면서 폐해가 나타났다. 주관하는 이가 공적인 일을 통해 사욕을 채우거나, 관리가 사창에 저장된 쌀을 다른 용도로 사용하고 채우지 않거나, 면제해 주어야 할 식미息米(이자로 내는 곡식)를 여전히 거두어들이는 일이 허다했다. 심지어 독촉하는 행태가 정부正賦(나라에 공식적으로 바쳐야 하는 부세)나 다름없을 정도였다."48)

결국 사창 운영을 "사심 없는 인인군자仁人君子에게 맡기지 않는 한"49) 결코 성공할 수 없다는 결론에 이르고 말았다. 탐관오리의 착취에 대항할 수 있는 것은 오로지 백성들 자신들 밖에 없었던 것이다.

동한東漢 이후로 나라에서 식량 외에 다른 물품의 물가를 안정시키는 일이 없었다. 다만 송 신종神宗 희녕熙寧 5년에 경사京師의 물가를 안정시키기 위해 시역사市易司를 설치한 일이 있었으나, 이 역시 그 기능을 제대로 발휘하지 못했다.

이렇듯 대차貸借는 착취 방식의 하나였다. 맨 처음 재력을 가진 사람은 오로지 봉건시대의 봉군封君들뿐이었다. 그들만 고리대高利貸를 놓을 수 있었다. 이후 사회가 발전하면서 이들 봉군 외에 재력을 가진 사람도 많아졌다. 하지만 한동안은 여전히 이들 봉군에 의탁하여 고리대 사업을 운영했다. 예를 들어, 『한서·곡영전谷永傳』에 따르면, 당시 액정옥掖庭獄(죄를 지은 궁녀를 유폐시키는 곳)에 죄인에게 고리대를 놓아 수익을 챙기는 자가 있었다고 한다.50) 또한 국가에서 직접 고리대를 놓기도 했다. 예를 들어, 수隋나라 시절에는 내관內官에게 공해전公廨錢을 주어 그것으로 수익을 얻도록 했다. 공해전은 고리대금으로 활용할 수도 있었다. 또

---

48) 『문헌통고·시적(市糴)·사창(社倉)』, "事久而弊, 或主之者倚公以行私, 或官司移用而無可給, 或拘納息米而未嘗除, 甚者拘催無異正賦." 북경, 중화서국, 1986년, 213쪽.

49) 『문헌통고·시적·사창』, "仁人君子, 以公心推而行之." 위의 책, 213쪽.

50) 『한서』, 권85, 「곡영전(谷永傳)」, "爲人起債, 分利受謝." 앞의 책, 2460쪽.

한 봉건적 성격을 지닌 고리대금 장소 가운데 하나는 남북조 시기의 사원이다. 남북조南北朝 이후 재력이 튼튼한 사원이나 승려가 많아졌는데, 이때 사원에서 고리대를 놓는 경우가 많았다.

개인이 고리대를 놓는 경우로서 규모가 큰 것은 주로 상인들이 운영했다. 『후한서·환담전桓譚傳』에서 인용한 환담의 다음 상소문을 통해 당시 개인의 고리대 사업에 거간꾼의 일종인 '보역保役(채권자를 대신하여 일하는 사람)까지 있었음을 알 수 있다.

> "오늘날 큰 재부를 지닌 이들이나 상인들이 고리대를 놓는 일이 많다. 흔히 중산층 집안의 자제들이 중간에서 보증을 서 주고 이들 채권자를 위해서 일을 하며 그들 대신 여기저기 뛰어다닌다."51)

한편 『원사·야율초재전耶律楚材傳』의 기록에 의하면 당시에 이슬람回鶻 사람이 양고리羊羔利를 받고 고리대를 놓는 자가 많았다고 한다.52) 여기에 나오는 이슬람 사람들은 서역西域에서 중국에 교역하러 온 상인들이었다.

이처럼 대개 상인들이 고리대를 놓는 것은 이들에게 유동 자본이 많아 고리대 사업을 겸하여 운영하기에 편리했기 때문이라 하겠다. 토호열신이 고리대를 놓는 경우도 흔했다. 다만 이들의 영업 범위가 대체로 본고장에 한정되었기 때문에 그 규모는 작았다. 하지만 수효가 많았을 뿐만 아니라 사업 수단도 꽤 잔인했다. 이는 역사 기록을 통해서도 확인할 수 있다. 『송사·식화지食貨志』에 실린 사마광司馬光의 소疏에 따르면, 당시 농민들은 "다행히 풍년이 들어 수확이 잘 된 해에도 나라나 개인에게

---

51) 『후한서』, 권28상, 「환담전(桓譚傳)」, "今富商大賈, 多放錢貨, 中家子弟, 爲之保役." 앞의 책, 958쪽.
52) 양고리(羊羔利)는 원금에 이자를 더해서 이자를 받는 이자 수취 방식이다.

진 빚 때문에 곡식이 타작마당을 벗어나기도 전에 남의 것이 되고, 명주를 베틀에서 내리기도 전에 이미 남의 것이 되고 말았다."53) 또한 「진순유전陳舜俞傳」에 따르면, 당시 고리대를 놓는 사람들은 "민전緡錢(꿰미에 뀐 돈)을 받기로 약조해 놓고, 실제로는 곡식, 베, 생선, 소금, 땔나무, 채소, 호미, 도끼, 솥 등 안 받는 것이 없었다."54)

돈을 꾸고 꿔주는 대차貸借는 대체로 사람에 대한 신용, 물건의 가치에 대한 신용 등 두 가지로 나눌 수 있다. 물건의 가치에 대한 신용에 근거하여 고리대를 놓을 때, 물건을 식별하여 그 가치를 알아야 한다. 사람에 대한 신용에 근거하여 고리대를 놓는 경우, 그 사람의 재산 상황, 그리고 그의 행실에 대해서 파악해야 한다. 이렇게 보면 대차 사업도 일이 많고 또 상당한 학식이 필요한 사업이다. 그러므로 고리대를 놓는 자에게는 일정한 규모의 조직이 필요하게 되었다. 나아가 그것의 발전에 따라 근대식의 전장錢莊과 전당포當鋪가 나타나게 되었던 것이다.

시대를 막론하고 중국 사회에는 빈부격차를 없애야 한다고 주장하는 균빈부均貧富 사상이 있어 왔다. 이는 근대에 와서 사회주의 사상이 중국 사람에게 쉽게 받아들여진 이유이기도 하다. 그런데 균빈부 사상이 지향하는 바는 좋으나, 기존의 학자나 사회 활동가들이 내세운 실시 방안은 늘 미흡하여 문제가 뒤따랐다. 이는 중국 전통 사상으로부터 깊은 영향을 받기는 했지만, 현실에 대한 통찰력은 부족했기 때문으로 보인다.

중국의 사상계에서 유가의 권위적인 위상을 의심할 사람은 아무도 없지만, 사회경제에 대한 유가의 인식은 법가에 비해 높지 않았던 것이 사

---

53) 『송사』, 권173, 「식화지상1(食貨志上一)·농전(農田)」, "幸而收成, 公私之債, 交爭互奪 ; 穀未離場, 帛未下機, 已非己有." 북경, 중화서국, 1977년, 4168쪽.

54) 『송사』, 권331, 「진순유전(陳舜俞傳)」, "約償緡錢, 而穀粟, 布縷, 魚鹽, 薪蕘, 檴鋤, 斧錡之屬, 皆雜取之." 위의 책, 10663쪽.

실이다. 예를 들어, 유가에서는 지권의 평균화에만 주목을 기울였을 뿐, 자본의 기능에 대한 인식은 부족했다. 물론 당시 유가를 탓할 수 없는 일이다. 옛날에는 학문 역시 지역의 한계를 벗어날 수 없었다. 유학은 노魯나라에서 시작되어 발전된 학파였고, 법가의 학문은 처음에 관자管子에 의해 제齊나라에서 크게 흥성했다. 『사기·화식열전』에 보면 당시 제나라에 대해 이렇게 말하고 있다.

> "태공太公(태공망)에게 분봉된 제齊는 염분이 많은 땅인데다 인구가 적었다. 그래서 태공은 여인들의 길쌈과 같은 수공업을 발전시켰고, 현지의 생선과 소금을 다른 곳으로 유통하도록 상업을 장려했다. 그렇게 함으로써 마치 바큇살이 모두 바퀴통에 모이듯이 각지의 백성들은 갓난 아이를 업고 제나라에 모여 들었다. 또한 갓, 허리띠, 의복, 신발 등 제나라에서 생산된 물건들을 전국 어디서나 쉽게 만날 수 있었다."[55]

위의 기술에는 과장된 부분이 없지 않겠지만, 당시에 제나라에서 생선, 소금 등의 공업과 상업이 모두 발달했음을 알 수 있다. 이런 점에서 제나라에서 자본 통제 사상이 먼저 싹튼 것은 나름 설득력이 있다. 하지만 후세에 와서도 여전히 평균지권에만 집착하여 그런 관점에 얽매여 벗어나지 못한 것은 참으로 이해할 수 없는 일이다. 앞서 언급한 한대 유가에서 내놓은 사회개혁 주장은 물론이고 송유宋儒의 논의도 매한가지였다. 사회와 정치에 많은 관심을 기울였던 송유들도 여전히 정전제의 회복을 나라를 태평하게 유지하는 묘안으로 내세우고 있었다. 하지만 이들 학자들이 범한 더욱 심각한 잘못은 국가란 것이 계급 대립의 산물이라는 본질을 제대로 인식하지 못하고, 지배층은 피지배층을 착취함으로써 살아 나

---

55) 『사기』, 권129, 「화식열전」, "太公封於齊, 地潟鹵, 人民寡, 太公勸女工, 極技巧, 通魚鹽, 人物歸之, 襁至而輻湊, 齊冠帶衣履天下." 앞의 책, 3255쪽.

간다는 사실을 알지 못한 채, 오로지 지배층만 믿고 빈부균등의 사회 이상을 실현하려고 했다는 점이다. 물론 소수 대공무사大公無私한 이들이 없지 않았다. 하지만 그들은 언제나 소수였다. 그들의 역량은 대다수 일반 사람들에 비해 크게 부족했다. 설사 그들이 기회를 얻어 윗자리에 올라 최선을 다해 대다수를 감독한다고 할지라도 근본적인 개혁은 불가능했을 것이다.

그런 까닭에 날로 심해지는 빈부격차의 현실 속에서 역대 정권은 대개 방임의 태도를 취할 수밖에 없었던 것이다. 때로 이를 제거하기 위해 개입할 경우 오히려 혼란만 가중시킬 뿐이었다. 이렇듯 국가나 권력자만 바라본다면 빈부의 균등화는 영원히 이루어질 수 없다. 왕망王莽의 개혁이 실패로 끝났음에도 후세 사람들은 여전히 국가의 권력자를 통해 사회개혁을 실시하고자 하는 낡은 생각에서 벗어나지 못했다. 송나라 왕안석이 「탁지부사청벽제명기度支副使廳壁題名記」에서 주장한 내용을 보면 이를 확인할 수 있다.

> "천하의 백성을 모이게 하는 것은 재물이고, 천하의 재물을 다스리는 것은 법령이며, 천하의 법령을 수호하는 것은 관리이다. 관리가 좋지 않으면 법령이 있어도 지킬 수 없고, 법령이 좋지 않으면 재물이 있어도 제대로 다스릴 수 없을 것이다. 그런 즉, 시정잡배市井雜輩와 같은 천한 이들이 사사롭게 세력을 얻어 만물의 이익을 농단하여 취할 것이며, 인주人主(천자)와 더불어 검수黔首(백성)을 다투고자 끝없는 욕망을 채우려 들 것이다. 반드시 막강한 세력을 떨치는 호족만 그렇게 할 수 있는 것이 아니며, 그런 상황이라면 천자는 여전히 백성을 잃지 않는다고 할지라도 그저 천자라는 허명만 유지할 뿐이다. 설사 천자가 나물만 먹고 남루한 옷을 입으며, 걱정으로 쌓인 피로로 날로 몸이 초췌해진다 해도 천하가 부유해지고 정치가 안정되는 것은 아니다. 하지만 법률을 잘 만들고, 좋은 관리를 선택하여 제대로 지킨다면 천하의 재물을 다스릴 수 있을 것이다. 비록 상고시대의 요와 순도 이를 급선무를 여기지 않을 수 없었는데, 세상이 어지러운 후세야 더 말할 나위가 있겠는가?"[56]

이렇듯 왕안석은 천하의 재물을 모든 사람의 공유물로 생각하면서, 정의를 대변하는 자가 이를 공평하고 공정하게 분배해야 하며, 사사롭게 자신의 이익만 추구하는 이들이 재물을 독점하여 제멋대로 통제하면서 백성을 부려먹어서는 안 된다고 주장했다. 하지만 이러한 대임大任을 오직 천자天子에게만 맡기려고 했으니 어찌 실현 가능했겠는가?

따져보면 기존의 지식인들이 이러한 생각을 갖게 된 것은 중국 전통사상으로부터 깊은 영향을 받았기 때문이다. 중국의 전통 사상은 이 모든 것을 오로지 왕의 책임으로 돌렸기 때문이다. 이는 아주 먼 상고시대, 그것도 어느 정도만 가능한 일이었다. 당시는 군권은 크되 나라 규모는 작았다. 또한 대동의 시대부터 전해 내려온 각종 사회 규범이 아직 훼손되지 않고 일부 남아 있는 상태였다. 하지만 후세에는 이러한 대임大任을 오로지 성스러운 대의大義로 여길 뿐, 그것을 실현하기 위해 어디서부터 시작해야 할지 막막하기만 했다. 이런 상황에서 역대 중국의 개혁자들은 오로지 군주에게만 희망을 걸고 있었으니 어찌 실패하지 않을 수 있었겠는가?

공자진龔自珍은 근대 중국에서 나름 심오한 사상을 지닌 학자였다. 그의 문집에 「평균편平均篇」이란 글이 수록되어 있는데, 그 안에서 그는 모든 사회 혼란의 근원을 분배의 불균형으로 간주하고 이를 다스리기 위한 최상의 법은 분배의 균형이라고 주장했다. 또한 바람직하지 못한 사회

---

56) 『왕문공문집(王文公文集)·도지부사청벽제명기(度支副使廳壁題名記)』, "合天下之衆者財, 理天下之財者法, 守天下之法者吏也. 吏不良, 則有法而莫守. 法不善, 則有財而莫理; 有財而莫理, 則阡陌閭巷之賤人, 皆能私取予之勢, 擅萬物之利, 以與人主爭黔首, 而放其無窮之欲, 非必貴强桀大而後能如是, 而天子猶爲不失其民者, 蓋特號而已耳. 雖欲食蔬衣敝, 憔悴其身, 愁思其心, 以幸天下之給足而安吾政, 吾知其猶不得也. 然則善吾法而擇吏以守之, 以理天下之財, 雖上古堯舜, 猶不能毋以此爲急務, 而況於後世之紛紛乎?" 상해, 상해인민출판사, 1974년, 409~410쪽.

현상을 보고도 아무렇지 않게 여기고 아무런 행동도 취하지 않는 태도는 결코 옳지 않다고 지적했다. 매우 정확한 관찰이자 옳은 지적이다. 하지만 그가 내놓은 해결책은 정권의 책임자가 사회 각계의 상황을 두루 살피고 적절한 조치를 취하는 것이었다. 그저 그의 희망일 뿐 실현 불가능한 일이 아닐 수 없었다. 이처럼 1백여 년 전에 살았던 공자진도 이렇게 주장하고 있으니 그 이전 학자들이야 더 말할 것도 없을 것이다. 이는 시대의 탓이니 옛사람만 탓할 일이 아니다. 하지만 옛사람이 내놓았던 해결책이 실현 불가능하다는 사실을 깨닫게 된 오늘날까지 그러한 것들을 금과옥조로 받들어서는 안 된다. 오늘날의 세계 경제는 전과 비교할 수 없을 정도로 크게 달라졌다. 서양세력이 중국에 침입한 이래, 중국의 경제는 더 이상 홀로 존재하는 폐쇄적인 상태가 아니라 세계와 밀접한 관계를 갖게 되었다. 산업혁명 전까지 상인들은 활약이 가장 두드러진 계층이었고, 역대의 경제 정책이 억제하는 대상이었다. 하지만 산업혁명 이후로 상인들은 오히려 공업의 부속적인 존재로 전락하면서 그 잉여의 이윤만을 얻을 뿐이다. 그리하여 양화洋貨(서양 물건)를 전문으로 매매하는, 이른바 매판계급買辦階級이 나타났다. 이들 매판買辦 상인은 중국 사람의 눈에는 부자로 보이겠지만 세계 사람들이 볼 때 결코 부자라고 할 수 없다. 세계경제가 긴밀하게 연결된 오늘날 중국인들은 결코 제자리걸음만 해서는 안 된다.

세계 경제는 공업이 발달하면서 자본 축적의 규모가 날로 커져 가고 있다. 그런 가운데 금융 자본이 제멋대로 세력을 떨치고 있다. 공산품을 대량으로 생산하여 판로를 개척하고 원료가 되는 자원을 확보하려면 고정 또는 유동자본이 있어야만 한다. 또한 이를 국외로 수출하려면 무력을 통해 안전을 보장받지 않을 수 없다. 그렇기 때문에 자본주의는 결국 제국주의로 변하고 만다. 역대로 노동자와 자본가의 대립이 있어왔다. 하지만 예전의 자본가는 국내에 있었지만 지금은 국외에 있다. 따라서 민생문제와 민족문제가 더 이상 분리된 별개의 것이 아니라 함께 다루어야 할 과제가 되었다. 이제 우리는 보다 신중하고 용감하게, 그리고 강한 의지를 갖고 목전에 직면한 큰 문제를 맞서야만 할 것이다.

6

관직제도

역대 관직官職의 변천

관직제도는 정치제도 가운데 가장 복잡한 것이니, 역대에 걸쳐 설치된 관직이 많은 데다 시대에 따라 변천이 심했기 때문이다. 게다가 그러한 변천이 현실을 고려하여 비합리적인 부분을 고치고 체계적으로 정돈한 것이 아니라, 그때그때 상황에 따라 임의적으로 변경한 것이기 때문에 더욱 그러할 수밖에 없다. 이로 인해 실속은 없고 명분만 있거나, 실속은 있는데 명분이 없는 관직들이 수두룩했다. 이처럼 실제 직능과 관직명이 일치하지 않으니 관직명에 따라 그 실상을 파악하는 일이 쉽지 않다. 뿐만 아니라 관직의 직책 구분에 있어서도 이론적인 근거나 기준이 없기 때문에 그 진상을 알아내기가 더욱 어려울 수밖에 없다.

국가가 통치 목적을 달성하려면 반드시 그 일을 진행할 사람이 있어야 하는데, 그런 사람이 바로 관리이다. 한 시대의 관직을 보면 당시 실시한 정치를 알 수 있다. 나아가 역대 관직제도의 변화를 통해 정치 변화의 흐름도 알 수 있다.

사람의 견해는 늘 시대에 뒤떨어지는 법이다. 사람은 언제나 새로운 시대에 살지만 아는 것은 예전 것에 국한되기 때문이다. 미래를 대처하는 태도나 방법은 기왕의 경험에서 구할 수밖에 없지만 아무리 노력해도 현실에 부합하는 최적의 방법을 구하기 쉽지 않다. 제도는 제정되자마자 현실에 맞지 않는다. 그러나 제도가 현실을 바꿀 수는 없다. 그렇다면 더 이상 현실에 맞지 않는 제도는 어떻게 해야 하는가? 규격에 맞지 않으니 실행하지 말든가 아니면 실속 없는 명분만 남길 뿐이다. 모든 제도가 이러하니, 관직제도 역시 예외일 수 없다.

중국의 관직제도는 대략 여섯 시기로 나누어서 살펴볼 수 있다.

첫째, 주나라 이전 열국시대의 관직제도이다. 둘째, 진秦과 한나라 초기까지 통일시대의 관직제도이다. 이는 열국시대 말기 관직 체제에서 발전해온 것이다. 셋째, 이후 당나라 시대까지이다. 열국시대 말기 관직 체제에서 발전한 관직제도는 통일시대 사회 현실에 맞지 않았기 때문에 얼마 지나지 않아 변화가 생겼다. 그 과정에서 관직이 상당히 복잡하고 혼란스러워졌는데, 당조唐朝에 이르러 비로소 정돈되고 비교적 체계를 갖추게 되었다. 넷째, 당송 시기의 관직제도이다. 당나라 초기 직제 역시 끊임없이 변해가는 사회 현실에 적합하지 않아 당나라 중엽에 이르러 다시 흔들리기 시작했다. 이는 송조까지 그대로 이어졌다. 다섯째, 원元, 청淸시기이다. 이민족이 중원을 지배하면서 기존의 것과 다른 형태를 보인 것은 당연한 일이다. 그러나 한족이 통치한 명나라는 원대의 관직제도를 그대로 답습했고, 청나라는 명나라 직제를 그대로 수용했다. 다만 당시의 시대상황이 달랐기 때문에 약간씩 차이가 있을 따름이다. 여섯째, 청나라 말기부터 오늘날까지 관직제도이다. 청말 정체政體가 바뀜에 따라 관직체제도 바뀌었다. 다만 시행된 기간이 짧아 아직 효과를 보지 못하고 있다. 그리하여 관직체제는 현재(1940년대)까지도 정착되지 못하고 계속 격변 상태에 있다.

이상으로 역대 관직제도를 시대에 따라 구분했다. 이러한 시대구분에 따라 개략적인 설명을 하고자 한다.

역대로 관직은 내관內官과 외관外官의 구분이 있었다. 내관은 중앙에서 관직을 지내는 관원를 말한다. 전국의 정무政務는 최종적으로 중앙으로 집중되는데, 정무의 성격에 따라 분류되어 내관이 관장한다. 이외에 구체적인 정무 대신 전반적인 상황을 살펴 시정 방향과 지침을 세우는 관리가 있으니 이른바 재상宰相이 바로 그것이다. 외관은 지방에서 관직을 지내는 관원이다. 원칙적으로 외관은 관할 지역 내의 모든 정무를 책임지고 관장하며, 관할 지역을 벗어난 다른 지역의 일에는 관여할 수 없다. 지방 행정 조직은 지역에 따라 상하의 구분을 두었다. 상급에 있는 비교적 큰 행정 구역에는 여러 하급 행정 구역을 두었다. 행정조직에서 하급관리는 상급 관리의 명령에 따라야 한다. 이는 역대 직제의 통칙이다.

여러 제후국이 공존하던 열국병립列國並立의 시기, 즉 춘추전국 시대에 들어서면서 관직 제도가 이후 통일시대와 매우 비슷해졌다. 당시 대국은 이미 군현을 설치했다. 다만 당시 대국은 규모 면에서 후대의 비교적 큰 지방 행정 구역 정도였다.

금문학자들은 열국의 관직에 대해 삼공三公, 구경九卿, 27대부大夫, 81원사元士라고 말했는데, 이는 직책이 아니라 작위爵位일 따름이다. 그들에 따르면, 삼공은 사마司馬, 사도司徒, 사공司空을 가리킨다. 하지만 구경九卿에 대해서는 명확한 언급이 없었다. 이와 달리 고문학자들은 태사太師, 태부太傅, 태보太保가 삼공三公이고, 소사少師, 소부少傅, 소보少保가 삼고三孤이며, 총재冢宰(일명 천관天官), 사도司徒(일명 지관地官), 종백宗伯(일명 춘관春官), 사마司馬(일명 하관夏官), 사구司寇(일명 추관秋官), 사공司空(일명 동관冬官)이 육경六卿이라고 했다.[1]

금문학자들은 삼공을 각각 천天, 지地, 인人에 대응시켰고,[2] 고문학자들
은 육경을 천天, 지地, 그리고 사시四時에 대응시켰다. 이외에도 오관五官
을 오행五行에 대응시켜 논하는 경우도 있었다.[3]

물론 위에서 기술한 관직이 고대 관직을 모두 망라한 것은 아니며, 또
이들 관직이 다른 관직보다 특별히 중요한 것도 아니다. 그저 학설에 맞
추기 위해서 나름대로 고대의 관직 가운데 몇몇 중요한 것을 골라 체계화
한 것일 뿐이다. 그러므로 고대 관직제도에 대한 금문가와 고문가의 학설
이 반드시 당시 실제 상황과 일치한다고 말하기 어렵다.

우선 육경六卿의 구체적인 직무는 다음과 같다. 우선 사마司馬는 군사
를 관장하고, 사도司徒는 사람을 다스린다. 사공司空은 건설과 관련된 일
을 관장한다. 고대 사람들은 땅에 구멍을 파서 살았다. 이를 혈거穴居라고
한다. 땅을 파는 일은 곧 집을 짓는 일이나 다를 바 없기 때문에 사공司空
이라고 한 것이다.[4] 『주례』를 보면 동관冬官, 즉 사공司空에 대한 내용이
산실되어 없다. 그래서 혹자는 후세 사람들이 「고공기考工記」를 덧붙여
공백을 메웠다고 했다. 하지만 필자 생각은 다르다. 성격이 다르고 내용
도 다른데 어떻게 메웠다고 말할 수 있겠는가? 옛 사람이 『고공기考工記』
에도 관직제도를 다루는 내용이 있어 『주관』와 같은 주제의 서적류書籍類
로 보고 두 책을 한데 엮은 것 같은데, 이 때문에 사람들이 사라진 『주관』
의 공백 부분을 『고공기考工記』로써 메워 보완한 것으로 착각한 것이다.
뿐만 아니라 『주례』는 사공이 건축을 관장하는 관직이었다고 언급한 바
없다. 그럼에도 그렇게 생각하게 된 것은 후세 사람이 『주례』의 기록에

---

1) 허신(許慎), 『오경이의(五經異義)』 참조.
2) 사마는 하늘의 일을 관장하고, 사도는 사람의 일을 관장하며, 사공은 땅의 일을 관장
   한다.
3) 『좌전』 소공(昭公) 17년, 29년, 그리고 『춘추번로·오행상승(五行相勝)』 참조.
4) '사공(司空)'의 '空'은 구멍의 의미를 나타내는 '孔'이다.

근거하여 육부六部를 설치했는 바, 그 중에서 공부工部를 사공에 대응시킨 데서 비롯된 것일 따름이다. 후세의 착각일 뿐이니 이를 근거로 옛일을 논해서는 안 된다.

총재家宰는 백관을 거느리는 동시에, 궁내의 일도 관장했다. 원래 총재는 종복의 우두머리였을 것이다. 그래서 대부 집안에도 재宰가 있었던 것이다. 처음에는 관직이 천자와 제후가 거의 차이가 없었던 것으로 보인다. 관직체제에서 천자와 제후, 대국과 소국이 아주 뚜렷하고 정연한 차이를 보인 것은 이를 저술한 이가 인위적인 가공加工을 했기 때문이다. 따라서 책에서 기록된 내용이 당시 실상을 정확하게 반영한 것이라고 단정할 수 없다.

종백宗伯은 전례典禮를 관장한다. 이는 정치와 가장 무관한 관직처럼 보인다. 하지만 미신 신앙이 지배했던 고대에 제사를 비롯한 각종 의식이야말로 매우 중요한 일이었다.

사구司寇는 형법刑法의 집행을 주관한다. 처음에는 군사재판을 관장했을 것이다. 이 점에 대해서는 제10장에서 보충하고자 한다.

다음으로 삼공에 대해 살펴보겠다.

「고공기」에 삼공은 "앉아서 도를 논한다(坐而論道)."고 했으니 구체적으로 맡은 직책이 없는 관직이다. 부직副職인 삼고三孤 역시 정해진 직책이 없다. 그렇다면 딱히 맡은 직책이 없다면 왜 그런 직책을 만들었는가?

『예기·증자문』에는 다음과 같은 기록이 나온다. "옛날에 남자는 밖으로 스승이 있고, 안으로 자모慈母(보모保母)가 있다."[5] 이는 국군國君의 세자世子도 마찬가지였다. 『예기·내칙內則』에는 다음과 같은 내용이 나온다.

---

5) 『예기정의·증자문』, "古者男子, 外有傅, 內有慈母." 앞의 책, 589쪽. 역주: 원문은 "內有傅, 外有慈母."로 되어 있는데, 오기인 듯하다. 그래서 『예기·증자문』에 따라 "外有傅, 內有慈母."로 바꾸고 번역했다.

"궁중에 별도로 어린아이의 거실을 마련하여 여러 모母(적모, 서모 등 첩妾)들 가운데 아이를 가르치고 키울 수 있는 자를 선택하되, 반드시 너그럽고 여유가 있으며, 자애롭고 은혜로우며, 온화하고 어질며, 공손하고 조심성이 있으며, 신중하여 말이 적은 자를 택하여 아이의 스승으로 삼는다. 그 다음으로 자모慈母를 삼고 그 다음으로 보모保母를 삼는다."6)

필자는 삼공인 태사太師, 태부太傅, 태보太保가 인용문에 나오는 사師, 자慈, 보保에 대응한다고 생각한다. 옛말에는 부夫와 부傅는 훈이 같아 원래 같은 글자였다. 인용문에서 부인婦人으로 칭할 수 없기 때문에 자慈로 바꾸어 말한 것이다. 그런 즉 고문경에 나오는 삼공은 천자 개인의 시종으로 정사와 무관했기 때문에 직책이 없었던 것이다. 『주례』에 나오는 "앉아서 도를 논한다(坐而論道)."는 말은 원래 「고공기」에서 인용한 것이다. 「고공기」 원문은 "앉아서 도를 논하는 이를 일러 왕공이라 한다(坐而論道, 謂之王公)."인데, 여기서 '왕공'은 인군人君이지 대신大臣이 아니다. 따라서 『주례』가 잘못 인용한 것이 틀림없다.

결론적으로 금문이든 고문이든 간에 모두 춘추전국시대 학설이기 때문에 그보다 훨씬 이전의 실제와 반드시 일치하는 것은 아니었다. 하지만 후세에 제도를 만드는 이들은 경전의 학설을 저본으로 삼을 수밖에 없었다. 따라서 설령 그것이 고대의 역사사실이 아닐지라도 후세 제도의 근원이 되었음은 부정할 수 없다.

열국병립 시대 지방 행정 지역은 후대의 향鄕이나 진鎭의 규모에 불과했다. 지방의 행정조직에 대해서도 금문과 고문이 서로 다른 의견을 제시하고 있다.

---

6) 『예기정의·내칙』, "擇於諸母與可者, 必求其寬裕慈惠, 溫良恭儉, 慎而寡言者, 使爲子師, 其次爲慈母, 其次爲保母." 위의 책, 591쪽.

우선 금문경의 학설부터 살펴보자.『상서대전尚書大傳』에 다음과 같은 관련된 내용이 보인다.

> "옛날에는 여덟 가구가 인鄰을 이루고, 세 인鄰이 붕朋을 이루고 세 붕이 이里를 이룬다.[7] 다섯 리里가 한 읍邑을 이루고, 열 개의 읍이 도都를 이룬다. 열 개의 도가 사師를 이루는데, 열두 개의 사가 한 주州를 이룬다."[8]

고문경의 학설은 또 다르다.『주례』에 보면 향鄉과 수遂를 구분하여 다음과 같이 말하고 있다.

우선 향鄉은 다섯 가구가 비比를 이루고, 비에 장長을 둔다. 다섯 개의 비가 여閭를 이루는데, 여에는 서胥를 둔다. 네 개의 여가 족族을 이루는데 족에는 사師를 둔다. 다섯 개의 족이 당黨을 이루고 당에는 정正을 둔다. 다섯 개의 당이 주州를 이루고 주에는 장長을 둔다. 다섯 개의 주가 향(鄉)을 이루고 향에는 대부大夫를 둔다.

다음 수遂의 경우는 다섯 가구가 인鄰을 이루고 인에는 장長을 둔다. 다섯 개의 인이 이里를 이루는데, 이에는 재宰를 둔다. 네 개의 이가 찬酇을 이루는데, 찬에는 장長을 둔다. 다섯 개의 찬이 비鄙를 이루는데 비에는 사師를 둔다. 다섯 개의 비가 현縣을 이루고 현에는 정正을 둔다. 다섯 개의 현이 수遂를 이루고 수에는 대부大夫를 둔다.

양자의 학설이 서로 다른 것은 금문경의 경우 정전제에 따른 지방 행정 구역이고, 고문경은 군대 편성 단위에 부합하는 지방 구역이기 때문이다. 물론 예전에는 이렇게 지방을 구분했을 것이다. 다만 나중에 정전제가

---

7) 1 리(里)에 모두 72가구가 모여 살았다. 구체적인 내용은 앞장을 참조하기 바란다.
8)『상서대전보주(尚書大傳補註)·우전(虞傳)』, "古八家而爲鄰, 三鄰而爲朋, 三朋而爲里, 五里而爲邑, 十邑而爲都, 十都而爲師, 州十有二師焉." 북경, 중화서국, 1991년, 16쪽.

사라지면서 십오제仟伍制만 남고 금문경에서 말한 지방 행정단위가 모두 없어지고 말았다.9)

다음 진한 시절의 관직제도를 살펴보겠다.

한나라 초기의 관직제도는 진나라 것을 답습했고, 진나라 관직은 열국 시대의 것을 이어받았다. 당시 지위가 가장 높은 중앙 관리는 승상丞相이 었다. 진은 좌승상과 우승상을 모두 설치했지만, 한나라 때는 한 명만 두었다. 승상의 부직으로 어사대부御史大夫가 있었다.10) 무관의 통칭은 위 尉인데, 그 중에서 지위가 가장 높은 중앙의 무관은 태위太尉였다. 이상은 진나라와 한나라 초기의 관직 개황이다.

금문경 학설이 널리 퍼지면서 한나라는 태위를 사마司馬로 고쳤고, 승 상을 사도司徒, 어사대부를 사공司空으로 바꾸었다. 새로 바뀐 사마, 사도, 사공을 삼공三公이라 부르고 재상의 직책으로 삼았다. 그리고 태상太常,11) 광록훈光禄勳,12) 위위衛尉,13) 태복太僕,14) 정위廷尉,15) 대홍려大鴻臚,16) 종 정宗正,17) 대사농大司農,18) 소부少府19) 등을 구경九卿으로 삼았다. 하지만

---

9) 역주: 십오제(仟伍制)는 고대 중국 군대 편성의 기본 단위였다.

10) 중앙의 관리는 모두 직책에 따라 정해진 특정의 정무를 보는데, 오로지 어사만 황제 의 비서로서 거의 참여하지 않는 정무가 없었다. 이런 점에서 어사가 승상의 부직이 나 다름없었다. 한나라 때 승상 자리가 비었을 때, 흔히 어사대부를 승격시켜 그 자리를 채우기도 했다.

11) 태상(太常)은 원래 관직명이 봉상(奉常)이었고, 종묘, 예의(禮儀)를 관장한다.

12) 광록훈(光禄勳)은 원래 낭중령(郎中令)이었다. 궁궐(宮闕), 전각(殿閣), 출입문(掖門) 의 수비를 관장하는 관직이다.

13) 위위(衛尉)는 궁문의 수비, 병사의 주둔을 관장한다.

14) 태복(太僕)은 여마(輿馬)(역주: 왕이 타는 수레와 말)를 관장한다.

15) 정위(廷尉)는 형륙(刑戮)을 관장한다. 대리(大理)로 관직명이 바뀐 일이 있다.

16) 대홍려(大鴻臚)는 본래 전객(典客)이었다. 귀순한 만이(蠻夷)와 관련된 일을 관장한다.

17) 종정(宗正)은 (황실, 귀족의) 친속(親屬)관계를 파악하여 기록하는 일을 담당한다.

18) 대사농(大司農)은 원래 치속내사(治粟内史)로 곡식, 재정을 관장한다.

이는 금문경의 학설에 부합하기 위한 것일 뿐 별다른 의미가 없었다. 또한 태상, 광록훈, 위위를 사마司馬, 태복, 정위, 대홍려를 사도司徒, 종정, 대사농, 소부를 사공司空에 예속시켜 구경을 삼경에 집어넣었으나, 이 역시 아무런 이론적인 근거가 없었다. 다만 중대사가 있을 경우 모두 모여 의논했다. 후한後漢 때는 사마를 다시 태위太尉로 회복시켰다. 또한 대사도大司徒, 대사공大司空 앞의 대大자만 빼고 여전히 사도, 사공으로 불렀다. 이외의 관직은 별다른 변화가 없었다.[20]

진한 시절의 외관外官 제도는 다음과 같다.

진은 군郡을 통해 현을 다스렸고, 각 군에 군수를 감찰하는 감어사監御史를 두었다. 한 대에는 감어사를 두지 않는 대신 승상이 각 주州에 감찰 관리를 파견했다.[21] 무제武帝 때는, 부자사部刺史(12부部 주州에 파견하여 지방행정을 감찰하는 관리) 13명을 임명하여 조서詔書에 실린 6조條에 따라 각 군을 감찰했다. 조서에 나오는 6조의 감찰 내용은 다음과 같다. 첫째, 지방 호족을 감찰한다. 둘째, 태수에게 침탈이나 취렴聚斂 행위가 있는지 감찰한다. 셋째, 태수에게 실형失刑(형벌을 이행하지 않음) 행위가 있는지 감찰한다. 넷째, 태수에게 선거에서 공정하지 못한 행위가 있는지 감찰한다. 다섯째, 태수의 자제에게 불법 행위가 있는지를 감찰한다. 여섯째, 태수가 호강豪强(지방 권세가)에게 아부하는 행위가 있는지 감찰한다. 성제成帝 때는 하무何武의 의견을 채택하여 자사刺史를 주목州牧으로 바꾸었다가 애제哀帝 때 다시 자사刺史로 복원했으며, 이후 또 다시 주목으로

---

19) 소부(少府)는 산해지택(山海池澤)의 세금 징수를 관장한다.

20) 역주: 전한(前漢) 애제(哀帝) 때 대사도(大司徒), 대사마(大司馬), 대사공(大司空)라 불렸는데, 후한(後漢) 때는 앞의 대(大)자를 빼고 사도, 사마, 사공으로 불렀다.

21) 여기에 나오는 '주(州)'는 아직 지방 행정 명칭이 아니었다. 당시의 지방 행정 구획을 지칭할 이름이 없어 후세 사람이 주(州)를 갖다 쓴 것이다. 그러니 성제(成帝)가 '주목(州牧)'을 설치하기 전까지 '주'는 법적인 명칭이 아니었다.

고쳤다. 후한 때 다시 자사로 바꾸었는데, 다만 12주에만 자사를 두고, 나머지 한 주는 사례교위司隷校尉에 예속시켜 감찰을 받도록 했다.[22]

『예기·왕제』에도 감독관 설치와 관련된 내용이 나온다. "천자는 대부大夫를 삼감三監으로 임명하여 방백方伯의 나라를 감찰하게 했는데, 나라마다 세 명의 감독관을 보냈다."[23] 그렇다면 진한 시절의 감찰제도는 주나라 초 삼감제三監制를 억지로 갖다 붙여 만든 것일 가능성이 높다. 하지만 천자가 관리를 보내 제후국을 감찰하는 것은 충분히 가능한 일이다.[24] 감찰제도 역시 다른 제도와 마찬가지로 갑자기 나온 것이 아니라 나름의 전통이나 관행을 답습한 결과라는 뜻이다. 또한 주나라 시절 대부大夫는 방백方伯보다 직위가 낮았다. 진나라 때 태수를 감찰하는 어사御史의 작위는 대부大夫를 넘지 않았고, 한나라 때 태수를 감찰하는 자사刺史의 녹봉은 600석石이었으나 태수太守는 2,000석이었다. 이처럼 지위가 낮은 자가 지위가 높은 자를 감독하는 이비임존以卑臨尊의 감찰제 역시 이전의 제도를 계승했을 것이다. 사실 현실적으로도 감찰관은 진보적인 젊은 관리가 알맞고, 정무직은 경험이 많고 명망 있는 사람이 더 적합할 것이니 실제에 부합하는 바람직한 제도라고 할 수 있다.

이런 점에서 서한 성제成帝 말년에 자사 및 어사대부 등을 역임한 하무何武가 『춘추』의 대의에 따라 지위가 높은 자가 낮은 자를 관찰하는 이존임비以尊臨卑의 방식을 사용하고 지위가 낮은 자가 지위가 높은 자를 감찰하는 이비임존以卑臨尊의 방식을 없앨 것을 주장한 것은 현실 상황과도 맞지 않을뿐더러 경의經義를 제대로 파악하지 못한 견해이다."[25]

---

22) 사례교위는 무제(武帝) 때 무고(巫蠱)의 일을 해결하기 위해 설치된 관직이다. 이후 일부 군(郡)과 제후국을 감찰하는 직능을 가졌다.

23) 『예기정의·왕제』, "天子使其大夫爲三監, 監於方伯之國, 國三人." 앞의 책, 351쪽.

24) 예를 들어 대국(大國)의 왕이 사신을 보내 자기가 분봉한 나라나 예속된 소국(小國)을 감찰할 수 있었다.

하무는 이렇게 주장하면서 자사를 철폐하고 주목을 설치하라는 상소를 올렸기에 결국 자사를 없앴다. 하지만 이후 승상 자리에 오른 주박朱博이 다시 상소하여 자사刺史를 감찰관으로 하는 감찰제도가 다시 회복되었다. 주박의 구체적인 논의는 『한서』에 나와 있는데, 하무보다 주박이 통달했음을 알 수 있다.

태수太守는 진나라 시절 그냥 수守라고 불렀는데, 한 경제景帝 때 태수太守로 바뀌었다. 진은 각 군에 위尉를 두었는데, 한나라의 경제 때 모두 도위都尉로 바꾸었다. 진나라 시절 수도권은 내사內史가 다스렸다. 한 무제는 경조윤京兆尹으로 명칭을 바꾸고 좌풍익左馮翊, 우부풍右扶風을 새로 설치하고, 경조윤과 함께 삼보三輔라 일컬었다. 한조 여러 왕들의 나라王國 관직도 중앙의 경우와 비슷하여 내사內史를 설치하여 백성을 다스렸다. 칠국의 난(오초칠국의 난: 경제 시절 제후국 오나라 왕 유비가 주축이 되어 여섯 제후국이 중앙정부에 대항하여 일으킨 반란)이 평정된 뒤, 경제景帝는 제후국의 왕이 백성을 직접 다스리지 못하게 했다. 제후국의 승상丞相을 상相으로 명칭을 바꾸고 백성을 다스리도록 했으니 군수郡守와 다를 바 없었다.

현縣의 장관은 가호家戶의 다소에 따라 관봉官俸이나 관품官品이 달랐

---

25) 『한서』, 권83, 「설선주박전(薛宣朱博傳)」, "춘추 대의에 따르면, 귀한 자가 천한 자를 다스려야지 비천한 자가 존엄한 자에 군림해서는 안 됩니다. 자사는 지위가 대부보다 낮은데도 이천석(대부)에게 임하도록 하는 것은 경중이 서로 맞지 않으며, 직위의 차례를 잃는 일입니다. 청하옵건대, 자사를 없애시고 주목을 다시 설치하시어 옛 제도에 부응토록 하옵소서(春秋之義, 用貴治賤, 不以卑臨尊. 刺史位下大夫, 而臨兩千石, 輕重不相准, 失位次之序. 臣請罷刺史, 更置州牧, 以應古制)." 북경, 중화서국, 1962년, 3406쪽. 역주: 원문에는 "古之爲治者, 以尊臨卑, 不以卑臨尊."를 하무의 말로 인용하고 있으나 원문을 찾을 수 없다. 성제 말년 하무는 적방진(翟方進) 등과 함께 자사를 없애는 것에 대해 상소한 바 있다. 유사한 내용이 「하소전」과 고염무의 『일지록』 권9에 나온다.

다. 1만 가호가 넘는 현의 우두머리는 영令(현령縣令), 1만 가호 미만은 장長(현장縣長)으로 불렀다. 이렇듯 고대 정치나 행정은 지역의 크기에 따른 속지주의屬地主義가 아니라 인구의 규모에 따른 속인주의屬人主義였다. 후국侯國은 현縣과 등급이 같았다. 황태후나 공주公主의 식읍食邑으로 봉해진 현縣은 읍邑이라 한다. 만이蠻夷가 함께 잡거하는 현은 도道라 불렸다. 이는 고대의 행정 구획이 봉건적 특징이나 속인주의 색채를 띠고 있음을 보여 주는 것이다.

진한 시기의 현이 고대의 국國이었음은 이미 3장에서 밝힌 바 있다. 그러므로 현의 으뜸 벼슬인 현령縣令은 고대의 국군國君과 같은 직위職位로서 정무를 총괄하여 지시를 내리고 하급 관리를 관리하고 감독했을 뿐, 구체적인 직무를 담당하지는 않았다. 따라서 구체적인 지방 정무는 지방 자치에 의존하지 않을 수 없었다. 비록 후세로 내려올수록 이러한 지방 자치제가 날로 훼손되면서 제대로 시행되지 못했지만 진한 시절에는 그렇지 않았다. 『한서·백관공경표百官公卿表』, 『속한서·백관지百官志』에 관련 기록이 나온다.

> "열 가호가 십什을 이루고 다섯 가호가 오伍를 이루었다. 그리고 한 이里에 백 가호가 사는데, 이里에는 이괴里魁를 두었다. 이괴는 이내里內 사람의 행실善惡을 살피고 감관監官에게 아뢴다. 열 이里가 정亭을 이루고 정에는 장을 둔다. 열 정亭이 향鄕을 이루고 향에는 향삼로鄕三老, 유질有秩, 색부嗇夫, 그리고 유요遊徼를 두었다. 향삼로는 교화를 관장하고 지위가 가장 높았다. 색부嗇夫는 소송을 관장하고 부세의 징수를 관장하는 직책인데, 권한이 가장 컸다.[26]

---

[26] 『한서』, 권19상, 「백관공경표(百官公卿表)」, "十家爲什, 五家爲伍, 一里百家, 有里魁. 檢察善惡, 以告監官. 十里一亭, 亭有長. 十亭一鄕, 鄕有三老, 有秩嗇夫, 遊徼. 三老管 敎化, 體制最尊, 嗇夫職聽訟, 收賦稅, 其權尤重." 앞의 책, 742쪽.

그 까닭으로 색부嗇夫만 알고 현령이 누군지도 모르는 백성이 많았다고 하는데,[27] 후세와 완전히 다른 광경이었다.

이상은 진과 한초의 관직이다.

하지만 이러한 제도는 시행된 지 얼마 지나지 않아 곧 변화가 생겼다. 예를 들어, 한대 승상은 지위가 높았을 뿐만 아니라 권한도 컸다. 상서尚書는 처음에 천자를 위해서 문서를 보관하는 사람이었다. 마치 황실의 의복을 관장하는 사람을 상의尚衣, 음식 준비를 담당하는 사람을 상식尚食이라 부르듯 당시 상서尚書는 오늘날의 자료실 관리자나 다름없었다. 처음에는 사士가 상서를 담당했다. 후에 한 무제武帝가 후정後庭에서 유연遊宴을 베풀 때, 사가 후궁에 드나드는 것이 불편하다고 하여 모두 내시로 바꿨다. 관직명도 중서알자령中書謁者令으로 변경했다. 무제가 죽고 난 후 이를 철폐해야 마땅하나 그러지 않았다. 이는 나름의 이유가 있었다. 무제가 즉위한 이래로 대장군大將軍이 무관武官의 고위직이 되었는데 소제昭帝와 선제宣帝 시절에는 대장군 곽광霍光이 정권을 장악했다. 당시 승상은 대개 늙거나 무능한 사람이어서 정무를 모두 중서알자령이 처리했다. 바로 이런 이유로 중서령을 철폐하지 못하고 계속 두었던 것이다. 성제成帝 때 이르러서야 비로소 중서령中書令을 없앴지만, 상서尚書는 여전히 전국의 정무를 처리하는 근본이 되었으며, 예속 부서分曹들이 갈수록 많아졌다. 후한後漢 광무光武 때 관리들을 엄하게 감독하고 그들에게 책임을 묻는 이른바 독책지술督責之術(신하를 단속하여 책망하는 술책)을 시행했는데, 재상은 덕망이 높아 독책督責의 대상으로 삼을 수 없다고 하여 재상은 허명으로 남겨놓고 모든 정무를 상서가 관할했다. 이에 따라 상서의 권한은 더욱 커져갔다.

위魏 무제 조조가 실권을 차지하자 삼공을 폐지하고 승상과 어사대부

---

27) 『후한서(後漢書)・원연전(爰延傳)』 참조.

의 직능을 회복했다. 이리하여 승상이 잠시나마 실권을 장악했다. 하지만 위 문제가 정권을 찬탈한 후 더 이상 승상이 필요 없어 폐지하고 말았다. 이후 위진남북조는 대체로 신하가 왕위를 찬탈할 때 승상을 두었을 뿐 왕위 찬탈이 끝나면 곧 바로 승상을 철폐했다.

당시 상서는 항시 복잡한 정무에 시달리기만 할 뿐 중서中書만큼 천자와 가까이할 수 없었다. 중서中書의 전신前身은 위왕魏王 시절 무제가 설치한 비서감祕書監이다. 문제가 한의 정권을 찬탈하고 비서감을 중서中書로 바꾸었다. 중서는 항시 천자와 마주하며 정무의 기밀機密을 논의했다. 그래서 진晉나라 시절 순욱荀勖이 중서감中書監에서 상서령尙書令으로 승진했을 때 사람들이 축하하자 "봉황지鳳凰池28)를 빼앗겼는데 무슨 축하할 일인가."29)라고 하면서 화를 냈던 것이다.

시중侍中은 가관加官30)으로 궁중에서 황제를 모시는 사람이다. 한나라 초기 대개 명유名儒가 담당했는데, 후에는 재능이 없는 귀척貴戚 자제들이 머릿수만 채우는 경우가 많았다. 형주荊州에서 불려와 왕위에 오른 송宋 문제는 이전의 저택에 머물던 막료幕僚들을 믿고 의지했기 때문에 그들을 모두 시중으로 임명했다. 그는 그들과 함께 서선지徐羨之(송나라 개국공신이었으나 소재를 시해했다는 이유로 살해됨)를 주살하는 등의 일을 꾸미기도 했다. 이를 계기로 시중은 기밀의 정무 및 군무에 참여하게 되었다.

당대에 이르자 중서성中書省, 문하성門下省, 상서성尙書省 등 삼성三省을

---

28) 역주: 중서령의 별칭이 봉황지(鳳凰池)였다.

29) 『주자어류(朱子語類)』 권112, 「논관(論官)」, "奪我鳳凰池, 諸君何賀焉?" 중화서국, 1994년, 2727쪽. 역주: 순욱은 위나라의 신하였으나 이후 사마소에게 붙어 왕위 찬탈에 도움을 주었다. 오랫동안 중서령을 맡아 최측근이 되었으나 진 무제(사마염)의 총애를 잃고 정치적으로 소외되었다. 상서령을 맡은 것은 바로 이 때였다. 『진서·순욱전』에는 이런 내용이 나오지 않는다.

30) 역주: 가관(加官)이란 기존 관직 위에 관함(官銜)을 더하는 것이다.

모두 재상의 직책으로 삼았다. 중서성은 정령, 조서詔勅의 초안을 작성하고, 문하성은 작성된 초안 가운데 합당하지 못한 부분을 봉함하여 되돌리거나 반박하는 의견을 표달하는 봉박封駁의 직능을 수행했으며, 상서성은 최종적으로 내린 정령이나 조서를 집행했다.

상서의 분조分曹, 즉 부서는 위진 이후 점차 세분화되며 복잡해졌다. 각 분조分曹마다 정무를 보는 낭郎이 배치되었다. 때로 상서가 하급 분조의 정무를 겸하는 경우도 있었다.

수隨나라 때부터는 이조吏曹, 호조戶曹, 예조禮曹, 병조兵曹, 형조刑曹, 공조工曹 등 육조六曹를 통해 제사諸司를 거느리는 행정체계가 구축되었다. 육조는 매 조마다 시랑侍郎을 두었고, 매 사司마다 낭郎을 두었다. 이것이 후세 육부六部를 통해서 전국의 정무를 처리하는 행정체계의 단초이다.

삼공 등의 관직은 진나라 이후 가끔 설치했지만, 정무에 직접 참여하지 않는 것이 일반적이었다. 하지만 각기 부府를 개설했다. 다시 말해 관아官衙를 설치하고 분조도 두며, 속관屬官(속리屬吏)를 배당받았다는 뜻이다.

수, 당 시절 『주례』의 관직체제를 본받아 태사, 태부, 태보를 삼공, 소사, 소부, 소보를 삼고三孤로 삼았다. 하지만 속관屬官은 모두 두지 않았다. 그때부터 삼공과 삼고는 재정을 투입하지 않는 순수 허직虛職이 되었다. 사실 구경九卿 등의 관직은 직능에 있어서 육부와 중복된 부분이 많았다. 그럼에도 불구하고 역대에 걸쳐 이를 통폐합 하지 않고 그대로 답습했다.

한대에 어사대부御史大夫가 사공司空으로 명칭이 바뀌었지만, 어사御使라는 기관은 여전히 존속했다. 뿐만 아니라 오히려 그와 관련된 관직이 증설되기까지 했다. 당대 어사御使 기관은 세 개의 원院으로 나뉘었다. 시어사侍御史에 예속된 대원臺院, 전중시어사殿中侍御史에 예속된 전원殿院, 감찰어사監察御事에 예속된 감원監院이 그것이다. 역대로 전제專制 군주가 신하의 옹폐壅蔽(속이고 은폐하는 행위)를 경계해야 하는 상황에서 군주의 이목지관耳目之官으로서 어사의 권한은 갈수록 커져갔다.

자사刺史를 주목州牧으로 바꾼 것은 전한前漢 때는 잠깐 동안의 일이었지만 후한後漢 말년의 경우는 상황이 그리 단순치 않았다. 후한 시절 자사를 주목으로 바꾼 것은 영제靈帝 중평中平 5년의 일이다. 전국에서 일어난 잇따른 반란이 지방 자사의 덕망이 부족하기 때문이라는 유언劉焉의 주장 때문에 비롯된 일이었다. 사학계의 기존 논리에 따르면, 영제의 이러한 조치로 말미암아 지방 세력이 크게 성장하여 중앙의 통제가 어렵게 되었다고 한다. 그러나 지방 할거割據의 형세가 순전히 이런 조치 때문에 빚어진 결과는 아니었다. 당시 모든 자사를 주목으로 바꾼 것은 아니었기 때문이다.[31] 오히려 당시는 자사든 주목이든 모두 감찰관이 아닌 군郡의 상급 관리일 뿐만 아니라 군권마저 장악했기 때문에 지방 할거세력이 형성되었던 것이다. 삼국이 분립하던 시기에도 자사의 군권 장악은 여전했다. 물론 당시 사람들도 그것이 혼란을 불러일으키는 화근이라는 사실을 잘 알고 있었다. 그래서 진晉 무제는 오吳 땅을 평정한 뒤에 주목을 철폐하고 자사의 군권을 박탈하여 예전처럼 감찰관으로 되돌리려고 한 것이다. 이는 태평천하를 오래 지속시킬 수 있는 올바른 조치였으나, 안타깝게도 "말만 그러했을 뿐 끝까지 실행하지 못했다."[32] 하지만 후세 사람은 오히려 진 무제가 주州, 군郡의 군권을 박탈했기 때문에 혼란이 발생했다고 보았으니, 이는 터무니없는 견해이다.

동진東晉 이후 오호五胡의 난으로 백성들이 정처 없이 떠돌아다녔다. 당시 행정 구획區劃은 여전히 속인주의屬人主義 색채가 강했기 때문에 곳곳에서 사람의 호구에 따라 임시로 주州나 군郡을 설치했다. 그 때문에 주州의 구획이 갈수록 좁아졌으며, 급기야 주州의 크기가 군郡 정도로 줄

---

31) 일반적으로 경력이 많은 자는 목(牧)으로 바꾸었으나 경력이 부족한 자는 여전히 자사로 놔두었다. 자사에서 주목으로 승격된 경우도 있다.
32) 『후한서』, 지(志)28, 「백관지」, 주(注), "雖有其言, 不卒其事." 앞의 책, 3620쪽.

어들기도 했다.[33)

당시 지방 세력으로 도독군사都督軍事가 있었다. 도독군사 한 명이 여러 주 또는 십 여 주의 군정을 관장하기도 했다. 심지어 도독중외제군都督中外諸軍이라 하여 중앙과 지방의 군정을 모두 관장하는 경우도 있었다. 진晉과 남북조 시절 모두 그러했다. 후주後周 때는 도독군사都督軍事가 총관總管으로 이름이 바뀌었다. 수나라 때는 주와 군을 같은 등급의 지방 행정 구획으로 통폐합하는 동시에,[34) 도독부都督府를 폐지했다. 당대 초기에는 대총관大總管과 총관總管을 두었는데, 후에는 각각 대도독大都督과 도독都督으로 바꾸었다. 이후 그것을 다시 없애고 전국을 여러 도道로 구획하여 각 도에 관찰사觀察使 등 감찰관을 설치했다. 감찰의 옛 직능을 회복시킨 것이다.

당의 직제는 동한, 위진, 남북조의 제도를 이어받아 재정비한 것이라 당시 사회에 맞지 않는 부분이 적지 않았다. 그래서 정비한 지 얼마 되지 않아 또 다시 변화가 생겼다. 예를 들어, 삼성三省의 장관은 따로 관리를 임명하지 않았다. 대신 다른 관직에 동중서문하평장사同中書門下平章事와 같은 관함을 더해서 재상직으로 삼았다. 중서성과 문하성의 장관은 정사당政事堂에 한데 모여 정무를 함께 의논했을 뿐, 중서성에서 정령 등의 초안을 먼저 제정한 다음에 문하성을 거쳐 봉박封駁을 받는 심의절차가 아니었다. 도독都督이 폐지되었으나 당 중엽 이후로 이른바 절도사節度史가 나타났다.[35) 자사도 대개 현지에 주둔하는 절도사가 겸임했는데, 절도

---

33) 예를 들어, 한나라 때 전국에서 주를 13군데밖에 두지 않았지만, 나라 영토가 한나라보다 훨씬 작은 양(梁)은 오히려 주 107개를 두었다는 점을 통해서 이를 엿볼 수 있다.

34) 수 문제 개황(開皇) 3년 군을 철폐하고 주(州)를 통해 현(縣)을 지배했다. 주의 최고 장관은 등급으로 군수와 같았다. 이후 수 양제(煬帝) 때 다시 주를 군으로 바꾸었다.

35) 구체적인 내용은 뒤의 제9장을 참조하기 바란다.

사의 압박으로 지군支郡의 자사들이 제대로 직권을 행사하지 못할 정도였다.36) 이처럼 전횡을 일삼는 절도사의 횡포는 이전의 자사보다 오히려 더 심했다고 할 수 있다. 당 중엽 이후 검교檢校, 시試, 섭攝, 판判, 지知 등의 명목으로 관직을 설치하게 되었는데, 이에 따라 관리의 등용은 자격을 따지지 않게 되었다. 이는 송나라의 차견치사差遣治事라는 등용 제도의 발단이기도 하다.37)

송조는 중서성中書省을 금중禁中(궁궐) 안에 설치했다. 재상宰相은 동평장사同平章事, 차상次相은 참지정사參知政事라고 불렀다. 호부戶部는 이미 당 중엽부터 전국의 재정과 부세를 총괄할 수 없어 탁지사度支使와 염철사鹽鐵使가 분담하여 관장하게 했다. 송조는 호부, 탁지사, 염철사를 삼사三司로 통합하고, 부서마다 각기 부사部使, 부부사副部使를 두어 별도의 관아에서 정무를 보도록 했다. 삼사의 장관직으로 삼사사三司使, 삼사부사三司副使를 설치하여 삼사三司를 총괄하도록 했다. 이들을 계상計相이라 부르기도 한다.

추밀사樞密使는 당나라 시절 환관이 담당했는데, 주로 조서 전달 등의 일을 맡았다. 후에 환관이 군권을 장악하게 됨에 따라 추밀사가 군정에도 참여했다. 송나라 때도 군정에 관계된 일을 추밀원樞密院에서 주로 관장했다.

지휘사指揮使는 원래 번진藩鎭 밑에 있는 무관인데, 양梁 태조가 왕위를 찬탈한 뒤에 이를 철폐하지 않고 존속시켜 천자의 친군親軍으로 삼았다. 송나라 때 금군禁軍은 모두 전전사殿前司, 시위마군친군사侍衛馬軍親軍司,

---

36) 역주: 지군(支郡)은 절도사가 통솔하는 각 군(郡)을 말한다.
37) 역주: 송대는 관직에 따라 직책이 정해지는 것이 아니라, 그때그때의 차견(差遣: 관리를 파견하거나 임명함)을 통해서 실제적인 직책이 결정되는데, 이를 차견치사(差遣治事)라고 한다.

시위보군친군사侍衛步軍親軍司에 예속되었다. 각기 지휘사指揮使를 두고, 삼아三衙라고 불렸다.

송대 초기 관직명은 그저 녹봉이나 품급을 나타내는 표지官以寓祿秩[38] 기능만 수행했을 뿐, 실제적인 직책은 차견치사差遣治事를 통해 이루어졌다. 다시 말하자면 관리의 직책은 관직의 관직명과 아무런 관계가 없었다는 뜻이다. 겉으로 보기에는 매우 복잡한 것 같지만 차견치사의 인사제도는 관직의 유치와 철폐, 분리와 통합에 있어서 관결官缺 제도보다 훨씬 자유롭고 실제 상황에 훨씬 적합했다. 그래서 강유위康有爲는 『관제의官制議·송관제최선宋官制最善』에서 차견치사의 인사제도를 극찬했던 것이다.

송 신종神宗 원풍元豊 연간 『당육전唐六典』을 본보기로 삼아 직제에 대한 개혁을 실시한 일이 있었다. 하지만 철저하게 진행된 것 같지는 않다. 예를 들어, 삼성三省의 장관을 재상직책으로 삼는 제도는 여러 차례의 변화를 거쳐 여전히 동평장사同平章事 한 명, 참지정사參知政事 한 명을 두던 옛 제도로 돌아가고 말았다. 또한 추밀원에서 군정을 관장하는 것도 여전했고, 삼아三衙를 두는 제도도 달라진 바 없었다.

송나라 초기에는 번진藩鎭의 발호 견제하기 위해서 절진節鎭(절도사를 설치한 중진重鎭의 뜻이나 여기서는 절도사의 뜻이다)들을 모두 조정에 불러들여 경사京師에 머물도록 사택私宅까지 하사했다. 그리고 권지군주사權知軍州事라 하여 중앙의 관리를 지방 각 군에 보내고 권지군주사의 권한을 분산시키기 위하여 통판通判을 두었다. 뿐만 아니라 번진에 대한 통제를 강화하기 위해 현령도 중앙에서 직접 파견하기 시작했다. 이처럼 송조는 지방관의 임명을 극도로 중요시했다.

송조에는 특별히 설치한 각종 사관使官(중앙에서 파견하는 관리)들이

---

38) 역주: 『송사·직관지(職官志)』, 권161, "관직으로 녹봉과 관품을 나타냈다(官以寓祿秩)." 앞의 책, 3768쪽.

아주 많았다. 그 중에서 중요한 것으로 전운사轉運使와 발운사發運使가 있었다. 전운사轉運使는 어느 노路(행정구역)의 재정과 부세를 관장하는 사관使官이고, 발운사發運使는 회淮, 절浙, 강江, 호湖 등 6로路39)의 곡식 조운漕運을 관장하는 사관이다. 그 밖에 상평다염常平茶鹽, 다마茶馬, 갱야坑冶, 시박市舶 등의 분야마다 모두 제거사提擧司를 두었다. 그렇게 함으로써 행정권事權을 중앙에 집중시켰다.40)

한편 송 태종은 조서를 내려 각 노路의 전운사에게 상참관常參官이 전문적으로 주군州軍의 형옥刑獄을 규찰糾察하도록 했다. 그것이 진종眞宗 때에 와서 제점형옥提點刑獄이라는 독립적인 사司로 발전했는데, 간칭하여 제형提刑이라고 한다. 이는 사법司法 사무를 위해 설치한 최초의 감찰직監察職이었다.

남도南渡 이후 송은 사천四川에 총령재부總領財賦를 두었다. 삼선무사三宣撫司41)를 폐지하고 총령總領을 두어 군 보급품을 조달하는 일을 관장하도록 했다. 당시 총령總領은 '전일보발어전군마문자專一報發御前軍馬文字'란 관함을 가지고 있어 군정에도 참여했다.42)

원元은 중서성中書省을 재상 직책으로 삼았다. 추밀원에서 군정을 관장했고 어사대御史臺는 감찰糾察의 직능을 행사했다. 상서성은 원래 언리지신言利之臣을 위해 설치한 전문적인 자리였기에 언리지신이 정치싸움에

---

39) 역주: 구체적으로 6로는 먼저 설치된 회남(淮南)과 절강(浙江) 지역의 회절4로(淮浙四路)와 나중에 증설한 형호이로(荊湖二路)를 가리킨다.

40) 역주: 갱야(坑冶)는 광산을 캐내는 일을 말하며, 시박(市舶)은 중국 연해 각 항구에 도착한 외국 상선들과 교역하는 일을 가리킨다.

41) 뒤의 제9장 참조.

42) 역주: 전일보발어전군마문자(專一報發御前軍馬文字)에 나오는 문자(文字)란 천자에게 올리거나 아래로 전달하는 문서를 말한다. 따라서 전일보발어전군마문자(專一報發御前軍馬文字)는 곧 전문적으로 어전군마(御前軍馬)의 문서를 천자에게 올리거나 아래로 전달하는 일을 맡는 관직이다.

서 패하자 상서성도 따라서 철폐되었다.[43] 하지만 육부六部는 여전히 두었다. 명청 때도 이 제도를 그대로 답습했다. 또 원은 중앙에 특별히 토번吐蕃을 관할하는 선정원宣政院을 설치했다. 청나라 때도 이를 본받아 이번원理藩院을 설치했다.

원나라의 행정 구획은 행성行省을 두는 것이 가장 큰 변화였다. 원나라 이전에 당장의 일을 해결하기 위해 임시로 상서행태尙書行台를 설치한 때도 있었으나, 일이 해결되면 곧 철폐했다. 하지만 원은 중원中原에 열 개의 행중서성行中書省과 두 개의 행어사대行禦史臺를 설치했으며, 이들 행중서성과 행어사대를 통해 노路, 부府, 주州, 현縣 등 지방을 관할했다.

명은 비록 행성行省제도를 철폐하고 포정사布政司, 안찰사按察司를 두었지만, 행정 구획은 원의 제도를 답습했다. 청 역시 명의 행정 구획을 따랐다. 물론 현실을 도외시하면서 적용한 것은 아니었지만, 행정 구획의 규모가 너무나 방대하여 세밀한 시정이 어렵다는 점은 여전했다.

당대 초기만 해도 오로지 경조京兆, 하남河南만 부府라 칭하고 각기 경조윤京兆尹, 하남부윤河南府尹을 두었다.[44] 이후 양주梁州가 당 덕종德宗의 순행에 포함되었다는 이유로 원흥부興元府로 승격되었을 뿐 다른 부府는 없었다. 하지만 송나라 때는 규모가 큰 주州가 모두 부府로 승격되어 부가 아닌 주가 없을 정도였다.

감사監司의 관할 구역은 노路라고 불렀다. 원나라 때 각 노에 선위사宣慰司를 두었으며, 그 아래에 부府, 주州, 현縣을 두고, 위로 성省에 예속시켰

---

43) 역주: 언리지신(言利之臣)은 인의(仁義)와 덕행을 중요시하는 언덕지신(言德之臣)과 대립되는 개념으로 경제적인 이익을 중요시하는 관리를 말한다. 고대에 이 말은 부정적인 의미로 많이 사용되었다.

44) 역주: 앞에서 논의된 바와 같이 경조윤(京兆尹)은 좌풍익(左馮翊), 우부풍(右扶風)과 함께 수도권을 다스리는 관직이었다. 하남(河南)을 부(府)로 칭한 것은 당대에 낙양(洛陽)을 동도(東都)로 삼았기 때문일 것이다.

다. 물론 노路에 예속되지 않고 바로 성省에 직속된 부府도 있었다. 마찬가지로 주州의 경우, 부府에 예속된 것도 있고, 바로 노路에 직속된 것도 있었다. 이렇듯 원의 지방 행정 조직은 상당히 복잡했다.

명과 청 두 나라의 관직제도는 대체로 같았다. 기존 직제에 비해서 명청대의 관직체제에 보이는 가장 큰 변화는 두 가지이다. 중앙에서 재상宰相을 철폐하고, 지방에서 성제省制를 시행한 것이다. 명나라 초기 때만해도 재상직으로 중서성을 두었는데, 후에 호유용胡惟庸의 반란 때문에 태조太祖가 이를 폐지했다. 뿐만 아니라 명 태조는 후손에게 앞으로 재상 설치의 이야기를 절대로 꺼내서는 안 되며, 또 재상 설치를 권하는 신하가 있으면 극형極刑에 처하라는 명령까지 내렸다. 그러므로 천자가 직접 육부를 거느릴 수밖에 없었다. 하지만 이는 왕위를 물려받은 후손들이 쉽게 해낼 수 있는 일이 아니었다. 그리하여 육부의 통솔권은 점점 전각학사殿閣學士에게 넘어갔다. 청 세종世宗 때 군기처軍機處를 설치했는데, 기밀 사무는 모두 군기처에서 처리한 다음에 내각內閣으로 넘어갔다. 결국 내각도 점차 권력의 핵심에서 밀려났다.

다음 육부六部에 대해 살펴보겠다.

역대로 육부는 각기 상서尙書를 정직正職으로, 시랑侍郎을 부직副職으로 두었다. 청나라 때는 각 부의 상서尙書와 시랑侍郎을 만주족과 한족 한 명씩 두었다. 그러나 이부吏部, 호부戶部, 병부兵部는 관부대신管部大臣을 한 명 더 두었기 때문에 권한과 책임이 일치하지 않는 현상이 빚어졌다. 명나라 때는 재상을 철폐하고 육부에서 모든 정무를 직접 처리했다. 비록 이후 내각內閣이 설치되면서 권력의 핵심에서 밀려나기는 했으나 어느 정도 실권을 쥐고 있었다. 특히 이부吏部와 병부兵部는 관리 임명권과 군대 지휘권이 있었다. 그러나 청대로 넘어오면서 많이 달라졌다. 오품五品 이상의 내관內官, 도부道府 이상의 외관外官은 모두 내각에서 임명했고, 변강邊疆과 관련된 사무는 군기처軍機處에서 전적으로 책임지고 처리했다. 명나라 때는 육부의 관리를 대개 젊고 진보적인 사람으로 뽑았지만, 청은 오로지 자격만 보고 등용했다. 그러므로 내관의 승진이 적체되어 6~70세가 되지 않으면 상서, 시랑의 자리에 오를 수 없었다. 또한 관부대신이 겸직인 까닭에 전적으로 책임지고 일을 처리할 수도 없었기에 청나라의 행정체제는 전체적으로 나태한 분위기를 풍겼다.

어사는 명대에 막강한 권력을 휘둘렀다. 명조는 어사대御史臺를 도찰원都察院으로 고쳤고, 권한도 더욱 커졌다. 도어사都御史, 부도어사副都御史, 첨도어사僉都御史는 각기 좌左, 우右로 구분하여 별도로 설치했다. 또한 각 도道에 감찰어사監察御史를 보냈다. 지방의 군대 감찰, 학교 감독, 조운漕運 순찰, 염업鹽業 감찰 등등 어사가 맡지 않는 일이 없을 정도였다. 그 중에서 특히 천자를 대신하여 지방을 순시하는 순안어사巡按御史의 권한이 가장 컸다. 사실 어사는 한나라 때 자사刺史와 같은 관직이었다. 순안어사巡按御史가 있으니 굳이 조정에서 사신을 파견할 필요가 없었다. 간혹 급박한 일로 꼭 사신을 보내야 할 상황에도 사신 파견에 신중을 기해야 하는데, 명조는 그러지 않았다. 갈수록 순무巡撫의 이름으로 사신을 보내는 일이 빈번해졌다. 또한 순무는 순안어사巡按御史와 서로 예속 관계에 있지 않으므로 권한 충돌로 인한 갈등을 피할 수 없었다. 할 수 없이 후에는 순무 대신에 도어사都御史를 파견하기 시작했다. 도어사가 군정까지 관장하는 경우에는 제독提督이라는 관함을 더하고, 또 관할 구역이 넓고 정무가 번잡한 경우에는 총독總督이라고 했다. 청대 총독은 병부상서兵部尚書, 우도어사右都御史를 겸했고, 순무巡撫는 병부시랑兵部侍郎, 우부도어사右副都御史를 겸했다. 또한 제독군무提督軍務와 이량향理糧餉의 관함까지 가지고 있었으며, 모두 상설常設 관직이었다.

급사중給事中은 문하성門下省에 예속된 관서이다. 명나라 때 문하성을 철폐했지만 급사중은 남겨 두었다. 이에 따라 급사중은 독립된 하나의 기관이 되었다. 그 밑에 이과吏科, 호과戶科, 예과禮科, 병과兵科, 형과刑科,

공과工科 등 여섯 과를 설치했는데, 기존 문하성에서 맡았던 심사審查, 봉박封駁의 직능을 가졌다. 박정駁正하는 일은 과참科參이라 하는데, 이는 명나라 때 꽤 권위 있는 일이었다.[45] 청 세종世宗 급사중을 도찰원都察院에 예속시키면서 심사審查와 규찰糾察을 동일시하게 되었다.

한림翰林은 당조에서 서예, 그림, 바둑 등에 정통한 이른바 예능지사藝能之士가 머물던 곳이었다. 당시에 잡류雜流 취급을 받았던 한림은 명망과 지위에 있어서 학사學士와 차이가 컸다. 현종玄宗 때 이른바 문학지사文學之士를 한림에 들여놓았는데, 그들로 하여금 집현전集賢殿의 학사學士와 함께 제고문制誥文 작성을 분담하게 했다. 이들을 한림공봉翰林供奉이라 불렀다. 후에 학사學士로 고쳤으며, 별도로 학사원學士院을 설립하여 한림翰林이라고 불렀다. 당 중엽 이후 한림학사翰林學士가 기밀 사무에도 참여하기 시작했다. 왕숙문王叔文이 환관宦官 세력을 견제할 때 한림에 의지한 것을 보면 한림이 얼마나 중요했는지 짐작할 수 있다. 송대 한림은 문학지사文學之士만 들어갈 수 있는 곳이었다. 그리하여 한림은 더욱 청아한 명망을 지니게 되었다. 명대는 심지어 진사進士가 아니면 한림에 들어가지 못하고, 한림 출신이 아니면 내각에 들어갈 수 없을 정도였다. 뿐만 아니라 육부의 으뜸 벼슬은 한림 출신이 대부분이었다. 한림이 이전보다 한층 더 중요해진 것은 말할 필요가 없다.

다음으로 역대 외관外官에 대해 알아보겠다.

명은 행성行省을 없애고 대신 부府와 주州의 상급 행정 관리로서 포정사布政司와 안찰사按察司를 두어 각각 관할 구역의 민정民政과 형사刑事를 관장하게 했다. 역시 모두 감사監司에 해당되는 관직들이었다. 감사가 지방관의 권한을 침탈하는 일은 예부터 흔했다. 또 앞에서 언급된 바와 같

---

45) 역주: 과참(科參)은 부당한 처사나 과오에 대하여 간언하거나, 왕의 부당한 처사나 조칙을 봉환(封還)하고 박정(駁正)하는 봉박(封駁)의 일을 가리킨다.

이 청대에 와서는 감찰관으로서 총독總督과 순무巡撫가 아예 상설常設 관직이 되었고, 명나라 때 포정사布政使가 감찰을 위해 각 도道에 보낸 속관屬官 참정參政과 참의參議가 정규 관직이 되었으며, 안찰사按察使가 군정, 형사를 순찰하러 각 도에 보낸 속관屬官 부사副使, 첨사僉事도 정규 관직이 되었다. 이들은 포정사, 안찰사와 부府 사이에서 완전한 하나의 행정 등급을 이루었다.

부府나 주州를 통해서 현縣을 지배하는 것은 당송 때부터 내려온 제도이다. 원조는 지주知州로 하여금 부곽현附郭縣의 정무까지 겸하여 처리하게 했다.[46] 명조는 부곽현을 따로 두지 않고 모두 주에 편입시키는 바람에 부곽현이 딸린 주가 없어졌다. 한편 현을 거느리지 않고 부에 예속된 주는 산주散州라고 하여 직예주直隷州와 구분했다. 청조는 관아를 따로 둔 동지同知, 통판通判의 관할 구역을 청廳이라 했는데, 부府에 예속된 청은 산청散廳이라 하고, 포정사布政司에 직속된 청은 직예청直隷廳이라 일컬었다.

이처럼 지방의 행정 구획은 혼란스럽고 지극히 복잡했는데 정리하면 다음과 같다.

첫째, 총독總督과 순무巡撫, 둘째, 안찰사, 포정사를 포함한 사司, 셋째 도道, 넷째, 부府, 직예주直隷州, 직예청直隷廳, 다섯째, 현縣, 산주散州, 산청散廳

이상 다섯 등급이 외관의 행정 조직 체계이다.

상급 행정 조직의 권위가 클수록 하급 조직의 정무 수행은 그만큼 어려워진다. 사회의 적폐가 갈수록 늘어나니, 역대로 왕조 말기로 진입하면서 중앙의 권위가 서지 않았던 것은 여러 가지 이유가 있겠으나 정비되지 못한 관직제도가 한 몫을 했음은 부인할 수 없는 사실이다.

---

46) 역주: 부곽현(附郭縣)은 관아를 부성(府城)이나 주성(州城)에 설치한 현을 가리킨다. 따라서 부성과 주성은 각기 부의 관아 소재지, 주의 관아 소재지를 뜻한다.

번속藩屬 지역은 역대로 직접 관리를 보내 다스리는 대신 현지의 추장을 감독하는 관리만 파견했다. 청조도 마찬가지였다. 청을 세운 만족滿族은 봉천성奉天省, 길림성吉林省, 흑룡강성黑龍江省 등 세 개의 성을 민족의 발상지라 주장했다. 사실 만주 부락의 발상지는 실제 흥경興京 일대뿐이다. 봉천성奉天省 전역全域, 즉 예전에 요동遼東, 요서遼西라 불렀던 땅은 본래부터 중국 땅이었다. 길림성과 흑룡강성 역시 여러 부락이 공동으로 거주했던 지역으로서 만주 부락만 독차지한 땅이 아니었다. 당시 아직도 부족사회에 머물던 이들 지역의 거주민을 군현제도郡縣制度로 다스릴 수 없었음은 당연한 일이었다. 청조는 한인이 이곳에 이주하지 못하게 하는 등 동삼성東三省에 대한 폐쇄 정책을 실시했다. 그러므로 동삼성 일대를 다스리는 데 청조는 이전 시대에 비해 발전은커녕 오히려 퇴보한 셈이다. 청은 봉천성에 봉천부奉天府와 금주부錦州府만 두었으며, 나머지 지역은 모두 장군將軍, 부토통副都統 등의 군직을 설치하여 통치했다.

역대로 몽골蒙古, 신강新疆, 티베트西藏 등지는 모두 주방駐防의 관직만 설치했다. 서구 세력이 쳐들어온 청말에도 여전히 기존 방식대로 이들 지역을 다스렸기 때문에 문제가 발생하지 않을 수 없었다. 그래서 청조는 회난回亂[47]을 평정한 뒤 신강을 행성行省으로 고쳤고, 일본, 러시아와 전쟁이 끝난 뒤 동삼성도 행성으로 바꿨다. 이어 몽골과 티베트도 성省으로 바꾸려다 실패했다. 사실 주변 번속藩屬 지역에서 기존의 제도를 없애고 급진적으로 성제省制를 시행한다는 것은 결코 쉬운 일이 아니다. 현지 백성의 불안감은 물론이고, 설사 운 좋게 성공한다 할지라도 현지를 다스리는 관리를 선발하는 것이 여간 어렵지 않기 때문이다. 또한 몽골과 티베트의 경우는 신장이나 동삼성과 상황이 많이 달랐다. 동삼성은 한인 인구가 다수를 차지했고 신강에도 한인들이 적지 않게 거주했지만, 몽골과

---

47) 역주: 회란은 1862년에 일어난 이슬람교의 난을 가리킨다.

티베트는 그렇지 않았다. 이런 점에서 볼 때 청말부터 민국초까지 이들 지역은 연합聯邦의 방식으로 통치하는 것이 적합했을 것이다. 다시 말해 중앙에서 외교, 군사, 교통, 화폐제조 등만 관여하고 나머지는 지역 자치에 맡긴다는 뜻이다. 하지만 청말 이들 번속蕃屬 지역이 내지와 다르다는 사실을 무시한 채 성급하게 행정 개혁을 실시하려다 결국 변고가 나고 말았던 것이다. 민국 초기에 와서 이들 지역의 통치 방식을 바꿔 자치를 허락할 수도 없는 상황이었다. 설사 가능했다고 할지라도 열강의 탐욕을 단념시키면서 동시에 중앙에 다시 복종하도록 해당 지역민의 마음을 돌릴 수 있는 것도 아니었다. 이들 번속 지역의 문제는 시간을 끌수록 더욱 해결이 어려워진다는 점은 분명하다. 이는 가의賈誼의 말처럼 참으로 한숨을 쉬며 통곡해야 할 일이 아닐 수 없다.

이상은 서양의 문물이 본격적으로 들어오기 전까지 고대 중국의 관직제도였다.

중국이 외국과 소통하게 된 이후 관직제도에 변화가 일어나지 않을 수 없었다. 서양과 교류가 빈번해지면서 가장 먼저 설치된 부서는 총리각국사무아문總理各國事務衙門이다. 하지만 그것은 대학사大學士, 상서尙書 중에서 한 명을 지정하여 영국 사신을 접대하는 일을 맡게 한 것으로, 함풍咸豊 8년에 체결된 중국과 영국의 「천진조약天津條約」 때문에 생긴 일이니 부득이 설치한 것일 뿐 의도적인 개혁이 아니었다. 이후 내란內亂을 평정하고 나서 청은 해군을 진흥시키기 위해 해군아문海軍衙門을 신설했다. 그러나 얼마 지나지 않아 해군의 군비를 이화원頤和園을 보수한다고 빼돌리는 바람에 중일 전쟁에서 참패하고 결국 해군아문을 폐지시키고 말았다.48) 경자국변庚子國變 이후 역시 조약을 이행하는 차원에서 총리아문總

---

48) 역주: 일설에 따르면 당시 이화원을 개보수한 것은 서태후의 환갑잔치를 열기 위한

理衙門을 외무부外務部로 고쳤다. 새로 바뀐 외무부는 육부六部를 능가하는 높은 기관이었다.

신정新政을 실시하면서 많은 부서를 새로 설치했고 또 입헌立憲을 하자는 소리가 커졌을 때 옛 제도를 고치고 새 관직을 증설하기도 했다. 구체적으로 외무부外務部, 이부吏部, 민정부民政部,[49] 탁지부度支部,[50] 예부禮部,[51] 학부學部,[52] 육군부陸軍部,[53] 농공상부農工商部,[54] 우전부郵傳部, 이번부理藩部,[55] 법부法部[56] 등 모두 11개의 부部가 신설되었다. 그 중에서 외무부에 관리사무대신管理事務大臣, 회판대신會辦大臣 각 한 명씩을 두고, 나머지 부에는 상서 한 명, 그리고 만주족이나 한족을 구분하지 않고 시랑侍郎 두 명을 두었다. 도찰원都察院에는 도어사都御史 한 명, 부도어사副都御史 두 명을 두었다.[57] 대리시大理寺는 대리원大理院으로 바뀌어 최고의 심

것이라고 하는데, 오직 그런 이유만은 아니었다. 1860년(함풍 10년) 제2차 아편전쟁 때 영불 연합군이 북경을 점령하면서 황실원림인 청의원淸漪園을 불태우고 보물을 약탈해갔다. 이후 1884년(광서 10년)부터 1895년(광서 21년)까지 해군 경비를 유용하여 청의원을 중건하고, '이양충화(頤養衝和)'의 뜻을 취해 청의원을 이화원이라 개칭했다. 그러나 1900년(광서 26년) 8개국 연합군이 침입하면서 또 다시 훼손되고 말았다.

49) 민정부는 순경부(巡警部)를 개칭한 것이다.

50) 탁지부는 호부(戶部)를 바꾼 것이며, 신설된 재정처(財政處), 세무처(稅務處)가 모두 여기에 편입되었다.

51) 태상시(太常寺), 광록시(光祿寺), 홍려시(鴻臚寺)도 예부에 편입되었다.

52) 학부(學部)는 학무처(學務處)를 바꾼 것이며, 국자감(國子監)도 편입시켰다.

53) 육군부는 병부(兵部)에서 바꾼 것으로 태복시(太僕寺)와 신설된 연병처(練兵處)도 여기에 편입시켰다.

54) 농공상부는 공부(工部)를 바꾼 것이며, 상부(商部)도 여기에 편입시켰다.

55) 이번부는 이번원(理藩院)을 개칭한 것이다.

56) 법부는 형부(刑部)를 개칭한 것이다.

57) 좌도어사(左都御史)는 만족, 한족 각각 한 명씩 두었고, 좌부도어사(左副都御史)는 만족, 한족 각각 2명씩 두었다. 우도어사(右都御史)와 우부도어사(右副都御史)는 총

판기관이 되었다. 선통宣統 2년에는 책임내각責任內閣을 설치했으며, 그 안에는 총리대신과 협리대신協理大臣을 두었다. 또 군기처軍機處와 신설된 정무처政務處, 그리고 이부, 예부를 없애고,58) 대신 해군부와 군자부軍諮府를 신설했다.59) 그리고 상서를 대신大臣으로 고쳐 총리대신, 협리대신과 함께 연대 책임을 지게 했다.

외관으로 여전히 총독과 순무를 두었다. 그 밑에 포정사布政司, 제법사提法司,60) 제학사提學司, 감운사鹽運司, 교섭사交涉司 등 다섯 사司와 권업도勸業道, 순경도巡警道 등 두 도道를 설치함과 동시에 기존의 분순도分巡道, 분수도分守道를 없앴다.

새로 정립된 이 행정 제도는 시행된 시일이 짧아 그 장단점을 논하기는 아직 이르지만 이론적으로 볼 때, 내관에서 관직을 새로 증설하고, 옛 관직을 통폐합하는 등의 과감한 정돈을 행했으니 행정 체계가 더욱 합리적으로 바뀐 것은 분명하다. 또한 새로 정비된 행정체제가 현실에 더 적합하리라는 점도 분명한 사실이다.

외관제도에 있어 청나라 때 지방의 세밀한 행정을 시행하지 못해 지방 행정이 수습하기 어려운 지경에 이르게 된 것은 성제省制가 그 근본 원인이라고 할 수 있다. 당시를 논하는 사람들도 성제에 대해서 대체로 반대하고 비판하는 태도를 보였지만, 끝내 개혁을 이루지 못하고 답습에 머물렀다. 하지만 이에 대한 결연한 개혁을 이루지 못한다면, 관직제도 전체가 결코 새로운 모습을 띨 수는 없을 것이다.

민국 건립 후 「임시정부조직대강臨時政府組織大綱」은 나라의 행정 체제

독이나 순무가 겸직했다.

58) 이전에 이부와 예부에서 관장하던 정무는 내각에서 처리했다.

59) 군자부(軍諮府)는 오늘날의 참모부(參謀部)와 유사한 기관이다.

60) 제법사는 안찰사(按察司)를 바꾼 것이다.

가 외교부, 내무부 재정부財政部, 군무부軍務部, 교통부交通部 등 다섯 부로 구성된다고 규정했다. 하지만 이는 이론에 근거하여 설계한 구상에 불과했다. 후에 실제로 행정체제를 구축할 때 육군, 해군, 외교, 사법, 재정, 내무, 교육, 실업實業, 교통 등 아홉 부서로 늘렸다. 또 당시에는 미국의 행정체계를 본받아 총리를 두지 않았다. 손문孫文이 양위하고 대통령 자리에 오르게 된 원세개袁世凱가 북경에서 열린 취임식이 끝나자 곧바로 이전의『임시정부조직대강臨時政府組織大綱』을『임시약법臨時約法』으로 수정했다. 그리하여 다시 총리를 두었고, 실업부를 농림부와 공상부工商部로 분리시켰다. 이어 3년에는 원세개가 이른바 약법회의約法會議를 소집하여 『임시약법』을 다시『중화민국약법中華民國約法』, 이른바 '신약법新約法'으로 수정했다. 신약법에 따라 총리를 없애는 대신, 국무경國務卿을 새로 설치했다. 그리고 농림부와 공상부를 합쳐 농상부農商部로 통합했다. 하지만 원세개가 죽고 그 뒤를 이어 대통령이 된 여원홍黎元洪은 총리를 도로 회복시켰다.

민국 시기의 외관제도는 대체로 다음과 같다. 각 지방에 민군民軍이 봉기하는 시기에는 한 성省의 군권을 장악한 사람이 도독都督이라 불렸으며 민정을 관장하는 관리가 민정장民政長이 되었다. 사司, 도道, 부府, 직예주直隸州, 직예청直隸廳, 그리고 산주散州, 산청散廳을 모두 철폐하고 오로지 현縣만 남겨 두었다. 원세개袁世凱 때는 도독都督을 장군將軍, 민정장民政長을 순안사巡按使로 바꿨으며, 그 밑에는 도윤道尹을 두었다. 또 호국군護國軍 때에 와서 군권을 장악한 사람은 다시 도독이 되었다. 그리하여 여원홍이 대통령이 된 뒤 장군, 도독을 독군督軍, 순안사巡按使를 성장省長으로 바꿔 놓았다. 또 여러 성의 군사권을 장악하거나 관할 지역이 여러 성인 경우에는 순열사巡閱使라 했다. 후에 재병裁兵 운동이 한창일 때는 순열사를 독리督理나 독판군무선후사의督辦軍務善後事宜로 호칭을 바꾸었다. 하지만 지방의 구획 규모가 커서 세밀한 행정이 어려운 문제는 여전했다.

그런 가운데 정권을 장악한 국민당은 정당을 통해서 국민을 대변하여 정권을 행사하고, 또 국민정부를 통해서 행정권을 행사했다. 역대의 관직 제도와 사뭇 다른 행정 체제를 구축했다고 할 수 있는데, 이는 별도로 다루어야 할 과제라 하겠다.

관리官吏의 대우

사실상 상당 부분의 행정 사무는 관직도 없는 서리胥吏에 의해서 처리 되었다. 정무의 처리는 반드시 일정한 절차를 밟아야 하기 때문에 행정 사무를 보는 자는 전문적인 지식이 꼭 필요하다. 하지만 고급 관리의 경 우, 그런 지식에 익숙하지 않거나 아예 모를 때가 많다. 따라서 반드시 교육을 받고 실천의 경험도 풍부한 전문적인 사람이 옆에서 이들 관리를 도와주고 협조해야 한다. 그 역할은 예로부터 서리가 수행해왔기 때문에 서리가 일부 행정권을 장악하게 된 것은 당연했다. 서리가 없으면 많은 정무가 제대로 수행되지 못하기 때문이다. 다만 혁신은 전혀 모른 채 늘 관행대로 정무를 보는 서리의 일처리 방식이 문제였다. 다시 말하자면 과실만 없으면 그만이라는 태도로써 그때그때의 실제 상황을 고려하지 않고, 형식적인 절차대로만 정무를 처리할 뿐이었다. 심지어 정무를 보면 서 터득한 전문 지식으로 부정행위까지 했다. 그래서 역대에 행정을 다루 는 학자 가운데 서리를 미워하지 않는 사람이 없었다. 서리를 미워하는 현상은 청나라 전기前期 때 특히 두드러졌던 것으로 보인다.

비상의 일도 긴급하지만, 매일 진행되는 일상적인 정무가 오히려 더 중요할 수 있다. 물론 형식에만 집착하는 것이 좋다고 할 수는 없지만, 형식의 통일마저 유지하지 못한다면 정치와 행정에 큰 혼란을 불러올 것은 자명한 일이다. 청말에 조서를 내려 서리를 감원하려고 했지만 결국 뜻을 이루지 못했던 이유가 바로 여기에 있다. 그러므로 오늘날의 공무원과 같은 옛날의 서리는 그 역할이 중요하여 절대로 없어서는 안 될 사람들이었다.

기존의 서리 제도에 문제가 많았다는 점은 다음과 같은 세 가지 면에서 이해할 수 있다.

첫째, 서리의 사회적 지위가 낮았다. 그래서 옛날의 서리는 대개 이익을 꾀하는 데에만 전념했을 뿐, 명예 따위에는 관심조차 없었다. 둘째, 옛날의 서리는 대개 학식이 없는 사람들이 담당했다. 그래서 융통성 있게 정무를 보는 능력이 부족했다. 공무원에게는 무엇보다 업무를 보는 전문 지식이 필요하고 또한 중요하지만, 학식이 전혀 없다면 원활한 업무 수행 능력을 기르기 어렵다. 상당한 학식이 갖추어진 다음에야 행정의 시행 원리를 깨달을 수 있고, 또 행정 시행 원리를 깨달은 후에야 융통성 있게 업무를 볼 수 있게 된다. 또한 행정 시행 원리에 대해서 잘 알고 있으면 현행법의 문제점을 쉽게 발견할 수 있고, 나아가 올바른 법 개정에도 큰 도움이 될 것이다. 하지만 이 같은 일들은 모두 옛날의 서리에게 결코 기대할 수 없는 것이었다. 셋째, 무엇보다 가장 심각한 문제는 서리의 채용에 있어서 일정한 기준이나 규정이 없었다는 것이다. 서리를 채용할 때는 단지 개인의 주관적인 선호가 전부였다.

민국 이래 정치의 혁신, 법률의 변화로 말미암아 행정 업무 처리를 더 이상 구식의 서리가 감당하기 어려웠다. 그러므로 구식 서리가 도태되는 것은 당연한 일이다. 하지만 공무원을 채용하고 평가할 때 현행법은 아직까지 미흡한 점이 많다. 임용과 평가는 행정 시행의 근본이니 이를 개량하지 않는다면 투명한 행정 시행의 분위기가 조성될 수 없다.

고대 관직의 등급은 조위朝位(조정에서 위치)와 명수命数에 따라 결정되었다. 명수命数란 거마車馬나 복식 등의 차별을 가리킨다. 그래서 봉건시대에는 사람들이 탈것과 복식 등의 차별을 중요시했던 것이다. 하지만 후에는 봉건제도의 파괴로 이러한 차이가 점점 사라졌다. 조위朝位나 녹봉을 통해서 등급을 둘 수도 있으나 분명하지 못한 것이 흠이다. 이런 상황에서 관품官品을 통해서 차별을 나타내는 제도가 나타났다. 관품은 남북조에서 시작한 것으로 보인다. 남조 진陳은 관품을 9등급으로 구분했다. 북조의 위魏는 구품九品 중에서 다시 정正과 종從의 차이를 두었고, 사품四品 이하는 다시 상계上階, 중계中階, 하계下階로 구분하는 등 관품 설정이 꽤 복잡했다. 송 이후로는 구품을 정正과 종從으로 구분했다. 관품 제도 외에 작위를 봉하는 것도 여전히 존재했다. 특별한 직책이 없는 벼슬자리로 훈관勳官과 산관散官이 있는데, 이는 나라에 공을 세운 사람을 장려하기 위한 수단일 뿐 관품의 역할을 한 것은 아니다.

관봉官俸은 시대에 따라 차이가 컸다. 특히 근대에 들어와 관봉이 가장 낮아진 것으로 알려졌다. 고대 대부大夫 이상은 모두 봉지封地를 가졌기에 주로 봉지의 크기나 좋고 나쁨에 따라 경제상황이 좌우되었고, 관직의 등급과는 별로 상관이 없었다. 봉지가 없는 경우에는 대신 녹봉을 주는데, 이것이 이른바 관봉官俸이다. 고대 관봉은 곡식으로 대신하는 경우가 많았지만, 화폐 사용이 보편화하면서 곡식과 함께 화폐로도 지급되었다. 실물實物의 관봉으로 공전公田을 주는 경우도 있었다. 명나라 초기까지만 해도 이런 제도가 유지되었는데 어느새 훼손되어 없어지고 말았다. 이후 오로지 은으로 관봉을 지급했다. 하지만 은값을 비싸게 계산하여 지급했기 때문에 관리官吏들은 대개 빈곤했다. 청조 역시 이런 관봉 제도를 답습했다. 그래서 부部나 조曹의 내관과 같은 경우에는 인결印結을 발급해주고 받는 비용으로 생계를 유지하고, 외관은 세금을 징수하면서 화모火耗[61]를

---

61) 역주: 화폐를 주조할 때 금속(특히 은)의 손실 부분을 화모라고 한다. 지방관은 백성
   으로부터 조세를 징수할 때 그 부분까지 부과해서 받았다.

빙자하여 돈을 뜯거나 누규陋規(뇌물) 등으로 배를 채웠다. 지방의 고급관료들은 휘하 관리들에게 돈이나 재물을 강요했고, 중앙관은 외관으로부터 뇌물을 받아 생활을 유지했다. 이는 모두 불법이었지만 그렇게라도 하지 않으면 관리들, 특히 청말의 관리들은 쥐꼬리만한 관봉으로 도저히 먹고 살 수가 없었다. 불법으로 모은 재물은 개인 호주머니로 들어가는 것도 있었으나 일부 행정 비용으로 사용하기도 했다.

이렇듯 관봉은 꽤나 복잡한 문제이다. 청 세종世宗 때는 관봉 문제를 해결하기 위해서 양렴은養廉銀을 더 지급하기도 했으나 부족한 것은 마찬가지였다. 오늘날의 관봉은 청나라 때보다 많아졌다고 하나 여전히 부족하다. 특히 하급 공무원의 낮은 봉급이 문제이다. 또한 사법부의 녹봉이 행정부보다 낮은 것 역시 시급히 해결해야 할 문제이다.

中 국 문 화 사
고대 중국 문화

7

선거選擧제도

고대의 세습제도와 선거제도

국가가 통치 목적을 달성하려면 여러 기관이 필요하다. 기관에는 당연히 근무해야 하는 사람이 있어야 하는데, 그들을 어떻게 뽑을 것인가? 이것이 바로 선거와 관련된 문제이다.

선거는 세습과 대립하는 개념이다. 해당 자리에 합법적인 후계자가 정해져 있어 다른 선택의 여지가 없는 경우를 세습이라 한다면, 피선거권이 있는 사람 가운데서 가장 적합한 자를 뽑는 것을 선거라고 한다. 순수한 선거와 세습은 이렇게 본질적인 차이가 있다. 물론 순수하지 못한 선거도 있다. 이를테면 특정 부류의 사람에 한하여 피선거권이 주어지는 경우이다. 순수한 선거는 아니지만 절대적인 세습제보다 낫다. 서양의 어떤 사학자가 중국 양한兩漢 시기의 역사를 로마와 비교한 바 있는데, 로마가 쇠망한 요인을 중국에서도 모두 찾을 수 있다고 하면서, 다만 로마에 없고 중국에만 있는 한 가지가 바로 선거라고 말했다. 이를 보건대 선거제도가 상당히 중요함을 새삼 느낄 수 있다.

삼대三代 이전까지 관리를 등용할 때 선거와 세습을 병행했다. 이에 대해 유정섭俞正燮이 자신의 『계사류고癸巳類稿』에 실린 「향흥현능론鄉興賢能論」에서 명확하게 밝힌 바 있다. 그에 따르면, 고대의 선거는 사士 이하에 한정되었고 대부大夫 이상은 모두 세관世官(세습관리)이었다. 왜 그랬을까?

4장에서 밝힌 바와 같이 원시 정치는 민주적이었다. 나중에 전제專制 정치가 점차 흥기하면서 정복 부족과 피정복 부족으로 나누어졌고, 존귀한 자리일수록 피정복 부족이 접근하지 못하도록 했을 것이니 어찌 보면 당연한 일이다. 또한 전제정치가 행해지면서 설사 같은 부족 출신일지라도 권력자들이 사회 상위층에 자리를 장악하여 일반 민중과 분리되기 시작했다. 이러한 이유로 선거는 사士 이하의 범위에서만 가능했던 것이다.

사士 이하에서만 적용되는 선거제의 전통은 전제정치가 나타나기 전 고대 부족 사회까지 거슬러 올라갈 수 있다. 『주례』에 관련 기록이 나온다. 『주례』에 따르면, 무릇 향대부鄉大夫의 속관屬官으로 지방 백성의 덕행德行과 도예道藝를 살피는 직책이 있었다. 삼년마다 재능을 겨루는, 이른바 삼년대비三年大比를 통해 "현명한 자, 능력이 출중한 자를 선발하여 왕에게 보고했다."[1]

> "이는 곧 백성으로 하여금 스스로 현명한 자를 선출하게 함으로써 향리鄉里의 백성을 다스리게 하고, 백성으로 하여금 스스로 능력이 출중한 자를 선출하게 함으로써 전쟁에 나갈 때 향에서 편성된 군대를 이끄는 우두머리로 삼는 것이다."[2]

---

1) 『주례주소 · 지관(地官) · 향대부(鄉大夫)』, "獻賢能之書于王." 앞의 책, 297쪽.
2) 『주례주소 · 지관 · 향대부』, "此所謂使民興賢, 入使治之. 使民興能, 出使長之." 위의

유정섭에 따르면, '입사치지入使治之'는 향리로 등용하는 것이고,[3] '출사장지出使長之'는 오장伍長을 뽑는 것을 말한다. 정치가 민주적이었던 시대에는 부족 조직체인 비比, 여閭, 족族, 당黨의 우두머리를 민중들이 선출했을 것이다. 나중에 전제정치가 시행된 후에도 기존의 조직은 그대로 유지되고 다만 그 위에 강력한 조직을 덧붙였을 따름이다. 따라서 이들 조직체의 우두머리는 여전히 예전처럼 민중에 의해서 선출되었고, 다만 그 과정에서 전제專制 정부가 어느 정도 참여하거나 간섭했을 뿐이다.[4]

봉건시대 초기 사회 상류층에 속하는 국군이나 대부들은 비교적 성품이 우량했을지 모르나 뒤로 갈수록 점점 부패하고 쇠미해졌다. 반면 제4장에서 언급한 것처럼 하위계급 지식인들은 빠른 속도로 성장했다. 국정을 맡은 이들이 문란해진 정치를 정돈하기 위해 유능한 하위계급 지식인들을 기용하기 시작한 것은 당연한 일이다. 이제 능력만 있으면 향리 출신일지라도 조정에 출입할 수 있었다.『예기 · 왕제』에서 이를 확인할 수 있다.

"사도司徒는 각지의 향鄕에 명하여 수재秀才를 논정하여 사도에게 추천하도록 하니, 천거한 이들을 선사選士라고 한다. 사도는 선사 중에서 우수한 인재를 뽑아 국학國學에 추천하는데, 이들을 준사俊士라 한다. 사도에게 추천된 자는 향의 요역이 면제된다. 국학에 천거된 자는 사도가 시키는 요역도 면제된다. 이런 자들을 조사造士라 칭한다.......국학을 관장하는 대악정大樂正은 국학에서 양성한 이들 가운데 우수한 조사를 선발하여 왕에게 고하고, 군정을 관장하는 사마에게 추천하는데, 이들을 진사進士라 한다. 사마는 진사들의 관재官材(관아에 적합한 인재)를

책, 298~299쪽.

3) 곧 지방 행정 단위인 비(比), 여(閭), 족(族), 당(黨)의 장관을 담당하도록 하는 것이다. 이와 관련해서는 앞 장의 내용을 참조하기 바란다.

4) 지방에서 선출되기는 하나 뽑힌 자를 추천하는 문서는 왕에게 올려야 했다.

변별하여 왕에게 보고하여 논평의 가부를 정한다. 논의가 결정되면 관직을 맡기고, 임관한 후에 작위를 주며, 작위가 정해진 다음에 녹祿을 준다."5)

사를 관리하는 사사司士는 사마의 속관屬官으로 그의 책무는 다음과 같다. "정령政令의 시행에 차질이 없도록 관원의 인적사항이 적힌 명적名籍을 관리한다. 해마다 관원의 증감에 대하여 파악하고 기록한다."6) 『예기·사의射義』에 따르면, 천자는 사례射禮로 제후나 경대부, 사를 뽑았다. 그래서 "제후들은 천자에게 해마다 사士를 바쳤다. 천자가 그들을 사궁射宮에서 시험했는데, 활을 쏠 때 용모와 행동이 예에 맞고 동작의 절도가 음악에 맞으며, 명중한 화살이 많으면 천자의 제례祭禮에 참가할 수 있었다. 반면에 용모와 행동이 예에 맞지 않고, 동작도 음악의 절주에 따르지 않고 명중한 화살이 적은 이들은 천자의 제례에 참가할 수 없었다."7) 활을 쏘아 명중률이 높아야 제례에 참가할 수 있었다고 한 것으로 보아 사궁射宮이 태묘太廟에 있었음을 알 수 있다.

고대에는 각종 규범이나 제도가 아직 제대로 갖추어지지 않았기 때문에 그나마 가장 정교하게 지은 건물이 바로 명당明堂이다. 명당은 종묘宗廟이자 조정朝廷이고, 군주가 사는 궁궐이기도 했다. 뿐만 아니라 강학하는 학교도 그곳에 있었다. 제대로 된 관아가 설치되기 시작한 것은 정무

---

5) 『예기정의·왕제』, "命鄕論秀士, 升諸司徒, 曰選士. 司徒論選士之秀者, 而升諸學, 曰俊士. 升於司徒者, 不徵於鄕. 旣升於學者, 不徵於司徒. 曰造士.……大樂正論造士之秀者, 以告於王, 而升諸司馬, 曰進士. 司馬辨論官材, 論進士之賢者, 以告於王, 而定其論. 論定然後, 官之, 任官然後, 爵之, 位定然後, 祿之." 앞의 책, 404, 407, 410쪽.

6) 『주례주소·하관(夏官)』, "掌群臣之版, 以治其政令, 歲登下其損益之數." 앞의 책, 814쪽.

7) 『예기정의·사의(射義)』, "(諸侯)貢士於天子, 天子試之於射宮. 其容體比於禮, 其節比於樂, 而中多者, 得與於祭. 其容體不比於禮, 其節不比於樂, 而中少者, 不得與於祭." 앞의 책, 1643쪽.

에 따라 여러 기관이 독립적으로 행정을 맡은 이후의 일이다.[8]

『주례』, 『예기』의 「왕제」와 「사의」 등에 나오는 내용을 종합해 보면, 고대에는 제후들이 헌납한 선비, 즉 공사貢士에 대해 무술(예를 들어 활쏘기)만 고려했으며, 이후 문치文治 정치가 등장한 후에야 비로소 무술 이외에 다른 면도 고려하기 시작했다.[9] 이는 선거가 널리 행해지면서 세습제도가 점차 쇠퇴해 갔음을 시사하는 것이기도 하다.

전국시대로 들어와 사회가 격변기를 겪으면서 부패한 귀족들은 당시 복잡하고 혼란스러운 정치를 감당하기 어려웠다. 고대 귀족의 지위는 군주와 비슷했으나 빈한한 가문 출신의 사인士人은 그렇지 않았다.[10] 자신의 봉국을 제대로 다스려 권력을 확장시키고자 하는 군주의 입장에서 경대부 등 귀족보다 떠돌이 사인, 즉 유사遊士를 등용하는 것이 훨씬 유리한 일이었다. 게다가 당시에는 학식이 있고 재능이 뛰어나며, 공명에 뜻을 두거나 시국을 걱정하며 도탄에 빠진 백성을 구하려는 포부를 지닌 사인들이 적지 않았다. 이런 상황에서 귀족세력을 견제하려는 군주가 유사와 손을 잡게 된 것은 매우 자연스러운 일이었다. 한편 일부 현명한 귀족들도 유사를 기용하기 시작했다. 이에 따라 선거가 날로 성행하고 세습제는 갈수록 쇠약해졌다.

물론 당시 유사는 권력자에 의지해야만 자신의 능력을 발휘할 수 있었다. 진나라 말기 호걸들이 잇따라 봉기를 일으켜 결국 진을 멸망시켰다.

---

8) 구체적인 내용은 뒤의 제15장을 참조하기 바란다.

9) 문치(文治)가 발전함에 따라 사마가 인재를 뽑으면서 "진사들의 관재(官材)를 변별하여 왕에게 보고했다."는 말이 나온 것이다. 당시 사마는 군정을 관장하는 동시에 선거도 겸하여 처리했을 뿐 선거의 기준으로 무술만 살핀 것이 아니다.

10) 역주: 주나라의 봉건체제에 따르면, 천자 아래 제후, 경,대부 등은 모두 식읍이 있었다. 제후의 식읍은 '국', 경대부의 식읍은 '가'이다. 하지만 사는 귀족이기는 하되 식읍이 없었다. 따라서 빈한하여 오로지 자신의 능력과 실력만으로 출세하는 수밖에 없었다.

그 와중에 정권은 사회 하급계층의 손에 들어갔으며, 귀족과 유사의 대립도 사라지고 말았다. 그리하여 한대 초에 와서는 인재를 등용할 때 출신 집안을 더 이상 보지 않았으며, 심지어 포의장상布衣將相의 천하가 될 정도였다.[11] 세습제의 시대는 이로써 종말을 고했다.

한대 이후 관원 선발 및 등용 경로를 정리하면 다음과 같다.

첫째, 징소徵召. 천자가 재능이나 덕행이 있는 이를 지명하여 불러들이는 것이다. 때로 빙례聘禮 등의 절차를 갖추었다.

둘째, 벽거辟擧. 한대 재상부宰相府를 비롯한 관청의 속료屬僚는 자체적으로 선발했는데, 이를 벽辟이라 한다. 벽의 대상자는 자격 제한을 두지 않았고, 고관을 지낸 사람이나 포의布衣에 이르기까지 모두 가능했다.

셋째, 천거薦擧. 천거의 경로는 아주 다양했다. 관리는 자신의 속관에 대해 쓸 만한 사람이라고 생각되면 추천할 수 있었다. 관직이 없는 포의일지라도 상소하여 훌륭한 인재를 추천할 수 있었으며, 심지어 자신을 추천할 수도 있었다. 이처럼 천거의 방법은 법적으로 아무런 제한을 두지 않았다. 다만 실제로 그런 사례가 드물었을 뿐이다.

넷째, 이원吏員. 각 기관에서 일하는 서리胥吏가 법 규정에 의거하거나, 또는 장관의 보증과 추천에 의해 관원이 되는 경우를 말한다. 역대로 각 기관에서 일하는 서리는 모두 관리가 될 수 있었다. 다만 구체적인 상황이 시대에 따라 달랐다. 대체로 고대는 좋았고, 후세로 내려올수록 나빠지는 추세를 보였다.

다섯째, 임자任子. 일정한 등급에 오른 관리나 천자의 특별한 은총을 입은 관리의 경우 자신의 아들을 직접 보증하고 추천하여 일정한 직위를 주는 것을 말한다. 한대에 이를 임자라고 부르기 시작했는데, 직계 아들

---

11) 포의장상은 일반 백성 출신이 장상을 맡았다는 뜻이다. 『이입이사차기(廿二史劄記)』에 관련 내용이 구체적으로 나오니 참고할 만하다.

은 물론이고 손자나 형제 및 형제의 자손까지 가능했다. 임任이란 원래 보保의 뜻으로 보증하여 추천한다는 뜻이다. 하지만 이는 국가가 베푸는 일종의 특혜이기 때문에 추천을 받은 자가 죄를 범할지라도 추천한 이는 아무런 책임이 없었다. 후대에 와서 임任을 음蔭으로 고쳤다. 명나라 이후로 음자입감蔭子入監의 제도가 생겼다. 특별히 국자감國子監에 들어가 학습할 수 있는 기회를 주는 것이다. 국가에서 은혜를 베푸는 것임과 동시에 아무런 학식이나 능력이 없는 이가 선발되는 것을 방지할 수 있어 입법의 취지가 좋았다. 하지만 안타깝게도 나중에는 국자감에 들어가서 공부하는 것 자체가 실속 없는 일이 되고 말았다.

섯째, 전문 기술 인력의 경우다. 기술자는 관직의 변동과 승진 모두 종사하는 분야에 한정되었다. 그들의 기술은 스스로 익혔거나, 해당 기관에서 일하면서 배운 것들이다. 천문, 역법, 의학 등의 분야에 종사하는 자들이 모두 이에 해당된다. 이 제도는 꽤 오래된 것으로 보인다. 『예기·왕제』에 관련 언급이 나온다.

"일정한 기술을 가지고 군주를 모시는 자는 다른 일을 겸하지 않고, 종사하는 업종도 바꾸지 않는다."[12]

일곱째, 연납捐納. 돈이나 재물을 통해 관직을 사는 것이다. 옛 문헌에 이를 자선貲選이라고 말하는 경우도 있는데 옳지 않다. 『한서·경제본기景帝本紀』 경제 후원後元 2년 기록에 따르면, 돈이 있으면 재물에 대한 탐욕이 덜하리라 생각하고, 관리의 부정부패를 방지하는 취지에서 자산을 어느 정도 가지고 있어야 관리로 지낼 수 있다는 규정을 마련했다. 이것이 자선貲選이다. 이는 단지 관리를 뽑는 하나의 전제 조건으로 적용되었

---

12) 『예기정의·왕제』, "凡執技以事上者, 不貳事, 不移官." 앞의 책, 410쪽.

을 뿐, 돈을 주고 관직을 사는 일과는 전혀 별개의 문제이다. 또한 작위는 실직實職이 없는 허명에 불과하니 작위를 파는 것 역시 관직을 파는 일과는 전혀 다른 문제라고 봐야 한다. 암암리에 매관매직하는 것은 부정부패의 행위로서 결코 법에서 허락할 수 없는 일이어야 한다. 선거의 경로로 삼아서는 절대로 안 되는 일이다.[13)

이상은 벼슬에 오르는 각종 경로에 대한 기술이다. 역대의 입법자들이 보기에 이러한 경로를 통해 선발한 이들은 그저 일반적인 인재들일 따름이다. 보다 출중한 인재를 얻으려면 역시 학교나 과거科擧를 통해야만 했다. 학교는 제15장에서 별도로 다룰 것이니, 본장에서는 주로 과거에 대해 살펴보고자 한다.

과거科擧는 향공鄕貢과 제과制科로 나뉜다. 향공은 한대 군현과 제후국에서 실시했던 선거에서 발전한 것으로 해마다 군현은 군수郡守, 제후국은 왕을 대신하여 나라를 다스리는 상相이 현지 인구수에 따라 수재秀才 약간 명을 추천하는 제도이다. 제과制科 역시 한대에 조서를 내려 현량방정賢良方正, 직언극간直言極諫과 같은 과명科名을 제시하고 내관과 외관에게 인재를 추천하도록 하는 선거제였다. 하지만 추천의 권한을 행사하는 관원은 정해져 있지 않아 필요할 때마다 조서를 내려서 임시로 지정했다. 제과의 과목명科目名 역시 정해진 바 없었으며, 실시 여부도 수의성이 컸다. 당대에 이르러서야 비로소 정규적인 제과制科 과목이 생겼다.

한대 시절에는 인재를 등용하는 데 계급 간의 차별을 두지 않았다. 그래서 당대唐代 사학자로 보학譜學(족보학)에 능했던 유방柳芳은 "선왕先王이나 공경公卿의 후손이라도 재능이 있어야 등용한다. 재능이 없으면 기용하지 않는다."[14)고 말했던 것이다.

---

13) 역대의 관직 매매에 대해서는 뒤의 내용을 참조하기 바란다.
14) 『신당서』, 권199, 「유충전(柳沖傳)」, "先王公卿之胄, 才則用, 不才棄之." 앞의 책,

하지만 봉건 귀족 세력이 잔존했을 뿐만 아니라, 당시의 선거제도도 많은 문제가 있었다. 그래서 구품중정제九品中正制가 만들어졌으나 귀족들은 오히려 선거에서 특권을 누렸다. 그렇다면 당시 선거에서 구체적으로 무슨 문제가 있었던 거인가? 겉으로 드러난 문제만 정리하면 다음과 같다.

첫째, 귀인의 청탁請託이 많았다.『후한서·종호전種暠傳』에 따르면, 하남河南 윤전흠尹田歆의 조카 왕심王諶이 사람을 잘 보는 것으로 유명했다. 그래서 윤전흠이 조카 왕심에게 이렇게 부탁했다. "효렴孝廉 여섯 명을 뽑는데 귀척貴戚들이 보내온 청탁 서찰書札이 너무 많아 거역할 수 없구나. 하지만 국가에 보답하기 위해 명사名士 한 명만을 등용하고 싶으니 네가 도움을 다오."15) 이는 한편으로 윤전흠이 관리를 뽑는데 청렴했음을 말해주는 것이지만 다른 한편으로 당시 선거의 기강이 얼마나 문란했는지 보여주는 것이기도 하다.

둘째, 귀인의 청탁은 역시 사인士人의 부탁에서 비롯된다. 이는『잠부론潛夫論』의「무본務本」,「논영論榮」,「현난賢難」,「고적考績」,「본정本政」,「잠탄潛歎」,「실공實貢」,「교제交際」와『신감申鑒』의「시사時事」,『중론中論』의「고위考僞」와「견교譴交」, 그리고『포박자抱朴子』의「심거審擧」,「교제交際」,「명실名實」,「한과漢過」등 여러 편을 읽어보면 잘 알 수 있다.

한대 사인의 출셋길은 징소와 벽거, 그리고 군현의 관아에 기용되는 것이나 공경과 제후 등의 추천을 받는 방법 등이 있었다. 하지만 이는 모두 쉽게 이루어질 수 있는 것이 아니었다. 그래서 사인들은 출세하기 위해 스스로 적극적으로 활동할 수밖에 없었다. 과격한 행동으로 명성을

5677쪽.

15)『후한서』권56,「종호전(種暠傳)」, "今當擧六孝廉, 多得貴戚書令, 不宜相違. 欲自用一名士, 以報國家, 爾助我求之." 앞의 책, 1826쪽.

날리거나 도당徒黨을 결성하여 서로 추켜세우며 분주하게 뛰어다녔다. 도당의 인원수가 많아 나름대로 큰 세력을 이루기도 했다. 관리들은 도당 세력을 두려워하면서도 다른 한편으로 자신들의 이익을 위해 그들과 접촉하고 교제했다. 그리하여 도당과 교제하느라 정무를 게을리 하는 관원이 있는가 하면, 도당의 비위를 맞추기 위해 의식주 등 편의를 제공해 주는 관원도 있었다. 당연히 이로 인해 관의 기강이 크게 문란해졌다. 하지만 아무래도 사인의 수는 많고 비어있는 벼슬자리는 한정적이어서 사방으로 뛰어다녀도 뜻을 이루지 못하는 사인들이 수두룩했다. 심지어 흰머리가 되도록 관리가 되지 못하고 가산까지 탕진하여 가족을 볼 면목이 없게 되자 객지에서 쓸쓸하게 죽어가는 사인들도 적지 않았다. 참으로 처량하기 짝이 없는 일이었다. 관아에서도 그들이 더 이상 떠돌지 않도록 조치를 취할 필요가 있었다. 당시 선거는 품성과 행실을 매우 중시했는데, 본인이 고향에서 살지 않으면 제대로 확인할 수 없었다. 그러므로 사士 추천을 반드시 향鄕에서 하도록 하면서 이를 토대로 점차 구품중정제가 형성되기에 이른 것이다.

구품중정제는 제일 먼저 고안한 것은 조위曹魏 때 이부상서吏部尙書인 진군陳群이다. 구품중정제는 각 주에 대중정大中正, 각 군에 중정中正을 두고, 대중정과 중정이 관할 지역 인재를 품성과 행실에 따라 상상上上, 상중上中, 상하上下, 중상中上, 중중中中, 중하中下, 하상下上, 하중下中, 하하下下 등 아홉 등급을 매기는 것을 말한다. 이는 예로부터 사람을 평가할 때 향평鄕評, 즉 향리의 평가를 중시하던 전통에서 비롯된 것으로 보인다. 하지만 이러한 인재 평가 제도 역시 문제가 많았다. 향평鄕評에서 높이 평가받는 자는 곧 사회에서 좋은 사람으로 인정받는 자로서 덕행만 높으면 되었다. 하지만 정치하는 인재는 덕행 외에 능력도 반드시 있어야 한다. 따라서 중정들이 공정하게 평가를 진행한다 할지라도 뽑힌 자가 꼭 정치에 적합한 인재라고 할 수 없다. 더구나 중정을 담당하는 자가 개인

취향 또는 개인감정에 좌우된다거나, 호강세력이 두려워 공정한 평가를 내리지 못하는 경우가 많았으니 더욱 그럴 수밖에 없었다. 그래서 진晉 유의劉毅는 이렇게 말했다. "구품중정제는 가문 출신만 파악할 수 있을 뿐 사람이 현명한지 어리석은지를 전혀 구분할 수 없었다." "상품에는 한문寒門이 없고 하품에는 세족이 없다."[16] 세족은 지방에서 권세가 있는 집안이라 감히 그들로부터 노여움을 살 수 없지만 한문은 자신의 비천함을 인정하고 현실을 받아들일 것이니 그들의 노여움을 사더라도 괜찮다는 뜻이다. 한 지역 사람이 그 지역 사람을 평가한다면 필연적으로 이런 꼴이 되고 만다.

구품중정제가 나쁜 제도임은 누구나 잘 아는 사실이었지만, 수隋 문제 개황開皇 연간에 이르러서야 비로소 폐지되었다. 무려 345년이나 유지되었던 것이다. 이를 통해 문벌사회는 더욱 더 발전했다. 또한 세족들은 구품중정제를 통해 중앙과 지방의 관리 등용과 승진 등에서 특권을 향유했고, 이로 인해 세족과 한문 사이에 돌이킬 수 없는 격차가 생기고 말았다.[17]

---

16) 『진서(晉書)』, 권45, 「유의전(劉毅傳)」, 「중정을 파면하고 구품을 없애기를 청하는 소(請罷中正除九品疏)」, "惟能知其閥閱, 非復辨其賢愚." "上品無寒門, 下品無世族." 북경, 중화서국, 1974년, 1274쪽.

17) 후위(後魏) 시절 사인(士人)의 품제(品第)는 모두 9등급이었다. 이외에 일반 백성이 맡는 소인지관(小人之官)은 7등급으로 나뉘었다. 남조(南朝) 채흥종(蔡興宗)이 회계군(會稽郡)을 맡았을 때 공중지(孔仲智)의 아들을 망계(望計), 가원평(賈原平)의 아들을 망효(望孝)로 추천한 일이 있었다. 공중지는 지방 망족(望族)이었는데, 가원평은 지역에서 모범적인 덕행을 보이던 유명한 인물이었다. 그들 두 사람은 세족과 한문 출신으로 출신이 서로 달랐다. 하지만 이는 당시 특이한 사례였을 뿐 일반적으로는 그렇지 않았다.

과거제科擧制

구품중정제가 폐지된 뒤 과거科擧가 등장했다. 인재를 뽑을 때 과거가 더 공정하고 실제적이라는 점은 누구나 인정하는 바이다. 하지만 이를 알면서도 한참의 세월이 흐른 뒤에야 과거를 시행하게 된 까닭은 무엇인가? 주지하다시피 인재 등용의 조건은 첫째, 덕행. 둘째, 재능. 셋째, 학식이다. 이는 이론적으로 당연한 이치이니 실제로 이를 의심할 사람이 없다. 하지만 시험을 통해 살필 수 있는 것은 학식뿐이다. 물론 덕행과 재능을 보지 않아도 된다는 말이 결코 아니다. 덕행과 재능은 시험으로 평가할 방법이 없다는 뜻일 따름이다. 그러므로 덕행과 재능을 살피는 것이 어렵다고 하여 학식을 평가하는 시험마저 포기하는 것보다 학식 평가 시험이라도 보는 것이 낫다. 하지만 이는 온갖 시행착오를 거쳐 한참의 세월이 흐른 뒤에야 깨달은 것이다. 고시考試 제도가 당, 송대에 이르러서야 비로소 크게 발전할 수 있었던 것은 바로 이런 이유 때문이다.

하지만 고시 제도의 역사는 꽤 오래 전으로 거슬러 올라갈 수 있다. 서한西漢 때까지는 고시라는 것이 없었다.[18] 동한 순제順帝 시절 군郡과 제후국에서 추천한 인재들의 실력이 너무 형편없어 당시 상서령尙書令이었던 좌웅左雄이 "유생諸生을 상대로 가법家法, 문리文吏를 상대로 전주牋奏에 대한 시험을 실시할 것"[19]을 건의했다. 사서의 기록에 따르면, 이후

---

18) 조조(鼂錯), 동중서(董仲舒) 등의 대책(對策)은 실력을 테스트하기 위해 시험을 부가한 것이 아니라 오히려 박학한 관리들에게 말 그대로 대책을 얻고자 함이다. 따라서 책(策)의 실시 여부는 성해진 바가 없고, 또한 한 차례 책(策)을 실시하고도 풀리지 못한 의문이 있으면, 2차 내지 3차에 걸쳐 책(策)을 부가할 수 있었다. 자세한 내용은 『문헌통고(文獻通考)』 참조하시오.

19) 『후한서』, 권61, 「좌웅전(左雄傳)」, "諸生試家法, 文吏試牋奏." 북경, 중화서국, 1965년, 2020쪽. 역주: 서천린(徐天麟), 『동한회요(東漢會要)』에도 관련 내용이 나온다. 그리고 가법(家法)이란 집안에서 익힌 경학(經學), 즉 경술(經術)을 말한다.

로 주목과 태수 등 지방관이 감히 경솔하게 인재를 추천하는 일이 줄어들었고, 인재 선발 또한 공정하고 청렴해졌다고 한다. 시험으로 인해 즉각적인 변화가 왔다는 뜻이다. 하지만 아쉽게도 이를 진지하게 시행하려는 노력이 없었다. 결국 위진남북조를 거쳐 수대에 이르기까지 고시, 즉 시험을 치루는 일은 인재 선발의 제도로 정착하지 못했다.

과거제도는 당대에 와서 본격적으로 실시되었다. 당대는 과거 과목이 매우 많았으나[20] 가장 중요하고 일반적인 것은 명경과明經科와 진사과進士科였다.

진사과는 수대부터 시작된 것으로 보인다. 하지만 그 기원에 대해서는 명확한 역사 기록이 없다. 양관楊綰에 따르면, 진사과 시험 내용은 처음에 시책試策(당면한 문제에 관한 시험)만 있었으나 나중에 시부詩賦로 바뀌었다. 당대는 진사과를 매우 중시했다. 진사과를 통과하면 영예와 명성을 얻었으니, 이는 문사文辭를 숭상했던 당시 사회 풍조와 관련이 있다. 당대 진사과는 경의經義와 책문策文 시험도 있었지만, 중시된 것은 역시 시부詩賦였다.

명경과는 시험 내용으로 첩경帖經과 묵의墨義를 중시했다. 진사과에서 중시한 시부는 정치와 무관하지만, 그렇다고 명경과에서 중시한 경학이 정치와 관련이 깊다고 말할 수도 없다. 뿐만 아니라 명경과의 첩경과 묵의를 통해서 살필 수 있는 것은 기껏해야 암기력뿐이니,[21] 오늘날의 시각

---

20) 수재(秀才)가 최고의 과목이었는데, 고종(高宗) 영휘(永徽) 2년 이후로는 폐지되었다. 그 밖에 준사(俊士), 명법(明法), 명자(明字), 명산(明算), 일사(一史), 삼사(三史), 개원례(開元禮), 도거(道擧), 동자(童子) 등의 과목들이 설치되었다. 자세한 내용은 『당서·선거지(選擧志)』 참조.

21) 첩경(帖經)과 묵의(墨義)의 시험 방법에 대해서『문헌통고(文獻通考)』에도 관련 언급이 나온다. 요약하자면 첩경(帖經)은 응시자로 하여금 경문(經文)을 외워 쓰게 하였고, 묵의(墨義)는 경문에 대한 전주(傳注)를 외워 쓰게 했다. 오늘날 학교에서 교과서를 암기하여 쓰도록 하는 방법과 다를 바 없다.

에서 볼 때, 효용성이 떨어지는 가치 없는 일이 아닐 수 없다. 물론 옛날 사람의 시각에서 본다면 그렇지 않을 수도 있다. 그렇다면 그들은 왜 이처럼 이상한 시험을 중시했을까? 그 이유에 대해 다음과 같은 분석이 가능하다.

관리를 등용할 때 과거를 인재 선발의 유일한 수단으로 삼은 것은 송대 이후의 일이다. 당대 이전까지 과거는 그저 여러 인재 선발 수단 중의 하나였다. 당대 사람들이 진사과를 중시하였지만 실제로 관리로 등용된 진사는 그리 많지 않았다. 또한 관리로 등용되더라도 반드시 중용한 것은 아니다.[22] 당대에 선발된 진사는 불과 20~30명밖에 되지 않았으며, 이들 진사들이 관리로 등용될 경우 이부에서 주관하는 석갈시釋褐試에 응시하여 통과하거나 별도의 추천을 받아야만 했다. 또한 그들이 얻은 관직도 승위水尉를 넘지 않았다.

이렇듯 과거는 처음부터 본격적으로 실시된 것이 아니라 이전의 선발 제도를 점차적으로 고쳐가면서 발전시킨 것이었다. 이런 점에서 시험 내용이 시부나 첩경, 묵의墨義였던 것을 쉽게 납득할 수 있다.

첩경과 묵의에서 시험 본 것은 주로 경전을 학습하는 법도였다. 시부는 수대의 제도를 답습한 것으로 보인다. 수양제는 문학을 좋아하여 진사과를 설치했는데,이는 후한 영제靈帝가 홍도문학鴻都門學을 만든 것과 다를 바 없다.[23] 그러다가 나중에 인재를 선발하는 중요 수단이 되었으니, 잡류雜流가 모이던 곳에서 청요淸要를 배출하는 기관으로 승격된 한림의 경우와 매우 흡사하다. 이는 제도 자체에서 일어난 변화이니 훗날의 시각으

---

22) 『일지록』, 「중식액수(中式額數)」와 「출신수관(出身授官)」을 참조하시오.
23) 홍도문학(鴻都門學)에는 글재주가 뛰어나거나 서예에 정통한 자들이 많이 모였다. 모인 사람들의 문벌 출신은 대단히 복잡했다. 자세한 내용은 『후한서 · 본기』 및 『후한서 · 채옹전(蔡邕傳)』을 참조하시오.

로 초기 제도를 논할 수는 없는 일이다. 이상에서 볼 수 있다시피 과거의 시험 내용이 그리 합리적이지 않았을지라도 시험을 통해 인재를 선발하는 방식은 이전에 비해 큰 발전이 아닐 수 없다.

다음으로 과거시험의 단계 등에 대해 살펴보겠다.

당대에 과거에 응시하려면, 직접 "첩牒24), 즉 명자名刺를 가지고 주州나 현縣의 관아에 가서 응시 신청을 해야 한다."25) 그 다음 주나 현에서 일차 시험을 실시하고 합격자 명단을 상서성에 올려 보낸다. 그러면 상서성에서 이차 시험을 실시하는데, 이를 성시省試라 한다. 성시는 처음에 상서성 호부戶部에서 주관했다. 호부는 지방에서 올려 보낸 응시생의 자격 심사부터 진행하는데, 이를 '집열集閱'이라 한다. 그런 다음 고공원외랑考功員外郞이 주관하여 시험을 실시한다. 하지만 현종玄宗 개원開元 연간에 와서 고공원외랑의 명망이 부족하여 응시생들로부터 인정받지 못한다는 이유로 과거시험의 주도권을 예부禮部로 이관했다. 또한 송 태조 때는 과거시험을 주관하는 관원이 공정하지 못한 경우가 있다는 신고가 들어오는 바람에 태조가 전정殿廷에서 친히 시험을 실시한 일이 있었다. 이 일을 계기로 이후의 과거시험에는 성시省試 외에 전시殿試가 추가되었다.

한대를 비롯하여 이전에 군국郡國에서 인재를 선발할 때는 선거를 주관하는 지방관이 전권을 쥐고 있었다. 추천받을 자격을 충분함에도 지방관이 추천하지 않으면 아무 소용이 없었다. 하지만 과거가 행해진 뒤로 크게 달라졌다. 자신이 직접 투첩投牒하여 응시 신청을 하게 되니 주나 현의 지방관이 해당 응시자를 탐탁하지 않게 여길지라도 함부로 응시자격을 박탈하거나 방해할 수 없었다. 일단 응시했다면 그들을 상대로 시험

---

24) 역주: 첩(牒)은 본관, 집안 출신 및 경력 등 본인의 인적사항이 적힌 문서를 말한다. 오늘날의 이력서와 비슷하다.

25) 『신당서』, 권44, 「선거지상(選擧志上)」, "懷牒自列於州縣." 앞의 책, 1161쪽.

을 치르게 하고 그 중에서 정해진 수의 합격자를 뽑아야만 했다. 또한 응시할 능력이 못 되면, 주현의 지방관이 아무리 좋아하는 이라고 할지라도 뽑을 수 없었다. 이처럼 인재를 뽑는 데 주관하는 관리의 권한이 크게 제한되면서 오히려 응시자들은 그만큼 많은 권리를 누릴 수 있었다. 따라서 이러한 과거제도 덕분에 한문 출신의 지식인이라도 높은 관직에 오를 수 있는 기회가 생기게 된 것이다. 반대로 권세가 있다고 할지라도 과거에 급제하지 않는다면 기존의 지위를 유지하는 것이 갈수록 어려워졌다. 이런 점에서 과거제도의 실시는 기념비적인 일이라 할 수 있다.

　과거 시험에 대한 각종 규정은 날이 갈수록 많아지고 그만큼 엄격해졌다. 이는 과거시험의 공정성을 보장하기 위함이었다. 예를 들어 당대 때만 해도 응시자가 고시관과 교제하는 일에 대해서 전혀 제한을 두지 않았다. 당시에는 고시관이 응시자의 명망을 보고 뽑거나, 응시하는 유생이 자기를 홍보하기 위해 동분서주하고, 심지어 자신이 지은 문장을 가지고 고시관을 직접 찾아가는 일도 모두 가능했다. 이는 법적으로 전혀 문제가 되지 않았다. 하지만 만당晚唐 이후로 규칙이 엄격해지면서 허락되지 않는 물건을 시험장에 휴대하지 못하도록 하고, 호명糊名, 역서易書 등 나름의 부정방지 제도를 마련했다.26) 명, 청조는 이런 제도를 그대로 계승했을 뿐만 아니라 과거에서 부정행위를 예방하기 위해 보다 치밀한 조치를 취했다. 이는 응시자의 인격을 불신하는 것처럼 보이지만, 일생의 부귀영화와 명예를 좌우하는 시험인 까닭에 응시자나 고시관 모두 부정을 저지를 이유가 충분한 상황에서 엄격한 예방 조치는 필수적인 것이 아닐 수 없었다.

---

26) 역주: 호명(糊名)은 과거 시험을 볼 때 부정부패 행위를 방지하기 위하여 시험지에 성명과 생년월일, 주소 등 응시자 개인 정보가 적힌 부분을 풀로 칠하여 봉하는 것을 말하며, 역서(易書)는 시험지에 적힌 필체를 알아보지 못하게끔 서리(胥吏)로 하여금 주필(朱筆)로 베껴 쓰게 하는 제도다.

이상은 과거 중의 향공鄕貢(향시에 합격하여 진사시에 응시하는 사람)에 관한 내용이다. 이외에 제과制科는 천자가 친히 주관한 것으로 과목도 수시로 바뀌었다. 또한 향공과 달리 정기적으로 실시하지 않았다.

당대의 과거제도는 『문헌통고 · 선거고選擧考』에 자세히 나와 있으니 이를 살펴보기 바란다.

당대에 비해 송대는 과거를 더욱 중시했다. 송대로 넘어오면서 과거제도를 개혁하자는 소리가 거세졌다. 이는 기존의 과거제도가 폐단이 있었기 때문이다. 이는 다음 두 가지로 요약할 수 있다. 첫째, 시험 내용이 실용성이 없었다. 둘째, 시험은 시험 당일의 결과만으로 평가하기 때문에 의외성이 강했다. 예컨대, 학식이 떨어지는 자가 뜻밖에 합격하고, 학문이 깊은 자가 오히려 불합격하는 경우가 종종 있었다. 첫 번째 폐단은 시험 내용만 바꾸면 해결할 수 있지만, 두 번째 폐단을 바로잡으려면 과거와 더불어 학교 교육을 병행하는 수밖에 없었다. 학교 이외에 응시생이 학문하는 사람인지 여부를 검증할 방법이 따로 없었기 때문이다.

인종仁宗 때 범중엄范仲淹의 개혁은 이상 두 가지 문제에 초점을 맞추어 진행되었다. 개혁 내용은 구체적으로 다음과 같다. 첫째, 기존의 첩경과 묵의 등의 시험 내용을 없애고 시부와 책론策論에 대한 통합시험을 실시한다. 그리고 그 시험 결과를 선발의 기준으로 삼는다.[27] 둘째, 응시 유생은 반드시 학교에서 300일 동안 공부한 경력이 있어야 한다. 또한 응시한 경험이 있는 유생은 학교에서 공부한 시간이 100일 이상이어야 한다.

---

27) 당대 때는 진사과에서 첩경(帖經)과 책론(策論)에 대한 시험을 보았고, 명경과에서 역시 책론을 시험내용에 포함시켰다. 하지만 보통 사람의 능력으로는 한 분야밖에 정진하지 못하는 것이다. 또한 독권자(讀卷者)가 채점하는 데 역시 한 분야에만 치중하여 집중적으로 보고 나머지 내용은 대충 훑어보는 것이 보통이었다. 명, 청 때의 유생들이 겨우 사서(四書)에 관한 글인 사서문(四書文) 몇 편만 쓸 줄 아는 것 외에는 아는 것이 없었던 연유도 여기에 있다.

하지만 당시에 이와 같은 범중엄의 개혁 정책을 반대하는 사람이 많았다. 그래서 범중엄이 재상 자리에서 물러난 뒤 그의 개혁 정책들도 따라서 폐지되었다. 신종神宗 희녕熙寧 때에 와서야, 재상이 된 왕안석이 비로소 과감한 과거 개혁을 실시했다. 다음에서 왕안석의 과거 개혁 정책에 대해서 살펴보자.

첫째, 진사과만 남기고 나머지 과는 모두 없앤다. 이는 진사과만 중시하고 나머지 과를 가벼이 여기는 당시의 사회 풍조와 관련이 있는 것으로 보인다. 둘째, 진사과 시험내용에 대한 개혁으로 시부를 없애고 책론策論을 남겨두는 동시에, 기존의 첩경帖經과 묵의墨義를 살려서 대의大義로 바꾼다.[28] 셋째, 새로 개정된 이 시험법에 적응하지 못하는 유생을 위해서 명법과明法科를 특설한다. 넷째, 왕안석은 학교를 통해 인재를 양성해야 한다고 주장하면서, 태학을 정돈하여 삼사법三舍法을 제정했다. 말하자면 사생舍生으로 하여금 순차적인 진학 과정을 밟도록 한 것이다.[29] 상사생上舍生에 진급한 유생에게는 발해發解와 예부시禮部試를 면제해 주었다.[30]

왕안석의 이른바 희녕공거법熙寧貢擧法 역시 보수파인 구법당舊法黨으로부터 거센 반대를 받았다. 반대하는 이유는 다음 두 가지였다. (가) 시부는 운율상의 오류가 쉽게 눈에 띄지만 책론策論은 광범위하여 문제점이 쉽게 발견되지 않아 채점이 어렵다. 하지만 필자가 생각하기에 이는 적절한 지적이 아니다. 시험 내용으로 시부의 실용성이 없다는 점은 앞에서

---

28) 첩경은 기억해둔 경문(經文)을 고찰하는 시험인가 하면, 대의는 그 의리(義理) 곧 경의(經義)를 밝히는 것으로 자신의 주장이 들어가기도 한다.

29) 역주: 삼사법(三舍法)은 곧 태학(太學)에 외사(外舍), 내사(內舍), 상사(上舍)를 설치하고, 시험을 봄으로써 외사, 내사, 상사로의 순으로 진학과정을 밟게 하는 제도다.

30) 역주: 발해(發解)는 각 지방에서 실시하는 향시(鄕試)에서 합격한 유생을 상서성에 올려 보내어 과거시험에 응시하도록 하는 것을 말한다. 예부시(禮部試)는 예부에서 주관하는 회시(會試) 곧 복시(覆試)를 말한다.

밝힌 바 있다. 실용성이 떨어지는데 채점이 아무리 공정한들 무슨 소용이 있겠는가? (나) 소식蘇軾이 주장한 것처럼 학문을 연구하는 입장에서 경의經義를 밝히는 대의大義, 그리고 책론策論이 시부보다 가치가 있는 듯하지만 대의나 책론이 실제적으로 무용지물인 것은 시부와 다름없다. 또한 훌륭한 인재를 얻는 것은 오로지 임금과 재상의 사람 보는 눈에 달려 있을 뿐, 과거와 같은 인재 선발 수단과는 무관하다. 다만 이러한 인재 선발 수단이라도 있는 것이낫다. 하지만 이 역시 옳은 지적이 아니라고 생각한다. 물론 과거가 있다고 해서 반드시 인재를 확보할 수 있다는 보장은 없다. 인재를 얻는 방법의 하나로서 과거제를 마련했기 때문이다. 그러므로 과거만 있으면 임용할 때의 고찰인 형감衡鑒, 임용 후의 평가인 고과考課까지 모두 실시하지 않아도 된다는 말은 결코 옳은 이야기가 아니다. 게다가 인재 선발의 다른 수단은 학식보다 경험에 치중하는 것이 보통이다. 간혹 학식을 중시하는 선발 방식이 있어도, 정기적으로 실시되는 것은 없다. 그러므로 인재를 양성하는 상설常設기관으로는 오로지 학교, 그리고 정기적으로 실시하는 학식 중심의 인재 선발 수단은 오로지 과거밖에 없다. 물론 학식이 있다고 해서 반드시 정무를 잘 보는 것은 아니지만, 정무를 보는 데 학식이 필요한 경우가 많다는 것은 부인할 수 없는 사실이다.[31] 사람은 자신이 하는 일이 무엇인지를 알고 있어야, 그것을 잘 하려는 마음이 생기는 법이다. 이런 면에서 학식과 도덕은 상당한 관련이 있다고 말할 수 있다.

　현명한 인재 등용, 이른바 형감衡鑒이 아무리 임금과 재상에 좌우되는 일이라 해도, 임금과 재상이 전국의 많고 많은 사람 중에서 맹목적으로 인재를 등용할 수는 없다. 반드시 일정한 수단으로 인재를 가려내는 작업

---

31) 대체로 사람을 상대하거나 구체적인 일을 가지고 정무를 보는 데 학식만으로는 부족하지만 정책을 세우는 것과 같은 일은 전적으로 학식이 필요하다.

이 먼저 이루어지고, 그 다음에 뽑힌 사람 중에서 다시 선발해야 한다. 인재를 선발하는 방법 가운데 학식에 치중하는 것은 오로지 과거뿐인데, 어찌 가벼이 여길 수 있겠는가? 물론 대의大義, 책론策論도 일종의 탁상공론에 불과하지만, 벼슬하는 데 필요한 학식과의 관계를 따져보면 시부가 어디 그것에 비견되겠는가? 그러므로 구법당의 위와 같은 반박은 전혀 설득력이 없는 말이라고 할 수 있다.

하지만 구법당도 당시 큰 세력 집단이었기에 마냥 무시할 수 없었다. 결국 송 원우元祐 연간에 왕안석의 희녕공거법熙寧貢擧法은 구법당의 반대로 폐지되고 말았다. 하지만 신법이 폐지되었다고 곧 바로 구법舊法이 회복되는 것은 아니다. 과거시험이 유일한 출셋길이었던 옛날 지식인에게 시험 내용을 바꾸는 일만큼 중요한 일은 없다. 그러므로 왕안석의 희녕개혁법을 결사반대하는 구법당이 많았듯이, 원우元祐 연간 구법을 회복시키려 하자 신법에 익숙한 유생들로부터 거센 반대에 부딪쳤다. 이로 인해 양대 세력 집단의 주장을 절충하여 진사과를 시부과詩賦科와 경의과經義科로 나누어 실시했다. 남송 이후로 이는 하나의 제도로 굳어져 요遼, 금金 때까지 막대한 영향을 미쳤다.[32]

근대식 과거제도는 명나라 때 정비된 것이다. 하지만 그 기원은 원나라 때로 거슬러 올라갈 수 있다. 원대 과거는 두 방榜으로 나눠 실시했는데, 인종에 따라 몽골인蒙古人, 색목인色目人이 한 방榜을 이루고, 한인漢人, 남인南人이 한 방榜을 이루었다. 구체적으로 몽골인, 색목인이 보는 시험은

---

32) 시부과(詩賦科), 경의과(經義科) 외에 율과(律科)를 따로 두었다. 시부과와 경의과 출신은 진사라 불리며, 율과 출신은 거인(擧人)이라 일컬었다. 또한 여진진사과(女眞進士科)를 별도로 실시하는데, 시험내용으로 책론(策論)만 보았다. 여진진사과는 금(金) 세종에 의해서 설립되었다. 요, 금의 과거는 모두 향시, 부시(府試), 성시(省試) 등 세 가지 시험을 거쳤다. 그 중에서 성시는 명, 청대의 회시(會試)로 예부에서 관장했다. 요, 금과 달리 원, 명, 청은 오로지 회시(會試)와 향시(鄕試)만 실시했다.

경의經義와 책론策論 등 두 가지이고, 한인과 남인은 세 가지로 경의經義와 고부古賦, 소詔, 고誥, 표表, 그리고 책론이었다. 원나라 과거제의 특징을 요약하면 다음과 같다. 첫째, 경의와 시부를 하나의 과로 통합시켰다. 둘째, 경의는 모두 송대의 학설(특히 주희朱熹)을 기준으로 삼았다. 셋째, 향시와 회시의 시험 내용이 같았다.

명,청대 과거는 원대에 비해 다소 달라지기는 했으나 대체로 다음 세 가지 특징을 이어받았다. 명대 첫 번째 시험은 사서오경四書五經의 경의였고, 두 번째 시험은 논판論判, 그리고 소詔, 고誥, 표表 중에서 하나를 선택해서 실시했다. 세 번째 시험은 책策이었다. 청대는 첫 번째 시험이 사서四書 경의와 시詩 한 수, 두 번째 시험은 오경五經 경의, 세 번째 시험은 역시 책策이었다.

명, 청대 경의經義 시험은 고정된 격식을 갖춘 특수한 문체로 써야 했다. 구체적으로 말하자면, (가) 옛 성현聖賢의 말로 써야 한다. (나) 문체상 단락의 대구對句를 중시하는 팔고문八股文의 문체로 써야 한다.[33] 팔고문은 과거 응시생들이 글을 지을 때 새롭고 기이함을 경쟁적으로 추구하려는 경향이 심했기 때문에 이를 억제하기 위해 명태조明太祖와 유기劉基가 만든 문체였다.[34] 그래서 '제의制義'라 부른다.[35]

---

33) 팔고문의 특징은 다음 두 가지로 요약할 수 있다. 첫째, 내용면에서 자신의 주장을 내세우기보다 옛 성현(聖賢)을 대변하여 그들의 사상이나 주장을 자세히 설명한다. 둘째, 기존의 대구법(對句法)은 말 그대로 구문(句文)의 대우(對偶)를 중시했을 뿐이나 팔고문의 경우는 문장의 단락을 대우법에 맞춰 써야하기 때문에 체제가 특별했다. 또한 팔고문은 편폭이 300자 이상 700 이하의 범위에서 벗어날 수 없다. 물론 약간의 차이가 날 수는 있지만 기본적인 원칙은 반드시 지켜야만 했다. 첫 번째 규칙, 즉 성현의 말을 대변해야 한다는 규칙으로 말미암아 후세의 일을 쓸 수 없다. 청대 학자들이 역사적 사실을 제대로 알지 못하는 원인 가운데 하나가 바로 이것이다.

34) 과거에 응시하는 유생이 많지만 뽑는 인원수는 한정되었다. 예를 들어 청 말기 강남

명, 청대 과거에 응시하는 유생들은 사서의 경의經義에 관한 글 몇 편만 지을 줄 알면 나머지는 대충 부연 설명으로 끝나기 때문에 시험을 보더라도 안 본 것이나 다름없었다. 명청대 유생들이 고지식하고 현실을 제대로 파악하지 못한 것은 바로 이러한 과거제도의 폐해 때문이다. 사람의 능력이란 한계가 있는 법이니 한 사람이 기껏해야 한, 두 분야만 정통할 수 있을 따름이다. 그래서 역대로 과거는 모두 과科를 구분하여, 응시자에 따라 과를 선택하여 시험보도록 했다. 경의와 시부를 나눈 것은 당대에 명경과明經科와 진사과進士科를 구분한 것과 같다. 양과의 내용을 동시에 통달하는 것이 매우 어렵기 때문이다. 그럼에도 불구하고 원나라 이후 양과는 하나로 통합되었다. 게다가 세 번째 시험인 책策은 출제 범위가 매우 광범위했다. 원, 명, 청대의 과거 규정을 엄격하게 적용한다면 응시할 수 있는 자가 거의 없을 것이다. 사람에게 능력 밖의 일을 시키면 능히 할 수 있는 일조차 하지 않게 된다. 명청대 과거의 문제는 바로 여기에 있다.

과거시험에서 시부를 없애고 경의와 책론만 남겨두자는 송대 희녕개혁법은 원대는 물론이고 명청대에도 이어지지 않았다. 다만 학교 교육을 과거와 병행해야 한다는 개혁안만은 명대에 들어와 형식적으로나마 실현되었다.

명나라는 국자감의 감생監生, 또는 부학府學, 주학州學, 현학縣學의 학생이 아니면 과거에 응시할 수 없다는 규정을 제정했다.36) 『명사』에 따르면,

---

향시(江南鄕試)에서 뽑는 인원수는 부공(副貢)까지 포함해서 모두 200명이 채 안 되었으나 응시생은 매번 2만 명이 넘었다. 정해진 글감을 가지고 지은 몇 편밖에 안 되는 문장만으로는 아무리 학문이 뛰어난 사람일지라도 자신의 학식을 모두 보여줄 수 없다. 그래서 응시생들은 시험관의 눈에 띄기 위해 일부러 글을 과장되고 기이하게 짓는 경향이 있었다. 이런 현상은 송대에 이미 나타나기 시작했다.

35) 역주: 왕이 친히 만든 것을 '제(制)'라고 한다.

이는 "학교에서 인재를 양성하여 과거에 응시하게 하는 제도이다."[37] 하지만 이러한 제도는 현실에 적합하지 않아 억지로 시행하는 과정에서 여러 문제를 일으켰다.

우선 과거는 시험 당일 하루에 모든 것을 평가하므로 평소 실력에 대한 객관적인 평가가 제대로 이루어지기 어렵다. 예컨대 실제로 학문수준이 떨어짐에도 시험에 맞는 유형의 글만 잘 지어 급제하거나 반대로 제대로 학문에 정진한 이가 오히려 떨어지는 일이 적지 않았다. 또한 학교에서 가르치는 학문은 아무리 쉽다 할지라도 교사가 진지하게 가르치고 학생이 제대로 배우려면 최소 몇 년이 필요하기 때문에 과거처럼 단숨에 효과를 얻기 힘들다. 결국 과거 응시자격을 얻기 위한 학교 학습이나 시험은 실속 없이 허명만 남고, 학문 또한 유명무실해질 수밖에 없었다. 졸업은 그저 학습기간을 채우는 것일 따름이라는 학교의 병폐는 오늘날의 문제만이 아니었던 것이다. 과거와 학교 교육을 병행함으로써 서로 장단점을 보완하겠다는 취지는 좋았지만 제도는 현실을 못 이기는 법이다.

학생들은 재물과 명예를 얻는 수단인 과거에 응시하기 위해 학교에 들어왔기 때문에 학문은 그저 목표 달성을 위한 수단에 불과했다.[38] 목표 달성은 빠르면 빠를수록 좋다. 이런 상황에서 다음의 문제를 고려하지 않을 수 없다. (가) 혈기가 왕성한 젊은이들은 과거 응시만 생각할 뿐 학교에 들어가기를 원치 않을 것이다. (나) 과거에 응시하는 데 소요된

---

36) 부학, 현학, 주학의 학생이 과거에 응시하려면 감독관으로 파견된 사자(使者)가 진행하는 시험을 해야 한다. 이를 과고(科考)라고 하는데, 일종의 예비시험이다. 과고에 합격해야 향시에 참가할 수 있다. 그러나 나중에는 글자만 틀리지 않으면 모두 통과시켰다. 또한 명대에는 '충장유사(充場儒士)'라 하여 학생이 아닌 응시자도 한두 명씩 응시할 수 있었다. 다만 그 숫자가 극히 적었다.

37) 『명사 · 선거(選擧)』, 권69, "學校儲材, 以待科擧." 북경, 중화서국, 1974년, 1675쪽.

38) 그런 까닭에 옛날 공거(貢擧)에 응시하는 사람들은 과거에 응시하여 짓는 문장을 출세의 문을 두드리는 벽돌, 즉 '고문전(敲門磚)'이라 칭했다.

시간은 왕복 일정을 모두 포함하도 몇 개월밖에 되지 않지만, 학교를 다니는 것은 다르다. 과거 응시는 생업에 방해가 되지 않으나 학교에 다니려면 만사를 다 접어야 한다. 결국 가난한 집안의 자제는 과거에 응시할 수는 있어도 학교에 들어가서 공부하기는 어렵다. (다) 과거출신이 학교출신보다 훨씬 전망이 좋다.

바로 이런 이유 때문에 명대에 과거와 학교교육을 병행하는 제도를 시행하자 다음과 같은 문제들이 나타났다.

첫째, 국자감을 나오면 나름 인정받을 수 있었으나 과거에 비해 전망이 좋지 못했다. 결국 국자감은 나이가 들어 더 이상 포부가 없는 유생들이 머무르는 곳으로 전락하고 말았다.

둘째, 부학府學, 주학州學, 현학縣學의 경우에는 학교에서 배울 것도 없거니와 국자감생처럼 인정받기도 어려웠기 때문에 학생 유치가 더욱 힘들었다. 게다가 학교 교원도 대개 이익을 쫓는 사람들이었다. 가르치는 일이 이익을 취하는 데 별로 상관이 없다면, 굳이 고생해서 가르칠 이유가 없었던 것이다. 따라서 부학, 주학, 현학 모두 유명무실한 곳이 되고 말았다.

명나라 초에는 국자감을 매우 중시했다. 이후 국자감의 명성이 쇠미해졌으나 학생 모집이 불가능할 정도는 아니었다. 그러나 청대에는 국자감마저 부·주·현학의 상황과 다름없었다.

당대 제과制科가 매우 융성했지만 정기적으로 열리는 것이 아니기 때문에 사회적으로 향공鄕貢만 못했다. 송나라 이후로 제과는 대개 향공鄕貢과 다른 유형의 인재를 뽑기 위해서 실시된 경우가 많았다. 하지만 제과에서 뽑힌 인재를 보면 여전히 글재주가 뛰어나거나 학문에 정진한 이들이었다.39) 청 성조聖祖 강희康熙 18년, 그리고 고종高宗 건륭乾隆 원년에는

---

39) 제과를 설치한 본의는 그것이 아니었지만 실제는 달랐다. 자세한 내용은 『송사·선

두 차례에 거쳐 박학홍사과博學鴻詞科를 거행했으나 이 또한 별다를 바 없었다. 덕종德宗 광서光緒 25년에 경제특과經濟特科가 열렸는데 때마침 변법, 유신維新 운동이 한창이었기에 인재 등용의 가능성이 높았다. 하지만 정변政變 이후로 조정은 더 이상 관심을 둘 여력이 없었다. 29년에 와서야 겨우 추천받은 사람을 대상으로 시험을 치른 일이 있었으나 이 역시 실속이 없는 형식뿐이었다.

과거시험은 문관文官을 뽑는 수단이므로 관리로서 유용한지를 살펴야 마땅하다. 하지만 역대 과거는 그렇게 하지 못했다. 참으로 이상한 일이 아닐 수 없다. 그 이면을 알아보려면 과거 제도의 역사적 변화 과정을 살펴야 한다.

고대에 인재를 등용하는 조건은 아주 간단했다. 학문에 대한 별다른 요구가 없었고 오로지 관리로서 필요한 지식과 기술을 갖추기만 하면 충분했다.[40] 하지만 사회가 발전됨에 따라 관례대로만 정무를 볼 수 없었다. 원활한 정무 수행을 위해서는 행정의 원리까지 이해해야 된다는 것을 깨달았다. 그리하여 정치가 학문의 영향을 받게 되면서 학문하는 자가 정계에 진출하기 시작했다. 그러자 진秦은 "예전 역사로 당대 정치를 비판하지 못하게 하고", 오직 '당대 법령'만 배우도록 했으며, "법령을 배우려면 관리를 스승으로 삼도록 했다."[41] 이는 시대에 역행하는 행태였다. 이와 반대로 한대는 추세에 순응하여 유생들을 기용하기 시작했으니, 당연히 일종의 진보가 아닐 수 없다. 하지만 이런 이치를 깨달았다면 관리를 등용할 때 정무지식과 학문을 겸하는 전문적인 인재를 선발해야 하는

거지(選擧志)』를 참조하시오.

40) 여기에 지식(智識)이란 넓은 의미의 지식(智識)이 아니라, 관례대로 정무를 보는 지식을 말한다. 이런 면에서 당시 관료들은 후대 막료(幕僚)나 서리(胥吏)와 유사했다.

41) 『사기』, 권6, 「진시황본기」, "以古非今." "當代法令." "欲學法令, 以吏爲師." 북경, 중화서국, 1959년, 255쪽.

데, 안타깝게도 그렇게 하지 않았다. 이후 사서에서 유생儒生, 문리文吏를 나열해서 다룬 것을 보면 이를 확인할 수 있다.

『속한서·백관지百官志』의 주注에 응소應劭의『한관의漢官儀』를 인용하고 있는데, 그 안에 후한 광무제光武帝의 조서詔書 내용이 담겨 있다. 이는 당시 인재 등용 상황을 여실히 보여준다.

> "옛날 승상이 만든 고제古制에 따르면, 네 개의 과科를 통해 인재를 뽑았다. 네 개의 과는 각각 다음과 같다. 첫째, 덕행이 높으며 지조와 절개가 굳고 꼿꼿한 인재를 뽑는 과. 둘째, 학문에 정통하고 품행이 단정하며 특히 경학에 능통하여 박사博士에 적격한 인재를 뽑는 과. 셋째, 법령을 잘 알고 의안疑案과 현안懸案의 판결 능력이 뛰어나며, 규정에 따라 심문審問할 수 있고, 또한 공문 처리 능력이 출중하여 어사御使에 적격한 인재를 뽑는 과. 넷째, 강의剛毅로우며 지략이 출중하여 일을 앞두고 당황하지 않고 현명한 결단을 내릴 수 있으며 삼보령三輔令에 적격한 인재를 뽑는 과 등이 그것이다."42)

인용문에 나오는 첫 번째 과목은 덕행, 네 번째는 재능을 갖춘 인재를 뽑는 것이니 시험으로 판단하기 어렵다. 두 번째는 유생儒生, 세 번째는 문리文吏를 뽑는 과였다. 좌웅左雄이 실시한 시험법도 역시 유생과 문리를 선발하는 시험이었다.43) 포박자는『포박자』「심거審擧」에서 시험제도를 강력히 주장했는데, 그 역시 율령도 경학經學 시험처럼 실시할 수 있다고

---

42) 『후한서·백관지(百官志)』, 응소(應劭) 주,『한관의(漢官儀)』에 실린 후한(後漢) 광무제(光武帝)의 조서(詔書) 내용, "丞相故事, 四科取士, 曰德行高妙, 志節淸白. 曰學通行修, 經中博士. 曰明達法令, 足以決疑, 能案章覆問, 文中御史. 曰剛毅多略, 遭事不惑, 明足以決, 才任三輔令." 북경, 중화서국, 1965년, 3559쪽.

43) 역주: 좌웅(左雄)의 자는 백호(伯豪). 중국 후한(後漢) 때 관리로 상서령(尙書令)으로 지낼 때 시험을 통해 관리를 선발하는 제도를 실시했다. 좌웅은 "유생(儒生)을 상대로 가법(家法) 곧 경학(經學), 문리(文吏)를 상대로 전주(牋奏)에 대한 시험을 실시할 것"을 제안한 바 있다.

말했다. 이런 것들이 결국 당대에 하나의 제도로 굳어져 명법과明法科를 명경과明經科와 병행하여 실시하게 된 것이다. 물론 이는 한제漢制를 답습한 것이다. 이처럼 천 년이 지나도록 달라질 줄 모르니 참으로 기이한 일이 아닐 수 없다.

이후 명경과 이외의 다른 과를 가볍게 여기는 사회 풍조로 인해 명경과만 남겨두고 다른 과는 모두 없앴다. 당연히 명법과明法科도 따라서 폐지되었다. 이후로 문관 선발 시험에서 관리로서 반드시 필요한 전문 지식과 기능을 살피는 일이 불가능해졌다. 그 원인은 다음과 같다. 첫째, 정치제도는 한번 제정되면 바뀌기 어렵다. 둘째, 고지식한 유생들은 법령 등을 익힐 필요 없이 경학에만 정통하면 된다고 확신했다. 바로 이런 이유로 경학만 중시하는 과거제도가 완전히 정착된 것이다.

근대식 과거제도는 명 태조에 의해서 정비되었다고 하지만 사실 태조는 과거를 그리 중요시하지 않았다. 그가 중시했던 인재 선발 수단은 천거薦擧와 학교였다. 그는 당시에 크고 작은 내관과 외관이 모두 인재를 추천할 수 있고, 또한 추천받은 자는 계속 다른 인재를 천거할 수 있다는 규정을 반포했다. 그 덕에 포의布衣로부터 높은 벼슬에 오른 사람이 셀 수 없이 많았다. 또한 국자감에서 명사名師에 대해 엄격하게 예를 갖추어 특별히 우대했다. 감생監生들의 대우도 극히 좋았다. 그는 하루에 감생 64명을 뽑아 포정사布政司, 안찰사按察使의 속관으로 등용한 일이 있었다.

명나라의 과거는 홍무洪武 3년에 처음으로 개설되었다가 곧 폐지되었으며, 15년에 다시 회복되었다. 당시 관리 등용 대상은 세 부류가 주를 이루었다. (가) 천거薦擧, (나) 진사, 또는 국자감 출신인 공감貢監, (다) 이원吏員.44) 하지만 뒤로 가면서 천거는 아예 폐지되었고, 학교 출신도 차츰 가볍게 여겨지게 되었으며, 오로지 과거만 그 중요성이 날로 강조되

---

44) 『일지록 · 통경위리(通經爲吏)』를 참조하시오.

었다.

그렇게 된 이유는 구체적으로 다음과 같이 정리될 수 있다.

천거는 아무래도 파격 등용인 까닭에 평범한 임금이 단행할 수 있는 것이 아니다. 학교 역시 제대로 운영되지 않고 졸업이 학업연한만 채우는 것으로 전락하고 말았다. 반면에 과거는 예로부터 중시해 오던 인재 선발 수단이었고, 비록 짧은 시간에 치루는 것이긴 하지만 나름 근거로 삼을 만한 명확한 증거가 있었다. 그래서 사회적으로 다른 무엇보다 과거를 중시하기에 이르렀다. 무릇 세상일이란 한 쪽으로 치우치기 시작하면 문제가 발생하기 마련인데, 제도 자체에 문제가 있는 과거제도는 더욱 말할 나위 없었다.

다음으로 명청대 과거제도에 대해서 살펴보겠다.

우선 명대는 세 갑甲으로 나눠서 진사를 뽑았다. 1갑一甲은 세 사람을 뽑고 진사급제進士及第란 호칭을 하사했다. 2갑二甲은 약간 명을 뽑고 진사출신進士出身이란 호칭을 부여했다. 3갑三甲 역시 약간 명을 뽑아 동진사출신同進士出身이란 호칭을 부여했다. 1갑一甲에서 일등을 차지한 자는 한림원수찬翰林院修撰으로 임용하고 2등, 3등은 편수編修로 임용했다. 2갑과 3갑에서 뽑힌 사람들은 모두 서길사庶吉士로 선발했다. 서길사庶吉士는 원래 한림원翰林院, 승칙감承敕監 등의 부서에서 정무 처리하는 것을 보고 배우는 진사進士를 가리키던 호칭이었다. 명나라 초에는 국자감의 학생을 각 아문에 실습생으로 보냈는데, 이들을 역사歷事라고 불렀다. 진사가 각 아문에 실습하기 위해 파견된 것은 관정觀政이라 불렀다. 이 제도는 이론 학습 외에 실제로 아문에서 실습하게 함으로써 정무 경험을 쌓도록 한다는 취지는 좋았지만 이후 실속 없는 문서만의 형식에 그치고 말았다. 처음에 서길사庶吉士는 한림원에만 예속된 것이 아니었다. 성조成祖 때 2갑 이하의 진사 가운데 학식이 출중한 자를 뽑아 한림원서길사翰林院庶吉士로 임용한다는 조령으로 인해 오로지 한림원에만 예속하게 된 것이다.

이후 다시 조령을 내려 서길사들이 문연각文淵閣에 들어가 한림원翰林院이나 첨사부詹事府의 관리 중에서 박식한 관리에게 배우도록 했다. 이렇게 3년 학습을 마친 뒤에 시험에 통과하면 관직에 임명했다. 그들은 교관敎館이라 하여 특별한 우대를 받았다.

청조에서도 2갑, 3갑의 진사가 시험을 통과하면 서길사庶吉士가 될 수 있었다. 청대 서길사는 서상관庶常館이라는 곳에서 학습했는데, 만주족, 한족 학사學士 각 한 명씩을 지정하여 그들을 가르치게 했다. 서상관이 일종의 인재양성의 기관이었던 셈이다. 하지만 서길사들이 학습하는 내용 역시 시부나 소해小楷(서법)에 지나지 않았다.

향거鄕擧는 송나라 때만 해도 단지 회시會試 자격을 취득한 단계라 바로 관리로 등용될 수 없었는데, 명나라 때부터는 바로 관리로 등용될 수 있었다. 또한 거공擧貢은 잡류雜流보다 훨씬 월등한 출신이고, 진사는 거공보다 훨씬 월등한 출신이었다. 이처럼 진사, 거공, 이원吏員이 명나라 관리 등용 대상의 세 부류였다.[45] 하지만 실제로 벼슬을 할 때는 거공이라도 진사에 밀려 제대로 대우를 받지 못하는 처지였으니 잡류는 더더욱 말할 필요가 없었다.

청대 관리가 되는 각종 경로 가운데, 과거, 공감貢監, 음생蔭生은 정도正途였고, 천거薦擧, 연납捐納, 이원은 이도異途 취급을 받았다. 하지만 청 말기에 와서는 연납이 크게 성행하고 국가 기강이 심히 문란해지는 바람에 차별 자체가 의미가 없었다.

매관매직 제도는 한 무제武帝 때부터 시작된 것이다. 『사기·평준서』에 나온 다음 내용을 통해서 이를 알 수 있다.

"국가에 양을 상납하면 낭관郎官에 임명될 수 있다."

---

45) 『명사·선거지(選擧志)』를 참조하시오.

"국가에 재물을 상납하면 추가로 낭관에 보수補授될 수 있다."

"서리가 국가에 곡식을 상납하면, 추가로 관리에 보수될 수 있다."

"무공작武功爵을 산 자는 시험을 통해 정원定員 외로 서리가 될 수 있다."46)

후대에도 비슷한 일들이 있었으나 이처럼 법령으로 명확하게 규정하는 경우는 없었다. 명대에는 곡식을 납부하고 국자감에 들어가게 하는 납속입감納粟入監의 제도가 있었다. 당시만 해도 그런 감생은 반드시 실제로 국자감에 가서 공부해야 했지만 청에 와서는 납속입감納粟入監마저 허명으로만 존재했다.

청대 실관연實官捐47) 현상은 순치, 강희 시절부터 이미 자주 보였으며 가경嘉慶, 도광道光 때 와서 더욱 심해졌다. 낭중郎中 이하의 내관, 도부道府 이하의 외관은 모두 돈으로 살 수 있었다. 이러한 부정부패는 광서光緒 27년에 와서야 겨우 중단되었다.

관리가 학교 출신인 공감貢監, 과거 출신인 진사, 또는 이원吏員 출신인 경우 탁월하게 박식하지는 않더라도 어느 정도 학식은 갖추었을 것이다. 하지만 연관捐官은 다르다. 그들은 아무런 제한이 없고 또한 숫자도 많았다. 게다가 돈으로 관직을 샀기 때문에 벼슬살이를 무슨 영업처럼 생각했다. 청말에 이르러 정치 기강이 문란해지고 부정부패가 극심했던 것은 모두 연관捐官과 관련이 있다.

원나라 시절 각 기관의 장관을 몽골인으로 임용하였듯이 청대 역시 관결제官缺制를 통해 만滿, 한漢, 포의包衣, 몽골 등 여러 민족의 관리임용

---

46) 『사기』, 권30, 「평준서(平準書)」, 1422쪽, 1423쪽, "入羊爲郎", "入財者得補郎", "買武功爵者試補吏." 1433쪽, "吏得入穀補官." 역주: 무공작(武功爵)은 한 무제 때 군자금을 마련하기 위한 조치로 백성이 돈을 주고 작위를 사는 제도였다.

47) 역주: 실관연(實官捐)은 연납(捐納)을 해서 바로 실제적인 관직을 수여받는 것을 말한다.

에 차별을 두었다. 그래서 만족滿族의 경우 일부 관리를 종실宗室에 배치하면서 임명권을 종인부宗人府에 부여했다. 또한 포의의 경우는 내무부內務府에 임명권을 주었으니, 관리 임용이 예전처럼 모두 이부의 권한이 아니었던 것이다.

관리의 부정부패 방지법

이상은 역대 인재 선발 제도, 즉 취사取士 제도에 관한 논의였다. 인재 선발이란 수많은 사람 가운데 일부를 가려 뽑아 관리가 될 수 있는 자격을 부여하는 것을 말한다. 관리로 등용할 수 있는 자격을 갖춘 사람 중에서 다시 적격자를 선발하여 관직에 임용하는 것을 '전선銓選'이라 한다. 그 일이 고대 사마司馬의 직책이었다는 점은 이미 앞에서 밝힌 바 있다.

한대 시절에는 관리 등용 자격을 갖추었지만, 아직 관직을 수여받지 못한 자를 모두 낭郞으로 임명했으며, 광록훈光祿勳, 구체적으로 광록훈의 속관인 오관중랑장五官中郞將, 좌중랑장左中郞將, 우중랑장右中郞將에 각기 예속시켰다. 이들을 통틀어 삼서랑三署郞이라 한다. 해마다 광록훈에서 이들 낭관을 대상으로 네 가지 덕행이 뛰어난 인재, 이른바 무재사행茂材四行을 선발하는 행사가 열렸다.[48] 선발권은 처음에 삼공부三公府에 있었으나[49] 후에는 권한이 커진 상서성尙書省의 이조가 맡았다. 이와 관련하여 한 영제靈帝 시절 여강呂强이 올린 소疏를 살펴보자.

---

48) 역주: 『후한서 · 오우전(吳祐傳)』 주(注)에서 이현(李賢)이 응소(應劭)의 『한관의(汉官儀)』를 인용한 것에 따르면, 사행(四行)은 돈후(敦厚), 질박(質樸), 순양(遜讓), 절감(節儉) 등 네 가지 덕행을 가리킨다.

49) 삼공부 휘하의 동조(東曹)와 서조(西曹)에서 선발권을 행사했다.

"옛 제도는 삼부三府에서 선거를 관장했는데...... 지금은 상서尙書에게 맡기거나 천자께서 친히 조서를 내려 임용하게 되었습니다."50)

인용문을 통해 한대 말기의 경우 삼공이 선거에 참여하지 않았음을 알 수 있다. 조위曹魏 이후로 재상, 삼공 등의 관직을 두지 않았으니, 정무에 참여할 수 없는 것은 두말할 필요가 없다. 따라서 관리 선발권은 완전히 상서성으로 넘어갔던 것이다.

당대 때 문관文官의 선발, 즉 문선文選은 이부에서 주관하고 무관武官의 선발, 즉 무선武選은 병부에서 주관했다. 이부에서 관리를 뽑을 때, 6품 이하의 관원은 서書, 판결문에 대한 시험을 치르고 관원의 용모, 말하는 것 등을 살폈다. 그리고 5품 이상의 관원은 시험을 보지 않고 명단만 중서문하성中書門下省에 보냈다.

송대 초 관리의 선발권은 중서성, 추밀원, 그리고 심관원審官院에 있었다. 이부는 오로지 주州, 현縣 지방관의 주의注擬만 맡았다.51) 희녕熙寧 과거 개혁 때는 이부에서 다시 관리의 선발권을 장악했다. 송 신종神宗은 고대에 문관과 무관을 따로 선발하지 않았다는 점을 내세우며 문선을 이부, 무선을 병부에서 따로 진행할 이유가 없다면서 문관과 무관의 선발을 모두 이부에 맡겼다. 구체적으로 상서尙書와 시랑侍郞이 그 일을 맡아 진행했다.

명청대에 다시 문선을 이부, 무선을 병부에서 주관하도록 했다. 특히 명대 시절 이부의 권한이 상당히 커졌다. 고위 관직高官과 변방 관리邊任 등의 임용은 정추廷推52) 또는 책임지고 추천할 때도 있었으나, 관리의 임

---

50) 『후한서』, 권78, 「여강전(呂强傳)」, "舊典選擧, 委任三府......今但任尙書, 或復敕用." 앞의 책, 2532쪽.

51) 역주: 주의注擬는 관리 선발 시험에서 합격한 자를 고찰하고 각각의 재주에 따라 어울리는 관직을 정해 주던 일을 말한다.

용권은 대개 이부가 가졌다. 청대 내관의 선발은 군기軍機, 내각內閣에서 주관하였고, 외관의 선임選任은 도독과 순무가 관장했다. 이부에서 행사하는 임용권은 서리 정도에 불과했다.

외관의 속료屬僚는 남북조 이전까지 군, 현의 지방관이 자체적으로 선발했다.53) 속료는 현지인을 채용하는 것이 일반적이었다. 수 문제 시절부터 이러한 지방 속료 채용 제도를 없앴다. 지방관을 보필하고 협조하는 속관屬官 곧 지방 좌관佐官은 모두 이부에서 직접 선발하고 임용하게 되었다. 이러한 변화는 관리의 등용에서 형감衡鑒을 가볍게 여기고 자격만 중시하게 된 변화와 함께 변동이 가장 큰 두 부분이었다. 또한 이 두 변화가 시사한 바도 역시 같은 것이다. 다시 말해 더 나은 발전을 도모하기 보다 부정부패의 예방이 근본 취지였던 것이다.

하지만 사대부 계층은 계급 이데올로기에 함몰되어 이러한 부패방지법을 대수롭지 않게 여기며 부정적인 태도를 보이곤 했다. 실제로 관료계층은 나랏일보다 자신의 이익을 우선시하는 이들이 적지 않다. 부정부패를 막는 조치가 없다면 국가 정치가 반드시 문란해지며 수습하기 어려운 국면에 빠지게 된다. 이런 의미에서 부정부패를 예방하는 일련의 조치들은 더욱 꼼꼼하게 보완해야할 것이다.

인재를 등용할 때 대상자의 재주 여부를 판별하는 것을 일러 형감衡鑒이라 한다. 감鑒은 거울이니 나쁨을 비춘다는 뜻이며, 형衡은 저울대이니 수준을 측정한다는 뜻이다. 일정한 범위 내에서 어떠한 법적인 제한도 두지 않고 마음대로 선발할 수 있는 것을 일러 형감지권衡鑒之權이라고

---

52) 역주: 정추(廷推)는 명나라 때 관리 등용 제도의 하나이다. 3품 이상 또는 구경(九卿) 등 고위급 관리의 전선(銓選)에 한하여 후보자로 두세 명을 상주하여 임금의 허락을 받는 것을 말한다.

53) 권한은 공조(功曹)에 있었다. 역주: 공조(功曹)는 군수와 현령(縣令)의 중요한 좌리 (佐吏)로 지방 서리의 임면(任免) 및 상벌에 관한 일을 맡았다.

한다. 반면에 모든 것을 법 규정에 의거하여 관리를 등용한다면 법률과 자격에 근거한 이른바 '자격의거資格依據' 선발일 것이다. 양자는 정반대의 선발 방식이다.

'자격의거'는 후위後魏 최량崔亮에 의해 제정된 정년격停年格 제도에서 비롯된다. 정년격은 정해停解 시간을 기준으로 하는 관리 등용법이다. 이는 정권을 장악한 호령후胡靈后가 군인도 관리 등용의 대상으로 허락됨에 따라 관리 남용 현상이 날로 심각해지는 문제를 해결하기 위해서 마련한 대책이었다. 하지만 최량 스스로도 이를 좋은 해결책이라고는 생각하지 않았다. 그래서 아직 상서로 있을 때 북제北齊 문양제文襄帝는 이를 폐지했다. 당 개원開元 연간에 배광정裴光庭이 순자격循資格 제도를 마련했다. 하지만 당 중엽 이후, 널리 행해진 검교檢校, 시試, 섭攝, 판判, 지知 등과 같은 임용 방식은 모두 자격에 의한 관리 등용이 아니었다. 이는 송대 차견치사差遣治事 제도의 발단이기도 했다. 한편 명나라 때 손비양孫不揚이 체첨법掣籤法을 만들었다. 여러 후보가 동등한 자격인 경우, 이부에서 각 후보를 대표하는 첨대를 첨통에 넣고 후보로 하여금 직접 뽑게 하는 등용 방식이었다.54) 이는 중간에서 청탁이 개입되는 등의 부정부패를 막기 위한 취지였다.55)

관리는 크게 정무관政務官과 사무관事務官으로 구분된다. 정무관은 재간과 학식이 중요하므로 오로지 자격만 보고 선발해서는 안 되지만 사무관은 정무상의 변화가 적고 단지 상급관의 지시에 따라 법 규정대로 일을 처리하면 되므로 자격 기준으로 등용해도 무방하다고 본 것이다. 하지만 법을 집행하는 자가 법에 깃든 높은 차원의 취지까지 깨달을 수 있으면 더 좋겠지만, 확실한 근거 기준도 없으면서 학식만 보고 파격적으로 등용

---

54) 후보가 현장에 오지 못하면 이부의 당관(堂官)이 그를 대신하여 추첨한다.

55) 신행(慎行)의 「필주(筆塵)」 참조.

하면 결국 인재는 고사하고 사리사욕에 눈이 멀어 부정부패 행위를 하는 사람만 늘어나게 될 것이 분명하다. 그러므로 관리의 파격 등용은 가끔씩 허용될 수는 있어도, 항시적인 등용 수단은 결코 될 수 없었다. 이런 점에서 '자격의거'의 등용법을 비난하는 기존 논의는 실제 상황을 고려하지 않은 주관적인 억측에 불과하다.

회피법迴避法 역시 관리 임용 중의 부정부패를 예방하기 위한 조치였다. 하지만 회피법은 예부터 있었던 것이 아니다. 고대에 회피법이 없었던 이유는 다음과 같다. 회피법은 첫째, 사람의 관계에 대한 회피. 둘째, 지역적 관계에 대한 회피 등 두 경우에만 적용할 수 있다. 하지만 세습제인 고대에는 가까이 있는 호족들이 서로 인척관계에 있고, 사방이 채 백리도 넘지 않은 국가 안은 모두 부모나 친족의 땅이므로 회피할 것이 없었다. 또한 땅이 좁으니 정치에 대한 감찰監察이 용이했고, 언론의 감독도 엄했기 때문에 굳이 회피법을 통해 부정부패를 막을 필요가 없었다. 그러므로 봉건시대에는 회피법이 생겨나지 않은 것이다.

심지어 군현제 실시 초기만 해도 회피법이 존재하지 않았다. 예를 들어 서한의 엄조嚴助와 주매신朱買臣은 모두 오吳 지역 출신이지만 회계태수會稽太守를 지냈다.56) 회피법이 생겨난 것은 동한 이후의 일이다.『후한서·채옹전蔡邕傳』에 따르면, 당시에는 인척관계에 있는 두 집안의 사람이나 관리가 서로 상대방의 고향에 가서 벼슬해서는 안 된다는 삼호법三互法이 만들어졌다.57) 이것이 회피법의 발단이다. 하지만 당시의 회피 제도는 그리 치밀하지 않았다. 회피법이 엄해진 것은 근대의 일이다.

---

56) 역주: 엄조(嚴助)와 주매신(朱買臣)은 모두 고향이 회계(會稽) 오현(吳縣)이었다. 회계태수가 되었다는 것은 지방회피를 하지 않았다는 이야기다.

57)『후한서』, 권60하,「채옹전(蔡邕傳)」, "時制婚姻之家, 及兩州人士, 不得對相監臨, 因此有三互之法." 앞의 책, 1990쪽.

청대는 교직敎職을 제외한 나머지 관리는 모두 본적지, 현 거주지, 그리고 그곳과 인접한 주변 성省 500리 이내의 지방을 피해야 했다. 교직은 본적지가 속한 부府만 회피하면 되었다. 또한 경관京官(내관)은 아버지와 아들, 할아버지와 손자가 같은 부서에서 근무할 수 없고, 외관外官은 오복五服 이내의 친족, 어머니의 아버지, 어머니의 형제, 아내의 아버지, 아내 아버지의 형제, 사위, 외손자, 자식의 인척, 스승, 제자와 상하 관계에 있어서는 안 된다.58) 이러한 회피법으로 부정부패를 예방하고 관리로서 난처해지는 경우를 사전에 회피한 것이다. 실제로 그렇게 해야 마땅하다. 다만 근대에 와서 지방 구획의 규모가 커져 고향에서 멀리 떨어진 다른 성省에서 관리로 임명될 경우 현지 풍습을 잘 몰라 민정 파악이 제대로 안 되거나 심지어 의사소통에 문제가 있어 정무 수행에 어려움을 겪게 된다. 또한 관리 개인의 입장에서 집에서 근무할 곳까지 왕복하는 여비도 만만치 않다. 부임하러 가는 데의 비용 마련도 쉽지 않거니와 사임한 뒤 여비가 없어 집에 돌아가지 못하는 일까지 있었다. 심지어 이로 인해 부정부패를 저지르는 관원도 종종 있었다. 이는 회피법의 단점이다.

아무리 치밀한 선거제도라고 해도 임용 초기에만 효력을 발휘할 뿐이다. 일을 겪어보지 않고서는 사람의 덕행이나 재능, 식견을 검증할 방법이 없기 때문이다. 또한 그런 것들이 영원히 변치 않고 한결같은 것도 아니다. 감독 제도가 엄하면 나쁜 사람도 착한 일을 하게 되고, 감독제도가 느슨하면 좋은 사람도 부정부패 행위를 하게 된다. 그러므로 선거보다 고과考課가 훨씬 중요하다. 또한 고과의 실시가 선거보다 훨씬 어렵기도 하다. 고과에 비해서 시험 선발이 쉽다는 이유는 다음 세 가지이다. 첫째, 시험은 고시관과 응시자가 접촉하지 못하게 격리시킬 수 있다. 둘째, 시험 시간이 짧아 부정부패를 예방하는 방법이 얼마든지 있을 수 있다. 셋

---

58) 지위가 낮은 사람이 지위가 높은 사람을 회피하는 것이 원칙이다.

째, 설령 시험에서 부정행위를 저질렀다 하더라도 남겨진 시험지를 근거로 삼아 재시험을 실시함으로써 검증할 수 있다. 하지만 고과에서는 이 모든 것이 불가능하다.

고과법考課法에 대한 최초의 문헌 기록은 『서경』에 나온다. 거기에는 삼년마다 실적을 고찰하고 세 차례에 걸쳐 평가함으로써 관직의 강등과 승진을 결정한다는 내용이 포함되어 있다.[59] 한편 『주례·태재太宰』에는 왕이 여덟 가지 권한으로 신하를 다스린다는 기록도 볼 수 있는데, 이 역시 고과법과 관련이 있다.[60]

한대 경방京房은 고공과리법考功課吏法을 실시하려다가 석현石顯의 반대 때문에 실패하고 말았다. 이에 대해 왕부王符는 『잠부론潛夫論』에서 '고공과리법'이야말로 천하의 태평을 지키는 근본이라고 극찬한 바 있다.[61] 위魏나라 유소劉劭가 왕명을 받들어 「도관고과都官考課」와 「도관고과설략都官考課說略」을 작성한 일도 있다. 특히 오늘날까지 전해 오는 그의 『인물지人物志』는 사람을 보는 법을 다루는 논의가 매우 훌륭하다. 이는 「문왕관인文王官人」의 참된 사상을 이어받아 발전시킨 것이다.[62]

---

59) 「요전(堯典)」, 「순전(舜典)」에 나온다. 역주: 『서경(書經)』은 일명 『상서(尙書)』, 서한(西漢) 복생(伏生)에 의해서 쓰여진 경전이라고 전해졌다. 금문경 『상서』에는 「순전(舜典)」부분을 『요전(堯典)』에 포함시켜 함께 다루었으나 현행본 『상서』에는 『순전(舜典)』을 독립적인 부분으로 『요전(堯典)』뒤에 나열하고 있다.

60) 『주례주소·태재(太宰)』, "첫째는 작(爵)으로 작위를 수여함, 둘째는 녹(祿)으로 녹봉을 줌, 셋째는 여(予)로 하사해 줌, 넷째는 치(置) 관리를 배정함, 다섯째는 생(生)으로 사죄를 면제해 줌, 여섯째는 탈(奪)로 박탈함, 일곱째는 폐(廢)로 폐위시킴, 여덟째는 주(誅)로 죽임이 그것이다(一曰爵, 二曰祿, 三曰予, 四曰置, 五曰生, 六曰奪, 七曰廢, 八曰誅)." 북경, 북경대학교출판사, 1999년, 29쪽.

61) 『잠부론·고적(考績)』, "先師京君, 科察考功, 以遺賢俊, 太平之基, 必自此始, 無爲之化, 必自此來也." 하남, 하남대학교출판사, 2008년, 125쪽.

62) 「문왕관인」은 『대대례기(大戴禮記)』의 편목이다. 『주서(周書)』에도 같은 내용이 나오지만 제목이 「관인(官人)」으로만 되어 있다.

한대 경방은 대학자 초연수焦延壽에게서 학문을 익힌 일이 있는데, 그
것에 대해서 초연수가 "내 가르침을 받고서 죽음을 당한 자는 경생京生뿐
이다."라고 탄식한 바 있다.[63] 비록 경방이 내세운 역학易學이 황당하고
괴이한 면이 있기는 하나 당시 한대에 그렇게 행세한 자가 어디 한 두
명뿐이었던가? 어찌 그것 때문에 죽음을 당할 수 있었겠는가? 그러므로
『한서』에 나오는 내용은 구체적이지 않고 모호하다는 생각이 든다. 경방
이 적극 주장하던 과리법課吏法(고공과리법)도 모두 초연수로부터 전수받
은 것이다. 추측컨대 "내 가르침을 받고 오히려 죽음을 당했다."는 말은
경방이 내세운 고공과리법考功課吏法을 가리킨 말이었을 것이다. 이를 통
해서 알 수 있듯이 옛날에는 고과법考課法이 전문적인 학문 분야를 형성
했는데, 후대로 내려오면서 그것을 전승하는 자가 점차 없어져 그 학문도
따라서 실전되었을 것이다.

고과는 처음에 승상의 권한이었다가 후에는 상서尙書에게 이관되어 상
서성 이부 소관이 되었다. 하지만 여러 가지의 고과법이 만들어졌음에도
불구하고 실제적인 과는 그저 관례에 따라 형식적으로 진행되었을 뿐이
다.[64]

---

63) 『한서』, 권75, 「경방전(京房傳)」, "得我道以亡身者, 京生也." 앞의 책, 3160쪽.
64) 고과는 이부(吏部)에서 총괄했다. 구체적으로 각 기관의 속리에 대한 고과는 소속
기관의 장관이 주관하고, 하급 기관의 고과는 상급 기관에서 주관했다. 이는 어느
시대나 마찬가지였다. 고과는 정해진 기한이 있으며, 시대에 따라 그 기한이 달랐다.
예를 들면, 명나라 때 내관(京官)은 6년마다 한 번씩 고과를 진행하며 경찰(京察)이
라 칭한다. 외관(外官)은 3년마다 한 번씩 고과를 하는데, 외찰(外察) 또는 대계(大
計)라고 한다. 무관(武職)의 고과는 군정(軍政)이라고 한다. 청대 고과는 3년에 한
번씩 진행했으며, 내용도 구체적인 규정이 있었다. 예컨대 청의 문관(文官)은 덕행인
수(守), 재간인 재(才), 정무인 정(政), 나이인 년(年) 등에 따라 사격(四格)의 고과
항목을 두었고, 무관(武官)은 각 격(格)의 내용에 대한 기술이 약간씩 달랐으며, 격
마다 다시 세 등급으로 나누었다. 그 외에 문관과 무관을 구분하지 않고 모두 불근
(不謹), 파연(罷軟), 부조(浮躁), 재력불급(才力不及), 연로(年老), 유질(有疾) 등의 육

법(六法)을 적용했다. 죄질에 따라 일정한 처벌을 가했다. 하지만 대개 인과관계를 보고 진행되는 경우가 많아 사실대로 평가하는 경우가 드물었다. 이부와 병무에서 고과할 수 없는 고위 관리의 경우, 명대는 자진(自陳)이라는 고과법을 활용했고, 청대는 근무 기관에서 사실을 열거한 다음에 청지(請旨), 즉 지시를 요청하는 방법을 택했다. 나머지 관리의 고과는 모두 이부나 병무에서 진행했다.

8

부세賦稅제도

상고 시대의 부세제도

역대 중국의 부세賦稅(세금 부가) 종류는 대체로 두 가지로 나뉜다. 하나는 대다수 농민이 부담하는 전세田稅, 군역軍賦(병역), 역역力役을 중심으로 시대에 따라 여러 가지의 형식과 명목으로 변화한 세목들이다. 이는 청조 멸망 전까지 세입의 가장 중요한 부분을 차지했다. 다른 하나는 처음에는 없었다가 나중에 시대가 발전하면서 새롭게 생긴 세목들이다. 근대에 들어와 이 부분의 세입이 중요한 재정 수입원으로 자리 잡았다.

후세 사람들이 보기에, 조租, 세稅, 부賦 등의 글자가 별로 차이가 없는 듯 하지만 고대에는 그렇지 않았다. 한대에는 전세田稅를 세라고 불렀는데, 후세의 전부田賦를 말한다. 맹자에 따르면, 세稅는 공법貢法, 조법助法, 철법徹法 등 세 가지의 징수 제도가 있었다. 구체적으로 하후씨夏后氏는 오십 무畝를 경작시켜 공법을 실시하였고, 은殷은 칠십 무를 경작시켜 조법을 시행했으며, 주周는 백 무를 경작시켜 철법을 실시했다.[1] 여기서 오십 무, 칠십 무에 포함된 무畝는 하, 은의 경무頃畝로서 주의 면적 단위보다 작은 것으로 보인다. 그렇지 않다면 정전제에 대한 맹자의 학설은 설명하기 힘들기 때문이다.

맹자는 용자龍子의 말을 인용하면서 "공법은 수년간 수확한 양을 비교하여 평균 수확량을 상수常數로 삼는다."[2]고 했다. 다시 말해 여러 해의 평균 수확량을 근거로 일 년의 세액을 정하는 것이다. 풍년에 더 많이 거두지 않고 흉년에도 줄지 않는 세법이기 때문에 용자는 이를 최악의 세법이라고 평가한 바 있다.

조법에 대해서 맹자는 다음과 같이 설명했다. 사방 1리一方里의 땅을 구백 무로 구획한다. 가운데 100무는 공전公田으로 삼고 주변의 800무는 사전私田으로 삼는다. 사방 1리에 여덟 가구가 사는데, 가구마다 각각 사전 100무씩 지급받는다. 여덟 가구가 공동으로 공전을 경작하여 수확물을 공가公家에 상납한다. 사전의 수확물은 개인 수입이 되고 따로 조세를 거두지 않는다.

철법徹法은 공전과 사전을 구분하지 않고 무畝당 일정한 비율로 조세를 수취하는 것을 말한다.

공법은 정복당한 부족을 대상으로 시행한 세법으로 보인다. 정복자 부족과 정복당한 부족이 하나의 생활 공동체로 융합되기 전, 독립적인 두 집단으로 존재했던 시대에는 정복자 부족이 정복당한 부족으로부터 해마다 단지 일정한 양의 수확물만 받아냈을 뿐, 피정복 부족의 내부 일에 대해서는 전혀 상관하지 않았다. 또한 당시에 조세를 내는 주체는 개개인

---

1) 『맹자주소·등문공상(滕文公上)』, "夏后氏五十而貢, 殷人七十而助, 周人百畝而徹." 앞의 책, 167쪽

2) 『맹자주소·등문공상』, "貢者, 校數歲之中以爲常." 위의 책, 134쪽.

이 아니라 부족 집단이었을 것이다. 그래서 이 같은 독특한 세법이 생긴 것이다. 반면 조법과 철법은 평화스러운 부족 내부에서 실시한 세법으로서 부족이 가족에게 경작지를 지급해 주고 조세를 받는 것이다.

맹자에 따르면, 이 세 가지 세법의 세액은 "모두 10분의 1이었다."[3] 이는 어림잡아 계산된 수치로 보인다. 맹자에 따르면 조법은 분명히 9분의 1의 비율로 징수했기 때문이다. 또한 공전에서 20무를 구획하여 집터로 사용하는 것을 제외한 나머지는 호당 각각 10무씩을 지급받아 경작하였다는 후대 학자의 견해에 따르면, 조법은 11분의 1의 비율로 징수한 것이다. 옛사람들의 말은 불분명하고 간략한 것이 특징이며, 숫자 계산은 더욱 정확하지 않았으니 이 문제를 가지고 맹자의 말을 의심하거나 비난할 필요는 없다.

고대의 토지 제도는 두 가지가 있었다. 하나는 평평하고 반듯한 땅을 정사각형으로 구획할 수 있는 정전제가 있었다. 다른 하나는 울퉁불퉁하고 고르지 못한 땅으로서 특정의 계산법에 따라 면적을 계산해야 하는 휴전畦田이었다. 휴전은 일명 규전圭田이라 한다. 고대의 정복자 부족은 험한 산간 지역에 거주했기 때문에 땅이 고르지 않아 정전제를 시행할 수 없었다. 맹자가 등문공에게 제출한 다음과 같은 제안에서도 이를 확인할 수 있다.

> "바라건대 야인野人에게는 수확량의 9분의 1을 거두는 조법을 시행하고 성읍 안에는 수확물의 10분의 1을 조세로 스스로 상납하도록 하십시오."[4]

주대는 철법과 조법을 모두 시행했는데, 그 이유가 바로 여기에 있다.

---

3) 『맹자주소 · 등문공상』, "其實皆十一也." 위의 책, 139쪽.
4) 『맹자주소 · 등문공상』, "請野九一而助, 國中什一使自賦." 위의 책, 137쪽.

부세賦로 징수하는 것은 대개 인도人徒(역부役夫), 마차車, 손수레輦, 소, 말처럼 군대에서 필요한 것들이다. 금문가今文家에 따르면, 10정井에서 병거兵車 한 대를 내야 한다.5) 고문가古文家는 『사마법司馬法』에 나온 설을 따르고 있는데, 사마법』에는 두 가지 설이 나온다. 그 중의 하나는 다음과 같다.

"10개의 정井이 통通을 이루고, 통에서 말 1마리를 징수한다. 30가구 사士 1명, 역부 2명을 보내야 한다. 10개의 통이 성成을 이루고, 10개의 성이 종終을 이루고 10개의 종이 동同을 이루는데, 각각 10배씩 부역賦役을 부담한다."6)

다른 하나는 다음과 같다.

"4개의 정이 읍邑을 이루고, 4개의 읍이 구丘를 이루는데, 구에서는 군마 1마리, 소 3마리를 상납한다. 4개의 구가 승甸을 이루는데, 승에서는 군마 4마리, 전차 1대, 소 12마리를 상납하는 동시에, 갑사甲士 3명, 보병 72명을 보내야 한다."7)

금문가의 제도가 언제나 고문가의 제도보다 이른 시기라는 것은 이미 앞에서 밝힌 바이다. 위의 인용문이 보여준 것처럼 고문경에 나오는 군부軍賦가 금문경보다 가벼운 이유도 바로 여기에 있다. 위의 인용문의 출처인 『사마법司馬法』은 전국시대의 저서다. 전국시대에는 국國이 커졌으므로 분담하는 군부도 그만큼 가벼워진 것으로 보인다.

---

5) 『공양전』, 선공(宣公) 10년, 소공(昭公) 원년, 하휴의 주 참조.
6) 『주례주소·소사도(小司徒)』, 정현(鄭玄) 주, "以井十爲通, 通爲匹馬, 三十家, 出士一人, 徒二人. 通十爲成, 成十爲終, 終十爲同, 遞加十倍." 앞의 책, 279~280쪽.
7) 『논어주소·학이』, "道千乘之國"에 대한 정현의 주. 앞의 책, 4쪽. 『주례·소사도』 소(疏) 참조.

다음 역법役法에 대해 살펴보자.

『예기・왕제』에 따르면, "백성들의 요역徭役은 1년에 3일을 넘지 않는다."[8] 또한 『주례・균인均人』에 따르면, "노동력의 징발은 풍년에 3일, 보통 해에는 2일, 흉년은 1일이다."[9]

『주례・소사도小司徒』는 보다 구체적으로 말하고 있다.

> "일곱 식구의 집에는 상등의 밭을 지급한다. 그러면 요역(병역과 노역)을 감당할 수 있는 사람이 한 집에 세 명은 될 것이다. 여섯 식구의 집에는 중등전을 지급한다. 그러면 요역을 감당할 수 있는 사람은 두 집에서 다섯 명이 될 것이다. 다섯 식구의 집에는 하등전을 지급한다. 그러면 요역을 감당할 수 있는 사람은 한 집에 두 명이 될 것이다. 하지만 병역이나 노역을 징발할 때는 가구당 한 명을 초과하지 않으며, 나머지 정장丁壯은 정졸正卒 이외의 병졸인 선졸羨卒로 삼도록 한다. 다만 수렵이나 도적을 쫓아야 할 때는 정졸과 선졸 모두 징발한다."[10]

수렵이나 도적을 쫓는 일은 지방마다 예로부터 있던 일이다. 하지만 그 밖에 노역이나 병역은 국가가 백성들을 부리는 일이다. 지방의 일은 현지 백성들과 긴밀한 관련이 있는 것이지만 요역은 백성들과 반드시 이해관계가 있는 것이 아니며, 심지어 서로 충돌할 때도 있다. 따라서 인용문에서 볼 수 있다시피 법률적으로 사안의 경중輕重을 구분하지 않을 수 없다. 이후에 병역과 노역이 번다해졌는데, 과연 이러한 규정이 제대로 지켜졌는지 알 수 없다.

고대에는 병역도 요역의 일종이었다. 『예기・왕제』에 따르면, "50세가

---

8) 『예기정의・왕제』, "用民之力, 歲不過三日." 앞의 책, 397쪽.

9) 『주례주소・균인(均人)』, "豊年三日, 中年二日, 無年一日." 앞의 책, 347쪽.

10) 『주례주소・지관・소사도』, "上地家七人, 可任也者家三人. 中地家六人, 可任也者二家五人. 下地家五人, 可任也者家二人, 凡起徒役, 毋過家一人, 以其餘之羨. 惟田與追胥竭作." 앞의 책, 277~278쪽.

되면 병역 외의 요역을 나가지 않는다. 60세가 되면 병역도 나가지 않는다."11)
『주례·향대부』에도 이와 유사한 기록이 나온다. "국國 안에 7척七尺 이상
60세 이하의 모든 국인國人, 야野에 6척六尺 이상 65세 이하의 모든 야인野
人은 요역 징발 대상이다."12) 소疏에 따르면, 7척은 20세, 6척은 15세를
가리킨다. 6척을 미성년자로 해석한 것은 대체로 맞다. 하지만 뒤로 갈수
록 요역이 전보다 가중된 것은 분명한 사실이다.

이상은 고대에 보편적으로 실시되었던 부역과 조세 제도였다.

고대의 산림과 천택川澤은 아직까지 공유 자원이었다. 수공업의 경우,
간단한 것은 누구나 만들 수 있었고, 만들기 힘든 것은 국가에서 전문적
으로 관리를 두어 제작하도록 했다. 또한 당시 상업은 아직까지 교역보다
는 부족 내부에서 이루어질 뿐이었다. 그러므로 사유제가 아닌 이상 세금
을 물릴 필요가 없었다. 하지만 이후 점차 세금 징수가 시작되었다. 『예기
·곡례』에 따르면, "국군의 부富를 묻는 이가 있으면 토지의 너비를 헤아
려 답하고, 산이나 강의 산물을 헤아려 대답한다."13)

고대에 '地'는 '田'의 의미와 통한다. 이렇듯 국군國君의 재산은 농토
외에도 산택이 포함되어 있다. 앞서 언급했듯이 한대에는 천자부터 봉군
封君에 이르기까지 산, 천川, 원園, 지池, 그리고 시정市井까지 모든 조세租
稅 수입을 사봉양私奉養, 즉 개인의 수입으로 삼았다. 이런 유래가 꽤 오래
되었다.14)

시정 조세租稅는 상업세를 말한다. 고대에는 수공업과 상업의 구분이

---

11) 『예기정의·왕제』, "五十不從力政, 政同征, 即兵役外的力役. 六十不與服戎." 앞의
책, 423쪽.

12) 『주례주소·향대부(鄕大夫)』, "國中自七尺以及六十, 野自六尺以及六十有五皆征
之." 앞의 책, 295쪽.

13) 『예기정의·곡례』, "問國君之富, 數地以對, 山澤之所出." 앞의 책, 153쪽.

14) 앞의 제5장을 참조하시오.

뚜렷하지 않았기 때문에 공업세도 포함되었을 것이다. 고대의 상업세에 관한 내용은 『맹자』와 『예기 · 왕제』의 다음 기록에서 엿볼 수 있다. "시장은 가게에 대해 세를 받을 뿐 상품에 대해 세금을 물리지 않으며, 관문은 불법행위를 살피되 상인의 화물에 대해 세금을 징수하지 않는다."[15] 전廛은 곧 사람이 사는 거주 구역을 가리키던 낱말이었다. 토지가 공유물이었던 고대에는 집을 짓고 가게를 내는 장소를 마음대로 정할 수 없었고, 모두 국가의 구획을 따르고 허락을 받아야 했다. 『맹자 · 등문공상』에 나오는 다음 이야기가 이를 말해 준다.

> "허행이 초나라에서 등나라로 가서 궁궐 문에 이르러, 문공에게 아뢰기를 "군주께서 어진 정치를 행하신다기에 찾아왔는데, 한 자리를 받아서 백성이 되기를 원합니다"라고 했다. 그랬더니 문공이 그에게 거처할 곳을 내주었다."[16]

시전이불세市廛而不稅는 곧 가게 낼 장소를 제공해 주고 세금을 거두지 않는다는 뜻인데, 후세의 소위 주세住稅(점포세)라는 것을 징수하지 않는다는 말이다.[17] 주세는 성읍 안에서 거두는 세금 항목이었다. 관기이불정關譏而不征은 후세의 소위 '과세過稅(통행세)'라는 세목으로 징수하지 않는다는 뜻이다. 이와 같이 금문경今文經에는 아직까지 주세와 과세가 모두 나오지 않았다. 하지만 고문경인 『주례 · 사시司市』를 보면 "흉년과 역병이 도는 해에는 시장에서 세금을 징수하지 않는 대신 화폐를 만든다."[18]는 내용이 나오고, 『주례 · 사관司關』에는 흉년에는 "관문關門과 성문에서

---

15) 『예기정의 · 왕제』, "市廛而不稅, 關譏而不征." 위의 책, 394쪽.
16) 『맹자주소 · 등문공상』, "許行自楚之滕, 踵門而告文公曰 : 聞君行仁政, 願受一廛而 爲氓. 文公與之處." 앞의 책, 143쪽.
17) 역주: 주세(住稅)는 점포에 있는 화물에 대한 세금을 말한다.
18) 『주례주소 · 지관 · 사시(司市)』, "凶荒札喪, 市無徵而作布." 앞의 책, 372쪽.

지나가는 상인의 상품에 대해서 세금을 물리지 않는다."[19]는 내용이 나온다. 이로 보아 당시에 이미 주세와 과세가 모두 있었음을 알 수 있다. 또한 『맹자 · 공손추하』에 나오는 다음의 기록을 보면, 시골 장터에서도 세금을 징수하게 되었다.

> "옛날에는 시장에서 교역하는 사람을 다스리는 관리를 두었다. 시장에는 꼭 주변보다 지세가 높은 언덕에 올라가 좌우를 살펴 손님을 불러들이며 시장의 이익을 독차지하려고 하는 천한 사내가 있었다. 사람들은 모두 이를 천한 행위로 여기며 세금을 물리기 시작했다."[20]

'용龍'은 '농壟'과 통용된다. 그래서 '용단龍斷'은 곧 '농단壟斷'으로 언덕을 독차지하는 것을 말한다. 언덕은 한 사람이 차지하면 다른 사람은 올라가기 힘든 곳이다. '망罔'은 곧 오늘날의 '망網'이다. 높은 언덕에 오르면 멀리 바라볼 수 있음을 뜻한다. 남들보다 멀리서 오는 손님을 먼저 보게 될 뿐만 아니라 손님의 눈에 띄기도 쉽다. 그래서 당연히 시장의 이익을 농단하게 된다. 이 같은 장터에도 세금을 부과한 것을 보면, 당시의 상업세는 받지 않는 곳이 없을 정도로 아주 보편화된 세금이었음을 알 수 있다.

하지만 산천이나 원園, 지池, 그리고 시정 조세 등의 세금은 모두 봉건시대 토지를 지닌 이른바 '유토자有土者'들이 각자 징수했기 때문에 통일성이 없었다.

갈수록 각종 부역과 세금은 증가하는 추세였다. 그것은 사치에 빠진 '유토자'들의 탐욕이나 끊임없는 전쟁과 관련이 있겠지만, 사회 발전에

---

19) 『주례주소 · 지관 · 사관(司關)』, "無關, 門之征." 위의 책, 373쪽.
20) 『맹자주소 · 공손추하(公孫丑下)』, "古之爲市者, 有司者治之耳. 有賤丈夫焉, 必求龍斷而登之, 以左右望而罔市利. 人皆以爲賤, 故從而征之." 앞의 책, 120쪽.

따른 정무가 많아지면서 이로 인한 거액 지출도 한 몫 했음은 부인할 수 없는 사실이다. 『맹자』에서 백규白圭가 "나는 20분의 1의 조세를 거둘 생각이다."라고 하자, 맹자가 곧바로 "당신이 시행하려는 세금 제도는 맥貉(북방 민족)의 조세방법이다."라고 하면서 "성곽, 궁실, 종묘 제사의 예가 없고, 제후 사이에 선물을 주고받는 일, 연회로 접대하는 일도 없고, 백관과 각 급의 행정 기관도 없으니 20분의 1의 조세이면 충분하다."[21]고 설명했다. 이런 면에서 정무 수행에 필요한 부역과 세금의 증가는 어쩔 수 없는 일이다. 당시에 국가 상황을 살펴서 재원을 개발하거나, 새로운 조세를 증설하고, 백성에게 해가 되지 않을 정도로 기존 세금의 세액을 올리는 등, 합리적으로 부세를 늘렸다면 그리 탓할 일이 아니다. 하지만 당시의 제후와 대부들은 상황을 살피지 않고, 백성의 담세擔稅 능력도 전혀 고려하지 않은 채 터무니없이 과중한 세금을 받아내려고 했다. 그래서 전조田租가 10분의 1이 넘었고 노나라처럼 이묘이세履畝而稅의 조세법까지 실행하기에 이르렀다.[22] 그러니 어찌 정전제가 파괴되지 않을 수 있었겠는가? 조세뿐만 아니라 요역도 계절을 가리지 않았고 기간도 제멋대로 연장되었으니 백성의 생업에 어찌 방해가 되지 않았겠는가? 해당 사례가 너무 많아 일일이 다 헤아릴 수 없을 정도였다. 당시 어진 사람 가운데 날로 가중된 각종 부세를 비난하지 않는 이가 없었다. 하지만 이들 조세와 부역은 결코 최악이 아니었다. 최악은 명목이 제멋대로인 각종 부賦였다. 고문헌에 나오는 부는 두 가지 의미로 쓰인다. 하나는 앞서 언급된 군부軍賦로서 정당한 부역을 가리킨다. 다른 하나는 수시로 백성에게 물

---

21) 『맹자주소 · 고자하(告子下)』, "吾欲二十而取一." "子之道貉道也." "無城郭、宮室、宗廟祭祀之禮. 無諸侯幣帛饔飧, 無百官有司, 故二十取一而足." 위의 책, 341쪽.
22) 자세한 내용은 『춘추(春秋)』 선공(宣公) 15년 참조. 이묘이세는 백성들이 공전(公田)의 경작을 소홀히 하는 상황에서 실시된 조세법으로 공전 경작 대신에 사전(私田)에 대해서 조세를 수취하는 세금 제도다.

리는 잡다한 항목의 부였다. 관자는 이에 대해 다음과 같이 말했다.

> "흉년이 들거나 풍년이 드는 해가 있기 때문에 곡물 가격이 비싸거나
> 싼 때가 있다. 명령에는 느린 것과 급한 것이 있어 물가에 높고 낮음이
> 있다."[23]

권력자들은 물건이 필요하면 백성에게 물건이 있는지 여부는 상관없
이 무조건 바치라고 했다. 백성들은 시장에서 그것을 구하는 수밖에 없으
니 해당 물건 값이 순식간에 뛰어오르기 마련이다. 어디 그뿐인가? 상인
은 그 틈을 타서 백성들을 착취하기 일쑤였다. 그래서 관자는 이렇게 말
한 것이다.

> "가옥에 세금을 징수하면 가옥을 허물어버린다. 육축六畜(가축)에 세
> 금을 거두면 가축 기르기를 그만 둔다. 논밭에 세금을 징수하면 농사일
> 을 그만둔다. 장정수로 세금을 거두면 다른 지역으로 떠나니 부모형제
> 의 정이 흩어지고 만다. 가구 수에 세금을 거두면 형제가 많아도 분가하
> 지 않고 함께 모여 산다. 이와 같은 다섯 가지는 모두 사용해선 안 된
> 다."[24]

인용문에 나오는 '적籍'은 세금을 거두는 것을 말한다. 따라서 '이실무
적以室廡籍'은 가옥에 따라 세금을 거둔다는 뜻이고, '이전무적以田畝籍'은
농토 면적에 따라 세금을 물린다는 뜻이다. 정인正人, 정호正戶는 각기 집
안의 장정수나 가구 수에 따라 세금을 징수하는 것을 말한다. 이렇듯 당
시 권력자들은 이를 세금 징수의 기준으로 삼았다.[25] 당시 세금 징수가

---

23) 『관자교주·국축(國蓄)』, "歲有凶穰, 故穀有貴賤. 令有緩急, 故物有輕重." 북경, 중
　　화서국, 2004년, 1263쪽.
24) 『관자교주·국축』, "以室廡籍, 謂之毀成. 以六畜籍, 謂之止生. 以田畝籍, 謂之禁耕.
　　以正人籍, 謂之離情. 以正戶籍, 謂之養嬴. 五者不可畢用." 위의 책, 1272쪽.

얼마나 가혹한지 엿볼 수 있는 대목이다.

　고대 봉군封君들은 후대 향곡鄕曲의 지주나 다름없었다. 후대 향곡의
지주는 필요한 모든 것을 소작농으로부터 받아냈는데, 정치권력까지 장
악한 고대 봉군은 더 말할 필요 없지 않겠는가! 따라서 정해진 시기나
내용, 숫자가 정해지지 않은 무명無名의 세가 가장 가혹한 세라고 할 수
있다.

진한秦漢 이후의 조세 제도

　진한 시절은 고대로부터 그리 멀지 않은 시대라 당시 조세 제도에 고대
의 흔적이 선명하게 남아 있었다. 한대의 전조田租는 고대의 세稅로 비교
적 가벼운 편이었다. 한 고조는 조세로 15분의 1을 징수토록 했다. 문제
때는 조조鼂錯의 제안을 받아들여 입속배작入粟拜爵의 정책을 실시했으며,
13년에 전조를 전부 폐지했다.26) 또한 경제景帝 10년에 백성들에게 기존
조세의 절반, 즉 30분의 1을 세금으로 징수했다. 후한 초년에 10분의 1로
조세를 올렸으나 국가가 안정을 되찾자 다시 30분의 1로 줄였다. 영제靈
帝 때 궁궐 수선비용을 마련하기 위해 토지 면적에 따라 세금을 징수한
일이 있었으나 이는 기껏해야 횡렴橫斂일 뿐 전조를 올리는 일과 별개의

---

25) 『관자교주·승마수(乘馬數)』, "가뭄이 들었거나 홍수가 난 해에 백성이 생업을 잃게
　　되면 궁실이나 대사(臺榭)를 수리하도록 하며, 앞마당에 개, 뒷마당에 돼지가 없는
　　가난한 이들을 품팔이로 고용한다(若歲凶旱水洗, 民失本, 則修宮室臺榭, 以前無狗
　　後無彘者爲庸)." 위의 책, 1232~1233쪽. 이는 가축을 키우는가 여부에 따라 집안 형
　　편을 판정하는 사례이다. 역주: 본문에 부합하는 적절한 인용문인지 의심스럽다.
26) 역주: 입속배작(入粟拜爵)은 곡식을 변경에 운송하고, 작위를 수여받는 제도였다.
　　곡식 가격이 아주 싼 당시에는 농민 경제사황의 개선에 도움이 되었다.

문제이다. 이외에 제멋대로 세금을 징수하는 일은 없었으니 한대의 전조는 극히 가벼운 편이었다고 할 수 있다. 다만 고대에는 사조私租가 없었는데, 한대 시절에 국가에서 수취하는 전조, 즉 정세正稅 외에 따로 거두는 사조가 있었다. 그러므로 국가에서 수취하는 정세는 가벼웠지만 사조 때문에 농민의 과세 부담은 줄기는커녕 오히려 더 늘었다고 할 수 있다.[27)

한대 시절에는 전조 외에 구전口錢이란 세금이 있었다. 구전은 산부算賦라고 불리기도 했다. 이에 관한 기록은 다음과 같다.

> "15세부터 56세까지의 백성들은 모두 120전錢을 천자에게 바쳤다.
> 무제 때 여기에 3전을 더하여 전차, 군마 등 군용품에 보태도록 했다."[28)

한편 『주례 · 태재太宰』에 태재가 구부九賦로 재물을 징수했다는 말이 나온다. 정현은 주注에서 "부賦는 식구 수에 따라 내는 천泉이다. 오늘날의 산천算泉에 대해 사람들이 흔히 부賦라고 일컫는데, 이는 산천의 옛 이름이었을 것이다."[29)라고 말했다. 泉(천)과 錢(전)은 같은 낱말이었다. 이로 보아, 한대의 산부算賦는 사람당 120전을 내어 천자에게 바치는 것으로 바로 고대에 마구 수취하던 횡렴橫斂의 부賦로부터 변화해 온 세목이었음을 알 수 있다. 아마도 고대의 부가 시기, 내용, 양을 정하지 않고 그때그때 명령을 내려 너무도 가혹하게 수취했기 때문에 한꺼번에 얼마

---

27) 전국의 토지를 왕전(王田)으로 명명한 왕전제(王田制)의 토지제도를 시행할 때, 왕망(王莽)이 조서(詔書)에서 그 당시의 사조에 대해서 "명의상 30분의 1의 조세를 받는다지만 실제로는 10분의 5의 조세를 수취하고 있다"고 밝혔다. 그러면 30분의 1의 정세와 합하면 농부가 모두 30분의 16의 조세를 내야 하는 셈이었다.

28) 『한서』, 권1, 「고제기상(高帝紀上)」 4년, 46쪽, 그리고 권7, 「소제기(昭帝紀)」 원봉(元鳳) 4년, 230쪽, 여순(如淳)이 한의주(漢儀注)에서 인용한 말이다. "民年十五至六十五, 出錢百二十, 以食天子. 武帝又加三錢, 以補車騎馬."

29) 『주례주소 · 태재』, 정현 주, 앞의 책, 35쪽, "賦, 口率出泉也. 今之算泉, 民或謂之賦, 此其舊名與."

씩 거두는 산부로 정돈한 것으로 보인다. 이러한 조치는 마치 오대五代의 잡징렴雜徵斂, 송대의 연납沿納, 명대明代의 가파加派를 모두 폐지하고 일조편법一條鞭法으로 통합한 것과 같은 취지이다.30) 정당한 부賦는 본래부터 군용으로 징수하는 항목들이었다. 그래서 무제는 120전에 3전을 더해 전차, 군마 등 군용에 보태도록 했던 것이다. 한대의 전錢 값이 후대에 비해 매우 비쌌기 때문에 구전口錢의 징수는 백성들에게 상당한 부담이었다. 또한 무제 때는 세 살 아이부터 구전을 내야 한다는 규정을 반포했다. 때문에 백성들은 자식을 낳아도 키우려 하지 않을 정도였다. 원제 때 공우貢禹가 극력 반대하여 7세부터 구전을 징수하는 것으로 수정했다.31)

다음 한대의 요역제도에 대해서 살펴보자. 우선 『한서·고제기高帝紀』 2년 주에 인용된 여순如淳의 말을 보자.

"율律의 규정에 따르면, 나이가 23살이 되면 이름을 주관疇官에게 올린다. 그리고 각각 부친이 종사하던 분야의 주관을 스승으로 모시고 일을 배운다."32)

'주疇'의 뜻은 '유類'이다. 고대에는 부형父兄의 뒤를 이어 생업에 종사하는 세업제世業制를 시행했다.33) 직종마다 관장하는 사람이 있으니, 그가 바로 주관疇官이다. 예를 들어 『국어·주어周語』에 보면 이런 내용이

---

30) 역주: 일조편법(一條鞭法)은 명나라 때 잡다한 항목으로 나누어져 있던 전조(田賦)와 각종 요역을 각각 하나로 정비해서 납세자의 토지소유 면적과 정구수(丁口數)에 따라 결정된 세액을 은으로써 일괄 납부하게 하였던 세금 제도다.

31) 『한서·공우전(貢禹傳)』 참조.

32) 『한서』, 권1, 「고제기상(高帝紀上)」, 여순(如淳) 주, "律, 年二十三, 傅之疇官, 各從其父疇學之." 앞의 책, 37쪽.

33) 사(士)의 아들은 영원히 사, 농부의 아들은 영원히 농부, 장인의 아들은 영원히 장인, 상인의 자식들은 영원히 상인으로 살아가는 제도를 말한다. 자세한 내용은 「계층」 장을 참조하기 바란다.

나온다.

　　"선왕宣王이 태원太原의 백성들 대한 인구조사를 실시하고자 할 때
　　중산보仲山父가 다음과 같이 간언했다. '옛사람은 인구조사를 실시하지
　　않아도 인구가 얼마인지를 잘 알았습니다. 사민司民이 출생과 사망의
　　통계를 관장하고, 사상司商이 성씨의 통계를 관장하고, 사도司徒가 군대
　　의 통계를 관장하고, 사구司寇가 사형의 통계를 관장하고, 목인牧人이
　　세금의 통계를 관장하고, 공인工人이 피혁皮革의 통계를 관장하고, 장인
　　場人이 수입의 통계를 관장하고, 능인廩人이 지출의 통계를 관장했습니
　　다. 때문에 사람의 출생과 사망, 그리고 수입과 지출 등에 대해서 모두
　　쉽게 파악할 수 있었던 것입니다.'"[34]

　　이것이 고대의 관리들이 각기 관장하는 분야의 인구수를 파악할 수
있었던 이유다. '부지주관傅之疇官'은 해당 관아에 이름을 올린다는 뜻이
자 해당 업종에 종사하는 일원으로 정해진 의무를 이행해야 한다는 것을
말한다. 이는 옛 제도였다. 세업제가 이미 파괴된 한대 시절 생업에 따른
백성 분류는 고대만큼 그리 복잡하지 않았을 것이다. 하지만 법률 조문은
낡은 그대로였다. 현실이 달라졌다고 하여 기존의 법조문을 그 즉시 고치
는 것이 아니기 때문이다. 앞서 인용한 여순如淳의 말대로 율律에 따라
23살이 되면 역적役籍에 이름을 올리게 된다. 23살은 요역을 감당하기에
충분한 나이다. 또한 경제 2년에는 3살을 앞당겨 20세에 역적에 이름을
올리도록 했다.
　　요역은 백성의 노동력을 징수하는 것이다. 요역제도가 제대로 만들어
지면 국가에서 각종 사업을 벌일 때 별도의 지출이나 인력 고용이 없어도

---

34) 『국어 · 주어(周語)』, "宣王要料民於太原, 仲山父諫, 說, 古者不料民而知其多少. 司
　　民協孤終, 司商協民姓, 司徒協旅, 司寇協姦, 牧協職, 工協革, 場協入, 廩協出, 是則少
　　多死生, 出入往來, 皆可知也." 북경, 중화서국, 2013년, 26쪽.

되기 때문에 재정적으로 큰돈을 절약할 수 있다.

　재정 규모가 늘어나면 증세하거나 새로운 세금을 창출하기 마련이다. 다만 새롭게 증세할 때는 백성에게 직접 부과하지 않고 간접적인 수취 방법을 고안해야 한다. 이는 선진시대 법가들이 명확하게 밝힌 바 있다. 『관자·해왕海王』에서 관자의 논의는 나름 일리가 있다. 그에 따르면, 백성에게 직접 수취하는 부賦를 올리면 누구나 반대할 것이다. 하지만 소금은 누구나 먹어야 하니 이에 세금(간접세)을 부가하면 된다. 또한 바늘鍼, 가마釜, 뇌耒(쟁기), 사耜(보습) 등은 농민이라면 누구나 써야 하는 철기들이다. 따라서 철에 간접세를 부가하면 된다. 이렇듯 직접 세금을 올리거나 신설하지 않고 소금과 철의 가격을 조금만 올리면 큰 수입을 얻을 수 있다.35)

　이는 염철 관매官賣와 세금(간접세)에 관한 최초의 논의이다. 고대에는 이렇게 세금을 징수하거나 염철 전매를 실제로 시행한 일이 있었다. 한대에 군郡과 제후국에 염관鹽官, 철관鐵官, 공관工官(공물세工物稅를 관장하는 관리), 도수관都水官(어세漁稅 징수를 담당하는 관리) 등을 설치한 곳도 있고, 그렇지 않은 곳도 있었다. 그러나 당시에는 중앙에서 전국을 통합하여 세법을 정한 것이 아니라 일부 지역에 따라 직접 징수하거나 지방에서 수취토록 했다. 당시에는 세금 징수에 관해 직접세보다 간접세로 징수하

---

35) 역주: 이는 『관자·해왕』에 나오는 다음 구절을 개략적으로 설명한 것이다. 『관자교주·해왕(海王)』, 앞의 책, 1247쪽, "내가 장차 모든 어른과 아이들에 대해 직접 세금을 거두겠다고 하면 반드시 소란이 일어날 것입니다. 이제 그것을 염업세로 충당하면 100배의 이익이 군주에게 돌아오고, 백성들은 세금 징수를 피할 수 없을 것이니 이것이 재정을 다스리는 방법입니다. 현재 철관(鐵官)의 이재(理財) 방법도 마찬가지입니다.……나머지 철기 가격의 높낮이를 모두 이에 따라 시행하도록 하면, 철기로 일을 하는 이들로 세금 징수를 부담하지 않는 이가 없을 것입니다(吾將籍於諸君吾子, 則必囂號. 今夫給之鹽筴, 則百倍歸於上. 人無以避, 此者數也. 今鐵官之數曰,……其余輕重皆准此而行, 然則擧臂勝事, 無不服藉者)."

는 것이 군주의 입장에서 이롭다는 것을 아직 깨닫지 못했다고 볼 수 있다. 물론 상홍양桑弘羊이나 왕망王莽 등 법가의 학문을 겸비한 이들이 각종 간접세를 시행하지 않은 것은 아니다. 예를 들어 상홍양은 요직에 등용된 후 염철과 술의 전매인 각고제榷酤制, 균수제均輸制, 산민算緡36) 등 조세(간접세) 제도를 실시한 바 있고, 왕망은 정권을 잡은 후 여섯 분야에 걸쳐 전매 혹은 국가 통제를 실시하는 육관제六筦制를 시행한 일이 있었다.37) 하지만 이러한 제도는 미흡한 점이 많았을 뿐만 아니라 당시 사람들 대부분 제안의 참된 취지를 이해하지 못했다. 예컨대 복식卜式은 "현관縣官(여기서는 국가의 비용을 말한다)은 마땅히 정상적인 조세로 충당해야 합니다. 현재 상홍양은 관리를 시장의 가게에 앉혀 장사를 해서 돈을 벌고 있습니다. 상홍양을 죽이면 하늘은 비로소 비를 내릴 것입니다."38)라고 주장하면서 상홍양의 정책을 비난했다. 또한 진晉나라 초기, 율령을 제정하면서 주세酒稅는 정식 율문律文, 즉 법률 조문이 아닌 별도의 영令에 넣었다. 율문은 한번 만들어지면 쉽게 고칠 수 없었기 때문에 당시 정당치 못한 세목으로 취급받던 주세는 국가가 안정을 되찾으면 곧 폐지해야 하는 항목이었기 때문이다.39) 이 두 사례를 통해서 간접세법에 대한 당시 사람들의 인식이 얼마나 낮았는지 알 수 있다. 중국의 세법이 오랜 역사에도 불구하고 개선되지 못한 것은 이러한 낡은 생각과 크게 연관이 있는

---

36) 자산(資産) 1,000전(錢)에 1민(緡)을 받는 것으로 자산 규모를 추산하고 그것에 따른 세금을 징수하는 조세법이다.

37) 자세한 내용은 앞의 제5장 참조.

38) 『사기』, 권30, 「평준서」, "縣官當食租衣稅而已, 今弘羊令吏坐市列肆, 販物求利, 烹弘羊, 天乃雨." 앞의 책, 1442쪽. 『한서』, 권24하, 「식화지」, "현관은 정상적인 조세로 충당해야 할 따름이다(縣官食租衣稅而已)." 앞의 책, 1175쪽. 역주: 원문에는 급암(汲黯)의 말이라고 했으나 『사기・평준서』에 보면 무제 시절 어사대부였던 복식(卜式)의 말로 나온다. 이에 따라 고친다.

39) 『진서(晉書)・형법지(刑法志)』 참조하시오.

일이다.

전조田租와 구부口賦가 하나의 항목으로 정비된 것은 진晉의 호조식戶調式이 만들어진 후의 일이다. 사실 호조식은 후한 말기부터 실시되기 시작한 조세법이었다. 위 무제武帝가 하북을 평정한 후, "전조 외에 호당 약간의 명주를 제외하고는 다른 것을 일체 수취할 수 없다."[40]는 규정을 반포했다. 아마도 다음과 같은 당시의 사회 상황을 고려해서 반포한 규정이었을 것이다.

첫째, 백성들이 정처 없이 유랑함에 따라 토지가 황폐화되어 경작할 사람을 불러들이는 것도 어려운 상황에서 전조를 올리는 일은 아예 불가능한 일이었다. 둘째, 백성들이 돈을 버는 일은 상당히 어려운 일이었다. 사실 이 점은 어느 시대나 마찬가지였다. 그래서 세금은 곡식, 명주, 솜 등의 실물로 수취하는 것이 당시의 농부에게 더 유리했다. 돈으로 세금을 내라 하면 전錢 값이 오르게 될 것이고, 이에 비해서 곡식과 비단 값은 상대적으로 내려가기 때문이다. 그러므로 전錢 값이 비싸고, 또한 사회의 혼란으로 무역 활동이 멈춘 당시에는, 구전口錢을 강요할 수 없었던 것이다. 차라리 가호 단위로 명주布帛 등의 실물을 내라고 하는 것이 나았던 상황이었다. 이것은 당장의 어려움을 극복하기 위해 마련된 임시적인 대책이었지만, 진晉 무제가 오吳 땅을 평정하고 난 뒤에는 아예 정식定式으로 제정됨에 따라 하나의 정법定法으로 굳어지기도 했다.

호조식은 국가의 토지 지급, 즉 수전授田과 함께 진행된 것이다. 당시에는 남자 한 명에 토지占田 70무畝, 여자 한 명에 토지 30무를 지급했다. 그 중에서 전세를 부과하는 토지 곧 소위 과전課田은 정남丁男은 50무, 정녀丁女는 20무, 차정남次丁男은 그 절반인 25무를 과세하고 차정녀는 과세하지 않았다. 그리고 정남丁男의 집은 해마다 명주 3필, 솜 3근을 납부하

---

40) 『삼국지 · 위지(魏志) · 무제기(武帝紀)』 건안(建安) 9년의 주를 참조하시오.

고, 정녀丁女 및 차정남次丁男의 집은 그 절반을 냈다. 또한 북위北魏 효문제孝文帝가 반포한 균전령均田令에도 수전법授田法에 대한 규정이 나온다.

당대 때는 정남에게 토지 1경頃(100무)을 지급해 주고, 그 중의 20무를 영업전永業田으로 하고 나머지는 구분전口分田으로 삼는 토지제도를 시행했다. 해마다 조粟 3 섬石을 내는데 조租라 하고, 지방에서 난 물건, 이를테면 명주나 베 등의 직물을 상납하는데, 이를 조調라고 한다. 요역은 일년에 20일, 윤년을 만나면 2일을 더해서 징수한다. 요역에 나가지 않고 대신 비단絹 3 자를 낼 수도 있는데, 이를 용庸이라 한다.

당의 이 같은 세금 제도의 취지는 좋았지만, 후에는 토지를 제대로 지급해 주지 않으면서, 세금은 여전히 가차 없이 거두어 가는 일이 많았다. 실제로 가진 토지는 없는데 국가에서는 원칙적인 말만 할 뿐 현실을 인정해 주지 않았다. 또한 토지를 겸병하는 자는 모두 권세를 가진 사람들이기에 감히 그들을 단속할 사람도 없었다. 그리하여 농토가 없는 자가 오히려 토지를 차지한 유토자 대신에 조세를 납부해야 했다. 이런 상황에서 사람들은 모두 관리, 학생, 승려 또는 노인이나 외부 이주자라고 사칭하면서 조세를 피하려고 했다. 나중에는 이런 현상들이 팽배하여 수습할 수 없을 지경이었다.

당시 이 문제를 해결하려면 다음과 같은 방법이 있었다. (가) 농토를 청산하고 토지를 겸병한 자로 하여금 초과된 부분을 국가에 반납하게 한 다음에, 국가에서 다시 그것을 토지가 없는 자에게 나눠 준다. (나) 차선의 대책으로 토지 겸병 문제를 내버려두고, 국가 소유의 한전閑田을 토지가 없는 자에게 지급해 준다. 하지만 이 두 방법은 모두 불가능한 일이었다. (다) 덕종德宗 때 재상이 된 양염楊炎이 사회 전반의 제도 정돈을 하려는 계획을 접고, 오로지 재정에 초점을 맞추어 정돈하기 시작했다. 재산을 가진 자를 대상으로 세금을 징수하는데, 여름과 가을 두 차례로 나눠서 납부하게 하는 양세법兩稅法을 제정했다.[41] "토착민과 외부 이주민의 구분 없이 현지에 사는 가호는 모두 호적에 올리고, 성정成丁과 중정中丁의 구분 없이 오로지 빈부 형편에 따라 세금을 부과하는 것"42)이 세법의 핵심이었다. 사회 전반에 대한 제도의 정돈은 이루어지지 못하였으나 재정 제도를 재정비하여 양세법을 세운 것은 매우 올바른 일이 아닐 수 없었다.

"자산 중심의 양세법"43)을 바탕으로 세금 제도를 정돈하는 것이다. 유산자有産者는 가진 자산에 근거하여 등급을 매기고, 매긴 등급에 따라 세금을 부과하며, 무산자無産者의 경우 아예 세금을 면제해 주는 세금 제도를 시행한다면, 납세에 있어 불균등한 현상은 불가피하겠지만 재력으로 봐서는 어느 정도 공평한 세법이다. 이런 면에서 꽤 훌륭한 제도인 셈이다. 하지만 안타깝게도 이 세금 제도가 시행된 뒤에도 각종 가혹한 세금이 여전히 대다수의 농부에게 부과되었다.

『송사 · 식화지』에 따르면, 송나라의 세금과 부역으로 전세와 성곽세城郭稅가 있었는데, 이는 농토와 택지宅地에 대한 별도의 세금으로서 비교적 합리적인 세금 제도이다. 또한 정구세丁口稅가 있었는데, 역시 인두세에 해당되는 항목이다. 뿐만 아니라 잡변雜變의 부역도 있는데, 연납沿納이라 불리기도 한다. 이는 정세正稅 외에 별도로 백성에게 부과하는 세금이었다. 후에는 점차 상설의 세금이 되기도 했는데, 참으로 불합리한 일이었다. 하지만 지방마다 세율의 차이가 크고, 이 같은 가렴잡세가 정돈 과정을 거쳐 여전히 상부常賦로 정착될 수 있었다는 점을 보면, 타당하지는 않으나 실질적인 해는 그리 크지 않았던 것으로 보인다. 사실 만당晩唐 이래

---

41) 하계 납세 시간은 6월을 넘지 않아야 하고, 추계의 납세 기간은 11월이 지나지 않도록 해야 한다.

42) 『구당서』, 「양염전(楊炎傳)」, "戶無主客, 以見居爲簿. 人無丁中, 以貧富爲差." 앞의 책, 2849쪽.

43) 『구당서』, 「양염전(楊炎傳)」, "兩稅以資産爲宗." 위의 책, 2849쪽.

백성을 가장 가혹하게 괴롭힌 것으로서, 명나라 때 일조편법一條鞭法이 만들어진 뒤에 비로소 그 해가 조금이나마 해소되었던 것은 요역이었다.

요역은 사람의 노동력을 징수하는 것이다. 백성에게 가장 부족한 것은 첫째는 돈, 그 다음은 물건의 순이라고 할 수 있다. 그래서 농한기가 있으니, 노동력에 대한 징수는 때만 잘 맞추면 개인에게도 손실이 없고 국가에도 좋은 일이었다. 그러므로 합리적인 요역 제도는 충분히 좋은 제도가 될 수도 있다.44) 하지만 만당 이후 백성들이 요역 제도 때문에 가장 괴로워했던 것은 사실이다. 만당 이후의 요역은 고대처럼 일시적으로 노동력을 징발하는 것이 아니라 백성으로 하여금 장기간 관아에서 복무하게 하는 서인재관庶人在官의 방식으로 징발했기 때문이다.

고대에 요역을 징수하는 일로는 성곽 건설, 궁실 짓기, 도랑파기, 또는 도로 건설 등이 있는데, 누구나 쉽게 할 수 있고 또한 여러 사람이 나누어서 할 수 있는 일들이었다. 그래서 옛날에는 백성이 차례대로 며칠만 복역하면 집에 갈 수 있었기 때문에 그리 부담된 일은 아니었다. 하지만 서인재관의 경우는 달랐다. 서인庶人이 관아에 머물며 복무하는 일로는 부府, 사史, 서胥, 도徒 등 네 가지가 있었다. 부는 재물을 맡아 지키는 것이고, 사는 기록하는 일이다. 서는 재지才智란 의미를 나타내는 말로서 하는 일도 비교적 고급스러운 잡일이다. "도는 무리이다(徒, 衆也)." 다시 말해 재능이나 학식이 필요 없이 많은 사람의 힘을 동원해야 할 때 징발하는 노역이다. 대개 여기저기서 뛰어다니는 일들을 많이 시켰을 것이다.

옛날의 정무는 간단하여 전문 지식이 없더라도 부府와 사史의 일은 다수의 사람이 능히 감당할 수 있었다. 서胥와 도徒의 경우는 더 말할 나위가 없었다. 하지만 정무를 보는 것은 담당자가 자주 바뀌어서는 안 되므

---

44) 법을 제정하는 차원에서 현행 노동력 징수법에서 노동력 징수에 대한 각종 제한 사항을 규정하는 것은 옳은 일이다.

로 한 번 맡게 되면 장기적으로 종사해야 했다. 때문에 개인의 생업을 소홀히 할 수밖에 없었다. 이런 경우는 농사를 짓지 못한 보상으로 녹봉이라도 주어야 마땅한데, 그렇게 하지 않았다. 그러므로 백성들은 이 같은 장기간의 복무 노역 때문에 고통을 받지 않을 수 없었다.

나중에는 사회의 발전과 더불어 무슨 일이든지 전문 지식이나 기술이 필요하게 되었다. 성곽 건설, 궁실 짓기, 도랑 파기, 도로 건설과 같은 일은 전문 기술자가 아니면 감당하지 못하는 경우가 많은데, 하물며 부, 사, 서, 도의 일은 말할 필요가 없었다.[45] 그럼에도 불구하고 만당 이후로 점점 정구丁口, 자산資産에 따라 가호의 등급을 매기고 요역을 징수하게 되었다. 그러나 (가) '정구', '자산'에 대한 계산이 공정하지 않고, (나) 요역은 백성들이 능히 감당할 수 없었으며, (다) 관아는 백성을 잔혹하게 부리면서 봉급은 주지 않는 경우가 많았다. 이 때문에 집안까지 망하는 일을 종종 볼 수 있었다. 또한 백성들은 요역을 피하기 위해 식구들과 함께 살지 못하거나, 생업에 종사하지 못하거나, 심지어 자손의 요역을 면제시키기 위해 자살하는 일까지 종종 발생했다. 참으로 혹독하기 짝이 없다.

이 문제를 해결하려면 요역 제도를 고쳐야 한다. 요역을 성질에 따라 구분하여 분류한 다음, 백성들이 능히 감당할 수 있는 일은 예전처럼 요역으로 징발하고, 백성을 부릴 수 없는 일은 국가에서 돈을 지출하여 일꾼을 고용해서 해결하는 것이 옳다. 곧 고대의 노동력 징발 제도를 회복하는 동시에, 보수를 주는 서인재관庶人在官의 제도를 더불어 실시하는 것인데, 이는 그리 어려운 일도 아니다. 하지만 이처럼 간단한 것인데도, 왕안석이 요역 제도를 개혁할 때에는 여기까지 미처 생각이 미치지 못했

---

45) 가장 쉬워 보이는 도(徒)도 후대에 와서 도적을 잡는 일을 했기 때문에 아무나 할 수 있는 것이 아니었다.

던 것이다.

왕안석이 실시한 요역 제도는 면역법免役法이었다. 송나라 때 요역은 차역과 고역雇役의 구분이 있었다. 고역법雇役法은 다음과 같은 점에서 차역법보다 훨씬 합리적이다. 첫째, 보수를 주는 일자리가 되었다. 그러면 요역을 이행하느라 생업을 소홀히 하여 생계유지에 지장을 주는 일이 없어진다. 둘째, 사람에 따라 잘 할 수 있는 일이 각기 다르므로 못하는 일을 시키면 힘들어하는 반면, 잘하는 일을 시키면 수월하게 끝낼 수 있다. 국가에서 돈을 들여 일꾼을 모집하면 응모하는 사람은 반드시 그 일을 잘 하는 사람일 것이니 그것 때문에 힘들어할 일도 없을 것이다. 이는 곧 고역법의 장점이다. 하지만 당시에는 고역법이 그다지 보편적이지 않았다. 그래서 왕안석은 면역법을 실시했는데 그 자세한 내용은 다음과 같다. 기존에 노역 의무가 있는 자에게는 면역전免役錢을 부과하고 노역 의무가 없는 자에게는 조역전助役錢을 부과한다. 국가에서는 거두어들인 면역전과 조역전으로 사람을 고용해서 일을 시킨다. 하지만 이 같은 면역법은 노역의 성질을 구분하지 않고, 차역으로 시킬 수 있는 일까지 모두 돈을 들여 인력을 고용해서 해결한다는 점에서 미흡하다고 하겠다. 그리하여 면역법이 실시되면서 다음과 같은 문제가 발생했다.

첫째, 백성이 노동력으로 낼 수 있는 일이라도 실물이나 돈으로 납부해야 했다. 둘째, 국가에서 노동력을 징수해서 충분히 해결할 수 있는 일이라도 노동력을 징수하지 않고 걸핏하면 돈을 들여서 인력을 구해야 했다. 이로 인해 많은 사업, 특히 건축 사업이 방치되어 황폐해졌다. 국가에 큰 손실을 입히는 일이기도 했다.

고역법과 차역법만 비교한다면, 역시 고역법이 나은 것으로 보인다. 하지만 당시의 구당舊黨은 고정관념을 고집하여 원우元祐 연간 재상이 된 사마광司馬光은 고역법을 없애고 예전대로 차역법을 시행했다. 나중에는 차역법과 고역법을 병행하여 시행하였으나 늘 차역을 위주로 징발했다.

때문에 백성들이 또다시 수백 년 동안 그로부터 큰 해를 입어야 했다.

옛사람은 전조, 구부口賦, 요역 외의 세금을 통틀어 잡세雜稅라고 했다. 명목만으로 알 수 있듯이 옛사람은 잡세를 재정상의 주요한 수입원으로 취급하지 않았다. 이것이 당시 사람들의 낡고 고지식한 생각 때문이라는 점은 이미 앞에서 밝힌 바 있다. 하지만 역대로 사회가 혼란에 빠졌을 때에는 늘 이러한 잡세를 수취했다. 『수서·식화지』에 나오는 다음 기록이 그 예다.

> "진晉국가가 강을 건넌 뒤, 노비, 말과 소, 토지와 주택의 거래가 10,000전錢이 넘으면 세금 400전을 내야 한다. 구체적으로 사는 쪽은 100전, 파는 쪽은 300전을 내는데, 이를 산고散估라 한다."[46]

이는 곧 오늘날의 취득세에 해당되는 세금이었다. 그리고 같은 글에 다음의 내용이 보이기도 한다.

> "남도南都 서쪽에는 석두진石頭津이 있었고, 동쪽에는 방산진方山津이 있었는데, 각각 진주津主 1명씩을 두었다. 갈대荻·숯炭·생선魚·섶薪 등의 거래에서 10분의 1의 세금을 징수했다. 회수淮水 북쪽에는 큰 저자市가 100여 군데나 있었고 작은 저자가 10여 군데가 있었는데, 모두 관리를 설치하여 세금의 징수를 관장하게 했다."[47]

이는 바로 상업세 중의 과세過稅(통행세) 및 주세住稅(점포세)를 수취하는 것을 말하고 있다.

북조北朝의 북제北齊 후주後主 시기에는 관문, 시장, 택지, 점포에 대한

---

46) 『수서』, 권24, 「식화지」, "晉過江後, 貨賣奴婢, 馬牛, 田宅, 價值萬錢者, 輸錢四百, 買者一百, 賣者三百, 謂之散估." 북경, 중화서국, 1973년, 689쪽.

47) 『수서』, 권24, 「식화지」, "都東方山津, 都西石頭津, 都有津主, 以收荻, 炭, 魚, 薪之稅, 十取其一; 淮北大市百餘, 小市十餘, 都置官司收稅." 위의 책, 689쪽.

세금을 징수하였고, 북주北周 선제宣帝 때는 저자에 들어가는 입시세入市稅가 생겼다. 뿐만 아니라 북주 때, 주방酒坊, 염지鹽池, 염정鹽井에 대해서 모두 통제 정책을 실시했다. 수 문제 때는 이들을 모두 폐지했는데,『문헌통고 · 국용고國用考』에서 이를 극찬한 바 있다. 하지만 오늘날 재정학의 입장에서 보면 그것은 역시 시대에 뒤떨어진 낡은 생각이었다. 당 중엽 이후 번진藩鎭이 지방 할거 세력으로 성장하면서, 많은 지방이 수취한 세금을 중앙에 상납하지 않았다. 더구나 당시의 세금 제도가 크게 파괴되는 바람에 중앙의 재정 수입은 크게 줄어들었다. 이런 상황에서 중앙은 잡세를 통해서 재정 수입을 늘리는 방법을 고안할 수밖에 없었다. 또한 정권을 장악한 송나라 초기에는 많은 군대를 두었기 때문에 이 같은 잡세를 더욱 폐지할 수 없었다. 나아가 남도南渡한 남송은 한층 악화된 재정 상황을 잡세로써 보장하지 않으면 안 되었다. 따라서 이러한 잡세는 하찮은 부속적 세목에서 점점 세금의 주축으로 자리 잡게 되었다.

정치적으로나 사회적으로 제도는 현실의 압박 때문에 달라진 경우가 많고, 이론적인 지도를 받아 창안된 것은 드물다. 이는 정치가의 치욕이라 하지 않을 수 없다.

잡세 중에서 가장 중요한 항목은 염세鹽稅였다. 염세제도는 당대의 제오기第五琦에 의해서 시작되어 유안劉晏을 거쳐 정비되었다. 소금을 만드는 호는 조호竈戶 또는 정호亭戶라고 불렸다.[48] 조호에서 생산된 소금은 상인에게 넘어간 뒤, 어디에서 팔리든지 세금을 다시 물리지 않는다. 후대 사람은 이를 취장징세법就場徵稅法라고 했다.[49]

송나라 때의 소금 판매는 (가) 국가가 직접 판매하는 관육법官鬻法, (나)

---

48) 소금을 만드는 호는 요역을 면제해 준다.

49) 역주: 취장징세법은 국가에서 바로 염장(鹽場)에서 염호(鹽戶)가 상인에게 파는 소금에 대해서 세금을 징수하는 염세법이다.

상인이 소금을 유통시켜 판매하는 통상법通商法을 통해서 이루어졌다. 상인 판매는 다시 두 경우로 나뉘는데, 하나는 바로 상인에게 넘겨주는 것이고, 다른 하나는 입변入邊, 입중入中의 방식으로 지급해 주는 것이다. 입변은 '입변추속入邊芻粟'의 약칭이며, 입중은 '입중전백入中錢帛'의 약칭이다.50) 사실 소금뿐만 아니라 차茶의 전매, 그리고 향료香料, 보석류의 국가 전매도 이와 관련이 있다.

다세茶稅는 당 덕종德宗 때부터 징수하기 시작했다. 처음에는 옻칠漆, 죽목竹木 등과 같은 유로 취급하여 세금을 징수했다. 후에 폐지되었다가 다시 부활했으며, 여러 차례 세액 증가 등의 변화를 겪었다. 차도 소금처럼 전문적인 사람에 의해서 만들어지는데, 원호園戶라고 한다. 원호가 만든 차는 국가에서 수매하였다가 다시 상인에게 넘겨주었다. 국가에서는 차의 수매 비용을 원호에게 미리 지급하는데, 본전本錢이라 한다. 그리고 강릉江陵, 진주眞州, 해주海州, 해양군漢陽軍, 무위군無爲軍, 기주蘄州의 기구蘄口 등에는 모두 여섯 각화무榷貨務를 설치했으며, 회남淮南의 열세 곳의 다장茶場을 제외한 나머지 지방에서 제조된 차는 모두 이 여섯 각화무에 집적集積하여 상인에게 팔았다.51) 또한 수도 경성京城에도 각화무榷貨務를 두었는데, 입중入中의 전백錢帛만 받고 화물은 지급해 주지 않았다.

---

50) 역주: 소금이나 차 장사를 하려는 상인이 먼저 경사(京師)에 있는 각화무(榷貨務)에 가서 돈을 지불한다. 그러면 해당 액의 염교인(鹽交引)·다교인(茶交引)을 지급받는데, 그것을 가지고 지정의 각화무에 가서 원하는 화물을 지급받는다. 이는 곧 '입중전백(入中錢帛)'이다. 또한 송은 건국 후 얼마 지나지 않아 곧 금(金), 하(夏)와의 전쟁이 일어났는데, 이에 따라 국경에 주둔하는 군대가 대량의 곡식이 필요하게 되었다. 그 문제를 해결하기 위해서 정부에서는 상인으로 하여금 국경으로 곡식을 운송하게 했다. 그리고 상인들이 운송한 곡식만큼 교인(交引)을 지급받을 수 있는데, 그 교인을 가지고 지정된 장소에 가서 돈이나 소금, 차 등 원하는 것을 지급받을 수 있다. 이것이 '입변추속(入邊芻粟)'이다.

51) 오직 천협(川峽), 광남(廣南)은 스스로 팔 수 있게 내버려 두지만 출국은 금지한다.

송대 초기 하동河東의 소금을 전매하여 나온 수입으로 하북(河北)의 변경에 필요한 경비로 사용했다. 당시 소금 전매는 구체적으로 다음과 같다. 상인이 지정된 곳으로 추속芻粟 곧 군량을 운송한다. 그러면 현지의 담당 관리가 그것을 점검하여 값을 추산하고, 상인에게 합당한 액수의 영수증을 발급해 준다. 상인이 발급받은 영수증을 가지고 지정된 각화무에 가서 대응된 양의 소금을 출하 받는데, 이것이 입변추속入邊芻粟 제도이다. 또한 여섯 각화무에서 차도 팔았다. 차는 각화무에서 지급받지만, 차를 사는 돈은 경사京師의 각화무에 지불했다. 이는 입중전백入中錢帛의 제도였다. 이로써 운송비용을 줄였다. 다시 말하자면 국가의 전매가 실현되는 동시에 조운漕運의 문제도 함께 해결되니, 일석이조의 선책이라고 하지 않을 수 없다.

향료, 보화寶貨 등 당시의 수입품은 역시 반은 전매의 성질을 갖고 있었다. 때로는 그것으로 입변추속入邊芻粟 또는 입중전백入中錢帛의 모자라는 부분을 채우기도 했는데, 소금, 차와 함께 삼설三說이라고 일컬었다.[52] 또한 민전緡錢을 더해서 함께 사설四說이라고 말할 때도 있었다.

소금 전매로써 입변추속과 입중전백을 마련할 때, 가격을 인상하여 책정하는 것, 곧 가격 허고虛估가 쉽다는 문제가 있었다. 담당 관리가 상인과 결탁하여 인수한 화물의 가격을 인상하면 정부에서 전매하는 상품의 값은 그만큼 폭락한다. 따라서 국가에서 큰 손해를 보게 된다. 그 때문에 정부는 한 동안 아예 이러한 가격 책정 제도를 폐지했다. 대신 전매 상품을 판매한 수익을 추속芻粟 생산지에 운송하여 직접 군량을 구입했다.[53]

---

52) 원문의 '說'은 '태환(兌換)'의 '兌'로 보인다. 兌換은 脫換이니, 兌는 脫의 줄임형으로 실제적인 의미가 없다. 옛날에 '說'은 '脫'과 통용자였다.

53) 이는 입변법을 폐지한 것이나 다름없었다. 그저 관에서 물품을 팔아서 얻은 돈은 어느 곳의 국경비로 사용될 것인지 지정되어 있을 뿐이었다.

하지만 가격 허고虛估는 상인이나 관리에게 모두 큰 이익이 되는 일이니, 정부의 이 같은 조치는 해당 관리와 상인들로부터 거센 반대를 받았다. 그리하여 오래 실시되지 못하고 곧 폐지되고 말았다. 후에는 채경蔡京이 이 문제를 해결할 현명한 방안을 고안해 냈다. 소금 장사를 하려는 상인에게 염인鹽引을 파는 것이다. 염인은 장인長引과 단인短引의 구분이 있고, 모두 돈을 주고 사야 한다. 상인은 가진 염인鹽引만큼의 소금을 팔 수 있다. 그러므로 국가에서는 소금을 파는 것이 아니라 소금 판매 허가증을 파는 것이다.

차의 경우, 정부에서 원호園戶에게 지급했던 본전本錢의 식전息錢(이자)을 계산하고, 그것을 원호에게 할당하여 조세로 거두어들이는 대신, 원호로 하여금 상인과 직접 교역케 했다. 다시 말하자면 국가에서 원호에게 본전을 지급하지 않고, 원호와 거래하는 상인으로 하여금 국가에 식전息錢을 납입하고 원호에게 본전本錢을 지급해 주는 것이었다. 이때도 인법引法의 방식대로 진행하는데, 다인茶引이라고 한다.

채경蔡京 본인은 간교하고 부패한 사람이었지만 그가 세운 염다인鹽茶引은 간단하고 실시하기 쉬운 제도였다. 그러므로 오랜 뒤에도 폐지되지 않고 계속 시행되었다. 그러나 시행 기간이 길다보니 그 폐단도 나타나기 시작했다. 국가가 상인에게 소금을 판 이상 그것의 판로까지 보장해 주지 않을 수 없어, 국가의 권력을 배경으로 특정 지역에서 난 소금은 특정의 지역에서만 판매할 수 있게 했다. 국가가 지정한 판매지역을 '인지引地'라고 한다. 인지제도는 원나라 때부터 시작되어 청에 이르러 매우 엄격해졌다. 소금의 인액引額은 판매량에 따라 결정되고, 또한 인지는 수로와 육로의 운송 상황에 따라 그때그때 다를 수 있지만, 인지제도는 달라진 상황에 따라 바뀔 수 없다. 따라서 소금 판매 상인은 국법의 보호를 받고 인위적으로 소금 가격을 인상하곤 했다. 때문에 밀매인 사염私鹽이 크게 퍼지지 않을 수 없었다. 또한 국가에서 널리 퍼진 사염 밀수를 수사하기 위해서 거액의 비용을 들여야 했는데, 이에 따라 소금의 세액도 계속 늘어났다.

명 역시 송의 입변법入邊法과 입중법入中法을 본받아 시행했다. 명초에는 소금의 일부를 따로 구획하여 오로지 변경에 군량을 운송하는 상인에게만 지급해 주었다. 그런 소금을 중염中鹽이라고 한다. 군량을 변경에 운송하는 일은 국가만 어려운 것이 아니라 상인에게도 몹시 어려운 일이었다. 군량을 사는 비용에 변경까지 운송하는 비용을 합하면, 차라리 변경에서 농토를 개간하여 농사를 직접 짓는 편이 낫다는 결론에 이르게 되었다. 그래서 입변추속을 하던 상인들은 일꾼을 고용해서 국경 일대에서 직접 농지를 개간하여 군량을 생산하기 시작했다. 그것이 곧 상둔商屯이다. 당시의 개평위開平衛 곧 오늘날의 다륜현多倫縣 일대에는 그렇게 개간된 토지가 많았다. 나중에는 실물인 군량 대신에 고저庫儲로 은량銀兩을 납입하라는 호부戶部의 명령 때문에 상둔은 점차 사라졌다.

사실 변경에 이주민을 보내는 이민실변移民實邊은 가장 어려운 일이었다. 이주 의향이 있는 사람이 반드시 이주 재력까지 갖춘 것이 아니기 때문이다. 국가에서 돈을 들여 이주시키더라도 이주 적격자를 찾기는 쉽지 않았다. 그래서 괜히 비용만 낭비되고 효과를 볼 수 없었다. 사실 이익을 중시하는 상인에게 그 일을 맡기면 효과가 더 컸을지도 모른다. 국가가 국가 전매품 중에서 일부를 따로 떼어내어, 이민에 투자한 상인과 교역한다면 격려가 되어 개인이 이민 사업에 투자하는 일은 많아질 것이다. 그러면 국가에서는 단지 상인이 농민을 착취하지 않도록 법 규정을 만들고, 그 일을 감독하는 관리를 설치하기만 하면 될 것이다.

또한 명나라 초기에는 차를 가지고 서번西番의 말과 거래했다. 그 안에는 중국의 마정馬政을 진흥시키고 서번을 견제하고자 하는 깊은 뜻이 담겨져 있었다. 중국 내지內地에는 말을 기를 수 있는 넓은 목장도 없거니와 날씨나 지리적 환경도 서번만큼 적합하지 않았다. 또한 서번의 말이 줄어들면 내지 정권에 주는 위협도 그만큼 덜어질 것이라는 생각도 가졌을 것이다. 뜻도 심원하고 당시의 효과도 상당했다. 하지만 나중에는 불량한 관리들이 자신의 이익을 챙기느라 비밀리에 서번과 거래하고, 준마 대신 노마駑馬(노둔한 말)를 골라 국가에 상납하는 등 그 제도를 크게 훼손시켰다. 현재는 중국의 각 민족들이 한 식구가 되어 더 이상 누가 누구를 견제할 필요도 없지만, 변방의 목축업을 진흥시키는 데 있어 본받을 만한 방법이다.

다음은 주세酒稅에 대해 살펴보자.

역대에 금주령은 자주 볼 수 있지만 술을 전매품으로 거두어들이는 경우는 드물었다. 옛사람은 술을 미곡糜穀으로 생각했기에, 누구나 만들 수 있어 세금을 부과하거나 전매하기가 극히 어려웠기 때문이다. 주세는 당 중엽 이후 징수하기 시작한 세목이다. 역대에 주세 징수가 엄하기로는 송나라를 따를 시대가 없었다. 송나라 때는 각 주州에 '무務'를 설치하여 백성으로 하여금 그곳에 가서 스스로 술을 빚게 했다. 또한 현縣, 그리고 진鎭과 향鄕에서는 세금을 징수하고 개인이 술을 빚는 것을 허락해 주기도 했다. 또한 주세의 징수는 대개 입찰의 형식으로 진행했다. 세금을 가장 많이 내는 사람이 술을 빚을 수 있도록 허락해 주는 것이다. 이를 박매撲買라고 한다. 허락을 받아 술을 양조하는 것도 기한이 있는데, 손해를 입어 정해진 기한을 채우지 못하고 휴업하는 경우 이를 '패궐敗闕'이라 한다. 그럴 때면 지방의 관리가 세입을 보장받기 위해 휴업을 못 하도록 각종 조치를 취하기도 했다. 이를테면 혼례나 상례가 있는 집으로 하여금 술을 얼마씩 사도록 하거나 심지어 각 호에 할당하여 사도록 했다. 결국 강제로 술을 사게 되는데, 참으로 어이없는 일이다.

주세는 북송北宋 때만 해도 일꾼役人을 장려하는 등 지방의 일에 사용하던 지방 세입이었다.[54] 하지만 남송南宋에 와서는 주세가 중앙의 세입

---

54) 고되고 요역으로 시킬 수 없는 일은 주세의 세입으로 일꾼을 고용해서 해결했다.

이 되었다. 관리의 수입도 보장해야 하기 때문에 어쩔 수 없는 일이었다.

가장 현명한 주세 세법은 조개趙開가 만든 격냥법隔釀法이었다. 격조隔槽라고 부르기도 한다. 격냥법隔釀法은 사천에서 시행했으며, 자세한 내용은 다음과 같다. 정부에서 양주하는 장소를 마련하고, 양주에 필요한 각종 도구도 제공해 준다. 그래서 술을 양조하려는 사람은 원재료만 가지고 가서 빚으면 된다. 지정된 장소 외의 다른 곳에서 빚은 술은 일괄적으로 사주私酒로 간주했다. 이는 밀수 행위를 방지하기 위한 조치로서 그 원리는 매우 간단한 것이다. 하지만 백성에게는 지나치게 가혹한 것이 흠이었다.

다음은 광산세를 살펴보자.

당대 때 광물의 채굴과 제련은 주州, 군郡에서 관리하거나 염철사鹽鐵使가 관장했다. 송은 국가에서 감監, 야冶, 장場, 무務를 설치하거나 백성으로 하여금 도급을 맡아 생산된 광물 중의 일부를 정부에 팔게 하는 제도를 실시했다. 역시 모두 전운사轉運使가 관장했다. 원나라 때는 광산세를 세과稅課라 하여 해마다 정액定額으로 징수했다. 그 외에 액수가 정해지지 않는 세목도 많았는데, 모두 액외과額外課라고 통틀어 일컬었다.[55]

상업세는 당대 번진藩鎭 때부터 시작된 것이다. 송나라 때도 그것을 이어받아 시행했다. 상업세는 주세와 과세로 나뉜다. 주세는 1,000분의 30, 과세는 1,000분의 20으로 징수했다. 주州와 현縣에 '감監', '무務'를 설치하여 수취하게 했다. 또한 국경을 지키는 관진關鎭에도 설치하는 경우가 있었다. 과세하는 상품은 지역에 따라 달랐다. 과세 품목은 법적으로 명확하게 규정해야 하는데 실제로 그렇게 했는지는 알 수 없다. 솔직히 말하자면 당, 송 시기의 상업세는 그리 중요한 세목이 아니었다. 중요한 것은 오히려 대외적인 시박사市舶司였다.

---

55) 액외과(額外課) 중에서 전국으로 널리 행해지던 것은 계세(契稅: 계본契本. 일종의 취득세인 계약 거래세)와 역일(曆日)이다.

시박사는 당대 때부터 설치하기 시작했다. 『문헌통고』에 따르면, 당대 때 시박사市舶使를 설치했는데, 우위위중랑장右威衛中郎將 주경립周慶立이 담당하였다고 한다. 또한 대종代宗 광덕원년廣德元年 광주廣州에 시박사 여 태일呂太一에 대한 기록도 나온다. 구체적으로 주경립의 일은 『신당서 · 유택전柳澤傳』, 여태일의 일은 『구장서 · 대종본기代宗本紀』를 참조할 수 있다. 한편 『신서新書 · 노회신전盧懷愼傳』에 따르면, 회신懷愼의 아들 환奐 이 "천보天寶 초년, 남해 태수로 있는 동안 탐관오리들이 감히 부정부패를 저지르지 못하였고, 시박을 관장하는 중인中人도 법을 위반하는 일을 저지 르지 못했다."56) 이런 사실을 종합해 보면, 당대 때 시박사는 흔히 중인中 人이 담당하였던 듯하다. 또한 사박사는 그때까지 그다지 중요한 자리가 아니었던 것으로 보인다.

하지만 송에 와서는 상황이 사뭇 달라졌다. 송은 항주, 명주明州, 수주秀 州, 온주溫州, 천주泉州, 그리고 밀주密州의 판교진板橋鎭(지금의 청도靑島) 에 모두 시박사를 설치했다. 상륙한 선박에 대해서 일단 10분의 1의 세금 부터 받아냈다. 그리고 외국에서 수입된 향료, 보화寶貨 등 사치품은 먼저 정부와 교역해야 한다. 정부와 교역하고 남은 부분은 민간 상인과 거래할 수 있었다. 향료, 보화가 삼설三說에 포함되는 품목이었다는 점은 이미 앞에서 말한 바 있다. 또한 남송 때 시박사를 통해서 관자關子와 회자會子 를 칭제稱提했다.57) 따라서 당시의 시박사는 이미 재정과 크게 연관된 중 요한 부서가 되었음을 알 수 있다.

원, 명 때도 시박사를 설치했다. 명의 시박사는 세입을 늘리기보다 외

---

56) 『신당서(新唐書)』, 권126, 「노회신전(盧懷愼傳)」, "天寶初爲南海大守, 汚吏斂手, 中 人之市舶者, 亦不敢干其法." 북경, 중화서국, 1975년, 4418쪽.

57) 관자(關子), 회자(會子)는 남송의 지폐 이름이었다. 지폐 가격을 인상하는 것을 칭제 (稱提)라고 한다.

국 상인을 관리하는 목적이 더 컸다. 명초에는 연해 지역에 왜구倭寇가 빈번히 출몰하기 시작했기 때문이다. 하지만 명 중엽 이후로는 아예 시박사를 없앴다. 외국과의 교역을 관리하고 감독하는 기관이 없어진 셈이다. 이에 따라 간교한 상인, 지방에서 권세를 누리는 세력집단들이 외국 상인을 괴롭히거나 물품 대금을 지급해 주지 않는 일들이 벌어졌다. 이는 왜구가 출몰하여 민폐를 끼치게 된 원인의 하나가 되었다.

근대의 조세 제도

근대에 와서 세금 제도에 새로운 변화가 생기기도 했다. 『원사 · 식화지』에 따르면, 원의 조세는 내군內郡에서 정세丁稅와 지세地稅 두 가지로 나누어 각기 징수했는데, 이는 당의 조용조租庸調를 본뜬 것이다. 반면 강남에서는 정세와 지세를 하나로 정비하여 수취했는데, 이는 당의 양세법을 본받은 것이라고 한다. 하지만 이들은 명목만 다를 뿐, 실제는 모두 두 차례로 나눠 징수하였다는 점에서 양세법과 별다른 차이가 없었다. 하여튼 양염楊炎의 양세법兩稅法이 나온 뒤로는 세금의 징수 기간이 바뀐 일이 없었다.

그 외에 원나라 때는 사료絲料, 포은包銀이라는 세목이 더 있었다. 사료는 다시 이호사二戶絲와 오호사五戶絲로 구분된다.[58] 이호사는 국가에 납입하고 오호사는 본위本位에 바쳤다.[59] 포은은 호당 모두 4 냥兩을 내는데, 그 중에서 2 냥은 은으로 상납하고 2 냥은 사견絲絹 물감으로 환산하

---

58) 역주: 이호사는 두 호에서 실크 한 근을 국가에 상납하는 것이고, 오호사는 다섯 호에서 실크 한 근을 소속된 분위(本位)에 바치는 것이다.

59) 본위(本位)는 후비(后妃), 공주(公主), 종왕(宗王), 공신(功臣)들이 나누어 가진 분지 (分地)를 말한다.

여 납입했다. 이로써 호역戶役을 대신하였던 것이다. 하지만 다른 요역은 면제받을 수 없어 제대로 이행해야 했다.

제도상 명초의 세금과 부역은 상당히 정비된 모습을 갖추었다고 하겠다. 황책黃冊과 어린책魚鱗冊이라는 책척冊籍 제도가 그 기본제도였다. 황책은 호 단위로 각 호의 정구丁口, 가진 양糧 곧 토지 상황을 기록하는 것이다. 이를 근거로 하여 세금과 요역을 부과했다. 어린책은 주로 토지에 대한 각종 정보를 기록한다. 구체적으로 토지의 지형, 토지의 성질, 위치, 소유자 등에 대한 자세한 정보를 기입한다. 황책은 이장里長이 작성하여 보관한다. 그리고 언제나 같은 내용의 두 권을 작성하는데, 한 권은 현縣의 장관에게 제출하고 다른 한 권은 이장 본인이 보관한다. 그리고 반년에 한 번씩 바꾸는 것이다. 이장은 수시로 각 호의 정구, 토지 변동 상황을 파악하여 황책에 기록해 두어야 했다. 반년마다 새로 작성된 황책을 현의 장관에게 제출하는 동시에, 기존의 황책을 회수하여 바뀐 부분을 수정한다. 제도 자체는 빈틈없이 잘 짜였다고 하겠지만 과연 이장이 자기의 책임을 다했는지는 문제이다. 이장이 감히 지방의 악한 세력에 대항할 수 있었는지, 또한 이장 본인도 그 악한 세력 가운데 하나가 아니었는지 장담할 수 없다. 따라서 이후 황책과 어린책 모두 진실성을 잃게 된 것도 전혀 이상한 일이 아니다.

명의 역법役法은 역차力差와 은차銀差로 구분되었다. 역차는 노동력을 징발하는 것이고, 은차는 노동력의 징수 대신 현물이나 화폐를 수취하는 것이다. 전조는 원래 정액으로 거두어들이지만, 역법은 재정지출 상황에 따라 징수한다. 나중에는 무엇이든 필요한 것이 있으면 백성에게서 받아냈다. 이를 가파加派라 한다. 때도 양도 정해지지 않은 가파 때문에 백성들은 심한 고통을 받았다.

요역은 인호人戶의 등급에 따라 부과되는 양과 면제 여부가 결정되었다. 인호의 등급은 정구丁口와 자산에 근거하여 매겨지는데, 이른바 '인호

물력人戶物力'이라는 것이다. 하지만 인호의 등급을 공정하게 책정하는 일은 결코 쉬운 것이 아니다. 값지지 않지만 숨기기 어려운 재산이 있고,[60] 값이 나가면서도 숨기기 쉽고 눈에 잘 뜨이지 않는 재산이 있다.[61] 더구나 조사할 때, 인호가 일부러 재산을 숨기거나, 서리가 실수로 또는 제멋대로 기록하거나, 아니면 서리가 갈취하거나 뇌물을 요구하는 일이 생기기 마련이다. 역대로 이 문제를 해결할 수 있는 최상의 방책을 고안해내지 못했다. 따라서 인호의 등급을 매길 때, 정丁, 양糧만을 보고 책정해야 하는지 아니면 모든 자산을 포함시켜 매겨야 하는지의 문제를 놓고 끊임없는 논란을 벌였다. 이론적으로 따지면 모든 자산을 포함하여 책정하는 방법이 공평하고 합리적이지만 편리의 측면에서는 정과 양만 계산하는 방법이 훨씬 간편했다. 결국 자산 조사는 복잡할 뿐만 아니라 그 때문에 생긴 문제가 엄청나다는 점을 고려하여, 이론적인 공정성보다 실행의 편리함을 추구하는 것이 낫다는 결론에 이르렀다. 그리하여 인호의 등급을 매기는 데 있어 점점 정과 양만 보게 되었던 것이다.

가파加派가 나쁜 이유는 받아내는 양이 많았을 뿐만 아니라, 양과 때가 정해지지 않아 백성들이 미리 준비하지 못하기 때문이다. 이 문제를 해결하기 위해 결국 모든 세금과 부역을 일조편법一條鞭法으로 정비하게 되었다. 주현에서 일 년 동안 필요한 총액을 추산하고 그것을 경내의 모든 정丁, 양糧에 할당하여 징수하는 것이다. 그 밖의 다른 어떤 것도 징수하지 않는다. 또한 일조편법에서 말하는 정은 실제 정구丁口의 수가 아니라, 주나 현에서 필요한 정액丁額을 통계 내어 토지가 있는 호에 할당하는 정세를 말한다. 이것이 정세를 토지 소유자에게 부과하는 '정수양행丁隨糧行'이다. 명은 5년에 한 번씩 균역均役을 했다. 청은 3년에 한 번 균역을

---

60) 소, 농기구, 뽕나무 등이 이에 해당된다.
61) 금이나 포백 등이 이에 해당된다.

시행했는데, 나중에는 5년으로 균역의 실시 기간을 연장했다. 말하자면 몇 년이면 빈부의 상황이 충분히 바뀔 수 있으므로, 지세와 합쳐 징수하는 정세도 그것에 따라 새로 정해야 하기 때문이다. 그러므로 정구丁口 조사와는 전혀 무관한 일이다. 이런 식으로 실시하던 당시의 역법은 일종의 면역법免役法이었다. 지세를 올리는 대신, 노역을 면제해 주는 것이었기 때문이다. 하지만 토지에만 편중하여 가부加賦하는 것은 합리적이지 않다. 오로지 농민에게만 부과할 이유가 없기 때문이다. 물론 농민에게서 전조를 더 받는 대신 노역을 면제시켜 주는 점에서 당송 이후의 역법보다 훨씬 나은 것으로 보인다. 나눌 수 없는 노역을 고르게 할당할 수 없지만, 그것을 돈으로 환산해서 징수하는 경우는 상황이 다르기 때문이다. 또한 정丁이 있는 유정有丁의 인호보다 자산이 있는 유산有産 인호의 조세 부담 능력이 큰 것은 사실이다. 기존에 유정 인호에게 가해진 과세 부담을 유산의 인호에 떠넘기는 것은 그나마 합리적인 면이 있다. 이는 세법의 자연스런 발전 추세이기도 하다.

강서江西에서 비롯된 일조편법이 점점 퍼져 전국에서 널리 실시하게 된 것은 명 신종神宗 때의 일이었다. 역법이 크게 파괴된 만당으로부터 그때까지 무려 800년의 기나긴 세월이 흘렀다. 이는 사람들이 상황을 흘러가는 대로 내버려 둘 뿐, 이성적으로 제어하지 못한 결과였다. 역시 같은 이유로 일조편법이 시행된 뒤 각 주, 현의 정액定額은 대체로 고정되었고 더 이상 증가하는 일은 없었다. 정액이 증가한다는 것은 곧 정세가 늘어난다는 뜻이기 때문이다. 당시 이 방법을 보급하여 시행하는 것만도 벅찬 일이었는데, 나중에 실제로 세금을 거두는 일은 더욱 복잡했다. 주, 현의 관리들은 무엇 때문에 사서 고생을 하느냐며 눈치를 봤다. 그래서 이런 사정을 훤히 알고 있던 청 성조聖祖는 아예 "강의康熙 50년 이후 출생한 인구는 영원히 가부加賦하지 않는다."는 조서를 내렸다. 그리고 옹정雍正 때부터는 정은丁銀을 지은地銀에 포함시켜 징수했다. 이것은 일의 발전 추세를 따랐을 뿐, 당시에 살았더라면 누구라도 그렇게 했을 것이니 특별히 어진 정치라고 할 것이 없으나 오히려 많은 이들이 이를 칭송한 바 있다. 청대뿐만 아니라 민국시대에 와서도 일부 전조前朝의 유신遺臣으로 자처하는 이들이 같은 태도를 보였다. 이는 역사를 모르거나, 아니면 음흉한 속셈을 품은 사람일 것이다. 또한 후에는 청이 성조聖祖의 조서詔書 때문에 가부加賦의 명목으로 징수하는 일은 피하였지만 전조에 부속시켜 징수하는 항목이 많았다는 점에서 역시 가부나 다름없었다.

고대에는 과세 대상이 곧 납부하는 내용물이었다. 화폐가 널리 유통된 뒤로는 납부하는 내용물도 다양해졌다. 구체적으로 다음과 같은 경우가 있었다. 첫째, 화폐로 직접 납부하는 것, 둘째, 실물을 받던 기존의 세목이 화폐를 받는 것으로 바뀐 경우, 셋째, 역대에 걸쳐 화폐 주조가 문란하고 양이 부족하여, 또는 부패한 관리가 중간에서 부당 이익을 챙기는 등의 일이 있어 원래의 내용물을 다른 물품으로 바꿔 징수하는 경우가 있었다. 하여튼 세금은 모두 화폐로 수취한 것은 아니었다.

명나라 초, 세금을 현물로 받는 것을 '본색本色'이라 하고, 화폐로 받는 것을 '절색折色'이라 했다. 선종宣宗 이후로는 지폐가 폐지되어 유통되지 못하였고 또한 동전銅錢이 모자라 세금은 점점 은으로 납부하게 되었다. 전조는 본색으로 징수할 때 모耗라고 하여 별도로 더 받는 것이 있었다. 그것은 포장이나 운송 과정에서 생긴 소모, 저장 과정에서 썩거나, 벌레, 쥐 등이 먹어 없앤 분량을 감안하여 조세 징수 시 정해진 세액에 약간씩 올려서 받는 것이다. 티끌 모아 태산이 되듯이 조금씩 올린 이러한 모耗라도 모아두면 큰 세입이 되었다. 특히 관리들은 이를 통해서 이익을 챙길 수 있었다.

은으로 세금을 받을 때는 자잘한 은을 덩어리로 만들어야 하는데, 그 과정에서 역시 손실이 생기기 마련이다. 그래서 세금을 징수할 때 역시 세액을 약간 올려서 받았다. 이를 '화모火耗'라 한다. 엽전이 넉넉해진 뒤에는 은 대신에 엽전을 세금으로 받을 때도 있었다. 하지만 은과 엽전의 환산 비율이 고정되지 않았으므로 관리가 일부러 은값을 올려 수취하는 경우도 있었다. 그것 역시 화모라 했다.

이들은 모두 법적으로 정해진 세액 외에 별도로 농민에게 과하는 것이었다. 하지만 옛날 주, 현 등의 지방 행정 경비는 항상 부족했기 때문에 이런 별도의 세금이 필요했던 것도 사실이다. 그래서 화폐 개혁 후에도 세금을 징수하는 사람이 중간에서 얼마씩 떼어 세금 징수의 경비로 쓸 수 있게 했다.

근세에 들어, 전조 외에 크게 발달된 세목으로는 관세關稅와 염세鹽稅가 있었다. 염세는 남송 이후부터 점차 주요한 세입이 된 것이다. 특히 원, 명, 청에 이르러서는 전조에 버금가는 세입이 되었다.

관세는 명 선종宣宗 때부터 징수하기 시작했다. 당시에는 가격이 크게 떨어졌기 때문에 정부에서 신세를 증설하거나 기존 세금의 세액을 올림으로써 지폐를 회수하려고 했다. 나중에는 이들 신설된 세금과 올린 세액이 원래대로 다시 회복된 것도 있고, 이어받아 계속 시행한 것도 있었다. 관세는 신설된 세목이 후에 폐지되지 않고 답습되어 시행된 항목 중의 하나였다. 그래서 '초관鈔關'이라고 불렀는데, 청대에는 '상관常關'이라고 불렀다. 청대 설치된 상관은 몇 군데밖에 되지 않았으나, 각 상관 밑에는 각 분관分關을 두었기에 모두 합하면 역시 그 수가 적지 않았다.

또한 태평군太平軍의 난리 이후 이른바 '이금釐金'이라는 세금이 신설되었다. 이금은 중앙정부로 들어가지 않고 포정사布政司에 속했다. 실제 교통 상황을 전혀 고려하지 않은 채, 수로와 육로의 요새에 될 수 있는 대로 많은 세관을 설치했다. 그래서 화물의 운송 과정에서 세금을 중복하여 받아내는 경우가 많았다. 또한 법적으로 과세 품목과 세액에 대한 규정 조항이 없어, 가장 악독한 세금이었다 해도 과언이 아니다.

새로운 해관海關은 오구통상五口通商 이후 설립되었다. 당시에 관세의 중요성을 알지 못한 채 성급하게 외국과 협정세율의 조약을 체결했다. 경자전쟁庚子戰爭 이후, 배상금 부담이 컸던 청 조정은 「신축화약辛丑和約」을 체결하면서 세금을 올려도록 해 달라고 청구했으나 각국은 이금 폐지, 즉 재리裁釐를 교환 조건으로 요구했다. 이금은 폐지할 수 없으니 세금을 12.5%로 올려달라는 청구도 받아들여지지 않았다. 민국 때, 유럽대전에 참전한 민국정부가 미국에서 열린 태평양회의에서 관세 자주안關稅自主案을 제출하였지만, 각국은 여전히 관세회의關稅會議를 열어야 한다는 「신축화약」 조약문을 이행하도록 요구했다. 나아가 민국 14년에 열린 국제회의에서 중국이 또한 다시 관세 자주안을 제출했는데, 민국 18년에 관세자주와 이금 폐지를 함께 진행하는 동시에, 7급세제七級稅制 초안을 제정하도록 한다는 회의 결정을 받아냈다. 중국의 관세자주가 그때서야 각국으로부터 인정을 받게 된 셈이다. 그리하여 국민정부는 관세자주권을 선언하여 각 우호국과 관세조약을 체결하거나 통상조약에서 관세와 관련된 조목을 새로 제정했다. 18년에는 7급세제부터 실시했다. 20년에 이르러 이금을 폐지한 뒤 곧이어 7급세제를 폐지하고, 새로운 세금 제도를 제정하여 반포했다. 주권이 한 번 상실되면 그것을 되찾는 일이 얼마나 어려운 것인지 이 일을 통해서 실감하게 된다. 참으로 전거지감前車之鑑이 아닐 수 없다.

청대 관세와 염세 외에 비교적 중요한 세목으로는 계세契稅, 당세當稅, 아세牙稅 등이 있었다. 물론 이 같은 세목 설치는 세입을 늘리기 위해서라기보다 관리의 목적이 컸다. 또한 이들보다 뒤늦게 나온 세목으로 주류와 담배세, 인지세, 광산세, 소득세 등이 있었다. 권련捲菸, 밀가루, 면사棉紗, 성냥, 시멘트, 훈연薰煙, 맥주, 양주洋酒 등 중요 화물에 대해서는 통세統稅라는 세금을 징수했다. 국민정부는 이러한 세목과 관세, 염세, 아세, 당세 등을 모두 중앙의 세입으로 삼았다. 전부田賦는 계세, 영업세와 함께 모두 지방 세입의 세목으로서 중요한 지방 재정 수입원을 이루었다. 군벌 세력이 크게 일어난 뒤, 각 지방에는 가연잡세苛捐雜稅들이 수없이 많아졌는데, 이에 대해서도 법령을 반포하여 정비했다. 제도상 세금 수취가 점점 정상화되어 가고는 있지만 제대로 시행되려면 여전히 많은 시일이 필요할 것 같다.

9

군사제도

역대 군사제도의 개괄

중국의 군사제도는 대체로 여덟 시기로 나누어 살펴볼 수 있다.

첫 번째 시기, 정복 부족과 정복당한 부족으로 구성되었던 시기이다. 정복 부족의 구성원은 모두 군대에 가야 했으나, 피정복자들은 일부를 제외하고 갈 수 없었다.

두 번째 시기, 전쟁이 잦아지면서 군사 동원이 많아짐에 따라 기존에 병역 의무가 없던 이들까지 징발되었다. 전민개병제全民皆兵制 시기인 것이다.

세 번째 시기, 천하가 통일되자 더 이상 전민개병제가 필요 없어졌을 뿐만 아니라 일부 병역을 유지하는 것도 과잉이라고 여겼던 시기이다. 종종 군대 동원이 필요할 경우 백성들의 노동력을 아끼기 위해 죄인이나 투항한 이민족을 징발했다. 때문에 백성들은 군사軍事에 소홀했고, 결국 투항한 이민족의 반란, 즉 오호의 난리가 발생하고 말았다. 혼란한 일이 빈번하게 발생하면서 지방정부가 권한을 제멋대로 행사하고 중앙의 통제력이 약화되자 주군州郡에서 병력을 확보하는 상황이 일어났다.

네 번째 시기, 오호의 난리가 막바지에 이르자 이민족들이 점차 화하족華夏族에 동화되었고, 인구는 감소했으나 전쟁은 오히려 더욱 격렬해졌다. 병력이 부족한 상황에서 어쩔 수 없이 한인漢人을 징발하기 시작했다. 또한 국가 재정이 어려웠기 때문에 병사들은 자신들이 직접 경작하여 자급자족할 수밖에 없었다. 그 결과 부분적인 민병제部分民兵制가 생겨났는데 이것이 바로 수당대의 부병제府兵制이다.

다섯 번째 시기, 태평시대에는 군대가 부패하고 쇠약해지는 것을 막을 수 없다. 이로 인해 부병제는 결국 훼손되어 폐지되고 말았다. 당시 변경에 분쟁이 많아지자 그 틈을 이용하여 번진藩鎭 세력이 크게 흥기했다. 강력한 번진 세력으로 인해 내란이 발발했고, 내란이 진정되었을 때는 이미 번진이 중국 내륙까지 깊숙이 침투한 상태였다. 당조는 결국 이로 인해 무너져 오대십국五代十國으로 분열되었다.

여섯 번째 시기, 오대의 분열상황을 종식시키고 건국한 송은 가능한 모든 권한을 중앙에 집중했다. 중앙에 강한 상비군을 두는 동시에 군인과 백성을 분리시키는 것이 경제 발전에 유익하다는 사실을 깨닫고 극단적인 모병제募兵制를 실시했다.

일곱 번째 시기, 이민족으로 중원을 지배한 원은 군사상 기존 정권과 매우 다른 제도를 실시했다. 하지만 명은 시대가 바뀌었음에도 불구하고 변통할 줄 모르고 맹목적으로 원대 군사제도를 모방하다 결국 패망하고 말았다.

여덟 번째 시기, 청 역시 이민족으로서 중원을 장악한 정권이다. 하지만 입관入關한 뒤 얼마 되지 않아 청의 군사력은 크게 약해졌다. 청 중엽까지 막강한 육군을 보유했으나 내란을 진압할 정도였을 뿐 새로운 시대의 난국을 대처하기에 역부족이었다. 그래서 대외 전쟁에서 번번이 패배할 수밖에 없었다. 만청滿淸 이후 군기가 크게 문란해지면서 내란이 다시 일어났다. 최근(20세기 초엽)에 들어서면서 외부의 압력으로 인해 군사상 전례 없는 새로운 길로 들어섰다.

이상으로 역대 군사 제도를 시기별로 대강 훑어보았다. 다음으로 보다 구체적으로 살펴보고자 한다.

역대 군사제도의 변화

앞서 언급한 첫 번째 시기의 계급제도는 본서 제4장과 8장을 참조하시기 바란다. 종전에는 흔히 고대 군사제도에 대해 언급하면서 '우병어농寓兵於農', 즉 농민들이 병사의 일을 맡았다고 했다. '우병어농'은 병농일치兵農一致로 병사가 곧 농민이며, 정전제가 파괴된 이후에 양자가 분리되었다는 것이다. 하지만 이는 크게 잘못된 주장이다. 사실 '우병어농'은 농기구農器를 병기兵器로 삼는다는 뜻이다. 이는 『육도六韜·농기農器』를 보면 확인할 수 있다. 고대 병기는 주로 동銅(청동)으로 만들었고 농기구는 철鐵로 만들었다. 병기는 평상시 국가에서 보관하다가 전쟁이 일어나면 병사들에게 나눠 주었다.[1] 그것도 정규 군대에만 지급했을 뿐 보위단保衛團과 같은 지방 무력 조직에는 주지 않았다. 하지만 적군이 쳐들어오면 몽둥이만 들고 싸울 수는 없는 노릇이다. 그래서 『육도』에 나오는 이야기는 어떤 농기구를 어떤 무기로 사용할지 알려주는 내용이다. 또한 고대에는 병사를 병兵이라고 부르지 않았다. 그러니 '우병어농'을 병농일치로 보는

---

1) 국가에서 병사에게 병기를 지급하는 것을 수갑(授甲)이라 하며, 수병(授兵)이라고 부르기도 했다.

것은 오해일 따름이다. 청대 경학자인 강영江永은 자신의 『군경보의群經補義』에서 이러한 오해에 대해 반박한 바 있다. 그는 『관자』에 나오는 삼국參國과 오비伍鄙 제도를 거론하고 있다. 일단 그 내용을 살피면 다음과 같다.

> "환공(제 환공)이 물었다. '삼국參國이란 무엇인가?' 관자가 대답했다. '도읍지(국도 國都)를 전체 21향鄕으로 구획하여 상공商工의 향鄕은 여섯 개, 사농士農의 향鄕은 열다섯 개로 구분합니다. 공(환공)께서 11향을 통솔하고 고자高子가 5향, 국자國子가 5향을 통솔합니다. 국도를 셋(參國)으로 나누었으니 삼군三軍이 됩니다. ……' 환공이 물었다. '오비伍鄙(교외의 지방 조직을 다섯으로 나눔)는 어떻게 하는 것인가?' 관자가 대답했다. '다섯 집으로 1궤軌를 만들고, 궤마다 궤장軌長을 둡니다. 6궤(30가구)로 읍邑을 만들고, 읍마다 읍사邑司를 둡니다. 10읍을 졸卒로 만들고 졸마다 졸장을 둡니다. 10졸로 향鄕을 만들고 향마다 양인良人(농민)을 둡니다. 3향으로 1속屬을 만들고 속에 수帥(대부)를 둡니다. 5속에는 5명의 대부가 있습니다."[2]

인용문에서 볼 수 있다시피 삼군은 국도에 자리했으며, 교외에는 없었다. 또한 그는 『좌전』에서 양호陽虎가 반란을 일으키면서 임신일壬辰日(초3일)에 도성 안에 주둔하던 전차부대를 계사일癸巳日(초4일)까지 자신이 있는 곳(蒲圃: 지금의 산동성 곡부曲阜 인근에 있는 마을)까지 이동하라고 명령했다는 이야기를 인용하면서, 병사는 항상 도성, 즉 국도國都에 있었다고 주장했다.[3] 매우 정치한 논의가 아닐 수 없다.

---

2) 『관자교주·소광편(小匡篇)』, "桓公曰, 參國奈何? 管子對曰, 制國以爲二十一鄕, 商工之鄕六, 士農之鄕十五. 公帥十一鄕, 高子帥五鄕, 國子帥五鄕. 參國故爲三軍. 桓公曰, 五鄙奈何? ……管子對曰, 制五家爲軌, 軌有長, 六軌爲邑, 邑有司, 十邑爲率, 率有長, 十率爲鄕, 鄕有良人, 三鄕爲屬, 屬有帥. 五屬一五大夫." 북경, 중화서국, 2004년, 400쪽.
3) 『좌전』 정공(定公) 8년 참조.

이는 다음과 같은 문장에서도 확인할 수 있다. 『주례·하관夏官·서관序官』에 따르면, "천자는 6군, 대국은 3군, 차국次國(대국보다 작고 소국보다 큰 나라)은 2군, 그리고 소국은 1군을 거느렸다."[4] 같은 책「대사도大司徒」에 따르면, "5호로 비比를 삼고, 5비를 여閭를 삼으며, 4여를 족族으로 삼고, 5족을 당黨으로 삼으며, 5당을 주州, 5주가 향鄕을 이룬다."[5] 또한「소사도小司徒」에 따르면, "5인은 오伍가 되고, 5오는 양兩이 되며, 4양은 졸卒이 되고, 5졸은 여旅가 되며, 5여는 사師가 되고, 5사는 군軍이 된다. 육군六軍은 육향六鄕에서 나오며, 육향 밖에는 육수六遂가 있다."[6]

위의 내용에 대해서 정현鄭玄은 수遂의 군대 편성 방식이 육향六鄕과 같다고 주를 달았다. 하지만『주례』의 해당 내용에는 향과 관련하여 향의 군사 제도만 밝혔을 뿐 토지제도田制에 대한 기술이 없으며, 수遂와 관련해서는 토지제도에 대한 언급만 보이고 군사 제도에 대한 이야기가 없다. 이로 보아 정현의 주注는 잘못된 것으로 보인다.[7] 육향은 병사를 보내는 의무가 있지만 육수는 그런 의무가 없었다는 뜻이다. 이는 병사가 도읍國都에만 있었음을 입증해 주는 또한 다른 증거이다. 병사가 도읍에만 있었다는 것은 정복자 부족이 국國, 즉 도읍에 살았고, 피정복자 부족은 야野, 즉 시골에서 살았다는 것 외에 다른 해석이 불가능하다. 따라서 당시는 부분적인 민병제를 실시했다고 보는 것이 타당하다.

그렇다면 모든 고대국가들이 정복자 부족과 피정복자 부족으로 구성

---

4) 『주례주소·하관·서관』, "王六軍, 大國三軍, 次國二軍, 小國一軍." 앞의 책, 743쪽.

5) 『주례주소·지관·대사도(大司徒)』, "五家爲比, 五比爲閭, 四閭爲族, 五族爲黨, 五黨爲州, 五州爲鄕." 위의 책, 225쪽.

6) 『주례주소·지관·소사도(小司徒)』, "五人爲伍, 五伍爲兩, 四兩爲卒, 五卒爲旅, 五旅爲師, 五師爲軍, 則六軍適出六鄕. 六鄕之外有六遂." 위의 책, 276쪽.

7) 이는 주대소(朱大韶)가 지은 『실사구시재경의(實事求是齋經義)·사마법비주제설(司馬法非周制說)』의 관점을 따른 것이다.

되었을까? 만약 그렇다고 가정할 때 과연 모두 천편일률千篇一律적으로 똑같은 군사 제도를 실시했을까? 이런 의문을 풀기 위해서 우리는 다음과 같은 사실을 상기할 필요가 있다.

첫째, 고대 국가는 천백 개가 넘었겠지만 우리가 대략이나마 상황을 알 수 있는 국가의 수는 불과 열 개 정도에 지나지 않는다. 그러므로 군사 제도가 동일했는지 여부는 확인할 수 없다. 둘째, 제도는 서로 본받아 모방할 수 있다. 무력을 숭상하는 국가가 존재하는 한 아무리 평화를 추구하는 국가라고 할지라도 타국의 공격에 대비하여 군사력을 키우지 않을 수 없다. 그렇다면 각국의 군사제도는 서로 닮아갈 가능성이 크다. 다시 말해, 정복자 부족이 아니더라도 군사 조직의 우두머리나 무사武士들이 점차 일반 백성에서 분리되어 정복자 부족처럼 비슷한 사회적 위상을 갖게 되었다는 뜻이다.

셋째, 군사 전략 면에서 방어를 중시하지 않을 수 없으니 효과적인 방어를 위해 험한 지형을 택할 수밖에 없다. 반면 농업은 평야가 필요하니 이는 어느 국가나 마찬가지이다. 비슷한 자연환경에서 비슷한 제도가 생겨나는 것은 이상할 일이 아니다.

넷째, 우리가 알고 있는 십여 개 국가(제후국)는 국가의 기원을 따져볼 때 동일한 부족이거나 매우 가까웠던 부족들이다. 이런 점에서 그들의 문화가 닮은 것은 지극히 자연스러운 일이다. 따라서 고대국가의 경우 '부분적인 민병제'를 유지했다는 것은 의문의 여지가 없는 사실이다.

고대 각국의 병사 수는 그리 많지 않았을 것이다. 고대 군사조직에 관한 기존의 논의는 주로 『주례주소』에 나오는 내용을 근거로 삼거나 인용했다. 수많은 경서 가운데 『주례』의 기술이 가장 자세하고 완전하기 때문이다. 그러나 『주례』에 나오는 군사 제도는 다른 경서에서 기술된 내용과 어긋나는 부분이 있다. 예를 들면, 『시경·노송魯頌』에 "공公의 보병은 3만 명이다."[8]라고 했다. 흔히 공이 삼군三軍을 거느린다고 하니, 1만 병사가 1군軍을 이루게 된다는 것이다.9),10)『관자·소광小匡』의 경우도 크게 다르지 않다. "5인이 오伍를 이루고, 50인이 소융小戎을 이루며, 200인이 졸卒을 이루고, 2,000인이 여旅를 이루며, 10,000인이 1군軍을 이룬다."11) 이는『백호통의·삼군三軍』의 경우도 마찬가지이다. "(죽음을 각오하고 싸우겠다는 병사) 10,000명이 있으면 백전백승하겠으나, 그래도 역부족하다고 여겨 2,000명을 더한 것이다."12)

이렇듯 1군軍은 병사 1만 명으로 구성되었다. 한편『설문해자』에는 1군을 4,000명으로 보고 있는데, 이는 위의 인용문에서 10,000명에 2,000명을 더한 수효를 근거로 하여 계산된 수치이다.13) 또한『곡량전』양공襄公 11년의 기록에 다음의 내용이 보인다.

"옛날에 천자는 6사師, 제후諸侯는 1군軍을 통솔했다."14)

1사師는 병사 2,000명이었을 것이다. 하지만『공양전』은공隱公 5년 하휴何休 주注에 따르면, "병사 2,500명이 1사師를 이룬다. 천자는 6사, 방백

---

8) 『모시정의·노송(魯頌)』, "公徒三萬." 앞의 책, 1418쪽.

9) 역주:『주례주소·하관·서관(序官)』, "무릇 12,500 병사가 1군을 구성한다(凡制軍 万二千五百人爲軍)." 앞의 책, 276쪽.

10) 역주: 다른 경서와 달리『주례』가 고문경이라는 점을 다시 한 번 밝혀둘 필요가 있다.

11) 『관자교주·소광(小匡)』, "五人爲伍, 五十人爲小戎, 二百人爲卒, 二千人爲旅, 萬人 一軍." 앞의 책, 413쪽.

12) 『백호통소증·삼군(三軍)』, "雖有萬人, 猶謙讓, 自以爲不足, 故復加二千人." 북경, 중화서국, 1994년, 200쪽.

13) 역주: 원문의 기술이 상당히 애매모호하다.『설문해자』에서 1군이 4,000명이라고 한 것은『백호통의·삼군』에 나온 12,000의 숫자를 삼군(三軍)의 병사수로 간주하고, 3으로 나누어 계산된 1군의 숫자인 것 같다.

14) 『춘추곡량전주소』, 양공(襄公) 11년, "古者天子六師, 諸侯一軍." 앞의 책, 10쪽. 여기에 '軍'는 '師'와 같다. 중복된 표현을 피하기 위한 옛날의 수사법이다.

方伯은 2사, 제후는 1사를 각각 거느렸다."15)

여기서 증가한 500명의 병사는 분명히 후세 사람이 『주례』의 기술을 근거로 하여 함부로 갖다 붙인 것임에 틀림없다. 하지만 아무래도 고문가가 말하는 군사 조직이 금문가가 다루는 것보다 병사 수가 증가한 것은 사실이다. 이는 금문가가 다루는 제도가 비교적 이른 시기의 제도인 반면, 고문가가 논의하는 것은 비교적 늦은 시기의 제도였기 때문이다.

병사들 가운데 일부는 험한 산간 지역에 거주했다. 산간 지역에는 기전畦田의 토지제도를 시행했다. 하지만 『사마법司馬法』16)에서 다룬 부역법賦役法이 모두 정전제를 기준으로 하고 있다는 점으로 미루어 볼 때, 병역을 담당한 이들이 특정 지역에 거주하는 백성에만 한정되지 않고 범위가 전국으로 확산되었음을 알 수 있다. 『사마법』의 부역법에 대해서는 앞의 8장에서 이미 자세히 다룬 바 있으니, 여기서는 더 이상 인용하지 않겠다. 『사마법』에 따르면, 10개의 종終이 동同을 이루고, 동은 사방이 100리里인데, 10개의 동이 봉封을 이루고, 10개의 봉이 기畿를 이루며, 기는 사방이 1,000리였다. 8장에서 인용된 바와 같이, 『사마법』에는 부역제도에 관해 다음 두 가지의 설이 나온다.

첫째, 1봉封에 전차 1,000대, 성인 장정壯丁 10,000명, 노예 20,000명을 보내고, 1기에 전차 10,000대, 성인 장정 100,000명, 노예 200,000명을 보낸다.

둘째, 사방이 100리인 1 동同은 대체로 10,000정井으로 이루어졌는데, 산천과 염지鹽池, 성지城池 및 거주지, 원유園囿, 도로 등을 빼면 6,400정이 남는다. 그래서 6,400정을 기준으로 부賦를 내는데, 군마 400마리, 전차 100대이다. 크기가 10배인 1봉封은 군마 4,000 마리, 전차 1,000대를 상납

---

15) 『춘추공양전주소』, 은공(隱公) 5년, 하휴 주, "二千五百人稱師, 天子六師, 方伯二師, 諸侯一師." 위의 책, 47쪽.

16) 역주: 『사마법(司馬法)』은 고문경이다.

하며, 크기가 1봉封의 10배인 1기의 경우 군마 40,000마리, 전차 10,000대를 낸다.[17] 또한 성인 장정 숫자로 계산하면, 1동에는 7,500명, 1봉에는 75,000명, 1기에는 750,000명이었을 것으로 추산할 수 있다. 『사기·주본기周本紀』에 따르면, 목야牧野 전쟁에서 주왕紂王이 70만 병력을 규합하여 무왕武王에 대항했다.[18] 『손자·용간用間』에 따르면, 전국이 혼란스러워 길가에 행군으로 지친 병사들이 가득하고, 생업에 종사하지 못하는 집이 무려 70만 가구에 달했다.[19] 여기서 말하는 70만이라는 숫자는 모두 위의 설에 근거한 것이다.

『사마법』에서 논의된 내용은 학자의 추정에 불과하지만 실제로 시행했던 제도에 가까웠을 것으로 생각된다.

춘추 시기만 해도 각국에서 군대를 출동시킬 때 병력은 기껏해야 수만 명밖에 되지 않았다. 하지만 전국 시대에 이르러 산 채로 묻히거나 참수된 포로가 만 명이 넘었다는 기록이 종종 나온다. 아마도 모두 허구는 아니었을 것이다. 그렇다면 늘어난 병사는 어디에서 나온 것일까?

이를 알아보기 위해 『좌전』 성공成公 2년의 기록을 살펴보자. 안鞌의 전쟁에서 패한 제경공齊頃公이 돌아올 때 "수위병을 만났는데, '잘 지키도록 하라. 우리 제나라 군사가 패배했다.'고 말했다."[20] 이를 통해서 당시에는 밖에서 정규군이 패배해도 각 지방을 지키던 병력이 남아 있었음을 알 수 있다. 한편 『전국책』에서 소진蘇秦이 제선왕齊宣王을 설득하는 말을 다음과 같이 기록한 바 있다. "설령 한韓, 위魏가 절반 이상의 병력을 잃어

---

17) 『한서·형법지』 참조하시오.
18) 『사기』, 권4, 「주본기(周本紀)」, "牧野之戰, 紂發卒七十萬人, 以拒武王." 앞의 책, 124쪽.
19) 『손자병법·용간(用間)』, "內外騷動, 殆於道路, 不得操事者, 七十萬家." 북경, 중화서국, 중화경전명저전본전주전역총서(中華經典名著全本全注全譯叢書), 2012년, 230쪽.
20) 『춘추좌전정의』, "見保者曰, 勉之, 齊師敗矣." 앞의 책, 697쪽.

가면서 진秦과 전쟁에서 이긴다 할지라도 전쟁이 끝나면 병력이 부족하여 사방을 제대로 방어하지 못할 것입니다. 게다가 진과의 전쟁에서 패하면 국가가 망할 위험이 있습니다."[21]

이를 통해 지방을 지키던 병사들을 모두 불러들여 정규군으로 충당했음을 알 수 있다. 이것이 전국시기 병사 수가 갑자기 늘어난 원인이었다. 다시 말하자면, 전국시대는 중국 역사상 유례없는 전국개병全國皆兵의 시기였던 것이다.

진·한 통일 후, 전국개병제도가 점차 사라졌다.『한서·형법지』에 따르면, 한대는 "국가가 안정을 되찾자 진의 제도를 이어받아 각 군과 제후국에 재관材官을 두는 제도를 실시하였다."[22] 한편『후한서·광무기光武紀』의 주注에 인용된『한관의漢官儀』건무建武 7년의 기록에 따르면, "고조는 각 군과 제후국에 명령을 내려, 인관引關(활시위를 최대로 당기는 것), 궐장蹶張(노를 발로 최대로 밟는 것)을 잘하고, 용맹하며 체력이 좋은 자를 선발하여 경차輕車, 기병騎士, 보병材官, 누선樓船(수군)으로 삼았다. 입추 후에 훈련을 시키고 시험을 보았다."[23]

위의 기록에서 알 수 있듯이 한대는 진의 군사 제도를 답습했다. 또한『한서·고제기高帝紀』의 주에서『한의주漢儀注』2년에 나오는 다음과 같은 내용을 인용한 바 있다.

"23살이 되면 정졸正卒이 된다. 1년이 더 지나면 위사衛士가 된다.

---

21) 『전국책·제책(齊策)』, "韓魏戰而勝秦, 則兵半折, 四竟不守 ; 戰而不勝, 國以危亡隨其後." 앞의 책, 261~262쪽.

22) 『한서』, 권23, 「형법지」, "天下既定, 踵秦而置材官於郡國." 앞의 책, 1090쪽.

23) 『후한서·광무기(光武紀)』, 주(注)에 인용된『한관의(漢官儀)』건무(建武) 7년, "高祖令天下郡國, 選能引關, 蹶張, 材力武猛者, 以爲輕車騎士, 材官, 樓船. 常以立秋後講肄課試." 앞의 책, 51쪽.

1년이 더 지나면 재관材官이나 기사騎士가 되는데, 궁도, 전차 몰기, 승마, 진법陣法 등의 전술을 연마한다. 늙어 56세가 되면 서민庶民 신분이 회복되어 귀가하여 농사를 짓는다."[24]

그리고『한서·소제기』운봉元鳳 4년 주에 인용된 여순如淳의 발언을 들어보면 다음과 같다.

"사람이 교대로 군역을 나가 복무하는 것을 경更이라 하는데, 경은 졸경卒更, 천경踐更, 과경過更 세 가지이다. 옛날 정졸은 고정된 것이 아니라 번갈아 가면서 복무했는데, 이를 졸경卒更이라 한다. 집안 형편이 어려운 사람이 남을 대신하여 복역하면 고용되는 비용을 받을 수 있다. 다음 차례로 복역할 사람은 한 달에 2,000전을 주고 그를 고용할 수 있다. 이를 천경踐更이라 한다. 또한 백성은 모두 3일 동안 변경을 지키는 의무가 있는데, 이 역시 경更이라고 한다. 이는 율律에서 요수繇戍라고 부르는 요역이다. 하지만 모든 백성이 직접 변경에 가서 3일 동안 국가를 지키다가 오는 것은 아니다. 또한 변방에 간 사람도 3일 있다가 당장 돌아올 수 있는 것도 아니다. 그래서 변경을 지키러 간 사람은 아예 거기에 1년씩 머무르다가 돌아오고, 교대로 1년 후 다른 사람이 가서 계속 변경을 지키는 것이다. 또한 변경에 가지 않는 사람은 국가에 300전錢을 낸다. 국가에서는 그 돈을 변경에 남아서 지키는 사람에게 지급해 주는데, 이를 과경過更이라고 한다."[25]

---

24)『한서』, 권1,「고제기」, 주에서 인용된『한의주(漢儀注)』2년 내용, "民年二十三爲正, 一歲爲衛士, 一歲爲材官騎士, 智射御騎馳戰陣, 年五十六衰老, 乃得免爲庶民, 就田里." 앞의 책, 37~38쪽. 역주: 사람들이 차례로 수도에 가서 복무하는 것을 정졸(正卒)이라고 한다.

25)『한서』, 권7,「소제기(昭帝紀)」, 여순(如淳) 주, "更有三品, 有卒更, 有踐更, 有過更. 古者正卒無常, 人皆當迭爲之, 是爲卒更. 貧者欲得雇更錢者, 次直者出錢雇之, 月二千, 是爲踐更. 天下人皆直戍邊三日, 亦名爲更, 律所謂繇戍也. 不可人人自行三日戍, 又行者不可往便還, 因便住, 一歲一更, 諸不行者, 出錢三百入官, 官以給戍者, 是爲過更." 위의 책, 230쪽.

이것이 바로 진한 시기 병역제도와 변수邊戍제도였다. 법률은 제대로 갖추어져 있었으나 실제 제대로 집행되었는지 의심스럽다.

진, 한 시기에는 적발謫發제도가 발달했다. 진秦의 적발제도에 대해서 조조鼂錯는 다음과 같이 정리한 바 있다.

> "군졸로 징발하는 대상은 처음에는 죄를 지은 관리, 데릴사위, 상인 으로 한정했는데, 후에 시적市籍에 올린 적이 있는 사람까지 확대되었 다. 나아가 조부모나 부모 세대가 시적에 등록되어 상업에 종사한 일이 있는 사람으로 확대되었고, 나중에는 기존에 병역 의무가 없던 여좌閭左 (여의 왼쪽 지역)에 사는 사람으로 확대되었다."[26]

이는 한대 이른바 칠과적七科謫이라는 군졸 적발謫發제도이기도 하 다.[27]

진秦 2세 때, 산동에서 농민 반란이 일어났을 때, 장한章邯이 여산酈山에 서 복역服役하던 죄인의 형벌을 면제해 주고 반란군을 공격하도록 했다. 이렇듯 죄인을 군사로 징발한 일은 한대부터 시작된 것이 결코 아니다.

한대 무제 초년 이전까지만 해도 각 군이나 제후국에서 군대를 징발하 는 일이 많았지만, 무제의 치세가 중반에 이르렀을 때는 대개 적발謫發제 도로 병력을 모았다. 물론 이는 일반 백성들의 병역을 줄여주기 위함이기 도 했다.

『가자서賈子書・속원屬遠』에 진한대 군사제도에 대해 언급한 내용이 나오는데, 이를 통해 고대 군사제도가 진한대에 제대로 시행되지 못한 이유를 확인할 수 있다.

---

26) 『한서』, 권49, 「조조전(鼂錯傳)」, "先發吏有謫及贅壻、賈人, 後以嘗有市籍者, 又後以 大父母、父母嘗有市籍者, 後入閭取其左." 위의 책, 2284쪽.

27) 자세한 내용은 『한서・무제기』 천한(天漢) 4년의 주에 인용된 장안(張晏)의 말을 참조하시오.

"옛날에 천자의 강역은 사방이 1,000리밖에 안 되었으며, 그 가운데에 도읍을 세웠다. 그러면 각지에서 도읍에 요역을 보낼 때, 아무리 멀어도 500리를 가기 전에 도착할 수 있었다. 또한 공후公侯 등 유력자들의 봉지는 사방이 100리밖에 안 되었고, 역시 그 가운데에 도읍을 건설했다. 그러면 각지에서 요역을 보낼 때, 아무리 멀어도 50리를 가지 않고 곧 도착할 수 있었다. 하지만 진에 와서는 상황이 달려졌다. 진은 바다를 통해서 요역을 보내야 했고, 1전錢의 요역을 보내기 위해 10전을 들여도 수도에 도착하지 못하는 일이 생겼다."[28]

싸움에 익숙한 봉건시대의 사람들에게 변경에 가서 국가를 지키는 일은 그다지 어려운 일은 아니었지만, 길이 멀고 또한 장기간 복역해야 했으므로 생업에 전념할 수 없는 점이 문제였다. 『사기·화식열전』에 이와 관련된 대목이 나온다.

"오, 초를 비롯한 칠국의 난이 일어났을 때 수도에 있는 열후列侯와 각지 유력자들 모두 군대를 따라 전쟁터에 나갔는데 거액의 여비를 마련하느라 고리대까지 빌려야 했다."[29]

이처럼 당시는 전쟁터까지 가는 여비만 해도 상당했다. 열후도 돈을 빌려야 하는 마당에 서민들은 더 이상 말할 필요가 없을 정도였다. 생업이 황폐해지고 여비마저 만만치 않아. 병역은 당시 백성들이 감당하기 어려운 경제적 부담이었다. 고대 군역제도가 통일시대에 실시되기 어려

---

28) 『신서(新書)·속원편(屬遠篇)』, "古者天子地方千里, 中之而爲都, 輸將繇使, 遠者不五百里而至. 公侯地百里, 中之而爲都, 輸將繇使, 遠者不五十里而至. 秦輸將起海上, 一錢之賦, 十錢之費弗能致." 중화서국, 중화경전명저전본전주전역총서(中華經典名著全本全注全譯叢書), 2012년, 99쪽. 역주: 『가자서(賈子書)』는 곧 『신서(新書)』를 말한다.

29) 『사기』, 권129, 「화식열전」, "七國兵起, 長安中列侯封君行從軍旅, 齎貸子錢." 앞의 책, 3280쪽.

웠던 경제적 이유는 바로 이것이다.

이외에도 심리적인 원인도 없지 않았다. 작은 국가에 적은 백성이 사는 소국과민小國寡民의 시대에는 국가와 백성의 이해관계가 비교적 일치했지만 통일된 국가의 경우는 반드시 그렇다고 말할 수 없었다. 왕회王恢가 말했듯이 전국 시대에는 대국代國만의 역량으로도 능히 흉노를 제압할 수 있었다.[30] 진대나 한대 시절에는 전국의 병력을 총동원해도 흉노를 물리치기 어려웠다. 그 까닭이 바로 여기에 있다. 비록 한 선제宣帝, 원제元帝 때 흉노가 알현하기 위해 온 경우도 있기는 하지만 이는 흉노 내부의 분쟁으로 인해 세력이 약화되었기 때문이다.

경제적으로 백성의 생계유지 문제를 고려하지 않을 수 없었고, 또한 군졸 징발로 인한 백성의 원망도 이만저만이 아니었다. 이런 상황 속에서 점차 각 군과 제후국은 병력을 징발하는 군국조발郡國調發 제도를 폐지하고 대신에 적발謫發, 적수謫戍 제도를 시행하지 않을 수 없었다. 새로 시행된 적발, 적수제도 덕분에 농민들은 일시적으로나마 경작에 전념할 수 있었다. 하지만 국가의 장기적인 이익의 관점에서 보면, 군역에서 해방된 백성은 갈수록 군사에 서툴게 되고, 각지의 무장 장비 역시 날로 쇠약해지는 결과가 빚어지게 되었다. 그러므로 정치에 있어 눈앞의 이익과 장기적인 이익이 서로 충돌될 때가 있는데, 그 충돌을 원만하게 처리하는지의 여부는 정치가의 안목과 능력에 달려 있는 일이 아닐 수 없다.

제도상 민병제民兵制가 완전히 사라진 것은 후한 광무제光武帝 때이다. 건무建武 6년에 군과 제후국의 도위관都尉官을 폐지했고, 이어 7년에 경차, 기사, 재관, 누선을 폐지했다. 이후로 각 군과 제후국에 군비軍備란 것이 없었다.[31]

---

30) 『한서 · 한안국전(韓安國傳)』 참조. 역주: 대국(代國)은 전국(戰國) 시대에 세워진 고국(古國)으로 지금의 하북성 울현(蔚縣) 동북쪽에 위치했다.

한의 군사력도 그때부터 외강내약外强內弱의 현상을 보이기 시작했다. 한 무제가 설치한 일곱 교위校尉 중에서 변경 속국屬國에는 월기越騎, 호기胡騎, 장수長水 등 세 개의 교위가 있었다.[32] 출병할 일이 있을 때 속국의 기병騎兵을 보내는 경우가 있었으나, 주력부대로 활용한 것은 아니다. 하지만 후한 광무제光武帝에 와서 천하의 평정이 상곡上谷, 어양漁陽 등 속국의 병력에 완전히 의지했다. 변경의 병력이 강하고 중앙의 병력이 약해지기 시작했다는 뜻이다.

한 안제安帝 이후 강족羌族의 반란이 빈번했다. 특히 양주涼州 일대는 평안한 날이 없을 정도였다. 강족과 호인胡人은 특히 용맹하고 사나우며 싸움을 좋아했다. 이에 반해 중원 사람들은 싸움을 좋아하지도 또한 잘하지도 못했다. 하지만 전쟁은 용맹함만으로 승리하는 것이 아니니, 당시 중국의 역량만으로도 능히 오호五胡를 제압할 수 있었을 것이다. 하지만 중원의 정권은 내부 분열로 인해 결국 오호의 난리를 겪지 않을 수 없었다.

분열 시대에는 군인이 정권을 장악하기 쉽다. 정권을 장악한 군인은 처음에는 모략도 쓰고 용맹하기도 하지만 시간이 지나면서 교만해지면서 사치스럽고 방탕해지기 마련이다. 당연히 정치 기강이 무너지고 군기도 문란해질 수밖에 없다. 그런 상황에서 조금이라도 외부에서 압박이 가해지면 그냥 무너지고 만다. 서진西晉이 전형적인 예이다. 서진 초년에 군주나 신하 모두 정무에 나태하고, 사치에 빠져 향락만 추구하게 된 것은 군벌들이 전횡한 결과이자 오호의 난이 발생하게 된 근본 원인이다.

오호의 난이 지속되던 시기에 주로 동원된 것은 한인 병사들이 아니었

---

31) 이후 요새에 다시 도위(都尉)를 설치하는 일이 있었다. 또한 어지러운 일이 발생하여 임시로 설치하는 경우도 있었으나 모두 정규적인 제도로 굳어지지 못했다.

32) 『한서·백관공경표(百官公卿表)』 참조. 장수(長水)에 대해서 안사고(顏師古)가 오랑캐 민족 이름(胡名)이라고 해석한 바 있다.

다.33) 다만 대규모 병력이 필요할 때나 이민족으로 구성된 병력이 부족할 때만 한인 병졸을 징발했다. 예컨대 석호石虎가 연燕을 토벌할 때 한인 군졸을 동원하고,34) 부진苻秦이 진晉을 공격할 때 한인 군졸을 사용한 것이 그러하다.35) 하지만 그렇게 임시로 동원한 군대의 전투력이 강할 수는 없었다. 군대의 전투력은 훈련을 통해 길러지는 법이다. 오호 시기에는 한인 군졸이 주력군이 아니었기 때문에 평소 군사훈련을 받은 적이 없었다.『북제서北齊書 · 고앙전高昂傳』에서 이와 관련한 예증을 엿볼 수 있다.

"고조高祖(고환高歡)가 이주조尒朱兆를 토벌하러 한릉韓陵으로 갈 때 고앙高昂이 향인부곡鄕人部曲(고향 마을민 부하) 3,000명을 이끌고 따라 가려고 했다. 그러자 고조가 말했다. '고도독高都督(고앙)이 통솔하는 군대는 모두 한인 군사들인지라 도움이 될 수 있을지 모르겠소. 선비鮮卑 출신 군사 1,000명을 줄 테니 한인 군사들과 섞어 다시 편성해보는 것이 어떻겠소?' 이에 고앙이 대답했다. '오조敖曹(고앙의 자字)가 통솔하는 부곡은 장기간 훈련을 받았고 또한 전쟁터에 여러 번 갔다 온 군사들이니 전투력이 선비군 못지않을 것입니다. 더군다나 지금 상황에서 억지로 그들을 섞어 새로 편성하면 병사들이 감정적으로 서로 어울리지 못할 수도 있습니다. 원컨대 제가 한인 군사들을 이끌고 출정하고자 하오니 서로 섞이지 않도록 해주십시오.' 고조가 허락했다. 전쟁이 시작되고 고조의 군사들은 불리하여 점차 후퇴하였는데, 반대로 고앙의 군대는 적을 물리치고 마침내 승리를 거두었다."36)

---

33) 이에 대해 앞의 4장에서 밝힌 바 있다.

34) 역주: 석호(石虎)는 16국의 하나인 후조(後趙)의 세 번째 황제였다.

35) 역주: 부진(苻秦)는 16국의 하나인 전진(前秦)이다.

36) 『북제서(北齊書)』, 권21, 「고앙전(高昂傳)」, "高祖討尒朱兆于韓陵, 鄕人部曲三千人. 高祖曰: "高都督純將漢兒, 恐不濟事, 今當割鮮卑兵千餘人, 共相參雜, 於意如何?" 昂對曰: "放曹所將部曲, 練習已久, 前後戰鬪, 不減鮮卑. 今若雜之, 情不相合. 願自領漢軍, 不煩更配." 高祖然之. 及戰, 高祖不利, 反藉昂等以致克捷." 북경, 중화서국, 1972년, 294쪽.

역시 군대는 훈련이 중요한 것이지 어디 출신인지는 별로 상관이 없다. 여하간 유연劉淵, 석륵石勒이 반란을 일으켜 정권을 잡은 후로 남북조 말기까지 북방의 군권은 줄곧 이민족이 장악했다. 그렇기 때문에 남방의 한족은 북방을 되찾을 수 없었다. 그러나 오호를 제압할 기회가 없었던 것은 아니다. 다만 남방의 한족 정권은 그럴 능력이 없었다. 다시 말해 군인들이 정권을 전횡하면서 중앙의 권력이 통제력을 발휘하지 못했기 때문이다. 진晉이 동도東渡한 후, 형주荊州와 양주揚州가 서로 대치하고, 이후 송宋, 제齊, 양梁, 진陳 등으로 정권이 교체하면서 중앙과 지방의 분쟁이 끊이지 않았다는 역사적 사실을 통해 이를 확인할 수 있다.

동진 이후 북강남약北强南弱의 정세가 형성되었다. 삼국 이전까지만 해도 북방의 군대는 신중한 전략으로 승리를 취하고, 남방의 군대는 용맹함으로 승리를 취한다는 점이 특징이었다. 군사들의 소질 면에서 남방이 뛰어난 것이 분명했으나 사회의 문명화는 역시 북방이 월등하게 앞섰다. 군사상의 승패를 결정짓는 관건은 바로 여기에 있다. 하지만 후세 논자들은 백성들의 풍기가 강하고 약함에 따라 승패가 좌우된다고 보았다. 이는 그릇된 판단이다. 다음 몇 가지 사례를 통해 이를 확인할 수 있다.

진秦은 여섯 나라를 병탄하여 전국을 통일했으나 패현沛縣에서 봉기한 유방劉邦과 오중吳中에서 군사를 일으킨 항적項籍에게 패망하고 말았다. 그렇다면 진은 초楚에게 멸망한 것이라고 볼 수 있다. 그래서 당시 사람들은 진이 초에게 멸망될 것이라는 남공南公의 망진필초亡秦必楚 예언이 적중했다고 말했던 것이다.[37] 사실 유방과 항우가 성공적으로 진을 무너뜨

---

[37] 역주:『사기·항우본기』에 따르면, 이는 범증(范增)이 항량을 찾아가 유세하면서 전국시대 음양가 가운데 한 명인 초 남공이 한 말을 인용한 것이다. 초 남공은 이렇게 말했다. "초나라에 설사 세 집 밖에 남지 않더라도 진을 멸망시킬 나라는 반드시 초나라일 것이다." 여기서 세 집안은 단순히 매우 적음을 나타낸다는 해석도 있고, 초나라 왕족인 소(昭), 굴(屈), 경(景) 세 성을 가리킨다는 설도 있으나 확실치 않다.

릴 수 있었던 것은 뛰어난 전략 때문이지 초나라 백성들의 기풍이 강했기 때문이 아니다. 또한 오吳, 초楚를 비롯한 칠국의 난은 한때 기세가 하늘을 찌를 듯 대단했지만 결국 실패로 끝나고 말았다. 그 이유는 무엇인가? 무엇보다 당시 천하가 겨우 안정된 상황에서 더 이상 변화를 원치 않는 상황이었고, 다음으로 오왕吳王이 병법에 약했기 때문이다. 사실 남방의 민풍은 대단히 용맹스럽고 사납다. 예컨대 손책孫策, 손권孫權, 주유周瑜, 노숙魯肅, 제갈각諸葛恪, 육손陸遜, 육항陸抗 등은 북방 위나라의 10분의 1도 안 되는 작은 땅과 백성으로 북방 군사들과 싸우며 중원을 차지하겠다는 뜻을 버리지 않았다. 위나라도 한 때 어쩔 수 없을 정도로 힘들어했다. 하지만 그들은 끝내 멸망하고 말았다. 그러니 어찌 군사 대결의 승패가 민풍에 좌우된다고 말할 수 있겠는가?

동진 이후 문명의 중심은 남쪽으로 이동했다. 당시의 남방 정권이 만약 무기를 재정비하고 군사들을 훈련시켜 막강한 군사력을 확보했다면 짧은 시일 안에 북방을 되찾을 수 있었을 것이다. 하지만 안타깝게도 그들은 그렇게 하지 않았고, 그렇게 할 수도 없었다. 결국 269년이란 오랜 세월 남북 분열의 시기가 지난 뒤 남방 정권이 북방 정권에게 병탄되면서 천하가 다시 통일 국면으로 들어갔다. 남방 정권이 멸망한 이유는 역시 한말漢末의 여독餘毒과 관련이 있다. 한말의 여독이란 다음 두 가지를 말한다. 첫째, 북방에서 건너온 사대부들은 쇠미하여 의기소침했다. 그들은 더 이상 분발하지 않았다. 둘째, 군인들이 군권을 쥐고 서로 시기하며 화합하지 않았다. 당시 남방 정권은 이처럼 허약한 사대부와 분열된 군인들에 의해 장악되었으니 어찌 북방을 되찾을 수 있었겠는가? 만약 손오孫吳 정권의 군신君臣들이 당시 동진을 통치했다면 과연 북방 정권이 천하를 통일할 수 있었을까? 그러니 여몽呂蒙이 군대를 주둔시켰던 여몽영呂蒙營(여몽의 군영)을 지나가며 두보杜甫가 "유비와 손권은 군신 간에 거리가 없어, 싸울 때마다 공을 세워 이름들을 날렸다(灑落君臣契, 飛騰戰伐名)"38)라고 읊었던 것도 다 이유가 있다.

여하간 남방 정권은 장기적인 부패와 타락으로 인해 남약南弱의 정세가 점차 굳어졌다. 반면 당시 북방은 장기간의 전란으로 인해 무력武力을 숭상하는 분위기가 조성되었다. 조익趙翼은 자신의 『이십이사차기卄二史剳記』에서 주周, 수隋, 당唐 등 세 나라의 선조가 모두 무천武川[39]에서 나왔다고 밝힌 바 있는데, 이를 통해 남북조 말기부터 당에 이르기까지 무력의 중심이 바뀐 일이 없었음을 알 수 있다.

오호 중에서 저족氐族, 강족羌族, 갈족羯族은 모두 인구가 적었다. 이에 비해 흉노족과 선비족은 사납고 또한 인구도 많았다. 흉노족은 중원을 오랫동안 차지했기에 선비족보다 유리한 조건을 갖추고 있었다. 하지만 매우 잔혹했다. 이는 갈족도 마찬가지였다. 갈족은 염민冉閔에게 대량살육을 당한 후부터 점점 쇠약해졌다.[40] 당시 북방의 혼란을 틈타 남방 정

---

38) 역주:「공안현에서 옛 일을 회상하며(公安縣懷古)」. 전체 시는 다음과 같다. "드넓은 이 땅에 여몽의 군대가 주둔했고, 유비도 물이 깊은 이곳에 성을 쌓았다. 추운 날 낮 시간은 갈수록 짧아지고, 바람에 파도는 구름에 닿을 듯 높아진다. 유비와 손권은 군신 간에 거리가 없어, 싸울 때마다 공을 세워 이름들을 날렸다. 배를 세우고 그때 일들을 생각하니, 옛사람들이 그리워져 소리 한 번 질러본다(野曠呂蒙營, 江深劉備城. 寒天催日短, 風浪與雲平. 灑落君臣契, 飛騰戰伐名. 維舟倚前浦, 長嘯一含情)."

39) 역주: 무천은 지금의 내몽고 중부에 위치하고 있다. 내몽고에 건립한 6진(鎭) 가운데 한 곳이다. 주, 수, 당의 조상이 무천에서 나왔다는 것은 그들이 이른바 관롱(關隴: 섬서 관중(關中)과 감숙 농산(隴山)(또는 육반산(六盤山)) 주위의 군벌세력) 귀족집단 출신이라는 뜻이다.

40) 역주: 염민(冉閔, 320~352년)은 한족 출신으로 석호(石虎)의 양손자이다. 이로 인해 염민은 성을 고쳐 석민(石閔)이 되었다. 그는 석호의 총애를 받아 무장으로 탁월한 전공을 이루었다. 석호가 사망한 후 황실 내부에 혼란이 일어나면서 석민은 후조의 실권을 장악하고 전횡했다. 그 과정에서 갈족(羯族)을 비롯한 여러 호족(胡族)들을 대량 학살했다. 350년 스스로 황제에 즉위하여 국호를 대위(大魏)로 정하고 원래 성씨인 염씨(冉氏)로 바꾸었다. 이후 전연의 모용각(慕容恪)에게 패배하여 포로로 잡혔다가 곧 살해되었다. 전연의 모용준(慕容俊)은 그에게 무도천왕(武悼天王)이란

권이 반란을 평정하고 다시 옛 땅을 회복할 수 있었으나 남방 정권은 그렇게 할 수 없었다. 그 이유를 분석하면 다음과 같다.

동진 이전까지 용호상박龍虎相搏하는 일은 대개 오늘날의 하북, 하남, 산동, 산서, 섬서 일대에서 벌어졌다. 이에 반해 북쪽에 있는 요녕遼寧, 열하熱河, 차하얼察哈爾, 수원綏遠 등지는 상대적으로 안정되었고 조용했다. 그 때문에 그곳에 거주하는 선비인들은 상대적으로 안정된 생활을 영위했으며 재부를 축적하면서 막강한 세력을 기를 수 있었다. 사실 당시 선비족은 중원을 침입하는 일을 내켜하지 않았으며 평화스러운 생활에 만족했다. 북위北魏 평문제平文帝와 소성제昭成帝가 남방 정권을 치려다가 신하들의 거센 반대를 부딪쳐 결국 죽임을 당하게 된 것도 이런 이유 때문이다.41) 그러나 도무제道武帝(북위의 개국황제 척발규拓跋珪, 371-409년)가 제위에 오르면서 상황이 바뀌었다. 그는 적극적으로 중원을 침공하고자 기회를 엿보았다. 당시 사례를 통해 그의 흉포한 모습을 엿볼 수 있다. 도무제가 연燕을 공격하는 와중에 역병이 돌아 신하들이 퇴각하기를 주청했다. 그러자 도무제가 그들에게 이렇게 말했다. "나와 더불어 국가를 다스릴 자들은 사해四海에 널려 있다. 내가 어떤 식으로 그들을 대하느냐가 중요할 따름이니, 설마 나를 따를 이가 없어 두려워하겠느냐?"42) 그의 말에 더 이상 감히 되돌아가자는 말을 꺼내는 신하가 없었다.43)

『위서魏書·서기序紀』에 나오는 목제穆帝(척발황拓跋晃, 428~451년)의 경우는 더욱 살벌했다. "엄한 형법과 법령을 시행하여 각 부部의 백성들이 법을 어겨 죄를 지은 이들이 많았다. 또한 정해진 기한에 처벌을 받지

시호를 내렸다.

41) 『위서(魏書)·서기(序紀)』 참조하시오.

42) 『위서』, 권2, 「태조도무제(太祖道武帝)」, "四海之人, 皆可與爲國, 在吾所以撫之耳, 何恤乎無民?" 북경, 중화서국, 1974년, 30쪽.

43) 『위서(魏書)·본기(本紀)』 시황(始皇) 2년의 기록을 참조하시오.

않으면 부部에 속한 모든 이들을 처형하기도 했다. 온 식구들이 손을 잡고 사형장으로 끌려가는 것을 보고 누군가 어디로 가느냐고 물으면 죽으러 간다고 답했다."[44]

참으로 잔혹하기 짝이 없는 일이다. 앞서 인용한 도무제의 말은 사가에 의해 완곡하게 표현되었을 따름이다. 만약 당시 그가 한 말을 그대로 옮긴다면 이러했을 것이다. "돌아가려고 한다면 모두 죽여 버릴 것이다!" 그러니 어찌 신하들이 재차 철수를 말할 수 있었겠는가.

당시 중원을 할거하던 이민족들은 정권을 유지하느라 정신이 없고, 남방의 송宋 무제는 심각한 내부 갈등으로 인해 북방을 넘볼 여유가 없었다. 바로 이런 기회를 틈타 북위가 북방을 장악할 수 있었던 것이다.

북위 효문제孝文帝는 남천南遷하기 전까지 여전히 기존의 수도인 평성平城을 중심으로 통치했다. 국가의 발전을 위해서라면 남방을 침략하여 강토를 넓히는 것이 중요하지만 북방을 방어하는 일은 생사가 달린 문제였다. 그렇기 때문에 북위는 남방을 넘보기에 앞서 평성을 중심으로 육진六鎭을 설치하여 중앙을 보위하도록 했다. 하지만 수도를 낙양으로 옮기자 기존의 육진에서 불평등을 이유로 반란이 일어났다. 육진의 난을 통해 이주씨尒朱氏 집안이 큰 세력으로 성장했다. 아울러 연고씨連高氏, 하발씨賀拔氏, 우문씨宇文氏 등은 중원으로 진출했다. 이리하여 막강한 세력을 지닌 집안끼리 용호상박하는 상황이 5~60년 동안 지속되었으며, 결국 수隋에 통일되었다.

근래에 수당의 선조가 한족인지 여부에 대한 문제를 제기하는 이들이 적지 않다. 사실 민족 정체성은 혈통이 아니라 문화에 의해 결정된다. 그럼에도 혈통만을 가지고 논쟁을 펼친다면 민족투쟁사에서 의미를 찾기

---

44) 『위서』, 권1, 「서기(序紀)·평문제(平文帝)」, "明刑峻法, 諸部民多以違命得罪. 凡後期者, 皆舉部戮之. 或有室家相携,以赴死所, 人問何之, 答曰: 當往就誅." 앞의 책, 9쪽.

어렵다. 이런 점에서 수나 당의 선조가 호풍胡風을 지녔다거나 대부분 무천武川에서 나왔다는 사실을 꺼림칙하게 생각하거나 기피할 이유가 전혀 없다.

이주씨亦朱氏가 흥기한 때부터 당대 초기까지 정치 무대를 장악한 것은 분명 무천의 무력 세력이다. 예컨대 당대 초기만 해도 은태자隱太子(당조 개국황제인 이연李淵의 장자), 소자왕巢剌王(고조의 넷째 아들인 이원길李元吉), 상산민왕常山愍王(태종의 장자 이승건李承乾)처럼 호풍을 그대로 지닌 이들이 적지 않았다.45) 하지만 당조 정관貞觀 이후로 이러한 호풍은 점차 희미해지고 결국 사라졌다. 오호의 난은 과거의 일이 되었지만 군사적으로 이민족을 중용하는 관습은 사라지지 않고 계속 유지되었다. 당대에 번장蕃將이나 번병蕃兵이 수없이 많았다는 사실이 이를 증명한다.

사학자들은 흔히 한漢, 당唐을 병칭하기를 좋아하지만, 군사상의 성취는 당조가 한조보다 훨씬 컸다. 이는 세운世運, 즉 시절의 운세가 달랐기 때문이다. 특히 당조는 한조와 비길 수 없을 정도로 대외적인 교통이 발전했음을 말한다. 하지만 진정한 군사력은 당이 한을 따라잡을 수 없다. 대외적인 원정이 있을 경우 한조는 주로 본국 군사를 보냈지만 당조는 이민족으로써 이민족을 제압하는 이른바 이이제이以夷制夷를 시행했기 때문이다. 당조는 이런 정책으로 잠시나마 본국 백성들에게 군역을 줄여줄 수 있었지만 장기적으로 봤을 때 이민족을 강하게 만드는 대신 한족을 쇠약하게 만들고 말았다. 안녹산安祿山의 반란이나 사타沙陀, 돌궐突厥 등 여러 이민족들이 중원을 제멋대로 침략할 수 있었던 것은 모두 이러한 실책에서 비롯된다. 이후 정권을 잡은 송나라가 시종 부진하여 끝내 강력해지지 못한 까닭도 이와 관련이 있다. 오랫동안 지속적으로 유약하고

---

45) 역주: 『신당서』 권8에 따르면, 태종의 장자인 이승건은 돌궐 말에 능통했고, 호인들처럼 양가죽 옷을 입었으며, 변발을 했다.

쇠미해진 기풍은 짧은 기간 내의 훈련이나 정책으로 고칠 수 있는 것이 아니다. 뿐만 아니라 당대 부병제府兵制의 경우 설치만 해놓고 제대로 운영하지 않은 것도 이와 깊은 관련이 있다.

부병제府兵制는 주周 때부터 시작된 군사 제도였다. 농민의 조조租調를 면제해 주는 대신 군졸로 징집하는 것이다. 자사刺史가 농한기에 백성들을 훈련시켰다. 주대는 전국에 모두 100개의 부府를 설치했으며, 부마다 관장하는 낭장郎將을 두고 24군軍에 예속시켰다.[46] 각 부의 병력을 모두 합하면 5만 명이 채 되지 않았다. 수나라나 당나라 모두 이를 답습하여 각 부府를 위장군衛將軍에 예속시켰다. 또한 당조는 부를 절충부折衝府라고 불렀으며, 각 부에 절충도위折衝都尉를 두었다. 아울러 부직副職으로 좌과의교위左果毅校尉, 우과의교위右果毅校尉 각기 한 명씩 두었다. 상부上府는 1,200명, 중부中府는 1,000명, 하부下府는 800명이었다. 정남丁男은 20살이 되면 병역의 의무를 이행하기 시작하고 50살이 되면 군역에서 면제되었다. 전국에 모두 634개 부府를 설치했는데, 관중關中에 설치된 부가 261개였다. 이렇듯 지방의 군사력을 약화시키고 중앙의 군사력을 강화하는데 주력했다.

부병제의 구체적인 운영 방식은 다음과 같다.

병사들은 자신들 스스로 군량을 비롯한 장비를 마련하기 위해 평상시 농경에 종사했다. 전쟁이 발발할 경우 부병을 통솔하는 장교를 임명하여 전쟁을 수행했다. 전쟁이 끝나면 부병의 지휘관은 자신이 패용하던 인印을 반환하고 휘하 부병은 각기 소속 부로 돌려보낸다. 번진제藩鎭制와 송의 모병제募兵制에 비해 부병제는 다음과 같은 세 가지 장점이 있다.

첫째, 많은 병력을 유지하면서도 군비의 소모가 적다. 둘째, 병사가 모

---

46) 당시에는 주국(柱國) 한 명이 장군 두 명을 통솔하고, 장군 한 명이 개부(開府) 두 명을 거느렸으며, 개부 한 명이 1군(軍)을 통솔했다.

두 생업을 가지고 있기 때문에 전쟁이 끝나면 돌아갈 곳이 있다. 셋째, 부병의 지휘관은 상황에 따라 임명하기 때문에 장수가 군권을 장악하여 반란을 일으킬 염려가 없다. 기존의 논자들은 부병제의 이런 장점으로 인해 부병제를 적극 옹호했다.

하지만 군대는 명색보다 실질이 더욱 중요하다. 당대에 부병제가 존재했던 것은 분명한 사실이다. 하지만 실제로 부병을 전쟁의 주력군으로 사용한 일은 거의 없었다. 이는 당시 전쟁에서 번병蕃兵을 보내는 관습에 따른 것이지만 또한 부병府兵의 전투력이 형편없었던 것 또한 사실이다.

부병의 전투력이 약했던 까닭은 당시 사회 풍조, 시국, 그리고 국가 정책과 모두 관련이 있다. 용맹스런 군대를 만드는 것은 군사훈련이다. 병사들이 군사훈련에 적극적으로 임하는 것은 전쟁을 대비하기 위함이다. 그러나 국가가 안정되고 위로부터 아래에 이르기까지 군무軍務를 등한시하는 분위기라면 부병들 역시 마음이 해이해지지 않을 수 없다. 마음이 해이해지면 군사훈련도 게을리 하기 마련이다. 따라서 당조의 부병제가 본래 의도에서 벗어나게 된 것은 당대 초기 국가의 안정과 대외 원정에서 본국 병력을 징발하지 않은 것과 깊은 관련이 있다.

고종高宗과 무후武后(무측천) 때에 이르러 부병제가 아예 유명무실한 제도가 되어 버렸다. 현종玄宗 때 부병은 숙위宿衛조차 감당할 수 없을 정도였다.[47] 그래서 당시 재상인 장열張說은 부병을 정비할 생각을 포기하고 아예 별도로 병사를 선발하여 숙위宿衛를 맡게 하자고 주청했다. 그렇게 모병하여 숙위를 맡은 병사들을 확기彍騎라고 불렀다. 이후로 각 부府는 더욱 실속이 없는 빈껍데기로 남게 되었다.

---

47) 당조 시절 숙위(宿衛)는 각 부에서 파견된 부병이 충당했다. 교대로 수도에 파견되어 숙위하는 것을 일러 '번상(番上)'이라고 한다. 번(番)은 지금의 '반(班)'의 뜻이다. 역주: 숙위(宿衛)는 곧 궁궐과 수도를 지키는 금위군(禁衛軍)을 뜻한다.

당대 초기 변경에 주둔하는 군사조직 가운데 규모가 큰 것은 군軍, 작은 것은 성城, 진鎭, 또는 수착守捉이라고 불렸다. 각 군사조직은 모두 사使, 즉 지휘관이 통솔했다. 군軍·성城·진鎭·수착守捉을 통괄하는 곳을 '도道'라고 불렀으며 도에 대총관大總管을 두었는데, 이후 대도독大都督으로 호칭을 바꿨다. 그 중에서 사지절使持節이란 명예직을 가진 대도독을 흔히 절도사節度使라고 불렀다. 예종睿宗 이후 절도사는 정규 관직명으로 굳어졌다.

당대 초기에는 변경의 병력이 극히 적었다. 무후 시절 당조의 세력이 점차 약해지면서 북쪽에 돌궐, 동북쪽에 해奚와 거란, 서남쪽에 토번吐蕃의 세력이 커졌다. 현종玄宗 시절에 이르러 그들 이민족의 세력을 견제하기 위해 변경에 절도사를 설치하고, 특히 변경 동북에서 서북에 이르는 지역에 강력한 군사를 배치했다. 전국적으로 볼 때 나라의 군사력이 한쪽으로 치우친 국면이 형성되었다. 호인胡人 출신 절도사 안녹산安祿山과 사사명史思明이 야심을 품고 있다 마침내 천보天寶 연간에 난리를 일으켰다. 천보의 난리가 끝난 후 번진藩鎭은 내지內地까지 널리 분포하게 되었다. 또한 완전히 소탕하지 못한 안녹산과 사사명의 잔여 세력들은 모두 절도사가 되었다. 각 번진들은 차지한 토지를 자손에게 물려주기 위해서 서로 맹약을 체결하여 조정에 대항했다. 하지만 숙종肅宗이나 대종代宗은 그들의 저항에 지나치게 관용을 베풀었다. 그나마 덕종德宗은 이를 바로잡고자 했으나 군사력이 부족하여 주차朱泚의 반란을 초래했다. 나중에 주차의 반란을 진압하였지만, 자립 경향을 보이는 하북河北이나 회서淮西의 세력에 대해서는 당분간 어찌 할 수 없었다. 헌종憲宗 때 엄청난 노력 끝에 겨우 회서를 토벌하여 항복시켰다. 회서가 투항했다는 소식에 하북도 복종의 뜻을 보였다. 하지만 목종穆宗 시절에 또 다시 하북에서 반란이 일어났다. 결국 당조는 멸망할 때까지 하북의 반란을 평정하지 못했다.

당대의 번진 가운데 끝까지 중앙에 대항한 것은 하북이었지만 다른 번진들도 때때로 반란을 일으키는 등 항상 복종하고 순종했던 것은 아니었다. 태평 시기에도 중앙의 통제력이 지방까지 미치지 못하는 경우가 적지 않았다. 이런 점에서 숙종, 대종 때부터 이미 분열의 기미가 보였으며, 황소黃巢의 난을 겪은 뒤로는 더 이상 수습할 수 없는 지경에 빠지고 말았다.

중앙에 복종하지 않는 번진의 저항도 골치 아픈 일이었지만, 중앙의 군사력으로 부진을 면치 못했던 금군禁軍의 문제가 더 심각했다. 금군은 당대 초기에 징집된 군졸 가운데 돌아갈 데가 없어서 국가에서 위북渭北(위수 북쪽)의 한전閒田을 지급하여 숙위宿衛로 남게 한 병사들을 말하는데, 당시에는 원종금군元從禁軍이라고 일컬었다. 그들은 국가에서 은혜를 베푼 군사들이지 전쟁에 대비하기 위한 군사조직이 아니었다. 현종玄宗 시절 토번을 패배시킨 후 임조臨洮 서쪽에 신책군神策軍을 주둔시켰다. 안사의 난이 일어났을 당시 신책군의 군사軍使인 성여구成如璆가 장교 위백옥衛伯玉에게 군사 1,000명을 이끌고 황실을 보위토록 했다. 당시 지원군은 섬주陝州에 주둔했는데, 성여구가 죽은 후 신책군이 머물던 주둔지를 토번이 함락하자 위백옥을 신책군 절도사로 임명하여 섬주에 주둔하도록 했다. 아울러 환관宦官 어조은魚朝恩을 파견하여 군용軍容을 살피고 감독하게 했다. 위백옥이 죽자 환관 어조은이 신책군을 통솔하게 되었다. 대종代宗 때, 장안이 토번의 공격을 받아 함락되었는데, 대종이 섬陝으로 피난을 갔다. 그리고 적을 물리치고 나서 대종이 다시 장안으로 돌아갈 때 어조은이 신책군을 이끌고 호위했다. 이후로 신책군이 금군이 되었다. 경서京西 대부분이 금군의 방어 지역이었다. 덕종德宗이 봉천奉天에서 돌아온 후 조정의 관리를 신뢰하지 못해 또 다시 환관에게 군대를 통솔하도록 했다. 당시 변경을 지키는 군사들은 대우가 박했지만 신책군은 상대적으로 후했다. 그래서 전국의 각 부대들이 앞 다투어 요예신책군遙隸神策軍이 되려고 하니48) 신책군의 병력이 15만 명으로 급증했다. 이에 따라 환관 세력이 제압할 수 없을 정도로 막강해졌다. "목종穆宗 이래 여덟 황제 가운데 환관이 옹립한 이가 일곱 명이었다."[49] 순종順宗, 문종文宗, 소종昭宗이 모두 환관을 주살하려다가 오히려 폐위당해 죽거나 감금되었다.[50] 이렇듯 당시 환관은 별도의 군대를 동원하지 않고서는 제압할 수 없는 거대한 군사력을 갖추었다. 황제는 환관의 감시로 인해 군사를 동원할 수 없었다. 게다가 외부에서 군사를 불러올 경우 환관 세력은 제거할 수 있을지 모르나 자칫 동원된 군대의 장수에게 실권을 빼앗길 염려가 있었다. 그렇기 때문에 감히 시도조차 하지 못했다. 그러다가 말나라 말기에 외부 군사력을 동원하기에 이르렀는데, 결국 예상했던 대로 새로운 군사 실력자인 주량朱梁에게 제위를 빼앗겨 결국 멸망하고 말았다.

환관이 권력을 장악하여 재앙을 불러일으킨 것은 역대로 흔히 목격되는 일이다. 하지만 군권까지 장악하여 화근이 된 경우는 당대가 유일하다.[51] 이렇듯 어떤 정권이든 황제가 아닌 다른 자가 군권을 장악하면 결국 나라의 멸망을 자초하는 것이나 다를 바 없다. 황제의 측근인 환관의 경우도 예외가 아니다.

이처럼 당대 말기는 중앙에 권력을 농단하는 금군이 있고, 지방에는 통제되지 않는 번진藩鎭들이 창궐했다. 통일 왕조인 당조가 오대십국五代十國으로 분열된 것은 어쩌면 당연한 일이었다.

---

48) 역주: 지방의 정예부대를 경사로 보내 금군의 지휘를 직접 받는 것이 직할(直轄)이 되고, 경사로 가지 않고 금군의 번호(番號)만 수여받는 것이 요예였다.

49) 『신당서』, 권9, 「희종기(僖宗紀)」, 찬어(贊語), "自穆宗以來八世, 而爲宦官所立者七君." 북경, 중화서국, 1975년, 281쪽. 역주: 찬어는 곧 사서 본문 내용 뒤에 덧붙인 사학자가 평가하는 말이다. 『이이사찰기 · 당대환관의 화(唐代宦官之禍)』 조목 내용을 참고 하시오.

50) 문종 시절 정주(鄭注)가 환관의 군권을 빼앗으려다가 실패하였고 소종 또한 환관 세력을 제거하려고 병사를 훈련시키다가 끝내 실패하고 말았다.

51) 후한 말기, 환관 건석(蹇碩)이 군권을 탐내다가 하진(何進)에게 죽임을 당했다.

당대 절도사가 중앙의 명령을 잘 따르지 않은 것도 사실이지만 절도사가 휘하 군사軍士를 제대로 통제하지 못한 것 또한 사실이다. 휘하의 군사들은 지휘관인 절도사가 만족스럽지 못하면 곧 벌떼처럼 일어나 그를 죽이고 마음에 드는 다른 누군가를 우두머리로 세우곤 했다. 이에 대해 중앙에서도 어찌 할 수 없어서 장병들이 원하는 사람을 절도사로 임명해 줄 수밖에 없었다. 때로 간사한 자가 군대 지휘관이 되려고 장병들을 선동煽動하여 장수를 죽이기도 했다. 이런 상황에서 부자간 또는 형제간에 절도사의 자리를 물려받는 경우라도 휘하 장병들에게 각종 장려나 상을 줌으로써 군심을 달래야 했다. 그리하여 이른바 "지방 정권은 장수에게 좌우되고 장수는 휘하의 군사에 의해 좌우된다."는 분위기가 조성되었다.52)

당이 망한 뒤 오대십국 시기에 오로지 남평南平만 왕王으로 칭하였고, 나머지는 모두 칭제했다. 하지만 따져보면 당시 칭제한 이들은 이전의 절도사나 다를 바 없었다.

예를 들어 송조 개국황제인 조광윤趙匡胤에게 휘하 군사들이 황제의 용포龍袍를 입혀 황제로 옹립했다는 이른바 황포가신黃袍加身의 이야기는 당대 절도사를 휘하 군사들이 옹립한 것과 같은 맥락에서 벌어진 일이다. 이외에도 많은 사례가 있으나 일일이 열거하지 않는다. 여하간 군대의 기강이 이토록 문란해졌으니 크게 재정비하지 않을 수 없다. 그리하여 송조는 개국 초기부터 번진의 세력을 약화시키고 중앙 군사력을 강화하는 쪽으로 나아갔다.

이제 송의 군사 제도에 대해서 살펴보자.

송조의 병제兵制는 다음 네 가지로 분류된다. 첫째, 중앙군으로 금군禁

---

52) 『문헌통고(文獻通考)』, 권154, 「병고(兵考)」, "地(國)擅於將, 將擅於兵." 북경, 중화서국, 1986년, 1348쪽.

軍을 만들어 삼아三衙에 예속시켰다. 둘째, 지방군인 상군廂軍은 각 주州에 예속시켰다. 셋째, 민병인 향병鄕兵은 해당지역만 수비하고 변경으로 차출하지 않았다. 넷째, 이민족 중심으로 번병蕃兵을 조직하여 향병의 방식대로 관리했다. 송 태조는 주周 세종世宗의 군사정책을 이어받아 전투력이 막강한 상군廂軍은 모두 금군으로 승격시키고, 나머지 상군은 보충병으로 노역에 동원했다. 향병과 번병은 원래 정규군이 아니었으므로 간과해도 무방하다. 이렇듯 송조 군사력의 핵심은 금군이다. 금군은 전국 요충지에 번갈아 가며 파견되었는데, 이를 번술番戍이라고 한다.

　혹자들은 송조의 군사제도를 비판하며 부정적인 태도를 취했다. 심지어 당조가 강력한 군사력을 유지하고 이에 반해 송조가 약세를 보인 까닭은 바로 번진藩鎭의 유무 때문이라고 주장하기도 했다. 하지만 이는 황당무계한 설이 아닐 수 없다. 당의 국력이 가장 막강하던 시절에 어디에 번진이 있었는가? 번진을 설치하기 시작한 현종 시절은 이미 당의 국력이 쇠미해지기 시작하여 수세에 몰렸던 상황이었다. 이전까지 대외적인 군사정책은 이민족의 침입을 예방하는 차원에서 이루어졌다. 예를 들어한대는 도료장군度遼將軍, 서역도호西域都護를 두었고, 당대는 여러 도호부都護府를 설치하여 외족의 침략에 대비했다. 아울러 투항한 부락민의 경우, 항시 동정을 살피고 적극 소통하며 부락 간의 관계를 파악하고 조절했다. 이렇게 함으로써 이민족 각 부락이 서로 병탄하여 한 부락이 강해지는 것을 막아 이민족의 위협을 미연에 방지할 수 있었다. 뿐만 아니라 도호부를 중국 경내뿐만 아니라 이적夷狄(이민족) 경내에도 설치했는데, 이것이 바로 수재사이守在四夷이다. 이것이야말로 상책上策 가운데 상책이다. 당연히 변경 방어는 차선책일 따름이다. 만약 군사와 군마가 날래고 용맹하여 전투력이 막강하고, 방어 시설이 튼튼하며, 장병들이 중앙의 군령을 철저하게 따른다면 중책中策이라고 할 수 있다. 하지만 당의 번진처럼 변경을 지키는 장수가 지방 권력을 쥐고 제멋대로 전횡하게 된다면 결국 하책下策에서 속수무책束手無策으로 바뀌고 말 것이다. 군대에서 가장 금기시하는 것은 교만함이다. 군대가 교만해지면 군령에 복종하지 않고, 나아가 일치단결하여 적에 대항할 수 없을 것이다. 그러면 내부 분쟁이 일어나기 마련이고, 내부 분쟁이 일어나면 외부에 도움을 청하지 않을 수 없다. 이는 예나 지금이나 마찬가지다. 당대에 막강한 유주幽州의 병력으로 거란의 침입조차 막을 수 없었던 것이나 중국 경내에 수많은 번진이 있음에도 불구하고 황소黃巢가 이끄는 농민군이 무인지경으로 들어오듯 전국을 단번에 휩쓸어 버린 것, 또한 그들을 진압하기 위해 사타沙陀의 병력을 불러들이지 않을 수 없었던 것, 그리고 오대五代 시절 중앙과 번진 간의 분쟁으로 인해 거란의 침입을 야기한 것 등은 모두 번진이 화근이었음을 말해주는 명백한 예증들이다.

부병제를 시행한 당과 달리 송은 모병제를 실시했다. 이에 대해 기존의 학자들은 당의 부병제를 칭찬하고 송의 모병제를 비난했다. 이 역시 아무런 근거도 없는 낭설일 따름이다. 모병제는 단점이 없지 않지만, 경제적으로나 정치적으로 상당한 가치를 지닌 제도였다.

세상에는 어느 곳이나 사악하고 사나운 무뢰배가 있는 법이다. 그들 또한 사회의 구성원으로 이웃과 더불어 살아간다. 다만 자칫 범죄를 저지르거나 그릇된 일을 할 경우 징벌을 받거나 교육을 통해 교화할 수 있어야 한다. 군대는 이런 점에서 그들을 엄하게 단속하고 제어할 수 있는 곳 가운데 하나이다. 설사 성품이나 행실이 불량할지라도 엄격한 군기로 제대로 훈련시킨다면 사회적으로 안정을 구하는 한편 군사력을 강화하는 데도 큰 도움이 될 것이다. 더군다나 모병제의 경우 군대 복무 기간이 10년에서 20년까지 장기간이기 때문에 전투력 향상은 물론이고 개별 군병의 젊은 시절 험한 기질을 순화시키는 데도 효과가 있다.

또한 경제적으로도 군과 민을 분리시키는 것이 좋다. 양민들은 전투 대신 군병을 기르기 위한 군량을 마련하는 데 힘을 쏟으면 된다. 백성들이 군사에 관여하지 않고 생업에 전념하는 것이야말로 경제적으로 유익하고 또한 무해하다. 모병제의 실시로 백성이 군무에 대해 무지하게 될 것을 염려하는 이가 있는데, 사실 전민개병全民皆兵의 군사 제도는 오늘날에나 적합한 제도일 따름이다. 예전에 군대는 적을 방어하면 그 뿐이니 모든 국민이 군대에 갈 필요가 없었다. 이렇듯 모병제는 경제적으로나 정치적으로 매우 가치가 높은 군사제도였다. 송조가 이런 군사제도를 만든 것은 나름 깊은 뜻이 있었던 것이다. 다만 그 과정에서 효과를 보기도 전에 폐해가 먼저 나타난 것이 아쉬울 따름이다.

송나라의 군사 제도의 병폐는 다음과 같다.

첫째, 군대의 기강이 문란해지면서 부패가 심해졌다.

둘째, 번술제番戍制의 문제가 극심했다. (가) 번술제로 인해 병졸과 장수가 서로를 잘 알지 못해 군대 지휘에 문제가 많았다. (나) 군대에 복무 시간이 짧아 현지 지리 환경에 익숙하지 않았을 뿐만 아니라 현지 백성과도 아무런 접촉이 없었다. (다) 3년에 한 번 교대를 했는데, 현지까지 오가는 여비가 적지 않아 3년에 한 번씩 출정하는 것이나 다를 바 없었다.

셋째, 군대를 통솔하는 장수의 전횡이 극심했다. 우선 병졸들에게 지급되는 군량으로 자기 배를 채우고, 병사들을 제멋대로 사역을 시켜 이익을 도모했다. 또한 병역 면제를 쉽게 허가하지 않았다. 이외에도 수해나 가뭄이 들었을 때 모병을 구황책救荒策으로 삼았다. 그래서 병력이 점점 더 늘어났다. 예컨대 건국 시절 20만 명이 채 되지 않았던 병력이 태조 말년에 이르러 37만 명으로 급증했으며, 태종 말년에는 66만 명, 진종眞宗 말년에는 91만 명으로 계속 늘어났다. 급기야 인종仁宗 시절 서하西夏가 침입했을 당시 병력은 무려 125만 명이었다. 이후 감축되었다고 하나 대략 116만 명으로 여전히 방대한 병력을 유지했다. 방대한 병력을 유지하려면 당연히 그만큼의 재정이 필요했다. 그래서 소식蘇軾은 이로 인한 심각성에 대해 이렇게 말한 것이다. "천하의 재물은 가까운 회전淮甸으로부터 멀리 있는 오吳, 초楚에 이르기까지 모두 거두어 경사京師로 보냈다. 국가가 태평하여 전사戰事가 없을 때에도 부렴賦斂이 더할 수 없이 가중되었다."53) 병력이 이처럼 방대하면 설사 전투력이 막강할지라도 도처에서 위기에 직면하기 마련인데, 송조는 전투력마저 형편없었다. 결국 송은 요遼와 하夏와 접전할 때마다 수모를 당해야만 했고, 서하西夏가 침공했을 때는 향병鄕兵까지 동원하는 지경에 이르렀다.

당시 지나치게 많은 병력이 오히려 폐해라는 사실은 누구나 다 알고 있었다. 하지만 혹여 봉변을 당할까 두려워 감히 병력 감축을 언급하는 이가 없었다. 다행히 왕안석이 등장하여 과감한 병력 감축을 시행했다. 금군에 부합하지 못한 군대는 상군廂軍으로 강등시키고, 상군에 부합하지 않는 군사들은 군역을 면제시켜 평민으로 되돌아가게 했다. 이렇게 하여 병력을 이전의 절반 수준으로 줄였다. 이와 동시에 번술제를 파기하고, 대신 주요 요충지에 군대를 주둔시키고 장수를 설치하여 통솔토록 했다.54) 왕안석이 군사상 큰 성취를 거둔 것은 없지만 병력을 과감하게 감축시켰던 용기만큼은 칭찬받아 마땅하다.

하지만 왕안석이 시행한 민병제民兵制는 큰 성취는 고사하고 폐단이 컸다. 그가 주장한 민병제는 보오제保伍制와 연관이 있다. 왕안석이 만든 보오제는 다음과 같다. 10집이 1보保를 이루고, 보장保長을 둔다. 50집이 1대보大保를 이루고, 대보장大保長을 둔다. 500집이 1 도보都保를 이루고, 도보정都保正과 도보부都保副를 각기 한 명씩 둔다. 집에 정남丁男 두 명이

---

53) 『문헌통고』, 권152, 「병고(兵考)」, "天下之財, 近自淮甸, 遠至吳, 楚, 莫不盡取以歸京師. 晏然無事, 而賦斂之重, 至於不可復加." 앞의 책, 1330쪽. 역주: 원문에서 저자는 구양수(歐陽修)의 말로 오인했는데, 사실 이는 소식(蘇軾), 「책별(策別)」에 나오는 이야기이기 때문에 수정한다.

54) 제일장(第一將), 제이장(第二將)처럼 숫자로 명명하여 전국에서 모두 장수 91명을 두었다.

있으면 그 중의 한 명을 보정保丁으로 삼는다. 처음에는 교대로 보정 몇 명이 도적을 경계하도록 했다. 이후 무술을 가르쳐주고 민병民兵으로 징집한다.

개혁파인 신당新黨은 민병의 전투력에 대해서 꽤 자부심을 갖고 있었다. 예를 들어 『송사宋史』에서 장돈章惇은 이렇게 말했다. "관리나 유력자 집안의 자제들이 기꺼이 달려들어 참여했다. 마상 무술에서 종종 민병이 여러 군대의 병사들을 이기는 경우가 있었다."[55] 하지만 『송사宋史』에 실린 사마광司馬光과 왕암수王巖叟의 주소奏疏에 따르면 민병제의 폐해가 만만치 않았다. 그들이 제시한 폐해는 첫째로 유명무실하다는 점이고 둘째로 보정장保正長이나 순검사巡檢使 등의 가렴주구로 백성들의 삶이 암담했다는 점이다. 따라서 앞서 인용한 신당파 장돈의 발언은 근거가 없는 것은 아니겠으나 극소수의 예에 불과하다고 말할 수 있다. 당시 실제 상황은 역시 주소奏疏에 실린 구당파舊黨派의 기술이 옳았을 것이다. 구당파가 지적한 행정상의 병폐는 여러 곳에서 목격되기 때문이다.

민병제를 제대로 시행하려면 다음 두 가지 조건이 필요하다. 첫째, 외부로부터 오는 강적의 압박이 있어야 한다. 그래야 전 국민이 근심과 걱정 속에서 경계하고 노고를 마다하지 않으며 부지런히 훈련에 임하게 된다. 둘째, 행정상의 감독이 엄격해야 한다. 그래야 관리와 보오장保伍長 등이 권력을 믿고 백성을 괴롭히는 일이 없게 된다. 하지만 송은 위의 두 조건을 모두 갖추지 못했다. 그러므로 민병제는 이로운 점보다 해로운 점이 더 컸다. 사실 오보법伍保法의 기원은 꽤 오래 전으로 거슬러 올라갈 수 있다. 『주례·대사도大司徒』에 다음과 같은 내용이 보인다.

---

55) 『속자치통감장편(續資治通鑑長編)』, 권515, "仕宦及有力之家, 子弟欣然趨赴, 馬上藝事, 往往勝諸軍." 북경, 중화서국, 1995.

"다섯 가호로 비比를 구성하여 서로 보호하도록 한다. 다섯 비로 여閭를 구성하여 어려운 일이 생길 때 부탁하거나 의지할 수 있게 한다. 네 여로 족族을 구성하여 상례나 장례와 같은 일이 있을 때, 서로 도와주도록 한다. 다섯 족으로 당黨을 구성하여, 흉년 때나 재앙 때 서로 돕고 구제할 수 있도록 한다. 다섯 당으로 주州를 구성하여, 서로 원조할 수 있게 한다. 다섯 주로 향鄕을 구성하여, 성현聖賢을 빈객의 예로 대하도록 한다."56)

이는 다음과 같은 『맹자孟子』의 기술과 지향하는 바가 같다.

"죽어서 매장하거나 이사를 가도 본향本鄕을 벗어나지 않는다. 같은 정전井田을 지급받아 경작하는 사람들은 일하러 다닐 때 서로 챙겨주며 우애를 나눈다. 도적을 방어하는 데 있어 함께 협력하고 질병이 있을 때 돌봐 준다."57)

곧 지역 거주민으로 하여금 서로 도와주고 구제할 수 있게 하는 사회 조직이었다. 하지만 진나라 상앙商鞅은 십오연좌제什伍連坐制를 시행했다. 즉 열 집이 십什, 다섯 집이 오五란 조직을 구성하고 십오의 조직에 속한 백성들이 서로 감시하고 고발하며 연대책임을 지게 하는 제도였다. 서로 도와주고 구제하는 사회 조직이 서로 감시하고 고발하는 정치 조직으로 바뀌었던 것이다. 전자가 자연 발생의 사회조직이었다면, 후자는 행정상의 강요에 의해 구성된 정치 조직이었다. 하지만 후자의 경우는 오직 난세와 같은 특수한 시기에나 적용될 수 있는 제도이다. 전시가 아닌 평시

---

56) 『주례주소 · 대사도(大司徒)』, "令五家爲比, 使之相保. 五比爲閭, 使之相受. 四閭爲族, 使之相葬. 五族爲黨, 使之相救. 五黨爲州, 使之相賙. 五州爲鄕, 使之相賓." 앞의 책, 264쪽.

57) 『맹자주소 · 등문공상』, "死徒無出鄕, 鄕田同井, 出入相友, 守望相助, 疾病相扶持." 앞의 책, 140쪽.

에 큰 죄악을 범하는 사람들은 대개 은밀하게 일을 진행하기 마련이고(반란이나 반역을 꾸미는 경우), 따르는 무리들이 많거나 막강한 세력을 지닌 경우가 대부분이다(녹림호강綠林豪强의 경우). 또한 일반 백성들이 두려워하는 흉포한 이들이(토호열신土豪劣紳의 경우) 태반이기 때문에 일반 백성들이 고발하기 쉽지 않다. 또한 자그마한 악행의 경우 고발하면 사회 질서만 어지럽히고 오히려 관리들에게 갈취 당하기 쉽다. 따라서 이는 평상시에 적용해서는 안 된다. 그래서 왕안석이 보오제를 시행한 이래로 역대 왕조는 주로 사회가 혼란에 빠졌을 때에 한하여 이를 활용했으며, 평시에는 유명무실한 제도로 남겨두거나 심지어 명목조차 없을 경우가 허다했다.[58]

여하간 모병제를 없애고 대신 민병제를 실시한 것은 송대 군사 제도의 큰 변화였다. 이후로 모병의 숫자가 크게 준 것은 분명하다. 하지만 원우元祐(송대 철종哲宗의 연호) 연간에 구당파가 다시 정권을 장악하면서 민병제를 철폐했다. 그러나 모병의 규모는 예전을 회복할 수 없었다. 심지어 휘종徽宗 시절에는 병력 결원을 보충하지 않고 절약한 군비를 봉장封椿, 즉 창고에 비축하여 황실의 자금으로 활용했다. 그러니 모병의 군사제도가 유명무실해지고 군사력 또한 쇠약해질 수밖에 없었다. 그리하여 금金나라가 쳐들어왔을 때, 병력이 많기로 유명한 섬서陝西에서 종사도種師道가 구원군을 이끌고 달려왔는데, 그 숫자가 겨우 15,000명에 불과했던 것이다. 병력이 많았다는 북송이 결국 이 지경에 이르렀으니 참으로 탄식하지 않을 수 없다.

남송 초기는 병력이 적었을 뿐만 아니라 군사력도 약했다. 당시 장수들의 휘하 군사는 대개 투항한 도적이나 모집한 이들이었다. 당시 군대 가

---

58) 역대 법률에 오보법(五保法)과 관련된 내용이 모두 나오니 왕안석의 보갑제(保甲制)가 처음이 아니다. 다만 시행하지 못했을 따름이다.

운데 비교적 강한 병력은 어전오군御前五軍이다. 양기중楊沂中이 중군中軍을 맡아 숙위宿衛를 총괄했다. 이외에 장준張俊의 전군前軍, 한제충韓世忠의 후군後軍, 악비岳飛의 좌군左軍, 유광세劉光世의 우군右軍 등은 모두 경사 밖에서 주둔했다. 유광세가 죽고 그가 통솔하던 우군이 위제僞齊에 투항하자59) 사천에 주둔하는 오제吳玠의 군대가 우군의 빈자리를 채웠다. 당시 악비는 호북, 한세충은 회동淮東, 장준은 강동에 각각 주둔했는데, 그곳에 각기 선무사宣撫司를 설치했다. 하지만 완안종필完顏宗弼이 다시 쳐들어왔을 때, 강화講和하기로 결심한 진회秦檜는 세 사람을 수도로 불러들여 추밀부사樞密副使로 임명하는 대신 군권을 박탈하고 세 곳의 선무사도 없었다. 그리고 부교副校로 하여금 세 장군이 이끌던 군대를 통솔하게 하면서 관함을 통제어전군마統制御前軍馬로 바꾸었다. 주둔지는 그대로였기 때문에 모주某州 주찰駐札(주둔) 어전제군御前諸軍이라고 불렀다. 사천에 주둔하는 오제의 군대도 어전제군御前諸軍으로 호칭을 바꾸었다. 어전제군은 장수의 통제를 받지 않고 직접 조정의 지휘를 받았다. 군비 또한 스스로 마련할 수 없었다. 대신 총령總領을 특설하여 어전제군의 군비를 조달하고 운영하도록 했다. 이상 자세한 내용은 『문헌통고 · 병고兵考』에서 확인할 수 있다.

역사적으로 북방에 사는 민족들은 침략성향이 농후했다. 이는 그들 민족이 거주하는 지리적 여건과 관련이 깊다. 침략성이 강한 북방 민족이 거주하는 지역의 지리적 특성은 무엇보다 땅이 척박하다는 것이다. 그렇기 때문에 비교적 옥토를 지닌 민족을 침략하여 식량을 약탈하곤 했다. 다만 지형적으로 평탄하여 군사들이 집합하기에 적합한 지역이 주로 침략 성향을 드러냈다. 그렇기 때문에 천산남로天山南路를 따라 펼쳐진 사막 지역에 바둑알처럼 분산되어 오아시스를 중심으로 거주하는 민족들이나

---

59) 일부 배반하지 않은 우군의 병사는 장준(張俊)의 휘하(麾下)에 들어갔다.

관개灌漑를 위한 설수雪水가 필요하여 천산天山 기슭을 따라 나라를 세운 민족들, 그리고 청해青海나 티베트처럼 산악 지역에서 살고 있는 민족들은 비록 척박한 땅에 살고 있지만 침략 성향이 강하지 않았다.

역사적으로 중원을 침략한 적이 있는 민족은 여럿이지만 특히 몽골족과 지금의 요녕과 길림성에 거주하던 여진족女眞族이 가장 강력했다. 몽골족이 거주하는 곳은 비록 땅이 메마르고 척박하고 지세가 평탄하여 지리적으로 침략하기에 용이했고, 요녕과 길림의 여진족은 지형이 평탄한데다 비교적 번영을 구가하던 내륙과 인접해 있기 때문에 침략 욕구를 자극할 만한 지리적 환경을 지니고 있었다.

북방 민족으로 여진족 외에 흉노나 돌궐도 호전적이고 사나웠지만 처음부터 중원에 대한 침략성을 드러낸 것은 아니다. 또한 오호五胡 시절 중원의 일부를 차지하기는 하였으나 중국 경내에서 생활한 지 오래되어 이미 중국의 난민亂民이나 다름없었다. 또한 그들의 군사 제도는 별로 눈여겨 볼만한 것이 없다. 이민족으로 중원을 차지한 민족은 요와 금, 그리고 원과 청이다. 이에 그들의 군사제도를 간략하게 살펴보고자 한다.

네 나라 가운데 중국과 비교적 관계가 적은 나라는 요遼이다. 요는 여러 부족部族과 주현州縣이 연합하여 세운 나라이다. 각 부족은 요의 본족本族인 거란족과 주변에서 투항한 여러 유목민족으로 이루어졌고, 주현은 주로 중국 경내를 침략하여 얻은 땅이다. 요의 군사체제는 부족을 기반으로 구축되었다. 부족민들의 이합집산이나 거주는 정부가 지정한 바에 따라 이루어졌으며, 자유롭지 못했다. 또한 국민 모두 병적兵籍에 속해 있어 군사적 자질이 상당히 뛰어났다. 『요사遼史』에 보면 당시 상황을 엿볼 수 있다.

"요의 백성은 각기 오랜 관습에 만족하여 일하는 데 서툴지 않고
익숙하니 화려하고 신기한 물건을 보고 옮겨 다니지 않는다. 하여 집집

마다 생활이 풍족하고 군사적으로 잘 정비되었다. 이에 사방을 호시탐 탐 노리며 주변의 강한 부족은 조공을 바치고 약한 부족은 귀부歸附하도 록 만들어 날카로운 발톱과 이빨처럼 부족의 역량이 막강해졌다."60)

이는 날조한 이야기가 아니라 당시 요나라의 민족 성향을 기술한 것이 분명하다. 요는 부족을 기반으로 세운 나라이지만 군사 조직상 한인漢人 을 완전히 배제한 것은 아니었다. 혹자는 요나라 시절 오경향정五京鄕ㅣ'61) 이 변경을 방어하지 않고 자신들의 지역만 보위했다는 점을 들어 정규군 에 한인 병사가 전혀 없었다고 주장한다. 하지만 이는 사실과 다르다. 예를 들어 요나라에는 궁위군宮衛軍이라는 군사 조직이 있었다. 궁위군은 왕이 출사하면 호위하고 궁궐로 돌아오면 주변을 지켰다. 또한 왕이 사망 하면 능묘를 지키는데 동원되기도 했다. 궁위宮衛의 숫자는 대략 40만 8 천여 명이었는데, 그 중에서 기병이 10만 1천여 명이었다. 주현과 부족의 정남ㅣ男을 징발하지 않아도 이미 10만 병력을 갖추고 있는 셈이다. 당연 히 궁위군은 요의 막강한 상비군 역할을 맡았다. 왕이 등극하면 "궁위군 을 설치하여 주현을 나누고, 부족을 쪼개서 관서를 설치했다."62) 또한 태조太祖(야율아보기耶律阿保機)가 사방을 정벌하는 전쟁을 수행할 때 황 후 술률씨述律氏(별호는 응천황후應天皇后, 시호는 순흠황후淳欽皇后)는 도 성에 남아 방어를 위해 번蕃(오랑캐의 뜻으로 여기서는 요나라 사람을

---

60) 『요사(遼史)』, 권32, 「부족(部族)」, "各安舊風, 狃習勞事, 不見紛華異物而遷. 故能家 給人足, 戎備整完. 卒之虎視四方, 强朝弱附, 部族實爲之爪牙." 북경, 중화서국, 1974 년, 377쪽.

61) 역주: 오경향정(五京鄕丁)은 요나라가 상경(上京), 동경(東京), 남경(南京), 서경(西 景), 중경(中京) 등 오경을 방어하기 위해 설치한 군사조직이다. 주로 현지 사람들을 위주로 병사를 선발했다.

62) 『요사』, 권31, 「영위지상」, "置宮衛, 分州縣, 析部族, 設官府." 북경, 중화서국, 1974 년, 362쪽.

말한다)과 한漢(한인) 중에서 정예 군사 30만 명을 선발하여 속산군屬珊軍[63]을 편성했다. 따라서 요나라 군대에 한인 병사가 없었다고 말할 수 없다.

이외에 요의 군사 조직에는 대수령부족군大首領部族軍이란 것이 있는데, 친왕親王이나 대신大臣이 이끄는 일종의 사갑私甲, 즉 개인 군대로 상비군을 따라 함께 출정하기도 했다. 또한 전시의 경우 나라에서 그들을 차용하여 쓸 수도 있었다. 북방 부족들 가운데 요의 속국에서 병력이나 식량을 빌려오는 경우도 있었다.

거란족이 세운 요나라는 강역이 넓고 병력 또한 방대했다. 하지만 군대의 조직체계가 허술하여 응집력이 떨어졌다. 그런 탓에 천조제天祚帝(요의 마지막 임금인 야율연희耶律延禧, 1075-1128년)의 무도함으로 인해 금나라가 침략하자 바로 무너지고 말았다. 금나라 병사들을 막아낼 병력이 없었기 때문이 아니라 아예 방어를 하지 못했기 때문이다. 요는 국가의 건립 기반이 튼실하지 않아 멸망 후에도 복국復國 운동에 나서는 이가 없었다. 그나마 야율대석耶律大石이 나라를 되찾고자 애썼으나 옛 땅에서 설자리조차 찾을 수 없었으니 아예 불가능한 일이 되고 말았다.

금의 상황은 요와 달랐다. 요는 사회적 기풍이 순박하고 특히 목축업이 발달하여 백성들의 삶이 비교적 넉넉했다. 하지만 금은 땅이 척박하여 백성들의 삶이 여의치 않았다. 그런 까닭에 금의 백성들은 고통과 어려움을 잘 참고 견디며, 침략과 약탈을 일삼는 습성을 지니게 되었다. 이와 관련하여 『금사金史』의 한 대목을 살펴보자.

---

63) 역주: 속산(屬珊)은 응천황후가 태조를 따라 정벌할 때 포로로 잡은 자들 중에서 기술을 지닌 자들을 별도로 선발하여 휘하에 둔 이들을 말한다.

"금나라는 땅이 좁고 물산이 빈약하다. 전사戰事가 없을 때는 힘들게 경작하여 먹고 입을 것을 장만했고, 전사가 있을 때는 힘들게 싸워 포로를 잡고 전리품을 얻었다."[64]

인용문을 통해 금의 침략 동기가 무엇인지 대략 알 수 있을 것이다. 원래 금은 작은 부족에서 시작했다. 금나라의 군대는 여진의 여러 부족들이 연합하여 편성한 것이다. 전시의 장수는 평상시의 부족장部族長이다. 평상시에는 패근孛堇이라 부르고, 전시에는 맹안猛安 또는 모극謀克이라 일컬었다. 한어로 번역하면, 맹안은 천부장千夫長, 모극은 백부장百夫長이다. 다만 실제로 천부千夫나 백부百夫인 것은 아니며, 휘하 병력의 숫자에 따라 등급을 정했을 뿐이다. 처음에 금군金軍의 전투력은 매우 막강했다. 하지만 중원으로 이주한 후 급속도로 쇠약해졌다. 이 점에 대해 『이십이사찰기·금용병선후강약불동金用兵先後强弱不同』에서 자세히 논의한 바 있다. 금나라는 부족의 숫자가 많지 않아 송나라를 격파한 후 한인 병사를 적극 활용했다. 처음에는 금에 투항한 거란, 발해인들에게 맹안이나 모극을 수여했는데, 나중에는 한인들에게도 똑같이 부여했다. 또한 민족 간의 단결을 증진시키기 위해 여진족이 거란이나 한인들과 통혼하는 것을 간섭하지 않았다. 희종熙宗(금나라 제3대 황제 완안합랄完顔合剌) 이후 군권을 본족에게 집중시키기 위해 한인과 발해인이 맹안이나 모극을 세습하는 제도를 폐지했다. 또한 이랄와알移剌窩斡의 난리를 진압한 후 거란족을 분산시켜 맹안과 모극에 예속시켰다.

세종世宗(제5대 완안오록完顔烏祿) 시절 맹안과 모극을 중원으로 이주시키기 시작했는데, 그들은 이미 농사도 제대로 짓지 못하고 전투력도 이미 상실한 부패한 무리로 전락하고 말았다. 하지만 제8대 황제인 선종

---

64) 『금사(金史)』, 권44, 「병지(兵志)」, "地狹産薄, 無事苦耕, 可致衣食. 有事苦戰, 可致俘獲." 중화서국, 1975년, 991쪽.

宣宗은 남천 이후 여전히 맹안과 모극을 심복으로 여기고 의지했다. 당연히 대외적으로 군사력이 쇠퇴해지고 내적으로 백성들의 불만이 팽배해질 수밖에 없었다.

이렇듯 금나라가 급속히 쇠퇴하여 결국 멸망하게 된 것은 여진족만 편애하다 자초한 결과이다. 일반적으로 문명화 정도가 차이가 있는 민족이 결합하게 되면 반드시 문명화 정도가 낮은 민족이 높은 민족에 동화하기 마련이다. 그렇기 때문에 금이나 청淸이든 온갖 방법과 수단을 동원했음에도 불구하여 결국 멸망의 길로 접어들 수밖에 없었던 것이다. 어쩌면 차라리 북위北魏의 효문제처럼 적극적으로 문명화 정도가 높은 한문화를 받아들이는 것이 나았을지도 모른다.

원元 역시 군사 제도에서 다른 민족의 참여를 억제하는 정책을 취했다. 본족 사람으로 구성된 군대는 몽골군蒙古軍이라고 불렀으며, 다른 이민족으로 구성된 군대는 탐마적군探馬赤軍이라 일컬었다. 중원을 차지한 뒤 한인 위주의 군대를 편성하여 한군漢軍이라 불렀다. 병력 모집은 호戶나 정丁을 기준으로 했다. 전쟁이 끝나 고향으로 돌아온 병사들은 모두 군적軍籍에 가입하도록 했는데, 이로 인해 후손들도 대대로 병적에 올라 군대에 가야만 했다. 가난한 이들의 경우 몇 가구가 군역을 나누어 분담했으며, 극히 가난하거나 자손이 없을 경우는 병적에서 빼주고 다른 호구로 보충했다. 이외에 군적軍籍은 거의 변동이 없었다.

송나라를 멸망시키고 얻은 병력을 별도로 신부군新附軍으로 편성했다. 군대를 통솔하는 장수는 만호萬戶, 천호千戶, 백호百戶라고 불렀는데, "통솔하는 병사의 숫자에 따라 작위와 녹봉의 등급이 정해졌다."[65] 만호, 천호, 백호는 다시 각각 상, 중, 하 세 등급으로 나누었다. 초기 제도에 따르면, 만호, 천호가 전사戰死하면 그들의 자손은 원래의 군직대로 물려

---

65) 『원사(元史)』, 권98, 「병지(兵志)」, "視兵數之多寡, 爲爵秩之崇卑." 앞의 책, 2507쪽.

받을 수 있고, 병病으로 죽게 된 경우는 한 등급 낮아진 군직을 물려받았다. 하지만 이후로 애초의 군직이나 사망 원인과 상관없이 모두 원래의 군직을 물려받았다. 따라서 원의 군관軍官(장교)은 매우 독특한 계층이라고 할 수 있다.

세조世祖는 몇 명의 대신大臣과 상의하여 종왕宗王이 변방의 요충지를 맡아 주둔토록 했다. 또한 하河, 낙洛, 산동山東을 내륙의 중요한 거점으로 삼아 몽골군과 탐마적군을 주둔시켰다. 강남江南 지역에는 한군과 신부군을 주둔시켰지만 강남 여러 성읍은 주로 만호, 천호, 백호가 주둔했다.

원의 병적은 한인들이 볼 수 없었다. 그래서 원나라가 중원을 통치하는 백여 년 동안 원의 병력 수를 아는 사람이 없었다. 군사 요충지에 군대를 주둔시켜 방어를 담당하게 만든 원의 둔술屯戍 제도를 살펴보면 나름 깊은 뜻이 담겨져 있음을 알 수 있다. 하지만 몽골족도 중원의 사회 환경에 동화될 수밖에 없었다. 그래서 원나라 말엽 도처에서 반란이 일어났을 때 황제가 믿고 의지하던 종왕宗王이나 세습 군관에게 맡긴 군사력은 더이상 유효하지 않았다.

원은 이민족으로 중원을 차지하고 통치했기 때문에 군사상 이러한 제도를 운영한 것은 이상한 일이 아니다. 하지만 한족漢族이 통치한 명나라가 원의 이러한 군사 제도를 본받아 시행한 것은 굳이 필요치 않았다.

다음으로 명의 군사 제도를 살펴보자.

명은 5,600명으로 위衛를 편성하고, 1,112명이 천호소千戶所, 112명이 백호소百戶所로 편성된 군대 제도를 시행했다.[66] 위衛에 도지휘사都指揮使를

---

66) 역대의 군사 제도는 십오(什伍) 등 군사조직의 장관을 모두 십오(什伍) 등 군사조직의 정원 안에 포함시켜 계산했다. 하지만 명나라 때는 해당 군사조직의 장관은 정원 외에 별도로 계산했다. 따라서 백호소의 장관으로 총기(總旗) 2인, 소기(小旗) 10인을 따로 두었다. 이처럼 별도로 설치한 장관을 포함하여 백호소의 병사 수가 112명이 된 것이다.

설치하고, 오군도독부五軍都督府에 예속시켰다. 명조의 병사는 세 부류였다. 첫째는 종징從徵, 즉 징집된 병사로 건국 시절부터 있었던 병사들이다. 둘째는 귀부歸附, 즉 투항한 적국의 병사들이다. 셋째는 적발謫發, 즉 형벌을 받아 군인이 된 경우로 충군充軍이라고 불렀다. 종징과 귀부, 즉 징집된 병사나 투항한 적군의 병사들은 대대로 군인이 되었고, 적발의 경우도 다를 바 없었다. 그들 병사가 죽으면 그 자손이 군졸로 징발되고, 만약 자손이 없을 경우 친족이 징발되었는데 그들을 일러 '구정勾丁'이라고 불렀다. 이는 명나라 원의 군적제軍籍制를 바탕으로 보완한 제도이다. 또한 오군도독부는 주로 명초 건국 훈신勳臣의 후손을 등용했는데, 이 역시 원의 군관軍官 세습제를 본받은 것이다.

국가를 다스리는 데 사심이 개입되면 안 된다. 사심을 품고 일군의 무리들이 당黨을 만들어 국가의 권력을 농단하면 결국 그들 스스로 피해를 입게 될 것이다. 군관세습제가 세월이 흐르면서 극심한 부패로 더 이상 만회할 수 없는 지경에 이르렀다는 사실이 이를 명백하게 증명한다. 금나라나 원나라는 이전의 봉건제 사회와 멀리 떨어지지 않은 상태에서 비교적 사회의 문명화 정도가 낮았기 때문에 맹안이나 모극, 또는 만호萬戶, 천호千戶, 백호百戶 등으로 군관세습제를 실시한 것은 어쩔 수 없는 일이었다. 하지만 한족이 다스렸던 명대에 건국 공신의 후손이라고 하여 특별한 계층으로 대우한 것은 국가 통치에 사심을 개입한 것이나 다를 바 없다.

봉건사상에 매몰된 이들은 특정 계층의 특권과 권력은 자신이 황제로서 부여한 것이니 이를 유지하기 위해 황제 자신에게 충성하고 옹호할 것이라 믿기 쉽다. 그래서 황제는 그들 특정 계층에게 더욱 많은 특권을 부여하고 귀하게 여긴다. 하지만 여기서 간과한 것이 있다. 이른바 특권계층은 세대가 이어질수록 황음무도荒淫無度하여 더 이상 학식이나 패기를 찾을 수 없으며 결코 기대고 의지할 존재로서 가치가 사라지고 만다는 점이다. 심지어 그들은 자신들의 권리가 무엇인지조차 잊어버리고 만다. 설령 자신의 특권을 인지하고 어떻게 해야만 유지될 수 있는지 알고 있을지라도 이미 나약하고 무능한 상태가 되었기 때문에 타인이 자신의 권리를 빼앗는 것을 보면서도 속수무책으로 바라볼 수밖에 없다. 귀척貴戚이나 세록지신世祿之臣이 국가와 화복禍福을 같이해야 마땅함에도 불구하고, 역사상 그런 일이 단 한 번도 일어나지 않았던 까닭이 바로 여기에 있다.

무력은 오래도록 강함을 유지하기 어렵다. 시간이 지나면 곧 쇠퇴해지기 마련이다. 전쟁은 사회의 정상적 상태가 아니라 변태變態이기 때문이다. 변태를 야기하는 원인이 사라지면 사회는 다시 정상 상태로 회복된다. 그러므로 역사상 쇠약해지지 않고 수십 년 동안 줄곧 강력한 전투력을 발휘한 군대는 존재하지 않았다. 물론 강적을 만나지 않았거나 전쟁이 일어나지 않아 사라지지 않고 오랫동안 지속된 군대가 없는 것은 아니나 이는 운이 좋았을 따름이다. 반면 매우 막강한 군대가 순식간에 무너진 사례는 수없이 많다. 예를 들어 송 무제 시절의 군대는 한때 하늘을 찌를 정도로 기세가 막강했지만 문제文帝 때에 와서 한 차례 좌절한 뒤로 더 이상 회복할 수 없을 정도로 쇠약해지고 말았다. 또한 명조 말기 한때 막강한 군사력을 자랑했던 이성량李成梁[67]의 군대가 끝내 일격을 견디지 못할 정도로 쇠약해진 것도 같은 사례이다. 당시 동북지역을 차지하고 있던 만주족 군사들과 정면대결하지 않았던 것이 오히려 다행일 정도이다. 군대의 부패는 여러 면에서 징조가 보이기 마련이다. 우선 정신적인

---

67) 역주: 이성량의 본관은 성주, 자는 여계(如契)이다. 고려 전객부령(典客副令) 이천년(李千年)의 6대손이다. 선조들이 고려에서 살다가 4대조 이영(李英) 때부터 중국에 정착했다. 요동총병으로 여진족 방어에 힘써 요동의 안정에 큰 공적을 올렸다. 하지만 오랫동안 요동의 군권을 장악하면서 군비를 유용하거나 독직하여 1591년(만력 19년) 탄핵되어 실직하는 등 말년에 부침이 많았다. 임진왜란 때 조선에 파병된 이여송이 그의 아들이다.

면에서 군사들의 사기가 저하하고, 물질적인 면에서 오래 쌓인 적폐가 드러나게 된다. 설사 뛰어난 장수라고 할지라도 더 이상 고칠 수 없으니 해산시키고 별도로 편성하는 수밖에 달리 만회할 방법이 없다. 하지만 이런 이치를 모르는 이들은 기존의 군대를 개혁하기 위해 온갖 방법과 수단을 궁리할 따름이다. 그러니 기대했던 효과를 볼 수 없음이 당연하다. 군대 역시 사회의 일부이기 때문에 사회로부터 영향을 받지 않을 수 없다. 사회학적 관점에서 하위 범주에 적용되는 원리는 항상 상위 범주의 원리에 지배되기 때문이다.

"군대는 백 년 동안 쓸 일이 없을지라도 단 하루라도 없어서는 안 된다(兵可百年不用, 不可一日無備)."[68] 이는 매우 상식적이고 옳은 말인 것 같지만 과학적으로 증명된 것이 아니다. 중국사에서 흔히 볼 수 있다시피 전쟁이 발발하면 그때까지 유지하던 군대가 오히려 무용지물이 되고, 새로 군대를 편성하는 일이 허다했기 때문이다. 이런 점에서 명대에 시행한 군대 편제인 위소제衛所制는 당의 부병제와 매우 유사하다. 부병제는 후대로 가면서 병력의 숫자조차 다 채울 수 없게 되었고, 명의 위소는 병력은 유지할 수 있었으나 전투력이 형편없었다. 그렇기 때문에 명조는 방대한 병력이 있었음에도 불구하고 북방 세력에 늘 수세守勢를 취할 수밖에 없었다. 현존하는 북방의 만리장성의 태반이 명대에 증축된 것이라는 사실을 보면 알 수 있다. 결국 명대 말기에 만주 팔기군八旗軍이 쳐들어오자 명의 군대는 철저하게 참패하고 말았다. 이런 군대는 없는 것이나 마찬가지이다. 이상은 군적제軍籍制나 군관세습제軍官世襲制와 같은 특수한 제도 하에서 군대의 전투력이 오래 지속될 수 없음을 보여주는 실례이다.

청 태조 누르하치(천명제天命帝, 재위 1616-1626년)는 팔기八旗로 모든

---

68) 역주: 『남사(南史)・진훤전(陳暄傳)』에 유사한 말이 나온다. 『남사』, 권61, 「진훤전」, "兵可千日而不用, 不可一日而不備." 중화서국, 1975년, 1503쪽.

백성들을 편성하여 다스렸다. 청 태종太宗은 투항한 몽골인과 한인에 대해서도 같은 방식으로 조직하여 다스렸다. 이는 금나라가 발해인, 한인에 대해서 맹안, 모극을 수여하여 다스렸던 것과 같다. 뿐만 아니라 청이 중원을 평정한 뒤 팔기병八旗兵을 각 지방에 주둔시켜 지키도록 했는데, 이는 금나라가 맹안호, 모극호를 중원에 이주시킨 것이나 원나라가 진술제鎭戍制를 실시한 것과 같은 의도였다. 다만 금대의 맹안호, 모극호는 민간에 뿔뿔이 흩어져 살았고, 원의 만호萬戶는 각지에 주둔하면서 한인과 왕래하는 데 제한을 두지 않았던 반면에 각지에 주둔한 청의 기병旗兵은 한인과 각기 다른 성읍에 살았으며 한인과 접촉하는 일이 별로 없었다. 그렇기 때문에 청나라는 금이나 원나라만큼 한인과 충돌이 그리 심하지 않았지만 다른 한편으로 한인과 격리되어 중국 사회와 격절된 상태가 지속되었다. 그래서 청 말엽에 조정에서 기민旗民의 생계를 개선하기 위해 노력했으나 전혀 유효하지 않았던 것이다.

청대에 한병漢兵(한인으로 구성된 군대)은 녹기綠旗 또는 녹영綠營이라고 불렀다. 청 중엽 이전까지 대외적인 원정은 주로 팔기병을 파견했고, 내란은 녹영을 전면에 내세워 진압했다. 관외關外(산해관 밖, 즉 만주지역)에 있을 때 팔기병은 전투력이 대단히 막강했다. 당시 명조에서 가장 용맹한 군대라고 할지라도 팔기병을 상대할 때는 수세에 몰릴 수밖에 없었다. 특히 야전野戰의 경우 거의 대부분 참패하고 말았다. 예를 들어 송산松山 전투에서 장군 홍승주洪承疇가 지휘하던 명의 군대는 참패를 면할 수 없었다. 하지만 한 때 막강한 팔기병도 경내로 들어온 후 급속히 쇠약해졌다. 삼번三藩의 난이 일어났을 때 이미 팔기병은 예전의 전투력을 상실한 상태였다. 이후 태평천국의 난리가 일어나기 전까지 청조는 대체적으로 평온한 상태를 유지했고, 대외적으로 치열한 전쟁이 발발하지 않았다. 그 덕분에 청조는 군대가 막강하다는 명성을 유지할 수 있었다. 하지만 태평군太平軍이 봉기하여 파죽지세로 몰려들자 청군은 여지없이 무너지고 말았다.

　다음은 중국의 근대 상황을 살펴보겠다. 근대는 역사적으로 두 가지 추세가 잠복해 있었다. 이는 전후를 살펴보지 않으면 제대로 이해할 수 없다. 첫 번째 추세는 남방 세력의 흥기이다. 근대 이전까지 남방의 여러 성省은 전반적인 중국의 형세에 별다른 영향을 미치지 못했으나 근대로 넘어오면서 상황이 점차 바뀌었다. 명조가 멸망하고 남방으로 쫓겨 내려가 남명 정권을 세운 계왕桂王(제5대 영력제永曆帝 주유랑朱由瑯)이나 청에 투항했다가 다시 반란을 일으킨 오삼계吳三桂 등이 운남雲南, 귀주貴州를 근거지로 청에 대항하여 난리(이른바 삼번三藩의 난)를 일으켰다. 비록 실패했지만 중원을 진동시키기에 충분했다. 이를 계기로 서남 일대가 은연중에 전국에서 중요한 위치를 차지하게 되었다. 청 말기 남방에서 봉기한 태평군은 전국을 거의 휩쓸어 버릴 기세를 과시했다. 결정적인 것은 청을 무너뜨리는 혁명에서 시작하여 국민정부가 주도한 성공적인 북벌北伐 전쟁까지 모두 서남 지역이 거점이었다는 점이다. 심지어 항일전쟁도 서남지역이 중요 거점이었다.

　두 번째 추세는 전국개병제全國皆兵制의 회복이다. 진이 천하를 통일한 뒤부터 군과 민이 점점 분리되다가 후한後漢 초에는 아예 민병제를 없애고 말았다. 그때부터 전국개병제가 회복된 지금까지 무려 2천여 년의 세월이 흘렀다.

　강유위康有爲는 태평한 시절에는 중국에 군인이 없었다. 병兵이라 칭하는 이들이 없는 것은 아니나 그 성질면에서 일반 백성이나 다를 바 없었다고 말한 바 있다.[69] 이는 태평시기의 군대가 유명무실한 존재임을 말하는 것으로 정확한 말이다. 역대를 살펴보면 군사가 필요한 시기에만 진정한 군대가 나타났다. 전사戰事가 끝나고 군대를 쓸 일이 없어지면 강했던

---

69) 강유의, 『구주십일국유기(歐洲十一國游記)』을 참조하시오.

군대도 곧 쇠약해지곤 했다. 기껏해야 의장儀仗 역할을 할 뿐이다. 그 이유는 앞에서도 언급하였듯이 전쟁이 사회의 정상적인 상태가 아니기 때문이다. 하지만 제국주의帝國主義가 날뛰는 오늘날 전국개병제를 회복하지 않는다면 약소민족弱小民族을 돕는 것은 고사하고 스스로도 지킬 수 없게 된다. 물론 전국개병제로의 전환이 극히 어려운 과정이기는 하겠으나 국제 상황이 바뀐 이상 우리도 따라서 바꾸지 않을 수 없다.

구미歐美(유럽과 미국)와 처음 접할 때는 중국이 달라져야 한다는 사실을 미처 깨닫지 못했다. 그들과 접전할 때 겨우 생각한 방책이란 것도 참으로 한심하기 이를 데 없었다. 예컨대 바다에서 싸우지 않고 적이 상륙하도록 유인한다거나, 소형의 민첩한 작은 배로 육중한 적군의 대선大船을 견제한다는 등 현실성이 희박한 황당한 대책뿐이었다. 함풍咸豐, 동치同治 시절에는 외환外患이 날로 심각해졌다. 그 와중에 유럽이나 미국 등 외국인들과 접촉한 적이 있고 경험이 풍부한 이른바 중흥장수中興將帥70)들이 당시 중국이 전례 없는 시국에 처해 있다는 사실을 인지하고 이에 적응하려면 반드시 개혁을 시행해야 한다는 점을 깨달았다. 그리하여 시대의 추세에 따라 군대를 새롭게 재편성해야 한다고 확신했다. 이런 선각자들 덕분에 선정국船政局, 제조국製造局 등이 설치되어 기계를 개량하고 서양식 군사훈련을 실시했으며, 육군에 이어 해군까지 설립했다. 또한 징병제를 적극 추진하려고 애썼다. 물론 당시 취했던 방식은 진정한 민병제民兵制와 거리가 있었지만 변화의 모습을 보인 것은 분명하다.

---

70) 역주: 청말 주공창(朱孔彰)이 저술한 책(30권)으로 『중흥장수별전(中興將帥別傳)』이 있다. 이는 작가 친히 목도하거나 참고한 함풍제와 동치제 연간의 중요 인물을 열전 형식으로 서술한 것이다. 그 중에는 상군(湘軍)의 중요 장수인 증국번(曾國藩), 홍림익(胡林翼), 좌종상(左宗棠) 등이 들어가 있다. 저자가 말한 중흥장수란 이들을 포함하여 신문물을 적극적으로 수용하여 대외적인 방책을 강구한 이들을 말하는 듯하다.

민국 성립 후 20여 년간 군사 제도의 혁신은커녕 오히려 군벌 할거의 역사가 재현되었다. 하지만 시대의 조류는 세차게 흘러가는 강물과 같아 일단 소용돌이에 휘말리면 벗어날 길이 없다. 결국 중국은 항일전쟁 이후로 전국 개병제의 길로 접어들었다.

이상에서 언급한 두 가지 추세는 여전히 과정 중에 있기 때문에 그것의 위대함을 아직 알아채지 못할 수도 있다. 하지만 먼 훗날 역사를 다루는 자들은 이러한 변화를 획기적인 전환으로 간주할 것이 틀림없다. 근본적인 면에서 이상 두 가지 추세가 우리들에게 요구하는 것은 하나이다. 그것은 우리가 직면한 시대에 적응하기 위해 새로운 조직을 만들어야 한다는 점이다. 이는 세계적인 교류로 가일층 밀접해지는 상황에서 우리에게 주어진 시대적 요구이다.

중국에서 세계와 교류 측면으로 가장 영향을 많이 받은 곳은 남부 지역이다. 또한 남부 지역은 중국 구문화舊文化의 영향이 가장 미미한 지역이기도 하다. 구문화의 영향이 희미하니 신문화를 받아들이기에 적합하다. 그래서 근대에 들어와 중국 남방은 줄곧 개혁의 발원지가 되었으며, 진보적인 세력의 거점이 되었다.[71] 처음에는 허약하게 보였던 신세력이 우여곡절을 겪은 뒤 마침내 구세력과의 대결에서 승리를 얻었다.

수천 년 동안 중국은 내적으로 비교적 안정을 구가하고 외적으로 강적이 별로 없었다. 이런 환경 속에서 중국은 군사적으로 다음 두 가지 특징을 지녔다.

첫째, 장기간 군대가 없었다. 필요할 때만 진정한 군대가 나타났다.

둘째, 전체 인구 가운데 병졸이 차지하는 비율이 매우 작았다.

---

71) 태평천국은 비록 능력이 부족했고, 상군(湘軍)이나 회군(淮軍)의 장수들은 학식이 있는 이들이 태반이었으나 신구(新舊)로 구분하자면 태평천국은 신세력이고, 상군이나 회군이 오히려 구세력이다. 다만 신세력은 아직 덜 성숙했고, 구세력은 아직 덜 쇠약해졌을 따름이다.

하지만 오늘날은 상황이 달라졌다. 이제 전국개병의 길로 들어선 것이다. 세계적으로 지금까지 알 수 없었던 새로운 자원이 개발되고 있으며, 모든 민족이 새로운 자원 확보에 나서고 있다. 그렇다면 이후 세계의 전쟁은 이전보다 더욱 치열해지고 참혹해지겠는가? 필자는 그렇지 않을 것이라고 생각한다. 앞서 말했다시피 전쟁은 사회의 정상적인 상태가 아니다. 오늘날 세계 전쟁이 잔혹해진 것은 오로지 제국주의 때문이다. 이 역시 사회의 비정상적인 상태로 이전에 비해 정도가 심해졌을 뿐이다. 하지만 이러한 비정상적인 상태는 결코 오래 유지될 수 없다. 자본資本 중심의 제국주의는 이미 무너지기 시작했다. 우리는 막강한 군사력을 갖추되 시대의 흐름에 따라 제국주의를 타도하는 데 쓸 뿐 결코 제국주의 진영에 끼어들어 세계 평화를 파괴하는 일원이 되어서는 안 될 것이다.

10

형법刑法

고대 법률의 변화

중국 법률을 연구하는 이들은 흔히 성문법成文法이 언제 나타났는가에 관심을 기울이고 있는데, 사실 이는 그리 중요한 문제가 아니다. 법률의 내원은 크게 두 가지로 나뉘는데, 하나는 사회 풍속이고, 다른 하나는 백성에 대한 국가의 요구이다. 전자는 오늘날의 이른바 관습으로 문자로 기록되지는 않은 것을 말한다. 비록 문자로 기록된 것은 아니나 일반 백성들과 관계 면에서 후자보다 훨씬 긴밀하다.

고증할 수 있는 최초의 형법은 하나라부터 시작한다. 『좌전』 소공昭公 6년에 숙향叔向이 정자산鄭子産에게 보낸 서신을 보면 다음과 같다.

"하夏는 정치가 문란해지자 우형禹刑을 만들었고 상商은 정치가 부패 하자 탕형湯刑을 만들었으며, 주周는 정치가 문란해지자 구형九刑을 만들었다."[1]

위에서 언급된 세 형법의 내용이 무엇인지 자세히 알 수 없으나, 숙향이 위와 같은 서찰을 쓰게 된 계기는 바로 자산이 형서刑書(법률)를 만드는 일을 맡게 되었기 때문이었다. 아마도 인용한 세 가지 형법은 자산이 만든 정鄭나라의 형서刑書와 유사했을 것이다. 그렇다면 정나라의 형서는 어떤 내용인가? 이 역시 정확히 알 수 없다. 다만 『좌전』 소공昭公 29년에 보면 진晉나라 조앙趙鞅이 형정刑鼎(법조문을 넣어 주조한 솥)을 주조鑄造했다는 기록이 나온다. 두예杜預는 주에서 "자산이 만든 형서도 역시 정鼎에 새겨 넣었다."고 했다. 사문백士文伯이 "대화성大火星이 아직 나타나지 않았는데 불을 지펴 법조문을 새길 형정刑鼎을 주조했다."[2]고 하면서 자산을 비웃은 것을 보면 자산이 형벌에 관한 내용이 새긴 정을 주조한 것이 사실임을 알 수 있다. 그렇다면 얼마나 많은 내용을 새겨넣었다는 것일까? 『상서·여형呂刑』에 따르면, "묵벌墨罰의 조목 1,000개, 의벌劓罰의 조목 1,000개, 비벌剕罰(발꿈치를 자르는 형벌) 조목 500개, 궁벌宮罰 조목 300개, 대벽大辟(사형) 조목 200개가 있으니 다섯 가지 형벌의 조목을 모두 합치면 3천 개에 달한다."[3] 이렇게 많은 내용은 정鼎 하나에 모두 새겨 넣을 수 있었을까? 이런 점에서 볼 때, 『상서·여형』에 언급된 형법의 조목들은 국가가 제정하여 성문화한 법조문이 아니라 관습에 따른 일종의 불문율이었음이 분명하다. 사회에는 개개인이 반드시 지켜야 할 규

---

1) 『춘추좌전정의』, 소공(昭公) 6년, "夏有亂政而作『禹刑』, 商有亂政而作『湯刑』, 周有亂政而作九刑." 앞의 책, 1228쪽.

2) 『춘추좌전정의』, 소공 6년, "火未出而作火以鑄刑器." 위의 책, 1230쪽. 역주: '화'는 28수 가운데 하나인 대화성(大火星)을 말한다.

3) 『상서정의·여형(呂刑)』, "墨罰之屬千, 劓罰之屬千, 剕罰之屬五百, 宮罰之屬三百, 大辟之罰, 其屬二百, 五刑之屬三千." 앞의 책, 546쪽.

범이 있어야 한다. 이러한 규범은 일반 백성들 모두 그렇게 생각하고 말한다는 점에서 속俗이라 하고, 개개인이 반드시 지켜야 한다는 점에서 예禮라 한다. 그래서 예를 일러 이履, 즉 행함이라고 한 것이다. 예를 어긴다는 것은 사회의 관습을 어긴다는 의미이며, 그럴 경우 사회는 이에 대해 제제를 가한다. "예에서 벗어나면 형벌로 들어간다."[4]는 말은 바로 이런 뜻이다.

법 조항이 3천여 개나 될 정도로 많고 복잡한데 사람들이 어찌 일일이 알고 지킬 수 있었을까? 사실 옛사람이 말하는 예禮란 극히 구체적이고 자세한 것이었다. 사소한 말 한 마디, 행동 하나에 모두 지켜야 할 규범이 있었다. 이는 오늘날에도 마찬가지 아닐까? 말이나 행동에서 지켜야 할 규범들을 세어 보면 어디 3천 개 뿐이겠는가? 다만 어릴 적부터 익히고 몸에 배어서 일일이 지켜야 하는 번거로움이 느껴지지 않을 뿐이다.

「여형」에 따르면, "다섯 가지 형벌五刑의 조목을 모두 합치면 3천 개에 달한다." 하지만 『예기・예기禮器』에서 "곡례曲禮가 3천 가지이다."[5] 『중용』에서 "위의威儀가 3천 가지이다."[6]라고 한 것을 보면, 「여형」에서 말한 3천 개 '오형'이 사실 사회 규범으로서 예禮를 어긴 자에게 가하는 형벌이었음을 알 수 있다. 옛날에 '삼三'은 수효가 많음을 나타내는 표현이었으며, '천千'은 성수成數의 어림수였다. '십十'으로 표현하는 것이 부족하다고 여기면 '백百'으로 말하고, '백'으로 말하는 것도 부족하다 싶으면 '천千'으로 말했던 것이다. 묵형, 의형의 조목이 각기 1천 개라고 했으니 전체 형벌 가운데 3분의 2를 차지한다. 비형은 500개로 6분의 1이고, 나머지 500개 가운데 궁형이 300개, 그리고 사형에 해당하는 대벽이 200

---

4) 『후한서』, 권46, 「진총전(陳寵傳)」, "失禮則入刑." 앞의 책, 1554쪽.

5) 『예기정의・예기(禮器)』, "曲禮三千." 앞의 책, 741쪽.

6) 『중용』, "威儀三千." 앞의 책, 328쪽.

개이다. 아마도 이는 어림수일 뿐 정확하게 정해진 숫자는 아니었을 것이다. 여하간 옛 사람들의 일상생활은 이러한 관습에 따른 규범에 의해 지배된 것이 분명하다.

사회 관습은 누구나 잘 아는 것이니 따로 일러줄 필요가 없다. 하지만 국가에서 백성에게 요구하는 사항은 백성들이 저절로 알 수 없기 때문에 반드시 가르치고 이해시켜야 한다. 그래서 포헌布憲이라는 직책을 두었다. 『주례』는 포헌의 직책에 대해서 다음과 같이 설명하고 있다.

> "포헌布憲은 국가에서 만든 형법과 금령을 고시하는 일을 관장한다. 정월 초하루에 정절旌節을 들고 여기저기 돌아다니며 널리 알린다."7)

그리고 주장州長, 당정黨正, 족사族師, 여서閭胥 등은 관할 지역 내의 백성에게 법령을 읽어주는 역할을 맡았다. 천관天官, 지관地官, 하관夏官, 추관秋官의 관리들이 법령 조문을 상위象魏, 즉 대궐의 문에 내건다는 기록도 보인다.8) 뿐만 아니라 소재小宰, 소사도小司徒, 소사구小司寇, 사사士師 등은 백성들이 상위에 내걸린 법령을 읽도록 돌아다니며 목탁木鐸을 흔들었다는 설도 있다. 이상은 고대 성문법의 경우 말이나 문자 또는 그림의 형식으로 널리 알렸음을 말해주고 있다. 당시 문명화 정도가 비교적 높은 나라들은 주로 이런 방식을 택했을 것이니, 굳이 언제부터 그러했는지 따질 필요가 없다.

저절로 알 수 없는 일을 가르쳐 주지도 않으면서 그것을 어겼다고 죄를 줄 수는 없다. 그래서 공자는 "백성들에게 법률의 내용을 가르쳐주지 않

---

7) 『주례주소·추관(秋官)·대사구(大司寇)』, "掌憲邦之刑禁. 正月之吉, 執邦之旌節, 以宣布於四方." 앞의 책, 966쪽. 『주례·소재(周禮·小宰)』의 주에 따르면, "憲은 형법이나 금령을 고시하여 사람들이 볼 수 있도록 내거는 것이다(憲謂表而縣之)."
8) 『주례주소·추관·대사구』, "縣法象魏." 위의 책, 966쪽.

고 잘못을 저지른 자를 죽이는 것을 일러 학虐(잔학)이라고 한다."[9]고 말했던 것이다. 죄를 지었지만 용서받을 수 있는 세 가지를 일러 삼유三宥라고 하는데, 불식不識(인지하지 못한 경우), 과실過失, 유망遺忘(잊어버린 경우)의 경우이다. 또한 죄를 면하는 삼사三赦는 노모老耄(여든 살 이상의 노인), 유약幼弱(일곱 살 이하의 어린이), 준우蠢愚(정신병자) 등이다.[10] 따져보면 이는 모두 몰랐다는 이유로 봐주는 경우이다. 사실 후세의 법률이 일상생활과 훨씬 유리되어 있다. 이런 의미에서 옛사람의 법률 지식은 후세 사람보다 훨씬 다양하면서 정확했다. 사전에 사람들에게 널리 알리고 이해시키는 노력도 하지 않으면서, 사전에 알지 못했다는 사실을 전혀 고려하지 않는 오늘날의 형법이 오히려 옛날보다 훨씬 잔인한 것이 아니겠는가? 뿐만 아니라 사람마다 지켜야 할 사회 관습도 후세로 넘어올수록 훨씬 복잡해졌다. 그럼에도 자신이 겪고 있는 불행은 염두에 두지 않고 현대가 훨씬 발전한 문명사회라고 여기면서 고대 형벌의 잔혹성을 비난하는 이들을 보면 물에 빠져 주는 사람이 오히려 웃는다는 뜻인 '익인필소溺人必笑'[11]라는 말이 절로 생각난다.

형刑은 넓은 의미와 좁은 의미의 두 가지 쓰임이 있다. 넓은 의미의 형은 비교적 가벼운 형벌인 제재制裁, 징계懲戒, 지적指摘, 비소非笑(조소) 등이다. "예에서 벗어나면 형벌로 들어간다(出於禮者入於刑)."는 말에 나

---

9) 『논어주소 · 요왈(堯曰)』, "不敎而誅謂之虐." 앞의 책, 269쪽.

10) 『주례주소 · 사자(司刺)』, "掌三刺三宥三赦之法, 以贊司寇聽獄治. 壹刺曰訊群臣, 再刺曰訊群吏, 三刺曰訊萬民. 壹宥曰不識, 再宥曰過失, 三宥曰遺忘. 壹赦曰幼弱, 再赦曰老耄, 三赦曰蠢愚." 앞의 책, 946쪽. 역주: 정약용의 『흠흠신서(欽欽新書)』에 따르면, 불식(不識)은 甲인 줄 알고 乙을 죽이는 것이고, 과실(過失)은 나무를 베려다가 사람을 베는 것이며, 유망(遺忘)은 사람이 있는 것을 깜박 잊고 무기를 사용하는 것을 말한다.

11) 역주: 『좌전』 애공 20년에 나오는 말로 물에 빠져 죽는 이가 체념하여 자조(自嘲)의 웃음을 짓는다는 뜻이다.

오는 형이 바로 그것이다. "곡례삼천曲禮三千"이라는 말이 있듯이 예의 내용은 매우 구체적이고 잡다할 정도로 많다. 따라서 사람들이 살면서 예를 어기는 일이 흔히 생길 것이니, 위반했다고 바로 처벌을 내리는 것이 어찌 가능하겠는가? 따라서 "예에서 벗어나면 형벌로 들어간다."는 말은 실제로 적용하기 어려웠을 것이다. 좁은 의미의 형刑은 쇠로 만든 병기로 인체에 상처를 입히는 것을 말한다. 한대 사람들은 "형벌로 죽임을 당한 이는 다시 살아날 수 없고 형벌로 잘라진 사지四肢는 다시 이을 수 없다."[12]라고 했는데, 여기에 나오는 형이 바로 좁은 의미의 형이다. 이러한 좁은 의미의 형은 '형刑'자의 최초 의미이기도 한데, 이는 전쟁에서 기원했으며 대상도 본족本族이 아니라 적군이나 간첩 등이었다. 그래서 이러한 형벌의 집행을 관장하는 관리는 사사士師 또는 사구司寇라고 불렸다. 사士는 싸우는 병사兵士를 뜻하니 사사士師는 병사의 우두머리를 의미한다. 『주례』에 따르면, 사도司徒의 속관屬官으로 소송을 처리하는 직권을 가졌다. 다만 그들이 내릴 수 있는 징계는 환토圜土에 가두거나, 가석嘉石에 앉히는 것뿐이었다. 구체적으로 형벌을 가해야 할 경우 반드시 사士에게 넘겨주어야 했다. 이는 마치 오늘날의 사법기관司法機關과 군법심판軍法審判의 관계와 같다.[13] 형벌을 실시하는 기구, 즉 병기兵器가 다른 기관에는 없기 때문이다.

초기의 노예는 이민족으로부터 잡아온 포로들이었다. 후에는 죄를 지은 본족 사람도 이민족의 포로와 같은 부류로 간주하고 노예로 삼았다. 그래서 이민족 사람처럼 보이게 하려고 몸에다 문신을 하거나 머리카락

---

12) 역주: "死者不可復生"은 『전국책·조책(趙策)』에 나오는 말이다. 한대 노온서(路溫舒)의 「상덕완형서尙德緩刑書」에 "死者不可复生, 絶者不可復屬."이란 말이 나온다. 원문의 인용문은 '절(絶)' 대신 '형(刑)'을 썼지만 의미는 같다.

13) 역주: 군법심판은 군사재판을 말한다. 이는 당시의 상황에 따른 말이다. 지금으로 말하자면 법원의 재판이라고 할 수 있다.

을 깎았던 것이다. 예를 들어 머리털을 짧게 자르고 몸에 자자刺字하는 이른바 단발문신斷髮文身의 월족越族 풍습을 모방한 곤형髡刑과 경형黥刑 (묵형墨刑)이 생겨났다. 이후 포악한 통치자가 이러한 형벌을 널리 행하면서 몸에 상처를 입히는 형벌들이 끊임없이 나타났다.

오형五刑의 기록은 『상서·여형』에서 처음 보인다.

> "유묘有苗의 군주는 인정仁政을 베풀지 않고, 다섯 가지의 혹형酷刑을 만들어 형법으로 삼았다. 그리하여 코를 베는 의형劓刑, 귀를 베는 이형刵刑, 궁형에 해당되는 탁형椓刑, 얼굴에 새기는 경형黥刑 등의 형벌이 지나치게 행해졌다."[14]

이는 공영달의 『상서정의尙書正義』에 나온 문장이다. 그러나 금문상서학자들인 구양씨歐陽氏(구양생), 대소하후大小夏侯가 전한 『상서』(금문상서)에는 "빈臏, 궁宮, 의劓, 할두割頭, 서경庶勍"[15]으로 적혀 있다. 인용문의 출처인 『상서尙書』 전본傳本(『상서정의』)에 나오는 빈臏은 비剕, 할두割頭

---

14) 『상서정의 · 여형(呂刑)』, "苗民弗用靈, 制以刑, 惟作五虐之刑曰法. 爰始淫爲劓、刵、椓、黥." 앞의 책, 535쪽.

15) 『상서 · 우서(虞書)』, 공영달(孔穎達) 소(疏)에 인용된 내용이다. 역주:『상서』는 고문상서와 금문상서로 구분된다. 고문상서는 전한(前漢) 경제(景帝) 때 노(魯) 공왕(恭王)이 궁실을 넓히기 위해 공자의 옛 집을 헐다가 벽에서 『춘추』, 『논어』, 『효경』과 함께 얻었다고 하는데, 당시 문자인 예서가 아닌 과두문자(蝌蚪文字)로 적은 것이다. 한 무제 시절 공자의 후손인 공안국(孔安國)이 번역하여 전체 58편을 남겼다. 이에 반해 금문상서는 진나라 시절 분서갱유 때 제남(濟南) 출신 복승(伏勝, 복생伏生)이 몰래 숨겨놓았다가 한조에 들어서자 다시 꺼내 제와 노나라에서 교재로 사용했던 『상서』로 전체 29편이다. 당시 통용된 예서(隷書)로 적었기 때문에 금문상서라고 한다. 원문에 나오는 대소하후(大小夏侯)는 한대 금문상서 학자인 하후승(夏侯勝)과 하후건(夏侯建)을 말한다. 복승이 금문상서를 제남의 장생(張生)과 구양생(歐陽生)에게 전수했고, 하후승의 선조인 하후도위(夏侯都尉)가 장생에게 『상서』를 배웠으며, 이를 하후시창(夏侯始昌)에게 전했으며, 하후시창이 하후승에게 전했다.

는 대벽大辟, 경늑은 경黥을 말하는 것임에 틀림없다. 다만 서경庶勲의 서
庶는 무슨 뜻인지 알 수 없다. 따라서 오늘날 전해지고 있는 『상서』에
나오는 "의劓, 이刵, 탁椓, 경黥"은 오자인 듯하다.[16] 또한 『상서·여형』에
나오는 오형五刑은 묘민(苗民), 즉 유묘씨의 군주가 만든 형벌이었다.[17]
『국어·노어魯語』에 장문중臧文仲의 말이 인용되어 있는데, 이를 살펴
보면 다음과 같다.

> "대형大刑은 갑병甲兵을 동원하여 토벌하는 것이다. 그 다음은 부월斧
> 鉞로 죽이는 것이 있다. 중형中刑은 도거刀鋸로 잘라 내는 것이다. 그
> 다음은 찬착鑽窄으로 얼굴을 망가뜨리는 것이다. 가벼운 형벌로 박형薄
> 刑은 채찍으로 매질하는 것이다. 대형은 들판에서 집행하고 가벼운 형
> 벌은 저자市나 조정朝에서 시행한다."[18]

이는 이른바 '오복삼차五服三次'를 말한다.[19] 대형에 갑병을 쓴다는 것
은 군대를 동원하여 전쟁을 일으킨다는 뜻이고 부월을 쓴다는 것은 대벽

---

16) 역주: 오늘날 전해지는 『상서』는 당대 공영달(孔穎達)이 편찬한 『상서정의』이다.
   공영달이 저본으로 삼은 것은 동진(東晉) 원제(元帝) 시절 매색(梅賾)이 헌상한 『고
   문상서』로 공안국의 전(傳)까지 합쳐서 모두 58편이다. 이는 위고문(僞古文)으로 알
   려졌으나 공영달은 이를 정본으로 삼았다. 현재 우리가 읽고 있는 『서경집주(書經集
   註)』도 이에 근거한 것이다.

17) 묘민(苗民)의 민(民)은 유묘(有苗)의 군주를 비하한 말이다. 자세한 내용은 『예기·치
   의(緇衣)』 소(疏)에 나오는 「여형(呂刑)」에 대한 정현의 주를 참조하시오. 역주: 『예
   기·치의(緇衣)』의 소는 당대 공영달(孔穎達)이 지은 것이니 저자의 착오인 듯하다.

18) 『국어·노어(魯語)』, "大刑用甲兵, 其次用斧鉞. 中刑用刀鋸, 其次用鑽窄. 薄刑用鞭
   朴. 大者陳之原野, 小者肆之市, 朝." 앞의 책, 169쪽. 역주: 도거(刀鋸)는 형구(刑具)
   인 칼과 톱이다. 찬착(鑽窄)은 경형(黥刑)을 가리킨다.

19) 역주: 『순전(舜典)』, "그대는 다섯 가지 형벌을 시행함이 있으니, 다섯 가지 형벌은
   세 곳에서 시행하라(五刑有服, 五服三就)." 다시 말해 오형은 각기 집행하는 방법이
   다르고, 장소는 교외와 시내, 그리고 조정이란 뜻이다. 원문은 「요전(堯典)」이라고
   했으나 「순전」에 나오는 내용이기 때문에 교정했다.

大辟, 즉 사형을 말한다. 중형에 도거를 쓴다는 것은 코를 베는 의형劓刑, 다리를 베는 비형剕刑, 생식기관을 자르는 궁형宮刑을 가리킨다. 그 다음으로 찬착鑽鑿을 쓴다는 것은 묵형墨刑을 말한다. 비록 박형薄刑에 사용되는 편박鞭朴은 금속으로 만든 기구는 아니지만 옛사람은 나무 막대기를 병기로 삼기도 했다.[20] 예를 들어 『여람呂覽·탕병蕩兵』에 따르면, "치우蚩尤가 나타나기 전에 사람들은 벌써 숲의 나무를 베어 무기로 만들어 싸웠다." 또한 『좌전』 희공僖公 27년 기록에 따르면, 초자옥楚子玉이 군대를 훈련시킬 때, 군사 7명을 채찍으로 매질한 적이 있었다. 이로 보건대 채찍질 역시 군형軍刑 가운데 하나였음을 알 수 있다.

『순전舜典』에 다음과 같은 내용이 나온다.

> "(순 임금은) 자주 쓰는 다섯 가지 형법을 기물 위에 새겨 놓았다. 오형에 해당하는 죄를 범한 자는 유배형으로 죄를 낮추어 관용을 베풀었다. 관아에서는 채찍질로 형을 집행했고, 학교에서는 회초리로 체벌했으며, 고의로 죄를 지은 자가 아니면 금金(동銅 또는 돈)을 내어 속죄하도록 했다."[21]

인용문에 나오는 "다섯 가지 형법을 기물 위에 새겨 놓았다(象以典刑)."는 말은 『주례』에 나오는 '현법상위縣法象魏'와 같은 뜻이다. "유유오형流宥五刑"의 '오형五刑'은 「여형」에서 말하는 오형과 같다. "금작속형金作贖刑"의 '속형贖刑' 역시 「여형」에서 말한 형법 가운데 하나로 속죄하는 대가로 중의 하나다. 속죄의 대가로 금金, 즉 동銅을 내는 것이다. 옛날에는 동으로 병기를 주조했기 때문이다.[22] 이상에서 볼 수 있다시피 몸에

---

20) 『여람·탕병(蕩兵)』, "未有蚩尤之時, 民固剝林木以戰矣." 중화서국, 2011년, 196쪽. 역주: 『여람』은 『여씨춘추(呂氏春秋)』를 말한다.

21) 『상서정의·요전(堯傳)』, "象以典刑. 流宥五刑. 鞭作官刑. 樸作敎刑. 金作贖刑." 앞의 책, 65쪽.

상처를 입히는 '휴체毀體'의 형벌은 모두 전쟁에서 비롯되었음을 알 수 있다.

옛말에 "집안에서도 가르침과 회초리가 없어서는 안 된다(敎笞不可廢 於家)."라는 말이 있는데, 이로 보건대 본족 사람들에게는 편박鞭樸, 즉 채찍질은 사용하지 않았을 것이고 심한 경우에는 그저 본족에서 내쫓는 정도였을 것이다. 「왕제」에 나오는 이교移郊(멀리 교외로 내쫓음), 이수移 遂, 병제원방屛諸遠方23) 등이 바로 유형에 해당되는 형벌들이다.24) 또한 『주례 · 사구司寇』에 보면, 사구가 사회 질서를 교란시키는 사람들을 환토 圜土, 가석嘉石 등 감금監禁의 형벌로 처벌하고 사공司空에게 보내 노역을 시킨다는 내용이 나온다. 하지만 이러한 형벌의 대상은 모두 노예들로 본족 사람들은 해당되지 않았다. 혹독한 형벌이 모두 전쟁에서 기원됐음 을 다시 한 번 확인할 수 있는 대목이다.

오형 중에서 여자를 대상으로 실시하는 궁형宮刑은 궁궐 내에 가두는

---

22) 역주: "金作贖刑"에 나오는 '금(金)'은 일반적으로 돈으로 풀이한다. 하지만 순 임금 시절에 과연 돈이 통용되었을지 의문스럽다. 따라서 저자의 말에 나름 일리가 있다.

23) 역주: 도성 밖을 교(郊)라 하고, 교 밖을 수(遂)라 하였으니, 이수(移遂)는 먼 지방으 로 추방한다는 뜻이다. 병제원방(屛諸遠方)은 수보다 더 먼 곳으로 보낸다는 뜻이다.

24) 역주: 『예기 · 왕제』의 원문은 다음과 같다. 『예기정의 · 왕제』, "사도(司徒)가 그의 속관 향리더러 교화를 따르지 않는 사람을 보고하라고 한다. 교화를 받고도 고쳐지 지 않는 사람은 원교로 내보내고 처음과 같은 예로 교화시킨다. 그래도 고쳐지지 않으면 더 먼 수로 내보낸다. 처음과 같은 예로 교화시킨다. 그래도 고쳐지지 않으면 수보다 더 먼 곳으로 내쫓아 평생토록 불러들이지 않는다(命鄕簡不帥敎者以告…… 移之郊, 如初禮. 不變, 移之遂, 如初禮. 不變, 屛之遠方, 終身不齒)." 앞의 책, 404쪽. 이에 대해 명대 호광(胡廣)은 다음과 같이 주를 달았다. "사방의 원교는 도읍에서 백리나 떨어지며 향의 범위 밖에 있다. 수는 원교 밖에 있다. 이로써 점점 멀어져 나간다는 것을 나타낸다. 네 차례를 거쳐 예로 교화시켰는데도 고쳐지지 않는다면 그가 끝내 덕을 가질 수 없는 사람이라 판단하여 포기한다(四郊, 去國百里, 在鄕界 之外, 遂又在遠郊之外, 蓋示之以漸遠之意也. 四次, 示之以禮敎, 而猶不悛焉, 則其人 終不可與入德矣, 於是乃屛棄之)."

것으로 유일하게 몸에 상처를 입히지 않는 형벌이었다.[25] 이외에 네 가지 형벌은 모두 불구不具의 몸으로 만드는 혹형이었다.

『주례·사형司刑』에 나오는 오형은 빈臏이 아닌 월刖로 적혀 있을 뿐 나머지 부분은 『상서·여형』에 나오는 것과 일치한다. 『이아爾雅·석언釋言』과 『설문』에 따르면, 刖월은 剕비와 같다. 유독 정현鄭玄만은 자신의 『박오경이의駁五經異義』에서 "고요皋陶가 臏빈을 剕비로 고치고, 『주례』에서 剕비를 다시 刖월로 수정했다."[26]고 말한 바 있다. 『설문해자』의 髕빈 자에 대한 단옥재段玉裁 주注에 따르면, 臏빈은 髕빈의 속칭이며, 슬개골膝蓋骨을 도려낸다는 뜻이다. 또한 刖월은 발을 벤다는 뜻이라고 했다. 하지만 이는 근거 없는 해석이다. 髕빈은 종지뼈로 신체의 일부를 뜻하는 명사일 뿐 형벌 이름이 아니다. 오히려 剕비는 왼쪽 발가락을 베는 것이고 刖월은 오른쪽 발가락까지 모두 자르는 것이라고 주장하는 진교종陳喬樅의 학설이 일리가 있어 보인다.[27]

오형의 내용은 유묘의 군주가 처음 만든 이후 『주례』에 기록될 때까지 크게 달라진 것이 없지만, 옛날에 사람의 몸을 불구로 만드는 형벌은 오형에만 그치지 않았을 것이다. 각종 전적을 보면 참으로 참혹한 형벌이 적지 않게 나온다. 예를 들면 다음과 같다. 칼로 베어서 죽이는 참형斬刑,[28] 신체를 찢어 죽이는 책형磔刑,[29] 옷을 벗기고 찢어 죽이는 박형膊刑,[30] 환

---

25) 『주례·사형(司刑)』에 대한 정현의 주를 참조하기 바란다. 역주: 여자에게 궁형을 가한다는 것은 여자의 자궁을 폐쇄하는 형벌이라고 주장하는 이도 있다.

26) 정현 『박오경이의(駁五經異義)』, "皋陶改臏爲剕, 周改剕爲刖." 중화서국, 2014년, 606쪽.

27) 『금문상서(今文尙書)·경설고(經說考)』참조.

28) 옛날에는 허리를 베어 죽이는 요참(腰斬)을 참(斬)이라고 했다. 후에는 전쟁에서 목을 베어 죽이는 참급(斬級)이 머리를 자르는 형벌인 할두(割頭)와 구분하여 요참을 뜻하는 '참(斬)'이라고 말했다. 그래서 '참'은 곧 할두, 즉 머리를 자르는 형벌을 뜻했고, 요참을 말할 때는 '참' 앞에 '요'를 붙여 요참이라고 불렀다.

형轘刑이라고 불리기도 하는 거열형車裂刑, 액형縊刑,31) 불에 태워 죽이는 분형焚刑,32) 끓는 가마솥에 담그고 삶는 팽형烹刑,33) 죽이고 나서 시체를 잘게 다져 젓갈처럼 만드는 포해脯醢 등이 있다. 특히 포해脯醢는 식인족食人族의 풍습에서 비롯된 형벌인 것 같다. 이刖는 괵馘으로 귀를 베는 것인데, 이형刖刑은 역시 전쟁에서 비롯된 형벌이었다.

『맹자·양혜왕하』에 따르면, "문왕文王이 기岐를 다스릴 때, 죄인에게 가하는 처벌은 본인에게만 그치고 처자식에게까지 연루되지 않는다."34) 『좌전』소공昭公 22년에 보면, 「강고康誥」에 나오는 "부자나 형제간에는 죄를 서로에게 연루하지 않는다."35)는 말을 인용하고 있다. 하지만 이와 달리 『상서·감서甘誓』, 『탕서湯誓』에는 모두 노륙孥戮의 내용이 나온다.36) 이를 통해 죄인의 가족을 연좌하여 노예로 삼는 것 역시 군법軍法에서 시작되었음을 알 수 있다. 노륙은 이처럼 죄인의 가족을 잡아들여 노예로 삼는 것이지만 족주族誅는 친족을 포함한 일가를 모두 죽이는 형벌이다. 이 역시 전쟁 때의 일을 형벌에 적용한 것으로 보인다. 적대적인 부족끼리 전쟁을 할 경우 잡아온 포로를 죽이는 일이 다반사였기 때문이

---

29) 『사기·이사열전(李斯列傳)』에는 矾(책)으로 적혀 있다. 이는 『주례·사륙(司戮)』에 나오는 고형(辜刑)을 말한다.

30) 『주례·사륙』을 참조하시오.

31) 『좌전』애공(哀公) 2년 기록에 "목을 졸라 죽인다(絞縊以戮)."는 말이 나온다. 교(絞)는 목을 졸라 죽이는 데 사용하는 새끼를 뜻한다. 이것으로 목을 졸라 죽이는 것을 액살(縊殺)이라고 한다.

32) 『주례·사륙』을 참조하시오.

33) 『공양전』장공(莊公) 4년을 참조하시오.

34) 『맹자주소·양혜왕하』, "文王之治岐也, 罪人不孥." 앞의 책, 45쪽.

35) 『좌전』소공 22년에 인용된 『강고(康誥)』의 내용이다. 『춘추좌전정의』, "父子兄弟, 罪不相及." 앞의 책, 1394쪽.

36) 역주: 노륙(孥戮)은 범죄자의 처자식을 노예로 삼는 것을 말한다. 『상서』의 「감서(甘誓)」와 「탕서(湯誓)」는 주로 군사(軍事)와 관련된 내용이다.

다. 특히 가족 가운데 누군가 죽임을 당하면 가족 가운데 누군가가 이를 복수할 수도 있기 때문에 후환을 제거하기 위해 일가를 모두 참살하는 경우가 흔히 있었다. 『사기 · 진본기秦本紀』에 따르면, 문공文公 20년에 "처음으로 죄를 범한 본인과 더불어 부모와 형제, 처자식이 연좌되어 죄를 묻는 삼족지죄三族之罪를 규정했다."[37] 이후로 삼족지죄의 관련 규정이 오랫동안 이어졌다. 예를 들어 위진남북조 시절에는 정적政敵을 주살하면서 종종 그 가족까지 연루시켜 모두 죽이곤 했다. 심지어 시집간 딸도 예외가 아니었다. 참혹한 형벌이 아닐 수 없으니, 이 또한 전쟁에서 비롯되었기 때문이다.

법法을 만드는 취지나 법의 사회적 기능은 고금이 서로 다르다. 옛날에는 백성에게 형법을 밝힘으로써(明刑) 교화를 보필하는 것(弼敎)이 법을 만드는 취지이자, 법의 사회적 기능이었다. 이에 대해 『상서 · 요전堯典』에는 다음과 같이 명확히 밝힌 바 있다.

"다섯 가지 형벌을 밝힘으로써 다섯 가지 교화를 보필한다."[38]

하지만 후세에는 단지 형식적인 상호 보완만 이야기할 뿐이다. 사람과 사람은 더불어 살아야만 한다. 그래야 평안 무사할 수 있고, 사회가 더욱 발전할 수 있다. 이는 모두 선의를 지녔기 때문이다. 사람과 사람, 사람과 사회가 서로 선의를 품는다면 당연히 서로 화목하게 지내며 서로 도와주고 보필하면서 발전해나갈 수 있다. 행하는 일에 잘잘못을 따지는 것은 오히려 중요하지 않을 수 있다. 그러나 반대로 서로가 적의를 품는다면 오로지 상대방의 위세나 사회의 제제가 두려워 감히 악행을 저지르지 않

---

37) 『사기』, 권5, 「진본기(秦本紀)」, "法初有三族之罪." 앞의 책, 179쪽.
38) 『상서정의 · 우서(虞書) · 대우모(大禹謨)」, "明於五刑, 以弼五教." 앞의 책, 91쪽.

을 뿐이고, 설사 남에게 이로운 일을 행할지라도 단순히 자신이 원하는 바를 얻기 위한 상호 교환의 목적인 경우가 대부분이다. 타인이나 사회에 이로운 일을 할지라도 근본적으로 상업적인 행위에 불과하다는 뜻이다. 이러한 상업적 도덕은 결코 현재는 물론이고 이후에도 선한 결과를 가져올 수 없다.

사람은 본래 나와 남, 개인과 무리를 구분치 않고 살았다. 하지만 후대로 올수록 사회조직이 복잡해지고 계층 간의 갈등이 심해지면서 나와 남, 개인과 무리 사이에 이해 충돌이 생기기 시작했다. 이에 따라 사람들은 개인의 이익을 챙기기 위해 타인과 사회에 피해를 입히는 일을 마다하지 않게 되었다. 이런 현상을 바로잡으려면 사회 계급부터 없애야 하는데, 이를 깨닫지 못한 옛사람은 오로지 교화를 통해 바로잡으려고 했다. 또한 그 과정에서 교화의 힘만으로 부족함을 깨닫고 교화의 보조 역할로서 형벌을 만들어 시행하게 되었던 것이다. 그래서 고대에는 법을 집행할 때 범죄 동기를 매우 중요하게 여겼다. 『춘추』에서 형옥을 판결할 때 지(志)를 중요하게 여겼다는 말은 바로 이런 뜻이다.39) 또한 『대학』에도 다음과 같은 관련 내용이 보인다.

> "공자께서 말씀하셨다. '송사를 듣고 판결할 때는 나도 남들과 다를 게 없다. 그보다 소송이 다시 생기지 않도록 하는 것이야말로 반드시 해야 할 일이 아니겠는가?' 진정성이 없는 자(진상을 숨기는 사람)가 거짓으로 변명을 다 하지 못하도록 하니 이는 백성들의 마음을 크게 두렵게 했기 때문이다. 이것을 일컬어 송사를 처리하는 근본을 아는 것이라고 한다.40)

---

39) 『춘추번로 · 정화(精華)』, "斷獄重志." 북경, 중화서국, 1975년, 104쪽.

40) 『대학』, "聽訟吾猶人也, 必也使無訟乎? 無情者不得盡其辭, 大畏民志, 此謂知本." 앞의 책, 253쪽.

하지만 송사의 판결을 끝낸 다음에 같은 사건이 다시 일어나지 않으리라는 바람은 결국 헛된 일이 되고 말았다. 법도 더 이상 사람의 동기에 상관하지 않고 오로지 통치자가 원하는 사회 질서 유지에만 만족하기에 이르렀다. 이제 법은 교화를 보필하는 필교弼敎의 기능을 상실했고, 지배층이 원하는 사회 질서를 유지하는 도구로 전락하고 말았다. 마음 씀씀이가 좋지 않다는 것을 뻔히 알지만 행동에 문제될 것이 없으면 어찌 할 수 없는 상황이 되고 만 것이다. 이렇게 해서 법은 완전히 반사회反社會적인 존재가 되고 말았다.

하지만 후대에 와서 고대보다 나아진 일이 한 가지 있기는 하다. 고대는 씨족의 경계가 아직 선명하여 사라지기 전으로 국가의 권력이 씨족 내부에까지 침투하지 못해 씨족 구성원의 행동에 대한 단속이 제대로 이루어지지 못할 때가 많았다. 이로 인해 다음 두 가지 문제가 발생했다. 첫째, 씨족 구성원들은 모두 족장의 권력에 복종해야 했다. 이런 상황은 가족시대로 진입한 이후에도 지속되었다. 둘째, 씨족 간의 투쟁도 국가의 간섭 없이 각자의 힘으로 스스로 해결해야 했다. 이와 관련하여 보다 구체적으로 살펴보면 다음과 같다.

『좌전』 성공成公 3년에 보면, 지앵知罃이 초楚나라에서 포로로 있다가 풀려나 본국인 진나라로 돌아가게 되었을 때 초楚 공왕共王에게 한 말이 기록되어 있다.

> "만약 과군寡君(진나라 군주)이 군주(초 공왕)께서 저에게 베푼 은혜를 생각하여 저를 죽이지 않고 군주의 외신인 저의 부친 수首(순수荀首, 당시 진나라 중군의 부장)에게 넘겨주면 저의 부친이 과군에게 저를 사당에서 죽이는 것을 허락해달라고 청할 것입니다. 그렇게 되면 비록 몸은 죽을지라도 오래토록 썩지 않고 역사에 남아 은덕을 잊지 않을 것입니다."[41]

소공昭公 21년에 보면 송나라 대부 화비수華費遂가 자신의 자식인 아들 화다료華多僚에 대해 언급한 내용이 나온다.

"나는 참언으로 사악한 일을 꾸미는 자식(화다료)을 두고도 그를 죽이지 못하고 스스로 목숨을 끊지도 못하고 있다. 군명이 내렸으니 장차 이를 어찌하면 좋겠는가?"42)

이상의 기록에서 볼 수 있다시피 고대에는 아비가 자신의 아들에게 죄가 있을 경우 죽일 수도 있었다. 그러나 이후에는 법의 규정이 달라졌다.『백호통의 · 주벌誅伐』는 "아들을 죽인 아버지는 마땅히 사형에 처해야 한다."43)고 한 것이 대표적인 예이다.

다음으로『예기』「곡례曲禮」, 「단궁檀弓」에는 군주와 부친, 형제, 스승과 윗사람, 그리고 친구를 위해 보복하는 것과 관련한 예禮를 기록하고 있다.『주례』에 나오는 조인調人은 세간에서 종종 일어나는 복수의 문제를 처리하기 위해 설치한 관직이었다. 하지만 조인이 할 수 있는 일은 보복의 대상을 다른 곳으로 피신하게 하거나 의로운 복수인지 여부를 심사하고, 복수 행위가 일정한 한도를 넘지 않도록 하는 정도였을 뿐 복수 행위를 근절할 수는 없었다. 이러한 복수의 풍습은 후대까지 오래도록 지속되었다. 민간에서는 이를 마치 의거義擧처럼 생각했으나 후대로 넘어오면서 점차 법률적으로 금지하기에 이르렀다. 이는 후세의 법률이 고대보다 진보한 점이다. 하지만 아직까지도 가장이나 족장이 권력을 제멋대로 휘둘러 가족이나 가문의 구성원을 처벌하는 일이 종종 일어나는데도

---

41) 『춘추좌전정의』, 성공(成公) 3년, "若從君之惠而免之, 以賜君之外臣首, 首其請于寡君, 而以戮於宗, 亦死且不朽." 앞의 책, 713쪽.

42) 『춘추좌전정의』, 소공(昭公) 21년, "吾有讒子而弗能殺. 吾又不死, 抑君有命, 可若何." 위의 책, 1414쪽.

43) 『백호통소증 · 주벌(誅伐)』, "父殺其子當誅." 앞의 책, 216쪽.

국가에서 간섭하지 않아 개인이 보호를 받지 못하는 경우가 있다. 또한 국가가 개인의 복수 행위를 금지하면서도 실제로 백성들의 억울함을 제대로 풀어주지 못하는 경우도 있으니, 이는 나라의 법이 미흡한 까닭이다.

법률은 하루라도 사용되지 않는 날이 없다. 문화적으로 커다란 변화가 일어나 다른 계통의 법률을 가져오지 않는 한 기존의 법률에 근본적인 변화나 개혁이 일어나기 힘들다. 그렇기 때문에 법률은 언제나 기존의 것을 그대로 계승하면서 아울러 조금씩 바꿔나가기 마련이다. 이는 중국 역대 법전 편찬과 변화를 통해 확인할 수 있다.

중국 최초의 법전은 이회李悝가 편찬한 『법경法經』이다. 『진서 · 형법지』에 실린 진군陳群의 「위률서魏律序」에 따르면, 『법경』은 이회가 위문후魏文侯의 승상으로 있을 때 여러 제후국의 법률을 수집하여 편찬한 것이다. 『사기 · 육국표六國表』의 기록에 따르면, 위문후가 재위한 기간은 주周 위열왕威烈王 2년(기원전 424년)부터 안왕安王 15년(기원전 387년)까지이니 법전이 생긴 지 꽤 오래되었다고 할 수 있다. 법전 편찬은 법조문을 가려 뽑아서 순서를 매기고 순서대로 기술하는 식으로 진행되었다. 이회가 만든 법전은 당시 방대한 자료를 참고했는데, 수록된 법률 조항을 고심하여 선정하고, 나름 조리가 있고 체계를 갖춘 것으로 보인다. 그렇기 때문에 "상앙商鞅이 그것을 취해 진나라에 도움이 되도록 한 것이다."[44] 당시는 사회질서를 유지하면서 사회적 제재制裁, 즉 관습만으로 효력이 없어 법률의 힘을 빌려야 하는 상황이었다. 하지만 당시 법은 명확한 규정이 없을 뿐만 아니라 내용 또한 빈약하여 기존의 것을 그대로 사용하는 상황이었다. 당연히 그것만으로 사회질서를 유지하기 힘들었다.

이회가 만든 『법경』은 총 여섯 편으로 구성되었다. 「위률서」에서 제시

---

44) 『진서(晉書)』, 권30, 「형법지(刑法志)」, "商君受之以相秦." 북경, 중화서국, 1974년, 922쪽.

된 각 편의 제목을 살펴보면 다음과 같다. (1)「도盜」. (2)「적賊」. (3)「망網」. (4)「포捕」. (5)「잡雜」. (6) 별도로 법의 증감 내용에 대한 설명 부분이다.「도盜」는 남의 재산을 침범하는 규정이고,「적賊」은 타인의 몸을 해치는 일에 대한 규정이다.「망網」과「포捕」는「도」와「적」의 법을 어긴 이들을 체포하고 심판하기 위한 법 조항이다. 이외에 다른 법조항은「잡」으로 통합했다. 문은 잡률雜律로 통합했다. 옛사람은 책을 편찬할 때, 흔히 중요한 내용은 독립적인 편을 설정하여 전문적으로 다루고, 나머지 내용은 통틀어 한 편에 넣어 잡雜으로 명명하곤 했다. 예컨대, 예부터 전해 내려온 장중경張仲景의 의서醫書를 보면 질병을 상한傷寒과 잡병雜病으로 나누어 기술하고 있다.45)「망網」,「포捕」,「도盜」,「적賊」을 각기 한 편씩 독립시키고 나머지 내용을「잡」에 통합한 것을 볼 때『법경』은 주로 도와 적, 다시 말해 도둑질이나 강도질 등에 대한 법 규정을 중시하고 다른 것은 비교적 경시했음을 알 수 있다. 그렇기 때문에 사회가 보다 복잡해진 후대에는『법경』만으로 부족하지 않을 수 없었다.

하지만 관중關中으로 들어온 한 고조 유방은 전혀 어울리지 않는 법을 이야기했다.

"내 부로父老 여러분들과 약속하건대 법은 단지 세 가지 뿐이오. 사람을 죽이면 사형에 처하고, 사람을 해치거나 도둑질을 하면 각기 해당하는 처벌을 받게 될 것이오. 이외에 진나라의 모든 법을 폐지하겠소."46)

후세 사람들은 흔히 이를 '약법삼장約法三章'이라고 말한다. 그래서 마

---

45) 잡병(雜病)을 졸병(卒病)이라고 부르는 경우가 있는데, 卒(졸)은 雜(잡)의 오자(誤字)이다.
46)『사기』, 권8,「고조본기」, "吾與父老約, 法, 三章耳. 殺人者死, 傷人及盜抵罪. 餘悉除去秦法." 앞의 책, 362쪽.

치 고조가 백성들에게 간략한 법 세 가지만 시행하겠다는 뜻으로 오해하기 쉽다. 하지만 위 문장은 '약約'자에서 끊어 읽어야 한다. 다시 말해 "吾與父老約, 法, 三章耳."으로 보아야 한다는 뜻이다. 진군의 「위률서」에 따르면, 이회가 만든 『법경』은 "같은 유類의 내용을 모아 편篇을 만들고, 유사한 사안을 모아 장章을 이루었다."[47] 편篇마다 여러 장章이 포함되었다는 이야기다. 따라서 앞서 인용한 고조의 발언은 기존의 여섯 편의 법률 가운데 한 편의 분량도 되지 않는 3장章만 취하고 나머지는 모두 폐지했다는 뜻이다.

사실 진의 백성이 도탄에 빠진 것은 정국政局의 혼란 탓이자 당시 옥리가 법을 엄격하고 가혹하게 적용했기 때문이지 법 조항의 많고 적음과는 전혀 상관없는 일이었다. 하지만 이러한 사실을 백성들에게 장황하게 말하여 이해시킬 수는 없는 일이다. 그래서 기존의 법률 가운데 3장만 취하고 나머지는 모두 폐지하겠다고 말한 것일 따름이다. 백성들의 입장에서 본다면 마치 대단한 시혜인양 여겨져 크게 기뻐하지 않을 수 없었을 것이다. 하지만 이는 일시적으로 인심을 얻기 위한 것이었을 뿐 그리 오래가지 못했다. 그래서 『한서 · 형법지刑法志』에서 말한 것처럼 한나라는 정국이 안정된 후 "삼장三章의 법으로 간악한 일을 막기에 부족하기에 이르렀다."[48] 이런 까닭에 소하蕭何는 기존 여섯 편의 법을 모두 복원하는 동시에 세 편을 더 만들었고, 숙손통叔孫通은 방장旁章 18편을 만들어 기존의 법률에서 다루지 못한 부분을 보충했다. 이리하여 법전은 모두 27편으로 늘어났다.

사실 당시 급히 해결해야 할 일은 다음 두 가지였다. 첫째, 법률 내용을 확충하는 일. 둘째, 내용을 확충한 후 조리 있게 체계적으로 편찬하는

---

47) 진군(陳群), 「위률서(魏律序)」, "集類爲篇, 結事爲章."
48) 『한서』, 권23, 「형법지(刑法志)」, "三章之法, 不足以禦姦." 앞의 책, 1096쪽.

일. 첫 번째 일은 이미 한대 초기부터 착수했다. 무제는 정무가 더욱 복잡해짐에 따라 보다 많은 규정을 만들어야만 했다. 그래서 장탕張湯과 조우趙禹 등은 법전을 60편으로 확충했다. 당시 반포된 각종 법령은 갑甲, 을乙, 병丙, 정丁의 순으로 편찬했기 때문에 '영갑令甲'이라고 통칭했는데, 전체 300여 편에 달했다. 이외에도 '비比'라고 하여, 옥사를 판결할 때 적용하거나 참고할 수 있는 판례까지 덧붙였다. 이는 전체 906권卷이었다. 분량이 너무 많고 편찬 체계가 심히 어지러워 "「도盜」의 법률조항에 적상賊傷에 관한 판례가 들어가 있고, 「적賊」에 「도盜」에 해당하는 법 조항이 들어가 있기도 했다."[49] 당연히 법을 적용하는 데 어려움이 뒤따랐으며, 법전을 해석하는 장구章句[50]를 연구하는 학자들이 십 수 명이나 생겨났다. 재판할 때 26,272 조목, 전체 7,732,200에 달하는 문장을 뒤져야 하는데, 어찌 그 많은 것을 다 읽어 달통한 자가 있었겠는가? 그래서 "당사자를 살려두려면 꼭 생의生議(사형죄 이외의 조항)에 부치고, 사람을 모함하려면 사비死比(사형 조목에 빗댐)에 부쳤다."[51]는 말이 나올 정도로 간악한 옥리가 자신의 권한을 이용하여 제멋대로 판결을 뒤바꾸는 등 부정부패가 심각했다. 그렇기 때문에 보다 체계적인 법전을 만드는 것이 가장 시급한 일이었던 것이다.

한 선제宣帝 시절 정창鄭昌이란 자가 이를 상주했으나 한조가 망할 때까지 끝내 추진하지 못했다. 한을 찬탈한 위魏에 이르러서야 비로소 진군

---

49) 『진서』, 권30, 「형법지」, "盜律有賊傷之例, 賊律有盜章之文." 앞의 책, 923쪽. 역주: 이는 조위(曹魏) 시절에 '한률漢律'을 정비하여 『신률(新律)』을 제정할 때 발견한 것이다.

50) 처음에 장구(章句)란 말은 일종의 부호를 나타내는 말이었으나 이후에는 주석(注釋) 의 뜻으로 쓰였다. 자세한 내용은 상무인서관(商務印書館)에서 출판한 졸작 『장구론(章句論)』을 참조하기 바란다.

51) 『한서 · 형법지』, "所欲活者傳生議, 所欲陷者予死比." 앞의 책, 1101쪽.

등에 의해 『신률新律』 18편이 만들어졌다. 그러나 안타깝게도 반포하기도 전에 위나라가 망하고 말았다. 위魏를 이어 건국한 진晉에 이르러 가충賈充 등이 기존의 법을 토대로 수정, 보완하여 『진률晉律』 20편을 만들고, 태시泰始 4년(서기 268년) 전국적으로 대사면을 실시하면서 이를 반포하여 정식으로 시행하기 시작했다.

『진률』은 대체로 한대의 율律, 령令, 비比 등에서 중복된 부분을 삭제하고 취사선택하여 나름 체계를 갖춘 법전이다. 일종의 정리 작업이라고 할 수 있다. 하지만 당시 유가 사상이 법률에 반영되어 구현되었다는 점에서 특기할 만하다. 사실 한대 때부터 소송 사건을 판결할 때 경의經義를 인용하여 적용시키는 경우가 흔했다. 지금 사람들이 들으면 기담奇談처럼 느끼겠지만 옛날에는 보편적으로 운용되었다. 넓은 의미의 관습법에는 본래 여러 학파의 학설이나 사상이 내재하기 마련이다. 따라서 유학이 널리 받아들여진 당시에 유가 학설이 법률에 반영되는 것은 전혀 이상한 일이 아니다. 『한서』의 응소應劭 주注에 인용된 다음과 같은 말에서 이를 확인할 수 있다.

> "동중서가 노병老病으로 퇴직하기를 청했으나 조정朝廷에서 정의政議 (법에 관한 논의)가 있을 때마다 여러 차례 정위廷尉 장탕張湯을 보내 그가 거처하는 곳을 찾아가 그 득실得失에 대해서 물었다. 그리하여 판례 232건을 다루는 『춘추절옥春秋折獄』을 지었다."[52]

또한 한 문제文帝는 조서를 내려 육형肉刑의 폐지를 논할 때 『상서』의 학설을 원용했다. 뿐만 아니라 한 무제가 동중서의 제자인 여보서呂步舒

---

52) 『후한서』, 권48, 「응소전(應劭傳)」, "董仲舒老病致仕. 朝廷每有政議, 數遣廷尉張湯至陋巷, 問其得失. 於是作春秋折獄二百三十二事." 역주: 『진서』, 권30, 「형법지」에도 유사한 내용이 실려 있다. "故膠東相董仲舒老病致仕, 朝廷每有政議, 數遣廷尉張湯親至陋巷, 問其得失, 於是作《春秋折獄》二百三十二事." 앞의 책, 1612쪽.

를 등용하여 회남淮南의 소송을 맡기기도 했다. 이렇듯 한대의 율律, 령令, 비比에는 유가 학설이 적지 않게 포함되었음을 알 수 있다.

법가에 비해 유가 학설이 보다 어질고 너그러웠을 것이다. 법가는 국가의 권위 신강을 주장하였으나 유가는 양호한 사회 풍습 유지를 더 강조했기 때문이다. 장병린章炳麟은 『태염문록太炎文錄』「오조법률색은五朝法律索隱」에서 『진률』은 매우 문명적이었다고 하면서 북위 이후 선비족의 법률을 참조하면서 야만스러워졌다고 말한 바 있다. 예를 들어 『진률』은 부모가 자식을 살해할 경우 일반 살인죄와 동일하게 처리했으나 북위 이후로는 법적인 처벌이 훨씬 가벼웠다. 이외에도 『진률』에 따르면, 성내에서 말을 타고 달리다가 사람을 죽일 경우 과실過失로 인한 살인으로 볼 수 없도록 했고,53) 부민部民이 장리長吏를 살해할 경우 일반 살인죄와 동

---

53) 이는 현재에도 통용될 수 있다. 시내에서 마차나 자동차를 타고 달리다가 사람을 죽인 경우 마땅히 고의에 따른 살인으로 논죄해야 한다. 시내에는 사람이 많이 오간다는 것을 예상할 수 있으니 각별한 주의가 필요함에도 그리 하지 않았기 때문에 단순 과실로 볼 수 없다. 혹자는 이렇게 반문할 수도 있을 것이다. "그런 식으로 처리하면 도시에서 어찌 차를 몰고 다닐 수 있겠는가? 사회가 발전할수록 매사에 속도가 붙기 마련이고, 무엇보다 시간이 중요한데 곳곳에서 행인들을 돌봐야 한다면 어찌 일에 몰두하여 공적을 이룰 수 있겠는가?" 하지만 일이 급하다는 것은 그저 핑계에 불과하니 시내에서 제멋대로 다닐 수 있다는 이유가 될 수 없다. 물론 세간에는 잠시라도 늦출 수 없는 일이 있을 수 있다. 예를 들어 군사적인 목적으로 운송한다거나 외교상의 업무 수행, 혼란 평정, 화재 진압, 응급 치료 등이 그러하다. 이는 별도로 법을 만들어 적용시키면 된다. 하지만 현재 이런 일로 인해 행인이 다치는 사건이 과연 얼마나 될까? 문득 민국 10년(1921년) 상해에서 발생할 일이 생각난다. 어떤 외국인이 인력거를 타고 가다가 속도가 너무 느리다는 이유로 목적지에서 내리면서 차비를 지불하지 않았다. 이에 인력거꾼이 쫓아가서 차비를 달라고 했는데 오히려 죽도록 얻어맞고 말았다. 결국 재판에 회부되어 해당국의 영사(領事)가 사건을 맡게 되었는데, 며칠 동안 감금(監禁)하는 것으로 판결이 났다. 이후 변호사를 통해 벌금을 내는 것으로 감금을 대신했다. 당시 그 외국인이 바쁜 이유는 사적인 모임에 늦었기 때문이라고 한다. 이로 보건대, 과연 시내에서 화려한 자동차를 끌고 다니는 이들 가운데 진정으로 급한 용무가 있는 이가 몇 명이나 될 것인가? 정말로

일하게 처리했으며, 상민常民이 죄를 지었을 경우 재물로 속죄하지 못하도록 했다. 이러한 법률 조항은 다른 어느 시대보다 훨씬 문명화한 것이다. 사실 아비가 아들을 죽였을 경우 주살誅殺한다는 조항은 유가 경전인 『백호통의白虎通義』에 명확하게 기재되어 있다. 이로 볼 때, 부모가 자식을 죽였을 경우 일반 살인죄와 동일하게 처리한다는 『진률』의 규정은 유가 사상의 영향을 받은 것이라고 할 수 있다. 또한 성내에서 말을 타고 달리다가 사람을 죽였을 경우 과실죄가 아닌 일반 살인죄로 처리한다는 규정은 당시 호강豪强들의 발호를 억제해야 한다는 법가 사상의 영향을 받은 것으로 보인다. 이렇듯 법률은 발전 과정에서 여러 학파의 사상이나 학설에 영향을 받은 것이 분명하다. 물론 각 학파에 속한 이들의 계급적 이데올로기에서 자유롭지 못한 것 또한 사실이나 여러 학파의 학자들이 백성을 대신하여 청원한 경우도 적지 않았을 것이다. 이런 점에서 이전의 학자들이 한 말이나 일에 대해 설사 만족스럽지 못한 부분이 있다고 할지라도 이는 시대의 문제이자 학자들만의 문제가 아니었음을 깨달아야 한다. 그러니 당시 사회의 흐름이나 풍속을 전혀 고려하지 않은 상태에서 옛날 학자들의 학설을 무시하거나 비난하는 일은 당시 사회 현실에 무지한 어리석은 일일 따름이다.

　『진률』이 제정된 후 역대 왕조는 대체로 그것을 답습하여 시행했다. 송宋과 제齊는 별도로 법률을 제정하지 않고 『진률』을 그대로 차용했으며, 양梁과 진陳은 각기 법률을 제정했으나 기본적으로 『진률』을 기반으로 했기 때문에 내용적인 면에서 크게 차이가 없었다. 이는 북위北魏나 북주北周, 북제北齊의 경우도 마찬가지이다. 다만 북조의 여러 나라들은

바쁜 이들은 오히려 무거운 짐을 짊어지고 가는 이들이나 행인들이 아닐까? 역주: 이는 저자가 원문에서 괄호 안에 넣어 한 말이다. 장황하고 원문 내용과 직접적인 관련이 없는 것이긴 하나 저자의 의도를 살리기 위해 번역하여 싣는다.

선비법鮮卑法, 즉 선비족의 법률을 약간 참조했을 뿐이다. 현재까지 보존되고 있는 『당률唐律』의 체제는 대체적으로 『진률』을 본받은 것이다.

요遼나라는 태조 시절 거란과 여러 소수민족들에게 적용할 법률을 따로 제정하여 시행했고, 한인에게는 율령律令에 따라 처리했다. 태종太宗 시절부터 발해인들에게도 한인의 법률을 적용하기 시작했다. 도종道宗은 국가를 다스리는 데 두 가지 법률을 적용할 수 없다고 하여 율령律令에 부합하지 않는 부분을 별도로 만들었다. 이른바 율령은 예전 당조의 법률을 말한다. 금나라 희종熙宗 시절 기존의 여진법女眞法과 수, 당, 요, 송의 법률을 통합하여 『황통제皇統制』를 제정했다. 그러나 기존의 율령律令을 병행하여 시행했다. 장종章宗 태화泰和 연간에 새로운 율律을 제정했다. 하지만 『금사』에 따르면, 이는 『당률』과 크게 다르지 않다. 원나라는 초기에 『금율金律』을 그대로 따랐으나 이후 세조가 송을 멸망시킨 후 『지원신격至元新格』, 『대원통제大元通制』를 제정하여 시행했다. 하지만 그것은 기존의 율령에 새로 생긴 법령과 판례를 덧붙인 것일 뿐 다른 변화는 거의 없었다. 명 태조太祖가 만든 『대명률大明律』 역시 『당률』을 토대로 했다. 『청률淸律』은 『명률』을 바탕으로 만들어졌다. 이렇게 본다면 『진률』이 나온 뒤부터 청말 서양의 법률을 채택하기 전까지 중국의 법률은 큰 변화가 없었던 셈이다.

법률 심의

법률은 이처럼 이전 것을 답습하여 진부할 수밖에 없는데 어떻게 달라진 시대 상황에 부합할 수 있었을까? 다음 두 가지 사실에서 그 답을 찾아볼 수 있다. 첫째, 종전의 법률은 세월이 흘러도 별로 변함이 없는 일에 대해서만 규정했다. 이를테면 진초晉初에 율律을 정할 때 말한 바에 따르면, 군사軍事, 농사, 술의 판매酤酒 등에 관한 것은 임시로 법을 만들었다가 인심에 미치지 못하거나 나라가 안정되면 삭제할 것이 있으니, 이는 율律에 포함시키지 않고 별도로 영令에 넣었다. 또한 북제北齊는 『신령新令』 40권과 임시로 실시되는 법령인 『권령權令』 2권을 만들어 병행 실시했다. 이처럼 성격에 따라 율령을 구분하여 제정하고 시행하는 것은 역대로 흔한 일이었다. 어떻든 지속적으로 지켜야 할 일이 아니면 율에 수록하지 않는 것이 원칙이었다. 그러므로 율律의 변동이 적은 것은 당연하다. 둘째, 율은 총칙으로서 요강要綱만 밝혔다. 보다 구체적이고 변통하여 적용할 부분은 모두 영이나 비比에 수록했다. 『당서·형법지』를 보면 이를 확인할 수 있다.

> "당조의 형서刑書는 율律, 영令, 격格, 식式 네 가지가 있다. 영은 신분이나 지위, 존비와 귀천에 따라 사람들이 각기 지켜야 할 예禮와 국가의 제도에 관한 규정이다. 격은 백관百官 및 각급 서리胥吏들이 항시 행해야 할 업무이다. 식은 항시 지켜야 할 규범이다.[54] 국가 정무를 수행할 때는 반드시 이 세 가지 법을 따라야 한다. 백관이나 서리가 이를 어기거나 백성들이 나쁜 짓을 하여 죄를 지으면 모두 율에 의거하여 판결하고 처벌한다."[55]

엄격히 말하자면 율을 제외한 영令, 격格, 식式은 형서刑書라고 말할 수 없다. 단지 시대에 따라 새롭게 생겨난 일이나 처리할 일에 합당한 근거

---

54) 송 신종(神宗)의 성훈(聖訓)에 따르면, "법을 설치해놓고 저들을 기다리는 것이 격이고, 법을 설치하여 저들이 본받도록 하는 것이 식이다(設於此以待彼之謂格, 使彼效之之謂式)." 자세한 내용은 『송사(宋史)·형법지』(앞의 책, 4964쪽)을 참조하시오.

55) 『신당서(新唐書)』, 권56, 「형법지」, "唐之刑書有四, 曰律, 令, 格, 式. 令者, 尊卑貴賤之等數, 國家之制度也.格者, 百官有司所常行之事也. 式者, 其所常守之法也. 凡邦國之政, 必從事於此三者. 其有所違, 及人之爲惡而入於罪戾者, 一斷以律." 앞의 책, 1407쪽.

를 수록한 것이기 때문이다. 그렇기 때문에 율과 병행하지 않을 수 없다.

율에 실린 내용은 아마도 낡고 오래되어 구체적인 사안에 응용하기에 적합하지 않았을 것이다. 다만 법 제정에서 최고의 원리이니 결코 무시하거나 버릴 수 없었을 뿐이다. 그래서 송 신종神宗은 율律, 영令, 격格, 식式으로 이루는 법령 체계를 칙敕(임금이 내리는 조칙), 영令, 격格, 식式으로 바꿈과 동시에 "율은 언제나 칙 밖에 별도로 존재한다."56)고 규정했다. 이는 실제 응용에서 율 대신 칙을 적용한다는 뜻이다.

근대로 들어오면서 예例로 율을 보완하기 시작했다. 명 효종孝宗 홍치弘治 13년(1500년) 형관刑官이 상주한 내용을 살펴보면 다음과 같다.

> "조정 내외를 막론하고 간사한 법리法吏들이 사리사욕을 채우기 위해서 예例를 함부로 원용하는 일이 많습니다. 이로 인해 율이 점차 사용되지 않고 있습니다."57)

이에 효종은 상서尙書에게 구경九卿을 소집하여 이에 대해 논의하도록 했다. 논의 결과 오랜 세월이 흘러도 능히 시행할 수 있는 297가지 조항을 선정하여 『문형조례問刑條例』를 만들었다. 이후로 율과 예를 병행하기 시작했다. 가정, 만력 연간에 이에 대한 조정이 있었고, 청대에도 여러 차례 형례刑例를 수정하거나 증감했다. 청 건륭제는 형례刑例를 율에 넣어 『대청율례大淸律例』를 만들었다. 아울러 판례집을 사안별로 편찬했다. 예전의 비比를 그대로 따라한 셈이다.

율문律文에는 총칙만 나오므로 실제 운용에서 반드시 비부比附될 만한 전례前例가 있어야 한다. 이는 비를 사용하지 않을 수 없는 이유이다. 그러나 전례가 너무 많으면 제멋대로 원용할 위험이 높다. 설사 선의로 원

---

56) 『송사』, 권199, 「형법지」, "律恆存乎敕之外." 앞의 책, 4963쪽.

57) 『명사』, 권93, 「형법지」, "中外巧法吏, 或借例便私, 律寢格不用." 앞의 책, 2286쪽.

용해도 경우도 맞지 않을 때가 많은데, 악의를 품고 인용할 경우 그 폐해는 상상조차 할 수 없다. 그러니 관에서 심의하여 결정하지 않을 수 없다. 그 대강은 다음과 같다. 첫째, 중복된 부분은 삭제한다. 둘째, 적용 가능한 것은 남겨두고 불가능한 것은 폐지한다. 셋째, 구례舊例로 현실에 적용할 수 없는 것도 폐지한다. 이렇게 관에서 칙례則例를 갈고 다듬으면 다음과 같은 문제를 해결하는데 용이하다. 우선 부정부패를 방지할 수 있다. 다음으로 형사 판결에 의거한 근거를 확보한다. 마지막으로 사회에서 끊임없이 나타나는 새로운 일들, 율을 정할 때 미처 언급되지 못하고 빠진 기존의 일들, 또한 법에 대한 관념이 바뀌고 사회 현실이 달라져 더 이상 적합하지 않은 옛 규정들에 대해서 증보, 수정할 수 있다. 이렇게 형례를 새롭게 수정 보완하게 되면 여러 가지 문제들을 해결할 수 있다. 청조의 제도에 따르면, 형례刑例를 5년마다 한 번씩 부분적으로 수정하고 10년마다 한 번씩 전체적으로 증보 수정 작업을 했다.[58] 이런 식으로 그때그때 새 규정을 법률에 첨가함과 동시에 번잡해지지 않도록 적용할 수 없는 낡은 부분은 적절하게 삭제했다. 이렇게 실제 상황에 맞게 법률을 개정하는 것은 당연히 바람직한 일이다.

형법 내용의 변화

한대 때부터 수대까지 형법상으로 커다란 변화가 있었다. 형刑이 처벌이라는 광의의 의미로 쓰이게 되면서, 사람의 몸을 해쳐 돌이킬 수 없는 상처를 입히게 한다는 최초의 좁은 의미로서 형은 '肉刑육형'으로 달리 표현했다.

---

58) 작업은 형부(刑部)에서 주관하였으며, 이를 위해 별도의 관(館)을 설치하기도 했다.

만주晚周, 즉 주나라 말기 이래로 상형설象刑說이 있었다. 옛날에는 오형五刑으로 처벌해야 할 사람에게 진짜 형벌을 가하지 않고 관복冠服을 바꾸는 것으로 대신했다는 설이다. 사실 이는 유가儒家가 『상서·요전堯典』에 나오는 '상이전형象以典刑'이라는 말에 근거하여 만든 이야기이다. 앞서 언급했듯이 '상이전형'은 "다섯 가지 형법을 기물 위에 새겨 놓았다."는 뜻이니 '상형설'과 전혀 관련이 없다. 하지만 유가가 상형설象刑說에서 주장하는 상형象刑이란 말이 있었던 것은 분명하다.[59] 예를 들어 『주례』에 명형明刑[60], 명고明梏[61]라는 말이 나오는데, 이는 다른 사람들이 볼 수 있게 죄를 지은 자의 성명과 죄상을 기록해 놓는 징계이다. 또한 『논형論衡·사휘四諱』에 따르면, "귀밑머리를 깎는 완형完刑, 노역을 시키는 성단형城旦刑 이하의 처벌은 모두 옷차림을 보통 사람과 달리하는 징계로 대신했다."[62] 이상에서 볼 수 있다시피 옛날부터 육형이 아닌 상형의 징계 관습이 있었던 것이 확실하다. 다만 사회 기풍이 순박했던 고대에는 굳이

---

59) 역주: 『순자·정론(政論)』에 '상형'에 대한 언급이 보인다. "세간에서 말하기 좋아하는 이들이 이르기를, 잘 다스려지던 옛날에는 신체에 체벌을 가하는 육형은 없었고 옷을 구별하는 상형이 있었다고 한다. 얼굴에 검은 문신을 하는 묵경 대신 검은 수건을 머리에 두르게 하고, 푸른 빛이 도는 흰색 앞가리개를 하게 만들었으며, 발꿈치를 베는 비형 대신 삼으로 엮은 신을 신고 다니게 했고, 사형을 대신하여 붉은 흙으로 물들인 천으로 만든 옷을 입게 하였으니, 옛날의 다스림은 이와 같았다(世俗之爲說者曰, 治古無肉刑, 而有象刑. 墨黥, 慅嬰, 共艾畢, 荊桌腿, 殺赭衣而不純. 治古如是)." 북경, 중화서국, 2011년, 277쪽. '육형' 대신 '상형'을 취했다는 것은 신체에 직접 가하는 형벌 대신 살인자에게 붉은 옷을 입혀 불순함을 나타내는 등 의복 등을 바꾸는 식으로 상징적인 형벌을 가했다는 뜻인데, 순자는 이를 부정했을 뿐만 아니라 적극적으로 반대했다.

60) 『주례·사구(司救)』를 참조하시오. 역주: 명형(明刑)은 형벌을 밝히는 것이다.

61) 『주례·장수(掌囚)』를 참조하시오. 역주: 명고(明梏)는 차꼬에 그의 성명과 죄상을 기록하여 표시하는 것이다.

62) 『논형교석(論衡校釋)·사휘(四諱)』, "完城旦以下, 冠帶與俗人殊." 북경, 중화서국, 신편제자집성(新編諸子集成), 1990년, 794쪽.

가혹한 형벌이 아니더라도 상형과 같은 징계만으로도 효력이 있었다. 하지만 후대로 넘어오면서 상황이 크게 달라졌다. 여하간 유가는 이러한 상징적인 징계 관습과 『상서』에 나오는 '상이전형'이란 문구를 결합하여 잔혹한 육형肉刑을 반대했던 것이다. 실제로 육형을 폐지하고 다른 체벌로 대체한 경우가 있었다.

> "한대 효문제孝文帝 13년, 제왕齊王 국國의 태창령太倉令 순우공淳于公이 죄를 저질러 처벌해야만 했다. 효문제가 조서를 내려 옥리獄吏에게 순우공을 장안으로 잡아들여 가두라고 했다. 순우공은 아들은 없고 딸만 다섯이었다. 잡혀가기 전에 순우공이 딸들을 보고 말했다. '집안에 사내자식이 없어 봉변을 당할 때 도움을 줄 이가 없구나.' 막내딸 제영緹縈이 마음이 아파 슬피 울다가 아비를 따라 장안까지 올라갔다. 그녀는 상소하기를, '……첩은 관비官婢가 되어도 좋으니 부친의 죄를 용서하여 스스로 새롭게 하도록 해주십시오.'라고 했다. 천자가 그 뜻을 가상하게 여기고 조서를 내렸다. '듣자하니 유우씨有虞氏 시절에는 죄를 지은 자에게 특이한 문양을 넣은 의복을 입혀 벌을 주었지만 백성들이 감히 법령을 어기지 않았다고 한다. 그러나 지금은 육형이 세 가지나 있음에도 불구하고 간악한 일이 그치지 않으니 그 허물이 어디에 있는가?……지금의 형벌은 신체를 자르고 피부에 칼로 새겨 넣으며, 평생 자식을 낳지 못하게 하니 어찌 이러한 형벌의 고통이 과인의 부덕함이 아니겠는가? 이러고도 어찌 백성의 부모라고 할 수 있겠는가? 그러니 육형을 폐지하고 다른 것으로 대체토록 하라."[63]

---

63) 『한서』, 권23, 「형법지」, "漢孝文帝十三年, 齊太倉令淳于公有罪, 當刑. 詔獄逮繫長安. 淳于公無男, 有五女. 當行會逮, 罵其女曰, 生子不生男, 緩急非有益也. 其少女緹縈, 自傷悲泣. 乃隨其父至長安, 上書曰,……妾願沒入爲官婢, 以贖父刑罪, 使得自新. 書奏天子, 天子憐悲其意. 遂下令曰, 蓋聞有虞氏之時, 畫衣冠異章服以爲戮而民弗犯, 何治之至也? 今法有肉刑三, 而姦不止, 其咎安在?……夫刑至斷肢體, 刻肌膚, 終身不息, 何其刑之痛而不德也? 豈稱爲民父母之意哉? 其除肉刑, 有以易之." 앞의 책, 1097~1098쪽.

이에 따라 형옥을 담당하는 유사有司(관리)들이 논의하여 경형黥刑(묵형)이나 머리를 깎고 형구刑具를 쓰는 곤감髡鉗은 노역을 시키는 성단형城旦刑이나 형용刑舂으로 대체하고, 의형劓刑은 매질 300대, 왼발을 자르는 참좌지斬左趾의 형벌은 매질 500대로 대체하며, 오른발을 자르는 참우지斬右趾의 형벌은 사형인 기시棄市로 대체했다.[64]

앞에 인용한 효문제의 조서에 따르면, 당시 "육형이 세 가지가 있었다." 『사기·효문제기孝文帝紀』 주注에 인용된 맹강孟康의 말에 따르면, "경형, 의형, 그리고 왼발이나 오른발을 자르는 형벌 등을 말한다."[65] 그러나 경제景帝 원년元年의 조서에 따르면, 효문제는 궁형宮刑도 폐지했다. 그렇다면 효문제 조서에 나오는 '각기부刻肌膚'는 경형, '단지체斷肢體'는 의형劓刑과 참지斬趾, 그리고 그 뒤에 나오는 '종신불식終身不息'은 곧 궁형을 가리키는 것이다. 이렇듯 당시에는 궁형까지 모두 폐지했다. 다만 궁형은 다른 처벌로 대신한 것이 아니라 아예 폐지했기 때문에 유사有司가 각종 육형을 대체하는 처벌을 논의할 때 굳이 언급하지 않은 것으로 보인다. 또한 관련 역사기록에는 이에 대해 명확하게 밝힌 바가 없다. 옛사람들은 글을 소략하게 쓰는 것이 특징이니 딱히 이상한 일도 아니다. 또한 『한서·경제기景帝紀』에 따르면, 경제 중원中元 연간에 "죽을 죄를 진 자가 스스로 궁형의 처벌을 받겠다고 하면 이를 윤허했다."[66] 하지만 궁형을 회복하자는 뜻이 아니라 처벌을 관대하게 하겠다는 취지에서 그리한 것일 터이다. 물론 그때부터 궁형이 회복된 것 또한 분명한 사실이다. 궁형은

---

64) 역주: 육형을 폐지하고 형벌을 가볍게 실시하자는 목적인데, 여기에 오히려 생형(生刑)인 참우지(斬右趾)를 더 무거운 형벌인 기시(棄市) 곧 사형(死刑)으로 대신한다는 문제에 대해서 논란이 끊이지 않고 있다.

65) 『한서』, 권23, 「형법지」, 맹강(孟康) 주, "黥, 劓二, 斬左右止合一, 凡三也." 앞의 책, 1098쪽.

66) 『한서』, 권5, 「경제기(景帝紀)」, "死罪欲腐者許之." 위의 책, 147쪽.

이후 수나라에 와서 다시 폐지되었다.

상형설象刑說은『순자荀子』에서 극력 비판받은 바 있다.『한서 · 형법지』는『순자』의 주장을 자세히 다루면서 이유가 충분할 뿐더러 상당한 설득력을 갖춘 견해로 간주하고 있다. 하지만 형옥刑獄이 많은 것은 형벌이 너무 가볍기 때문이 아니라 다른 데 원인이 있다. 그것은 결코 형벌을 엄혹하게 집행한다고 해서 없어질 수 있는 것이 아니다.67) 이와 관련하여『장자 · 즉양則陽』에 나오는 이야기를 살펴보자.

> "백구柏矩가 제齊에 이르러 죄인이 책형磔刑(죄인을 기둥에 묶어놓고 창으로 찔러 죽이는 형벌)을 당한 것을 보았다. 그는 그를 밀어 쓰러뜨리고 반듯하게 눕힌 뒤 자신의 조복朝服을 덮어 주고 하늘을 우러러 통곡하며 말했다. '아, 그대여 천하에 큰 재앙이 있는데 그대가 먼저 당하고 말았구나.' 그리고 다시 말하길, '도둑질을 했기 때문인가? 사람을 죽였기 때문인가? 명예나 치욕의 관념이 확립된 뒤로 사람들이 근심과 걱정을 하게 되고, 재물이 모이게 되자 다툼이 생겨났다. 지금의 위정자들은 사람들이 괴로워하는 (명예나 치욕이라는) 것을 내세우고 사람들이 아귀다툼하는 (재물이란) 것을 모아 놓은 채 쉴 사이도 없이 괴롭히고 있다. 그러니 그대와 같은 참사를 당하지 않겠다고 해도 가능하겠는가?……사물의 진상을 감추어 놓고 알지 못한다고 어리석다고 업신여기고, 어려운 일을 맡기고는 감히 하지 못한다고 벌을 주며, 먼 길을 가게 하여 제대로 이르지 못하면 형벌을 내린다. 백성들의 지력知力이 다해 없어지면 거짓으로 이어 붙이느라 날로 거짓이 많아지니, 백성들이 어찌 거짓을 하지 않을 수 있겠는가? 대개 힘이 부족하면 속이고, 지력이 모자랄 때도 속이며 재물이 모자라면 도둑질을 하기 마련이다. 세상에 이처럼 도둑질이 행해지니 누구를 책망해야 할 것인가?"68)

---

67) 역주: 순자는 상형설이 형벌을 가볍게 여기는 것이라 여기고 보다 엄하게 집행해야 한다고 주장했다.

68)『장자 · 칙양(則陽)』, "見辜人焉. 推而强之. 解朝服而幕之. 號天而哭之. 曰, 子乎子乎? 天下有大菑, 子獨先離之. 莫爲盜, 莫爲殺人. 榮辱立, 然後覩所病, 貨財聚, 然後覩

인용문에서 볼 수 있다시피, 사람들이 죄를 짓는 까닭은 사회의 압박으로 스스로 보전할 길이 없으며, 사회 기풍에 젖어 선과 악을 분간하지 못하게 되었기 때문이지[69] 백성들의 책임은 오히려 미미하다고 말할 수 있다. 이런 상황에서 형벌만 가혹하게 집행한다고 범죄가 줄어들 수 있겠는가? 이는 온당치 못한 일이다. 게다가 "백성들은 죽음조차 두려워하지 않는데 제아무리 죽임으로 겁을 준다고 한들 무슨 소용이 있겠는가?"[70] 그러므로 형벌을 가혹하게 집행하는 것은 결코 형옥을 줄이는 해결책이 될 수 없다. 그래서 『논어·자장子張』에서 증자는 사사士師(전옥관典獄官)에 임명된 양부陽膚에게 이렇게 말한 것이다.

> "맹씨孟氏가 양부陽膚를 형벌을 관장하는 사사로 임명하자 양부가 증자에게 어떻게 해야 할지 물었다. 이에 증자는 다음과 같이 말했다. '위집권자에서 정도正道를 잃어 백성들이 흩어진 지 오래되었다. 만약 백성들이 죄를 짓게 된 실정을 알게 되면 슬퍼하고 불쌍히 여기고 기뻐해서는 안 된다.'"[71]

물론 그저 어진 마음으로 옥사를 판결하는 것도 근본적인 해결 방법이 아니다. 다만 사법권을 행하는 자라면 응당 이런 마음을 가져야할 것이다.

所爭, 今立人之所病, 聚人之所爭, 窮困人之身, 使无休時, 欲无至此, 得乎?……匿爲物而愚不識, 大爲難而罪不敢, 重爲任而罰不勝, 遠其塗而誅不至. 民知力竭, 則以僞繼之. 日出多僞, 士民安取不僞? 夫力不足則僞, 知不足則欺, 財不足則盜. 盜竊之行, 於誰責而可乎?" 북경, 중화서국, 중화경전명저전본전주전역총서(中華經典名著全本全注全譯叢書), 2010년, 445쪽.
69) "日出多僞, 士民安取不僞?"라는 말이 바로 그것이다.
70) 『노자(老子)』, "民不畏死, 奈何以死懼之?" 북경, 중화서국, 중화경전명저전본전주전역총서(中華經典名著全本全注全譯叢書), 2014년, 283쪽.
71) 『논어주소·자장(子張)』, "孟氏使陽膚爲士師, 問於曾子. 曾子曰: 上失其道, 民散久矣. 如得其情, 則哀矜而勿喜." 앞의 책, 260쪽.

사법 판결이 언제나 옳을 수만은 없다. 일반적으로 실수는 만회할 수 있는 경우가 적지 않다. 그러나 실수로 육형을 집행했다면 이는 절대로 회복시킬 수 없다. 그렇기 때문에 옛 사람들 역시 육형 판결에 신중을 기했다. 이는 어진 마음이 발로이기도 하다. 육형이 폐지되자 종종 나름의 이유를 대면서 폐지 반대를 외치는 이들이 있었다. 하지만 단호하게 육형 복원을 주장하는 이는 그리 많지 않았다. 매우 잔혹한 형벌이기 때문이다. 이렇게 육형이 폐지됨으로써 비록 죄인이기는 하나 몸을 온전하게 보전할 수 있었다. 이런 점에서 효문제孝文帝와 제영緹縈은 참으로 기념할 만한 역사적 인물이 아닐 수 없다.

그렇다면 육형 폐지를 반대한 이들의 주장은 무엇일까? 『문헌통고』에서 이를 확인할 수 있다.

> "한 문제가 육형을 폐지한 것은 좋은 일이다. 하지만 곤형髡刑과 태형笞刑으로 그것을 대체한 것이 문제이다. 곤형은 지나치게 가벼워 징벌이라고 말할 수 없고, 태형은 지나치게 가혹하여 사망에 이르는 일이 적지 않았기 때문이다. 그래서 이후에는 태형을 폐지하고 곤형만 남겨 두었다. 사형보다 1등급 낮은 경우는 머리카락을 자르고 형구를 쓰는 곤감髡鉗이고, 반대로 곤감보다 1등급 심한 경우는 사형이었다. 하지만 법률이 엄한 데다 혹리酷吏가 심한 처벌의 판례에 비부比附하여 판결했기 때문에 사형에 처한 사람이 수없이 많았다. 위진魏晉 이래 이를 병폐로 여겼지만 태형의 횟수를 줄여 죽지 않도록 하는 방법은 모르고, 그저 죄수의 목숨을 살리기 위해 육형을 회복시키자고 주장할 뿐이었다. 하지만 육형은 끝내 복원되지 않았으며, 사형이 아닌 생형生刑으로 곤감만 시행했다. 살려둘 자는 생형으로 판결하여 남을 다치게 하거나 팔다리를 부러뜨려도 형벌이 고작 머리카락을 자르는 정도에 그쳤다. 반대로 죽일 자는 사형에 해당하는 판례를 찾아 비부했으니 범죄자를 처형하는 것도 모자라 그들의 종친宗親까지 연루시켜 사형에 처했다. 형벌의 경중輕重이 합당치 않음이 이보다 심한 경우가 없었다. 수, 당대에 이르러 태형笞刑, 장형杖刑, 도형徒刑, 유형流刑, 사형死刑 등 오형의 형벌제도가

시행된 뒤에야 비로소 문제가 완화되었다. 당시 오형은 유우씨有虞氏
시절의 편형鞭刑, 박형撲刑, 유형流刑, 택형宅刑 등에 해당하는 것이다.
그러니 성인이 다시 나타난다고 할지라도 다시는 한 쪽에 치우치는 일
이 있어서는 안 될 것이다."[72]

이렇듯 육형이 폐지된 뒤부터 오형이 만들어진 수대까지 범죄의 경중
에 따른 형벌의 종류가 단일하여 형법이 공정하게 집행되지 못한 것이
문제의 핵심이다. 그래서 실제 경험이 풍부한 일부 사법계司法界 인사들
이 육형을 회복하자고 제안했던 것이다. 하지만 경험보다 이론을 중시하
는 지식인들은 이에 반대했다. 여하간 육형은 잔혹한 형벌이기 때문에
단호하게 회복을 주장하는 이들이 그리 많지 않았다. 그래서 끝내 육형은
복원될 수 없었던 것이다.

수대에 오형이 제정되면서 형벌의 종류가 많아지자 굳이 육형을 회복
할 필요가 없었다. 그래서 이를 회복시키자는 이야기도 사라졌다. 한 문
제가 육형을 폐지하고 무려 750년이란 세월이 흐른 뒤의 일이다. 이렇듯
하나의 제도를 개혁한다는 것은 참으로 긴 시간이 필요한 난제가 아닐
수 없다.

수, 당대의 오형은 세분된 등급으로 나뉜다. 예를 들어 사형은 참형斬刑
과 교형絞刑의 구분을 두었으며, 기존의 효수梟首[73]와 환열轘裂[74]은 폐지

---

72) 『문헌통고(文獻通考)·자서(自序)』, "漢文除肉刑, 善矣, 而以髡笞代之. 髡法過輕, 而
略無懲創; 笞法過重, 而至於死亡. 其後乃去笞而獨用髡. 減死罪一等, 即止於髡鉗. 進
髡鉗一等, 即入於死罪. 而深文酷吏, 務從重比, 故死刑不勝其衆. 魏晉以來病之. 然不
知減笞數而使之不死, 徒欲復肉刑以全其生, 肉刑卒不可復, 遂獨以髡鉗爲生刑. 所欲
活者傅生議, 於是傷人者或折肢體, 而纔翦其毛髮. 所欲陷者與死比, 於是犯罪者既已
刑殺, 而復誅其宗親. 輕重失宜, 莫此爲甚.隋唐以來, 始制五刑, 曰笞, 杖, 徒, 流, 死. 此
五者, 即有虞所謂鞭, 撲, 流, 宅, 雖聖人復起, 不可偏廢也." 앞의 책, 7~8쪽.
73) 역주: 효수(梟首)는 죄인을 참형(斬刑)에 처한 후 머리를 장대에 매달아 길거리에
전시하는 형벌이다.

했다. 이민족으로 중원을 지배한 원나라는 형법 제정이 그리 치밀하지 않았으며 비교적 잔혹했다. 원대는 사형 가운데 참형만 남기고 교형은 없앴다. 대신 대역죄를 범한 자는 능지처사陵遲處死의 형벌을 가했다. 명, 청대 모두 이를 답습하여 그대로 시행했다. 명은 형법과 군정軍政을 함께 다루었다. 그래서 오형 외에 이른바 충군充軍이라는 형벌을 시행했다. 충군은 목적지의 원근에 따라, 부근附近, 연해沿海, 변원邊遠, 연장煙瘴, 극변極邊 등 다섯 등급이 있었다. 청조도 이를 계승하여 부근附近, 근변近邊, 변원邊遠, 극변極邊, 연장煙瘴 등으로 구분했다. 충군의 기한은 종신終身과 영원永遠으로 구분되는데, 영원은 본인이 죽더라도 자손들을 계속 충군토록 하는 것을 말한다. 만약 자손이 없는 경우는 친족이 대신해야 한다.

다음으로 형량 감경減輕 제도에 대해 간략하게 살펴보자.

명조의 규정에 따르면, "형량을 감경할 때 두 종류의 사형과 세 가지의 유형流刑을 각각 동일한 하나의 형벌로 간주하여 감형한다."[75] 명 태조太祖는 백성에게 법을 이해시키기 위해 관리와 백성의 범죄 조례를 채집하여 『대고大誥』를 만들어 발행했는데, 『대고』를 가지고 있는 죄수는 처벌이 감경된다. 후에는 그것의 유무에 상관없이 모두 있는 것으로 보고 감형해 주었다. 따라서 사형에서 유형으로 감형 받은 경우에는 모두 『대고』로 인해 또다시 감형 받을 수 있게 되었다. 그리하여 유형이 적용되는 경우는 거의 없었다. 하지만 충군充軍은 많았다. 청조는 적발謫發된 죄수로 군력을 충당한 것은 아니었으나 명明의 충군제도를 답습하여 그대로 시행했다. 이는 근대 형법사에서 하나의 오점이라 하지 않을 수 없다.

---

74) 역주: 환열(轘裂)은 죄인의 팔, 다리를 각기 다른 수레에 묶은 다음 수레를 몰아 찢어 죽이는 거열형(車裂刑)을 말한다.

75) 『구당서』, 권50, 「형법지」, "二死三流, 同爲一減." 앞의 책, 2139쪽.

중국 형법의 문제점과 개량할 점

중국의 형법 개량은 청대 말기 구율舊律을 개정하면서부터 시작했다. 당시 태형과 장형은 벌금으로 대체하고 도형徒刑과 유형流刑은 노역으로 대체했다. 이후 『신형률新刑律』을 만들어 사형死刑[76], 무기도형無期徒刑, 유기도형有期徒刑, 단기 징역형, 벌금 등 다섯 가지를 확정했고, 부가적인 형벌로 압수, 공권 박탈 등을 시행했다.

중국은 예로부터 형법의 행정과 심판기관이 분리되지 않았다. 『주례』에 나오는 지관地官이 '지치자地治者'로서 모든 일을 총괄했기 때문이다. 그러나 성읍 안을 관장하는 향사鄕士, 사방의 교외를 관장하는 수사遂士, 야野를 관장하는 현사縣士, 그리고 도가都家를 관장하는 방사方士[77] 등 추관秋官에 속한 관리들도 옥송獄訟을 판결하는 직능을 가졌다. 이렇듯 지관地官과 추관秋官은 행정과 심판(군사심판)의 차이가 있었지만 후대로 넘어오면서 점차 구분이 사라지고 말았다.

유럽이나 미국은 법률을 신중하게 집행하기 위해 무엇보다 사법부의 독립이 중요하다고 여기는 반면에 중국은 하급 관리의 재결 권한을 줄이고, 심급審級을 증가시키는 것이 법률을 신중하게 처리하는 관건이라고 여겼다. 한대 시절에는 태수太守에게 전살專殺의 권한이 있었지만, 근대에 와서는 부府, 청廳, 주州, 현縣의 장관이 도형 이하의 형벌만 재결할 수 있게 되었다. 유형의 경우는 반드시 안찰사按察司의 재가를 받아야 하고, 사형은 천자의 재가가 있어야만 했다. 행정기관과 사법기관이 분리되지 않았던 시절에는 행정 조직에 관직의 등급을 증설하여 사법상의 심급審級

---

76) 사형은 교형(絞刑)으로 옥중에서 진행한다.

77) 역주: 도가(都家)는 都와 家를 아울러 하는 말로, 都는 왕의 자제 및 공경(公卿)의 채지(采地), 家는 대부의 채지(采地)를 말한다.

을 증가하는 방법으로 활용했다. 뿐만 아니라 역대로 현지 지방관 외에 임시로 형옥 사건을 처리하는 관리를 중앙에서 파견하기도 했다. 이는 비록 사법기관과 행정기관이 분리되지는 않았으되 나름으로 재판에 신중을 기하고자 했던 까닭이다.

월소越訴는 하급 관아를 거치지 않고 상급 기관에 송사를 제소하는 것을 말하는데, 비록 제한을 두기는 했으나 나름 효과가 있었다. 또한 아예 조정에 상소上訴하는 이른바 고혼叩閽은 직접 황제에게 아뢰어 판결을 호소하는 방식도 있었다.[78] 송나라 초기에는 전운사轉運使에게 관리를 파견하여 형옥刑獄을 제점提點(점검, 지도)하도록 했는데, 이후 제점提點을 하나의 관서, 즉 제점형옥사提點刑獄司로 만들어 사법을 관장토록 했다. 명조는 이를 답습하여 안찰사사按察使司를 설치하고 포정사사布政使司와 병행했다. 그제야 비로소 감사監司를 맡은 관직이 전문적으로 형옥을 감독하게 되었다. 청조 시절에는 상급기관인 독무督撫도 상소上訴를 접수, 처리할 수 있었다. 독무부터 시작하여 형부刑部, 도찰원都察院, 제독아문提督衙門에 상소하는 것이 바로 경공京控(지방 관민이 해당 지역 최고급 관아에서 해결할 수 없는 문제를 직접 경사에 상소하는 것을 말한다)이다. 명대에는 임시로 관리를 파견하여 복심覆審하는 일이 많았다. 이후 조심朝審과 추심秋審이 점차 하나의 제도로 굳어졌다. 청대 추심은 독무가 안찰사사와 포정사사로 이루어진 양사兩司와 회동하여 공동으로 심판했다. 형부에서 결과가 나와 보고하면 천자는 삼법사三法司[79]에 복심을 명령하고, 최종적으로 천자가 재결했다. 이처럼 어필구결御筆句決[80] 즉 천자의

---

78) 역주: 고혼(叩閽)은 대궐문을 두드린다는 뜻으로 임금에게 직접 상소하는 것을 말한다.

79) 삼법사는 시대마다 조금씩 차이가 있다. 한대는 정위(廷尉), 어사중승(御史中丞), 사례교위(司隷校尉)가 삼법사였고, 당대는 상서시랑(尙書侍郎: 형부刑部), 어사중승, 대리경(大理卿)으로 삼사사(三司使)를 두었으며, 송대는 대리시(大理寺), 형부, 어사대(御史臺)를 삼법사라고 했다.

재결이 이루어져야만 비로소 사형이 집행될 수 있었다. 경사에서 발생하는 소송 사건은 육부六部, 대리시大理寺, 통정사通政司, 도찰원都察院의 관리들이 회동하여 심리審理하는데, 이를 조심朝審이라 한다. 이렇듯 형옥 재결을 신중히 내리려는 취지는 좋았으나, 심급이 지나치게 많아 소송 판결이 나올 때까지 시간이 오래 걸렸다. 경사까지 오가는 노정이 만만치 않고 시일이 오래 걸려 증인이나 물증이 사라지거나 찾기 힘든 경우도 적지 않았다. 결국 재판의 공정성을 확보하기 힘든데 반해 백성들은 오랜 소송으로 인해 생업에 지장을 받지 않을 수 없었다. 이렇듯 형옥을 신중하게 처리하기 위해 심판 절차를 복잡하게 만든 것은 장점도 있지만 또한 단점도 적지 않았다.

사법부가 독립적이지 않더라도 사법관리 외에 심판에 간섭할 수 있는 관리는 백성을 직접 다스리는 지방관에 한정해야 한다. 그래야만 사법계통이 문란해지지 않으며, 또한 사법과 관련이 없는 관리는 재판에 익숙하지 않기 때문에 오히려 일을 그르칠 우려가 있기 때문이다. 그러나 사법기관의 관리도 아니고 지방관도 아닌 자들이 재판에 참여하는 일이 누대로 흔했다. 예를 들어 어사御史는 본래 감찰을 맡은 관리로 형옥 재판에 참견해서는 안 된다. 그래서 어사가 관리를 탄핵할 때도 설사 형옥에 관련이 있다고 할지라도 고소인의 성명을 생략했다. 그래서 어사를 일러 '풍문風聞'이라고 부른 것이다. 하지만 당대 때부터 이런 제도가 달라져 어사도 재판에 참여할 수 있게 되었으며, 명대에는 어사가 아예 삼법사三法司 가운데 하나가 되었다. 뿐만 아니라 통정사通政司, 한림원翰林院, 첨사부詹事府, 오군도독五軍都督 등도 임시로 명을 받아 회심會審에 참여할 수 있었다. 참으로 기이한 일이 아닐 수 없다. 또한 사법 업무에서 가장 금기시하는 것은 군정軍政 기관의 참여와 간섭이다. 그런데 역대로 치안 유지

---

80) 역주: 임금이 붉은 글씨로 동의를 표시하는 일종의 비답(批答)을 말한다.

와 범죄자 정탐과 체포 등을 모두 군정 기관에 맡기곤 했다. 군정 기관에서 체포한 죄수를 백성을 다스리는 지방관에 넘기면 그나마 괜찮았을 것이나 자체적으로 처분토록 했으니 그 해독이 매우 컸다. 한대의 사례교위司隸校尉, 명대의 금의위錦衣衛나 동창東廠 등이 바로 사법에 관여한 군정기관들이다.

재판은 심리審理와 판결을 신속하게 하고 현지의 민정民情을 제대로 파악하는 것이 무엇보다 중요하다. 이런 점에서 주州나 현縣의 관리들은 재판관으로 적합하지 않다. 게다가 후세 지방관들은 대개 현지 사람이 아니었기 때문에 현지 상황을 잘 알지 못했다. 게다가 높은 자리에 앉은 이들은 백성들과 거리를 두고 직접 간여하지 않았기 때문에 사리사욕에 눈이 먼 법리法吏들이 그 허점을 노려 부정부패를 저질렀다. 사법과 관련된 부정부패는 셀 수 없이 많았으며, 백성들은 관아에 불려가는 일을 무엇보다 두려워했다. 상급 관리들은 아래 법리들의 부정부패를 단속할 수 없어 오히려 백성들에게 소송을 그만 둘 것을 타이를 지경이었다. 국가가 백성을 위해 이행해야 할 첫 번째 의무는 백성들의 안전과 권익을 보장하는 것이다. 그래서 관아를 설치하고 관리를 두는 것이다. 그런데 관원이 오히려 백성들에게 소송을 하지 말도록 권유하다니 이 어찌 기이한 일이 아니겠는가?

고대에 이른바 '지치자地治者'라고 부르는 관직은 후대 향리鄕吏에 해당한다. 한대 때만 해도 색부嗇夫[81])에게 청송聽訟하는 직권이 있었다.[82]) 그래서 동한 시대 관리인 원연爰延이 자신의 고향인 외황外黃에서 향색부鄕嗇夫로 지낼 때, 인정을 베풀어 백성들이 색부만 알고 군이나 현의 장관이 누구인지 몰랐다고 한다.[83]) 이를 통해 색부의 권한이 얼마나 중요한지

---

81) 역주: 한(漢)국가 때 고을에서 소송·조세를 담당하던 하급 관리.

82) 『한서』, 권19상, 「백관공경표」, "嗇夫職聽訟." 앞의 책, 742쪽.

능히 짐작할 수 있다.

다스리는 자인 치자治者와 다스림을 받는 자인 피치자被治者라는 두 계층이 형성된 이상, 치자에 의한 피치자 착취는 어쩌면 자연스러운 일일지도 모른다. 특히 소송은 치자가 피치자를 착취할 절호의 기회였을 것이다. 그렇기 때문에 향리에서 청송의 권한을 부여하자 병폐가 이루 말할 수 없을 정도였다. 그래서 수나라는 향리의 청송 직권을 박탈했다. 이와 관련하여 『일지록日知錄 · 향정지직鄕亭之職』을 살펴보면 다음과 같다.

> "오늘날 현아縣衙 문 앞에 무고誣告한 자는 고발한 죄에 해당된 형벌에 3등급을 더해 처벌하고, 월소越訴한 자는 태형笞刑 50대로 처벌한다는 방문榜文이 붙어 있다. 이런 방문에 나오는 내용은 이전 왕조의 구제舊制이다. 지금 사람들은 현관縣官을 거치지 않고 상급의 사司나 부府에 상소하는 것을 월소越訴라고 하는데, 그렇지 않다. 『태조실록太祖實錄』에 따르면, 홍무洪武 27년, 유사有司에게 명하여 민간에서 공정하게 송사를 처리할 수 있는 연장자를 선발하여 향리의 소송을 관장하도록 했다. 호적, 혼인, 전답, 주택 등과 관련된 소송이나 싸움 등은 이서里胥와 회동하여 판결하도록 했고, 관아에서는 죄질이 무거운 사안만 접수하여 처리하도록 했다. 따라서 향리 연장자의 처분을 거치지 않고 현관에게 직접 호소하는 것을 월소라고 한 것이다."[84]

인용문에서 알 수 있듯이 명 태조는 향리鄕吏의 청송 제도를 회복하려고 했다. 하지만 그의 바람은 이루어지지 않았다. 관련 주注에 보면, 선덕宣德

---

83) 『후한서(後漢書)』, 권48, 「원연전(爰延傳)」, "後令史昭以爲鄕嗇夫, 仁化大行, 人但聞 嗇夫, 不知郡縣." 앞의 책, 1618쪽.

84) 『일지록집석(日知錄集釋) · 향정지직(鄕亭之職)』, "今代縣門之前, 多有榜曰: 誣告加 三等, 越訴笞五十. 此先朝之舊制. 今人謂不經縣官而上訴司府, 謂之越訴, 是不然. 『太祖實錄』: 二十七年, 命有司擇民間高年老人, 公正可任事者, 理其鄕之辭訟. 若戶婚, 田宅, 鬪毆者, 則會里胥決之. 事涉重者, 始白於官. 若不由里老處分, 而徑訴縣官, 此 之謂越訴也." 상해, 상해고적출판사, 2006년, 474쪽.

7년 섬서陝西의 안찰검사按察僉事 임시지林時之의 말이 인용되어 있다.

> "홍무 시절 전국 각 읍리邑里에 신명申明, 정선旌善이란 정자亭子 두
> 곳을 세워놓고 백성들의 선행과 악행을 기록하도록 했다. 이는 권선징
> 악의 뜻이었다. 또한 호적, 혼인, 전답, 싸움 등의 사안이 생겼을 때,
> 이로里老가 그곳에서 심판했다. 하지만 요즘 들어 정자는 대부분 폐치廢
> 置된 상태이고 선행이나 악행을 적어두는 일도 없다. 또한 사소한 사건
> 조차 이로를 거치지 않고 걸핏하면 상근 관아를 찾아갔다. 소송 사건이
> 날로 번잡해진 것은 바로 이 때문이다."[85]

인용문에서 볼 수 있다시피 명대의 향리 청송제도는 시행된 지 얼마
지나지 않아 곧 폐지되고 말았다. 오늘날에도 이러한 향리 청송 제도를
도입하는 것은 그다지 적합하지 않다. 하지만 곳곳에 법원을 설치해 둘
수도 없는 일이다. 민국 15년(1921년) 각국에서 파견한 사법조사위원司法
調調查委員들은 중국에 인구 400만 명 당 한 곳의 일심법원一審法院(우리의
지방법원)이 있다고 했는데, 이는 중국 사법기관의 현황이자 또한 결점이
아닐 수 없다.

중국인들은 흔히 서양인들이 소송을 일삼는 것을 비웃으며, 중국은 경
찰이나 사법기관이 없어도 서로 화목하게 지낼 수 있다고 하면서 중국인
의 우월성을 자랑한다. 과연 그럴까? 사실 중국인이 소송을 회피하는 것
은 부패한 사법 집행의 현실에서 얻은 교훈이자 어쩔 수 없는 선택이다.
그러므로 이는 결코 미담으로 치부할 것이 아니다. 물론 어떤 일이든 법
원에서 시비곡직을 판정받겠다는 것은 그다지 좋은 일이 아니다. 굳이
법원을 많이 설치하지 않아도 사회적으로 정의가 실천되어 강자는 억누

---

85) 『일지록집석 · 향정직직』 주(注), "洪武中, 天下邑里, 皆置申明, 旌善二亭, 民有善惡
則書之, 以示勸懲. 凡戶婚, 田土, 鬪毆常事, 里老於此剖決. 今亭宇多廢, 善惡不書. 小
事不由里老, 輒赴上司.獄訟之繁, 皆由於此." 위의 책, 1303쪽.

르고 약자를 도울 수 있는 분위기가 형성되어 오늘날처럼 강포한 자들이 날뛰거나 향리에서 토호土豪나 열신劣紳이 권력을 장악하지 않게 된다면 이보다 좋은 일이 없을 것이다. 이렇게 최선을 이루려면 사회 분위기가 개선되어 미풍양속이 형성되기를 기다려야 할 것이다.

11

실업實業

문명의 근원인 농업

농업과 공업, 그리고 상업은 모두 실업實業이라고 칭하지만 그 중에서
도 농업이 가장 기본이다. 농업이 생긴 뒤에야 비로소 공업과 상업이 가
능하기 때문이다. 그래서 예로부터 중국은 농업을 본업本業으로 삼고, 공
상업工商業을 말업末業으로 취급했다. 공업과 상업을 지나치게 가볍게 본
다는 비난을 받을 수 있으나, 농업과 공상업의 관계를 본말本末로 설명한
것은 매우 적절한 표현이 아닐 수 없다.

농업의 출현은 인간에게 획기적인 발전이다. 농업이 생긴 후에 비로소
식량이 끊임없이 생산되고, 따라서 인구도 계속 증가할 수 있었으며 정착
생활을 할 수 있었기 때문이다. 그러므로 농업이 모든 물질문명의 발단이
자 토대라 해도 과언이 아니다. 이러한 물질문명을 바탕으로 비로소 정신
문화가 점차 발전하기 시작했다. 농업이 가능해지면서 사람들에게 잉여

재산이 생겨나기 시작했으며, 잉여재산은 약탈의 대상이 되었다. 동시에 노동력이 가치 있는 것으로 간주되면서 상호간의 전쟁이 잦아지고 공동체 내부의 조직 또한 더욱 복잡한 양상을 띠게 되었다.

세계적으로 유명한 문명의 발원지들은 모두 땅이 비옥한 지역들이며, 비교적 정확한 인류의 역사도 그곳에서 시작된 것이다. 그것은 농업과 극히 깊은 관계에 있는데, 중국은 그러한 문명 발원지 가운데 하나이다.

농업이 출현되기 전에 수렵활동이 아주 보편적으로 행해졌다는 점은 이미 제1장에서 언급한 바 있다. 또한 이러한 원시적인 수렵사회는 거주하는 자연 환경에 따라 목축사회나 농경사회로 발전되었다. 고대 중국은 수렵사회로부터 바로 농경사회로 들어섰던 것으로 보인다.

이를 알아보기 위해 전설 속의 삼황三皇부터 살펴보자.

전설에 따르면, 수인씨燧人氏가 사람에게 찬목취화鑽木取火하여 음식을 익혀 먹는 것을 가르쳐 주었다고 한다. 음식을 익혀 먹음으로써 고기 비린내를 면하고 소화도 훨씬 편해졌을 것이다. 아마도 수인씨는 수렵시대의 추장이었을 것이다. 다음은 포희庖犧라고도 부르는 복희伏羲이다. 황보밀皇甫謐은 『제왕세기帝王世紀』에서 "제사 때 사용하는 희생犧牲을 주방에 주었다."[1]라고 말했다. 하지만 이는 포희의 본래 의미를 검토하지 않은 채 글자만 보고 대강 짐작해서 내놓은 해석이다. 오히려 『백호통의白虎通義 · 호편號篇』의 해석이 좀 더 합리적이다. 이에 따르면, "사람들을 복종시키고 교화했기 때문에 복희伏羲라고 부른다."[2] 희羲는 가르칠 화化와 같은 뜻이기 때문에 복희라는 이름은 그의 덕업德業을 칭송하는 이름이라고 할 수 있다. 당시 생업에 관해 『역 · 계사전繫辭傳』은 "그물을 짜서 사

---

1) 『예기정의 · 월령(月令)』 소(疏)에 인용된 『제왕세기(帝王世紀)』, "取犧牲以供庖廚." 앞의 책, 446쪽.

2) 『백호통소증 · 호편(號篇)』, "下伏而化之, 故謂之伏羲." 앞의 책, 51쪽.

냥하고 고기를 잡았다."3)고 했다. 그렇다면 복희 역시 수렵 시대의 추장이었을 것이다. 복희 다음으로 신농씨神農氏가 있다. 신농씨는 "나무를 잘라 사耜를 만들고 나무를 휘어잡아 뇌耒를 만들었다."4)고 했으니 비로소 농업사회에 들어선 것으로 보인다. 본격적으로 중국 문명의 서막이 펼쳐진 셈이다.

삼황 뒤로 오제五帝가 있다. 오제 가운데 전욱顓頊과 제곡帝嚳은 전하는 이야기가 별로 없다. 황제黃帝는 "웅熊(곰), 비羆(큰곰), 비貔(맹수의 일종), 휴貅(맹수의 일종), 추貙(맹수의 일종), 호虎(호랑이) 등 여섯 종류의 맹수들을 길들여"5) 신농神農과 싸웠다고 한다. 이에 따르면, 황제는 유목민족의 추장인 듯하다. 하지만 이외에 그가 유목민족의 추장이라는 설을 뒷받침할 근거를 찾아볼 수 없다. 게다가 동일한 책인 『사기·오제본기五帝本紀』에 "다섯 가지의 작물을 재배했다."6)는 대목이 나오니 과연 그가 유목민족이었는지 신빙성이 더 떨어진다. 다음은 요堯이다.

『상서·요전堯典』에 따르면, 요는 희씨羲氏와 화씨和氏에게 명해 "해와 달, 그리고 별의 운행을 관찰하여 사람들에게 때를 알리도록 했다."7) 비록 『상서·요전』이 당시 사관이 아닌 후세의 기록이기는 하지만 그 내용이 전혀 근거 없는 허황된 것이 아니다. 은殷과 주周의 시조는 대략 요堯, 순舜과 동시대의 인물이었을 것이다. 『시경』「생민生民」과 「공류公劉」는 주인周人이 자신들의 선조에 대해 기록한 내용인데, 단순히 허구로 날조한 것이 아니다. 또한 『상서』「무일無逸」에 보면 주공周公이 성왕成王을 훈계하는 내용이 나오는데, 거기에서 언술한 은과 주나라의 역사 이야기

---

3) 『주역정의·계사하(繫辭下)』, "爲網罟以田以漁." 앞의 책, 377쪽.
4) 『주역정의·계사하』, "斲木爲耜, 揉木爲耒." 위의 책, 298쪽.
5) 『사기』, 권1, 「오제본기(五帝本紀)」, "敎熊, 羆, 貔, 貅, 貙, 虎." 앞의 책, 3쪽.
6) 『사기』, 권1, 「오제본기」, "藝五種." 위의 책, 3쪽.
7) 『상서정의·요전(堯典)』, "曆象日月星辰, 敬授民時." 앞의 책, 28쪽.

역시 나름 신빙성이 있다. 예를 들어 「무일」에 보면 은나라의 조갑祖甲에 대해 이렇게 말하고 있다.

"조갑이 처음에 왕으로 지낼 때 인정仁政을 베풀지 않았으므로 유배 당하여 오랫동안 평민으로 지낸 일이 있다. 그래서 다시 복위하여 왕위에 오른 후에는 백성의 고통을 잘 알게 되었다."[8]

같은 편에서 은나라 고종高宗에 대해 "밖에서 백성들과 함께 경작하고 백성과 가까이 지냈다."[9]고 말했다. 이런 점에서 볼 때, 조갑과 고종은 모두 농업시대의 현명한 군주인 것이 분명하다. 이후 주나라의 임금 태왕太王, 왕계王季, 문황文王 등은 굳이 말하지 않아도 농업사회의 군주들이다. 물론 이러한 고서의 기록을 전적으로 믿을 수는 없다. 하지만 전체적으로 볼 때 오제 이후의 사회 조직이나 당시 정치투쟁이 결코 유목사회나 수렵사회에서 일어날 수 있는 일이 아니었다고 판단하기에 충분하다. 다시 말해 문명화가 진척된 사회에서 발생한 일이라는 뜻이다. 따라서 신농씨 이후 중국은 이미 농업사회로 진입했다고 보는 것이 타당하다. 중국 농업의 발전사를 살피려면 관련 사서나 전적을 보지 않을 수 없다. 우선 맹자의 언술을 살펴보자.

"요와 순임금 때부터 탕왕에 이르기까지 모두 500년, 탕왕 때부터 문왕 때까지 다시 500년, 그리고 문왕 때부터 공자가 재세하던 시절까지 또 다시 500여 년이 지났다."[10]

---

8) 『상시정의 · 무일(無逸)』, "其在祖甲, 不義惟王, 舊爲小人. 作其即位, 爰知小人之依." 위의 책, 432쪽. 조갑(祖甲)은 태갑(太甲)을 말한다. "不義惟王, 舊爲小人."은 은나라 재상 이윤(伊尹)에게 축출당해 유배된 것을 말한다.

9) 『상서정의 · 무일』, "舊勞於外, 爰暨小人." 위의 책, 431쪽.

10) 『맹자주소 · 진심하(盡心下)』, "由堯, 舜至於湯, 五百有餘歲. 由湯至於文王, 五百有餘歲. 由文王至於孔子, 五百有餘歲." 앞의 책, 409쪽.

한비자韓非子는 다음과 같이 말했다.

"유가에서 숭상하는 은주殷周 시대는 지금으로부터 700여 년 전이고,
묵가墨家에서 숭상하는 우하虞夏의 시대는 지금으로부터 2,000여 년 전
의 일이다."[11]

악의樂毅는 그의 「보연혜왕서報燕惠王書」에서 제齊나라가 "800년 동안
모아둔 재물을 모두 거두어갔다."[12]고 말한 바 있다. 고대사의 시기 고증
을 정확히 밝히는 것은 상당히 어려운 일이나 위에서 인용한 역사 기록의
기술이 대체적으로 일치한다는 점에서 모두 억측으로 치부할 수는 없
다.[13] 따라서 요순부터 시작하여 주나라 말기까지는 대략 2천여 년이고,
진 시황제가 천하를 통일한 후 민국 기원이 시작할 때(1912년)까지 2,132
년의 시간이 흐른 것으로 볼 수 있다. 요순시절부터 농업이 시작된 때까
지는 대략 1,000여 년 정도로 추산한다면 중국의 농업 발전은 5,000여
년 전으로 거슬러 올라간다고 말할 수 있을 것이다.

---

11) 『한비자·현악(顯學)』, "殷周七百余歲, 虞夏二千余歲." 북경, 중화서국, 2010년, 725쪽.
12) 『사기』, 권80, 「악의전(樂毅傳)·보연혜왕서(報燕惠王書)」, "收八百歲之畜積." 북
경, 중화서국, 1959년, 2432쪽. 여기에서 800년이라고 한 것은 제나라가 건국 초기
주(周)의 제후국으로 봉해졌을 때부터 연소왕(燕昭王)에게 공격을 당해 함락했을
때까지를 말한다.
13) 역주: 1996년 5월에 정식으로 시작되어 2000년 끝난 하상주단대공정(夏商周斷代工
程)에 따르면, 하나라 건국은 기원전 2070년, 상나라 건국은 기원전 1600년, 주나라
건국은 1046년이다. 이것이 정확하다면 옛 전적에 나오는 대강의 연대와 크게 다르
지 않다.

중국 농업의 발전 과정

긴 역사 과정에서 중국의 농업은 어떻게 발전되어 왔을까? 한 마디로 요약하자면 조경粗耕에서 정경精耕으로 진화했다고 말할 수 있다. 대농적大農的인 농업 경작 형태에서 소농화小農化한 과정이라고 할 수 있다.

고대에는 토지 원전제爰田制를 실시했다. 원전爰田은 환전換田의 뜻이다. 『공양전』 선공宣公 15년 하휴의 주注에 따르면, 땅은 좋고 나쁨의 구분이 있어서 "비옥한 땅을 누군가 독차지하여 즐거워할 수 없고, 메마른 돌밭을 경작하여 혼자 고통스러워할 수 없다." 그래서 "3년마다 한 번씩 땅의 주인을 바꾸고 거처를 옮겼다."[14]

또한 『주례 · 대사도大司徒』에 따르면, 토지에는 불역지不易地, 일역지一易地, 재역지再易地의 구분이 있었다. 불역지不易地는 해마다 경작할 수 있는 땅이며, 일역지一易地는 일 년 동안 경작하고 일 년 동안 묵히는 땅이고, 재역지再易地는 일 년 동안 경작하고 2년 동안 묵히는 땅이다. 토지를 지급할 때 가구당 불역지는 100무畝, 일역지는 200무, 재역지는 300무를 나누어 주었다. 고대의 무라는 경지 단위는 오늘날의 그것보다 작지만 농부 한 명이 거의 100무를 경작했다고 하니 개인의 경작규모로 본다면 오늘날보다 훨씬 컸다고 할 수 있다. 하지만 당시 경작하여 얻을 수 있는 수확량은 오늘날보다 못했다. 이와 관련하여 『맹자 · 만장하』와 『예기 · 왕제』의 내용을 참조할 수 있다.

"상등전을 경작하는 농부는 9명을 먹이고, 2등전을 경작하는 농부는 8명, 3등전을 경작하는 농부는 7명, 4등전을 경작하는 농부는 6명을 먹여 살릴 수 있으며, 가장 낮은 등급의 전답인 5등전의 경우는 5명밖에

---

14) 『춘추공양전주소』, 선공(宣公) 15년, 하휴의 주(注), "肥饒不得獨樂, 磽确不得獨苦……三年一換主易居." 앞의 책, 360쪽.

먹여 살릴 수 없다."15)

　이로 보아 고대의 농업은 효율성 면에서 오늘날보다 훨씬 뒤떨어졌음
을 알 수 있다.

　한대 수속도위搜粟都尉였던 조과趙過가 대전법代田法을 보급했다. 이는
1무에 3열의 견畎(畝의 옛글자로 고랑의 뜻)을 만들어 파종하는데 해마다
파종하는 곳을 바꾸는 방식이다. 고랑 밖의 두둑한 둔덕을 농壟이라 한다.

　작물의 싹이 트고 자라면서 둔덕의 잡풀을 제거하기 위해 김을 매는데,
그 흙을 긁어내려 고랑의 묘근을 덮어준다. 그러면 여름이 가까워질수록
"둔덕은 낮아지고 묘근은 깊어져" "바람이 불어도 쓰러지지 않고 가뭄도
잘 견뎌낼 수 있다."16) 때문에 대전법은 기존의 농경 방법에 비해 소출이
높아 무당 1곡斛 이상을 거둘 수 있었다. 이처럼 고랑과 둔덕을 매해 바꿔
재배하는 것을 일러 대전代田이라고 부른다.

　이후 구전법區田法(일명 구종법區種法)이라는 농법도 생겼다. 논밭을 여
러 구區로 구획하여 한 구씩 비워두고 나머지 땅에 파종하는 것이다. 잡풀
제거나 배토培土 효과는 대전법과 비슷했다. 『제민요술齊民要術』은 이를 극
찬했다.17) 후세 농학자들도 이러한 농법에 대해 찬사를 보냈다. 근대에
들어와 일부 농학자들은 다른 견해를 제시했다. "대전법이나 구전법은
작은 면적의 논밭을 보다 꼼꼼하고 부지런히 경작하는 것이 그 요지이다.
하지만 근대에 들어 강남 사람들이 토지를 경작할 때, 대전법이나 구전법

15) 『맹자주소·만장하』, 앞의 책, 276쪽, 『예기정의·왕제』, "是上農夫食九人, 其次食
　　八人, 其次食七人, 其次食六人, 下農夫食五人." 앞의 책, 335쪽.

16) 『한서』, 권24상, 「식화지」, "隴盡而根深……耐風與旱." 앞의 책, 1139쪽.

17) 역주: 전한(前漢) 성제(成帝) 때 범승지(氾勝之)가 쓴 『범승지서(氾勝之書)』에 있는
　　『제민요술(齊民要術)』에 구전법이 소개되어 있다. 이에 따르면, "상탕(商湯) 시절 가
　　뭄이 들자 이윤(伊尹)에게 밭을 구획하여 경작하는 구전법을 실시하도록 했다(湯有
　　旱災, 伊尹作爲區田)." 주로 북방의 척박한 땅을 경작할 때 사용했다.

으로 경작하는 옛사람보다 더 꼼꼼하고 부지런하게 경작하는 것도 아니고 농지 가운데 일부를 휴경지로 삼는 것도 아니지만 지력이 떨어지지 않았다. 그러니 그들의 시비施肥 방식과 작물의 교체 파종에 무슨 심오한 비결이 숨겨져 있을 것이다." 하지만 무슨 심오한 비결이라기보다 자연스러운 농업 발전의 결과로 보는 것이 타당하다.

농업에는 대농제大農制와 소농제小農制의 구분이 있다. 대농제는 농업 기계 사용이 가능하고, 노동력의 투입이 상대적으로 적어 자본을 절약할 수 있는 장점이 있다. 소농제는 노동력과 농지를 모두 최대한으로 발휘할 수 있다는 것이 장점이다. 따라서 한 사람의 노동력으로 가능한 많은 소출을 얻으려면 대농제가 낫고, 같은 면적의 농지로 최대의 소출을 올리려면 소농제가 낫다. 소농제 경작에서 중국은 세계적으로 으뜸가는 수준의 농법을 보유하고 있는데, 이는 오랜 세월 쌓인 경험으로 인한 것이다.

그동안 중국 농업의 발전을 방해하는 세 가지 요인이 있었다.

첫째, 농업을 연구하는 농학자가 드물었다. 물론 농학을 연구하는 학자가 없었던 것은 아니나 대부분 농민과 격리된 채 실제와 관련 없이 이론에만 몰두했기 때문에 연구 성과를 농업에 실제로 응용할 기회가 별로 없었다. 사실 고대에는 농작물 재배를 관장하는 관리가 있었다. 예컨대, 『주례·대사도大司徒』에 따르면, 대사도는 "12가지 토양에 맞는 식물을 변별하여 재배하기 적합한 작물을 알아야 했다."[18] 『주례·사가司稼』는 사가司稼의 직무에 대해 다음과 같이 기술하고 있다.

"사가는 전국의 농가를 순시하며 각종 곡물의 종류를 변별하고, 그것의 명칭과 작물 재배에 적합한 토양을 두루 파악하여 이듬해 경작하는 방법을 작성하고 이를 읍내 이문里門에 걸어 놓는다."[19]

---

18) 『주례주소·대사도(大司徒)』, "辨十有二壤之物而知其種." 앞의 책, 249쪽.
19) 『주례주소·사가』, "司稼掌巡邦野之稼, 而辨穜稑之種. 周知其名與其所宜地, 以爲法

하지만 후대에는 이런 관직이 더 이상 설치되지 않았다. 물론 농업의 이론과 실제가 부합된 경우가 전혀 없었던 것은 아니다. 예를 들어 이조락 李兆洛의 『봉대현지鳳臺縣志』에 실린 다음 내용에서 이를 확인할 수 있다.

봉대현鳳臺縣은 농민 한 사람당 평균 농지는 16무였다. 현의 농호들은 애써 농사를 지었지만 본전도 건지기 힘들었다. 때로 흉년이 들면 더욱 빈궁하여 먹을 것이나 입을 것조차 없었다. 현에 정염조鄭念祖라는 이가 살았는데, 자신의 농지에 농사를 짓기 위해 연주兗州 사람 한 명을 고용했다. 정염조가 그에게 농지를 얼마나 경작할 수 있는지 물었다. 그가 답하길 2무라고 하면서 한 명을 더 고용했으면 좋겠다고 했다. 다시 비료가 얼마나 필요하냐고 물었더니 무畝당 2,000 동전銅錢 어치의 비료가 있어야 한다고 말했다. 그 이야기를 들은 옆집 농부가 토지 10무에 1,000전의 비료를 사용하는데, 그래도 본전을 건질 수 없다고 하면서 연주 사람을 비웃었다. 하지만 정염조는 연주 사람의 말대로 해보기로 마음먹었다. 그 결과 작은 면적에 훨씬 많은 비료를 사용하니 다른 농가의 작물이 채 여물지도 않았는데, 정염조의 농작물을 이미 무르익어 거두어들일 수 있었다. 정염조는 높은 가격으로 시장에 내다팔아 적지 않은 이문을 남겼다.

이조락李兆洛이 이런 사례를 기록한 것은 강남의 농부를 농사農師로 삼아 논을 개간하기 위함이었다. 이외에도 유사한 사례가 많았다. 이처럼 농부들이 서로 스승이 되어 가르쳐주고 배우는 것만으로도 농업을 크게 발전시킬 수 있으니, 사대부와 농부가 서로 협력하여 농부는 사대부에게 이론적인 지식을 배우고, 사대부는 농부의 실천 경험을 습득한다면 농업 발전에 더욱 큰 성취를 이룰 것이 틀림없다.

둘째, 농업을 위한 공공시설, 특히 수리시설의 부족이다. 토지 공유제인 고대에는 구혁溝洫과 천맥阡陌이 대체적으로 질서정연하였으나 후대

而懸於邑閭." 위의 책, 428쪽.

로 들어오면서 토지 사유제로 인해 크게 훼손되었다. 토지가 사유재산이 되면서 제멋대로 갈라지게 된 것이다. 가뭄이나 홍수를 대비하려면 수리시설을 갖추어야 하는데, 자신의 농토를 제공하여 수리시설을 만들려고 하는 이가 흔치 않았다. 사실 공공사업을 위한 토지 구획은 기본적으로 공공재산을 대상으로 해야 한다. 토지 공유제 시대에 굳이 지방 자치自治를 주창하지 않아도 절로 지방 자치가 이루어진 것은 바로 이 때문이다. 하지만 토지가 사유재산이 되자 모두에게 이로운 공공사업이란 더 이상 존재하지 않았다. 상호 연대 또는 협력하지 않을 수 없는 경우라도 공공 이익과 개인의 이익 간에 충돌이 일어나는 경우가 허다했다. 그렇기 때문에 사유재산이 일반화되자 기존의 수리시설을 비롯한 공공시설이 제대로 마련되지 않거나 심지어 파괴되어 없어지고 방치되는 일이 많았다. 또한 나무를 함부로 베거나 둑을 의도적으로 훼손하는 일도 적지 않았고, 심지어 자신의 논밭에 물을 대기 위해 관개 수로를 막는 일도 있었다. 이렇듯 제멋대로 공공시설을 파괴했기 때문에 농사에 심각한 피해가 생겼다. 그 중에서 가장 심각한 것은 역시 수리水利 시설의 파괴 문제였다.

셋째, 지나친 착취이다. 토지가 사유재산이 되었으니 누군들 자신의 개인 재산을 소중히 여기지 않겠는가? 농사를 지어 식구를 먹여 살릴 수 있고, 부지런히 일을 해서 수확한 것을 개인의 사유재산으로 인정받을 수 있다면, 농민들은 있는 힘을 다 해 농사에 매진할 것이다. 하지만 죽도록 일을 해도 배불리 먹을 수 없고, 가끔 남는 농작물이 생기더라도 타인에게 착취당하고 빼앗긴다면 누가 굳이 고생해가며 부지런히 일하겠는가? 그러니 역대로 대다수 농민들이 굳이 농작물 증산을 위해 애쓰거나 더욱 노력하지 않고 차라리 구차하게 살아가는 것을 택한 것도 이해할 수 있다. 교묘한 수단이나 권세로 백성의 재물을 빼앗고 약탈하는 봉건세력과 고리대금업자들이야말로 농민을 그렇게 만드는 자들이었던 것이다. 물론 이로 인해 생긴 농민들의 타성惰性 역시 농업 발전을 방해하는 치명적인 요인이다. 바로 이런 이유로 중국이 농업은 자연스러운 발전 추세를 따르면서도 동시에 퇴화된 모습을 보이게 된 것이다. 발전과 퇴화가 동시에 이루어진 결과로서 중국의 농업은 바로 현재의 모습 그대로이다.

현재 중국 농업이 더 큰 발전을 이루려면 대농제大農制를 실시해야 한다. 대농제를 진행하려면 우선 필요한 각종 농기구부터 구비해야 한다. 민국 17년 봄, 소련의 국영 농장 관리자 마르케비치(Markevich)는 개인이 가지고 있는 토지를 공동으로 경작할 것을 조건으로, 자신이 관리하는 농장의 쓰지 않는 트랙터 쟁기 100여 대를 부근 마을의 농부에게 임대해 주었다. 처음 이 일에 참여한 농부들이 가진 토지는 모두 합하여 9,000여 무였는데, 그 해 가을에는 신속히 24,000무로 늘어났다. 그 일이 곧 소련의 공산당에 알려지면서, 소련에서는 이를 계기로 기계화 농기구를 대량으로 생산하고 기계화 농장을 건설하기 시작했다. 이듬해에 그것을 전국에 보급시켜 실시했다. 이것이 곧 소련의 집합농장集合農場의 발단이었다.[20] 세상사가 모두 그렇다. 말로 하는 것은 사실을 보여 주는 것만 못하는 법이다. 입에 침이 마르도록 말을 해도 듣는 사람은 믿지 않을 수 있지만, 사실 앞에서는 그 좋고 나쁨이 한 눈에 들어오므로 더 이상 말할 필요가 없다.

흔히 농민은 고지식하고 보수적인 부류라고 하는데, 이는 그들의 삶에서 비롯된 성격이다. 하지만 이미 기계화 시대에 들어선 오늘날 결코 구식 농기구에만 의지해서는 안 된다. 전국 인구의 대다수를 차지하는 농민들은 아직도 보수적인 삶을 영위하고 있으며, 사유재산제도가 생겨난 이래로 오로지 개인의 이익만을 추구하려는 사고방식에서 벗어나지 못하고 있다. 이는 분명 문화 발전의 걸림돌이다. 이러한 사고방식은 말로 타이

---

20) 장쥔마이(張君勱) 『스탈린 치하의 소련(史泰林治下之蘇俄)』 참조. 재생잡지사(再生雜誌社) 출판.

르거나 일깨워준다고 바뀔 수 있는 것이 결코 아니다. 삶이 달라지면 생각이 달라지고, 생산방식이 달라져야 삶도 달라지는 법이다. 경작용 농기계를 만들어 보급시키는 일이야말로 농민들의 고지식한 사고방식을 바꾸는 기본이다. 농민의 사고방식을 바꾸고 난 다음에야 신식 농기구를 사용하고자 한다면 이는 순서가 뒤바뀐 일이다.

광의廣義의 농업 발전

중국 최초의 농학은 당연히 『한서 · 예문지 · 제자략諸子略』에 나오는 농가農家에서 비롯된다. 하지만 당시의 농가農家에서 편찬되거나 저작된 농서農書들은 이미 사라지고 없다. 지금까지 전해 내려온 선진시대 농가의 논의는 『관자』에 나오는 「지원地員」, 『여씨춘추呂氏春秋』에 실린 「임지任地」, 「변토辨土」, 「심시審時」등 몇 편뿐이다. 한대 농가의 농서 역시 모두 산실되고 말았다. 학자들이 가장 많이 인용하는 농서는 『범승지서氾勝之書』일 것이다. 『주례 · 초인草人』 소疏에 따르면, 『범승지서』가 한대 농서 중 가장 훌륭한 농학서라고 하는데, 과연 그러한지 모르겠다.

오늘날까지 전해지는 가장 이른 시기의 농서는 후위後魏 가사협賈思勰이 지은 『제민요술濟民要術』이다. 후세에 와서 정부에서 주관하여 편찬한 농서의 걸작으로 원대元代의 『농상집요農桑輯要』, 청대淸代의 『수시통고授時通考』가 있으며, 개인이 집필한 것으로는 원대 왕정王楨의 『농서農書』, 명대明代 서광계徐光啓의 『농정전서農政全書』등이 있다. 이러한 책들은 『사고전서』에서 모두 자부子部 농가農家로 분류되고 있다. 이들 농서에서 다루는 내용은 매우 광범위하다. 농경법 외에도 누에치기와 뽕나무 가꾸기, 채소와 과수, 나무와 약초, 가축에 이르기까지 거의 다루지 않는 것이 없다고 할 정도이다. 뿐만 아니라, 전제田制(토지제도), 권과勸課(농사 등 생산 활동을 권고함), 구황救荒(기근 구제) 방법 등까지 수록하고 있다. 하지만 다경茶經, 주사酒史, 식보食譜, 화보花譜, 상우경相牛經, 상마경相馬經 등은 원래 농가農家에 속했으나 청대『사고전서』에는 보록류譜錄類로 재분류되었다. 또한 수의서獸醫書는 자부 의가醫家에 수록되었다. 이상은 모두 광의廣義의 농업과 관련이 있는 내용들이다. 옛날의 재배법이 오늘날 모두 적용될 수 있는 것은 아니지만, 이러한 전적들은 농업의 역사를 연구하는 학자에게 반드시 읽어야 할 필독서다.

양잠업養蠶業은 황제黃帝의 비인 누조嫘祖에서 기원했다고 한다. 이는 『회남잠경淮南蠶經』에 나오는 말인데,[21] 그다지 신빙성이 없다. 또한『역 · 계사전繫辭傳』에 "황제黃帝와 요, 순은 옷을 늘어뜨린 채로 가만히 있어도 천하가 절로 다스려졌다."[22]는 문장의 소疏에서는 이렇게 말한 바 있다. "옛날 옷은 짐승 가죽으로 만들었기 때문에 짧고 작았으나, 오늘날의 옷은 사마絲麻와 포백布帛으로 만들어 길고 크다. 그래서 옷을 늘어뜨린다고 한 것이다."[23] 이 역시 설명이 억지스럽다.

중국의 양잠업養蠶業은 매우 이른 시기부터 시작했다. "뽕나무 다섯 무를 심으면 칠십의 노인에게 비단옷을 입힐 수 있다."[24]는 맹자孟子의 말에서 알 수 있다시피 이미 선진시대부터 양잠업은 농가 부녀자의 보편적인 일거리였다. 고대에 양잠업이 발전한 곳은 북부 지방이다.『시경』에서 관련 대목이 많이 보이는 것은 이 때문이다.

『상서 · 우공禹貢』에 따르면, "연주兖州는 뽕나무를 심기에 적합하여 양

---

21) 서광계,『농정전서(農政全書)』에 인용된『회남잠경』, "西陵氏勸蠶稼, 親蠶始此." 북경, 중국희극출판사, 1999년, 173쪽.

22)『주역정의 · 계사전』, "黃帝、堯、舜, 垂衣裳而天下治." 앞의 책, 300쪽.

23)『주역정의 · 계사전』소, "以前衣皮, 其制短小, 今衣絲麻布帛, 所作衣裳, 其制長大, 故云垂衣裳也." 위의 책, 301쪽.

24)『맹자주소 · 양혜왕상』, "五畝之宅, 樹之以桑, 七十者可以衣帛矣." 앞의 책, 24쪽.

잠을 시작했다."[25] "청주青州에서 바친 진상품은 광주리에 담아놓은 염사
壓絲이다."[26] 여기에 염壓은 산뽕나무이며, 염사壓絲는 곧 오늘날의 산누
에고치실 이른바 작잠사柞蠶絲다. 이외에도 한대는 제환齊紈(제나라 명주),
노호魯縞(노나라 비단)가 유명했고, 남북조南北朝와 수당 시절에는 포백을
화폐로 대용하기도 했다. 뿐만 아니라 당대 조법調法은 사마絲麻(명주실과
삼실) 등의 직물織物로 대체하는 것을 허용했으며, 원나라는 조세제도로
오호사五戶絲와 이호사二戶絲를 시행하기도 했다.[27] 이상의 기록을 통해
원나라 때까지도 주로 북부 지방에서 양잠업이 발달했음을 알 수 있다.
하지만 명나라 이후로 양잠업은 점차 중국 동남쪽에 집중되기 시작했다.
이와 관련하여 당견唐甄의 『잠서潛書』에 나오는 내용을 살펴보자.

> "양잠으로 이익을 얻는 지역은 북쪽으로 송淞(오송강吳淞江)을 넘지
> 않고, 남쪽으로 절浙(지금의 절강성)을 넘지 않으며, 서쪽으로 호湖(동
> 정호洞庭湖)에 이르지 않고 동쪽으로 바다에 이르지 않으니 사방 천 리도
> 안 되는 지역에 한정되었다. 그 외의 지역으로 서로 이웃하며 사는 곳이
> 거나 서로 논밭을 경계로 바라보이는 곳일지라도 뽕나무를 심지 않았
> 다. 심하도다! 저들 백성의 나태함이여."[28]

이렇듯 중국은 각지 문화가 고르지 않았으며 농민들의 우매하고 고지

---

25) 『상서정의·우공(禹貢)·연주(兗州)』, "桑土旣蠶." 앞의 책, 140쪽.

26) 『상서정의·우공·청주(青州)』, "厥篚壓絲." 위의 책, 141쪽.

27) 역주: 오호사(五戶絲)는 다섯 집에서 비단 한 근을 귀족과 국가 공신에게 바친다는
뜻이고, 이호사(二戶絲)는 두 집에서 비단 한 근을 국가에 바친다는 뜻이다. 이는
모두 원대의 조세제도이다.

28) 당견(唐甄)의 『잠서(潛書)』, "蠶桑之利, 北不逾淞, 南不逾浙, 西不通湖, 東不至海, 不
過方千里, 外此則所居爲鄰, 相隔一畔而無桑矣. 甚矣民之惰也." 북경, 중화서국, 2009
년, 158쪽. 다만 이는 양잠업의 발달 여부를 두고 말한 것이지 다른 지역에서 전혀
양잠을 하지 않았다는 뜻이 아니다.

식함이 심하여 오랜 관습을 답습할 뿐이었다. 사실 고지식하고 융통성이 없는 것은 사士 계층이나 공상업자들도 다를 바 없었다. 그래서 전국 각지의 풍습이나 분위기가 크게 차이가 난 것이다.

예를 들어 『일지록日知錄』에 보면, "섬서陝西 화음현華陰縣의 왕굉王宏은 연안부延安府의 포백 가격이 서안西安보다 몇 배가 높다."고 했고, 『염철론』에 따르면, "(변경의 백성들은) 상마桑麻(뽕나무가 대마)를 생산할 수 없어 중국 내지에서 견사絹紗나 면을 사와야만 입을 수 있었는데, 동물의 가죽이나 털을 입었으나 몸을 다 덮기 부족하여 여름에도 털옷을 벗지 않고 겨울에는 동굴에서 나오지 않았다."29) 또한 최식崔寔은 자신의 「정론政論」에서 이렇게 말한 바 있다. "내가 오원태수五原太守로 있을 때 보니 현지인들은 방직紡織을 전혀 할 줄 몰랐다. 겨울에는 풀을 두텁게 깔아놓고 그 안에 누워 지낸다. 관리를 만날 일이 있으면 풀로 몸을 감싸고 나와야 하니 참으로 딱하기 그지없었다."30) 고염무顧炎武는 이에 대해 다음과 같이 설명한 바 있다. "지금도 대동大同에 사는 이들은 여전히 그러하다. 부녀자들이 밖으로 나올 때는 종이로 만든 바지를 입었다."31)

이상의 기록에서 알 수 있다시피 예나 지금이나 상황이 크게 바뀌지 않았음을 알 수 있다.32) 이런 경우 보통 현지 관리들에게 조치를 취해 열악한 상황을 개선하도록 했다. 간혹 그 효과를 보기도 했다. 예를 들면,

---

29) 『염철론(鹽鐵論)·경중(輕重)14』, "無桑麻之利, 仰中國絲絮而後衣, 皮裘蒙毛, 曾不足蓋形, 夏不釋褐, 冬不離窟." 북경, 중화서국, 중화경전명저전본전주전역총서(中華經典名著全本全注全譯叢書), 2015년, 145쪽.

30) 『일지록집석.방직지리(紡織之利)』에 인용한 최식, 「정론(政論)」, "僕前爲五原大守, 土俗不知絹績. 冬積草伏臥其中. 若見吏, 以草纏身, 令人酸鼻." 상해, 상해고적출판사, 2006년, 612쪽.

31) 『일지록집석. 방직지리(紡織之利)』, "今大同人多是如此. 婦人出草, 則穿紙袴." 위의 책, 612쪽.

32) 역주: 이는 1940년대의 상황을 말하는 것이니 지금과 전혀 다를 수 있다.

청 건륭乾隆 시절 진굉모陳宏謀는 섬서陝西 순무巡撫를 지내면서 서안西安, 삼원三原, 봉상鳳翔에 잠관蠶館과 직국織局을 설치하고, 남부지방의 직공職工을 모집하여 현지인들에게 뽕나무를 심고 양잠을 하는 기술을 가르치도록 했다. 뿐만 아니라 농가에서 생산하는 뽕잎과 누에를 관아에서 수매하여 수익을 보장함으로써 백성들이 안심하고 계속해서 뽕나무를 심도록 했다. 물론 이런 일이 보편적으로 이루어진 것은 아니다. 하지만 향후 교통이 편리해지고 외진 지역까지 자본資本이 유통하게 된다면 현지의 열악한 상황이 개선될 것이 분명하다.

다음으로 고대 임정林政(임업 행정) 상황에 대해서 살펴보겠다. 임업 행정은 후세로 내려올수록 엉망이 되고 말았다. 고대에는 산림山林이 공유 자원이었기 때문에 산림을 이용하려면 일정한 규칙을 지켜야 했다. 예를 들어 『예기 · 왕제』에 따르면, "나뭇잎이 노랗게 말라 떨어질 무렵이 되어야 산림에 들어갈 수 있다."33) 또한 전문적으로 산림을 관리하는 관리도 있었다. 『주례』에 나오는 임형林衡이 바로 그런 관직이었다.34) 뿐만 아니라 열국列國이 공존하던 주나라 시절에는 전쟁이 빈번하여 방어를 위해 평지에 인위적인 나무숲을 조성하기도 했다. 예를 들어 『주례』에 보면 사험司險이란 직책이 나온다. 사험은 도읍의 바깥쪽에 다섯 군데 개천, 다섯 개의 도랑인 이른바 오구오도五溝五涂를 설치하고 나무숲을 조성하여 외부의 침입을 어렵게 만들었다.35) 하지만 후대에 와서는 천연 숲만 이용했을 뿐, 별도로 인공으로 숲을 조성하는 일은 거의 없었다. 따라서 개간이 빈번해지자 임목 자원은 반대로 줄어들 수밖에 없었다. 미개척지

---

33) 『예기정의 · 왕제』, "草木黃落, 然後入山林." 앞의 책, 373쪽.

34) 역주: 『주례 · 지관(地官) · 임형(林衡)』을 참조하시오. 이에 따르면, 임형(林衡)은 산림을 관장했고, 택우(澤虞)는 천택(川澤)을 관장했다.

35) 『주례주소 · 사험(司險)』, "設國之五溝, 五涂, 而樹之林, 以爲險固." 앞의 책, 800쪽.

는 임목 자원이 상대적으로 풍부했다.『한서·지리지』에 따르면, 천수天水, 농서隴西 일대는 산에 나무가 많아 현지인들이 모두 나무집에서 산다고 했다. 또한 근대에 들어와 대도시에서 사용하는 나무는 주로 사천이나 강서, 귀주 등지에서 온 것들이다. 길림이나 흑룡강성 역시 천연림이 풍부한 지역이다. 그곳은 모두 지금까지 개간이 덜 된 지역이라 산림자원이 풍부한 것이다.

산림 자원의 결핍은 두 가지 측면에서 원인을 찾을 수 있다. 하나는 국가 차원에서 삼림자원을 보호하지 않았고, 인위적으로 숲을 만드는 일이 없었기 때문이다. 청대 매증량梅曾亮이 지은『서붕민사書棚民事』에 이와 관련된 이야기가 나온다. 매증량이 안휘安徽 순무巡撫 동문각董文恪에 대한 행장行狀36)을 작성하면서 동문각이 쓴 주의奏議(황제에게 상주한 글)를 두루 읽다가 붕민棚民37)이 산림을 개척할 수 있게 해 달라는 주의奏議를 보게 되었다. 주의奏議에는 동문각은 붕민들이 높고 험한 산악지대에서 조악한 음식으로도 잘 견뎌내는 이들이니 인적이 드문 산간벽지로 보내 토지를 개간하고 밭벼를 심도록 하면 생계유지에 큰 도움이 될 것이라고 말했다. 하지만 이를 비난하는 이들도 있었다. 그들은 대개 풍수설에 깊이 빠져 고작 관棺 하나를 집어넣을 못자리를 위해 수백 무의 토지를 확보하려는 이들이었다. 당연히 들어줄 수 없는 말이었다. 매증량은 "나는 주의奏議를 읽으며 그가 옳다는 생각이 들었다."고 하면서 이렇게 말했다.

---

36) 역주: 행장(行狀)은 문체의 하나로 고인의 세계(世系), 본관, 생년월일, 행실을 간단하게 작성한 것을 말한다.

37) 역주: 붕민은 명초에 시행된 이갑제(里甲制)가 붕괴되면서 전국적으로 인구이동이 시작되면서, 특히 산간지역으로 이주하여 생활했던 이들을 말한다. 그들은 산속으로 들어가 임시 거처인 붕(棚, 움막)을 짓고 삼이나 쪽, 모시 등 환금작물이나 옥수수, 감자, 고구마 등을 재배하면서 살았다.

"내가 선성宣城에 갔을 때 현지 사람에게 이 일에 대해서 물어본 적이
있다. 하지만 현지 백성의 생각은 또 달랐다. 그의 말에 따르면, 개간되
지 않은 산은 흙이 견고하고 바위가 단단하며 무성한 초목들이 빽빽이
자라 수년 동안 떨어져 쌓인 썩은 낙엽의 두께가 2, 3촌寸에 달할 정도이
다. 비가 오면 빗물이 나무에서 썩은 낙엽에 떨어지고 다시 흙에 스며들
거나 바위를 타고 흐른다. 바위를 타고 흐른 물이 천천히 떨어져 샘을
이루고, 샘물이 천천히 아래로 흐르니 흙이 유실되는 일이 없고, 저지대
의 농지에서 큰물이 나는 일이 없다. 뿐만 아니라 보름 넘게 비가 내리지
않아도 샘물이 있으니 고지대의 농지에 관개할 수 있다. 그러나 지금
도끼로 산의 나무를 모두 베어버리고 쟁기나 괭이로 개간하면 비가 그
치기도 전에 농지의 모래와 자갈이 빗물을 따라 떠내려가고 말았으니
상황이 크게 다르다."[38]

이에 매증량은 "내가 현지 백성의 말을 들으니 역시 일리가 있다는
생각이 들었다."라고 하면서 다시 자신의 생각을 밝혔다.

"예나 지금이나 이해利害 관계의 양쪽을 모두 만족시킬 대책이란 존
재하지 않는 법이다. 전자의 주장을 따르면 눈앞의 절실한 문제를 해결
할 수 있고, 후자의 의견을 취하면 장기적인 이익이 보장될 수 있다.
하지만 손해를 입히는 일이 없으면서 동시에 동공董公(동문각)의 걱정거
리를 해결해 주는 뾰족한 해결책은 아직 얻을 수 없었다."[39]

오늘날 같으면 쉽게 해결할 수 있을 것이나 당시에는 어떻게 판단하는

---

38) 매증량, 「서붕민사(書棚民事)」, "予覽其說而是之." "及予來宣城, 問諸鄉人, 則說 :
未開之山, 土堅石固, 卓樹茂密, 腐葉積數年, 可二三寸. 每天雨, 從樹至葉, 從葉至土
石, 歷石礴滴瀝成泉, 其下水也緩. 又水緩而土不隨其下. 水緩, 故低田受之不爲災. 而
半月不雨, 高田猶受其灌漑. 今以斤斧童其山, 而以鋤犁疏其土, 一雨未畢, 沙石隨下,
其情形就大不然了."

39) 매증량, 위의 글, "予亦聞其說而是之." "利害之不能兩全也久矣. 由前之說, 可以息事.
由後之說, 可以保利. 若無失其利, 而又不至於董公之所憂, 則吾蓋未得其術也."

것이 좋을지 모르거나 두 가지 가운데 하나를 택해야만 했을 것이다. 이렇듯 옛 사람들은 삼림이 우리에게 얼마나 이익을 주는 지 잘 몰랐던 것이 분명하다. 조림은 고사하고 자연보호라는 인식 자체가 없었다고 해도 과언이 아니다. 역대로 백성들에게 뽕나무나 대추나무를 심으라는 법령이 있기는 했으나 그저 허울뿐이었던 까닭이 바로 여기에 있다.

삼림 자원이 부족하게 된 또 하나의 원인은 전쟁으로 인한 훼손이다. 이외에 산을 개간하면서 대량으로 벌목하거나 심지어 화전을 일구기 위해 산림을 불태우는 일도 흔했다. 이 역시 산림 파괴의 심각한 원인이었다.

농업이 주업이 되자 수렵과 목축은 더 이상 생업으로 주목받지 못했다. 그나마 수렵은 무사武事, 즉 전쟁과 관련하여 군사훈련의 명목으로 정기적으로 실시되었지만 어업漁業은 아예 비천한 일로 취급되어 나라의 군주가 가까이해서는 안 될 일이 되고 말았다. 예를 들어『좌전』은공 5년의 기록에 따르면, 노나라 신하인 장희백臧僖伯은 은공隱公이 멀리 당棠이라는 곳으로 가서 고기잡이 도구를 구경하겠다고 하자 이를 말리기 위해 간언諫言한 바 있다.[40]

목축업도 크게 발전하지 못했다.『주례』에 보면 목인牧人, 우인牛人, 충인充人 등이 나오는데, 주로 가축을 기르는 이들이다. 하지만 그들이 기르는 가축은 제사에 필요한 것일 뿐이었다. 다만 말馬은 군사나 교통과 밀접한 관련이 있기 때문에 역대로 매우 중시했다. 조정은 대개 '원苑'이나 '감監' 등의 기관을 설치하여 적당한 장소에서 전문적인 관리가 양마養馬를 관리 감독하도록 했다. 그들 중에는 당대 장만세張萬歲처럼 상당한 업적을 이룬 이도 있으나 흔치 않은 예일 따름이다. 이상은 관영官營 목축

---

40) 역주: 장희백의 간언 내용에 따르면, "무릇 산림과 천택에 필요한 실물이나 기물로 사용하는 것을 관리하는 것은 비천한 직책의 일이자 신하들이 지켜야할 직분이지 군주께서 이를 바가 아닙니다(若夫山林川澤之實 器用之資 皂隸之事 官司之守 非君所及也)."

상황이다.

민간은 상황이 다르다. 대체적으로 규모가 큰 목축지는 주로 변경 지역에 분포했다. 『사기 · 화식열전』에 따르면, 당시 천수天水, 농서隴西, 북지北地, 상군上郡 등지가 전국에서 목축업이 가장 발전한 곳이다. 『후한서 · 마원전馬援傳』을 보면 그 일단을 확인할 수 있다. 마원이 젊은 시절 독우督郵로 있을 때 중죄인을 방면한 적이 있다. 그가 북지北地로 도망가서 사면을 받고 목축을 경영했는데, 그에게 귀부한 빈객들이 많아 수백 가호를 이루었다. 이후 빈객들과 농隴과 한漢 사이를 전전하면서 목축을 시작하여 소와 말, 양 수천 마리를 길렀고 수만 곡斛의 곡물을 수확하여 부자가 되었다. 나중에 모든 재산을 사람들에게 나누어주고 양가죽 옷을 입은 채 소박한 삶을 살았다.[41]

내륙의 백성들이 이처럼 대규모로 목축을 하는 것은 불가능했을 것이다. 하지만 집집마다 가축을 길렀을 것이니 전체적으로 보면 그 숫자 또한 만만치 않을 터이다. 『사기 · 평준서』에 따르면, 무제武帝 초년에 "백성들이 사는 여항閭巷마다 말이 지나다니고 밭두둑 사이로 말들이 무리지어 다녔다."[42] 또한 원삭元朔 6년, 위청衞靑과 곽거병霍去病이 출정할 당시 개인 물품을 싣고 따라간 말이 14만 마리에 달했다.[43] 안사고顏師古의 주에 따르면, "개인적으로 가지고 간 의복이나 용품 및 개인의 말은 나라에서 지급하는 군수품에 속한 것이 아니었다."[44] 참으로 후세에는 보기 드문

---

41) 『후한서』, 권24, 「마원전」, "後爲郡督郵, 送囚至司命府, 因有重罪, 援哀而縱之, 遂亡命北地. 遇赦, 因留牧畜, 賓客多歸附者, 遂役屬數百家. 轉游隴漢間,……因處出牧, 全有牛馬羊數千頭, 穀數萬斛.……乃盡散以班昆弟故舊, 身衣羊裘皮褲." 앞의 책, 828쪽.

42) 『사기』, 권30, 「평준서」, "衆庶街巷有馬, 阡陌之間成群." 앞의 책, 1420쪽.

43) 『한서』, 권94상, 「흉노열전」, "私負從馬至十四萬匹." 앞의 책, 3769쪽.

44) 『한서』, 권94상, 「흉노열전」, 안사고(顏師古) 주, "私負衣裝者, 及私將馬從者, 皆非公家發與之限." 위의 책, 3770쪽.

상황이 아닐 수 없다.

사영업은 백성들이 자체적으로 경영하는 것이지만 국가의 정령政令에서 자유로울 수 없었다. 말과 관련하여 당 현종 개원開元 9년에 내린 조서를 보면 이를 확인할 수 있다.

> "전국에서 기르는 말은 주현州縣에서 우선적으로 군려軍旅(군대)에 우송郵送하고, 세금 정할 때 말을 기르는 가호는 등급을 올렸다. 그리하여 백성들이 말을 기르는 노고를 두려워하여 되도록 말을 기르지 않았다. 그 결과 말을 타고 달리며 화살을 쏠 수 있는 기사騎射의 병사가 대폭 줄어들었다."[45]

원대 세조 지원至元 23년 6월에는 각지의 말을 몰수하기도 했다. 색목인色目人의 경우는 3마리 가운데 2마리를 빼앗았고, 한민漢民은 마릿수를 상관하지 않고 모든 말을 몰수했다. 심지어 말을 숨겨놓거나 사사롭게 거래하는 자들은 처벌했다. 이러한 금령은 명대에 비로소 해제되었다. 『명실록明實錄』에 따르면, 영락永樂 원년元年 7월, 황상이 병부대신에게 다음과 같이 말했다. "듣자하니 요즘 민간에서 말 값이 크게 뛰어올랐다고 하는데, 이는 백성들이 사사롭게 말을 길러서는 안 된다는 금령 때문일 것이다. 그러니 천하에 방문을 붙여 군민軍民이 말을 기르는 일에 대해 더 이상 간여하지 않겠노라고 이르라."[46]

사실 한대에는 말 기르기를 금지하지 않았을 뿐만 아니라 축마畜馬를

---

45) 『신당서』, 권50, 「병지(兵志)」, 현종(唐玄宗) 개원(開元) 9년 조서, "天下之有馬者, 州縣皆先以郵遞軍旅之役, 定戶復緣以升之, 百姓畏苦, 乃多不畜馬, 故騎射之士減曩時." 앞의 책, 1338쪽.

46) 『일지록집석·마정(馬政)』, "明實錄: 永樂元年, 七月, 上諭兵部臣曰: 比聞民間馬價騰貴, 蓋禁民不得私畜故也. 其榜諭天下, 聽軍民畜馬勿禁." 상해, 상해고적출판사, 2006년, 615쪽.

적극 격려하는 마복령馬復令까지 반포했다.47) 한대에 민간의 목축업이 발전할 수 있었던 것은 바로 이러한 적극적인 정책 때문이다. 하지만 이는 장부어민藏富於民, 즉 백성들을 부유하게 만드는 정책이니 대규모 목축은 역시 변경 지역에서 적극 제창하고 추진해야할 일일 것이다.

다음 기록은 모두 변경 목축이 번창했을 때의 상황을 보여주는 대목들이다. 우선『요사·식화지』에 보면 태조太祖 때 번창하였던 목축업에 대한 기록이 나온다.

> "부잣집 말을 거두어도 나라의 말이 느는 것이 보이지 않고, 대골군大鶻軍과 소골군小鶻軍에게 1만여 마리의 말을 하사해주어도 나라의 말이 줄어들지 않았다."48)
> "태종太宗부터 흥종興宗 시절까지 200여 년 동안 대규모 목축업이 줄곧 번창했다. 천조天祚 초년에는 말 무리가 수만에 이르렀으며, 무리마다 천 필이 넘었다."49)

남겨진 기록이 많지 않아서 그렇지 흥성할 당시 북방 민족의 목축업은 이처럼 번창했을 것이다. 변경 지역에서 목축업이 발전할 수 있었던 이유는 다음 두 가지이다. 첫째, 자연환경이 목축업에 적합했다. 둘째, 토지로 개간한 땅이 적은 대신 목장으로 사용할 땅이 많았다.

분업分業은 지리적인 환경에 따라 이루어져야 한다. 옛날에는 역외域外였지만 지금은 중국의 강역이 된 몽골(내몽고), 신강新疆, 청해青海, 장(藏,

---

47) 마복령(馬復令)은 말을 기름으로써 부역을 면제받을 수 있는 법령이다. 구체적으로 거기마(車騎馬) 곧 군마 한 마리를 가르는 집안은 세 사람의 노역을 면제받을 수 있다는 것이다. 『식화지』참조.

48) 『요사(遼史)』, 권60, 「식화지」, "括富人馬不加多, 賜大小鶻軍萬餘匹不加少." 북경, 중화서국, 1974년, 931쪽.

49) 『요사·식화지』, "自太宗及興宗, 垂二百年, 群牧之盛如一口. 天祚初年, 馬猶有數萬群, 群不下千匹." 위의 책, 932쪽.

티베트) 지역의 산업을 향후 어떻게 진흥시킬 것인가를 진지하게 궁리해야 할 것이다.

다음으로 어업에 대해 살펴보겠다.

역대로 어세漁稅는 그리 중요한 세목이 아니었기 때문에 정사正史에서 어업에 관한 언급이 그리 많지 않다. 그러나 어류는 자고로 백성들에게 중요한 먹을거리였다.

『사기·화식열전』에 보면 어업과 관련하여 다음과 같은 이야기가 나온다. 태공망太公望(강태공, 여상呂尙)이 봉지로 받은 영구營丘(제齊)는 땅이 소금기가 많아 농사가 제대로 되지 않기 때문에 백성들이 적었다. 그래서 태공망은 부녀자들에게 길쌈을 장려하는 한편 각지로 생선과 소금을 유통시키자 사람과 물건이 잇달아 모여들었다. 이는 후인의 이야기이긴 하나 춘추전국 시대 제나라에 어업이나 염업이 발달한 것은 분명한 사실이다. 이는 다음과 같은 예에서도 확인할 수 있다.

『좌전』소공 3년 기록에 따르면, 안자晏子가 제의 대부 진씨陳氏가 백성들을 후하게 대했다고 하면서 이렇게 말했다. "생선과 소금, 대합조개의 가격이 바닷가 지역보다 비싸지 않다."[50] 이는 대부 진씨가 바다를 봉금封禁하지 않았거나 가혹한 세금을 부가하지 않았기 때문일 것이다. 또한 한대 경수창耿壽昌이 대사농大司農으로 있을 때, 해조海租(어업세)를 세 배나 올린 적이 있다.[51] 이는 연해 지역이나 하천 인근에 예로부터 어업활동이 활발했음을 보여주는 기록이다. 사실 시대를 막론하고 어업 생산활동은 줄곧 번창했다. 다만 관련 역사기록이 별로 남아 있는 것이 없을 따름이다.

---

50) 『춘추좌전정의』, 소공(昭公) 3년, "魚鹽蜃蛤, 弗加於海." 앞의 책, 1182쪽.
51) 『한서·식화지』 참조

"어업에 종사하는 이들은 대개 황량한 바닷가나 외진 섬, 강가나 연못가에 살면서 스스로 생계를 유지했다. 내륙의 어류를 기르는 연못 이나 호수는 그저 문인 학사들이 배회하며 시를 읊고 술을 마시면서 한담을 나누는 데 도움을 주었을 뿐이다. 그런 까닭에 진한秦漢 시절부 터 명대에 이르기까지 어업에 관해 가히 말할 만한 혁신적인 정책이 없었고, 볼 만한 역사기록도 없었다."[52]

그러나 바다나 강, 호수에 의지하여 생계를 꾸려가는 이들이 어찌 천만 에 그쳤겠는가? 국가 차원에서 어업 관련 회사를 조직하고 새로운 방식 으로 고기를 잡을 수 있도록 가르치고, 어민들을 보호하기 시작한 것은 청대 말기의 일이다. 이후 국민정부는 어업세를 감면하는 등 어업에 많은 관심을 기울였다. 하지만 그 효과는 미미했다. 특히 영해에 외국의 침입 이 빈번해지고 1926년 중일전쟁에 발발하자 연해 지역 대부분을 봉쇄하 여 어장을 빼앗기고 말았다. 이로 인해 중국 어업은 심각한 타격을 입고 말았다.

좁은 의미의 농업은 오로지 농작물의 재배만을 가리키지만 넓은 의미 의 농업은 물질을 얻는 모든 수단과 방법이 포함된다. 따라서 광업도 넓 은 의미의 농업에 들어간다. 초기 광업에 대해 기술은 『관자管子·지수地 數』에서 살펴볼 수 있다.

"갈로산葛盧山에 홍수가 나면서 광석이 따라 나왔다. 치우蚩尤에게 관리를 맡겨 다스리게 하자 광석을 제련하여 칼과 갑옷, 모(矛, 긴창), 극戟(창의 일종) 등을 만들었다."
"옹호산에 홍수가 나자 광석이 따라 나왔다. 치우가 관리를 맡아

---

52) 이사호(李士豪), 굴약건(屈若搴), 『중국어업사(中國漁業史)』, "業漁者類爲窮海、荒 島、河上、澤畔居民, 任其自然爲生. 內地池畜魚類, 一池一沼, 只供文人學士之徜佯, 爲 詩酒閒談之助. 所以自秦、漢至明, 無興革可言, 亦無記述可見." 북경, 상무인서관(商 務印書館), 1998년, 6쪽.

광석을 제련하여 옹호雍狐의 창과 예芮의 창을 만들었다."[53]

이상에서 알 수 있다시피 초기에는 지표면에 드러난 광물을 줍거나 채굴하여 제련했음을 알 수 있다. 『관자』 같은 편에 보면 광물을 발견하는 구체적인 방법을 제시하고 있다.

"산에서 주사朱砂가 발견되면 그 아래 땅속에 금광석이 있고, 산 지표면 자석磁石이 발견되면 그 땅 아래 동광석이 있다. 산 지표면에 능석陵石 (화강암)이 발견되면 그 땅 아래 납이나 주석, 붉은 구리赤銅 광석이 있다. 산이 지표면에 붉은 흙이 발견되면 그 땅속에 철광석이 있을 것이다. 이는 산이 묻혀 있는 영榮을 드러내 보이는 것이다."[54]

인용문에서 말한 영榮이란 곧 오늘날에 말하는 광묘礦苗(광맥이 지표에 드러난 부분)이다. 『관자』를 집필하기 이전에 이미 사람들이 광산을 탐사하여 광묘를 식별하는 방법을 터득하고 있었음을 알 수 있다.

근대에 들어와 기계가 보편적으로 사용되면서 석탄이 철과 더불어 매우 중요한 광물이 되었다. 이전까지만 해도 철이 석탄에 비해 훨씬 중요했다. 그 이전에는 철보다 구리, 즉 동銅이 훨씬 중요했다. 제련 기술이 아직 발달하지 않았기 때문이다.

고대에는 청동으로 주로 무기를 만들었으나 이외에도 보정寶鼎과 같은 제의에 필요한 사치품을 많이 주조했다. 그래서 『회남자 · 본경훈本經訓』에 보면 당시 사람들이 구리와 철을 금옥이나 구슬처럼 귀중품으로 간주

---

53) 『관자교주 · 지수편(地數篇)』, "葛盧之山, 發而出水, 金從之, 蚩尤受而制之, 以爲劍、鎧、矛、戟." "雍狐之山, 發而出水, 金從之, 蚩尤受而制之, 以爲雍狐之戟、芮戈." 북경, 중화서국, 2004년, 1355쪽.

54) 『관자교주 · 지수편(地數篇)』, "上有丹砂者, 下有黃金. 上有慈石者, 下有銅金. 上有陵石者, 下有鉛、錫、赤銅. 上有赭者下有鐵. 此山之見榮者也." 위의 책, 1355쪽.

했음을 알 수 있다.

> "쇠락한 시대 사람들은 산의 바위에 새기고 금옥金玉을 조각하며,
> 진주를 찾기 위해 캐내기 위해 방신蚌蜃(조개의 일종)의 다문 입을 억지
> 로 벌리고, 구리와 철을 마구 녹여대니 만물이 번성할 수 없었다."[55]

사회가 발전하면서 철기 사용이 늘어났다. 하지만 후한 이전까지 무기
는 주로 청동으로 만들었다. 『좌전』 희공僖公 18년에 따르면, "정문공鄭文
公이 처음 초나라로 조현朝見하러 가자 초성왕楚成王이 그에게 금金(구리
를 말한다)를 하사했다. 얼마 후 초성왕은 후회하며 정문공과 맹약하기를
'이 구리로는 병기를 만들지 않는다.'고 했다."[56]

초성왕이 이런 맹약을 맺은 것은 초나라의 병기가 매우 예리했기 때문
인데, 당시에는 초나라가 위치한 남방의 제련기술이 더 발달했음을 알
수 있다. 『관자』에서 볼 수 있다시피 당시 여러 나라는 소금과 철을 국가
의 중요 자원으로 간주했다. 그러나 『한서·지리지』를 보면 당시 강남의
경우 휴경지의 잡초를 태운 다음 물을 대고 볍씨를 뿌려 농사를 짓는
이른바 화경수누火耕水耨의 원시적인 경운법耕耘法이 일반적이었다. 이는
강남 일대에 철제 농기구가 그다지 사용되지 않았음을 뜻한다. 이런 점에
서 볼 때 남방이 농업은 북방보다 훨씬 뒤떨어졌음을 알 수 있다. 하지만
고대의 광업은 틀림없이 남방에서 먼저 시작하여 발전했을 것이다. 남방
의 치우가 병기를 주조했다는 설화는 바로 이런 배경에서 나온 것이다.
그럼에도 불구하고 남방의 문명화가 더뎠던 것은 농업 발전이 늦었기 때

---

55) 『회남자·본경훈(本經訓)』, "衰世鐫山石, 鍥金玉, 摘蚌蜃, 銷銅鐵, 而萬物不滋." 북
경, 중화서국, 중화경전명저전본전주전역총서(中華經典名著全本全注全譯叢書), 2012
년, 380쪽.

56) 『춘추좌전정의』, 희공 18년, "鄭伯始朝於楚. 楚子賜之金. 既而悔之. 與之盟, 曰, 無以
鑄兵." 앞의 책, 391쪽.

문이다. 남방은 구리로 병기를 만드는 데 익숙했지만 북방은 철로 농기구를 주조하는 일을 중시한 셈이다.

비록 관자가 오래 전부터 염철을 전매할 것을 주장했지만 철광을 채굴하거나 쇠를 주조하는 일 등은 여전히 민간에서 맡았다. 한대에 '염철'사업이 극히 번창했지만 선진 시절부터 전해지던 공관제도工官制度 가운데 소금과 철기의 생산과 제조를 책임지는 염관鹽官과 철관鐵官은 오히려 쇠퇴했던 사실이 이를 말해 준다. 실은 후세에 와서도 국가에서 광산을 직접 운영하는 일은 드물었다. 민영 광업은 대개 금속 광물을 캐는 것이 대부분이었으며, 채주探珠, 즉 진주를 캐는 일은 주로 남해南海에서 도맡았고, 옥玉은 보통 서역西域에서 가져왔다.

공업의 발전

고대에 간단한 기물은 누구나 만들 수 있었고 비교적 복잡한 것은 전문적으로 책임지고 만드는 사람이 있었다. 그런 이들은 대개 특별한 재주를 지녔거나 손기술이 좋은 이들이었다. 이후 그 일을 계승한 이들은 사회적 지위나 관계, 또는 기질이 부합하여 맡은 이들일 것이다. 이는 『고공기』에 나오는 말을 통해 확인할 수 있다.

> "지혜로운 자는 기물을 창조하고, 솜씨 좋은 자는 전승받아 대대로 지켜나간다. 이를 일러 공工이라 한다."[57]

각 부족마다 능통한 기예가 달랐고, 당연히 잘 만드는 기물도 달랐다.

---

57) 『주례주소 · 고공기(考工記)』, "知者創物, 巧者述之, 守之世, 謂之工." 앞의 책, 1059쪽.

어느 부족은 쉽게 만드는 기물이나 다른 부족은 전문적인 사람만이 만들 수 있는 것도 많았다. 『고공기』의 다음 구절은 바로 이런 뜻이다.

"월粵 땅에는 박鎛(호미나 괭이 등 농기구)이 없으며, 연燕 땅에는 함函(갑옷)이 없고, 진秦에는 노廬(창의 자루)가 없으며, 호지胡地에는 활이나 수레가 없다. 월 땅에 박이 없다는 것은 박이란 기물이 없다는 것이 아니라 박을 만들 줄 아는 이가 없다는 뜻이다."[58]

마찬가지로 연 땅에는 함, 진 땅에는 노, 호지에는 활과 수레가 없다고 한 것 역시 만들 줄 아는 이가 없다는 뜻이다. 아마도 여러 지역에서 만든 기물은 나름의 규모가 있는 것이니 아마도 고대 공산제 사회에서 부족마다 전해지던 생산 기술이었을 것이다. 국가가 생겨나면서 이를 계승하여 생산, 제조하는 일을 담당한 자가 바로 공관工官이다. 『고공기考工記』에 나오는 공관은 두 부류로 나뉜다. 하나는 모인某人이라고 불리는 부류이며, 다른 하나는 모씨某氏라고 불리는 부류이다. 모인은 부족의 소속과 상관없이 개인적으로 기술을 계승한 자를 말하나 모씨는 달랐다.

공인工人(장인)은 조상으로부터 전해 내려온 규율을 따른다는 말이 있다.[59] 옛 조상 대대로 전해져오는 기술을 그대로 따른다는 뜻이다. 이러한 현상은 다음과 같은 이유로 말미암는다. 첫째, 옛 사람들은 생활이 소박하고 평담하여 기이하거나 특별한 것을 다투는 일이 드물었다. 둘째, 고대사회는 협소한 지역에서 평생 살면서 멀리 돌아다니는 일이 적었다. 그렇기 때문에 다른 지역으로 가서 지식이나 기술을 배우는 일이 드물었고, 대부분 조상대대로 전수된 것에 만족하며 살았다. 셋째, 국가가 출현

---

58) 『주례주소 · 고공기』, "粵無鎛, 燕無函, 秦無廬, 胡無弓車. 粵之無鎛也, 非無鎛也, 言非無鎛其物.夫人而能爲鎛也." 위의 책, 1058쪽.

59) 반고(班固), 「서도부(西都賦)」, "工用高曾之規矩." 역주: "工用高曾之規矩." 앞에 "상인이 대대로 해오던 장사를 한다(商循族世之所鬻)."는 문장이 나온다.

하기 이전에 특정한 일을 전문적으로 맡았던 이들이 국가가 생겨난 후 공관工官이 되었다. 공업이 정치의 일부가 된 것이다. 정치에는 감독과 규제가 따라붙기 마련이다. 자연스럽게 기존의 방식이 표준이 될 수밖에 없다. 따라서 기물을 제작하는 장인들은 혹여 과오를 범하지 않기 위해 일마다 기준에 맞췄다. 이는 다음과 같은 기록에서도 확인할 수 있다. 예를 들어『예기 · 월령月令』에 따르면, "기물에 공장工匠의 이름을 새겨 성적을 평가했다."60) 또한『중용中庸』에 보면, "날마다 살피고 달마다 시험하여 성과에 따라 녹봉을 차등지급하는 것은 백공百工을 권면하기 위함이다."61) 이런 기록을 통해 고대에 공업 또는 장인들에 대한 감독 제도가 나름 엄격했음을 알 수 있다. 넷째, 봉건시대는 계급이 분명하여 생활에도 등급이 있고, 이에 따른 규범이 존재했다. 사람들이 경쟁적으로 신기한 것을 추구하게 되면 기존의 생활 규범은 물론이고 통치계층이 애써 유지하려는 등급제도도 파괴되고 만다. 그래서 계층에 따른 생활규범과 관련하여 각종 금령이 만들어졌다. 예를 들면 다음과 같다.『예기 · 월령月令』에 따르면, "혹여 기물을 지나치게 교묘하게 만들어 군주의 마음을 동탕하게 만들면 안 된다."62) 또한『순자 · 왕제王制』에 따르면, "대부는 자신의 봉읍封邑에서 사치스러운 조각과 문양이 새겨진 기물을 만들 수 없다."63) 심지어『예기 · 왕제』에는 "기이한 기술로 이상한 기물을 만들어 백성을 현혹하는 자는 사형에 처한다."64)는 금령도 있었다.

후대 사람들은 이러한 금령으로 인해 중국의 공업 발전이 더딜 수밖에 없었다고 비판하고 있다. 하지만 만약 공관제도에 따른 규제와 단속이

---

60)『예기정의 · 월령(月令)』, "物勒工名, 以考其成." 앞의 책, 548쪽.
61)『중용』, "日省月試, 餼廩稱事, 所以勸百工也." 앞의 책, 316쪽.
62)『예기정의 · 월령(月令)』, "毋或作爲淫巧, 以蕩上心." 앞의 책, 483쪽.
63)『순자 · 왕제(王制)』, "雕琢文采, 不敢造於家." 앞의 책, 130쪽.
64)『예기정의 · 왕제』, "作奇技奇器以疑衆者殺." 앞의 책, 412쪽.

없었다면, 권세나 재력을 지닌 이들이 제멋대로 자원을 독점하여 사치스러운 삶을 살 것이고, 나머지 사람들은 불평등에 불만을 품거나 체념하고 또는 자신의 재력을 고려치 않고 맹목적으로 따라하여 사회적으로 사치 풍조가 만연하게 될 것이다. 이런 점에서 고대의 공관제도는 당시 생활을 유지하는데 상당한 의미가 있으며 또한 그만큼의 가치가 있다고 말할 수 있다. 그러나 공관제도가 역대로 계속 유지된 것은 아니었다.

사회는 날로 변화하지만 사람들이 만든 조직이나 기관은 이에 부응하여 그 즉시 변화하기 어렵다. 때문에 기존의 기관이나 조직, 또는 제도도 시대의 변화에 따라 쓸모가 없어지거나 사라지기도 한다. 공관제도도 예외가 아니다. 공관이 사라지게 된 까닭은 다음과 같다. 첫째, 사회 상황이 변화했음에도 공관이 이에 따라 확충되지 않아 기물의 실제 수요를 만족시킬 수 없었다. 둘째, 민간에서 새로운 기물이 개발되어 생산되고 있음에도 공관은 여전히 구식의 법도에 따라 기존 방식을 고수했다. 이에 민간의 공업은 발전했지만 공관은 제자리에 머물렀다. 셋째, 봉건제도가 무너지면서 제후국이나 대부의 봉읍에 설치되었던 공관도 폐지되고 이에 따라 공관에 소속된 장인들도 뿔뿔이 흩어지고 말았다. 이리하여 공관제도는 완전히 사라지고 말았다. 『사기・화식열전』에서 "빈곤에서 벗어나 재부를 추구하려면 농사가 공장工匠만 못하고, 공장이 상업만 못하다."[65]고 한 것은 민간의 공상업이 농업보다 발전했음을 암시하는 내용이다. 『한서・지리지』에 보면 공관과 더불어 철관鐵官이란 말이 나오기는 하지만 그리 많았던 것은 아니다.

그렇다고 뛰어난 기예를 지닌 장인이 없었다는 뜻은 아니다. 『한서・선제기宣帝紀』찬贊에 보면 선제를 찬양하면서 이렇게 말하고 있다. "공적이 있으면 반드시 상을 내리고 죄가 있으면 반드시 벌을 내렸다. 명목과

---

65) 『사기』, 권129, 「화식열전」, "用貧求富, 農不如工, 工不如商." 앞의 책, 3274쪽.

실제가 일치하는지 종합적으로 판단하여 정사, 문학, 법리를 담당하는 관리들이 모두 자신의 전업에 능통하였으니 자신의 장기를 발휘하는 것이 기술이나 공장의 기계를 다루는 솜씨까지 두루 이르렀다. 하지만 원제나 성제 연간에는 이에 이를 수 있는 이가 극히 드물었다."66) 또한 진수陳壽는 「상제갈씨집표上諸葛氏集表」에서 제갈량에 대해 "기계를 다루거나 기술을 연마하는 데 있어 언제나 최고의 경지를 추구하였다."67)고 칭찬한 바 있다. 그러나 이는 대부분 관용官用의 기물에 관한 것일 뿐 사회 전반적인 공업 발전과 별로 관계가 없다.

그렇다면 당시 사회의 공업은 전혀 진화하지 않았다는 뜻인가? 사람들은 흔히 중국 역사에서 탁월한 기술로 유명한 몇 명의 인물이나 몇 가지 기이한 기물을 예로 들어 중국 공업의 진화를 이야기하곤 한다. 하지만 이 역시 사회의 전반적인 공업 발전과 무관하다. 예를 들어 공수자公輸子는 나무를 깎아 까치를 만들어 하늘로 날렸는데, 사흘이나 비행하며 내려 앉지 않았다고 한다.68) 이것이 허무맹랑한 소리였다는 것은 이미 『논형 · 유증儒增』에서 반박한 바 있다. 하지만 후한後漢의 장형張衡, 조위曹魏의 마균馬鈞, 남제南齊의 조충지祖沖之, 원元의 곽수경郭守敬 등의 일은 결코 지어낸 이야기가 아니다.69) 그러면 그들이 발명했다는 기물은 어디로 갔을까? 옛 것을 숭상하는 이들은 이렇게 말할 것이다. "실전되었을 따름이니, 중국인이 외국인만 못한 것이 아니라 후대에 선조의 기예를 계승하지

---

66) 『한서』, 권8, 「선제기(宣帝紀)」, 「찬(贊)」, "信賞必罰, 綜核名實. 政事、文學、法理之士 鹹精其能, 至于技巧、工匠、器械, 自元成間鮮能及之." 앞의 책, 275쪽.

67) 『삼국(三國) · 촉지(蜀志) · 제갈량전』에 인용된 진수(陳壽)의 「상제갈씨집표(上諸葛氏集表)」, "工械技巧, 物究其極." 북경, 중화서국, 1959년, 930쪽.

68) 『묵자(墨子) · 노문편(魯問篇)』, 『회남자(淮南子) · 제속훈(齊俗訓)』 참조.

69) 마균(馬鈞)의 일은 『삼국 · 위지(魏志) · 두기전(杜夔傳)』의 주(注) 참조. 나머지는 각 사본전(史本傳)에서 찾아볼 수 있다.

못했을 뿐이다." 그러면 새로운 것을 추구하는 이들은 이렇게 말할 것이다. "학문에 힘써 '중국학술실전사中國學術失傳史'라도 써야겠구만!"[70] 모두 올바른 인식이 아니다.

기술이 발전하려면 마땅히 사회적 여건이 갖춰져야만 한다. 예를 들어 나침반은 중국인이 발명했다는 것은 모든 이들이 주지하는 사실이다. 예전에는 수레를 몰 때 나침반을 사용했다고 하는데, 지금은 왜 보이지 않는 것일까? 옛날에는 달린 거리를 측정할 수 있는 이른바 '기리고차記里鼓車'라는 것이 있었다고 하는데, 그것도 또 어디로 갔나? 제갈량이 연노連弩를 개량하자 위魏나라 발명가인 마균馬鈞은 자신이 더 좋게 개량할 수 있다고 했지만 끝내 실천하지 못했다. 심지어 제갈량이 발명한 목우유마木牛流馬(식량을 운반하기 위해 소와 말 모양으로 만든 수레)조차 얼마 지나지 않아 사라지고 말았다. 어쩌면 전란戰亂이 없었다면 제갈량은 연노에 관심조차 두지 않았을지 모른다. 또한 위와 촉의 전력이 대등하여 전쟁이 좀 더 치열했다면 그리하여 연노를 개량한 것이 승리에 절대적인 요인이 되었다면 위나라는 마균을 우대하여 보다 나은 연노를 발명토록 했을 것이다. 마찬가지로 위진魏晉 이후로 상업이 크게 발전하여 파촉巴蜀에서 생산한 곡식을 관중關中으로 운송하는 일이 빈번했다면 제갈량이 발명한 목우유마가 대량으로 제작되어 일상적인 교통수단이 되지 않았을까? 하지만 실제로 사용할 일이 없는데 누가 그것을 보존하겠는가?

마찬가지로 명대 선덕宣德, 성화成化 연간과 청대 강희康熙, 옹정雍正, 건륭乾隆 연간에 도자기 산업이 번창했다. 하지만 더 이상 지속되지 않았다. 이 역시 공업 발달에 필요한 사회적 여건이 갖추어지지 않았기 때문이다.

또한 공업은 기술면에서 단독으로 발전할 수 없다. 어떤 기물이 만들어

---

70) 예전에 베이징대학교에서 출간됐던 『신조잡지(新潮雜志)』 참조.

지려면 반드시 다른 기물도 함께 발달해야 한다. 예컨대, 왕망王莽 시절 군대에서 특별한 재주를 갖춘 이를 모집한 적이 있었다. 그 때 하늘을 날 수 있다는 이가 찾아왔는데, 과연 큰 새의 깃털을 양쪽 날개로 삼아 달리기 시작하더니 수백 걸음이나 날다가 떨어졌다.[71] 앞서 공수자가 나무로 까치를 만들어 사흘 동안이나 날아다녔다는 말은 허무맹랑한 이야기이지만 이는 다르다. 그는 나름 재주가 뛰어난 인물이었음에 틀림없다. 오늘날 살았더라면 비행기를 발명할 수도 있었을 것이다. 하지만 당시에는 오늘날처럼 비행기를 만드는 데 필요한 각종 기계나 부품이 없었기 때문에 더 이상 나아가지 못하고 그것으로 끝나고 말았다. 이렇듯 사회적 여건이 성숙되지 않고 기술적으로 필요한 여러 가지 부품이나 기계가 함께 만들어지지 않으면 어떤 발명도 그저 우담화優曇花처럼 잠깐 나왔다가 금세 사라지고 말 것이다. 따라서 후한 상금을 내걸면 목숨을 걸고 싸우는 용사가 나올 것이라고 믿는 것처럼 신기한 물건이 만들어지면 공업도 절로 발전할 것이라는 생각은 그저 얕은 식견에 불과하다.

공관제도가 사라진 후 중국 공업의 상황은 대체로 다음과 같았다. 우선 일용물품의 경우 운송의 제한으로 말미암아 몇몇 지역이 하나의 경제 공동체를 형성하여 현지 수급을 맡았다. 이러한 여러 경제 공동체에서 생산되는 제품은 제조방식이나 원료 등이 각기 달랐기 때문에 생산품 역시 제각기 일정한 특색을 지녔다. 하지만 전반적으로 당시 공업의 수준은 여전히 답보상태에 놓여 그리 발전하지 못했다. 그 원인은 다음 몇 가지로 요약할 수 있다. 첫째, 장인들의 지식이나 기술이 기존의 낡은 규범에서 벗어나지 못했기 때문에 더 이상 개량이 어려웠다. 둘째, 교역이 일상화하면서 상품 생산은 판매가 우선이었다. 상품을 판매하는 상인들은 여전히 진부한 생각에 사로잡혀 있었기 때문에 기존에 판로로 보장된 물건

---

71) 『한서 · 왕망전(王莽傳)』 참조.

을 제외하고 신제품 개발에 관심이 없었다. 판로가 보장되지 않았기 때문이다. 그래서 상인은 신제품을 달가워하지 않았고, 생산하는 장인 역시 신제품을 개발하겠다는 의욕이 없었다. 셋째, 사회적으로 옛 것을 답습하는 분위기가 팽배하여 새로운 것을 추구하는 데 한계가 있었다. 그래서 더 이상 진보를 기대하기 어려웠던 것이다. 물론 전국적으로 팔리는 제품이 없었던 것은 아니다. 이는 다음과 같은 이유 때문이다. 우선 지역의 특산물로 다른 지역에서 만들 수 없는 제품이기 때문이다. 둘째, 운송하기 편리하여 다른 지역에서 생산한 제품은 경쟁하기 어렵기 때문이다. 셋째, 대대로 물려받은 기술로 만든 것이기 때문에 다른 지역에서는 만들 수 없기 때문이다. 예를 들어 절강 호주湖州의 붓인 호필湖筆이나 안휘安徽 휘주徽州의 먹인 휘묵徽墨, 호남의 자수인 상수湘繡 등이 그러하다.

근대의 신식 공업은 기계로 제품을 만든다는 것이 특징이다. 그러나 근대식 공업이 구식의 수공업을 모두 능가한 것만은 아니었다. 신식 공업을 발전시키려면 관련 인재는 물론이고 대규모 설비를 마련할 자본이 필요하다. 이제 막 외국의 기술을 들여오기 시작한 중국 상공업자들에게 모든 것을 맡길 수만은 없다. 마땅히 국가 차원에서 적극적으로 투자하고 지원하지 않으면 안 된다. 그러나 안타깝게도 당시 국가는 그런 역할을 제대로 하지 못했다. 동치同治 초년 제조국製造局과 조선창造船廠을 설립했으나 이는 군사적인 필요에 따른 것일 뿐 무슨 산업이니 실업實業이라고 말할 수 없었다. 광서光緒 이후 시작한 개평開平의 탄광炭鑛, 감숙甘肅의 양모창羊毛廠, 호북湖北의 철창鐵廠과 사창紗廠 등은 경영 미숙으로 인해 효율성이 떨어졌다. 그런 가운데 외국 제품이 물밀 듯이 들어오고 다른 한편으로 외국 상인들이 개항開港 인근에 공장을 세우기 시작했다. 그들은 값싼 중국의 인력을 활용하고 또한 운송비를 절약할 수 있었기 때문에 일석이조의 효과를 얻을 수 있었다. 함풍咸豐 연간의 무오戊午조약(중영천진조약, 1858년)과 경신庚申조약(중영북경조약, 1860년) 이후로 여러 나라와 조약을 체결했는데, 당시 외국은 공장 설립과 관련된 조항을 삽입할 것을 끊임없이 요구했다. 중국은 끝까지 허락하지 않았지만 광서光緒 갑오년甲午年 일본과 전쟁에서 패배하여 체결할 수밖에 없었던 마관조약馬關條約(시모노세키조약)에서 결국 허용하고 말았다. 이로 인해 중국 공업은 심각한 타격을 입었다. 그럼에도 갑오전쟁 이후로 중국 상공업자들의 지혜와 민심 덕분에 점차 나아지기 시작했으며, 최근에 들어 신흥 공업이 나름대로 활로를 찾고 있다. 아쉬운 점은 초기에 국가에서 신식 공업에 대한 전반적인 계획을 세우지 못해 기업 자체의 자생능력에만 맡기고 말았다는 것이다. 결국 1926년 중일전쟁이 터지자 주로 연해나 강가에 자리한 공장들이 심각한 타격을 입어 70%가 넘는 기업이 망하고 말았다. 이처럼 심각한 창상創傷을 입기는 했으나 오히려 전화위복의 기회가 된 것도 있다. 우선 공업지역이 내륙으로 옮겨가면서 내륙의 자원이 개발되고, 교통도 따라서 편리해졌다. 다음으로 기업 경영이 이전처럼 중국남방이 아닌 전체적인 계획에 따라 이루어지기 시작했다. 마지막 세 번째로 전쟁이 끝난 후 외국 물품에 관세를 부여하는 등 자국의 실업을 보호하는 정부의 정책이 시행되었다. 이렇듯 향후의 공업 발전 역시 중국인 자신들이 어떻게 노력하느냐에 달려 있다.

상업의 발전

상업이 처음 생겨났을 때의 상황은 후세의 경우와 크게 달랐다. 고대 각 부족들은 서로 왕래하지 않고 독립적으로 생산과 소비를 해결하는 경제 공동체였다. 『노자』는 그런 시대의 모습을 다음과 같이 묘사했다.

"지극히 잘 다스려진 나라는 이웃 나라가 서로 바라보이고 닭이나 개가 우는 소리가 서로 들려도 백성들이 각기 자신들의 음식을 달다 여기고, 옷을 아름답다 여기며, 습속을 편하게 여기며, 자신들의 일을 즐기면서 늙어 죽을 때까지 서로 왕래하지 않는다.[72)]

이는 상고시대의 상황이다. 이후 문화가 점차 발전하면서 이러한 고립 상황에 변화가 생기기 시작했다. 부족 간의 왕래가 잦아지고 물물교환부터 시작하여 상호 교역이 이루어졌다. 하지만 당시 교역은 개인의 사사로운 이익을 추구하기 위함이 아니라 부족 전체를 위한 것이었다. 그렇기 때문에 거래를 통해 이익을 얻든 아니면 손해를 보든 간에 부족 공동체 모두가 그 결과를 감당해야만 했다. 거래를 하는 이는 부족 구성원들을 위해 봉사하는 셈이었다.

당시 장사가 쉬웠을 리가 없다. 과연 원하는 물건이 어디에 있으며, 어느 곳의 가격이 더 저렴한지 알기 어려웠으며, 자신의 물건을 원하는 이가 어디에 있으며, 또한 어느 쪽에서 더 높은 가격을 제시할 지도 알 수 없었다. 게다가 무거운 화물을 짊어지거나 싣고 다니면서 언제 어느 곳에서 도적이 나타날지 알 수 없었다. 이런 점에서 당시 부족을 위해 전심전력으로 애쓴 상인들이야말로 존경할 만한 이들이 아닐 수 없다.

실제로 고대 상인들은 상당한 지혜를 지닌 이들이었다. 진秦의 군사를 속여 나라를 구한 정鄭나라의 현고弦高가 대표적인 인물이다.[73)] 이런 예

---

72) 『사기·화식열전』, "至治之極, 鄰國相望, 鷄犬之聲相聞, 民各甘其食, 美其服, 安其俗, 樂其業, 至老死不相往來." 앞의 책, 3253쪽. 역주: 원문은 『노자』라고 했으나 이는 『사기』에 나오는 문장이다. 양자의 내용이 약간 다르다. 『노자』 80장의 내용은 다음과 같다. "백성들이 음식을 달다 여기고, 옷을 아름답게 여기며, 사는 곳을 편안하게 여기고, 그 풍속을 즐거워한다. 이웃 나라가 서로 바라보이고, 닭이나 개가 우는 소리가 서로 들려도 백성들이 늙어 죽을 때까지 서로 왕래하지 않는다(甘其食, 美其服, 安其居, 樂其俗. 鄰邦相望, 雞犬之聲相聞, 民至老死, 不相往來)." 북경, 중화서국, 2014년, 297쪽.

73) 『좌전』 희공(僖公) 33년 기록에 따르면, 정나라 대상인 현고가 낙읍으로 장사하러

는 동주東周는 물론이고 서주西周시대에도 적지 않았다. 『좌전』 소공昭公 16년에 정나라 자산子産이 진晉나라 한선자韓宣子에게 했던 말에서 확인할 수 있다.

> "예전에 우리의 선군先君인 정환공鄭桓公(정나라의 시조)은 상인들과 함께 주 왕조의 조정을 떠나 이곳으로 이주했습니다. 당시 모두 힘을 합쳐 이 땅을 깨끗이 소제하고 온갖 야생 잡목을 베어낸 다음 정주하였습니다."74)

이렇듯 개국 초기에 상인을 데리고 간 이유는 이제 막 나라를 세우면서 반드시 필요한 물건들이 있기 때문이다. 예를 들어 경재庚財, 걸조乞糴 등은 다른 제후국의 원조를 받지 못할 경우에 대비한 것인데, 이럴 경우 나라의 시급한 물자를 조달할 상인이 필요했던 것이다. 그럴 때면 반드시 국가의 시급한 문제를 해결해 주는 상인이 필요했다. 위衛가 적인狄人의 공격으로 멸망 지경에 이르렀다가 위문공衛文公 시절에 겨우 제자리를 찾게 되었는데, 이는 위문공이 "상이의 왕래를 편리하게 해주면서 백공에게 혜택을 주고 교육을 존중하여 권학하며, 관원의 법도를 전수하며 능력이 있는 자를 임용했기 때문이었다."75) 당시의 상인은 이렇듯 생산자와 소비자 모두에게 유익한 벗이었다고 말할 수 있다. 그러나 사회 조직이 변하면서 상인계층은 자신도 모르게 집권계층이나 일반 백성들과 적대적인 관계가 되고 말았다.

물건을 교환하는 일이 잦아지면서 부족 내부의 고유한 경제조직이 더

가던 중 진나라 군사를 만나게 되었다. 이에 소 12마리 등을 바치면서 그들을 안심시킨 후 은밀히 정나라에 보고하여 결국 진나라 군사가 회군하게 만들었다.

74) 『춘추좌전정의』, 소공(昭公) 16년, "昔我先君桓公, 與商人皆出自周. 庸次比耦, 以艾殺此地, 斬之蓬蒿藜藋而共處之." 앞의 책, 1352쪽.

75) 『춘추좌전정의』, 민공(閔公) 2년, "通商惠工, 敬教勸學, 授方任能." 위의 책, 317쪽.

이상 합리적으로 운영되지 못하고 파괴되고 말았다. 기존의 경제체계가 무너졌는데 이를 대신할 새로운 체계가 마련되지 않자 부족 구성원들은 이전까지 공동체에서 마련해주던 각종 보장과 혜택을 누릴 수 없었다. 결국 부족 구성원들도 공동체를 위해 봉사하는 일이 사라지고 말았다. 이렇게 사유재산제가 형성되면서 사람들은 각기 자신의 삶을 책임질 수밖에 없었다. 그러나 생활에 필요한 모든 물건을 개개인이 모두 만들 수는 없었으며, 다른 사람이 만든 것을 활용해야만 했다. 남의 물건을 쓸 수 있는 방법은 교환이거나 약탈뿐이었다. 하지만 약탈은 널리 행해질 수도, 오래갈 수도 없었다. 결국 교역만 남은 셈이다. 당시 교역은 이전처럼 부족과 부족끼리 이루어진 것이 아니라 부족 내부에서 이루어졌다. 개개인이 직접 거래에 참여할 수 없으니 자연스럽게 중간에 거간居間하는 이가 생겨났다. 거간꾼은 한편으로 사들이고 다른 한편으로는 사들인 것을 내다 팔았다. 이렇게 해서 이른바 상업商業이란 업종이 생겨나게 된 것이다. 이제 교역이 없으면 생활할 수 없고, 거간하는 이가 없으면 교역이 이루어지지 못할 정도로 상업은 사회 경제를 운영하는 데 매우 중요한 일이 되었다.

사유재산 제도가 정착하면서 사람들은 너나할 것 없이 개인이 이익과 손해를 책임지고 삶을 영위해야만 했다. 모든 이들이 최대한으로 개인의 이익을 추구하기 위해 안간힘을 다했다. 생산자는 소비자를 찾아야 하고, 소비자는 생산자를 찾아야 하는데, 이 일이 결코 쉬운 것이 아니다. 그러나 상인들은 달랐다. 그들은 생산자와 소비자 사이를 왕래하면서 가장 낮은 가격으로 매입하고, 가장 비싼 가격으로 팔았다. 물론 생산자나 소비자 모두 그만큼의 손해를 본 셈이나 그렇다고 자신들이 직접 사거나 팔 수 있는 것이 아니었다. 그리하여 근대에 공업자본이 부흥하기 전까지 상인은 시종일관 사회에서 가장 월등한 계층이었다.

초기의 상업은 정기적인 교역(정기무역定期貿易, 오일장 등 정기적으로 개설되는 시장을 말함)의 형식으로 이루어졌다. 『역·계사하』에 나오는 다음 문장에서 이를 확인할 수 있다. 신농씨神農氏 시절에는 "정오에 시장을 열었다. 천하의 백성들이 시장에 이르고 천하의 재물을 시장에 모아 교역하게 했다. 교역이 끝나면 사람들은 제각기 자신이 원하는 바를 얻어 돌아갔다."76) 이처럼 정기적으로 열리는 시장은 주로 농한기에 이루어졌을 것이다. 『서경·주고酒誥』에서 농사를 다 마치면, "소달구지에 화물을 싣고 멀리 장사하러 갔다."77)고 한 것이나 『예기·교특생郊特牲』에서 "사방이 풍흉豐凶을 기록하여 수확이 순조롭지 않은 지방에는 사제蜡祭를 올리지 못하게 한다.……수확이 순조로운 지방은 사제蜡祭를 올리게 한다."78) 라고 한 것을 보면 이를 확인할 수 있다. 사제는 12월에 행하는데, 이에 따라 정기적인 시장이 열렸다.

하지만 경제가 발전하여 교역이 빈번해지자 점차 평일에도 시장이 열리기 시작했다. 이런 시장은 성안에 설치했다. 『고공기』에 따르면, "장인이 도읍을 건설할 때 앞쪽은 조회하는 곳을 만들고 뒤쪽은 시장을 만들었다."79)

규모가 작은 시장은 들판이나 마을에 자리했는데, 그저 자리를 펴고 물건을 진열하여 파는 수준이었을 것이다. 『공양전』하휴의 주注에서 "정전井田의 구획에 따라 시장이 생겨났다."80)라고 한 것이나, 『맹자』에서 "시장에는 꼭 주변보다 지세가 높은 언덕에 올라가 좌우를 살펴 손님을

---

76) 『주역정의·계사하』, "神農氏: 日中爲市, 致天下之民, 聚天下之貨, 交易而退, 各得 其所." 앞의 책, 299쪽.

77) 『상서정의·주고(酒誥)』, "農功旣畢, 肇牽車牛遠服賈." 앞의 책, 376쪽.

78) 『예기정의·교특생(郊特牲)』, "四方年不順成, 八蜡不通.……順成之方, 其蜡乃通." 앞의 책, 806쪽.

79) 『주례주소·고공기』, "匠人營國, 面朝後市." 앞의 책, 1149쪽.

80) 『춘추공양전주소』, 선공(宣公) 15년, 하휴의 주, "因井田而爲市." 앞의 책, 360쪽.

불러들이며 시장의 이익을 독차지하려고 하는 천한 사내가 있었다."[81]고 말한 내용에 나오는 시장 역시 이러한 형태였을 것이다. 『관자·승마乘馬』에서 "사람이 모여 사는 곳에는 반드시 시장이 있어야 한다. 시장이 없으면 사람이 사는 데 부족한 것이 많을 것이다."[82]라고 한 것을 보면 이미 당시에 상업이 생활하는 데 반드시 필요한 생업이 되었음을 알 수 있다.

고대에는 상인에 대한 관리가 아주 철저하고 엄격했다. 『관자管子·규도揆度』에 보면 이런 대목이 나온다. "백승百乘(승은 네 마리의 말이 끄는 수레를 말함)의 나라(대부의 나라)에는 도읍 중간에 시장을 설치하는데, 시장에서 동서남북으로 각기 50리里이다."[83] 천승지국千乘之國(제후국)이나 만승지국萬乘之國(천자가 다스리는 나라)도 역시 마찬가지였다. 이는 시장을 설치하는 장소를 규정한 사례라고 할 수 있다. 이외에 시장에서 파는 상품의 종류에 대한 규정도 있다. 『예기·왕제』를 보면 시장에서 팔 수 없는 물건을 기록하고 있다.

(1) 귀족들이 패용하는 예옥禮玉인 규벽圭璧이나 금장金璋(황금으로 장식한 옥)

(2) 특정 작위를 나타내는 명복命服(왕명으로 만든 예복)과 명거命車(왕명으로 만든 수레)

(3) 종묘宗廟에서 제사 지내는 데 쓰는 기물

(4) 제사용 희생犧牲 및 융기戎器(병기)

(5) 금문錦文(아름다운 무늬 비단), 주옥珠玉, 성기成器(아름다운 기명器皿)

이상은 신분제도를 유지하는 데 필요한 물건이다.

---

81) 『맹자주소·공손추하』, "有賤丈夫焉, 必求龍斷而登之, 以左右望而罔市利." 앞의 책, 120쪽.

82) 『관자교주·승마(乘馬)』, "聚者有市, 無市則民乏." 북경, 중화서국, 2004년, 89쪽.

83) 『관자교주·규도(揆度)』, "百乘之國, 中而立市, 東西南北, 度五十里." 위의 책, 1384쪽.

(6) 간색姦色이 정색正色을 어지럽혀 염색이 맞지 않는 포백布帛

(7) 화려한 의복과 사치스러운 음식

이상은 생활 규범에 어긋나는 물건.

경제 질서를 유지하고 소비자 권리를 보장하기 위해서 팔아서는 안 되는 물건들.

(8) 곱고 거친 정도나 너비의 넓고 좁음이 규정에 맞지 않는 포백

(9) 제철이 아닌 오곡

(10) 익지 않은 과일

(11) 벌채하기에 적당하지 않은 나무

(12) 죽이기에 적당하지 않은 때에 잡은 금수禽獸나 어별魚鱉

경제 제도를 유지하고 일반 백성들의 이익을 보장하기 위한 물건.

이렇듯 상인들이 장사할 때 지켜야 할 규정들이 상당히 많았다. 『주례』에 따르면, 사시司市 이하 여러 관리들은 모두 시장 질서를 유지하기 위해 설치한 것이다. 이들의 관리 감독으로 인해 봉건시대 상인들의 상업 활동은 여러 가지로 제한을 받았고, 자유로울 수 없었다.

이후 주나라 봉건체제가 무너지고 더 이상 이러한 규범이 유지될 수 없었으나, 시장은 여전히 일정한 구역에 한정되었다. 요즘은 사람들의 왕래가 빈번한 곳이나 후미진 골목 등 어디든지 장사를 할 수 있지만 이전에는 불가능했던 것이다. 예를 들어 북위北魏 효명제孝明帝 시절 황태후로 정치에 간여한 호령후胡靈太后(일명 선무영황후宣武靈皇后) 시절 시장에 들어가려면 개인당 1전錢의 세금을 내야만 했다. 『당서·백관지百官志』에도 시장 설치와 운영방식이 기록되어 있다.

"시장은 주변에 표시판을 세우고 흙을 쌓아 구역을 표시한다. 시장이 열리는 날에 북을 3백 번 쳐서 사람들을 모으고, 일몰 전 7각刻(대략 오후 4시 15분)에 징을 3백 번 쳐서 사람들이 해산토록 한다."[84]

이렇듯 시장은 구역이 정해져 있을 뿐만 아니라 사람들이 모이고 흩어지는 시간까지 정해져 있었다. 오늘날처럼 시장의 장소나 교역 시간에 제한을 두지 않게 된 것은 아마도 당대 중엽 이후의 일인 듯하다. 송대 맹원로孟元老의 『동경몽화록東京夢華錄』이나 주밀周密의 『무림구사武林舊事』에서 이를 확인할 수 있다. 당시에는 소매상이 많아지면서 상업과 일반 백성들의 관계가 더욱 밀접해졌다.

상업이 발달하기 시작한 초기에는 주로 왕공귀인王公貴人이 주요 구매자였다. 그렇기 때문에 귀한 물건을 지닌 상인들의 지위도 그리 나쁘지 않았다. 『사기 · 화식열전』에 따르면, "공자의 제자인 자공子貢은 네 마리의 말이 끄는 수레를 타고 기마행렬을 거느리며 예물로 바칠 속백束帛을 싣고 제후諸侯를 찾아가니 가는 곳마다 왕(제후)들이 몸소 뜰까지 내려와 대등한 예로 맞이하지 않는 이가 없었다."85) 조조鼂錯 역시 한대의 상인들에 대해 "천자와 제후를 상대로 교제하며 관료보다 막강한 권세를 가졌다."86)고 말한 바 있다. 이렇듯 일부 상인들은 나름 권세를 누렸으나 사회 전반에 걸쳐 관계를 맺은 것은 아니다. 오히려 일반 백성들을 상대로 장사하는 이들이 비록 지위는 비천했으나 사회적으로 밀접한 관련을 맺어 사회경제의 토대를 이루는 주체로 성장했다.

하지만 당시 사람들은 상업과 상인을 천시했다. 이는 다음 몇 가지 이유에서 기인한다. 첫째, 봉건시대에는 수많은 전쟁으로 인해 약탈을 일삼아 평화롭게 생산 활동에 종사하는 일이 쉽지 않았다. 다시 말해 약탈이 교역을 대신한 셈이다. 둘째, 당시 상업에 종사하는 사람은 대개 천한

---

84) 『신당서(新唐書)』, 권48, 「백관지(百官志)」, "市皆建標築土爲候. 凡市口, 擊鼓三百以會衆, 口入前七刻, 擊鉦三百而散." 앞의 책, 1264쪽.

85) 『사기 · 화식열전』, "結駟連騎, 束帛之幣, 以聘亨諸侯." 앞의 책, 3258쪽.

86) 『한서 · 식화지』, "交通王侯, 力過吏勢." 앞의 책, 1132쪽.

이들이었다. 예를 들어 전국시대 제나라 조간刁間은 부상으로 유명했는데, 주로 사납고 교활한 노예들에게 생선과 소금 장사를 시켜 수천만 금의 부를 쌓았다.[87] 특히 한대에 이런 일이 우심했다. 이후 봉건사회의 계급제도가 점차 무너지면서 비로소 상인을 멸시하는 관념이 달라지기 시작했다.

하지만 국가의 억상抑商 정책은 또 다른 문제이다. 경상輕商은 상인을 멸시하는 것이나 억상抑商은 업종 자체를 적대시한다는 뜻이다. 옛 사람들은 상업을 말업末業으로 간주했다. 자신이 직접 생산하는 주체가 아니라 남의 이익을 착취하는 이들로 취급했기 때문이다. 하지만 상업을 억제하는 각종 정령이 시행되었으나 상인 세력을 약화시키는 데 전혀 효과가 없었다.

다음으로 국제간의 무역을 살펴보도록 하자. 다른 나라와의 교역은 예로부터 번창했다. 각 나라나 민족마다 지리환경이 달라 생산품이 다르고, 또한 생산기술이나 경험이 서로 달라 다른 제품을 만들었기 때문이다. 따라서 여러 국가나 민족 사이에 이루어지는 교역은 같은 민족 내부의 교역보다 훨씬 필요한 것이었다. 『사기 · 화식열전』을 보면 서로 다른 국가나 민족끼리 교역이 매우 빈번했음을 확인할 수 있다.[88] 한대에 서역西域이 널리 알려지기도 전에 공邛(지금의 사천성 서창西昌 일대에 살던 이민족의 명칭) 땅에서 만든 '공죽장邛竹杖'이나 촉 땅에서 생산된 촉포蜀布가 이미 그곳에서 팔리고 있었다.[89] 상인들의 대단한 능력에 탄복하지

---

87) 『사기 · 화식열전』 참조.

88) 천수(天水), 농서(隴西), 북지(北地), 상군(上郡), 파(巴), 촉(蜀), 상곡(上谷), 요동(遼東)까지 상인들이 이르지 않은 곳이 없었다.

89) 역주: 『사기 · 대원열전』에 따르면, 장건(張騫)이 서역으로 나가 대하(大夏)에 있을 때 공죽장이나 촉포를 본 적이 있다. 그곳 장사꾼들이 신독(身毒)에서 사온 것이었는데, 아마도 중국이나 신독의 상인들이 중국에서 운반하여 판매한 물건들일 것이다.

않을 수 없다. 「화식열전」에 따르면, "번우番禺(지금의 광동성 경내)는 큰 도읍지 가운데 하나인데, 주기珠璣(주옥), 대모瑇瑁(바다거북), 과일, 면포棉布 등이 많이 모이는 곳이다."[90] 이러한 물건들은 이후 외국과 교역하면서 주로 판매한 품목들이니 이미 이른 시기에 해로를 통한 교역이 이루어졌음을 알 수 있다.

중국과 서역(여기서는 서쪽의 여러 나라를 뜻한다)의 교류는 해상과 육상 두 군데를 통해 이루어졌다. 우선 육로의 경우부터 보겠다. 『한서 · 서역전』에 따르면, 당시 계빈罽賓(현 카슈미르)에서 사절을 파견하자 이에 대한 답례로 조정에서 사신을 보내려고 했다. 이에 두흠杜欽이 사신 파견을 반대하는 간언을 올렸다. 간언에서 그는 서역으로 가는 길이 매우 험난한데 서역의 상인들이 위험을 무릅쓰고 찾아오니 탄복하지 않을 수 없다고 말했다.[91] 당시 사람들이 육로로 서역에 가는 일에 대해 어떻게

---

90) 『사기 · 화식열전』, "番禺爲珠璣、瑇瑁、果、布之湊." 앞의 책, 3268쪽.

91) 역주: 『한서』, 권96상, 「서역전」, 성제 때, 계빈은 다시 사신을 보내 헌물을 바치며 사죄했고, 한나라는 그 사신을 호송하기 위해 다시 사신을 보내려고 했으나, 두흠이 대장군 왕봉에게 이렇게 말했다……지금 회개하고 사람들을 보내왔지만 왕의 친속이나 귀족은 하나도 없고, 헌물을 바치는 자들은 모두 장사하는 천민들이며, 상품을 교환하고 장사를 하려고 할 뿐 헌납한다는 것은 명분일 뿐입니다. 그러니 번거롭게 사신을 보내 현도까지 호송한다는 것은 실을 잃고 기만을 당하는 것이 아닐까 우려됩니다……피산의 남쪽부터 시작해서……험악하고 측량할 수 없는 심연에 닿아 있어, 행인들은 말을 탄 사람이건 걷는 사람이건 서로 붙잡고 끈으로 서로 끌면서, 2천여 리를 지나서 비로소 현도에 도달합니다. 가축이 절벽 아래로 떨어지면 골짜기 반도 내려가기 전에 모두 부서져 버리고, 사람이 추락하면 서로 거두고 살피기도 어려울 정도입니다. 그 험하고 위태로움은 이루 말로 표현할 수 없습니다.(成帝時, 復遣使獻謝罪, 漢欲遣使者報送其使, 杜欽說大將軍王鳳曰,……今悔過來, 而無親屬貴人, 奉獻者皆行賈賤人, 欲通貨市買, 以獻爲名, 故煩使者送至縣度, 恐失實見欺……起皮山南……臨峥嶸不測之深, 行者騎步相持, 繩索相引, 二千餘里乃到縣度. 畜隊, 未半坑谷盡靡碎. 人墮, 勢不得相收視. 險阻危害, 不可勝言.)" 북경, 중화서국, 1962년, 3886쪽.

생각했으며, 또한 그럼에도 불구하고 상인들이 여러 가지 위험에도 불구하고 왕래했음을 알 수 있는 대목이다.

다음 해로에 대해 알아보자. 『한서·지리지』에 따르면, 당시 중국인이 해외로 가는 항로의 시작은 광동廣東의 서문徐聞이다. 어떤 곳을 경유했는지는 확실히 알 수 없으나 종착지가 황지국黃支國인 것은 분명하다. 풍승균馮承鈞의 고증에 따르면, 황지국은 인도의 건지보라建志補羅(kāñcipura)라고 한다.[92] 이후 대진왕大秦王 안돈安敦(로마황제 마르쿠스 아우렐리우스 안토니누스)이 사신을 파견하여 한대 일남군日南郡(지금의 베트남)의 국경선 밖에서 진상품을 바쳤다고 한다. 중국과 유럽의 사신 왕래가 시작된 것은 바로 이때가 처음이다.[93]

양진兩晉(서진과 동진)과 남북조를 거치면서 중국이 혼란스럽던 시기에 하서河西, 교주交州(지금의 광서성 일대), 광주廣州(지금의 광동서 일대) 등지에서는 금과 은을 화폐로 사용했다. 당시 중원 내륙의 경우 금은을 화폐로 사용하지 않았으니 유독 그곳에서만 화폐로 사용한 까닭은 외국과의 통상 때문이었을 것이다. 이렇듯 내륙이 혼란에 빠져있을 당시에도 해외 여러 나라와 무역은 여전히 지속되고 있었던 것이다. 그러니 당대나 원대처럼 통일국가 시대의 경우는 말할 필요조차 없을 정도로 빈번한 해외 교역이 이루어졌다. 물론 당시 해외 교역은 주로 향료나 보석 등 사치품이었기에 일반 백성의 생활에 별다른 영향을 끼치지 않았다. 하지만 근대 산업혁명 이후로 상황이 사뭇 달라졌다.

교환은 현대 사회에서 없어서는 안 될 중요한 경제 활동이다. 또한 화폐는 교환에 필수적인 수단이다. 화폐제도의 완비 여부는 경제 안정 및 발전에 큰 관련이 있다. 중국의 화폐제도는 완비되었다고 말할 수 없다.

---

92) 풍승균(馮承鈞) 『중국남양교통사(中國南洋交通史)』 상편, 제1장 참조.
93) 역주: 이후 공식적인 역사기록에는 '대진왕'의 조공에 대해 언급한 곳이 없다.

그 이유는 다음과 같다. 첫째, 중국의 경제학설은 생산과 소비에 치중하여 교환의 문제를 중시하지 않았으며, 이에 대한 연구도 빈약하다. 둘째, 중국은 땅이 넓고 지역에 따라 풍습이 달랐을 뿐만 아니라 행정의 역량이 부족하여 전체적으로 계획하고 통제하는 것이 어려웠다. 그렇다면 중국의 화폐제도는 구체적으로 어떻게 변화 발전했는가? 다음 장에서 이에 대해 살펴보고자 한다.

12

화폐貨幣

고대 화폐의 변화

고대 중국에서 가장 흔한 화폐는 패貝, 즉 조개였다. 그래서 재물을 나타내는 글자의 의미부는 대개 貝이다. 조개 화폐貝幣는 고기잡이를 생업으로 하는 부족의 화폐였다. 이외에 가죽을 화폐로 쓰기도 했다. 제후국에서 가죽 화폐皮幣로 빙례聘禮를 시행하거나 혼례에서 납징納徵할 때 사슴 가죽을 쓴 것은 이 때문이다. 아마도 이는 수렵 부족들이 사용하던 화폐였을 것이다. 농경사회로 넘어오면서 비로소 속백粟帛(곡식과 견직물)을 화폐로 사용하기 시작했다. 『시경』에서 "곡식을 들고 점을 친다." "포폐布幣를 안고 실을 사러간다."[1),2)고 읊은 것에서 이를 확인할 수 있

---

1) 『모시정의 · 소완(小宛)』, 앞의 책, 746쪽, "握粟出卜", 『모시정의 · 맹(氓)』, 앞의 책, 228쪽, "抱布貿絲."

다. 귀족들은 주옥이나 금은, 동을 화폐로 사용했다. 가장 값진 것은 주옥이고, 그 다음은 금은, 그리고 동이었다. 『관자‧국축國蓄』에서 "주옥은 상폐上幣, 황금은 중폐中幣이고, 도폐刀幣(칼 모양의 화폐)와 포폐布幣(농기구를 본 딴 화폐)는 하폐下幣였다."3)고 한 것에서 확인할 수 있다.

고대에는 주옥이나 금은 물론이고 동銅도 귀했다. 『사기‧화식열전』이나 『한서‧식화지』에 따르면 당시 식량의 가격은 석石(섬)당 20문文에서 80문까지였다. 고대 계량 단위는 오늘날의 5분의 1이니, 당시 다섯 섬은 현재의 한 섬이다. 따라서 지금의 계량단위로 환산하면 한대 당시 한 섬당 곡식 가격은 100문에서 400문 정도이다. 또한 한 선제宣帝 시절 한 섬당 식량 가격이 5문이었다고 하는데, 지금의 계량단위로 계산하면 한 섬당 25문이다. 이처럼 가격이 싼데 어떻게 비싼 동으로 만든 화폐를 사용할 수 있었겠는가? 그래서 사람들은 화폐를 사용하기보다 물물교환에 의존하는 경우가 허다했다. 그래서 맹자가 진상陳相에게 "허행許行이 가마솥과 시루에 밥을 짓고 쇠로 만든 농기구로 밭을 가느냐?"고 묻고 다시 "직접 만든 것이냐?"고 묻자 진상이 "곡식을 주고 산 것입니다."4)라고 말했던 것이다. 또한 한대 현량문학賢良文學도 당시 사람들이 고기를 먹으려면 "곡식을 등에 지고 시장에 나가 고기와 바꿔 돌아온다."5)고 말했다.

---

2) 역주: 저자는 "抱布貿絲"의 '布'를 베로 해석하고 있는데, 현재 중국학계에는 이를 '포폐(布幣)'로 보기도 한다. 포폐(布幣)는 베로 만든 화폐가 아니라 구리로 만든 농기구 모양의 화폐이다.

3) 『관자교주‧국축(國蓄)』, "以珠玉爲上幣, 黃金爲中幣, 刀布爲下幣." 앞의 책, 1383쪽.

4) 『맹자주소‧등문공상』, "孟子曰: ......許子冠乎? 曰, 冠. 曰, 奚冠? 曰, 冠素. 曰, 自織之與? 曰, 否. 以粟易之. 曰, 許子奚爲不自織? 曰, 害于耕. 曰, 許子以釜甑爨, 以鐵耕乎? 曰, 然. 自爲之與? 曰, 否. 以粟易之." 앞의 책, 144쪽.

5) 『염철론‧산불족(散不足)』, "負粟而往, 易肉而歸." 북경, 중화서국, 2015년, 307쪽. 역주: 현량문학이 한대 인재를 뽑는 중요한 과목이었는데, 선발된 인재들을 흔히 현량문학이라고 일컬었다. 당시에 현량문학과 출신의 유학자들이 상홍양(桑弘羊)과

이로 보건대, 선진시대는 물론이고 한대에도 동전 사용이 보편적이지 않았음을 알 수 있으며, 또한 화폐를 폐지하자는 주장이 그리 많았던 까닭도 알 수 있다. 지금처럼 보편적으로 화폐를 사용했다면 보다 신중히 검토하고 면밀한 대책을 세우지 않는 이상 그처럼 쉽게 화폐를 폐지하자고 주장할 수 없었을 것이다. 한대에도 화폐 사용이 흔치 않았으니 그 이전은 굳이 말할 필요조차 없다. 그렇다면 선진시대의 화폐는 어떤 것이 있었는가? 『설문해자』는 다음과 같이 말했다.

> "옛사람은 조개를 화폐로 사용하고 거북을 보물처럼 여겼다. 주대에는 화폐로 '천泉'이 있었는데, 진나라에 와서 비로소 조개 화폐貝 사용을 폐지하고 동전을 유통시키기 시작했다."[6]

『사기 · 평준서』는 이렇게 말했다.

> "우하虞夏 시대의 화폐는 금(금속)을 세 등급으로 나눈 것으로 황금, 백은, 적동赤銅 등이었다. 또 어떤 것은 둥근 모양의 원전圓錢이고, 어떤 것은 농기구 모양의 포폐布幣 또 어떤 것은 칼처럼 생긴 도폐刀幣였으며, 귀갑龜甲이나 조개껍질로 만든 화폐도 있었다."[7]

과연 실제로 이런 화폐가 있었을까? 『한서 · 식화지』에 따르면, "하은夏殷 이전에는 상세한 기록이 남아 있지 않는다."[8] 아마도 이것이 정확한

논쟁을 벌인 일이 있었는데, 환관(桓寬)이 그들의 논쟁을 책으로 정리한 것이 바로 『염철론(鹽鐵論)』이다.

6) 『설문해자주(說文解字注)』, 11편 하, "古者貨貝而寶龜, 周而有泉, 至秦廢貝行錢." 북경, 중화서국, 2013년, 575쪽.

7) 『사기 · 평준서』, "虞夏之幣, 金爲三品：或黃, 或白, 或赤, 或錢, 或布, 或刀, 或龜貝." 앞의 책, 1442쪽.

8) 『한서』, 권24하, 「식화지」, "自夏殷以前, 其詳靡記." 앞의 책, 1149쪽.

말일 것이다. 게다가 위 인용문은 「평준서」 맨 마지막에 나오는데, 사마
천이 직접 쓴 것이 아니라 후세 사람들이 삽입한 내용인 듯하다.

『한서 · 식화지』에 따르면, 화폐제도가 시작된 것은 주나라 시절이다.

> "태공太公(태공망)이 주나라를 위해 아홉 개의 부府와 환법圜法이라는
> 화폐제도를 마련했다. 화폐로 사용되는 황금은 너비와 길이가 모두 1촌
> 寸이며 무게는 1근斤이다. 동전은 둥글고 가운데 네모진 구멍이 있으며,
> 수銖로 그 무게를 계산한다. 포백은 너비가 2.2촌寸이 1폭幅이고, 길이
> 가 4장丈인 것이 1필匹이다. 태공이 주나라에서 물러나 제나라 제후로
> 봉해지자 제나라에서도 같은 제도를 실시했다."9)

『사기 · 화식열전』에 "관자가 계량법과 화폐제도를 정돈하고 재정을
관장하는 9개의 기관을 설치했다."10)는 내용이 나오고, 『사기 · 관안열전
管晏列傳』에 "나는 관중管仲의 「목민牧民」, 「산고山高」, 「승마乘馬」, 「경중
輕重」, 「구부九府」 등의 글을 두루 읽었다."11)는 기록이 나오는 것으로 보
아 제나라에 이른바 구부九府와 환법圜法 제도가 있었다는 것이 확실하다.
다만 과연 그것이 언제 시작되었는지 확실치 않으며, 태공이 만들었다는
것도 신빙성이 떨어진다. 그러니 태공이 주나라에서 재상으로 있으면서
이런 제도를 만들었다거나 제를 봉읍으로 받은 후 제나라에서도 똑같은
제도를 실시했다는 것 역시 근거가 희박하다.

고대 중국은 동쪽이 서쪽보다 앞서 개화되었으며, 특히 제나라가 경제

---

9) 『한서』, 권24하, 「식화지」, "太公爲周立九府圜法. 黃金方寸而重一斤. 錢圜函方(函即
   俗話錢眼的眼字). 輕重以銖. 布帛廣二尺二寸爲幅, 長四丈爲匹. 太公退, 又行之於
   齊." 위의 책, 1149쪽.

10) 『사기 · 화식열전』, "管子設輕重九府." 앞의 책, 3255쪽.

11) 『사기』, 권62, 「관안열전(管晏列傳)」, "吾讀管氏「牧民」, 「山高」, 「乘馬」, 「輕重」, 「九
    府」." 앞의 책, 2136쪽. 역주: 여기서 '나'는 『사기』의 저자인 태사공(太史公)을 말한다.

적으로 다른 나라들에 비해 훨씬 더 발전했다. 이런 점에서 화폐제도가 제나라에서 가장 먼저 시행되었다고 보는 것이 타당하다. 『관자·경중輕重』에 보면 화폐와 물품 교역에 관한 내용이 적지 않아 당시 화폐 사용이 비교적 원활했음을 알 수 있다. 『관자』는 비록 관중管仲이 직접 지은 저작은 아니지만 그렇다고 제나라의 저서가 아니라고 단정 지을 수 없다.

앞서 인용한 것처럼 『설문해자』에 따르면, "주대에 화폐로 '천泉'이 있었다." '천'은 동전銅錢이다. 이렇듯 주나라 때 처음 주조되었으나 곧바로 유통된 것은 아니고 서서히 여러 나라로 퍼져나갔을 것이다. 동전이 그만큼 귀했기 때문이다. 그러니 주옥이나 금은의 경우는 더 말할 것도 없다. 주옥이나 금은이 널리 유통되지는 못했으나 동전과 마찬가지로 화폐의 역할을 한 것은 분명하다. 그렇다면 어떻게 화폐가 된 것일까? 이는 화폐가 등장하게 된 근본 이유와 관련이 있다. 처음에 화폐가 생겨나게 된 까닭은 상인이 귀족들과 교역하기 위해 먼 곳까지 왕래해야만 했기 때문이다. 『관자·국축國蓄』에서 이를 확인할 수 있다.

"옥은 우씨禹氏 지역에서 나오고, 금은 여하汝河, 한수漢水 일대에서 나오며, 진주珍珠는 적야赤野에서 생산된다. 그 지역은 주나라 동서남북에 자리하고 있으며, 각기 7천 8백 리나 떨어져 있다. 물길이 통하지 않고 길이 끊어져 배나 수레로 갈 수 없는 곳이다. 선왕께서 그 길이 멀고 물건을 가져오기 어렵다는 것을 아셨기 때문에 그것의 귀중함을 빌려 주옥을 상폐로 삼고, 황금을 중폐로 삼았으며, 도폐와 포폐를 하폐로 삼았다."[12]

---

12) 『관자교주·국축』, "玉起於禹氏, 金起於汝, 漢, 珠起於赤野. 東西南北, 距周七千八百里, 水絶壤斷, 舟車不能通. 先王爲其途之遠, 其至之難, 故託用於其重. 以珠玉爲上幣, 以黃金爲中幣, 以刀布爲下幣." 북경, 중화서국, 2004년, 1279쪽. 『통전(通典)』에는 7천 8백 리가 아니라 7,8천 리로 나온다.

『관자·산권수山權數』의 다음 내용도 참조할 만하다.

"탕왕 시절 7년 동안 가뭄이 들었으며, 우왕 시절에는 5년간 백성들이 홍수로 인해 시달렸다. 그래서 탕왕은 장산莊山의 금속, 우왕은 역산歷山의 금속을 녹여서 화폐를 주조하여 그것으로 기아에 허덕이며 자식까지 팔아야 했던 빈궁한 백성들을 구제했다."13)

화폐를 사용한 대규모 거래는 분명 귀족을 상대로 진행되었을 것이다. 당시 수많은 곡식을 저장하고 있는 이들은 귀족 밖에 없었기 때문이다.14) 이상의 역사 기록을 통해 고대 상인들이 주로 귀족을 상대로 교역했고, 또한 주옥과 금은을 화폐로 사용했음을 알 수 있다. 주옥이나 금은은 매우 귀하고 또한 비쌌기 때문에 일상적인 거래에서는 사용할 수 없었다. 이에 비해 동銅은 금은 등에 비해 가격이 싸고 편리하여 일반 사람들도 점차 화폐로 널리 사용하게 되었다. 값이 비싼 물건의 경우는 여전히 황금을 화폐로 삼아 교역했으나 이외에 주옥 등의 화폐는 도태되고 말았다.

동전銅錢은 '전환함방錢圜函方', 즉 외형은 둥글고 가운데 네모 진 구멍이 나 있는데, 이는 이전에 화폐로 사용했던 조개貝의 모습을 본뜬 것이다. 그래서 동전이 주조되자 자연스럽게 화폐의 기능을 갖게 되었다. 하지만 민간에서 조개 화폐를 오랫동안 사용해왔고 또한 동銅을 귀하게 여겼기 때문에 국가에서 주도적으로 동전을 주조했는지 아니면 백성들이 자발적으로 주조하기 시작했는지는 알 수 없다. 다만 "동전의 무게 단위는 수銖로 정한다."15)고 한 것을 보면 제나라의 경우 동전의 무게가 제각

---

13) 관자교주·산권수(山權數)」, "湯七年旱, 禹五年水, 湯以莊山之金, 禹以歷山之金鑄幣, 而贖人之無饘賣子者." 위의 책, 1300쪽.

14) 『관자·산권수』에 따르면, 정씨(丁氏) 집안의 곡식은 삼군(三軍)을 먹여도 남을 정도였다.

15) 『한서』, 권24하, 「식화지」, "輕重以銖." 앞의 책, 1149쪽.

각으로 통일되지 않았다는 것을 알 수 있다. 그렇다면 아마도 민간에서
처음 동전을 주조하기 시작했을 것이다. 동전을 반드시 수鉄에 맞도록
주조한다는 것은 포백布帛의 너비와 길이의 규격을 규정한 것과 같은 이
치이다. 만약 국가에서 처음 동전을 주조했다면 일정한 규격에 맞게 만들
었을 것이다. 그러니 굳이 무게 단위를 통일한다는 말을 할 필요가 없다.
게다가 일반적으로 나라에서 기존의 기물에 대해 규격을 정하고 단속하
는 경우는 허다하지만 없는 것을 새로 만드는 일은 그리 많지 않았다.
물론 동전이 널리 유통된 후로는 국가가 주도적으로 주조를 맡았다. 국가
를 제외하고 수많은 양의 동을 확보할 수 있는 사람이 없었기 때문이다.
아마도 당시 사람들은 화폐를 주조하는 권리는 국가가 독점한다는 이치
를 몰랐을 수도 있다. 그렇기 때문에 개인이 동전을 만드는 일이 적지
않았다. 실제로 한나라 시절 문제는 사주私鑄, 즉 개인의 동전 주로를 허
용하기도 했다.

화폐 종류에 대해 『한서·식화지』는 다음과 같이 말하고 있다.

> "천하를 병합한 진은 화폐를 두 가지 종류로 나누었다. 황금은 상폐上
> 幣로 일鎰을 기본 중량으로 삼았다. 동전은 주전周錢(주나라 동전)과 같
> 이 동銅을 사용하고 '반량'이라고 적었는데, 중량도 액면 표시대로 반량
> 이었다. 주옥과 귀패龜貝, 은이나 주석朱錫 등은 장식품이나 소장품으로
> 간주했을 뿐 더 이상 화폐로 사용하지 않았다. 하지만 동전의 무게는
> 때에 따라 달랐다."[16]

인용문에서 알 수 있듯이 당시에는 민간의 경우 주옥이나 귀패, 은,
주석 등을 사용했으나 국가에서 인정한 것은 동전과 황금 두 가지 뿐이었

---

16) 『한서·식화지』, "秦幷天下, 幣爲二等. 黃金以鎰爲名, 上幣. 銅錢質如周錢, 文曰半
兩, 重如其文. 而珠玉龜貝銀錫之屬, 爲器飾寶藏, 不爲幣. 然各隨時而輕重無常." 위
의 책, 1252쪽.

다. 이는 중국의 화폐제도에서 획기적인 일이 아닐 수 없다. 계속해서 한대漢代 동전의 변화에 대해 살펴보겠다.

> "한대 초기 진전秦錢(진나라 동전)이 무거워 쓰기가 불편하다는 이유로 백성에게 협전莢錢을 주조하도록 명했다."17)
> "팔수전은 진전秦錢을 본떠서 만든 것이다. 재질은 주전周錢과 같고, '반량半兩'이라는 전문錢文이 표시되어 있으며, 중량 또한 반량이다. 그래서 팔수八銖라고 한다. 한대 시절 중량이 무겁다고 협전으로 바꿔 주조했는데, 이것이 요즘 민간에서 사용하는 유협전楡莢錢이 바로 그것이다. 하지만 유협전은 너무 가벼워 백성들이 쓰지 않았기 때문에 다시 팔수전으로 바꾸어 주조했다."18)
> "오분전은 협전莢錢이다. 문제文帝는 오분전이 너무 작고 가벼워 사수전四銖錢으로 바꾸었다. 사수전四銖錢에도 '반량'이라는 글자가 적혀 있다. 오늘날 민간에서 유통되는 반량짜리 동전 가운데 가장 가볍고 작은 것이 바로 사수전이다."19)

주조 과정을 거친 동전은 생동生銅과 당연히 다르다. 여러 종류의 화폐가 동시에 유통되면 백성들은 보다 무겁고 정교하게 만들어진 것을 선호하는 반면 가볍거나 조잡하게 주조된 것은 그다지 신뢰하지 않기 마련이다. 하지만 한대에 다양한 종류의 동전이 동시에 유통되었으나 각기 크기나 중량이 달랐기 때문에 배척하거나 회피하는 일은 없었다.

---

17) 『한서 · 식화지』, "漢興, 以爲秦錢重, 難用, 更令民鑄莢錢." 위의 책, 1252쪽.

18) 「고후본기(高后本紀)」의 기록에 따르면, "한 고조 2년 팔수전(八銖錢)을 주조하여 시행했다(『한서 · 고후본기(高后本紀)』, 二年, 行八銖錢)." 『한서 · 고후본기(高后本紀)』, 응소 주, "本秦錢. 質如周錢, 文曰半兩, 重如其文. 即八銖也. 漢以其太重, 更鑄莢錢. 今民間名楡莢錢是也. 民患其太輕. 至此復行八銖錢." 위의 책, 97쪽.

19) 고조 6년 오분전(五分錢)을 주조했다. 인용문은 응소의 주이다. 『한서 · 고후본기(高后本紀)』, "所謂莢錢者." 위의 책, 99쪽. 『한서 · 문제기(文帝紀)』, 응소 주, "文帝以五分錢太輕小, 更作四銖錢. 文亦曰半兩. 今民間半兩錢最輕小者是也." 같은 책, 121쪽.

『한서·식화지』에 보면 협전이 유통될 당시 물가고에 대해 언급한 내용이 나온다.

> "한대에 협전을 주조하여 시행한 후에 쌀 한 섬에 만전萬錢이나 가격이 뛰어올랐고, 말 한 마리가 백만 전에 달했다."[20]

한이 건국한 후 비록 전란이 없었던 것은 아니나 해골이 들판에 널리고 천리를 가도 인가가 보이지 않을 정도는 아니었다. 그런데 왜 물가가 그처럼 폭등한 것일까? 물론 물가는 오르기 마련이고 특히 어떤 물건의 경우 심하게 오를 수도 있다. 하지만 당시처럼 모든 물건의 가격이 동시에 그것도 터무니없이 오르는 것은 극히 드문 일이다. 이는 물건의 가격이 오른 것이 아니라 화폐의 가치가 떨어졌기 때문이다. 이는 어쩌면 당연한 일이다. 고대 한 량兩은 24수銖이다. 팔수八銖(팔수전)는 반량인 12수銖의 3분의 2에 해당하고, 사수四銖(사수전)는 반량의 3분의 1밖에 안 되는 중량이다. 하지만 팔수든 사수든 실제 무게와 상관없이 무조건 동전에 반량이라고 표시하여 화폐로 사용했다. 이렇게 액면의 가치보다 중량이 덜 나가는 화폐를 발행함으로써 차액으로 국가 자금을 조달했을 것이다. 협전莢錢으로 바꿔서 주조할 때 진전秦錢이 무거워 사용하기 불편하다는 이유를 댄 것은 그저 핑계였을지도 모른다. 여하간 이로 인해 물가가 폭등하고 말았다. 게다가 민간에서 사사롭게 동전을 주조해서는 안 된다는 이치를 몰랐던 문제는 사주私鑄를 허용했다. 『한서』에 실린 가의賈誼의 상소문上疏文을 보면 그것이 얼마나 큰 화근이었는지 알 수 있다. 뿐만 아니라 한 무제가 즉위한 후 삼수전三銖錢을 발행했다. 동전의 중량이 더 줄어든 셈이다. 또한 적측赤仄을 주조하고 녹피鹿皮로 피폐皮幣, 즉 가죽화폐로 삼아 유통

---

20) 『한서·식화지』, "漢行莢錢之後, 米至石萬錢, 馬至匹百金." 위의 책, 1253쪽.

시켰다. 은과 주석으로 백금白金을 주조하여 세 종류의 화폐로 삼은 것도 한 무제 시절이다. 이렇듯 화폐제도가 문란해지니 경제가 엉망이 되지 않을 수 없었을 것이다.

다행히 이후 각종 동전을 모두 폐지하고 오로지 오수전五銖錢만 주조하여 유통시키고, 개인은 물론 모든 군국郡國에서 화폐를 주조하는 일도 모두 금지시켰다. 오직 상림삼관上林三官만 화폐 주조권을 독점하게 된 것이다.21) 본의 아니게 화폐 원리에 맞는 조치를 행하게 된 셈이다. 이후 화폐제도는 비로소 안정을 되찾았다.

당대 초기에 이르러 또 다른 동전인 개원통보開元通寶가 발행되었다. 그 이전까지는 역대로 오수전이 보편적으로 사용되었다. 이런 면에서 오수전은 장기간에 걸쳐 널리 유통된 첫 번째 화폐라고 할 수 있다.

무제武帝 이후로 한대의 화폐제도는 큰 변동 없이 안정적이었다. 물론 중간에 왕망이 집권하면서 잠시 오물五物, 육명六名, 이십팔품二十八品 등의 화폐제도를 실시한 일이 있었으나,22) 오래 가지 못하고 곧 폐지되었다. 후한 광무光武 시절에 다시 오수전을 발행하여 한말까지 지속되었다. 그러나 한나라 말기 동탁董卓이 오수전을 폐지하고 보다 작은 동전을 주조하여 유통시키는 바람에 한대의 화폐제도가 점차 파괴되고 말았다. 이후 위진남북조를 거치면서 정국이 혼란을 거듭하자 화폐제도도 안정을 찾을 수 없었다. 당시 유통된 화폐 가운데 특히 남조南朝의 아안鵝眼과

---

21) 상림삼관(上林三官)은 수형도위(水衡都尉)의 속관(屬官)인 균관(均官), 종관(鍾官), 변동삼령승(辨銅三令丞)을 아울러 부르는 호칭이다.

22) 화폐는 금(金), 은(銀), 귀(龜, 귀갑화폐), 패(貝, 조개 화폐), 전(錢, 가래 날 모양의 화폐), 포(布, 삽모양의 화폐) 등 여섯 종류이므로 육명(六名)이라는 것이다. 그 중 전(錢)과 포폐(布幣)는 모두 동으로 만들기 때문에 화폐를 만드는 재질이 모두 다섯 가지인 셈이니 오물(五物)이라 말하는 것이다. 그리고 이들 화폐의 액면 가치가 모두 28 종류가 있어서 28품(品)이라고 했다.

연환전縡環錢이 가장 나쁜 주화였다. "물에 빠져도 가라앉지 않고, 맨손으로도 찢을 수 있다."[23]는 말이 있을 정도로 형편없었기 때문이다. 그래서 당시 상인들은 현물로 교역하는 경우가 많았으며, 외국과 교역할 때는 주로 금이나 은을 사용했다. 당시 상황에 대해『수서 · 식화지』는 다음과 같이 기술하고 있다.

> "양梁나라 초기에는 경사京師 및 삼오三吳[24], 형주荊州, 영주郢州, 강주江州, 양주襄州, 양주梁州, 익주益州 지역은 동전만 사용했다. 나머지 주군州郡은 곡식과 포백布帛을 동전과 함께 사용하였고, 교주交州와 광주廣州는 금과 은을 사용했다."[25]
> "진陳나라가 멸망한 후 영남嶺南 각 주에서는 대개 동전과 미곡, 포백으로 교역했고, 하서河西의 여러 군郡에서는 서역에서 온 금은金銀 화폐를 사용했다."[26]

이렇듯 나라마다 지역마다 화폐가 달리 유통되었다. 이후 당대 초기에 개원통보開元通寶가 발행되면서 비로소 화폐제도가 제자리를 차지했다. 하지만 안타깝게도 얼마 지나지 않아 민간에서 사주私鑄가 또다시 등장했다.

주옥珠玉이나 포백布帛을 화폐로 사용하는 것에 비해 금속 화폐는 여러 가지 장점이 있다. 하지만 폐단도 무시할 수 없다. 첫째, 민간에서 사사로이 동전을 주조해도 금지시킬 방법이 마땅치 않다는 점이다. 그래서 초기에는 나라에서 동전을 주조할 때 "재료와 인건비를 아끼지 않고 동전을

23)『송서』, 권75,「안준전(顔竣傳)」, "入水不沈, 隨手破壞." 앞의 책, 1963쪽.

24) 역주: 삼오(三吳)는 보통 오(吳) 국가를 셋으로 나눈 오군(吳郡), 오흥(吳興), 회계(會稽)의 세 지역을 이르는 말이다.

25)『수서』, 권24,「식화지」, "梁初, 只有京師及三吳、荊、郢、江、襄、梁、益用錢. 其餘州郡, 則雜以穀帛.交, 廣全用金銀." 북경, 중화서국, 1973년, 689쪽.

26)『수서 · 식화지』, "陳亡之後, 嶺南諸州, 多以錢米布交易. 河西諸郡, 或用西域金銀之錢都是." 위의 책, 690쪽.

정교하게 만듦으로써" 사주私鑄를 억제했다.[27] 다시 말해 동전의 제조 원가를 높여 사주私鑄에 따른 이득을 방지했던 것이다. 하지만 나라에서 엄격한 정령을 계속 유지하지 않은 한 악화가 양화를 구축한다는 경제 원리를 거스를 수 없다. 제아무리 재료비나 인건비를 아끼지 않고 투입할지라도 사주를 근절하는 데 효과가 미미하다는 뜻이다. 게다가 민간에서 제멋대로 동전을 녹여서 다른 기물을 만들기도 했는데, 이는 더욱 더 금할 방법이 없었다. 둘째, 동전이 언제나 부족했다는 점이다. 사회 경제가 발전하면서 교역도 날로 빈번해졌다. 이에 따라 동전이 늘어나야만 하는 것이 당연하다. 하지만 동전의 주재료인 구리는 천연광물이기 때문에 채굴하기 위해 인력이나 재력이 많이 필요하다. 따라서 구리가 필요하다고 갑자기 생산량을 늘릴 수는 없다. 이외에 인위적인 원인도 있다. 동전 부족 문제는 역대로 심각하지 않은 적이 없었다. 그럼에도 불구하고 국가 차원에서 이에 대해 관심을 기울이고 해결책을 강구한 적이 단 한 번도 없었다. 그러니 동전은 언제나 부족했다. 남북조 시기에 동전과 더불어 현물화폐나 심지어 외국화폐까지 사용하게 된 것은 문란한 화폐제도 탓도 있지만 무엇보다 동전이 부족했기 때문이다. 비교적 화폐제도가 안정적이었다는 당대에도 동전 부족 현상은 여전했다. 현종玄宗 개원開元 22년에 반포된 조서에서 이를 확인할 수 있다. "주택, 토지, 준마 등의 거래는 현물 화폐인 비단, 포목 등의 견직물을 우선 사용해야 한다. 1,000전을 초과하는 거래는 동전과 현물 화폐를 겸용해야 한다. 이를 어기는 자는 죄를 물을 것이다."[28] 바로 이러한 상황에서 시대적 요구에 따라 지폐가

---

27) 『자치통감』, 권137, 「齊紀3」, 4303쪽, "不愛銅不惜工." 중화서국, 1976년, 이는 남북조 시절 화폐제도가 문란해지자 남조 송나라 어사중승(御史中丞)이었던 공기(孔覬)가 주창한 말이다.

28) 『당회요·천화(泉貨)』, 권89, 현종, 개원 22년 조서(詔書), "莊宅口馬交易, 並先用絹布綾羅絲棉等. 其餘市買, 至一千以上, 亦爲錢物並用. 違者科罪." 상해, 상해고적출

나타났다.

지폐의 전신前身은 비전飛錢이다. 『당서·식화지』에 관련 기록이 나온다.

"당 덕종德宗 정원貞元 연간 상인들은 경사에 와서 가벼운 차림으로 사방으로 돌아다니기 위해 여러 도道에서 경사에 설치한 진주원進奏院, 제군諸軍, 제사諸使[29], 또는 거상巨商 집안에 돈을 맡기고 권계券契를 수령하고, 필요할 때 양쪽이 지니고 있는 권계를 맞춤으로써 돈을 찾을 수 있었다. 이를 일러 비전飛錢이라고 한다."[30]

물론 비전은 공식적인 지폐가 아니라 일종의 어음에 불과했다. 하지만 지폐가 비전에서 비롯되었다는 점은 의문의 여지가 없다. 비전보다 발전한 형태로 지폐의 성격이 강한 것은 교자交子이다. 교자와 관련한 내용은 여러 문헌에 나온다. 우선 『문헌통고·전폐고錢幣考』는 이렇게 말하고 있다.

"처음에 촉인蜀人(옛 촉 땅에 사는 사람)이 철전鐵錢이 무거워 불편하다 여기고 교역의 편의를 위해 사사로이 교자交子라는 권券(계권契券)을 만들었다. 거부巨富 16명이 공동으로 이를 주관했다. 이후 거부 집안의 재력이 쇠해지면서 발행한 계권을 제대로 교환해주지 못하여 이로 인한 소송이 몇 건이나 발생했다. 당시 촉 땅을 진수鎭守하고 있던 구감寇瑊이 교자를 금지하려고 했다. 그러자 전운사轉運使로 있던 설전薛田이 교자를 폐지하면 교역에 불편을 초래한다고 주장하며 개인이 사사롭게 교자를 만드는 일을 금지하는 대신 국가에서 교자무交子務를 설치해 달라고 주청했다. 조정에서 이를 받아들여 조서를 내려 익주益州에 교자무를

판, 2006년, 1930쪽. 이는 『전당문(全唐文)』에 이융기(李隆基, 현종)의 산문으로 기록되어 있다.

29) 역주: 제사(諸使)는 일종의 특사로 국가가 임명하여 특별한 정무를 처리하는 관원을 말한다.

30) 『신당서』, 권54, 「식화지」, "貞元時, 商賈至京師, 委錢諸道進奏院及諸軍諸使富家, 以輕裝趨四方, 合券乃取之, 號飛錢." 앞의 책, 1388쪽.

설치했다.[31]

『송사·설전전薛田傳』의 기술은 조금 다르다.

"설전薛田이 교자무를 설치하자고 조정에 직접 상주한 것은 아니다. 익주益州를 진수하고 있던 구감이 설전의 제의를 상주하여 조정에서 이를 받아들였다. 덕분에 촉 땅 사람들이 편리함을 누릴 수 있었다."[32]

『송사·식화지』는 이렇게 말하고 있다.

"진종眞宗 시기 장영張詠이 촉 땅을 진수할 때, 촉인이 철전이 무거워 교역하는 데 불편함을 걱정하여 교역용 계권을 발행하는 질제質劑의 법을 만들었다. 1교交를 1민緡으로 하고, 3년을 1계界로 삼아 발행했다 (3년마다 한 번씩 발행했다는 뜻). 65년 동안 모두 22계를 발행했다. 이를 교자交子라 일컬었다. 재력이 있는 부호 16명의 집안에서 이를 관장하도록 했다."[33]

인용문에 나오는 교자와 관련된 세 가지 설은 약간씩 차이가 있다. 어느 설이 정확한 것인지 판정하기 어려우나, 1교交가 1민緡이고, 3년에 한 번씩 발행했다는 점은 분명하다. 1교交가 1민緡이니 액수가 적어 누구나

---

31) 『문헌통고·전폐고(錢幣考)』, "初蜀人以鐵錢重, 私爲券, 謂之交子, 以便貿易. 富人十六戶主之. 其後富人稍衰, 不能償所負, 爭訟數起. 寇瑊嘗守蜀, 乞禁交子. 薛田爲轉運使, 議廢交子則貿易不便.請官爲置務, 禁民私造. 詔從其請. 置交子務於益州." 북경, 중화서국, 1986년, 94쪽.

32) 『송사』, 권301, 「설전전(薛田傳)」, "未報, 寇瑊守益州, 卒奏用其議. 蜀人便之." 앞의 책, 9987쪽.

33) 『송사』, 권181, 「식화지하(食貨志下)」, "眞宗時, 張詠鎭蜀. 患蜀人鐵錢重, 不便貿易. 設質劑之法. 一交一緡, 以三年爲一界而換之. 六十五年爲二十二界. 謂之交子. 富民十六戶主之." 앞의 책, 4403쪽. 역주: 1민(緡)은 일관(一貫)으로 1,000문(文)의 돈꿰미에 상당한다. 질제(質劑)의 '질'은 액면 가격이 큰 것을 말하고, 적은 것은 '제'이다.

사용할 수 있고, 1계가 3년으로 비교적 오랜 기간 동안 화폐로 사용할 수 있었기 때문에 교자는 단순한 어음이 아니라 지폐의 기능을 가졌다고 말할 수 있다. 교자를 폐지하면 교역에 불편을 초래한다는 지적에서 확인할 수 있듯이, 교자는 처음부터 무거운 동전을 가지고 다니는 것이 불편하기 때문에 고안한 일종의 편법便法이었다. 이런 면에서 교자는 그 출발점이 비전과 같다. 이렇듯 지폐가 환어음에서 비롯되었다는 것은 분명한 사실이다.

교자무交子務가 설립되면서 교자는 정부 발행의 지폐가 되어 점차 전국적으로 널리 보급되었다. 신종神宗 희녕熙寧 연간, 하동河東에서 철전鐵錢이 사용하기 불편하다고 하여 노주潞州에 교자무務를 설치했다. 이후 섬서陝西에도 교자무를 두었다. 휘종徽宗 숭녕崇寧 연간에 채경蔡京이 전국적으로 교자를 보급하여 사용토록 했다. 이후 교자를 전인錢引으로 개칭했다. 당시 전인을 사용하지 않는 지역은 민閩·절浙·호湖·광廣(지금이 복건, 절강, 호남과 호북, 광동과 광서) 뿐이었으니 비교적 넓은 지역에서 사용되었음을 알 수 있다. 하지만 교자는 일종의 태환兌換 성격을 지녔기 때문에 현금으로 바꿀 수 있어야만 신용할 수 있다는 점에서 진정한 의미의 화폐가 아니라 여전히 어음 수준이었다.

교자가 전국적으로 보급된 때부터 남발의 폐단이 나타났다. 결국 휘종 연간에는 교자 1민緡으로 동전 수십 전밖에 바꿀 수 없을 정도로 가치가 크게 떨어졌다. 당시 교자가 널리 보급되기는 했으나 발행량이 많지 않아 사회 경제에 끼친 악영향이 그리 크지 않았다는 것이 그나마 다행이었다.

남송 고종 소흥紹興 원년에 각화무榷貨務에서 관자關子를 발행하기 시작했고, 29년에 호부에서 회자會子를 발행했다. 이 역시 3년에 한 번씩 발행하여 전체 18계界(18번) 발행했다. 19계 때는 가사도賈似道가 회자를 다시 관자로 바꾸어 발행했다.

남송의 교자는 특히 두 가지의 폐단이 두드러졌다. 각 계界(3년 기한)

교자의 가치가 다른데다 남송의 교자는 기간 연장이 가능하여 양계병행兩界並行, 즉 두 가지 계(6년)의 교자가 동시에 유통되었다. 심지어 영종寧宗 가정嘉定 4년에는 아예 17계와 18계의 교자에 대해 기한 제한을 두지 않고 지속적으로 유통할 수 있다는 규정까지 만들었다. 그러니 교자의 가치가 점차 하락할 수밖에 없었다. 이에 대해『송사 · 식화지』는 다음과 같이 기록하고 있다.

> "도종度宗 함순咸淳 4년 최근 발행의 관자는 1관貫을 현금 770문文으로 바꿀 수 있고, 18계 회자는 현금 257문으로 교환할 수 있다. 회자 3관貫은 관자 1관에 상당하고 모두 현금처럼 유통할 수 있다."[34]

인용문을 보면 남송 멸망 직전 관자의 가치는 대략 77% 정도로 유지되었음을 알 수 있다. 많이 떨어진 것은 사실이나 오히려 금대보다 훨씬 좋은 편이었다.

금나라는 해릉서인海陵庶人 정원貞元 2년에 지폐를 발행하기 시작했다. 1관貫, 2관, 3관, 5관, 10관은 대초大鈔(고액권), 1백百, 2백, 3백, 5백, 7백은 소초小鈔(소액권)였다. 이는 동전을 만드는 재료인 구리가 부족하기 때문에 일시적인 조치라고 했다. 앞서 분석한 것처럼 동전이 부족한 원인은 다음 세 가지 때문이다. 광산에서 구리를 채굴하는 것이 그리 쉽지 않았다. 그렇다고 민간에 소장된 동기銅器를 거두어들이거나, 개인의 동기 수장이나 외국 수출을 금지시키면서까지 구리를 모을 수는 없었다. 그래서 동전을 주조하는 일이 쉽지 않았던 것이다. 둘째, 당시 동전 주조를 관장하는 전문적인 관원이 설치되어 있었으나 그들은 대개 낡은 동전舊銅錢을 녹여 새 동전을 만들었다. 그렇기 때문에 새 동전이 나온다는 것은 그만

---

34)『송사』, 권181,「식화지하」, "度宗咸淳四年, 以近頒關子, 貫作七百七十文足. 十八界會子, 貫作二百五十七文足. 三準關子一, 同現錢行使." 위의 책, 4409쪽.

큰 낡은 동전이 사라졌음을 의미했다. 새로 동전을 주조해도 유통되는 동전이 늘어나지 않은 것은 바로 이 때문이다. 셋째, 동전과 지폐가 동시에 유통되는 상황에서 백성들은 지폐보다 동전을 선호했다. 그래서 새 동전이 나오기 무섭게 곧 자취를 감추었으니 유통되는 동전이 부족할 수밖에 없었다. 이렇듯 동전이 충분히 유통될 날은 기대하기 어려웠으니 한시적으로 사용한다는 지폐가 사용 종료되는 날도 영영 오지 않을 것만 같았다.

사실 합리적으로 지폐를 발행하면 동전과 함께 유통해도 별 문제가 없었을 것이다. 오히려 유익한 일일 수 있다. 『금사·식화지』에서 그 예를 볼 수 있다.

> "장종章宗이 즉위한 후 지폐를 폐지하자고 주장하는 이가 있었다. 이에 유사有司(관리)가 다음과 같이 반박했다. '상려商旅는 이익을 얻기 위해 먼 길을 가야만 하는데, 흔히 동전으로 지폐를 사서 가지고 다닙니다. 지폐 사용은 공적으로나 사적으로 모두 편리한 일인데 어찌 폐지할 수 있겠습니까?'"35)

일리가 있는 발언이다. 그의 말을 계속 들어보자.

> "지폐에 이혁釐革(개혁, 교체 발행을 말한다)의 제한이 있다는 이유로 폐지하자는 주장은 의심하지 않을 수 없습니다. 백성들이 오래 쓸 수 있도록 7년인 지폐의 유통기간을 없애주시기 바랍니다."36)

---

35) 『금사』, 권48, 「식화지」, "章宗卽位之後, 有人要罷鈔法. 有司說, 商旅利其致遠, 往往以錢買鈔. 公私俱便之事, 豈可罷去?" 북경, 중화서국, 1975년, 1073쪽.
36) 『금사·식화지』, "止因有釐革之限, 不能無疑. 乞削七年釐革之限, 令民得常用." 위의 책, 1073쪽. 발행이 오래된 지폐 중에서 적힌 글씨가 잘 안 보이거나 사라진 것은 현지 관고(官庫)에 가서 새 지폐로 바꾸든지 동전으로 바꾸는 것이 가능했다.

하지만 『식화지』의 저자는 이에 대해 부정적인 태도를 보이고 있다. "이후로 지폐를 회수하지 않고 발행하기만 했다. 지폐가 무제한으로 많아지니 백성들이 점차 지폐를 가볍게 여기게 되었다."[37]

사실 지폐 회수와 지폐의 이혁釐革(교체 발행)은 전혀 별개의 문제다. 경제 상황을 종합적으로 살핀 다음 신중하게 지폐의 발행량을 결정한다면, 굳이 유통기간을 규정하지 않더라도 별 문제가 없을 것이다. 반면에 지폐의 유통기한이 정해져 있는데도 매 계界마다 발행량을 늘리거나 여러 계界의 지폐를 동시에 유통시키면 지폐가 넘쳐나 종이나 다를 바 없게 될 것이다. 이런 점에서 장종章宗 시절 관리의 발언이 결코 틀린 것만은 아니다. 문제는 이후의 관리들이 "지폐를 발행하여 이문을 남기느라 지폐 회수를 기피했다."[38]는 점이다. 그러니 그런 관리들에게 전적인 책임이 있다. 평상시에도 백성들은 넘치는 지폐로 인해 고통을 겪었으니 사회가 혼란한 시절에는 말할 필요도 없었다. 선종宣宗(금나라 제8대 황제)이 남천南遷한 후로 무제한으로 지폐를 발행하는 바람에 백성들은 더욱 고통에 시달려야 했다. 정우貞祐(선종 연호) 2년, 하동河東 선무사宣撫使 서정胥鼎의 말에 따르면, 지폐 1관貫으로 동전 1문文밖에 바꿀 수 없을 정도로 지폐의 가치가 폭락했다.

---

37) 『금사 · 식화지』, "自此收斂無術, 出多入少, 民寢輕之." 위의 책, 1073쪽.
38) 『원사』, 권146, 「야율초재(耶律楚材)열전」, "以出鈔爲利, 收鈔爲諱." 북경, 중화서국, 1976년, 3460쪽.

화폐 형태의 변화

지폐 발행과 유통이 문란해지면서 더 이상 돌이킬 수 없는 지경에 이르렀다. 동전은 워낙 부족한 상태이고, 지폐는 가치가 하락하며 시장에서 내쫓기고 말았다. 그런 틈을 타서 은銀이 화폐 자리를 차지했다. 사실 금이나 은을 교역의 매개로 삼은 역사가 꽤 오래되었다. 상업경제가 발달하자 동전이 부족한 것도 늘 문제였지만 운송 상의 불편함이 무엇보다 골칫거리였다. 교역의 편리를 위해 금은과 동전을 병용하여 부족한 점을 보완할 수도 있지만 안타깝게도 금나라 말기까지 이를 주장한 이가 아무도 없었다. 왜 그랬을까? 화폐는 물건의 가치를 재는 자尺와 같은 것이므로 단 하나만 있어야 한다. 동전을 화폐로 삼게 된 이상, 그 외의 어떠한 종류의 화폐도 허용될 수 없었던 것이다. 이런 관념이 지배적인 상태에서 동전을 폐지하고 금은으로 대체하는 것은 애당초 무리였고, 금은으로 화폐를 주조하여 동전과 함께 사용하면서 양자의 태환兌換 가치를 엄격히 구분할 수도 있지만 옛 사람들은 이를 미처 생각할 수 없었다. 바로 이러한 이유로 금은은 화폐로 사용되지 않았던 것이다. 물론 "옛사람들은 동전 외에도 곡물이나 포백布帛 등을 화폐 대용품으로 사용했다."고 말하는 이들도 있을 수 있다. 틀린 말이 아니다. 어디 그뿐이었던가? 이미 오래 전부터 금은은 화폐 대용품으로 사용되고 있었다. 다만 곡물이나 포백布帛만큼 보편적이지 않았을 뿐이다.

그렇다면 당시 금은은 왜 곡물, 포백만큼 보편적으로 사용되지 않았을까? 가격은 가치에서 비롯된다. 오늘날 대중들이 금은을 선호하게 된 것은 그것이 교환의 매개로 널리 사용된 지 이미 오래되어 확실한 믿음을 지녔기 때문이다. 다시 말해 금이나 은을 가지고 있으면 언제, 어디서든지 현금으로 맞바꿀 수 있다는 믿음이 오래되었다는 뜻이다. 특히 오늘날 세계 각국은 모두 지폐를 사용하고 있지만, 여전히 '금준비'라는 명목으로 금을 비축하고 있다.[39] 화폐로 환산하기 쉽고 정해진 가격이 있으나 사람들이 선호하는 것이 당연하다. 하지만 그 가치는 금 자체의 가치가 아니라 화폐제도가 만들어 준 가치다. 만약 오늘날 각 국가에서 화폐 준비금으로 금을 비축하지 않는다면 과연 사람들이 금을 직접 또는 간접적인 화폐로 간주할까? 아마도 일반 광물처럼 그저 물건으로 여길 것이다. 그렇다면 금은은 모든 이들이 아니라 필요한 사람에게만 가치가 있는 물건이 된다. 그럴 경우 금의 가치가 떨어지고 자연스럽게 금을 구매하려는 이들도 줄어들 것이다. 바로 이런 점이 금나라 말기까지 중국인들이 금은을 화폐로 사용하지 못한 근본적인 이유인 것이다. 가격은 가치에서 비롯된다. 마찬가지로 무엇이든 원하는 사람이 있어야 비로소 거래가 성사되며, 교역의 매개가 되는 것이 필요하게 된다. 금은이 교역의 매개와 관련이 없다면 당연히 그저 사물로서 금은을 원하는 이는 제한적일 수밖에 없다. 실제로 화폐 대용이 되기 전까지 광물로서 금은은 대다수 사람들에게 별로 가치가 없었다.[40]

금나라 말기에는 경제 상황이 예전과 또 달라졌다. 예전에 화폐 유통이 문란해지면 정교한 동전이 조잡하게 만든 동전으로 대체되곤 했다. 악화가 양화를 구축하는 것과 같은 이치이다. 금나라 말기에는 지폐가 동전을 구축하고 말았다. 한대 시절 동전 값이 비싸 소액 거래에는 동전을 사용하지 않았다. 이는 앞서 언급한 바 있다. 하지만 후대로 내려오면서 상업경제가 발달하여 각종 매매가 빈번히 이루어지고, 화폐도 공적으로는 물론이고 사적으로 주조하는 일도 많아짐에 따라 유통량이 증가했다. 화폐

---

39) 역주: 정부 또는 은행이 금이나 금화 형태로 보유하는 자금으로 금준비(金準備)라고 부른다.

40) 금은 자체로는 그릇붙이를 만들거나 감상용으로 수장하는 것이 그 주된 용도인데, 이 두 용도는 모두 보통 백성에게 절실하게 필요한 것이 아니다.

의 양이 많아지면 동전 값은 내려가기 마련이니 점차 소액 거래에도 동전을 사용하기에 이르렀다. 거액 거래일 경우는 주로 포백布帛을 사용했다. 지폐가 나오자 동전이 사라졌다. 하지만 지폐는 최하의 액면가가 100문文이었기 때문에 소액 거래에 사용될 수 없었다. 곡물을 사용할 수도 없고, 그렇다고 포백을 잘라 쓸 수도 없었다. 그래서 부득이하게 은을 사용하게 된 것이다.

말인 즉 은이 화폐로 사용된 것은 동전을 대신하여 소액 거래에 이용하면서 시작되었다는 뜻이다. 따라서 동전이 무겁다거나 가치가 낮아 저장이나 운송의 편리로 은을 사용한 것이라고 말할 수 없다. 청조 시절 여러 차례 조서를 내려 은량銀兩을 겸용토록 했으나 백성들이 말을 듣지 않은 것도 그리 괴이한 일이 아니다. 백성들이 보기에 동전만 화폐로 보이는데 어찌하겠는가? 은량을 보관하고 있다가 동전과 바꿀 때 환율이 오르면 좋겠지만 떨어지면 손해를 볼 것이 분명한데, 굳이 은량을 지니고 있을 이유가 없었던 것이다. 청말에 은을 위주로 하고 동전을 보조 화폐로 삼았는데, 일반 백성들의 입장에서 본다면 결코 이해할 수 없는 일이었다. 서로 다른 두 가지가 동시에 화폐가 된다는 것을 상상조차 할 수 없었기 때문이다. 은원銀圓을 주화폐로 삼고 동전을 보조 화폐로 사용하면서 동전을 은원의 몇 분의 일 정도로 간주하면 문제가 없을 것이나 백성들의 오랜 관념은 그리 쉽게 바뀌지 않았다. 혹자는 백성들이 어리석다고 할지 모르나 오히려 그들의 반응이 옳다. 보조화폐인 동전을 광물인 동이나 화폐인 동전으로 보지 않는다면 어찌하여 처음부터 가치가 없는 물건을 찾아 은원銀圓의 대표로 삼지 않고 굳이 동전을 은화의 보조화폐로 삼으려고 했는가? 광물인 동은 그만한 가치가 있고, 가격이 있는 물건이기 때문에 보조화폐로 삼아 주화폐와 환율을 일정하게 유지시키는 것이 매우 힘들다. 차라리 종이에 문文으로 액면 가치를 표시하여 동전을 대체하는 것이 훨씬 간편하고 합리적일 것이다. 그러니 당시 백성들의 반응이 신통치 않은 것도 전혀 나무랄 일이 아니다. 뿐만 아니라 백성들은 이미 간편한 방법을 찾아 실천에 옮겼으니, 그것이 바로 비전飛錢과 교자交子이다.

비전과 교자의 유통이 순조롭게 이루어졌더라면 중국 화폐제도는 이미 1천 년 전부터 비교적 합리적으로 발전할 수 있었을 것이다. 소액 거래는 동전을 사용하고, 거액 거래는 동전 대신 종이(어음이나 지폐)를 사용한다면 아무리 큰 액수라도 가볍고 간편하게 지니고 다닐 수 있다. 특히 종이 화폐는 신축성이 뛰어나 금은보다 훨씬 간편하고 합리적이다. 안타깝게도 나라에서 지폐 발행권을 독점하여 국가 재정 위기를 벗어나는 수단으로 남용하는 바람에 합리적이고 자연스러운 발전이 가로막히게 된 것이다. 이는 지폐가 지닌 폐단이기도 하다.

다음으로 동전을 대체하는 화폐로 금이 아닌 은이 선택된 이유에 대해 알아보겠다.

예전에 혹자는 고대에 금이 많았는데 후세로 내려오면서 점차 줄어들었다고 하면서 이는 불사佛事로 인해 소모되었기 때문이라고 했다.41) 하지만 전혀 사실과 다르다. 왕망王莽이 망했을 때, 성省에 금 만 근斤씩 담아놓은 궤짝이 60개나 되었다고 한다. 황금이 60만 근이나 있었다는 뜻이다. 오늘날 계량 단위로 환산하면 대략 12만 근斤이니 192만 냥兩이다. 현재 중국인의 인구는 대략 4억 정도인데, 그 중에 절반은 여성이다. 금붙이는 주로 여성들이 많이 지니고 있다. 만약 여성 백 명 가운데 한 명이 대략 1냥의 금붙이를 지니고 있다고 가정한다면, 전부 합해서 얼마나 많은 금이 있는 것일까? 게다가 요즘 민간에서 소장하고 있는 황금이 어디 그뿐이겠는가? 그러니 옛날보다 금이 적어졌다고 쉽게 말할 수 없다. 그렇다면 왜 그런 느낌이 드는 것일까? 『제서齊書·동혼후기東昏侯紀』에서

---

41) 고염무(顧炎武)의 『일지록(日知錄)』, 조익(趙翼)의 『이십이사차기(廿二史劄記)』, 『해여총고(陔餘叢考)』 등에서 이렇게 말한 바 있다.

그 해답을 찾아볼 수 있다.

  "후궁後宮의 의복이나 수레는 모두 민간에서 보기 힘든 진귀한 것으
로 꾸몄다. 궁궐 창고 안에 있는 낡은 물건들이 마음에 차지 않으면
민간에서 비싼 값으로 구입했다. 그리하여 금은 보물의 가격이 몇 배나
뛰어올랐다. 경읍京邑(도읍지)의 주류세 등은 모두 금으로 바꾸어 받아
궁궐의 길을 금으로 도포하는데 사용했다."42)

  봉건시대 백성들은 생활수준이 낮았을 뿐더러 엄격한 규범에 따라야
만 했기 때문에 복식이나 음식, 심지어 일상용품까지 모두 차별이 존재하
여 함부로 참람僭濫할 수 없었다. 당시 민간의 백성들은 주옥이나 금은을
소장하는 경우가 드물었고, 심지어 동銅도 마찬가지였다.

  진시황은 여섯 나라를 병합하여 천하를 통일한 후 전국의 병기를 거두
어 녹여버렸다. 혹자는 이를 비웃지만 반란을 일으키려면 무엇보다 병기
가 있어야 한다. 한나라 시절 도적떼가 제일 먼저 공격하는 곳이 바로
병기 창고였다. 민간에 병기가 없으니 당연한 일이다. 후한 시절 강인羌人
이 반란을 일으켰는데, 병기가 없어 동경銅鏡을 들고 무기마냥 위장했다.
진시황이 천하의 병기를 회수하지 않았다면 과연 그러했겠는가? 이렇듯
당시 민간에는 병기는 물론이고 동銅마저 흔치 않았다. 한나라 시절 가의
賈誼가 화폐제도를 정리하면서 "동을 국가에서 거두어 민간에 널리 퍼지
지 않도록 했다."43) 만약 후세의 경우처럼 각종 동기銅器가 민간에 널려
있었다면 무슨 수로 일일이 거두어들여 세상에 유포되지 않도록 할 수
있었겠는가? 동이 이 정도이니 금은金銀은 말할 나위가 없었을 것이다.

---

42) 『남제서(南齊書)』, 권7, 「동혼후기(東昏侯紀)」, "後宮服御, 極選珍奇. 府庫舊物, 不復
周用. 貴市民間, 金銀寶物, 價皆數倍, 京邑酒租, 皆折使輸金, 以爲金塗." 북경, 중화
서국, 1972년, 104쪽.
43) 『신서(新書)』, "收銅勿令布." 북경, 중화서국, 2012년, 94쪽.

따라서 고대에 황금이 많았는데 후세에는 줄어든 것이 아니라 고대에는 한 군데 모여 있었고, 후세에는 백성들의 생활수준이 향상되고 복식이나 음식, 일상용품에 대한 제한과 차별이 사라지면서 금은보석이 민간에 널리 흩어져 마치 없어진 것처럼 보이기 때문이다. 이는 사서를 읽을 때 명문의 기록에 가려 행간에 적힌 의미를 간과했기 때문이기도 하다.

물론 필자의 견해에 동의하지 않는 이도 있을 것이다. 사실 한나라 시절만해도 황제가 황금 수십 근斤, 심지어 수천 근을 하사했다는 기록이 나온다. 그렇다면 이것이 후세보다 고대에 황금이 많았다는 근거가 될 수 있을까? 일단 다음 사례를 살펴보도록 하자.

왕망 시절 황금 1근은 10,000전錢이고, 주제은朱提銀44)은 8량兩 일등급이 1,580전, 다른 지역의 일등급 은銀은 1,000전이었다. 황금의 가격이 은보다 다섯 배나 높았다. 『일지록日知錄』에 따르면, 명나라 홍무洪武 초기 황금 한 량은 은 다섯 량과 등가였다. 그렇다면 명초의 금과 은의 가격차가 한나라 말기와 대동소이했음을 알 수 있다. 옛 문헌에 은을 대량으로 소모했다는 기록은 찾아보기 힘들며, 불교가 전래된 후에 은이 대량으로 사용되었다는 이야기도 전해지지 않는다. 그렇다면 어떻게 한말부터 명초까지 대략 13,4백 년 동안 금과 은의 가격 차이가 비슷할 수 있겠는가? 이로 보건대, 후세에 금을 대량으로 사용하여 줄어들었다는 말은 맞지 않다. 앞서 말한 바대로 국가에서 보유하고 있던 금이 민간에 분산되면서 줄어든 것처럼 보였기 때문일 것이다.

역대로 금과 은의 가격 비율이 열 배를 넘는 경우는 극히 드물었다. 금나라 말년에 백은白銀이 널리 유통되었는데, 그렇다고 금이 줄어든 것은 아니었다. 만약 은을 화폐로 사용하게 된 이유가 동전의 무게가 무거워 비교적 크기가 작고 가치가 있는 물건(백은)으로 대체하기 위함이었다

---

44) 역주: 주제은(朱提銀)은 운남(雲南) 주제산(朱提山)에서 생산된 양질의 은을 말한다.

면 백은 말고도 금을 사용하거나 금과 백은을 동시에 사용했을 것이다. 하지만 그렇게 하지 않았다. 왜 그런 것인가? 백은을 화폐로 사용한 것은 일정한 비율로 동전과 맞바꾸기 위함이 아니라 아예 동전을 대신하기 위함이었던 것이다. 그래서 금 대신 비교적 가격이 싼 은을 택한 것이다. 이런 점에서 볼 때 금, 은, 동을 모두 화폐로 사용하거나 금과 은 또는 은과 동을 동시에 화폐로 사용하는 것은 화폐제도의 자연스러운 발전 추세가 아니다. 오히려 동전이 무거워 사용하기 불편하기 때문에 점차 지폐를 사용하게 된 것이 발전의 순리라 할 수 있다.

예전에는 금과 은 모두 일정한 형제形制가 있었다. 『문헌통고文獻通考』에서 구체적인 내용을 살필 수 있다.

> "옛날에 금은金銀은 모두 정해진 형식이 있었다. 반드시 화폐 모양으로 주조한 후에 사용했다. 『한서』 안사고顔師古 주注에 따르면, 예전에 금은 근斤을 단위로 삼았지만 관에서 반드시 그 형태를 규정했다. 처음에 그것은 지금의 길吉자와 유사한 모양으로 주조했다. 무제武帝 시절에 기존 화폐제도를 정비하면서 형태를 바꾸었는데, 길상을 나타낸다는 의미에서 인지麟趾(기린의 발)과 요제褭蹄(말발굽) 형태로 주조하여 예전 격식을 바꾸었다. 그러나 기린의 발이나 말발굽 형태는 당시 금폐金幣의 형태였다. 한대의 백선白選이나 은화銀貨 역시 은폐銀幣의 형태를 따랐다. '내고內庫(궁실 창고)에서 방원은方圓銀 2,172량을 지출하라.'는 『구당서』의 기록을 보건대, 당대에도 은으로 화폐를 주조했음을 알 수 있다."[45]

---

45) 『청조문헌통고(淸朝文獻通考)·전폐고3(錢幣考三)』, "古者金銀皆有定式. 必鑄成幣
而後用之. 顔師古注漢書, 謂舊金雖以斤爲名, 而官有常形制, 亦猶今時吉字金挺之類.
武帝欲表祥瑞, 故改鑄爲之形, 以易舊制. 然則麟趾褭蹄, 即當時金幣式也. 漢之白選
與銀貨, 亦即銀幣之式. 舊唐書載內庫出方圓銀二千一百七十二兩, 是唐時銀亦皆係鑄
成." 상해, 상해고적출판사, 1988년, 4983쪽.

금속 화폐는 반드시 일정한 형태로 주조해야만 유통할 수 있었다. 이는 순도를 보장하고 아울러 별도로 무게를 재는 불편함을 없애기 위함이었다. 하지만 고대 금은화폐는 일정한 형태로 주조되었음에 불구하고 실제 거래할 때는 반드시 무게를 기준으로 삼았다. 무게의 규격은 일정하지 않았으나 금은화폐는 대체로 무거웠기 때문에 소액 거래에 사용하기 적합하지 않았다. 『금사·식화지』에 이와 관련한 기록이 보인다.

> "옛 제도에 따르면, 은폐는 한 개당 50냥으로 주조되었는데, 그 가치는 100관貫이다. 민간에서 그것을 잘라서 사용하는 경우 그 가치도 무게가 줄어듦에 따라 낮아졌다."46)

은폐의 액면가가 100관이니 동전을 대신하여 쓸 수 없었음은 자명한 일이다. 금대 장종章宗 승안承安 2년, 초법鈔法(화폐법)이 크게 훼손되는 바람에 해결책으로 은화를 주조하기 시작했다. 그것이 바로 승안보화承安寶貨이다. 승안보화는 1냥부터 10냥까지 모두 다섯 종류였고 1냥은 지폐 2관으로 환산했다. 발행 초기에는 국가는 물론이고 개인들도 모두 이를 현금처럼 사용했다. 또한 이를 초본鈔本(지폐의 준비금)으로 삼기도 했다. 하지만 이후 동銅이나 주석朱錫을 섞어 만드는 사주私籌가 빈번해지면서 유통에 방해가 되었고, 결국 3년만에 폐지되고 말았다. 선종宣宗 연간에 정우보권貞祐寶券과 흥정보천興定寶泉이라는 지폐를 발행했다. 은화와 맞바꿀 수 있었지만 민간에서는 여전히 은화를 선호했기 때문에 은화의 가치가 훨씬 높았다. 결국 지폐와 은화를 맞바꿀 때 은화 1냥에 흥정보천 300관을 넘어서는 안 된다는 제한을 두었다.47) 동시에 거래액이 3냥 이하

---

46) 『금사(金史)·식화지(食貨志)』, "舊例銀每錠五十兩, 其直百貫. 民間或有截鑿之者, 其價亦隨低昂." 앞의 책, 1076쪽.

47) 보천법(寶泉法)에 따르면, 보천 돈 2관으로 은화 1냥을 바꿀 수 있었다.

인 경우 은화를 쓸 수 없고, 3냥 이상일 경우 액수를 3등분하여 지불하되 3분의 1은 은화, 나머지 3분의 2는 홍정보천으로 지급해야 한다는 규정을 두었다. 하지만 이러한 규정이 반포되자 "상업 활동이 정체되고 저자의 가게들이 한낮에도 문을 열지 않았다."[48] 결국 규정 자체를 취소할 수밖에 없었다. 애종哀宗 정대正大 연간에는 민간에서 은화만 사용하기에 이르렀다. 『일지록日知錄』에 따르면, "요즘 어디서나 은화를 사용하기 시작한 것은 바로 그 때부터이다." 이렇듯 은화가 등장하게 된 것은 단순히 동전과 맞바꾸기 위함이 아니라 동전을 대체한 것이었다.

원과 명은 건국 초기 전錢(동으로 만든 화폐)을 사용할지 아니면 초鈔(지폐)를 사용할지 고민한 적이 있었는데, 동이 부족하여 동전 대신 지폐를 택했다. 원대 초기에 지폐를 발행했다고 하는데, 구체적인 상황은 알 수 없다. 세조世祖 중통中統 원년元年에 명주絲를 태환兌換 준비금으로 삼아 교초交鈔를 발행했다. 같은 해 10월 중통보초中統寶鈔를 발행했는데, 10문, 20문, 30문, 50문, 100문, 200문, 500문, 1관, 2관 등 모두 9종류였다.[49] 중통보초 1관은 교초 1냥이며, 중통보초 2관으로 은화 1냥을 바꿀 수 있었다. 또한 문릉文綾 비단을 준비금으로 중통은화中統銀貨(지폐)를 만들었는데, 1냥, 2냥, 3냥, 5냥, 10냥짜리가 있었다. 중통은화 1냥은 백은 1냥에 상당한다. 하지만 공식적으로 유통된 것은 아니었다. 세조 12년 이초釐鈔를 발행했는데, 1문, 2문, 3문 등 세 종류였다. 하지만 사용하기 불편하다는 이유로 15년에 폐지했다. 24년 지원초至元鈔(지원보초至元寶鈔)를 만들기 시작했는데, 2관에서 5문까지 모두 11가지 종류로 나뉘었다.

---

48) 『금사 · 식화지』, "商旅不行, 市肆晝閉." 앞의 책, 1084쪽.
49) 이는 『금사 · 식화지』에 근거했다. 『금사 · 왕문통전(王文統傳)』에 따르면, 중통초 (中統鈔)는 10문(文)에서 2관(貫)까지 모두 열 가지가 있다고 했는데, 「식화지」는 그 가운데 300문짜리 화폐를 뺀 듯하다.

지원초 1관은 중통보초中統寶鈔 5관에 상당하고, 지원초 2관은 백은 1냥, 지원초 20관은 황금 1냥으로 바꿀 수 있었다. 무종武宗 지대至大 2년 물가가 등귀하고 지폐가치가 폭락하자 지대은초至大銀鈔로 바꾸었다. 지대은초는 2냥부터 2리釐까지 모두 13가지였다. 지대은초 1냥은 지원초 5관, 백은 1냥, 적금赤金 1전錢으로 바꿀 수 있다고 규정했다. 인종仁宗이 즉위한 후 지대은초가 다른 지폐와 가격차가 크다는 이유로 폐지시켰다. 따라서 원나라가 멸망할 때까지 유통된 지폐는 중통보초와 지원초 두 가지뿐이었다. 원나라는 이렇듯 여러 차례 지폐를 바꾸었는데, 새로운 지폐가 나올 때마다 기존 지폐보다 다섯 배나 가치가 높았다. 다시 말해 통화가 바뀔 때마다 기존 통화가 원래 가치의 5분의 1로 폭락했다는 뜻이다. 유통되는 화폐의 가치가 하락하면 백성들에게 직접적인 영향을 주기 때문에 경제적 고통이 심각했다. 그렇기 때문에 '실초법實鈔法'50)은 당시 큰 문제가 아닐 수 없었다.

원초에는 명주를 초본鈔本으로 삼았다. 하지만 명주는 가격 변동이 심해 초본으로 삼기에 적합하지 않았다. 가격 변동이 작은 것은 역시 금속이다. 하지만 금속 가운데 금은金銀은 소액 거래에 부적합하다는 문제가 있었다. 또한 이초釐鈔나 5문, 1문짜리 지폐는 빈번한 소액 거래로 인해 훼손되기 쉽다는 단점이 있었다. 따라서 초본은 금은보다 동전으로 하는 것이 비교적 합리적이다. 원나라 순제順帝 지정至正 연간에 와서야 비로소 승상丞相 탈탈脫脫(토크타)가 이런 의견을 제시했다. 이에 따라 다음과 같은 조서가 반포되었다.

---

50) 역주: 장기적으로 대량의 지폐를 발행하여 강제로 유통시키는 것이 원나라 화폐제도의 가장 큰 특징이다. 원나라의 영역이 광대하여 가벼운 지폐이면 가지고 다니기에 편하기 때문이다. 원나라 시절에는 주조된 동전도 드물고 동전과 지폐를 일정한 환율로 바꾸는 것도 허락되지 않았다. 여기에 실초법이란 아마도 이같은 순수한 지폐제(紙幣制)를 말하는 것으로 보인다.

"중통초 1관은 동전 1,000문, 지원초 2관으로 바꿀 수 있다. 정통보전正通寶錢을 주조하여 기존의 동전과 병용한다."[51]

참으로 현명한 방법이 아닐 수 없다. 하지만 전란으로 군사비를 조달하기 위해 지폐를 남발하는 바람에 "민간에 교초交鈔와 요초料鈔가 널리 깔려 있어", "사람들이 헤진 닥나무 종이처럼 볼 정도로" 지폐 가치가 폭락하고 말았다.[52]

명초에는 동전을 주조하는 전문 기관으로 주전국鑄錢局을 설치했다. 하지만 홍무洪武 7년 동이 부족해지자 결국 폐지하고 말았다. 그리고 동전 대신 지폐를 발행하여 유통시켰다. 대명보초大明寶鈔 1,000문은 백은 1냥에 상당하고 대명보초 4관은 황금 1냥으로 바꿀 수 있었다. 이후 대명보초의 가치가 하락하자 나라에서 수차례에 관아의 물건을 내다 팔아 대명보초를 거두어들이고 대명보초로 세금을 내도록 하는 등 각종 조치를 취했으나 가치 하락을 막을 수 없었다. 결국 선종宣宗 선덕宣德 3년 대명보초 발행을 중지했다. 당시 새로운 세금을 증설하거나 기존 세금의 액수를 높여 지폐로 받은 후 태워버리기도 했다. 그런 방식으로 지폐 유통이 정상화되면 새로운 세금을 취소하고 증세를 원래대로 복구시켰으며, 때로 그냥 놔두는 경우도 있었다. 명대 내륙의 관세關稅를 징수하던 세관 가운데 하나인 초관鈔關이 그 가운데 하나이다. 이후로 점차 지폐 대신 백은으로 세금을 징수하면서 은량이 통행 화폐의 자리를 차지하게 되었다.

본위화폐는 지폐로 할 수 있지만 보조화폐는 반드시 금속으로 주조해야 한다. 지폐는 거래의 빈도가 많아 쉽게 훼손되기 때문이다. 그러므로 동전과 지폐를 함께 사용하는 것이 가장 이상적이다.

---

51) 『원사』, 권97, 「식화지」, "以中統鈔一貫, 權銅錢一千, 準至元鈔二貫. 鑄至正通寶錢, 與歷代銅錢並用." 북경, 중화서국, 1976년, 2484쪽.

52) 『원사·식화지』, "交料散滿人間……人視之若敝楮." 위의 책, 2485쪽.

원과 명은 지폐를 발행하되 동전을 병용하지 않았다. 명대의 경우 나중에 동전으로 대량으로 주조하여 유통시켰는데, 그 때는 지폐를 폐지하여 사용하지 않았다. 청대도 마찬가지이다. 청대 순치順治, 강희康熙, 옹정擁正, 건륭乾隆 연간에 동전을 주조할 때는 재료인 구리를 아끼지 않고 인건비도 아깝다고 여기지 않아야 한다는 옛 사람의 관념을 비교적 철저하게 지켰다.

본래 분分과 이釐는 도량度量 단위이지 형량衡量 단위가 아니다. 형량법衡量法에 따르면, 10서黍가 1누累, 10누가 1수銖, 24수가 1냥兩이다. 십진법十進法이 아니기 때문에 계산하는 데 상당히 불편했다. 당대 개원통보開元通寶는 1냥의 10분의 1, 즉 2수銖, 4누累가 한 개의 중량이었다. 송 태종太宗 순화淳化 2년에 와서야 비로소 1냥의 10분의 1은 1전錢, 1전의 10분의 1은 1분分, 1분의 10분의 1은 1이釐로 형량법을 새로 만들었다. 그래서 전錢이 동전의 무게 단위가 되었다. 새로운 형량법에 따라 분分과 이釐가 등장했지만 이는 원래 도량법度量法에서 가져온 것이다. 역대로 동전 하나의 무게는 1전錢이다. 하지만 순치, 강희, 옹정, 건륭 시절의 동전은 동전의 무게가 1전을 넘었으며, 주조 상태도 상당히 정교했다. 화폐제도를 완비하겠다는 의도가 분명했다. 하지만 안타깝게도 당시 사람들은 화폐의 원리에 대해 정확하게 인식하지 못했기 때문에 소기의 효과를 얻을 수 없었다. 그렇다면 청조의 화폐 정책은 어떤 면에서 현대적인 화폐 원리를 어긴 것일까? 그 이유는 다음 두 가지로 요약할 수 있다.

첫째, 화폐는 전국적으로 통일되어야 한다. 마치 우표처럼 일정한 기간이 지나면 사라지는 것이 아니다. 그렇기 때문에 우표는 디자인이나 문양을 매번 바꿀 수 있지만 화폐는 그럴 수 없다. 당대 이전에는 이러한 원리가 잘 지켜졌다. 예를 들어 한대의 오수전五銖錢은 백성에게 가장 신뢰받는 통화였기 때문에 수나라 때까지 주조한 동전을 오수五銖라고 명명했다. 당대 초기 개원통보는 훼손된 화폐제도를 일신시켜 새롭게 출발하겠다는 의도에서 시작했다. 처음부터 전국적으로 유통시킬 수 있는 화폐로 삼고자 했던 것이다. 그래서 이후 주조한 동전도 모두 개원통보였다.[53] 다만 통화 통일의 원래 목적을 달성하지 못했을 따름이다. 이러한 통화 원리가 무시되기 시작한 것은 송대 이후의 일이다. 송대는 황제가 바뀔 때마다 동전에 새로운 문자를 넣었다. 심지어 재위하는 동안 연호가 바뀌면 동전의 이름을 바꾸는 경우도 있었다. 이렇듯 화폐의 형식이 통일되지 않은 것은 사회 현실에서 비롯된 것이 아니라 나라의 입법에 따른 현상이다. 후세에는 이보다 심한 경우도 있었다. 예를 들어 명나라 세종世宗은 가정嘉靖이란 연호를 넣은 동전을 주조한 것도 모자라 역대로 동전을 만들 때 넣지 않은 연호까지 사용하여 동전을 주조했다. 동전을 전국적으로 유통되는 통화로 여긴 것이 아니라 군주 개인의 기념품 정도로 여긴 것이 아니고 무엇이겠는가? 황제가 바뀔 경우 동전에 연호를 넣어 주조 시기를 밝힐지라도 그 외에 나머지는 똑같은 형태를 유지했다면 그나마 받아들일 수 있다. 하지만 역대로 그렇게 한 적이 없었다. 이는 청조도 예외가 아니다. 어디 그뿐이었던가? 주조 시기에 따라 동전의 중량도 천차만별이었다. 이는 스스로 통일을 방해한 것이 아니고 무엇이겠는가?

둘째, 비록 그러할지라도 주조한 동전이 심하게 조잡하지만 않다면 전제군주 시대이니 본조本朝에서 주조한 동전만 통용시키고, 그 외에 중량이 차이가 나거나 조잡하게 만든 화폐를 모조리 금지시켰다면 그나마 괜찮았을 것이다. 사실 명대에 유사한 정책을 시행한 적이 있다. 제전制錢과 고전古錢을 구별한 것이 바로 그것이다.[54] 하지만 이를 적극적으로 시행

---

53) 고종(高宗) 시절의 건봉보천(乾封泉寶), 숙종(肅宗) 시절의 건원중보(乾元重寶)와 건원중륜(乾元重輪) 등은 모두 연호(年號)가 찍혔지만 소평전(小平錢), 즉 1문의 가치가 있는 기본 동전이 아니기 때문에 당시 정규 화폐로 취급받지 못했다.

54) 명대 천계(天啓), 숭정(崇禎) 연간 각종 고전(古錢)을 거두어들여 폐동(廢銅)시킴으로써 화폐제도를 통일시켰다는 조치는 참으로 옳은 일이 아닐 수 없다. 역주: 제전(制錢)은 명의 화폐제도로 지정된 국가의 주전기관에서 규정된 모양대로 주조하는,

하려면 전제조건이 있다. 동전이 충분해야 한다는 점이다. 화폐가 부족하면 거래에 어려움이 있으니 일반백성들은 아무리 조악한 화폐라도 할지라도 위험을 무릅쓰고 사용할 것이며, 관에서 아무리 금지시키려고 해도 끝내 근절시킬 수 없기 때문이다. 명나라는 끝내 이런 전제조건을 충족시키지 못했다. 지폐를 폐지한 후 동전을 유통시켰지만 민간의 수요를 따라가지 못했기 때문이다. 그렇다면 지폐와 동전을 병용하면 되는데, 명은 물론이고 청도 미처 생각하지 못했다. 게다가 은화와 동전 가운데 어느 것이 본위화폐이고 또 어느 것이 보조화폐인지조차 정확히 규정하지 않은 채 두 가지가 동시에 유통되는 것을 그저 방치하고 말았다.

명나라는 조세를 주로 은화로 징수하고, 때때로 동전에 대해 각종 금령을 실시했기 때문에 혹여 동전이 폐지될까 우려한 백성들은 동전을 선호하지 않았다. 이는 동전 유통을 방해하는 가장 큰 장애요소였다. 반대로 청대는 백성들이 동전을 정식 화폐로 여겨 은화를 오히려 꺼림칙하게 생각했다. 청 조정에서 은화를 강제로 유통시키기 위해 여러 차례 조치를 취했지만 효과가 별로 없었다. 결국 두 가지 화폐가 동시에 유통되면서 각종 병폐만 낳고 말았다.55) 이렇듯 경제 원리에 어두우면 나라에 큰 피해를 입히게 된다.

외국에서 은화가 들어오기 시작한 것은 근대의 일이 아니다. 앞서 언급하였듯이 『수서 · 식화지』에 보면 남북조시기에 하서河西, 교주交州, 광주廣州 등에서 이미 은화를 사용했다는 기록이 나온다. 『일지록』에 따르면, 당대 한유韓愈의 「주상奏狀(상주문)」에 오령五嶺 일대에서 은을 화폐로 사용했다고 말한 바 있고, 원진元稹도 「주상奏狀」에서 오령五嶺 이남에서 금은을 통화로 사용했다고 적은 바 있다. 또한 장적張籍은 "해국海國 사람들

_____

정부공인화폐를 이르는 말.
55) 예컨대 세금 징수의 문제가 그러하다.

은 코끼리를 타고 전투하고, 만주蠻州(남만南蠻) 사람들은 은화로 거래한
다."라는 시문을 남기기도 했다.56) 이외에도 사서에서 적지 않은 관련
기록을 찾아볼 수 있다.

> "경우景祐 2년에 각 노路에 해마다 민전緡錢을 내라는 조서를 내렸는
> 데, 복건福建, 광동廣東, 광서廣西는 민전을 은으로 내라고 했다."57)
> "순치順治 6, 7년 연간 아직 해금海禁을 시행하지 않던 시절 시장 거래
> 에서 외국의 은화를 사용하는 것을 종종 볼 수 있었다. 연해 각 성省에서
> 어디서나 쉽게 외국 은화를 만날 수 있었다. 하지만 해금이 실시된 뒤로
> 외국은화는 곧 사라지고 말았다."58)

인용문을 통해 외국 화폐가 외국과 통상이 허용되던 시기, 그것도 외국
과 통상이 가능한 지역에만 한정되었음을 알 수 있다.

예전에는 외국과 통상이 단속적斷續的으로 진행된 데다 통상 범위도
일정 지역에 한정되었기 때문에 외국돈이 대량으로 들어오지 않았다. 하
지만 오구통상五口通商 이후로 상황이 크게 달라졌다. 당시 중국 화폐는
중량을 달아 사용했는데, 계량법이 서로 달라 사용하기에 불편했다. 그래
서 중국의 금은 화폐 대신 외국의 은화를 주로 사용했던 것이다. 이후
외국의 은원銀圓, 즉 은화가 끊임없이 유입되기 시작했다. 특히 스페인과
멕시코의 은화가 가장 많았다.

중국에서 자체적으로 은화를 주조하기 시작한 것은 광서光緒 13년의
일이다.59) 은화의 원활한 유통을 위해서 중량과 형태 모두 외국 은원銀圓

---

56) 장적(張籍), "海國戰騎象, 蠻州市用銀."

57) 『송사』, 권10, 「인종기(仁宗紀)」, "景祐2年, 詔諸路歲輸緡錢, 福建, 二廣以銀." 앞의
책, 200쪽.

58) 『일지록집석·은(銀)』, 권11, "順治六七年間, 海禁未設, 市井貿易, 多以外國銀錢. 各
省流行, 所在多有. 禁海之後, 絶迹不見." 상해, 상해고적출판사, 2006년, 649쪽.

을 본떠서 만들었다. 당시 동전이 크게 부족하여 27년에 광동에서 동원銅圓을 만들기 시작했다. 액면가가 실제가치보다 훨씬 높았기 때문에 동원을 주조하여 꽤 많은 이득을 볼 수 있었다. 그리하여 이익을 얻기 위해서 다른 성에서도 앞 다투어 동원을 만들기 시작했다. 이로 인해 물가가 폭등하고 기존에 쓰던 소평전小平錢은 거의 사라지고 말았다. 당연히 백성들은 이로 인해 심한 고통을 겪을 수밖에 없었다. 광서 30년 탁지부度支部에서 화폐제도를 개정하는 이른바 이정폐제釐定幣制를 상주하여 은원銀圓을 본위화폐로 하는 화폐제도를 확립했다. 새로 개정된 화폐제도는 민국 초년까지 지속되었다. 민국 초기에 와서 손문孫文이 다시 지폐 발행을 제의했다. 그러나 지폐의 합리성을 인식하지 못한 이들이 벌떼처럼 일어나 비난했다. 이후 민국정부에서 법폐제도法幣制度를 확립하여 실시했다.[60] 이로써 중국 화폐사貨幣史의 신기원이 열렸다.

---

59) 이는 광동(廣東) 총독(總督) 장지동(張之洞)에 의해 진행되었다.

60) 역주: 여기의 법폐제도(法幣制度)는 국민정부의 폐제개혁 정책으로 기존의 은(銀)본위제를 폐지하고 지정된 발권은행에서 발행된 법정 은행권을 통화로 통일시던 화폐제도임.

13

음식과 복식

음식의 진화

『예기 · 예운』에 다음과 같은 기록이 보인다.

"먼 옛날 선왕先王 시절에는 아직 가옥이 없었다. 겨울에는 동굴에서 거처하고, 여름에는 나뭇가지를 모아 엮은 보금자리에 누워 잤다. 불을 사용하기 전이라 초목의 열매나 새와 짐승의 고기를 날로 먹고 심지어 그 피를 마시고 털까지 먹어버렸다. 아직까지 마麻나 명주가 없었기 때문에 새의 깃털이나 짐승의 가죽으로 몸을 감쌌을 뿐이다. 이후 성왕이 나온 연후 불을 이용하기 시작하여 쇠를 녹여 기물을 만들고, 흙을 구워 그릇이나 벽돌을 만들었으며, 그것으로 누각이며 가옥, 궁실, 창문 등을 만들었다. 또한 불을 이용하여 음식을 굽거나 삶고 끓여 익혀서 먹게 되었으며, 단술과 타락醴酪을 만들었다. 마나 명주로 베옷과 비단옷을 만들어 입으면서 생활하고 죽어 상례를 치룰 때도 사용했으며, 귀신이나 상제에게 제를 지내기도 했다. 이러한 것들은 모두 예로부터 전해진 것들이다."[1]

인용문은 옛사람의 의식주의 진화에 대해 간략하게 언급하고 있다. 대체적으로 사실과 부합할 것이라 여겨지는데, 그 이유는 다음과 같다. 첫째, 상고 시대에는 정확한 역사기록이 없었지만 대체적인 내용은 사람들의 기억 속에서 대대로 전해졌을 것이다. 둘째, 옛사람은 숭고崇古 의식이 매우 강했다. 그래서 사회가 발전하면서 전례典禮에 사용할 수 있는 새로운 기물이 많아졌지만 그럼에도 불구하고 전통을 지킨다는 의미에서 여전히 기존의 기물을 사용했다. 술이 보편적으로 음용되던 시절에도 여전히 제사 때 명수明水(맑고 깨끗한 물)를 사용한 것도 하나의 예라 할 수 있다. 이렇듯 오랜 전례를 그대로 이어받으면서 옛 일도 구전되었을 것이다. 이런 점에서 「예운」에 나오는 이야기 역시 오랫동안 구전되던 내용이라고 할 수 있으니, 옛 사람들의 의식주가 어떻게 진보했는지 살피는데 나름 유용하다.

인용문을 보면 상고 시대 사람들은 주로 초목의 열매나 새와 짐승의 고기를 날 것으로 먹었다. 사실 이외에도 물고기나 자라도 중요한 먹을거리였을 것이다. 옛 기록을 보면 이를 확인할 수 있다.

> "국군國君(제후)은 까닭 없이(제사가 아니면) 소를 잡지 않고 대부大夫는 까닭 없이 양을 잡지 않으며, 사士는 까닭 없이 개나 돼지를 잡지 않는다."[2]

---

1) 『예기정의·예운』, "昔者先王未有宮室, 冬則居營窟, 夏則居檜巢. 未有火化, 食草木之實, 鳥獸之肉, 飲其血, 茹其毛. 未有麻絲, 衣其羽皮. 後聖有作, 然後修火之利. 范金合土, 以爲臺榭, 宮室, 牖戶. 以炮, 以燔, 以亨, 以炙, 以爲醴酪. 治其麻絲, 以爲布帛. 以養生送死, 以事鬼神上帝, 皆從其朔." 위의 책, 669쪽.

2) 『예기정의·왕제(王制)』, "諸侯無故不殺牛, 大夫無故不殺羊, 士無故不殺犬豕." 앞의 책, 392쪽.

"나이가 육십이 넘어 고기가 없으면 배부르지 않는다."3)

"닭, 개, 돼지 등 가축을 때를 잃지 않고 잘 기르면 칠십 노인도 고기
를 먹을 수 있다."4)

이렇듯 예전에는 주로 귀족들이나 나이든 사람들만 고기를 먹을 수
있었다. 계속해서 예문을 살펴보자.

"백성들이 농사 때를 놓치지 않으면 곡식이 이루 다 먹을 수 없을
정도이고, 웅덩이와 연못에 촘촘한 그물을 치지 않으면 물고기와 자라
를 다 먹을 수 없을 정도로 넉넉해진다."5)

이는 『맹자·양혜왕상』에 나오는 말이다. 또한 『시경·소아·기보지
십祈父之什·무양無羊』에 보면 이런 구절이 나온다.

"목인牧人이 꿈을 꾸니, 무리들이 물고기가 되고 조(들판에 세우는
깃발)가 여(마을에 세우는 깃발)가 되도다. 태인太人(태복太卜)이 점을
치니 무리가 물고기가 되는 것은 실로 풍년의 조짐이로다."6)

정현鄭玄의 전箋에 따르면, "물고기는 일반인들이 길러 먹는 것이다.
지금 사람 무리가 서로 물고기를 잡는다고 하였으니 풍년이 들어 서로
공양할 수 있음을 나타내는 길상이다."7)

---

3) 『예기정의·왕제』, "六十非肉不飽." 위의 책, 423쪽.
4) 『맹자주소·양혜왕상』, "雞豚狗彘之畜, 無失其時, 七十者可以食肉矣." 앞의 책, 24
쪽.
5) 『맹자주소·양혜왕상』, "數罟不入誇池, 魚鱉不可勝食也. 不違農時, 穀不可勝食也."
위의 책, 9쪽.
6) 『모시정의·소아·기보지십·무양』, "牧人乃夢, 衆維魚矣, 大人占之, 衆惟魚矣, 實
維豐年." 앞의 책, 694쪽.
7) 『모시정의·소아·기보지십·무양』, 정현 주석, "魚者, 庶人之所以養也. 今人衆相

『공양전』에 나오는 아래 문장에서도 당시 물고기가 일상적인 음식이었음을 확인할 수 있다. 선공宣公 6년에 진영공晉靈公이 조순趙盾의 집에 용사勇士를 보내 그를 죽이려 했다. 용사가 조순의 집에 들어와 문틈으로 방안을 살펴보니, 조순이 물고기만 차려놓고 식사를 하고 있었다. 이를 목격한 용사가 말했다. "아, 조순은 정말로 어진 이로다. 진나라의 중신重臣임에도 물고기만 드시니 참으로 검소하도다."[8]

이상의 기록을 통해 알 수 있다시피 물고기는 일반 백성들이 즐겨 먹던 음식이었다. 아마도 이는 아주 먼 옛날부터 이어져온 식습관일 것이다. 그렇다면 옛 사람들의 먹을거리는 대략 다음 세 가지로 구분할 수 있다. (가) 한랭하고 산림이 울창한 지역 사람들은 대개 수렵생활을 하면서 새나 짐승의 고기와 피를 먹고 그들의 깃털과 가죽을 걸쳤다. (나) 기후가 덥고 식물이 무성한 지역 사람들은 초목의 열매를 주로 먹었다. 모시풀 껍질이나 명주로 옷을 해입기 시작한 것도 이런 지역 사람들이 처음일 것이다. (다) 강가나 호숫가에 사는 사람들은 대개 물고기를 먹었다. 이렇듯 지역마다 먹을거리가 서로 달랐지만 사람이 사는 곳이라면 어느 곳이나 초목이 자라고 종류 또한 다양하니 초목의 열매는 어느 곳이나 즐겨 먹었을 것이다. 『묵자・사과辭過』에 보면, "옛사람은 소식素食하며 제각기 떨어져 살았다."[9]는 말이 나오는데, 손이양孫詒讓은 자신의 『묵자한고墨子閒詁』에서 이렇게 해석하고 있다. "소식素食이란 초목을 먹는다는 뜻

與捕魚, 則是歲熟相供養之祥." 위의 책, 694쪽.

8) 『춘추공양전주소』, 선공6년, "靈公望見趙盾, 愬而再拜. 趙盾逡巡北面再拜稽首, 趨而出, 靈公心作焉, 欲殺之. 於是使勇士某者往殺之, 勇士入其大門, 則無人門焉者. 入其閨, 則無人閨焉者. 上其堂, 則無人焉. 俯而闚其戶, 方食魚飧. 勇士曰, 「嘻! 子誠仁人也! 吾入子之大門, 則無人焉. 入子之閨, 則無人焉. 上子之堂, 則無人焉. 是子之易也. 子為晉國重卿而食魚飧, 是子之儉也." 앞의 책, 332쪽.

9) 『묵자・사과(辭過)』, "古之民, 素食而分處." 앞의 책, 39쪽.

이다. 소소는 소소疏의 가차假借인데, 소疏는 소소疏의 속칭이다."10)

'소식疏食'은 두 가지 뜻이 있다. 하나는 거친 곡물이고 다른 하나는 곡물을 제외한 식물이다. 『예기·잡기雜記』에 나오는 다음 인용문은 '소'를 거친 곡물의 뜻으로 사용한 경우이다.

> "공자가 말했다. '내가 소시씨少施氏로부터 식사 대접을 받았을 때 배불리 먹을 수 있었다. 소시씨는 나에게 예의에 맞게 음식을 주었다. 식사를 하기에 앞서 내가 식제食祭를 올리자 소시씨가 일어나더니 변변찮은 소식疏食이니 식제食祭까지 올릴 것이 없다고 사양했다. 내가 식사를 끝내자 소식인지라 선생님의 속을 상하게 해서는 안 될 것이라고 말했다.'"11)

공영달의 소疏에 따르면, "거친 음식(疏粗之食)은 속을 상하게 할 수 있어 지나치게 배불리 먹으면 안 된다."12) 이렇듯 '소식'은 거친 음식의 뜻이다. 그러나 앞서 인용한 『묵자·사과辭過』에 나오는 '소식'은 곡물이 아닌 식물을 뜻한다. 이후 의미를 구별하기 위해 두 번째 의미인 식물의 '소疏' 위에 풀 초草를 얹혀 '소蔬', 즉 채소의 의미로 썼다. 『예기·월령月令』에 보면 '소식蔬食'이란 말이 나온다.

중동지월仲冬之月(겨울의 둘째 달인 11월)이 되면, "산림과 소택지沼澤地에서 소식蔬食(나물과 열매)를 채집하거나 짐승을 사냥하는 자가 있으면 전야田野를 관장하는 야우野虞가 잘 교도해야 한다. 채취한 소식과 포

---

10) 손이양(孫詒讓), 『묵자한고(墨子閒詁)』, 권1, "素食, 謂食草木. 素, 疏之假字. 蔬, 俗作蔬." 북경, 중화서국, 신편제자집성(新編諸子集成), 2001년, 34~35쪽.

11) 『예기정의·잡기(雜記)』, "吾食於少施氏而飽, 少施氏食我以禮. 吾祭, 作而辭曰: 疏食不足祭也. 吾飧, 作而辭曰: 疏食也, 不足敢以傷吾子." 앞의 책, 1232쪽.

12) 『예기정의』 소(疏), "疏粗之食, 不可强食, 以致傷害." 위의 책, 1232~1233쪽. 역주: 오경정의(五經正義) 가운데 한 권인 『예기정의』는 『예기』 원문에 정현(鄭玄)의 주, 육덕명(陸德明)의 음의(音義), 공영달의 소로 이루어져 있다.

획물을 강탈하는 자가 있으면 용서하지 않고 엄하게 처벌한다."13)

이외에도 『주례周禮』에 따르면, 천관총재天官冢宰인 태재太宰는 사람의 직업을 아홉 가지로 나누어 백성들에게 맡겼는데, 그 가운데 여덟 번째 직종이 신첩臣妾이다. 신첩이 하는 일은 "소재疏材(나물과 초목의 열매)를 채집하는 일이다."14) 또한 『관자 · 칠신칠주七臣七主』에 보면, 백성들을 먹여 살리는 데 나름의 통솔 방법이 있다고 하면서 농민 1인당 30무畝를 기준으로 하여 "과일과 소식(채소) 농사는 곡식 10섬에 상당한 양을 수확할 수 있도록 해야 한다."15)고 말했다. 같은 책 「팔관八觀」에 보면, "전야田野(농토와 들판)가 1만 호의 백성들이 먹을 수 있는 토지가 되려면, 사방 50리는 되어야 족하다. 1만 호 이하의 경우는 산림이나 연못이 있어도 되지만 이상일 경우는 산림이나 연못이 없어야 한다."16)는 말이 나온다. 이렇듯 여러 인용문에서 볼 수 있다시피 예전에는 '소식蔬食'이 매우 중요한 먹을거리였다. 춘추전국 시대로 넘어오면서 수렵할 수 있는 동물이나 가축의 양이 적었기 때문에 일반 백성들에게는 채소나 나무 열매가 주식처럼 중요했다.

지금은 '여모음혈茹毛飮血'이란 말을 주로 원시적인 생활을 비유하는 뜻으로 사용하고 있지만 실제로 상고시대는 물론이고 이미 농사를 짓던 시대에도 사람들은 그렇게 살아야만 했다.17) 예를 들어 "소무蘇武가 양의

---

13) 『예기정의 · 월령(月令)』, "山林藪澤, 有能取蔬食田獵禽獸者, 野虞敎導之. 其有侵奪者, 罪之不赦." 위의 책, 556쪽.

14) 『주례주소 · 천관 · 태재』, "八曰臣妾, 聚斂疏材." 앞의 책, 33쪽. 역주: 정현의 주에 따르면, "소재는 온갖 풀의 뿌리와 열매로 먹을 수 있는 것이다(疏材,百草根實可食者)."

15) 『관자교주 · 칠신칠주(七臣七主)』, "果蓏素食當十石." 앞의 책, 1025쪽.

16) 『관자교주 · 팔관(八觀)』, "萬家以下, 則就山澤." 위의 책, 260쪽.

17) 역주: 여모음혈(茹毛飮血)은 짐승을 잡아 털과 피까지 날것으로 먹는 것을 이르는 말이다.

털가죽에 눈을 섞어 먹었다."[18]는 말은 소무가 살았던 북해北海의 상황을 대변하는데, 이는 일반 사람들도 결코 낯설지 않은 모습이었을 것이다.

『시경·빈풍豳風』에 보면 "9월에 추수하기 위해 타작마당을 정리한다."[19]는 구절이 나오는데, 정현은 이에 대해 "봄에 타작마당을 갈아 채여菜茹를 재배했기 때문이다."[20]라고 주해를 달았다. 또한 공영달의 소疏에 따르면, "여茹는 저작咀嚼(씹다)의 뜻이지만 채菜(채소)의 별칭이기 때문에 옛 전적에서 채菜를 여茹로 쓰기도 했다."[21] 여기에 나오는 '채菜'는 오늘날의 채소인 '소蔬'로 '소식疏食'의 두 번째 의미로 쓰인 낱말이다. 후세의 채소는 먹을 만한 것을 골라 재배했기 때문에 먹는데 전혀 힘들지 않지만, 옛날에는 대개 산이나 들판, 하천 등지에서 채집한 것이라 거칠어서 씹기 힘들었다. 이러한 문제를 해결하려면 어쩔 수 없이 사람이 직접 재배하는 수밖에 없다. 이런 이유로 자연스럽게 채소를 직접 재배하는 쪽으로 흘러갔을 것이다. 이는 목축의 경우도 마찬가지이다. 다만 목축을 하려면 이에 적합한 자연 환경이 갖추어져야 하는데, 중국 내륙에는 드넓은 초원이 많지 않기 때문에 크게 발전할 수 없었다.[22]

옛 사람들은 이른바 소식시대疏食時代에 살면서 열악한 식생활로 인한 고통을 감수했다. 그러나 이로 인해 후손들은 오히려 값진 유산을 얻었다. 먹을거리가 그만큼 다양하고 많았으며, 또한 각종 식물의 특성에 대해 많은 것을 알게 되었기 때문이다. 중국 최초의 의학서인『신농본초경神農本草經』은 각종 식물의 특성을 기록한 책이다.『회남자·수무훈修務訓』

---

18) 『예기정의』 소(疏), "蘇武以雪雜羊毛以食之." 앞의 책, 669쪽.

19) 『모시정의·빈풍(豳風)』, "九月築場圃." 앞의 책, 504쪽.

20) 『모시정의·빈풍』 정현 전(箋), "耕治以種菜茹." 위의 책, 504쪽.

21) 『모시정의·빈풍』 소(疏), "茹者, 咀嚼之名, 以爲菜之別稱, 故書傳謂菜爲茹." 위의 책, 504쪽.

22) 황하 유역은 비교적 평평한 곳이 적지 않지만 넓은 초원을 이룰 정도는 아니다.

에 따르면, "신농神農이 온갖 풀을 먹어보고 샘물의 달고 쓴 맛을 맛보느라 하루에도 70번이나 중독되었다."[23]

하지만 이는 지나치게 견강부회한 것이다. 처음에 신농神農이란 말은 농업을 뜻했지 강씨姜氏 시조인 염제炎帝의 호칭이 아니었다. 예를 들어, 『예기·월령』에서 "명령을 내려 기다리게 함으로써 신농神農의 일(농사)를 방해해서는 안 된다."[24]고 한 것이나, 『맹자·등문공상』에서 "신농의 말을 실천하는 허행許行이라는 사람이 있다."[25]라고 한 것을 보면 '신농'이 농업의 의미로 사용되었음을 알 수 있다.[26] 따라서 『신농본초경神農本草經』은 농가農家가 약초의 성미性味를 다룬 저서이지 어느 개인의 저술이 아니다. 중국 약물학의 토대를 다지고 수천 년 동안 약물학의 기본 참고서로 활용되고 있는 이 저서에는 숱한 식물을 직접 먹어보면서 얻은 소중한 경험이 담겨 있다. 오늘날 우리는 몇 가지 곡물과 한정된 채소와 과일만 먹고 있으니 『신농본초경』과 같은 저서는 더 이상 나올 수 없을 것이다.

옛 사람들은 다양한 종류의 음식물을 먹는 잡식의 습관을 통해 온갖 식물의 성질을 파악할 수 있었으며, 각종 식물 가운데 음식 재료로 적합한 것을 추려내 재배하기 시작했으며, 먹을거리로 적격하지 못한 것은 도태시켰다. 이는 대략 두 가지 단계를 거쳐 진행되었다. 첫 번째는 다양한 식물 가운데 곡류를 선택하여 주식으로 삼는 단계이고, 두 번째는 이미 선택한 여러 곡물 가운데 거친 것을 도태시키고 맛이 좋은 것만 남겨

---

23) 『회남자·수무훈(修務訓)』, "神農嘗百草之滋味, 水泉之甘苦, 一日而遇七十毒." 앞의 책, 1118쪽.

24) 『예기정의·월령』, "毋發令而待, 以防神農之事." 앞의 책, 512쪽.

25) 『맹자주소·등문공상』, "有爲神農之言者許行." 앞의 책, 143쪽.

26) 역주: 『예기』의 경우는 농사의 뜻으로 보이나, 『맹자』에 나오는 '신농'은 사람을 뜻한다. 다만 저자는 '신농'을 강씨의 시조가 아닌 농가(農家)를 대표하는 사람으로 본 듯하다.

놓는 단계이다. 처음에는 백곡百穀이라고 말하다가 구곡九穀으로 바꿔 말하고, 다시 오곡五穀이라고 말한 연유가 바로 여기에 있다. 이렇게 해서 최종적으로 주식이 된 것이 바로 쌀과 밀이다. 『묵자·사과』에 관련 내용이 나온다.

> "성인이 나와 남자들에게 밭을 일구고 작물을 재배하는 법을 가르쳐 주어 백성들이 먹고 살 수 있도록 했다. 먹을 것이 마련되니 기운을 높이고 허기를 채워주며, 신체를 튼튼하게 하고 배를 부르게 하는 데 충분했다."27)

『여씨춘추·심시審時』에도 유사한 내용이 나온다.

> "때에 맞춰 심으니 곡식의 향이 좋고 맛이 달며 기운이 왕성하다. 백일 동안 먹으면 이목이 총명하고 마음의 심기가 밝아지며, 사지四肢가 강건해져 외부의 사기邪氣가 들어오지 못하여 몸에 질병이 생기지 않는다. 그래서 황제가 말했다. 사람의 몸에 사시四時의 기운이 바르지 못하면 먼저 오곡五穀을 바르게 할 따름이다."28)

농업의 출현과 발전이 인간의 영양공급과 건강 유지에 얼마나 중요한 관련이 있는지 보여주는 대목이다.

말, 소, 양, 닭, 개, 돼지를 포함한 육축六畜은 옛사람이 가장 많이 길렀던 가축이다.29) 하지만 말과 소는 수레를 끌거나 밭을 가는 데 주로 사용

---

27) 『묵자·사과』, "聖人作, 誨男耕稼樹藝, 以爲民食. 其爲食也, 足以增氣充虛, 強體適腹而已矣." 앞의 책, 39쪽.

28) 『여씨춘추·심시(審時)』, "得時之稼, 其臭香, 其味甘, 其氣章. 百日食之, 耳目聰明, 心意睿智, 四衛變强(『주(註)』: 四衛, 四肢也), 歹兒氣不入, 身無苛殃. 黃帝曰: 四時之不正也, 正五穀而已矣." 앞의 책, 987쪽.

29) 『주례(周禮)·직방씨(職方氏)』에서는 육축(六畜)을 육요(六擾)라고 했다. 구체적으로 가리킨 바에 대해서 정현(鄭玄)의 주를 참조하기 바란다.

했기 때문에 평소 자주 먹는 음식이 아니었다. 양은 방목하기 위해 넓은 초원이 있어야 했기 때문에 역시 드물고 귀했다. 따라서 닭이나 개, 돼지 등은 어디서나 쉽게 기를 수 있어서 평상시에도 음식 재료로 사용할 수 있었다.

수렵시대에는 대개 남자가 개를 키웠다. 『관자·승마수乘馬數』에 보면 이를 확인할 수 있다.

> "가뭄이나 홍수로 백성들이 농사를 지을 수 없게 되면, 조정에서
> 궁실과 대사臺榭(누각이나 정자)을 수리하도록 하는데, 주로 집안에도
> 개나 돼지조차 없는 가난한 이들을 고용한다."30)

인용문에서 알 수 있다시피 개나 돼지는 당시 가장 보편적인 가축이었다. 아마도 예전에는 개를 키우는 것은 남자들의 일이고, 돼지는 주로 여자들이 키웠을 것이다. 집의 뜻인 '가家'는 '宀면, 집'과 '豕시, 돼지'로 구성되어 있다. 돼지는 자기보호 능력이 약하기 때문에 밖에서 키우면 다른 짐승에게 잡혀 먹히기 쉽다. 그래서 반드시 집안에서 키웠다. 돼지가 사는 '가'는 주로 여자들이 맡았기 때문에 돼지를 여자들이 키웠다고 보는 것이 타당하다. 이후 '가'는 여자들이 사는 곳이란 뜻으로 사용했다. 이는 다음 기록에서도 확인할 수 있다.

『의례·향음주례鄕飮酒禮』에 "희생犧牲(제사에 사용하는 동물)은 개를 사용한다."31)고 했으니 남자들이 개를 기르거나 잡았음을 알 수 있고, 『예기·혼의昏義』에서 "시부모께서 방으로 드시면 신부는 희생으로 사용

---

30) 『관자교주·승마수』, "若歲凶, 旱, 水洗, 民失本, 則修宮室臺榭, 以前無狗後無彘者
爲庸." 북경, 중화서국, 2004년, 1232~1233쪽. 역주: 원문에 「산권수」로 오기하여 「승
마수」로 교정했다.

31) 『의례주소·향음주례(鄕飮酒禮)』, "其牲狗." 앞의 책, 231쪽. 역주: 『의례·향음주례』
에서 기술된 각종 활동이나 행사들을 진행하는 주체는 주로 남자이다.

한 수퇘지로 궤궤(음식을 올림)한다.”[32]라고 했으니 아마도 돼지는 주로 여자들이 길러 음식재료로 삼은 것으로 보인다. 나중에는 육고기를 판매하는 이들이 생겨났는데, 개를 비롯하여 가축을 도살하는 이들을 주로 남자들이었다. 소와 말은 농사용이나 교통수단으로 주로 사용되고, 양은 예전과 마찬가지로 넓은 초원이 없었기 때문에 가축으로 기르는 일이 드물었다. 수렵시대가 지나면서 수렵에 사용하던 개가 필요 없게 되자 점차 개를 기르는 일도 줄어들었다. 그러니 사람들이 상시 먹을 수 있는 육고기는 돼지만 남은 셈이다.

요리방식의 진보는 음식 발전의 중요한 현상 가운데 하나이다. 요리법의 발전은 역시 불의 사용에서 시작되었다고 말할 수 있는데, 이외에도 도기陶器의 발명과도 밀접한 관련이 있다. 『예기·예운』에 다음과 같은 내용이 나온다.

> “무릇 예禮의 시초는 먹고 마시는 데에서 비롯되었다. 옛날 사람은 기장쌀을 뜨거운 돌에 얹어 익혀 먹고, 돼지고기를 익혀 먹었으며, 땅을 파서 만든 웅덩이를 만들어 물을 담아 손으로 떠마셨다. 비자나무의 단단한 줄기로 북채를 만들고, 흙을 쌓아 토고土鼓를 만들어 북을 쳤다. 이렇듯 조잡하기는 했으되 존경하는 마음을 귀신에게 바칠 수 있었다.”[33]

정현의 주에 따르면, “가마솥과 시루가 없었던 중고中古 시대 사람들은 쌀을 일고 고기를 잘게 찢은 다음 소석燒石(구운 돌)에 올려놓아 익혀 먹었다. 지금도 북적北狄(북방민족을 멸시하는 말) 사람들은 이러한 식습관을 유지하고 있다.”[34] 오늘날에도 사용하는 요리법인 ‘석팽石烹’이 바로

---

32) 『예기정의·혼의(昏義)』, “舅姑入室, 婦以特豚饋.” 앞의 책, 1621쪽.
33) 『예기정의·예운』, “夫禮之初, 始諸飲食. 其燔黍捭豚, 汙尊而抔飲, 蕢桴而土鼓, 猶若可以致其敬於鬼神.” 앞의 책, 666쪽.
34) 『예기정의·예운』, 정현 주, “中古未有釜甑, 釋米捭肉, 加於燒石之上而食之耳. 今北

이것이다. 또한 정현에 따르면, "포炮는 과소裹燒(싸서 통째로 굽는 방법)이고, 번燔은 불에 올려놓아 익히는 것이며, 팽烹은 솥에서 삶는 것이다. 그리고 적炙은 꼬치에 꿰어 불 위에 놓고 굽는 것이다."[35] 이 가운데 '팽'의 방식은 도기가 발명된 이후의 요리법이다. 학자들에 따르면, 도기의 발명은 음식을 익힐 때 타지 않도록 흙을 발라 굽는 것에서 시작했다고 한다. 이러한 요리법이 바로 정현이 주에서 언급한 과소裹燒 방식이다. 도기가 발명되자 사람들은 음식에 물을 넣어 익혀먹게 되었으며, 음식의 맛을 향상시키기 위한 조미료를 사용할 수 있게 되었다. 이렇게 끓이게 되니 음식이 타는 것을 방지할 수 있고, 조미료를 사용하면서 훨씬 맛있는 음식을 먹을 수 있었다. 이러한 요리법의 발전은 사람들의 식생활에 큰 변화를 가져왔다. 우선 음식의 맛이 이전에 비해 월등하게 좋아졌다. 둘째, 살균 효과가 뛰어나 위생에 도움이 되었다. 셋째, 날것을 먹는 것에 비해 소화가 쉬웠다.

이렇게 식생활이 바뀌면서 사람들은 점차 더 좋고 맛있는 것을 추구하기 시작했다. 하지만 식생활의 사치가 하루아침에 생겨난 것은 아니다. 『염철론鹽鐵論·산부족散不足』의 한 대목을 살펴보도록 하자.

"옛사람은 기장쌀이나 돌피를 구운 돌에 익혀 먹고 손님을 대접할 때만 돼지고기를 먹었습니다. 그 이후에는 마을사람이 모여 함께 술을 마실 때 노인에게 고기 몇 그릇을 갖다 놓았을 뿐 젊은이들은 장醬 한 그릇과 고기 한 그릇을 놓고 서서 먹으면서 차례대로 술을 마셨습니다. 그 이후로 사람들은 혼례를 치를 때 사람들을 불러 두갱豆羹(제기에 담은 국)과 쌀밥, 그리고 잘게 썬 고기와 익힌 고기로 대접했습니다. 하지만 지금은 민간에서 손님을 주식을 대접하면서 나물이며 술안주가 겹겹

狄猶然." 위의 책, 666쪽.
35) 『예기정의·예운』, 정현 주, "炮裹燒之也, 燔, 加於火上, 烹, 煮之鑊也, 炙, 貫之火上." 위의 책, 666쪽.

으로 쌓이고 제육이며 구운 고기가 상 가득합니다. 옛날에 백성들은 좁쌀과 나물국으로 끼니를 잇고, 향음주鄕飮酒나 누랍膿臘, 제사 때가 아니면 술과 고기를 먹을 수 없었습니다. 그러나 지금은 저잣거리나 마을은 물론이고 두렁에서도 백정들이 특별한 일도 없이 가축이나 들짐 승을 도살하니 사람들이 야외로 모여들어 곡식을 짊어지고 가서 고기로 바꿔 돌아옵니다. 옛날에는 음식을 끓여 먹지 않았으며, 시장에서 사다 먹는 일도 없었습니다. 이후에 가축을 도살하는 백정이 생기고 술이나 소금, 물고기를 파는 이들이 생겼습니다. 그러나 지금은 길가 점포마다 뜨거운 음식들이 가판에 가득하고 나물이며 술안주가 진열된 시장이 형성되었습니다."36)

인용문에서 볼 수 있다시피 한대에 이미 식생활이 매우 사치스럽게 변화했음을 알 수 있다. 이는 『논형 · 기일譏日』에서도 확인할 수 있다. "전국 곳곳에서 제멋대로 가축을 잡는데, 하루에 도살되는 가축만 해도 천 마리에 이른다."37) 하지만 지금 우리의 식생활과 비교한다면 오히려 하찮은 것처럼 보인다. 예컨대 당시 도살하던 가축의 양은 지금 상해시에 서 하루에 잡는 가축의 양에도 부족할 것이다. 이렇듯 중국인들에게 육고 기는 이미 오래전부터 중요한 음식물이었다. 『수서 · 지리지』에 보면, 양

---

36) 『염철론 · 산부족(散不足)』, "古者燔黍食稗, 而㸖(捊)豚以相饗(㸖은 字). 其後鄕人飮 酒, 老者重豆, 少者立食, 一醬一肉, 旅飮而已. 及其後, 賓昏相召, 則豆羹白飯, 緐膾熟 肉. 今民間酒食, 殽旅重疊, 燔炙滿案. 古者庶人糲食藜藿, 非鄕飮酒, 膿臘, 祭祀無酒 肉. 今閭巷縣伯, 阡陌屠沽, 無故烹殺, 相聚野外, 負粟而往, 挈肉而歸. 古者不粥飪 (飪), 不市食. 及其後, 則有屠沽, 沽酒, 市脯, 魚鹽而已. 今熟食遍列, 殽施成市." 앞의 책, 305~307쪽, 313쪽. 역주: 향음주(鄕飮酒)는 마을의 선비들이 예를 갖추어 음식과 술을 함께 마시는 행사를 말한다. 주나라 시절 지방관인 향대부(鄕大夫)가 사인(士 人)을 추천하면서 베푸는 송별의 연회를 말하기도 한다. 누랍(膿臘)은 제사의 명칭 이다. 누(膿)는 8월에 곡신(穀神)에게 지내는 제사고, 납(臘)은 섣달에 선조(先祖)에 게 지내는 제사다.

37) 『논형교석(論衡校釋) · 기일(譏日)』, "海內屠肆, 六畜死者, 口數千頭." 북경, 중화서 국, 2006년, 993쪽.

주梁州, 한중漢中 사람들의 식성에 대해 언급한 대목이 나온다. "그들은 먹는 것을 좋아하여 주로 사냥이나 고기잡이를 생업으로 삼았다. 누추한 집에 살더라도 끼니마다 반드시 고기를 먹어야만 했다."38) 당연히 한나라 시절보다 식생활 수준이 훨씬 좋아진 것이 분명하다. 이러한 변화는 점진적으로 이루어졌다. 생활수준이 높아지면서 덩달아 빈부격차도 날로 심해졌다. 이 역시 옛날부터 그런 것은 아니었다. 우선 선진시대의 예를 살펴보자.

"3년 동안 경작하면 반드시 1년 양식을 비축할 수 있어야 하고, 9년 동안 경작하면 반드시 3년 양식을 비축해야 한다. 이리하여 30년간 통산하여 비축한 양식이 있으면, 설사 가뭄이나 홍수가 나더라도 백성들이 굶주리는 기색이 없을 것이다. 그런 후에야 천자는 날마다 성찬을 올리고 음악을 연주하며 식사를 할 수 있다."39)

"8개월 동안 비가 내리지 않으면, 천자는 성찬을 들지 않으며, 식사하면서 음악을 연주하지 않는다."40)

"흉년이 들어 곡식이 잘 여물지 않으면 군주는 성찬 때 짐승의 폐肺나 장腸으로 제를 지내지 않으며(고수레를 하지 않는다는 뜻), 말에게 곡식을 먹이로 주지 않고, 군주의 거마車馬가 지나는 길을 소제하지 않으며, 제사를 지낼 때는 종경鐘磬을 달지 않는다. 대부는 기장 밥을 먹지 않으며, 사士는 술을 먹지 않고 음악도 연주하지 않는다."41)

인용문의 내용은 그 이전 공산제共産制 사회에서 유전되어온 아름다운

---

38) 『수서』, 권29, 「지리지」, "性嗜口腹, 多事田漁, 雖蓬室柴門, 食必兼肉." 앞의 책, 829쪽.

39) 『예기정의 · 왕제』, "三年耕, 必有一年之食, 九年耕, 必有三年之食. 以三十年之通, 雖有兇旱水溢, 民無菜色, 然後天子食, 口舉, 以樂." 앞의 책, 376, 377쪽.

40) 『예기정의 · 옥조(玉藻)』, "至於八月不雨, 君不舉." 위의 책, 881쪽.

41) 『예기정의 · 곡례』, "歲凶, 年穀不登. 君膳不祭肺. 馬不食穀. 馳道不除, 祭事不縣, 大夫不食粱. 士飮酒不樂." 위의 책, 119쪽.

풍습으로 공동체 구성원이 고락을 같이한다는 뜻이다. 하지만 전국 시대에 들어오면서 이미 이런 유풍은 완전히 사라지고 만다.

> "푸줏간에 살찐 고기가 있고 마구간에 살찐 말이 있는데, 백성들은 주린 기색이 역력하고 들판에 굶어죽은 송장이 있다면, 이는 짐승을 몰아 사람을 먹이는 것입니다."[42]

이외에 『주례周禮·천관天官·선부膳夫』나 『예기·내칙內則』에 적힌 내용을 보면 당시 천자나 사대부들의 식생활이 얼마나 사치스러웠는지 알 수 있다. 이는 후대로 갈수록 더욱 심해졌다. 그래서 두보는 당시 상황을 이렇게 통탄한 것이다.

> 붉은 대문(귀족의 대문) 안에는 술과 고기 냄새 진동하고,
> 길가에는 얼어 죽은 해골 나뒹군다.
> 영화榮華와 빈곤이 지척을 사이에 두고 판이하니
> 슬픔과 한탄 이루 말할 수 없구나.[43]

다음으로 옛 사람의 음주 문화에 대해 살펴보겠다. 『전국책戰國策』에 보면 이런 기록이 나온다.

> "옛날 제녀帝女(요임금의 딸)가 의적에게 술을 빚도록 했는데 그 맛이 좋았다. 이에 우 임금이 마셔보고 그 맛이 좋자 의적을 멀리하고 맛난 술을 끊고 말했다. '후세에 필시 술로 나라를 망치는 이가 있을 것이다.'"[44]

---

42) 『맹자주소·양혜왕상』, "疱有肥肉, 廐有肥馬, 民有飢色, 野有餓莩. 此率獸而食人也." 앞의 책, 14쪽.

43) 두보(杜甫), 「장안에서 봉선현으로 가며 회포를 읊다(自京赴奉先縣詠懷五百字)」, "朱門酒肉臭, 路有凍死骨, 榮枯咫尺異, 惆悵難再述."

44) 『전국책·위책(魏策)』, "昔者, 帝女令儀狄做酒而美, 進之禹. 禹飮而甘之. 遂疏儀狄,

옛사람은 위의 기록에 근거하여 의적儀狄이 술을 발명한 최초의 사람이라고 했다. 하지만 의적은 술을 잘 빚었을 뿐이니 최초의 발명자가 아니다. 옛 사람들은 어떤 일의 시원을 찾을 때 주로 상고시대의 유명한 인물을 거명했을 뿐 실제로 그런 것은 아니다. 이는 『세본世本·작作』을 읽어보면 알 것이다.

술은 주로 곡식으로 빚은 것이니45) 농업이 나타난 후에 생긴 것이 분명하다. 「예운」에 보면 "와준이부음汙尊而抔飮"이라는 말이 나오는데, 정현의 주에 따르면, "와준汙尊은 땅을 파서 웅덩이를 만들고, 부음抔飮은 손으로 떠서 마시는 것이다."46)

하지만 이 때 마신 것은 술이 아니라 물이었을 것이다. 『의례·사혼례士昏禮』의 소疏에 따르면 당시에는 아직 술이 없었다. 합리적인 견해이다. 따라서 「예운」에서 땅을 파서 웅덩이를 만든다는 것을 마치 그 안에 술을 담는 것처럼 생각한다면 잘못된 해석이다. 이와 관련하여 『예기·명당위明堂位』의 다음 구절을 참조할 만하다.

> "하나라는 제사 때 맑고 깨끗한 물, 이른바 명수를 사용하고, 은나라 때는 단술을 썼으며 주나라는 술을 사용했다."47)

제사에 쓰이는 기물이나 물건은 주로 당시에 흔히 사용하는 것이나

絶旨曰, 後世必有以酒亡其國者." 앞의 책, 736쪽.

45) 『의례주소·빙례(聘禮)』 정현의 주, "무릇 술을 빚는 원재료로는 쌀이 가장 좋고 기장(黍米)이 그 다음이며 좁쌀(粟米)이 그 다음이다(凡酒, 稻爲上, 黍次之, 粟次之)." 앞의 책, 425쪽.

46) 『예기정의·예운』, 정현 주, "汙尊, 鑿地爲尊也. 抔飮手掬之也." 앞의 책, 1999년, 666쪽.

47) 『예기정의·명당위(明堂位)』, "夏后氏尙明水, 殷人尙醴, 周人尙酒." 북경, 북경대학교출판사, 1999년, 952쪽.

아니면 그 이전부터 내려오던 것들이다. 따라서 상나라 시절 단술을 사용했다고 하니 아마도 그 이전에 이미 술이 있었음을 짐작할 수 있다. 예禮(단술)은 술酒보다 맛이 진하다. 아마도 은대 사람들은 보다 진한 술을, 그리고 주대 사람들은 맑은 술을 좋아한 듯 싶다.『주례周禮·천관天官·주정酒正』에 보면, 오제五齊, 삼주三酒, 사음四飮이라는 말이 나오는데,[48] 사음의 술맛이 가장 약하고, 오제는 중간이며, 삼주가 가장 진하고 독했다. 당시 사람들은 제사 때는 주로 오제를 사용하고, 일상생활에서는 주로 삼주를 마셨다. 사람들은 갈수록 진한 술맛을 추구했으며, 점차 독한 술을 좋아했다. 그런 까닭에 술에 취해 추태를 보이는 일도 적지 않았다.『상서·주고酒誥』나『시경·소아·상호桑扈·빈지초연賓之初筵』에 보면 이를 확인할 수 있다.[49]

옛 기록들을 읽어보면 옛사람의 주량이 상당하였음을 알 수 있다.『사기·골계열전滑稽列傳』에 보면 순우곤淳于髡이 "소신은 한 말을 마셔도 취하고 한 섬을 마셔도 취합니다."[50]라고 말했다는 기록이 나오는데, 이는 풍유의 뜻이 담겨 있다. 하지만『고공기考工記』에서 "고기 한 두쿄, 술 한 두쿄는 중인中人(일반사람)이 먹고 마시는 양이다."[51]라고 한 것은 사

---

48) 역주:『주례·천관(天官)·주정(酒正)』에 의하면 오제(五齊)는 범제(泛齊), 예제(醴齊), 앙제(盎齊), 제제(緹齊), 침제(沈齊)를 이르는 다섯 가지 술이고, 삼주(三酒)는 사주(事酒) 석주(昔酒), 청주(清酒)를 말하며, 사음(四飮)은 청(淸) 의(醫), 장(漿), 이(酏) 등 네 가지 음료 종류를 이르는 말이다.

49) 역주:「빈지초연」5장에 보면, "저가 취하여 어질지 못함을 취하지 않은 자가 오히려 부끄러워한다(彼醉不臧, 不醉反恥)." "석잔 술을 마시고도 전혀 기억을 하지 못하니 하물며 감히 더 마시랴(三爵不識, 矧敢多又)." 등 술을 마시고 취태를 보이는 것에 대해 비판하는 내용이 보인다. 그래서「모시서(毛詩序)」는 이 시가 위나라 무공이 음주가 지나침을 뉘우친 것이라고 말했다.

50)『사기』, 권126,「골계열전(滑稽列傳)」, "臣飮一斗亦醉, 一石亦醉." 앞의 책, 3199쪽.

51)『주례주소·고공기』, "食一豆肉, 飮一豆酒, 中人之食." 북경, 북경대학교출판사, 1999년, 1140쪽.

실일 것이다. 『오경이의五經異義』에서 『한시韓詩』의 내용을 인용하여 옛날 주기酒器의 용량에 대해서 설명한 것을 보면, "한 되의 술을 담는 주기는 작爵, 두 되의 술을 담는 주기는 고觚, 석 되의 술을 담는 주기는 치觶, 넉 되의 술을 담는 주기는 각角, 닷 되의 술을 담는 주기는 산散이다."[52] 또한 『주례周禮』(고문경)에 보면, "작爵은 한 되의 술을 담을 수 있고, 고觚는 석 되의 술을 담을 수 있다. 손님에게 작爵으로 술을 권하면 상대방은 고觚로 답례한다. 한 작의 술을 권하고 고觚로 세 번 답례하는 술을 받으면 한 두豆의 술을 마시게 된다."[53] 그렇다면 한 두豆는 한 두斗, 즉 한 말인 셈이다.[54] 1고觚가 2되라는 『한시韓詩』의 설에 근거할 경우 1작爵은 3고觚의 술이니, 전체 7되의 술을 마시는 것이다. 앞서 언급했듯이 예전의 계량법은 오늘날의 5분의 1이니, 설사 그렇다고 할지라도 대단한 주량이 아닐 수 없다. 『주례·천관·장인漿人』에 보면 음료 가운데 여섯 번째로 양涼이란 것이 나온다.[55] 정사농鄭司農(정현)의 주에 따르면, "양涼은 물을 섞은 술이다."[56] 옛날에 이런 일이 없었다면 굳이 이렇게 해석할 이유가 없다. 따라서 옛날에는 술자리에서 술을 주고받는 헌수獻酬의 예를 행할 때, 술에 물을 섞어 먹었을 것이라는 합리적인 의심이 가능하다. 따라서 사람마다 주량이 다르니 술에 섞는 양은 다를 수 있겠으나 헌수獻酬하는 데 사용하는 주기酒器는 같았을 것이다.

기호품으로 술에 이어 생겨난 것은 차茶이다. 차茶의 본자本字는 도茶였

---

52) 『오경이의(五經異義)』, 1139쪽, "古人的酒器: 一升曰爵, 二升曰觚, 三升曰觶, 四升曰角, 五升曰散."

53) 『주례주소』, "爵一升, 觚三升, 獻以爵而酬以觚, 一獻而三酬, 則一豆矣." 앞의 책, 1139쪽.

54) 역주: 한 말(斗)은 열 되이다.

55) 『주례주소·천관·장인(漿人)』, "六飮有涼." 앞의 책, 129쪽.

56) 『주례주소·천관·장인』, 정현 주, "以水和酒也." 위의 책, 129쪽.

다. 『이아爾雅・석목釋木』에 따르면, "가檟(개오동나무, 씀바귀)는 고도苦
茶이다."[57] 주에 따르면, "나무가 치자梔子처럼 작고 겨울에 나며 잎을
끓이면 국처럼 마실 수 있다. 지금은 일찍 딴 것을 차茶, 늦게 딴 것은
명茗 또는 천荈이라고 하는데, 촉 땅 사람들은 이를 쓴 차, 즉 고도苦茶라
고 한다."[58]

기록에 따르면 도茶는 고채苦菜(쓴 나물)를 부르는 이름인데, 약간 쓴맛
이 나는 일종의 나물이다. 그렇다면 굳이 다茶를 '도'라고 불렀는가? 사실
신조어를 만드는 일은 그리 쉬운 일이 아니다. 새로운 사물이나 새로운
현상이 나타나면, 사람들은 흔히 그것과 유사한 기존 사물의 이름에 발음
을 약간 달리하여 새롭게 명명했다. 단음절單音節 단어가 발달했던 옛날
에는 대개 그런 식으로 새 이름을 만들었다. 새로운 명명 외에도 새로운
글자를 만들 때도 기존의 글자에 획수를 증감增減하여 만드는 일이 적지
않았다. 예를 들어 角각과 甪록, 刀도와 刁조, 그리고 요즘 새로 생겨난
乒병과 乓병 등이 그러하다. 그러므로 도茶에서 다茶가 나온 것도 그리
이상한 일이 아니다.[59]

차는 사천四川에서 주로 생산되지만 크게 유행한 것은 강남江南 일대이
다. 『삼국지・오지・위요전韋曜傳』에 보면, "손호孫皓가 신하를 불러들여
연회를 베풀고 함께 술을 마셨는데, 술을 못마시는 위요를 은밀히 불러
술 대신 차를 마시도록 했다."[60]는 대목이 나온다. 오나라는 지금의 강남

---

57) 『이아주조・석목(釋木)』, "檟, 苦茶." 앞의 책, 278쪽.

58) 『이아주소・석목』 주, "樹小如梔子, 冬生葉, 可煮作羹飲. 今呼早采者爲茶, 晚取者爲
    茗, 一名荈. 蜀人名之苦茶." 위의 책, 278쪽.

59) 차(茶)는 도(茶)에서 획수 하나를 빼내어 만든 글자이다. 음운적으로 어운(魚韻)에서
    마운(麻韻)으로 바뀌었다.

60) 『삼국지』, 권65, 「오지(吳志)・위요전(韋曜傳)」, "孫皓强迫群臣飲酒時, 常密賜茶以
    當酒." 앞의 책, 1462쪽.

이니 당시 귀족 계층들 사이에 차를 마시는 것이 일반화되었음을 알 수 있다. 이는 『세설신어世說新語』에서도 확인할 수 있다. 왕몽王濛은 차 마시기를 매우 좋아하여 손님이 오면 언제나 차로 대접했다. 그래서 왕몽 집을 방문하는 이들은 "오늘도 수액水厄이 있겠군!"이라고 말하곤 했다.61)

차가 전국적으로 보급되고 심지어 다른 나라로 전파되기 시작한 것은 당나라 때이다. 당나라는 중엽 이후로 다세茶稅를 거두기 시작했다. 『당서·육우전陸羽傳』에 보면 당시에 이미 서역 사람들과 차를 교역했음을 알 수 있다.

> "육우는 차를 좋아했는데, 『다경』 3편을 저술하여 차의 기원, 차법, 차구茶具에 대해 매우 자세하게 언급하여 천하 사람들이 차를 마시는 법을 알게 되었다. 상백웅(성명은 상로常魯, 중당시절에 감찰어사를 지낸 다인)이란 이가 육우의 차론을 더욱 확대하여 차의 효능에 대해 저술했다. 이후 차를 숭상하는 기풍이 형성되었다. 회흘回紇(위구르족) 사람들이 입조하면서 말과 차를 바꾸는 호시互市가 시작되었다."62)

『금사金史』에도 송과 금나라의 교역 사실을 확인할 수 있는 대목이 나온다.

> "금나라는 필요한 모든 차를 전부 송나라로부터 수입했다. 이는 자기 나라의 돈으로 적국을 지원하는 것이나 다를 바 없다 여기고 장종章宗 승안承安 4년에 직접 다방茶坊을 설립하여 직접 만들기 시작했는데, 태화泰和 5년에 폐지했다. 이듬해 칠품관七品官 이상만 차를 마실 수 있다는 규정을 반포했다."63)

---

61) 『세설신어(世說新語)』, "王濛好飮茶. 客至, 嘗以是餉之. 士大夫欲詣濛, 輒曰 : 今日有水厄."

62) 『신당서』, 권196, 「육우전(陸羽傳)」, "羽嗜茶. 著經三篇, 言茶之源, 之法, 之具尤備. 天下益知飮茶矣. 其後尙茶成風, 回紇入朝, 始驅馬市茶." 앞의 책, 5612쪽.

이렇듯 차가 전국적으로 보급되고 외국과 교역물품이 되었기 때문에 비록 오늘날처럼 모든 이들이 즐겨 마실 정도로 보편화된 것은 아니었다고 할지라도 전국적으로 많은 이들이 차를 마셨던 것은 분명한 사실이다. 그렇지 않다면 위 인용문에서 말한 것처럼 굳이 7품관 이상만 마실 수 있다고 금령을 내릴 이유가 없다. 그러나 다른 한편으로 평화소설平話小說인 『수호지水滸志』를 보면 술을 마시는 장면은 적지 않지만 차를 마신다는 내용은 별로 보이지 않는다. 현행본 『수호지水滸志』는 비록 김성탄金聖嘆에 의해서 개찬된 부분이 적지 않지만 송원시대의 옛 모습을 반영하는 대목이 적지 않다. 그렇다면 송원대에는 지금처럼 매일 차를 마신 것은 아니었다고 말할 수 있을 것이다. 옛 사람들은 차를 마시는 것이 무조건 몸에 좋다고 여긴 것은 아닌 듯 싶다.

『일지록日知錄』에 당대 기무경綦毋煚이 지은 『다음서茶飮序』를 인용하고 있는데, 그 가운데 이런 대목이 나온다. "(차가) 체한 것을 풀어주고 막힌 것을 없애주는 것은 하루 잠시 좋은 것이고, 기운을 수척하게 만들고 정기를 소모시키는 것은 평생토록 누가 되니 그 피해가 이토록 크다."[64] 또한 송대 황정견黃庭堅도 「다부茶賦」(「전다부煎茶賦」를 말한다)에서 "추위에 기를 소진시키는 것으로 차보다 심한 것이 없다고 하여 차를 끓일 때 소금을 넣어 보완하는데, 이는 도적을 끌어들여 집안을 망치는 것과 같다."[65]라고 말한 바 있다.

---

63) 『금사(金史)』, 권49, 「식화지」, "金人因所需的茶, 全要向宋朝購買, 認爲費國用而資敵. 章宗承安四年, 乃設坊自造, 至泰和五年罷. 明年, 又定七品以上官方許食茶." 앞의 책, 1108쪽.

64) 『일지록집석·차(茶)』, 권7, 당, 기무경(綦毋煚), 『다음서(茶飮序)』, "釋滯消壅, 一口之利暫佳, 瘠氣侵精, 終身之害斯大." 상해, 상해고적출판사, 2006년, 450쪽.

65) 『일지록집석·차(茶)』, 권7, 송, 황정견(黃庭堅), 「다부(茶賦)」, "寒中瘠氣, 莫甚于茶. 或濟之以鹽, 勾賊破家." 위의 책, 451쪽.

바로 이런 이유로 당송 시대에는 차를 여전히 약재로 여기는 이들이 적지 않았다. 더군다나 송대까지만 해도 지금처럼 찻잎을 우려서 마시는 것이 아니라 달여 먹었기 때문에 차를 마시는 것이 번거로웠을 뿐만 아니라 훨씬 자극적이었을 것이다. 이렇듯 예전의 차는 지금과 이름은 같으나 만드는 방식이나 마시는 방법이 서로 달랐다. 오늘날에는 차를 제조하면서 유해성분을 최대한 줄임으로써 누구나 보편적인 음료로 즐길 수 있게되었다. 이 역시 음식 발전의 과정인 셈이다.

차에 이어 생긴 기호품은 연초煙草이다. 연초는 처음에 여송국呂宋國[66]에서 중국에 수입되었는데, 어菸 또는 담파고淡巴菰라고 불렀다.[67] 지금의 복건성 보전莆田 지역에서 처음으로 재배하기 시작했다. 『해여총고陔余叢考』에 인용된 왕굉침王肱枕의 『인암쇄어蚓庵瑣語』를 보면 이런 내용이 나온다.

> "연초잎은 민중閩中(복건성)에서 나온다. 변경에 사는 사람이 한질寒疾(호흡기 계통에서 생기는 질병)에 걸리면 이것이 아니면 치료할 수 없다. 관외關外에서는 연초 한 근勛(근斤)을 말 한 마리로 바꿀 정도로 값이 비쌌다. 숭정崇禎 중엽 민간에서 불법으로 연초를 재배한 자는 도형徒刑에 처한다는 금령을 내렸다. 하지만 연초를 통해 얻는 이익이 크고 처벌이 가벼웠기 때문에 사람들은 처벌의 위험을 무릅쓰고 연초를 재배했다. 하는 수 없이 불법으로 연초를 재배하거나 판매하면 참형에 처한다는 엄한 금령을 다시 반포했다. 하지만 얼마 지나지 않아 군중의 병사들이 한질에 걸려 치료제로 연초가 필요하자 금령을 완화시켰다. 내가 어렸을 때만 해도 담배가 무엇인지 몰랐는데, 숭정 말기에는 삼척동자三尺童子도 담배를 피울 정도로 연초가 범람했다."[68]

---

66) 역주: 여송(呂宋)은 옛 국가 이름으로 지금의 필리핀 군도 중의 여송도(呂宋島)를 말한다.

67) 『본초강목(本草綱目)』을 참조하시오.

68) 『해여총고(陔余叢考)』, 재인용된 왕굉침(王肱枕)의 『인암쇄어(蚓庵瑣語)』, "煙葉出閩中, 邊上人寒疾, 非此不治. 關外至以一馬易一勛. 崇禎中, 下令禁之. 民間私種者問

인용문에서 보다시피 연초煙草가 나왔을 때는 오늘날의 아편처럼 엄격하게 금지했음을 알 수 있다. 아편鴉片만큼이나 엄했음을 알 수 있다. 연초가 한질 치료에 아무런 효과가 없다는 것은 오늘날 익히 알려진 사실이다. 그러니 연초가 없어 한질에 걸린 병사를 치료하지 못한다고 하여 금령을 완화한 것은 그저 핑계일 따름이다. 필자가 어렸을 때 어떤 책에서 본 바에 따르면, 명나라 말기 북부지방에서 연초를 피우다가 취해 밭에 쓰러진 농부를 종종 볼 수 있었다고 한다.[69] 오늘날의 한연旱煙(잎담배)이나 수연水煙(물담배), 궐련捲烟 등은 옛날 연초처럼 그리 독하지 않다. 연초 제조법이 그만큼 개량되었기 때문이다. 그러나 연초를 피우는 것에서 비롯된 아편 피우기는 여전히 큰 화근이 아닐 수 없다. 그러면 아편은 언제부터 시작된 것인가? 아편을 만들 때 사용하는 것은 앵속罌粟, 즉 양귀비과에 속하는 초본식물이다. 앵속이란 명칭이 처음 보이는 전적은 송대 초기에 발간된 『개보본촌開寶本草』이다. 송대 말기 양사영楊士瀛은 자신의 『직지방直指方』에서 앵속의 껍질이 이질痢疾 치료에 효과가 있다고 말했다. 명대 왕새王璽의 『의림집요醫林集要』에 보면, 죽도竹刀로 앵속罌粟의 진액津液을 긁어모아 그늘에 말렸다가 콩알만큼 꺼내서 공복에 미지근한 물과 함께 복용한다는 내용이 나온다. 이렇듯 앵속은 명나라 시절까지 오로지 약재로 활용되었을 뿐이다. 유정섭俞正燮의 『계사유고癸巳類稿』에는 직접 아편이란 말을 쓰고 있다.

徒刑. 利重法輕, 民冒禁如故. 尋下令 : 犯者皆斬. 然不久, 因軍中病寒不治, 遂弛其禁. 予兒時尙不識煙爲何物, 崇禎末, 三尺童子, 莫不喫煙矣." 상해, 상해고적출판사, 2011년, 652쪽.

69) 그 이야기는 40여 년 전, 곧 내가 여남을 살 때 읽은 것이라 책 제목도 생각나지 않는다. 또 소장 도서는 없어지거나 파손된 것이 대부분이며 겨우 본존된 것들은 아직 유격구(遊擊區)에 있어서 확인할 길이 없다.

"명대 사역관동문당四譯館同文堂에서 외국에서 보내온 글을 번역하여 8권으로 출간했다. 그 중에 섬라국暹羅國에서 보내온 글도 있는데, 진상 품으로 황제에게 아편 200근, 황후에게 아편 100근을 바친다는 내용이 나온다. 『대명회전大明會典』 권97, 권98에서 기록된 여러 나라의 진상품 명세서를 보면, 섬라暹羅, 자바爪哇, 방갈자榜葛剌 등 세 나라에서 보내온 진상품 가운데 오향烏香, 즉 아편鴉片이 포함되어 있다."[70]

이렇듯 당시 아편은 다른 나라에서 진상품으로 보내온 것일 뿐 국내에 서 재배된 것은 아니었다. 혹자는 신종神宗이 오랫동안 조회朝會에 참석하 지 않은 것이 진상품인 아편 때문일 수도 있다고 의심한 적이 있다. 그러 나 이는 추측일 뿐 입증할 만한 명확한 증거가 없다.

아편이 기호품처럼 여겨진 것은 연초를 피우는 습관에서 비롯된 것이 다. 청대 황옥포黃玉圃는 자신의 『대해사사록臺海使差錄』에서 이렇게 말한 바 있다.

"아편연鴉片煙은 마갈麻葛(삼과 칡)의 잎사귀에 아토雅土를 섞어 실처 럼 잘게 썰고 동당銅鐺(구리로 만든 노구솥)에 넣고 달여서 연초와 섞은 것이다. 죽통竹筩에 종사棕絲(야자껍질 섬유)를 가득 채운 다음 아편을 넣고 함께 모여 피운다. 이렇게 만든 아편연의 가격은 일반 연초보다 몇 배나 된다."[71]

---

70) 『계사유고(癸巳類稿)』, 권14, 「아편연사술(癸巳類稿·鴉片煙事述)」, "明四譯館同文 堂外國來文八冊, 有譯出暹羅國來文, 中有進皇帝鴉片二百斤, 進皇后鴉片一百斤之 語. 又『大明會典』九十七、九十八, 各國貢物, 暹羅、爪哇、榜葛剌三國, 俱有烏香, 即鴉 片." 북경, 상무인서관, 1957년, 521쪽.

71) 『본초강목습유(本草綱目拾遺)·화부(火部)·아편연(鴉片煙)』, 권2, 인용한 황옥포 (黃玉圃) 『대해사사록(臺海使差錄)』, "鴉片煙, 用麻葛同雅土切絲, 於銅鐺內煎成鴉 片拌煙. 用竹筩, 實以棕絲, 群聚吸之. 索值數倍於常煙." 북경, 중국중의약출판사, 1998년, 31쪽. 역주: 초기에는 삼이나 칡을 섞어 만들었지만 나중에는 순수한 아편을 사용했다.

아편과 아편연을 혼동한 것은 『옹정주비유지雍正硃批諭旨』에 나오는 옹
정 7년 복건 순무 유세명이 올린 상주문에서도 확인할 수 있다.

> "복건 순무巡撫 유세명劉世明이 아룁니다. 장주漳州 지부知府 이국치李
> 國治가 상인 진달陳達이 불법으로 아편 34근을 판매한다는 이유로 그를
> 군죄軍罪로 처벌하려고 했습니다. 이에 소신이 죄인을 직접 취조하고
> 심문하였습닏. 진달의 공초供招에 따르면, 아편은 원래 약재로 사람을
> 해치는 아편연鴉片烟과 다르다고 했습니다. 소신이 약재상을 불러 확인
> 하니 과연 이질 치료에 반드시 필요한 약재로 사람을 해치지 않는다고
> 했습니다. 아편은 연초를 넣어 함께 달여야만 아편연이 되는데, 이국치
> 등이 경솔하게 아편을 아편연으로 착각한 것입니다. 이는 의도적으로
> 사실을 왜곡하여 무고한 이에게 죄를 물은 것이니 탄핵 상주를 올립니
> 다."[72]

인용문에서 알 수 있듯이 당시 아편은 연초와 섞어 피웠다. 그러다가
연초를 포함한 다른 잎과 섞지 않고 순수 아편만 흡입하게 되니 그 해로
움이 연초보다 수백 배 심하게 된 것이다.

중국 음식 가운데 외국에서 전래된 것이 꽤 많다. 외국에서 전래된 음식
중에서 가장 중요한 것은 역시 자당蔗糖이다. 자당의 제조법은 당 태종太宗
때 마갈다摩羯陀라는 이를 통해 전래되었다. 『당서·서역전西域傳』에 이와
관련된 문장이 나온다. 이전까지 중국인들은 단 음식으로 이飴(엿)를 선호
했는데, 이는 쌀을 비롯한 곡물에 맥아麥芽(엿기름)를 섞어 만든 것이다.

---

72) [청] 鄂尔泰 등 편집, 옹정(雍正), 『주비유지(硃批諭旨)』, 제3函, 권14, 23쪽, 내부판
(內府版), 청 건륭3년, "七年, 福建巡撫劉世明, 奏漳州知府李國治, 拿得行户陳達私
販鴉片三十四斤, 擬以軍罪. 臣提案親訊. 陳達供稱鴉片原係藥材, 與害人之鴉片煙,
並非同物. 當傳藥商認驗. 僉稱此係藥材, 爲治痢必須之品, 並不能害人. 惟加入煙草
同熬, 始成鴉片煙. 李國治妄以鴉片爲鴉片煙, 甚屬乖謬, 應照故入人罪例, 具本題參."
역주: 군죄(軍罪)는 죄인을 변방으로 유배 보내 군졸로 충당하거나 노역을 시키는
고대 유형(流刑) 가운데 하나이다.

당糖이란 글자는 대서본大徐本『설문해자』에 새로 첨부된 신자新字 목록에 처음 나온다.73) 당糖자는 여전히 미米가 의미부이고, 엿飴이라 풀이했을 뿐 사탕수수를 뜻하는 자蔗는 전혀 언급되지 않았다. 이로 보건대, 송대 초기만해도 아직 자당이 보급되지 않았음을 알 수 있다. 북송 말기 왕작王灼이 『당상보糖霜譜』에서 비로소 자당의 생산지 및 제조법에 대해 자세히 소개했다. 이후 지금까지 엿보다 자당을 훨씬 선호하고 있다.

이외에도 목숙苜蓿(개자리)과 같은 채소나 수박을 비롯한 여러 과일류가 외국에서 전래되었는데, 본문에서 일일이 거론치 않을 따름이다.

중국은 세계적으로 으뜸가는 요리법을 가지고 있다. 일찍이 강유위康有爲가 자신의 『유럽 11개국 유람기歐洲十壹國遊記』에서 자세히 다룬 바 있다. 하지만 음식 맛이 좋은 것과 영양가가 높은 것은 사실 별개이다. 전체 생활비 가운데 음식비가 차지하는 비율로 본다면 중국인은 사치스럽다고 할 정도로 음식에 많은 비용을 지출하고 있다. 강유위가 「물질구국론物質救國論」에서 지적하였듯이 중국인은 전체 소비생활에서 주택과 옷 다음으로 음식에 많은 돈을 쓰고 있는데, 이는 심각하게 반성해야할 부분이다.

복식服飾의 발전

복식의 발전은 소재와 재단 양식의 발전 두 측면에서 살펴볼 수 있다. 옛 사람들의 의복에 대해 「예운」은 이렇게 말한 바 있다.

---

73) 역주: 대서본(大徐本)은 송대 서현(徐鉉)이 태종(太宗)의 명을 받들어 교정한 『설문해자』를 말한다.

"아직까지 삼베와 명주를 이용하지 못해 새의 깃털과 짐승의 가죽으
　로 옷을 만들어 입었다."[74]

　　인용문에 보면 옛 사람들이 삼베나 명주를 활용할 줄 몰랐기 때문에
새의 깃털이나 짐승 가죽을 걸쳤다고 했다. 이외에도 당시 사람들이 의복
의 재료로 사용한 것은 풀이다. 『예기·교특생』에서 관련 기록을 찾아볼
수 있다.

　　"누런 빛깔의 옷을 입고 머리에 황관黃冠을 쓰고 사제蜡祭(세말에 여
　덟 종류의 농사 신에게 올리는 제사)에 참여하는 이들은 농한기의 농부
　들이다. 농민들이 쓰는 황관은 원래 풀로 만든 누런 빛깔의 초립草笠이
　다. 대라씨大羅氏는 천자를 위해 조수鳥獸를 관리하는 관원이다. 해마다
　제후가 천자에게 조공하는 조수도 대라씨가 관리한다. 조공하는 제후
　의 사자使者들도 모두 초립을 쓰는데 이는 농부의 옷차림인 야복野服을
　존중하기 때문이다."[75]

　　『시경·도인사都人士』에도 "저 국도에서 사는 이들은 띠풀로 만든 대
립臺笠에 검은색 치포관緇布冠을 썼도다."[76]라고 하여 당시 도성에 사는
이들의 의복에 대해 읊은 바 있다. 『모전毛傳』에 따르면, "대臺는 더위를
피하기 위한 것이고 립笠은 비를 막기 위한 것이다."[77] 하지만 정현鄭玄은
달리 해석했다. "대臺는 부수夫須 풀이니 도성의 남자들은 부수풀로 삿갓
을 만들어 썼다."[78] 정현의 말에 따른다면, 당시 삿갓은 풀로 엮어 만든

---

74) 『예기정의·예운』, "未有麻絲, 衣其羽皮." 앞의 책, 668쪽.
75) 『예기정의·교특생(郊特牲)』, "黃衣黃冠而祭, 息田夫也. 野夫黃冠. 黃冠, 草服也. 大
　　羅氏, 天子之掌鳥獸者也, 諸侯貢屬焉. 草笠而至, 尊野服也." 위의 책, 804쪽.
76) 『모시정의·소아·도인사(都人士)』, "彼都人士, 臺笠緇撮." 앞의 책, 915쪽.
77) 『모시정의·무양』, 모형의 주, "臺所以禦暑, 笠所以禦雨也." 위의 책, 693쪽. 역주:
　　『모전(毛傳)』은 곧 모형의 주를 말한다.

것이다. 이외에도 『좌전』 양공襄公14년의 기록에 보면, 진晉나라 대부 범
선자范宣子가 강융족姜戎族의 수령인 구지駒支를 책망하는 대목 가운데 이
런 말이 나온다. "이전에 진나라 사람이 그대의 조부인 오리吾離를 과주瓜
州(강융의 원래 주거지)에서 내몰자 오리는 점개苫蓋(흰 띠풀로 만든 초
의)와 형극荊棘(풀로 만든 모자)을 걸치고 우리 선군先君(진혜공晉惠公)을
찾아와 몸을 의탁했소이다."79) 두예의 주에 따르면, "개蓋는 점苫의 별칭
이다." 또한 공영달의 소疏에 따르면, "입을 삼베옷이나 비단옷이 없어
풀로 엮은 초의를 덮어쓸 수밖에 없었다."80)

『묵자·사과辭過』에도 상고 시대 사람들이 동물의 가죽이나 풀로 엮은
옷을 입었다는 기록이 나온다. "고대 백성들은 의복이란 것을 아직 몰랐
기 때문에 동물의 가죽을 걸치고 건초교棻를 띠처럼 맸다."81) 손이양의
『묵자한고』에 따르면, "대교帶棻는 『의례·상복喪服』에 나오는 교대(絞帶,
삼베 띠)이거나 『묵자·상현尙賢』에 나오는 대소帶索(새끼줄)이다."82) 『의
례·상복전喪服傳』에 따르면, "교대絞帶는 삼베 띠이다."83)

또한 『맹자·진심상』에 보면, "순임금은 천하를 버리기를 헌 짚신(폐사
敝屣)처럼 할 것이다."84)라는 대목이 나오는데, 주에 따르면, "사屣는 초리
草履(짚신)이다."85) 『좌전』 희공僖公 4년에 보면 "진陳나라와 정鄭나라 사

---

78) 『모시정의·남산유대』, 정현의 주, "臺, 夫須也. 都人之士, 以臺爲笠." 위의 책, 614
쪽. 역주: 『정전(鄭箋)』은 곧 정현의 주를 말한다.

79) 『춘추좌전정의』, 양공 14년, "昔秦人迫逐乃祖吾離於瓜州, 乃祖吾離被苫蓋蒙荊棘,
以來歸我先君." 앞의 책, 917쪽.

80) 『춘추좌전정의』, 공영달 소, "言無布帛可衣, 惟衣草也." 위의 책, 917쪽.

81) 『묵자·사과(辭過)』, "古之民未知爲衣服時, 衣皮帶棻." 앞의 책, 36쪽.

82) 손이양, 『묵자한고』, "帶棻, 疑即 「喪服」 之絞帶, 亦即 「尙賢篇」 所謂帶索." 위의 책,
32쪽.

83) 『의례주소·상복전(喪服傳)』, "絞帶者, 繩帶也." 앞의 책, 543쪽.

84) 『맹자주소·진심상』, "舜視棄天下, 猶棄敝屣也." 앞의 책, 371쪽.

이로 통과하면 두 나라가 자량資糧(식량)과 비루屝屨(풀로 만든 군화) 등을 공급할 것이니 그 쪽이 나을 것입니다."86)라는 내용이 나온다. 주에 따르면, "비屝는 초리草履, 즉 풀로 엮은 신발이다."87)

이상 여러 문헌에서 볼 수 있다시피 옛 사람들은 의복은 물론이고 모자나 신발까지 풀로 엮어 만들었다.

옛날에 수렵하는 사람들은 대개 짐승 가죽을 옷의 소재로 삼았을 것이다. 『시경·채숙采菽』에 나오는 보黼에 대해 정현은 보불黼黻, 즉 수놓은 치마로 풀이하고 있다.88) 그에 따르면, "옛사람은 사냥하고 고기잡이를 하며 살았기 때문에 가죽옷을 입었다. 처음에 가죽으로 앞을 가리는 것만 알았으나 나중에는 뒤도 가릴 줄 알았다."89) 후세의 갑옷도 가죽으로 만들었다. 가죽으로 만든 옷으로 머리에 쓰는 피변皮弁, 허리에 매는 혁대革帶, 발에 신는 피구皮屨 등이 있다.90) 하지만 농경생활을 하던 농부들은

---

85) 조기(趙岐) 주(注), "屝, 草履." 위의 책, 371쪽.
86) 『춘추좌전정의』, 희공(僖公) 4년, "共其資糧屝屨." 앞의 책, 333쪽.
87) 두예(杜預)의 주, "屝, 草履." 위의 책, 333쪽.
88) 역주: 『주례』 「고공기」에 따르면, "흰빛과 검은 빛을 보(黼), 검은 빛과 푸른빛을 불(黻), 다섯 가지 빛깔이 구비한 것을 수(繡)라고 한다." 이렇듯 '불'은 의복의 색깔로 고대 예복에 놓는 수(繡)의 일종이다. 이외에도 무릎 앞을 가리는 헝겊인 폐슬(蔽膝)의 뜻도 있다.
89) 역주: 저자는 『시경·채숙(采菽)』의 정전(鄭箋)에 나온다고 했으나 오기인 듯하다. 「채숙」에는 '黼'만 나오며 '黻'은 나오지 않는다. 일단 「채숙」의 관련 대목을 살펴보면 다음과 같다. "콩잎을 뜯네, 콩잎을 뜯어 바구니에 담네. 군자가 조회에 오면 무엇을 줄거나 줄 것은 없어도 노거와 탈 말이로다. 또 무엇을 줄거나. 검은 예복과 수놓은 옷이로다(采菽采菽, 筐之筥之. 君子來朝, 何錫予之? 雖無予之, 路車乘馬. 又何予之? 玄袞及黼)." 다만 정현은 주에서 "大夫玄冕, 則玄衣黼裳而已."이라고 하여 '보'를 '보불'로 풀이했다. 인용한 문장은 『좌전』, 환공(桓公)2년, 「정의(正義)」에 인용된 『역위(易緯)·건착도(乾鑿度)』의 정현 주에 나온다. "古者田漁而食, 因衣其皮, 先知蔽前, 後知蔽後."
90) 『의례』, 「사관례(士冠禮)」와 「사상례(士喪禮)」에 따르면, "여름에는 갈구(葛屨, 칡

주로 풀을 엮어 옷을 만들어 입었다. 그래서 『예기 · 교특생』에서 황의黃衣, 황관黃冠 등 누런 풀로 만든 옷이나 삿갓을 보고 야복野服이라고 했던 것이다. 『상서 · 우공』에 보면 "(기주冀州 일대 도이들은) 피복皮服(가죽옷)을 입고……(양주揚州의 도이島夷들은) 훼복卉服(풀로 만든 옷)을 입는다."[91]고 했다. 이는 아직 미개한 상태였던 변방민족의 의복에 대한 언급이니 한족도 옛날에는 크게 다르지 않았다.

이후 삼베나 명주실을 이용하게 된 것은 위대한 발전이 아닐 수 없다. 명주는 처음에 황제黃帝의 왕비 나조嫘祖에서 비롯되었다고 하나, 이미 앞장에서 밝힌 바대로 신빙성이 떨어진다. 삼베를 언제부터 사용하기 시작했는지 현재로서는 고증할 방법이 없다. 삼베나 명주를 발견한 후 직조하는 방법을 터득한 것 역시 대단한 발명이다. 『회남자 · 범론훈氾論訓』에 보면 다음과 같은 내용이 나온다.

"백여伯余가 처음으로 옷을 만들었다. 삼을 쪼개 실을 꼬아 손가락에 걸어 짰는데 그 형태가 마치 그물과 같았다. 후세에 베틀과 북을 만들어 사람들이 보다 쉽게 길쌈하여 백성들이 피륙으로 짠 옷을 입고 몸을 가리고 추위를 막을 수 있었다."[92]

손으로 실을 꼬아 손가락에 걸고 베를 짜서 옷을 만드는 것은 결코 쉬운 일이 아니다. 길쌈의 방법은 사람들에게 엄청난 혜택을 준 대단한 발명이나 이 역시 언제부터 시작했는지 고증할 수 없다. 삼베와 명주가

신를 신고 겨울에는 피구(皮屨, 가죽신)를 신는다(夏葛屨, 冬皮屨)." 『방언(方言)』에 따르면, "이(履)는 천으로 만든 신발이다(履以絲爲之)."

91) 『상서정의 · 우공(禹貢)』, "島夷卉服……島夷皮服." 앞의 책, 146쪽. 『위공전(僞孔傳)』의 소(疏)에 따르면, 인용문에 나오는 '도(島)'는 '조(鳥)'의 뜻이다.

92) 『회남자 · 범론훈(氾論訓)』, "伯余之初作衣也, 緂麻索縷, 手經指挂, 其成猶網羅. 後世爲之機杼勝復, 以領其用, 而民得以揜形禦寒." 앞의 책, 716쪽.

나타나자 가죽과 풀로 옷을 만들어 입는 일이 점차 드물어졌다. 가죽은 주로 갑옷에 사용하였고, 특히 갖옷裘衣은 추위를 막기 위한 옷이되 점차 미관의 화려함을 추구하기 위해 입는 경우가 많았다. 그래서 옛 사람들은 요즘 사람들과 달리 털이 달린 부분을 바깥쪽으로 드러내어 입었다. 『신서新序 · 잡사雜事』에 나오는 다음 기록을 보면 알 수 있다.

> "산림과 하천을 관장하는 우인虞人은 구의裘衣를 뒤집어 입고 땔감을 지고 간다. 구의의 털이 아까워서 일부로 그렇게 입는 모양인데, 가죽마저 없으면 털이 붙을 데가 없다는 것을 미처 생각하지 못했던 것이다."[93]

보통 구의 위에 덧입는 옷을 석의裼衣라고 한다. 예를 갖출 때는 안에 입은 구의가 드러나도록 석의를 풀기도 하고 때로는 안의 구의가 가려지도록 석의를 풀지 않기도 한다. 전자의 옷차림은 석裼, 후자의 옷차림은 습襲이다. 이렇게 함으로써 나름 미관의 효과를 거두었다.[94]

가난한 사람은 거친 털옷을 입는데 이를 갈褐이라 한다. 갈은 오로지 추위를 막고 온기를 유지하기 위한 옷이다. 목축과 수렵 활동이 많이 쇠퇴한 오늘날에는 명주솜보다 모피가 훨씬 비싸지만 옛날에는 정반대였다. 모피가 보다 흔했으며 명주옷이 오히려 드물고 귀했다. "스무 살이면 모피와 명주로 지은 옷을 입을 수 있다."[95]고 했고, "오십이 되어 명주옷을 입지 않으면 따뜻하지 않다."고 했으니 명주옷이 누구나 언제든지 있

---

93) 유향(劉向), 『신서(新序) · 잡사2』, "虞人反裘而負薪, 彼知惜其毛, 不知皮盡而毛無所傳." 북경, 중화서국, 중화경전명저전본전주전역총서(中華經典名著全本全注全譯叢書), 2014년, 89쪽.

94) 구의 위에 석의를 덧입지 않는 것이 표구(表裘)라고 하는데, 손님이 계시는 자리에 이는 예의 바르지 못한 옷차림이 된다. 여름에도 외출할 때 반드시 곱거나 굵은 갈포 옷(絺綌) 위에 홑옷(禪衣)을 덧입어야 한다. 이를 진(袗)이라고 한다.

95) 『예기정의 · 내칙(內則)』, "二十可以衣裘帛." 앞의 책, 869쪽.

을 수 있는 옷이 아니었음 알 수 있다. 이에 비해 개나 양 가죽으로 만든 구의는 일반 백성들도 입을 수 있었다.96) 명주 가운데 새로 짜서 좋은 것은 광纊이라 하고, 오래되고 낡은 것은 서絮(거친 솜)라고 했다.97)

오늘날 옷을 만들 때 가장 널리 사용하는 재료는 목화木棉다. 목화 보급은 다른 의복 재료에 비해 늦은 편이다. 『남사南史·임읍전林邑傳』에 보면, 목화를 길패吉貝라고 하여 목본식물木本植物로 착각한 것 같다. 『신당서新唐書』에 와서야 비로소 목화를 고패古貝라고 하여 초본식물草本植物로 분류했다. 『남사南史』에 보면, 요찰姚察의 문생이 그에게 남포南布 1장丈을 선물했다는 기록이 나오고, 백거이白居易의 시에 "계포桂布는 흰 것이 눈과 같다."98)라는 구절이 나온다. 여기서 말하는 '남포南布'나 '계포桂布'는 모두 면포綿布, 즉 목화 솜을 자아 만든 무명실로 짠 피륙이다. 당시 목화 재배는 교주交州(지금의 광동성 일대)와 광주廣州 지역에만 한정되었다. 송대 사방득謝枋得의 시 「사류순부혜목면포謝劉純父惠木棉布」에 보면, "좋은 나무 목화도 심을 수 있으니 하늘이 어찌 팔민八閩에게 이처럼 두터운 은혜를 내리신 것인가?"99)라는 대목이 나온다. 이를 보면 당시에 이미 목화 재배가 복건까지 확대되었음을 알 수 있다. 또한 『원사元史·세조본기世祖本紀』에서 "원나라 26년, 절강浙江, 강동서江東西, 호광湖廣, 복건 지역에 목화제거사木棉提擧司를 설립했다."100)고 하였으니, 원대에 비로소

---

96) 『맹자주소·진심상』, "五十非帛不暖." 앞의 책, 423쪽.

97) 역주: 실로 만들 수 없는 고치를 삶아서 솜을 만드는데, 이를 서(絮)라 한다.

98) 백거이(白居易), 「새로 지은 겨울옷을 입고(新製布裘)」, "桂布白似雪." 역주: 계포(桂布)는 중국 광서성(廣西省)에서 만든 흰색 무명이다.

99) 사방득(謝枋得), 「사류순부혜목화포(謝劉純父惠木棉布)」, "嘉樹種木棉, 天何厚八閩?" 역주: 팔민(八閩)은 지금의 복건성 별칭이다.

100) 『원사』, 권15, 「태조본기12」, "至元二十六年, 置浙江, 江東西, 湖廣, 福建木棉提擧司." 앞의 책, 322쪽. 역주: 강동서(江東西)와 호광(湖廣)은 원대 행정구역으로 지금의 호남, 호북 및 광서, 해남, 귀주, 광동성 일부를 포함한다.

양자강 유역까지 재배 지역이 확대되었음을 확인할 수 있다. 이렇게 목화가 널리 보급될 수 있었던 것은 당시 방직의 발전과 관련이 있다.

> "경주瓊州에서는 길패吉貝(목화)로 옷과 이부자리를 만드는데, 부녀자들이 주로 그 일을 맡았다."[101]
>
> "송강松江 일대는 돌이나 모래가 많이 척박한 땅인지라 곡식이 부족했다. 그래서 복건, 광동에서 목화씨를 구해 심었다. 처음에는 물레나 무명활(목화송이를 타서 솜을 만드는 기구)이 없어 별로 효과를 볼 수 없었는데, 후에 아주崖州에서 황도파黃道婆라는 여인이 와서 사람들에게 길쌈하는 기술을 가르쳐 준 뒤 사람들이 이를 통해 크게 이익을 보았다. 황도파가 죽고 난 뒤, 그의 공을 기리기 위해서 사당을 지어 그녀를 기념했다."[102]

이처럼 목화는 꽤 오래전부터 영남嶺南 지역에서 심기 시작하였으나 송·원 시기에 이르러서야 비로소 북부지방까지 전파될 수 있었다. 이는 방직법이 아직 나오기 이전이라 이용하는 방법을 몰랐기 때문이다. 이렇듯 농업과 공업은 서로 의존하여 상호 발전을 촉진시키는 법이다.[103]

다음은 의복의 양식에 대해서 살펴보겠다. 가장 먼저 출현한 옷은 필韠이라는 가슴부터 내려와 무릎까지 가리는 일종의 가리개였다. 이는 후대에 불韍이라고 불렀다. 후대의 불韍은 미관의 효과를 얻기 위해 상裳 위에 덧입는 것이지만, 상고시대에는 안에 받쳐 입는 옷이 없이 몸에 직접 걸쳤다. 그렇기 때문에 '불'외에 별도로 걸친 것이 없었다. 앞서 인용한 바대

---

101) 『송사』, 권406, 「최여지전(崔與之傳)」, "瓊州以吉貝織爲衣衾, 工作由婦人." 앞의 책, 12258쪽.

102) 『철경록(輟耕錄)』, "松江土田磽瘠, 謀食不給, 乃覓木棉種於閩, 廣. 初無踏車椎弓之制. 其功甚難. 有黃道婆, 自崖州來, 敎以紡織, 人遂大獲其利. 未幾, 道婆卒, 乃立祠祀之." 상해, 상해고적출판사, 2012년, 270쪽.

103) 『해여총고(陔余叢考)』를 참조하시오.

로 "옛사람은 사냥하고 고기잡이를 하며 살았기 때문에 가죽옷을 입었다. 처음에 가죽으로 앞을 가리는 것만 알았으나 나중에는 뒤도 가릴 줄 알았다."

일반적으로 우리는 옷이 출현하게 된 것은 추위를 막기 위함이고, 그다음에 몸을 가리는데 사용했다고 생각한다. 하지만 사실은 그렇지 않다. 옛사람은 옷이 아니라 동굴에 살면서 겨울의 추위를 피했으며, 야만 시대의 사람들은 알몸을 결코 수치스러운 일로 여기지 않았기 때문이다. 이를 입증해 주는 사회학적인 증거는 얼마든지 찾을 수 있다. 노출을 수치스럽게 여겨 옷을 입기 시작했다고 주장하는 이들은 아랫도리가 먼저 생긴 뒤에 윗옷이 생겼으며, 앞을 가린 다음에 비로소 뒤도 가리게 되었다는 것을 예로 든다. 하지만 최근 사회학자들의 연구에 따르면 옷은 이성을 유혹하고 남의 시선을 끌기 위한 의도에서 비롯되었다고 한다. 알몸은 다 똑같지만 꾸밈은 사람을 돋보이게 만들기 때문이다. 있는 그대로보다 꾸민 모습이 사람에게 주는 시각적 자극이 더 크기 때문이다.

앞만 가리는 옷은 불韍이라 하고 뒤까지 가리는 것은 상裳이라 한다. 상裳에 과관袴管(바지통)을 단 것은 농襱바지라 한다. 짧은 농은 곤褌, 긴 농은 고袴이다. 『설문해자』에서 고袴를 경의脛衣, 즉 정강이까지 내려오는 옷이라 해석한 것은 바로 이 때문이다. 옛날에는 매우 가난할 경우 입을 고袴조차 없다고 말하곤 했다. 하지만 빈궁한 이들도 곤褌은 입었다. 옛날에 고袴와 곤褌은 꿰매지 않는 것이 일반적이었다. 꿰맨 것은 궁고窮袴라고 하는데, 매우 특별한 경우이다.[104] 따라서 곤褌과 고袴는 모두 상裳에서 변화해 온 것임이 틀림없다. 다시 말해 상裳이 나타난 다음에 곤褌과

---

104) 역주: 『한서』, 권97상, 「외척전(外戚傳)」, "雖宮人使令皆爲窮袴, 多其帶." 안사고(顔師古) 주, "服虔曰, 窮袴, 有前后当, 不得交通也.……窮袴卽今之緄襠袴也." 앞의 책, 3960쪽.

고袴가 생겨났다는 뜻이다. 상은 상폭裳幅(치마폭)을 앞에 세 폭, 뒤에 네 폭 달며 모두 반듯하게 마름질한 것이었다. 길복吉服으로 상은 주름이 많고 상복喪服으로 입는 상은 주름을 세 개만 잡는다.[105]

윗몸에 입는 옷을 의衣라 한다. 안에 입는 것으로 짧은 것은 유(襦), 긴 것으로 솜이 들어간 것은 포袍, 솜이 들어가지 않은 것을 삼衫이라 한다. 옛날에는 포袍나 삼衫이나 모두 예복禮服으로 그냥 입을 수 없기 때문에 반드시 단의短衣와 상裳을 덧입어야 했다.

머리에 착용하는 가장 존귀한 것은 면冠이다. 나무로 골격을 만들고 겉을 천으로 감싼다. 윗부분은 검은색, 아랫부분은 붉은색 천으로 발라 붙인다. 머리에 쓸 때 앞쪽으로 약간 기울인 채 착용한다. 앞쪽에는 주옥珠玉을 꿴, 유旒라는 오채五彩의 끈이 늘어져 있다. 천자의 관은 12류旒, 제후의 관은 9류, 7류 등 차등을 두었다. 양 옆에는 광纊이라 하여 구슬 크기 만한 황면黃綿(누런 명주솜)을 달아 귀에 닿을 정도로 늘어지게 했다. 나중에는 옥으로 황면黃綿을 대신하였는데, 이를 전瑱이라 한다. 면관은 야만 시대에 착용했던 장신구에서 이어져 온 것으로 보인다. 그래서 오늘날의 눈으로 보면 이상하게 보이지만, 옛 사람들은 매우 존귀한 것으로 간주했다.

면冕보다 한 등급 낮은 관은 가죽으로 만든 변관弁冠이다. 변관은 생긴 것이 면과 유사하나 유旒와 광纊이 없으며 쓸 때도 앞쪽으로 내려오지 않고 수평 상태를 유지하며 착용한다.

다음으로 관冠은 머리카락을 고정시키기 위해 쓰는 것으로 요즘 상례에서 상주가 쓰는 관冠과 흡사하다. 관 가운데에 꽂아 넣는 것을 양笄(나무 비녀)이라고 하는데, 길이는 대략 2촌寸 정도다. 또한 띠로 머리카락의 언저리 부분을 앞에서부터 뒤로 감싸는 것을 일러 무武라고 한다. 평상시에 쓰는

---

105) 『의례·상복(喪服)』 정현 주 참조.

관冠은 무武와 붙어 있는 것이 일반적이다. 각각 분리했다가 임시로 붙여서 쓰는 경우도 있다. 무武에 두 줄을 매달아 아래턱까지 내려가게 하여 매는 것을 영纓(갓끈)이라 한다. 매고 남으면 장식용으로 늘어뜨리는데, 이를 유緌라고 부른다. 관冠은 잠簪(비녀)을 쓰지 않으나 면관冕冠이나 변관弁冠은 잠簪이 있어야 한다. 여자가 사용하는 잠簪(비녀)은 계笄(비녀)라고 부른다. 옛사람은 머리카락을 그대로 드러내는 것을 금기시하였기 때문에 반드시 치리緇纚로 머리를 묶고 개紒라는 상투를 튼 뒤 관으로 고정시켰다. 관冠은 영纓을 쓰지만, 면관冕冠과 변관弁冠은 끈을 오른쪽 비녀에 달아매고 아래턱을 거쳐 다시 올려서 왼쪽 비녀에 묶었다. 관은 성인의 복식이자 귀족의 옷차림이다. 그래서 죄를 지었을 경우 관을 벗어야 했다.

하지만 오늘날 탈모脫帽하는 행위는 면주免胄, 즉 투구를 벗는 행위에서 발전한 것이다. 주胄(투구)는 무인武人이 쓰는 모자로서 머리를 보호하기 위해 얼굴을 거의 다 가리도록 아래로 내리는 것이 특징이다. 투구를 쓰고 있으면 사람들이 몰라본다. 때문에 모습을 드러내려면 주胄를 벗어야 했다. 『좌전』에 보면 관련한 대목을 찾을 수 있다. 애공哀公 16년, 초楚나라 백공白公이 반란을 일으키자 백성들이 모두 엽공葉公이 와서 구원해 주기를 원했다. 그리하여 엽공이 도성에 도착했는데, 그가 북문에 이르렀을 때 어떤 이가 엽공보고 이렇게 말했다.

"그대는 어찌하여 투구를 쓰지 않는 것입니까? 나라의 백성들이 그대 보기를 마치 인자한 부모를 바라보듯이 하고 있는데, 만에 하나 도적이 쏜 화살이 혹여 그대를 상하게 한다면, 이는 백성들을 절망하게 만드는 일입니다. 그런데 어찌 투구를 쓰지 않을 수 있겠습니까?" 그의 말을 듣고 엽공이 투구를 쓰고 계속 전진했다. 도중에 어떤 사람이 그를 보고 말했다. "그대는 왜 투구를 쓰고 있습니까? 나라의 백성들이 그대를 바라보기를 마치 풍년을 기다리는 듯 하면서 매일 오시기만을 기다리고 있습니다. 만일 백성들이 그대의 얼굴을 보면 안심할 수 있을 것입니다.

백성들이 이제는 죽지 않을 것임을 알고 분투하려는 의지를 다질 것이
고, 그대의 이름을 깃발에 적어놓고 돌아다니며 사람들에게 널리 알릴
것입니다. 그런데 투구로 얼굴을 가리어 백성들이 그대의 얼굴을 보지
못하게 하니 이는 너무 지나친 처사가 아니겠습니까?" 이에 엽공은 다
시 투구를 벗고 전진했다.[106]

인용문에서 볼 수 있다시피 주胄, 즉 투구를 쓰면 누구인지 제대로 알
수가 없다. 그렇기 때문에 투구를 벗음으로써 자신을 상대에게 알렸던
것이다.

오늘날 탈모脫帽 행위는 유럽 사람의 예절을 본 딴 것이다. 중고시대의
유럽은 전쟁이 잦고 치열했다. 면주免胄는 모습을 드러내 남에게 자신을
알리기 위함이고, 악수는 상대에게 무기가 없음을 보여주기 위함이다. 후
에 이러한 행동들이 평상시 인사법으로 굳어졌다. 중국인들이 이러한 예
절을 따르는 것을 나무랄 필요는 없지만 탈모脫帽와 면관免冠을 동일시하
는 것은 역사 사실과 어긋나는 일이므로 삼가야 한다.

옛날에 서민들이 관을 쓰지 않고 두건만 썼다. 상투를 감싸는 두건은
책幘이라 한다. 『후한서·곽태전郭泰傳』의 주에 인용된 주천周遷의 『여복
잡사輿服雜事』에 따르면, "건巾은 갈포로 만들고 형태는 흡帢(모자의 일
종)과 같다. 원래 서민들이 쓰는 것이었다."[107] 『옥편玉篇』에 따르면, "흡
帢은 모帽이다."[108] 『수서隋書·여복지輿服誌』에 따르면, "모帽는 옛날 농

---

106) 『춘추좌전정의』, 애공(哀公)16년, "葉公亦至, 乃北門, 或遇之, 曰, 君胡不胄? 國人
　　望君如望慈父母焉, 盜賊之矢若傷君, 是絶民望也, 若之何不胄? 乃胄而進. 又遇一人
　　曰, 君胡胄? 國人望君如望歲焉, 口口以幾, 若見君面, 是得艾也. 民知不死, 其亦夫有
　　奮心, 猶將旌君以徇於國. 而又掩面以絶民望, 不亦甚乎! 乃免胄而進." 앞의 책,
　　1693쪽.

107) 『후한서·곽태전(郭泰傳)』, 주에 인용된 『여복잡사(輿服雜事)』, "巾以葛爲之, 形
　　如帢, 本居士野人所服." 앞의 책, 2226쪽.

108) 『대광익회옥편(大廣益會玉篇)』, 권28, "帢, 帽也." 북경, 중화서국, 1987년, 127쪽.

부들이 사용하는 모자이다."[109] 이로 보건대, 건巾과 모帽는 양자가 매우 흡사했음을 알 수 있다.

발에 신는 것은 말襪(버선)이다. 처음에 말은 가죽으로 만들었다. 그래서 말襪의 의미부가 가죽을 나타내는 위韋인 것은 바로 이 때문이다. 말襪 위에 신는 것은 구屨이다. 옛사람은 방에 들어서면 신屨을 벗는 습관이 있었다. 신을 벗으면 버선이 바닥에 닿게 되는데 오래 서 있으면 땀으로 젖기 일쑤여서 버선을 벗고 앉는 습관이 생겼다.[110] 후세에 와서도 앉을 때 여전히 버선을 벗었는지는 기록이 없어 알 수 없다. 하지만 방에 들어오면 반드시 신을 벗는 습관은 오랫동안 지속되었다. 그런 까닭에 칼을 차고 신을 신은 채 전각에 오르는 이른바 검리상전劍履上殿을 매우 영광스러운 일로 여긴 것이다. 하지만 『당서唐書』의 기록을 보면 당대에 이미 조회朝會 때 신을 벗지 않았음을 알 수 있다.

> "체왕棣王 이염李琰의 두 첩이 서로 총애를 얻으려고 다투었다. 그 가운데 한 명이 무당에게 부탁하여 이염의 신발에 부적 하나를 몰래 넣었다. 공교롭게도 이염이 부적을 이용하여 남을 해치려고 한다는 고발이 들어오자 황제가 조회에 참가했을 때 관리를 시켜 그의 신발을 뒤져보았더니 과연 그러했다."[111]

이를 보면 조회에 참가할 때 신을 벗지 않았음을 알 수 있다. 그러나 제례의 경우 신을 벗는 행태가 완전히 사라진 것은 아니었다. 『구당서舊唐書』에 따르면, 당대 경룡景龍 2년 황태자가 석전제釋奠祭를 지내기에 앞서 관련 부서에서 참가하는 대신들은 모두 의관을 정제하고 말을 타야

---

109) 『수서』, 권12, 「예의지7(禮儀志七)」, "帽, 古野人之服." 앞의 책, 266쪽.

110) 『좌전』 애공 25년의 기록 참조.

111) 『구당서』, 권107, 「체왕염전(棣王琰傳)」, "棣王琰有二妾爭寵. 求巫者密置符於琰履中. 或告琰厭魅, 帝伺其朝, 使人取其履驗之, 果然." 앞의 책, 3260쪽.

한다는 규범을 마련했다. 이에 유지기劉知幾가 옛날에는 관을 쓰고 신발까지 신은 예복 차림으로는 수레만 탈 수 있었으니, 지금처럼 버선발로 등자를 딛고 신을 벗은 채로 말에 오르는 것은 고례古禮에 부합하지 않는다고 상주했다.

이를 통해 당대 제례에 아직까지 신을 벗는 관습이 남아 있었음을 알 수 있다. 신을 벗는 예절 이른바 선례跣禮가 폐지된 것은 다음 두 가지 이유 때문이다. 첫째, 화靴(가죽신)가 점차 널리 보급되었다. 둘째, 앉는 습관의 변화. 다시 말해 땅바닥에 앉는 습관에서 탈피하여 의자를 사용하기 시작했다. 이에 관해서는 추후에 다시 논의하겠다.

옛날에도 오늘날처럼 행전行纏을 착용했다. 옛날의 행전은 핍偪, 또는 사핍邪偪이나 행등行縢이라고 불렀다. 길을 떠날 때 착용하는 것이 일반적이지만 장식용으로도 사용했다. 송면초宋綿初의 『석복釋服』에 보면, "버선을 벗으면 핍偪이 보인다."[112]는 구절이 나온다. 『시경』에는 "다리에 붉은 슬갑을 두르고, 그 아래 행전을 쳤도다."[113]라는 구절이 나오는데, 이는 연회에서 여러 사람들이 버선을 벗고 함께 즐기는 장면에서 나오는 말이다. 이를 통해 '핍'은 버선 안에 착용하는 것임을 알 수 있다. 『일지록 日知錄』에도 행전에 관한 이야기가 나온다.

"오늘날 시골사람들이 대개 행전만 착용할 뿐 버선을 신지 않는데, 이는 예부터 전해져 내려온 유풍遺風이다. 기록에 따르면, 삼국시대 오나라의 하소賀邵는 용모와 행동거지가 아름다웠는데 항상 버선을 신고 있어 맨발로 있는 모습을 보는 일이 드물었다. 이로 보건대, 한위漢魏 때만 해도 사람들이 버선을 잘 신지 않고 맨발로 다니는 경우가 많았음을 알 수 있다."[114]

---

112) 청, 송면초(宋綿初), 『석복(釋服)』, "解韤則見偪."
113) 『모시정의·소아·채숙』, "赤芾在股, 邪幅在下." 앞의 책, 899쪽.

버선의 뜻인 말襪의 의미부가 가죽 위革에서 의衤로 바뀌어 말襪이 된 것도 한위漢魏 시절이라는 설도 있다. 버선은 처음부터 수렵민의 옷차림이었으며, 농경생활을 하는 이들은 버선을 신지 않고 선족跣足(맨발) 습관을 지녔던 것으로 보인다. 따라서 농경생활을 하던 중국의 선조들이 북방 유목민족의 영향으로 버선을 신게 되었으나, 제례를 비롯한 전통적인 의례에서 여전히 맨발의 구습을 유지했던 것으로 보인다.

옷은 맨 처음부터 몸을 가리기 위한 목적이 아니었다. 하지만 일단 옷을 입는 것이 습관이 되자 신체 각 부위를 옷으로 가리는 것이 올바른 예절로 자리 잡았다. 『예기·심의深衣』에서 "심의深衣(겉옷)라도 발등이 드러나지 않아야 한다."115)는 구절이 예증이다.

일을 할 때는 짧은 옷이 편하다는 것은 예나 지금이나 다름없다. 옛날에는 아랫사람 또는 하인들에게 노역을 시켰다. 그래서 그들은 상裳을 입는 경우가 드물었다. 이는 여러 문헌을 통해 확인할 수 있다.

"동자는 구裘(갖옷)와 상裳(치마)를 입지 않는다."116)
"10살이 되면 명주로 만든 유襦와 고袴를 입히지 않는다."117)

유襦는 짧은 옷, 즉 저고리이고, 고袴는 바지이니 상裳을 입지 않는다는 뜻이다.

"구관조가 팔짝팔짝 뛰고, 임금이 건후乾侯에 머물며, 건褰(바지)과 유襦(저고리)를 달라고 하네."118)

---

114) 『일지록집석(日知錄集釋)·행등(行縢)』, "今之村民, 往往行縢而不襪, 古人之遺制也. 吳賀邵美容止, 常著襪, 希見其足, 則漢魏之世, 不襪而見足者尙多." 상해, 상해고적출판사, 2006년, 1593쪽.

115) 『예기정의·심의(深衣)』, "短毋見膚." 앞의 책, 1561쪽.

116) 『예기정의·곡례』, "童子不衣裘裳." 위의 책, 32쪽.

117) 『예기정의·내칙』, "十年, 衣不帛, 襦袴." 위의 책, 869쪽.

예전 옷차림에서 유襦와 고袴는 예복禮服이 아니기 때문에 외출할 경우 반드시 상裳이라는 겉옷을 덧입어야 했다. 이는 요즘 사람들이 저고리와 바지 위에 장삼長衫을 덧입는 것과 같다. 하지만 옛날의 상裳에서 오늘날의 장삼長衫으로 바뀌는 과정에 반드시 심의深衣의 단계가 있었을 것이다. 심의深衣는 요즘 여성들이 입는 원피스와 비슷한 모양이다. 형태 면에서 위는 의衣, 아래는 상裳으로 이루어진 것처럼 보이는 심의는 위아래를 따로 마름질하여 이어 붙였다. 심의의 상裳은 모두 12폭幅으로 구성되는데 앞과 뒤가 각기 여섯 폭이다. 가운데 네 폭은 2등분했다. 양쪽에 있는 2폭은 어긋나게 마름질한 삼각형이다. 앞뒤 양 옆에 있는 삼각형으로 재단된 네 폭은 각이 있는 쪽을 위로, 넓은 쪽을 아래로 한다. 심의의 하단(밑단둘레)와 상단(허리둘레)의 비율은 3대2이다. 그렇기 때문에 별도로 주름을 잡지 않아도 편하게 움직일 수 있다. 심의는 백포白布로 만들지만 옷의 가장자리는 비단으로 선襈을 두르는데, 이를 순純이라 한다. 순이 없는 심의는 남루襤褸라고 하는데, 유난히 소박해 보인다. 그래서 '남루하다'는 말이 나왔다.

사士 이상의 지위가 높은 사람은 조복朝服과 제복祭服이 따로 있었지만, 서민은 심의를 길복吉服으로 삼아 입었고, 미성년자도 마찬가지였다. 서한 학자 대덕戴德의 『상복喪服·변제變除』에서 "동자가 가장家長이 되면 상裳을 입지 않고 심의를 입는다."[119]는 기록을 통해서 이를 확인할 수 있다. 또한 천자로부터 사에 이르기까지 모두 심의를 편복으로 즐겨 입었었다. 요즘 노동자가 평일에는 단의短衣를 입고 생활하되 격식을 차려야

---

118) 『춘추좌전정의』, 소공(昭公) 25년, "鸜鵒跦跦, 公在乾侯, 徵褰與襦." 앞의 책, 1456
쪽. 사기(師己)가 주 문왕(文王)과 성왕(成王) 시절에 부르던 동요를 인용하면서
말하는 내용이다. 『설문해자』에 따르면, 건(褰)은 고(袴)다.

119) 대덕(戴德) 찬, 『상복·변제(喪服·變除)』, "童子當室, 其服深衣不裳."

하는 자리에서는 포삼袍衫을 차려 입는 것처럼 옛 사대부들은 평일에 포삼을 입되 격식을 차려야 하는 자리에서는 예복禮服을 차려 입었다. 사실 극히 중요한 의식이 아닌 경우 심의를 입고 참석해도 무방했다. 그래서 심의는 "문직文職이든 무직武職이든, 아니면 빈상擯相(대부와 사가 상견相見할 때의 예)이든 군려軍旅(군대)이든 모두 입을 수 있는 옷이다."120)라고 했던 것이다. 이런 점에서 민국民國 건국 후 일상복인 포袍나 마고자馬褂를 예복으로 인정하여 별도로 예복을 맞추지 않도록 한 것은 현명한 결정이 아닐 수 없다.

『의례·사상례士喪禮』 소疏에 보면, 의衣와 상裳을 구별하지 않고 위아래를 연결시켜 재봉한 옷을 일러 통재通裁라고 한다는 내용이 나온다. 통재通裁는 심의를 개량한 것이며, 여기서 장포長袍가 비롯되었다. 하지만 통재는 널리 입은 것은 아니다.

후한後漢 이후로 포袍를 조복朝服으로 삼았다. 『속한서續漢書·여복지輿服誌』에 관련 문장이 나온다.

> "통천관通天冠을 쓸 경우에는 심의深衣를 의복으로 삼는다. 포袍는 다섯 계절에 따라 다섯 가지 색상이 있다.……지금은 하급 관리에 이르기까지 모두 포袍와 단의單衣, 깃과 소맷부리 등 옷의 가장자리에 검은 선襈을 두른 중의中衣(제복祭服 안에 입는 옷)를 조복朝服으로 삼아 입는다."121)

『신당서新唐書·거복지車服誌』에 중서령中書令 마주馬周가 예복과 관련

---

120) 『예기정의·심의(深衣)』, "可以爲文, 可以爲武, 可以擯相, 可以治軍旅." 앞의 책, 1562쪽.

121) 『후한서·여복지(續漢書·輿服誌)』, "通天冠,……服衣, 深衣制, 有袍, 隨五時色……今下至賤吏更小史, 皆通制袍, 單衣, 皁緣領袖中衣, 爲朝服云." 앞의 책, 3666쪽. 역주: 다섯 계절에 따른 색은 다음과 같다. 봄은 청(青) 여름은 주(朱), 계하(季夏, 늦여름)는 황(黃), 가을은 백(白), 겨울은 흑(黑)이다.

하여 상주한 내용이 나온다.

> "오늘날 예禮 규범에는 복식에 관한 내용이 없습니다. 하지만 삼대三
> 代(하, 상, 주)의 제도에는 이미 심의제深衣制가 있었습니다. 심의의 형
> 제形制를 바탕으로 하되 난襴, 수袖, 표標, 선襈을 더하여 사대부의 예복
> 으로 삼고, 심의의 양옆을 개과開胯하여 결과삼缺胯衫을 만들어 서민들
> 이 입도록 해주실 것을 아룁니다."[122]

이상에서 볼 수 있다시피 심의와 포삼袍衫은 선襈(옷 가장자리 장식)의
유무에 따라 구분한다. 인용문에 나오는 결과삼缺胯衫은 오늘날의 포삼袍
衫(두루마기처럼 생긴 고대의 의복)을 말한다.

그렇다면 일상복의 경우는 어떠했을까? 임대춘任大椿은 자신의 『심의
석례深衣釋例』에서 다음과 같이 말한 바 있다.

> "옛날에는 의衣와 상裳을 구분하는 형태의 옷을 예복으로, 구분하지
> 않는 옷을 연복燕服(미복微服, 사복私服)으로 입었다. 이후 면복冕服을
> 제외하고, 의와 상을 구별하지 않는 양식의 옷을 예복으로, 구별하는
> 양식의 옷을 연복으로 입었다."[123]

의衣와 상裳은 곧 유襦(저고리)와 군裙(치마)을 말한다. 옛날 부인들은
심의를 예복으로 삼아 의와 상을 구분하지 않고 입었다. 그러나 고악부古
樂府 「맥상상陌上桑」에 보면, "연한 황색 비단으로 하상下裳을 짓고 보라
색 비단으로 상유上襦를 맞춘다."[124]는 구절이 나온다. 그렇다면 당시 여

---

122) 『신당서』, 권24, 「거복지(車服誌)」, "禮無服衫之文. 三代之制有深衣, 請加襴袖標襈,
　　　爲士人上服.開胯者名曰缺胯, 庶人服之." 앞의 책, 527쪽.
123) 『심의석례(深衣釋例)』, "古以殊衣裳者爲禮服, 不殊衣裳者爲燕服. 後世自冕服外,
　　　以不殊衣裳者爲禮服, 以殊衣裳者爲燕服."
124) 고악부(古樂府) 「맥상상(陌上桑)」, "湘綺爲下裳, 紫綺爲上襦."

자들은 유襦와 상裳을 구분하여 마름한 옷을 입었음을 알 수 있다. 하지만 어떻든 간에 상裳을 입지 않은 사람은 없었다.

수당隋唐 이후 고습袴褶이라는 옷이 생겼다.[125] 임금이 친히 정벌에 나갈 때나 전쟁 시기에 백관들이 입었던 옷인데 이른바 융복戎服이다.

증삼이曾三異는 그의 『동화록同話錄』에서 다음과 같이 말한 바 있다.

> "요즘 입는 의복 가운데 길이가 허리를 넘기지 않고 양 소매가 겨우 팔꿈치를 덮는 맥수貊袖라는 것이 있다. 어마원禦馬院에서 일하는 어인圉人들이 입던 옷으로 앞자락과 뒷자락이 짧아 말안장에 올라탈 때 벗을 필요가 없어 말을 부리기 편하다."[126]

이것이 곧 오늘날의 마괘馬褂, 즉 마고자다. 『해여총고陔余叢考』에서 밝힌 바와 같이 예전에 반비半臂(반소매)라고 부르는 옷이다. 『삼국지 · 위지 · 양부전楊阜傳』에 "명제明帝가 모자를 쓰고 비단으로 만든 반수半袖(반소매)를 입으셨다."[127]고 한 것을 보면 반소매를 입기 시작한 것이 꽤 오래되었음을 알 수 있다.

다음 양당裲襠(단추가 없고 짧은 조끼 모양으로 저고리 위에 덧입는 옷으로 갑옷의 일종)에 대해 살펴보자. 이 역시 관련 기록이 적지 않다.

> "양당裲襠은 한 조각은 가슴을 가리고 다른 한 조각은 등을 가린다."[128]

---

125) 『급취편(急就篇)』 주에 따르면, "습(褶)은 형태가 포(袍)와 같이 짧고 소매가 넓다(褶, 其形若袍, 短身廣袖)."

126) 『동화록(同話錄)』, "近歲衣制, 有一種長不過腰, 兩袖僅掩肘, 名曰貊袖. 起於御馬院圉人. 短前後襟者, 坐鞍上不妨脫著, 以其便於控馭也."

127) 『삼국지』, 권25, 「위지(魏志) · 양부전(楊阜傳)」, "明帝着帽, 披綾半袖." 앞의 책, 704쪽. 역주: 명제는 위(魏) 명제(明帝) 조예(曹叡)를 말한다.

128) 『석명소증보(釋名疏證補) · 석의복(釋衣服)』, "裲襠, 其一當胸, 其一當背." 북경, 중화서국, 2008년, 172쪽.

"설안도가 진홍색 양당 조끼를 입고 적진賊陣에 달려들었다."129)

"각 장군의 시중들이 착용하는 옷차림으로 보라색 옷 위에 금대모로 엮은 양당갑紫衫金玳瑁裝補裲甲을 입거나 보라색 옷 위에 금비늘로 엮은 양당갑紫衫金裝補裲甲을 착용하는 경우, 그리고 진홍색 옷 위에 은비늘로 엮은 양당갑絳衫銀裝補裲甲을 입는 것이 있다."130)

"등사螣蛇 문양이 그려진 양당을 입는 무관들이 황휘黃麾 의장儀仗 옆에 섰다."131)

"양당裲裆은 요즘 연극에서 장수가 착용하는 금은갑金銀甲이다."132)

이렇듯 양당은 주로 전쟁터에서 장수들이 입는 일종의 갑옷을 말한다. 이외에도 갑옷을 칭하는 말이 있다. 오늘날에도 허리를 넘지 않는 길이에 소매가 없는 옷을 즐겨 입는데, 북부지방에서는 이를 감견坎肩이라고 부르고, 남부지방은 마갑馬甲이라고 부른다. 아마도 예전에 장수들이 흔히 착용하는 옷이라 그렇게 부른 것이 아닌가 싶다. 송대에는 이를 배자背子라고 불렀다.133)

의복은 시대마다 각기 대동소이했다. 모든 이들에게 같은 옷을 입도록 할 수는 없다. 더군다나 지역에 따라 기후가 다르고 사람에 따라 생활 형편이나 개인 취향이 다르니 더욱더 그럴 수밖에 없다. 하지만 사회생활을 하는 이상 사회 규약에 따른 제약을 받지 않을 수 없으니, 옷차림도

---

129) 『송서(宋書)』, 권77, 「유원경전(柳元景傳)」, (薛安都)"着絳衲兩當衫, 馳入賊陣." 앞의 책, 1984쪽.

130) 『수서(隋書)』, 권12, 「의례(儀禮)」, "諸將軍侍從之服, 有紫衫金玳瑁裝補裲甲, 紫衫金裝補裲甲, 絳衫銀裝補裲甲." 앞의 책, 259~260쪽.

131) 『송사(宋史)』, 권148, 「의위(儀衛)」, "武官陪立大仗, 加螣蛇補裲甲." 범질(範質)이 『개원례(開元禮)』를 논하는 대목. 앞의 책, 3474쪽.

132) 『해여총고(陔余叢考)』, "就是今演劇時將帥所被金銀甲." 상해, 상해고적출판사, 2011년, 637쪽.

133) 자세한 내용은 『석림연어(石林燕語)』을 참조하시오.

마찬가지이다. 그래서 사람들은 대다수 사람들이 입는 것과 크게 다를 바 없이 입기 마련이다. "열 명이 신발을 신고 다니는데 한 사람만 맨발로 돌아다니면 맨발로 다니는 이가 부끄럽다고 여길 것이고, 열 명이 맨발로 다니는데 한 사람만 신발을 신고 다닌다면 그 신발을 신은 이가 부끄럽다고 여길 것이다."[134)]는 말은 바로 이런 뜻일 터이다. 하지만 『예기·왕제』에 기록된 다음과 같은 일도 또 다른 문제라 하겠다.

> "관문을 지키는 관리는 금령에 의하여 출입하는 자를 살핀다. 괴이한 복장을 하고 다니는 것을 금지하고, 괴상한 언론을 퍼뜨리는 사람이 있는지를 살핀다.[135)]

이는 행동거지가 수상한 사람을 단속하기 위한 것일 뿐 복식을 통일시키려는 취지는 아니다. 또한 『주례·대사도大司徒』의 다음 내용도 마찬가지이다.

> "여섯 가지 풍습으로 백성을 안정시키는데, 여섯 번째 풍습은 의복을 동일하게 함이다."[136)]

이 역시 백성들이 사치스러운 생활을 하지 않도록 하기 위함이지 강제로 복식을 통일시키려는 의도가 아니었다. 사람의 의복은 사회적 제약이 있어 양식에 크게 차이가 나지 않지만 어느 시대이든 사소한 차이는 크게 문제가 되지 않았다. 이와 관련하여 『예기·유행儒行』의 다음 구절을 살펴보자.

---

134) 청, 위원(魏源), 『묵고하(默觚下)·치편(治篇)』, "十履而一跣, 則跣者恥. 十跣而一履, 則履者恥." 중화서국, 1976년, 73쪽.
135) 『예기정의·왕제』, "關執禁以譏, 禁異服, 察異言." 앞의 책, 418쪽.
136) 『주례주소·대사도(大司徒)』, "以本俗六安萬民, 六曰同衣服." 앞의 책, 262쪽.

"노나라 애공이 공자에게 물었다. '선생께서 입은 옷은 선비의 의복인가요?' 공자가 대답하여 말했다. '제가 젊어서 노나라에서 살 때는 넓은 소매의 홑옷을 입었습니다. 자라서 송나라에 살 때에는 장보관章甫冠(은나라 시절에 유행하던 관)을 썼습니다. 제가 듣기로 군자의 배움은 넓다고 할지라도 입는 옷은 고향(현지)의 풍속을 따른다고 합니다. 저는 선비의 옷에 대해 잘 모릅니다.'"[137]

인용문에서 볼 수 있다시피 옷차림은 지방이나 계급에 따라 약간씩 차이가 있었다. 유생이라고 하여 반드시 유생의 옷을 입은 것도 아니다. 예를 들어 『사기·숙손통전叔孫通傳』에 보면, 숙손통이 항상 유생 옷을 입었는데, 한 고조가 이를 싫어하자 고조의 고향인 초지楚地의 복식에 따라 단의短衣를 입었다.[138] 『염철론』, 「상자相刺」와 「자의刺議」에 보면, 상홍양桑弘羊이 당시 문학文學들의 유복을 비판하는 내용이 실려 있기도 하다.[139]

이렇듯 각기 지역이나 계층에 따라 의복이 달랐기 때문에 다른 지역이나 계층까지 같은 의복을 입도록 할 수는 없다. 하지만 교통이 발전하고 사회 각 계층 간에 왕래가 잦아짐에 따라 서로 다른 지역의 의복도 점차 비슷해졌다. 그리하여 현대에 들어와 세계가 더욱 가까워지자 세상 사람들의 의복 역시 서로 닮아가고 통일되는 현상이 두드러졌다.

일본은 변법(메이지 유신) 이후 거의 양복으로 의복 형태가 바뀌었다. 중국은 무술변법戊戌變法 때 강유위康有爲가 복식을 바꿀 것을 주장했으나

---

137) 『예기정의·유행(儒行)』, "魯哀公問於孔子曰：夫子之服, 其儒服與? 孔子對曰：丘少居魯, 衣逢掖之衣. 長居宋, 冠章甫之冠.丘聞之也, 君子之學也博, 其服也鄉. 丘不知儒服." 앞의 책, 1577쪽.

138) 역주: 『사기·숙손통전』, 권99, "叔孫通儒服, 漢王憎之. 乃變其服, 服短衣, 楚製, 漢王喜." 앞의 책, 2721쪽.

139) 역주: 「상자」에 보면, "衣冠有以殊於鄉曲, 而實無以異於凡人."이라고 하여 행실은 범인과 다를 바 없이 옷(유복)만 다르다고 비꼬는 내용이 나온다.

정변으로 인해 무위로 끝나고 말았다. 하지만 강유위는 자신의 상주문을 모은 「무술주고戊戌奏稿」에서 당시 복식 변혁을 주장한 것은 맹랑한 일이었으며, 실행되지 않은 것이 천만다행이라고 말했다. 실제로 그는 『유럽 11개국 유람기歐洲十壹國遊記』에서 중국 복식의 아름다움을 극찬했는데, 아마도 이와 관련이 있을 것이다. 그가 말한 중국 복식의 아름다움은 대략 다음과 같다.

첫째, 중국은 기후가 다양하여 한대, 온대, 열대가 공존하기 때문에 이에 맞는 다양한 옷을 생산했다. 따라서 재료나 재단방법이 다양하고 위생에도 적합하다. 둘째, 중국에서 생산한 비단은 다른 어느 나라에서도 찾아볼 수 없는 아름다움을 지닌 예술품이다. 셋째, 중국옷은 입고 벗는데 편리하다. 넷째, 중국의 복식은 서양과 마찬가지로 귀족과 평민이 각기 다르다. 이후 점차 동일해졌으나 방식 면에서 차이가 있다. 서양이 평민의 옷을 확대 보급한 것이라면 중국은 귀족의 옷이 일반 백성들까지 확산된 것이기 때문이다. 예를 들어 중국은 예전에 평민은 흰색 옷을 입었지만 서양은 검은 색 옷을 주로 입었다. 시민혁명이 일어나면서 계급의 차이에 불만을 품은 이들은 모든 이들에게 검은 색 옷을 입도록 했다. 그러나 중국은 달랐다. 중국 역시 점차 계급이 사라졌지만 오히려 귀족들이 입는 복식의 형태가 아래로 확산되었다. 그래서 평민들도 화려하고 다양한 옷을 입게 된 것이다.

사실 중국 복식의 아름다움에 대해서는 서양인들도 동감하고 있다. 민국民國 원년 복식 제도에 대해 논의할 당시 어떤 서양인이 신문에 특별 기고를 한 적이 있는데, 서양 복장은 변화가 없고 천편일률적이니 중국인들이 이를 모방하지 말기를 바란다는 내용이었다.

필자가 생각하기에, 고금과 동서를 막론하고 복식은 남방과 북방의 차이가 현저하다. 남방의 복식은 재료가 가볍고 촉감이 부드러우며 넓게 재단하는 것이 특징인 반면 북방은 재료가 촘촘하고 좁게 마름질하는 것이 일반적이다. 양자의 복식 형태가 서로 공존하면서 각기 발전함과 동시에 양자를 절충하여 발전시키는 것도 좋은 일이라 생각한다. 유럽의 복식은 남방과 북방 가운데 특히 북방 쪽의 의복에 치중한 것 같아 유감이다. 이에 반해 중국은 양쪽의 특징을 절충하였으며, 그 중에서도 남방의 특성을 잘 살렸다. 지금은 너나할 것 없이 양복을 숭상하고 있지만 이런 풍조는 한 때의 유행이자 일시적인 현상에 불과하다. 중국인에게는 중국의 복식이 더 적합하지 않겠는가?

중국 복식은 대체로 자체적으로 발전한 것이다. 외국에서 전래한 것은 화靴, 즉 가죽신 밖에 없다. 『광운廣韻』 팔과부八戈部에 인용된 『석명釋名』에 따르면, "화靴는 원래 호복이며 조나라 무영왕武靈王이 신었다."[140] 이외에도 『북사北史』에 보면, 서연西燕의 마지막 황제인 모용영慕容永이 젊은 시절 장안長安으로 끌려왔는데 가난하여 아내와 함께 가죽신靴 장사를 하면서 먹고 살았다고 한 것이나 북제北齊가 망한 뒤 주周나라에 들어온 비빈妃嬪들이 가죽신을 팔아 생계를 유지했다는 기록을 보면 당시 북방민족이 주로 가죽신을 신었으며, 이후에 내륙으로 전래되었음을 알 수 있다. 그렇다면 북방민족이 내륙에 나라를 세운 남북조 시대에도 아직까지 가죽신을 만들 줄 아는 한인漢人이 드물었을 뿐만 아니라 가죽신을 신는 일도 별로 없었음을 미루어 짐작할 수 있다.

당唐 중엽中葉 이후 군신들이 조회하면서 가죽신을 신었다는 기록이 나온다. 또한 주문공朱文公(주희)의 『가례家禮』에 보면, 벼슬이 없는 자는 난삼襴衫, 대帶와 화靴를 쓴다는 구절이 나온다.[141] 그러나 당대 이전에

---

140) 『석명소증보(釋名疏證補)·석의복(釋衣服)』, "鞾本胡服, 趙武靈王所服." 중화서국, 2008년, 178쪽.

141) 역주: 『주자가례(朱子家禮)』, 권2, 「관례」, 890쪽, "無官者襴衫, 帶, 靴." 상해고적출판사, 1999년.

가죽신이 전혀 없었던 것은 아니다. 동한 시절 허신이 쓴 『설문해자』에 따르면, "제鞮란 혁리革履(가죽신)이다."[142] 그렇다면 늦어도 동한 시절에 이미 가죽신이 있었음을 알 수 있다. 『고금운회古今韻會』는 『설문해자』의 이 구절을 그대로 인용하면서 "호인胡人의 신발은 정강이까지 닿기 때문에 낙제라고 한다(胡人履連脛, 謂之絡緹)."고 했다. 이를 통해 가죽신이 널리 보급된 이유를 짐작할 수 있을 듯하다. 가죽신, 즉 화靴는 정강이까지 닿을 정도로 제법 긴 신발이다. 그렇기 때문에 굳이 행등行縢, 즉 행전을 따로 쓰지 않아도 된다. 게다가 화는 가죽으로 만들기 때문에 습기와 추위를 막아주고 다른 재료보다 훨씬 질기고 단단하여 오랫동안 신을 수 있다.[143]

다음 상복喪服에 대해 알아보겠다. 옛날에 상복은 곱거나 거칠기를 기준으로 구분했을 뿐 옷의 색상은 별로 신경 쓰지 않았다. 상복은 흰색 명주로 만든다는 기록도 있으나[144] 포백 염색이 그리 발달하지 않았던 옛날에는 주로 흰색 옷을 입었을 것이나 색상으로 길복吉服과 상복을 구별하지 않았음이 틀림없다. 이후 채색 옷을 널리 입게 되면서 점점 흰색을 상복으로 사용하기 시작했다.

송대 정대창程大昌이 지은 『연번로演繁露』에 보면, 흰색이 상복에 사용되는 금기 색깔이 되는 과정을 파악할 수 있다.

> "『수지隋誌』에 의하면 남북조 송宋과 제齊나라 시절에는 사적인 자리에서 임금이 백고모白高帽를 썼다. 수나라 시절 백흡모白帢帽는 경사나

---

142) 『설문해자주(說文解字注)』, "鞮, 革履也." 북경, 중화서국, 2013년, 111쪽.

143) 이는 초기 가죽신에 대한 언급일 뿐이다. 후대로 넘어오면서 '화(靴)'의 재료가 가죽만으로 국한되지 않았기 때문이다.

144) 자세한 내용은 『시경·국풍·회풍(檜風)·소관(素冠)』에 나오는 극인(棘人, 거상 중인 사람)이 입는 소복(素服)에 대한 소(疏)를 참조하기 바란다.

흥사 시 모두 착용할 수 있는 복식이었다. 국자감國子監 생원도 백사白紗 두건을 착용했다. 한편 진晉나라 사람은 흰색 접리接籬를 쓰는데 이에 대해 두빈竇蘋은 자신의 『주보酒譜』에서 접리接籬란 두건을 말한다고 했 다. 남제南齊 환송조桓崇祖가 수춘壽春 태수太守를 지낼 적에 백사모白紗帽 를 쓰고 견여肩輿를 타고 성벽에 올랐다고 했는데, 오늘날 같으면 기이 하게 여겨지겠으나 당시에는 전혀 이상하지 않았다. 곽림종郭林宗이 비 를 맞아 두건 한 쪽을 눌러 써서 비를 막았다는 절각건折角巾의 고사가 있는데, 이현李賢이 주注에서 주천周遷의 『여복잡사輿服雜事』를 인용하여 이렇게 말했다. '건巾은 갈포로 만드는데, 형태는 흡帢과 유사하다. 원 래 서민이 사용했으나 위무왕魏武王 조조曹操가 흡帢을 쓰면서 건은 폐지 했다. 하지만 오늘날 국자감 생원이 그것을 다시 쓰게 되었으며, 소재는 백사白絲이다.' 이상의 기록은 모두 흰색을 기피하지 않던 시절의 일이 다. 뿐만 아니라 악부樂府에 실린 「백저가白紵歌」에 보면, '가벼운 구름 같고 은빛이 도는데 그것으로 포袍를 짓고, 남은 재료로 건으로 만들어 쓰네.'라는 내용이 나온다. 하지만 요즘 사람들은 화려한 옷차림으로 치장할 때 결코 백저白紵로 옷을 해입지는 않을 것이다. 이토록 옛날과 오늘날의 복식 풍습이 크게 달라졌다. 『당육전唐六典』에 따르면, 황제의 복식 가운데 백사모가 있다. 모자 이외에도 치마, 저고리, 버선 등도 모두 흰색이다. 조회에 나가거나 소송을 처리할 때는 물론이고 빈객을 접대할 때도 이처럼 흰색 옷을 입었다. 그러나 그 아래 주注에 보면 오사烏紗도 사용했다고 적혀 있다. 이로 보건대, 예로부터 전해지는 고 제古制는 여전히 남아 있었지만 당시 사람들이 반드시 그것을 지킨 것은 아니었음을 알 수 있다. 따라서 흰색을 금기의 색으로 간주하게 된 지가 꽤 오래되었다고 할 수 있다."145)

---

145) 『연번로(演繁露)·고복불기백(古服不忌白)』, 권13, "『隋志』：宋齊之間, 天子宴私 著白高帽. 隋時以白帢通爲慶弔之服. 國子生亦服白紗巾. 晉人著白接籬, 竇苹『酒譜』 曰, 接籬, 巾也. 南齊桓崇祖守壽春, 著白紗帽, 肩輿上城. 今人必以爲怪. 古未有以白 色爲忌也. 郭林宗遇雨墊巾, 李賢注云, 周遷『輿服雜事』曰, 巾以葛爲之, 形如帢. 本居 士野人所服. 魏武造帢, 其巾乃廢. 今國子學生服焉, 以白紗爲之. 是其制皆不忌白也. 樂府白紵歌曰：質如輕雲色如銀, 制以爲袍餘作巾. 今世人麗妝, 必不肯以白紵爲衣. 古今之變, 不同如此.『唐六典』, 天子服有白紗帽. 其下服如裙襦襪皆以白. 視朝聽訟,

염색법은 『주례 · 천관 · 염인染人』, 『주례 · 지관 · 장염초掌染草, 그리고 『고공기 · 종씨鐘氏』에 모두 나온다. 염색의 출현은 그 시기가 꽤 이르다고 할 수 있겠지만, 그것이 사회적으로 널리 보급된 것은 또 다른 문제라 하겠다.

마지막으로 회수법繪繡法, 즉 의복에 수를 놓거나 그림을 그리는 방법은 『상서 · 고요모皐陶謨』146)의 소疏에서 언급된 바 있다. 옛 사람들은 흔히 회繪를 화畫로 착각하여 동일시했다. 하지만 회繪의 본뜻은 오색의 실로 직조한다는 뜻이다. 이는 송면장末綿莊이 『석복釋服』에서 자세히 밝힌 바 있는데, 필자 역시 이에 동의한다. 요즘처럼 기계를 사용할 경우 염색이나 날염은 비교적 대량으로 생산할 수 있어 딱히 사치품이라고 할 수 없다. 하지만 수공으로 하는 경우는 여전히 사치품이 아닐 수 없다. 마찬가지로 주로 수공에 의지했던 옛날에는 염색이 그리 쉬운 일이 아니었다. 또한 자수刺繡한 의복 역시 마찬가지이다. 자수는 일종의 예술이지만 일반적으로 제창할 만한 의복 형태는 아니다. 지금도 우리 사회에는 헤진 옷조차 제대로 입지 못하는 이들이 적지 않기 때문이다.

燕見賓客, 皆以進御. 然其下注云 : 亦用烏紗. 則知古制雖存, 未必肯用, 習見忌白久矣." 흠정사고전서(欽定四庫全書), 문연각(文淵閣), 제0852책, 0175d~0176a쪽.
146) 금본 『상서 · 익직(益稷)』.

14

주거생활과 교통의 발전

주거 형태의 변화

상고시대 주거 형태는 기후와 지형에 따라 소거巢居와 혈거穴居 두 종류로 나뉜다. "상고시대 사람은 겨울에는 동굴에서 거처하고, 여름에는 나뭇가지를 모아 엮은 보금자리에 누워 잤다."[1] "낮은 곳에 사는 사람은 새처럼 나무 위에 둥지를 틀어 생활하고, 높은 곳에 있는 사람은 굴을 파서 살았다."[2] 이로 보건대, 더운 지역 사람들은 대개 새처럼 나무에 둥지를 엮어 살았고, 춥고 건조한 지역 사람들은 굴을 파서 생활했음을 알 수 있다.

오늘날에도 여전히 소거巢居의 풍습을 유지하는 이들도 있다. 그들의

---

1) 『예기정의 · 예운』, "冬則居營窟, 夏則居橧巢." 앞의 책, 668쪽.
2) 『맹자주소 · 등문공하』, "下者爲巢, 上者爲營窟." 앞의 책, 176쪽.

주거 양식은 나뭇가지나 풀로 나무 위에 거처를 만들고 오르내릴 수 있는 나무 계단을 설치한 모습이다. 『회남자·본경훈本經訓』에 "갓난아이를 나무 위 둥지에 올려놓는다."[3]고 했는데, 여기에서 말하는 둥지가 바로 '소거'의 주거 형태이다. 이후 나무를 베어 땅에 올려놓고 그 위에 목재를 가로질러 공간을 마련하는 형태로 발전했다.

혈거는 다시 복覆과 혈穴의 두 형태로 나뉜다. 처음에 사람들은 천연 동굴에서 살았을 것이다. 땅에 구덩이를 파서 살기 시작한 것은 그 이후의 일이다. 이런 주거 형태를 혈穴이라 한다. 옛날에 건설을 관장하는 관원을 사공司空이라 부른 연유도 바로 여기에 있다. 빈 곳空, 즉 거주공간을 관장한다는 뜻이다. 나중에는 지면에 흙을 쌓아 토요土窯처럼 만들고 그 안에 구멍을 파서 거처로 삼았다. 이를 복覆이라 하는데, 復복으로 쓰기도 한다. 여기서 더 발전한 것이 판축版築, 즉 판으로 틀을 만들고 그 안에 흙을 넣어 굳혀서 울타리를 만드는 형태이다. 장墻(담장)의 기원이 바로 이것이다. 마룻대와 들보를 골격으로 하고 담을 근육으로 삼아 만든 것이 바로 궁실宮室이다. 한어로 건축을 토목공정土木工程이라고 부르는 이유가 바로 여기에 있다. 집을 주로 나무와 흙으로 만들었기 때문이다.

처음에 중국인은 아마도 호수나 강 근처에서 살았을 것이다.[4] 다음 세 가지 사실에서 근거를 찾을 수 있다.

첫째, 한자에서 물에 둘러싸인 육지는 주洲, 사람이 모여 사는 곳은 州주라고 한다. 洲와 州는 형태가 약간 다르지만 같은 뜻이었음이 분명하다. 옛날에 주州는 도島와 동음이었고, 주洲는 곧 도島와 같은 의미였다.

둘째, 옛날에 이른바 명당明堂이라는 신비한 곳이 있었는데, 모든 정령

---

3) 『회남자·본경훈(本經訓)』, "託嬰兒於巢上." 앞의 책, 393쪽.
4) 역자: 호거(湖居), 그리고 뒤의 도거(島居)는 호수나 바다 가운데 있는 섬에 거주하는 주거 형태를 이르는 말이다.

政令이 그곳에서 제정되어 반포되었다.5) 완원阮元의 설명에 따르면, "모든 것이 제대로 갖추어지지 않았던 소박한 시대였기 때문에 각종 전례典禮나 의식은 천자가 머무는 곳에서 거행되었다. 이후 각종 예절 규범이 정비되면서 땅을 나누어 시행했다."6)

나름 일리가 있는 말이다. 『사기 · 봉선서封禪書』에 보면, 제남濟南 사람 공옥대公玉帶가 한 무제에게 황제黃帝 시절의 명당도明堂圖(명당 설계도)를 바쳤다는 기록이 나오는데, 이에 따르면, "사방에 담장이 없으며, 지붕이 띠로 덮여 있는 전당이 한 채 있는데, 사방으로 물이 통하게 되어 있다. 둘레에는 궁원宮垣(궁궐 담)이 둘러져 있고, 복도復道(상하층으로 된 길)를 만들었으며, 윗길에는 서남쪽에서 전당으로 들어가는 주루走樓(통로)가 설치되어 있었다. 이를 곤륜도昆侖道라고 불렀다."7) 인용문에서 볼 수 있다시피 명당은 사방에 물이 에워싸고 있는 섬의 형태를 띤 건축물이다. 이런 점에서 명당은 강가나 강 또는 호수에 있는 섬에서 살던 '도거島居' 시절의 흔적이라고 할 수 있다. 명당은 태학太學, 또는 벽옹辟雍이라고 불렸다. 벽辟은 벽壁과 훈이 같다. 인용문에 나오는 수환궁원水圜宮垣의 건축 구조를 이르는 말이다. 옹雍은 옹壅으로 옹색壅塞(흙 등이 쌓여서 막힘), 배옹培壅(화초 등 식물을 북돋움) 등의 낱말에 나오는 '옹'처럼 흙더미가 두두룩하게 쌓인 모양이다. 이는 마치 물 가운데 떠 있는 섬의 모양을 닮았다.

---

5) 혜동(惠棟)의 『명당대도록(明堂大道錄)』을 참조하시오.

6) 역주: "這是由於古代簡陋, 一切典禮, 皆行於天子之居, 後乃禮備而地分." 이처럼 여 사면의 인용문은 백화인데, 원문의 내용을 요약해서 말한 것 같다. 자세한 내용은 『연경실집揅經室集』, 1집(集) 권3, 「명당론(明堂論)」(중화서국, 1993년, 57쪽) 참조하시기 바란다.

7) 『사기』, 권28, 「봉선서(封禪書)」, "四面無壁, 以茅蓋, 通水, 水圜宮垣, 爲復道, 上有樓, 從西南入, 名爲昆侖." 앞의 책, 1401쪽.

셋째, 『역경·태괘泰卦·상육효사上六爻辭』에 "성부어황城復於隍"8)이란 말이 나온다. 『이아·석언釋言』에 따르면, "황隍은 학壑이다." 학壑은 골짜기로 물이 없는 낮은 지형을 말하는데, 이 역시 물에 둘러싸인 것과 같다는 뜻으로 볼 수 있다.

이처럼 명당과 같은 최초의 건축물은 모두 도거島居의 주거 형태를 본떠서 세워졌을 뿐만 아니라, 후대의 도성 역시 반드시 해자垓字를 판 것으로 보아 옛날의 도거島居에서 발전한 건축 형태라고 할 수 있다.9)

이후 문명이 발달하면서 굳이 물의 보호에 의지하지 않아도 육지에서 살 수 있게 되었다. 육지에서 살 때는 주로 험한 산세를 이용하여 외부의 침입을 막았다. 이에 관한 내용은 본서의 다른 장을 참조하기 바란다.10) 이외에 장병린章炳麟의 『태염문집太炎文集』에 수록된 「신권시대 천자가 산에 살았다는 설에 대하여神權時代天子居山說」도 참고할 만하다.

이후 점차 산에서 내려와 평지에 성읍이 생겨나기 시작했다. 성읍 역시 방어를 위해 주변의 산이나 강을 이용했다. 다만 이전처럼 사방을 물로 에워싸게 만든 것은 아니었으며, 일부 평지에는 토담을 쌓아 외적을 방비했다. 이를 곽郭이라 한다. 어느 한쪽으로만 세워진 곽이 바로 장성長城이다. 성은 견실하게 축조하여 외적의 침입을 막는 데 유효했다. 이에 비해 곽은 구간이 길고 성에 비해 견실하지 않았기 때문에 예로부터 수성守城이라고 말했을 뿐 수곽守郭이란 말은 쓰지 않았다. 또한 장성도 마찬가지이다.

중국 역사상 장성을 쌓은 시기가 몇 번 있었다.

---

8) 역주: "상육은 성이 무너져 해자로 돌아간다(城復於隍)."

9) 역주: 저자의 견해에 이견이 있을 수 있다. 다만 저자를 존중하는 의미에서 원문 그대로 번역한다.

10) 본서 제4, 8, 9장을 참조하시오.

첫 번째는 전국戰國 이전이다. 전국시대 제나라가 국토 남쪽에 장성을 세웠고, 진秦과 조趙, 연燕 등 세 나라가 각기 자국의 북쪽에 장성을 축조했다. 진나라 시황제가 여섯 나라를 병합하여 전국을 통일한 후 여러 제후국의 장성을 연결시켜 하나로 이었으니, 이것이 바로 만리장성이다. 당시 남방의 회이淮夷나 북방의 흉노는 작은 부족을 이루었을 뿐 세력이 크지 않았다. 그러나 한나라로 들어오면서 상황이 바뀌었다. 강해진 흉노족이 걸핏하면 수천 수만 기騎의 병력을 이끌고 새내塞內(변방 안쪽 내륙)에 쳐들어왔다. 고작 만리장성만으로 막을 수 있는 상황이 아니었다. 그래서 한나라는 흉노와 여러 차례 전쟁을 치러야만 했다. 결국 두 명의 선우單于 호한야呼韓邪[11] 때에 이르러 흉노가 남북으로 분열되면서 안정을 되찾았다. 이로 인해 한나라는 더 이상 장성을 수축하거나 정비하지 않았다. 위진魏晉 시대는 내부적으로 정정政情이 혼란해지고 난리가 빈번하여 만리장성 정비와 같은 대규모 토목공사에 신경을 쓸 겨를이 없었다. 북조北朝는 척발위拓跋魏가 북쪽 변경에 육진六鎭을 설치하고 병력을 배치했지만 더 이상 장성을 수축하지 않았다. 이런 상황은 북조 말기까지 계속되었다.

두 번째는 수나라 시기이다. 당시 여러 차례에 걸쳐 장성을 축조했다. 그러나 수나라 말기에 돌궐突厥 세력이 강성해지자 장성은 또 다시 방어 기능을 잃고 말았다. 이후 회흘回紇과 거란契丹도 막강한 세력을 키웠다.

---

11) 역주: 흉노가 분열하여 일어난 5명의 선우 중의 하나인 선우(單于) 호한야(呼韓邪)가 형인 질지선우(郅支單于)와 싸우다가 패하고 전한(前漢)에 항복한 뒤 원조를 청하였으며, 결국 한나라의 도움으로 흉노를 통일시켰다. 그의 손자로 남흉노의 초대(初代) 선우가 된 호한야선우(재위 48~53)는 선우 계승문제로 포노(蒲奴)와 대립하다가 후한(後漢)에 투항했다. 이로 인해 흉노는 남북으로 분열되고 말았다. 호한야선우가 이끄는 남흉노의 여러 부족은 오르도스 일대에서 살면서 후한의 북방 경비를 맡았다. 그들이 이후 세력을 확장하여 오호십육국(五胡十六國) 난을 일으켰다.

그러나 당나라는 장성의 방어 기능을 믿지 않았으며, 더 이상 축조하거나 정비하지 않았다.

세 번째는 거란이 멸망하고 북방 유목민족이 분열되면서 소규모 분쟁이 잦았던 시기이다. 당시 금나라가 방어용 성벽을 세우기 시작했다. 정주靜州에서 시작하여 여진女眞의 옛터인 동북 지역까지 확대했다. 금나라를 멸망시킨 원조는 굳이 장성을 쌓을 필요가 없었다.

네 번째는 명대이다. 원조가 멸망하면서 몽골족이 여러 세력으로 분열된 후 달단부韃靼部의 수장으로 오이라트부를 압도하고 내몽골을 제패한 다얀 칸達延汗(본명은 바투 뭉게)가 몽골족을 중흥시킬 때까지 북방 변경에서 몽골족의 대규모 침입은 없었으며, 소규모 월경 상황만 있었다. 그 기간에 명조는 방어를 위해 다시 장성을 쌓기 시작했다. 오늘날에 남아 있는 대부분의 장성은 바로 그때 세워진 것이다. 요약컨대, 소소한 외적의 침입은 변방의 둔병屯兵으로 방어할 수 있다. 하지만 이를 위해서는 적지 않은 국방비 지출을 감내해야 한다. 이에 비해 장성을 세우면 비록 막강한 세력을 지닌 외적의 침입은 막을 수 없으되 자잘한 외적을 방어하는데 유효하다. 이런 점에서 장성 축조는 가장 경제적인 방책일 수 있다.

이전에 혹자는 진시황의 만리장성이 만세토록 북방 오랑캐를 방어할 수 있는 대책이었다고 말하기도 했는데, 이는 꿈같은 이야기일 뿐이다. 또한 진시황이 만리장성을 쌓은 것은 백성만 혹사시키고 재력을 낭비한 것일 뿐이라고 비판하는 이들도 있으나 이 역시 황당무계한 이야기일 뿐이다. 무엇보다 만리장성 전체를 진시황이 축조한 것이 결코 아니다. 조조晁錯가 "진조는 북쪽으로 호맥胡貉을 공략하여 황하 북쪽에 요새를 쌓았다."[12]고 하였으니 북방에 요새를 쌓은 것이 분명하나 사실 이는 진시

---

12) 『한서』, 권49, 「조조전(晁錯傳)」, 「수변권농소(守邊勸農疏)」, "秦朝北攻胡貉, 置塞河上." 앞의 책, 2283쪽.

황이 대장군 몽념蒙恬에게 새로 개척토록 했음을 말한 것이다. 이미 전국시대 진, 조, 연나라가 장성을 축조한 상태에서 나머지 부분을 연결시키고 정비한 것이라는 뜻이다. 그렇기 때문에 장성 건설에 투입한 인력이나 재력이 생각보다 많지 않았으며, 비교적 짧은 시일 내에 만 리나 되는 기나긴 장성을 완성시킬 수 있었던 것이다. 기존의 장성이 없었다면 제아무리 진시황이 가혹하게 다그쳤다고 할지라도 그토록 거대한 토목공사를 완공할 수 없었을 것이다. 진나라가 멸망한 후 한나라 사람들은 진나라의 잔혹함에 대해 비난하기를 멈추지 않았다. 그러나 장성을 가지고 비난하는 일은 별로 없었다. 그 까닭이 무엇일까? 비록 백성들을 동원하여 수고를 끼친 것은 사실이나 다른 것에 비해 그다지 가혹한 일이 아니었기 때문인지도 모른다.

가옥 건축 양식의 변화

고대 주택은 평민의 가옥과 사대부士大夫의 가옥으로 분류할 수 있다. 사대부의 가옥 형태는 앞에 당堂이라는 공간이 배치하고, 뒤에 실室을 두었다. 그리고 실室 좌우로 방房을 만들었다. 당은 손님을 맞이하고 접대하는 공간이며, 실은 식구가 활동하는 공간이다. 실의 입구는 호戶인데 동남쪽으로 열려 있고, 창문인 유牖는 서남쪽에 설치한다. 북쪽에 있는 유는 북유北牖라고 한다. 실의 서남쪽 구석西南隅은 가장 깊고 은폐된 곳으로 귀한 사람이 머무는 장소인데, 이를 오奧라고 부른다. 서북우西北隅는 햇살이 들어오는 곳으로 옥루屋漏라 한다. 동북우東北隅는 이宧이다. 이는 양육의 뜻이니 주로 음식을 저장하는 공간이다. 동남우東南隅는 요窔이다. 요는 깊숙하고 숨겨져 있다는 뜻이다. 실室 한가운데 빗물을 받을 수 있는 중류中霤가 있다. 이는 혈거 시대에 위쪽으로 창을 내던 습관에서 비롯된 것이다. 옛날의 유牖는 지금의 창窓으로 벽을 뚫어 만든 것이다. 창 가운데 집 위쪽에 뚫여 있는 것은 별도로 천창天窓이라고 부른다.

평민의 주거지는 이와 다르다. 조조鼂錯는 「이민새하소移民塞下疏」에서 평민들의 주거지에 대해 이렇게 말한 바 있다.

> "옛날에 넓고 황무한 곳을 채우기 위해 사람들을 보내면 먼저 살
> 수 있는 집부터 짓는다고 들었습니다. 집은 일당이내一堂二內라고 합니
> 다."13)

『한서漢書』 주에 인용된 장안張晏의 말에 따르면, "이내二內는 이방二房, 즉 방이 두 개라는 뜻이다." 또한 평민의 '당'은 그냥 방 한 칸을 말할 뿐 사대부의 집처럼 손님을 접대하는 공간이 아니다. 따라서 당시 평민의 가옥은 지금의 세 칸짜리 집이라고 할 수 있다. 사대부의 가옥과 비슷하나 다만 '당'의 역할이 다를 뿐이다. 이는 지금도 다를 바 없다. 요즘도 상류층의 주택에는 청사廳事, 즉 옛날의 당堂의 역할을 하는 공간을 두고 있으나 민가는 그렇지 않다. 민가는 이렇듯 세 칸의 방 가운데 한 곳을 손님을 맞이하는 공간으로 사용하고 나머지 두 칸을 식구가 거처하는 공간으로 삼았다. 다시 말해 실室이 곧 당堂이고, 방房이 실室인 셈이다.

고대에는 가옥을 총칭하여 궁宮이라 불렀다. 『예기·내칙』에 따르면, "작위나 관복을 하사 받은 사士 이상인 자는 아버지와 아들이 거처하는 궁宮을 모두 달리한다."14) 다시 말해 성년이 되면 별도의 가옥을 가질 수 있다는 뜻이다. 독립된 주택을 가질 수 있었음을 알 수 있다. 하지만

---

13) 『한서』, 권49, 「조조전(鼂錯傳)」, 「이민새하소(移民塞下疏)」, "古之徙遠方以實廣虛 也, 先爲築室. 家有一堂二內." 앞의 책, 2288쪽. 역주: 일당이내(一堂二內)는 당이 한 곳, 내가 두 곳이란 뜻이다. 평민의 가옥에 있는 '당堂'은 사대부 이상 귀족들의 '당'과 다르다.

14) 『예기정의·내칙』, "由命士以上, 父子皆異宮." 앞의 책, 833쪽.

후대에 와서는 달라졌다. 일반적으로 가옥 안에 당堂과 내內를 여러 개 만들고, 전면에 청사廳事 한 곳만 두었다. 많은 방房과 실室이 하나의 당堂을 공유하는 셈이다. 따라서 방이나 실마다 당堂이 있었던 예전의 가옥에 비해 훨씬 경제적이라고 할 수 있다. 이처럼 건축에서 경제성을 추구하게 된 것은 나름의 원인이 있다. 첫째, 땅이 넓고 인구가 적었던 고대에는 땅값이 그리 높지 않았지만 후대에 와서는 땅값이 많이 올랐기 때문이다. 둘째, 가옥이 소박했던 옛날에는 집을 짓는 데 특별한 기술이 필요 없이 백성들이 스스로 집을 지을 수 있었으며, 사대부들도 백성들에게 노역을 시켜 집을 지을 수 있었다. 그러나 후대에는 건축이 하나의 전문 직종이 되고, 건축이 복잡해지면서 아무나 집을 지을 수 없었다. 『논형・양지量知』에 따르면, 한대에 이미 민간에 전문적인 건축업자가 등장했다. "기둥과 대들보를 깎고 다듬을 수 있는 자는 목공이라 하고, 동굴을 뚫고 파는 일을 하는 자는 토장이라고 부른다."[15] 이렇게 건축이 전문화하면서 사람들이 집을 지을 때 경제성을 고려하지 않을 수 없었다.

옛날에는 이층 이상의 가옥을 짓는 기술이 열악했다. 먼 곳을 조망하려면 성궐城闕(문루)에 올라가야만 했다. 궐闕은 대문 옆 담장 위에 세운 자그마한 문루이다. 천자나 제후의 궁궐 대문에도 흔히 이러한 문루를 지었다. 올라가면 멀리 바라볼 수 있기 때문에 관觀이라 부르기도 한다. 『예기・예운』에 보면, "옛날에 공자가 빈객으로 노나라 사제蜡祭에 참여했다. 제사가 끝나고 관觀에 올라 쉬었다."[16]라는 문장이 나오는데, 여기에 나오는 관觀이 바로 궐이다. 또한 "상위에 법을 걸었다(縣法象魏)."라는 말이 있는데, 여기에 나오는 '상위象魏'가 바로 고대 천자나 제후들의

---

15) 『논형교석・양지(量知)』, 권12, "能斫削柱梁, 謂之木匠, 能穿鑿穴坎, 謂之土匠." 앞의 책, 552쪽.

16) 『예기정의・예운』, "昔者仲尼與於蜡賓, 事畢, 出游於觀之上." 앞의 책, 656쪽.

궁문 밖에 세워놓은 건축물이다. 위魏는 위巍와 같으니 문루가 높았기 때문에 그렇게 말한 것이다. 상象은 원래 법상法象으로 건축과 무관한 글자이다. 위는 법을 내거는 곳이니 단음절 단어가 이음절로 바뀌면서 법조문을 내거는 문루를 상위象魏로 표시한 것 같다. 이외에도 높은 건축물로 대臺, 사榭, 누樓 등이 있다.

『이아·석궁釋宮』에 따르면, "사방에서 높이 보이는 곳을 대臺라 하고, 그 위에 나무 기둥을 세운 것을 사榭라고 하며, 좁고 중첩하여 지은 집을 누樓라고 한다."[17] 주에 따르면, "대臺는 높이 흙을 쌓아 만든 것이다."[18] 사榭는 이러한 토대土臺 위에 지은 네모난 모양의 목조 건물이고, 누樓는 사榭의 별명이나 그 형태가 정방형으로 중첩된 형태라는 것이 다를 뿐이다. 이러한 건축물은 모두 멀리 조망하기 위한 것으로 사람의 거주용이 아니다. 그렇기 때문에 "맹자가 등滕나라에 갔을 때 상궁上宮에서 유숙했다."[19]는 『맹자·진심하』의 내용에 대해 조기趙岐가 "상궁上宮은 누樓이다."라고 주를 달은 것을 정확치 않은 해석이다.

다층집을 짓는 기술이 발달하지 않았기 때문에 고대 중국 건축은 대개 평면식平面式으로 발전했다. 이른바 큰 집이란 넓은 집터에 방과 실을 많이 지어 놓고, 그것을 연결시킨 것에 불과하다. 이에 비해 2층 또는 3층 건물은 드물었다. 이는 건축 기술뿐만 아니라 건축 재료와도 관련이 있다. 고대 중국의 건축은 석재를 사용하는 경우가 드물고 대개 흙과 목재를 많이 이용했다. 목재는 중력 하중이 약하고 흙은 무너지기 쉬운 단점이 있다. 목재와 흙에 비해 구운 흙, 즉 벽돌이나 기와를 사용하면 훨씬

---

17) 『이아주소·석궁(釋宮)』, "四方而高曰臺. 有木者謂之榭. 陝而修曲曰樓." 앞의 책, 134쪽.

18) 『이아주소·석궁』 주, "臺, 積土爲之." 위의 책, 127쪽.

19) 『맹자주소·진심하』, "孟子之滕, 館於上宮." 앞의 책, 398쪽.

낫겠지만 안타깝게도 이런 재료는 뒤늦게 출현했다.『이아·석궁』에 보면, "영적甋瓹(땅에 깐 벽돌)은 벽甓(벽돌)이다." "묘廟(사당) 가운데 큰 길을 당唐이라 한다."[20]는 말이 나온다.『시경·진풍陳風』에도 "중당中唐에 벽甓이 있다."[21]는 말이 나온다. 이상에서 보건대, 옛날에 벽돌은 주로 길에 사용했음을 알 수 있다. 담장은 대부분 흙으로 쌓았다. 토담은 보기가 좋지 않았기 때문에 부잣집에서는 흔히 문금文錦(무늬 있는 비단)으로 꾸미기도 했다. 오늘날 혼례나 장례, 또는 생일 때 흔히 예물로 비단을 보내기도 하는데, 이를 장幛이라 한다. 이는 담장을 비단으로 꾸미던 유풍이다. 뿐만 아니라 오늘날 벽에 종이를 바르는 것도 거기에서 유래된 풍습이다.

벽돌이 널리 보급된 것은 나중의 일이다.『진서晉書·혁련발발재기赫連勃勃載記』에 보면, 혁련발발이 흙을 증기로 쪄서 통만성統萬城을 건설했다는 기록이 나온다.[22] 당시 벽돌이 흔했다면 굳이 흙을 증기로 쪄서 사용할 이유가 없었을 것이다. 그러니 당시에도 아직까지 벽돌이 널리 보급되지 않았음을 알 수 있다. 옛날 부자들이 건축하면서 담장은 토담으로 한 것도 같은 이유이다. 이렇듯 고대 건축물은 흙과 나무로 지었기 때문에 오랫동안 유지하기 힘들었다. 게다가 목재로 지은 건축물은 화재에 취약하다. 예전에 항주杭州, 최근에 한구漢口에서 발생한 대화재가 경계해야 할 전례가 아닐 수 없다.

세계건축사에서 중국은 동양건축의 한 분야로 나름 중요하다.[23] 하지만 건축이 유달리 발달했다고 말할 수는 없다. 역대 유명한 건축물로 진

---

20)『이아주소·석궁』, "甋瓹謂之甓... 廟中路謂之唐." 앞의 책, 132쪽.

21)『모시정의·진풍(陳風)』, "中唐有甓." 앞의 책, 451쪽.

22)『진서』, 권130,「혁련발발재기(赫連勃勃載記)」, "蒸土以築統萬城." 앞의 책, 3205쪽.

23) 동양 건축은 중국 건축, 인도 건축, 회교(回教) 건축 세 가지로 크게 나뉜다. 이토 주타(伊東忠太),『중국건축사(中國建築史)』, 상무인서관.

대의 아방궁阿房宮, 한대의 건장궁建章宮, 남북조 시기에 진후주陳後主가 건설한 임춘각臨春閣, 결기각結綺閣, 망춘각望春閣, 수대 양제煬帝가 건립한 서원西苑, 송대 휘종徽宗 시절에 만든 간악艮嶽, 그리고 청대의 원명원圓明園과 이화원頤和園 등을 들 수 있으며, 이외에도 각양각색의 사가私家 원림園林도 대단히 뛰어난 건축물이다. 하지만 광대한 너비와 오랜 역사를 자랑하는 중국에서 이 정도의 건축물은 그야말로 창해일속滄海一粟에 불과할 따름이다.

중국의 건축 기술은 송대『영조법식營造法式』, 명대『천공개물天工開物』등에 잘 나와 있다. 물론 나름 볼만한 내용이 없지 않으나 다른 문명과 비교할 때 특별히 자랑할 만한 것이 있는지 모르겠다. 아마도 이는 다음과 같은 이유 때문일 것이다.

첫째, 고대 궁궐이나 누각은 대개 백성들을 징발하여 노역한 결과물이다. 그렇기 때문에 함부로 백성들을 징발하거나 노역을 시키는 일은 예로부터 포악한 일로 여겨졌다. 또한 고대에는 예禮를 중시하고 이를 엄격히 지킬 것을 요구받았다. 이는 군주의 경우 더욱 심했다. 따라서 무도한 군주가 아니면 제아무리 재력이 풍부할지라도 궁궐을 건설하는데 지나친 사치를 부릴 수 없었다. 대규모 토목공사를 벌이고 화려한 궁궐을 짓는 일은 일종의 금기나 다를 바 없었다. 이는 중국의 우량한 전통 가운데 하나였다.

둘째, 서구의 경우 웅장하고 화려한 건축물은 주로 종교와 관련이 있는 경우가 많다. 하지만 중국인들은 종교를 믿기는 하지만 서구처럼 절대적이지 않았다. 게다가 제사를 지내거나 종교 의식을 행할 때도 임시로 제단祭壇을 설치하거나 땅을 청소하는除地 정도에 그치는 경우가 허다했다. 또한 조상을 모시는 묘침廟寢도 그리 화려하지 않았다. 이런 전통은 후대에 그대로 이어져 제멋대로 사치스럽게 만들 수 없었다. 다만 외국에서 전래된 불교는 이러한 고례古禮의 제한을 받지 않았다. 심지어 불교는 신자에게 재물을 바치도록 유도하는 교의敎義도 많다. 토착 종교인 도교는 이러한 불교의 영향을 받아 본받았다. 이런 상황 속에서 불교의 사원, 도교의 도관은 화려하고 웅장하게 건설된 경우가 많다. 불교의 사원이 축조되면서 인도의 건축기술이 자연스럽게 전래했다. 남조 시절만 해도 사찰이 480여 군데나 되고, 수많은 누대樓臺가 이슬비에 젖는다고 했으니 불교 건축이 공전의 성황을 이루었음을 알 수 있다. 하지만 송학宋學이 일어난 뒤로 종교에 대한 열기가 점차 식어갔다. 오늘날 중국에 불교 사원과 도교 도관이 많다고 하나 미얀마나 일본에 비한다면 오히려 적은 편이다. 유별나게 웅장하거나 화려한 불교 건축물도 비교적 많지 않다.

셋째, 고대에는 지금의 정원처럼 편안하게 노니는 장소로 원苑과 유囿가 있었다. 원은 초목만 있고, 유는 동물도 있다. 하지만 원이든 유이든 모두 인공으로 조성한 곳은 아니다. 보통 자연 그대로 상태에서 울타리를 치는 등 경계를 지어 구획한 곳이다. 그 안에서 사냥을 하거나 과일을 따먹을 수는 있지만 별도의 건물을 세우거나 농사를 짓지는 않았다. 그래서 때로 사방 수십 리나 될 정도로 넓었다. 『맹자 · 양혜왕하』에서 "문왕의 동산은 사방 70리, 제선왕의 동산은 사방 40리였다."[24]고 한 것도 허황된 말은 아니다. 개인이 조성한 사가원림私家園林은 원園에서 비롯된 것으로 보인다. 원은 과일나무를 심었다. 그 안에 관상용 돌을 몇 개 갖다놓고 연못도 파고 편히 쉴 수 있는 공간으로 집 몇 칸을 지을 수도 있다. 사가원림은 날로 정교해졌지만 그 수가 많은 것은 아니며, 규모 또한 그리 크지 않았다.

이상은 중국 건축이 발달하지 못했던 이유이다. 요약컨대, 고대 중국 정치는 명목상 예에 기반을 두었기 때문에 지나치게 사치스러운 것을 경

---

24) 『맹자주소 · 양혜왕하』, "文王之囿, 方七十里." "齊宣王之囿, 方四十里." 앞의 책, 34쪽.

계했다. 궁궐의 규모나 장식이 화려하지 않았던 이유이다. 둘째로 중국인은 종교에 대한 믿음이 비교적 옅었다. 그렇기 때문에 종교적 건축물이 그다지 많지 않았다. 셋째, 경제적으로 비교적 균등하여 빈부격차가 크지 않았다. 그렇기 때문에 건축물 또한 차이는 있었으되 격차가 심했던 것은 아니다. 고대 중국 건축문화가 서구에 비해 크게 발달하지 않은 것은 이런 이유 때문이다. 비록 물질문명으로서 건축물의 발달이 더딘 것은 사실이나 그렇다고 부끄러운 일은 아니다. 그 이유를 알면 오히려 자랑스러울 것이다.

물론 건축문화가 지나치게 소박한 것은 좋기만 한 일이 아니다. 주희朱熹는 이렇게 말했다. "학문을 가르치는 일은 마치 취한 사람을 부축하는 것과 같다. 동쪽으로 넘어질 것 같더니 어느새 서쪽으로 넘어지고 있다."25) 이는 개인의 학문뿐만 아니라 한 사회의 문화발전의 경우도 똑같다. 중국에서 지나친 사치 풍조가 일어나지 않은 것은 좋은 일이나 반대로 지나치게 소박한 것도 또한 문제가 아닐 수 없다. 일단 『일지록』 관사館舍』조條의 다음 기록을 읽어보자.

"손초孫樵의 「서포성역벽書褒城驛壁」을 읽고 역관驛館에 연못을 조성하고 물고기를 기르며, 배를 띄울 수도 있다는 것을 깨달았다. 또한 두자미杜子美의 「진주잡시秦州雜詩」를 읽으면서 역관에 연못이나 숲을 조성하고 대나무를 기를 수 있다는 것을 알게 되었다. 여기에 나오는 역관에 비해 오늘날의 역관은 초라하기 이를 데 없어 마치 노예가 사는 곳이나 다름없다. 전국의 주州를 살펴보면, 아직까지 당나라 시절 옛 모습이 잘 보존된 주는 반드시 성곽城郭이 넓고 거리가 반듯하다. 뿐만 아니라 당나라 때 세워진 관아는 오늘날에도 터전이 넓고 웅장한 느낌을 준다. 하지만 송대 이후의 건물을 보면 건축 시기가 가까울수록 더욱 누추하다."26)

---

25) 주희, 『주자어류』, "敎學者如扶醉人, 扶得東來西又倒." 중화서국, 1990년.

『일지록』의 저자인 정림亭林(고염무顧炎武의 호) 선생은 전국 곳곳을 돌아다니고 가는 곳마다 주의 깊게 관찰했기 때문에 인용문은 상당한 신빙성을 지니고 있다. 아무리 검소한 삶을 숭상했다고 할지라도 공적인 건물을 이처럼 허름하게 지은 이유가 될 수는 없다. 그렇다면 이렇게 허름하고 초라한 이유는 무엇일까? 정림 선생에 따르면, "중앙에서 지방의 재물을 전부 거두어들이는 바람에 지방 주현州縣의 관아나 백성들이 모두 가난하여 공공시설을 건설하거나 정비할 수 있는 여력이 없었기 때문이다."27) 이는 여러 이유 가운데 하나이다. 필자는 이외에도 다음 두 가지 이유가 있다고 생각한다. 첫째, 역법役法이 점차 훼손되면서 공공시설에 대한 민간인 동원이 불가능해졌다. 결국 인력을 고용해야만 했는데 그럴 만한 재력이 부족했다. 둘째, 당대는 기존의 도시 계획에 관한 규범이 제대로 지켜졌으나 송대 이후로 점차 파괴되고 말았다. 예컨대 당대에는 시장을 여는 데도 장소나 시간이 정해져 있었으나 송대 이후에는 전혀 지켜지지 않았다. 건축이나 도시계획의 경우도 마찬가지이다.

서구 문명이 유입된 뒤로 중국의 건축 기술은 예전에 비해 크게 발전했고, 건축 자재도 다양해졌다. 이는 문명 발전에 따른 혜택이다. 주거와 음식은 민생과 긴밀한 관련이 있는 중요한 일이다. 따라서 대다수 사람들이 편안하고 풍족하게 살려면 소수 몇몇 사람들이 자신의 권세와 재력만 믿고 제멋대로 사치를 추구하는 것을 허용해서는 안 된다. 나라에서 주택 건설이나 식량 생산을 철저하게 통제하고 계획하는 것은 바로 이런 이유

---

26) 『일지록집석(日知錄集釋)』, 권12, 관사(館舍)조, "讀孫樵書褒城驛壁, 乃知其有沼, 有魚, 有舟. 讀杜子美秦州雜詩, 又知其驛之有池, 有林, 有竹. 今之驛舍, 殆於隸人之垣矣. 予見天下州之爲唐舊治者, 其城郭必皆寬廣, 街道必皆正直.廨舍之爲唐舊瓴者, 其基址必皆宏敞. 宋以下所置, 時彌近者彌陋." 상해, 상해고적출판사, 2006년, 715쪽.

27) 『일지록집석(日知錄集釋)』, 권12, "國家取州縣之財, 纖豪盡歸之於上, 而吏與民交困, 遂無以爲修擧之資." 상해, 상해고적출판사, 2006년, 716쪽.

때문이다. 이는 고대의 경우도 마찬가지였다.『예기·왕제』에서 그 유풍
을 엿볼 수 있다.

> "나라의 건설과 건축을 관장하는 사공司空은 척尺(측량 도구)를 잡고
> 토지를 측량하고 산과 내, 습지와 소택沼澤 등의 지형을 살펴 사람이
> 살기에 적합한 곳에 백성들이 살 수 있도록 하고, 사계절의 기후 변화를
> 관찰한다."28)

말인 즉, "백성들을 안주시키기 위해 토지를 헤아려 읍邑을 계획적으로
조성하고 토지를 측량하여 백성들이 거주할 수 있도록 한다. 땅과 읍,
그리고 거주 세 가지는 크고 작고 많고 적은 것이 반드시 적당하여 조화
를 이루어야 한다."29)는 뜻이다. 토지는 곧 농지를 말한다. 농지의 면적에
따라 경작하는 데 필요한 사람 수가 결정되고, 사람 수에 따라 성읍의
크기와 가옥 수가 결정된다. 이렇게 보건대, 오늘날의 대도시가 갈수록
붐비고 복잡해진 것은 사전에 계획 없이 마구잡이로 건설했기 때문이니,
더 이상 방치해서는 안 될 일이다.

역대로 가옥에 대한 등급 규정이 존재했다. 이는 궁실의 경우도 마찬가
지인데,『명사明史·여복지輿服志』에서 이를 확인할 수 있다. 요즘은 등급
을 통해 차별을 두지는 않지만 집을 지을 때 적절한 제한이 필요한 것은
분명하다. 건축물의 외적인 경관景觀은 건축물의 화려함 정도에 달려 있
는 것이 아니다. 그러니 외국에서 사신이 온다고 하여 빈민들이 사는 집
까지 허문다면, 그 옛날 수나라 양제가 했던 짓과 무엇이 다르겠는가?
이상은 궁실에 대한 논의였다. 다음은 실내의 세간살이에 대해 간략하

---

28) 『예기정의·왕제』, "司空執度以度地, 居民山川沮澤, 時四時." 앞의 책, 397쪽.
29) 『예기정의·왕제』, "凡居民, 量地以制邑, 度地以居民. 地邑民居, 必參相得." 위의
　　책, 401쪽.

게 살펴보겠다. 실내에서 사용하는 중요한 가구는 탁자와 의자, 그리고 상탑牀榻(침상)이다. 이는 사람들의 주거생활의 편의를 도모한다는 점에서 집이나 마찬가지이다.

옛날 사람은 모두 땅바닥에 그대로 앉았다. 옛사람의 앉는 자세는 오늘날의 무릎을 꿇는 자세에 가깝다. 다만 앉을 때 허리를 곧게 펴지 않았을 뿐이다. 그렇기 때문에 고대에는 허리를 곧게 펴면 무릎을 꿇는 자세가 되고, 허리의 힘을 빼면 그냥 앉는 자세가 되었다. 고례古禮에는 무릎을 꿇고 행하는 것이 많았는데, 이는 당시 앉는 자세에서 허리를 곧게 펴는 것이 오히려 더 편리했기 때문이다. 기대어 앉을 때는 '궤几'를 사용했다. 완심阮諶의 『예도禮圖』에 따르면, 일반적인 궤는 길이가 5척尺, 너비가 1척, 높이가 1척 2촌寸이다.[30] 오늘날의 등檙(등받이가 없는 의자)보다 낮다. 취침할 때는 상牀을 사용했다. 『시경』에 "사내아이를 낳으면 침상에 누인다."[31]는 구절이 나오는데, 여기서 말하는 침상이 바로 상牀이다. 나중에 상牀은 의자처럼 앉는 용도로 사용했다. 『고사전高士傳』에 보면, "관녕管寧이 난리를 피해 요동으로 갔을 때 50여 년 동안 탑榻(나무 평상)에 앉아 생활하느라 기箕(곡식을 까부는 데 쓰는 도구)처럼 다리를 뻗고 앉은 적이 없었다. 그래서 탑에서 무릎이 닿는 곳이 마모되어 뚫릴 정도였다."[32]

인용문에서 알 수 있다시피 관녕은 평상을 사용하기는 했으되 그 위에 무릎을 꿇고 생활한 것 같다. 오늘날처럼 의자에 앉아 발을 지면에 내려놓고 앉게 된 것은 서역西域 호인胡人의 습관에서 유래했다. 그래서 앉을

---

30) 이 부분은 『예기・증자문(曾子問)』에 대한 소(疏)에서 인용한 내용이다.

31) 『모시정의・사간』, "乃生男子, 載寢之牀." 앞의 책, 690쪽.

32) 『삼국지・위지(魏志)・관녕전(管寧傳)』 주에서 인용한 『고사전(高士傳)』, "管寧居 遼東, 坐一木榻, 五十餘年, 未嘗箕股, 其榻當膝處皆穿." 앞의 책, 359쪽.

수 있는 상牀을 호상胡牀이라고 부른 것이다. 호상이 들어온 뒤로 의자나 탁자 등이 점차 많아지기 시작했다.

옛사람은 난방을 위해 방에 불을 피우는 방식을 택했다. 『한서‧식화지』에 따르면, "겨울이 되면 사람들이 모두 집안에서 생활하는데, 같은 골목에 사는 부인네들이 한데 모여 실을 짠다.……반드시 함께 모여서 길쌈하는 이유는 요화燎火 비용을 줄이기 위함이다."[33] 안사고의 주에 따르면, '요화燎火'의 요燎는 조명에 필요한 화톳불, 화火는 난방의 뜻이다.[34] 난방에 사용하는 불은 아마도 숯불이었을 것이다. 이는 『좌전』 소공昭公 10년의 기록에서 확인할 수 있다.

> "겨울 12월 송평공이 죽었다. 송평공의 뒤를 이은 송원공宋元公은 시인寺人 유柳를 미워하여 그를 죽이려 했다. 송평공의 상례 때 시인 유는 원공이 올 자리에 미리 숯불을 피워 자리를 따뜻하게 데운 뒤 원공이 들어오면 숯불을 치우곤 했다. 안장할 때에 이르러 시인 유는 송원공의 총애를 받기에 이르렀다."[35]

이외에도 『좌전』 정공定公 3년 기록에 따르면, 주자邾子가 침대에서 뛰어내려 숯불을 피우는 화로에 떨어져 타 죽었다고 한다.[36] 이런 기록을 보건대, 당시 귀족들은 방에 숯불을 피워 난방에 이용했음을 알 수 있다. 온돌인 항炕을 이용한 것은 이후의 일이다. 『일지록日知錄』은 『구당서‧

---

33) 『한서‧식화지』, "冬, 民旣入, 婦人同巷相從夜績……必相從者, 所以省費燎火." 앞의 책, 1121쪽.

34) 『한서‧식화지』, 안사고(顔師古) 주, "燎所以爲明, 火所以爲溫也." 위의 책, 1121쪽.

35) 『춘추좌전정의』 소공(昭公) 10년, "冬十二月, 宋平公卒. 初, 元公惡寺人柳, 欲殺之. 及喪, 柳熾炭于位, 將至, 則去之. 比葬, 又有寵." 앞의 책, 1283쪽.

36) 『춘추좌전정의』 정공(定公) 3년, "邾子自投於牀, 廢於鑪炭." 위의 책, 1282~1283쪽. 주에 따르면, '廢'는 '墮', 즉 떨어진다는 뜻이다.

동이고려전東夷高麗傳의 내용을 인용하여 항炕에 대해 다음과 같이 설명한 바 있다.

"『구당서舊唐書·동이고려전東夷高麗傳』에 따르면, 겨울이 되면 집집마다 장갱長炕을 놓고 그 아래에 불을 때서 방을 덥게 했다. 이것이 오늘날의 토항土炕(온돌)이다. 다만 炕항자 대신에 갱炕자를 썼을 따름이다."[37]

이로 보건대 온돌은 동북이東北夷의 풍습에서 유래한 것이다. 아마도 여진족女眞族을 통해서 중국의 북방으로 유입된 것 같다.

다음으로 역대 매장 문화에 대해 간략하게 살펴보고자 한다.

고대 장례는 두 가지 방식으로 이루어졌다. "부모가 돌아가시면 들것으로 들고 나가 시신을 산 속 계곡에 놔두었다."[38]. "옛날에 사람이 죽으면 옷을 갈아입히고 나뭇가지로 꽁꽁 묶어 들판에 깊이 묻었다."[39] 전자는 『맹자』에 나오는 말로 수렵시대의 장례 풍습이고, 후자는 『역경·계사전』의 말로 농경사회의 장례 풍습이다. 이후 귀족들은 정해진 묘지에 안장되었고, 성읍에 사는 일반 백성들도 정해진 복장卜葬 지역이 있었다. 『주례』에 따르면, "총인冢人이 왕의 묘지를 관장하고,……묘대부墓大夫가 나라 백성의 묘지를 관장했다."[40]

후세 사람들은 옛사람이 육신보다 영혼을 더 중시했다고 여겼다. 그 이유는 옛사람이 묘제墓祭를 거행하지 않았기 때문이라는 것이다. 하지만 『맹자·이루하』에 보면, 제나라에 공동묘지가 있는 동쪽 성곽 인근 무덤

---

37) 『일지록집석(日知錄集釋)·토항(土炕)』, "『구당서·동이고려전(東夷高麗傳)』, "冬月皆作長炕, 下然熅火以取煖, 此即今之土炕也, 但作炕字." 앞의 책, 1584쪽.

38) 『맹자주소·등문공상』, "其親死, 則擧而委之於壑." 앞의 책, 156쪽.

39) 『주역정의·계사전』, "古之葬者, 厚衣之以薪, 葬之中野." 앞의 책, 302쪽.

40) 『주례주소·춘관·종백(宗伯)』, "冢人掌公之墓……墓大夫掌凡邦墓之地域." 앞의 책, 567, 571쪽.

에서 제사를 지내는 사람이 있었다고 하니 옛 사람이 묘제를 지내지 않았던 것은 아니다.[41] 또한 공자가 별세한 뒤 자공子貢이 "묘 마당에 거처를 지어놓고 그곳에서 혼자 3년 동안 더 있다가 돌아갔다."[42] 묘 마당에 지은 거처는 이른바 후세의 여묘廬墓(여막)이다. 이로 보건대 옛날에도 무덤을 지키는 일이 없지 않았음을 알 수 있다. 또한『예기禮記』의 다음 기록을 보면 옛사람이 확실히 무덤을 중시했음을 알 수 있다.

> "대부나 사士가 자기 나라를 떠나려고 하면, 사람들이 '어째서 조상의 묘를 버리려고 하십니까?'라고 물으며 말려야 한다."[43]
> "나라를 떠날 때면 조상의 묘소에 가서 곡한 뒤에 떠나고, 나라로 돌아오면 곡하지 않고 조상의 무덤을 살펴본 뒤 집으로 들어간다."[44]
> "태공太公이 영구에 분봉하였는데, 오대五代 후손까지 죽은 뒤에 시신을 주나라에 돌려보내 장사했다."[45]

---

41) 『맹자주소 · 이루하』, "齊有東郭墦間之祭者." 앞의 책, 240쪽. 역주: 이 대목은 맹자가 군자의 도리를 이야기하면서 예를 들며 한 말이다. 제나라 사람이 동쪽 성곽의 무덤으로 간 것은 딱히 하는 일이 없이 처첩을 거느리고 사는 이가 매일 출타하면 술과 고기를 배부르게 먹고 왔다. 처가 누구와 먹었냐고 하자 모두 부유하고 고귀한 이들이라고 했다. 하지만 집에는 그런 이들이 온 적이 없었다. 이에 남편의 뒤를 밟아보니 남들이 무덤에 진설한 고기며 술을 잔뜩 먹고 돌아온 것이었다. 물론 필자가 말한 것처럼 무덤에 제사를 지내러 간 것이 아니다. 다만 무덤에 술과 고기가 있었다고 하니 누군가 무덤에서 제를 지낸 것은 분명하다.

42) 『맹자주소 · 등문공상』, "築室於場, 獨居三年然後歸." 위의 책, 148쪽.

43) 『예기정의 · 곡례(曲禮)』, "大夫士去其國, 奈何去宗廟也. 止之曰, 奈何去墳墓也?" 앞의 책, 121~122쪽. 역주: 대부가 나라를 떠나려고 할 때는 '어찌 종묘를 버리려고 하시는가?'라고 말리고, 사의 경우는 '어찌 분묘를 버리려고 하시는가?'라고 물으며 말린다.

44) 『예기정의 · 단궁(檀弓)』, "去國則哭於墓而後行, 反其國不哭, 展墓而入." 위의 책, 300쪽.

45) 『예기정의 · 단궁』, "大公封於營丘, 比及五世, 皆反葬於周." 앞의 책, 194쪽.

미개할수록 황당한 일을 맹신하기 마련이다. 그러나 지적 수준이 높으면 직접 보고 확인한 후에야 믿는다. 그러므로 사회가 개화됨에 따라 영혼에 대한 미신은 갈수록 흔들리고, 육신에 대한 믿음은 오히려 날로 중시된 것으로 보인다. 물론 다른 예도 있다. 『예기·단궁檀弓』에 보면 이런 이야기가 나온다.

> "춘추시대 오왕吳王의 아들인 연릉계자(이름은 찰札)가 제나라에 갔다가 돌아오는 길에 그의 맏아들이 죽었다. 그리하여 제나라의 영읍과 박읍 중간 지점에 아들을 묻었다.······봉분封墳을 마치고 연릉계자는 왼쪽 팔의 어깨를 드러낸 채로 오른쪽 방향으로 무덤을 돌고, 다시 세 번 부르짖어 말하기를 '뼈와 살이 다시 흙으로 돌아갔으니 명命이로다. 혼기魂氣와 같은 것은 어디든지 닿지 않는 곳이 없으리라. 닿지 않는 곳이 없으리라.'라고 말하고 가버렸다."[46]

위의 인용문은 사망한 자의 육신보다 영혼을 중시하던 옛 사람들의 관념을 여실히 보여주고 있다. 이는 비교적 늦게 개화한 오나라의 풍습이기 때문에 가능했을 것이다.

다른 한편 선진시대에는 부잣집이나 세력가들이 너나할 것 없이 후하게 장례를 치루었다. 후장厚葬의 사회 분위기가 만연했던 것이다. 장례를 성대하게 치른 것은 죽은 자에 대한 배려만이 아니라 산자의 재력과 세력을 과시하려는 목적도 있다. 후장이 보편적으로 이루어지자 이에 따라 무덤을 도굴하는 일이 빈번했다. 이에 대해서는 『여람呂覽(여씨춘추)』「절상節喪」, 「안사安死」를 참조하시기 바란다. 당시 묵가墨家는 장례를 간소하게 치루자는 의미에서 박장薄葬을 주장했다. 그러나 유가는 이에 반대

---

46) 『예기정의·단궁』, "延陵季子適齊. 比其反也, 其長子死, 葬於嬴博之間······既封, 左袒, 右還其封, 且號者三, 曰, 骨肉歸復於土, 命也. 若魂氣, 則無不之也, 無不之也, 而遂行." 위의 책, 312쪽.

했다. 하지만 당시 이미 널리 행해지던 후장의 규모에 비하면 유가의 방식에 따른 장례는 오히려 박장에 가까웠다. 학자들의 주장만으로 사회 기풍을 되돌리기가 이렇듯 힘들다.

한대 이후로 후장하는 사례가 너무 많아 이루 다 헤아릴 수 없을 정도였다. 더욱이 죽은 자의 분묘와 산 자의 화복禍福을 연관시키는 일도 있었다. 이른바 풍수지리설은 바로 여기에서 비롯되었다. 유향이 말했다시피 "죽은 자는 끝이 없다."[47] 이렇듯 사람들이 끊임없이 죽어 묻히는데, 자신의 관곽棺槨만 영원히 보존하려고 한다면 과연 가능한 일일까?

불교가 들어온 뒤로 화장火葬이 흥성하였다.[48] 가장 합리적인 매장법이라고 할 수 있는데, 아쉽게도 송대 이후 이학理學에서 반대하면서 열기가 식었다. 요즘은 공동묘지를 별도로 만들어 매장하거나 심장深葬을 제창하는 이들도 있다.[49] 하지만 공공묘지 역시 일정한 구역의 토지가 필요하고, 심장은 많은 인력이 소요된다는 점에서 모두 화장만 못하다. 하지만 풍습이란 낡은 인습에 얽매이기 마련이니 짧은 시일 안에 고쳐질 수 있는 것이 결코 아니다.

교통의 발전

교통交通과 통신通信은 서로 통용하는 경우가 있으나 사실 두 단어는 뜻이 전혀 다르다. 교통은 사람을 운반하는 것이고 통신은 사람의 뜻을

---

47) 『한서』, 권36, 「초원왕전(楚元王傳)」, 유향(劉向), 「창릉 건설 중지에 대한 간언(諫成帝起昌陵疏)」, "死者無終極." 앞의 책, 1951쪽.

48) 『일지록 · 화장(火葬)』을 참조하시오.

49) 역주: 심장(深葬)은 '무표심장(無表深葬)', 즉 봉분을 만들지 않고 깊이 파묻는 방식을 의미하는 듯하다.

배달하는 것이기 때문이다. 통신수단이 생긴 뒤로 사람의 생각이나 언사가 사람의 몸을 떠나 홀로 움직일 수 있게 되었다. 덕분에 인력과 재력이 많이 절약되었다. 나아가 전보電報가 발명되자 사람의 생각이나 언사가 사람의 몸보다 훨씬 빠르게 움직일 수 있게 되었고, 이로 인해 보다 많은 시간과 인력의 단축이 가능해졌다.

교통의 발달은 지리 환경에 따라 다르다. 교통은 우선 수로와 육로 교통으로 구분한다. 수로 교통은 강과 바다海路의 구분이 있고, 해로는 연해와 원양遠洋으로 나눌 수 있다. 육로 역시 산간지역과 평지, 그리고 사막 등 지리적 상황에 따라 다르다.

야만시대에는 부족들이 서로 경계하고 적대적이었기 때문에 교통의 편리는 추구하기는커녕 일부로 외부와 소통을 막았다. 당시 각 부족들은 대개 험한 산간지역에 거주하여 외부로 통하는 길이 하나밖에 없는 경우가 대부분이었다. 그것도 대개 산림이 우거지고 은밀하여 외부 사람들이 쉽게 찾을 수 없는 길이었다. 『장자 · 마제馬蹄』에서 "산에는 길이 없고, 연못에는 배와 다리가 없었다."[50]는 말은 당시 상황을 그대로 묘사한 것이다. 이후 사람들이 "산에서 내려와 평지에 살게 되자"[51] 이에 따라 교통 상황도 달라지기 시작했다.

중국 문화는 동남쪽에서 시작하여 서북쪽으로 발달했다. 동남 지방은 물이 많아 수로 교통이 발달했다. 반면에 서북 지방은 육로가 발달했다. 육로 교통은 말이나 소 등 가축을 이용하고 이후 수레가 발명되면서 더욱 발전할 수 있었다. 『역경 · 계사전』에 보면, "소를 몰고 말에 태워 무거운 짐을 멀리까지 나른다."[52]는 기록이 나오는데, 구체적으로 언제인지 알

---

50) 『장자 · 마제(馬蹄)』, "山無徯隧, 澤無舟梁." 앞의 책, 143쪽.

51) 『상서정의 · 우공』, "降丘宅土." 앞의 책, 140쪽.

52) 『주역정의 · 계사전』, "服牛乘馬, 引重致遠." 앞의 책, 301쪽.

수 없으나 연이어서 황제黃帝와 요순이 "자신의 옷을 늘어뜨린 채 가만히 있어도 천하가 저절로 다스려졌다."53)는 대목이 나오는 것으로 보아 대략 요순시절에 이미 수레를 사용했음을 알 수 있다.

수레는 두 종류가 있었다. 하나는 소가 끄는 대거大車로 짐을 운반하는 데 사용했고, 다른 하나는 말이 끄는 소거小車, 즉 병거兵車로 사람이 타는 수레이다. 사람이 끄는 수레로 연輦이 있다.

『설문해자』에 따르면, "연輦은 사람의 힘으로 끄는 만차挽車이다. 차車와 반㚘을 따른다(의미부란 뜻)."54) 반㚘은 두 사람이 나란히 가는 것을 뜻하나 '연'이 반드시 두 사람이 끌었던 것은 아니다. 다만 끄는 사람이 그리 많지 않았던 것은 확실하다. 왜냐하면 연은 주로 개인이 짐을 나를 때 사용한 수레였기 때문이다. 이외에 궁실에서 황족들이 타기도 했다. 『주례·지관·건거巾車』에 보면, 왕후王后의 다섯 가지 수레五路가 나오는데, 그 가운데 연거輦車가 나온다. 이러한 풍습은 이후에도 계속 이어졌다.

이외에도 사람이 끄는 대형 수레도 있었다. 『주례·지관·향사鄕師』의 주에서 『사마법司馬法』의 내용을 인용한 것을 대략 이야기하면 다음과 같다.

"하夏나라 때 여거余車라 불리던 수레가 있었으며 20명이 끌었다. 은나라 때는 호노차胡奴車라고 하여 10명이 동원되어야 끌 수 있는 수레가 있었다. 그리고 주나라 때는 치련輜輦이라는 수레가 있었는데 15명이 끌었다."55)

이러한 대형수레는 주로 전쟁을 하면서 군수품을 운송할 때 사용한

---

53) 『주역정의·계사전』, "垂衣裳而天下治." 위의 책, 300쪽.

54) 『설문해자주』, "輦, 挽車也. 從車㚘." 앞의 책, 737쪽.

55) 『주례주소·지관·향사(鄕師)』 정현 주, "夏后氏謂輦曰余車, 殷曰胡奴車, 周曰緇輦……夏后氏二十人而輦, 殷十八人而輦, 周十五人而輦." 앞의 책, 288쪽.

것으로 많은 인력이 필요했다.

다음 고대의 도로道路에 대해서 살펴보겠다.

고대 문헌에 따르면, 선진시대 주나라 도읍의 경우 도로가 비교적 정연하게 잘 만들어진 듯하다. 『고공기 · 장인匠人』과 『예기 · 왕제』의 기록을 살펴보자.

> "국중國中은 남북으로 관통하는 도로를 통해 9량의 수레가 동시에 다닐 수 있고, 도읍 밖의 길도 수레 9량이 동시에 통과할 수 있다. 도읍을 에워싼 도로(일종의 환상環狀 도로)는 7량의 수레가 동시에 통과할 수 있다."56)
>
> "길을 갈 때 남자는 우측으로 통행하고 여자는 좌측으로 통행하며 수레는 중앙으로 달린다."57)

인용문을 보면 당시 도로가 상당히 넓었던 것으로 나온다. 물론 고대에 노면이 아주 평탄하게 잘 정돈된 치도馳道라는 길이 있었다. 하지만 모든 도로가 치도처럼 평탄한 것은 아니었을 것이다. 농촌에서 논밭 사이 두렁 길은 천맥阡陌이라고 하는데, 일반적으로 구혁溝洫(봇도랑)이 같이 만들어졌다. 그래서 『예기 · 월령』 주에서 "옛날에 봇도랑 위에 도로가 있었다."58)고 한 것이다. 『주례 · 지관 · 수인遂人』에 따르면, 이러한 천맥이나 구혁이 도로의 많은 부분을 차지했다. 비록 자연 지형에 따른 것이기 때문에 일정한 준칙이 있는 것은 아니었으나 대체적으로 평탄하고 곧은길이었을 것이다.

다만 이상의 관련 문헌에서 이야기한 내용은 이상적인 제도에 대한

---

56) 『예기정의 · 고공기 · 장인(匠人)』, "國中經涂九軌. 野涂亦九軌. 環涂七軌." 앞의 책, 1149쪽.

57) 『예기정의 · 왕제』, "道路, 男子由右, 婦人由左, 車從中央." 위의 책, 430쪽.

58) 『예기정의 · 월령』 주, "古者溝上有路." 위의 책, 484쪽.

언급이니 반드시 실제와 부합했다고 말할 수 없다. 실제는 어떠했을까?
『좌전』 성공成公 5년의 기록을 살펴보면 그 대강을 짐작할 수 있을 것이다.

> "진나라 도성 근처에 있는 양산梁山(섬서성 한성현 서북쪽)이 무너졌
> 다. 진후晉侯(진경공)가 전거傳車(일종의 역마驛馬로 공문을 발송하거나
> 빈객을 접대하기 위한 수레)를 보내 대부 백종伯宗을 불러오도록 했다.
> 백종이 전거를 타고 오는 길에 무거운 짐을 실은 수레와 만나자 '전거가
> 지날 수 있도록 옆으로 비키시오.'라고 말했다. 그러자 짐수레 주인이
> 말했다. '내가 비키기를 기다리느니 차라리 지름길로 가는 것이 빠를
> 것이오.'"59)

인용문으로 보건대, 당시 역로驛路는 수레 두 대가 동시에 통과할 수
없을 정도로 좁았음을 알 수 있다. 또한 당시 도로가 모두 평탄한 것도
아니었다. 『의례 · 기석례既夕禮』에 따르면, "상축商祝이 공포功布를 들고
앞에서 길을 안내하고, 다른 이들은 양 옆에서 피披를 잡고 영구靈柩(상
여)를 들고간다."60) 정현의 주에 따르면, "길이 낮거나 높기도 하고 기울
어지거나 무너진 곳도 있기 때문에 상축이 공포를 좌우 또는 상하로 움직
여 상여를 든 사람들이나 집피한 자들이 도로의 사정을 알 수 있도록
했다."61) 또한 『예기 · 곡례』에 보면, "장사를 지내러 갈 때는 흙탕길도
마다하지 않는다."62)라는 내용이 나온다. 이로 볼 때 고대의 도로가 문헌
에 나오는 것처럼 넓고 평탄하기만 한 것이 아님을 알 수 있다. 따라서
후세 사람들이 고대의 도로를 극찬한 것도 사실은 적절치 않은 평가이다.

---

59) 『춘추좌전정의』, 성공(成公) 5년, "梁山崩, 晉侯以傳召伯宗. 行辟重. 使載重之車讓
　　路. 重人曰, "待我, 不如捷之速也." 앞의 책, 720쪽.

60) 『의례주소 · 기석례(既夕禮)』, "商祝執功布, 以御柩執披." 앞의 책, 786쪽.

61) 『의례주소 · 기석례』 정현 주, "道有低仰傾虧, 則以布爲左右抑揚之節, 使引者執披者
　　知之." 위의 책, 786쪽.

62) 『예기정의 · 곡례』, "送葬不避塗潦." 앞의 책, 78쪽.

고대에는 노면을 손질하는 기술이 아직 발달하지 않았다. 당시 노면 상태는 오늘날 포장되기 이전 노반路盤 상태였을 것이다. 그러니 비가 오면 웅덩이가 생기고, "도로에 잡초가 무성하여 걸을 수 없을 정도였다."[63]

다음 고대 수로水路에 대해서 살펴보겠다. 처음에 배의 형태는 오늘날의 이른바 독목주獨木舟, 즉 통나무로 만든 것이다. "통나무를 깎아 배를 만들고 나무를 베어 노를 만든다."[64] "옛사람이 말라서 속이 빈 나무가 떠 있는 것을 보고 배를 만드는 법을 깨달았다."[65] 이는 모두 독목주가 처음 만들어진 때를 묘사한 대목이다. 이후 조금 더 발전시켜 나무을 잇대어 연결시켜 지금의 뗏목과 같은 배가 만들어졌다. "깊은 물에 이르면 뗏목 타고, 배도 타고, 얕은 곳에 이르면 자맥질도 하고 헤엄도 친다."[66] 이는 『시경』에 나오는 구절인데, 소疏에 인용된 『주역』에 따르면, "큰 내를 건너는 데 이로움은 나무로 만든 주와 허를 타기 때문이다."[67] 아울러 인용된 정현의 주에 따르면, "주舟는 나무판을 잇대어 연결시킨 것으로 오늘날의 배船와 비슷하다. 통나무의 속을 파서 만든 것은 허虛라고 불렀다. 주와 허를 통틀어 모두 주舟라고 칭한다."[68]

고대에는 방方, 방旁, 비比, 병並 등은 발음이 같아 통용했다. 주舟를 방方이라고 부른 것은 주가 나무를 나란히 나열하여 네모난 형태로 이어 만들었기 때문이다. 두 글자를 합친 것이 바로 방舫이다. 나무를 서로 연

---

63) 『국어 · 주어중(周語中)』, "道弗不可行." 앞의 책, 73쪽.

64) 『주역정의 · 계사전』, "剡木爲舟, 剡木爲楫." 앞의 책, 301쪽.

65) 『회남자 · 설산훈(說山訓)』, "古人見窾木浮而知舟." 앞의 책, 942쪽.

66) 『모시정의 · 국풍 · 패풍(邶風) · 곡풍(谷風)』, "就其深矣, 方之舟之. 就其淺矣, 泳之游." 앞의 책, 149쪽.

67) 『주역정의 · 중부괘(中孚卦)』, "利涉大川, 乘木舟虛." 앞의 책, 242쪽.

68) 손성연(孫星衍), 『주역집해』, 정현 주, "舟謂集版, 如今船, 空大木爲之曰虛, 總名皆曰舟." 성도고적서점(成都古籍書店), 1988년.

결시켜 주舟를 만들 줄 알게 되자 이후 배 만들기가 한층 쉬워졌다.

옛사람들이 물을 건너는 방법은 여러 가지가 있다. 좁고 얕은 물이면 수위가 내려갔을 때 다리를 놓는 방법이 있다. 그렇게 놓은 다리는 대개 나무다리였다. 『맹자 · 이루하』에서 "11월에 도강徒杠(걸어서 건널 수 있는 다리)을 만들고, 12월에 여량輿梁(수레가 통과할 수 있는 다리)을 놓는다."[69]고 했으니 이는 모두 나무로 만든 다리일 것이다. 물론 돌다리도 있었다. 『이아 · 석궁』에 따르면, "석강石杠(돌다리)은 의倚이고,……제(隄, 둑)는 양梁이다."[70] 주에 따르면, "다리의 뜻이다. 강을 가로질러 놓은 돌다리는 양梁이다."[71]

비교적 강폭이 넓은 경우는 배를 여러 척을 잇대어 띄워놓아 일종의 배다리를 이용하여 건넜다. 『이아爾雅』에서 언급된 '천자조주天子造舟'[72] 이야기는 바로 이를 말하는 것인데, 후세에 이른바 부교浮橋이다. 이외에도 배를 타고 물을 건너는 방법이 있다. 『시경』에서, "누가 황하가 넓다 했던가, 갈대로 엮은 작은 배로도 건널 수 있는데."[73]라는 시구는 이를 묘사한 것이다. 물론 걸어서 건너는 경우도 적지 않았다. 『예기 · 제의祭義』에 따르면, 효자는 "길을 갈 때 대로를 걸을 뿐, 좁은 지름길로 가지 않는다. 물을 건널 때 배를 타고 건널 뿐 헤엄쳐서 건너지 않는다."[74]

항해 기술은 북방보다 남방에서 앞서 발달했다. 『좌전』을 살펴보건대, 북방의 수로에 관한 기록은 다음 한 가지 밖에 나오지 않는다.

---

69) 『맹자주소 · 이루하』, "歲十一月徒杠成, 十二月輿梁成." 앞의 책, 214쪽.

70) 『이아주소 · 석궁(釋宮)』, "石杠謂之倚……隄謂之梁." 앞의 책, 133쪽.

71) 『이아주소』 곽박 주, "即橋也. 或曰, 石絶水者爲梁." 위의 책, 193쪽.

72) 역주: 천자조주(天子造舟)는 주나라 문왕이 혼례 때 위하(渭河)에 배처럼 생긴 부대(浮袋) 위에 대나무 판을 올려놓아 강을 건널 수 있도록 한 것을 말한다.

73) 『모시정의 · 국풍 · 위풍 · 하광』, "誰謂河廣, 一葦杭之." 앞의 책, 240쪽.

74) 『예기정의 · 제의(祭義)』, "道而不徑, 舟而不游." 앞의 책, 1336쪽.

"(희공僖公 13년) 진晉나라에 재차 기근이 들었다. 이에 진혜공이 사자를 진秦나라로 보내 양식을 팔 것을 요청했다.……이에 곡식을 진나라로 실어 보냈다. 곡식을 나르는 행렬이 진나라 도성인 옹성雍城에서 진나라 도성인 강성絳城까지 끊이지 않고 이어졌다. 이로 인해 이를 '범주지역泛舟之役'이라 부르게 되었다."[75]

이렇듯 북방은 배를 띄우는 일이 드물었지만 남방을 달랐다. 남부 지방은 장강과 회하 외에도 크고 작은 호수와 연못이 많았기 때문에 수로가 발달했다. 그렇기 때문에 수전水戰도 적지 않았다. 예를 들어 오吳와 초楚는 몇 차례나 수전을 겪었다. 뿐만 아니라 애공哀公 10년, 오吳나라 서승徐承이 수군을 이끌고 바다를 통해 제齊나라를 공격한 일도 있었다. 이렇듯 남방은 내륙의 하천은 물론이고 연해의 해상교통도 일찍부터 발달했다.[76] 이는 『우공禹貢』에서도 확인할 수 있다. 이에 따르면, 전국 아홉 개 주에서 공물을 바칠 때 경유하는 길인 이른바 구주공로九州貢路에 모두 수로가 나온다. 『우공』은 전국시대의 저작이니 이를 통해 당시 교통 상황을 짐작할 수 있다.

육로의 경우 교통망이 평지에서 산간까지 확대되면서 진일보했다. 산간지대까지 교통망이 확장된 것은 말을 활용했기 때문이다. 선진이나 진한 시절의 전적에는 승마, 즉 말 타기에 대한 기록이 잘 보이지 않는다. 후세 사람들은 이로 인해 옛 사람들은 말을 타기보다 수레를 많이 활용했다고 주장하기도 했다. 예를 들어 『좌전』 소공昭公 25년에 "좌사 공사전이 노소공을 승마(승마, 수레에 탄다는 뜻)시켜 귀국시키려 하자 노소공의 친병들이 이를 저지했다.(左師展將以公乘馬而歸, 公徒執之)."라는 대

---

75) 『춘추좌전정의』 희공 13년, "晉饑, 乞糴於秦, 秦輸之粟, 自雍及絳相繼, 命之曰泛舟之役." 앞의 책, 368쪽. 역주: 범주지역이란 양식을 실은 배(泛舟)를 띄워 운송했다는 뜻이다.

76) 『춘추좌전정의』, 애공 10년, "吳徐承且率舟師自海道伐齊." 위의 책, 1653쪽.

목이 나온다. 공영달은 소疏에서 유현劉炫의 주장을 받아들여 '승마乘馬'
를 말을 탄 것으로 해석하고, 이후로 점차 사람들이 말을 타기 시작했다
고 주장했다. 하지만 이는 잘못된 견해이다. 『좌전』의 원문을 잘못 이해
한 데서 비롯된 오류라는 뜻이다.[77]

옛 문헌에서 승마와 관련된 기록이 잘 보이지 않는 것은 다음 두 가지
이유 때문이다. 첫째, 고서에 기록된 일은 대개 귀족의 일인데, 귀족은
말 대신 수레를 많이 이용했다. 둘째, 당시 교통은 아직까지 평지에 한정
되었기 때문에 굳이 말을 이용하지 않고 수레를 이용하는 것이 편했다.
『일지록日知錄』에서 이를 확인할 수 있다.

> "춘추시대 중원에서 화하족華夏族과 잡거하던 융족戎族과 적족狄族은
> 대개 전차가 도달할 수 없는 산간지대에서 살았다. 제환공齊桓公과 진문
> 후晉文侯가 그들을 물리치기만 하고 그들의 근거지 깊숙이 쳐들어가지
> 못했던 것도 전차가 들어갈 수 없었기 때문이다. 진晉나라 대부 중행목
> 자中行穆子가 대로大鹵에서 적족狄族을 격파할 수 있었던 까닭은 전차를
> 포기하고 보병을 출동시켰기 때문이다. 그리고 구유仇猶를 정벌하려던
> 진晉의 지백智伯이 전차가 달릴 수 있는 길을 만들기 위해 고안한 대책은
> 먼저 큰 종鐘을 주조하여 구유에게 선물로 보내 길을 넓힌 것이니, 전차
> 가 산길을 달릴 수 없음을 알고 있었기 때문이다. 그렇기 때문에 어쩔
> 수 없이 전차 대신 기마騎馬로 바뀌게 된 것이다. 말을 타고 활쏘기를
> 하게 된 것은 산간에서 편하기 때문이고, 호복胡服을 입게 된 것은 말을
> 타고 활쏘기에 편하기 때문이다."[78]

---

77) 역주: 『춘추좌전정의』, 소공 25년, "左師展將以公乘馬而歸." 위의 책, 1462쪽. 이 문
장은 두 가지 해석이 가능하다. 첫째는 "좌사 전이 소공을 모시고 말을 타고 노나라
로 돌아가려고 했다."이고 다른 하나는 "좌사 공사전이 노소공을 수레에 태워 귀국
시키려고 했다."이다. 전자의 경우 '승마'의 주체는 좌사 공사전이고, 후자는 '승마'
의 주체는 노소공이며, 말을 탄 것이 아니라 수레에 탄 것으로 보았다. 저자는 후자
의 입장이다.

78) 『일지록집석』, 권29, "春秋之世, 戎狄雜居中夏者, 大抵在山谷之間, 兵車之所不至.

물론 인용문은 군사적인 측면에서 언급한 내용이지만 당시 교통의 변화를 엿볼 수 있는 대목이기도 하다. 요약해서 말하자면, 도로가 확장되고 멀리까지 뻗어가면서 점차 관리나 수리하기가 힘들어 도로상황이 좋지 않았다. 그렇기 때문에 수레를 타고 다니는 것보다 말을 타고 가는 것이 훨씬 편했다. 이리하여 말을 타고 다니는 것이 널리 보급된 것이다.

"물은 사람을 통하게 하고, 산은 사람을 막는다."는 말이 있다시피 끊임없이 움직이며 아래로 흐르는 것이 물의 성질이다. 물은 사람의 길을 막아서기도 하지만 잘만 이용하면 교통에 이로울뿐더러 인력을 덜어준다. 하지만 산은 다르다. 산을 통과하려면 힘이 많이 소모될뿐더러 새로 길을 뚫기도 쉽지 않다. 그래서 중국은 육로보다 수로 교통이 훨씬 발달했다. 황하 유역보다 한참 뒤떨어졌던 장강 유역이 나중에 오히려 문명의 정도가 앞서게 된 것 역시 발달한 수로교통 덕택이었다고 하겠다. 당대 유안劉晏은 당시 수로교통의 성황盛況에 대해서 다음과 같이 묘사한 바 있다.[79]

> "천하의 나루터마다 오가는 배들이 몰려든다. 배를 타면 옆으로 파巴 (지금의 중경), 한수漢水까지 도달할 수 있으며, 앞으로 민지閩地(복건), 월지越地(절강)까지 갈 수 있다. 일곱 개의 큰 연못, 열 개의 커다란 연수湖藪, 세 개의 큰 강, 다섯 개의 큰 호수를 항해하며 황하와 낙수洛水를 관통하고, 회하淮河와 발해渤海까지 아우르니 천만 척에 달하는 크고 작은 배들이 밤낮없이 오가면서 활발한 교역을 펼친다.[80]

齊桓、晉文, 僅攘而卻之, 不能深入其地者, 用車故也. 中行穆子之敗狄於大鹵, 得之毁車崇卒. 而智伯欲伐仇猶, 遺之大鐘以開其道, 其不利於車可知矣. 勢不得不變而爲騎. 騎射, 所以便山谷也. 胡服, 所以便騎射也." 앞의 책, 1618쪽.

79) 역주. 이는 당 유안(劉晏)이 아니라 최융(崔融)의 「간세관시소(諫稅關市疏)」에 나온다.

80) 『구당서』, 권94, 「최융전(崔融傳)」, "天下諸津, 舟航所聚, 旁通巴漢, 前指閩越, 七澤十藪, 三江五湖, 控引河洛, 兼包淮海, 弘舸巨艦, 千軸萬艘, 交貿往來, 昧旦永日." 앞

당대 수로를 통한 선박 항해와 교역이 얼마나 대단했는지 짐작할 수 있는 내용이다. 이외에 『당어림보유唐語林補遺』에도 관련 기록이 나온다.

> "동남쪽으로 수로가 안 닿는 도읍이 없다. 천하의 화물 운송도 수로를 통해서 이루어지는 경우가 대부분이다. 선박이 가장 많은 곳은 강서江西 일대이다. 현지 사람들은 부들을 엮어 돛을 만드는 일에 익숙하다. 큰 배에 달린 돛은 80여 폭에 이를 정도다. 민간에서 흔히 말하길, 물에 띄울 수 있는 배의 적재량은 만萬석을 넘지 않는다고 하는데, 이는 큰 배의 적재량이 대개 8~9천 석을 넘지 않음을 말한다."[81]

명대 정화鄭和가 항해에 나설 때 끌던 배는 길이가 44장丈, 너비가 18장으로 모두 62척이었다고 하니 당시 정화의 선대船隊 규모가 얼마나 대단한 것인지 짐작하고도 남음이 있다.

수로를 통한 교통은 육로에 비해 수익이 많았기 때문에 역대로 크고 작은 운하가 개통되었으며, 그 중에서 1천 리 이하 운하는 셀 수 없을 정도로 많았다. 중국의 큰 강은 주로 서쪽에서 동쪽으로 흐르기 때문에 동서 교통은 편한 대신 남북 수로교통이 매우 불편했다. 운하는 이러한 문제를 해결하기 위해 개통한 것이 대부분이다. 『좌전』 애공哀公 9년 "오나라가 한邗에 성을 쌓고 도랑을 파서 장강과 회하淮河를 소통시켰다."[82] 이것이 오늘날의 회남운하淮南運河이다. 『사기 · 하거서河渠書』에도 운하와 관련된 기록이 적지 않다.

의 책, 2998쪽.

81) 『당어림보유(唐語林補遺) · 보유(補遺) · 무시대(無時代)』, "凡東南都邑, 無不通水. 故天下貨利, 舟楫居多. 舟船之盛, 盡於江西. 編蒲爲帆, 大者八十餘幅. 江湖語曰 : 水不載萬. 言大船不過八九千石." 중화서국, 1987년, 726~727쪽.

82) 『춘추좌전정의』 애공 9년, "吳城邗, 溝通江淮." 앞의 책, 1650쪽.

"형양滎陽(지금의 하남성 형양) 아래에서 황하의 물을 끌어와 동남쪽
　으로 흐르는 홍구鴻溝를 만들었고, 이로써 송宋, 정鄭, 진陳, 채蔡, 조曹,
　위衛 등의 나라를 통해 제수濟水 여수汝水, 회수淮水, 사수泗水 등의 물줄
　기와 합류하게 만들었다."83)

　홍구는 나중에 인멸되어 유적을 찾아 일일이 고증하기 힘들지만 오늘날
의 가로하賈魯河처럼 황하와 회하淮河를 연결시키는 운하인 것은 분명하
다.84) 후한 명제明帝 시절 형양滎陽에서 천승千乘(지금의 산동 고청현高靑縣
고성진高城鎭)까지 운항할 수 있는 변거汴渠를 팠다.85) 전국의 재력이 산동
지역으로 집중되는 상황에서 동쪽과 연결이 무엇보다 시급한 일이었기
때문이다. 남북조 이후로 전국 재력의 중심이 점차 강회江淮 지역으로 옮
겨지자 전국의 교통 판국이 또 다시 달라졌다.
　수나라 때 통제거通濟渠를 개통했다. 동도東都인 낙양에서 시작하여 곡
수穀水와 낙수洛水를 끌어들여 황하에 이르게 하였으며, 다시 황하의 물을

---

83) 『사기·하거서(河渠書)』, 권29, "滎陽下引河東南爲鴻溝, 以通宋、鄭、陳、蔡、曹、衞、
　　與濟、汝、淮、泗會." 앞의 책, 1407쪽.
84) 역주: 홍거(鴻渠)는 중국 최초로 황하와 회하를 연결시킨 운하이다. 고대 형양 성고
　　(成皐, 지금의 하남 정주, 형양)일대에서 시작하여 회하로 연결된다. 동주 말기 전국
　　시대 위혜왕 10년(기원전 360년) 공사를 시작했다. 한 무제 시절 복양(濮陽)에서 황
　　하가 범람하는 바람에 수로가 막혀 홍구가 제 역할을 할 수 없게 되었다. 한 명제
　　영평 12년(69년) 왕경(王景)과 왕호(王吳)가 황하와 변수(汴水)를 다스려 일부 수운
　　능력을 회복했으나 다른 수로를 연결시키지 못해 홍구의 수운 체계가 점차 사라지
　　고 말았다. 가로하(賈魯河)는 회하의 지류인 사영하(沙潁河)의 지류로 전체 255km
　　에 달하는 강이다. 전국시대에는 홍구라고 불렀고, 한대에는 낭탕거(浪蕩渠)라고 불
　　렀다. 황하와 회하를 잇는 운하가 통과하는 강 가운데 하나이다.
85) 역주: 변거(汴渠)는 중국 고대에 황화와 회하를 연결하는 중요 운하로 변하(汴河)
　　또는 통제거(通濟渠, 수당 이후 명칭)라고 불렸다. 전체 길이는 650km이다. 하남
　　형양(滎陽)의 판저(板渚)에서 출발하여 강소 우이(盱眙)에서 회하(淮河)로 들어간
　　다. 하남과 안휘, 그리고 강소 등 세 군데 성을 지난다.

끌어들여 변수汴水로 들어가게 한 다음 변수에서 회수淮水로 흐르도록 함으로써 회남淮南의 한구邗溝까지 수로를 연결시켰다. 그리고 양자강 이남으로 경구京口에서 여항餘杭까지 800리에 달하는 강남하(江南河)를 개통했다. 이것이 오늘날의 강남운하江南運河(경항京杭 운하의 남단)이다.

당나라 때 강회江淮 조운漕運의 경로는 다음과 같다.

2월에 양주揚州에서 출발하면 4월에 회하淮河를 거쳐 변하汴河로 들어간다. 6, 7월에 황하黃河 입구에 도착하여 8, 9월에는 낙수洛水에 들어간다. 그곳에서 더 나가면 험한 지세로 유명한 삼문산三門山[86])에 도착하는데, 그곳에서 육로를 이용한 후 황하의 최대 지류인 위하渭河로 들어가 장안長安에 이른다.

송나라는 변경汴京을 도읍으로 정했다. 변경 근처에는 동서남북東西南北으로 네 개의 강이 흐르고 있다. 동하東河는 강회江淮로 통하고,[87]) 서하西河는 회주懷州, 맹주孟州로 통하며, 남하南河는 영주潁州, 수주壽州로 연결되고,[88]) 북하北河는 조주曹州, 복주濮州로 통한다. 네 개의 강 가운데 특히 동하의 경제적인 위상이 높았다. 회남淮南(회하 이남), 절강浙江의 동부와 서부, 그리고 호남, 호북에서 출발하는 화물이 모두 동하를 통해 변경에 들어가기 때문이다. 또한 영남嶺南의 금은金銀과 향료 역시 육로로 건주虔州까지 운송한 후 장강을 거쳐 변경까지 운송되었다. 섬서陝西의 화물은 서하를 통해서 수도인 변경으로 운송되거나 검문劍門을 지나 사천四川의 화물과 함께 강릉江陵까지 운반한 후 장강으로 들어가 변경으로 향하기도 했다. 송사宋史에 따르면, 전국의 화물 가운데 3분의 2를 동하를 통해 운

---

86) 역주: 삼문산은 지금의 하남성 삼문협(三門峽) 동북쪽 황하 인근에 있는 지주산(砥柱山)을 말한다. 삼문이란 신문(神門), 귀문(鬼門), 인문(人門)이다.

87) 동하는 내하(裏河)라 불리기도 한다.

88) 외하(外河)라 불리기도 한다. 오늘날의 혜민하(惠民河)가 곧 그 유적이다.

송했다. 물론 이는 장강이나 회하 등 천연 하천이 있어 가능한 일이지만 이를 잇는 운하가 기여한 바도 매우 컸다.

원나라는 북경北京을 도읍지로 삼았다. 당연히 교통의 중심도 달라졌다. 원은 문수汶水[89]의 물을 끌어들여 남북으로 흐르도록 했다. 이리하여 오늘날의 대운하(경항운하)가 완성된 것이다.

해상 교통은 앞서 제11장에서 간략하게 언급한 바 있다. 당대 함통咸通 연간에 교지交阯(지금의 베트남 북쪽), 호남湖南, 강서江西 등지에서 전쟁을 치루면서 군수물자 운반에 극심한 어려움을 겪었다. 당시 윤주潤州 사람 진반석陳磻石이 해로를 통해 군수품을 운송하자는 의견을 제시했다. 장강 하류에서 바다로 배를 띄워 민지閩地와 광주廣州를 거쳐 교지에 도착하는 노선이었다. 큰 배 한 척에 1,000석이나 되는 군수물자를 실을 수 있었기 때문에 전방에 충분한 물자를 제공할 수 있었다. 이는 해로를 통한 최초의 군량 운송이다. 원, 명, 청대에는 운하를 이용하였으되 해운과 병행했다. 해운 경비가 운하를 이용할 때보다 저렴했기 때문이다. 근대에 들어와 증기선이 발명되기 이전에 이미 남북 간의 해상 수송 활동이 활발하게 이루어졌다. 오늘날에도 남쪽의 영파寧波, 북쪽의 영구營口에는 남북 간 도시를 왕래하는 돛단배들이 여전히 많이 남아 있다.

수로나 해로 교통이 매우 발달한 것에 비해 육로 교통은 부진을 면치 못했다. 당시 육로 교통 상황에 대해서 『일지록』은 다음과 같이 묘사하고 있다.

"교관郊關(성읍 사방 교외의 관문)까지 이르는 길이 모두 진흙탕인지라 수레바퀴가 온통 더러운 오물로 가득했다."[90]

---

89) 역주: 문수(汶水)는 산동 제남 내무(萊蕪)에서 발원하여 태안(泰安) 대문구(大汶口) 등을 거쳐 동평호(東平湖)로 들어가는 강이다. 옛날에는 동평현(東平縣)을 거쳐 양산(梁山) 동남쪽에 이르러 제수(濟水)와 만났다.

"옛날에는 열을 지어 나무를 심어 도로를 표시했다.⋯⋯이후 수당 시절에 이르러 관도官道 양 옆에 심은 관괴官槐(관에서 심은 홰나무)나 관류官柳(관에서 심은 버드나무)라는 말이 시문詩文에 자주 등장했다.⋯⋯하지만 근대에 들어와 정치가 문란해지고 법이 느슨해지면서 사람들이 큰길가 나무를 제멋대로 베어냈다. 그리하여 길은 숫돌같이 평평해졌으나 길가는 민둥산처럼 헐벗게 되었다."[91]

"『당육전唐六典』에 따르면, 전국에 조주지량造舟之梁(배를 이어 만든 다리)가 4개, 석주石柱로 만든 다리가 4개, 목주교木柱橋가 3개, 큰 다리가 11개가 있는데, 이는 모두 공부工部에서 주관하여 건설했다. 그 외의 다리는 각 주현州縣에서 만들었다. 다리가 없는 큰 나루터에는 배와 뱃사공을 배치하여 강물을 건널 수 있도록 했는데, 나루터의 규모와 도강渡江의 난이도에 따라 등급을 매겨 차등을 두었다. 하지만 지금은 기전畿甸(수도를 중심으로 인근 행정구역을 포괄하는 지역)까지 황무지나 다를 바 없이 피폐하고 교량이 훼손되어 다닐 수 없는 곳이 많다. 특히 웅현雄縣(지금의 하북 보정시保定市 인근)와 막주莫州(지금의 하북 임구任丘) 사이에 해마다 가을이 되면 홍수가 나서 그때마다 길이 막혔다. 그러면 무뢰배無賴漢들이 수레를 끌고 오거나 배를 띄워 사사롭게 이익을 챙겼다. 노하潞河(해하海河의 지류로 북운하北運河라고 칭한다) 일대의 뱃사공들은 심지어 행인을 협박하여 재물을 강탈하니 이로 인해 사공司空이 다리를 건설하지 않는다거나 지방 관리가 다리를 보수하지 않는다고 장핵章劾(탄핵 상소)을 올리는 일이 성가실 정도였다. 하지만 이런 상황은 이미 오래 전부터 지속되었다.[92] 하물며 변방 지역은 굳이

---

90) 『일지록집석·가도(街道)』, "塗潦遍於郊關, 汙穢鍾於輦轂." 앞의 책, 717쪽.

91) 『일지록집석·관수(官樹)』, "古者列樹以表道⋯⋯下至隋唐之代, 而官槐官柳, 亦多見之詩篇⋯⋯近代政廢法弛, 任人斫伐. 周道如砥, 若彼濯濯." 상해, 상해고적출판사, 2006년, 718쪽.

92) 『일지록집석·관수(官樹)』 권11, "당육전(唐六典) 주: 성화(成化) 8년 9월 병신일(丙申日)에 순천부(順天府) 부윤(府尹) 이유(李裕)가 다음과 같이 상주한 바 있다. 우리 부(府)에서는 해마다 수위가 오를 때나 날이 추울 때 나룻배를 수선하거나 만들어서 역내(域內)의 나룻터에 배치하여 물을 건널 행인을 위해 편의를 제공하고 있습니다. 하지만 최근에는 스스로 귀척이라고 사칭하는 불량배가 사사로이 나룻배를 띄워

말할 필요가 없을 정도였으니, 전한前漢의 조충국趙充國이 황수하湟水河
의 하곡河谷 서쪽에 다리 70여 개를 놓아 군사들이 베개나 침상을 건너
는 것처럼 수월하게 물을 건너 선수鮮水에 도착하도록 한 것을 어찌
바랄 수 있겠는가?"[93]

　이렇듯 도로 관리가 허술하여 제때에 보수하지 않았으니 특히 송대
이후로 더욱 심해졌다. 그 연유는 앞서 말한 건축의 쇠락과 같다. 북경의
도로를 정비하고 보수 공사를 시작한 것은 청대 말년의 일이다. 그러니
그 이전의 도로는 고염무가 말한 바대로 "교관郊關까지 이르는 길이 모두
진흙탕인지라 수레바퀴가 온통 더러운 오물로 가득했다."
　새로 개항한 몇 군데 통상 항구 도시를 제외하고 전국에서 도로가 비교
적 넓고 정연한 곳은 매우 드물었다. 앞서 말했듯이 남방은 수로가 많은
대신 북방은 육로가 중요 교통로였다. 하지만 육로는 노면이 고르지 못한
곳이 대부분이었고, 간혹 돌을 깔아 만든 도로가 있었으나 그마저도 오랫
동안 관리하지 않아 엉망인 상태였다. 이처럼 육로가 제대로 관리되지
않은 상황이었으니 전국에서 비교적 풍요롭고 부유한 곳이 강가나 연해
지역에 집중된 것도 전혀 이상한 일이 아니다.

왕래하는 사람에게 협박하여 재물을 강요합니다. 그 해가 참으로 큽니다. 그래서
임금께서 순안어사를 보내 이런 일이 발생하지 않도록 엄격하게 단속해 달라는 청
을 올린 바입니다. 그리하여 임금이 그의 제의 들어주었다(成化八年, 九月, 丙申,
順天府府尹李裕言, 本府津渡之處, 每歲水漲, 及天氣寒冱, 官司修造渡船, 以便往來.
近爲無賴之徒, 冒貴戚名色, 私造渡船, 勒取往來人財物, 深爲民害. 乞敕巡按御史, 嚴
爲禁止. 從之)." 위의 책, 720쪽.

93) 『일지록집석 · 교량(橋梁)』, "唐六典：凡天下造舟之梁四, 石柱之梁四, 木柱之梁三,
巨梁十有一, 皆國工修之. 其餘皆所管州縣, 隨時營葺. 其大津無梁, 皆給船人, 量其大
小難易, 以定其差等. 今畿甸荒蕪, 橋梁廢壞. 雄莫之間, 秋水時至, 年年陷絶. 曳輪招
舟, 無賴之徒, 藉以爲利. 潞河舟子, 勒索客錢, 至煩章劾. 官空不修, 長吏不問, 亦已久
矣. 況於邊陲之境, 能望如趙充國治湟陜以西道橋七十所, 令可至鮮水, 從枕席上過師
哉?" 위의 책, 720쪽.

도로가 형편없었기 때문에 육로 교통은 동물 대신 사람의 힘을 이용할 수밖에 없었다.

우禹는 홍수를 막기 위해 사방을 돌아다니면서 네 가지 탈것을 이용했다고 한다.94) 이는 여러 문헌에서 언급된 바 있는데, 그 대강을 살펴보면 다음과 같다.

"산에 오를 때 국권梮을 탔다."95)
"산에 오르는 데 교橋를 이용했다."96)

『여씨춘추 · 신세愼勢』, 『회남자 · 제속훈齊俗訓』, 『회남자 · 수무훈修務訓』, 『한서 · 구혁지溝洫志』 등에도 "우는 네 가지 탈것을 탔다禹乘四載."는 기록이 나오는데, 『사기집해史記集解』에서 인용한 『시자尸子』와 서광徐廣의 말처럼 각기 명칭이 다르다. 예를 들면, 산에 오를 때는 국권梮(덧신)과 교橋 외에도 국梮(산에 오를 때 미끄러지지 않도록 박은 징), 유絭(덩굴), 유樏(나막신), 유欙(나막신) 등을 사용했다. 그렇다면 이는 구체적으로 어떤 것들인가? 우선 梮, 樏, 欙는 모두 같은 글자인 것이 분명하다. 『옥편玉篇』에 따르면, 국梮은 "여輿이며, 식기食器이다. 토여土轝(흙을 담고 나르는 기구)의 뜻이기도 하다."97) 뇌준雷浚의 『설문외편說文外編』에 따르면, 土轝토여를 『좌전』(양공襄公 9년)에서는 국梮으로 썼다.98) 또한 『한서 · 오행지五行志』에서 이를 인용하면서 국梮 대신 국輂(수레)이라고 적었다. 『설문해자』에 따르면, "국輂은 말이 끄는 큰 수레이다."99)

---

94) 『사기 · 하본기(夏本紀)』, "禹乘四載." 앞의 책, 51쪽.

95) 『사기 · 하본기』, "山行乘梮." 위의 책, 51쪽.

96) 『사기 · 하거서』, 권29, "山行即橋." 위의 책, 1405쪽.

97) 『옥편』, "輿食器也. 又土轝也."

98) 뇌준(雷浚), 『설문외편(說文外編)』, "土轝之字, 左氏作梮."

다음 유류(藥桾)는 무엇인가? "그는 집으로 돌아와서 유리藥桾에 흙을 담아 시신을 덮어 묻었다."[100] 이는 『맹자』에 나오는 문장인데, 조기趙岐의 주에 따르면, "유리藥桾는 농삽籠臿(삼태기와 가래)과 같은 것으로 흙을 파거나 떠서 나르는 기구이다."[101] 앞서 말했듯이 유藥, 유桾, 유류는 유리藥桾와 같은 기구이며, 국여橋 역시 흙을 퍼서 나르는 일종의 수레라고 할 수 있다. 국여橋을 말이 끌면 국여橋이 된다. 또한 이를 가차假借하여 교교橋를 만들었다. 이것이 이후 가마를 나타내는 '교교橋'가 되었다. 회남왕淮南王의 「민월 토벌을 간하는 서諫伐閩越書」에 보면, "교교橋를 타고 산을 넘어간다."[102]는 말이 나오는데, 여기서 말한 교교橋가 바로 이것이다. 이처럼 교는 본래 수레의 뜻이었으나 사람이 들고 산을 넘는데 사용되면서 전문용어가 된 것이다. 그래서 위소韋昭는 "국여橋은 오늘날 수레 모양의 목기木器로 사람이 들고 가는 것이다."[103]라고 한 것이다. 고대에는 산길을 갈 때만 교교橋를 탔지만 후에는 평지에서도 흔히 이용했다. 송대 왕안석이 평생토록 견여肩輿(가마)를 타지 않는다는 이야기가 전해지는 것을 보면, 북송 시절에는 견여가 아직 보편화되지 않았음을 알 수 있다. 하지만 남도南渡 이후 임안臨安의 거리가 좁아 견여를 타는 사람이 점차 많아졌다. 『송사·여복지輿服志』에 따르면, 송조 중흥中興(송 효종 재위 기간, 이른바 건순지치乾淳之治를 말한다) 이후로 정벌 길이 험하여 백관들에게 교교橋를 타라는 조서를

---

99) 『설문해자주』, "輦, 大車駕馬也." 앞의 책, 736쪽.

100) 『맹자주소·등문공상』, "反藥桾而掩之." 앞의 책, 156쪽.

101) 『맹자주소·등문공상』 조기(趙岐) 주(注), "藥桾, 籠臿之屬, 可以取土者也." 위의 책, 156쪽.

102) 『한서』, 권64, 「엄조열전(嚴助列傳)」, 회남왕(淮南王), 『민월 토벌을 간하는 서(諫伐閩越書)』, "輿轎而逾嶺." 앞의 책, 2779쪽.

103) 『한서』, 권29, 「구혁지(溝洫志)」, 위소(韋昭) 주, "橋木器, 如今輿狀, 人擧以行." 위의 책, 1676쪽.

내렸는데, 교의 이름을 죽교자, 또는 죽여竹輿(대를 엮어서 만든 가마)라고
했다.104)

여행을 하다보면 도중이나 목적지에 도착한 후 반드시 쉴 곳이 필요하
다. 교통이 발달하지 않았던 고대에는 나그네를 위한 쉼터는 대부분 관영
官營이었다. 『주례』에 따르면, "야려씨는 나라의 도로를 소통시켜 사방
경기京畿 지역으로 나갈 수 있도록 관리하는 일을 관장한다. 나라의 교郊
와 야野의 도로를 살피고, 숙식과 우물, 울타리를 검열한다."105) 이렇듯
이미 오래 전부터 도로나 숙식을 관장하는 관직이 있었다. 『주례 · 지관사
도地官司徒 · 유인遺人』에 보면 다음과 같은 내용이 나온다.

> "나라의 성읍 밖 야野의 길에는 10리마다 여廬를 설치하고, 여에 먹을
> 음식을 둔다. 30리마다 숙宿을 두는데, 숙에는 노실路室이 있다. 노실에
> 는 위委(음식을 저장하는 작은 창고)를 둔다. 50리마다 시市(저자)를
> 두는데, 시에는 후관候館이 있고, 후관에는 적積(음식을 저장하는 큰
> 창고)이 있다."106)

이상은 길을 떠난 이들이 도중에 이용할 수 있는 편의시설이다. 목적지
에 도착하면 "경卿은 대부大夫의 집에서 묵고, 대부는 사士의 집에서 머무
르며, 사는 장인이나 상인工商의 집에서 묵는다."107) 『예기 · 증자문曾子問』
에도 관련 대목이 나온다.

---

104) 『명사』, 권65, 「여복지(輿服志)」, "名曰竹轎子, 亦曰竹輿." 북경, 중화서국, 1974년,
1604쪽. 역주: 북송 시대에도 교자가 크게 유행하면서 기존의 '견여(肩輿)', '단자(担
子)'라는 명칭을 대신했다. 소식이나 구양수의 시에도 '견여'라는 명칭이 보인다.
105) 『주례주소 · 추관사구(秋官司寇) · 야려씨(野廬氏)」, "野廬氏, 掌達國道路至于四畿.
比國郊及野之道路, 宿息, 井樹." 앞의 책, 963쪽.
106) 『주례주소 · 지관사도(地官司徒) · 유인(遺人)」, "凡國野之道, 十里有廬, 廬有飲食.
三十里有宿, 宿有路室, 路室有委. 五十里有市, 市有候館, 候館有積." 위의 책, 1021쪽.
107) 『의례주소 · 근례(覲禮)」, "卿館於大夫, 大夫館於士, 士館於工商." 앞의 책, 456쪽.

"외국사신을 대접하는 경, 대부, 또는 사士의 저택을 사관私館이라
하고, 외국의 제후나 사신을 접대하는 국군의 궁궐, 별궁, 이궁離宮을
공관公館이라 한다."[108]

당시 농민은 멀리 외출할 일이 별로 없었기 때문에 여행객이 묵는 숙박
시설은 경卿, 대부大夫, 사士, 그리고 장인이나 상인의 저택만으로도 충분
했다. 하지만 농민들도 멀리 오고갈 일이 많아지자 기존의 숙박 공간이
부족하여 새로운 숙박 시설이 나타나기 시작했다. 개인이 사사로운 이익
을 위해 차린 역려逆旅(여관)가 바로 그것이다. 역려에 대해서『상군서商
君書 · 간령墾令』은 이렇게 말하고 있다.

"역려를 폐지하면 간사하고 거짓되며 본업에 마음을 붙이지 못하고
개인적인 교유交遊나 하며 농사를 짓다 말다하는 이들이 돌아다니지
못하게 된다. 역려를 개설한 이들도 생계를 유지할 방법이 없으니 반드시
농업에 종사하게 될 것이고, 농지로 가니 황무지도 개간될 것이다."[109]

참으로 진부한 견해가 아닐 수 없다. 또한『진서晉書 · 반악전潘岳傳』
에 보면 당시 사람들의 객사(역려)에 대한 생각을 엿볼 수 있다.

"당시 사람들은 역려로 인해 말업末業(상업)을 쫓느라 농사를 폐하고,
간사하고 음란하며 나라에서 쫓겨난 이들이 역려로 몰려드니 마땅히 폐지
해야 한다고 주장했다. 아울러 나라에서 10리마다 관리官欄를 설치하여
늙고 약한 자들이나 가난한 이들이 지키게 하고, 관리를 파견하여 관리하
면서 객사 이용에 따라 숙박비를 받도록 해야 한다고 주장했다."[110]

---

108)『예기정의 · 증자문(曾子問)』, "卿大夫之家曰私館… 公宮與公所爲." 앞의 책, 615쪽.
109)『상군서 · 간령(墾令)』, "廢逆旅, 則姦僞躁心私交疑農之民不行. 逆旅之民, 無所於
食, 則必農. 農則草必墾矣." 앞의 책, 14쪽.
110)『진서』, 권55,「반악전(潘岳傳)」, "時以逆旅逐末廢農, 姦淫亡命, 多所依湊, 敗亂法

역려는 상업적인 이익을 얻는 것일 뿐만 아니라 이로 인해 농업에 폐해가 있으니 없애야 한다는 것이 당시 사람들의 주장이었다. 이는 『상군서』의 주장과 일치한다. 사실 객사는 인용문에서 말한 것처럼 나라에서 쫓겨난 이른바 '망명지인亡命之人'이 몰려드는 곳이기도 했다. 『좌전』 희공僖公 2년에 보면 이런 대목이 나온다. "지금 괵虢나라가 무도하여 역려逆旅(객사) 안에 보루를 쌓고 우리나라 남쪽 변경을 침략하려고 합니다. 청컨대 귀국의 길을 빌려주어 괵나라를 쳐서 그들의 죄를 묻도록 해주십시오."[111] 이는 진晉나라 대부 순식荀息이 괵虢나라를 치려고 우공虞公에게 길을 빌려줄 것을 청하면서 한 말이다. 여기에서 볼 수 있다시피 "역려 안에 보루를 쌓았다."는 말은 실제로 사악하고 망명한 이들이 역려로 몰려들었음을 짐작케 한다.

하지만 반악의 생각은 달랐다. 그는 상주문을 통해 객사의 유래가 오래되었다고 하면서 지금까지 한 번도 객사를 허용하지 않은 적이 없었는데, 유독 상앙商鞅(『상군서』의 저자)만 이를 비판하고 있다고 말했다. 계속해서 그는 사해四海가 이미 하나가 되어 온갖 조공이 사방에서 들어오니 길마다 사람이 넘치고 수레가 폭주하는데 객사는 오히려 적다고 말하면서 반드시 쉴 곳이 필요하다고 주장했다. 아울러 사람이 많이 왕래하면 오히려 도적들이 활동하기 힘들며, 관에서 객사를 운영하는 것보다 민간에 맡기는 것이 훨씬 이롭다고 주장했다.[112]

度, 敕當除之. 十里一官權, 使老小貧戶守之, 又差吏掌主, 依客舍收錢." 앞의 책, 1502쪽.

111) 『춘추좌전정의』 희공(僖公) 2년, "虢爲不道, 保於逆旅, 以侵敝邑之南鄙. 敢請假道 以請罪於虢." 앞의 책, 324쪽.

112) 역주: 『진서 · 반악전』, "逆旅, 久矣其所由來也.……然則自堯到今, 未有不得客舍之 法. 唯商鞅尤之, 固非聖世之所言也. 方今四海會同, 九服納貢, 八方翼翼, 公私滿路. 近畿輻輳, 客舍亦稠.……皆有所憩.……又諸劫盜皆起於迥絶, 止乎人衆. 十里蕭條, 則姦軌生心. 連陌接館, 則寇情震憚. 且聞聲有救, 已發有追, 不救有罪, 不追有戮, 禁

역려는 상업 발전에 수반하여 등장한 숙박시설로 주로 교역으로 왕래하는 상인들을 위해 설립한 것이다. 이는 반악의 논의에서도 확인할 수 있다. 그러니 상업이 없어지지 않는 한 역려, 즉 객사도 사라질 수 없다. 또한 관에서 관리를 파견하여 직접 운영한다면 이득보다 폐단이 많을 것이다. 그러니 반악潘岳의 말은 상당한 일리가 있다.

종합컨대 역려가 등장하게 된 원인은 다음 두 가지로 요약할 수 있다. 첫째, 교통이 발전하면서 사람간의 왕래가 빈번해졌다. 이는 더 이상 과거로 돌아갈 수 없는 일이자 또한 막을 수도 없는 일이다. 먼 곳까지 사람의 왕래가 많아지니 자연스럽게 역려가 필요했다. 둘째, 관에서 운영하는 객사는 개인이 운영하는 곳보다 좋지 않았다. 예를 들어 한대에는 정亭이라는 관영 객사가 존재했다. 그곳은 오가는 이들이 쉬어 갈 수 있는 곳이자 때로 손님이 없을 경우 빌려 쓸 수도 있었다.113) 하지만 위진魏晉 이후로 개인이 운영하는 역려가 날로 번창해지자 관영 객사는 점차 영락하여 결국 사라지고 말았다. 그만큼 경쟁력이 떨어졌다는 뜻이다.

다음으로 역참 등에 대해 살펴보겠다.

주지하다시피 혼자서 달리기보다 이어달리기를 하면 훨씬 더 멀리 갈 수 있다. 이는 우郵(통신기관)와 역驛(교통기관)을 두는 이유이자 원리이다. 『설문해자』에 따르면, "우郵는 변경에서 공문서를 전달하기 위해 설치된 기관이다."114) 우郵의 직능이 통신이라는 뜻이다. 이에 반해 역驛은 사람의 왕래, 물건의 운송에 숙박편의를 제공해 주는 곳이다. 양자가 설립된 것은 상당히 오래 전의 일이다. 사람 왕래와 물건 운송에 반드시

暴捕亡, 恒有司存. 凡此皆客舍之益, 而官權之所乏也." 앞의 책, 1502~1503쪽. 인용문은 역자가 가필한 부분이다. 저자는 「반악전」에 나오는 당시 사람들의 주장만 인용하여 당시 상황을 언급했을 뿐이다.

113) 『한서 · 식부궁전(息夫躬傳)』 참조.
114) 『설문해자주』, "郵, 境上行書舍也." 앞의 책, 286쪽.

역驛이 필요한 것은 아니지만, 국가의 통신은 반드시 이것에 의지해야만 한다. 그러므로 우편, 전보電報 업무를 맡은 관서가 설치되기 전까지 공문서 전달은 모두 우역郵驛을 통해서 이루어졌다. 이는 전국 각지에 분포했다. 예를 들어 원대는 강역이 광대하고 번봉藩封 지역도 넓었는데, 모든 곳에 우역을 설치하여 대칸大汗이 직접 다스리는 여러 도시와 연결 및 소통을 유지할 수 있었다. 당연히 규모가 크지 않을 수 없었다.

하지만 역대 우역을 담당한 기관이 공문서 전달 기능에만 그치고, 오늘날과 같이 우정郵政 업무를 총괄하는 기관으로 발전되지 못한 것은 안타까운 일이다. 민간에서 서찰을 전달하려면 별도로 심부름꾼을 보내거나, 여러 사람에게 부탁해야만 하니 불편하기 짝이 없었다. 청나라 때 비로소 신국信局이라는 민간 통신 기관이 생겼다. 영파寧波에서 시작하여 점차 전국 각지로 파급되고 심지어 남양南洋까지 연결되었는데 대단한 경영 능력에 탄복하지 않을 수 없다.

철도, 증기선, 오토바이, 유선 또는 무선 전보의 발명은 교통과 통신에 눈부신 변화를 가져다주었다. 이 모든 것이 문명 발전의 덕택이다. 하지만 문명이란 그것을 어떻게 이용하느냐에 따라 복이 될 수 있고 화가 될 수도 있다. 이러한 문명이 개발이 부진한 지역까지 혜택을 확대하는 데 사용된다면 인류의 행복일 것이다. 하지만 만약 현대사회에서 문명의 이기를 개인이 소유하여 오로지 그들만의 이익을 추구하는 수단이 된다면, 아무도 화복을 장담할 수 없을 것이다. 오늘날 고도의 물질문명을 찬양하는 이가 있는가하면 이를 저주하는 이들도 존재한다. 하지만 문명은 그저 객관적 존재일 뿐이다. 화복을 결정하는 것은 오로지 인간 자신들에게 달려 있기 때문이다.

교통의 역사는 육상에서 시작되어, 하천, 연해, 나아가 원양으로 발전하는 과정을 거쳐 다시 육상으로 돌아왔다. 이는 세계 개발에서 반드시 거쳐야 하는 과정이기도 하다. 세계적으로 가장 발전이 더딘 곳 가운데 하나는 아시아의 중앙고원中央高原이 있다. 그곳은 세부적으로 다시 두 지역으로 나뉘는데, 하나는 몽골, 신강新疆을 비롯한 사막지대이며, 다른 하나는 서강西康, 청해青海, 티벳 등 고원 지역이다. 현재 중국에서 개발 중인 서남, 서북지방이 바로 그 지역이다. 어쩌면 아직 실감이 나지 않을 수도 있겠으나 장래에 아직 미개발인 두 지역에 대한 개발을 성공적으로 마무리할 수 있다면 해당 지역이 전혀 다른 모습을 띠게 될 것은 물론이고, 세계의 판국도 재정립될 것이다.115)

---

115) 역주: 실제로 현재 중국은 서남, 서북개발에 박차를 가하고 있다. 저자 여사면의 예지가 놀라울 따름이다.

15

교육

　오늘날의 이른바 教育교육은 옛날의 쬅습에 가까운 개념이다. 쬅습이란 사람이 처한 환경으로부터 자신도 모르게 영향을 받아 물듦을 의미한다. "지초와 난초가 있는 방으로 들어가서 오래 있다 보면 그 향기를 맡지 못하고, 또 절인 생선가게에 들어가 오래 있다 보면 그 악취를 맡지 못한다."[1] 이는 습의 의미를 잘 표현한 대목이다. 그래서 옛사람들은 자식이나 제자를 가르칠 때 그가 물들 수 있는 환경을 굉장히 중시하고 각별히 신경을 썼다. 맹자의 교육을 위해 그의 어머니가 세 번씩이나 이사했다고 한 것이나, 스승을 가까이하고 벗을 사귀는 것을 중시하고 강조하는 훈시가 많은 것은 바로 이런 이유 때문이다. 그래서 오늘날 교육은 학습자를 위해 별도의 적합한 환경, 예컨대 학교를 마련했다. 이는 옛사람이 오늘

---

1) 역주: 『공자가어(孔子家語)·육본(六本)』, 182쪽, "與善人居, 如入芝蘭之室, 久而不聞其香, 即與之化矣.與不善人居, 如入鮑魚之肆, 久而不聞其臭, 亦與之化矣."

날에 미치지 못한다. 이와 달리 옛사람에게 교육이란 본받고 따르는 것일 뿐이었다. 사람이 따라야 할 법을 가르쳐 주는 것을 효敎(가르침)라 하고, 가르침을 받아 그것을 본받고 따르는 것을 학學(배움)이라 한다. 오늘날 협의의 교육敎育과 같다.

사람이 환경에 잘 대처할 수 있는 것은 타고난 본능 때문이 아니라, 대대로 물려받은 문화 때문이다. 그러므로 앞사람이 알고 있고, 할 수 있는 것을 뒷사람에게 가르쳐 주고 물려주어야 한다. 이러한 지식의 전승을 담당하는 곳은 두 군데이다. 하나는 사람이 모인 단체, 즉 공동체와 가정이고, 다른 하나는 사회에서 지식을 보존하는 직능을 갖는 전문적인 기관, 즉 교회敎會이다.

고대 중국의 교육의 기원

혹자는 흔히 유럽의 학술과 교육은 종교와 관계가 깊지만, 중국의 학술과 교육은 종교와 무관하다고 말한다. 틀린 말은 아니지만, 이는 후세 중국의 상황에만 적용될 뿐이다. 사실 고대 중국의 학술과 교육은 종교와 관계가 매우 밀접했다. 고대에 고등교육을 실시하는 주체는 반드시 사회에서 지식 보존 직능을 갖는 기관이었고, 또한 이들 기관에서 보존하고 전승하는 지식은 대개 학술적인 내용이었다. 그런데 이러한 고대의 학술은 종교와 밀접한 관계가 있었다.

고대의 태학은 벽옹辟雍이다. 명당明堂과 동일한 곳이라는 점은 이미 제7, 14장에서 밝힌 바 있다. 태학은 왕궁 안에 있었다. 채옹蔡邕은 『명당론明堂論』에서 『역전易傳』을 인용하여 이렇게 말했다.[2]

---

2) 역주: 『역전(易傳)』은 송대(宋代) 유학자 정이천(程伊川)이 『역경』을 주석한 책이다.

"천자는 아침에는 동학, 낮에는 남학, 오후에는 서학에 입실한다. 태학은 천자가 스스로 학업을 닦는 곳이다."3)

또한 『대대례기大戴禮記・보부保傳』의 다음 내용도 함께 인용했다.

"천자는 동학에 들어가 종친을 높이고 어짊仁을 귀하게 여긴다. 서학에 들어가 현자賢者를 높이고 덕德(덕행)을 귀하게 여긴다. 남학에 들어가 연장자를 높이고 신信(신의)을 귀하게 여긴다. 북학에 들어가 귀족을 높이고 작爵(작위)을 귀하게 여긴다. 태학에 들어가 스승을 받들고 도道를 배운다."4)

인용문에 나오는 태학太學은 모두 왕궁 안의 태학을 가리킨다. 이후 사회가 발전하면서 각종 기관이 왕궁에서 독립하였는데, 명당明堂에서 분리하여 별도로 태학을 설립했다. 『예기・왕제』에서 "태학은 교외에 있다."5)고 한 것은 바로 이런 사실을 증명한다. 또한 『예기・왕제』에서 "소학은 왕궁 남쪽 왼편에 세운다."6)라고 했는데, 소학도 왕궁에서 분리된 것이다. 고대에는 대문 옆의 방을 숙塾이라 했다. 『예기・학기』에서 "옛날 가르치는 장소로 집안에 숙塾이 있었다."7)고 한 것을 보면, 귀족 집안

---

3) 『역전(易傳)・태초(太初)』, "太子旦入東學, 晝入南學, 暮入西學. 在中央曰太學, 天子之所自學也." 북학(北學) 관련 내용이 빠져 있다.

4) 『대대예기보주(大戴禮記補註)・보부』, "帝入東學, 上親而貴仁. 入西學, 上賢而貴德. 入南學, 上齒而貴信. 入北學, 上貴而尊爵. 入太學, 承師而問道." 중화서국, 2013년, 51쪽. 역주: 『대대례기』는 한나라 시절 예학을 연구하던 대덕(戴德)과 대성(戴聖)(양자는 숙질간이다)이 기존의 예에 관한 기록을 정리하여 대덕은 85편, 대성은 49편을 전했다. 전자는 『대대례기』, 후자는 『소대례기』로 칭한다. 이후 정현이 『소대례기』에 주를 붙여 『주례』, 『의례』와 더불어 삼례라 칭했다. 지금 우리가 보는 『예기』는 『소대례기』이다. 『대대례기』는 일부 산실되어 40편이 남아 있을 뿐이다.

5) 『예기정의・왕제』, "大學在郊." 앞의 책, 370쪽.

6) 『예기정의・왕제』, "小學在公宮南之左." 위의 책, 371쪽.

의 자제들이 대문 옆방에 있는 숙에서 배웠음을 알 수 있다. 『주례』에 따르면, 옛날에 국자國子(나라의 자제)를 가르치는 사람으로 사씨師氏와 보씨保氏가 있었다. 사씨는 "호문虎門(일명 노침문路寢門, 즉 왕궁 정전正殿의 문) 왼쪽에서 왕의 정치를 관찰하고, 나라에서 예에 부합하거나 부합하지 않는 일들을 파악하여 왕실의 자제들을 가르쳤다.……보씨는 왕의 과실에 대해 간언하는 일을 맡았으며, 왕실의 자제들을 도道(육예)를 가르쳤다.……(왕이 야외에서) 정사를 처리하면 보씨도 노문의 왼쪽에서 왕의 정사를 살폈으며, 휘하 관원들이 왕의 위문闈門(서쪽의 작은 문)을 수위守衛했다."8) 채옹의 「명당론明堂論」에 따르면, 남문南門을 문門, 서문西門을 위闈이다. 또 한 무제 시절 공옥대公玉帶가 올린 「명당도明堂圖」에 명당의 건축 형태가 간략하게 언급되어 있다. 이에 따르면, 명당은 궁궐 담장 밖으로 물이 에워싸고 궁궐 위에 누각이 있으며 서쪽과 남쪽의 문으로 출입했다.9) 이렇듯 고대 명당은 서쪽과 남쪽에만 문이 있고, 그곳에서 왕실의 자제들이 거주했음을 알 수 있다. 왕실 자제들이 대문 옆에서 지내게 된 것은 건장한 무인들이 문을 수위하던 풍습에서 비롯된 것인 듯하다. 나중에 사씨와 보씨가 호문과 위문에서 거주한 것이나 소학을 왕궁 남쪽 왼편에 세운 것도 위치나 방향에서 이러한 풍습을 답습한 것으로 보인다.

사씨는 삼덕三德과 삼행三行을 가르쳤고, 보씨는 육예六藝와 육의六儀를 가르쳤다. 이는 고대 왕족의 자제를 상대로 행해졌던 소학의 교육 내용이

7) 『예기정의 · 학기』, "古之敎者家有塾." 위의 책, 1052쪽.

8) 『주례주소 · 지관 · 사씨(師氏)』, "居虎門之左, 司王朝, 掌國中失之事, 以敎國子弟……保氏掌諫王惡, 而養國子以道……聽治, 亦如之. 使其属守王闈." 앞의 책, 350, 355쪽.

9) 『사기』, 권28, 「봉선서(封禪書)」, "水環宮垣, 上有樓, 從西南入." 앞의 책, 1401쪽. 앞의 제 14 장 참조.

다. 삼덕은 세 가지 덕목을 가리킨다. 첫째는 지덕至德으로 중용中庸의 덕을 도덕의 근본으로 삼는 것이다. 둘째는 민덕敏德으로 인의仁義의 덕을 행위의 근본을 삼는 것이다. 셋째는 효덕孝德으로 윗사람을 거역하는 행위와 사악한 일을 하지 않도록 가르치는 것이다.[10] 필자 생각에 지덕至德은 고대 종교의 철학적 훈시이고, 효덕은 사회 정치에 필요한 윤리, 도덕적 훈시이다. 삼행三行은 세 가지 덕행을 말하는데, 첫째는 부모를 섬기는 효행孝行이고, 둘째는 군자를 존경하는 우행友行이며, 셋째는 스승을 섬기는 순행順行이다.[11] 보씨가 가르친 육예六藝는 오례五禮, 육악六樂,[12] 오사五射, 오어五御, 육서六書, 구수九數[13]을 말한다.[14] 육의六儀는 여섯 가지 예용禮容이다. 첫째는 제사祭祀의 예용, 둘째는 빈객賓客 접대의 예용, 셋째는 조정朝廷의 예용, 넷째는 상사喪祀의 예용, 다섯째는 군려軍旅의 예용, 여섯째는 거마車馬의 예용이다.[15]

『예기·왕제』에 따르면, 태학에서는 "봄과 가을에 예禮와 악樂을 가르

---

10) 『주례주소·지관·사씨』, "一曰至德, 以爲道本, 二曰敏德, 以爲行本, 三曰孝德, 以知逆惡." 앞의 책, 348쪽.

11) 『주례주소·지관·사씨』, "一曰孝行, 以親父母, 二曰友行, 以尊賢良, 三曰順行, 以事師長." 앞의 책, 348쪽.

12) 역주: 육악(六樂)은 주나라 시절의 여섯 가지 음악을 말한다. 황제의 음악인 운문(雲門), 요 임금의 음악인 함지(咸池), 순 임금의 음악인 대소(大韶), 하나라 우왕의 음악인 대하(大夏), 은나라 탕왕의 음악인 대호(大濩), 주나라 무왕의 음악인 대무(大武)를 가리킨다.

13) 역주: 구수(九數)는 구장산술(九章算術)이니, 방전(方田), 속미(粟米), 차분(差分), 소광(少廣), 상공(商功), 균수(均輸), 영부족(盈不足), 방정(方程), 방요(旁要)의 산학을 말한다.

14) 『주례주소·지관·보씨(保氏)』, "一曰五禮, 二曰六樂, 三曰五射, 四曰五御, 五曰六書, 六曰九數." 앞의 책, 352쪽.

15) 『주례주소·지관·보씨』, "一曰祭祀之容, 二曰賓客之容, 三曰朝廷之容, 四曰喪紀之容, 五曰軍旅之容, 六曰車馬之容." 위의 책, 352쪽.

치고 겨울과 여름에는 시詩와 서書를 가르친다."16) 하지만 여기에서 말하는 예와 악은 보씨가 가르치는 육예의 예, 악과 다르다. 왜냐하면 주로 종교 의식儀式에서 사용되는 의례와 음악이기 때문이다. 따라서 시詩는 음악의 가사歌辭일 것이고, 서書는 주로 고전古典이었을 것이다.

고대에는 명확한 역사기록이 없기 때문에 주로 전설에 의존할 수밖에 없다. 또한 이런 전설은 종교적인 내용과 섞여 있기 마련이다. 인도印度의 경우가 특히 그러하다. 그러나 당시 태학에서 가르치는 내용 중에는 종교적인 미신 외에도 다른 것이 있었다. 우선 종교와 혼합된 철학적인 내용들이다. 선진제자의 학설은 바로 여기에서 비롯되었다. 이는 제17장 학술에서 구체적으로 살펴볼 것이다. 다음으로 태학에서 가르치는 내용 중에는 종교나 학술적인 내용 외에도 덕성德性을 함양하는 실질적인 방법론이 들어 있었다. 당시 태학은 단순히 지식을 전달하는 곳이 아니었다는 뜻이다. 여기서 흥미로운 이야기를 하나 하고자 한다. 예전에 양계초梁啓超가 미국에 있을 때 일요일이 되면 항상 교회에 갔다고 한다. 기독교 신앙을 지녔기 때문이 아니라 교회에서 예배를 구경하기도 하고, 찬송가나 음악을 들으며 마음의 안정을 얻기 위함이었다고 한다. 『논어』에 보면 "벼슬仕하면서 여유가 생기면 학문을 닦고, 학문을 닦으며 여유가 생기면 벼슬을 한다."17)는 자하의 발언이 나온다. 사仕는 사事의 뜻이니 일을 하는 것이다. 정무에 힘쓰다가 여유가 생기면 다시 배우고, 배움에 힘쓰면서 여력이 생기면 정무를 맡는다는 뜻이다. 이렇듯 지식을 통해 실제 일을 행하면서 또한 배움을 통해 덕성을 닦는 것이 바로 당시 교육의 본질이었다. 이른바 덕육德育과 지육智育을 병행했다는 뜻이다.

『예기‧왕제』에 따르면, 태학을 관장하는 관원은 대악정大樂正이다. 『주

---

16) 『예기정의‧왕제』, "春秋教以禮樂, 冬夏教以詩書." 앞의 책, 404쪽.

17) 『논어주소‧자장(子張)』, "學而優則仕, 仕而優則學." 앞의 책, 288쪽.

례』에 따르면 대악정은 대사악大司樂이라고 부른다. 당시 '악樂'이 매우 중시되었음을 알 수 있는 대목이다. 그래서 유정섭兪正燮은 『계사류고癸巳類稿』 「군자소인학도시현가의君子小人學道是絃歌義」에서 하상주 세 나라의 학문 가운데 진정한 학문은 '악樂'에는 진정한 학문學이랄 것이 없다고 말한 바 있다.18)

그렇다면 고대에는 인재를 어떻게 등용했는가? 이에 대해 살펴보겠다.

"사도司徒는 각지의 향鄕에 명하여 수재秀才를 논정하여 사도에게 추천하도록 하니, 천거한 이들을 선사選士라고 한다. 사도는 선사 중에서 우수한 인재를 뽑아 국학國學에 추천하는데, 이들을 준사俊士라 한다. 사도에게 추천된 자는 향의 요역이 면제된다. 국학에 천거된 자는 사도가 시키는 요역도 면제된다. 이런 자들을 조사造士라 칭한다.……국학을 관장하는 대악정大樂正은 국학에서 양성한 이들 가운데 우수한 조사를 선발하여 왕에게 고하고, 군정을 관장하는 사마에게 추천하는데, 이들을 진사進士라 한다. 사마는 진사들의 관재官材(관아에 적합한 인재)를 변별하여 왕에게 보고하여 논평의 가부를 정한다. 논의가 결정되면 관직을 맡기고, 임관한 후에 작위를 주며, 작위가 정해진 다음에 녹祿을 준다."19)

"제후들은 천자에게 해마다 사士를 바쳤다. 천자가 그들을 사궁射宮에서 시험했는데, 활을 쏠 때 용모와 행동이 예에 맞고 동작의 절도가 음악에 맞으며, 명중한 화살이 많으면 천자의 제례祭禮에 참가할 수 있었다. 반면에 용모와 행동이 예에 맞지 않고, 동작도 음악의 절주에

---

18) 역주: 찾아보니 「군자소인학도시현가의(君子小人學道是絃歌義)」는 유정섭(兪正燮)의 『계사유고』가 아니라 『계사존고(癸巳存稿)』(요녕, 요녕교육출판사, 2003년, 64쪽)에 나오는 내용이다.

19) 『예기정의·왕제』, "命鄕論秀士, 升諸司徒, 曰選士. 司徒論選士之秀者, 而升諸學, 曰俊士. 升於司徒者, 不徵於鄕. 旣升於學者, 不徵於司徒. 曰造士.……大樂正論造士之秀者, 以告於王, 而升諸司馬, 曰進士. 司馬辨論官材, 論進士之賢者, 以告於王, 而定其論. 論定然後, 官之, 任官然後, 爵之, 位定然後, 祿之." 앞의 책, 404, 407, 410쪽.

따르지 않고 명중한 화살이 적은 이들은 천자의 제례에 참가할 수 없었다."[20]

이상 두 가지 인용문의 내용은 근원적으로 동일하다. 즉 고대 인재의 등용과 평가는 모두 종교(특히 제례) 관련 기관에서 관장했다는 점이다. 이렇듯 고대의 태학은 단순히 학문만을 관장하는 곳이 아니었다. 예컨대 『예기·왕제』에 보면 이런 구절이 나온다.

"천자가 출정하여 죄인罪人을 잡아 돌아오면 태학에서 석전제를 올리고, 신문할 자와 왼쪽 귀를 벤 자의 숫자를 고한다."[21]

인용문을 보면 분명 군사상의 일인데, 왜 학교에서 석전제를 지낸 것일까 의문이 들지 않을 수 없다. 이는 고대 태학이 단순한 교육기관이 아니었음을 보여주는 대목이다. 이런 예는 「학기學記」나 「악기樂記」에서도 찾아볼 수 있다.

"대학에서 예禮를 행할 때 교사는 천자에게 어떤 일을 말씀드릴 때에도 북면北面(신하의 예를 행함)하지 않으니 이는 스승을 존엄하게 여기는 까닭이다."[22]
"무왕武王은 태학에서 삼로三老와 오경五更을 대접하는 예食禮를 거행했는데, 그 때 왕이 친히 옷소매를 걷어 올리고 희생犧牲을 잘라 요리하며 장醬이 담긴 나무그릇木豆(그릇)를 들어 나르고 술잔을 들어 술을 따랐다. 또한 면冕을 쓰고 방패를 손에 든 채로 춤을 추었다. 이는 제후

---

20) 『예기정의·사의(射義)』, "(諸侯)貢士於天子, 天子試之於射宮. 其容體比於禮, 其節比於樂, 而中多者, 得與於祭. 其容體不比於禮, 其節不比於樂, 而中少者, 不得與於祭." 위의 책, 1643쪽.
21) 『예기정의·왕제』, "出征執有罪, 反, 釋奠於學, 以訊馘告." 위의 책, 372쪽.
22) 『예기정의·학기』, "大學之禮, 雖詔於天子, 無北面, 所以尊師也." 위의 책, 1066쪽.

에게 제弟(연장자를 존경함)의 도를 가르치기 위함이다."[23]

이렇듯 고대에는 학교에서 스승과 연장자를 존중하는 이치를 가르쳤다. 이는 그들이 단지 나이가 많고 덕행이 높기 때문만이 아니라 본래 학교 내에서 존숙尊宿(학문과 덕행이 뛰어난 승려를 뜻하는 말이나 여기서는 제례를 맡은 종교적 기관의 우두머리를 뜻함)과 같은 위치에 있었기 때문이다. 이상에서 볼 수 있다시피 고대의 태학은 종교와 관련이 깊었다.

귀족의 소학 교육이 집안에서 자체적으로 행해졌다면, 서민의 소학 교육은 마을 공동체에 의해 이루어졌다. 『맹자』에 고대 학교에 대해 언급한 내용이 나온다.

"하夏나라는 교校라 이르고, 은殷나라는 서序라 이르며, 주周나라는 상庠이라했다. 학學은 하은주 삼대가 같았으니 모두 인륜을 밝히는 것이다."[24]

여기서 학學은 태학을 말하고, 교校, 서序, 상庠은 모두 민간의 소학을 이르는 말이었다. 제5장에서 말했듯이 일반 서민들이 모여 사는 촌락에는 교실校室이 있었다. 10월에 수확이 끝나 밭일이 마무리되면 마을의 연장자를 선생으로 모시고 여기서 아이들을 가르치게 했다. 이것이 교校였다.

인용문의 앞 문장을 보면, "상庠은 양養(노인을 봉양함)을 배우는 것이고, 교校는 교敎(가르침)이며, 서序는 활쏘기를 익히는 것이다."[25]라고 했다. 이렇듯 '서'와 '상'은 각기 향사례鄕射禮, 향음주례鄕飮酒禮를 배우는

---

23) 『예기정의 · 악기』, "養老之禮, 天子袒而割牲, 執醬而饋, 執爵而酳. 冕而總干. 所以敎諸侯之弟也." 위의 책, 1137쪽.

24) 『맹자주소 · 등문공상』, "夏曰校, 殷曰序, 周曰庠, 學則三代共之, 皆所以明人倫也." 앞의 책, 136쪽.

25) 『맹자주소 · 등문공상』, "庠者養也, 校者敎也, 序者射也." 위의 책, 135쪽.

곳이었다.

> "군자는 경쟁하지 않으나 굳이 있다면 그것은 틀림없이 활쏘기일
> 것이다. 읍하며 겸양의 뜻을 표한 뒤에 당에 올라 활을 쏘고 내려와서
> 진 사람은 술을 마시니, 이런 경쟁이야말로 군자다운 경쟁이다."26)

향사례에 대한 공자의 생각이다. 그는 또한 향음주례에 대해 이렇게
말한 바 있다.

> "신분의 존비와 귀천이 분명하고, 높임과 낮춤의 예의가 명확해지
> 며, 분위기가 조화롭고 즐거워 무례한 일이 없으며, 아랫사람이나 윗사
> 람 모두 차례대로 술을 마실 기회가 주어지니 빠뜨림이 없고, 연회가
> 편안하여 문란함이 없었다."27)

그래서 그는 "내가 향에서 술을 마시는 예를 관찰하여 왕도가 제대로
펼쳐질 것임을 알게 되었다."28)고 말한 것이다.

이렇듯 상庠과 서序는 모두 예禮를 행하는 장소이니, 그곳에서 사람들
이 직접 보고 감화할 수 있도록 한다는 것이 근본 취지였다. 이런 점에서
이는 오늘날 운동회와 비슷하다. 학생들은 운동회에 직접 참여하여 용맹,
강인, 의협, 그리고 질서 등 사회생활에 필요한 정신과 품격을 느끼고
배운다.

아울러 예를 거행하는 자리에는 반드시 악樂이 연주되었다. 그렇기 때

---

26) 『논어주소 · 팔일』, "君子無所爭, 必也射乎? 揖讓而升, 下而飮, 其爭也君子." 앞의
   책, 31쪽.
27) 『예기정의 · 향음주의(鄕飮酒義)』, "貴賤明, 降殺辨, 和樂而不流, 弟長而無遺, 安燕
   而不亂." 앞의 책, 1636쪽.
28) 『예기정의 · 향음주의』, "吾觀於鄕, 而知王道之易易也." 북경, 북경대학교출판사,
   1999년, 1633쪽.

문에 옛사람들이 말하는 예악禮樂이란 바로 여기에서 유래된 것이지, 후세에 천자가 백관百官을 거느리고 백성들이 감히 들어갈 수 없는 묘당廟堂에서 거행했던 왕례王禮를 뜻하는 것이 아니다.

한나라 시절에도 상과 서는 이러한 의례를 거행하는 장소였으니, 지식 전수에 편중하는 오늘날의 학교와 사뭇 다른 곳이었다. 고대 서민 교육은 지식 전수보다 덕행 교육에 치중했다. 그렇기 때문에 배움은 반드시 먹고 사는 일을 선결한 후에 이루어진다고 한 것이다. 맹자가 「양혜왕」에서 '항산恒産'과 '항심恒心'의 문제를 이야기하고, 「등문공상」에서 상서庠序의 문제를 백성의 생업과 관련이 있는 제민지산制民之産과 함께 다루었던 이유도 바로 여기에 있다.29) 『예기・왕제』는 이에 대해 보다 구체적으로

---

29) 역주: 관련 대목의 내용은 자세히 다음과 같다. 『맹자주소・등문공상』, "등문공이 나라를 다스리는 일에 대해 물었다. 맹자가 대답했다. 백성의 일은 소홀히 할 수 없는 일입니다. 『시경』에 이르기를 '낮에는 띠풀을 베고, 저녁에 밤새 같이 새끼를 꼬며, 빨리 지붕을 잇고 집을 고쳐야 비로소 내년 봄에 온갖 곡식의 씨를 뿌릴 수 있으리라.'고 하였습니다. 백성들이 살아가는 데, 일정한 생업과 재산이 있으면 마음의 안정을 누리고, 일정한 생업이나 재산이 없으면 안정적으로 살아갈 마음이 없어집니다. 안정적으로 살아갈 마음이 없으면 방탕, 편벽, 간사, 사지 등을 하게 됩니다. 그러다 보면 죄를 지게 되는데, 그렇게 죄에 빠지게 해 놓고 뒤이어 다시 그들을 처벌한다면, 이는 백성에게 그물질을 하는 것입니다. 어찌 어진 사람이 높은 자리에 있으면서 백성들을 속일 수 있겠습니까? 그러므로 현명한 임금은 반드시 공손하고 검소한 자세로 아랫사람을 예우하며 세금을 거두고 일정한 제도를 마련하는 것입니다.……그리고 상과 서와 학과 교를 세워서 백성을 가르칩니다. 상은 봉양한다는 뜻이고, 교는 가르친다는 뜻이고, 서는 활쏘기를 익힌다는 뜻입니다. 하나라는 교라 하고, 은나라에서는 서라 하였고, 주나라에서는 상이라 하였으며, 학은 곧 3대가 같은 이름을 썼는데, 이런 교육은 모두 인륜을 밝히려는 목적에서 세운 것입니다. 인륜이 위에서 분명하게 행해지면 평민이 아래에서 화목하게 지내는 것입니다.(滕文公問爲國. 孟子曰, 民事不可緩也. 詩云, 晝爾于茅, 宵爾索綯. 亟其乘屋, 其始播百穀. 民之爲道也, 有恒産者有恒心, 無恒産者無恒心. 苟無恒心, 放辟邪侈, 無不爲已. 及陷乎罪, 然後從而刑之, 是罔民也. 焉有仁人在位, 罔民而可爲也. 是故賢君必恭儉禮下, 取於民有制.……設庠序學校以敎之. 庠者養也. 敎者敎也. 序者射也. 夏曰校, 殷曰序, 周曰庠,

말하고 있다.

> "백성들이 제때에 먹고 제철에 일하고, 백성들이 자신이 사는 곳을 편안하게 여기면 절로 농사를 즐거워하고 부지런히 일해 공을 세우려 애쓰며, 임금을 존재하고 윗사람을 친애한다. 그런 연후에 배움을 일으 킨다."30)

이렇듯 생계의 문제를 해결한 다음에는 반드시 가르치고 변화시키는 이른바 '교화'가 이루어져야 한다. "배불리 먹고 옷을 따뜻하게 입고 편안 하게 살면서 가르침이 없으면 짐승과 비슷해진다."31) "군자가 백성을 교 화시켜 좋은 풍속을 이루려 한다면, 반드시 교육부터 착수해야 한다."32) 등등은 모두 이런 뜻이다.

지금까지 고대 사회에서 사람됨의 도리를 후세에게 전수하는 교육 방 식에 대해 살펴보았다. 귀족은 귀족 나름의 방법이 있고, 서민은 서민 나름의 방법이 있지만 입신立身의 도는 양자가 동일하다. 그러나 실제에 적용하여 사용할 수 있는 기능이나 지식은 반드시 실습을 통해 익혀야만 했다. 이러한 실습은 그 일과 관련한 기관에서 행해졌는데, 고대에는 이 를 '환宦'이라 칭했다. 『예기·곡례』에 "벼슬하고 배움에 스승을 섬긴다 (宦學事師)."는 말이 나오는데, 소疏에 인용된 웅씨熊氏의 말에 따르면, "환이란 관리의 일을 배우는 것을 말한다(宦謂學仕官之事)." 관官은 기관 이니 사관仕官은 기관에서 일을 한다는 뜻이다. 따라서 "관리의 일을 배 운다."는 말은 오늘날의 실습생처럼 관련 기관에 가서 업무를 배운다는

學則三代共之. 皆所以明人倫也. 人倫明於上, 小民親於下)." 앞의 책, 133~136쪽.

30) 『예기정의·왕제』, "食節事時, 民咸安其居, 樂事勸功, 尊君親上, 然後興學." 앞의 책, 401쪽.

31) 『맹자주소·등문공상』, "飽食暖衣, 逸居而無教, 則近於禽獸." 앞의 책, 146쪽.

32) 『예기정의·학기』, "君子如欲化民成俗, 其必由學乎?" 앞의 책, 1050쪽.

뜻과 같다.

『사기·진시황본기』를 비롯하여 「여불위전呂不韋傳」, 『한서』 등에도 환宦을 언급한 대목이 나온다.

> "진왕秦王이 상국相國 창평군昌平君(초나라 공자로 재상이 됨)과 창문군昌文君에게 군사를 일으켜 노애嫪毐를 공격하게 하니, 함양咸陽에서 싸워 수백 명의 머리를 베었다. 진왕이 그들에게 작위를 하사하고, 참전한 환자宦者에게도 모두 작위 한 등급을 하사했다."[33]
>
> "환宦을 구하려고 노애에게 기숙하는 식객이 천여 명이나 되었다."[34]
>
> "혜제가 즉위한 후 작위가 오대부[35] 이상이거나 질록秩祿(녹봉)이 600석 이상인 관원, 황제의 시종과 황제가 그 이름을 아는 자, 죄를 지어 도계盜械(죄인의 형구)를 찬 자 등을 모두 관대하게 처분하여 형구를 쓰지 않도록 했다."[36]

이상에서 나오는 환宦은 모두 사가私家에서 사관의 일을 배우는 자들을 말한다. 고대에는 공경公卿, 대부大夫, 황태자皇太子의 저택 자체가 하나의 기관이었기 때문에 그곳에서 관리의 일을 배우는 일이 가능했다. 그렇기 때문에 노애의 '환'이 되기 위해 식객이 된 자가 천여 명이나 되었던 것이다. 하지만 노애의 집에서는 딱히 배울 만한 일이 있는 것도 아니고 그렇다고 관련 기술이 있는 것도 아니었다. 하지만 정식 기관이라면 상황이 다르다. 그곳에는 나름 해야 할 일이 있고, 관련 기술이나 지식이 있었다.

---

33) 『사기·진시황본기』, 권6, "昌平君發卒攻嫪毐, 戰咸陽, 斬首數百, 皆拜爵. 及宦者皆在戰中, 亦拜爵一級." 앞의 책, 227쪽.

34) 『사기·여불위전』, 권85, "諸客求宦爲嫪毐舍人千餘人." 위의 책, 2511쪽.

35) 역주: 오대부는 진나라와 한나라 때에 시행된 이십등작(二十等爵) 가운데 하나로 9등급에 해당하는 작위이다.

36) 『한서·혜제기(惠帝紀)』, 권2, "即位後, 爵五大夫, 吏六百石以上, 及宦皇帝而知名者, 有罪當盜械者, 皆頌繋." 앞의 책, 85쪽.

구류九流[37])의 학파가 모두 왕관王官에서 비롯되었다는 주장은 이런 점에서 일리가 있다.[38]) 자로子路의 다음과 같은 이야기에서 예증을 발견할 수 있다.

> "자로가 자고를 비 땅의 읍재로 삼자, 공자가 말했다. '남의 자식을 망치는구나!' 자로가 말했다. '그곳에도 백성이 있고 받들 사직社稷이 있는데, 굳이 글을 읽는 것만 배움이라고 할 수 있겠습니까?'"[39])

자로의 말인 즉 기관에서 실습하는 것으로도 충분한데, 굳이 학교에 가서 배울 필요가 있겠느냐는 것이다. 다시 말해 학교에서 배우는 것이나 사가에서 배우는 것이 모두 같은 교육이 아니냐는 뜻이지 배우지 않아도 능히 관리로서 일을 제대로 처리할 수 있다는 뜻이 아니다.[40])

고대의 서민 교육은 장단점이 있었다. 교육 내용이 실생활에 가까우며 실제에 적합하다는 것이 장점이라면, 비교적 높은 차원의 지식이 없이 전통적인 관념을 그대로 전수하는 것에 만족했다는 것이 단점이다. 그렇기 때문에 서민들은 옳고 그름을 따지지 않고 그저 전통 관념을 묵수했을 따름이다. 반면에 태학의 종교 철학은 내용이 심오하나 실제 생활과 거리가 멀다는 것이 문제였다. 이런 상황은 동주東周 시대에 이르러 크게 바뀌었다.

---

37) 역주: 구류(九流)는 고대 중국에 유가(儒家), 도가(道家), 음양가(陰陽家), 법가(法家), 묵가(墨家), 명가(名家), 종횡가(縱橫家), 잡가(雜家), 농가(農家) 등 아홉 학파를 이르는 말이다.

38) 뒤의 17장 내용 참조.

39) 『논어주소·선진』, "子路使子羔, 爲費宰, 子曰, 賊夫人之子. 子路曰, 有民人焉, 有社稷焉, 何必讀書, 然後爲學?" 앞의 책, 152쪽.

40) 『사기·공자세가』, 권47, 앞의 책, 1938쪽, "공자는 『시』, 『서』, 『예』, 『악』을 교재로 제자를 가르쳤다(孔子以詩書禮樂敎)." 공자의 교육은 고대 학교에서 가르친 내용과 유사했다.

각 기관에서 실제 실습을 통해 배우고 익힌 수재들이 자신들이 경험을 통해 얻은 지식과 태학에서 전수받은 종교 철학의 내용을 종합하며 새로운 학문 체계를 수립하기 시작했기 때문이다. 이를 통해 학술의 신기원이 열렸다.

새로 등장한 각종 학설은 전통 관념의 울타리를 타파했고, 다른 한편으로 기존의 학교나 실습 기관에서 받아들일 수 있는 것이 아니었기 때문에 결국 특정한 사가私家의 학문이 될 수밖에 없었다. 그러한 학문을 구하려면 그러한 학문의 스승을 찾아야만 했다. 이리하여 교육의 주체도 관가官家에서 사가私家로 바뀌었다. 이른바 선진제자들이 수많은 제자를 모아놓고 강학하는 일이 생겨난 것이다.

황제 체제帝制의 교육

사회에서 낡은 것과 새 것이 충돌하게 되면 보통 새 것이 합리적일 가능성이 크다. 낡은 것이 흔들려 새 것이 생겨나는데, 낡은 것의 동요는 바로 불합리에서 말미암기 때문이다. 하지만 옛 사람들은 이를 인정하기 쉽지 않았다. 진시황이나 이사李斯 역시 이런 이치를 깨닫지 못했다. 그래서 그들은 이미 변화한 사회문제를 해결하기 위해 새로운 대안을 제시한 것이 아니라 정교합일政敎合一(원래 정치와 종교의 합일이나 여기서는 정치와 교육의 합일이다)이라는 옛 제도를 끄집어낼 수밖에 없었던 것이다. "사士는 법령과 벽금辟禁(금령)을 익혀야 한다." "법령을 배우려는 자는 관리를 스승으로 삼아야 한다."41) 이는 정치와 교육이 통합되어 있던 시대로 돌아가자는 뜻이 분명하다. 이는 "사람들이 사학私學을 좋아하여 조

---

41) 『사기 · 진시황본기』, 권6, "士則學習法令辟禁. 欲學法令, 以吏爲師." 앞의 책, 255쪽.

정에서 세운 법제를 비난하여"42) 나라가 제대로 다스려지지 않는다고 판단했기 때문이다. 그래서 그들은 이렇게 말한 것이다.

"허망한 말을 늘어놓으며 실상을 어지럽히고,……군주에게 자신을 과시하고 명예를 구하기 위해 기발한 주장을 내세워 자신을 높이며, 백성들을 거느려 비방하는 말을 조성하고 있습니다. 만약 이를 금지하지 않는다면 황제의 위세가 떨어지고 아래로 붕당이 형성될 것이니 금지시키는 것이 좋을 것입니다."43)

물론 전혀 일리가 없는 말은 아니다. 사회 갈등이 그리 심각하지 않았던 고대에는 정치가 곧 사회의 공의公意를 대변했기 때문에 굳이 이를 비난하는 이가 없었다. 하지만 이후 점차 사회가 복잡해지고, 계층간의 갈등이 날로 심각해지면 상황이 다르다. 결국 정치는 어느 한 계층의 의지를 대변할 수밖에 없기 때문이다. 그렇다면 대립 계층이나 또는 대립 계층은 아니지만 공공의 이익을 주장하는 이들이 나서서 자신들의 의견을 말하는 일이 있을 수 있다. 어쩌면 진정한 통치자라면 이를 반가워해야 할 것이다. "백성의 입을 막는 것이 개천을 막는 것보다도 어렵고 위험하다."44)고 했으니 일종의 정치적 술수로라도 백성들이 하고 싶은 이야기를 마음껏 털어놓도록 해야 하지 않겠는가?

하지만 "천하에 도가 행해지면 정치를 의논하는 백성이 절로 없어진다."45)는 이치를 깨닫지 못한 시황제와 이사는 오히려 백성들이 정치를 의논하고 비난하는 일이 없어져야 천하에 도가 행해지고, 백성들의 비난

---

42) 『사기・진시황본기』, 권6, "人善其所私學, 以非上之所建立." 위의 책, 255쪽.

43) 『사기・진시황본기』, 권6, "飾虛言以亂實……夸主以爲名, 異取以爲高, 率群下以造謗. 如此弗禁, 則主勢降乎上, 黨與成乎下. 禁之便." 위의 책, 255쪽.

44) 『사기・주본기』, 권4, "防民之口, 甚於防川." 위의 책, 142쪽.

45) 『논어주소・계씨(季氏)』, "天下有道, 則庶人不議." 앞의 책, 224쪽.

이 없어져야 천하가 가야 할 도가 생긴다고 착각했다. 당연히 사회의 발전 추세에 어긋나는 착각이다. 사람의 인식이란 항상 처해 있는 사회 현실에 비해 뒤떨어지는 법이니 무조건 시황제나 이사를 탓할 일만은 아니라고 하겠으나 사회의 통칙은 몰랐다고 하여 너그럽게 봐 주는 일이 없다. 실패할 것은 결국 실패하기 마련이다. 이리하여 진나라는 세운 지 얼마 되지 않아 무너지고 말았다.[46]

한나라가 학교를 설립한 것은 무제武帝 건원建元 5년의 일이다. 다만 당시에는 학교라는 이름을 사용하지 않고 오경박사五經博士를 위해 제자를 두는 명목으로 진행되었을 뿐이다. 수도인 경사京師에는 태상太常이 적격한 인재를 박사제자로 보임했고, 지방에는 현縣, 도道, 읍邑 등의 지방 수령이 현지 인재를 소속된 이천석二千石에게 추천했다. 이천석二千石이 신중히 살펴 합격으로 판단하면 상계리上計吏[47]와 함께 경사로 보냈다. 공손홍公孫弘이 별도의 새로운 기관을 설립하지 않고 "구관舊館(이전의 학관學館)을 따라 일으킨다."[48]는 말은 바로 이런 뜻이다. 당시 박사 제자를 관록官祿으로 권장하였으므로 학업을 전수하는 자가 점차 늘어나 성황을 이루었다.[49]

후한에 와서도 이러한 학업 전수 성황이 지속되었다. 광무제光武帝는 즉위 후 곧 대학을 세웠고, 명제明帝나 장제章帝는 여러 차례 대학을 방문하기도 했다. 순제順帝 때는 교사校舍를 증축했다. 그리하여 후한 말기까지 유학생遊學生이 무려 3만 여명에 달해 공전의 규모를 이루었다.

조익趙翼은 『해여충고陔餘叢考』에서 양한 시기에 배움을 얻고자 하는

---

46) 진나라가 멸망한 까닭은 유생(儒生) 때문이 아니라 인심을 잃었기 때문이다. 하지만 유생 역시 인심의 한 부분이었다.

47) 역주: 상계리(上計吏)는 지방의 통계자료를 조정에 올리는 관리이다.

48) 『사기·유림열전』, 권88, "因舊官而興焉." 앞의 책, 3594쪽.

49) 『사기(史記)』, 『한서·유림전(儒林傳)』 참조.

이들은 모두 경사로 올라왔다고 말했지만 반드시 그런 것은 아니다. 후한 때 세운 박사는 14명뿐이었지만, 『한서・유림전』에서 말한 것처럼 "대사 大師가 많게는 1,000명에 이르렀기"[50) 때문이다. 『한서・유림전』은 후세에 날조한 것이 아니니 나름 신빙성이 있는데, 아마도 후한 초년에 이미 이런 상태였을 것이다. 그렇다면 한대에 민간의 교학이 상당히 활발했음을 알 수 있다.

하지만 한나라 때는 태학이 매우 번창했다. 그곳은 학문의 중심지였다. 이는 다음과 같은 이유 때문이다. 첫째, 당시에는 사회적으로 학술 분포가 후세만큼 광범위하지 않아 주로 태학에 학문이 집중되었다. 둘째, 태학에서 공부한다는 것은 곧 녹리祿利로 통하는 길이었다. 그렇기 때문에 많은 이들이 태학으로 몰려든 것이다.

전한 때 박사제자는 나름 출세가 보장되어 관록官祿을 받을 수 있는 자리였으나 일반적인 신분 상승에 불과했다. 그러나 후한 때는 박사제자를 천거薦擧하는 일을 당인黨人이 좌지우지하면서 태학은 사당私黨의 결집지가 되고 당인들끼리 서로 표방하고 성가를 높이는 곳이 되었다. 그러나 다른 한편으로 학업을 중시하는 풍조가 날로 강해지면서 공신功臣이나 외척外戚를 비롯한 권세가들이 앞 다투어 자제를 태학에 보냈는데, 학문에 관심이 없어 빈둥거리는 귀족 자제들이 모여들면서 태학은 학문보다 정치와 밀접해지기 시작했다. "장구학章句學이 점차 부실해지고 대부분 부화浮華한 문장만 숭상했다."[51)는 말이 당시 상황을 대변한다. 이후 전란으로 인해 혼란에 빠진 한말이 되자 태학은 학문 연구는 고사하고 붕당朋黨끼리 인재를 천거하던 기능마저 상실하고 말았다. 위魏 문제文帝 시절에 태학의 박사들은 실력이 부족하여 학생을 가르치기 힘들고, 학생들은 배

---

50) 『한서・유림전(儒林傳)』, "大師衆至千餘人." 앞의 책, 3620쪽.

51) 『후한서』, 권79상, 「유림전(儒林傳)」, "章句漸疏, 多以浮華相尙了." 앞의 책, 3547쪽.

움이 아니라 부역을 피하기 위해 몰려들었다는 말이 있을 정도였다.[52]

위진魏晉 시절에 학교는 분식승평粉飾升平[53]의 구실만 하는 장식물일 뿐이었다. 다시 말해 그저 장식품처럼 학교를 개설했을 뿐, 정치를 위해 적극적으로 기여할 수 있는 것이 아니었다는 뜻이다. 명색이 나라인데 학교가 없으면 어찌 하겠는가? 그러므로 사회가 극심한 혼란에 빠지는 상황만 아니면 늘 학교를 유지했다. 구체적인 학교 제도가 시대에 따라 조금씩 달라졌을 뿐이다.

진晉 무제武帝 함녕咸寧 2년에 국자학國子學을 세웠다. 금문경今文經에는 태학만 나온다. 대사악大司樂이 귀족 자제들을 모아놓고 교육했다는 것은 『주례』에 나오니[54] 고문경古文經의 말이다. 양한 시기 정치제도는 대체로 금문경학에 근거하여 구축했다. 후한 때부터 고문경학古文經學이 행해지면서 위진 이후 금문경학今文經學의 전수傳授가 끊어짐에 따라 역대로 정치제도를 세울 때 고문경학을 근거하기 시작했다. 교육 제도를 제정할 때도 마찬가지였다. 예를 들어 원위元魏라 불리기도 하는 북위는 국자학國子學과 태학을 모두 설치하였고, 주周는 태학만 두었으며, 제齊는 국자학國子學만 설치했다.[55] 수나라는 국자학을 태상太常에서 분리시켜 독립된 감監을 설치했다. 당나라는 국자학國子學, 태학太學, 사문학四門學, 율학律學, 서학書學, 산학算學을 설립하였는데, 모두 국자감國子監에 예속시켰다. 후에는 율학을 상형詳刑, 서학을 난대蘭臺, 산학을 비각祕閣에 예속시

---

52) 자세한 내용은 『삼국・위지・왕숙전(王肅傳)』 주(注)에 인용된 『위략(魏略)』을 참조하시오.

53) 역주: 분식승평(粉飾升平)은 어둡고 혼란한 정세를 태평성대(太平盛世)인 것처럼 꾸민다는 뜻이다.

54) 『주례주소・춘관・대사악』, "大司樂掌成均之法, 以治建國之學政, 而合國之子弟." 앞의 책, 573쪽.

55) 역주: 원위, 주, 제(齊) 등은 모두 북조(北朝) 시기의 나라 이름이다.

켰다. 율학, 서학, 산학은 특정 분야의 학문으로 전문학교의 성격이었고, 국자학, 태학, 사문학은 일종의 종합 학교인 셈이다. 당시 국자학, 태학은 관원 자제만 들어갈 수 있었고, 사문학四門學은 일부 서민들을 받아들였다. 이렇듯 당시 학교는 계층에 따라 차별을 두었는데, 이는 모두 고문경학의 폐해로 말미암은 것이다.[56] 이외에 문하성門下省에 예속된 홍문관弘文館은 황제의 친인척만 받았으며, 동궁東宮에 예속된 숭문관崇文館은 황태후, 황후의 친척, 그리고 관원의 자제만 받았다. 다시 말해 당시 학교는 학문연구의 전당이라기보다 나라의 정치기관에 불과했고, 학생들에게는 인재등용의 기회를 얻는 수단이었을 뿐 학문 연구와 별로 상관이 없었다. 따라서 학교에 들어간다고 반드시 학문 연구에 몰두하는 것이 아니듯이 학문 연구를 위해 반드시 학교에 들어가야 하는 것도 아니었다.

학문 연구를 제창하고 교화를 책임지려면 학교를 수도 경사京師에만

---

56) 역사적으로 사문학은 두 가지 성격을 지닌다. 하나는 소학(小學)으로 설립된 시기가 있었고 대학으로 존재하던 때가 있었다. 사실 사문소학(四門小學) 제도는 『예기·왕제』의 제도를 본받은 것이라고 할 수 있다. 『예기·왕제』에는 다음 기록이 있다. "왕의 太子, 왕의 아들, 그리고 각 제후나라의 군주의 太子, 公卿, 大夫, 그리고 元士의 嫡子가 바로 國學에 입학할 수 있지만, 서민은 반드시 순차대로 각 급의 천거나 시험을 거쳐 국학에 들어갈 수 있다." 이러한 『예기·왕제』의 내용에 근거하여 사문소학을 설립하여 서민으로 하여금 다니게 한 것이다. 하지만 고대의 학교는 본래부터 학문 연구의 기관이 아니었다. 또 향(鄕)에서 수사(秀士)를 선발하여 사도(司徒)에게 추천하고, 사도가 우수한 選士를 국학에 보내고, 또 국학을 관장하는 대악정(大樂正)이 준사(俊士)를 사마(司馬)에게 추천함으로써 인재를 선발하고 관원으로 등용한다는 『예기·왕제』의 기록처럼 그것은 인재등용의 한 방식이었을 뿐이다. 이는 귀족 세습제이던 당시에는 이미 꽤 진보적인 인재등용 방식이었다. 신분제가 타파된 후세에 와서는 인재를 등용하는 데 계층 간의 차별을 두지 않게 되었고, 또 학교도 학문 연구의 전당(殿堂)으로 자리잡게 되었다. 학문함에 있어 서민이 반드시 귀족보다 못할 리도 없는데, 서민으로 하여금 반드시 소학부터 순차대로 급을 밟아 국학에 들어오게 한다는 규정은 비합리적이다. 그리고 서민이 다니는 학교와 황제의 친인척, 관원 자제들이 다니는 학교를 구분하는 것은 더더욱 인위적으로 계층 대립을 만들어 내는 일이라 하겠다.

한정해서는 안 된다. 한 무제는 태학을 세우기는 했으나 지방까지 설치할 생각을 하지 못했다. 당시 지방 교육 기관은 그저 문옹文翁과 같은 현명한 지방관리가 현지에 자체적으로 세운 학교뿐이었다.57) 원제元帝 때 와서야 비로소 각 군국郡國에『오경五經』백석졸사百石卒史를 두라는 명령을 내렸다. 중앙에서 직접 간여하여 지방 관학을 설립하게 된 것의 발단이다. 하지만 한대의 경우 상庠과 서序는 교화를 위한 장소일 뿐 학문을 닦는 곳이 아니었다. 그러므로 원제가 지방에 오경五經 백석졸사百石卒史를 두라는 것은 당시 사람에게는 지방학교를 설립하기 위한 조치라기보다 경학經學을 제창하기 위한 것이었을 따름이다.『한서ㆍ예악지禮樂志』에서 이를 확인할 수 있다.

수隋나라는 각 주州와 현縣에 모두 학學을 두도록 했으나 법령에 따른 것일 뿐이었다.58) 당나라는 공자孔子에게 제사를 지내는 이른바 석전제釋奠祭의 비용만 지급했다.59) 이는 명청明淸 때도 마찬가지이다. 그래서 사람들은 부, 주, 현의 공자묘孔子廟를 학교인줄 모르고 그저 공자를 모시는 사당으로만 착각했다. 그렇기 때문에 나중에는 사원이나 도관은 항상 문이 열려 누구나 자유롭게 드나드는데, 왜 공자묘만 출입을 통제하느냐고 질문하는 사람도 있었고, 심지어 청대 유신변법維新變法 시절 기독교와 대항하기 위해서 공자를 중국의 교주敎主로 섬기자고 제의하는 사람도 있었으며, 각지의 문묘文廟와 공자묘를 교회처럼 개방하자고 주장하는 이도 있었다. 이는 공자가 학교에서 섬기는 선성先聖이자 선사先師라는 사실을 몰랐기 때문이다.60) 사실 중국의 공자묘나 문묘는 사람들이 생각하는

---

57) 『한서ㆍ순리전(循吏傳)』참조.

58) 수 문제(文帝) 시절 국자생(國子生) 70여 명만 남기고 그 외의 태학, 사문학, 주학, 현학 등의 학교를 전부 폐지했다가 양제(煬帝) 때 회복시켰다.

59) 자세한 기록은『당서ㆍ유우석전(劉禹錫傳)』을 참조하시오.

60) 『예기ㆍ문왕세자(文王世子)』에 따르면 "처음 입학하면 반드시 선성, 선사를 모시는

것처럼 불교의 절이나 도교의 도관처럼 종교 사원이 아니었다. 사원은 얼마든지 개방될 수 있지만, 학교는 결코 그럴 수가 없다. 오늘날의 학교는 물론이고, 예전의 서원書院이나 의숙義塾도 항시 대문을 열어놓고 사람들이 자유롭게 출입하도록 허락하는 경우는 없다. 여하간 세상 사람들이 당시 학교를 공자묘로 착각한 것을 보면 당시 지방의 학교가 얼마나 부실했는지 능히 짐작할 수 있다.

위진 이후 누구보다 학교를 중시한 사람으로 두 명을 손꼽을 수 있다. 한 사람은 송대 왕안석이고, 다른 한 사람은 명 태조였다.

왕안석은 인재를 나라에서 양성해야 한다고 극력 주장했다. 과거科擧는 인재를 얻는 것이지 인재를 양성하는 것이 아니니 그것만으로 만족해서는 안 된다는 뜻이다. 과거를 개혁하는 일은 임시적인 조치일 뿐 학교를 통해 인재 양성을 해야 한다는 것이 왕안석이 주창한 근본적인 개혁이자

석전제를 지내야 한다(凡入學, 必釋奠於先聖, 先師)." 쉽게 말해서 선성(先聖)은 학파의 최초 발명가(發明家)이고, 선사(先師)는 그 학파의 계승자이다. 이는 학문에만 국한된 것이 아니다. 중국은 각 업종마다 제각기 추대하는 선성이나 선사가 있다. 예를 들어 약업계(藥業界)는 신농씨가 선성이고, 목공업은 노반(魯班)이 선성이다. 유가는 공자를 선성으로 받들고, 그의 학문을 전승한 자를 선사로 모셨다. 고문경학이 널리 유행하면서 공자를 옛 성왕의 도(聖王之道), 특히 주공(周公)의 학문을 전수하는 인물로 추대했다. 고대의 치법(治法)을 집대성한 주나라의 제도가 모두 주공에 의해서 제정된 것이니 주공이 유학의 최초 발명자로서 선성이 된다는 뜻이다. 고문경학이 주류가 되자 유가는 주공을 선성, 공자를 선사로 모시기 시작했다. 하지만 공자는 중국에서 가장 존중받는 인물이기 때문에 단순히 계승자로서 선사로 추대하는 것은 유생들의 종교적 심리를 충족시킬 수 없었다. 그래서 다시 공자를 선성으로 받들기 시작했다. 이후 송학(宋學)이 흥기하면서 공자의 도를 전승하는 문제에 변화가 생겼다. 송대 이학자들은 한대에서 당대에 이르기까지 유생들은 공자의 도를 제대로 전수받지 못했으니 그의 학문을 대표할 수 없으며, 천년의 세월이 흐른 뒤 송대 이학자들이 진정한 유학의 도통(道統)을 이어받았다는 것이다. 그래서 송대의 이학자를 선사로 여기는 것이 마땅한 일이었다. 이것이 바로 종사(從祀)이다. 한대 이후 당대까지 경전을 연구한 학자들은 품행에 문제가 없는 경우 폐출(廢黜)하지 않고 모두 선사로 인정했다. 이상은 역대 선성과 선사에 대한 인식의 변화이다.

최종 목적이었다. 그는 태학에 외사外舍, 내사內舍, 상사上舍를 두어 학생들이 외사에서 상사까지 순차적으로 교육을 받을 수 있는 삼사법三舍法을 제정했다. 상사에 진급한 학생에게 발해發解(주군州郡의 공거貢擧에 합격한 자) 및 예부시禮部試(경사에서 예부가 주관하는 시험)를 면제해주고, 특별히 진사제進士第(진사급제)로 인정했다. 철종哲宗 원부元符 2년부터 각 주에서 삼사법三舍法을 실시했다. 해마다 각 주에서 태학에 상사생上舍生을 올려 보내 태학의 외사外舍에서 공부할 수 있도록 했다. 휘종徽宗 때 특별히 외학外學을 지어 여러 주州의 공사貢士들을 받아들였다. 아울러 태학에서 공부하던 외사생外舍生도 외학에서 지낼 수 있도록 했다. 그리하여 인재를 등용할 때 주군州郡의 발해 및 예부시를 모두 폐지하고 학교에서 선발한 공사貢士 중에서 선발했다. 얼마 지나지 않아 다시 예전 방식으로 돌아가기는 했으나 당시 개혁 입법이 학교를 매우 중시했음을 알 수 있다.

그럼에도 불구하고 국가에서 설립하고 운영한 학교의 상황은 여의치 않았다. 그 이유는 다음 두 가지 측면에서 살펴볼 수 있다. 첫째, 나라에서 모든 일을 떠맡는 것은 나라의 규모가 작고 사회 상황이 단순하던 때나 가능한 일이다. 나라가 커지고 사회가 복잡해지면 그럴 수 없다. 국가의 역량이 온 사회의 다양하고 힘든 문제를 모두 해결할 수 없을 뿐만 아니라 사회의 수요를 제때에 파악하는 것도 힘들기 때문이다. 나라가 사회의 잡다한 일들을 모두 떠맡다보니 유명무실해져 오히려 폐해가 생겼다. 또한 사회의 수요를 제대로 인지하지 못했기 때문에 나라에서 취한 조치가 보수적이어서 사회의 발전 추세를 따르지 못해 오히려 방해를 하는 일도 적지 않았다. 따라서 나라가 직접 사회 전반에 걸쳐 간섭하거나 주도하는 것은 오히려 해로울 수 있다. 현대 정치학계에서도 이런 주장이 없는 것은 아니나 이론체계가 허술하여 비상사태에나 적용할 수 있을 뿐 보편적인 것이 아니다. 여기서는 더 이상 상세하게 언급하지 않겠다. 다만 송대

학교 제도를 비판할 때 나름 유용한 이론이기는 하다. 여하간 송대의 학교는 근본적으로 제대로 운영될 수 있는 것이 아니었다.

둘째, 청나라가 멸망하기 이전, 즉 학당과 관련된 장려제도가 폐지되기 이전까지 국가는 학교와 과거를 관리 등용 수단으로 이용했고, 입학자나 응시자는 너나할 것 없이 관직과 녹봉을 위해 학교에 들어가거나 과거에 응시했다. 그러니 더 이상 무엇을 할 수 있겠는가?[61]

과거 개혁 후 왕안석은 이렇게 탄식한 적이 있다.

> "본래 학구學究를 수재秀才로 만들려고 했는데, 신법이 시행되고 오히려 수재가 학구가 될 줄은 정말 몰랐다."[62]

수재는 과거에서 최고의 과科이고, 학구는 과거에서 가장 낮은 급의 과이다. 그러니 진정한 인재를 얻고자 했으나 오히려 역효과를 낳고 말았다는 뜻일 터이다. 기존의 과거제도에 비해 신법에 따른 희녕공거법熙寧貢擧法이 유용했다는 것은 부정할 수 없는 사실이다. 하지만 개혁의 효과가 기대했던 것만큼 크지는 않았다. 과거시험의 성적은 응시자 학문의 좋고 나쁨 또는 있고 없음에 따라 판정된다. 학문의 있고 없음은 학문이 참된 것이냐, 아니면 거짓된 것이냐에 따라 판정된다. 다시 말해 학문의 진위眞僞에 달려 있다. 또한 학문의 진위는 연구 분야나 재료가 아니라 연구의 태도나 방법에 따라 결정된다. 그리고 연구의 태도나 방법은 최종적으로 얼마나 정성을 들였는가에 따라 결과가 달라질 수밖에 없다. 결국

---

61) 물론 학교에 극소수의 수재도 있다는 것은 부정할 수 없는 사실이다. 하지만 옛 사람이 "인재가 과거에 응시한 것이지, 과거를 통해서 인재를 얻는 것이 아니다(乃人才得科擧, 非科擧得人才)"라고 말한 것처럼 수재가 학교에 입학한 것이지, 학교교육으로써 인재가 양성된 것은 아니었다.

62) 주희(朱熹), 『삼조명신언행록(三朝名臣言行錄)』, "本欲變學究爲秀才, 不料變秀才爲學究."

목적 달성의 수단인 학문은 기껏해야 기술에 지나지 않으며 절대로 진정한 학문을 꽃피울 수 없다. 이는 학교나 과거나 모두 똑같이 적용되는 원리이다. 그러므로 장려獎勵(여기서는 관직이나 봉록을 말한다)를 위해 학교를 다닌다면 과거의 경우처럼 실패하는 것이 당연하다.

무릇 국가의 일이란 사회에서 이미 널리 통용되어 대중들이 보편적으로 받아들인 이론에 근거하기 마련이다. 그렇지 않으면 대중들에게 인정받을 수 없기 때문이다. 그런데 그런 이론은 시대에 뒤떨어지거나 낡은 것이 대부분이다. 일이란 어떤 것이든 배태 과정을 거쳐 서서히 싹트면서 성숙해지는 것이 일반적이다. 그러니 새롭고 신선한 사업이 시작되면 이론적으로 미숙한 상태일 수밖에 없고, 대중들이 보기에 무슨 대단한 업적이나 사례가 있을 수도 없다. 그러니 국가는 아무런 근거도 없이 새로운 사업을 시행하기 어려울 수밖에 없다. 바로 이런 이유로 국가에서 시행하는 일들은 대개 사회에서 자연스럽게 발생한 일들보다 한참 낙후하기 마련이다. 교육 사업도 예외가 아니다.

학문은 절대로 고립된 상태에서 혼자만의 힘으로 이루어질 수 없다. 무엇보다 학문에 전념하는 데 필요한 물질적 공급이 부족하기 때문이고, 혼자 하는 학문은 시야가 좁기 마련이기 때문이다. 그래서 학문하는 이들이 자연스럽게 모여들어 단체가 형성된 것이 바로 학교이다. 처음에 학교는 오로지 학문 연구를 위한 곳이었기 때문에 그 성질이 순수했다. 그러던 것이 후대에 와서 나라의 인재를 양성하는 기구로 전락된 것이다. 물론 나라에서 인재를 양성하는 일은 나쁜 일이 아니다. 다만 나라에서 운영하는 학교 교육은 다음 두 가지 이유로 인해 그릇된 방향으로 엇나갔을 따름이다. 첫째, 나라는 이미 널리 알려진 이론, 득세한 이론을 고수한다. 그렇기 때문에 나라에서 설립한 국립학교는 교육내용이 상대적으로 진부할 수밖에 없다. 반면 사회에서 시급히 필요한 학문은 기존의 학과에서 소화할 수 없는 것이 대부분일뿐더러 국가의 지원도 받을 수 없다. 둘째,

녹봉이나 관직과 연계되면서 학교 운영이 날로 부패해질 수밖에 없다.

바로 이러한 시절에 민간에서 자체적으로 학문 연구를 위한 학교 조직이 등장했으니, 그것이 바로 서원書院이다. 정확히 말해 서원은 당唐과 오대五代 사이에 처음 나타났으며, 특히 송대에 크게 흥기했다. 송나라 초기에 사대서원四大書院이라고 일컬어지는 네 개의 서원이 창건되었다.63) 조정은 사대서원에 모두 편액匾額을 하사했다. 이외에도 편액이나 토지, 또는 서적을 하사받은 서원도 적지 않았다. 하지만 서원은 조정의 장려나 지원금에 의지하여 유지된 것이 아니다. 서원의 창건은 대개 다음과 세 가지 경우로 말미암는다.

첫째, 덕행이 높고 학문이 깊은 자의 노력으로 설립된 경우이다. 둘째, 학문에 관심이 있는 학자들끼리 모여서 만들어진 경우이다. 셋째, 유력자에 의해서 세워진 경우이다. 서원은 무슨 사사로운 이익이나 목적을 위해 세운 것이 아니기 때문에 진정한 학문 연구에 몰두할 수 있었고, 시대의 흐름에 민감하여 사회에 필요한 학문 연구에 집중할 수 있었다. 예를 들어 이학理學이 크게 발흥하자 서원이 이학의 연구와 전수 중심이 되었고, 고증학이 일어났을 때 서원이 앞장서서 연구의 중심지가 되었다.

기존의 구세력과 새로 등장한 신세력이 서로 조화롭게 지낼 수 있다면 이보다 좋을 수 없다. 국립학교가 전통 학문의 보존과 전수를 책임지고, 개인이 창건한 서원은 새로 일어난 학문에 집중한다면 매우 환상적인 결

---

63) 4대서원은 구체적으로 남당(南唐) 승원(升元) 연간에 여산(廬山) 백록동(廬山白鹿洞)에 세워진 백록서원(白鹿書院), 당대 원화(元和) 연간 형주(衡州) 태수(太守) 이관(李寬)이 설립한 석고사원(石鼓書院), 송대 진종(眞宗) 시절 부민(府民) 조성(曹誠)이 세운 응천서원(應天書院), 송대 개보(開寶) 연간 담주(潭州) 태수(太守) 주동(朱洞)이 창건한 악록서원(嶽麓書院) 등이다. 이는 『문헌통고』에 따른 것이다. 『옥해(玉海)』의 경우 석고서원 대신 숭양서원(嵩陽書院)을 들었다. 숭양서원은 오대 시기에 창건된 서원으로 등봉현(登封縣) 대실산(大室山)에 있다.

합이라 할 수 있다.

송나라는 비록 국력이 약하기는 했으나 문화면에서 전혀 발전이 없었던 것이 아니다. 문화가 발전함에 따라 자연스레 학교를 더욱 많이 설립할 필요가 있었다. 원나라의 법률도 송의 이러한 기풍을 이어받았다. 원나라는 몽골인, 색목인色目人, 한인들이 모두 들어갈 수 있는 국자감國子監을 설치했고, 경사에 별도로 몽고국자학蒙古國子學을 두었다. 그리고 각 노路(송원대의 행정구역. 송대는 명청의 성省, 원대는 명청의 부府에 해당한다)에 몽고자학蒙古字學을 설립했다. 인종仁宗 연우延祐 원년元年에 회회국자학回回國子學을 설치하여 문자를 습득할 수 있도록 했다. 전국 각 노路, 부府, 주, 현에 모두 학學(학교)을 두었다. 세조世祖 지원至元 28년 강남江南 각 노, 각 현의 학 안에 소학小學을 두도록 하고 덕행이 높고 학식이 풍부한 연장자가 가르치도록 했다. 또한 개인이 개별적으로 스승을 모시거나 집안 부형父兄을 따라 가학家學을 배우는 것도 허용되었으며 나라에서 간섭하지 않았다. 선유先儒가 교화를 시행하는 지방이나 명현名賢이 거주했던 지역에 서원을 설립하고, 호사가들이 쌀과 돈을 기부하여 운영자금으로 쓰도록 했다. 이러한 각지의 학교는 각 성省의 제거提擧 두 명이 관장했다. 이렇듯 원대는 나라에서 적극적으로 관학을 설치하여 교육함과 동시에 사학의 중요성도 인정했으니 매우 진보적이고 훌륭한 교육정책이 아닐 수 없다. 이러한 교육정책이 제대로 실행되었는지 알 수 없으나 이후 명나라가 교육제도를 정돈하면서 이를 본보기로 삼은 것은 부정할 수 없는 사실이다.

명대의 관학은 제도 면에서 상당히 치밀하고 완비했다. 하지만 문화를 향상시키고 교육을 보급시키는 데 취지를 둔 것이 아니라, 정치적으로 필요한 인재를 양성하고 관료를 등용하는 기구로 삼았기 때문에 교육제도의 보완이나 관학의 확장에 한계가 분명했다. 결국 법은 완비되었으나 실제로 시행할 수 없었다. 법률은 현실을 앞지를 수 없기 때문이다.

명대 태학은 국자감國子監이라고 불렀다. 명 태조는 국자감을 극히 중요시했다. 국자감國子監에 등용된 감관監官은 모두 명유名儒였으며, 등용 절차도 극히 엄격했으며, 국자감의 감생들의 대우도 후했다. 또한 감생들이 조정의 여러 관부에서 실습할 수 있는 이른바 역사歷事의 법도 만들었다. 심지어 하루에 감생 60명을 포정사나 안찰사 등 중요 부서에서 발탁하여 실습을 시킨 일도 있었다. 관직에 나가 중앙이나 지방에서 뛰어난 업적을 남겨 이름을 널리 알린 감생 출신도 적지 않았다. 학교를 그만큼 중시했기 때문이다. 하지만 갈수록 사회적으로 과거를 중시하고 학교를 가볍게 여기는 풍조가 형성되기 시작했다. 결국 관원 등용이나 관품에서 학교의 거인이나 공사貢士와 과거 출신인 진사進士 사이에 커다란 차이가 나게 되었다. 특히 납속입감納粟入監(곡물이나 재물을 바치고 국자감에 입학함)의 특례 입학이 가능해진 뒤로 국자감 출신은 아예 이도異途 취급을 받게 되었다.

국자감에서 공부하는 학생은 각 부, 주, 현의 학교에서 올라온 학생들이었다. 국자감에 진학할 자격을 취득한 부, 주, 현의 학생을 공생貢生이라고 한다. 공생은 다시 세공歲貢,64) 선공選貢,65) 은공恩貢,66) 납공納貢67)으로 구분했다. 거인擧人도 국자감에 입학하여 공부할 수 있었다. 나중에는 부방副榜(보결 합격자)을 추가로 모집하여 국자감에 입학시키기도 했다.

부학府學에는 교수敎授, 주학州學에는 학정學正, 그리고 현학縣學에는 교

---

64) 세공(歲貢)은 해마다 정원(定員)으로 국자감에 입학시킨 유생을 말한다.
65) 선공(選貢)은 특별히 우수한 학생을 선발하여 국자감에 입학시킨 것이다.
66) 은공(恩貢)은 나라에 경사를 맞이하여 국자감에 입학시킨 경우인데 흔히 그 해의 세공생원(歲貢生員)으로 뽑힌 학생에게 그 기회를 준다. 그리고 그 다음 순위의 학생으로 하여금 그 해의 세공생원으로 충당한다.
67) 납공(納貢)은 부·주·현 학교의 학생이 식량을 냄으로써 국자감에 입학하게 된 경우를 말한다.

유教諭를 두었다. 부직은 모두 훈도訓導라고 불렸다. 학생은 정원定員에 따라 모집했으며, 정원으로 입학한 학생에게는 나라에서 식사를 제공했다. 하지만 정원 외로 모집한 학생은 그런 혜택이 없었다. 정원으로 입학한 학생은 능선생원廩膳生員, 정원 외 추가로 입학한 학생은 증광생원增廣生員이라고 불렸다. 이후 학생의 수를 늘려서 모집하였는데 그들을 부학생원附學生員이라고 불렀다. 그러다가 새로 입학한 학생을 모두 부학생원이라 부르고, 시험 성적에 따라 차례대로 증광생원, 능선생원으로 진급하는 것으로 바꾸었다. 경력이 있는 능선생원은 세공생원으로 뽑았다.

생원의 입학과 진급 시험은 학교 교유敎諭나 훈도訓導가 주관하지 않고, 나라에서 따로 관리를 파견하여 관장했다. 입학시험은 처음에 순안어사巡按御史, 포정사, 안찰사 및 부, 주, 현 등 지방 관리가 관장하다가, 후에는 아예 제독학정提督學政을 설치하여 전국 각지를 돌아다니며 진행하도록 했다. 다만 제독학정이 갈 수 없는 궁벽한 지역은 여전히 순안어사나 분순도分巡道가 진행했다. 제독학정의 임기는 3년이며, 임기 안에 담당 지역의 부, 주, 현 학교의 학생을 대상으로 두 차례에 걸쳐 시험을 개최했다. 한 번은 세고歲考라 하여 학생의 성적을 고찰하고, 다른 한 번은 과고科考라 하여 과장科場이 열리는 해에 실시했는데, 우수한 생원을 뽑아 향시鄕試의 응시 자격을 부여했다. 국자감생國子監生은 졸업하면 벼슬에 나아갈 수 있지만, 부, 주, 현 학교의 학생은 딱히 졸업이라는 것이 없었다. 그들 앞에 놓인 길은 두 가지밖에 없었다. 하나는 과거에 응시하여 합격하는 것이고, 다른 하나는 국자감에 진학하는 것이다. 이상 두 가지에 성공하지 못하면, 계속 학생 신분으로 남아 학교에서 공부하는 수밖에 다른 길이 없었다. 50세를 넘으면 세고에 참가하지 않아도 되지만,68) 50세 미만

---

68) 신청해서 시험을 보지 않을 수 있지만 그 대신에 다음 시험 때 추가시험을 봐야 한다. 청나라의 시험제도에 의하면 시험에 세 번 빠진 경우 퇴학당한다.

의 학생이 세고에 응시하지 않으면 학적이 취소되고 퇴학당했다.

부, 주, 현 학교의 생원이 아니면 과거에 응시할 수 없었다. 또한 부, 주, 현 학교의 생원은 공생으로 태학에 입학하는 것과 과거에 응시하는 길 외에 다른 진로가 없었다. 이는 학교와 과거가 서로 상보, 상조하도록 한 것으로 송대 이래로 정착된 제도이다. 당시로서 상당히 진보적인 제도 였으나 아쉽게도 현실을 이기는 제도는 없는 법이다. 사람들을 관학에 몰려들게 하려면 적어도 다음 두 가지 조건이 갖춰져야 한다. 첫째, 관학 은 밖에서 접하지 못하는 진정한 학문을 배울 수 있어야 한다. 둘째, 법령 을 엄하게 집행하여 관학에서 공부하지 않으면 진로가 보장될 수 없도록 해야 한다. 하지만 민간의 학업 전수가 크게 흥성하자 당시 관학에서 아 무리 정성껏 가르친다 해도 민간 교육을 따라가지 못했다. 또한 실제로 전수하는 내용이 낙후되었으니 어찌 학생들에게 학교에 붙어 있으라고 강요할 수 있겠는가? 그나마 관학 가운데 경사에 위치한 국자감은 명나 라 초기 때부터 전통적으로 중시했기 때문에 학생들이 가지 않을 수 없었 다. 그럼에도 감관監官이 좌감坐監(학교 출석) 일수를 가지고 시시콜콜 따 지는 지경에 이르렀으니 지방 부, 주, 현의 관학은 아예 학생이 없어 사람 들이 문묘文廟 취급을 할 지경이었다.

이렇듯 학교가 유명무실해진 것은 무엇보다 나라의 정치가 무기력해 졌다는 것을 의미하며, 다음으로 그만큼 사회가 발전했음을 뜻한다. 학업 을 전수하는 학자를 어디서나 접할 수 있고, 연구에 필요한 전적을 쉽게 구할 수 있으니 굳이 관에서 설립한 학교에 갈 필요가 없게 된 것이다. 오늘날 중국의 전통 학문을 익히려면 학교에 가지 않아도 되지만, 새로운 학문을 배우려면 반드시 학교에 가거나 심지어 외국으로 유학을 가지 않 으면 안 된다. 이는 관련 학문이 사회에 널리 보급되지 않았기 때문인 것과 마찬가지이다.

청대의 학교제도는 명대와 대체로 비슷하다. 다만 명나라 때 국자감에 입학한 음생蔭生은 관생官生과 은생恩生으로 구분했지만, 청대의 음생蔭生은 난음難蔭과 은음恩蔭으로 나누었다는 점이 다를 뿐이다. 명나라 때 관생은 나아갈 수 있는 관직의 관품官品에 제한이 있었고 은생은 특은(特恩)으로 관품의 제한이 없었다. 청나라 때 난음은 아버지나 형이 나라를 위해 목숨을 바친 경우로 그 대우도 은음보다 후했다. 청나라 때는 은공恩貢, 부공副貢, 세공歲貢 외에 우공優貢, 발공拔貢이 더 있는데, 우공은 3년에 한 번씩 선발했다. 세고와 과고의 두 시험을 마치면, 독학사자督學使者가 교관敎官이 추천한 우행생優行生(성적과 덕행이 모두 우수한 생원)을 대상으로 시험을 실시한다. 시험에서 뽑힌 우수한 자는 예부禮部에 보내는데, 예부에서도 시험을 본다. 예부 시험을 통과한 학생은 국자감에 입학할 수 있다. 발공은 12년에 한 번씩 선발한다. 흠명대신欽命大臣이 독무督撫와 함께 세고와 과고에서 뽑힌 우수생을 대상으로 복시覆試를 실시한다. 그런 다음 이부吏部에 보내 정시廷試를 보게 한다. 정시에서 1, 2등은 관료로 등용하고, 3등은 입감入監, 즉 국자감에 입학시킨다. 하지만 입감入監은 유명무실하여 낙방한 것이나 다를 바 없었다.

이상은 역대 교육제도에 대한 논의이다. 대개 나라에서 설립한 관학은 정치제도의 일부로서 특히 과거제도와 연계되었다는 사실을 확인할 수 있다. 관학이 아니면서 학교 성격을 지닌 조직도 있었는데, 그것이 바로 서원이다. 이외에 학교의 형식은 갖추지 않았으나 배움을 전수할 수 있는 방법도 있었다. 하나는 개인적으로 스승을 섬기고 공부하는 것이고 다른 하나는 집에서 스승을 초빙하여 배우는 것이다.

교육 내용도 두 가지로 구분할 수 있다. 하나는 과거응시의 목적으로 사인士人들이 받는 교육이다. 다른 하나는 농민이나 장인, 상인 등이 필요에 의해 받는 교육이다. 전자는 실용성이 부족하고, 후자는 학문이라고 말하기 어렵다. 이는 교육에 대해 별 다른 생각 없이 그저 옛날부터 하던 대로 따라 하기만 했기 때문이다.

청말 변법 이후에 비로소 신식 교육이 출현하여 현행의 교육제도가 시작되었다. 교육은 문화와 밀접한 관련이 있음은 주지의 사실이니 더 이상 논의하지 않겠다. 신식 학교가 설립된 초기만 해도 여전히 장려獎勵의 방식이 잔존했다. 예를 들어 대학을 졸업하면 진사로 간주하고, 대학 예과預科나 고등학당을 졸업하면 거인擧人으로 취급하며, 중등학교 이하는 공생이나 부생附生으로 간주한 것이 그것이다. 다시 말해 학교에 여전히 정치적 성격이 잔존하고 있었던 것이다. 민국에 이르러서 이러한 장려 방식이 모두 폐지된 후에야 비로소 학교가 과거와 무관한 독립적인 기관으로 자리잡게 되었다.

16

언어와 문자

언어와 문자의 기능과 원리

인류사회에서 언어와 문자의 발명은 거대한 진보이다. 이는 무엇보다 언어가 생긴 연후에 비로소 인간에게 명확한 개념이 생겼고, 사람의 의사가 다른 사람에게 원활하게 전달될 수 있었기 때문이다. 뿐만 아니라 언어, 즉 말이란 일일이 익히지 않아도 저절로 습득되며, 말을 통한 의사소통으로 개인 행위가 집단 행위로 변화할 수 있다. 하지만 언어는 시공간의 제한을 받기 마련이다. 이런 제한에서 벗어나 언어의 기능을 확대시킨 것이 바로 언어에 형체形體를 부여한 문자이다. 총결컨대, 언어와 문자는 시공간적으로 인류를 하나로 연결시키는 가교 역할을 한다. 인류는 서로 단합하지 않으면 발전을 이룰 수 없다. 단합의 범위가 넓을수록 발전의 속도도 빨라지기 마련이다. 이러한 인류의 단합과 문화 발전에 언어와 문자가 지극히 중요한 역할을 수행했음을 굳이 말하지 않아도 알 수 있을 것이다.

언어로 의사를 표시하고 문자로 언어를 표시하게 된 것은 언어와 문자가 일정한 단계까지 발전한 이후의 일이다. 초기 단계의 언어나 문자는 그렇지 않았다. 처음에 사람들은 대개 몸짓이나 손짓으로 의사소통을 했다. 중국 문자 가운데 손을 눈 위에 대는 모습을 나타내는 '간看'자는 몸짓 언어의 전형적인 예이다. 또한 언어처럼 이미지를 나타내는 또 다른 수단은 그림인데, 그림을 간단하게 만든 것이 바로 상형문자이다. 그러므로 그림이든 초기 단계의 상형문자든 처음부터 언어를 대표한 것이 아니었다. 그렇기 때문에 상형문자는 처음부터 반드시 독음讀音이 있었던 것은 아니며, 그림의 경우도 마찬가지였다.

이후 사회가 복잡해져 몸짓이나 손짓만으로 의사소통이 충분하지 않아 어쩔 수 없이 언어, 즉 말을 사용하기 시작했다. 말은 계속 할 수 있지만 그림이나 상형문자는 무제한으로 증가시킬 수 없고, 설사 증가시킨다고 하더라도 양이 제한적일 수밖에 없다. 무릇 모든 의사를 언어로 표현하는 것이 습관이 된 후에 문자가 언어를 대표하게 되었다. 문자는 언어를 대표하게 되자 상형의 방식에서 그치지 않고 소리를 표시하는 방법이 고안되었으며, 이로써 이전에 비해 훨씬 많은 문자를 만들 수 있었다. 이제 보다 구체적으로 살펴보겠다.

중국의 문자

중국 문자의 구성 원리, 이른바 글자를 만드는 방법造字法은 모두 여섯 가지인데, 이를 육서六書라 한다. 첫째, 상형象形. 둘째, 지사指事. 셋째, 회의會意. 넷째, 형성形聲. 다섯째, 전주轉註. 여섯째는 가차假借다. 육서 가운데 다섯 번째인 전주轉註는 여러 글자가 같은 의미를 나타내는 것으로 자형을 늘리는 조자법이고, 여섯째인 가차假借는 여러 의미가 동일한 자형의 글자를 공유하는 것으로 자형을 줄이는 경우이다. 이 두 가지 방법은 진정한 의미의 조자법으로 보기 어렵기 때문에 진정한 글자를 만드는 방법은 앞의 네 가지이다. 문자의 유래에 대해서 허신許愼은 『설문해자·서序』에서 다음과 같이 밝힌 바 있다.

> "황제黃帝의 사관史官인 창힐倉頡이 땅에 찍힌 조수鳥獸 발자국을 보고 그 모양이 각기 달라 그것을 통해 조수를 분별할 수 있음을 깨닫고 최초로 문자를 만들었다.……처음에 창힐은 만물의 부류에 근거하여 형체를 본떴기 때문에 이를 문文이라 칭했다. 이후 형체와 소리를 서로 더하여 만드니, 이를 자字라고 불렀다."1)

인용문에서 창힐이 처음으로 문자를 만들었다거나 창힐이 황제의 사관이었다는 주장은 신빙성이 떨어지지만 나머지 내용은 대체로 일리가 있다.

자字는 문文으로 구성된다는 점에서 중국 문자에서 문文은 자모字母2)의 기능을 지닌다.3) 따라서 상형, 지사, 회의, 형성 네 가지 가운데 상형만 문文이고, 나머지는 모두 자字이다.

상형자: 상형자는 사물의 모양을 본떠서 비슷하게 그린 것이다. 이를테면 日, 月, 山, 川을 나타내는 ⊙, ☽, ⩊, ⫘ 등이 그 예이다. 이외에 ㇏ 人4),

---

1) 『설문해자·서(序)』, "黃帝之史倉頡, 見鳥獸蹄迒之迹, 知分理之可相別異也, 初造書契.……倉頡之初作書, 蓋依類象形, 故謂之文. 其後形聲相益, 即謂之字." 앞의 책, 314쪽.
2) 옛날에는 이를 편방(偏旁)이라고 지칭했다.
3) 역주:『설문』에 따르면, 문(文)은 독체자(獨體字)로 흔히 편방(偏旁)으로 쓰이고, 자(字)는 대개 편방에 의미부나 소리부를 더해서 만들어진 합체자(合體字)이다.
4) 『설문해자』에 따르면, "팔과 다리의 모양을 본떠서 만들었다(象臂脛之形)." 사람의 측면을 그린 것이되 머리 부분은 생략한 형태이다.

ﾗ子5), 大6) 등도 모두 상형자에 속한다. 하지만 세상 만물을 모두 그릴 수는 없으며, 또한 설사 그릴 수 있다 해도 세상의 사물 중에는 모양이 비슷한 것이 매우 많다. 상세하게 그린다면 개체간의 차이를 표시할 수 있겠지만 도화圖畫가 그처럼 번다해지면 글씨로서 효능이 떨어진다. 결국 간략하게 그릴 수밖에 없어 형태의 의미를 표시할 따름이다. 심지어 설명이 없으면 자형만 보고 가리키는 바를 전혀 알 수 없을 정도로 간략해지는 경우도 있다. 대충 짐작할지라도 의미가 모호한 경우가 적지 않다. 이것이 상형자와 그림의 차이이자 상형자가 그림과 구별되어 문자로 인정받는 근거이다. 하지만 이러한 방법으로 만든 문자가 많을 수는 없다.

지시자: 혹자는 지사자指事字를 형체는 없지만 본뜰 수 있는 글자로 사람의 동작 등이 그러하다고 했는데 이는 잘못된 견해이다. 지指는 소재所在를 가리키는 것이다. 옛날에 '사事'와 '물物'은 통용되었으므로 지사指事는 곧 지물指物로 사물의 소재를 가리킨다는 뜻이다. 그 예로 『설문해자』는 상上, 하下를 제시했다. 이에 대해 위항衛恒은 『사체서세四體書勢』에서 "위에 있으면 상이 되고, 아래에 있으면 하가 된다(在上爲上, 在下爲下)."고 말했다. 무슨 뜻인지 난해하다. 『주례 · 보씨保氏』의 소疏를 보면, "人이 가로획 一 위에 있으면 上이 되고 人이 一 아래에 있으면 下가 된다(人在一上爲上, 人在一下爲下)."고 했다. 이를 통해 『사체서세四體書勢』의 해석에 탈락된 내용이 있음을 알 수 있다. 『설문』에서 제시된 고문자古文字

---

5) 글자 형태를 볼 때 윗부분은 머리, 가운데는 양 팔이다. 아직 직립할 수 없기 때문에 하지(下肢)를 하나로 그린 아이의 형태이다.

6) 『설문해자』에서는 이를 '인간의 모습을 본떠 만든 글자'라고 설명했다. 이것은 사람의 앞모습을 그린 것으로 역시 머리가 생략되었다. 이 세 글자 중 '子'만 머리까지 나오게 한 셈이다. 인물을 그리는 그림이라면 머리를 빼고 그릴 수 없다. 그러므로 머리가 빠진 채로 그려진 이들 상형자는 이미 그림이라 할 수 없다. 이를 통해서 상형자와 그림의 차이를 확인할 수 있다.

'上', '丅'는 각각 '上', '下'의 생략형으로 추정되는데, 원래 형태는 전문篆文처럼 '丄', '下'로 되어 있었을 것이다. 따라서 가로획 '一'의 위와 아래는 모두 'ᆺ' 자인 것이 자명하다. 人이 '一'의 위나 아래에 놓임으로써 위上와 아래下의 뜻을 표시한 셈이다.7) 이런 식으로 만드는 글자는 역시 많을 수 없다.

회의자: 회의會意의 회會자는 합친다는 뜻이다. 그러므로 회의란 두 글자의 의미를 한 글자의 의미로 통합한다는 것이다. 『설문』은 사람 人에 말씀 언言을 합쳐 만든 신信, 그칠지止에 창 과戈를 더해 만든 무武 등을 제시하고 있다. 하지만 이러한 방법으로 만든 글자 역시 많을 수 없다.

이러한 방법과 달리 형성形聲의 방식은 매우 생산적인 조자법이다. 형성자는 원칙적으로 각각 뜻과 소리를 표시하는 두 편방偏旁으로 구성된 글자이다. 무릇 한 마디 말은 언제나 그 의미가 있고 또한 소리가 있기 마련이다. 그러므로 문자를 만들 때 굳이 고민할 필요 없이 말의 뜻과 소리를 표시하는 편방을 찾아 결합시키면 된다. 이렇게 하면 문자 만들기가 한결 수월해질 뿐만 아니라 만든 문자도 이해하기 쉽다. 이런 점에서 형성자는 상형자, 지사자, 회의자보다 훨씬 명확하다는 이점이 있다. 이러한 형성의 방식이 있었기 때문에 "문자의 쓰임이 마침내 끝이 없기에 이를 수 있었다(文字之用, 遂可以至於無窮)."

전주자: 『설문해자』는 전주轉註의 예로 '고考'와 '노老'를 제시했다. 양자는 서로도 비슷하고 의미 또한 비슷하다. 근원이 같은 글자로 이후에 분화하여 두 개의 글자가 되었다. 언어가 늘어나면서 이와 비례하여 전주로 만든 글자도 많아졌다. 예를 들어 '과夥'와 '다多' 역시 앞서 인용한 '考'와 '老'의 경우처럼 전주자이다. 문자는 말을 대표하니 말의 분화에

---

7) 여기에 가로획 '一'은 숫자 '一'이 아니고, 일종의 경계 표시이다. 『설문해자』에는 이러한 예가 많이 나온다.

따라 문자도 따라서 분화하는 것이 당연하다. 이것이 바로 옛사람이 말하는 전주의 글자 만드는 방법이다.

가차자: 가차假借가 가능한 이유는 말의 의사전달 기능이 주로 음성을 통해서 실현되기 때문이다. 이런 점을 감안하면 말을 표시할 때 문자는 발음에 치중해야 마땅하다. 특히 어문합일語文合一(말과 문자가 일치함)의 시대에는 문자의 전달 내용을 제대로 이해하려면 눈으로 보는 것만으로는 부족하여 소리 내어 읽어야 했다. 말하자면 당시의 문자는 말처럼 귀로 들어야 비로소 알 수 있었다는 뜻이다. 그러므로 의미가 다른 말이라 할지라도 발음만 같으면 같은 자형으로 표기할 수 있다. 그래서 어떤 문자는 굳이 만들지 않아도 되고, 또한 기존의 문자도 발음이 같은 다른 문자로 대체하여 쓸 수 있기 때문에 문자의 수를 줄이는 데 효율적이었다. 이런 방법이 없었다면 문자는 필연적으로 끝없이 늘어날 수밖에 없었을 것이다.

육서六書에 대한 언급은 허신의 『설문해자 · 서』 외에 『한서 · 예문지』 등에서도 확인할 수 있다.8) 또한 『주례』의 보씨保氏 주注에도 정사농鄭司農(정현)의 설을 인용하고 있다.9) 옛날(선진시대) 사람들은 육서를 글자를 만드는 방법으로 생각하지 않았다. 만약 그렇다고 오인하면 이는 큰 잘못이다. 또한 보씨保氏가 국자國子를 가르치던 교육 내용이라고 보는 주장 역시 터무니없는 말이다.10) 나이 어린 학동學童에게 글자를 가르칠

---

8) 『한서』는 육서를 상형, 상사(象事), 상의(象意), 상성(象聲), 전주, 가차 등으로 구분했다.

9) 『주례(周禮)』 보씨(保氏) 주에 인용된 정사농(鄭司農)의 육서는 상형, 회의, 전주, 처사(處事), 가차, 해성(諧聲) 등이다.

10) 역주: 제15장에서 언급한 바대로 국자(國子)는 고대의 공경(公卿)과 대부(大夫)의 자제를 말한다. 보씨(保氏)는 『주례 · 지관地官 · 대사도大司徒』에 나오는 관직 명칭으로 천자나 군주에게 간언하는 일을 맡았다. 후대 간의대부(諫議大夫)나 광록대부(光祿大夫)와 비슷한 역할이다. 제15장 관련 문장을 참조하시오.

때는 자형을 익히고 발음과 의미를 알려주면 충분하여 굳이 문자의 구성 원리까지 전수할 필요가 없기 때문이다. 사실 『설문해자・서』나 『한서・예문지』에서 언급된 육서설은 한대 학자들이 문자학을 연구하면서 주장한 것일 따름이다. 『주례』에서 보씨가 "국자들에게 육서를 가르친다(敎國子以六書)."고 한 것은 "태사가 학동에게 육체六體에 대해 시험을 보았다."는 『한서・예문지』의 문장에 나오는 '육체'의 의미로 봐야 한다. '육체'는 여섯 가지 서체로 오늘날의 행서行書, 초서草書, 전서篆書, 예서隸書 등을 말한다. 『한서・예문지』의 관련 문장을 살펴보면 다음과 같다.

> "옛날에는 여덟 살이 되면 소학에 들어갔다. 『주례』에서 보씨가 국자의 교육을 맡고 그들에게 육서를 가르쳤다. (육서란) 상형, 상사, 상의, 상성, 전주, 가차를 말하는데, 이는 모두 문자를 만드는 근본이다. 한나라 건국 후, 소하가 율령을 제정할 때 역시 그 법을 따랐다. 태사는 학동을 대상으로 시험을 치른다. 9,000자 이상을 암송해야만 사史가 될 수 있다. 또한 육체에 대해서도 시험을 치렀다. 성적이 가장 우수한 자는 상서, 어사, 사서, 영사 등의 관원으로 등용했다. 관민들이 상서한 문장에서 글자가 바르지 않으면 탄핵을 받았다. 육체는 고문古文, 기자奇字, 전서篆書, 예서隸書, 무전繆篆, 충서蟲書를 말하는데, 이것으로 고금의 문자를 해독하고 인장을 새기며, 깃발이나 부절을 쓴다."[11]

인용문에서 "상형, 상사, 상의, 상성, 전주, 가차를 말하는데, 이는 모두 문자를 만드는 근본이다(謂象形、象事、象意、象聲、轉注、假借, 造字之本也)."라는 구절은 후세 사람이 제멋대로 삽입한 내용임이 틀림없다. 앞서

---

11) 『한서』, 권30, 「예문지」, "古者八歲入小學, 故周官保氏掌養國子, 敎之六書. 謂象形象事象意象聲轉注假借, 造字之本也. 漢興, 蕭何草律, 亦著其法, 曰, 太史試學童, 能諷書九千字以上, 乃得爲史. 又以六體試之. 課最者以爲尙書, 御史書史令史. 吏民上書, 字或不正, 輒擧劾. 六體者, 古文奇字篆書隸書繆篆蟲書, 皆所以通知古今文字, 摹印章, 書幡信也." 앞의 책, 1720~1721쪽.

지적하였듯이 보씨가 가르쳤던 육서六書나 태사가 시험 내용으로 삼았던 육체六體가 같은 것이기 때문이다. 소하는 이러한 예에 따라 율령을 제정할 때 국자들을 육체로 교육한다는 규정을 만든 것이다. 만약 보씨의 육서가 육체와 다른 것이라면 소하가 "역시 그 법을 따랐다(亦著其法)."라고 했을 때 굳이 '역亦(역시)'을 쓸 이유가 없었을 것이다.

육서로 중국문자의 구조를 설명하는 데는 한계가 있다. 하지만 대략적인 응용은 가능하다.12) 옛날 학자들은 옛것을 중시하던 전통이 강했기 때문에 육서가 창힐이 글자를 만드는 여섯 가지 방법이라고 믿었다. 이는 일반인의 경우도 마찬가지이다. 더군다나 문자의 발명은 신성한 일이기 때문에 옛날에는 감히 이에 대해 왈가왈부할 수 없었다. 그래서 이러한 설이 오늘날까지 전해져 온 것이다.

『순자·해폐解蔽』에 보면 이런 구절이 나온다. "글을 좋아하는 이는 많았지만 창힐의 이름만 홀로 남은 것은 그가 한 가지 일에만 전념했기 때문이다."13) 여기서 알 수 있다시피 창힐만 글자를 쓸 수 있는 사람이 아니었다. 다만 어떤 일에 능한 이를 그것을 발명한 사람으로 받드는 옛 사람들의 생각에 따른 것일 뿐이다. 그리하여 창힐이 문자를 처음 만든 이가 된 것이다.14)

한대 위서緯書는 창힐을 고대의 제왕으로 간주했다.15) 또 다른 설은

---

12) 졸저, 『자례약설(字例略說)』(상무인서관商務印書館)을 참조하시오.

13) 『순자·해폐』, "故好書者眾矣, 而倉頡獨傳者, 壹也." 북경, 중화서국, 중화경전명저 전본전주전역총서(中華經典名著全本全注全譯叢書), 2011년, 347쪽.

14) 예를 들어 포신공(暴辛公)은 훈(塤: 질나발)을 잘 불고 소성공(蘇成公)은 지(篪: 피리의 일종)를 잘 불었는데, 『세본(世本)·작편(作篇)』에 보면 포신공을 훈을 발명한 인물로 소성곤을 지를 발명한 인물로 간주한 것이 바로 그러하다. 이에 대해 초주(譙周)가 『고사고(古史考)』에서 반박한 바 있다. 이는 『시경·하인사(何人斯)』의 소(疏)에 보인다.

15) 졸고, 『중국문자변천고(中國文字變遷考)』 제2장을 참조하시오.

창힐을 황제黃帝의 사관으로 보는 견해이다. 그 추론 과정은 다음과 같다. 우선 『역경 · 계사전』에 "상고시대에 새끼로 매듭을 지어 다스렸는데, 후세에 성인이 이를 서계書契로 바꾸었다."는 구절과 "황제, 요임금, 순임금이 자신의 옷을 늘어뜨리고 가만히 있기만 해도 천하가 절로 다스려졌다."[16]는 구절을 서로 연관시켜 상고시대의 성인은 황제이고, 당시 기사記事를 담당한 자가 사관이니 창힐이 바로 황제의 사관이라는 것이다. 하지만 이것은 모두 터무니없이 날조한 이야기이다.

이외에도 '위공전僞孔傳(날조한 공안국의 『상서전』)'[17]은 『삼분三墳』이 삼황三皇의 책이고 오전五典이 오제五帝의 책이라 하면서 삼황三皇은 복희伏羲, 신농神農, 황제黃帝라고 했다. 또한 이에 근거하여 복희가 처음으로 문자를 만들었다고 주장했다. 이 역시 황당무계한 이야기이다.

문자는 형태, 음운, 의미의 세 요소로 구성되는데 시대에 따라 모두 변화할 수 있다. 형태의 변화는 자형의 구조적 변화, 획의 모양 변화 등이다. 하지만 보통 사람들은 문자의 변화에 대해서 획의 변화밖에 의식하지 못한다.[18] 그러므로 보통 사람들이 말하는 문자의 변화란 흔히 획의 변화를 가리킨다. 글자의 획 모양에 따라 중국 문자는 크게 전서篆書, 예서隸書,

---

16) 『주역정의』, 「건(乾)」, "上古結繩而治, 後世聖人易之以書契." 「계사전(系辭傳)」, "黃帝、堯、舜垂衣裳而天下治." 앞의 책, 8쪽, 300쪽.

17) 역주: 『상서』는 금문상서와 고문상서가 있다. 금문상서는 복생(伏生)이 예서로 쓴 29편을 말한다. 고문상서는 한대 경제 말년 노공왕이 공자의 집을 헐다가 벽 안에서 나온 것으로 과두문(蝌蚪文)으로 쓰인 『상서』 45편을 말한다. 공안국(孔安國)이 여기에 전(傳)을 쓴 것이 '위공전'이다. 동진 원제(元帝) 때 예장내사(豫章內史)였던 매색(梅賾)이 복생의 금문상서를 바탕으로 내용을 첨가하여 58편의 『서경』을 남겼으며, 당대 공영달(孔穎達)이 이를 저본으로 『상서주소(尚書註疏)』를 썼다.

18) 일반적으로 문자의 옛 발음(古音)과 옛 뜻(古義)을 잘 모르기 때문이다. 또한 문자가 바뀌면 새로운 글자체를 사용하고 기존의 옛 자형을 폐기하므로 일반 사람은 잘 모른다.

진서眞書, 초서草書, 행서行書 등 다섯 서체로 구분된다.

전서篆書는 진한秦漢 시기까지 전해져 내려온 고문자를 가리킨다. 당시의 문자는 대개 간독簡牘에 새긴 것이기 때문에 새긴다는 의미의 전篆을 붙여 전서라고 했다. 전서는 자체字體에 따라 다시 고문古文, 기자奇字, 대전大篆, 소전小篆으로 세분될 수 있다. 대전은 주문籒文이라고도 한다. 대전과 소전의 관계는 다음 두 기록을 통해 엿볼 수 있다. 『한서 · 예문지』는 소학小學 교재로 『사주史籒』15편이 있다고 하면서 "주선왕周宣王 시절 태사太史가 쓴 것이다."[19]라고 했다. 『설문해자 · 서』는 보다 구체적으로 이렇게 말하고 있다.

> "『사주』는 주나라의 사관 사주史籒가 학동을 가르치는 데 사용하였던 교재이다. ......『창힐倉頡』은 7장으로 진나라 승상 이사李斯가 썼고 『원력爰歷』은 모두 6장으로 거부령車府令 조고趙高가 작성했으며, 『박학博學』은 7장으로 태사령太史令 호무경胡毋敬이 지었다. 문자는 주로 『사주史籒』의 것을 채용하였지만 글자체가 간략해지거나 다른 부분이 있으니 이것이 이른바 '진전秦篆' 즉 소전小篆이다."[20]

그러나 사실 대전과 소전은 대동소이하다. 『설문』에서 수록된 220여 개의 주문籒文은 소전과 차이를 보이는 대전 문자이고, 나머지 부분의 대전 문자는 대개 소전과 같은 것으로 보인다. 그러므로 소전이 진나라 이후부터 통용된 문자라면, 대전은 주나라 이전까지 널리 사용되었던 문자라고 볼 수 있다.

고문古文은 대전이 나오기 전에 쓰였던 문자 형태로 추정된다. 옛날부

---

19) 『한서』, 권30, 「예문지」, 자주(自註), "周宣王大史作." 앞의 책, 1719쪽.

20) 『설문해자 · 서(序)』, "史籒者, 周時史官敎學童書也. ......倉頡七章者, 秦丞相李斯所作也. 爰歷六章者, 車府令趙高所作也. 博學七章者, 大史令胡毋敬所作也. 文字多取史籒篇, 而篆體復頗異, 所謂秦篆者也." 앞의 책, 315쪽.

터 전해 내려온 문자 중 『사주편』에 수록되지 않은 고문자를 말한다. 기자奇字는 고문 중의 일부였다. 말하자면 고문 중 자형의 구조 원리가 설명될 수 있는 부분을 고문으로 남겨놓고, 그럴 수 없는 부분은 기자로 간주한 것이다.

『한서·예문지』, 『한서』의 「경십삼왕전景十三王傳」, 「초원왕전楚元王傳」등에 유흠劉歆이 쓴 「이양태상박사서移讓太常博士書」를 싣고 있는데, 이에 따르면, 노공왕魯恭王이 공자의 옛집을 헐었을 때 벽 속에서 고문경전을 많이 발견했다고 한다. 하지만 이런 이야기는 의심스럽다. 그 이유는 두 가지다. 첫째, 진시황이 서적을 불태웠다는 이른바 분서焚書 사건은 서기 34년, 진이 멸망하기 7년 전의 일이다. 그때부터 한漢 혜제惠帝 4년까지, 즉 시황제가 민간에서 책을 소장하는 것을 금지시키는 협서율挾書律이 해제된 때까지 겨우 23년밖에 지나지 않았다는 뜻이다. 공벽孔壁(공부孔府의 벽)에 소장된 장서의 숨겨진 책의 규모가 상당했다고 하는데, 이는 결코 한 두 사람이 모의하고 실천에 옮길 수 있는 일이 아니다. 만약 그런 일이 있었다면 노나라 공왕이 발견하기 전까지 아무도 모를 리가 없다. 둘째, 만약에 그것이 사실이었다면 틀림없이 당시의 대사건으로 기록되었을 텐데 위에서 언급된 『한서』 중의 세 편을 제외한 나머지 서적 또는 『한서』의 다른 편목에서 어떻게 언급된 대목이 전혀 없었던 것일까? 무릇 역사상의 큰일은 늘 다른 사건과 연관되기 마련이기 때문에 언급하는 이가 많고 또한 관련 기록도 각종 문헌에 산견되는 것이 보통이다. 노공왕이 궁궐을 짓기 위해 공자 집안의 벽을 허물다가 옛 문헌을 발견했다면 당연히 엄청난 일이니 『한서』 「노공양전魯恭王傳」에서 대서특필할 만하다. 하지만 「노공왕전」을 보면, 맨 마지막 구절에 가서 노공왕이 궁궐을 짓고 허물기를 좋아한다는 대목에 이어 공자의 옛집을 허물다가 벽에서 고문헌을 발견했다고 짧게 기록하고 있을 따름이다.[21] 아마도 이는 본문을 작성할 때 없었던 것을 나중에 갖다 붙인 것으로 사료된다. 또한 「이양

태상박사서移讓太常博士書는 원래 유흠의 말이고, 『한서·예문지』역시
유흠이 지은 『칠략七略』을 저본底本으로 삼은 것이다. 그러므로 이는 모
두 유흠의 혼자 이야기에 지나지 않는다. 따라서 한대에 고문경서를 발견
했다는 이야기는 그 진실성이 극히 의심스럽다.

한대 반고班固 이전까지만 해도 고문경을 얻었는데 제본이나 문구가
금문경과 약간 다르다고 말했을 뿐 당시 사람들이 고문경의 글자(과두문)
을 읽을 수 없다는 이야기는 없었다. 하지만 왕충王充 때에 오면 이야기가
달라진다. 그는 『논형·정설正說』에서 다음과 같이 말했다.

> "노 공왕이 『상서』백여 편을 얻었다. 한 무제가 사람을 보내 그것을
> 찾아서 살펴보도록 하였는데, 그 문자를 읽을 수 있는 자가 아무도 없었
> 다."22)

한편 날조된 공안국孔安國의 『상서·서序』에서는 공벽孔壁에서 발견된
고문경서에 나오는 문자가 과두서蝌蚪書이며 사라진 지 꽤 오래된 고문자
라고 하면서 당시에 그것을 읽을 수 있는 자가 아무도 없었다고 했다.
그리하여 공안국이 복생伏生이 전한 『상서』(금문상서)의 내용에 근거하
여, 당시에 발견된 고문 『상서』의 해당 내용과 대응시켜 과두문자를 해독
했다고 한다. 이는 완전히 주관적인 억측에 불과한 허튼소리이다. 문자는
모르는 사이에 대중에 의해서 만들어지고 또한 모르는 사이에 대중에 의

---

21) 역주: 한서·열전·경십삼왕전(景十三王传)에 나오는 「노공왕전」은 전체 내용도 빈
약할뿐더러 고문경전을 발견한 내용은 맨 마지막에 다음과 같이 실려 있다. "共王은
본래 궁실을 짓기 좋아하여, 궁실을 확장하기 위해 공자의 구택舊宅을 철거하다가
종성鍾磬과 금슬琴瑟 소리를 듣고서 감히 더 이상 철거하지 못하였다(恭王初好治宮
室, 壞孔子舊宅以廣其宮, 聞鐘磬琴瑟之聲, 遂不敢復壞, 於其壁中得古文經傳)."

22) 『논형교석·정설(正說)』, 권28, "魯共王得百篇 『尚書』, 武帝使使者取視, 莫能讀者."
북경, 중화서국, 1990년, 1125쪽.

해서 바뀌고 달라지기 마련이다. 누군가 그것을 만들어 대중에게 반포하여 사용하는 경우는 자고로 없었다.[23] 그러니 시대가 달라졌다고 전혀 읽을 수 없을 정도로 달라질 수는 없다.

전서篆書는 획의 시작과 끝이 각이 지지 않고 둥글게 굽어진 원필圓筆의 필세인 반면, 예서隸書는 획의 시작과 끝이 모지고 예리한 방필方筆이다. 예서隸書는 진나라 때 "관아에서 옥사官獄가 늘어나자"[24] "옥졸에게 좌서佐書하는 것을 시키는"[25] 과정에서 나타난 서체이며, 이런 이유로 예서란 이름이 붙었다. 도예徒隸(원래는 복역하는 죄수와 노예를 뜻하나, 점차 옥졸의 의미로 사용되었다)들은 대개 글자를 못 읽는 사람들이라 거의 그리듯이 글자를 썼던 것도 전혀 이상한 일이 아니다. 그리하여 그 과정에서 전서의 필획 모양이 달라진 것이다. 하지만 예서는 전서보다 훨씬 간편하기 때문에 나타나자 곧 널리 퍼져 폐기할 수 없었다. 처음에 예서를 쓰는 부류는 대개 옥졸이었기에 글씨의 미관까지 신경을 쓰지는 않았지만 통용된 문자가 되고 난 뒤에는 그것을 쓰는 사람의 부류가 더 이상 도예에 한정되지 않았다. 따라서 필체의 미관을 추구하기 위해서 도법挑法, 일명 파책波磔이라는 필법을 쓰는 예서가 생겼다. 당시 사람들은 이러한 예서를 팔분서八分書라고 했다. 나중에 문자의 예술성을 추구하면서 이러한 팔분서의 서체 형식을 택하는 경우가 많아졌다.

예술성을 고려하지 않고 실용성만 추구하는 경우에는 여전히 도법挑法

---

23) 역주: 반드시 그런 것만은 아니다. 예를 들어 조선 세종대왕이 반포한 「훈민정음」은 물론 세종과 집현전의 학자들이 함께 만든 글자이나 구체적으로 누가 만들었는지 알 수 있으며, 또한 대중에게 반포하여 쓸 수 있도록 만든 글자이다.

24) 『한서·예문지』, "時始造隸書矣, 起於官獄多事." 북경, 중화서국, 1962년, 1721쪽. 관(官)은 행정기관, 옥(獄)은 사법기관에 해당한다.

25) 『진서』, 권36, 「위항전(衛恒傳)」, 「사체서세(四體書勢)」, "令隸人佐書." 앞의 책, 1064쪽.

이 없었는데, 이것을 장정서章程書라고 한다. 지금 쓰는 정서正書이다. 따라서 도법이 있는 팔분서는 예서의 신파新派이고 도법이 없는 것은 예서의 구파舊派라고 할 수 있다. 오늘날의 정서는 예서의 구파를 계승한 것으로서 옛사람이 예서라 불렀던 서체이다. 왕희지王羲之의 경우 팔분서나 팔분서 이전의 예서로 쓴 서예작품이 전혀 없지만 『진서晉書·본전本傳』에서 그를 두고 예서에 능하다고 평가한 까닭은 바로 이 때문이다.

정서正書는 진서眞書라고 부르기도 하는데, 행서行書나 초서草書와 상반된 서체라는 점에서 이런 이름이 붙여졌다. 초서는 초고草稿를 쓰는 데 사용하는 서체인데, 그 역할은 후에 나타난 행서行書와 유사하다. 『사기·굴원열전』에 따르면, "초회왕楚懷王이 굴원屈原에게 법령을 만들게 했다. 굴원이 초고(율령 초안)를 미처 완성하기도 전에 상관대부上官大夫가 그것을 빼앗으려고 했다."[26]

여기에서 말하는 초고草藁란 오늘날 이른바 글의 초안을 잡는 것이다. 초고는 나만 보려고 쓰는 것이지 남에게 보여주기 위한 것이 아니다. 그러므로 글씨를 대충 써놓아 나만 알아볼 수 있으면 그만이다. 모두들 그렇게 썼기 때문에 그러한 것이지 무슨 서체를 만든 것이라 할 수 없다. 당연히 누군가 창조했다는 말은 더더욱 타당치 않다. 하지만 후에 초서를 쓰는 사람들은 속도를 내기보다 오히려 글씨의 미관에 더 신경을 쓰게 되면서 초서 자체字體가 점점 진서眞書와 많이 달라졌다. 심지어 진서는 알아도 초서는 전혀 알아보지 못할 지경에 이르렀다. 이리하여 초서는 그 실용성이 점차 약해졌다. 하지만 장지張芝[27] 이전까지만 해도 초서는

---

26) 『사기』, 권84, 「굴원열전」, "楚懷王使原造憲令, 草藁未上, 上官大夫見而欲奪之." 앞의 책, 2481쪽.

27) 역주: 장지는 전한(前漢)의 서법가로 자는 백영(伯英), 감숙성 돈황(敦煌) 주천(酒泉) 사람이다. 초서에 능해 이른바 장초(章草)를 서예의 최고봉으로 올려놓았다는 평가를 받는다. 삼국시대 위(魏)나라 위탄(韋誕)은 그를 초성(草聖)으로 극찬했다.

글자끼리 서로 연결되어 있지 않았다. 장지에 와서는 "간혹 윗글자의 아랫부분이 아랫글자의 윗부분에 연결되어(或以上字之下, 爲下字之上)" 글자를 구분하기 어려웠다. 이후 글자를 분리하여 적는 초서를 장초章草라 하고 장지가 처음으로 글자를 연결시켜 쓰기 시작한 초서를 광초狂草라고 했다.

광초는 실생활에 응용하기 어렵고, 장초 역시 정서와 크게 달라 실제로 사용할 수 없었다. 배웠다는 이들도 정서 이외에 약간의 초서 글자체를 알 뿐이다. 일상 업무에 바쁘다보니 누군가에게 보내는 글도 반드시 정서를 쓰지 않는 경우도 있고, 또는 초고를 남에게 보낼 때도 있기 마련이다. 그러나 초서체를 모르면 전혀 읽을 수가 없다. 이런 지경에 이르니 초서는 실용적인 가치를 완전히 상실하고 말았다. 하지만 초안을 잡는 일은 늘 생기기 마련이다. 그래서 초서를 대신하여 생겨난 것이 행서行書이다. "정서는 우뚝 선 것과 같고 행서는 길을 걷는 것과 같으며, 초서는 달리는 것과 같다(正書如立, 行書如行, 草書如走)."[28]는 말이 있다시피 행서는 정서와 다르며, 또한 초서와도 다른 글씨체이다. 행서의 필법은 두 가지가 있다. 하나는 진행眞行이고 다른 하나는 행초行草이다. 정서를 조잡스러운 필획으로 쓰면 진행이 되고, 초서를 정중하게 쓰면 행초가 된다.[29]

진행과 서행만 있으면 읽는 사람은 뚜렷하게 잘 볼 수 있고, 쓰는 사람은 간편하고 빠르게 쓸 수 있다. 그러므로 실제의 문자 생활에서 진행과 서행은 없어서는 안 되는 서체이다. 통용되는 서체가 이보다 더 많을 필요 없다. 맹삼孟森이 말한 것처럼 진행과 초행 외에 다른 종류의 서체가 더 있다면 일종의 낭비일 따름이기 때문이다.[30]

---

28) 『장회근서론(張懷瑾書論)·육체서론(六體書論)』, 239쪽, "正書如立, 行書如行, 草書如走."호남미술출판사, 1997년.

29) 『장회근서론·서의(書議)』, 위의 책, 28쪽, "兼眞者謂之眞行, 兼草者謂之行草."

오늘날(1940년대) 중국은 진서眞書(정서)를 통용 서체로 쓰고 있다. 때문에 중국 문자가 쓰기 어렵고 번거롭다는 말을 듣는다. 정서를 쓰는 이유는 초서에 일정한 체식體式이 없기 때문이다. 초서에 일정한 체식이 없는 것은 자체字體의 변화 때문이자 예술적인 변화 추구 때문이다. 예술은 끊임없이 다양한 변화를 추구하기 마련이다. 그러니 글자체가 더욱 더 분기되지 않을 수 없다. 서법書法(서예)에 관심을 가진 이들은 주로 유한 계층이다. 서체의 실용성을 추구하는 이들은 글자의 예술성까지 고려할 겨를이 없는 부류이다. 이는 어쩔 수 없는 사회 현실이기도 하다.

사회가 진화하면서 문자를 사용할 곳이 날로 많아졌다. 실제 생활에서는 옛날처럼 조잡스러운 정서正書에만 의지할 수 없었다. 그래서 널리 통용되는 초체草體를 만드는 일이 급선무였다. 이에 대해 초체는 정서와 너무 달라 거의 새로운 문자를 익히는 것이나 다름없으니 차라리 통용되는 서체로 행서行書를 사용하는 것이 낫다고 주장하는 이들도 있다. 문자 해독의 입장에서 나름 일리가 있는 주장이지만 쓰기가 번거롭다는 점에서 행서나 정서 모두 크게 다를 바 없다. 오늘날 사람들이 조잡스럽게 쓴 정서는 행서와 크게 다르지 않다. 쓰기의 편리함을 위해서라면 행초行草를 사용하는 것이 좋을 듯하다. 아무리 필획이 복잡한 정서일지라도 초서로 쓰면 다섯 획을 넘는 경우가 드물다. 여하간 쓰기의 편리함을 고려하여 행서를 사용할 것인지, 아니면 초서를 사용할 것인지의 문제는 면밀한 검토가 필요한 과제이다. 그러나 간필자簡筆字(간체자簡體字를 말함)는 권장할 만한 서체가 못된다. 쓰는 데 간편한 것도 한계가 있고, 괜히 자체字體만 어지럽히기 때문이다.[31]

---

30) 역주: 맹삼(孟森, 1869-1937년), 자는 순손(純孫), 호는 심사(心史). 강소 출신으로 세칭 맹심사孟心史 선생으로 불린다. 중국 근대에 청사(淸史)의 토대를 마련한 학자로 알려져 있다.

중국의 고문자를 연구하는 데『설문』은 당연히 주요 참고서이다.『설문』에 수록된 문자 중 90% 이상이 진한秦漢 때 통용된 전서篆書이다. 주나라 이전에는 문자가 극히 적었고 금석각金石刻(쇠나 돌에 새긴 금석문) 형태로 남은 것이 대부분이다. 뿐만 아니라 지금까지 발견된 금석문이 모두 진짜라고 장담할 수 없으며, 후대 사람들의 해석 또한 모두 정확하다고 단정할 수 없다. 청대 광서光緒 연간(24~25년)에 하남성 안양현安陽縣 북쪽에 있는 소둔小屯에서 문자가 새겨진 귀갑龜甲과 수골獸骨이 발견되었다. 이후 고증된 바에 따르면, 그 곳이『사기・항우본기項羽本紀』에서 언급된 은허殷墟이다. 그곳에서 발견된 문자(갑골문)은 은상殷商 시기 문자로 확정되었다.32) 요즘 들어 그러한 귀갑이나 수골을 수집하여 연구하는 사람들이 꽤 많다. 하지만 중앙연구원中央研究院과 하남성 관련 부서가 협력해서 정식으로 발굴하기 시작한 민국民國 17년 이전에 발견된 것들은 위조품인 경우가 대부분이다.33) 그러므로 연구의 신빙성을 확보하려면

---

31) 서사(書寫)의 번잡함은 전적으로 획수가 많기 때문만이 아니다. 필획의 형태가 반듯한지 아닌지 여부에 달려 있기도 하다.

32) 역주: 1899년 금석학자 왕의영王懿榮이 학질(瘧疾)에 걸려 한약방에서 용골을 사왔는데, 그 안에 오래된 문자가 새겨져 있는 것으로 보고 연구를 거듭하여 그것이 은상시대 갑골문이라는 것을 알게 되었다. 이듬해 8국 연합군이 북경을 침략하자 왕의영은 의분 자살하고 말았다. 그가 소장하고 있던 용골은 학자 유악(劉鶚)에게 넘어갔다. 1903년 유악이 이를 연구하여 최초의 갑골문집인『철운장귀(鐵雲藏龜)』를 출간했다. 1910년 나진옥(羅振玉)이 갑골이 '소둔小屯'에서 나온 것임을 확인하고 그곳이 바로 문헌에 나오는 은허라는 사실을 밝혔다. 1917년 왕국유(王國維)가 갑골문을 고증하여 상왕의 세계(世系)를 밝히고 소둔이 반경(盤庚)이 천도한 도성임을 고증했다. 1928년 중국 중앙연구원 역사어연구소의 부사년(傅斯年)의 지시에 따라 동작빈(董作賓) 등이 은허에 대해 공식적인 발굴조사를 시작했다.

33) 자세한 내용은『안양발굴보고서(安陽發掘報告書)』제1집에 실린「민국 17년 10월 안양 소둔 시굴 보고서(民國十七年十月試掘安陽小屯報告書)」,「현장 고고발굴 보고(田野考古報告)」제1집에 실린「안양 후가장 출토 갑골문자(安陽侯家莊出土之甲骨文字)」등을 참조하시오. 이외 관련 논의는 오현(吳縣)에서 간행한『국학논형(國

중앙연구원에서 발굴된 것이 아니면 취급하지 않는 것이 좋다.

중국어와 중국 문자의 변화

옛사람은 대개 단자單字(단어)를 많이 만들었다. 후대에 와서 단음절어가 두 글자 단어인 이음절어로 발전하면서 단음절어보다 이음절어가 훨씬 많아졌다. 역사상 문자를 가장 많이 만든 시기는 아마도 춘추전국 시대일 것이다.

『논어 · 위령공衛靈公』에 보면 이런 이야기가 나온다.

> "공자께서 말하길, 역사서를 보면 그것을 기록한 사관이 의심스럽거나 확실하지 않은 부분은 궐문闕文으로 비워둔 것을 볼 수 있는데, ……오늘날에는 이런 신중함이 없어졌다."[34]

인용문에 따르면, 옛날에는 사관이 글을 쓰다가 잘 모르는 내용이 있으면 일단 비워두고 남에게 물어보았지만 공자 시절에는 남에게 물어보지도 않고 그 자리에 아무렇게나 날조한 글자를 채워 넣었음을 알 수 있다. 공자의 이런 견해는 일리가 없는 것은 아니나 아무래도 진부한 면이 없지 않다. 글자 수가 얼마 되지 않았던 옛날에는 모르는 글자가 있으면 당연히 남에게 물어볼 수 있었지만, 공자 시절에는 문자의 수량이 많아지기도 하고 또 대응하는 문자가 없는 말을 종이에다 적어야 할 때도 있었을

學論衡)』에 실린 장병린(章炳麟)의 글, 『제언잡지(制言雜誌)』제50집에 실린 장병린의 「김조동의 갑골문 논의에 대한 답글 두 번째(答金祖同論甲骨文第二書)」등이 참조할 만하다.

34) 『논어주소 · 위령공』, "吾猶及史之闕文也, ……今亡已夫." 앞의 책, 215쪽.

것이니 있지도 않는 글자를 누구에게 물어야 하겠는가? 그러니 임시로 날조하여 쓰는 수밖에 없었을 것이다. 이렇게 새로 만든 글자는 서로 상의하지 않고 제멋대로 만들었을 것이고, 또한 기존에 있던 글자라도 와전되거나 변해버린 경우가 종종 있었을 것이다. 바로 이런 이유 때문에 춘추전국 시대의 문자는 다양하게 분기되었다.『설문 · 서』에서 전국시대에는 각 나라의 "문자가 형태를 달리했다(文字異形)."고 했으니 그 연유가 바로 여기에 있다. 하지만 자형字形이 달라도 문자를 만드는 원리는 같았고, 또한 기존에 익혀둔 상용 글자는 달라지지 않았다. 문자가 대체적으로 통일되었다는 뜻이다.『중용中庸』에서 "지금 천하에 문서는 글자가 같다(今天下, 書同文)."고 한 것이나『사기 · 진시황본기』26년 기록에서 "문서는 문자를 같게 했다(書同文字)."고 한 것을 보면 이를 확인할 수 있다.『설문해자 · 서』에 나오는 다음 문장 역시 같은 맥락이다.

> "진시황제가 천하를 겸병하자 승상 이사는 천하의 문자를 진의 문자로 통일시키는 동시에 진의 문자와 합치하지 않는 문자는 모두 폐기할 것을 주청했다."35)

하지만 이 법령은 제대로 효력을 발휘하지 못했던 것으로 보인다.『한서 · 예문지』에 보면 이런 구절이 나온다.

> "여항閭巷(향리)의 서당 선생들이「창힐蒼頡」,「원력爰歷」,「박학博學」등 세 편을 통합하여『창힐편倉頡篇』한 권으로 편집하여 60자를 한 장으로 편성하니 모두 55장이었다."36)

---

35)『설문 · 서』, "秦始皇帝初兼天下, 丞相李斯乃奏同之, 罷其不與秦文合者." 앞의 책, 315쪽.
36)『한서 · 예문지』, "閭里書師, 合蒼頡爰歷博學三篇, 斷六十四字以爲一章, 凡五十五章, 并爲蒼頡篇." 앞의 책, 1721쪽.

기존의 세 권을 한 권으로 합한 것인데 그 과정에서 중복된 글자를 빼내는 작업이 이루어졌을 것이다. 중복된 글자가 하나도 없다고 가정했을 때 진나라 때 통용된 글자는 약 3,300자이다. 하지만 위의 세 권의 책이 모두 운문韻文으로 작성되어 중복된 글자를 전부 제거하기는 어려웠을 것이다. 이 점을 감안하면 진나라 때 통용된 문자의 수는 그 수치에 미치지 못했음이 분명하다.

이와 달리 『설문』은 후한後漢 시기에 작성된 작품으로 수록된 글자는 모두 9,913개이다. 물론 그 중에 주문籀文, 고문古文, 기자奇字도 포함되어 있기는 하나 수량은 그리 많지 않았다. 오히려 동음동의자同音同義字(음과 뜻이 같은 문자)가 많은 것이 문제였다. 이는 진나라의 문자와 합치하지 않는 문자를 폐기하자는 이사의 주청이 제대로 실행되지 않았음을 시사한다. 당시에 이러한 상황이 계속 되었다면 문자는 수습할 수 없을 정도로 분기되고 혼란에 빠지게 되었을 것이다. 다행히 당시의 언어가 단음절어에서 이음절어로 발전하였고, 이러한 변화 덕분에 문자 사용상의 혼란이 가라앉게 되었다.

사실 가장 간편한 방법은 글자 하나로 소리 하나를 표기하는 것이다. 그러면 단음절 문자가 한정되더라도 다음절多音節 단어는 계속 그 수가 늘어날 수 있기 때문이다. 문자를 익히는 일은 매우 어렵고 또한 때가 지나면 배우기 쉽지 않다. 낱개의 소리 곧 단음單音에 변화가 없으면 단자單字가 늘어날 일이 없다. 고서를 읽는 학자나 심오한 문학을 연구하는 학자들의 경우 표현이나 문법에 정통한 것이지 단자를 남들보다 더 많이 안다고 장담할 수 없다. 어쩌면 비슷할 지도 모른다. 글자 몇 천 개만 알아도 고금의 각종 서적, 동시대 온갖 장르의 문학작품을 읽을 수 있는 것은 바로 이 때문이다.

그러므로 한 글자를 하나의 소리로 표기하게 된 것은 중국 문자에 대단한 진보가 아닐 수 없다. 이렇게 함으로써 비로소 문자가 말의 진정한 대표가 된 것이다. 하지만 문자 하나로 소리 하나를 표기하는 것은 문자가 상당히 높은 단계로 발전된 후에야 실현될 수 있는 일이다. 앞에서도 논의하였듯이 처음부터 그랬던 것은 아니었다. 이 문제를 설명하기 위해 『설문』의 다음 예를 살펴보도록 하자. "삼犙은 3년 된 소로 우는 의미부이고 삼參이 소리부이다." "팔馺은 8년 된 말로 마馬가 의미부이고 팔八은 소리부이다."37)

글을 쓸 때는 두 글자에 나오는 牛와 馬가 편방이란 것을 알 수 있지만 입으로 말할 때는 犙이나 三이나 모두 'san'으로 발음되고, 馺이나 八 모두 'ba'로 발음되니 과연 사람들이 그 소리를 듣고 무슨 뜻인지 바로 알아차릴 수 있을까? 그러나 犙은 參으로 읽는 것이 아니고, 馺은 八로 읽은 것이 아니다. 삼팔犙馺이란 두 글자는 參八이라는 두 개의 음가를 대표하는 것이 아니라 세 살 된 소, 여덟 살 된 말이라는 뜻이다. 두 마디의 말을 두 개의 글자로만 쓴다면 매우 간편한 것처럼 보이지만 이로 인해 하나의 문자로 하나의 음을 표기하는 일대일의 대응관계가 파괴되니 누리는 편리함보다 그 해가 오히려 더 크다. 그러므로 쓰는 번거로움을 조금 감수하더라도 이 같은 글자는 도태시키는 것이 마땅하다. 이를 보면 자연의 진화는 늘 합리적이라는 생각이 든다.

또한 새로 만든 '역氬(산소)', '담氮(질소)' 등의 글자도 하나의 소리로 발음하면 무슨 뜻인지 이해하기 힘들다. 이를 역기氬氣(한어로 i-qi)나 담기氮氣(dan-qi)로 읽는다면 하나의 글자를 하나의 음으로 발음하는 원칙에서 벗어난다.38) 문자 발전의 입장에서 이는 뒷걸음질을 치는 것이나

---

37) 『설문해자주(說文解字注)』, 이편상(二篇上), 「우부(牛部)」, "犙, 三歲牛. 从牛參聲." 십편상(十篇上), 「마부(馬部)」, "馺, 馬八歲. 从馬从八." 앞의 책, 51, 465쪽.

38) 역주: 이는 본서가 저술될 당시의 이야기이다. 현재는 'yi' 'dan'이라고 말해도 대부분 알아듣고 이해할 수 있다. 당시는 과학기술이 아직 덜 파급된 상태였기 때문에 그럴 수 있을 듯하다.

다름없다. 굳이 꾀를 부려 억지로 끌어다 붙이는 일은 백해무익하다.

언어는 분기되었다가 다시 통일되고, 통일되었다가 다시 갈라졌다. 전자는 각기 떨어져 살던 각 부족이 잦은 접촉으로 서로 동화하는 과정에서 일어났고, 후자는 교통이 불편하여 상호간의 교류가 끊기면서 어음語音에 점차 와변訛變이 일어나거나 새로운 사물에 새로운 이름을 지어줄 때, 또는 기존에 있던 사물의 명칭이 달라지는 과정에서 생겨났다. 이렇듯 언어는 발음과 표현 자체 모두 달라질 수 있지만 문법만큼은 쉽게 바뀌지 않는다. 중국의 언어는 이렇게 통일되고 또한 이렇게 갈라지는 과정을 겪었다. 그래서 지역에 따라 음운이나 어휘는 다르지만 문법에 있어서는 크게 차이 나지 않았다.

옛것을 숭상하는 고대에 고훈古訓은 연구하지 않을 수 없는 학문이었다. 고훈을 다루려면 고서古書(고대 문헌)를 읽지 않을 수 없는데, 고서는 문자의 통일 여부와 무관하다. 그리고 고서를 많이 읽는 사람은 글을 쓸 때 자연스레 고어古語를 사용하게 된다. 고어는 현대인의 의사를 전부 그리고 정확하게 표현하기 어렵지만, 대체로 고어를 쓰고 고어의 문법에 따라 소수의 속어俗語(동시대의 표현)를 섞어서 쓰거나 고어의 문법에 의거하여 고어에는 있으나 구어(입말)에는 없는 말을 만들어 쓴다면 사람들이 전혀 이해할 수 없지는 않을 것이다. 그리하여 점점 글말 곧 문자는 통일되었지만 각 지방에서 하는 입말과 차이 나는 현상이 빚어졌다. 문자의 통일에 대해서 학자들은 대개 자랑스러운 태도를 보인다. 그것이 민족의 통일에 있어 적극적인 역할을 수행했다는 점도 부정할 수 없는 사실이다. 하지만 입말의 통일이 없다면 종이 위의 통일만으로는 부족하다. 그 이유는 다음과 같다.

첫째, 붓으로 말을 대신하지 못하는 경우가 있다. 둘째, 입말보다 문자는 변화가 적고 발전이 느리므로 실제 응용에서 부족할 때가 있다. 셋째, 문자를 아는 사람은 비교적 소수에 불과하다.[39] 따라서 입말, 즉 구어의 통일, 문자와 구어의 통일이 중요한 과제가 아닐 수 없다.

언어의 통일은 교통의 발전에 따라 이루어진다. 교통이 발전함에 따라 각 지방의 왕래가 빈번해지고, 대도시가 형성되어 다양한 형태의 기관이나 단체가 등장하게 된다. 언어는 학교 교육만으로 충분치 않다. 말이란 의사소통의 수단으로서 날마다 사용해야 능숙해지고 또한 쉽게 잊히지 않는다. 가령 오지나 벽촌에서 태어난 사람이 외부 사람과 접촉하지 않고 학교 국어 교육만 의지한다면 효율성 면에서 크게 뒤떨어질 것이다. 설령 교육을 받았다고 할지라도 일상에서 계속 사용하지 않으면 결국 잊어버리고 만다. 그러므로 인위적인 방법으로 짧은 시일 안에 효과를 보기 어렵다.

언문합일言文合一, 즉 글말과 입말을 통일시키는데 가장 쉬운 방법은 말로 하는 그대로 적는 방법이다. 이미 1천 년 동안 어체문語體文, 즉 백화문白話文이 널리 사용되면서 점차 확대되었다. 이렇듯 이미 어문일치를 실천하고 있지만 이것만으로는 부족하다.

근래에 들어와 문자를 배우고 익히기가 어렵다는 문제로 인해 병음자拼音字를 사용하자고 주장하는 이들이 생겨났다. 이는 중국 문자의 뿌리를 완전히 뒤흔드는 주장이다.

병음문자의 원리는 다음과 같다. 구어의 말소리를 분석하여 분리된 음소에 따라 자모字母를 만들고, 그 자모들을 합쳐서 문자를 만드는 것이다.40) 병음문자는 자모 체계와 맞춤법만 알면 글자 익히는 일이 아주 쉽

---

39) 역주: 이 역시 당시 상황에 근거한 것일 뿐이다. 현재 문맹률은 당시보다 훨씬 떨어진 상태이다.

40) 역주: 병음(拼音)은 말 그대로 음을 서로 붙인다는 뜻이다. 여기서 말하는 병음자, 즉 병음문자는 자음과 모음으로 표기하는 문자를 말하는데, 영어나 유럽 여러 나라의 언어, 러시아 등이 모두 병음문자이다. 중국에서 병음문자운동은 절음자(切音字)운동이란 이름으로 1892년부터 1911년까지 일어났다. 이를 주창한 핵심 인물은 노

다. 때문에 사람들은 병음문자가 간편하다고 생각한다. 하지만 이는 문자가 없던 민족이 문명이 앞서 문자를 지닌 민족을 보고 따라하느라 문자를 만들 때 쓰는 방법일 뿐이다. 이미 문자를 스스로 창제한 민족은 결코 이런 방법을 사용할 이유가 없다. 문자란 처음부터 말을 표기하기 위해 나온 것이 아니기 때문이다. 앞서 언급한 바와 같이 문자가 언어를 대표한다는 인식은 문자가 생기고 한참 뒤의 일이다. 문자는 시대적으로 전후가 서로 연결되어 있기 때문에 낡은 것을 버리고 새 것을 취할 수는 없다. 따라서 병음문자를 이미 문자를 지닌 민족이 사용한 예가 없는 것이다. 인도는 병음문자를 사용하고 있는데, 중국이 인도와 교류하면서 절음切音의 방식을 채용했을 뿐 끝내 문자 체계 자체를 바꾸지 않은 것은 바로 이런 이유 때문이다.[41]

최초로 중국에서 병음문자를 사용한 사람은 기독교도(주로 선교사)들이었을 것이다. 그들은 중국 글자가 알기 어렵기 때문에 로마자로 중국어를 표기해서 가난한 사람들을 가르쳤는데 그 효과가 상당히 좋았다. 처음으로 병음문자를 사용하자고 제의한 중국 사람은 청나라 말기의 노내선勞乃宣[42]이며, 이후에도 이를 주장하는 사람이 끊이지 않았다. 하지만 전통을 보존하는 입장에서 기존의 문자를 폐기하는 것은 결코 쉬운 일이 아니다. 그래서 병음문자를 쓰는 대신 주음자註音字로 기존 문자의 음을 표기하는 방안으로 바뀌었으며, 마침내 교육부에서 주음부호註音符號를

당장(盧戇章)이며, 강유위(康有爲), 양계초(梁啓超), 담사동(譚嗣同) 등 유신운동의 중요 인물들도 병음문자를 추진하는데 찬성했다.

41) 역주: 음가를 표기하는 방법 가운데 하나가 절음법(切音法)이다. 이는 오랜 세월 한자의 음을 표기하는 방식으로 사용되었다. 예를 들어 東은 덕홍절(德紅切)이니 덕의 자음과 홍의 모음을 잘라 '동'이라고 읽는 방식이다.

42) 노내선(勞乃宣, 1843-1921년), 자는 계선(季瑄), 호는 옥초(玉初)이며 근대 음운학자이다. 등운자모(等韻子母)를 보급할 것을 주장하고, 한어 간자(簡字)와 병음 등을 추진했다.

반포했다. 하지만 그 효과는 미미했다.

독음을 통일시키는 것과 언어를 통일시키는 것은 별개의 문제이기 때문이다. 어음語音을 통일시키면 자연스럽게 독음에 영향을 주게 된다. 적어도 백화문의 독음에 적극적인 영향을 끼쳐 효과가 있고 또한 빠르게 확산될 수 있다. 하지만 이와 반대로 독음讀音을 통일시켜 어음에 영향을 주겠다는 것은 그리 효과적이지 않을 듯하다. 언어는 살아 있는 것으로 입으로만 사용할 수 있다. 그것을 종이에 쓴다면 아무리 통속적인 문자를 사용한다고 할지라도 말투까지 읽어낼 수는 없는 법이다.

언어가 다른 까닭은 어음이 어조語調(말소리, 말투, 말씨)를 규정하는 것이 아니라 오히려 어조가 어음을 규정하기 때문이다. 다시 말해 각 지방의 말씨가 다른 것은 개별 단어의 발음이 각기 달라 그것으로 이루어진 문장이 달리 들리는 것이 아니라 말씨가 다르기 때문에 문장 안에 있는 개별 단어의 발음이 다르게 들린다는 뜻이다. 그러므로 교학을 통해 언어를 가르치는 일은 가능할지라도 교학을 통해 독음을 가르쳐 그것이 언어 통일을 촉진하고 실현할 것이라는 기대는 근본적으로 불가능하다.

인위적인 방법으로 언어의 통일을 실현하려면 차라리 한 지방의 말을 표준어로 정하고, 그 지방 출신의 사람들을 각 지방에 보내 가르치는 방법이 효과적일 것이다. 또한 가르칠 때 책을 읽는 것보다 말하기를 가르치는 데 집중하는 것이 좋다. 말하는 것을 습득하게 되면 발음은 저절로 고쳐진다. 독음을 교정하는 교육을 실시할지라도 교육 효과는 이보다 좋지 못할 것이다. 심지어 이러한 발음 교육은 실제의 말투와 상호작용하여 오히려 역효과를 일으킬 염려가 있다.

이른바 주음부호를 사용하는 방안은 전국 각 지방의 사람들이 내는 말소리에 근거하여 실제로 존재하지 않는 말을 새로 만들어 보급하려는 것이다. 그러므로 전국에서 국어國語와 완전히 일치하는 말을 사용하는 지방이 없게 된다. 따라서 주음부호를 이용하여 새로운 말을 만들고, 교육을 비롯한 여러 가지 방식을 통해 널리 보급함으로써 언어를 통일시키는 것 역시 그리 쉬운 일이 아니다. 오늘날 이른바 국어를 사용하는 사람 가운데 99% 이상이 사투리를 섞어 쓰고 있다. 그렇다면 차라리 국어에 가까운 지역어를 표준어로 정하는 것이 훨씬 간편한 방법이 아니겠는가?

지금 상황에서 필자는 병음문자와 구문자가 병행하도록 내버려 두는 것이 가장 합리적인 방안이라 생각한다. 구문화에 젖은 사람은 병음문자를 중국의 전통 문화를 파괴하고 나아가 중국인의 정체성까지 상실하게 만드는 재앙거리로 보고 있고, 신문화를 받아들인 신세대는 구문화를 중국의 발전을 방해하는 걸림돌로 취급하고 있다. 이들은 모두 편견에 사로잡힌 주장이 아닐 수 없다.

글자를 익히는 것도 때가 있는 법이다. 일반적으로 공부할 나이가 지나면 습득하기 어려우므로 일반 사람을 억지로 공부시키려면 여간 힘든 일이 아닐 것이다. 그러므로 성인을 상대로 한자를 교육시킬 수 없다. 습득 능력이 빠른 어린 아이일지라도 짧은 시일 안에 모든 한자를 파악하기 어렵다. 수 천 자에 이르는 한자 체계는 결코 짧은 기간에 습득할 수 있는 것이 아니다. 하지만 글자 수가 많다고 해서 서민을 위한 천자문 강의라든지 억지로 글자의 수를 줄여 교육한 것은 그리 바람직한 방법이 아니다.

낡은 관념에 사로잡힌 이들은 신문자新文字, 즉 병음문자가 행해지면 전통 문화가 남김없이 파괴될 뿐만 아니라 중국 민족의 정체성까지 잃게 될 것이라고 우려한다. 그러나 그들은 옛 문자, 즉 고문에 정통한 이가 애초부터 극소수에 불과했다는 사실을 모르고 있다. 또한 병음문자를 기존 문자인 한문과 병행하여 사용한다고 해서 고문을 아는 극소수의 사람이 사라지는 것도 아니고, 신문자를 사용하는 사람은 본래 구문자를 모르기 때문에 그들이 접하고 체득한 중국문화 역시 문자에서 습득한 것이 아니다. 그러니 어찌하여 신문자를 사용하면 중국의 전통 문화나 민족의 정체성이 파괴된다는 것일까? 사실 객관적으로 말하자면 중국의 전통문화는 오히려 신문자의 사용에 힘입어 보다 널리 전파되고, 나아가 중국 민족성의 통일에 큰 보탬이 될 수도 있을 것이다.

오경항吳敬恒이 말했듯이 "중국의 독서인들은 붓을 들어 천추千秋의 사상을 남기겠다는 생각에 사로잡혀 종이에 쓰인 글자가 영원히 전해질 것이라 믿었다." 이런 생각에서 신문자로 저술한 작품도 기존의 고서처럼 많이 쌓이게 되면 후대 사람들의 연구거리가 될 것이라 여기고, 이로 인해 중국 문화의 통일성이 파괴될까 염려하는 이들도 있다. 하지만 그들은 신문자로 쓰인 것들은 요즘의 전단지나 신문처럼 한 번 훑어보고는 금새 버려진다는 점을 모르고 있다. 영구성이 있는 저작은 틀림없이 상당한 교육을 지닌 이들이라야 쓸 수 있을 것이고, 그런 이들은 대체로 구문자舊文字를 읽을 수 있는 자들이다. 그러므로 필자가 생각하기에 신문자와 구문자를 병행하여 사용할지라도 신문자로 작성된 저작이 고서처럼 한우충동汗牛充棟할 걱정은 하지 않아도 될 것이다.43) 더군다나 신문자만 공부한 사람이라면 원래 실생활에서 문자를 접할 기회가 별로 없는 부류일 것이니 설사 신문자를 습득했다고 할지라도 전반적인 중국 문화에 끼치는 영향은 미미하다. 그러므로 신문자를 사용하기 때문에 중국 문화나 민족의 통일성에 문제가 생긴다는 주장은 거짓 으름장일 뿐이다.

병음문자와 구문자를 병행하여 사용하는 것에 대해서 다음과 같이 비판하는 이가 있을 수 있다. 중국은 언어는 통일되어 있지 않지만 문자는

---

43) 역주: 한우충동(汗牛充棟)은 장서가 많아 수레에 책을 담아 끌면 끄는 소가 땀을 흘리고, 집안에 쌓아놓으면 대들보까지 닿는다는 뜻이다. 본문에 나오는 여사면의 관점은 지금 돌아볼 때 문제가 없지 않다. 그가 말하는 신문자는 병음문자인데, 이는 이후에도 실용화되지 않았다. 다만 간체자가 고문의 번체자를 대신하였는데, 이 역시 그의 입장에서 본다면 신문자일 수 있다. 만약 그렇다면 신문자로 나온 저작물이 한우충동을 넘어 방대한 도서관이나 서점에 가득할 뿐만 아니라 불후의 작품 또한 적지 않다. 다만 여기서 여사면이 주장하고자 하는 것은 고문자와 신문자를 병행하라는 의미이니 수정하지 않고 그대로 번역했다.

통일된 상태이다. 병음문자가 표준어뿐만 아니라 각지의 방언까지 표기할 수 있게 허용한다면 중국 언어의 통일에 방해가 된다는 것이다. 이역시 잘못된 생각이다. 이유는 다음과 같다.

첫째, 현재 중국은 통일된 문자를 사용하고 있지만 각지 방언은 통일된 문자를 통해 언어를 통일시킬 수는 없다. 둘째, 병음문자로 방언을 표기하는 사람이라면 표준어를 모르는 사람들이고 그들의 말은 본래부터 표준어와 같지 않다.

반면 중국문자를 병음문자로 바꾸면 글자를 익히는 일이 훨씬 쉬워지고, 이에 따라 중국 문화도 빨리 발전될 것이라고 전망하는 이도 있는데, 이 역시 터무니없는 주장이다.

생활은 최대의 교육이다. 사람은 주로 실제의 삶에서 많은 것을 보고 배우며 성장한다는 뜻이다. 극소수의 학자를 제외하고 독서가 사람의 인격 형성에 미치는 영향은 미미하다. 또한 모든 국민이 상당한 양의 책을 읽는다고 해도 그것으로 인해 사람들의 생각이나 관념이 크게 달라지는 것이 아닐 수도 있다. 더군다나 글자를 조금 읽을 줄 안다고 모두 책을 읽는 것은 아니지 않은가? 병음문자가 구문자보다 쉽게 익혀진다는 것은 사실이지만 익숙해지면 난이도難易度에서 병음문자나 구문자나 별다른 차이가 없다. 읽기에 익숙한 사람은 맞춤법에 따라 글자를 하나씩 읽어서 내용을 파악하는 것이 아니라 문장을 한 눈에 파악하게 된다. 맞춤법에 따라 읽는 것은 병음문자가 훨씬 간편하지만 그것은 가끔씩 있는 일일 뿐, 항상 그런 식으로 책을 읽을 수는 없다. 매번 그렇게 책을 읽는다면 귀찮아서 누가 책을 보겠는가? 'Book'과 '書'처럼 딱 보고 그 의미를 알아차릴 수 있는 경우 병음문자나 구문자의 해독 효과는 별로 차이가 없다. 그러므로 현재는 임시적으로 병음문자를 사용하는 것일 뿐이니, 이것이 병음문자의 가장 큰 장점이기도 하다. 그렇다면 어느 것이 더 좋을지 의논할 것도 없이 주음부호나 로마자모 등을 섞어서 사용해도 무방하다.

로마자 표기법44)를 권장하는 사람들은 로마자를 사용하면 세계 각국의 말을 수용할 수 있어서 중국말을 풍부하게 할 수 있다고 보는데, 역시 황당무계한 소리라 하겠다. 다른 나라의 말을 수용하는 것은 중국 문자를 개혁하는 것과 상관없는 일이다. 인도와 교류하게 된 이래 중국에 수입된 불교 용어가 매우 많지만, 중국의 문자가 언제 범문梵文으로 바뀐 일이 있었던가?

문자는 인쇄를 통해야만 널리 전파될 수 있다. 언어의 쓰임이 문자가 발명된 후에 더욱 널리 퍼져나갔듯이 문자는 인쇄된 후에야 널리 전파되고 오랫동안 전해질 수 있었다. 아직 인쇄술이 발명되기 전까지 옛사람들은 오래도록 보존하려는 문자를 금석에 새겨 놓곤 했다. 처음에는 금석에 새겨 넣은 실물 그 자체를 보기 위한 것이었다. 말하자면 금석각은 처음부터 인쇄를 위한 것이 아니라 그 이전 단계였던 셈이다. 한대의 석경石經이 바로 이런 석각문의 일종이다. 이후 금석에 새긴 금석문의 내용을 모사하거나 탁본하기 시작했고, 탁본이 널리 유행하자 굳이 석각문의 실물을 볼 필요가 줄어들었다. 그리하여 마침내 인쇄만을 위한 조각雕刻이 생겨났고, 이에 따라 인쇄술이 발전하기 시작했다. 이는 주로 금석이 아닌 목판을 사용했다.

고증에 따르면, 각판刻板은 수나라 때 시작했다. 육심陸深의 『하분연한록河汾燕閑錄』에 따르면, 수문제隋文帝 개황開皇 13년에 파손된 불상과 남은 불경을 모두 조판하도록 명을 내렸다. 이는 민국民國기원 1319년 전인 서기 593년에 일어난 일이다. 『돈황석실서록敦煌石室書錄』에 『대수영타라니본경大隋永陀羅尼本經』이 수록되어 있는 것을 보면 육심의 이야기가 사

<hr />

44) 역주: 원문에는 '로마자'라고 했는데, 로마자 표기법을 말한다. 이는 토머스 프랜시스 웨이드 경이 창안했고, 케임브리지 대학교수인 허버트 앨런 자일스가 『중영사전』을 발간하면서 수정했다. 그래서 웨이드-자일스식 표기법이라고 부른다. 중국어를 소리나는 대로 적는 음역법이다.

실임을 확인할 수 있다. 당대 조본雕本 가운데 송대 사람이 기록하지 않은 것은 오직 강릉양씨江陵楊氏가 소장한 『개원잡보開元雜報』 7부뿐이었다. 일본에도 영휘永徽(당 고종의 연호) 6년(서기 665년)에 판각한 『아비달마 대비파사론阿毗達磨大毗婆娑論』이 소장되어 있다. 후당後唐 명종明宗 장흥長興 3년(서기 932년)에는 재상 풍도馮道와 이우李愚가 주청하여 국자감國子監 전민田敏에게 구경九經을 교정하고 각판하여 널리 보급하도록 했다. 이는 처음으로 국가에서 주도하여 목판 인쇄물을 만든 것으로 1041년에 시작하여 1048년에 완성하기까지 전체 27년이 걸렸다. 송나라 시절에는 계속해서 의소義疏나 여러 가지 역사서를 각판하여 인쇄했다. 세월이 흐를수록 서적을 각판하여 인쇄하는 일이 많아졌다. 서적상은 이익을 얻기 위해 서적을 인쇄하고 개인들은 문예를 애호했기에 스스로 인쇄했다. 송 인종仁宗 경력慶曆 연간(1041-1048년)연간 필승畢昇이 활판인쇄술을 발명하면서[45] 인쇄업은 더욱 빠른 속도로 발전했다. 그리하여 후대까지 전해진 송대 서적이 당나라 이전보다 훨씬 많게 되었다.[46]

---

[45] 필승의 활판 인쇄는 흙판을 사용했다. 원나라 왕정(王禎)이 목판을 쓰기 시작하였고 명나라 무석(無錫)에 사는 화씨(華氏)가 동판인쇄를 시작했다. 청나라 무영전(武英殿)의 활자본 역시 동판으로 인쇄한 것이다.

[46] 손육수(孫毓修)의 『중국조판원류고(中國雕板源流考)』, 북경, 상무인서관, 참조.

17

학술學術

학술사상은 민족의 영혼이다. 얼핏 보기에 공허하고 실제와 동떨어진 것처럼 보일지 모르나 민족의 발전 방향을 좌우하고 인도하는 것이 바로 학술사상이다. 중국은 각종 학술사상이 발달한 나라이다. 수천 년 동안 쌓아온 각 분야의 학술은 훌륭한 성취를 이룩하였다. 이를 자세히 다루려면 수백 만 자로도 다 기술하지 못할 것이다. 그러므로 여기서는 학술사상사의 중요한 변천의 대략과 전체 중국문화와 관계에 초점을 맞추어 살펴보겠다. 중국의 학술사상은 대개 세 시기로 나눌 수 있다.

첫째, 상고上古부터 한위漢魏 시절까지 학술사상.

둘째, 불학佛學이 들어온 뒤부터 청조 멸망 시기까지 학술사상. 이 시기는 다시 불학佛學의 시기와 이학理學의 시기로 나눌 수 있다.

셋째, 서학西學이 전래한 이후 지금까지 학술사상.

상고上古부터 한위漢魏까지 학술 변천

오늘날 선진제자에 대한 연구는 대개 그들의 철학사상에 치중되어 있다. 이는 크게 잘못된 것이다. 선진제자 학술은 두 가지 근원에서 시작되었다. 하나는 고대 종교 철학에서 기원한 것이고 다른 하나는 직능이 각기 다른 옛 관수官守(관리의 직분)에서 비롯된 것이다. 전자는 현학玄學(위진시대의 현학이 아니라 이론적으로 깊고 오묘한 학문의 뜻이다)에 치중하였으며, 후자는 정치, 사회에 더 주목했다. 『한서·예문지』는 선진제자의 학문이 모두 왕관王官에서 기원했다고 말했으며, 『회남자·요략要略』은 시대의 폐단을 바로잡아 고치는 과정에서 생긴 것이라고 했다.[1] 양자는 각기 선진제자 각 학파의 기원과 출현 계기에 대해 이야기하고 있을 뿐 선진제자의 철학사상에 대해서는 언급한 바 없다. 이런 점에서 볼 때 선진제자의 학문은 주로 사회, 정치 문제에 치중했으며, 현학을 중시한 것은 아니라는 점을 알 수 있다. 근대 학자 가운데 이를 간파한 이는 오직 장병린章炳麟뿐이다.

고대 종교에서 변화해 온 철학사상을 정리하면 대체로 다음과 같다.

첫째, 인간은 남녀의 구분이 있고, 새는 자웅雌雄의 구분이 있으며, 짐승은 암수의 구분이 있다. 자연계에는 천지天地와 일월日月의 구분이 있다. 옛사람은 이러한 현상에 근거하여 음양陰陽 사상을 확립했다.

둘째, 고대 공업工業(여기서는 장인匠人의 사고방식을 뜻한다)은 대개 수水, 화火, 목木, 금金, 토土 등 다섯 성질의 물건을 다루었을 것이다. 그것이 철학사상에 투영된 결과 사람들은 세상만물을 오행五行의 성질에 따라 분류했다.

셋째, 사상이 진보하면서 오행설이 불합리하다고 생각하는 이들이 출

---

1) 『회남자·요략』, "諸子之學, 皆出於救時之弊." 앞의 책, 1239쪽.

현했다. 그들 가운데 일부는 세상만물의 본원은 오로지 하나일 것이라고 생각했으며, 이를 기氣라고 명명했다.

넷째, 둘로 나누어진 음양은 우주의 본원이 될 수 없다. 우주의 궁극이라면 오로지 하나일 수밖에 없고, 유일한 것만이 우주의 근원이 될 수 있다. 이렇듯 유일의 개념이 다시 성립하면서 이른바 태극太極이 나왔다.

다섯째, 물질質(matter)과 움직임力(motion)은 독립적으로 존재하는 별개의 것이 아니다. 그러므로 이른바 유有와 무無는 단지 숨김隱과 나타남顯일 뿐이다.

여섯째, 숨김과 나타남, 이른바 은현隱顯은 끊임없이 변동하기 때문에 우주의 본원은 일종의 동력이다.

일곱째, 이러한 동력은 자못 기계적이다. 따라서 한 번 시작하면 방향이 쉽게 바뀌지 않는다. 그리하여 사소한 것이라도 신중히 여기는 '근소謹小', 시작을 중시하는 '신시愼始' 사상이 싹텄다.

여덟째, 자연의 힘은 지극히 위대하다. 자연에 순응해야지 거역할 수 없다. 그러므로 자연을 본받아 법도로 삼아야 한다는 '법자연法自然' 사상, 근원으로서 자연에 따르는 것을 귀하게 여기는 '귀인貴因' 사상이 형성되었다.

아홉째, 우주의 본원인 자연의 동력은 순환한다. 이리하여 화복의복禍福倚伏,2) 지백수흑知白守黑,3) 지웅수자知雄守雌4) 등의 사상이 제기되었다.

열째, 만물의 원질原質은 하나이기 때문에 끊임없이 변화함에도 불구하

---

2) 역주: 화복의복(禍福倚伏)은 화와 복이 서로 의지함을 이르는 말이다. 화(禍) 가운데 복(福)이 있고 복 가운데 화가 있어 화와 복은 항상 바뀌는 것임을 말한다.

3) 역주: 지백수흑(知白守黑)은 밝은 지식(知識)을 가지고 있으면서도 이를 드러내지 않고 대우(大愚)의 덕을 지킴을 이르는 말이다.

4) 역주: 지웅수자(知雄守雌)는 강건(剛健)의 덕(德)을 알지만 오히려 유약(柔弱)의 도를 지키며 이기기를 추구하지 않음을 이르는 말이다.

고 만물의 근원은 단지 하나일 수밖에 없다. 그렇기 때문에 천지 역시 만물 가운데 하나일 뿐이다. 그래서 혜시惠施는 범애汎愛를 제창하고 천지 만물이 궁극적으로 일체—體이니 모두 사물이 같다齊物는 사상을 제시했다.

열한 번째, 만물은 궁극적으로 동일한 하나의 존재이므로 잡다한 현상을 파고들어 그 궁극적인 본원을 추론할 수 있다. "사물의 이치를 궁구하고 타고난 본성을 다함으로써 천리天理에 이른다."[5]는 말은 바로 이런 뜻이다.

이런 사상이 후세에 그대로 전해지면서 지극한 영향을 끼쳤다. 역대 학자들은 이를 금과옥조金科玉條로 받들었다. 하지만 이러한 사상은 매우 포괄적이기 때문에 오류를 발견하기가 쉽지 않다. 또한 애매한 구절이 많아 다양한 해석이 가능하기 때문에 넓은 의미에서 개론이나 강령으로 받드는 것은 무방하다. 그러나 구체적으로 그릇된 관념이나 틀린 부분은 더 이상 적용할 수 없기 때문에 개정하지 않을 수 없다. 예를 들어 순환설循環說은 옛사람들이 밤과 낮, 겨울과 여름의 교체 등 자연현상을 관찰하여 깨달은 이치이다. 이를 자연계에 대입한다면 완전히 부합하는 것은 아니나 그런대로 응용할 수는 있다. 하지만 이를 사회과학에 응용한다면 오류를 면할 수 없다. 이미 진화설進化說이 자명한 사실인데 순환설을 고집할 수 없기 때문이다.

선진시대 제자諸子들은 사회나 정치 방면에서 자신의 주장, 학설을 제시할 때 각기 근본을 두었는데, 그 근본은 시기적으로 각기 달랐다.

필자가 생각하기에, 농가農家가 근원이라고 제시한 시대가 가장 이르다. 그들은 상고시대 농업을 시작한 부족사회를 사상적 근원으로 삼았기 때문이다. 그 다음은 도가道家이다. 도가 사상은 침략을 일삼는 유목游牧 사회에 대한 반동에서 시작했다. 그 다음은 묵가墨家인데, 묵가 사상은

---

5) 『주역정의 · 설괘(說卦)』, "窮理盡性, 以至於命." 앞의 책, 325쪽.

하夏나라의 사회문명을 본보기로 삼고 있다. 이어서 상고시대부터 서주西周 시기에 이르기까지 정치제도를 종합적으로 다룬 유가와 음양가가 그 다음 순위를 차지한다. 사상적 기반의 시기가 가장 늦은 것은 법가이다. 법가사상은 동주東周의 정치제도에 의거하여 확립된 것이기 때문이다.

각기 다른 시대의 사회문명을 대표하는 다섯 학파는 각각의 시대 변화를 보여준다는 점에서 선진제사 여러 학파 가운데 가장 중요하다. 이에 비해 현묘하고 심원한 이론을 다룬 명가名家나 특정 시기(춘추전국시대)와 관련이 있는 종횡가縱橫家와 병가兵家 등을 비롯한 나머지 학파는 그 중요도가 상대적으로 떨어진다.

농가사상이 대표하는 사회문명이 가장 오래되었다는 것은 무슨 이유일까? 이는 농가의 대표인물 허행許行의 관점에서 그 답을 찾을 수 있다. 허행의 주장은 다음과 같은 두 가지로 요약된다. 첫째, 군신君臣이 함께 경작할 만큼 국가가 위세와 권력을 가진 것이 아니다. 둘째, 물건의 가격은 질質이 아니라 양量에 의해서 결정된다. 가장 오래되고 가장 소박한 사회 문명이 아니라면 결코 이 같은 소박한 주장을 할 수 없다.6)

도가 사상이 침략을 일삼는 유목사회에 대한 비판에 기반을 두었다는 이유는 무엇일까? 이를 알아보기 위해서 다음 사실을 떠올려 보자. 한나라 때만 해도 사람들은 흔히 황제黃帝와 노자老子를 아울러 황노黃老라고 병칭했다. 오늘날 『열자列子』가 위서僞書라는 사실이 밝혀지기는 했지만 그렇다고 전혀 믿을 만한 부분이 없다는 뜻은 아니다. 이는 『열자』뿐만 아니라 다른 모든 위서의 경우도 마찬가지이다. 그러므로 설사 위서라고 할지라도 일정한 조건 아래 유용한 자료로 활용할 수 있는 가치를 지닌다. 위서 『열자·천서天瑞』에 『황제서黃帝書』의 내용을 인용하는 대목이 두 곳 있는데, 그 중 한 곳의 인용 내용은 『노자』의 내용과 일치한다.

---

6) 『맹자·등문공상』을 참조하시오.

또한 황제지언黃帝之言이라 하여 황제의 말을 인용한 한 것도 내용이 동일하다. 『열자 · 역명力命』에도 『황제서』의 내용을 인용하는 대목이 나오는데 그 내용 역시 『노자』의 내용과 매우 흡사하다.

또한 『노자』는 다음과 같은 특징을 지니고 있어 시대가 꽤 오래되었음을 알 수 있다. 첫째, 문장 전체가 모두 3언 또는 4언의 운문으로 쓰였다. 둘째, 남녀男女라는 말 대신 자웅雌雄이나 빈모牝牡 등의 표현을 사용하는 등 특히 명사가 매우 독특하다. 셋째, 남권男權보다 여권이 우세한 이른바 여권女權 관념이 글 전체를 관통하고 있다. 이는 아주 오래 전부터 구전된 관념이나 사상이 노자에 의해서 죽간竹簡이나 비단에 기록되었기 때문일 것이다. 다시 말해 『노자』는 노자라는 한 개인의 사상이나 창작물이 결코 아니라는 뜻이다. 황제黃帝는 혁혁한 전공으로 무공을 뽐내며 침략성이 강한 부족의 우두머리였을 것이다. 강하면 부러지기 마련인 것처럼 침략성이 강한 부족은 결국 지나친 강함으로 인해 멸망하고 말았다. 예를 들어 이예夷羿나 은주殷紂(은나라 마지막 군주)가 그러하다. 이런 상황에서 사상적으로 일종의 반동이 등장한 것은 매우 자연스러운 일이다. 바로 『노자』가 반대편에서 유약함을 지켜야 함守柔을 강조하게 된 것이다. 또한 『노자』는 무위無爲를 주장했다. 후대에 '무위'를 제대로 이해하지 못해 왜곡하는 경우가 종종 있다. 예를 들어 혹자는 무위無爲를 길들임訓化으로 풀이하고 있다. 『예기 · 잡기雜記』와 「간방민사주소諫放民私籌疏」의 경우가 그러한데, 우선 『예기 · 잡기』의 내용을 살펴보자.

> "공자가 말했다. '백성을 긴장시켜 일만 시킬 뿐 늦추어 쉬게 하지 않는다면 문왕이나 무왕이라 할지라도 다스려지지 않을 것이다. 느슨하게 이완만 시키고 긴장하지 않게 하는 것은 문왕이나 무왕도 불위不爲했다. 어떤 때는 긴장시켜 일을 하도록 하고, 또 어떤 때는 이완시켜 쉬게 하는 것이야말로 문왕과 무왕의 도이다.'"7)

위의 인용문은 농사와 관련하여 백성을 쉬게만 하고 일을 시키지 않는 다면 설사 문왕이나 무왕처럼 성왕이라고 할지라도 농사를 짓지 못해 제 대로 나라를 다스릴 수 없다는 말이다.

가의賈誼의 「간방민사주소諫放民私鑄疏」에도 '불위'가 나온다. "동전을 사사롭게 주조하는 일이 많아지니 오곡五穀 생산을 하지 않게 되었다."[8] 이상 인용문에 나오는 '不爲'는 '無爲'의 의미를 잘못 이해하여 사용한 예이다.[9]

문명이 낙후한 부족이 앞선 문명과 조우하면 동경하고 따라가기 마련 인데, 그 과정에서 다수의 불이익을 초래하는 경우가 허다하다. 무엇보다 사회 조직이 따라서 바뀌기 때문이고, 상층 통치자들이 음란과 사치에 빠져 아랫사람을 괴롭히고 착취하기 때문이다. 이에 반대하는 사상이 나 타났다. 통치자들이 아랫사람들을 선동하여 세상을 바꾸려고 하지 말라 는 것이다. 아울러 아랫사람들에게 "저절로 생장하면서도 탐욕이 생겨나 면, '무명'의 질박함으로 그것을 진정시킬 것이다."[10]라고 하여 탐욕을 제어해야 한다고 주장했다. 하지만 이는 목이 막힌다고 음식을 거부하고, 음란해진다고 물질문명 전체를 거부하는 것처럼 어리석은 생각이 아닐 수 없다.

다음으로 왜 묵가에서 대변하는 사상이 하나라의 문명이라는 것일까?

---

7) 『예기정의 · 잡기하』, "子曰, 張而不弛, 文武不能也. 弛而不張, 文武不爲也. 一張一 弛, 文武之道也." 앞의 책, 1223쪽.

8) 가의(賈誼), 「간방민사주소(諫放民私鑄疏)」, 『한서 · 식화지하』, "姦錢口多, 五穀不 爲." 북경, 중화서국, 1962년, 1155쪽. 현재 판본에는 "五穀不爲"를 "五穀不爲多"로 썼는데, '多'자는 후세 사람이 넣은 것으로 보인다.

9) 역주: 정확하게 어떤 의미에서 쓴 것인지 이해하기 어렵다. 다만 인용문에 나오는 '불위'를 '무위'로 사용해도 뜻이 통하지 않는 것은 아니다.

10) 『노자』 제37장, "化而欲作, 吾將鎭之以無名之樸." 앞의 책, 138쪽.

『한서 · 예문지』에 보면 묵가의 원류와 사상에 대해 다음과 같이 말하고 있다.

"묵가는 대개 청묘의 지킴이에서 나왔다. 청묘는 지붕을 따로 잇고, 떡갈나무로 만든 서까래를 사용하는데, 이로써 근검勤儉을 귀하게 여겼다.11) 삼로三老와 오경五更12) 등 덕을 지닌 연장자를 봉양하여 이로써 겸애兼愛를 실천했고, 대사례大射禮를 통해 인재를 뽑아(서민도 가능함) 이로써 현자賢者를 숭상했다(尊尙). 엄한 부친(선조)을 종묘에서 제사지냄으로써 귀신을 높였다(사람이 죽으면 귀鬼가 되기 때문이다). 사시四時에 순응하여 행함으로써 운명론을 부정非命했다.13) 천하에 효를 선양함으로써 상동上同을 보여주었다."14)

이렇듯 묵가의 근원은 명당明堂의 지킴이職守였던 것이 분명하다. 그래서 「예문지」는 묵가 학설이 청묘淸廟의 관직에서 비롯되었다고 말한 것이다. 이는 『여씨춘추 · 당염當染』에서도 확인할 수 있다.

---

11) 『사기 · 봉선서(封禪書)』나 『한서 · 예문지』에 따르면, 사회 문명이 발전한 후에도 고대의 예(禮)는 예전의 형태대로 소박하게 거행했다. 술이 발명된 후에도 제사에서 계속해서 물을 사용한 것이 그 한 예이다. 한무제 시절 공옥대(公玉帶)가 명당도를 바쳤는데, 그곳에 나오는 명당의 모습은 따로 지붕을 이은 그대로였다.

12) 삼로오경(三老五更)은 세 가지 덕(정직, 강강, 유유)를 지니고 다섯 가지 일(모모貌, 언언言, 시시視, 청청聽, 사사思)을 제대로 행할 줄 아는 노인을 말한다.

13) 명(命)은 이미 정해져 있는 숙명이라는 의미로 쓰이는 경우가 많다. 여기에 사계절에 순응하여 행하는 것이 곧 『월령(月令)』에서 다루는 정령(政令)이다. 『월령(月令)』에서는 이를테면 맹춘(孟春)에 여름의 정령(夏令)을 실시한다는 등 정령이 잘못되면 나라에 무서운 일이 생긴다고 한다. 이는 하늘에서 내린 벌이다. 그러므로 하늘에는 뜻이 있고 의지가 있다. 인간의 행동을 보고 수시로 상이나 벌을 내린다. 이는 곧 묵자 천지설(天志說)의 유래이기도 하다. 하지만 다른 학파에서의 명은 대개 기계론에 가까운 숙명의 의미로 사용한다.

14) 『한서 · 예문지』, 권30, "茅屋采椽, 是以貴儉. 養三老五更, 是以兼愛. 選士大射, 是以尙賢. 宗祀嚴父, 是以右鬼. 人死曰鬼, 順四時而行, 是以非命. 以孝視天下, 是以上同." 앞의 책, 1738쪽.

"노魯나라 혜공惠公이 재양宰讓을 주周나라에 사자로 보내 교묘郊廟에 제사를 지내는 의례를 배워 오도록 했다. 주나라 환왕桓王은 사각史角(사관 각)을 시켜 노魯나라로 가서 가르치도록 했다. 혜공은 그들을 주나라로 돌려보내지 않고 붙잡아 두었다. 그리하여 그들의 자손이 노나라에 남아 살게 되었는데, 묵자墨子가 바로 그들에게 배웠다."[15]

이는 묵가의 사상이 청묘 관직에서 기원했다는 확증이다. 청묘에는 오래된 학문이 보존되어 있었을 것이다. 묵자는 바로 그런 학문을 배운 셈이다.

묵가 가장 중시한 것은 실용성이다. 그런데 묵가의 저서에 나오는 「경經」, 「경설經說」, 「대취大取」, 「소취小取」 등은 심오한 내용으로 주로 명가名家에서 이야기하는 것들이다. 하지만 이는 묵가 사상의 핵심 내용이 아니다. 묵가의 핵심 사상은 역시 겸애兼愛이다. 자신의 부모나 친인척만을 사랑하는 것이 아니라 타인까지 두루 사랑하라는 것인데, 그렇기 때문에 타인을 공격하는 전쟁에 반대했다(非攻). 하夏나라는 아직 문명이 발달하지 않은 데다 대홍수로 인해 경제상황이 열악함을 면치 못했다. 그렇기 때문에 당시 사람들의 생활 또한 소박하고 검소할 수밖에 없었다. 묵자는 이런 기풍을 그대로 간직하여 여느 학파보다 검소함을 강조했다. 그리고 이를 토대로 절용節用(물건을 아껴 씀), 절장節葬(장례를 간소하게 치름), 비악非樂(음악을 연주하지 않음) 등의 사상을 내놓았다. 또한 하대는 귀신에 대한 믿음이 돈독했다. 그 영향으로 묵자는 천지天志, 명귀明鬼 등의 사상을 제기했다. 이러한 천지설이나 명귀설에서 자연스럽게 운명론을 비판하는 비명非命사상에 이르게 된 것이다.

묵가의 예禮는 흉년이 들거나 역병이 도는 비상시기의 간소화된 변례

---

15) 『여씨춘추·당염(當染)』, "魯惠公使宰讓請郊廟之禮於天子. 天子使史角往, 惠公止之. 其後在魯, 墨子學焉." 앞의 책, 56쪽.

變禮이다.16) 그리고 그 대상은 몰락한 무사武士이다. 그렇기 때문에 실천 정신이 어느 학파보다도 강력했다.

다음으로 유가儒家와 음양가陰陽家의 경우를 살펴보겠다. 앞서 말했다 시피 양자는 서주西周 시기 사회문명에 근원을 두고 있다. 일단 순자의 이야기를 살펴보자.

> "아비와 아들이 서로 이어 군주와 제후를 보좌한다. 이로 인해 하, 상, 주 삼대가 멸망해도 통치의 법治法은 여전히 남아 있는 것이다. 이는 관인官人(관아의 우두머리)이나 백리百吏(수많은 관리)들이 녹봉과 관직 을 취하는 까닭이다."17)

비록 나라가 멸망했을지라도 나라를 다스리는 법, 즉 치법治法은 그대 로 남아 있기 마련이다. 물론 시기적으로 가까운 시대의 치법이 훨씬 많 이 보존되어 있을 것이다. 동시에 비교적 발달된 문화라면 후대 사람들이 더욱 더 본받고자 할 것이다. 이렇게 충분히 본받을 만한 치법을 행했던 시기가 바로 삼대三代라고 생각했기 때문에 유가는 앞서 두 왕조의 후손 들에게 비교적 큰 제후국으로 봉封하여 두 왕조의 치법이 보존될 수 있도 록 했다. 이른바 '통삼통通三統'이 바로 이것이다. 이렇게 함으로써 앞서 두 왕조의 치법과 본조本朝(주나라)의 치법이 서로 통하여 시행될 수 있 다고 믿은 것이다.18) 이는 음양가가 주장하는 오덕종시설五德終始說과 일 맥상통한다.19)

---

16) 제5장 참조.

17) 『순자 · 영욕(榮辱)』, "父子相傳, 以持王公, 三代雖亡, 治法猶存, 官人百吏之所以取 錄秩也." 앞의 책, 42쪽.

18) 『사기 · 고조본기찬(高祖本紀)』 찬(贊), "세 왕조의 도(치법)는 순환하듯 시행된다 (三王之道若循環)." 앞의 책, 393쪽.

19) 오덕종시(五德終始)는 상극과 상생 두 가지 설이 있다. 구설(舊說)에 따르면, 왕조가

『한서·엄안전嚴安傳』에 보면, 엄안嚴安이 상소문에서 인용한 추연鄒衍의 말이 나온다.

> "무릇 정령政令과 교화教化의 본질은 폐단을 바로잡아 고침에 있다. 시대에 합당하면 사용하고, 시대에 뒤떨어지면 폐지하며, 바꿀 것은 바꿔야 한다. 그렇기 때문에 하나만 고집하여 바뀌지 않는 자는 천하의 지극한 다스림을 보지 못한 것이다."[20]

추연의 말에서 알 수 있다시피 오덕종시는 다섯 가지 치법을 시대에 맞게 교체하면서 시행한다는 뜻이다. 추연鄒衍은 이미 알려진 역사에 근거하여 미지의 일을 추정하고, 이미 살핀 지리地理에 근거하여 보지 못한 지리를 유추했다. 말하자면 수많은 사례를 두루 살펴 하나의 통칙을 찾아냈던 것이다. 나라를 다스리는 법도 마찬가지이다. 그렇기 때문에 나라를 다스리는 치법 역시 시대에 부합하는지 여부를 따져 수시로 변통하여 시행해야 한다고 주장한 것이다. 이는 매우 진보적인 관념이 아닐 수 없다. 다만 이는 서주西周 이후 전대의 치법이 풍부하게 남아 있는 시대만 가능한 일이다. 음양가의 학설은 일실된 것이 대부분이어서 과연 그들이 최종적으로 지향한 바가 무엇인지 고증할 길이 없다.

유가의 이상은 상당히 드높고 원대했다. 이는 유가에서 내세운 대동大

서로 상극(相克)하는 왕조로 교체된다. 예를 들어 진(秦)은 주(周)를 화덕(火德)으로 간주하고 자신은 수덕(水德)이라고 했다. 진의 뒤를 이은 한나라는 자신을 토덕(土德)으로 간주했다. 전한(前漢) 말년에 이러한 상극설이 상생설(相生說)로 바뀌었다. 한나라는 주나라를 목덕(木德), 자신을 화덕(火德)으로 보았다. 대신 진나라를 오행의 순환에 포함되지 않는 윤위(閏位)로 보았다. 나름의 합리성을 찾기 위한 방법인데, 이를 통해 한나라는 진을 대신하여 주나라를 계승한 것이 된다. 이후 조비(曹丕)의 위(魏)나라 역시 상생설을 따라 토덕(土德)이라 자칭했다.

20) 『한서·엄안전(嚴安傳)』, 권64하, "政教文質者, 所以云救也. 當時則用, 過則舍之, 有易則易之. 故守一而不變者, 未睹治之至也." 앞의 책, 2809쪽.

同 사상과 소강小康 사상을 통해 엿볼 수 있다. 『춘추春秋』는 삼세설三世說을 제시했다. 삼세三世란 난세亂世와 승평세升平世, 그리고 태평세太平世를 말한다. 현재의 난세를 소강, 즉 승평세로 바꾸고, 다시 대동사회, 즉 태평세로 바꾼다는 것이 바로 유가의 이상이었다. 하지만 안타깝게도 유가에서 후세에 전한 학설은 소강 세상과 관련된 것이 대부분이다. 대동 세상의 규모나 승평세에서 태평세로 나아가는 구체적인 방안에 대한 내용은 알려진 바 없다. 그렇기 때문에 수천 년에 걸쳐 유학을 신봉한 학자들은 오로지 봉건제도가 완비된 사회, 즉 소강사회의 치법을 최고의 경지로 삼을 수밖에 없었다. 이는 참으로 애석한 일이 아닐 수 없다. 하지만 유가 학술의 규모는 대체적으로 확인할 수 있다. 유가는 최고 이상理想은 인사人事, 즉 사람에게 집중되어 있다. 이는 유가 사상의 이론적 토대이기도 하다. 또한 구체적으로 어떤 절차를 통해 실천할 것인가에 대한 방안도 마련되어 있다.

유가사상은 육경六經에서 구현되고 있다. 육경 가운데 『시』, 『서』, 『예』, 『악』은 고대 태학의 교과목이었다는 점은 앞서 제15장에서 언급한 바 있다. 『역』과 『춘추』는 유가의 최고 도道가 존재하는 곳이다. 『역易』은 사물의 원리와 이치를 다루고, 『춘추』는 구체적인 양상을 밝혔다. 양자는 서로 표리表裏의 관계를 이룬다. 그래서 흔히 말하는 것처럼, "『역』은 숨어 있는 원리를 드러내는 학문이고, 『춘추』는 외재적 현상을 추론함으로써 숨어 있는 심오한 원리에 이르는 학문이다."[21]

하지만 이처럼 고상한 뜻은 이미 자취를 감추고 말았다. 세상에 널리 행해지면서 중국 사회에 심대한 영향을 끼친 것은 역시 개인의 수양과 관련된 부분이다. 이를 살펴보면 대략 다음 몇 가지로 나누어볼 수 있다.

첫째, 이지理智(이성)에 관한 부분이다. 이에 관한 최고의 사상은 역시

---

21) 『사기 · 사마상여전』, 권57하, "春秋, 推見至隱, 易, 本隱以之顯." 앞의 책, 2609쪽.

중용中庸이 아닐 수 없다. 중용의 요체는 주어진 상황이 어떻든지 간에 지당하며 결코 바뀔 수 없는, 다시 말해 지당불역至當不易의 대처 방법이다.[22] 이는 오직 하나의 방법이자 영원히 바뀔 수 없는 것이기도 하다. 그래서 유가는 언제나 선택을 신중히 하고 끝까지 지켜나감을 강조한다.

둘째, 사람의 감정에 관한 부분이다. 사람의 감정은 이성과 모순을 일으켜 서로 어긋날 때가 있다. 그렇기 때문에 감정을 절제하지 않고 그대로 방임하면 큰 재앙을 면치 못한다. 하지만 무조건 감정을 억눌러서도 안 된다. 그래서 유가는 예악을 통해 감정을 도야시키는 방법을 제시했다.

셋째, 어찌할 수 없는 일이라면 인정하고 포기할 줄 알아야 한다. 다시 말해 안명安命, 즉 천명을 받아들일 줄 알아야 한다는 뜻이다. 불가의 '안심입명安心立命'처럼 종교적 분위기가 농후한 부분이다.

넷째, 사람을 대하는 방법에 관한 것이다. 유가는 이를 위해 혈구絜矩의 도를 제시했다.[23] 사람을 대하는 소극적인 원칙은 "자신이 원하지 않는 것을 남에게 강요하지 않는 것이다."[24] 그리고 적극적인 것은 "자식에게 요구하는 것처럼 어버이를 모시고, 아랫사람에게 요구하는 것처럼 윗사람을 섬기며, 아우에게 바라는 것처럼 형을 공경하며, 벗에게 기대하는 것처럼 먼저 베푸는 것이다."[25] 다른 이를 대하기에 앞서 자신이 남에게 어떻게 대우받기를 원하는지 스스로 물어보라는 뜻이니, 간결하고 또한

---

22) 역주: 일반적으로 중용은 한쪽에 치우치지 않으며, 과하지도 않고 그렇다고 부족하지도 않은 것을 말한다. 중(中)은 기울어짐이 없다는 뜻이고, 용(庸)은 영원히 불변한다는 뜻이다. 저자가 말한 '지당불역'은 바로 이런 뜻인 것 같다.

23) 혈구(絜矩)의 도란 자신의 마음을 자로 재듯 남의 처지를 헤아려 행동하라는 가르침을 가리킨다. 『대학』을 참고하시오.

24) 『논어주소·안연』, "己所不欲, 勿施於人." 앞의 책, 158쪽.

25) 『중용』, 13장, "所求乎子以事父, 所求乎臣以事君, 所求乎弟以事兄, 所求乎朋友先施之." 앞의 책, 298쪽.

명료한 도리가 아닐 수 없다. 아무리 어리석은 이라고 할지라도 쉽게 이해할 수 있다. 하지만 성인도 평생 이를 실천하기가 쉽지 않은 것이 또한 이것이다. 참으로 묘한 진리가 아닐 수 없다.

다섯 번째는 성선설性善說이고, 여섯 번째는 의義와 이利에 대한 변론이다. 일곱 번째는 이른바 지언양기설知言養氣說이다. 이는 맹자가 언급한 내용으로 말을 아는 것과 기를 기르는 것, 즉 마음과 몸을 수양하는 것과 밀접한 관련이 있다.26)

이상은 인사人事와 관련하여 유가가 남긴 사상이다. 후대에 전해진 유가 사상은 대동이 아닌 소강시대의 것이다. 소강사회의 사회조직은 후세보다 전제專制적이었다. 하지만 후세사람은 소강사회가 오로지 한때의 사회 조직 형태에 불과하다는 사실을 깨닫지 못하고, 마치 천경지의天經地義처럼 결코 바뀔 수 없는 절대적인 것으로 간주했다. 그렇기 때문에 시대에 부합하지 않음에도 불구하고 억지로 끼워 맞추려고 애썼다. 이는 신발이 맞지 않는다고 발을 깎아 억지로 신에 맞추는 삭족적구削足適履나 다름없는 어리석은 짓이다. 그런 까닭에 분란이 일어나고 유학이 널리 보급되면 될수록 더욱 큰 과오를 범하게 되었다. 하지만 이는 후대 유가들이 제대로 계승하지 못했기 때문이지 유학을 창시한 이의 잘못이 아니다. 또한 후대 유가들 가운데 누구 하나의 잘못이라고 말할 수도 없다. 유학은 어느 한 시기에 갑자기 발전한 것이 아니라 여러 조대에 걸쳐 서서히 발전한 것이기 때문이다. 무릇 학술은 사회를 변화시키는 역량을 지니지만 반대로 사회의 영향을 받아 내부의 변화를 겪기도 한다. 이는 어쩔

---

26) 역주: 맹자는 「공손추상」에서 "나는 말을 잘 알고 호연의 기운을 잘 기른다(我知言, 我善養吾浩然之氣)."고 말했다. 말을 안다는 것은 상대의 말은 물론이고 자신의 말이 보여주는 마음을 제대로 파악할 수 있다는 뜻이고, 호연지기를 기른다는 것은 단순히 몸을 수양한다는 뜻 외에도 자신의 마음을 수양하여 올바른 말을 할 수 있도록 한다는 뜻이 내재되어 있다. 따라서 '지언'과 '양기'는 서로 보완의 관계이다.

수 없는 일이다.

　마지막으로 법가에 대해 살펴보고자 한다. 앞서 말했다시피 법가는 동주 시기의 사회와 밀접한 관련이 있다. 그 까닭은 무엇인가?

　법가의 학문이 흥기할 당시 사회적으로 중차대한 문제는 다음 두 가지였다. 하나는 귀족을 억제하여 봉건세력을 견제하는 것이고, 다른 하나는 병력을 양성하고 나라를 부유하게 만들어富國强兵 천하를 통일시키는 것이다. 당시 진秦나라는 이를 추진하기에 적합한 나라가 아니었음에 불구하고 이를 철저하게 추진하여 마침내 천하를 통일시켰다. 진의 부국강병에 빼놓을 수 없는 인물은 상앙商鞅과 이사李斯였다. 그들 두 사람은 모두 법가의 학문을 배운 이들이다.27) 법가法家의 '法'은 아주 포괄적인 의미를 지녔다. 세분하면 백성을 다스리는 것은 법法이고 귀족을 억제하는 것은 술術이다.28) 법가에서 내세운 부국강병의 가장 중요한 정책은 '농전農戰'이다. 이를 가장 명확하게 언급한 것은 『상군서商君書』이다. "국가를 흥성하게 하는 것은 농사를 지으면서 싸우는 농전이다."29) 이외에 『관자管子』나 『한비자韓非子』에도 이와 관련한 내용이 나온다. 법가는 현실을 정확하게 살펴 문제의 대책을 마련할 것을 강조했다. 이는 낡은 인습에 얽매

---

27) 역주: 주지하다시피 이사(李斯)는 순자의 제자이다. 순자는 일반적으로 유학의 계승자로 알려져 있으나 이론적으로 유가와 법가를 잇는 논리적 고리 역할을 했다. 그의 문하에서 이사를 비롯하여 법가의 집대성자인 한비자가 배출된 것도 이와 관련이 있다.

28) 역주: 『한비자 · 정법(定法)』, "술이란 군자가 신하의 능력에 따라 관직을 수여하고 실적을 평가하여 생살의 권력을 장악하며, 신하들의 능력을 시험하는 것이니, 군주가 굳건히 지켜야 한다. 법이란 관부에 명시되어 있는 법률로 백성들에게 가해지는 형벌이니, 법을 지키는 자에게 상을 주고, 명령을 위반한 자에게 벌을 가한다. 이는 신하가 준수해야 할 것이다(術者, 因任而授官, 循名而責實, 操殺生之柄, 課群臣之能者也, 此人主之所執也. 法者, 憲令著於官府, 刑罰必於民心, 賞存乎愼法, 而罰加乎姦令者也, 此臣之所師也)." 앞의 책, 620쪽.

29) 역주: 『상군서 · 농전』, "國之所以興者, 農戰也." 북경, 중화서국, 2012년, 24쪽.

이지 말고 시대에 부합하는 정책을 실시하라는 뜻이다. 그들이 변법變法을 강조한 것은 바로 이 때문이다. 이는 법가의 가장 큰 특징이다. 또한 법가의 학설이 가장 새로운 까닭도 바로 여기에 있다.

　이상은 선진제자 가운데 중국의 학술사상 및 전반적인 중국 문화와 가장 관계가 깊은 다섯 가지 학파에 대한 개괄적 소개였다. 이들 학파는 모두 나름대로 심오한 철학 사상을 지녔지만 그들이 해결하고자 하는 과제는 모두 사람의 일人事과 관련된 것이며, 특히 사회조직의 개량을 기본으로 삼았다. 사실 이들 학파뿐만 아니라 다른 선진제자의 저술을 훑어보면 거의 모두 정치문제政治問題에 주목하고 있음을 확인할 수 있다. 여기서 유의해야 할 것은 고대사회의 정치문제가 후세 사회와 다르다는 점이다. 고대사회에서 정치란 사회질서의 유지뿐만 아니라 전반적인 사회문제도 함께 포함하는 개념이다. 따라서 옛사람에게 정치政治란 지금과 달리 사회 전체를 의미하는 말이었다.

　선진제자의 학설은 서로 논쟁하면서 각기 발전하다가 결국 통일되는 추세를 보였다. 통일의 길은 다음 두 가지이다. 하나는 무용한 것은 도태하고 유용한 것만 남는 경우이고, 다른 하나는 여러 학파의 학설이 하나로 융합되는 경우이다.

　전국시대의 여러 학파들 가운데 오로지 법가의 사상만 진나라에 의해 채택되어 결국 천하 통일에 결정적인 역할을 했다. 이는 시대의 흐름을 제대로 읽고 대책을 마련한 학설은 살아남지만 그렇지 못한 학설은 버림받게 된다는 것을 보여주는 전형적인 사례이다. 하지만 시대의 흐름과 형세는 끊임없이 변화하며, 학설도 이에 따라 달라져야 한다. 천하가 통일된 후 무엇보다 백성들을 쉬게 하는 것이 필요했다. 또한 사회가 안정을 취하기 위해서는 제도를 정비하고 교화를 시행하는 일이 급선무였다. 사실 이는 당시 집권자를 비롯하여 많은 이들이 인식하고 있던 사실이다. 갱유阬儒[30] 사건 당시 진시황이 남긴 말에서도 이를 확인할 수 있다.

"내가 이전에 천하의 서적들 가운데 쓸모없는 것들을 모아 모두 없앤 적이 있다. 그리고 전국에서 문학文學, 방술사方術士 등을 소집하여 태평한 시대를 일으키려 했는데興太平, 저들 방사들은 그저 연단鍊丹이나 하면서 기묘한 약을 구하는 데만 관심을 쏟았다."31)

인용문에 나오는 '흥태평興太平'은 문학사文學士를 소집하여 교화를 일으키는 것을 말한다. 이렇듯 진시황은 건국 초기 제도를 정돈하고 교화를 일으키려는 뜻이 전혀 없었던 것이 아니다. 다만 천하 평정 초기에 아직 민심이 돌아오지 않았기 때문에 반란을 진압하지 않을 수 없었고, 대외적으로 강역을 개척하고 방어망을 구축하느라 여력이 없었을 뿐이다.

진나라가 망하고, 한나라가 막 흥기했을 때 제도를 개혁하고 교화를 일으키는 일은 아직 시기상조였다. 무엇보다 백성을 쉬게 하는 것이 급선무였다. 이런 상황에서 도가사상이 크게 성행했다. 하지만 도가의 무위이치無爲而治(아무런 일을 하지 않음으로써 천하가 스스로 잘 다스려짐)는 정상적인 사회에서나 가능한 주장이다. 사회가 정상적으로 돌아가고 있으니 통치자가 굳이 사회 변화를 추구할 까닭이 없다. 하지만 당시 나름대로 일종의 학설黃老之學처럼 받아들여지기는 했으나 사실 이는 현실적으로 불가능한 일일뿐더러 이론적으로도 합리적이지 않다. 이제 막 건국한 한나라는 오랜 전란을 겪으면서 사회가 피폐해졌고, 그대로 방치할

---

30) 역주: 분서갱유(焚書坑儒)는 진시황이 기원전 213년부터 212년까지 서적을 불태우고 금령을 어긴 죄인 460여 명을 땅에 파묻어 살해한 사건을 말한다. 『사기·유림열전』에 처음 나온다. 분서는 민간에 소장된 시, 서, 백가의 저술 및 진나라 역사를 제외한 열국의 역사 등을 모두 모아 불태운 사건이고, 갱유는 방사인 노생(盧生)과 후생(侯生)이 불로초를 구한다는 명목으로 막대한 자금을 얻은 다음 도망치자 이에 분노한 진시황이 당시 함양(咸陽)에 있던 유명한 술사(術士, 특히 유자)를 산채로 땅에 묻어 죽인 사건이다.

31) 『사기·진시황본기』, 권6, "吾前收天下書不中用者盡去之. 悉召文學方術士甚衆. 欲以興太平. 方士欲鍊, 以求奇藥." 앞의 책, 258쪽.

경우 상황이 더욱 나빠질 것이 자명했다. 그렇기 때문에 잠시 후 제도를 바꾸고 교화를 실시하는 쪽으로 나아갔다. 이것이 당시 사회의 급선무라고 여기지 않는 이들이 없었다. 특히 문제 시절의 가의賈誼와 무제 시절의 동중서董仲舒 등의 논의를 보면 이를 확인할 수 있다.

문제 시절에 이미 제도 개선에 관한 논의가 있었다. 예를 들어 공손신 公孫臣이 황제에게 오덕五德의 순환하는 이치를 아뢰면서 정삭正朔을 개정하고 복색服色을 바꿀 것을 주장한 바 있다.[32] 그러나 이후 신원평新垣平 사기 사건에 연루되어 중단되고 말았다.[33] 물론 이는 우유부단한 문제가 낡은 인습에 얽매여 시국의 형세를 바꾸는 담력이 부족했기 때문이다.

한 무제 시절에 이르러 상황이 크게 바뀌었다. 우선 무제 시절에 유학이 흥성하기 시작했다. 이는 우연이 아니라 필연적인 추세에 따른 것이다. 제도를 개혁하고 교화를 일으키는 일은 유가만이 할 수 있는 일이었기 때문이다. 때로 학자들은 유학 흥성의 공을 한 무제 한 사람에게 돌리는 경향이 있는데, 이는 크게 잘못된 일이다. 한 문제는 즉위 당시 겨우 열여섯의 어린 나이였다. 비록 우둔한 인물은 아니었다고 하나 그렇다고 탁월하게 총명한 이도 아니었다. 아직 어린 나이였으니 세상 물정이나 시대 상황 및 여러 가지 사회적 추세를 간파하는 것이 수월치 않았을

---

32) 역주: 공손신은 오덕의 순환에 따라 한은 토덕(土德)의 시대이니 황룡이니 이에 따라 역법과 복색을 개정할 것을 상소했다. 이에 문제가 이를 승상에게 논의토록 하였는데, 지금은 수덕(水德)의 시대이니 공손신의 말이 옳지 않다고 반대했다. 이후 성기현(成紀縣)에 황룡이 나타나자 문제가 다시 공손신을 불러들여 박사로 삼고 토덕을 받아들였다.

33) 역주: 조나라 사람 신원평이 망기(望氣: 별자리나 구름 등을 보고 길흉이나 운세를 점치는 점술 방법)를 보고 황제에게 위양(渭陽)에 오제의 사당을 세우면 주나라의 정(周鼎)과 옥영(玉英)이 나타날 것이라고 상주했다. 이에 문제는 위양의 오제 사당에 교제(郊祭)를 지내고 붉은 색을 숭상했다. 그러나 이듬해 신원평이 말한 내용이 모두 거짓으로 황제에게 사기를 친 것으로 밝혀졌다.

터이다. 따라서 그의 적극적인 지원으로 유학이 널리 보급된 것이 아니라 한창 발전 중인 유학을 굳이 억제하지 않고 시대의 흐름에 맡겨 두었다고 보는 것이 더 타당하다.

물론 이후 무제는 정치적으로 유학을 지지하고 심지어 독단적인 지위를 보장하기도 했다. 이런 점에서 무제 시절 유학이 널리 행해진 것은 유학 자체가 당시 사회 발전에 필요한 학문이었기 때문이고, 아울러 이에 따라 정치적 지원이 있었기 때문이다. 정치적 지원 가운데 가장 중요한 것은 오경박사五經博士를 위해 제자를 임명한 것이다.

> "오경박사를 세우고, 자제원子弟員을 열었으며, 학생 성적의 등급을 평가하고 책策(시험문제를 적은 간책簡策)으로 시험하여 관직官祿을 수여했다."34)

이렇듯 제자를 모집하여 비교적 공정한 시험을 통해 관직을 수여한다고 하니 몰려드는 이들이 많은 것이 당연했다.

유학이 발전하면서 여러 분야의 학자들이 모여들었다. 『사기 · 유림전』에 따르면 대략 여덟 개의 분야가 있었다. 우선 『시詩』를 연구하고 해설하는 학자로 삼가三家가 있었다. 노魯나라 신배공申培公이 전한 『노시魯詩』, 제齊나라 원고생轅固生이 전한 『제시齊詩』, 연燕나라 한태부韓太傅가 전한 『한시韓詩』가 그것이다. 『서』는 제남濟南 복생伏生이 전했고, 『예』는 노나라 고당생高堂生이 전한 것이 있었다. 『역』은 치천菑川 전생田生이 전했다. 『춘추』는 두 가지가 있었는데, 제나라와 노나라는 호무생胡毋生이 전한 『춘추』를 받아들였고, 조趙나라는 동중서董仲舒가 전한 『춘추』가 유행했다.

동한東漢 시절 모두 14개의 분야에 박사를 설치했는데, 구체적으로 다

---

34) 『한서 · 유림전』, "立五經博士, 開弟子員, 設科射策, 勸以官祿." 앞의 책, 3620쪽.

음과 같다.

『시경』은 노魯, 제齊, 한韓. 『서書』는 구양歐陽, 대하후大夏侯, 소하후小夏侯. 『예禮』는 대대大戴, 소대小戴. 『역易』은 시씨施氏, 맹씨孟氏, 양구씨梁丘氏, 경씨京氏. 『춘추春秋』는 엄씨嚴氏, 안씨顔氏 등이다.[35] 그 가운데 경씨京氏의 『역易』이 의심스럽기는 하지만 기존의 8가家와 대체로 일치한다.

그런데 당시에 학술의 변화를 촉진하는 또 다른 세력이 있었다. 이는 앞서 제5장에서 논의한 바가 있는데, 다시 간략하게 정리하면 다음과 같다.

당시 절실한 문제 가운데 하나는 사회 경제 제도를 바로 잡는 일이었다. 이를 위해 필요한 것은 바로 평균지권平均地權과 자본통제節制資本였다. 하지만 유학은 평균지권과 관련된 이론만 있고 자본통제에 관한 설은 없었다. 자본통제는 법가의 주장이었기 때문이다. 하지만 이미 유학이 득세하고 있었기 때문에 유학이 이를 맡는 것이 유리했다. 결국 유학은 다른 학파(법가)의 학설을 수용하기에 이르렀고, 이러한 사회 배경 하에서 고문경학이 등장한 것이다.

학술은 또한 자체 내부에서 변화가 이루어지기도 한다. 특정 분야에만 주목하던 전문적인 학문이 여러 분야를 두루 다루는 박학博學의 학문으로 전환하는 경우가 한 예이다.

무릇 선진시대의 학술은 대개 특정 분야의 최고 수준을 대표하는 학문들이었다. 선진제자는 각기 나름의 분야에서 집중적으로 전문적인 연구를 진행했고, 각기 훌륭한 성과를 거두었다. 그러나 전문 분야만 다루다 보니 다른 분야의 지식이 빈약할 수밖에 없었다. 예를 들어 묵자가 주장한 변례變禮는 흉년이 들거나 역병이 도는 비상시기의 예禮일 뿐, 태평시

---

35) 『후한서·유림전』을 참조하시오. 제(齊), 노(魯), 한(韓)으로 이루는 삼가의 시(三家詩) 외에는 모형(毛亨)이 주해한 모시(毛詩)가 뒤늦게 나왔다. 역주: 제(齊), 노(魯), 한(韓) 등 삼가의 시는 금문경에 속하고 모시(毛詩)는 고문경으로 간주되어 왔다.

기에도 같은 변례를 행해야 한다는 주장은 아니었다. 하지만 이에 대해 순자는 나라가 잘 다스려지면 재력이 부족할 염려가 없다고 하면서 묵자의 '예禮'에 대해 반박한 바 있다. 이는 과녁에 상관없이 화살을 쏘는 것이나 다를 바 없다.

이론은 무엇이든 내놓을 수 있다. 하지만 구체적으로 실천하려면 일방적인 이론만으로 부족하다. 일면만 보면 두루 통할 수 없기 때문이다. 그래서 선진시대에 이미 잡가雜家란 학파가 있었다.『한서·예문지』에 따르면, "잡가의 사상가들은 대개 의관議官에서 나왔다. 유가와 법가를 겸하고 명가와 묵가를 합하여 나라의 근본이 이것(여러 학문의 종합)에 있음을 알아 군주의 통치는 관통하지 않음이 없어야 함을 보였다. 이것이 그들의 장점이다."36) '의관'은 나라의 정책에 대해 의논하는 간관諫官들이다. 당연히 사회의 여러 측면을 두루 살피지 않을 수 없다. 정세가 이러하니 학술도 자연 이러한 영향에서 자유로울 수 없다. 그래서 여러 학문이 회통하고 고문경학이 등장하여 다른 학파의 학설을 수용할 수 있게 된 것이다. 이후 고문경학이 새로운 학설을 내놓을 수 있게 된 것은 이러한 추세와 무관치 않다.

그렇다면 당시 사람들이 직접 기존의 유학에 미흡한 점이 적지 않아 다른 학파의 학설을 수용해야 한다거나 새로운 학설을 창설해야 한다고 솔직히 말했다면 오히려 직접적인 효과가 있지 않았을까? 그러나 당시 사회 관념이나 풍조로 보건데, 이는 결코 용납할 수 없는 일이었을 것이다. 그렇기 때문에 일각에서 유가의 학설이 경학박사들이 전한 것 외에도 별도로 유학과 관련한 고서古書가 있다고 주장하게 된 것이다. 그 가운데 가장 떠들썩했던 사건은 공자의 저택에서 수많은 고문경서가 발견되었

---

36)『한서·예문지』, "雜家者流, 蓋出於議官. 兼儒墨, 合名法. 知國體之有此, 見王治之無不貫, 此其所長也." 앞의 책, 1742쪽.

는 바로 그것이다. 다른 한편으로 어떤 유학자들은 자신의 연구 성과를 예전의 유명한 모씨로부터 전수받은 것이라고 우겨댔다.[37] 예를 들어『모시毛詩』에 실린 소서小序는 『모시』와 같은 갈래의 작품으로 간주되어 왔지만 소서小序는 사실 동한 위굉衛宏 등의 학자가 저술한 것이다. 심지어 『모시毛詩』를 남긴 모공毛公도 자하子夏로부터 학문을 전수받았다고 주장하기도 했다. 학자들이 너나할 것 없이 이렇게 주장하니 분규가 많아질 수밖에 없었다.

세상 사람들은 금문경, 고문경이란 명칭에 현혹되어 양자의 내용이 크게 다른 줄 알지만 사실 그렇지 않다. 금문경과 고문경의 경문에 보이는 이자異字는『의례』 정현의 주에서 살펴볼 수 있다. 정현은 금문경의 원문의 주에 고문경의 이자를 표기하고, 고문경의 원문 주에 금문경의 이자를 제시하고 있다. 이를 살펴보면, 고문경은 위位를 입立, 의儀를 의義, 의義를 의誼로 적었을 뿐이다. 이처럼 경문의 내용과는 상관없이 사소한 몇 글자만 바꾼 것일 따름이다. 이로 보건대, 다른 경전의 경우도 크게 다르지 않을 것이다.

금문경과 고문경의 차이는 경문經文에 있지 않고 오히려 경설經說에 있다. 고문과 금문 두 가지 경학의 중요한 차이에 대해 허신許愼이『오경이의五經異義』에서 논의한 바 있다. 이에 따르면, 금문가의 학문은 스승에게 대대로 전수받은 것이고, 고문가의 학문은 나름대로 연구한 성과물이다. 고문가는 옛사람의 견해에 얽매이지 않고 독창적인 연구를 진행할 수 있었다. 그렇다면 고문가의 연구 결과나 방법이 상당히 진보적인 것 같지만 실상은 그렇지 않다. 우선 고문가의 성과가 그다지 좋지 않았다. 금문가

---

37) 역주:『모시(毛詩)』에는 대서(大序)와 소서(小序)가 붙어 있다. 보통 대서는『시경』을 통론(通論)한 서문으로 처음에 실리고 소서는 편마다 앞에 실리며 시가 만들어진 시연에 대한 설명이다.

의 경우 기존의 학설을 와전할 수는 있지만 제멋대로 지어내는 일은 없다. 설사 와전된 것일지라도 관점에 따라 달리 해석할 수도 있고, 원래 학설로 복원할 수도 있다. 그러나 고문가는 자기 나름대로 학설을 세웠기 때문에 그 근원을 찾기가 힘들다. 이런 점에서 경학을 고대사 재료로 본다면 금문가의 학설이 훨씬 가치가 있다고 할 수 있다.

이러한 고문경학의 폐단은 사실 금문경학에서 비롯되었다. 학술이 지위나 명예와 무관할 때면 학자들 또한 어떤 목적을 위하거나 또는 남들에게 보여주기 위해 학문을 하는 것이 아니라 자신을 위해 학문에 몰두하기 마련이다. 그렇게 되면 학문에 폐단이 생기지 않는다. 명예나 이익을 위해 학문의 길로 들어선다면 문제가 달라진다. 그럴 경우 학자들은 전체를 보지 못하고 지엽적인 문제에 집착하기 마련이다. 심한 경우 논리성이 결여된 채로 제멋대로 입론하거나 박식함을 과시하느라 온갖 이설異說를 동원하기도 한다. 이처럼 명예나 이익을 탐하는 그릇된 학문 기풍으로 인해 학자들은 참다운 학문 연구 자세를 버리고 그릇된 길로 접어든다. 진리를 탐구한다는 점에서 이는 학문 자체에 막심한 폐해를 끼친다. 하지만 세상 사람들은 새롭고 신기한 것을 좋아하고 두루두루 잡다하게 아는 이들을 진정한 학자로 오인한다. 결국 학문 연구가 이런 사회적 분위기에 편승하여 대중에 영합하여 그들의 환심을 사는 수단으로 전락하게 되는 것이다.

한나라의 학문 기풍이 바로 이러했으니 유래가 상당히 오래된 셈이다. 『한서·하후승전夏侯勝傳』을 보면 당시 이러한 분위기를 엿볼 수 있다.

"하후승의 숙부의 아들인 하후건夏侯建은 하후승과 구양고를 사사하여 양자의 학설을 겸했다. 또한 오경을 연구하는 여러 유학자에게 질문하여 『상서』의 해설에 나타나는 문제점을 배워 『상서』의 장구를 인용하여 자신의 해설을 치장했다. 하후승이 그를 나무라며 '네가 말하는 것은 장구만 중시하는 소유小儒의 언설에 불과하여 유학의 대도를 지리멸렬

하게 만들었다.'고 말했다. 반면 하후건은 하후승의 학문이 소략하여
논적들과 응대하기 어려울 것이라고 반박했다."38)

학문 연구의 목적을 '논적과 응대함應敵'이라고 하였으니 참으로 한심
한 일이 아닐 수 없다. 하지만 이러한 학문 기풍이 널리 행해지자 당시
사람들은 인간의 의리義理나 사물의 이치 등에는 전혀 관심을 두지 않고
오로지 학식의 해박함에 집착했다. 정현의 경우도 마찬가지이다. 그는 주
해하지 않은 경서가 없을 정도로 한나라 때 가장 박식한 학자로 이름을
떨쳤지만 그가 내세운 경설經說을 보면 지리멸렬하고 앞뒤가 맞지 않거나
서로 모순되는 대목이 적지 않다. 이러한 학문 분위기 속에서 경학자들은
모두 생각이 없는 사람이 되고 말았다. 오로지 대국大局과 무관한 지엽적
인 문제에만 집착하여 진정한 학문 연구가 불가능했다. 추구하는 학문이
어떤 의미가 있으며, 우주의 어떤 현상에 대한 연구이고, 과연 어떻게
연구해야 할 것인지 아무도 제대로 답을 제시할 수 없었다. 학문이 이런
지경에 이르렀으니 나라와 민족의 앞날과 발전에 전혀 도움이 되지 않는
무용지물로 전락하고 말았다. 결국 학술이 한가로운 유한계급有閒階級이
시간을 보내고 체력을 소모하는 심심풀이가 되고 말았던 것이다.

서한 중엽부터 일기 시작한 이러한 학문 기풍은 동한 때 크게 흥성했
고, 남북조南北朝, 수당隋唐 때까지도 사라지지 않고 지속되었다. 한대의
장구章句, 남북조 시기의 의소義疏 등은 모두 이런 학문에 속한다. 자세한
내용은 『후한서』, 『남사南史 · 유림전』, 『북사北史 · 유림전』 등을 읽으면
알 수 있을 것이다.

고문경학이 금문경학을 이어 나타난 것처럼 한말에 와서 위고문僞古文

---

38) 『한서 · 하후승전(夏侯勝傳)』, 권75, "勝從父子建, 師事勝及歐陽高, 左右采獲. 又從
五經諸儒問與『尙書』相出入者, 牽引以次章句, 具文飾說. 勝非之曰: 建所謂章句小儒,
破碎大道. 建亦非勝爲學疏略, 難以應敵." 앞의 책, 3159쪽.

학파가 생겼다. 근대학자의 고증에 따르면, 위고문 학파의 대표적인 인물은 왕숙王肅이다. 왕숙은 사사건건 정현鄭玄과 대립하는 학설을 내세웠으나 한 번도 그를 이기지 못했다. 때문에 왕숙은 자신의 학설을 집어넣은 『공자가어孔子家語』를 날조하여 반대파를 승복시키려고 애썼다. 한때 경학계에서 큰 파장을 일으켰던 『위고문상서僞古文尙書』는 왕숙의 위작이라고 단정할 수 없지만 『위공안국전僞孔安國傳』은 왕숙과 같은 학파의 학자에 의해 날조된 것이 틀림없다.39) 이러한 위작이 나올 수 있었던 것은 증거 자료를 광범위하게 수집하기를 좋아했던 당시 학문 기풍과 무관하지 않다. 자료만 풍부하면 합리적이지 못한 부분이 있더라도 사람들에게 쉽게 발각되지 않았기 때문이다.

동한 시절에 이르자 한때 서한 학자들이 품었던 경세치용經世致用의 위대한 포부는 그림자조차 찾아볼 수 없었다. 하지만 당시 학술계에서 유학은 이미 중천에 떠있는 해처럼 전성기를 맞이하고 있었다. 정치적으로나 사회적으로 오직 유학만이 치국안민治國安民의 막대한 임무를 감당할 수 있다고 믿었다. 하지만 앞서 기술한 바와 같은 무리들이 어찌 그 큰일을 감당할 수 있겠는가? 옛사람의 것을 형식적으로만 흉내 낸 것에 불과했던 그들이 마련한 치국 방안이란 것도 그저 옛것에 얽매여서 시대에 적용될 수 없는 껍데기일 뿐이었다. 그러니 어찌 나라가 제대로 다스려질 수 있겠는가? 생각이 있는 이들의 반대가 줄지어 일어난 것도 이상한 일이 아니다. 바로 그 틈을 타서 위진 현학이 등장하니, 유학시대에서 불학시대로 넘어가는 과도기였다.

사람들은 흔히 위진 현학을 도가의 학문으로 간주하는데, 이는 잘못된

---

39) 청나라 염약거(閻若璩)가 지은 『고문상서서증(古文尙書疏證)』에서 처음으로 『위고문상서(僞古文尙書)』와 『위공안국전(僞孔安國傳)』이 위작이라는 사실이 대체로 밝혀졌고, 또 구체적으로 어느 학파에서 그것을 날조하였는지의 문제는 청나라 정안(丁晏)이 지은 『상서여론(尙書餘論)』에서 다루어졌다.

인식이다. 사실 위진 현학은 유가와 도가 학설의 혼합이다. 또는 유학의 갈래 가운데 원리原理를 중시하는 학파라고도 말할 수 있다. 이는 옛사람의 사적事迹에 얽매여 박학을 자랑하던 이들과 대립하는 것이었다.

앞서 밝힌 바와 같이 선진제자의 철학은 고대 종교 철학에서 기원한 것으로 서로 크게 다르지 않다. 유학 경전 가운데 전문적으로 원리原理(사물의 이치)를 다루는 것은 『역경』이다. 역학易學은 이理를 다루는 이학理學의 갈래와 수數를 연구하는 수학數學의 갈래를 포함하고 있다. 이학파理學派의 학설은 선진제자의 철학과 별 다를 바 없지만, 수학파數學派의 연구 내용은 고대 술수학術數學과 서로 달랐다. 사실 기원적으로 역학易學은 술수학에 가깝다. 하지만 공문孔門에서 역학을 다룰 때는 주로 이학 분야, 즉 철학사상에 편중했다. 이는 고대 학술 상황을 총체적으로 살펴보면 알 수 있으니 의문의 여지가 없다. 하지만 현재 금문경 역학은 실전되어 전해지지 않고, 고문경 역학은 술수術數 내용이 아닌 것이 없다.

『한서漢書・예문지藝文志』에 보면 "『회남淮南・도훈道訓』두 편篇"이란 말이 나온다. 주에 따르면, "회남왕 유안劉安이 역학에 정통한 아홉 명의 학자를 모셔놓고 역학에 대한 책을 저술하게 하였는데, 이것이 이른바 구사설九師說이다."[40]

「예문지」에서 말한 '도훈'은 『회남자淮南子』에 수록된 「원도훈原道訓」일 것이다. 현재 전해지고 있는 『회남자』에 역학의 내용을 인용한 곳이 몇 군데 있는데, 대부분 이理를 다룬 내용이고 수數에 대한 언급은 전혀 없다. 그렇다면 『회남자』의 내용은 금문 역경임이 틀림없을 것이다. 금문 역경은 대부분 실전되고 겨우 잔존하고 있던 것을 후세 사람들은 도가의 학설로 착각했다. 유가 역경의 철학사상이 도가사상과 크게 차이가 나지 않았기 때문이다.

---

40) 『한서・예문지』 주, "淮南王安, 聘明『易』者九人, 號九師說." 앞의 책, 1703쪽.

이렇게 볼 때, 위진 현학의 출현은 유가에서 도가로의 전환이 아니라, 유가 내부에서 자체적으로 일어난 변화라고 해야 할 것이다. 다만 그것이 도가 사상에 가까워졌기 때문에 현학자들 가운데 도가 학설을 겸용한 이들이 적지 않았다. 위진 이후 현학자들이 『역학』과 『노자』에 두루 정통한 것은 바로 이 때문이다.

유학의 본체는 『역학易學』과 『춘추春秋』이다. 『역학』을 통해 원리를 다루고, 『춘추』는 이러한 원리에 근거하여 인사人事에 시행했다. 하지만 위진 현학자들은 오로지 원리만 연구했을 뿐 인사에 응용하여 실행하는 것에 관심이 없었다. 당연히 구체적인 실행 방안도 없고 관련된 업적도 없었다. 다만 위진 현학 이후로 옛사람의 사적事跡에 얽매여 형식에 치중하는 폐단은 사라졌다. 이에 법고法古의 의미가 예전처럼 형식만을 기계적으로 복제하는 것이 아니라 옛 일에 숨어 있는 참뜻을 헤아려 따르는 것으로 바뀌었다. 옛것에 얽매여 변통할 줄 모르던 폐단이 이로써 고쳐졌으니, 위진 현학자들의 가장 큰 공적이 바로 이것이다.[41]

신新나라 왕망王莽의 개혁이 실패한 뒤로 더 이상 감히 사회조직을 개혁하자고 나서는 이가 없었다. 대신 인생의 문제를 해결하려는 이들이 점차 개인의 측면에서 접근하기 시작했다. 한편 원리를 탐구하는 현학자들의 연구는 한 걸음 더 나아가 보다 심원하고 현묘한 철학사상에 가까워졌다. 현묘한 사상은 사실 인도의 학술이 중국보다 한 수 위였다. 이런 상황에서 인도에서 전래된 불학이 점차 흥성하기 시작했다.

---

41) 가장 중요한 현학자의 관념은 도(道)를 취하되 적(迹)을 버린다는 것이다. 여기에 도는 원리, 이치를 말하며 적이란 일의 형식을 이르는 말이다.

불교의 중국 유입

불교는 처음에 종교로서 중국에 들어왔지만 이후에는 관련 학술사상이 따라서 유입되었다.

일반적으로 불교는 대승불교와 소승불교로 구분된다. 후대의 판교判教42)에 따르면, 소승불교 아래에는 인천人天43)의 가르침이 있고, 대승불교에는 권교權教와 실교實教의 구분이 있다. 이른바 판교를 행하는 것은 모든 경론經論44)이 교리를 세울 때 깊이의 차이가 있어 구분해야 하기 때문이다. 다시 말해 불교의 각종 교리가 다른 것은 설교의 대상이 다르기 때문이라는 뜻이다. 이렇게 판교에 따라 구분하면 교외敎外 사람이 이로 인해 불교 교리가 모순된다고 문제 삼거나 교내敎內 신도들이 이로 인해 논쟁을 일으키는 일이 없을 것이다.

최근 연구 결과에 따르면, 불교가 인도에서 널리 행해질 수 있었던 것은 심오한 철학 사상 때문이 아니라 사람들에게 실행의 표준을 제시해 주었기 때문이라고 한다. 열대熱帶에 위치한 인도는 사람들의 삶이 풍요롭고 여유가 있다. 그들이 궁구하는 것은 우주란 무엇이고 인생의 귀의처는 무엇인가와 같이 심오한 문제들이었다. 그런 까닭에 인도는 예로부터 종교나 철학 사상이 크게 발달했다. 부처가 세상에 나왔을 때 이미 각

---

42) 역주: 판교란 불교의 다양한 교설들을 그 교리의 얕고 깊음에 따라 분류하고 종합하여 하나의 유기적인 사상 체계로 이해하는 일을 말한다.

43) 인천은 인간과 천상을 대상으로 하는 설교로 아직 사성(四聖)의 경지에 못 미친다. 자세한 내용은 후술하겠다. 역주: 부처가 성도한 뒤, 처음으로 오계와 중품의 십선(十善)을 행하면 인간 세상에 나고, 상품의 십선을 행하면 천상에 난다고 가르친 교법을 말한다.

44) 부처의 가르침은 경(經)이라 하고, 보살(菩薩) 이하의 설교는 논(論)이라 하며, 승인, 비구니, 거사(居士) 등이 지켜야 할 규범은 율(律)이라 한다. 경, 율, 논을 아울러 삼장(三藏)이라 한다.

학파(불교를 제외한 이른바 외도外道)가 나름의 심오한 학설을 제시한 상태이고, 그 갈래 또한 매우 복잡했다. 어지럽게 뒤섞여 있는 각 학파의 학설 앞에서 사람들은 과연 어느 것을 따라야 할지 막막하기만 했다. 석가모니는 이처럼 사람들을 혼란스럽게 만드는 수많은 학파의 논쟁을 중단시키고 사람들에게 수증修證(수행하여 진리를 깨달음)하는 방법을 가르쳐 주었다. 이로써 사람들이 석가모니에게 귀의하여 정신적 안정을 찾았다. 이런 면에서 볼 때 부처는 진리의 발견자라기보다 시대의 성인에 가깝다.45)

부처 입멸入滅 후 약 100년 동안은 불교 교의가 크게 달라진 바 없다. 사람들은 이를 원시불교原始佛敎라고 일컫는다. 부처 입멸 100년 후 소승불교가 일어났고, 500~600년 후에 대승불교가 출현했다. 이때 이미 교의가 바뀌거나 기존에 없었던 새로운 교의가 생기는 등 변화가 일어나 원시불교의 본래 모습을 찾기 어려웠다. 그래서 중국에 수입된 불교 교의의 앞뒤가 같지 않은 것은 불교가 일시에 이루어진 것이 아니라 불교 자체의 변화로 인해 전후가 달라졌기 때문이다. 중국의 수용정도 즉 깊고 얕음에 따라 수입된 것이 아니었다.

여기서는 불교 가운데 중국 문화에 관련이 있는 부분만 논의하고자 한다.

불교는 일체의 유정有情(심식心識을 가진 중생)을 다음 10단계로 구분했다. (1) 부처佛, (2) 보살菩薩, (3) 연각緣覺, (4) 성문聲聞. 이는 사성四聖이다. (5) 천인天神, (6) 사람人, (7) 수라修羅, (8) 축생畜生, (9) 아귀餓鬼, (10) 지옥地獄. 이는 육범六凡이다. 육범에서 벗어나지 못하고 전전하는 것을 일러 육도윤회六道輪迴라고 한다. 부처는 우리가 배워서 이를 수 있는 경지가 아니다. 우리가 수행함으로써 체달할 수 있는 경지는 보살에서 끝난

---

45) 중국의 불교 신자는 부처가 참되고 궁극적인 우주 진리의 발견자라고 주장한다.

다. 소승불교는 연각緣覺, 성문聲聞도 성불할 수 있으나, 대승불교는 보살이 아니고서는 부처의 경지에 도달할 수 없다고 주장한다. 생각마다(염념念念)마다 자아 본위本位에서 출발하여 자리自利(자신의 이익)를 추구하는 중생과 달리 보살은 그 염념마다 모두 타리利他의 입장을 취하고 있다. 부처는 자리는 물론 타리의 생각마저 없다. 그러니 중생이 결코 체달할 수 없는 경지이다. 연각緣覺과 성문聲聞은 생로병사의 고통에서 벗어나지 못하고 죽으면 다시 윤회에 들어가 생과 사의 과정을 거듭하는 것을 깨달은 자이다.

하지만 우리는 인간으로 태어나 열심히 수행할 수 있다는 것만으로도 다행으로 생각해야 한다. 인간 세상이 아닌 다른 세상으로 떨어진다면 수행은 더없이 어려워진다.[46) 삶과 죽음은 큰일이고, 세상사는 무상無常하여 끝없이 변화하니 두려워하지 않을 수 없다. 그러므로 살아 있는 동안 노력해서 수행해야만 한다. 이처럼 소승은 극히 어렵고 고생스러운 수행을 마다하지 않으니 그 대단한 노력에 탄복하지 않을 수 없다. 또한 소승에서 지키는 계율은 모두 극단적인 타리의 입장을 취하고 있다. 하지만 근본 관념은 역시 자리自利, 즉 자아본위의 입장에서 벗어나지 못하고 있다. 그래서 대승불교는 소승으로 성불할 수 없다고 비판하는 것이다. 이는 대승과 소승의 중요한 차이점인데, 대승의 교리가 소승에 비해 진화한 면이 있다. 또한 소승은 부처가 석가모니 본인이라고 보지만, 대승은 부처에게 삼신三身이 있다고 믿는다. 첫째는 보신報身으로 곧 불타 본인이다. 불타가 인간으로 태어나는 인因의 씨를 뿌렸기에 이 세상에 사람으로 태어난 것이다. 그래서 생리적으로나 심리적으로 우리 인간과 다르지 않

---

46) 삼도(三途)라고도 불리는 축생, 아귀, 지옥이 어려운 것은 말할 것도 없고, 아수라(阿修羅)는 신통력이 무궁무진하나 진노(瞋怒)하기 쉽고, 천상계는 복덕(福德)이 수승(殊勝)하나 그 우월감을 누리며 오히려 더 쉽게 타락된다. 그러니 수행하는 데 인간만큼 적격한 존재가 없다는 것이다.

다. 굶으면 배고프고, 옷을 입지 않으면 춥고, 역병이 돌 때 감염이 될 수도 있다. 심지어 심히 굶거나 아프면 죽을 수도 있다. 둘째는 법신法身이다. 항상 올바르고 지대한 권위를 지닌다. 우리 마음속에 일어나는 모든 선념善念, 악념惡念을 훤히 알고 있기 때문에 한 치의 틀림도 없이 선행에는 좋은 과보, 악행에는 나쁜 과보를 내린다. 이는 자연력의 상징과 같다. 셋째는 부처의 화신이다. 일심으로 부처를 믿어 죽음은 물론이고 그 어떤 상황에 처할지라도 정토에 왕생하도록 부처가 맞이하거나 구제한다고 믿는다. 모종의 환경에서 일정한 기간 수행한다면 성불할 수 있다. 그렇기 때문에 부처는 석가모니 한 사람이 아니라 이미 수없이 많은 이들이 부처이고 또한 앞으로도 수많은 부처가 나타날 것이다.

이런 점에서 대승불교는 종교로서 대중을 감격시키고 분발하게 만드는 역량을 갖추었다고 말할 수 있다. 종교로서 이미 최고의 수준에 이르렀고, 철학 사상으로도 흠잡을 데 없이 완벽하다.

다음으로 불교의 우주관을 살펴보고자 한다.

불교는 식識을 세계의 근본으로 본다. 안식眼識, 이식耳識, 비식鼻識, 설식舌識, 신식身識, 의식意識, 즉 색色, 성聲, 향香, 미味, 촉觸, 법法이 바로 전육식前六識이다. 이는 모든 이들이 아는 바이다. 다음 제칠식第七識은 말나식末那識, 제팔식第八識은 아뢰야식阿賴耶識인데, 그 의미를 번역할 수 없기 때문에 음역할 수밖에 없었다.[47] 대승불교의 제칠식인 말나식末那識은 "언제나 섬세하게 생각하며 항시 자아를 집착한다(恆審思量, 常執有我)." 우리들이 생각마다 모두 자아본위에서 출발하는 것은 바로 제칠식의 작용 때문이다.[48] 제팔식第八識은 제칠식이 일어나는 까닭이자 모든 식識의

---

47) 역주: 제칠식인 말나식은 산스크리트어 마나스(manas)를 음역한 것으로, 일종의 잠재의식이나 자아의식으로 감각이나 의식을 통괄하여 자아의식을 낳게 하는 마음의 작용이다. 제팔식인 아뢰야식은 산스크리트어 치타(citta)를 음역한 것으로 자아의식의 뿌리가 되는 보다 심층적인 의식으로 심리학에서 말하는 무의식과 유사하다.

근본이다. 반드시 이를 없애야만 모든 식이 발본색원된다. 하지만 이른바 멸식滅識은 식을 완전히 없앤다는 것이 아니라 공空의 상태에 이르는 것이다. 불교는 유有와 무無를 색色과 공空으로 표현한다. 색과 공이 서로 대립한다는 것은 범부凡夫의 소견일 뿐 부처의 눈에는 "색이 곧 공이요 공이 곧 색이다."[49] 따라서 멸식은 식을 소멸시키는 것이 아니라 결함이 있는 여덟 가지 식識을 바꾸어 지智를 이루게 하는 것이니, 이를 일러 전식성지轉識成智[50]라고 한다.

선善과 악惡은 한 몸이다. 선악동체善惡同體에 대해 부처는 물과 물결의 관계를 들어 비유했다. 물이 선이라면 물이 움직여 일어나는 물결은 악이다. 더욱 적합한 비유로 현대 의학에서 다루는 생리生理와 병리病理의 관계를 들 수 있다. 질병은 따로 존재하는 것이 아니고, 생리에 이상이 생겼기 때문에 생기는 것이다. 질병을 없애고 건강을 되찾는 일은 병리가 작용하는 본체를 없애는 것이 아니라, 정상적인 생리 상태로 회복시키는 것이다. "진여와 무명이 분리되지 않는 동체이다(眞如無明, 同體不離)." 는 말이 가능한 이유이다.[51] 행위의 좋고 나쁨은 행위의 형태를 보고 판

---

48) 모든 현상은 자아 본위에서 출발하여 인식하고, 모든 이해관계는 자아본위로 이루어 진다는 뜻이다.

49) 『반야바라밀다심경(般若波羅蜜多心經)』, "色即是空, 空即是色. 예를 들어, 낮에는 낮이 색이고 밤이 공이다. 그러나 밤이 반드시 온다는 것은 지금 겪고 있는 낮처럼 자명하다. 이렇듯 낮에는 밤이 아직 오지 않았으나 그것이 반드시 있다는 원리는 확실하다. 원리가 있다는 것은 그 현상의 존재를 의미한다. 바로 이런 점에서 지난 일은 곧 현재에 일어나고 있는 일, 미래에 일어날 일의 인(因)이 된다. 인과(因果)는 동일한 것이니 과거의 것이 사라졌다고 할 수 없다.

50) 역주: 전식성지는 앞서 언급한 여덟 가지 식(識)을 전환하여 결함이 없는 사지(四智) 로 바꾼다는 뜻이다. 아뢰야식은 대원경지(大圓鏡智), 말나식은 평등성지(平等性 智), 제육식은 묘관찰지(妙觀察智), 나머지 오식(五識)은 성소작지(成所作智)로 바뀌 니, 이를 사지(四智)라고 한다.

51) 진여(眞如)는 본체이며, 무명(無明)은 악의 기원이다. 역주: 진여는 우주 만유의 실체

단하는 것이 아니라 그 의도를 살펴야 한다. 이는 미迷(미망)와 오悟(깨달음)의 문제와 연결지을 수 있다. 미망의 상황에서 한 일은 깨달았을 때도 할 수 있다. 다만 그 의도가 달라 형식이 같을지라도 결과는 정반대다. 하나는 악업惡業52)이 되고 하나는 정업淨業이 된다. 이는 마치 어머니가 자식을 교육할 때 미성년인 아동을 노동자로 부려먹는 공장주의 방식과 같다고 할지라도 양자의 의도가 전혀 다른 것과 같다. 그렇기 때문에 "함께 사람의 길을 걸을지라도 최종적인 성취는 천양지차天壤之差이다."라는 말이 생기게 된 것이다.

그렇다면 불교는 왜 이토록 미迷와 오悟를 강조하는 것일까? 세상의 분쟁을 일으키는 가장 큰 원인은 다음 두 가지이다. 하나는 악의惡意를 품고 있는 경우이고 다른 하나는 선의를 지니고 있으되 어리석어 진리를 모르기 때문이다. 악의를 품고 있을 경우는 말할 나위 없고, 어리석은 경우에도 설사 선의를 지녔다고 할지라도 하는 일마다 잘못되거나 장래의 화근이 잠복하는 경우가 대부분이다. 사람이 우매한 까닭은 국지적인 부분에 사로잡혀 시공간적으로 전체를 보지 못하기 때문이다. 그래서 불교는 세속의 선이란 "마치 적은 양의 물을 빙산에 뿌리는 것처럼 잠시 녹은 것처럼 보이나 결국 다시 얼어 빙산도 더 크게 할 뿐이다."라고 말한 것이다. 오悟, 즉 깨달음이 중요한 것은 바로 이것 때문이다. 불교에서 각종 인생 문제는 이러한 논의를 통해 해답을 얻을 수 있을 것이다.

만약 당신이 우주의 근원에 대한 문제라든지 공간의 유, 무한이나 시간의 시작과 끝과 같은 문제를 묻는다면 불교는 우스운 이야기라며 더 이상

로서 현실적이며 평등무차별한 절대의 진리, 진성을 뜻함. 무명은 그릇된 의견이나 집착 때문에 진리에 어두운 것, 번뇌로 인하여 불법(佛法)의 근본을 이해 못하는 정신 상태를 말한다.
52) 역자: 악업(惡業)은 나쁜 과보를 가져올 수 있는 악한 행위를 말함.

대답을 하지 않을 것이다.53) 왜냐하면 우리가 인식하고 있는 세상이 모두 착오이기 때문이다. 세계에 대한 우리의 인식이 참되지 못한 까닭은 우리의 인식 방법이 잘못되었기 때문이다. 그렇다면 현재의 인식방법을 버리고 다른 방법으로 세상을 바라본다면 굳이 설명하지 않아도 답을 얻을 수 있을 것이다. 그러니 설명하기 싫어서가 아니라, 현재의 인식방법으로 세상을 바라보고 있으니 아예 설명이 불가능할 수밖에 없다.

그렇다면 어떻게 해야만 다른 인식방법으로 바꿀 수 있는가? 이는 부처의 경지까지 수행하지 않고서는 결코 이루어낼 수 없는 일이다. 부처의 인식방법이 어떤 것인지 중생의 입장에서 간파할 수 없으되 그것 현재 우리가 사용하고 있는 인식법과 크게 다르다는 점은 분명하다. 이를 우리는 '증證'이라고 한다. 그러므로 불교가 제시하는 최종 가르침인 요의了義는 "오로지 부처만 아실뿐이다惟佛能知."이니 "오로지 증證으로 상응한다(惟證相應)."

중생이 지금의 인식방법으로 세상을 인식하고 있으므로 부처의 최종의 가르침 곧 요의了義를 입증할 만한 증거물을 제시할 수는 없다. 그러니 그것을 믿는지 여부는 중생에게 달려 있을 뿐이다. 바로 이런 점에서 불교는 역시 종교가 아닐 수 없다.

다음으로 종파에 대해 살펴보겠다. 불교는 종파가 많지만 대동소이하므로 여기서 일일이 다루지 않고 특히 중요한 몇 가지 종파만 골라 이야기하고자 한다.

첫째, 유식종惟識宗, 천태종天台宗, 화엄종華嚴宗 등 삼종이다. 상종相宗이라고도 불리는 유식종은 "모든 법이 오직 식이다(萬法惟識)."라고 주장했다. 일체의 현상이 모두 심식心識에서 연유하며 결코 실재하는 것이 아

---

53) 부처에게 이런 질문을 한 이가 있었다고 하는데, 부처는 끝내 대답하지 않았다. 『금칠십론(金七十論)』을 참조하기 바란다.

니라는 뜻이다. 성종性宗이라고 불리는 천태종은 식識 자체에 대해 해설하고 있다.54) 이 두 파는 같은 주제의 양면을 다루고 있을 따름이다. 화엄종은 보살의 행상行相에 대해 기술한 것으로 중생이 따라할 수 있도록 보살의 모습을 구체적으로 그려냈다. 이상 세 가지 종파를 통틀어 교하삼가教下三家라고 한다.

둘째, 선종禪宗이다. 선종은 문자를 내세우지 않고(不立文字), 인간의 마음을 꿰뚫어 직접 본성을 보는 것(直指心源)을 강조했으며, 오로지 수증修證에만 의지했다. 그래서 이를 교외별전教外別傳이라 일컫는다.55) 선종은 다른 종파와 달리 크게 성행하여 지금까지 남아 있다. 이는 다음과 같은 두 가지 이유 때문이다.

(가) 해탈하려면 현재의 인식방법을 버리고 다른 방법으로 바꾸어야 한다. 앞서 말한 전식성지轉識成智가 바로 이런 뜻이다. 모든 교리상의 가르침이나 논쟁은 그 자체가 목적이 아니라 중생을 수증修證의 길로 인도하는 수단일 뿐이다. 그래서 교리에 치중한 다른 종파와 달리 선종은 끝까지 살아남은 것이다.

(나) 학문의 기풍은 시대에 따라 바뀌기 마련이다. 불교 교리에 대한 탐구는 유학의 의소학義疏學에 비견할 만큼 잡다하고 복잡했다. 그렇기 때문에 중당中唐 이후로 잡다하고 복잡한 연구 기풍이 침체되면서 여러 종파들이 잇달아 쇠미해졌고, 반면에 선종 홀로 성행하게 되었다.

셋째, 정토종淨土宗이다.

선종은 교리에 대해 심오하게 탐구하거나 시시콜콜 따지며 논쟁하지

---

54) 역주: 천태종의 근본 교의는 '삼제원융(三諸圓融)'이다. 세 가지란 모든 현상은 실체가 없다는 공의 진리, 임시적으로 존재하고 있을 뿐이라는 가(假)의 진리, 그렇기 때문에 양자의 진리를 포용하면서도 초월한다는 절대적인 중(中)의 진리를 말한다. 이런 점에서 저자는 '식'을 설명한 것이라고 말한 듯하다.

55) 역주: 교외별전(敎外別傳)은 가르침 외에 따로 전함 곧 마음으로써 전한다는 말이다.

않았다. 그러나 선종에서 중시하는 이른바 선정禪定은 이론적으로 상당히 심오한 사상이다. 또한 선정을 수행하는 일은 일상생활에 얽매인 이들이 할 수 있는 것이 아니다. 역시 생업에서 자유로운 유한계층有閑階級이 아니면 할 수 없다. 다시 말해 선종은 유한계층의 전유물인 셈이다. 하지만 당시 불교는 유한계층만의 전유물일 수 없었다. 그러니 다른 이들에게도 어울리는 새로운 종파가 필요했다. 이리하여 일반 대중들에게 적합한 정토종이 생겨났다. 정토종에 따르면, 중생이 살고 있는 사바세계娑婆世界 서쪽에 정토淨土라고 부르는 또 다른 세계가 존재한다. 부처 가운데 사바세계와 깊은 인연이 있는 이는 아미타불阿彌陀佛이다. 중생들이 오로지 한 마음으로 귀의하면 임종臨終 때 왕생정토往生淨土하도록 마중을 나온다고 서원誓願한 부처이다. 왕생정토하면 무엇이 좋을까? 기존의 종파에 따르면, 성불하기가 극히 어려울 뿐만 아니라 성불의 경지에 이르지 못하면 퇴전退轉을 면치 못한다.[56] 수행하는 일이 이토록 어려우니 중생은 낙심하고 의기소침하지 않을 수 없다. 하지만 성불하기 쉽지 않다는 것, 성불해야만 불퇴전不退轉을 실현할 수 있다는 것은 이미 굳어진 설로 기존의 교리를 통해 명백히 밝혀졌으니 쉽게 고칠 수 있는 것이 아니다. 정토종은 이를 만회하기 위해 퇴전하는 것은 좋지 못한 환경 때문이라고 그 원인을 다른 곳으로 돌렸다. 양호한 환경에서 서서히 수행하면 성불은 힘들더라도 중간에 퇴전하는 일은 없다는 뜻이다. 이는 중생에게 모두 성불할 수 있다는 보증을 선 것이나 다름없다. 게다가 수행 길에서 부닥칠 모든 위험과 어려움도 함께 제거해 준 셈이다. 의지력이 약한 수행자에게는 큰 힘이 되고 위안이 되었다. 뿐만 아니라 정토에 즐거움만 있을

---

56) 역주: 퇴전(退轉)이란 보리심을 잃어 수증한 도위(道位)를 잃고 본디 있었던 하위(下位)로 전락함을 이르는 말이다. 불퇴전(不退轉)은 수행에서 후퇴하지 않고 물러서지 않음을 이르는 말이다.

뿐 온갖 번뇌나 고통이 없다는 교리는 기복祈福 신앙에 매달린 이들에게
큰 희망을 주었다. 사실 정토종은 기존 불교의 일부 교리를 취소한 것이
나 다를 바 없다. 다만 취소하는 방법이 교묘하여 사람들이 눈치채지 못
했을 따름이다. 정토종은 수행 방법도 한결 쉽게 바꾸었다. 그들이 제시
한 방법은 관觀, 상想, 지명持名인데, 이 세 가지 수행법을 병행하는 것을
일러 염불念佛이라고 한다. 구체적으로 불상 앞에서 전심전념하며 바라보
는 것이 '관'이고, 불상이 없을 경우 마음으로 불상을 상상하는 것이 '상',
그리고 입으로 나무아미타불(南無阿彌陀佛)을 읊는 것을 '지명'이라고
한다.57)

불교는 지관쌍수止觀雙修58)를 귀하게 여긴다. 지止와 관觀을 동시에 수
행해야 한다는 뜻이다. 지止는 망념妄念을 일으키지 않고 마음을 비우고
고요해지도록 하는 것이다. 관觀은 방법이 다양하다. 예를 들어, 중생이
가장 두려워하는 것이 죽음이다. 그러면 날카로운 칼에 찔려 피범벅이
되는 장면을 상상해 본다. 또한 사람은 누구나 아름다운 여인이나 멋진
남자를 좋아한다. 그러면 그들이 병이 들어 추해진 모습이나 죽은 뒤 썩
어문드러진 시체를 상상해 본다. 비록 외관은 아름답지만 몸 안의 더러운
내장을 떠올려 봄으로써 자신의 욕망과 감정을 이겨내는 것이다. 또한
세상일은 얽히고설켜 번잡하기 때문에 일반 사람들은 제대로 분간하기
힘들고 때로 오인할 수도 있다. 그렇기 때문에 반드시 자세하게 관찰해야
한다. 예를 들어, 사람이 싸우는 것을 보면 싸움을 좋아하는 인간의 습성
때문이라고 보기 쉽다. 하지만 자세히 살펴보면, 교화가 제대로 이루어지

---

57) 물론 읊으면서 마음속에서는 부처의 모습을 떠올려야 한다.

58) 역주: 지(止)는 무념(無念)으로서 불생불멸(不生不滅)의 무위법(無爲法)인 진여(眞
如)의 체(體)에 부합하는 것이다. 관(觀)은 정념(正念)으로서 인연생멸(因緣生滅)의
유위법(有爲法)인 진여(眞如)의 용(用)에 부합하는 것이다. 양자를 같이 닦아야 깨달
음을 얻을 수 있다. 그래서 이를 지혜와 방편의 합일이라고 말하기도 한다.

지 않았기 때문이라는 것을 알 수 있다. 교화가 이루어지지 않은 것은 삶이 궁색하기 때문이고, 궁색한 삶은 그릇된 사회 조직 때문이다. 이렇게 자꾸 거슬러 올라가면 끝이 없을 것이다. 하지만 계속 추문하고 자세하게 살핀다면 나름의 대책이 문제의 핵심에 가까워질 것이다. 또한 이로 인해 우리의 지식도 더욱 넓어질 것이다.

지관쌍수는 의미가 포괄적이고 심오하여 어리석고 우유부단한 이들이 수행할 수 있는 방법이 아니다. 그래서 정토종은 이를 간편한 염불로 바꾸어 모든 중생이 쉽게 접할 수 있도록 했다.

그러므로 불교의 다른 종파가 모두 쇠미해진 뒤에도 선종과 정토종은 여전히 남아 상류층과 하류층 곳곳에서 널리 퍼져 지금까지 존속하게 된 것이다.

불교 교리가 깊고 심오하다는 것은 부정할 수 없는 사실이다. 그러나 불교에도 치국안민治國安民과 관련한 이론이 존재한다. 이는 『화엄경 · 오십삼참五十三參』에서 확인할 수 있다.[59] 앞서 말했다시피 불교에서 중요한 문제는 미오迷悟이다. 깨달음을 얻으면 일체 세속의 일에 달관하니 반드시 출가할 필요 없다. 하지만 불교는 속세의 모든 법을 요의了義가 아니라고 보기 때문에 결국 속세의 일을 접어야만 한다. 사회를 소멸시켜 사회문제를 해결한다는 것은 결코 사회가 받아들일 수 있는 것이 아니다. 그렇기 때문에 상당한 시간이 흐른 뒤 불교에 대한 비판이 거세지기 시작했다.

---

[59] 역주: 오십삼참(五十三參)이란 선재동자(善財童子)가 53명의 선지식(善知識)을 참방하며 배움을 청하는 내용이다. 배움을 구하기 위해 온갖 어려움을 불사하는 것을 비유한다.

송학宋學의 발전

불교에 대한 반동으로 송학이 등장했다. 송학의 연원에 대해 옛 사람들은 당대 한유韓愈로 거슬러 올라갈 수 있다고 보았다. 하지만 불교에 대한 한유의 비판은 거칠고 체계적이지 않으며 또한 그의 학설이 송학과 별로 관계가 없다는 점에서 한유를 宋學의 원류로 보는 것은 무리가 있다. 송학은 주돈이周敦頤, 장재張載에 이르러 비로소 학술체계가 세워지기 시작했고, 그것을 이어받은 이정二程(정호程顥, 정이程頤)을 거쳐 크게 발전했다. 그리고 주희朱熹, 육구연陸九淵, 왕양명王陽明을 거치면서 전성기를 구가했다.

철학은 실생활에 직접 응용할 수 있는 학문이 아니다. 하지만 만사만물에는 반드시 가장 근원적이고 궁극적인 근원이 있기 마련이다. 그러한 궁극적인 근원이 변하면 모든 일에 대한 관점이나 대처하는 방법도 달라질 수밖에 없다. 그래서 사회 풍조가 달라지면 철학도 따라서 바뀌는 것이다.

그렇다면 불학과 비교하여 송유宋儒 철학의 다른 점은 무엇인가? 송학은 불교의 인식론認識論을 묵살하고 바로 고대 중국의 우주론으로 되돌아갔다. 불교 철학의 핵심은 인식론이라 해도 과언이 아니다. 하지만 중국의 고대 철학을 보면 인식론에 대한 언급이 거의 없다. 불교는 인식론을 강조하고 비관적인 종교 사상을 발전시켰다. 양자로 인해 결국 세계가 허무하다는 인식에 다다를 수밖에 없었던 것이다. 이것이 불교의 소극성을 야기한 이유이자, 송학이 불교를 반대하게 된 가장 핵심적인 내용이다. 인식론의 테두리 안에서 불학을 반박하고 부정하는 것은 아예 불가능했기 때문에 인식론을 아예 거론조차 하지 않고 인식론을 강조하는 불교가 잘못이라고 주장했다는 뜻이다. 그렇기 때문에 송학은 불교를 반대하면서 이렇게 말한 것이다.

"석씨는 마음을 근본으로 삼았으나 우리는 천天(천리天理)을 근본을
　　삼는다(釋氏本心, 吾徒本天)."

　이른바 본심이란 곧 불교의 만법유식론萬法惟識論을 말하고, 본천本天은
세상 만물의 실재성實在性을 인정함이다. 세상 만물에는 불변의 이치가
있는데, 그것이 곧 천리天理이다. 그러므로 불교와 송학의 대립은 곧 유심
론과 유물론의 대립이라고 말할 수 있다.

　송학에서 독자적인 우주관과 인생관을 내세운 학자는 주돈이, 장재張
載, 소옹邵雍 등이다. 주돈이는 『태극도설太極圖說』과 『통서通書』에서 자신
의 학설을 자세히 밝혔다. 그는 기존의 학설을 의거하여 우주의 본체가
태극이라는 가설을 내세웠다. 태극이 움직여서 양陽을 낳고, 고요한 상태
에서 음陰이 생긴다. 태극의 움직임이 극도에 다다르면 고요해지고 극도
로 고요해지면 다시 움직이게 된다. 끊임없이 거듭되는 과정에서 화火·
수水·목木·금金·토土 등 다섯 가지의 물질이 생겨난다. 이 다섯 물질은
제각기 다른 성질을 지녔다. 인간 역시 이 다섯 물질로 구성된다. 수에
해당하는 지智, 화에 해당하는 예禮, 목에 해당하는 인仁, 금에 해당하는
의義, 토에 해당하는 신信 등이 그러하다. 이것이 시행될 때는 인仁과 의義
에서 크게 벗어나지 않으니 이를 음과 양으로 대응시켰다. 인간의 덕으로
인과 의는 모두 좋은 것이나 잘못 행해지면 악으로 바뀔 수도 있기 때문
에60) 중정中正61)을 유지해야 한다. 그래서 중정을 태극에 대응시켰다. 중
정을 잃지 않는 것을 정靜이라 한다. 이상과 같은 이유로 주돈이는 「태극
도설」에서 이렇게 말한 것이다.

---

60) 예를 들어 더위와 추위는 모두 좋은 것이지만 춥지 않아야 할 때 춥거나 덥지 않아
　　야 할 때 더운 것은 잘못됨, 즉 악(惡)이다.
61) 역주: 중정(中正)은 치우치지도 않고 기울지도 않고 지나침과 미치지 못함이 없고,
　　지극히 공평하고 조금도 사심이 없고 곧고 올바름을 이르는 말이다.

"성인은 중정中正과 인의仁義에 근거하여 마음을 수양하고 안정시켜 무욕의 정靜에 도달하고 사람의 지극한 기본 준칙을 세웠다."[62]

장재의 학설은 그의 『정몽正蒙』에서 살필 수 있다. 고대 일부 사상가들처럼 그 역시 기氣를 만물의 원질原質로 보았다. 기는 끊임없이 운동하기 때문에 모일 때가 있고 흩어질 때도 있다. 기는 모임과 흩어짐에 따라 촘촘해지거나 성겨진다. 촘촘할 때는 사람이 지각할 수 있지만, 성길 때는 사람이 느낄 수 없다. 세속사람들은 이런 현상을 유나 무로 표현하지만 그 실제는 드러남과 숨겨짐, 즉 은隱(숨겨짐)과 현顯(드러남)이다. 은현隱顯은 유명幽明(어둠과 밝음)이다. 귀신이나 인간 모두 동일한 기로 이루어져 있다. 기는 일정한 법칙에 따라 움직이는데 상황에 따라 두 가지의 기가 서로 끌릴 때가 있고 서로 배척할 때도 있다. 이는 사람의 감정에 호오好惡가 있는 까닭이다.[63] 하지만 이러한 자연적인 기氣의 끌림과 물리침이 언제나 타당한 것은 아니다. 다행히 인간의 정신은 물질에 의존하는 면이 있고 그렇지 않은 면도 있다. 말하자면 인간의 성性은 물질에 의존하는 기질의 성氣質之性과 물질에 의존하지 않는 의리의 성義理之性으로 구분된다. 사람의 중요한 임무는 의리의 성에 맞도록 기질의 성을 바꾸어 놓는 것이다. 이것이 바로 그가 내세운 수양설修養說이다. 뿐만 아니라 장재는 자신의 철학관에 근거하여 만물일체萬物一體 사상을 제시하기도 했다. 자세한 내용은 그의 「서명西銘」에서 볼 수 있는데, 이는 혜시惠施의 범애汎愛(널리 사랑함) 사상과 일맥상통한다.

주돈이, 장재와 달리, 소옹邵雍의 학설은 중국에서 이른바 술수학術數學

---

62) 주돈이(周敦頤), 『주자통서(周子通書)·태극도설』, "聖人定之以仁義中正而主靜, 立人極焉." 상해, 상해고적출판사, 2000년, 48쪽.
63) 이는 정신적인 현상의 기원을 모두 물질에 귀결하고 있는데, 아주 철저한 일원론적(一元論的) 이야기라 하겠다.

이라 불리는 학문이다. 중국의 학술은 자연 현상보다 사회 현상에 더 주목을 기울인 것이 사실이지만 자연 현상을 연구한 학자들도 일부 있었다. 그들에 따르면, 세상 만물은 모두 물질로 구성되어 있다. 물질이 구성체이므로 그 운동에 반드시 일정한 법칙이 있다. 그 법칙을 알면, 세상 만물이 변화하는 통칙을 파악할 수 있다. 그래서 그들은 세계의 기계성機械性을 발견하는 데 주력했다. 세상 만물에 규칙성이 존재하기 때문에 방대한 세상의 만사만물을 모두 연구할 수 없을지라도 일부를 통해 나머지를 미루어 짐작할 수 있다는 논리였다. 그렇기 때문에 그들은 수數를 중요시했다. 처음부터 그들은 자신의 학문을 사물을 추론하는 데 응용하려고 했을 뿐 추론의 정확성에 대해서는 기대를 걸지 않았다. 그러니 이를 통해 만사만물을 해석한다는 것은 바랄 수 있는 일이 아니었다. 하지만 일단 열심히 연구했으나 나름의 성과를 응용하고 싶은 생각이 드는 것도 당연한 일이다. 게다가 술수의 학문은 처음부터 천문이나 역법曆法과 매우 긴밀한 관련이 있었다. 그 때는 아직까지 미신의 분위기가 농후하고 세계의 규칙성에 대한 인식이 불분명하던 시대였다. 그렇기 때문에 술수의 학문을 통해 미래를 예측할 수 있다는 믿음이 생겨나기 시작했다. 세상 사람들이 신기하게 생각한 것은 일종의 정리定理를 추구한 것이 아니라 미래에 대한 예측 부분이었다. 그래서 그들의 학문에는 미래를 예측하는 학설이 적지 않았으며, 이에 따라 술수학術數學이란 이름이 붙었다.

이러한 학문을 하는 학자가 많지 않은 것은 사실이지만 그 중 몇 학자는 사람들에게 널리 알려져 있다. 소옹이 그 중에서 가장 이름을 날린 학자였다. 소옹의 학설은 『관물觀物』 내외편內外篇과 『황극경세서皇極經世書』에 자세히 밝혀져 있다. 『관물觀物』에서 소옹은 천체天體를 음과 양으로 구분하고 지체地體를 강剛과 유柔로 구분하고, 그 아래로 각기 태太와 소少의 구분을 두었다. 이로써 천지만물이 변화 생성하는 현상을 설명했다. 예를 들어, 천체에 속하는 해는 태양太陽, 달은 태음太陰, 성星은 소양少

陽, 신辰은 소음少陰이다. 지체에 속하는 화火는 태강太剛, 수水는 태유太柔, 석石은 소강少剛, 토土는 소유少柔이다. 소옹에 의하면, 양수陽燧가 해로부터 불을 얻었으니 화火는 태양인 해에 대응한다. 또한 방제方諸가 달로부터 물을 얻었으니 수水는 태음인 달과 일체一體이다.[64] 성星이 떨어지면 운석이 되고, 하늘에 해, 달, 별이 없는 곳은 신辰이 되고 땅에 산천山川이 없는 곳이 토土가 되니 석石은 성, 토는 신辰과 각각 대응한다. 세상만물의 음, 양, 강, 유의 구분은 모두 이러한 이치를 따른다. 한편 『황극경세서皇極經世書』에 따르면, 12만 9,600년이 1원元이다. 해의 수는 1원元이고 달의 수는 12회會이다. 별의 수는 360운運이고 신辰의 수는 4,320세世이다. 1세가 30년이니 30에 4,320을 곱하면 12만 9,600년이다. 소옹은 "1원이 곧 천지天地 간의 1년과 같다."[65]라고 했는데, 이는 양웅揚雄이 『태현太玄』을 지어 일 년 동안의 변화에 근거하여 유구한 우주를 탐구하고 예측하려는 것과 같은 취지라 하겠다.

소옹이 주장한 종지宗旨는 '이물관물以物觀物(만물의 이치로 만물을 관찰함)'이다. 다시 말해 객관적인 진리를 발견하기 위해 주관적인 생각을 배제해야 한다는 뜻이다. 소옹의 학설은 나름 심오하고 세밀한 부분이 적지 않다. 하지만 술수학을 중시하지 않는 중국의 오랜 관념으로 인해 그의 학문은 송학에서조차 정통 취급을 받지 못했다.

송학은 주돈이, 장재, 소옹 등의 노력으로 새로운 우주관과 인생관의 대략적인 윤곽을 만들었다. 이정二程 이후로 송학은 주로 실행에 옮기는 방법에 집중했다. 대정大程이라 불리는 정호는 "이러한 이치를 깨달았으

---

64) 역주: 양수는 해를 향해 불을 얻는 청동제 오목거울이고, 방제는 달을 향해 물을 받는 동판이다.

65) 소옹, 『황극경세서·관물내편십(觀物內篇十)』, "一元在天地之間, 猶一年也." 정주(鄭州), 중주고적출판사(中州古籍出版社), 1992년.

면, 응당 성경誠敬으로 실천에 옮겨야 한다."66)고 주장했다. 그렇다면 어떻게 해야 깨달을 수 있는가? 대정의 아우인 정이, 즉 소정小程은 이렇게 말했다. "마음을 기를 때는 반드시 경敬으로써 실천하고 학문을 닦을 때는 치지致知가 필요하다."67) 치지致知(지혜로 나아감)의 방법은 격물格物(사물의 이치를 탐구함)이다. 말하자면 세상 만물의 이치를 궁구窮理함으로써 활연관통豁然貫通의 경지에 이르기를 추구하는 것이다. 언뜻 보면 일리가 있는 말이다. 혹자는 세상의 수많은 사물들을 어떻게 일일이 다 궁구할 수 있느냐고 반박했지만 이는 그의 말을 잘못 이해했기 때문이다. 왜냐하면 송유宋儒가 궁구하는 대상은 오늘날의 물리학자가 말하는 물리物理가 아니라 일을 대처하는 방식을 뜻하기 때문이다. "모자와 신발은 착용하는 신체 부위가 다르고, 봉황새와 부엉새는 깃드는 둥지가 다르듯이, 세상만물은 각기 다르기 마련이다. 또 홍수를 막다가 실패한 곤鯀을 순舜이 죽였지만, 우禹는 그에게 교사郊祭를 지냈다는 이야기에서 보듯이 사람 역시 다른 법이다."68) 증국번曾國藩의 이야기도 같은 이치이다.

세상 만물을 전부 다 궁구할 수는 없지만 일을 대처하면서 날이 갈수록 식견이 넓어지며 능숙해지는 것은 분명하다. 그러므로 격물格物을 사람의 심신心身을 떠난 객관적인 탐구로 간주하는 것은 잘못된 생각이다. 격물과 관해 우리는 다음 두 가지 의문을 제기할 수 있다. 첫째, 마음을 닦지 않아도 격물할 수 있는가? 둘째, 마음을 닦는 데 격물이 가장 적합한 방법인가? 바로 이런 의문으로 말미암아 후에 소정을 추대한 주희와 더불어 학계를 양분하여 쌍벽을 이룬 육구연陸九淵은 '즉물궁리卽物窮理'의 학문

---

66) 정호, 「식인(識仁)」, "識得此理, 以誠敬存之."

67) 주희, 『근사록』, "涵養須用敬, 進學在致知."

68) 증국번(曾國藩), 「답유맹용서(答劉孟容書)」, "冠履不同位, 鳳皇鴟鴞不同棲, 物所自具之分殊也. 鯀湮洪水, 舜殛之, 禹郊之, 物與我之分際殊也." 역주: 곤(鯀)은 우(禹)의 부친으로 알려져 있다.

이 지리멸렬하다면서 무엇보다 '본심지명本心之明'부터 밝혀야 한다고 주장했던 것이다.

　왕수인王守仁이 등장하면서 육씨(육구연)의 학설을 한층 더 발전시켰다. 왕수인은 마음의 영명함靈明을 앎知으로 보았다. 사람은 선과 악을 가리고, 시와 비를 분간하는 지각을 가지고 있지만 그것은 익혀서 습득하는 것이 아니다. 아무리 혼매하더라도 마음의 영명함은 사라지지 않는다. 그것을 일러 양지良知라고 한다. 그는 '지知'와 '행行'은 일치한다고 보았다. 『대학』에 따르면, 이는 "마치 악취를 싫어하고 아름다운 것을 좋아하는 것과 같다."[69] 악취를 맡아 악취라는 것을 알고, 아름다운 것을 보고 아름다움을 인지하는 것은 '지知'의 범주에 해당한다. 그리고 악취를 싫어하고 아름다운 것을 좋아하는 것은 '행行'의 범주에 들어간다. 이렇듯 사람은 누구나 악취를 맡으면 악취를 싫어하고, 아름다운 것을 보면 그 아름다운 것을 좋아하게 된다. 반대로 악취를 맡고 난 뒤에 별도의 마음이 생겨 싫어하거나 아름다운 것을 본 다음에 별도의 마음이 생겨 좋아하게 되는 것이 아니다. 그런 까닭에 "알고도 행하지 않는 것은 아는 것이 아니다."[70]라는 말이 가능해진다. 아무리 무지하고 가려져 있다할지라도 양지良知가 사라진 것은 아니기 때문에 우리가 두려워하고 경계해야 할 것은 선과 악, 시와 비를 분간하지 못하는 것이 아니라 알면서도 행하지 못함이다. 그렇기 때문에 양지를 바탕으로 실천할 수 있도록 최선을 다하는 것이 바로 '치양지致良知'이다. 아무리 성인이라고 할지라도 어떤 일을 대처하는 모든 방법을 다 알 수는 없다. 하지만 양지를 가리는 그늘을 제거하여 영명함을 유지하면 배워야 할 때 배우고, 도움이 필요할 때 도움을

---

69) 『대학』, "如惡惡臭, 如好好色." 앞의 책, 256쪽.

70) 왕양명, 『전습록주소(傳習彔注疏)·전습록상(傳習錄上)』, "知而不行, 只是未知." 상해고적출판사, 2012년, 10쪽.

청할 수 있으니 걱정할 필요가 없다. 마음의 영명함이 지知이다. '지'의 대상은 물物이다. 마치 하나의 거울처럼 '지'만 있으면 모든 것을 비추어 볼 수 있다. 그래서 주자는 '즉물궁리即物窮理', 즉 사물로 나아가 그 이理를 궁구해야 한다고 주장했다. 이 역시 마음을 닦는 데 공을 들여야 한다는 뜻이다. 그러나 왕수인은 여기에서 한 걸음 더 나아가 "고요한 마음에서 깨달음을 얻고 구체적인 일에서 양지를 단련한다(靜處體悟, 事上磨鍊)."고 말했다. 마음을 고요하게 만드는 것도 하나의 공부이고, 구체적인 일을 실천하면서 스스로 단련하는 것 역시 하나의 공부이니, 양자 가운데 어느 하나 빠뜨릴 수 없다.

이정二程과 주희는 덕성을 함양할 때 반드시 경敬의 마음자세를 가지고, 학문에 임할 때는 반드시 치지致知하도록 해야 한다고 주장했다. 이는 도덕적 함양과 지식 습득을 두 가지로 나누어 보는 관점이다. 육구연은 먼저 본심의 밝음(本心之明)을 밝혀야 한다고 주장하여 양자의 순서를 바꾸었지만 양자의 합일까지 이른 것은 아니다. 하지만 왕수인의 관점은 이들과 달리 양자의 합일에 이르렀다. 이런 점에서 이학理學에서 주희, 육구연을 거쳐 왕수인에 이른 것은 변증법적 발전이라고 할 수 있다. 그러나 세상에는 두 가지 부류의 사람이 있다. 하나는 매사에 자잘한 일부터 시작하기를 좋아하는 사람이고 다른 하나는 무슨 일이든 요강要綱부터 세우기를 좋아하는 사람이다. 그렇기 때문에 사람들은 왕수인의 학설을 육구연과 유사하다고 보고 육왕陸王이라고 병칭하는 것이다. 세상에 이처럼 두 부류의 사람이 존재하니 그들 나름대로 각기 일을 처리하는 방법이 있기 마련이고, 이에 따라 서로 다른 결과를 낳는 것 역시 당연하다. 그래서 장학성章學誠은 주희와 육구연의 차이에 대해 이렇게 말한 것이다.

"주희와 육구연의 학문은 천고千古에 동이同異를 합칠 수도 없고 동이가 없을 수도 없다."[71]

새로운 문화가 나타나 구문화를 대체하는 과정에서 구문화의 장점을 수용하는 것은 당연할뿐더러 변증법적인 진리이기도 하다. 송학과 불학의 관계도 마찬가지이다. 그 중에서 가장 현저한 부분은 다음 두 가지이다. 첫째, 자기 자신에게 엄격한 규율을 요구했다. 둘째, 이론을 철저하게 세웠다. 예를 들어 정치를 논할 때는 왕자王者와 패자霸者의 구분을 명확히 했고, 사람을 논할 때는 군자와 소인을 엄격하게 구분했다. 이렇게 치밀하고 심오한 이론이나 엄격한 규율은 자신에게 적용할 경우 별 무리가 없지만 일을 행할 때 억지로 적용시키면 오히려 속박되고 방해만 될 뿐이다.

또한 송대 이학자들은 속세의 일에 무관심한 불교의 소극적인 태도를 비판했지만 수양의 방법론에서는 불교에서 많은 부분을 수용했다. 그렇기 때문에 그들이 제시한 수양의 방법론에 따를 경우 오로지 내심의 수양에 몰두하여 실천은커녕 학문조차 방기하게 될 것이다. 송대에 이미 송학의 일파인 영가永嘉학파나 영강永康학파가 이에 대해 반대한 적이 있다. 엽적葉適과 진부량陳傅良이 주도한 영가학파는 송학이 사공事功(공적, 일의 성취)을 게을리 하고, 실학實學에 대한 고찰을 소홀히 하는 폐단을 비판한 바 있고, 진량陳亮이 주도한 영강학파는 특히 왕자와 패자의 엄격한

---

71) 『문사통의(文史通義) · 주육(朱陸)』, "朱陸爲千古不可合之同異, 亦千古不可無之同異也." 역주: 같은 책에 보면 다음과 같은 내용이 나온다. "주자는 도문학(居敬窮理를 통한 앎)에 편중하여 육구연을 배운 학자들은 주희의 학문이 지리멸렬하다고 비판했고, 육구연은 '존덕성'에 편중하여 주희를 배운 학자들은 육구연의 학문을 허무(虛無)하다고 비판했다. 각기 편중된 바가 있어 문호를 다투는 것은 인지상정(人之常情)이다(然謂朱子偏於道問學, 故為陸氏之學者, 攻朱氏之近於支離. 謂陸氏之偏於尊德性, 故為朱氏之學者, 攻陸氏之流於虛無. 各以其所畸重者, 爭其門戶, 是亦人情之常也)." 북경, 중화서국, 중화경전명저전본전주전역총서(中華經典名著全本全注全譯叢書), 2012년, 372쪽. 본서의 저자가 사람의 성격 운운한 것은 바로 이것에서 발단한 것으로 보인다. 원문에서 인용한 문장에 오류가 있어 장학성의 원문에 따라 교정했다.

구분에 관한 주희의 관점을 극력 반박한 바 있다. 이들은 모두 구체적인 실천과 공적을 강조한 학파였다. 하지만 영가학파와 영강학파는 주희와 육구연의 학문과 근본적으로 같았다. 청대에 들어와 안원顔元과 이공李塨 역시 이에 대해 극력 반대하는 태도를 보였는데, 그들은 심성을 수양하는 데 치중하는 것 자체를 반대하면서 오로지 실무實務에 전념해야 한다고 주장했다. 이는 송학을 뿌리까지 완전히 부정하는 것이었다.

근래에 들어와 중국학자들이 그저 말만 할 뿐 실행에 옮기지 않음을 비판하면서 안이顔李(안원과 이공)의 학설을 들먹이는 이가 많아지고 있다. 하지만 안이의 이론은 독보적인 학설을 주장하는 학파이기는커녕 그 이론 자체가 천박하다. 물론 사회가 발전하면서 분업이 날로 세분화하는 것은 당연하다. 어느 한 가지 일을 여러 사람이 나누어 역할을 맡아 누구는 연구에 종사하고 또 누구는 실행에 옮길 수도 있다. 이는 어렸을 때는 배우고 성인이 되어 실행에 옮기는 것과 다를 바 없다. 하지만 안원과 이공의 주장은 심히 지나쳐 만약 그들 주장대로 행동한다면 결국 망동妄動이 되고 말 것이다. 설사 그들의 주장이 지나친 것이 아니라고 할지라도 그들이 주장하는 내용이 천박한 것은 틀림없다. 그러니 그들 두 사람의 학설은 성립할 수 없다.

이론적으로 송학을 비판한 인물로 대진戴震을 들 수 있다. 대진은 송학에서 천리天理와 인욕人欲의 구분을 지나치게 강조하여 다음 두 가지 폐단을 초래했다고 비판했다. 첫째, 인정人情을 무시했다. 사람들은 누구나 먹고 마시며, 남녀 간의 욕정을 지니기 마련이다. 이는 사람에게 없어서는 안 되는 감정이자 욕망이다. 그러나 송학은 이를 전혀 가치 없고 하찮은 것으로 여겼다. 둘째, 송학에 따르면, 윗사람은 이치理에 근거하여 아랫사람에게 요구하고 책망할 수 있지만 아랫사람은 자신의 감정을 윗사람에게 호소할 수 없다. 상호 의사 전달의 통로가 막힌 셈이다. 이로 인해 시비를 가리지 않고 명분만 따지는 사회가 형성되고 사람과 사람 사이가 갈수록 각박해지고 매정해진다.

대진이 제시한 첫 번째 폐단은 송학 말류의 폐단일 뿐 송학의 본의가 아니다. 다만 두 번째 폐단은 송유들이 봉건시대의 사회 질서를 동경하고 추구한 데서 비롯된 것이기 때문에 본질적인 문제이다. 대진의 비판은 나름 일리가 있는 것 같으나 실은 병의 근원을 제대로 파악했다고 말할 수 없다. 그렇기 때문에 그의 해결 방책 또한 어설펐다. 그는 이理를 버리고 정情을 살리면 사람과 사람이 어울리고 지내는 데 별 문제가 없다고 주장했다. 하지만 이는 조잡하고 견강부회한 주장일 따름이다. 과연 지금의 사회나 문화에서 인정人情만 믿고 행한다면 천하가 태평해질까? 대진은 결코 무모하거나 맹목적인 학자가 아닌데 어찌 이리 천박한 방안을 내놓았는지 이해할 수 없다.

청대의 학술

송학이 쇠퇴한 후 송학을 대체할 만한 독보적인 사상 체계가 나오지 않았다. 그래서 양계초梁啓超는 『청대학술개론』에서 "청대 학술은 그저 방법론일 뿐 무슨 주의主義로서 학술운동이 아니다."[72]라고 정확하게 지적한 바 있다. 기본적으로 말하면 청대의 고증학考證學은 송학의 한 갈래에 지나지 않았다. 송학 중의 육왕학파는 독서를 그리 중요시하지 않았지만, 정주학파는 그렇지 않았다. 주희는 각종 서적을 널리 섭렵하여 박학하기 이를 데 없는 학자였다. 그의 후학인 왕응린王應麟 등은 특히 고증에 꼼꼼하고 신중하였다. 청학의 선구자는 명 말기의 대유大儒들로 소급할 수 있는데, 그 중 특히 청대의 고증학과 밀접한 관련이 있는 고염무顧炎武

---

72) 양계초, 『청대학술개론(淸代學術槪論)』 참조.

는 정주학파와 관련이 있다.[73]

청대 이른바 순한학純漢學이라 불리는 학파는 사실 건륭乾隆, 가경嘉慶 시기에 와서야 비로소 형성되었다. 그 이전까지 학문은 한학漢學과 송학 가운데 좋은 부분을 두루 수용하였고, 연구 방법도 송학과 크게 다르지 않았다.

청대 학술의 성취는 심도 있는 연구와 객관적 태도에 있다. 옛일의 진상眞相을 밝히는 데 근거가 되는 자료가 불완전하고 정확치 않으며, 자료의 해석 또한 지극히 어려운 상황에서 학자들은 자료 교감校勘, 유실된 자료 수집輯佚에 치중했고, 특히 고문헌을 해독하는 방법(예를 들어 훈고訓詁)에 최선을 다했다. 덕분에 일실되었던 고서를 다시 찾고, 불분명한 고의古義 가운데 새롭게 밝혀진 것도 제법 많아졌다. 또한 문제를 해결하는 방법 면에서도 경험이 많아짐에 따라 주관적인 억측으로 얻은 결론을 아무리 객관적이고 공정하다고 여길지라도 연유를 조사하고 밝혀 판단한 것보다 못하다는 것을 깨닫게 되었다. 그리하여 한학과 송학을 절충하던 기존의 학문 연구는 한학과 송학을 구분하여 각자의 특성을 밝히는 것으로 바뀌었고, 연구의 주의主義 역시 기존의 구시求是(올바름을 구함)에서 구진求眞(참됨을 구함)으로 전환되었다.[74] 이제야 비로소 청학이 송학의 한계를 돌파했다고 말 할 수 있다. 하지만 그 돌파는 연구 방법상의 돌파였을 뿐, 사상 체계상 스스로 일가를 이루기에는 역부족이었다.

종지宗旨 면에서 청학이 송학과 구별되어 점점 독립적인 지위를 갖게 된 것은 도광道光, 함풍咸豐 연간에 금문경학이 새로 흥기한 이후의 일이다. 서한 때 경사經師의 경설은 선진先秦으로부터 전수받은 것이다. 선진

---

73) 고염무는 경세(經世)를 중시했다는 점에서 영가학파에 가까웠다.

74) 구시(求是)를 추구하지 않았다는 것이 아니라, 구진(求眞)을 추구함으로써 구시했다는 뜻이다.

때 사회 조직은 진, 한 시절과 크게 달라졌기 때문에 동한 이후의 사람들은 금문경학에 대해 이해할 수 없는 부분이 많았다. 이후 금문경학의 전수가 끊어지면서 금문경은 한동안 사람들에게 잊히고 말았다. 청유淸儒들은 학파를 구분하면서 한유漢儒도 나름대로 여러 갈래가 형성되었다는 사실을 발견했다. 그래서 연관된 자료를 수집하고 가려내는 작업에 심혈을 기울였고, 이를 통해 금문경 자료를 새롭게 발견하고 그것의 경의經義도 다시 밝혀냈다. 청대의 금문경학 연구는 의리義理에 신경 쓰지 않고 오로지 자료를 수집하고 가려내는 일에만 집중하는 학파 외에 경설에 대한 한유漢儒들의 이견異見에 주목한 학파도 있었다. 상주常州의 장존여莊存與(1719~1788년)와 유봉록劉逢錄(1776~1829년)은 청대 금문경학 가운데 경설에 대한 이설을 연구하는 학파의 창시자이다. 이후 그들의 학문은 공자진龔自珍(1792~1841년), 위원魏源(1794~1857년) 등이 계승하여 더욱 발전시켰다. 또한 요평廖平(1852~1932년)과 강유위康有爲(1858~1927년)가 이를 이어받아 경생經生이 아닌 경세經世의 학문으로 발전시켰다.75)

하지만 요평廖平 만년의 학설은 황당무계한 부분이 있다. 물론 그가 위서緯書76)를 원용하여 유가사상을 거의 무한대로 확장하려고 했던 것은 당시 시대의 격변에 영향을 받은 것일 수 있다. 하지만 그는 경학 연구에 매진한 일개 경생經生일 뿐이었다. 그의 사상은 시대의 영향을 받았으나

---

75) 역주: 경생(經生)은 원래 한대에 박사를 칭하는 말이었다. 이후 경서를 연구하는 학자를 통칭했다. 경세(經世)는 일반적으로 경세치용의 학문, 즉 세상을 다스리는 데 실질적인 도움을 주는 학문을 말한다.

76) 역주: 위서(緯書)는 중국 전한 말기부터 후한에 걸쳐서 유학의 경전인 경서(經書)에 대응하여 만들어진 책들로 상고시대의 참위사상(讖緯思想)으로 유학의 경전을 해석하고 설명하는 것이다. 유가(儒家)의 경전인 경서(經書)에 대칭되는 위서(緯書)로는 시위(詩緯)·역위(易緯)·서위(書緯)·예위(禮緯)·악위(樂緯)·춘추위(春秋緯)·효경위(孝經緯) 등 7권의 위서(緯書)가 있다. 또 참위신학이 금문경학과의 관계가 깊은데, 참위신학에서는 유학을 유교로, 공자를 유교의 시조로 섬기기도 하였다.

그가 내세운 학설은 시대의 변화와 간극이 심했다. 결국 학계에 별다른 영향을 끼칠 수 없었다.[77]

그러나 강유위는 달랐다. 강유위는 경학經學 연구에서 요평을 따라잡을 수 없었지만 사상적 포부 면에서는 요평보다 훨씬 거창하고 또한 체계적이었다. 원대한 이상을 품었던 강유위는 옛사람의 학설을 빌어 자신의 이상을 설명했다. 그는 『춘추春秋』에 나오는 삼세설三世說을 제시하여 진화의 원리를 설명하고 나아가 개혁의 필요성을 역설했다. 또한 탁고개제託古改制[78]를 통해 개혁의 정당성을 확보하고자 노력했다. 그의 최종적인 이상은 대동大同 세상이었다. 그의 주장은 원대한 이상을 품고자 하는 중국인들의 사상에 부합했을 뿐만 아니라 개혁이 절실했던 중국의 현실에도 들어맞았다. 그렇기 때문에 강유위의 사상이 한 때를 풍미했던 것이다.

하지만 객관적으로 말하자면 강유위의 사상은 현대 학술 사상의 변화에 선구적인 역할을 했을 뿐이다. 이렇게 말하는 이유는 무엇인가? 학술이란 변통해야 발전한다. 무릇 사물이 극도로 발전하면 변화가 생기는 법이다. 송宋, 명明 이래 학술사상은 이미 막바지에 이른 느낌이었다. 서학이 유입되지 않아도 중국의 학술사상은 자체적으로 변화하지 않을 수 없는 상황이었다는 뜻이다. 그런 상황에서 서학이 유입되었다. 그렇다면 이에 힘입어 자체 발전을 도모할 수 있다면 기꺼이 받아들이고 굳이 거부할 이유가 없지 않겠는가? 더구나 당시 서구의 연구방법론은 훨씬 과학적이며 치밀하여 중국의 학계가 따라잡을 수 없는 수준이었다. 강유위 역시 변법자강 운동을 통해 서양의 학문과 제도를 적극적으로 받아들일 것을

---

77) 역주: 강유위는 요평(廖平)의 「지성(知聖)」, 「벽유(辟劉)」 등의 영향을 받아 『공자개제고(孔子改制考)』, 『신학위경고(新學僞經考)』 등을 저술했다고 한다.

78) 탁고개제(託古改制)는 옛 것에 근거를 두어 제도를 개혁한다는 뜻이다. 강유위는 『공자개제고』에서 공자를 옛 것에 기탁하여 제도를 개혁한 개혁가로 서술하고 있다.

주장했다. 그러나 거기까지였다.79) 여하간 그가 선구자의 역할을 한 것은 분명하다. 이후에도 계속해서 몇 명의 걸출한 사상가들이 중국 학술사상의 전환에 선구적인 역할을 했다. 일단 전환의 필요성을 절감하게 되자 그 뒤를 이은 것이 바로 서양 학술의 방대한 유입이었던 것이다.

중국 학술 사상의 변화와 가장 관계가 깊은 학자는 양계초梁啓超(1873~1929년)이다. 이런 점에서 양계초는 다음 세 가지 장점을 지니고 있었다. 첫째, 양계초는 새로운 과학에 대한 지식이 풍부했다. 둘째, 이를 사회에 적응시켜 적극적으로 소개할 수 있었다. 셋째, 사람들의 흥미를 유발할 수 있도록 학설을 빌려 현실을 비판할 줄 알았다.

근대 서학의 유입

서학이 수입된 후 중국인들의 이에 대한 태도가 몇 차례 바뀌었다. 처음에는 서학 수용을 오랑캐四夷 문화로 중국의 예악문화를 바꾸려는 시도라고 주장하며 극력 반대했다. 이후 중국의 학문을 토대로 서양의 학문을 수용한다는 중체서용中體西用으로 바뀌었다. 마지막은 이른바 전반서화全般西化이다. 당시 사람들은 전통적인 예교禮敎가 사람을 잡아먹는다고 비판하면서, 공자의 가게를 타도하자(打倒孔家店)는 구호를 외치고 데모크라시(德謨克拉西, democracy)와 사이언스(賽因斯, science)를 기꺼이 맞이

---

79) 역주: 강유위는 1898년 변법자강책을 통해 과거제도 및 각종 경제개혁을 시도했다. 이는 일본의 메이지유신과 유럽의 근대화에 대한 연구가 바탕이 된 것이 분명하다. 이런 점에서 그는 서구사상의 중국 유입의 선구자 역할을 했다. 그러나 이후 그는 입헌군주제를 고집하면서 복벽(復辟)을 시도하는 등 당시 민중들의 생각과 전혀 다른 길로 나아갔다. 결국 그의 개혁은 실패로 끝나고, 이후 중국 전통문화를 보존하는 쪽에서 더 이상 나아가지 않았다. 이 점이 그의 제자인 양계초와 크게 다른 점이다.

하여 모든 것을 서구화하자고 주장했다. 하지만 이상 세 가지는 모두 한 때의 편파적인 견해에 불과하다.

근대 구미歐美에서 가장 먼저 발달한 분야는 자연과학이다. 그것이 전체 학술사상의 변화, 즉 세상을 바라보는 관점이나 일에 대처하는 방법 등에 가져온 변화는 기존의 학설과 비교할 때 단지 정도의 문제에 지나지 않았다. 사회과학 분야의 변화 역시 마찬가지이다.

하지만 향후 문화의 변화는 특정 분야 또는 지엽적인 부분의 변화가 아니라 사회 전체의 변화이다. 이는 단지 중국만의 문제가 아니라 서구 여러 나라들도 똑같이 직면하게 될 문제이다. 다시 말해 중국과 서양 각국을 포함한 세계 모든 민족, 국가가 서로 손잡고 함께 새로운 길에 나서야 한다는 뜻이다. 어느 민족, 국가든 옛 전통에 사로잡혀 변화를 거스를 수는 없다. 반대로 민족의 전통을 모두 저버리고 다른 민족의 것으로 모든 것을 대체할 수도 없다. 다른 민족의 것을 전반적으로 받아들일 수 있는 민족도 존재하지 않는다. 현재 상황에서 볼 때 모든 나라, 민족의 상황이 여의치 않고 심지어 좋지 못한 부분까지 서로 닮아 있기 때문이다.

여러 학문 분야에서 우리에게 앞길을 안내하고 또한 다른 학문이 각기 역할을 발휘하도록 해주는 학문을 들자면 아마도 사회학이 그러할 것이다. 일체의 현상은 모두 전체 사회의 국지적인 부분이며, 그것의 변화는 전체 사회로부터 제약을 받기 마련이다. 그렇기 때문에 오직 전체 차원에서 살펴야 지엽적인 사회 현상을 제대로 해석할 수 있다. 하지만 사람들은 이를 모르고 지엽적인 현상만 설명하려고 애썼다. 그러니 오류가 생길 수밖에 없다. 이는 이전 사람들이 전체 사회가 연구 대상이 될 수 있다는 것을 미처 몰랐기 때문이다. 하지만 이제 상황이 달라졌다. 전에 없던 사회학이 생겨났기 때문이다. 전체를 아우를 수 있는 사회학이 등장함으로써 문화의 유래와 연유를 밝힐 수 있고, 그것의 옳고 그름에 대해 공정한 평가를 내려 향후 우리가 나아가야 할 길을 안내해 줄 수 있다.

예를 들어 문명이 발달할수록 풍속이 야박해졌다는 것은 주지의 사실이며, 어쩔 수 없는 현실로 받아들여져 왔다. 해결할 방법이 무엇인가? 여태껏 쌓아온 문명을 버릴 수도 없고 또 버려서도 안 된다. 그렇다고 사회 풍속이 나날이 야박해지는 것을 그대로 내버려 둘 수도 없는 일이다. 수 천년동안 세계 여러 문명국들이 도덕을 선양하거나 정치를 개량함으로써 이를 바로 잡기 위해 끊임없이 노력해왔다. 하지만 이미 그다지 효과가 없다는 것이 입증된 바 있다. 인도人道가 이미 막바지에 이르러 더 이상 찾을 길이 없게 된 것인가?

하지만 사회학이 출현함으로써 그 해답을 찾게 되었다. 풍속이 야박해지는 것은 좋지 못한 사회조직의 문제일 뿐 문명과 전혀 상관이 없다는 것이다. 사회조직을 철저하게 개량할 수 있다면 문명은 우리에게 더욱 큰 혜택을 가져다 줄 것이다. 이것이 사회학이 우리에게 보여주는 희망찬 앞날이다.

사회학의 출현과 발전은 세계 여러 나라에 산재한 야만인의 문화가 주목 받게 된 것과 사전史前史(선사시대의 역사) 연구를 통한 새로운 발견과 관련이 깊다. 우리는 이러한 발견을 통해 사회조직이 우리가 생각했던 것보다 훨씬 다양하며, 현재의 사회조직은 특정한 사실에 의해 형성된 것이지 결코 천경지의天經地義로 절대적인 것이 아니라는 점을 깨달았다. 향후 우리의 사회조직은 무한한 변화의 가능성을 품고 있다. 뿐만 아니라 그것을 바꾸는 방식도 예전과 다를 것이 분명하다.

문학의 변천

이상 중국 학술 사상의 큰 변화에 대해 논술했다. 이어서 고대 중국의 문학과 사학에 대해서 간략하게 살펴보겠다.

문학에서 운문韻文이 산문散文보다 일찍 나타나는 것은 보편적인 현상이다. 고대 중국 문학도 마찬가지이다. 현존하는 선진 시대 전적을 살펴보면, 확연히 다른 두 가지 문체를 발견할 수 있다. 하나는 구절이 가지런하며 운율이 있는 운문이고 다른 하나는 마치 구어처럼 들쑥날쑥한 구절로 이루어진 산문이다.

산문은 대개 동주 시기부터 보편적으로 사용되면서 서한 때 절정에 이르렀다. 산문체가 널리 쓰임에 따라 사람의 의사를 전달하기가 보다 편해졌다. 언어와 문자가 크게 다르지 않았다는 뜻이다. 이런 점에서 산문체는 문학을 크게 진보시켰다고 말할 수 있다.

서한西漢 말년부터 문장을 지을 때 화려한 수사로 아름다움을 추구하는 기풍이 일어났다. 당시 추구한 문장의 아름다움은 다음 세 가지이다. 첫째, 대우對偶로 이루어진 미사여구美辭麗句를 많이 사용한다. 둘째, 지나치게 길거나 짧은 구절은 사용하지 않는다. 셋째, 미감을 불러일으킬 수 있는 표현을 많이 쓴다. 그 결과 한위체漢魏體 변문騈文이 점차 형성되었다. 한위체 변문은 산문에 비해 자구를 꾸미고 운율을 강구하는 것 외에 크게 달라진 것이 없었다. 하지만 이후 미사여구만을 추구하는 풍조가 날로 심해지면서 제齊, 양梁 시기의 변문은 문장만 화려할 뿐 내용 전달이 난해한 쪽으로 흘렀다. 당시에 사용하던 실용적인 문체를 필筆이라고 했다.80) 필은 속자俗字나 속어俗語가 섞여 있었을 뿐 자안字眼이나 전고典故81)가 문文보다 많지 않았다. 하지만 그 어조는 당시의 문과 비슷하고

---

80) 역주: 육조 시대 사람들은 무운(無韻)의 글은 '필', 유운(有韻)은 '문'으로 구분했다. 유협(劉勰), 『문심조룡(文心雕龍)·총술(總術)』, "今之常言, 有文有筆, 以爲無韵者筆也, 有韵者文也)." 북경, 중화서국, 2012년, 487쪽.

81) 역주: 자안(字眼)은 한 편의 글 중에서 저자의 취지나 이미지의 전달에 아주 정확하고 핵심이 되는 글자를 말한다. 전고(典故)는 시나 문장 작성 시 인용되는 고대의 고사나 유래 등을 말한다.

구어와 달라 실용에 적합하지 않았다. 이렇듯 적지 않은 폐단이 노출되면서 문체에 대한 과감한 개혁이 필요했다. 당시 개혁은 다음 세 가지 길이 있었다. 첫째, 구어를 사용하는 것이다. 하지만 문자가 상류나 중류층 사회의 전유물이었던 당시에는 허용될 수 없는 일이었다. 둘째, 고문古文을 모방하는 방법이 있다. 소작蘇綽이 고문의 문체를 모방하여 『대고大誥』를 지은 것이 그 예이다. 하지만 완벽한 의사 전달에는 역시 어려움이 있었다. 그러므로 세 번째의 방안을 택할 수밖에 없었다. 셋째는 동시대의 표현을 고문의 의법義法, 즉 아직 화려해지기 이전의 어법으로 당시 사람들의 언어를 운용하는 것이다. 이는 성공적이었다. 당대 한유韓愈와 유종원柳宗元 이후로 사람들이 점차 이런 방식을 선호하면서 산문체가 다시 성행했다. 다른 한편으로 변려문도 나름대로 용도에 따라 사용되었으며, 이때부터 변문과 산문이 서로 다른 문체로 갈라졌다.

송대는 산문이 보편적인 문체였지만 변문도 나름 독특한 정취를 자아냈다. 송사륙宋四六이라고 부르는 당시 변문은 기운생동氣韻生動하여82) 변문 중의 산문이라는 미칭을 갖기도 했다.

시가詩歌는 또 다른 형식의 문체이다. 글이 입말에서 기원된 체제라면 시詩는 가요歌謠에서 비롯된 문체이다. 그러므로 시는 발생 때부터 구어와 달랐다. 근자에 제멋대로 쓴 산문을 시라고 부르는 일이 종종 있는데,83) 그렇게 부르기 전에 시詩의 정의부터 수정해야 할 것이다.

고대의 시는 대체로 노래로 부를 수 있었다. 현재까지 전해지는 가장 오랜 시가는 『시경詩經』과 『초사楚辭』이다. 한대에 와서 음악에 대한 사람들의 성향이 달라져 제씨制氏84)에 의해 대대로 전해 내려온 아악雅樂은

---

82) 역주: 기운생동(氣韻生動)이란 기품(氣稟), 품격(品格), 정취(情趣)가 생생하게 약동(躍動)함을 말한다.

83) 역주: 문학혁명 이후 시작된 신체시(新體詩)를 지칭한 것으로 보인다.

여전하였으나 사람들에게 사랑을 받지는 못하였다. 그래서 한 무제 때 신성악부新聲樂府를 설치하여, 조국趙國, 대국代國, 진국秦國, 초국楚國의 민요를 채집하고, 이연년李延年으로 하여금 그것에 맞추어 음률을 창작하게 했으며, 사마상여司馬相如 등으로 하여금 사辭(가사)를 짓도록 했다. 그렇게 만들어진 것이 곧 한대의 노래로 부를 수 있는 시, 즉 악부樂府이다. 이후 고대의 시는 읊기만 하는 오언시五言詩로 바뀌었다. 혹자는 이를 시체詩體의 퇴화라고 말하지만 단지 옛 것을 숭상하는 숭고崇古주의에 따른 오해일 따름이다. 무릇 사물은 발전될수록 세분하는 것처럼 시가 역시 읊는 시와 음악과 어울어진 가사歌詞로 나뉘어지는 것이 오히려 시체의 발전이다.

한대 악부樂府도 수隋, 당唐 시기에 와서는 사람들의 사랑을 받지 못하고 음악과 분리되고 말았다. 대신 외국에서 들어온 연락燕樂이 유행했다. 가락에 맞춰 문자를 넣기도 했는데(塡詞), 이것이 발전한 것이 바로 사詞이다. 사詞는 양송兩宋 시기에 극도로 성행했다. 하지만 원대에 이르자 또 다시 음악과 별개로 읊조리기만 하는 것으로 바뀌었고, 음악을 넣어 노래할 수 있는 시는 남곡南曲과 북곡北曲밖에 없었다. 청대로 넘어오면서 곡보曲譜에 맞춰 가사를 넣기도 했으나 대부분 음악과 어우러지지 못하고 읊기만 하는 시가 되고 말았다.

시가 노래로 부를 수 있는 가요에서 기원하였다는 점에서 중국시는 악부樂府, 사詞, 곡曲 등이 모두 포함되어야 한다.

한 민족의 가요는 쉽게 변하지 않는다. 오늘날의 산가山歌 소리와 가락이 여전히 한대의 악부와 일치한다는 점에서 이를 확인할 수 있다. 그러므로 새로운 음악이 전래되지 않으면 시체詩體는 변화하기 힘들다. 하지

---

84) 역주: 제씨(制氏)는 서한(西漢) 시기 아악(雅樂)의 성률(聲律)에 능한 집안으로서 대대로 대악관을 지냈던 집안.

만 각국 간의 교류가 잦아진 오늘날에는 새로운 음악이 유입될 기회가 얼마든지 있다. 그러므로 중국 사람들이 새로 전래된 가락에 익숙해져 입으로 쉽게 흥얼거리게 되고 그것으로 우리의 정서까지 표현할 수 있게 될 때, 새로운 시체는 탄생할 수 있을 것이다.

문학이 처음 생겨났을 때는 말과 글이 일치했을 것이다. 이후 양자가 분리된 것은 다음 두 가지 이유 때문이다. 우선 날이 갈수록 사회 상황이 복잡해지면서 사람에 따라 교육 수준이 달라졌다. 다음으로 입말은 끊임없이 변화하지만 종이에 쓴 글은 쉽게 바뀌지 않는다. 그러나 모든 글이 문언으로 쓰인 것은 아니었다. 어느 시대에도 구어체를 사용한 글이 존재했다. 예를 들면 다음과 같다. 선종과 송유宋儒의 어록語錄. 원대의 조령詔令. 한산寒山과 습득拾得의 시. 근대에 들어와 일반인들에게 선행을 권유하는 글이나 저작 등도 모두 구어체를 사용했으며, 평화平話(백화白話)를 사용한 작품들도 마찬가지이다. 그 가운데 가장 널리 사용되는 문체는 역시 평화平話이다. 예전에는 문언文言과 백화白話가 쓰이는 분야가 제각기 달랐다. 하지만 요즘 들어 백화의 사용 범위가 넓어졌다. 그 이유는 두 가지다. 첫째, 교육의 보급에 따라 교육이 더 이상 유한계층의 특권이 아니다. 뿐만 아니라 교육의 내용도 많이 달라져서 더 이상 문자 익히기에만 한정되지 않는다. 둘째, 사회 발전에 따라 어휘가 계속 확충되기도 하고 기존의 표현이 달라지기도 한다. 하지만 문언文言은 바뀌지 않으므로 적절한 표현을 찾을 수 없어 백화로 바꿔 써야 하는 경우가 많아졌다. 이런 점에서 백화문의 사용 범위가 넓어진 것은 자연스런 발전 추세라고 할 수 있다. 따라서 옛것을 고집하여 백화문의 발전을 막으려는 이는 결국 실패할 것이고, 그렇다고 새로운 것을 좋아하는 이가 백화문의 발전을 전부 자기의 공으로 돌려 의기양양해 하는 것도 마땅한 일이 아니다.

이른바 고문古文은 대부분 고대의 말이다. 그 중에 후대 사람이 고대의 어법에 따라 만든 것도 일부 존재한다. 하지만 그것은 글로만 존재하였을 뿐, 입말에 쓰인 일은 없다. 하지만 글말도 광의의 언어 범주에 속한다. 또 나름의 용도가 있으므로 폐지할 수 없는 것은 당연하다. 더구나 종이 위의 글말이 구어에 흡수되어 입말이 된 경우도 종종 볼 수 있다. 그러므로 무조건 문언체文言體를 반대하는 것도 편파적인 견해라 할 수 있다.

문이제도文以載道[85]나 문귀유용文貴有用[86]은 근세 학자들이 심하게 비판하는 관점이다. 하지만 그러한 주장이 진부한 면이 있기는 하나 전혀 일리가 없는 것은 아니다. 서양 문학이론을 수용한 근대 학자들은 순문학純文學을 중시하고, 잡문학雜文學을 가벼이 여기는 경향이 있다. 물론 이것이 틀린 견해라고 말할 수는 없다. 하지만 이치를 따지고 사리를 논하는 논설문은 잡문학이고 자연의 경치를 묘사하거나 정감을 표현하는 것만이 순수한 문학이라고 하는 것은 매우 피상적인 관점이다. 미美의 본질은 그 사회성에 있다. 예를 들어 사회성을 적극적으로 발현한 굴원屈原, 두보杜甫의 작품에서 나타나는 조국애와 충성 등이 그러하다. 소극적인 사회성은 왕유王維와 맹호연孟浩然의 작품이 자아낸 한적閒適을 예로 들 수 있다. 전자의 경우는 누구나 쉽게 이해하고 알 수 있다. 후자의 경우 과연 그러한 작품이 사회성이 있는지 의문을 제기하는 이도 있을 것이다. 그러나 그렇지 않다. 적극적인 사회성이 사회를 보다 적극적으로 선한 쪽으로 나아가도록 만들려는 것이라면, 소극적인 사회성이 담긴 작품은 사회의 악한 세력에 대한 비복종非服從의 태도를 보여주는 데 목적이 있기 때문이다. 따라서 후자의 경우 비록 아무런 노력조차 하지 않는 듯 보이지만 다음과 같은 면에서 적극적인 사회성을 지닌 작품과 같은 기능을 갖는다.

---

85) 역주: 문이제도(文以載道)는 글에 도를 실어야 한다는 주장이다. 송, 주돈이(周敦頤), 『주자통서(周子通書 · 문사(文辭)』, "文所以載道也." 상해, 상해고적출판사, 2000년, 39쪽.
86) 역주: 문귀유용(文貴有用)은 글의 실용성을 우선시해야 함을 강조하는 주장이다.

첫째, 작품을 통해 사회의 반면을 드러낸다. 둘째, 이로써 사회의 사악한 세력을 줄이는 데 도움을 준다.

이른바 미문美文은 표면적으로 마치 아름다운 경치를 묘사한 것처럼 보이지만 그 깊은 곳에 이러한 요소(사회성)가 내재되어 있다. 다시 말해 시나 사詞는 반드시 기탁하는 바가 있어야 정취가 살아나기 마련이다. 기탁하는 바 없이 경관의 아름다움만을 노래하는 작품에서 오히려 천박한 느낌을 지울 수 없는 까닭이 바로 여기에 있다. 그러므로 다루는 내용이 우국우민憂國憂民이든 풍화설월風花雪月이든 간에 어떤 소재를 막론하고 좋은 문학작품의 관건은 바로 사회성의 유무에 있는 것이다. 앞서 말한 '문이재도'나 '문귀유용' 등의 설은 진부하다는 점에서 단점이 있기는 하지만 사회성이 풍부한 작품이라는 점에서 무조건 부정할 수 없다. 따라서 그런 작품 가운데 사회성이 풍부한 것을 훌륭한 작품으로 인정한다고 해서 전혀 식견이 없다고 말할 수는 없다. 다만 글에 도道를 실어야 한다거나 사회성을 강조해야 한다고 하면서 문장의 형식적 아름다움을 소홀히 하는 것이 문제일 따름이다.

사학의 변천

중국 사서의 역사는 꽤 유구하다. 『예기·옥조玉藻』에 따르면, "(천자는) 움직이면 좌사가 이를 기록하고, 말을 하면 우사가 이를 기록한다."87) 정현의 주에 따르면, "이렇게 전해진 사서로『춘추春秋』와『상서尚書』가 있다."88) 대체로 맞는 말이다. 『주례』에 소사小史란 관직이 나오는데, 국

---

87) 『예기정의·옥조(玉藻)』, "動則左史書之, 言則右史書之." 앞의 책, 877쪽.
88) 『예기정의·옥조』, 정현의 주, "其書,『春秋』,『尚書』其存者." 위의 책, 877쪽. 이와

군國君, 공경公卿, 대부大夫 등의 세계世系를 기록하는 벼슬이다. 그들이
전한 것이 바로『제계帝繫』와『세본世本』이다. 중국에서 가장 오래된 사서
『사기史記』에 수록된「본기本紀」,「세가世家」등의 편목들은『춘추』,『제
계』,『세본』에 근거하여 편찬한 것이다.『사기』의「열전列傳」은 말을 기
록하는 기언記言의 역사 기록 체재에서 기원했다. 기언의 역사 기록은『상
서尙書』라 하는데, 상고시대의 책이라는 의미에서 붙여진 이름이다. 하지
만 원래 제목은 어語였을 것이다. 마치 오늘날의 훈계나 연설을 기록하는
것처럼 어語는 원래 천자의 말을 기록한 것이다. 이후 기록의 내용을 확대
하여 모든 가언嘉言을 기록했고, 나아가 가언과 반대인 유언莠言(좋지 않
은 말)도 가끔 기록했다. 이는 경계의 의미였다. 말을 기록한 것은 본래
그 기인起因과 결과를 대략 적어 본사本事에 대비하기 위함이다. 그것이
확대되어 모든 의행懿行(훌륭한 행위)은 물론이고 그것과 반대인 악행惡行
까지 기록하게 되었다. 이러한 기록 방식은 갈수록 널리 퍼져 대국大國의
국군은 물론이고 명경名卿, 대부大夫, 심지어 학술계의 유명인들까지 영향
을 주었다. 예를 들어 나라별로 편찬한 것은『국어國語』라고 했고, 한 사람
의 언행言行을 분류하여 기록한 것은『논어論語』라고 이름을 지었다. 한
사람과 관련한 대사건을 기록한 것도 있는데,『예기・악기』에서 무왕의
일을 기술하면서「목야지어牧野之語」라고 말한 것이 그 좋은 예이다.『사
기』의 경우「열전列傳」의 내용을 다른 편목에서 다시 언급할 때 대개「**
어語」로 적기도 했는데,[89] 이를 통해「열전列傳」이 사실은 어체語體의 역

달리『한서・문예지』는 "우사가 사건을 기록하고, 좌사가 말을 기록한다(右史記事,
左史記言)."(북경, 중화서국, 1962년, 1715쪽)고 했는데, 이는 틀린 말이다.『예기정
의・제통(祭統)』은 "사관은 임금의 오른편에 서서 문서를 들고 책봉의 명령을 낭독
한다(史由君右, 執策命之)."(위의 책, 1357쪽)고 했다. 이는 우사가 사건이 아닌 말을
기록했다는 또 다른 증거이다.

89)「진본기(秦本紀)」에서 상앙(商鞅)이 효공(孝公)에게 변법에 대해 말하면서 "그 일은

사 기록 체재에서 기원했음을 짐작할 수 있다. 또한 『안자춘추晏子春秋』와 『관자管子』에 수록된 「대광大匡」, 「중광中匡」, 「소광小匡」 역시 어체語體 형태로 기록된 것들이다. 이외에도 전장제도典章經制를 기록하는 팔서八書 역시 사관史官에서 기원한 것이다. 다만 구체적으로 어떤 관직의 사관에서 기원된 것인지 알 수 없을 따름이다.

사관 기록 외에 민간에서 자체적으로 기록하여 전해진 사서도 있다. 우선 학사學士나 대부大夫가 남긴 역사 기록으로 춘추시대 진秦나라 대부인 위강魏絳과 오나라 대부이자 군사가인 오원伍員(오자서伍子胥)이 소강少康, 후예后羿, 한착寒浞에 관해 남긴 기록이 그러하다.90) 이외에 재야의 노인네가 전한 역사적 이야기도 있다. 『맹자』에 보면 함구몽咸丘蒙이 전한 이야기가 제동야인齊東野人에게 들은 것이라고 말하는 대목이 나오는데, 제동야인은 제나라 동쪽 사는 촌사람이란 뜻이니 어떤 형태이든 그가 남긴 역사적 기록(혹은 구술)임에 틀림없다.91)

고사古史를 말하자면 대개 위에서 기술한 몇 가지 상황에서 크게 벗어나지 않는다. 진시황의 분서焚書에 대해 언급하면서 『사기 · 육국표六國表』

「상군어(商君語)」에 기록되어 있습니다(其事在商君語中)."라고 했다.

90) 『좌전』 양공(襄公) 4년, 애공(哀公) 원년, 그리고 『사기 · 오태백세가(吳太伯世家)』에 나온다. 역주: 소강(少康), 후예(后羿), 한착(寒浞)에 관한 고사는 다음과 같다. 하나라 첫째 왕 계(啓)가 왕위에 오른 후, 음주와 가무, 사냥을 좋아했고, 그 뒤를 이은 태강(泰康)도 정치를 돌보지 않아 동이계인 후예(后羿)에게 쫓겨났다. 그러나 후예도 그의 신하인 한착(寒浞)에게 실권을 빼앗겼다. 태강이 왕위에서 쫓겨나 죽자, 동생인 중강(中康)이 그 뒤를 이었다. 중강의 아들 상(相)은 같은 성씨인 짐심(斟鄩)과 짐관(斟灌)에게 의탁하였는데, 그들 모두 한착의 공격을 받아 죽고 말았다. 다행히 임신 중이던 상의 부인이 간신히 도망하여 친정인 유잉(有仍)씨에게 의탁하여 소강(少康)을 낳았다. 이후 소강이 순의 후예 유우(有虞)씨의 도움으로 한착을 쫓아내고 하 왕조를 되찾아 국력을 길렀다.

91) 역주: 관련 문장은 『맹자 · 만장』에 나온다. "孟子曰, 否. 此非君子之言, 齊東野人之語也." 앞의 책, 253쪽.

는 "제후국의 사기史記(사서)의 피해가 가장 심했다."고 했다. 이로 보건
대, 당시 제후국의 사관이 기록한 사서가 대부분 손실되었음을 알 수 있
다. 민간에 보존된 책들은 그나마 피해가 덜했을 것이다. 또한 특히 죽백
竹帛에 적히지 않고 구전의 형태로 전해진 것들은 아무런 영향을 받지
않았다.

역사 자료가 풍부하다는 것과 사학가의 식견은 별개의 문제이다. 고대
의 사관은 비록 전문적인 관직이라고 하나 관례에 따라 맡은 일을 수행하
는 관리일 따름이다. 또한 민간에 떠도는 이야기는 주로 놀랍고 신기하다
는 생각에서 전해지거나 옛 사람의 말과 행동을 알아 자신의 덕을 기른다
는 말처럼 선인들을 앙모하는 마음에서 비롯된 것이 대부분일 것이니 그
들에게 사가의 식견을 기대하는 것은 무리일 수 있다. 바로 이런 점에서
사마담司馬談과 그의 아들 사마천司馬遷의 위대함이 도드라진다. 그들 부
자에 이르러 비로소 당시 모든 사료를 망라한 사서의 걸작이 탄생했기
때문이다. 당시 사람들이 보기에 중국이 곧 천하天下, 즉 세계였다. 그들이
알고 있는 세계가 전부였다는 뜻이다. 『태사공서太史公書』,[92] 즉 『사기』는
천하인 중국 외에도 다른 나라, 다른 민족의 역사를 빼지 않고 기록했다.
다시 말해 중국의 국별사國別史를 넘어 세계사世界史의 비약을 이룩했다
는 뜻이다. 이는 사체史體의 일대 진보가 아닐 수 없다.

이후 점차 국가 차원에서 사서의 중요성을 인식하기에 이르렀다. 후한
때부터 나라에서 조서를 내려 난대蘭臺, 동관東觀 등에서 사서 편찬을 하도
록 했다. 위진 이후로 사서 편찬을 담당하는 전문적인 관직을 두기 시작했
다. 관련 자료를 수집하고 보존하며 편찬하는 일은 많은 비용이 드는 일이

---

[92] 『태사공서(太史公書)』는 오늘날 『사기』의 본래 이름이다. 『한서 · 예문지』에도 『사
기』를 『태사공서』라고 썼다. 원래 사기(史記)는 사서를 통틀어 가리키는 이름으로,
오늘날 역사(歷史)의 의미이다. 『태사공서』는 최초의 사서이다. 이후 사람들은 기존
의 통칭을 서명으로 삼고, 다른 사서는 별도의 이름을 붙였다.

기 때문에 반드시 국가적 차원에서 물적 지원을 해야만 했다. 다만 그렇게 모은 사료가 그리 많지 않았기 때문에 구체적인 사서 찬술撰述 작업은 몇몇 개인이 담당했다. 그래서 남북조 이전까지 사서 편찬은 국가가 지원하되 자료를 수집하고 편찬하는 일은 한 두 명의 학자들이 맡았다. 그렇기 때문에 아직까지 개인 저술의 범위를 크게 벗어나지 못했다.

하지만 당대 이후로 자료가 많아지자 이를 수집하고 정리, 분류, 보전, 편찬하는 일을 학자 몇 명이 감당할 수 없었다. 그리하여 기존에 한 두 명의 학자들이 담당했던 사서 편찬은 수많은 학자를 소집하여 공동으로 편찬하는 쪽으로 바뀌었다. 개인 저술과 집단 찬수纂修. 이전 학자들은 양자 가운데 대개 개인 저술을 선호하는 경향을 보였다. 하지만 이는 편견에 불과하다. 일단 방대한 사료를 개인이 모두 다룬다는 것 자체가 불가능하다. 뿐만 아니라 예전 정사正史는 다양한 분야를 포괄하고 있기 때문에 한 사람이 관련 지식을 두루 정통할 수가 없다. 학술적인 면에서도 마찬가지이다. 당대에 편찬된 『신진서新晉書』(지금의 『진서』)는 많은 학자들이 공동으로 참여하여 완성한 사서인데, 집단 찬수의 성공적인 사례라고 할 수 있다.

정사 찬수의 역사에 관해서는 『사통史通』에 수록된 「육가六家」, 「이체二體」, 「고금정사古今正史」, 「사관건치史官建置」, 그리고 졸저 『사통편史通評』에 수록된 몇 편의 문장을 참조하시기 바란다.93)

기존 사서 편찬은 내용면에서 정치에 큰 비중을 두었다. 정치를 다룰 때에도 특히 나라의 흥망성쇠와 전장제도典章經制에 집중했다. 정사 가운데 기전紀傳은 주로 전자, 지志는 후자를 자세히 다룬다. 편년사編年史는 전자에 치중하고, 통전通典이나 통고通考 등의 사서는 후자를 보다 상세하게 다루는 것이 특징이다. 하지만 내용상의 완전함은 '기전표지체紀傳表志

---

93) 여사면(呂思勉), 『사통편(史通評)』 상무인서관, 1934년.

體(기전체와 표, 지를 망라한 사서)'만 못하다. 때문에 후세의 공령功令94) 은 오로지 '기전표지체'만을 정사로 삼아 활용했다. 하지만 편년체와 『통전通典』이나 『통고通考』와 같은 정서政書는 열람하기에 편리하여 역대로 학자들이 중시했다. 이는 기존의 사부史部에서 핵심을 이루는 부분이다. 기전체는 인물 중심으로 편찬하고, 편년체는 시간의 흐름에 따라 기록한다. 하지만 양자 모두 특정한 역사 사건의 전모를 파악하기 쉽지 않다는 한계가 있다. 그래서 원추袁樞가 『자치통감資治通鑑』을 바탕으로 『통감기사본말通鑑紀事本末』을 편찬한 후로 기사본말체紀事本末體가 점차 널리 행해졌다.

중국의 사학은 송대에 비약적인 발전을 거두었다. 구체적으로 다음 아홉 가지 사실에서 이를 확인할 수 있다.

첫째, 당대 이후로 개인이 저술한 사서가 드물었다. 하지만 송대 구양수歐陽修는 혼자의 힘으로 『신오대사新五代史』를 펴냈다. 『신당서新唐書』는 구양수歐陽修와 송기宋祁가 공동으로 저술한 것이지만 이 역시 개인 저술의 성격이 강하다. 이는 참으로 대단한 업적이 아닐 수 없다.

둘째, 편년체 사서는 삼국三國 이후로 거의 나오지 않았다. 하지만 송나라 때 사마광司馬光은 고금을 관통하는 『자치통감資治通鑑』을 펴냈고, 주희는 『통감강목通鑑綱目』을 편찬했다. 『자치통감』에 비해 『통감강목』은 서사敍事 면에서 정교함이 덜하지만 체례體例는 보다 합리적이다.95)

---

94) 역주: 공령(功令)은 나라에서 학자를 대상으로 시험을 치르거나 과거에 사용하는 문체를 말한다.

95) 『통감(通鑑)』도 정연한 체계를 갖추었으나 목록과 요강이 없어서 열람하는 데 극히 불편하다. 그 때문에 사마광이 따로 『목록(目錄)』, 『거요(擧要)』를 만들었다. 그러나 『목록』은 원고와 부합하지 않고 『거요』는 주자가 「답반정숙서(答潘正叔書)」에서 비판한 바와 같이 "사건의 전모를 파악할 수 있을 만큼 상세하지 못하고 또한 쉽게 검색할 수 있을 만큼 간략하지도 못하다는 흠이 있다(詳不能備首尾, 略不可供檢閱)." 비록 이런 단점이 있기는 하지만 『통감』에 비해 『통감강목』은 보다 진보한

셋째, 전장제도를 다루는 사서의 발단은 당대 두우杜佑의『통전通典』이다. 그러나 송대 마단림馬端臨이 지은『문헌통고文獻通考』는 자료 수집이 월등하고 분류 또한 더욱 정밀하다. 자료 수집이 더욱 빠짐없어 상세할 뿐만 아니라 그 분류도 훨씬 자세하고 정교하였다. 이외에도 동시대의 장고掌故를 기록한 회요체會要體[96] 사서도 만들어졌다. 뿐만 아니라 이러한 체재를 사용하여 전대前代의 사실史實에 대한 정리 작업도 이루어졌다.

넷째, 정초鄭樵가 고금을 관통한『통지通志』를 펴냈다. 비록 정확성과 정교함이 부족하나 기백이 대단한 사서이다.

다섯째, 송대 동시대의 사료史料들이 빠짐없이 수집되어 보존되었다. 예를 들면 이도李燾의『속자치통감장편續資治通鑑長編』, 이심전李心傳의『건염이래계년요록建炎以來繫年要錄』, 서몽신徐夢莘의 『삼조북맹회편三朝北盟會編』, 왕칭王偁의『동도기략東都紀略』등이 있다.

여섯째, 주나라 이전의 고사古史는 성격상 다르다. 그런데 송대에 와서 이에 대한 보다 상세하고 심화된 연구가 이루어졌다. 대표적인 업적은 유서劉恕의『통감외기通鑑外紀』, 금리상金履祥의『통감강목전편通鑑綱目前編』, 소철蘇轍의『고사고古史考』, 호굉胡宏의『황왕대기皇王大紀』, 나필羅泌의『노사路史』등이 있다.

일곱째, 송대에는 외국사에 대한 연구도 활발히 이루어졌다. 이에 관한 저술로 엽융례葉隆禮의『거란국지契丹國志』, 맹공孟珙의『몽달비록蒙韃備錄』등을 꼽을 수 있다.

여덟째, 송대에는 고고학 방면에서도 커다란 발전을 이룩했다. 구양수의『집고록集古錄』, 조명성趙明誠의『금석록金石錄』은 기존의 전적 외에

체례이다.

96) 역주: 회요체는 소면(蘇冕)의『회요(會要)』를 계승한 전지체(典志體)의 역사 서술 방법이다. '회요'는 조정의 전장제도의 핵심을 모았다는 뜻이다.

고고학적 자료를 활용한 것들이다.

아홉째, 예사倪思의 『반마이동평班馬異同評』, 오진吳縝의 『신당서규무新唐書糾繆』등은 모두 송대에 나온 사서들인데, 역사 사실에 대한 고증이 기존의 것에 비해 훨씬 정밀해졌다.

이상 9가지 사실을 통해 송대의 사학이 대단한 발전을 이룩했음을 확인할 수 있다.

원명元明 시기에 와서 사학의 발전이 다시 수그러들었다. 이는 부실했던 당시의 학풍과 관련이 없지 않다. 하지만 명대 학자들은 동시대 사료史料에 대해 그나마 신경을 써서 정리했다. 청대에 문자의 옥(文字之獄)이 크게 일어나는 바람에 학자들은 감히 당시의 역사 사실에 대해 왈가왈부할 수 없었다. 이로 인해 당시 사학계는 고증학에 치중한 반면 치용致用은 소홀했다. 그러므로 당시 사료는 관수官修의 사서와 비전碑傳 밖에 없다. 하지만 청대의 고증학은 매우 발달했다. 그렇기 때문에 고증학의 연구방법과 성과를 역사 연구에 적용했다면 틀림없이 기존의 연구를 보완하고 수정하는 데 큰 도움이 되었을 것이다.

이렇듯 다양한 사서가 편찬되었지만 이와 달리 사학 이론 연구는 오히려 드물었다. 사학 연구서로 첫 번째 꼽을 수 있는 것은 당대 유지기劉知幾의 『사통史通』이다. 내용이 체계적이고 조리가 있으며, 비교적 합리적인 이론서이다. 『사통』은 기존 역사 연구방법론이 대체적으로 틀리지 않았다는 전제 하에 이를 보완하거나 수정하는 방식을 취했다. 이와 달리 장학성章學誠은 사실로 돌아가 역대의 역사 연구방법론이 타당한지 여부를 논하고, 향후 역사 연구를 어떻게 해야 할 것인가에 대해 연구했다. 그의 식견은 유지기보다 훨씬 탁월했다. 다만 이러한 차이는 개인적인 학식의 차이라기보다는 시대의 차이에서 기인하는 것이다. 유지기가 살았던 당대는 아직까지 사료가 많지 않았기 때문에 두루 편람하지 못할까 걱정할 이유가 없었다. 그저 기존 사가들이 사용한 방법에 따라 찬술하면 별 무리가 없었다. 하지만 장학성의 시대는 달랐다. 이미 다양한 사료가 존재했고, 서술 방식도 서로 달랐다. 그러니 새로운 방법을 모색할 수밖에 없었다. 물론 장학성과 같은 뛰어난 식견을 지닌 사람은 그리 많지 않다. 장학성은 이미 사서와 사료가 다르다는 것을 인식하고 있었다. 그래서 사료를 보존할 때는 무엇보다 완비함을 중시해야지만 사서를 편찬할 때는 사료에 대한 취사선택이 엄밀해야 하고 무엇보다 객관적인 관점을 취해야 한다고 주장했던 것이다. 이러한 그의 역사관은 오늘날의 신사학新史學97) 관점과 일맥상통한다. 다만 당시에는 그의 연구를 보조할 수 있는 관련 학문이 나오기 이전이라 신사학만큼 정밀하지 못할 따름이다. 여하간 그의 식견에 탄복하지 않을 수 없다.

---

97) 역주: 신사학(新史學)은 기존의 전통적인 사학관을 비판하면서 등장한 새로운 사학 이론을 말한다. 양계초는 「신사학」이란 장문의 글에서 "사학은 가장 방대하고 가장 중요한 학문으로 국민의 밝은 거울이며 애국심의 원천이다."라고 말한 바 있다. 『음빙실문집(飮氷室文集)』9, 「신사학」 1쪽.

18

종교宗教

종교의 원리와 기초

어느 민족이든 종교에 대한 신앙이 없는 민족은 없을 것이다. 이는 문명의 개화 여부와 상관이 없다. 학문은 개별 현상을 연구 대상으로 삼지만 종교는 전반적인 인생 문제의 해결에 취지를 두고 있다. 그렇다고 종교가 지식에 대한 추구를 소홀히 하는 것은 아니다. 그러므로 종교는 감정적으로 사람을 만족시킬 뿐만 아니라, 지적인 측면에서도 사람들이 궁금해 하는 문제에 대한 답을 제시하기 위해 노력한다. 처음 종교가 생겨났을 때는 아마도 인생의 문제를 해결하기에 충분했을 것이다. 하지만 종교가 일단 신앙의 대상으로 뿌리를 내리게 되면 문제가 생겨날 수 있다. 시대의 변화와 달리 종교의 교리는 변화하기 어렵고, 또한 무조건 관용의 태도를 유지하기도 쉽지 않다. 그러므로 일정 기간이 지나면 종교가 오히려 사회 발전을 저해하는 걸림돌이 되기 일쑤이고 심지어 미신으로 취급받기도 한다.

사람들의 감정적, 지적 욕구를 충족시켜 주는 종교의 교의는 시대와 상황에 따라 변해야 마땅하다. 그래서 때로 어떤 종교는 명목은 변함이 없지만 환경에 따라 교의가 달라지는 경우도 있다. 자연계의 법칙에 무지했던 원시시대 사람들은 모든 사물이 자신들과 마찬가지로 지식이나 감정, 그리고 의지를 지닌 존재로 은연중에 살아가고 있다고 믿었다. 외계의 모든 변화가 바로 그들에 의해 이루어진다고 여긴 것이다. 그래서 늘 외부의 모든 것들에 대해 경외의 마음을 가졌다. 그 중에서도 그들이 기구祈求하는 대상은 거대한 능력을 지닌 불가사의한 존재였다. 형체를 지닌 사물이 숭배의 대상이 되기도 했지만 그들이 경외하고 기구한 것은 사물의 형체가 아니라 그 안에 존재하는 정령精靈이었다.

사람들은 왜 보이지 않는 무형의 것을 믿었던 것일까? 원시 사람들은 생물과 무생물의 차이에 무관심했다. 또한 동물과 식물, 사람과 동물이 구별된다는 사실조차 정확하게 인식하지 못했다. 그저 세상만물을 모두 사람과 같은 존재로 취급했던 것이다. 특히 사람들이 흔히 경험하면서도 쉽게 설명할 수 없는 현상은 꿈과 죽음이었다. 분명 잠이 들었는데, 여전히 무언가 보이고 들리며 심지어 어떤 일을 행하고 있기도 하다. 그런가 하면 조금 전까지만 해도 분명 자신과 다를 바 없는 사람이었는데 어느 순간 아무런 지각조차 없는 시체가 되고 만다. 그러니 사람의 몸 안에 별도의 주인이 존재할 것이라는 말 외에 달리 설명할 방법이 없다. 여기에서 한 걸음 더 나아가 사람이 그러하니 당연히 다른 사물도 마찬가지로 그 안에 존재하는 정령이 있을 것이라고 믿었던 것이다. 오랜 세월 사람에게는 영혼이 존재하고, 천지나 일월日月, 산천에는 신령이 존재하며, 오래된 나무나 괴이한 암석, 심지어 여우나 뱀 등이 요괴로 바뀔 수 있다고 믿었던 것은 바로 이러한 관념에서 비롯했다. 오늘날 비록 자연계의 법칙을 알게 되고, 생물과 무생물, 동물과 식물, 사람과 동물이 다르다는 사실을 분명하게 인지하고 있음에도 불구하고 이러한 관념은 여전히 사라지지 않고 있다.

고대 신앙의 변화

인간이 숭배하는 신령의 세계靈界는 상상으로 지어낸 허무한 세계로 인간세계의 반영이다. 그러므로 인간 사회의 조직 형태가 바뀌면 신령의 세계도 따라서 변한다. 인간의 사회조직이 부족사회에서 봉건사회로 발전함에 따라 신령 세계도 비슷한 변화를 겪었던 사실을 통해 이를 확인할 수 있다.

부족시대에는 신령이 한 부족의 수호신으로 다른 부족의 신령과 적대적인 관계에 있는 경우가 일반적이다. 『좌전』 희공僖公 10년에 나오는 다음 기록이 이를 보여준다.

"신령은 같은 종족의 제사가 아니면 흠향歆饗하지 않고, 사람 역시
같은 종족의 신령이 아닌 경우는 제사를 올리지 않는다."[1]

공자도 "자신이 모시는 귀신이 아닌데도 제사를 올리는 것은 아첨함이다."[2]라고 말한 바 있다. 하지만 봉건사회에 접어들면서 각 부족의 신령은 더 이상 각기 독립적인 존재가 아니라 서로 일정한 관계를 맺는 존재가 되었다. 따라서 인간사회처럼 신령의 세계도 존비尊卑나 상하의 등급에 따라 구분되어야 마땅했다. 당시 종교가宗教家들이 직면한 과제는 신령을 분류하는 일과 같은 부류에 속하는 신령들의 등급 관계를 정하는

---

1) 『춘추좌전정의』 희공(僖公) 10년, "神不歆非類, 民不祀非族." 앞의 책, 363쪽.
2) 『논어주소・위정』, "非其鬼而祭之, 諂也." 앞의 책, 26쪽.

일이었다. 『주례·대종백大宗伯』에서 그 예를 찾아볼 수 있다. 이에 따르면, 신령의 세계는 천신天神, 지기地祇, 인귀人鬼, 물매物魅 등 네 부류로 구분할 수 있다. 네 부류 가운데 지위가 가장 높은 것은 천신이고, 그 아래로 지기, 인귀, 물매의 순이다. 천신에는 일월성신日月星辰, 풍우風雨 등이 포함되고, 지기는 산악山嶽, 하해河海 등이 포함된다. 이외에 총천신總天神과 총지기總地祇가 따로 있다. 인귀의 가장 중요한 신은 조상신이고, 별도로 큰 공적을 세운 자나 덕행이 높은 모든 이들이 포함된다. 물매는 그 수가 많아 일일이 다 헤아릴 수 없다. 천신, 지기, 인귀 등은 대개 본성이 선한 경우가 대부분이지만, 물매는 선악이 일정하지 않다.

이상은 수 천 년 전부터 전해져 내려온 중국 사람의 가장 보편적인 귀신 사상이다.

봉건사회에 접어들면서 신령의 세계는 점차 서민으로부터 멀어져 갔다. "천자는 천지에 제사를 지내고, 제후는 경내境內의 명산, 대천에 제사를 지낸다."[3] 『예기』의 기록에서 볼 수 있다시피 신령은 더 이상 일반 서민들이 감히 제사를 올릴 수 있는 존재가 아니었다. 이미 등급이 정해져 있으니 아무나 제사를 지낼 수도 없었다. 그래서 계씨季氏가 태산에서 여旅(천자나 제후만이 드릴 수 있는 제사)를 올리자 공자가 이는 바른 예가 아니라고 비판했던 것이다.[4] 그러니 일반 서민들의 경우 언감생심 어찌 제사를 지낼 수 있겠는가?

천신으로 호천상제昊天上帝 외에 사시四時의 화육化育을 주재하는 오제五帝가 있다. 동방의 청제青帝 영위앙靈威仰은 봄의 생성春生을 주관하고, 남방의 적제赤帝 적표로赤熛怒는 여름의 성장夏長, 서방의 백제白帝 백초거白招拒는 가을의 수확秋成, 북방의 흑제黑帝 즙광기汁光紀는 겨울의 저장冬

---

3) 『예기정의·곡례』, "天子祭天地, 諸侯祭其境內名山大川." 앞의 책, 155

4) 『논어주소·팔일』, "季氏旅於泰山." 앞의 책, 31쪽.

藏을 관장한다. 그리고 중앙의 황제黃帝 함추유含樞紐는 사시의 화육을 두루 관장한다.

전설에 의하면 각 조대의 시조는 모두 상제上帝의 아들이었다. 예를 들어 강원姜嫄은 제곡帝嚳의 왕비였지만 그녀의 아들 후직后稷은 제곡의 아들이 아니었다. 전설에 따르면, 어느 날 들에 나온 강원이 거인의 발자국을 발견하였는데, 그녀의 한 쪽 발이 거인의 엄지발가락보다도 작을 정도로 컸다. 이를 기이하게 여기고 그 발자국을 밟았더니 문득 태기가 생겨 아들을 낳았는데, 그가 바로 후직이다. 은나라의 시조 설契의 경우도 유사한 설화가 남아 있다. 설의 어머니 간적簡狄 역시 제곡의 왕비였으나 설은 제곡의 아들이 아니다. 전설에 의하면 어느 날 목욕하러 간 간적이 제비玄鳥가 알을 떨어뜨리는 것을 보고 그것을 받아서 삼켜 잉태하여 설을 낳았다. 이를 '감생感生'5)이라고 한다. 이처럼 설과 계는 모두 상제의 아들이니 그들의 자손들은 천명을 받아 천자인 셈이다. 여기서 우리는 이미 천과 제帝가 구분되고 있음을 알 수 있다.6)

---

5) 감생은 남녀의 성적인 결합 없이 특이한 사건이나 사물을 접해 잉태하는 것을 말한다. 관련 설화는 『시경·대아·생민(生民)』, 『시경·상송(商頌)·현조(玄鳥)』에 나온다. 『사기』 「은본기(殷本紀)」, 「주본기(周本紀)」 역시 설, 후직의 출생에 관한 설화를 인용하고 있다.

6) 『주례주소·대종백(大宗伯)』, "(대종백은) 인사(禋祀, 희생물을 태운 연기로써 드리는 제사)로 호천상제에게 제사를 지낸다(禋祀祀昊天上帝)." 앞의 책, 451쪽. 『주례주소·소종백(小宗伯)』, "(소종백은) 도성 사방 교외에 제단을 차리고 오제에게 제사를 지낸다(兆五帝於四郊)." 앞의 책, 1487쪽. 정현은 주에서 하늘에 여섯 분의 천신이 있는데 오제와 호천상제(昊天上帝) 요백보(燿魄寶)라고 설명했다. 『예기·제법』 소(疏)에도 관련 내용이 적혀 있다. 오제라는 명칭은 위서(緯書)에서 나왔지만 오제에 관한 전설이 예로부터 전해진 것임에 틀림없다. 그래서 『예기·예운』은 "하늘에 승중(升中, 성공함을 알리기 위해 하늘에 올리는 제사)의 제사를 올리고, 박거(卜居, 점을 쳐서 정한 살 터)의 땅에서 상제에게 제사를 올린다(因名山以升中於天, 因吉土以饗帝於郊)."라고 한 것이다. 여기서 알 수 있다시피 이미 하늘(天)과 상제를 구분했다.

"신령은 같은 종족의 제사가 아니면 흠향歆饗하지 않고, 사람 역시 같은 종족의 신령이 아닌 경우는 제사를 올리지 않는다."는 사상에 따르면, 이들 천신은 백성들과 상관없는 신령이므로 백성들이 직접 제사를 올릴 필요가 없다. 또한 "산림이나 하천, 계곡, 구릉은 구름을 일으키고 풍우를 만들며 괴이한 것들을 드러낸다."[7] 당연히 그것들 역시 신령들이다. 그러나 비록 그것이 "백성들이 필요한 것들을 얻는 곳"[8]이기는 하나 존비나 등급 관계로 볼 때 백성들이 직접 제사를 지낼 대상이 될 수 없다.

이처럼 신령이 많아질수록 신령의 등급이 많아지고, 상층부 신령의 권위가 높아짐에 따라 일반 서민들과 거리가 그만큼 멀어진다. 이는 사회의 등급 변화와 동일한 궤도를 보인다. 부족의 추장酋長에서 제후로, 다시 열국의 병립에 따라 작은 제후가 큰 제후로 바뀌고, 다시 전국을 통일한 천자가 생겨나면서 인간사회의 등급은 더욱 세밀하게 구분되었다. 또한 천자가 등장하면서 그 지위가 더욱 존귀해져 일반 백성들이 감히 얼굴을 마주할 수 없는 존재가 되고 말았다. 이렇듯 신령의 세상은 인간세상의 현상을 그대로 반영하고 있는 것이다.

인간은 실제적인 것을 중시하는 존재이다. 그렇기 때문에 그들이 경외하는 대상 역시 자신과 밀접한 관련이 있는 신령들이기 마련이다. 일본학자 다자키 히토요시田崎仁義가 자신의 『중국 고대 경제사상과 제도中國古代經濟思想及制度』에서 밝힌 바와 같이 고대 중국의 종교 사상은 흔히 사물을 생성하는 신을 여성으로 간주하고 태양을 여신으로 여겼다. 여성은 생성을 상징한다. 그런 까닭인지 여성을 신격화하는 예가 적지 않다. 『역경·설괘전說卦傳』에 따르면, "리離는 해이고 둘째딸이다."[9] 『산해경山海經』이

---

7) 『예기정의·제법(祭法)』, "山林, 川谷, 丘陵, 能出雲, 爲風雨, 見怪物." 앞의 책, 1296쪽.

8) 『예기정의·제법』, "民所取材用." 위의 책, 1307쪽.

9) 『주역정의·설괘전』, "離爲日, 爲中女." 앞의 책, 330쪽.

나 『회남자淮南子』에도 태양을 낳고 태양을 모는 희화義和를 여신女神으로 받들었다.[10] 여성이 생성을 의미한다면, 토지는 만물의 생장을 상징한다. 그렇기 때문에 고대 중국에서 가장 성대하게 거행하는 제사가 바로 사제社祭이다.[11] 여기서 사社는 한 지역의 토신土神이지[12] 천신天神과 대응되는 후토后土(토지를 관장하는 최고의 신)가 아니다. 『예기 · 교특생』에 따르면, "교제郊祭는 긴 날(하짓날)이 오는 것을 맞이하는 제사이다."[13] 여기에서 알 수 있다시피 교제郊祭는 원래 태양에 지내는 제사祭日였다. 교제가 하늘에 지내는 제사祭天가 된 것은 나중의 일이다. 이렇듯 태양이나 한 지역의 토지 신에게 제사를 지내는 것은 모두 생성, 생장의 은혜에 감사하고 그 공덕을 기리기 위한 제사였던 것이다.

이후 철학적 관념이 성숙해지면서 이른바 "푸르고 푸른 것은 하늘이고, 둥근 것은 땅이다."[14]라는 개념이 생겨났다. 그러나 신격화된 천신天

---

10) 『산해경 · 대황남경(大荒南經)』, "동남쪽 바다 밖, 감수 사이에 희화국이 있다. 희화라는 여성이 감연에서 태양을 목욕시킨다. 희화는 제준의 아내로 태양 열 개를 낳았다(東南海之外, 甘水之間, 有義和之國. 有女子, 名義和, 方浴日於甘淵. 義和者, 帝俊之妻, 生十日)." 『회남자 · 천문훈(天文訓)』, "비천(悲泉)에 이르면 희화를 멈추게 하고 말을 쉬게 했는데, 이를 멈춰 걸려 있는 수레란 뜻에서 현거(縣車: 해질 무렵을 비유함)라고 한다(至於悲泉, 爰止其女, 爰息其馬, 是謂縣車)." 북경, 중화서국, 2012년, 145쪽.

11) 『예기 · 교특생』, "오직 사제(社祭, 토지신에 대한 제사) 때만 마을 사람들이 모두 참여하고, 오직 사제를 위한 사냥에 온 나라 백성이 모두 참여한다. 오직 사제를 위해서만 구승(丘乘, 1구는 140여 가구가 사는 행정 구역을 말한다. 1승은 4구이니 대략 570여 가구가 사는 곳을 말한다)에서 자성(粢盛, 제사에 올리는 정결한 곡식)을 공급한다(惟爲社事, 單出里. 惟爲社田, 國人畢作. 惟社, 丘乘共粢盛. 單同嘽)." 앞의 책, 788쪽. 이렇듯 사제는 온 마을 사람 또는 나라사람들이 모두 참여하는 성대한 제사였다.

12) 『예기정의 · 제법』, "왕, 제후, 대부 등은 각각 사(社)를 따로 세운다(王、諸侯、大夫等, 均各自立社)." 앞의 책, 1307쪽.

13) 『예기정의 · 교특생』, "郊之祭也, 迎長日之至也." 위의 책, 795쪽.

神과 지신地神은 여전히 일반 백성들과 관련이 없는 지고한 신령일 뿐이었다. 그래서 『예기』에 "천자는 천지에 제사를 지낸다."15)고 했지만 이를 정치적으로 금령으로 삼은 것이 아님에도 불구하고 천신이나 지신에게 제사를 지내는 백성이 별로 없었던 것이다. 또한 일월성신日月星辰이나 풍우風雨 등과 관련된 신령은 너무 많아 일일이 제사를 지낼 수 없을뿐더러 신령이 관장하는 지역이 광대하여 일정한 지역에서만 특별히 제사를 지낼 수도 없다. 바로 이런 이유로 사람들은 자신들이 사는 지역의 토신土神을 가장 친근한 신령으로 섬겼으며, 이와 관련한 제사가 지금까지 전해지고 있는 것이다. 역대로 민간에서 가장 성대하게 거행한 제사는 사제社祭였고, 가장 시끌벅적한 제사활동은 작사作社였다.16) 이외에도 팔사제八蜡祭가 있는데, 이는 농사가 끝나고 농사와 관련이 있는 모든 신에게 올리는 제사 활동이다.

고대에는 세상만물에 모두 관장하는 신이 있다고 믿었다. 예를 들면 중류신中霤神, 문신門神, 행신行神, 호신戶神, 조신竈神 등이다.17) 이들 신령에 대한 숭배 풍습은 후세까지 전해진 것도 있다. 고대에 사명司命은 사람의 생사를 주재하는 신이었지만,18) 후대로 넘어오면서 남두신南斗神이 생

---

14) 역주: 강유위, 『대동서』 갑부(甲部) 서언(緒言), "蒼蒼者天, 搏搏者地." 요녕, 요녕인민출판사, 1991년, 3쪽.

15) 『예기정의 · 예운』, "天子祭天地." 북경, 북경대학교출판사, 1999년, 679쪽.

16) 역주: 작사(作社)는 토지신에게 지내는 제사 활동과 더불어 행해지는 각종 행사로 봄과 가을에 거행한다. 주사(做社)라고도 한다.

17) 『예기정의 · 제법』, "왕은 백관이나 서민을 위해 칠사를 세우는데, 그것은 사명, 중류, 국문, 국행, 태려, 호, 조이다(王爲群姓立七祀. 曰司命, 曰中霤, 曰國門, 曰國行, 曰泰厲, 曰戶, 曰竈)." 앞의 책, 1305쪽.

18) 사명(司命)에 관한 내용은 『예기 · 제법』에 나온다. 『장자 · 지락(至樂)』, "장자가 초나라로 가다가 앙상한 해골을 보았다……밤중에 해골이 꿈에 나타나 말했다.……장자가 믿지 못하고 말했다. '내가 사람의 목숨을 주관하는 사명신에게 부탁하여 당신의 육체를 다시 만들고 당신의 뼈와 살, 살갗을 만들도록 하여……(莊子之楚, 見髑髏

生을 주재하고, 북두신北斗神이 사死를 관장하는 것으로 바뀌었다. 그래서 남두신이나 북두신은 일반 백성들이 섬기기에 멀리 떨어진 신령이지만 여전히 섬기는 이들이 있었다.

이처럼 각종 신령들은 다 헤아릴 수 없을 정도로 많다. 그렇기 때문에 수많은 신령 가운데 오로지 자신과 관련이 깊은 신령만 숭배하고 섬겼다. 자신과 관계가 없으면 아무리 지위가 높을지라도 아예 존재조차 하지 않는 것처럼 무시했다.

오늘날 사람들은 흔히 다신교多神敎보다 일신교一神敎를 훨씬 진화된 종교 형태로 본다. 그래서 중국 사람이 숭배하는 신이 너무 많아 중국 종교가 덜 진화된 상태라고 말하는 이들도 있다. 하지만 반드시 그런 것만은 아니다. 예를 들어 예전 전제통치專制統治 시대(짜르 체제)의 러시아의 경우 일반인이 교회에 헌금할 때는 반드시 명목상으로 황제의 허락에 따른다는 것을 밝혀야 했다. 이는 마치 불교에서 아미타불에 귀의하면 임종할 때 왕생정토를 위해 아미타불이 직접 맞이하러 온다고 말하는 것과 같다. 하지만 중국의 황제는 사소한 일에 관여하지 않는다. 때문에 인간사회를 반영하고 있는 중국의 신령 세계에서도 지고무상至高無上의 신령은 개개인의 자질구레한 일에 관여하지 않는다. 만약 중국에도 만사를 일일이 해결해 주는 단 하나의 신이 존재한다면 어찌 그를 섬기지 않겠는가? 그러니 불로장생을 위해 북두신을 섬기는 것이나, 왕생정토하려고 아미타불에게 염불하는 것이 기본적으로 다르지 않다. 일신교에서 유일신은 자연의 힘을 상징하는 존재이다. 따라서 이런 신을 섬기는 것은 철학적인 관점에서 볼 때 범신론泛神論에 가까운 것으로 다신교보다 한

而問之.……夜半, 髑髏見夢.……莊子不信曰, 吾使司命復生子形, 爲子骨肉肌膚
……)." 위의 책, 278쪽. 이렇듯 전국시대 사람들은 사명을 사람의 생사를 주관하는
신으로 여겼다.

단계 발전한 것이라고 말할 수 있다. 하지만 일신교를 믿는 사람이 정말로 유일신을 자연력自然力의 상징으로 생각하고 숭배하는 것일까? 솔직히 범신론이나 무신론無神論은 하나이면서 둘이고, 둘이면서 하나이기에 서로 분리할 수 없는 관계이다. 범신론의 참된 의미를 깨닫는다면 무신론의 참된 함의도 이해할 수 있다. 나아가 오늘날 일부 종교인들처럼 고지식한 주장에 고집하는 일도 없을 것이다.

신에 대한 신앙에서 한 걸음 더 나아가면 術로 들어선다. 옛사람은 흔히 術과 수數를 같이 거론하였으나 사실 술과 수는 전혀 별개의 문제이다. 이는 제17장에서 이미 언급한 바 있으니 참고하시기 바란다. 術은 사물의 인과관계를 잘못 인식한 데서 비롯된 것이다. 예를 들어 나무나 풀로 인형을 만들어 누군가로 상상하며 화살을 쏘면 그 사람이 다치게 된다거나, 누군가 항상 몸에 지니고 다니는 물건을 파손시키면 그 주인도 해를 입게 된다는 등이 일종의 술이다. 다른 예도 있다. 주나라 시절 장홍 萇弘이 법술法術로 영왕靈王을 섬겼는데, 이에 반발하여 제후들이 영왕에게 조현朝見하지 않았다. 하지만 주 왕실은 세력이 약해져 장홍의 죄를 다스릴 수 없었다. 이에 장홍은 대담하게 술을 펼쳐 '이수狸首'를 쏘는 의식을 행했다. '이수'란 조현에 참석하지 않은 제후들을 상징한 것이었다. 그러나 그는 결국 진晉나라 사람에게 잡혀 죽임을 당하고 말았다. 주나라 사람들이 법술과 신괴를 말하기 시작한 것은 장홍에서 비롯된다.[19] 또한 예양豫讓의 이야기도 있다. 진晉나라 말기 공경들 간에 세력 다툼이 벌어졌을 때 지백智伯의 휘하에 예양이 있었다. 지백이 조나라 임금인 양 자襄子(조양자趙襄子)에게 죽임을 당하자 예양이 주군을 위해 복수하려고 했으나 끝내 실패하고 붙잡히고 말았다. 이에 예양이 조양자에게 입고 있던 옷을 벗어달라고 청하고 비수를 꺼내 그 옷에 세 번 칼질을 했다.

---

19) 『사기·봉선서(封禪書)』를 참조하시오.

그랬더니 옷에서 피가 흐르고, 수레를 타고 돌아가려는 조양자 역시 수레 바퀴가 한 바퀴를 돌기도 전에 죽고 말았다.[20] 무릇 염승厭勝(주술로 사람을 복종시킴)이나 저주詛呪의 술법은 모두 이런 데서 기원한 것이다.

이외에 점술占術도 있다. 현재와 미래, 이곳과 저곳에서 일어나는 현상이나 일 사이에 모종의 연관성이 있다고 믿고 지금, 이곳에서 파악한 현상으로 미래, 저곳에서 일어날 일을 예측하는 것을 말한다. 오늘날의 점복의 발단이다.

이상은 모두 술의 범주에 들어가는 것들이다.

여기서 더 나아가면 수數이다. 『한서 · 예문지』는 형법가形法家에 대해 이렇게 말했다.

> "형법이란 대체적으로 구주九州(중국)의 지세를 들어 성곽과 가옥을 세우고, 사람과 육축六畜(가축)의 골격의 숫자를 헤아리며, 각종 기물의 형상을 살펴 그 성기聲氣(기세)의 귀천과 길흉을 알아내는 것이다. 이는 마치 음률에 장단이 있어 각기 고유한 소리를 내는 것과 같으니 귀신이 있기 때문이 아니라 저절로 그러한 수數가 있기 때문이다."[21]

이렇듯 형법가는 어떤 현상의 원인을 설명할 때 눈에 보이지 않는 모종의 신비성에 의지하지 않고 자신이 직접 보고 경험한 바에 근거하여 판단한다. 그들은 술가術家와 달리 나름 과학적인 태도를 견지했다. 하지만 이후 수數를 중시하던 이들 역시 술가와 섞여지면서 점차 달라지고 말았다.

『한서 · 예문지』는 술수학을 여섯 분야로 구분하였다. 천문天文, 역보曆

---

20) 『사기 · 자객열전』을 참조하시오.

21) 『한서 · 예문지』, "形法者, 大擧九州之勢以立城郭室舍形, 人及六畜骨法之度數, 器物之形容以求其聲氣貴賤吉凶. 猶律有長短, 而各徵其聲, 非有鬼神, 數自然也. 形人及六畜骨法之度數, 器物之形容, 以求其聲氣貴賤吉凶, 猶律有長短, 而各徵其聲, 非有鬼神, 數自然也." 앞의 책, 1775쪽.

譜, 오행五行, 시귀蓍龜(시초와 거북), 잡점雜占, 형법形法(성상星相) 등이 그
것이다. 그 중에서 시귀, 잡점은 온전히 술가術家의 범주에 속하는 것들이
다. 천문, 역보, 오행, 형법은 술의 영역에 포함되기는 하나 수數의 함의가
들어가 있다. 이는 후세 성상학星相學의 토대가 되었다.

중국에서 종교의 지위와 영향

　　사회 정치가 혼란스럽고 백성들의 삶이 도탄에 빠지면 사방에서 민란이
나 폭동이 일어나게 되는데, 때로 종교의 깃발을 높이 치켜드는 이들이
적지 않았다. 예를 들어 후한 말 황건적의 난을 일으킨 장각張角이나 동진
말기에 폭정에 반발하여 반란을 일으킨 손은孫恩, 그리고 청나라 말기에
태평천국의 난을 일으킨 홍수전洪秀全 등이 가장 선명하고 또한 대표적이
다. 이외에도 비교적 작은 규모의 예는 셀 수 없이 많았다. 그들이 내세운
종교적 팻말은 새로운 것을 창조하기 보다는 이미 널리 알려진 것을 차용
하는 경우가 대부분이었다. 장각의 경우는 "창천은 이미 죽었으니 황천이
마땅히 서야 한다(蒼天已死, 黃天當立)."고 주장했는데, 이는 이전의 오행
생극설五行生克說을 이용한 것이다.22) 송대부터 청대까지 일종의 종교 비
밀결사로 세력을 떨친 백련교白蓮敎는 불교 정토종에서 기원한 것이고,
홍수전의 상제교上帝敎는 기독교에 기반을 둔 신흥교파였다. 하지만 그들
이 종교를 이용한 것은 이를 통해 세력을 확충하기 위함이지 교세를 확장
하기 위함이 아니었다. 당연히 교리敎理도 서로 다를 수밖에 없다. 실제로
상제교나 의화단義和團의 교리를 살펴보면 체계가 잡히기는커녕 실소를
금할 수 없는 부분도 적지 않다. 하지만 그 정도만으로도 고통에 허덕이던

---

22) 오행상극설에 따른다면, 창(蒼)은 원래 적(赤)자로 써야 맞는다. 아마도 한대에 적
　　(赤)자를 피휘(避諱)하기 위해 창(蒼)자로 바꾼 것으로 보인다.

당시 서민들을 선동하거나 위로하는 데 충분했다. 사실 예전과 마찬가지로 오늘날의 사회도 지식의 유무에 따라 상하 두 계층으로 구분할 수 있다. 일정한 정도 지식을 지닌 이들이 중상류층으로 형성하고 있다면, 교육을 받지 못해 여전히 문맹이거나 지식이 부족한 이들이 하류층을 형성한다고 말할 수 있다. 양자의 간극이 날로 크게 벌어져 거의 단절된 상태가 되고 말았다. 사회를 개량하기 위한 수많은 노력이 제대로 효과를 얻지 못한 것 역시 이러한 단절과 관련이 깊다. 이는 깊이 반성할 문제이다.

중국 사회의 종교 신앙은 그리 뿌리가 깊지 않다. 이는 매우 현실적이고 또한 현세적인 공교孔敎(유교)의 영향이 심원하여 중국인들 스스로 추구하고 기원하는 일들이 '저세상(피안彼岸)'이 아닌 '이세상(차안此岸)'에 있다고 굳게 믿고 있기 때문이다. 중국에서 종교 지도자나 교회가 황제를 넘어선 권력과 권위를 지닐 수 없는 것은 바로 이런 이유 때문이다. 또한 이런 이유로 중국은 종교 때문에 다른 나라나 민족과 분쟁을 일으킬 이유가 없다. 이는 중국문화의 장점이기도 하다.

오늘날 세계문화는 거듭 발전하면서 팽창일로에 놓여 있다. 근본적으로 보수성을 띨 수밖에 없는 종교는 이러한 문화 발전에 걸림돌이 되기 쉽다. 만약에 변화하는 사회와 종교가 서로 갈등을 빚고 투쟁하게 된다면 전혀 불필요한 희생만 낳을 것이다. 유럽의 지난 역사가 하나의 본보기가 될 것이다. 분명 종교 문제는 향후 문화의 앞날을 가로막고 있는 커다란 과제이다. 하지만 실제 생활은 언제나 완강한 관념론의 강적이다. 세상의 종교는 거의 대부분 욕망을 억제하고 절제할 것을 강요한다. 하지만 신도들이 모두 세속적인 삶에서 벗어나 있는 것은 아니다. 문화가 발전할수록 사람들의 생활도 빠르게 변모하기 마련이다. 종교가 삶의 진보를 방해한다는 것은 더 이상 논쟁할 필요가 없다. 이는 역사가 반복적인 재현이 아니기 때문에 낡은 시각으로 새로운 형세를 추측할 수 없음을 보여주는 하나의 사례이기도 하다.

참고문헌

1. 원전 및 주석본

신편제자집성본新編諸子集成本

唐甄 저, 吳澤民 편교編校, 『잠서潛書』, 북경, 중화서국, 2009.

黎翔鳳 교석校釋, 梁運華 정리整理, 『관자교주管子校注』, 북경, 중화서국, 2004.

孫詒讓 저, 孫啓治 교교校校, 『묵자한고墨子閒詁』, 북경, 중화서국, 2001.

王充 저, 黃暉 찬, 『논형교석論衡校釋』, 북경, 중화서국, 2006.

陳立 찬撰, 吳則虞 점교點校, 『백호통소증白虎通義疏證』, 북경, 중화서국, 1994.

24사점교본二十四史點校本

司馬遷 찬, 裴駰 집해, 司馬貞 색은索隱, 張守節 정의正義, 『사기史記』, 북경, 중화서국, 1959년.

班固 찬, 顏師古 등 주, 『한서漢書』, 북경, 중화서국, 1962.

陳壽 찬, 裴松之 주, 『삼국지』, 중화서국, 1959.

劉昫 등 찬, 『구당서舊唐書』, 북경, 중화서국, 1975.

魏收 찬, 『위서魏書』, 북경, 중화서국, 1974.

房玄齡 등 찬, 『진서晉書』, 북경, 중화서국, 1974.

李百藥 찬, 『북제서北齊書』, 북경, 중화서국, 1972.

李延壽 찬, 『남사南史』, 북경, 중화서국, 1975.

魏徵 등 찬, 『수서隋書』, 북경, 중화서국, 1973.

歐陽修, 宋祁 찬, 『신당서新唐書』, 북경, 중화서국, 1975.

范曄 찬, 李賢 등 주, 『후한서後漢書』, 북경, 중화서국, 1965.

蕭子顯 찬, 『남제서南齊書』, 북경, 중화서국, 1972.

沈約 찬, 『송서宋書』, 북경, 중화서국, 1974.

脫脫 등 찬, 『금사金史』, 북경, 중화서국, 1975.

脫脫 등 찬, 『송사宋史』, 북경, 중화서국, 1977.

脫脫 등 찬, 『요사遼史』, 북경, 중화서국, 1974.

宋濂 등 찬, 『원사元史』, 북경, 중화서국, 1976.

于慎行, 『곡산필주谷山筆麈』, 북경, 중화서국, 1984.

張廷玉 등 찬, 『명사明史』, 북경, 중화서국, 1974.

십삼경주소정리본十三經注疏整理本(북경대학)

左丘明 전傳, 杜預 주, 孔穎達 정의, 『춘추좌전정의春秋左傳正義』, 북경, 북경대
        학교출판사, 1999.

孔安國 전, 孔穎達 소, 『상서정의尙書正義』, 북경, 북경대학교출판사, 1999.

公羊壽 전, 何休 해고解詁, 徐彦 소, 『춘추공양전주소春秋公羊傳註疏』, 북경, 북
        경대학교출판사, 1999.

毛亨 전傳, 鄭玄 전箋, 孔穎達 소, 『모시정의毛詩正義』, 북경, 북경대학교출판
        사, 1999.

鄭玄 주, 賈公彦 소, 『주례주소周禮注疏』, 북경, 북경대학교출판사, 1999.

鄭玄 주, 賈公彦 소, 『의례주소儀禮注疏』, 북경, 북경대학교출판사, 1999.

鄭玄 주, 孔穎達 소, 『예기정의禮記正義』, 북경, 북경대학교출판사, 1999.

趙岐 주, 孫奭 소, 『맹자주소孟子註疏』, 북경, 북경대학교출판사, 1999.

王弼 주, 孔穎達 소, 『주역정의周易正義』, 북경, 북경대학교출판사, 1999.

何晏 주, 邢昺 소, 『논어주소論語註疏』, 북경, 북경대학교출판사, 1999.

范寧 집해, 楊士勛 소, 『춘추곡량전주소春秋穀梁傳註疏』, 북경, 북경대학교출
        판사, 1999.

郭璞 주, 邢昺 소, 『이아주소爾雅註疏』, 북경, 북경대학교출판사, 1999.

李隆基 주, 邢昺 소, 『효경주소孝經註疏』, 북경, 북경대학교출판사, 1999.

중화경전명저전본전주전역총서中華經典名著全本全注全譯叢書

高華平, 王齊洲, 張三夕 역주. 『한비자韓非子』, 북경, 중화서국, 2010.

羅炳良 역주, 『문사통의文史通義』, 북경, 중화서국, 2012.

董仲舒 찬, 凌曙 주, 『춘추번로春秋繁露』, 북경, 중화서국, 1975년,

檀作文 역주, 『안씨가훈顔氏家訓』, 북경, 중화서국, 2011.

馬端臨 찬, 『문헌통고文獻通考』, 북경, 중화서국, 1986.

馬世年 역주, 『신서新序』, 북경, 중화서국, 2014.

方韜 역주, 『산해경山海經』, 북경, 중화서국, 2009.

方勇 역주, 『묵자墨子』, 북경, 중화서국, 2013.

方勇, 李波 역주, 『순자荀子』, 북경, 중화서국, 2011.

方勇 역주, 『장자莊子』, 북경, 중화서국, 2010.

方向東 역주, 『신서新書』, 북경, 중화서국, 2012.

石磊 역주, 『상군서商君書』, 북경, 중화서국, 2012.

王國軒, 王秀梅 역주, 『공자가어孔子家語』, 북경, 중화서국, 2011.

王志彬 역주, 『문심조룡文心雕龍』, 북경, 중화서국, 2012.

王國軒, 張燕嬰 역주, 『논어대학중용』, 북경, 중화서국, 2010,

廖文遠, 廖偉, 나영련罗永莲 역주, 『전국책戰國策』, 북경, 중화서국, 2012.

陸玖 역주, 『여씨춘추呂氏春秋』, 북경, 중화서국, 2011.

張松輝, 張景 역주, 『포박자외편抱朴子外篇』, 북경, 중화서국, 2013.

陳廣忠 역주, 『회남자淮南子』, 북경, 중화서국, 2012.

陳桐生 역주, 『국어國語』, 북경, 중화서국, 2013.

陳桐生 역주, 『염철론鹽鐵論』, 북경, 중화서국, 2015.

陳曦 역주, 『손자병법孫子兵法』, 북경, 중화서국, 2012.

湯漳平, 王朝華 역주, 『노자老子』, 중화서국, 2014.

이학총서理學叢書

程顥, 程頤 저, 王孝魚 점교, 『이정집二程集』, 북경, 중화서국, 2006.

黎靖德 편, 王星賢 점교, 『주자어류朱子語類』, 북경, 중화서국, 1994.

중화전세법전中華傳世法典

竇儀 등 찬, 『송형통宋刑統』, 북경, 법률출판사, 1999.

田熹, 鄧秦, 『대청률례大清律例』, 중화전세법전, 북경, 법률출판사, 2000.

懷效峰, 『대명률大明律』, 중화전세법전, 북경, 법률출판사, 1999년.

2. 관련 서적

江永 찬, 『군경보의群經補義』, 상해, 상해서국, 1887.

康有爲, 『대동서大同書』, 요녕, 요녕인민출판사, 1991.

康有爲, 『구주십일국유기歐洲十一國游記』, 북경, 사회과학문헌출판사, 2007.

顧野王, 『대광익회옥편大廣益會玉篇』, 북경, 중화서국, 1987.

顧炎武 저, 黃汝成 집석, 欒保群, 呂宗力 교점, 『일지록집석日知錄集釋』, 상해, 상해고적출판사, 2006.

顧炎武 찬, 華忱之 점교, 『고정림시문집顧亭林詩文集』, 북경, 중화서국, 2008.

龔自珍, 譙周 찬, 『춘추삼전이동고春秋三傳異同考 · 대서답동大誓答同 · 고사고古史考』, 북경, 중화서국, 1991.

段玉裁 찬, 『설문해자주說文解字註』, 북경, 중화서국, 2013.

陶宗儀 찬, 李夢生 교점, 『남촌철경록南村輟耕錄』, 상해고적출판사, 2012.

로이(Robert H.Lowie) 저, 呂叔湘 역, 『원시사회初民社會(Primitive Society)』, 강소江蘇, 강소교육출판사, 2006.

말리노프스키(Malinowski.B) 저, 이안택李安宅 역, 『양성사회학兩性社會學, Sex and Repression in Savage Society』, 상해, 상무인서관, 1937.

孟元老, 『동경몽화록東京夢華錄』, 하남, 중주中州고적출판사, 2010.

潘運告, 편저, 『장회근서론張懷瑾書論』, 호남미술출판사, 1997.

司馬光 편저, 胡三省 음주音註, 『자치통감資治通鑑』, 북경, 중화서국, 1976.

徐光啟, 『농정전서農政全書』, 북경, 중국희극출판사, 1999.

徐天麟, 『동한회요東漢會要』, 상해, 상해고적출판사, 1978.

邵雍 저, 黃畿 주, 『황극경세서皇極經世書』, 鄭州, 中州古籍出版社, 1992.

蕭統 편, 李善 주, 『문선文選』, 북경, 중화서국, 2005.

孫星衍, 『주역집해』, 成都, 古籍書店, 1988.

孫毓修, 『중국조판원류고中國雕板源流考: 중국서사中國書史』, 상해, 상해고적출판사, 2008.

宋衷 주, 秦嘉謨 등 집輯, 『세본팔종世本八種』, 상해, 상무인서관, 1957.

鄂爾泰 등 편저, 『옹정주비유지雍正硃批諭旨』, 북경, 북경도서관출판사, 2008.

梁啓超, 『청대학술개론淸代學術槪論』, 상해, 상해고적출판사, 蓬萊閣叢書, 1998년.

王闓運 보주補註, 『상서대전보주尚書大傳補註』, 북경, 중화서국, 1991.

王陽明 찬, 鄧艾民 주, 『전습록주소傳習錄注疏』, 상해, 상해고적출판사, 2012.

王陽明 찬, 吳光, 錢明, 董平, 姚延福 편교, 『왕양명전집王陽明全集』, 상해, 상해고적출판사, 2012.

王燕均, 王光照 점교, 『가례家禮』, 상해고적출판사, 1999.

王溥, 『당회요唐會要』, 상해, 상해고적출판사, 2006.

王讜 찬, 周勛初 교증, 『당어림교증唐語林校證』, 중화서국, 1987.

王安石 저, 唐武 표교標校, 『왕문공문집王文公文集』, 상해인민출판사, 1974.

王符 저, 王健, 주설註說, 『잠부론潛夫論』, 하남 개봉開封, 하남대학교출판사, 2008년.

王聘珍 찬, 王文錦 점교, 『대대예기해고大戴禮記解詁』, 十三經淸人註疏, 북경, 중화서국, 2008.

呂思勉, 『자례약설字例略說』, 대만, 대만상무인서관, 1995.

呂思勉, 『중국문자변천고中國文字變遷考』, 상해, 상무인서관, 1930.

阮元 저, 鄧經元 점교, 『연경실집揅經室集』, 북경, 중화서국, 1993.

兪正燮, 『계사유고癸巳類稿』, 상해, 상무인서관, 1957.

兪正燮, 『계사존고癸巳存稿』, 요녕, 요녕교육출판사, 2003.

劉熙 찬, 畢沅 소증疏證, 王先謙 보, 『석명소증보釋名疏證補』, 북경, 중화서국, 2008.

魏源, 『위원집魏源集』, 북경, 중화서국, 1976.

李燾 찬, 『속자치통감장편續資治通鑑長編』, 북경, 중화서국, 1995.

李昉 저, 『태평어람太平御覽』, 북경, 중화서국, 2000.

李士豪, 屈若騫, 『중국어업사中國漁業史』, 북경, 상무인서관, 1998

張君勱, 『스탈린 치하의 소련史泰林治卜之蘇俄』, 재생잡지사再生雜誌社.

張伯行 선편選編, 『당송팔대가문초唐宋八大家文鈔』, 상해, 상해고적출판사, 2007.

錢穆, 『국사대강國史大綱』, 북경, 상무인서관, 2013.

程頤, 朱熹, 『역정전易程傳』, 세계서국, 1962.

鄭樵 찬, 『통지通志』, 북경, 중화서국, 1987.

趙翼 찬, 조광보 교점, 『이입이사차기廿二史劄記』, 淸代學術名著叢刊, 상해, 상해
　　　고적출판사, 2011.

趙翼, 『해여총고陔余叢考』, 상해, 상해고적출판사, 2008.

趙學敏 저, 『본초강목습유本草綱目拾遺』, 북경, 중국중의약출판사, 1998.

朱大韶, 『실사구시재경의實事求是齋經義』, 續修四庫全書, 상해, 상해고적출판사,
　　　1995.

朱孔彰 찬, 『중흥장수별전中興將帥別傳』, 상해, 상해중화서국, 1936.

周敦頤 찬, 徐洪興 도독導讀, 『주자통서周子通書』, 상해, 상해고적출판사, 2000.

周密, 『무림구사武林舊事』, 절강, 절강고적출판사, 2011.

중화사상경전中華思想經典

黃宗義 저, 段志强 역주, 『명이대방록明夷待訪錄』, 북경, 중화서국, 2011.

陳壽祺 찬 『오경이의五經異義』, 皮錫瑞 찬, 『박오경이의駁五經異義』, 王豊先 정
　　　리, 북경, 중화서국, 2014.

馮登府, 房瑞麗, 『삼가시유설三家詩遺說』, 상해, 화동사범대학교출판사, 2010.

馮承鈞, 『중국남양교통사中國南洋交通史』, 북경, 상무인서관, 2011.

許愼 저, 徐鉉 교정, 『설문해자說文解字』, 북경, 중화서국, 1998.

黃懷信, 張懋鎔, 田旭東 찬, 『일주서휘교집주逸周書彙校集註』, 상해, 상해고적
　　　출판사, 2007.

여사면呂思勉, 1884-1957

자字는 성지誠之, 강소성 무진武進(지금의 상주시常州市)에서 태어났다. 중국 근대 대표적인 역사학자이자 국학대가國學人家이다. 50여 년간 중국 역사와 문화를 연구하고 후학 양성에 주력했다. 상주부중학당常州府中學堂, 남통국문전수과南通國文專修科, 상해사립갑종사업학교上海私立甲種商業學校, 심양고등사범학교瀋陽高等師範學校, 소주성립제일사범학교蘇州省立第一師範學校, 호강대학滬江人學 등에서 교직을 맡았다. 그의 제자로 유명한 역사학자 전목錢穆, '중국 현대언어학의 아버지'라 불리는 대학자 조원임趙元任 등이 있다. 1926년부터 광화대학光華大學에 재직하면서 역사학과 주임, 총장 대리를 역임했다. 1949년 이후 화동사범대학 역사학과로 옮겼다. 이외에도 그는 젊은 시절 상해 중화서국中華書局과 상무인서관商務印書館에서 편집을 맡은 적도 있다.

여사면은 특히 독서를 많이 한 학자로 유명하다. 그가 역사와 인연을 맺게 된 것은 어린 시절부터 부모와 누이의 가르침에 따라 『일지록日知錄』, 『이십이사찰기卄二史札記』, 『경세문편經世文編』, 이십사사二十四史 등 사서를 여러 차례 독파했기 때문이라고 한다. 이후 고금의 경전과 제자서를 두루 탐독하면서 체계적인 역사 공부에 몰두했다. 그런 까닭에 선생은 국학의 소양이 두터울뿐더러 다방면에 걸친 역사지식이 풍부하다. 이러한 여사면의 학문세계에 대해 역사학자인 엄경망嚴耕望은 "모든 시대를 관통하고 각 분야에 정통한 학자이다."라고 평한 바 있다.

여사면 선생은 평생에 걸친 역사 연구를 통해 중국 통사는 물론이고 단대사, 전문사에 이르기까지 독보적인 업적을 남겼다. 대표적인 작품으로 『백화본국사白話本國史』, 『여저중국통사呂著中國通史』(이상 통사), 『선진사先秦史』, 『진한사秦漢史』, 『양진남북조사兩晉南北朝史』, 『수당오대사隋唐五代史』, 『여저중국근대사呂著中國近代史』(이상 단대사), 『중국제도사中國制度史』, 『중국민족사中國民族史』(이상 전문사) 등이 있으며, 이외에도 『여사면독사찰기呂思勉讀史札記』, 『선진학술개론先秦學術槪論』, 『여저사학여사적呂著史學與史籍』, 『문자학4종文字學四種』, 『사학4종史學四種』 등을 출간했다. 그 중에서도 특히 『여저중국통사』, 『백화본국사』, 『여저중국근대사』 등은 중국 사학계에 심대한 영향을 끼쳐 현대 사학의 고전이 되었으며, 후학들이 반드시 읽어야 하는 필독서가 되었다.

사학계 저명 학자들의 여사면에 대한 평가를 통해 그의 학식과 학문 연구방법 및 학문 연구 정신을 엿볼 수 있을 것이다.

연구 분야가 광범위하고 풍부한 저술을 남겼으며, 논의가 심오한 학자로 내가 항시 받들어 존중하는 분은 여사면 성지誠之 선생, 진원陳垣 원암援庵 선생, 진인각陳寅恪 선생, 그리고 전목錢穆 빈사賓四 선생 등 네 분의 사학 원로들이다. - 엄경망嚴耕望

중국 통사 집필은 지금도 여전히 진행되고 있으며, 이미 출간된 책들도 적지 않다. 하지만 이상적인 경지에 오른 저술은 매우 적다. 원래 개인이 통사를 집필한다는 것은 대단히 힘든 일이 아닐 수 없다. 중국사에 고증하고 연구해야 할 부분이 너무 많기 때문이다. 그렇기 때문에 대부분의 통사가 서로 베끼는지라 천편일률적인 경우가 허다하다. 그 가운데 가장 이상理想에 가까운 것으로 여사면의 『백화본국사』가 있다.……중국통사를 편찬하는 이들이 가장 범하기 쉬운 결함은 사실을 나열할 뿐 자신의 견해가 결핍되어 있다는 점이다. 그런 책들은 『강감집람綱鑑輯覽』이나 『강감이지록綱鑑易知錄』을 약간 변형시킨 것이나 다를 바 없어 매우 무미건조하다. 여사면 선생이 이 점을 감안하여 보다 풍부하고 역사지식과 유려한 필체로 통사를 집필함으로써 통사 저술에 신기원을 열었다. - 고힐강顧頡剛, 『당대중국사학當代中國史學』

여사면 선생의 저술에는 탁월한 의론이 번뜩인다. 이는 선생이 사회학과 인류학 등 새로운 학문의 연구 성과를 적극적으로 수용하여 사회경제, 사회조직, 사회생활 등을 모두 자신의 중국 통사에 집어넣었기 때문이다. 이런 점에서 선생은 중국 사회사 연구의 선구자라고 해도 과언이 아닐 것이다. - 화동사범대華東師範人 교수 왕가범王家范

여사면 선생은 아무런 사리사욕 없이 소박하고 성실하며, 외부의 간섭에 무관하게 진심으로 학문에 뜻을 두고, 몸을 바르게 세워 염담恬淡을 즐거움으로 삼은 순수한 학자이다. - 화동사범대 역사학과 교수 장경화張耕華, 「여사면 학문 연구의 창조정신呂思勉治學的創造精神」

한국학자와 교유

여사면은 조선의 여러 학자들과 교유한 바 있다. 1908년, 1911년, 1945년에 각기 조선에서 온 추경구秋景球, 김택영金澤榮, 유수인柳樹人(유기석) 등을 알게 되어 서로 시를 주고받으며 깊은 우정을 유지했다. 이는 한중 문화교류사에서 매우 중요한 장면이기도 하다. 이를 간략하게 살펴보면 다음과 같다.

1908년 강소상주부江蘇常州府 중학당에 재직하고 있던 여사면은 조선의사朝鮮義士 추경구가 중국으로 망명하여 상주에 있다는 소식을 듣고 그를 찾아갔다. 여사면은 추경구가 쓴 서예작품을 보고 "그의 글자를 보니 매우 수려하고 품위가 있다(觀其書, 甚俊逸)."고 말한 바 있다. 1920년 그는 동료와 조선 義州를 여행하고 「의주유기義州遊記」를 지었는데, 그 글에서 이렇게 썼다. "나에게 조선인 친구 두 사람이 있는데, 그들이 모두 말하길, 조선과 중국이 마치 한 가족과 같다고 했다(吾有朝鮮之友二人, 皆言朝鮮, 中國猶一家也)." 여기에서 말한 조선 친구는 추경구와 김택영이다.

1911년 여사면은 남통국문전수관南通國文專修館(장건張謇 창립)의 관장을 맡고 있는 역사학자 도기屠寄의 초빙으로 전수관에서 공문작성公文寫作 과목을 맡게 되었다. 그 시절에 남통한묵림인서국南通翰墨林印書局(張謇 창립) 편교編校를 맡고 있던 조선학자 김택영을 만났다. 김택영의 본관은 화개花開, 자는 우림于霖, 호는 창강滄江이며, 당호는 소호당주인韶濩堂主人이다. 어린 시절 고문과 한시를 공부해서 시문에 능했다. 42세에 진사가 되고, 편사국주사編史局主事, 중추원서기관中樞院書記官, 홍문관 찬집소홍文集所『문헌비고』속찬위원續撰委員, 학부 편집위원 등을 역임했다. 을사조약으로 나라를 잃게 되었음을 통탄하다 1905년(광무 9년) 중국으로 망명한 후 장건의 도움으로 한묵림출판소 편교를 맡았다. 김택영은 남통에서 타향살이를 하면서 조국의 문화를 보존하는 데 온 힘을 다했다. 그리하여 『박연암선생문집朴燕巖先生文集』, 『매천집梅泉集』, 『명미당집明美堂集』, 『신고려사新高麗史』 등 작품 30여 종을 편집, 출간했다. 당시『몽올아사蒙兀兒史』를 쓰고 있던 도기屠寄가 명성을 듣고 한묵림翰墨林에 머물던 김택영을 찾아갔다. 그곳에서 김택영이 집필한 원고를 보게 된 도기는 극찬을 아끼지 않았으며, 이후 자주 왕래하며 시문을 주고받았다. 1911년 김택영이 『한국역대소사韓國歷代小史』를 완성했다는 소식을 듣고 도기는 여사면과 함께 김택영을 방문했다. 세 명의 학자는 비록 말이 통하지 않아 필담筆談을 주고받아야 했으나 "대화가 흥미진진하여 끊이지 않았다(然筆談娓娓不倦也)." 이후 여사면과 김택영은 자주 서신을 주고받았다. 여사면이『백화본국사白話本國史』와『중국민족사中國民族史』를 집필하면서 김택영의 『한국역대소사韓國歷代小史』를 참조했고, 그의 관점과 자료를 받아들이기도 했다.

여사면은 유수인柳樹人(1905~1980년)과도 친분이 있었다. 유수인의 본관은 황해도 금천군金川郡, 본명은 유기석柳基石이며 필명으로 유서柳絮, 청원靑園, 유수인柳樹人 등이 있다. 1911년에 부친을 따라 중국 동북지방으로 이사했고, 1920년 남경금릉중학南京金陵中學에 입학했으며, 1924년 북경조양대학교北京朝陽大學校에서 경제학을 전공했다. 그는 1927년 처음으로 노신魯迅의 『광인일기』를 한국어로 번역하고 1928년 『아Q정전』을 번역했다. 1952년부터 소주蘇州사범학원(현재의 소주대학교) 역사학과 교수로 지냈다. 그는 특히 동남아시아 역사와 한중관계사 연구에 주력했다. 1945년 광화대학교에서 교직생활을 하던 여사면은 상해에서 적극적으로 항일활동을 참여하고 있던 유수인을 알게 되었다. 당시 잡지『중한문화中韓文化』의 편집장을 맡고 있는 유수인이 여사면에게 원고를 청탁했는데, 여사면은「중한문화서中韓文化敍」,「조선에 가서 문헌을 찾다(到朝鮮去搜書)」란 글을 써서 보냈다.「조선에 가서 문헌을 찾다」에서 그는 김택영의 관점을 그대로 받아들여 "현지에 가지 않으면 문헌 자료를 찾을 수 없다(非至其地, 不能搜其書)."고 말하기도 했다.

여사면 저서 목록

통사

『백화본국사白話本國史』, 상해, 상해고적출판사, 2005.
『여저중국통사呂著中國通史』, 삼진三秦출판사, 2018.

단대사

『선진사先秦史』, 상해, 상해고적출판사, 2005.

『진한사秦漢史』, 위와 같음.

『양진남북조사兩晉南北朝史』, 위와 같음.

『수당오대사隋唐五代史』, 위와 같음.

『여저중국근대사呂著中國近代史』, 상해, 화동사범대학교출판사, 1997.

전문사

『중국제도사中國制度史』, 상해, 상해서점書店출판사, 2005.

『중국민족사中國民族史』, 중국대백과전서人百科全書출판사, 1987.

그 외의 저서들

『경자해제經子解題』, 화동사범대학교출판사, 1996.

『문자학4종文字學四種』(『중국문자변천고中國文字變遷考』, 『장구기章句記』, 『자례약설字例略說』, 『설문해자문고說文解字文考』가 함께 수록됨), 상해, 상해교육출판사, 1985.

『사학사종史學四種』, (『역사연구법歷史硏究法』, 『사통평史通評』, 『중국사적교독법中國史籍校讀法』, 『문사통의평文史通義評』이 함께 수록됨), 상해, 상해인민출판사, 1981.

『삼국사화三國史話』, 북경, 중화서국, 2009.

『선진학술개론先秦學術槪論』, 운남, 운남인민출판사, 2005.

『이학강요理學綱要』, 북경, 북경동방東方출판사, 1996.

『여사면독서찰기呂思勉讀書札記』, 상해, 상해고적출판사, 2005.

『여저 사학과 사적呂著史學與史籍』, 상해, 화동사범대학교출판사, 2005.

| 역자소개 |

유효려劉曉麗

현재 중국 루동魯東대학교 한국어학과 교수

약력

중국 옌타이대학교 한국어학과 졸업
목포대학교 일반대학원 문학 석사 및 박사

저역서

중국 종교 사상 통사 (2018)(공역서)
한국어와 중국어 담화의 결속 장치 대조 연구 (2012)(저서)

주요논문

「기능에 따른 한국어 보조사 "은/는"교육 방안 탐구」, 한국어 교육과 연구, 제3기, 2015.
「한국어 담화 결속장치 대용표기의 어휘화 특징」, 한국(조선)어 교육 연구, 제8호, 2013.
「중국 대학생 한국어 글쓰기에 나오는 어휘 오류 분석」, 언어와 문화, 제6권3호, 2010.

통역 약력

2008. 05 한국 정선旌善아리랑 국제학술대회 통역
2008. 05 한국 농요 국제학술대회 통역
2007. 08 한국 국립목포대학교 · 중국 리장麗江 동파東巴문화박물관 동파상형문자 학술
　　　　 세미날 통역
2007. 06 한국 국립목포대학교 BK21 방언 · 민속 국제학술대회 통역
2006. 12 한국 국립목포대학교 · 중국 광서사범廣西師範대학교 방언 · 민속 심포지엄 통역
2006. 07 한국 국립목포대학교 · 중국 복단復旦대학교 · 중국 해양海洋대학교 · 중국 상해
　　　　 上海대학교 방언 · 민속 심포지엄 통역

중국문화사 고대 중국 문화 설명서
中國文化史 一部中國古代文化的說明書

초판 인쇄   2021년 12월 15일
초판 발행   2021년 12월 31일

저   자 | 여사면(呂思勉)
역   자 | 유효려(劉曉麗)
펴 낸 이 | 하운근
펴 낸 곳 | 學古房

주   소 | 경기도 고양시 덕양구 통일로 140 삼송테크노밸리 A동 B224
전   화 | (02)353-9908 편집부(02)356-9903
팩   스 | (02)6959-8234
홈페이지 | http://hakgobang.co.kr/
전자우편 | hakgobang@naver.com, hakgobang@chol.com
등록번호 | 제311-1994-000001호

ISBN 979-11-6586-432-3 93820

값 : 55,000원

■ 파본은 교환해 드립니다.